湖南大学学报（自然科学版）论文精粹
(1979－1991)

湖南大学学报（自然科学版）编辑部　主编

湖南大学出版社
·长　沙·

内 容 简 介

本书精选了1979—1991年在《湖南大学学报（自然科学版）》上所发表的学术论文共59篇。本刊编辑部根据科技期刊的评价指标体系，以被引频次和下载量为标准，利用知网的数据从中遴选出这2个指标领先的文章结集出版。这些精选的学术论文具有相当的文献价值与学术价值，所蕴含的处理问题的方法论仍然值得今天的学术界参考。

图书在版编目（CIP）数据

湖南大学学报（自然科学版）论文精粹：1979—1991 / 湖南大学学报（自然科学版）编辑部主编．—长沙：湖南大学出版社，2023.12

ISBN 978-7-5667-3170-8

Ⅰ．湖…　Ⅱ．①湖…　Ⅲ．自然科学—文集　Ⅳ．①Z427

中国版本图书馆CIP数据核字（2023）第158090号

湖南大学学报（自然科学版）论文精粹（1979—1991）

HUNAN DAXUE XUEBAO（ZIRAN KEXUE BAN）LUNWEN JINGCUI（1979—1991）

主　　编：湖南大学学报（自然科学版）编辑部
责任编辑：张建平
印　　装：湖南省美如画彩色印刷有限公司
开　　本：889 mm×1194 mm　1/16　**印张：**40.75　**字数：**942千字
版　　次：2023年12月第1版　**印次：**2023年12月第1次印刷
书　　号：ISBN 978-7-5667-3170-8
定　　价：200.00元

出 版 人：李文邦
出版发行：湖南大学出版社
社　　址：湖南·长沙·岳麓山　　**邮　　编：**410082
电　　话：0731-88822559(发行部),88821315(编辑室),88821006(出版部)
传　　真：0731-88649312(发行部),88822264(总编室)
网　　址：http://press.hnu.edu.cn
电子邮箱：574587@qq.com

《湖南大学学报(自然科学版)论文精粹》

编委会

前　言

《湖南大学学报（自然科学版）》1956年创刊，月刊，大16开，系教育部主管、湖南大学主办的自然科学综合性学术刊物。目前，刊物形成了以土木工程栏目为龙头，机械工程栏目和电气工程栏目为两翼，计算机科学栏目和材料科学与工程栏目为辅助的办刊特色。作为重要的科研成果首发平台、学术交流战略阵地、创新突破前沿窗口，刊物在展示学术创新、提升学科影响、聚合学科资源、培养高端人才、推动学术交流等方面做出了独特贡献。

自创刊以来，《湖南大学学报（自然科学版）》在主管部门机械部、教育部的指导下，在主办单位湖南大学领导下，在专家学者的大力支持下，在历届编委会和编辑部同仁的共同努力下，取得了一定的成就。2018年以来，刊物先后荣获"中国高校百佳优秀科技期刊奖"（2018）、"第四届湖湘优秀出版物期刊奖"（2018）、"中国高校百佳优秀科技期刊奖"（2020）、"第三届湖南出版政府奖提名奖"（2021）等。

刊物也是多种权威性数据库的收录源刊：EI Compendex 源刊（湖南省高校学报中文版首家，2004—）、日本《科技文献速报》源刊、俄罗斯《文摘杂志》源刊、英国《INSPEC》源刊、《中国科学引文数据库》源刊（CSCD，2003—）、《中文核心期刊要目总览》核心期刊（北京大学，1992—）等。刊物影响因子等期刊评价指标名列前茅，稳居 Scopus 数据库中 Q2 区。

筚路蓝缕以启山林，栉风沐雨砥砺前行。刊物1956年创刊、"文革"停刊，1979年恢复办刊。在近70年的奋斗历程中，历届编委会和编辑部同仁甘为他人做嫁衣裳，为刊物的发展付出了艰辛的劳动。从1979年恢复办刊以来，在《湖南大学学报（自然科学版）》刊物上有文字记载的历任编委会主任如下：王柯敏（2003—2004）、钟志华（2005—2015）、陈政清（2016至今）；历任主编如下：徐仲榆（1991—1992）、赵立华（1993—1997）、李树丞（1998—2000）、黄红武（2001—2003）、王道平（2004—2015）、易伟建（2016至今）。根据当事者回忆，历任编辑部主任如下：黄文淑（1982—1985）、唐子畏（1986—1990）、刘子娟（1991—1996）、雷鸣（1997—2000）、张高明（2001年至今）。2000年湖南大学与湖南财经学院合并后成立湖南大学期刊社，历任社长如下：李学宇（2000—2002）、王道平（2002—2012）、雷鸣（2012—2020）、李文邦（2020至今）。

为深入贯彻习近平总书记关于建设世界一流科技期刊的重要指示精神，湖南省委宣传部、省科技厅决定实施"培育世界一流湘版科技期刊建设工程"，《湖南大学学报（自然科学版）》成为首批6个重点扶持期刊之一，建设周期为5年，每年投入建设经费100万元。为了对《湖南大学学报（自然科学版）》近70年的奋斗历程进行总结，刊物编辑部决定根据科技期刊的评价指标体系，以被引频次和下载量为标准，从中遴选出这2个指标领先的文章结集出版。"吹尽黄沙始见金"，这些精选的学术论文具有相当高的文献价值与学术价值，所蕴含的处理问题的方法论，在今天仍然值得学术界参考和借鉴。

由于历史的原因，"文革"之前的刊物已经难以找到，更谈不上在互联网时代的知网上发布。1979年恢复办刊以来，刊物迎来了几个颇具里程碑意义的事件：1992年从季刊改为双月刊，2004年刊物成为EI收录源刊，2007年从双月刊改为月刊，2014年开始专业化分卷出版。

根据上述里程碑，可以将刊物的发展历程划分为几个阶段。借助知网等期刊评价指标系统，刊物编辑部拟从每个阶段中选取被引频次、下载量等指标领先的文章结集出版，形成《湖南大学学报（自然科学版）》论文精萃系列丛书。

《湖南大学学报（自然科学版）论文精粹（1979—1991）》，是上述系列丛书的第一本。令人遗憾的是：由于知网上没有发布刊物 1980 年的数据，因此，本书也缺失该年度的数据。

以湖南省培育世界一流湘版科技期刊建设工程总体要求为依据，以世界一流科技期刊为目标，以服务于湖南大学“双一流”建设、湖南省“三高四新”战略和国家科技创新为宗旨，依托湖南大学优势学科，辐射国内相应学科，促进学术交流和人才培养，强化专业化出版能力，提高传播力，进而提升国际影响力和话语权，在项目建设期内将刊物建设成为国内一流、具有一定国际影响力的工程技术类学术期刊。这是我们《湖南大学学报（自然科学版）》编辑部同仁的办刊追求目标！

张高明

2023 年 5 月 27 日

目　　录

1985 年论文

1986 年论文

1987 年论文

1988 年论文

1989 年论文

1990 年论文

1991 年论文

1979年论文

磨削力数学模型的研究

李力钧，傅杰才

摘　要

磨削力由切屑变形力和摩擦力构成。在这种认识的基础上我们建立了新的磨削力的数学模型。它由两项组成，分别相应于切屑变形力和摩擦力。

试验测定了磨削不同工件材料时磨削用量与磨削力之间的关系，试验结果与建立的磨削力模型相符合。

从切屑变形力与摩擦力两方面分析了切向磨削力与法向磨削力的比值，大体上应在0.2～0.59范围内。磨削不同工件材料时，切向磨削力与法向磨削力的比值的实测值在这个范围内。

根据建立的磨削力模型，讨论了当量切削厚度的意义、高速磨削的适用范围等问题。

一、磨削力数学模型的建立

磨削力由切屑变形力和摩擦力构成。叠加所有同时与工件接触的各个磨粒切削刃的磨削力，G. Werner 建立了一个作为主要磨削参数的函数的磨削力模型〔1〕。其基本思路和结果是首先给出啮合切削刃数量和分布的函数描述，给出作为静态切削刃密度c_1的函数的相对于接触长度变量 l 处的单位砂轮表面的啮合切削刃数 $N_{dyn}(l)$，见图 1。

$$N_{dyn}(l)=A_N[c_1]^{\beta}\left(\frac{V_w}{V_s}\right)^{\alpha}\left(\frac{a}{D}\right)^{\frac{\alpha}{2}}\left(\frac{l}{l_K}\right)^{\alpha *} \tag{1}$$

$$l_K=(a\cdot D)^{1/2}$$

式中：A_N——比例系数　　　V_s——砂轮速度

V_w——工件速度　　　D——当量砂轮直径

a——切深　　　l_K——砂轮与工件的接触长度

* 注：$N_{dyn}\propto(l)\left(\frac{V_w}{V_s}\right)^{\alpha}\left(\frac{a}{D}\right)^{\frac{\alpha}{2}}\left(\frac{l}{l_K}\right)^{\alpha}$的物理意义是接触区中某点处单位砂轮表面的啮合切刃数与该点处磨粒切削刃的切削深度的α次方成比例。

其次，给出砂轮和工件接触区内各个切屑横断面的大小和分布的函数描述。接触区中可变点 l 处的平均切屑横断面 $\overline{Q}(l)$ 为：

$$\overline{Q}(l)=\frac{2}{A_N}[c_1]^{-\beta}\left(\frac{V_w}{V_s}\right)^{1-\alpha}\left(\frac{a}{D}\right)^{\frac{1-\alpha}{2}}\left(\frac{l}{l_K}\right)^{1-\alpha} \tag{2}$$

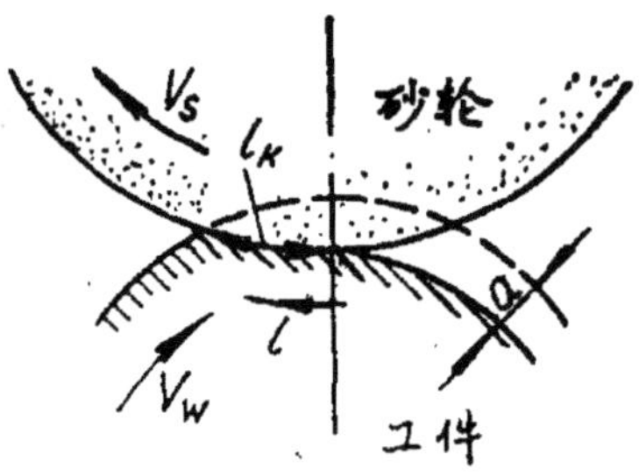

图1

指数α和β决定于砂轮圆周上的切削刃分布，可以在下列范围内取值：

$$0<\alpha<\frac{2}{3} \qquad \frac{1}{2}<\beta<\frac{2}{3}$$

类比某个车削力公式：

$$F=K_{s,1}\cdot b\cdot t^N \qquad 0<N<1 \tag{3}$$

式中：$K_{s,1}$ 为比切削力，b 为切削宽度，t 为切深。将磨削中单个切削刃的切削力 F_E 同样表示为切屑横断面面积 Q 的幂函数：

$$F_E=KQ^N \qquad 0<N<1 \tag{4}$$

K 为比例系数。认为指数 N 代表了磨粒切削过程中摩擦力和切屑变形力的相对关系，N 越是偏离1而指向0，则在总磨削力中摩擦部份越大。

接触区内某一点 l 处的单位接触面积的法向磨削力可以表示为：

$$F_N'(l)=K[\overline{Q}(l)]^N N_{dyn}(l) \tag{5}$$

在总接触长度范围内，从 $l=0$ 到 $l=l_K$ 积分这个函数，得法向磨削力强度：

$$F_N'=K\int_0^{l_K}[\overline{Q}(l)]^N N_{dyn}(l)dl$$

最后得到：

$$F_N'=K[c_1]^{\gamma}\left(\frac{V_w}{V_s}\right)^{2\varepsilon-1}[a]^{\varepsilon}[D]^{1-\varepsilon} \tag{6}$$

其中
$$\varepsilon=\frac{1}{2}[(1+N)+\alpha(1-N)]$$

$$\gamma=\beta(1-N)$$

由此，获得了一个象经验公式一样用幂函数表示的磨削力模型。

尽管这个模型的作者正确地认识到磨削力产生自两个机构：切屑变形和摩擦。但是，这个模型的主要缺点在于没有从物理意义上清楚地区分切屑变形力和摩擦力，用指数 N 的不同数值不可能清楚地表达切屑变形和摩擦的影响程度，更不能说明在磨削过程中随着砂轮的磨损钝化磨削力的急剧变化。

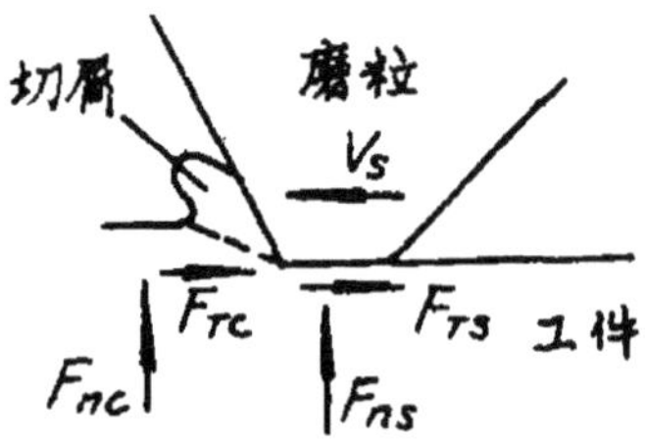

图2

磨削时，磨粒顶面和工件间剧烈摩擦。S. Malkin 对于磨削力与砂轮磨损平面面积关系的试验结果，证明以下分析是正确的（见图2）[2]。

$$F_N = F_{NC} + F_{NS} \tag{7}$$

$$F_T = F_{TC} + F_{TS} \tag{8}$$

式中： F_N——法向磨削力；

F_T——切向磨削力；

F_{NC}——切屑变形产生的法向磨削力；

F_{NS}——摩擦产生的法向磨削力；

F_{TC}——切屑变形产生的切向磨削力；

F_{TS}——摩擦产生的切向磨削力。

在不变的磨削用量下，法向磨削力随砂轮磨损平面面积线性增加，指出磨损平面和工件之间的平均接触压力强度$\overline{p}$是常数，并与工件材料硬度成比例。由于切向磨削力同样随砂轮磨损平面面积线性增加，证明滑动摩擦系数同样是常数。

命 α_R 为砂轮和工件间的真实接触面积，μ 为摩擦系数，则：

$$F_N = F_{NC} + \alpha_R \overline{p} \tag{9}$$

$$F_T = F_{TC} + \mu \alpha_R \overline{p} \tag{10}$$

对于单个磨粒切削刃所受切削力，我们可以利用 S. Malkin 的结论，引出类似的结果：

$$F_{EN} = F_{ENC} + F_{ENS} = F_{ENC} + \delta \overline{p} \tag{11}$$

$$F_{ET} = F_{ETC} + F_{ETS} = F_{ETC} + \mu \delta \overline{p} \tag{12}$$

式中 δ 为磨粒切削刃顶面面积（磨粒和工件真实接触面积）。

公式（11）（12）中的切屑变形力和切屑横断面面积的关系如何？

有关车削力与切削厚度关系的试验研究表明〔3〕，如果切削厚度的变化不过大，不改变切屑的形态，可以近似地认为，随着切削厚度的变化，切屑生成状态仅仅发生相似的变化，剪切角、切屑厚度比和切屑与前面的摩擦系数等都变化很小，如图 3 所示。

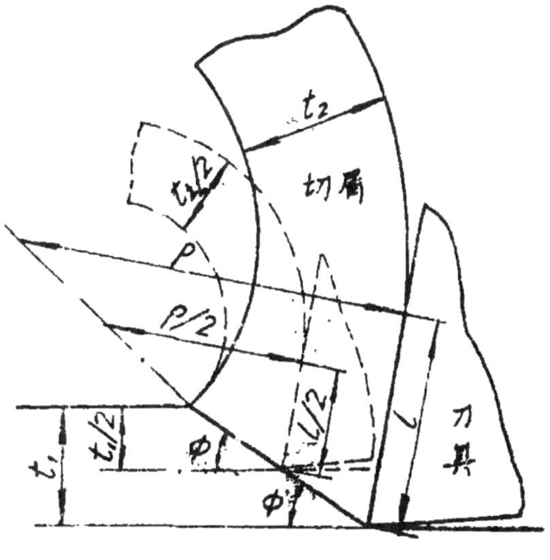

图 3　切削厚度变化引起的切屑生成状态的相似变化

图 4 为不同作者测定的切削力与切削厚度的关系。由于刃口圆弧与已加工表面的挤压，图 4 (a)中，切削厚度$t_1 \to 0$ 时，有非线性关系，当 t_1 大于刃口圆弧半径时，则切削力和切削厚度间呈线性关系。图 4 (b) 中，$t_1=0$ 时，有残余挤压力，切削力和切削厚度间始终呈线性关系。由此可见，总切削力减去刃口圆弧的挤压力，得到切屑变形力，切屑变形力与切削厚度成正比，当然就与切削面积成正比。

应用车削力的试验结果于所述情况：

$$F_{ENC} = KQ \tag{13}$$

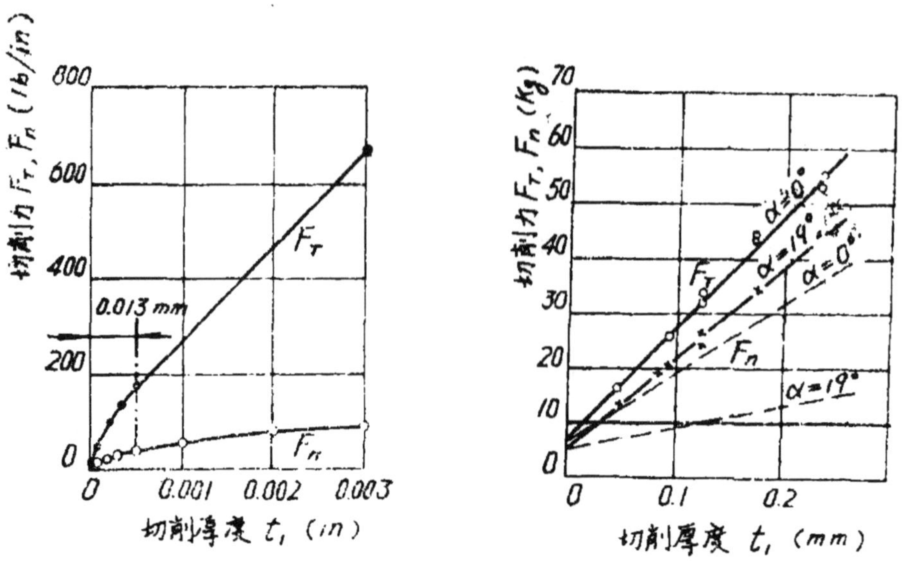

（a） 切削厚度和每单位切削宽度的切削力的关系（I, Finnie）　　（b） 切削厚度和切削力的关系（益子）

图 4　　α—前角

式中：K——法向磨削力的比切削力。

至于切屑变形的切向力，如果只考虑切屑作用于磨粒前面的法向力而忽略切屑与磨粒的摩擦力，并假定磨粒为圆锥形，按几何关系有：〔3〕

$$\frac{F_{ENC}}{F_{ETC}}=\frac{4}{\pi}\mathrm{tg}\,\gamma \tag{14}$$

式中：γ——磨粒半顶角。

从而有：

$$F_{ETC}=\frac{KQ}{\frac{4}{\pi}\mathrm{tg}\,\gamma} \tag{15}$$

将（13）、（15）代入（11）、（12），得：

$$F_{EN}=KQ+\delta\overline{p} \tag{16}$$

$$F_{ET}=\frac{\pi K}{4\mathrm{tg}\gamma}Q+\mu\delta\overline{p} \tag{17}$$

以我们导出的式（16）取代 G. Werner 所采用的式（4）$F_E=KQ^N$，利用类似于 G. Werner 的综合方法，则接触区内某一点 l 处的单位接触面积的法向磨削力可表示为：

$$F_N'(l)=[K\,\overline{Q}(l)+\overline{\delta}\,\overline{p}]N_{dyn}(l) \tag{18}$$

式中 $\overline{Q}(l)$ 为 l 点处的平均切屑截面积，$\overline{\delta}$ 为平均磨粒切削刃顶面积。

在 $l=0$ 到 $l=l_K$ 范围内积分这个函数，得到法向磨削力强度 F_N'.

$$F_N'=\int_0^{l_K}F_N'(l)\,dl$$
$$=\int_0^{l_K}2K\left(\frac{V_W}{V_s}\right)\left(\frac{a}{D}\right)^{\frac{1}{2}}\left(\frac{l}{l_K}\right)dl$$

$$+\int_0^{l_K}\overline{\delta}\,\overline{p}A_N[c_1]^\beta\left(\frac{V_w}{V_s}\right)^\alpha\left(\frac{a}{D}\right)^{\frac{\varepsilon}{2}}\left(\frac{l}{l_K}\right)^\alpha dl$$

$$F_N'=K\frac{V_w}{V_s}a+\frac{\overline{\delta}\,\overline{p}A_N}{1+\alpha}[c_1]^\beta\left(\frac{V_w}{V_s}\right)^\alpha a^{\frac{1+\varepsilon}{2}}D^{\frac{1-\varepsilon}{2}} \qquad (19)$$

对于切向磨削力，类似地有：

$$F_T'=\frac{\pi K}{4\mathrm{tg}\gamma}\frac{V_w}{V_s}a+\frac{\mu\overline{\delta}\,\overline{p}A_N}{1+\alpha}[c_1]^\beta\left(\frac{V_w}{V_s}\right)^\alpha a^{\frac{1+\varepsilon}{2}}D^{\frac{1-\varepsilon}{2}} \qquad (20)$$

这样就得到了分两项表示的磨削力模型，其中第一项相应于切屑变形力，第二项相应于摩擦力。

对于法向和切向磨削力强度，命

$$F_N'=F_{NC}'+F_{NS}' \qquad (21)$$

$$F_T'=F_{TC}'+F_{TS}' \qquad (22)$$

式中符号与式（7）、（8）中的符号有类似的意义。则有：

$$F_{NC}'=K\frac{V_w}{V_s}a \qquad (23)$$

$$F'_{NS}=\frac{\overline{\delta}\,\overline{p}A_N}{1+\alpha}[c_1]^\beta\left(\frac{V_w}{V_s}\right)^\alpha a^{\frac{1+\varepsilon}{2}}D^{\frac{1-\varepsilon}{2}} \qquad (24)$$

式（23）、（24）以及磨削力公式（19）可以通过另外的方式导出，其物理意义更加明确。

由式（13）$F_{ENC}=KQ$，每颗磨粒的切屑变形力正比于它的切屑横断面面积Q，则总的磨削力强度的切屑变形部分有：

$$F_{NC}'=\sum KQ_i=K\sum Q_i=KQ_{总}$$

式中$Q_{总}$为单位磨削宽度上同时工作的各磨粒切削刃的切屑截面积的总和，有：

$$Q_{总}=\frac{V_w}{V_s}\cdot a\ [4]$$

得：

$$F_{NC}'=K\frac{V_w}{V_s}\cdot a$$

由式（11）$F_{ENS}=\delta\,\overline{p}$，则总的法向磨削力强度的摩擦部分$F_{NS}'=n\overline{\delta}\,\overline{p}$。式中$n$为单位磨削宽度上同时作用的磨粒切削刃数。

应用 G. Werner 关于啮合切削刃数$N_{dyn}(l)$的公式(1)，得到：

$$n=\int_0^{l_K}N_{dyn}(l)dl=\frac{A_N}{1+\alpha}[c_1]^\beta\left(\frac{V_w}{V_s}\right)^\alpha a^{\frac{1+\varepsilon}{2}}D^{\frac{1-\varepsilon}{2}}$$

同样得到：

$$F'_{NS}=\frac{\overline{\delta}\,\overline{p}A_N}{1+\alpha}[c_1]^\beta\left(\frac{V_w}{V_s}\right)^\alpha a^{\frac{1+\varepsilon}{2}}D^{\frac{1-\varepsilon}{4}}$$

下面讨论切向磨削力与法向磨削力的比值。

由式（19）（20）及（21）（22），有

$$F_{TS}'=\mu F_{NS}' \qquad (25)$$

$$F_{TC}'=\frac{\pi}{4\mathrm{tg}\gamma}F_{NC}' \tag{26}$$

命

$$\varphi=\frac{\pi}{4\mathrm{tg}\gamma},$$

则

$$F_{TC}'=\varphi F_{NC}' \tag{27}$$

由式（26）、（25）可见：切向磨削力的切屑变形力部分与法向磨削力的切屑变形力部分的比值，决定于磨粒半顶角等几何情况；而切向磨削力的摩擦力部分与法向磨削力的摩擦力部分的比值，决定于磨粒切削刃顶面与工件的摩擦系数μ．

切向磨削力与法向磨削力的比值ε为：

$$\varepsilon=\frac{F_T'}{F_N'}=\frac{F_{TC}'}{F_N'}+\frac{F_{TS}'}{F_N'}$$

$$\varepsilon=\varphi\frac{F_{NC}'}{F_N'}+\mu\frac{F_{NS}'}{F_N'} \tag{28}$$

在磨削力为纯切屑变形力的场合，$F_N'=F_{NC}'$，$F_{NS}'=0$，$\varepsilon=\varphi$；在磨削力为纯摩擦力的场合，$F_N'=F_{NS}'$，$F_{NC}'=0$，$\varepsilon=\mu$．对于一个实际磨削过程磨削力比值ε在μ和φ之间。

二、试验和试验结果分析

用试验从磨削用量与磨削力的关系验证了所提出的磨削力模型。试验在外圆磨床上用切入磨方式进行。固定其他参数，依次改变工件速度V_w、砂轮速度V_s和切深a，测量法向和切向磨削力，求法向磨削力强度与这些磨削用量参量之间的函数关系，以及切向磨削力与法向磨削力的比值。把V_w、V_s和a作为固定值时所用的基本参数组是$V_{w0}=0.69$m/s、$V_{s0}=50$m/s和$a_0=0.002$mm。

为了尽可能保持在整个试验中砂轮状况的固定，全部磨削试验用了一片硬度较硬、粒度较细的GB 70 zy$_1$ AP 400×40×127 80m/s 高速砂轮。用单颗粒金刚石修整。为了尽可能保证金刚石状况固定，分别采用两个金刚石笔作粗、精修整，粗修金刚石用于恢复砂轮的切削能力，精修金刚石用于获得固定的砂轮表面状况。精修时的修整用量是：修整导程每转0.1mm，半径进给量依次为0.015、0.015、0.005 mm，再光修两个单行程。

为了保持砂轮表面状况固定，试验在较小的法向磨削力强度下进行，其值小于16 N/mm。

试验机床采用我校研制的MBS 1320高速外圆磨床，磨头用步进电机数字进给，步进电机每步磨头前进0.5μm，保证准确控制切深a．

试验采用3% 高磨液作润滑冷却剂。

试验针对三种试件材料进行，如下表。

试件材料	硬度	试件直径（mm）
45号钢	HRc24	120
轴承钢GCr15	HRc62	120
高速钢 W18Cr4V	HRc64	120

用电阻应变式测力顶尖测量磨削力。在尾顶尖上加工出方形断面，在两两对边上各贴四片电阻应变片，组成两个测量电桥，接入Y6D—3A型六线动态电阻应变仪，用SC20型光线示波器记录，同时记录磨削过程中的法向磨削力和切向磨削力，以磨削力的稳定值为准。

圆盘状试件安装在心轴的固定位置，经标定，每1牛顿磨削力，测力顶尖有0.25微应变输出。而且所采用的测力顶尖，其法向磨削力和切向磨削力的测量值互不干扰。

试验结果按以下方式处理。

由于只是从磨削用量与磨削力的关系考核磨削力模型，因而公式(19)可以简化为：

$$F_N' = K\frac{V_w}{V_s}a + c\left(\frac{V_w}{V_s}\right)^{\alpha} a^{\frac{1+\alpha}{2}} \tag{29}$$

式中

$$c = \frac{\overline{\delta}\ \overline{p} A_N}{1+\alpha}[c_1]^{\beta} D^{\frac{1-\alpha}{2}}$$

c 与砂轮当量直径、静态切削刃密度和磨粒切削刃的分布有关，还与磨粒切削刃平均顶面面积$\overline{\delta}$和切削刃顶面与工件接触面的平均压力强度$\overline{p}$成正比。由于每次试验时，在一次修整砂轮后的累积磨削量均很小，可以认为$\overline{\delta}$是不变的，所以 c 是与被试材料性质（$\overline{p}$）有关的常数。磨削力中与摩擦有关的部分与 c 成正比例，可以称 c 为法向磨削力的比摩擦力。

当作V_w、V_s和 a 三个参数中有两个固定，改变另一参数，例如改变V_w时，式(29)又可进一步简化为：

$$F_N' = K_1 V_w + K_2 V_w^{\alpha} \tag{30}$$

式中 $K_1 = \frac{K a_o}{V_{so}}$， $K_2 = \frac{c a_o^{\frac{1+\alpha}{2}}}{V_{so}^{\alpha}}$，均为常数。

根据 V_w 与 F_N' 的三对合于规律的试验数据，代入式(30)，可以通过解三元联立方程解出三个未知常数K_1、K_2和 α .

另外，对于易磨材料，当着磨削用量足够大时，切屑变形力显著大于摩擦力，即

$$K_1 V_w \gg K_2 V_w^{\alpha}$$

$$K_1 \gg K_2 V_w^{\alpha-1}$$

微分式（30）：

$$\frac{dF_N'}{dV_w} = K_1 + K_2 \alpha V_w^{\alpha-1}$$

由于 $\alpha < 1$

所以有 $K_1 \gg K_2 \alpha V_w^{\alpha-1}$

近似地有 $K_1 \doteq \frac{dF_N'}{dV_w}$

即K_1应近似于F_N'—V_w曲线在V_w足够大处的斜率，因此也可以根据F_N'—V_w的试验曲线估算K_1的数值。

例如，对于易磨材料轴承钢，试验求得 F_N'—V_w 一组数据如图5各点所示。从而

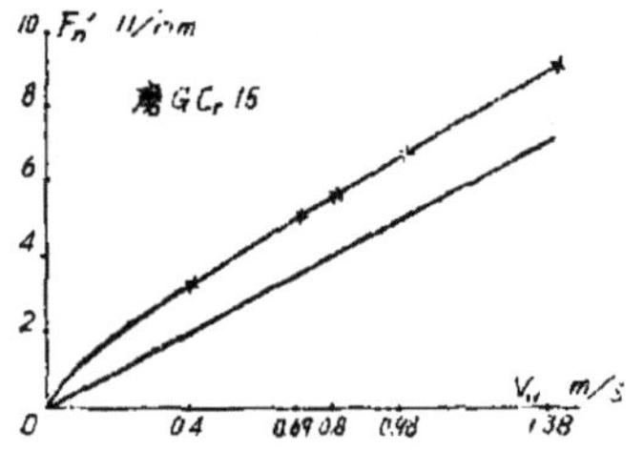

图 5

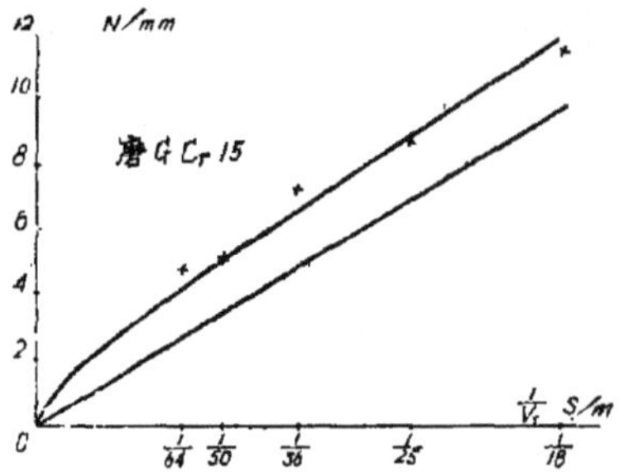

图 6

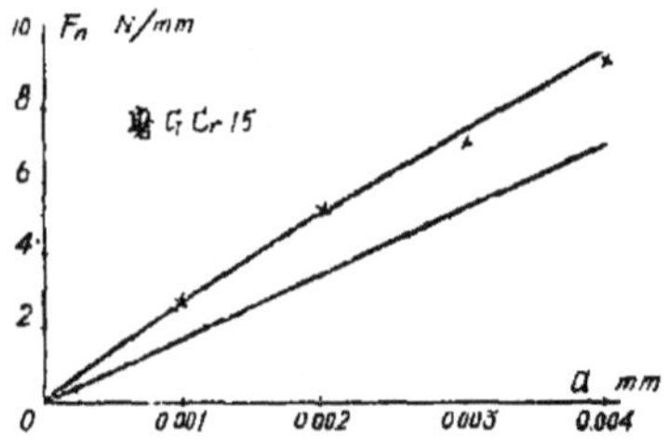

图 7

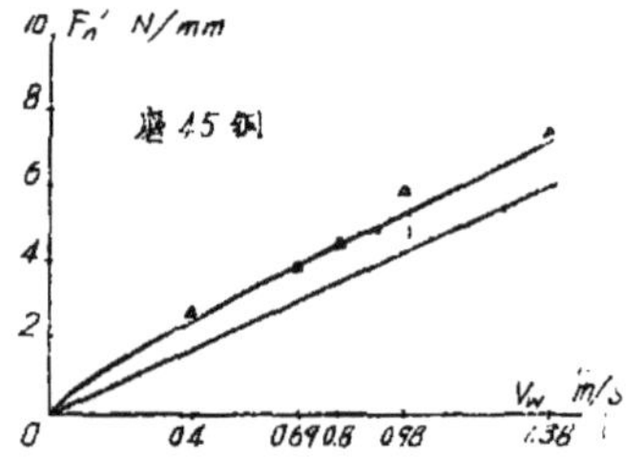

图 8

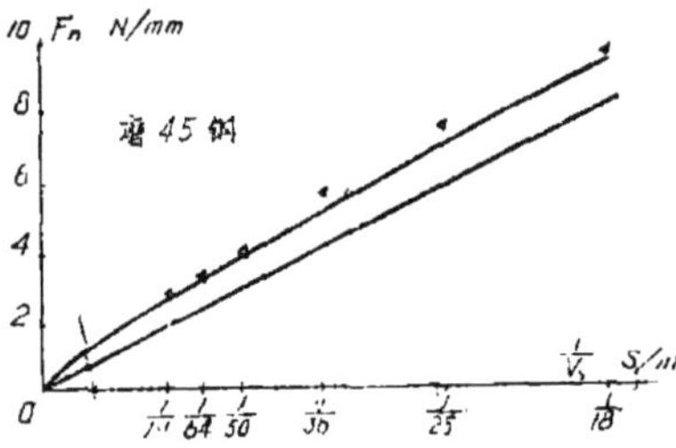

图 9

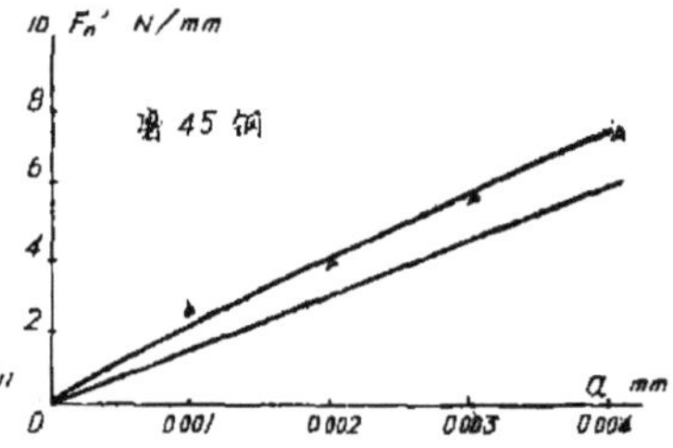

图 10

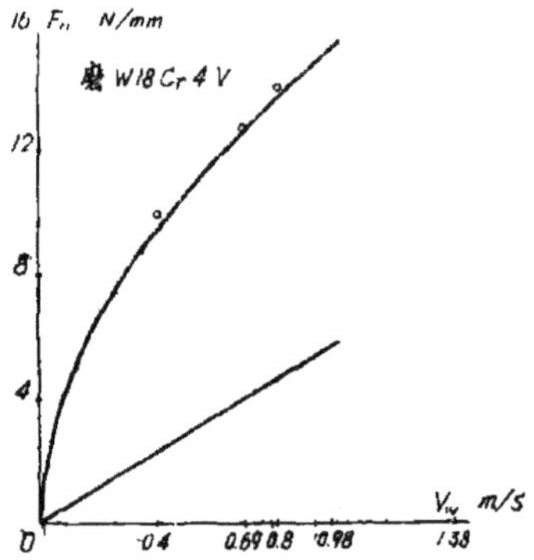

图 11

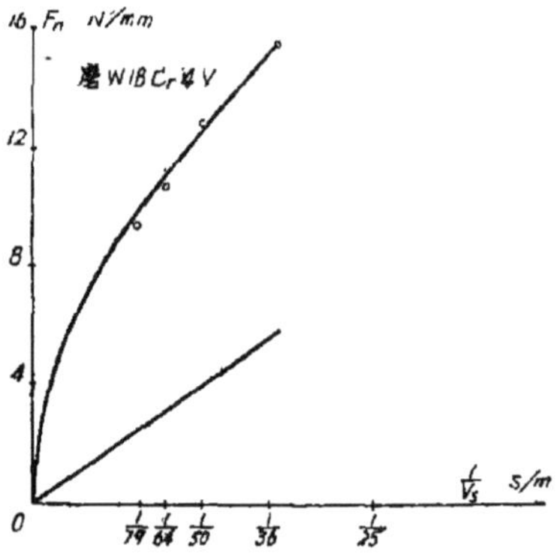

图 12

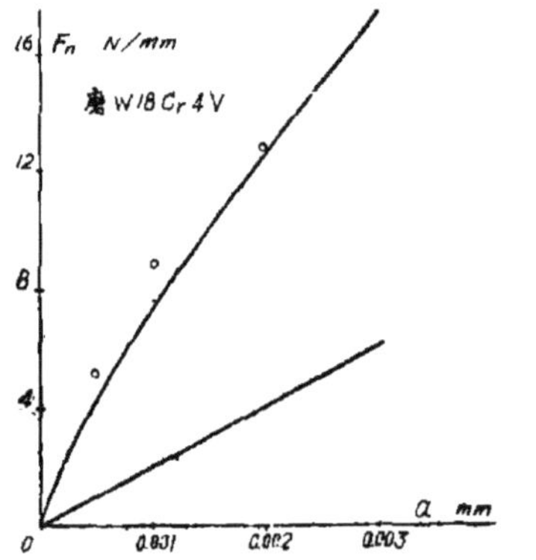

图 13

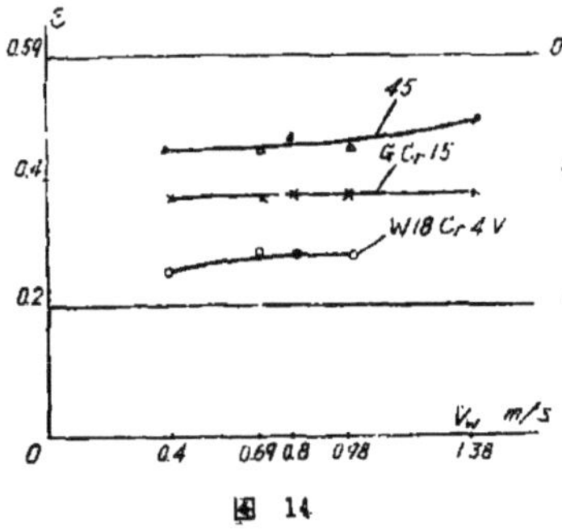

图 14

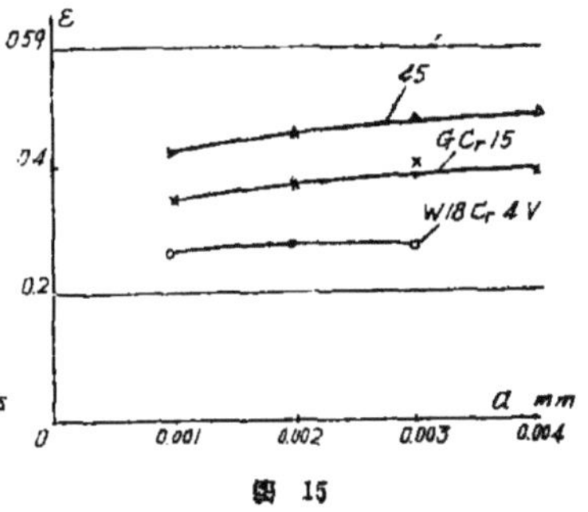

图 15

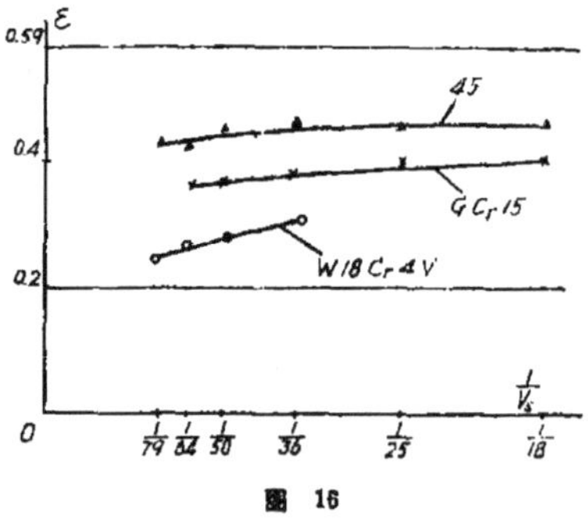

图 16

算出$K_1=5.07$，$K_2=1.835$，$\alpha=0.33$。

由式（30）求得：

$$K=K_1\frac{V_{so}}{a_o}=126750\text{N/mm}^2$$

$$c=K_2\frac{V_{so}{}^{0.33}}{a_o{}^{0.665}}=416\text{N/mm}^{1.665}$$

将求得的K、c和α值代入式（29），得到$F_N'—V_w$间的理论关系式：

$$F_N'=\frac{126750a_o}{V_{so}}V_w+\frac{416a_o{}^{0.665}}{V_{so}{}^{0.33}}V_w{}^{0.33} \tag{31}$$

图5中按式（31）作出的曲线，和各试验点都很相符。图中还作出了$F_{NC}'=\frac{126750a_o}{V_{so}}V_w$直线，直线以下部分相应于切屑变形力，直线以上、曲线以下部分相应于摩擦力。

如果所建立的磨削力模型是正确的，将以上求得的K、c和α值代入式（29），可以求得F_N'和V_s的函数关系为：

$$F_N'=126750V_{wo}a_o\frac{1}{V_s}+416V_{wo}{}^{0.33}a_o{}^{0.665}\left(\frac{1}{V_s}\right)^{0.33} \tag{32}$$

并求得F_N'和a的函数关系为：

$$F_N'=126750\frac{V_{wo}}{V_{so}}a+416\left(\frac{V_{wo}}{V_{so}}\right)^{0.33}a^{0.665} \tag{33}$$

图6、7上按式（32）、（33）作出的曲线和试验点十分相符。

对于不同试件材料的磨削试验，用的是同一片砂轮、同样的修整条件，因而砂轮状况是同一的。如果所建立的磨削力模型是正确的，那么决定于砂轮圆周上切削刃分布的指数α对于不同试件材料的磨削力公式应该是同一的。但是决定试件材料性质的比切削力K和比摩擦力c则因试件材料而异。

已知$\alpha=0.33$，根据45号钢$F_N'—V_w$关系的试验数据，得$K_1=4.34$，$K_2=1.13$，算出

$$K=108500\text{N/mm}^2$$

$$c=256.4\text{N/mm}^{1.665}$$

代入式（29），对于45号钢试件，求得：

$$F_N'=\frac{108500a_o}{V_{so}}V_w+\frac{256.4a_o{}^{0.665}}{V_{so}{}^{0.33}}V_w{}^{0.33} \tag{34}$$

$$F_N'=108500a_oV_{wo}\frac{1}{V_s}+256.4a_o{}^{0.665}V_{wo}{}^{0.33}\left(\frac{1}{V_s}\right)^{0.33} \tag{35}$$

$$F_N'=108500\frac{V_{wo}}{V_{so}}a+256.4\left(\frac{V_{wo}}{V_{so}}\right)^{0.33}a^{0.665} \tag{36}$$

按理论值作成曲线于图8、9、10，和图上标出的实测点能良好地符合。

同理，按已知的$\alpha=0.33$，针对高速钢的试验数据，求得：

$$K=147600\ \text{N/mm}^2$$

$$c=2230\ \mathrm{N/mm^{1.665}}$$

代入式（29），求得磨削高速钢试件的磨削力公式：

$$F_N'=\frac{147600a_o}{V_{so}}V_w+\frac{2230a_o^{0.665}}{V_{so}^{0.33}}V_w^{0.33} \tag{37}$$

$$F_N'=147600a_oV_{wo}\frac{1}{V_s}+2230a_o^{0.665}V_{wo}^{0.33}\left(\frac{1}{V_s}\right)^{0.33} \tag{38}$$

$$F_N'=147600\left(\frac{V_{wo}}{V_{so}}\right)a+2230\left(\frac{V_{wo}}{V_{so}}\right)^{0.33}a^{0.665} \tag{39}$$

作出理论曲线于图11、12和13，和图上标出的实测点也是基本符合的。

在以上各图中，都作出了相当于磨削力的切屑变形力部分的直线，以将总磨削力区分为切屑变形力和摩擦力两部分。

由以上结果可见：由于"尺寸效应"，在微量切削情况下，法向磨削力的比切削力K是很高的。K值按45号钢、轴承钢、高速钢的顺序加大。

三种被磨材料的比摩擦力c也不同，按45号钢、轴承钢、高速钢的顺序加大。因为在磨削高温下的材料硬度和$\overline{p}$值均按此顺序加大，特别是高速钢，它的红硬性好，因而c值特别大。

作为易磨材料的45号钢、轴承钢，在常用的（非极小的）磨削用量下，其磨削力中以切屑变形力为主，摩擦力所占比重较小；而作为难磨材料的高速钢，在试验的磨削用量范围内，摩擦力都大于切屑变形力，总磨削力特别大，这也就是高速钢难磨的原因。

我们还试验测定了切向磨削力与法向磨削力的比值与磨削用量的关系，其结果如图14、15和16所示。

磨粒顶角 $2\gamma=104°\sim108°$〔5〕，平均可取 $\gamma=53°$。则有：

$$\varphi=\frac{\pi}{4\mathrm{tg}\gamma}=0.59$$

至于摩擦系数μ，可以这样估算。S. Malkin 试验测定了在不变的磨削用量下，随着砂轮和工件间真实接触面积的增加，切向磨削力与法向磨削力的增长变化。这时磨削力的增加，完全是由于摩擦力引起的。S. Malkin 还指出可以从切向磨削力和法向磨削力的增长率的比计算摩擦系数。〔2〕

我们从他的试验曲线按这个方法估算，磨削不同材料时的摩擦系数显著不同，而以磨削 W18Cr4V 高速钢时为最小，$\mu\doteq0.2$。

因而大体上可以认为，切向磨削力与法向磨削力的比值应该在 0.2～0.59 范围内。或者说，法向磨削力应为切向磨削力的1.7～5倍。

对易磨材料 45 号钢调质试件，我们测得 $\varepsilon_{max}=0.49$，接近于纯切屑变形的情况；对于难磨材料高速钢，我们测得 $\varepsilon_{min}=0.25$，接近于纯摩擦的情况。

由图14、15和16所见，在所有情况下，随着磨削用量的加大，即随着磨削力中切屑变形成分的增加，切向磨削力与法向磨削力的比值ε均增加。

三、几个问题的讨论

1. 关于当量切削厚度的意义

人们在研究复杂的磨削过程的输入、输出条件的关系时力求寻找影响磨削过程的基础参数。CIRP于 1974 年提出以当量切削厚度 $heg=\frac{aV_w}{V_s}$ 为基础磨削参数〔4〕。但是这些年来，并未见多少应用。

当量切削厚度究竟在多大程度上与磨削过程的物理本质相关联？

根据我们提出的磨削力模型，由式（19）稍作变换，得：

$$F_N'=K\,\text{heg}+\frac{\overline{\delta}\,\overline{p}A_N}{1+\alpha}(c_1)^{\beta}(a\cdot D)^{\frac{1-\alpha}{2}}\text{heg}^{\alpha} \tag{40}$$

可见，磨削力的切屑变形部分与当量切削厚度成比例。而磨削力的摩擦部分和当量切削厚度关系较小，它更多地受到砂轮状况的影响。在磨削过程中，砂轮磨损、钝化，磨粒切削刃的顶面面积 $\overline{\delta}$ 变化，磨削力也会明显地变化。

只是对于易磨材料的磨削，砂轮又保持锋利，磨削力中以切屑变形力为主时，当量切削厚度才和比切削力一起决定磨削力的大小。对于其他情况，当量切削厚度则远不足以决定磨削力的数值。

S. Hahn 等人直接以法向磨削力强度 F'_N 作为基础磨削参数[6]，它更能表征磨削过程的本质，但对于普通定进给磨削，应用起来又嫌不够方便。

2. 关于高速磨削的适用范围

正如 G.Werner 所指出的，高速磨削主要适用于易磨材料的磨削〔1〕。这一点，从我们提出的磨削力模型中看得很清楚。

磨削力中的切屑变形力 $F'_{NC}\propto\frac{1}{V_s}$

磨削力中的摩擦力 $F'_{NS}\propto\frac{1}{V_s^{\alpha}}$ $\alpha<1$

随着砂轮速度的提高，磨削力中的切屑变形力和 V_s 成反比地减小，但摩擦力的下降程度则小得多。

磨削易磨材料，如45号钢、轴承钢，磨削力中以切屑变形力为主，摩擦力所占比重较小。可以通过提高砂轮速度 V_s 以显著降低磨削力，或者保持磨削力不变以显著提高金属切除率，而摩擦功仍在容许范围内，不致造成工件表面的热破坏。高速磨削有明显的优越性。

而在磨削难磨材料时，如我们这次试验的高速钢磨削，磨削力中以摩擦力为主，而切屑变形力所占比重较小。提高砂轮速度，磨削力的下降比较小，而原来已经比较大的摩擦功将进一步增大，容易造成工件表面的热破坏。这种情况下采用高速磨削就不一定合适。

参 考 文 献

1. G. Werner, Influence of work material on Grinding Forces CIRP 1978.
2. S. Malkin, The Wear of Grinding wheels ASME "B" Vol 93 No 4 1971.
3. 臼井英治，切削、研削加工学 上 共立出版株式会社 1971.
4. R. Snocys, The Significance of Chip Thickness in Grinding CIR 1974.
5. 机械工程手册 金属切削篇 磨削加工。
6. S. Hahn, Principles of Grinding Machinery 1971 Vol 77.

A Study of Grinding Force Mathematical Model

Li Lijun Fu Jiecai

Abstract

Grinding forces are comoosed of chip formation forces and friction forces. Based on this concept, We obtain a new grinding force model. It is composed of two terms corresponding to chip formation forces and friction forces respectively.

Relationships between grinding forces and grinding parameters with workpieces of different meterials are determined experimentally. The results indicate a close agreement with the model proposed.

We have also analysed the ratio between tangential forces and normol forces with respect to both chip formation forces and friction forces. The ratio generally falls within the range of 0.2～0.59. When workpieces of different meterials are grinded, the measured values of the ratio are within this range.

Based on the grinding force model obtained, problems such as the significance of equivalent chip thickness and the range of applicability of high speed grinding are discussed.

关于拉姆问题的精确解

王贻荪

摘　要

本文给出了匀质、各向同性、弹性半无限体表面在竖向集中突加力作用下表面竖向位移的精确解，此种解适用于泊松比为 0～0.5 的所有情况。本文还给出了在竖向集中谐和力作用下半无限体表面竖向位移的精确解，此问题的积分形式解是 Lamb 在 1904 年得到的。所得解答与著名的静力问题的Boussinesq解相对应。利用此解答可以评定已有近似解的适用范围。此外，本文还指出了Баркан 有关结论中存在的问题。

十九世纪末，布辛内斯克(Boussinesq) 研究了竖向集中力作用下匀质、各向同性弹性半无限体的静位移问题。由于他所得到的位移精确解是分析其他分布力作用下半无限体位移和确定弹性地基上梁板的静接触应力的基础，因此，弹性力学及土力学中将此课题称之为布辛内斯克课题〔1〕。稍后，拉姆(Lamb)分析了与布辛内斯克课题相类似的问题——集中力作用下半无限体表面的动位移问题〔2〕，得到了以积分形式表示的位移解答（积分形式解）；同样，由于此解答在地震学，机械振动学及土动力学等方面具有重要的作用，也常将这类问题称为拉姆问题。

拉姆虽然早在 1904 年就得到了谐和集中力作用下半无限体表面竖向位移的积分形式解，可是国内外至今尚未发表过此种位移的精确公式解，而仅得到了离扰源（力作用点）很远距离处的位移瑞利波项式解（或相应的渐近解）〔2〕〔3〕〔4〕〔5〕〔6〕及离扰源近距离处的级数近似解〔7〕。正由于没有一个统一的精确解，巴尔坎（Баркан）才在其名著〔7〕中提出了所谓分界距离（小于此距离时用级数近似解，大于此距离时用瑞利波项式解）的概念及其确定公式，然而这种概念及其确定公式是错误的（本文将在第五部分阐述错误所在）。也正由于级数近似解仅适用于近距离（或本文后面提到的特征因数较小）的情况，满足不了一些通用的基础振动半空间理论计算方法的要求，因为这些通用方法需要一种特征因数范围较宽的解答〔8〕。基础振动半空间理论的开创者瑞斯纳(Reissner)曾指出，由旁义积分所得的最终结果（指拉姆解）来进行计算会引起很大的困难〔9〕。他还暗示了获得精确解的必要性。

以上简要地说明了求得拉姆问题的精确解，无论从理论还是从工程实际的角度来说，都是有意义的。

为求得此精确解，本文放弃了传统的拉姆求解途径，而从突加谐和力作用下的解答出发，重新求解了这一古典问题，找到了其精确解，并作了大量的对比计算和成果分析，初步得到了若干较为重要的结论。还简介了与求解上述问题有关的笔者的另一工作，即竖向突加力作用下任意泊松比的半无限体介质表面竖向位移的精确解。由于笔者水平所限，不当之处在所难免，希读者指正。

一、已有解答简述

为便于比较，下面列出拉姆积分形式解、瑞利波项式及其渐近式解、级数近似解的结果。

（一） 拉姆积分形式解

半无限体表面点 O 作用竖向谐和力 $e^{i\omega t}$(为简便计，下面均认为此扰力幅值为 1)，离此力为 r 处的半无限体表面竖向位移 $w(r,t)$ 的稳态解为〔2〕〔4〕

$$w(r,t)=-\frac{e^{i\omega t}}{2\pi\mu}\int_0^{\infty}\frac{k_1^2\zeta_1\sqrt{\zeta_1^2-h_1^2}\,J_0(\zeta_1 r)\,d\zeta_1}{(2\zeta_1^2-k_1^2)^2-4\zeta_1^3\sqrt{\zeta_1^2-h_1^2}\sqrt{\zeta_1^2-k_1^2}} \tag{1.1}$$

式中 $k_1=\omega/b$， $h_1=\omega/a$； $a=\sqrt{\dfrac{\lambda+2\mu}{\rho}}$（介质的纵波速度），$b=\sqrt{\dfrac{\mu}{\rho}}$（介质的横波速度）；$\lambda$，$\mu$ 及 ρ 分别为介质的拉梅常数及密度；$J_0(\zeta_1 r)$ 为 $(\zeta_1 r)$ 的第一类零阶贝塞尔函数。(1.1)式就是拉姆积分形式解，显然这是一类很难计算的积分。由于拉姆求解运动方程时利用了“稳态”条件（即利用了 $\dfrac{\partial^2 w}{\partial t^2}=-\omega^2 w$ 这类条件），所以 (1.1) 式中的积分必须在复平面上沿闭合回路进行，以便扣除驻波项，使解答确实只表示由振源往外传播的波（行波）。由于此积分本身的复杂性，至今只就所研究的问题性质，或考虑 r 很大（如地震波分析）的瑞利波项式，或讨论特征因数 $a_r=\dfrac{\omega r}{b}$ 很小（基础振动半空间问题）的级数近似式。

（二） 瑞利波项式及其渐近式解

通过适当组合（为简便计，只列出泊松比 $\nu=0.25$ 的情况），由〔2〕〔7〕可得竖向位移 $w(r,t)$ 的瑞利波项式为

$$\left.\begin{aligned} w(r,t)&=-\frac{a_r e^{i\omega t}}{\mu r}(f_{1R}+if_{2R}),\\ f_{1R}&=0.0998\ Y_0(1.08777a_r)\\ f_{2R}&=0.0998\ J_0(1.08777a_r)\end{aligned}\right\} \tag{1.2}$$

式中 $Y_0(x)$ 是 x 的第二类零阶贝塞尔函数。当 r 很大或 $a_r=\dfrac{\omega r}{b}$ 很大时，利用贝塞尔函数的渐近关系〔4〕，可得远距离处位移的渐近式

$$w(r,t)=-\frac{a_r}{\mu r}e^{i\omega t}\left(\sqrt{\frac{2}{1.08777a_r}}\ e^{-i\left(1.08777a_r+\frac{\pi}{4}\right)}\right) \tag{1.3}$$

（三） 级数近似式解

当特征因数 $a_r\leqslant 1.5$ 时，由〔7〕及〔8〕可得下列级数近似式（为简便计也只列出 $\nu=0.25$ 的公式）

$$w(r,t)=-\frac{a_r e^{i\omega t}}{\mu r}(f_{1m}+if_{m2})$$

$$f_{1m}=-\frac{0.119}{a_r}+0.0895a_r-0.0104a_r^3+0000466a_r^5-0.0000109a_r^7+\cdots$$

$$f_{2m}=0.0998J_0(1.08777a_r)+0.0484-0.00595a_r^2+0.00024a_r^4-0.00000484a_r^6+\cdots \tag{1.4}$$

二、表面竖向位移的一般式

设在匀质、各向同性弹性半无限体表面上突然作用一集中、竖向单位谐和力$H(t)e^{i\omega t}$，这里$H(t)$为亥维赛德(Heaviside)单位阶跃函数；选用圆柱座标系，其原点与力作用点重合，如图1。

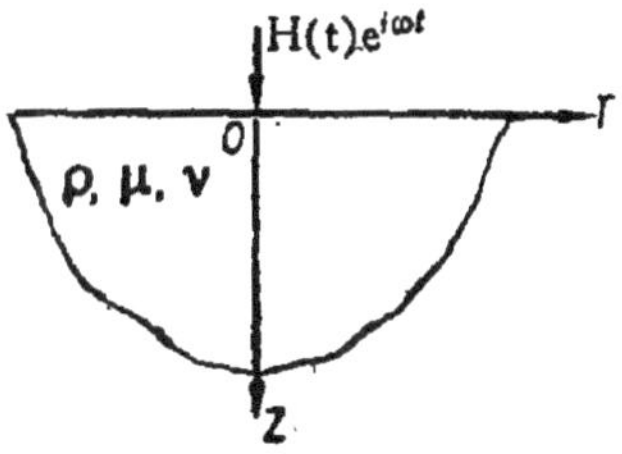

图 1

为确定表面位移，可求解势函数 φ,ψ 的两个波动方程〔10〕：

$$\left.\begin{aligned}&\frac{1}{r}\frac{\partial}{\partial r}\left(r\frac{\partial\varphi}{\partial r}\right)+\frac{\partial^2\varphi}{\partial z^2}=\frac{1}{a^2}\frac{\partial^2\varphi}{\partial t^2}\\&\frac{\partial}{\partial r}\left[\frac{1}{r}\frac{\partial}{\partial r}(r\psi)\right]+\frac{\partial^2\psi}{\partial z^2}=\frac{1}{b^2}\frac{\partial^2\psi}{\partial t^2}\end{aligned}\right\} \tag{2.1}$$

为节省篇幅，对图1所示力源作如下处理，以便直接引用〔10〕的结果。先假设集中力均匀分布在半径为r_0的圆面积内，分布力值为$p_0H(t)e^{i\omega t}$，$p_0=\frac{1}{\pi r_0^2}$。显然，这种假设的分布力的合力幅值为$P=\pi r_0^2p_0=1$。在以后对分布力作用相应的解答中若取$r_0\to0$，则所得极限值即为集中力相应的解答。设φ及ψ的拉普拉斯变换为Φ及Ψ，由〔10〕可得

$$\left.\begin{aligned}&\Phi=\int_0^\infty e^{-st}\varphi dt=\int_0^\infty f(\beta_1)e^{-a_1z}J_0(\beta_1r)d\beta_1\\&\Psi=\int_0^\infty e^{-st}\psi dt=\int_0^\infty g(\beta_1)e^{-b_1z}J_1(\beta_1r)d\beta_1\end{aligned}\right\} \tag{2.2}$$

式中

$$a_1=\sqrt{\beta_1^2+\frac{s^2}{a^2}},\qquad b_1=\sqrt{\beta_1^2+\frac{s^2}{b^2}} \tag{2.3}$$

$$\left.\begin{aligned}&g(\beta_1)=2\beta_1\sqrt{\beta_1^2+\frac{s^2}{a^2}}r_0p_0J_1(\beta_1r_0)/[\Delta(s-i\omega)]\\&f(\beta_1)=\left(2\beta_1^2+\frac{s^2}{b^2}\right)r_0p_0J_1(\beta_1r_0)/[\Delta(s-i\omega)]\end{aligned}\right\} \tag{2.4}$$

$$\Delta=\mu\left(2\beta_1^2+\frac{s^2}{b^2}\right)^2-4\mu\beta_1^2a_1b_1 \tag{2.5}$$

$J_0(x)$及$J_1(x)$分别为第一类零阶及一阶贝塞尔函数。上面的(2.4)式相应于半径为r_0的圆面积内作用均布力$p_0H(t)e^{i\omega t}$的结果。利用下列极限关系〔1〕

$$\lim_{r_0\to 0} r_0 p_0 J_1(\beta_1 r_0)=\frac{P\beta_1}{2\pi},\quad \left(p_0=\frac{P}{\pi r_0^2},\ P=\pi r_0^2 p_0\right)$$

就可得到集中力 $H(t)e^{i\omega t}$ 作用下的 $f(\beta_1)$ 及 $g(\beta_1)$

$$\left.\begin{aligned} f(\beta_1)&=\left(2\beta_1^2+\frac{s^2}{b^2}\right)\frac{\beta_1}{2\pi(s-i\omega)\Delta}\\ g(\beta_1)&=2\beta_1\sqrt{\beta_1^2+\frac{s^2}{a^2}}\ \frac{\beta_1}{2\pi(s-i\omega)\Delta}\end{aligned}\right\}\tag{2.6}$$

须指出，(2.4) 或(2.6) 式中之 $\frac{1}{s-i\omega}$ 由 $H(t)e^{i\omega t}$ 的拉普拉斯变换求得。

沿竖向(Z向)的位移 $w(r,z,t)$ 与势函数 φ 及 ψ 的关系为〔10〕

$$w(r,z,t)=\frac{\partial\varphi}{\partial z}+\frac{1}{r}\ \frac{\partial}{\partial r}(r\psi)\tag{2.7}$$

由此可得 $w(r,z,t)$ 的拉普拉斯变换为 W

$$W=\int_0^\infty e^{-st}w(r,z,\ t)dt=\frac{\partial\Phi}{\partial z}+\frac{1}{r}\ \frac{\partial(r\Psi)}{\partial r}\tag{2.8}$$

利用前述各式，经简化后可得

$$W=\int_0^\infty [g(\beta_1)e^{-b_1 z}\beta_1-f(\beta_1)a_1 e^{-a_1 z}]J_0(\beta_1 r)d\beta_1\tag{2.9}$$

设表面($z=0$)的竖向位移为 $w(r,t)=w(r,0,t)$，其拉普拉斯变换为 W_0

$$W_0=\int_0^\infty e^{-st}w(r,t)dt\tag{2.10}$$

令 (2.9) 式中 $z=0$，并代入(2.6)式之 $f(\beta_1)$ 及 $g(\beta_1)$，得

$$W_0=-\frac{s^2}{2\pi b^2(s-i\omega)}\int_0^\infty\frac{a_1\beta_1}{\Delta}J_0(\beta_1 r)d\beta_1\tag{2.11}$$

令 $\frac{b^2}{a^2}=\vartheta^2$，且由弹性理论中的一般关系式得知 $\vartheta^2=\frac{1-2\nu}{2-2\nu}$，$\nu$ 为介质泊松比。再引入下列符号

$$s/b=k,\beta_1=kx,\quad \alpha=\sqrt{x^2+\vartheta^2},\quad \beta=\sqrt{x^2+1}\tag{2.12}$$

则(2.11)式变成

$$W_0=-\frac{s}{2\pi\mu b(s-i\omega)}\int_0^\infty\frac{\alpha x J_0(krx)}{(2x^2+1)^2-4x^2\alpha\beta}dx\tag{2.13}$$

求 $w(r,t)$ 的方法之一是将(2.13) 式之 W_0 进行拉普拉斯变换的反演。由于这种反演极为困难，下面采用另一种方法求 $w(r,t)$，这种方法就是设法把 W_0 写成一个已知函数的拉普拉斯变换的定义式。为此，设

$$W_1=-\frac{1}{2\pi\mu b}\int_0^\infty\frac{\alpha x J_0(krx)}{(2x^2+1)^2-4x^2\alpha\beta}dx\tag{2.14}$$

这样

$$W_0=\frac{s}{s-i\omega}W_1=\left(1+\frac{i\omega}{s-i\omega}\right)W_1\tag{2.15}$$

再设 W_1 可表为某一函数 $w_1(r,t)$ 的拉普拉斯变换定义式

$$W_I=\int_0^\infty e^{-st}w_1(r,t)dt \tag{2.16}$$

这样，(2.15) 式之W_0就可写成

$$W_0=\int_0^\infty e^{-st}\left(1+\frac{i\omega}{s-i\omega}\right)w_1(r,t)dt$$

应用卷积公式，上式可改写为

$$W_0=\int_0^\infty e^{-st}w_1(r,t)\,dt+\int_0^\infty e^{-st}\left(\int_0^t i\omega e^{i\omega(t-\zeta)}w_1(r,\zeta)d\zeta\right)dt$$

或

$$W_0=\int_0^\infty e^{-st}[w_1(r,t)+\int_0^t i\omega e^{i\omega(t-\zeta)}w_1(r,\zeta)d\zeta]dt \tag{2.17}$$

若$w_1(r,t)$是已知函数，则(2.17)式就是另一已知函数的拉普拉斯变换的定义式。将(2.10)与(2.17)式对比后，就可得

$$w(r,t)=w_1(r,t)+i\omega\int_0^t e^{i\omega(t-\zeta)}w_1(r,\zeta)d\zeta \tag{2.18}$$

至此基本上完成了上面提出求$w(r,t)$的任务。剩下的工作是确定$w_1(r,t)$。(2.18)式就是竖向集中力$H(t)e^{i\omega t}$作用下半空间表面位移$w(r,t)$的一般式。

确定$w_1(r,t)$的问题就是确定(2.14)式所示W_1的原函数的问题。此问题已经解决[11][12]。[11]只得到了$\nu=0.25$相应的$w_1(r,t)$的精确解，而[12]得到了一般ν值($\nu=0\sim0.5$)相应的精确解（见下文）。须注意的是[11][12]的拉普拉斯变换定义取用了卡森（Carson）积分方程的形式[4]，与本文的定义在积分号前差一个乘因子s。

三、$w_1(r,t)$的精确解

前已指出，确定表面竖向位移$w(r,t)$的另一问题是求出$w_1(r,t)$。[11]求得了$\nu=0.25$的$w_1(r,t)$精确解。我们曾在对瑞利方程根进行深入讨论的基础上，利用适当的积分变量代换，对瑞利方程的根全为实根及仅有一实根的两类情况分别采用不同的因式分解法，得到了各种ν值下的$w_1(r,t)$精确解，为节省篇幅下面只列出我们的结果[12]。

（一） $0\leq\nu\leq0.2631\cdots$范围内的$w_1(r,t)$

设$\tau=\dfrac{bt}{r}$，则$w_1(r,t)$可以$w_1(r,\tau)$表示

$$w_1(r,\tau)=0, \qquad 当\ \tau<\vartheta,$$

$$=\frac{1}{16\pi\mu(1-a_0)}\left\{2+\frac{\alpha_1}{2\sqrt{a_0-b_0}\sqrt{\tau^2-b_0}}-\frac{(\alpha_3+\gamma^2\alpha_2)}{4d\sqrt{\gamma^2-a_0}\sqrt{\gamma^2-\tau^2}}-\frac{(\alpha_3+\gamma_1^2\alpha_2)}{4d\sqrt{a_0-\gamma_1^2}\sqrt{\tau^2-\gamma_1^2}}\right\}, \qquad 当\ \vartheta<\tau<1,$$

$$=\frac{1}{16\pi\mu r(1-a_0)}\left\{4+\frac{\alpha_1}{2\sqrt{a_0-b_0}\sqrt{\tau^2-b_0}}-\frac{(\alpha_3+\gamma^2\alpha_2)}{4d\sqrt{\gamma^2-a_0}\sqrt{\gamma^4-\tau^2}}-\frac{(\alpha_3+\gamma_1^2\alpha_2)}{4d\sqrt{a_0-\gamma_1^2}\sqrt{\tau^2-\gamma_1^2}}+\frac{\alpha_{21}}{2\sqrt{1-b_0}\sqrt{\tau^2-b_0}}-\frac{(\alpha_{23}+\gamma^2\alpha_{22})}{4d\sqrt{\gamma^2-1}\sqrt{\gamma^2-\tau}}-\right.$$

$$-\frac{(\alpha_{23}+\gamma_1{}^2\alpha_{22})}{4d\sqrt{1-\gamma_1{}^2}\sqrt{\tau^2-\gamma_1{}^2}}\Big\},\qquad \text{当}1<\tau<\gamma\text{时，}$$

$$=\frac{1}{16\pi\mu r(1-a_0)}\Big\{4+\frac{\alpha_1}{2\sqrt{a_0-b_0}\sqrt{\tau^2-b_0}}-\frac{(\alpha_3+\gamma_1{}^2\alpha_2)}{4d\sqrt{a_0-\gamma_1^2}\sqrt{\tau^2-\gamma_1{}^2}}+$$

$$+\frac{\alpha_{21}}{2\sqrt{1-b_0}\sqrt{\tau^2-b_0}}-\frac{(\alpha_{23}+\gamma_1^2\alpha_{22})}{4d\sqrt{1-\gamma_1{}^2}\sqrt{\tau^2-\gamma_1{}^2}}\Big\},\tag{3.1}$$

当$\tau>\gamma$时。

式中

$$\left.\begin{aligned}
&a_0=\vartheta^2=\frac{1-2\nu}{2(1-\nu)}\\
&\alpha_1=4b_0+\lambda,\\
&\alpha_2=8c-4(1+a_0)-\lambda,\\
&\alpha_3=\frac{1}{b_0}(\beta_0\lambda+a_0),\\
&\beta_0=c^2-d^2,\quad \gamma^2=c+d,\quad \gamma_1^2=c-d,\\
&\lambda=b_0\frac{4a_0+1+4b_0(2c-a_0-1)-4\beta_0-\dfrac{a_0}{b_0}}{b_0{}^2-2b_0c+\beta_0}
\end{aligned}\right\}\tag{3.2}$$

b_0, c 及 d 由瑞利方程

$$1-8V^2+(24-16\vartheta^2)V^4-16(1-\vartheta^2)V^6=0\tag{3.3}$$

对于 V^2 的根确定，即由

$$1-8V^2+(24-16\vartheta^2)V^4-16(1-\vartheta^2)V^6$$
$$=-16(1-\vartheta^2)(V^2-b_0{}^2)[(V^2-c)^2-d^2]\tag{3.4}$$

确定。

$$\left.\begin{aligned}
&\alpha_{21}=4b_0+\lambda_2\\
&\alpha_{22}=8c-4(1+a_0)-\lambda_2\\
&\alpha_{23}=\frac{1}{b_0}\beta_0\lambda_2\\
&\lambda_2=b_0\frac{4a_0+4b_0(2c-a_0-1)-4\beta_0}{b_0{}^2-2b_0c+\beta_0}
\end{aligned}\right\}\tag{3.5}$$

（二） $0.2631\cdots\leq\nu\leq0.5$ 范围内的 $w_1(r,t)$〔或 $w_1(r,\tau)$〕

$$w_1(r,\tau)=0,\qquad \text{当 }\tau<\vartheta\text{时，}$$

$$=\frac{1}{16\pi\mu r(1-a_0)}\Big\{2-\frac{\alpha_1}{2\sqrt{b_0-a_0}\sqrt{b_0-\tau^2}}+\frac{\sqrt{2}}{4}\Big(\frac{\alpha_2a_0+\alpha_3}{\sqrt{\beta_2}}+$$

$$+\frac{\alpha_2\tau^2+\alpha_3}{\tau_0{}^2}\Big)\frac{1}{\sqrt{\sqrt{\beta_2}\tau_0{}^2+\beta_1-(c-a_0)\tau^2}}\Big\},\ \text{当}\vartheta<\tau<1\text{时，}$$

$$=\frac{1}{16\pi\mu r(1-a_0)}\Big\{4-\frac{\alpha_1}{2\sqrt{b_0-a_0}\sqrt{b_0-\tau^2}}+\frac{\sqrt{2}}{4}\Big(\frac{\alpha_2a_0+\alpha_3}{\sqrt{\beta_2}}+$$

$$+\frac{\alpha_2\tau^2+\alpha_3}{\tau_0{}^2}\Big)\frac{1}{\sqrt{\sqrt{\beta_2}\tau_0{}^2+\beta_1-(c-a_0)\tau^2}}-\frac{\alpha_{21}}{2\sqrt{b_0-1}\sqrt{b_0-\tau^2}}+$$

$$+\frac{\sqrt{2}}{4}\Big(\frac{\alpha_{22}+\alpha_{23}}{\sqrt{\beta_{22}}}+\frac{\alpha_{22}\tau^2+\alpha_{23}}{\tau_0{}^2}\Big)\times\frac{1}{\sqrt{\sqrt{\beta_{22}}\tau_0{}^2+\beta_{21}-(c-1)\tau^2}}\Big\},$$

当$1<\tau<\sqrt{b_0}$时，

$$=\frac{1}{16\pi\mu r(1-a_0)}\left\{4+\frac{\sqrt{2}}{4}\left(\frac{\alpha_2 a_0+\alpha_3}{\sqrt{\beta_2}}+\frac{\alpha_2\tau^2+\alpha_3}{\tau_0^2}\right)\frac{1}{\sqrt{\sqrt{\beta_{22}}\tau_0^2+\beta_1-(c-a_0)\tau^2}}\right.$$

$$\left.+\frac{\sqrt{2}}{4}\left(\frac{\alpha_{22}+\alpha_{23}}{\sqrt{\beta_{22}}}+\frac{\alpha_{22}\tau^2+\alpha_{23}}{\tau_0^2}\right)\frac{1}{\sqrt{\sqrt{\beta_{22}}\tau_0^2+\beta_{21}-(c-1)\tau^2}}\right\},\ 当\ \tau>\sqrt{b_0}时,\tag{3.6}$$

式中 a_0，α_1，α_2，α_3，α_{21}，α_{22} 及 α_{23} 仍由(3.2) 及 (3.5) 式确定，但其中 β_0 应取为 $\beta_0=c^2+d^2$，且 b_0，c 及 d 由下式确定（b_0 为大于 1 的正实数）

$$1-8V^2+(24-16\vartheta^2)V^4-16(1-\vartheta^2)V^6=-16(1-\vartheta^2)(V^2-b_0^2)[(V^2-c)^2+d^2]\tag{3.7}$$

$$\left.\begin{aligned}&\beta_{11}=d^2+c(c-a_0),\ \beta_{12}=d^2+(c-a_0)^2\\&\tau_0^4=(\tau^2-c)^2+d^2\\&\beta_{21}=d^2+c(c-1),\ \beta_{22}=d^2+(c-1)^2\end{aligned}\right\}\tag{3.8}$$

（三） 关于瑞利方程的根

上述 $w_1(r,\tau)$的精确闭合式涉及到瑞利方程求根的问题。我们曾利用反算法找到了它的精确根。现列举几例如下（以 b_0，c 及 d 表示）

$$\left.\begin{aligned}&\nu=0; &&b_0=\frac{1}{2}, &&c=\frac{3}{4}, &&d=\frac{\sqrt{5}}{4};\\&\nu=\frac{5}{21}; &&b_0=\frac{1}{3}, &&c=\frac{5}{7}, &&d=\frac{\sqrt{11}}{7};\\&\nu=\frac{1}{4}; &&b_0=\frac{1}{4}, &&c=\frac{3}{4}, &&d=\frac{\sqrt{3}}{4};\\&\nu=\frac{114}{235}; &&b_0=\frac{11}{10}, &&c=\frac{39}{188}, &&d=\frac{\sqrt{547}}{188}.\end{aligned}\right\}\tag{3.9}$$

（四） $\nu=0$ 及 0.25 相应的 $w_1(r,\tau)$

为了检核我们所得到的 $w_1(r,\tau)$的精确闭合式的正确性，曾用(3.1)式确定$\nu=0.25$ 的 $w_1(r,\tau)$，所得结果与〔11〕完全一致，$\nu=0.25$ 的 $w_1(r,\tau)$为

$$w_1(r,\tau)=0,\qquad 当\tau<\frac{1}{\sqrt{3}};$$

$$=\frac{1}{32\pi\mu r}\left(6-\frac{\sqrt{3}}{\sqrt{\tau^2-\frac{1}{4}}}-\frac{\sqrt{3\sqrt{3}+5}}{\sqrt{\frac{1}{4}(3+\sqrt{3})-\tau^2}}+\frac{\sqrt{3\sqrt{3}-5}}{\sqrt{\tau^2-\frac{1}{4}(3-\sqrt{3})}}\right),\qquad 当\frac{1}{\sqrt{3}}<\tau<1;$$

$$=\frac{1}{16\pi\mu r}\left(6-\frac{\sqrt{3\sqrt{3}+5}}{\sqrt{\frac{1}{4}(3+\sqrt{3})-\tau^2}}\right),\qquad 当\ 1<\tau<\gamma=\frac{1}{2}\sqrt{3+\sqrt{3}};$$

$$=\frac{3}{8\pi\mu r},\qquad 当\tau>\gamma.\tag{3.10}$$

$\nu=0$ 的 $w_1(r,\tau)$为

$$w_1(r,\tau)=0,\qquad 当\tau<\frac{1}{\sqrt{2}};$$

$$=\frac{1}{8\pi\mu r}\left\{2-\frac{\sqrt{\frac{1}{5}(2\sqrt{5}+4)}}{\sqrt{\frac{1}{4}(3+\sqrt{5})-\tau^2}}-\frac{\sqrt{\frac{1}{5}(2\sqrt{5}-4)}}{\sqrt{\tau^2-\frac{1}{4}(3-\sqrt{5})}}\right\},\ 当\frac{1}{\sqrt{2}}<\tau<1;$$

$$=\frac{1}{4\pi\mu r}\left\{2-\frac{\sqrt{\frac{1}{5}(2\sqrt{5}+4)}}{\sqrt{\frac{1}{4}(3+\sqrt{5})-\tau^2}}\right\},\qquad 当1<\tau<\sqrt{\frac{1}{4}(3+\sqrt{5})}$$

$$=\frac{1}{2\pi\mu r},\qquad 当\tau>\sqrt{\frac{1}{4}(3+\sqrt{5})}\ . \qquad (3.11)$$

众所周知，半无限体表面在竖向单位集中力作用下表面的竖向静位移 $w(r)$（布辛内斯克解）为 $\frac{1-\nu}{2\pi\mu r}$〔1〕，当 $\nu=0.25$ 时，$w(r)=\frac{3}{8\pi\mu r}$；当 $\nu=0$ 时，$w(r)=\frac{1}{2\pi\mu r}$。(3.10)或(3.11)式中当 $\tau>\frac{1}{4}\sqrt{3+\sqrt{3}}$ 或 $\tau>\frac{1}{2}\sqrt{3+\sqrt{5}}$ 相应的 $w_1(r,\tau)$ 即为 $w(r)$，这正与问题的必然性吻合（即突加力的作用在经历一定时间后其效应必然与静力效应相同），同时也旁证了上列 $w_1(r,\tau)$ 精确闭合式的正确性。顺便指出，关于任意泊松比的半无限体介质表面在突加力作用下的位移问题，最近由湖南省计算技术研究所王可成等作过更深入的研究〔17〕，可供参考。

四、表面竖向位移w(r,t)的精确解

先讨论 $\nu=0.25$ 的情况。由 (3.10) 式之 $w_1(r,\tau)$ 代入 (2.18) 式，即可求出 $H(t)e^{i\omega t}$ 力作用下任意时刻 t 之表面竖向位移 $w(r,t)$。如果像拉姆一样，仅讨论稳态阶段的位移，则可认为 (2.18)式中之 t 足够大，均能满足 $\tau=\frac{bt}{r}>\gamma$ 之条件，也就是说(2.18)式的右边积分项的被积函数将包含(3.10)式之各段。这样，集中谐和力 $e^{i\omega t}$ 作用下半无限体表面竖向位移 $w(r,t)$ 的稳态解为

$$w(r,t)=\frac{3}{8\pi\mu r}+i\omega e^{i\omega t}\left\{\frac{1}{32\pi\mu r}\int_{\frac{r}{\sqrt{3}b}}^{\frac{r}{b}}e^{-i\omega\zeta}[6+f_1(\zeta)+\right.$$

$$+f_2(\zeta)+f_3(\zeta)]d\zeta+\frac{1}{16\pi\mu r}\int_{\frac{r}{b}}^{\gamma\frac{r}{b}}e^{-i\omega\zeta}[6+f_2(\zeta)]d\zeta+$$

$$\left.+\frac{3}{8\pi\mu r}\int_{\gamma\frac{r}{b}}^{t}e^{-i\omega\zeta}d\zeta\right\} \qquad (4.1)$$

式中 $$f_1(\zeta)=-\sqrt{3}\left[\left(\frac{b\zeta}{r}\right)^2-\left(\frac{1}{2}\right)^2\right]^{-\frac{1}{2}}$$

$$f_2(\zeta)=-\sqrt{3\sqrt{3}+5}\left\{\gamma^2-\left(\frac{b\zeta}{r}\right)^2\right\}^{-\frac{1}{2}}$$

$$f_3(\zeta)=\sqrt{3\sqrt{3}-5}\left\{\left(\frac{b\zeta}{r}\right)^2-\gamma_1^2\right\}^{-\frac{1}{2}}$$

$$\gamma^2=\frac{1}{4}(3+\sqrt{3}),\quad \gamma_1^2=\frac{1}{4}(3-\sqrt{3})$$

将(4.1)式中易积出来的项合并（注意 t 足够大），令$a_r=\dfrac{\omega r}{b}$（特征 因 数），稍加整理后可得

$$w(r,t)=\frac{a_r e^{i\omega t}}{32\pi\mu r}\left\{\frac{6}{a_r}\left(e^{-i\frac{a_r}{\sqrt{3}}}+e^{-ia_r}\right)+i(I_1+I_2+I_3+I_4)\right\} \tag{4.2}$$

式中
$$I_1=-\sqrt{3}\int_{\frac{1}{\sqrt{3}}}^{1}\frac{e^{-ia_r\tau}}{\sqrt{\tau^2-\left(\frac{1}{2}\right)^2}}d\tau=-\sqrt{3}I_a \tag{4.3}$$

$$I_2=\sqrt{3\sqrt{3}+5}\int_{\frac{1}{\sqrt{3}}}^{1}\frac{e^{-ia_r\tau}}{\sqrt{\gamma^2-\tau^2}}d\tau=\sqrt{3\sqrt{3}+5}\,I_b \tag{4.4}$$

$$I_3=\sqrt{3\sqrt{3}-5}\int_{\frac{1}{\sqrt{3}}}^{1}\frac{e^{-ia_r\tau}}{\sqrt{\tau^2-\gamma_1^2}}d\tau=\sqrt{3\sqrt{3}-5}\,I_c, \tag{4.5}$$

$$I_4=-2\sqrt{3\sqrt{3}+5}\int_{\frac{1}{\sqrt{3}}}^{\gamma}\frac{e^{-ia_r\tau}}{\sqrt{\gamma^2-\tau^2}}d\tau=-2\sqrt{3\sqrt{3}+5}\,I_d \tag{4.6}$$

对(4.3)～(4.6)式的被积函数进行分析后得知可用下列两种积分的组合来表示I_a～I_d

$$\varepsilon=\varepsilon(c,d)=\int_0^c\frac{e^{-ia_r\tau}}{\sqrt{d^2-\tau^2}}d\tau \tag{4.7}$$

$$E=E(c,d)=\int_d^c\frac{e^{-ia_r\tau}}{\sqrt{\tau^2-d^2}}d\tau \tag{4.8}$$

(4.7) 及(4.8) 式中的 c 及 d 对 I_a，I_b，I_c，I_d 须分别取相应的值。

对(4.7)式作如下变换

$$\tau=d\sin\theta$$

则可得
$$\varepsilon=\varepsilon_1-i\varepsilon_2$$

式中
$$\varepsilon_1=\int_0^\alpha\cos(\rho\sin\theta)d\theta; \tag{4.9}$$

$$\varepsilon_2=\int_0^\alpha\sin(\rho\sin\theta)d\theta; \tag{4.10}$$

$$\rho=a_r d,\quad \alpha=\sin^{-1}\frac{c}{d}$$

对(4.8) 式作如下变换

$$\tau=d\,\mathrm{ch}\theta$$

则可得
$$E=E_1-iE_2$$

式中
$$E_1=\int_0^{\alpha}\cos(\rho\mathrm{ch}\theta)d\theta; \tag{4.11}$$
$$E_2=\int_0^{\alpha}\sin(\rho\mathrm{ch}\theta)d\theta; \tag{4.12}$$
$$\rho=a_r d,\quad \alpha=\mathrm{ch}^{-1}\frac{c}{d}$$

ε_1，ε_2，E_1 及 E_2 可用几种特殊函数表示，这些特殊函数如同一般常见的特殊函数（如贝塞尔函数）一样，已进行过详细的研究，形成了一种函数理论体系，并有大范围高精度的数值表可供直接查用。下面略去中间的运算过程，只写出用到的几种特殊函数的定义式〔13〕

零阶不完全贝塞尔函数
$$J_0(\alpha,\rho)=\frac{2}{\pi}\int_0^{\alpha}\cos(\rho\cos\theta)d\theta;$$

零阶不完全 Struve 函数
$$H_0(\alpha,\rho)=\frac{2}{\pi}\int_0^{\alpha}\sin(\rho\cos\theta)d\theta;$$

广义积分正弦
$$S(\rho,x)=\int_0^{x}\frac{\sin\sqrt{\rho^2+t^2}}{\sqrt{\rho^2+t^2}}dt;$$

广义积分余弦
$$C(\rho,x)=\int_0^{x}\frac{1-\cos\sqrt{\rho^2+t^2}}{\sqrt{\rho^2+t^2}}dt.$$

上述四种函数均有表可查〔13〕〔14〕〔15〕.

经过一定的运算化简后，(4.2) 式之 $w(r,t)$ 可写成(对 $\nu=0.25$)：
$$w(r,t)=-\frac{a_r}{\mu r}e^{i\omega t}(f_1+if_2) \tag{4.13}$$

式中
$$\begin{aligned}f_1=-\frac{1}{32\pi}\Big\{&\frac{6}{a_r}\left(\cos\frac{a_r}{\sqrt{3}}+\cos a_r\right)+\sqrt{3}\left[S\left(\frac{a_r}{2},\ \frac{\sqrt{3}}{6}a_r\right)\right.\\&\left.-S\left(\frac{a_r}{2},\ \frac{\sqrt{3}}{2}a_r\right)\right]+\sqrt{3\sqrt{3}-5}\left[S\left(\gamma_1 a_r,\ \sqrt{\frac{1}{3}(2\sqrt{3}+3)}\gamma_1 a_r\right)\right.\\&\left.-S\left(\gamma_1 a_r,\ \frac{1}{3}\sqrt{2\sqrt{3}-3}\gamma_1 a_r\right)\right]-\frac{\pi}{2}\sqrt{3\sqrt{3}+5}\Big[H_0(\alpha_5,\gamma a_r)\\&+H_0(\alpha_6,\gamma a_r)\Big]\Big\}\end{aligned} \tag{4.14}$$

$$\begin{aligned}f_2=-\frac{1}{32\pi}\Big\{&-\frac{6}{a_r}\left(\sin\frac{a_r}{\sqrt{3}}+\sin a_r\right)+\sqrt{3}\left[\alpha_1-\alpha_2+C\left(\frac{a_r}{2},\ \frac{\sqrt{3}}{2}a_r\right)\right.\\&\left.-C\left(\frac{a_r}{2},\ \frac{\sqrt{3}}{6}a_r\right)\right]+\sqrt{3\sqrt{3}-5}\left[\alpha_4-\alpha_3+C\left(\gamma_1 a_r,\ \frac{1}{3}\sqrt{2\sqrt{3}-3}\gamma_1 a_r\right)\right.\\&\left.-C\left(\gamma_1 a_r,\ \sqrt{\frac{1}{3}(2\sqrt{3}+3)}\gamma_1 a_r\right)\right]\\&-\frac{\pi}{2}\sqrt{3\sqrt{3}+5}\Big[J_0(\alpha_5,\gamma a_r)+J_0(\alpha_6,\gamma a_r)\Big]\Big\},\end{aligned} \tag{4.15}$$

$$\alpha_1=\mathrm{ch}^{-1}\frac{2}{\sqrt{3}},\quad \alpha_2=\mathrm{ch}^{-1}2,\quad \alpha_3=\mathrm{ch}^{-1}\left(\frac{1}{3}\sqrt{2(3+\sqrt{3})}\right),$$

$$\alpha_4=\mathrm{ch}^{-1}\sqrt{\frac{2}{3}(3+\sqrt{3})},\quad \alpha_5=\sin^{-1}\left(\frac{1}{3}\sqrt{2\sqrt{3}+3}\right),\quad \alpha_6=\sin^{-1}\sqrt{\frac{1}{3}(2\sqrt{3}-3)}$$

(4.13)，(4.14) 及 (4.15) 式就是集中竖向谐和力 $e^{i\omega t}$ 作用下，半无限体表面竖向稳态位移 $w(r,t)$ 的精确解，它适用于任何 $a_r=\dfrac{\omega r}{b}$ 值。

对于 $\nu=0$ 的情况，由(3.11) 之 $w_1(r,\tau)$，仿上同样的处理办法，可得相应的精确解 $w(r,t)$

$$w(r,t)=-\frac{a_r}{\mu r}e^{i\omega t}(f_1+if_2) \tag{4.16}$$

式中

$$f_1=-\frac{1}{8\pi}\left\{\frac{2}{a_r}\left(\cos\frac{a_r}{\sqrt{2}}+\cos a_r\right)+\sqrt{\frac{1}{5}(2\sqrt{5}-4)}\left[S\left(\gamma_1 a_r,\ \frac{1}{2}\sqrt{2\sqrt{5}+2}\,\gamma_1 a_r\right)\right.\right.$$
$$\left.-S(\gamma_1 a_r,\ \sqrt{\sqrt{5}+2}\,\gamma_1 a_r)\right]-\frac{\pi}{2}\sqrt{\frac{1}{5}(2\sqrt{5}+4)}\left[H_0(\alpha_5,\gamma a_r)\right.$$
$$\left.\left.+H_0(\alpha_6,\gamma a_r)\right]\right\} \tag{4.17}$$

$$f_2=-\frac{1}{8\pi}\left\{-\frac{2}{a_r}\left(\sin\frac{a_r}{\sqrt{2}}+\sin a_r\right)+\sqrt{\frac{1}{5}(2\sqrt{5}-4)}\left[\alpha_3-\alpha_4+\right.\right.$$
$$\left.+C(\gamma_1 a_r,\ \sqrt{\sqrt{5}+2}\,\gamma_1 a_r)-C\left(\gamma_1 a_r,\ \frac{1}{2}\sqrt{2\sqrt{5}+2}\,\gamma_1 a_r\right)\right]$$
$$\left.-\frac{\pi}{2}\sqrt{\frac{1}{5}(2\sqrt{5}+4)}\left[J_0(\alpha_5,\gamma a_r)+J_0(\alpha_6,\gamma a_r)\right]\right\} \tag{4.18}$$

$$\alpha_3=\mathrm{ch}^{-1}\frac{1}{\sqrt{2}\gamma_1},\quad \alpha_4=\mathrm{ch}^{-1}\frac{1}{\gamma_1},\quad \alpha_5=\sin^{-1}\frac{1}{2}\sqrt{2\sqrt{5}-2},$$

$$\alpha_6=\sin^{-1}\sqrt{\sqrt{5}-2},\quad \gamma=\frac{1}{2}\sqrt{3+\sqrt{5}},\quad \gamma_1=\frac{1}{2}\sqrt{3-\sqrt{5}}.$$

五、成果分析

为了检验本文所得精确解 $w(r,t)$的正确性，也为了揭示 $w(r,t)$随 a_r 变化的规律，我们作了大量的计算，其项目是：(1) 利用 (4.14) 及(4.15) 式，分别就 $a_r=0.1$，0.2，0.4，(以后每隔 0.2)…30 计算了 f_1，f_2 及 $f=\sqrt{f_1^2+f_2^2}$；(2) 利用(1.2) 式，分别就 $a_r=1.0$，1.2(以后每隔 0.2)…30 计算了 f_{1R}，f_{2R} 及 $f_R=\sqrt{f_{1R}^2+f_{2R}^2}$；(3) 利用 (1.4)式，分别就 $a_r=0.1$，0.2，0.4 (以后每隔 0.2)…3.6 计算了 f_{1m}，f_{2m}及 $f_m=\sqrt{f_{1m}^2+f_{2m}^2}$。图2～5表示了一部分计算结果，表 1 也列出了一部分成果。

图 2 为 $a_r=0$～2 的 f_1，f_2，f_{1m} 及 f_{2m} 与特征因数 a_r 的关系曲线；图 3 为 $a_r=1$～2 的 f_1，f_2，f_{1R} 及 f_{2R} 与 a_r 的关系曲线； 图 4 为 $a_r=1$～15 的 f，f_R 及 f_m 与 a_r 的关系曲线； 图 5 为 $a_r=15$～30 的 f 及 f_R 与 a_r 的关系曲线。表 1 为 $a_r=2.0$～10 相应的

f_1，f_2，f_{1R} 及 f_{2R} 值。以上数值成果均对泊松比 $\nu=0.25$ 的情况而言。

从所得数值结果的对比可看出：

（一） 正如所予料的，当 a_r 较小时（$a_r\leq 1.5$），精确解与级数近似解结果很接近，如图 2 所示；当 a_r 较大时，精确解与瑞利波项式解接近，如图 4 中 $a_r>3.5$ 及图 5 中 $a_r=15\sim30$ 的情况。

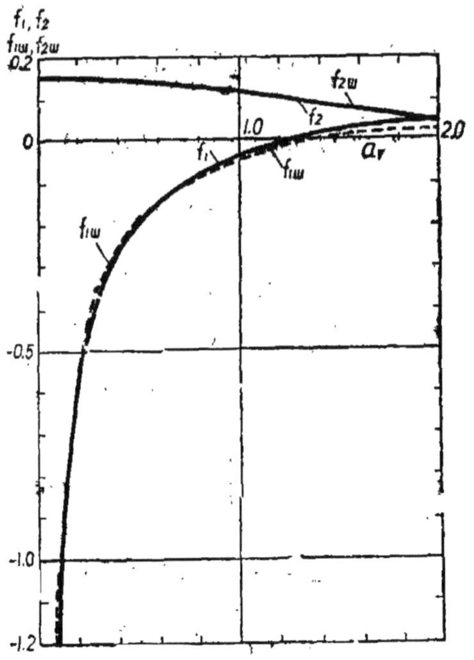

图 2

（二） 级数近似解仅能用于 a_r 较小的情况。〔7〕〔8〕说明仅当 $a_r\leq1.5$ 时才能保证精度；当 a_r 较大时，级数不收敛。由图 4 可以看出，当 $a_r>1.5$ 时，与精确解相差越来越大；由于级数仅取(1.4)式所示的几项，因此在图 4 中的 f_m 在 $a_r>1.5$ 以后出现反常变化规律。

（三） 瑞利波项式解大约在 $a_r>3.5$ 时才与精确解接近。图 4 及图 5 说明，当 $a_r>3.5$ 时，f 与 f_R 基本上接近；当 $a_r<3.5$ 时（特别是当 $a_r<2$ 时）两种解答差别较大。这种差别对振幅还不太明显（指 f 与 f_R）。f_1 与 f_{1R}，f_2 与 f_{2R} 的差别在 $a_r<3.5$ 时更明显一些，如图 3 及表 1 。这种差别不仅表现在数值大小上，而且还有符号的差别。我们知道，对于基础的振动计算不仅要知道 f 的值，更重要的是 f_1 及 f_2 的数值和符号。由此可知，$a_r\leq3.5$ 时，精确解与瑞利波项式解的差异是须加注意的。

此外，图 4 及图 5 中 f 与 f_R 的相对大小关系有所变动：当 $a_r\leq3.6$ 时，$f>f_R$；当 $a_r=3.6\sim27.4$ 时，$f<f_R$；当 $a_r>27.4$ 时，$f>f_R$.这种变动的原因大概是：f_R 只考虑了瑞利波效应，而 f 则综合考虑了纵波，横波及瑞利波的效应，由于各种波成分相位的差异，f 并不总是大于 f_R 的。

综上所述，基于本文的精确解与各近似解的对比，可得如下结论：对于 $\nu=0.25$ 的情况下，当仅作近似计算时，在 $a_r\leq1.5$ 的范围内可用级数近似解；在 $a_r>3.5$ 的范围内可用瑞利波项式解。

值得指出的是，在没有找到精确解的条件下，有人曾试图找出分界特征因数 $a_r=a_r^*$，在 $a<a_r^*$ 范围内可用级数近似解，在 $a>a_r^*$ 范围内可用瑞利波项式解。例如，巴尔坎就建议根据两种近似解振幅相等的条件确定上述 a_r^*〔7〕，其相应的公式为

$$\psi(a_r^*)\sqrt{a_r^*}=K_0\sqrt{\frac{2}{\pi}} \tag{5.1}$$

式中 $\psi(a_r^*)$——本文 $a_r=a_r^*$ 的 f_m 值；

K_0——取决于泊松比的系数，当 $\nu=0.25$，$K_0=0.1835$. 若利用巴尔坎的(5.1) 式，对 $\nu=0.25$ 可找到 $a_r^*=0.6$.但由本文图 4 中 f_R 与 f_m 相互关系的趋势来看，巴尔坎的此种方法显然是错误的。其实，巴尔坎在推导(5.1) 式时本身就有错误，按他的确定 a_r^* 的条件，(5.1)式应改为

$$2\psi(a_r^*)\sqrt{a_r^*} = K_0\sqrt{\frac{2}{\pi}} \tag{5.2}$$

除了(5.1)式本身由推导带来的错误外，更重要的是，在没有得到精确解以前，并不知道两种近似解有效范围。巴尔坎不管 a_r^* 是否在有效范围以外，强行令两种近似解相等的做法当然就是错误的。

f_1, f_2, f_{1R} 与 f_{2R} 值表（$\nu=0.25$） 表 1

a_r	1		2		a_r	1		2	
	f_1	f_{1R}	f_2	f_{2R}		f_1	f_{1R}	f_2	f_{2R}
2.0	0.0497	0.0520	0.0405	0.0124	6.4	−0.0079	−0.0038	0.0262	0.0297
2.2	0.0534	0.0510	0.0253	0.0006	6.6	−0.0018	0.0028	0.0268	0.0296
2.4	0.0538	0.0478	0.0110	−0.0101	6.8	0.0042	0.0089	0.0261	0.0278
2.6	0.0514	0.0427	−0.0019	−0.0196	7.0	0.0097	0.0145	0.0241	0.0249
2.8	0.0466	0.0361	−0.0131	−0.0274	7.2	0.0146	0.0193	0.0210	0.0209
3.0	0.0400	0.0283	−0.0224	−0.0335	7.4	0.0186	0.0230	0.0169	0.0160
3.2	0.0321	0.0197	−0.0296	−0.0377	7.6	0.0216	0.0256	0.0121	0.0105
3.4	0.0232	0.0107	−0.0347	−0.0398	7.8	0.0234	0.0270	0.0069	0.0046
3.6	0.0139	0.0017	−0.0375	−0.0400	8.0	0.0240	0.0269	0.0015	−0.0013
3.8	0.0047	−0.0069	−0.0382	−0.0384	8.2	0.0235	0.0257	−0.0038	−0.0070
4.0	−0.0040	−0.0147	−0.0369	−0.0351	8.4	0.0217	0.0233	−0.0089	−0.0122
4.2	−0.0120	−0.0214	−0.0338	−0.0304	8.6	0.0190	0.0199	−0.0133	−0.0168
4.4	−0.0188	−0.0269	−0.0293	−0.0244	8.8	0.0154	0.0156	−0.0170	−0.0204
4.6	−0.0242	−0.0308	−0.0235	−0.0176	9.0	0.0111	0.0107	−0.0198	−0.0231
4.8	−0.0281	−0.0332	−0.0169	−0.0103	9.2	0.0063	0.0050	−0.0215	−0.0246
5.0	−0.0304	−0.0340	−0.0098	−0.0028	9.4	0.0014	0.0000	−0.0222	−0.0249
5.2	−0.0311	−0.0331	−0.0026	0.0045	9.6	−0.0035	−0.0054	−0.0217	−0.0240
5.4	−0.0301	−0.0308	0.0044	0.0114	9.8	−0.0082	−0.0103	−0.0202	−0.0221
5.6	−0.0277	−0.0271	0.0108	0.0175	10.0	−0.0123	−0.0147	−0.0177	−0.0191
5.8	−0.0241	−0.0222	0.0164	0.0225					
6.0	−0.0193	−0.0166	0.0209	0.0263					
6.2	−0.0139	−0.0103	0.0242	0.0288					

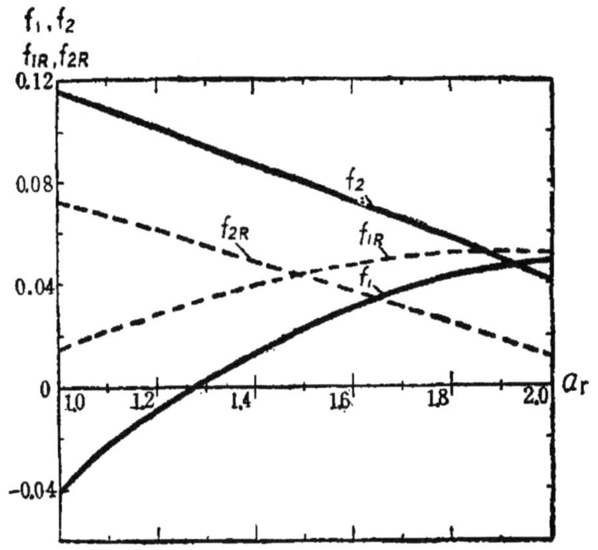

f1, f2
f1R, f2R
0.12
0.08
0.04
0
-0.04
f2
f2R
f1R
f1
1.0
1.2
1.4
1.6
1.8
2.0
ar

图 3

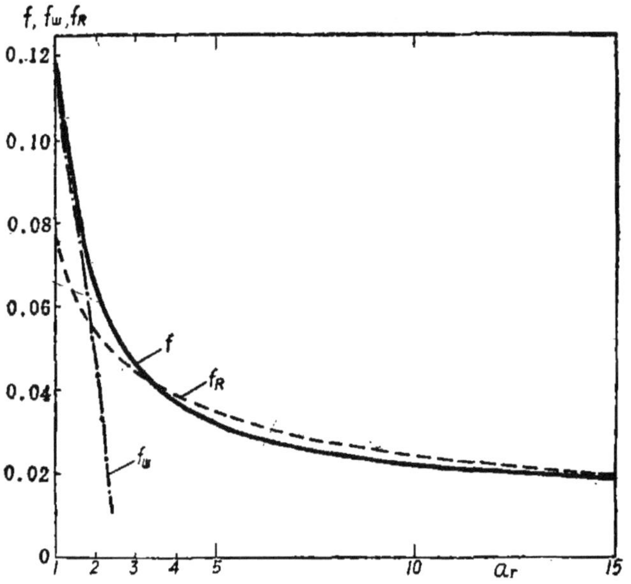

f, fw, fR
0.12
0.10
0.08
0.06
0.04
0.02
0
f
fR
fw
1
2
3
4
5
10
ar
15

图 4

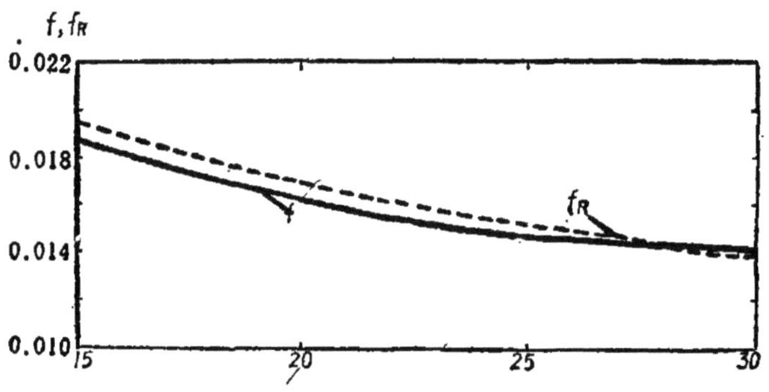

f, fR
0.022
0.018
0.014
0.010
fR
f
15
20
25
30

图 5

六、结　　论

（一） 本文得到了拉姆问题中竖向稳态动位移的精确解。此解答可以和静力弹性半空间问题的布辛内斯克解答配对。布辛内斯克解是求解弹性地基上梁、板和压模静力问题的基础。对于动力问题，将竖向集中力的解在半空间表面的有限范围内进行积分，就能找出振动基础在半空间表面上产生的动接触应力，从而可估算基础的动态反应〔16〕，也能计算基底以外的地面位移。当用此通用方法求解基础振动问题时，往往要求有一种适用于a_r变化范围很大的集中谐和力作用下的解答〔8〕，本文所得精确解就能满足这一要求。限于篇幅，本文没有进一步探讨此精确解在地震波分析及基础振动计算方面的具体应用。

（二） 本文在求上述精确解时，不是从拉姆积分形式解出发，而是从突加谐和力作用下问题的解中令时间 t 足够大得到精确解的。此种方法不仅避免了对拉姆积分形式解去掉驻波项的人为处置方法，而且最终得到了长期未求得的精确解。

（三） 由于得到了精确解，就可判断目前已有的近似解的可用范围：对 $\nu=0.25$，当 $a_r\leq1.5$，可用级数近似解进行近似计算；当 $a_r\geq3.5$，可用瑞利波项式解进行近似计算。找出各近似解的可用范围后就可否定巴尔坎的一个错误论断——关于确定分界 a_r^* 的论断。

（四） 本文简介的 $w_1(r,\tau)$ 的精确式适用于 $\nu=0\sim0.5$ 的一切值。这种精确式推广了〔11〕的解答（仅适用于 $\nu=0.25$）.

参　考　文　献

〔1〕 最上武雄，土质力学，（日文）1974年。

〔2〕 H. Lamb, On the Propagation of Tremors over the Surface of an Elastic Solid, Philosophical Transactions of fhe Royal Society, London, Ser. A, Vol. 203, 1904.

〔3〕 W. 伊文等人，层状介质中的弹性波，科学出版社，1966年。

〔4〕 M. 巴特，地震学的数学问题，科学出版社，1976年。

〔5〕 K.F.Graff, Wave motion in elastic solids, Clarendon Press. Oxford, 1975.

〔6〕 振动计算与隔振设计组，振动计算与隔振设计，中国建筑工业出版社，1976年.

〔7〕 Д.Д.Баркан, Динамика Осноеаний и Фундаментов, Стройвоенмориздат, M.,1948；或 D.D.Barkan, Dynamic of Bases and Foundations, McGraw-Hill Book Co. (New York), 1962.

〔8〕 О.Я.Шехтер, О решении осесимметричных задач для круговых плит на упругом основании, Основания, Фундаменты и Механика грунтов, No. 5, 1966.

〔9〕 E. Reissner, Stationäre, axialsymmetrische durch eine Schüttelnde Masse erregte Schwingungen eines homogenen elastischen Halbraumes, Ingenieur-Archiv,

Vol. 7, Part 6, Dec., 1936; 或周叔举译，由振动质体激起的均匀弹性半空间的稳态轴对称振动，技术资料（冶金部勘察科技情报网），第26—27期，1978年5月。

〔10〕 张有龄，动力基础的设计原理，科学出版社，1959年。

〔11〕 C. L. Pekeris, The seismic surface pulse, Proc. Nat. Acad. Sci. U. S. A., Vol. 41, 1955.

〔12〕 湖南大学土木系振动小组，半无限体表面在竖向突加力作用下表面位移的精确解，湖南大学生产科研处，1977年9月（总号164，土86)。

〔13〕 M.M. Агрест, M. З. Максимов, Теория Неполных цилиндрических Функций и их приложения, Атомиздат, 1965.

〔14〕 Таблицы неполных цилиндрических функций, АН СССР., 1966.

〔15〕 Таблицы Обобщенных интегральных синусов и косинусов, АН СССР, 1966, （或英文本原表)。

〔16〕 F.E. 小理查特等，土与基础的振动，中国建筑工业出版社，1976年。

〔17〕 湖南省计算技术研究所，湖南大学土木系振动小组，半空间表面在竖向力作用下的动位移，湖南大学科研处，1978年5月。

Exact Solution for Lamb's Proplem

Wang Yisun

Abstract

The exact solution of the vertical component of surface displacement in a homogeneous, isotropic, elastic semi-infinite solid produced by vertical point-source load varying with time like the Heaviside step-function H(t), is given by the writer for arbitrary Poisson's ratio of the solid. The exact solution for the dynamic vertical surface displacement of the elastic semi-infinite solids under a vertical harmonic point-source load is also presented by the writer instead of Lamb's solution of integral expression published in 1904. Being applied to the response to a dynamic concentrated load, this solution is matched with the well-known Boussinesq's solution in statics. As it is a precise method, this solution might serve as a criterion for the range of validity of the existing approximate solution. In addition, the rationality of one of the conclusions on this topic drawn by D.D.Barkan is discussed.

微分——差分方程（包括中立型）稳定性的基本理论

李森林

摘　要

本文首先找到 $\|x(t)\|$，$\|x(t-\triangle(t))\|$，$\|x'(t)\|$，$\|x'(t-\overline{\triangle}(t))\|$（$\triangle(t)=\triangle_{is}(t)$，$\overline{\triangle}(t)=\overline{\triangle}_{is}(t)$，$i=1,\cdots,n$；$s=1,\cdots,m$）的关系（在过去的资料中尚未见到），这关系对研究中立型的稳定性很重要。利用这关系于V函数法，就避免$\frac{dV}{dt}\leq 0$之条件（满足这条件之V函数是难求的，在文〔3〕P.63中已指出），而得到适应范围广泛，判定简单的代数方法。利用这关系于参数变易法，我们得到包括文〔4〕定理3之结果，且对一般非线性中立型方程我们得到稳定的、渐近稳定的、及不稳定的充分条件，还得到一般滞后型方程大范围稳定的充分条件。

18世纪Bernoullis，Laplace及Conclorcet等首先研究微分——差分方程以来，在整个19世纪及20世纪初期发展很慢。最近40年，特别近20年来，由于控制论、数学生物学、数学经济学等等的要求，促使这方面发展很快。但微分——差分方程（包括变时滞，中立型）由于右端含有$x(t)$，$x(t-\triangle(t))$，$x'(t-\overline{\triangle}(t))$之项，未知函数多，稳定的充分条件不易建立。在所见到的资料中，大多是研究滞后型及线性中立型稳定的充分条件，如文〔1〕、〔2〕、〔3〕等等。非线性中立型稳定的资料很少，而且要求系数为绝对可积，如文〔4〕。有的甚至要求时滞函数$\triangle(t)$亦为可积，如文〔5〕。至于非线性微分——差分方程（滞后型）解的大范围稳定及非线性中立型解的不稳定的资料尚未见到。

本文主要方法：(1) 找出$\|x(t)\|$，$\|x(t-\triangle(t))\|$，$\|x'(t)\|$，$\|x'(t-\overline{\triangle}(t))\|$的联系，这比〔4〕的方法广泛，而且包括〔4〕之定理3。(2) V函数法为研究稳定的重要方法之一，在所见到的资料中，都要求$V'(t)\leq 0$对所有的$t\geq t_0$成立，如〔3〕、〔6〕. 这样的V函数一般是很难求的，这在文〔3〕中P.63已提到。本文虽用V函数，但不要求$V'(t)\leq 0$对所有$t\geq t_0$成立，这就避免了上述困难。结合方法(1)，我们得到适应范围广泛判定简单的代数方法，（对比本文线性部分及文〔3〕P.53—63部分，即知）。从而对一般微分——差分方程（包括变系数，变时滞，中立型）的研究建立了：(1°)解对初始值的连续依赖性定理（在区间〔t_0，T〕上，$T>t_0$，δ与ε的联系用显式表示）；(2°)稳定的充分条件（全时滞，时滞界限）；(3°)非线性微分——差分方程（滞后型）解的大范围稳定的充分条件；(4°)非线性中立型解的不稳定的充分条件。

一、解对初始值的连续依赖性

设微分——差分方程为

$$x'_i(t)=f_i[t,x_1(t),\cdots,x_n(t);\ x_1(t-\triangle_{i1}(t)),\cdots,\ x_n(t-\triangle_{i1}(t));\cdots\cdots;$$
$$x_1(t-\triangle_{im}(t)),\cdots,\ x_n(t-\triangle_{im}(t));\ x'_1(t-\overline{\triangle}_{i1}(t)),\ \cdots,\ x'_n(t-\overline{\triangle}_{i1}(t));\ \cdots\cdots$$
$$x_1'(t-\overline{\triangle}_{im}(t)),\cdots;\ x'_n(t-\overline{\triangle}_{im}(t))]. \qquad (1\cdot1)$$
$$\equiv f_i[t,\ x(t),\ x(t-\triangle_s(t)),\ x'(t-\overline{\triangle}_s(t))]$$

或记为 $x'(t)=f[t,\ x(t),\ x(t-\triangle(t)),\ x'(t-\overline{\triangle}(t))]$. $x'=\dfrac{dx}{dt}$,

$\|x\|=\sum\limits_{i=1}^{n}|x_i|$, $\triangle_s(t)(=\triangle_{is}(t))$, $\overline{\triangle}_s(t)\ (=\overline{\triangle}_{is}(t))$均连续于$t\geq t_0\geq 0$.

且 $0<\tau\leq\triangle_s(t)$, $\overline{\triangle}_s(t)\ \leq\triangle$(τ、$\triangle$均为常数)；当$t\geq t_0$, $\|x\|+\sum\limits_{s=1}^{m}(\|y^{(s)}\|+\|z^{(s)}\|)<H$时，函数$f_i[t,\ x,\ y^{(s)},\ z^{(s)}]$ 连续有界，$i=1,\ \cdots,\ n$.

条件Ⅰ 当 $t\geq t_0$, $\|x\|+\sum\limits_{s=1}^{m}(\|y^{(s)}\|+\|z^{(s)}\|)<H$, $\|\overline{x}\|+\sum\limits_{s=1}^{m}(\|\overline{y}^{(s)}\|+\|\overline{z}^{(s)}\|)<H$时，有

$$|f_i[t,\ x,\ y^{(s)},\ z^{(s)}]-f_i[t,\ \overline{x},\ \overline{y}^{(s)},\ \overline{z}^{(s)}]\leq$$
$$\leq a\|x-\overline{x}\|+\sum_{s=1}^{m}[b\|y^{(s)}-\overline{y}^{(s)}\|+c\|z^{(s)}-\overline{z}^{(s)}\|],\ i=1,\ \cdots,\ n$$

a, b, c均为常数。显然 $f(t,\ 0,\ 0,\ 0)\equiv0$, 因此，$x(t)\equiv0$为（1·1）之明显解（零解）。由条件Ⅰ得

$$\|x'(t)\|\leq na\|x(t)\|+\sum_{i=1}^{n}\sum_{s=1}^{m}[b\|x(t-\triangle_s(t))\|+c\|x'(t-\overline{\triangle}_s(t))\|]. \quad (1\cdot2)$$

初始条件：设函数 $\varphi(t)\equiv(\varphi_1(t),\ \cdots,\ \varphi_n(t))$, $\varphi'(t)$ 在 $t_0-\triangle\leq t\leq t_0$ 内为任给之连续函数，且

$$\|\varphi(t)\|+\sum_{s=1}^{m}[\|\varphi(t-\triangle_s(t))\|+\|\varphi'(t-\overline{\triangle}_s(t))\|]<H$$

我们说（1·1）满足初始条件之解$x(t)$，即有

$$x(t)=\varphi(t),\ x'(t)=\varphi'(t),\ t_0-\triangle\leq t\leq t_0.$$

当$\nu>0$足够小，就使（在条件Ⅰ之下）

$$x_i'(t)=f_i[t,\ x(t),\ \varphi(t-\triangle_s(t)),\ \varphi'(t-\overline{\triangle}_s(t))] \qquad (1\cdot3)$$

有解 $x(t)$在 $(t_0,\ t_0+\nu)$ 内存在、连续、唯一。因$\|x'(t_0-0)\|=\|\varphi(t_0)\|$.

而 $\|x'(t_0+0)\|=\sum\limits_{i=1}^{n}|f_i[t_0,\ x(t_0),\ \varphi(t_0-\triangle_s(t_0)),\ \varphi'(t_0-\overline{\triangle}_s(t_0))]|$. 一般有

$\|x'(t_0-0)\|\neq\|x'(t_0+0)\|$.故 $x'(t)$ 一般在 t_0不存在；又如 $t_1>t_0$, 且 $t_1-\triangle_{is}(t_1)$

$=t_0$时，则$x'(t_1)$就不存在，特别若$\triangle_{is}(t)\equiv t-t_0$当$t\in[t_0, t_1]$时，则$x'(t)$在$[t_0, t_1]$内都不存在，因而（1·1）在$[t_0, t_1]$内无解。因此，本文总假定$\triangle_{is}(t)$使得$t-\triangle_{is}(t)=a(\geq t_0)$之相异实根之个数在任何有限区间内为有限。由此，可知，当$x(t)$连续于$[t_0, T]$，$t_0<T$时，而$x'(\overline{t})$不存在，$\overline{t}\in[t_0, T]$，则$x'(\overline{t}-0)$，$x'(\overline{t}+0)$都存在。

定理1.1 假设1°，条件Ⅰ成立。2°，$t_0<T\leq(M-1)\tau$，M为正整数。$0<\varepsilon<\min\left(1, \dfrac{H}{1+2m}\right)$，$k=\max(1,na+(b+c)nm)$，$0<\delta\leq\varepsilon(nk)^{-M}e^{-Mnk\tau}$。3°. $x(t)$为(1·1)满足初始条件之解，且$\|\varphi(t)\|<\delta$，$\|\varphi'(t)\|<\delta$，当$t_0-\triangle\leq t\leq t_0$。

则 $\|x(t)\|<\varepsilon$，$\|x'(t\pm 0)\|<\varepsilon$，$t_0-\triangle\leq t\leq T$。

证：令 $V(x)=x_1^2+\cdots+x_n^2$，则

$$\frac{1}{n}\|x\|^2\leq V(x)\leq\|x\|^2，\text{记 } V(t)\equiv V(x(t)).$$

由条件Ⅰ及题设，知存在$0<\nu<\tau$，使（1·3）有解$x(t)$在$[t_0, t_0+\nu]$内，连续、唯一，且$x(t_0)=\varphi(t_0)$，$x'(t_0)=\varphi'(t_0)$。通过延拓，只要当$t_0\leq t\leq t_1$，及（对任一i）

$$\|x(t)\|+\sum_{s=1}^{m}(\|x(t-\triangle_s(t))\|+\|x'(t-\overline{\triangle}_s(t))\|)<H \text{ 时}$$（在每一步延拓时，

$x(-\triangle_s(t))$，$x'(t-\overline{\triangle}_s(t))$，$s=1$，…，$m$均为已知函数），就表示（1·1）有解$x(t)$存在、连续、唯一于$(t_0, t_1)$。不妨设$t_1\leq t_0+\tau$。要证明

$$V(t)\leq\delta^2e^{2nk\tau}，\quad t\leq t_1 \tag{1·4}$$

（1°）先设$x'(t)$在(t_0, t_1)内连续，因$V(t_0)\leq\|x(t_0)\|^2\leq\delta^2$。($a$)，若$V(t)\leq\delta^2$，$t\leq t_1$，则已得证。($b$)。存在$\overline{t}$，$t_0\leq\overline{t}<t_1$及$0<\nu<\min(\tau, t_1-\overline{t})$使$V(t)\leq\delta^2$，$t\leq\overline{t}$，$V(\overline{t})=\delta^2$，而$V(t)$在$(\overline{t}, \overline{t}+\nu)$内为严格单增；因$t-\triangle_s(t)<t_1$，$t-\overline{\triangle}_s(t)<t_1$，故$\|x(t-\triangle_s(t))\|<\delta<\sqrt{nV(t)}$，$\|x'(t-\overline{\triangle}_s(t))\|<\delta<\sqrt{nV(t)}$。当$\overline{t}\leq t\leq\overline{t}+\nu$时。由（1·2）得

$$\frac{dV(t)}{dt}=2\sum_{i=1}^{n}x_i(t)f_i[t, x(t), x(t-\triangle(t)), x'(t-\overline{\triangle}_s(t))]$$

$$\leq 2\sqrt{nV(t)}\sum_{s=1}^{n}[a\|x(t)\|+\sum_{s=1}^{m}(b\|x(t-\triangle_s(t))\|+c\|x'(t-\overline{\triangle}(t))\|)]$$

$$\leq 2\sqrt{nV(t)}\,n(a+(b+c)m)\sqrt{nV(t)}\leq 2nkV(t)$$

因$V(t)$连续，故通过积分，得

$$V(t)\leq V(\overline{t})e^{2nk(t-\overline{t})}=\delta^2e^{2nk(t-\overline{t})}.\quad \overline{t}\leq t\leq\overline{t}+\nu,$$

由此，推出 $V(t)\leq\delta^2e^{2nk(t_1-t_0)}=\delta^2e^{2nk\tau}$，$t\leq t_1=t_0+\tau$。

（2°）. 设$x'(t)$在(t_0, t_1)内之不连续点依次为$\rho_1(>t_0)$、ρ_2、ρ_3、…，由上面的方法，得

$$V(\rho_1)\leq\delta^2 e^{2nk(\rho_1-t_0)},$$

$$V(\rho_2)\leq[\delta^2 e^{2nk(\rho_1-t_0)}]e^{2nk(\rho_2-\rho_1)}=\delta^2 e^{2nk(\rho_2-t_0)},$$

依此类推，得（1·4）成立。

而 $\|x(t)\|\leq\sqrt{nV(t)}<n\delta e^{nk\tau}$，$t\leq t_1=t_0+\tau$. 又由（1.2）得

$\|x'(t\pm 0)\|\leq[na+(b+c)nm]\cdot(n\delta e^{nk\tau})\leq nke^{nk\tau}\delta=\delta_1$（所设）$t\leq t_0+\tau$. 重复应用上面的方法，得

$$\|x(t)\|\leq nke^{nk\tau}\delta_1=(nk)^2e^{2nk\tau}\delta,\quad t\leq t_0+2\tau.$$

及

$$\|x'(t\pm 0)\|\leq(nk)^2e^{2nk\tau}\delta,\quad t\leq t_0+2\tau,$$

……

$$\|x(t)\|\leq(nk)^M e^{Mnk\tau}\delta,\quad \|x'(t\pm 0)\|\leq(nk)^M e^{Mnk\tau}\delta,\quad 当\ t\leq t_0+M\tau.$$

因 $(nk)^M e^{Mnk\tau}\delta<\varepsilon$,

∴ $$\|x(t)\|<\varepsilon,\qquad \|x'(t\pm 0)\|<\varepsilon,\quad t\leq T.$$

定理1.2 设方程（1·1）满足条件I；对任给 $T>t_0$，$\varepsilon>0$，$\varepsilon<min\left(\frac{1}{2},\frac{H}{2(1+2m)}\right)$及一解$\overline{x}(t)$，

$$\|\overline{x}(t)\|+\sum_{s=1}^{m}(\|\overline{x}(t-\Delta_s(t))\|+\|\overline{x}'(t-\overline{\Delta}_s(t))\|)<\frac{H}{2},\quad t_0-\Delta\leq t\leq T,$$

则存在 $\delta>0$，对任给连续可微函数 $\varphi(t)$，其中

$$\|\varphi(t)-\overline{x}(t)\|<\delta,\quad \|\varphi'(t)-\overline{x}'(t)\|<\delta,\quad t_0-\Delta\leq t\leq t_0.$$

就存在（1·1）满足初始条件之解$x(t)$，其中

$$x(t)=\varphi(t),\quad x'(t)=\varphi'(t),\quad t_0-\Delta\leq t\leq t_0.$$

且有 $\|x(t)-\overline{x}(t)\|<\varepsilon$, $\|x'(t\pm 0)-\overline{x}'(t\pm 0)\|<\varepsilon$, 当 $t_0-\Delta\leq t\leq T$,

证： 作 $w(t)=x(t)-\overline{x}(t)$，考虑微分——差分方程：

$$w'_i(t)=g_i[t,\ w(t),\ w(t-\Delta_s(t)),\ w'(t-\overline{\Delta}_s(t))]$$

$$\equiv f_i[t,\ w(t)+\overline{x}(t),\ w(t-\Delta_s(t))+\overline{x}(t-\Delta_s(t)),\ w'(t-\overline{\Delta}_s(t))+\overline{x}'(t-\overline{\Delta}_s(t))]$$

$$-f_i[t,\ \overline{x}(t),\ \overline{x}(t-\Delta_s(t)),\ \overline{x}'(t-\overline{\Delta}_s(t))],\qquad (1\cdot 1)'$$

因 $\|\overline{x}(t)\|+\sum_{s=1}^{m}(\|\overline{x}(t-\Delta_s(t))\|+\|\overline{x}'(t-\overline{\Delta}_s(t))\|)<\frac{H}{2}$，$(i=1,\ \cdots,\ n)$

故只要当 $t\geq t_0$ 及 $\|w\|+\sum_{s=1}^{m}(\|y^{(s)}\|+\|z^{(s)}\|)<\frac{H}{2}$,

就有函数 $g_i[t,\ w,\ y^{(s)},\ z^{(s)}]$ 有定义且连续。又当$t\geq t_0$，$\|w\|+\sum_{s=1}^{m}(\|y^{(s)}\|+$

$+\|z^{(s)}\|)<\frac{H}{2}$, $\|\overline{w}\|+\sum_{s=1}^{m}(\|\overline{y}^{(s)}\|+\|\overline{z}^{(s)}\|)<\frac{H}{2}$时，由条件Ⅰ得

$$|g_i[t,\ w,\ y^{(s)},\ z^{(s)}]-g_i[t,\ \overline{w},\ \overline{y}^{(s)},\ \overline{z}^{(s)}]|\equiv$$

$$\equiv|f_i[t,\ w+\overline{x}(t),\ y^{(s)}+\overline{x}(t-\Delta_s(t)),\ z^{(s)}+\overline{x}'(t-\overline{\Delta}_s(t))]-$$

$$-f_i[t,\ \overline{w}+\overline{x}(t),\ \overline{y}^{(s)}+\overline{x}(t-\Delta_s(t)),\ \overline{z}^{(s)}+\overline{x}'(t-\overline{\Delta}_s(t))]|\leq$$

$$\leq a\|w-\overline{w}\|+\sum_{s=1}^{m}(b\|y^{(s)}-\overline{y}^{(s)}\|+c\|z^{(s)}-\overline{z}^{(s)}\|).$$

故函数 $g_i[t,\ w,\ y^{(s)},\ z^{(s)}]$ 亦满足条件Ⅰ。其余仿照定理1·1的证法，先决定$\delta>0$，因$\|\varphi(t)-\overline{x}(t)\|<\delta$，$\|\varphi'(t)-\overline{x}'(t)\|<\delta$，当 $t_0-\Delta\leq t\leq t_0$；由定理1·1，知(1·1)′之解$w(t)$，$w(t)=\varphi(t)-\overline{x}(t)$，$w'(t)=\varphi'(t)-\overline{x}'(t)$，$t_0-\Delta\leq t\leq t_0$，必有 $\|w(t)\|<\varepsilon$，$\|w'(t\pm0)\|<\varepsilon$，$t\leq T$。而 $x(t)\equiv w(t)+\overline{x}(t)$ 就是(1·1)之解，且 $x(t)=\varphi(t)$，$x'(t)=\varphi'(t)$，$\|x(t)-\overline{x}(t)\|<\varepsilon$，$\|x'(t\pm0)-\overline{x}'(t\pm0)\|<\varepsilon$，$t_0-\Delta\leq t\leq T$。

二、V函数法

在本文中，总假设 $V(t,\ x)$ 在域$t\geq t_0\geq0$，$\|x\|<H$中为定正函数。

条件Ⅰ. 假设$V(t,\ x)$ 满足不等式

(1) $$0<\alpha(\|x\|)\leq V(t,\ x)\leq\beta(\|x\|).$$

(2) $$\left|\frac{\partial V(t,\ x)}{\partial x_i}\right|\leq\lambda(\|x\|),\ i=1,\ \cdots,\ n.$$

(3) $$0<\lambda[\alpha^{-1}(V)]\alpha^{-1}(V)\leq k_1V,\ k_1>0.$$

其中 $\alpha(u)$、$\beta(u)$、$\lambda(u)$ 在 $u\geq0$ 内为正值、连续、严格单增函数，且$\alpha(0)=\beta(0)=\lambda(0)=0$，故若 $\alpha(\|x\|)\leq V$，则 $\|x\|\leq\alpha^{-1}(V)$.

条件Ⅱ. 假设 $V(t,\ x)$ 满足不等式

$$\sum_{i=1}^{n}\frac{\partial V(t,\ x)}{\partial x_i}f_i[t,\ x,\ 0,\ 0]+\frac{\partial V(t,\ x)}{\partial t}\leq(g(t)-l)V.$$

$l>0$；$g(t)\geq0$ 连续且$\int^{+\infty}g(t)dt<+\infty$.

设 $x(t)$ 为 (1·1) 之解，记 $V(t,\ x(t))\equiv V(t)$，及

$$\frac{\partial V(t,x(t))}{\partial x_i}\equiv\frac{\partial V(t,x)}{\partial x_i}\Big|_{x=x(t)},\qquad \frac{\partial V(t,x(t))}{\partial t}\equiv\frac{\partial V(t,x)}{\partial t}\Big|_{x=x(t)}.$$

定理2.1 假设条件Ⅰ、Ⅱ、Ⅲ成立，又有条件Ⅳ：$-l+k_1k_3\leq0$，$1-cnm>0$，$k_3=(b+ck_2)nm$，$k_2=\frac{na+bnm}{1-cnm}$，则 (1·1) 的零解为稳定。

附注：对定理1·1、1·2言，$f_i(i=1,\ \cdots,\ n)$ 有界的假设可以取消，因在 $(t_0-\Delta,\ T+\tau)$ 内，必存在正的a、b、c使 (1·2) 成立。

若 $g(t)\equiv 0$，$-l+k_1k_3<0$，其他条件不变，则（1·1）的零解为渐近稳定（全时滞，与△无关）

引理 1。假设 1°，条件 I 及 $cnm<1$ 成立；2°。$x(t)$ 为（1·1）之解且 $\|x(t)\|<<\delta$，$\|x'(t)\|<\delta$，当 $t\in[t_0-\Delta,\ t_0]$；3°，$\|x(t)\|\le N(\ge\delta)$，当 $t\in[t_0-\Delta,\ t_1]$，$t_0<t_1$。则 $\|x'(t)\|\le k_2N$，$t\in[t_0-\Delta,\ t_1]$。其中 $\|x'(t)\|\le k_2N$，是 $\|x'(t-0)\|\le k_2N$ 及 $\|x'(t+0)\|\le k_2N$ 的合写。

设 $\|x'(t-0)\|$ 在 $[t_0-\Delta,\ t_1]$ 内之 σ 点取得最大值。由条件 I，得（并注意 $t-\overline{\Delta}_{is}(t)<t_1$）

$$\|x'(\sigma-0)\|\le naN+bnmN+cnm\|x'(\sigma-0)\|$$

∴ $$\|x'(t-0)\|\le\|x'(\sigma-0)\|\le k_2N.\quad t\in[t_0-\Delta,\ t_1]$$

同理 $$\|x'(t+0)\|\le k_2N,\quad t\in[t_0-\Delta,\ t_1].$$引理证毕。

现在来证本定理：由条件 Ⅲ，存在 $M>0$，使 $\int_{t_0}^{+\infty}g(t)dt=M$，

今任给 $\varepsilon>0$，$\varepsilon<min\left(1,\ \frac{H}{n+2m}\right)$，对 ε 决定 $\varepsilon_1>0$，$\varepsilon_1<min\left(\varepsilon,\ \frac{\varepsilon}{k_2}\right)$；令

$u_0=e^{-M}\alpha(\varepsilon_1)$，有 $\varepsilon_1=\alpha^{-1}(u_0e^{M})$；令 $u(t)=u_0exp\int_{t_0}^{t}g(\sigma)d\sigma$。决定 $\delta>0$，

$\delta<min(\varepsilon_1,\ u_0,\ \beta^{-1}(u_0))$，有 $\beta(\delta)<u_0$。

设 $x(t)$ 为（1·1）之解满足初始条件及

$$\|\varphi(t)\|<\delta,\ \|\varphi'(t)\|<\delta,\ 当\ t\in[t_0-\Delta,\ t_0],$$

而 $V(t_0,\ x(t_0))\le\beta(\|x(t_0)\|)<\beta(\delta)<u_0$；要证明

$$V(t,\ x(t))\le u(t),\quad 当\ t\ge t_0. \tag{2·1·1}$$

如不然，存在 $t_1>t_0$ 及 $0<\nu$ 使 $V(t,\ x(t))\le u(t)$，$t\le t_1$；而 $V(t_1,\ x(t_1))==u(t_1)$；及 $V(t,\ x(t))>u(t)$，当 $t_1<t\le t_1+\nu$；从而 $V(t,\ x(t))$ 为严格单增。因 $t-\Delta(t)\le t$，故 $V(t-\Delta(t))\le V(t)$，

∴ $$\|x(t-\Delta(t))\|\le\alpha^{-1}(V(t-\Delta(t)))<\alpha^{-1}(V(t)),$$

及 $$\|x'(t-\overline{\Delta}(t))\|\le k_2\alpha^{-1}(V(t)).\quad（由引理 1） \tag{2·1·2}$$

今取 ν 足够小，使 $\|x'(t)\|$ 在 $(t_1,\ t_1+\nu)$ 内连续，由条件 I、Ⅱ、Ⅲ 及（2·1·2）得

$$\frac{dV(t)}{dt}=\sum_{i=1}^{n}\frac{\partial V(t,x(t))}{\partial x_i}f_i[t,x(t),\ 0,\ 0]+\frac{\partial V(t,x(t))}{\partial t}+\phi$$
$$\le(g(t)-l)V(t)+\phi \tag{2·1·3}$$

其中 $$\phi\equiv\sum_{i=1}^{n}\frac{\partial V(t,x(t))}{\partial x_i}\{f_i[t,\ x(t),\ x(t-\Delta(t)),\ x'(t-\overline{\Delta}(t))]-f_i(t,\ x(t),\ 0,\ 0)\}.$$

∴ $$\phi\le|\phi|\le\lambda(\|x(t)\|)\sum_{i=1}^{n}\left[b\sum_{s=1}^{m}\|x(t-\Delta_{is}(t))\|+c\sum_{s=1}^{m}\|x'(t-\overline{\Delta}_{is}(t))\|\right]$$
$$\le\lambda[\alpha^{-1}(V)][bnm\alpha^{-1}(V)+cnmk_2\alpha^{-1}(V)]$$

$$=k_3\lambda[\alpha^{-1}(V(t))]\alpha^{-1}(V(t))\leq k_1k_3V(t). \qquad (2\cdot1\cdot4)$$

$$\therefore \qquad \frac{dV(t)}{dt}\leq g(t)V(t)+[-l+k_1k_3]V(t)\leq g(t)V(t).$$

由于$V(t)$ 连续，故通过积分得

$$V(t)\leq V(t_1)exp\int_{t_1}^{t} g(\sigma)d\sigma=u(t), \quad (u(t_1)=V(t_1)).$$

这与 $V(t)>u(t)$ 矛盾。因此必须（2·1·1）成立。

从而 $\alpha(\|x(t)\|)\leq V(t)\leq u(t)<u_0e^M$, $\|x(t)\|<\alpha^{-1}(u_0e^M)=\varepsilon_1$,

又由引理 1 得 $\|x'(t)\|\leq k_2\varepsilon_1<\varepsilon$, $t>t_0$

故（1·1）的零解为稳定。

兹再证（1·1）的零解为渐近稳定，亦即只证当 $t\to+\infty$ 有 $lim\|x(t)\|=0$, $lim\|x'(t\pm0)\|=0$ 即可。

设 $\overline{lim}V(t, x(t))=\overline{\sigma}$, $\underline{lim}V(t, x(t))=\sigma$,

$$\overline{lim}\|x'(t\pm0)\|=\rho_{\pm0}, \text{ 当 } t\to+\infty.$$

对任给 $\mu>0$，存在 $T>t_0+2\Delta$，使 $V(t, x(t))<\overline{\sigma}+\mu$.

不失一般性质，设 $\rho_{+0}\geq\rho_{-0}$，又设T足够大，使

$$\|x'(t\pm0)\|<\rho_{+0}+\mu, \text{ 当 } t\geq T \text{ 时；}$$

又存在 $T'>T$, T' 可任意大使 $\|x'(T'+0)\|\geq\rho_{+0}-\mu$. 由条件**I**，得 $\|x(T'+0)\|\leq$ $\leq\alpha^{-1}(V(T'))\leq\alpha^{-1}(\overline{\sigma}+\mu)$, $\|x(T'-\Delta(T'))\|\leq\alpha^{-1}(\overline{\sigma}+\mu)$, 又由（1·2）得

$$\rho_{+0}-\mu\leq\|x'(T'+0)\|\leq(na+bnm)\alpha^{-1}(\overline{\sigma}+\mu)+cnm(\rho_{+0}+\mu).$$

令 $$\theta=(na+bnm)[\alpha^{-1}(\overline{\sigma}+\mu)-\alpha^{-1}(\overline{\sigma})],$$

则 $$\rho_{+0}\leq\left(\frac{na+bnm}{1-cnm}\right)\alpha^{-1}(\overline{\sigma})+\frac{\theta}{1-cnm}+\frac{\mu(1+cnm)}{1-cnm}.$$

当 $\mu\to0$ 有 $\theta\to0$，故得

$$\rho_{+0}\leq\left(\frac{na+bnm}{1-cnm}\right)\alpha^{-1}(\overline{\sigma})=k_2\alpha^{-1}(\overline{\sigma}). \qquad (2\cdot1\cdot5)$$

如$\overline{\sigma}>\sigma$，则 $V(t, x(t))$ 有无数个不减区间，可设$\overline{T}$足够大，$\overline{T}>T'$

使$V(\overline{T}, x(\overline{T}))>\overline{\sigma}-\mu$. 且存在$0<\nu$，在 $(\overline{T}-\nu, \overline{T})$ 内$V(t, x(t))$ 为不减，$V(t,x(t))\geq\overline{\sigma}-\mu$及 $\|x'(t)\|$ 连续。

$$\because \qquad \|x(t-\Delta(t))\|\leq\alpha^{-1}(V(t-\Delta(t)))\leq\alpha^{-1}(\overline{\sigma}+\mu);$$

故由（2·1·4）、（2·1·3）得 $\|x'(t-\overline{\Delta}(t))\|\leq\rho_{+0}+\mu\leq k_2\alpha^{-1}(\overline{\sigma})+\mu$ 及

$$|\phi|\leq\lambda[\alpha^{-1}(V)]\{bnm\alpha^{-1}(\overline{\sigma}+\mu)+cnm[k_2\alpha^{-1}(\overline{\sigma})+\mu]\}$$

$$\leq\lambda[\alpha^{-1}(V)]\alpha^{-1}(V)\left\{\frac{bnm\alpha^{-1}(\overline{\sigma}+\mu)+cnm[k_2\alpha^{-1}(\overline{\sigma})+\mu]}{\alpha^{-1}(\overline{\sigma}-\mu)}\right\}$$

（因 $\alpha^{-1}(V)>\alpha^{-1}(\overline{\sigma}-\mu)$），记

$$\omega=bnm\left(\frac{\alpha^{-1}(\overline{\sigma}+\mu)}{\alpha^{-1}(\overline{\sigma}-\mu)}-1\right)+cnmk_2\left(\frac{\alpha^{-1}(\overline{\sigma})+\mu k_2^{-1}}{\alpha^{-1}(\overline{\sigma}-\mu)}-1\right)$$

$\therefore$ $|\phi|\leq k_1V(t)[k_3+\omega]$（由条件 I_0 及$k_3=(b+ck_2)nm$）

$$\frac{dV(t)}{dt}\leq[-l+k_1k_3+k_1\omega]V(t)$$

因$\mu\to0$，有$\omega\to0$；故取μ足够小，并注意$-l+k_1k_3<0$，故可使$\frac{1}{2}(-l+k_1k_3)+k_1\omega<0$，从而

$$\frac{dV(t)}{dt}\leq\frac{1}{2}(-l+k_1k_3)V(t)<0. \qquad (2\cdot1\cdot6)$$

这与$V(t)$ 在（$\overline{T}-\nu$，$\overline{T}$）内为不减矛盾。故 $\overline{\sigma}=\sigma$，即

$\lim\limits_{t\to+\infty}V(t,\ x(t))=\sigma$，如 $\sigma>0$，取T足够大，使

$$0<\sigma-\mu\leq V(t,\ x(t))\leq\sigma+\mu,\ 当\ t>T.$$

再用上面的方法，当 $\|x'(t)\|$ 连续于（t_1，t_2）时，$t_1>T$；但 $\|x'(t)\|$ 在点 t_1，t_2 不存在，则由（2·1·6）得

$$V(t_2)\leq V(t_1)exp\left\{\frac{1}{2}[-l+k_1k_3]\right\}(t_2-t_1)$$

从而推出

$$\sigma-\mu\leq V(t)\leq V(t_1)exp\left\{\frac{1}{2}[-l+k_1k_3]\right\}(t-t_1)\to0,\ 当\ t\to+\infty.$$

此不可能，因此必须 $\sigma=0$，即 $\lim\limits_{t\to+\infty}V(t,\ x(t))=0$。从而易得所求之证。

条件Ⅴ．假设$V(t,\ x)$ 满足下之不等式

$$\sum_{i=1}^{n}\frac{\partial V(t,\ x)}{\partial x_i}f_i[t,\ x,\ x,\ 0]+\frac{\partial V(t,\ x)}{\partial t}\leq(g(t)-l)V(t,\ x).$$

设 $x(t)$ 为（1·1）之解，且满足初始条件，则

$$\frac{dV(t)}{dt}=\sum_{i=1}^{n}\frac{\partial V(t,x(t))}{\partial x_i}f_i[t,\ x(t),\ x(t),\ 0]+\frac{\partial V(t,x(t))}{\partial t}+\Phi$$

$$\leq(g(t)-l)V(t)+\Phi.\ (由条件Ⅴ). \qquad (2\cdot2\cdot1)$$

$$\Phi\equiv\sum_{i=1}^{n}\frac{\partial V(t,x(t))}{\partial x_i}\{f_i[t,\ x(t),\ x(t-\triangle_s(t)),\ x'(t-\overline{\triangle}_s(t))]$$

$$-f_i[t,\ x(t),\ x(t);\ 0]\},$$

$$\therefore \quad |\Phi| \le \lambda(\|x(t)\|)\sum_{i=1}^{n}\left\{\sum_{s=1}^{m} b\|x(t-\triangle(t))-x(t)\|+c\sum_{s=1}^{m}\|x'(t-\overline{\triangle}(t))\|\right\}. \quad (2\cdot2\cdot2)$$

引理 2．设 $\|x'(t\pm0)\|<N$，$t_0\le t_1\le t\le t_2$；则

$$\|x(t_2)-x(t_1)\|\le(t_2-t_1)N. \quad (2\cdot2\cdot3)$$

先设 $x'(t)$ 在 (t_1, t_2) 上连续，

$$\therefore \quad \|x(t_2)-x(t_1)\|=\sum_{j=1}^{n}|x_j(t_2)-x_j(t_1)|\le\int_{t_1}^{t_2}\|x'(\sigma)\|d\sigma\le(t_2-t_1)N.$$

若 (t_1, t_2) 内只有一点 $\overline{t}$ 使 $x'(t)$ 不连续，则

$$\|x(t_2)-x(t_1)\|=\|x(t_2)-x(\overline{t})+x(\overline{t})-x(t_1)\|\le\|x(t_2)-x(\overline{t})\|+$$

$$+\|x(\overline{t})-x(t_1)\|\le(t_2-\overline{t})N+(\overline{t}-t_1)N=(t_2-t_1)N.$$

故易推出引理 2 之结论。

把 t 固定，$t_0<t$；若 $\|x(\sigma)\|\le\alpha^{-1}(V(t))\quad \sigma\le t$；

则 $\|x'(\sigma\pm0)\|\le k_2\alpha^{-1}(V(t))$．（引理 1）．又由引理 2，得

$$\|x(t-\triangle(t))-x(t)\|\le\triangle k_2\alpha^{-1}(V(t)).$$

因此，由 (2•2•1) 得

$$\frac{dV(t)}{dt}\le(g(t)-l)V(t)+\lambda(\|x(t)\|)\sum_{i=1}^{n}\left\{b\sum_{s=1}^{m}\|x(t-\triangle_{is}(t))-x(t)\|+\right.$$

$$\left.+c\sum_{s=1}^{m}\|x'(t-\overline{\triangle}_{is}(t))\|\right\}\le(g(t)-l)V(t)+$$

$$+\lambda[\alpha^{-1}(V(t))](b\triangle+c)nmk_2\alpha^{-1}(V(t))\le[g(t)-l+k_1(b\triangle+c)nmk_2]V(t).$$

定理2.2 假设条件 Ⅰ、Ⅱ、Ⅴ 成立，又有

条件Ⅵ：$-l+k_1k_4\le0$，$k_4=(b\triangle+c)nmk_2$，$cnm<1$，$k_2=\dfrac{na+bnm}{1-cnm}$；

则 (1•1) 的零解为稳定。

若 $g(t)\equiv0$，$-l+k_1k_4<0$，其他条件不变，则 (1•1) 的零解为渐近稳定（证法与定理 2•1 之证法类似，略）。

线性微分——差分方程（中立型）

考虑线性微分——差分方程：

$$x'(t)=Ax(t)+\sum_{s=1}^{m}[B^{(s)}(t)x(t-\triangle_s(t))$$

$$+C^{(s)}(t)x'(t-\overline{\triangle}_s(t))], \quad (2\cdot3\cdot1)$$

其中 $A(t)=[a_{ij}(t)]$、$B^{(s)}(t)=[b_{ij}^{(s)}(t)]$、$C^{(s)}(t)=[c_{ij}^{(s)}(t)]$

均为 n 阶正方阵，其元均为 t 的连续函数。记

$$a=sup|a_{ij}(t)|,\ b=sup|b_{ij}^{(s)}(t)|,\ c=sup|c_{ij}^{(s)}(t)|$$

当 $t\ge t_0$，$i, j=1, \cdots, n$；$s=1, \cdots, m$．则得

$$\|x'(t)\|\le na\|x(t)\|+\sum_{i=1}^{n}\sum_{s=1}^{m}[b\|x(t-\triangle(t))\|$$

$$+c\|x'(t-\overline{\triangle}(t))\|],$$

故条件（1·2）在这里成立。

条件Ⅵ，设存在二次型$V(x)$满足下列不等式：

1° $0<\alpha\|x\|^2\le V(x)\le\beta\|x\|^2$；

2° $\left|\frac{\partial V(x)}{\partial x_i}\right|<\lambda\|x\|$，$i=1,\cdots,n$； （2·3·2）

3° $\sum_{i=1}^n\frac{\partial V(x)}{\partial x_i}\sum_{j=1}^n a_{ij}(t)x_j\le-(x_1^2+\cdots+x_n^2)$. （2·3·3）

α、β、λ为正常数。令 $k_1=\frac{\lambda}{\alpha}$，则条件Ⅰ在这里成立。又因

$$x_1^2+\cdots+x_n^2\ge\frac{1}{n}\|x\|^2\ge\frac{1}{n\beta}V(x)，令\quad l=\frac{1}{n\beta}，$$

则 $\sum_{i=1}^n\frac{\partial V(x)}{\partial x_i}\sum_{j=1}^n a_{ij}(t)x_j\le-\frac{1}{n\beta}V(x)=-lV(x)$. （2·3·4）

即条件Ⅱ在这里成立（$g(t)\equiv0$）。以后我们说条件Ⅵ成立，就包括（2·3·2）、（2·3·3）、（2·3·4）成立。

定理2.3 假设条件Ⅵ、Ⅳ（即$-l+k_1k_3\le0$）成立，则（2·3·1）的零解为稳定（与△无关）。

若条件Ⅵ成立，又$-l+k_1k_3<0$，则（2·3·1）的零解为渐近稳定。

这是定理2·1的特例。

条件Ⅶ，设有二次型$V(x)$及正常数α、β、λ，使下列不等式成立：

1° $0<\alpha\|x\|^2\le V(x)\le\beta\|x\|^2$.

2° $\left|\frac{\partial V(x)}{\partial x_i}\right|\le\lambda\|x\|$，$i=1,\cdots,n$； （2·4·1）

3° $\sum_{i=1}^n\frac{\partial V(x)}{\partial x_i}\sum_{j=1}^n[a_{ij}(t)+\sum_{s=1}^m b_{ij}^{(s)}(t)]x_j\le-(x_1^2+\cdots+x_n^2)$。

（2·4·2）

令 $k_1=\frac{\lambda}{\alpha}$，$l=\frac{1}{n\beta}$，则条件Ⅰ成立，及

$$\sum_{i=1}^n\frac{\partial V(x)}{\partial x_i}\sum_{j=1}^n[a_{ij}(t)+\sum_{s=1}^m b_{ij}^{(s)}(t)]x_i\le-lV(x) \quad（2·4·3）$$

成立。以后我们说条件Ⅶ成立，就包括（2·4·1）、（2·4·2）、（2·4·3）成立。

定理2.4 假设条件Ⅶ、Ⅵ（即$-l+k_1k_4\le0$）成立，则（2·3·1）的零解为稳定；

若条件Ⅶ成立，又$-l+k_1k_4<0$，则（2·3·1）的零解为渐近稳定。

这是定理2·2的特例。

附注1. 若$A(A+\sum_{s=1}^m B^{(s)})$为常矩阵，且$A(A+\sum_{s=1}^m B^{(s)})$的特征根的实部均为负，则存在$V(x)$满足条件Ⅵ（Ⅶ）；又如有$-l+k_1k_3<0(-l+k_1k_4<0)$，则定理2·3（定理2·4）成立。

附注2. 考虑$n=1$，（2·3·1）的稳定条件，假设$A(t)\equiv-a<0$，此时取$V(x)==x^2$，则$\alpha=\beta=1$，$\lambda=2$，$k_1=2$，$k_2=\frac{a+mb}{1-cm}$，$1-cm>0$，$k_3=(b+ck_2)m$，$l=2a$，

因此，若又有

$$-l+k_1k_3=-2a+2\left(b+\frac{(a+mb)c}{1-cm}\right)m<0,$$

则（2·3·1）的零解为渐近稳定。

特别当 $n=1$，$m=1$，$c=0$，则（2·3·1）成为

$$x'(t)=A(t)x(t)+B(t)x(t-\triangle(t)). \qquad (*)$$

此时 $b=sup|B(t)|$，$t\geq t_0$，$k_3=b$。假设 $A(t)\equiv-a<0$，及 $0<\theta<1$，$\theta a^2\geq B^2(t)$；取 $V(x)=x^2$，则 $k_1=2$，$l=2a$；由 $\theta a^2\geq B^2(t)$，得 $\theta a^2\geq b^2$，$a\geq b$。故

$$-l+k_1k_3=-2a+2b=<0.$$

故（*）的零解为渐近稳定。这结果在文〔3〕中也得到。至于对（2·3·1）言，用文〔3〕的方法就难得到稳定条件。

附注3. 若$A(t)\equiv A$，$B(t)\equiv B$ 且 $A+B<0$，

则当 $0<\triangle<\dfrac{-(A+B)}{|B|(|A|+|B|)}$时，由定理 2·4 知（*）的零解为渐近稳定。

特别当 $A=-a<0$，且 $a-B>0$ 及

$0<\triangle<\dfrac{a-B}{|B|(a+|B|)}$时，则(*)的零解为渐近稳定。

这结果不包括在文〔2〕之结果$\triangle<\dfrac{\pi}{8(a+|B|)}$之内。文〔2〕是用特征法处理的。

附注4. 定理 2·1—2·4 的证明，并未要求 $\tau>0$；因此，假如 $\tau=0$，而（1·1）的解存在、唯一、连续，则定理2·1—2·4及附注 1 、 2 、 3 仍然成立。

三、大范围稳定（滞后型）

考虑（1·1）不含 $x'(t-\overline{\triangle}(t))$ 之项，即

$$x'_i(t)=f_i[t,\ x(t),\ x(t-\triangle_{i1}(t)),\ \cdots,\ x(t-\triangle_{im}(t))],$$
$$i=1,\ \cdots,\ n,\ H=+\infty \qquad (3\cdot1)$$

其他记号如第 I 节所规定。

若（1·1）的零解为渐近稳定，且（3·1）的任何解 $x(t)\to0$，当 $t\to+\infty$时。则称（3·1）的零解为大范围稳定。

条件 I′。当 $t\geq t_0$，$\|x\|<+\infty$，$\|y^{(s)}\|<+\infty$，$s=1,\ \cdots,\ m$；有

$$|f_i[t,\ x,\ y^{(1)},\ \cdots,\ y^{(m)}]-f_i[t,\ x,\ 0,\ \cdots,\ 0]|$$
$$\leq\|x\|^{\theta}h[\|y^{(1)}\|,\ \cdots,\ \|y^{(m)}\|],\ \theta>0,\ i=1,\ \cdots,\ n;$$

当 $\sigma_s\geq0$ 及 $\sigma_1+\cdots+\sigma_m>0$ 时，有 $h(\sigma_1,\ \cdots,\ \sigma_m)>0$，$h[0,\ \cdots,\ 0]=0$。又 h 为其变元的连续不减函数。

条件 II′。假设在域：$t\geq t_0$，$\|x\|<+\infty$内

$V(t,\ x)$ 为二次型且满足

$$0<\alpha\|x\|^2\leq V(t,\ x)\leq\beta\|x\|^2,$$

$$\left|\frac{\partial V(t,x)}{\partial x_i}\right|\leq\lambda\|x\|,\ i=1,\ \cdots,\ n.$$ α、β、λ均为正常数。

条件Ⅲ′。假设在域：$t\geq t_0$，$\|x\|<+\infty$内，$V(t,x)$ 满足

1° $\sum_{i=1}^{n}\frac{\partial V(t,x)}{\partial x_i}f_i[t,x,0,\cdots,0]+\frac{\partial V(t,x)}{\partial t}\leq -g[V(t,x)]$；

2° $F(V)\equiv g(V)-n\lambda\left(\frac{V}{\alpha}\right)^{\frac{1+\theta}{2}}h\left(\sqrt{\frac{V}{\alpha}},\cdots,\sqrt{\frac{V}{\alpha}}\right)$,

且 $F(V)>0$ 当 $V>0$，$F(0)=0$，$F(V)$ 连续于 $V\geq 0$.

定理3.1 假设条件Ⅰ′、Ⅱ′、Ⅲ′成立，则（3·1）的零解为大范围稳定（与Δ无关）。

证：设 $x(t)$ 为（3·1）之解，$t\geq t_0-\Delta$，并设

$$\delta=2max\|x(t)\|,\ t_0-\Delta\leq t\leq t_0$$

因 $V(t)\equiv V(t,x(t))\leq\beta\|x(t)\|^2<\beta\delta^2$，当 $t_0-\Delta\leq t\leq t_0$.

（1）先证 $V(t)\leq\beta\delta^2$，当 $t\geq t_0$. 如不然，存在 $t_1\geq t_0$，使 $V(t)\leq\beta\delta^2$，$t\leq t_1$，$V(t_1)=\beta\delta^2$，及 $V(t)$ 在 $(t_1, t_1+\nu)$ 内为严格单增，$0<\nu$ 足够小。但

$$\frac{dV(t)}{dt}=\sum_{i=1}^{n}\frac{\partial V(t,x(t))}{\partial x_i}f_i(t,x(t),0,\cdots,0)+\frac{\partial V(t,x(t))}{\partial t}+\phi$$

$$\leq -g(V(t))+\phi,\tag{3·2}$$

$$\phi\equiv\sum_{i=1}^{n}\frac{\partial V(t,x(t))}{\partial x_i}\{f_i[t,x(t),x(t-\Delta_{i1}(t)),\cdots,x(t-\Delta_{im}(t))]-f_i[t,x(t),0,\cdots,0]\}.$$

$$\therefore\quad |\phi|\leq\lambda\|x(t)\|^{1+\theta}\sum_{i=1}^{n}h[\|x(t-\Delta_{i1}(t))\|,\cdots,\|x(t-\Delta_{im}(t))\|]\tag{3·3}$$

因 $t\in[t_1, t_1+\nu]$ 及 $t-\Delta(t)\leq t$，故 $V(t-\Delta(t))\leq V(t)$，

而
$$\|x(t-\Delta(t))\|\leq\sqrt{\frac{V(t-\Delta(t))}{\alpha}}\leq\sqrt{\frac{V(t)}{\alpha}}\tag{3·4}$$

$$|\phi|\leq n\lambda\left(\frac{V(t)}{\alpha}\right)^{\frac{1+\theta}{2}}h\left(\sqrt{\frac{V(t)}{\alpha}},\cdots,\sqrt{\frac{V(t)}{\alpha}}\right),$$

$$\frac{dV(t)}{dt}\leq -g(V(t))+n\lambda\left(\frac{V(t)}{\alpha}\right)^{\frac{1+\theta}{2}}h\left(\sqrt{\frac{V(t)}{\alpha}},\cdots,\sqrt{\frac{V(t)}{\alpha}}\right)$$

$$=-F(V(t))<0,\tag{3·5}$$

（由条件Ⅲ′之2°），这与 $V(t)$ 在 $(t_1, t_1+\nu)$ 内为严格单增矛盾，故 $V(t)\leq\beta\delta^2$，$t\geq t_0$，从而容易推出（3·1）的零解为稳定。

兹再证 $lim\|x(t)\|=0$，当 $t\to+\infty$.

令 $\overline{lim}V(t)=\bar{\sigma}$，$\underline{lim}V(t)=\sigma$，当 $t\to+\infty$. 对任给 $\mu>0$，存在 $T>t_0$，使 $V(t)\leq\bar{\sigma}+\mu$，当 $t\geq T-\Delta$；如 $\bar{\sigma}>\sigma$，则 $V(t)$ 有无数个不减区间，且存在 $\bar{T}>T$，及 $0<\nu$ 足够小，使 $V(t)$ 在 $(\bar{T}-\nu, \bar{T})$ 内为不减，且 $V(t)>\bar{\sigma}-\mu(>0)$，得

$$\frac{dV(t)}{dt}\leq -g(V(t))+n\lambda\left(\frac{V(t)}{\alpha}\right)^{\frac{1+\theta}{2}}h\left(\sqrt{\frac{\bar{\sigma}+\mu}{\alpha}},\ \cdots,\ \sqrt{\frac{\bar{\sigma}+\mu}{\alpha}}\right)\ (由\ (3\cdot5))$$
$$=-F(V(t))+\psi,$$

$$\psi\equiv n\lambda\left(\frac{V(t)}{\alpha}\right)^{\frac{1+\theta}{2}}\left\{h\left(\sqrt{\frac{\bar{\sigma}+\mu}{\alpha}},\ \cdots,\ \sqrt{\frac{\bar{\sigma}+\mu}{\alpha}}\right)-\right.$$
$$\left.-h\left(\sqrt{\frac{V(t)}{\alpha}},\ \cdots,\ \sqrt{\frac{V(t)}{\alpha}}\right)\right\},$$

$$0<\psi\leq n\lambda\left(\frac{\bar{\sigma}+\mu}{\alpha}\right)^{\frac{1+\theta}{2}}\left\{h\left(\sqrt{\frac{\bar{\sigma}+\mu}{\alpha}},\ \cdots,\ \sqrt{\frac{\bar{\sigma}+\mu}{\alpha}}\right)-\right.$$
$$\left.-h\left(\sqrt{\frac{\bar{\sigma}-\mu}{\alpha}},\ \cdots,\ \sqrt{\frac{\bar{\sigma}-\mu}{\alpha}}\right)\right\}.$$

而

$$\psi\to 0\quad 当\quad \mu\to 0. \tag{3·6}$$

当 $t\in[\bar{T}-\nu,\ \bar{T}]$ 时，有 $\frac{\bar{\sigma}}{2}\leq\bar{\sigma}-\mu\leq V(t)\leq\bar{\sigma}+\mu\leq\frac{3\bar{\sigma}}{2}$.

记 $2K=minF(V)$ 当 $\frac{\bar{\sigma}}{2}\leq V\leq\frac{3\bar{\sigma}}{2}$ 时，则

$$F(V(t))\geq 2K>0,\ t\in[\bar{T}-\nu,\ \bar{T}].$$

$$\therefore\qquad \frac{dV(t)}{dt}\leq -2K+\psi=-K-(K-\psi)<-K,\ t\in[\bar{T}-\nu,\ \bar{T}].$$

(因 μ 足够小及 (3·6)). 这与 $V(t)$ 在这区间内为不减矛盾。故必须 $\bar{\sigma}=\sigma$，即 $\lim\limits_{t\to+\infty}V(t)=\sigma$. 如 $\sigma>0$，对任给 $\mu>0$，存在 $T>t_0$，使 $0<\sigma-\mu\leq V(t)\leq\sigma+\mu$，$t\geq T$. 同样可得

$$\frac{dV(t)}{dt}\leq -K,\ t\geq T.$$

$$\therefore\qquad V(t)\leq V(T)-K(t-T)\to -\infty.$$

这不可能，故 $\sigma=0$，即 $V(t)\to 0$ 当 $t\to+\infty$. 由此容易推出 (3·1) 的零解为渐近稳定，且为大范围稳定。

四、参数变易法（稳定的充分条件）

考虑微分——差分方程（中立型）：

$$x'(t)=A(t)x(t)+\sum_{s=1}^{m}B^{(s)}(t)x(t-\triangle_s(t))+$$
$$+f[t,\ x(t),\ x(t-\triangle_s(t)),\ x'(t-\bar{\triangle}_s(t))], \tag{4·1}$$

其中 $A(t)$、$B^{(s)}(t)$ 均为 $t\geq t_0\geq 0$ 上的 n 阶方阵，其元均为连续函数且有界；矢量

函数 f 及$\triangle_s(t)$、$\overline{\triangle}_s(t)$ 均如（1·1）中所规定，当 s 固定，$\triangle_s$，$\overline{\triangle}_s$ 均为纯量。

条件 A．假设 $t\geq t_0$，$\|x\|+\sum_{s=1}^{m}(\|y^{(s)}\|+\|z^{(s)}\|)\leq H$，

$$\|\overline{x}\|+\sum_{s=1}^{m}(\|\overline{y}^{(s)}\|+\|\overline{z}^{(s)}\|)\leq H;\ \text{则有}$$

$$|f_i[t,\ x,\ y^{(s)},\ z^{(s)}]-f_i[t,\ \overline{x},\ \overline{y}^{(s)},\ \overline{z}^{(s)}]|\leq$$

$$\leq g(t)\left\{a_1\|x-\overline{x}\|+b_1\sum_{s=1}^{m}\|y^{(s)}-\overline{y}^{(s)}\|+c_1\sum_{s=1}^{m}\|z^{(s)}-\overline{z}^{(s)}\|\right\}$$

$$+q(t)\left\{a_2\|x-\overline{x}\|+b_2\sum_{s=1}^{m}\|y^{(s)}-\overline{y}^{(s)}\|+c_2\sum_{s=1}^{m}\|z^{(s)}-\overline{z}^{(s)}\|\right\}^{1+\alpha}.$$

其中 $\alpha>0$，$g(t)$，$q(t)$ 为连续有界函数；a_i、b_i、c_i $(i=1,\ 2)$ 均为常数。记

$$w_j(t)=a_j\|x(t)\|+b_j\sum_{s=1}^{m}\|x(t-\triangle_s(t))\|+c_j\sum_{s=1}^{m}\|x'(t-\overline{\triangle}_j(t))\|.\quad j=1,\ 2 \tag{4·2}$$

由条件 A，得 $f(t,\ 0,\ 0,\ 0)\equiv 0$，及

$$\|f[t,x(t),\ x(t-\triangle_s(t)),\ x'(t-\overline{\triangle}_s(t))]\|\leq\sum_{i=1}^{n}[g(t)w_1(t)+q(t)(w_2(t))^{1+\alpha}] \tag{4·3}$$

记 $W=sup\left\{a_2\|x(t)\|+\sum_{s=1}^{m}[b_2\|x(t-\triangle_s(t))\|+c_2\|x'(t-\overline{\triangle}_s(t))\|]\right\}$

当 $t\geq t_0$，及 $\|x(t)\|+\sum_{s=1}^{m}[\|x(t-\triangle_s(t))\|+\|x'(t-\overline{\triangle}_s(t))\|]<\overline{H}<H$，

$$i=1,\ \cdots,\ n. \tag{4·4}$$

又记

$$na=\sup_{t\geq t_0}\left\{\|A(t)+\sum_{s=1}^{m}B^{(s)}(t)\|+na_1g(t)+na_2W^{\alpha}q(t)\right\},$$

$$b=\sup_{t\geq t_0}[b_1g(t)+b_2W^{\alpha}q(t)],\quad \overline{c}=\sup_{t\geq t_0}[c_1g(t)+c_2W^{\alpha}q(t)]. \tag{4·5}$$

$$\therefore\ \|x'(t)\|\leq\|A(t)+\sum_{s=1}^{m}B^{(s)}(t)\|\cdot\|x(t)\|+\sum_{s=1}^{m}\|B^{(s)}(t)[x(t-\triangle_s(t))-x(t)]\|+$$

$$+\|f[t,\ x(t),\ x(t-\triangle_s(t)),\ x'(t-\overline{\triangle}_s(t))]\|.$$

在条件 A 及（4·4）的假设之下，注意（4·2）、（4·5）及 $(w_2(t))^{\alpha}\leq W^{\alpha}$．

$$\therefore\ \|x'(t)\|\leq na\|x(t)\|+b\sum_{i=1}^{n}\sum_{s=1}^{m}\|x(t-\triangle_s(t))\|+\overline{c}\sum_{i=1}^{n}\sum_{s=1}^{m}\|x'(t-\overline{\triangle}_s(t))\|+$$

$$+\sum_{s=1}^{m}\|B^{(s)}(t)\|\cdot\|x(t-\triangle_s(t))-x(t)\|, \tag{4·6}$$

记 $B=sup\|B^{(s)}(t)\|$， 当 $t\geq t_0$，$s=1, \cdots, m$；

及 $nc=n\overline{c}+B\triangle$， $p=max\ (a_i+m(b_i+c_ik_2))$， $i=1, 2$；

$$k_2=\frac{n\sigma+nmb}{1-cnm}，\text{当 } 1-cnm>0 \text{ 时。} \tag{4·7}$$

设 $\dfrac{dy}{dt}=\left[A(t)+\sum\limits_{s=1}^{m}B^{(s)}(t)\right]y$ 的标准解组为 $Y(t_1, t)$，$t\geq t_1\geq t_0$。

条件B． $\|Y(t_1, t)Y^{-1}(t_1, \sigma)\|\leq Kexp\int_{\sigma}^{t}r(\tau)d\tau$.

$$r(t)\leq 0,\ t_0\leq t_1<\sigma\leq t,\ K\geqslant 1. \tag{4·8}$$

记 $P(t)\equiv K(mB\triangle k_2+npg(t))$，$Q(t)\equiv Knp^{1+\alpha}q(t)exp\left[\alpha\int_{t_1}^{t}r(\tau)d\tau\right]$.

$$M(t_1, t)=\int_{t_1}^{t}Q(\sigma)exp\left[\alpha\int_{t_1}^{\sigma}P(\tau)d\tau\right]d\sigma,\ t_1\leq t\leq t_2,$$

$$\rho^{\alpha}=\frac{2^{\alpha}-1}{\alpha 2^{\alpha}M(t_1,t_2)} \tag{4·9}$$

引理3，假设1°，条件A，$1-cnm>0$ 成立。2°．$x(t)$ 为（4·1）之解且

$$\|x(t)\|+\sum_{s=1}^{m}\|x(t-\triangle_s(t))\|+\sum_{s=1}^{m}\|x'(t-\overline{\triangle}_s(t))\|<\overline{H},\ t_0\leq t_1\leq t.$$

则 $\|x'(t\pm 0)\|\leq k_2u(t)$，$w_i(t)\leq pu(t)$，$t_1\leq t$，$i=1, 2$；

其中 $u(t)=max\left[\dfrac{p}{K}, \max\limits_{t_1-\Delta\leq\sigma\leq t}\|x(\sigma)\|\right]$.

证，显然 $u(t)$ 为不减函数、连续（因 $\|x(t)\|$ 连续），且 $\|x(t)\|\leq u(t)$，$t_1\leq t$。把 t 固定，设 $\|x'(\sigma+0)\|$ 在 (t_1, t) 之 s 点取得最大值，$\|x'(\sigma-0)\|$ 在 $[t_1, t]$ 内之 $\overline{s}$ 点取得最大值。(a) 若 $\|x'(\overline{s}-0)\|\leq\|x'(s+0)\|$，由引理2，得

$$\|x(t-\triangle(t))-x(t)\|\leq\triangle\|x'(s+0)\|,$$

$$\therefore\quad \|x'(s+0)\|\leq(na+nmb)u(t)+nm\overline{c}\|x'(s+0)\|$$
$$+m\triangle B\|x'(s+0)\|,\quad \text{（由（4·5），（4·7））}$$

易得 $\|x'(t\pm 0)\|\leq\|x'(s+0)\|\leq k_2u(t)$， $t\geqslant t_1$.

(b) 若 $\|x'(s+0)\|\leq\|x'(\overline{s}-0)\|$，同样得

$$\|x'(t\pm 0)\|\leq\|x'(\overline{s}-0)\|\leq k_2u(t),\ t_1\leq t.$$

又由（4·2），得 $w_i(t)\leq pu(t)$，$t_1\leq t$，故引理3成立。

定理4.1 假设条件 A、B、$1-cnm>0$ 成立，又 $x(t)$ 为（4·1）之解，且 $K\|x(t)\|<\rho$，当 $t_1-\Delta\leq t\leq t_1$，则

$$\|x(t)\|\leq\frac{\rho exp\int_{t_1}^{t}[r(\tau)+P(\tau)]d\tau}{[1-\alpha\rho^{\alpha}M(t_1,t)]^{\frac{1}{\alpha}}} \tag{4.10}$$

$$t_0\leq t_1\leq t\leq t_2.$$

证：由参数变易法、(4·1)、条件B，得

$$x(t)=Y(t_1,\ t)x(t_1)+\int_{t_1}^{t}Y(t_1,t)Y^{-1}(t_1,\sigma)\left\{\sum_{s=1}^{m}B^{(s)}(\sigma)[x(\sigma-\Delta_s(\sigma))-x(\sigma)]+\right.$$

$$\left.+f[\sigma,\ x(\sigma),\ x(\sigma-\Delta_s(\sigma)),\ x'(\sigma-\overline{\Delta}_s(\sigma))]\right\}.$$

$$\therefore\ \|x(t)\|\leq\rho exp\int_{t_1}^{t}r(\tau)d\tau+\int_{t_1}^{t}K exp\int_{\sigma}^{t}r(\tau)d\tau\left\{B\sum_{s=1}^{m}\|x(\sigma-\Delta_s(\sigma))-x(\sigma)]\|+\right.$$

$$\left.+\sum_{i=1}^{n}[g(\sigma)w_1(\sigma)+q(\sigma)(w_2(\sigma))^{1+\alpha}]\right\}.\qquad(\text{由 }(4\cdot3))$$

由引理3，得

$$B\sum_{s=1}^{m}\|x(t-\Delta_s(t))-x(t)\|+\sum_{i=1}^{n}g(t)w_1(t)\leq[mB\Delta k_2+npg(t)]u(t).$$

$$\therefore\ \|x(t)\|exp\left[-\int_{t}^{t}r(\tau)d\tau\right]\leq\rho+\int_{t_1}^{t}K exp\left[-\int_{t_1}^{t}r(\tau)d\tau+\int_{\sigma}^{t}r(\tau)d\tau\right]\times$$

$$\times[mB\Delta k_2+npg(\sigma)]u(\sigma)d\sigma+$$

$$+\int_{t_1}^{t}Knp^{1+\alpha}q(\sigma)exp\left[-\int_{t_1}^{t}r(\tau)d\tau+\int_{\sigma}^{t}r(\tau)d\tau\right](u(\sigma))^{1+\alpha}d\sigma$$

$$=\rho+\int_{t_1}^{t}K[mB\Delta k_2+npg(\sigma)]u(\sigma)exp\left[-\int_{t_1}^{\sigma}r(\tau)d\tau\right]d\sigma+$$

$$+\int_{t_1}^{t}Knp^{1+\alpha}q(\sigma)exp\,\alpha\int_{t_1}^{\sigma}r(\tau)d\tau\left[u(\sigma)exp\left(-\int_{t_1}^{\sigma}r(\tau)d\tau\right)\right]^{1+\alpha}d\sigma$$

$$=\rho+\int_{t_1}^{t}P(\sigma)\ u(\sigma)exp\left(-\int_{t_1}^{\sigma}r(\tau)d\tau\right)d\sigma$$

$$+\int_{t_1}^{t}Q(\sigma)\left[u(\sigma)exp\left(-\int_{t_1}^{\sigma}r(\tau)d\tau\right)\right]^{1+\alpha}d\sigma. \tag{4·11}$$

（由（4·2）、（4·9））.

因 $\gamma(t)\le 0$，故 $exp\left(-\int_{t_1}^{t} r(\tau)d\tau\right)$、$u(t)exp\left(-\int_{t_1}^{t} r(\tau)d\tau\right)\equiv V(t)$

均为单调不减。由于（4·11）右端是单调不减且不小于 ρ，故

$$V(t)\le\rho+\int_{t_1}^{t} P(\sigma)V(\sigma)d\sigma+\int_{t_1}^{t} Q(\sigma)(V(\sigma))^{1+\alpha}d\sigma, \qquad (4\cdot 12)$$

$$1-\alpha\rho^{\alpha}M(t_1, t)\ge 1-\alpha\rho^{\alpha}M(t_1, t_2)=\frac{1}{2^{\alpha}}, \qquad (\text{由}\ (4\cdot 9))$$

$t_1\le t\le t_2$. 故由（4·12）及文〔5〕即得（4·10）.

定理4.2 假设条件 A、B、$1-cnm>0$ 成立，又有

条件 E：1° $\int^{+\infty}[r(t)+P(t)]dt<+\infty$

2° $\int_{t_0}^{+\infty} q(\sigma)exp\left(\alpha\int_{t_0}^{\sigma}[P(\tau)+r(\tau)]\,d\tau\right)d\sigma=N$（常数）。

则（4·1）的零解为稳定。

若条件 E 之1°加强为：（1°）′，$\int_{t_0}^{+\infty}[r(t)+P(t)]dt=-\infty$，其他条件不变，

则（4·1）的零解为渐近稳定。

令定理4·1之 $t_2=+\infty$. 易得所求之证（略）

当 $B=0$，则（4·1）成为

$$x(t)=A(t)x(t)+f[t, x(t), x(t-\Delta_1(t)), x'(t-\overline{\Delta}_1(t))]. \qquad (4\cdot 1)'$$

定理4.3 假设条件 A、B、$1-cnm>0$ 成立，又有

条件 E'。1°)，$\int^{+\infty}[r(t)+Kpng(t)]dt<+\infty$；

2°)，$\int_{t_0}^{+\infty} q(\sigma)exp\left(\alpha\int_{t_0}^{\sigma}[r(\tau)+Knpg(\tau)]d\tau\right)d\sigma=\overline{N}$（常数）成立。

则（4·1）′之零解为稳定。（与 Δ 无关）

若条件 E'。之1°)加强为1°)′。$\int_{t_0}^{+\infty}[r(t)+Knpg(t)]dt=-\infty$，其他条件不变，

则（4·1）′之零解为渐近稳定。

定理4.4 假设条件 A、B、E'，成立，又有

$lim g(t)=0$，当 $t\to+\infty$；则（4·1）′的零解为稳定。

若条件 E' 之1°)加强为1°)′，其他条件不变，则（4·1）′的零解为渐近稳定.

证：令 $c=\frac{1}{2nm}$，因 $p(t)$ 有界，故存在 $\overline{q}>0$ 使 $q(t)\le\overline{q}$，$t\ge t_0$. 因 $g(t)\to 0$，

当 $t\to+\infty$，故存在 $t_1>t_0$ 使 $c_1g(t)\leq\frac{1}{4nm}$，$t\geq t_1$。

因 $\alpha>0$，取$\overline{H}$足够小，使 $c_2W^\alpha\overline{q}\leq\frac{1}{4nm}$，因而

$$c_1g(t)+c_2W^\alpha q(t)\leq\frac{1}{2nm}=c,\qquad t\geq t_1.$$

由题设知，

$$M(t_1,\ +\infty)=\int_{t_1}^{+\infty}Q(t)exp\left(\alpha\int_{t_1}^{t}Knpg(\tau)d\tau\right)dt\text{为常数，}$$

及 $$N=exp\int_{t_1}^{+\infty}[r(t)+Knpg(t)]dt\text{ 亦为常数。}$$

今任给 $\varepsilon>0$，$\varepsilon<min\left(\rho,\ \frac{\overline{H}}{1+2m}\right)$，

其中 $P(t)$、$Q(t)$、ρ 均由（4·9）所定。决定 $\varepsilon_1>0$，$\varepsilon_1<min\left(\frac{\varepsilon}{k_2},\ \frac{\varepsilon}{K}\right)$，决定 $\delta_1>0$，$\delta_1<min\left(\varepsilon_1,\ \frac{\varepsilon_1}{3KN}\right)$。

对 $\delta_1>0$、$t_1>t_0$ 言，存在 $\delta_0>0$、$\delta_0<\delta_1$，由定理1·1，知有（4·1）$'$ 之解，初始条件 $\|\varphi(t)\|<\delta_0$，$\|\varphi'(t)\|<\delta_0$，$t_0-\triangle\leq t\leq t_0$．有 $\|x(t)\|<\delta_1$，$\|x'(t)\|<\delta_1$，$t<t_1$。这样的 $x(t)$ 完全满足定理 4·1 的条件，当 $t\geq t_1$ 时，因而（4·10）成立，此时 $B=0$，$P(t)=Knpg(t)$，$t_2=+\infty$，

$$Q(t)=Knp^{1+\alpha}q(t)exp\left(\alpha\int_{t_1}^{t}r(\tau)d\tau\right),$$

故 $$\|x(t)\|\leq2\rho exp\int_{t_1}^{t}[r(\tau)+Knpg(\tau)]d\tau.$$

（由（4·10），并注意 $1-\alpha\rho^\alpha M(t_1,\ t)\geq\frac{1}{2^\alpha}$ 及 $t_2=+\infty$）

∴ $\|x(t)\|<\varepsilon_1$，$\|x'(t\pm0)\|<k_2\varepsilon_1<\varepsilon$（由引理 3），由此，易得所求之证。

文〔4〕之定理 3 为本文定理 4·4 之特例。只要注意〔4〕中之 α 即本文条件 A 中之 $1+\alpha$，又令条件A中之 $a_1=a_2=0$，$b_1=b_2=c_1=c_2=1$；及由〔4〕之定理 3 所须满足之条件：$r(t)\leq0$，$g(t)$ 不增，$\int_{t_0}^{+\infty}g(t)dt<+\infty$，（从而引出$g(t)\to0$当$t\to+\infty$）及 $q(t)$ 有界，$\int_{t_0}^{+\infty}q(t)exp\left(\alpha\int_{t_0}^{t}[r(\tau)+Mg(\tau)]d\tau\right)dt<+\infty$，

容易推出本文定理 4·4 所应满足之条件（包括条件 A，B），

五、零解为不稳定的充分条件

在本段总假定（1·1）满足条件Ⅰ，随之（1·2）成立，以下不再声明。

条件u_1．假设 $V_1(x_1,\cdots,x_{\bar{n}})$、$V_2(x_{\bar{n}+1},\cdots,x_n)$、$\bar{n}\leq n$ 满足下不等式

$$1^\circ\quad 0<\alpha\left(\sum_{i=1}^{\bar{n}}|x_i|\right)\leq V_1(x_1,\cdots,x_{\bar{n}}),\quad \left|\frac{\partial V_1}{\partial x_i}\right|\leq\lambda\left(\sum_{j=1}^{\bar{n}}|x_j|\right),\ i=1,\cdots,\bar{n};$$

$$2^\circ\quad 0<\alpha\left(\sum_{i=\bar{n}+1}^{n}|x_i|\right)\leq V_2(x_{\bar{n}+1},\cdots,x_n),\quad \left|\frac{\partial V_2}{\partial x_i}\right|\leq\lambda\left(\sum_{j=\bar{n}+1}^{n}|x_j|\right),\ i=\bar{n}+1,\cdots,n;$$

若$\bar{n}=n$，则 $V_2\equiv 0$．函数 $\alpha(\sigma)$、$\lambda(\sigma)$ 在 $\sigma>0$ 上，为正值连续严格单增，$\alpha(0)=0$．$\lambda(0)=0$，因之其反函数亦为严格单增。

3°，$\lambda(\alpha^{-1}(\sigma))\alpha^{-1}(\sigma)\leq k_1\sigma$，当 $\sigma\geq 0$时；$k_1>0$．

条件u_2．假设在域S：$V(x)\equiv V(x_1,\cdots,x_{\bar{n}})-V_2(x_{\bar{n}+1}\cdots,x_n)>0$，$t\geq t_0>0$ 内有

$$1^\circ).\quad \sum_{i=1}^{\bar{n}}\frac{\partial V_1}{\partial x_i}f_i[t,x,0,0]\geq l_1V_1(x_1,\cdots,x_{\bar{n}}),\ l_1>0;$$

$$2^\circ).\quad \sum_{i=\bar{n}+1}^{n}\frac{\partial V_2}{\partial x_i}f_i[t,x,0,0]\leq l_2V_1(x_1,\cdots,x_{\bar{n}}),\ l_2\geq 0,\ l=l_1-l_2>0.$$

定理5.1 假设条件u_1、u_2、$1-cnm>0$成立，又有 $l-2nm(b+ck_2)k_1>0$，其中 $k_2=\dfrac{na+nmb}{1-cnm}$，则（1·1）的零解为不稳定（与△无关）

证：今对任一 $\varepsilon>0$，$\varepsilon<min\left(1,\dfrac{H}{1+2m}\right)$，无论怎么小的 $0<\delta<\varepsilon$，如果总可以找到（1·1）的一个解 $x(t)$，满足初始条件，且

$\|\varphi(t)\|<\delta$，$\|\varphi'(t)\|<\delta$，当 $t_0-\triangle\leq t\leq t_0$ 时；并存在时刻$T'>t_0$，使 $\|x(T')\|=\varepsilon$，则（1·1）的零解为不稳定。

设 $x_0=(x_{1,0},\cdots,x_{\bar{n},0};0,\cdots 0)$，$0<\|x_0\|<\delta$．

今取初始条件为 $\varphi(t)\equiv x_0$，$\varphi'(t)\equiv 0$，$t_0-\triangle\leq t\leq t_0$．要证明存在时刻 $T'>t_0$ 使 $\|x(T')\|=\varepsilon$．

1°，如不然，则 $\|x(t)\|<\varepsilon$，$t\geq t_0$．

但 $\|x(t)\|=\|x_0\|$，$\|x'(t)\|=0$，在$[t_0-\triangle,t_0]$内为不减，

且 $V(t)=V(x_0)>0$，在 $[t_0-\triangle,t_0]$ 内亦为不减。

(*a*) 先证 $V(t)\equiv V(x(t))>0$，$t\geq t_0$．

如不然，必存在 $T>t_0$，使 $V(t)>0$，当$t_0-\triangle\leq t\leq T$；而 $V(T)=0$．

(*b*) 为此先要证明：$V_1(t)\equiv V_1(x_1(t),\cdots,x_{\bar{n}}(t))$ 在 $[t_0-\triangle,T]$内为不减。今 $V_1(t)\equiv V(x_0)$ 在 $[t_0-\triangle,t_0]$ 内为不减，如（*b*）不成立，必存在 $T_0\geq t_0$，$T_0<T$，

使 $V_1(t)$ 在 $[t_0-\triangle, T_0]$ 内为不减，而在 $[T_0, T_0+\nu]$ 内为严格单减，$0<\nu<min(\tau, T-T_0)$。取 ν 足够小，使 $\|x'(t)\|$ 在 $(T_0, T_0+\nu)$ 内为连续，从而有 $\frac{dV_1(t)}{dt}<0$。令 $V(t)\equiv V_1(t)-V_2(t)>0$，$t<T$；故由函数 $\alpha(\sigma)$，随之 $\alpha^{-1}(\sigma)$ 的严格单增性，

$$\therefore \quad \lambda[\alpha^{-1}(V_2(t))]<\lambda[\alpha^{-1}(V_1(t))] \quad t\leq T. \tag{4·2}$$

而在 $[T_0, T_0+\nu]$ 内，则 $V_1(T_0)>V_1(t)$，

$$\therefore \quad \lambda[\alpha^{-1}(V_2(t))]\leq\lambda[\alpha^{-1}(V_1(t)]<\lambda[\alpha^{-1}(V_1(T_0)]. \tag{4·3}$$

现在来证明 $T_0=T$。因为当 $t\leq T_0<T$ 时，有 $V(t)>0$，又由条件 u_2，得 $\left(\frac{\partial V_1(t)}{\partial x_i}\equiv\frac{\partial V_1}{\partial x_i}\Big|_{x=x(t)}\right)$

$$\frac{dV_1(t)}{dt}=\sum_{i=1}^{\bar{n}}\frac{\partial V_1}{\partial x_i}f[t, x(t), 0, 0]+\phi_1\geq l_1V_1(t)-|\phi_1|, \tag{4·4}$$

其中 $$\phi_1\equiv\sum_{i=1}^{\bar{n}}\frac{\partial V_1}{\partial x_i}\Big\{f_i[t, x(t), x(t-\triangle_s(t)), x'(-\bar{\triangle}_s(t))]-f_i[t, x(t), 0, 0]\Big\}.$$

$$\therefore \quad |\phi_1|\leq\sum_{i=1}^{\bar{n}}\left|\frac{\partial V_1}{\partial x_i}\right|\left\{b\sum_{s=1}^{m}\|x(t-\triangle_s(t))\|+c\sum_{s=1}^{m}\|x'(t-\bar{\triangle}_s(t))\|\right\}, \text{（由条件 I）} \tag{4·5}$$

由上面的假设，得 $V_1(t)\leq V_1(T_0)$，$t_0-\triangle\leq t\leq T_0+\nu$。故

$$\left|\frac{\partial V_1}{\partial x_i}\right|\leq\lambda\left(\sum_{i=1}^{\bar{n}}|x_i(t)|\right)\leq\lambda[\alpha^{-1}(V_1(t))]\leq\lambda[\alpha^{-1}(V_1(T_0))]. \text{（由条件}u_1\text{）}$$

又 $$\|x(t)\|=\sum_{i=1}^{\bar{n}}|x_i(t)|+\sum_{i=\bar{n}+1}^{n}|x_i(t)|\leq\alpha^{-1}(V_1(t))+\alpha^{-1}(V_2(t))\leq2\alpha^{-1}(V_1(t))\leq2\alpha^{-1}(V_1(T_0)),$$

$$\|x(t-\triangle_s(t))\|\leq2\alpha^{-1}(V_1(t-\triangle_s(t)))\leq2\alpha^{-1}(V_1(T_0)),$$

故 $$\|x'(t\pm0)\|\leq2k_2\alpha^{-1}(V_1(T_0)). \text{（由引理 1），} \tag{4.6}$$

$$\therefore \quad |\phi_1|\leq\lambda[\alpha^{-1}(V_1(T_0))]\bar{n}m(b+ck_2)2\alpha^{-1}(V_1(T_0)) \quad \text{（由（4·5））}$$
$$\leq2\bar{n}m(b+ck_2)k_1V_1(T_0). \quad \text{（由条件}u_1\text{）}$$

$$\therefore \quad \frac{dV_1(t)}{dt}\geq[l_1-2\bar{n}m(b+ck_2)k_1]V_1(T_0)+l[V_1(t)-V_1(T_0)], \quad \text{（由(4·4)）}$$

而 $$l-2\bar{n}m(b+ck_2)k_1\geq l-2nm(b+ck_2)k_1>0,$$

故存在 ν 足够小，使（注意 $V_1(t)-V_1(T_0)\to0$ 当 $t\to T_0$）

$$\frac{dV_1}{dt}\geq\frac{1}{2}[l_1-2\bar{n}m(b+ck_2)k_1]V_1(T_0)>0, \quad T_0\leq t\leq T_0+\nu.$$ 这与 $\frac{dV_1(t)}{dt}<$

<0 矛盾，故 $T_0=T$.

今 $T_0=T$，即 $V_1(t)$ 在 $(t_0-\Delta, T)$ 内为不减，故 $\|x(t)\|\leq 2\alpha^{-1}(V_1(t))$,

$$\|x(t-\triangle_s(t))\|\leq 2\alpha^{-1}(V_1(t-\triangle_s(t)))\leq 2\alpha^{-1}(V_1(t)),$$

$$\|x'(t\pm 0)\|\leq 2k_2\alpha^{-1}(V_1(t)).\text{（由引理 1）}$$

$$\therefore\qquad \frac{dV_1(t)}{dt}\geqslant[l_1-2\bar{n}m(b+ck_2)k_1]V_1(t),\tag{4·7}$$

在 $\|x'(t)\|$ 连续的区间之内成立。又

$$\frac{dV_2(t)}{dt}=\sum_{i=\bar{n}+1}^{n}\frac{\partial V_2}{\partial x_i}f_i[t,\ x(t),\ 0,\ 0]+\phi_2\leq l_2V_1+|\phi_2|,\tag{4·8}$$

其中 $\phi_2\equiv\sum\limits_{i=\bar{n}+1}^{n}\dfrac{\partial V_2}{\partial x_i}\Big\{f_i[t,\ x(t),\ x(t-\triangle_s(t)),\ x'(t-\bar{\triangle}_s(t))]$

$$-f_i[t,\ x(t),\ 0,\ 0]\Big\}.$$

同 (4·7) 的证法，并注意 $\alpha^{-}(V_2(t))<\alpha^{-1}(V_1(t))$，得

$$|\phi_2|\leq 2(n-\bar{n})m(b+ck_2)k_1V_1(t),$$

$$\therefore\qquad \frac{dV_2(t)}{dt}\leq[l_2+2(n-\bar{n})m(b+ck_2)k_1]V_1(t),\tag{4·9}$$

由 (4·7)、(4·9) 得

$$\frac{dV(t)}{dt}=\frac{dV_1(t)}{dt}-\frac{dV_2(t)}{dt}\geqslant[l-2nm(b+ck_2)k_1]V_1(t)$$

$$\geqslant[l-2nm(b+ck_2)k_1]V(t)\qquad(\because\ l=l_1-l_2),$$

在 $\|x'(t)\|$ 连续的区间内成立。而 $V(t)$ 连续，故通过积分得

$$V(t)\geqslant V(t_0)exp[l-2nm(b+ck_2)k_1](t-t_0),\quad t\leq T.$$

这与 $V(T)=0$ 矛盾，故必须 $V(t)>0$，$t\geqslant t_0$. 从而由 (b)，$V_1(t)$ 为不减，$t\geqslant t_0$，再重复上面的方法，得

$$V(t)\geqslant V(t_0)exp[l-2nm(b+ck_2)k_1](t-t_0)\to+\infty$$

这与 $\|x(t)\|<\varepsilon$，$t\geqslant t_0$ 矛盾。故 (1·1) 的零解为不稳定.

条件u_3.假设条件u_1之V_1、V_2在域S：$V\equiv V_1-V_2>0$，$t\geqslant t_0$内，使得

1°) $\sum\limits_{i=1}^{\bar{n}}\dfrac{\partial V_1}{\partial x_i}f_i[t,\ x,\ x,\ 0]\geqslant l_1V_1,\quad l_1>0$;

2°) $\sum\limits_{i=\bar{n}+1}^{n}\dfrac{\partial V_2}{\partial x_i}f_i[t,\ ,\ x,\ x,\ 0]\leq l_2V_1,\quad l_2\geqslant 0,\ l=l_1-l_2>0.$

定理5.2 假设条件 u_1、u_3、$1-cnm>0$ 成立，又 $l-2nm(b\triangle+c)k_2k_1>0$ 则 (1·1) 的零解为不稳定。

证法与定理5·1证法相似，因在$\|x'(t)\|$连续的区间内，有

$$\frac{dV_1(t)}{dt}=\sum_{i=1}^{\bar{n}}\frac{\partial V_1}{\partial x_i}f_i[t,\ x(t),\ x(t),\ 0]+\Phi_1\geqslant l_1V_1-|\Phi_1|,$$

$$\Phi_1\equiv\sum_{i=1}^{\bar{n}}\frac{\partial V_1}{\partial x_i}\{f_i[t,x(t),x(t-\triangle_s(t)),x'(t-\overline{\triangle}_s(t))]-f_i[t,x(t),x(t),0]\}.$$

$$\therefore\quad |\phi_1|\leq\lambda(\alpha^{-1}(V_1(t)))\sum_{i=1}^{\bar{n}}\left\{b\sum_{s=1}^{m}\|x(t-\triangle_s(t))-x(t)\|+c\sum_{i=1}^{m}\|x'(t-\overline{\triangle}_s(t))\|\right\}.$$

当 $\|x(t)\|\leq 2\alpha^{-1}(V_1(t)),\ \|x(t-\triangle_s(t))\leq 2\alpha^{-1}(V_1(t)),$

由引理 2、引理 1 得

$$\|x(t-\triangle_s(t))-x(t)\|\leq\triangle k_2 2\alpha^{-1}(V_1(t)).$$

$$|\Phi_1|\leq\lambda(\alpha^{-1}(V_1(t)))\bar{n}m(b\triangle+c)k_2 2\alpha^{-1}(V_1(t))$$

$$\leq 2\bar{n}m(b\triangle+c)k_2k_1V_1(t).\qquad\text{（由条件}u_1\text{）}$$

$$\therefore\quad \frac{dV_1(t)}{dt}\geqslant[l_1-2\bar{n}m(b\triangle+c)k_2k_1]V_1(t),\qquad\text{（由条件}u_1\text{）}$$

其余与定理 5·1 的证法类似（略）。

设常系数线性微分——差分方程为

$$x'(t)=Ax(t)+\sum_{s=1}^{m}B^{(s)}x(t-\triangle_s(t))+\sum_{s=1}^{m}C^{(s)}x'(t-\overline{\triangle}_s(t))\qquad(2\cdot3\cdot1)$$

其中A，$B^{(s)}$，$C^{(s)}$ $(s=1,\ \cdots,\ m)$ 均为实常数正方矩阵。(2·3·1) 的零解为不稳定的判定可依下面方法处理：

(1) 通过非奇异常系数线性变换，方程 (2·3·1) 的零解的稳定，渐近稳定或不稳定不会改变。

(2) 设方程 (2·3·1) 经过非奇异常系数线性变换〔参考〔8〕第 6 章 § 43、§ 44，并注意 α_i、β_i、…、w_i 的绝对值是取得足够小（不为 0），及〔9〕P.128、129之方法〕已化为实系数的典则型，使 $A=\begin{pmatrix}M_1 & 0\\ 0 & M_2\end{pmatrix}$，其中$M_1$的特征根实部都为正。$M_2$的特征根的实部均不为正。$M_1$ 的阶数为$\bar{n}$。

令 $V_1(x_1,\ \cdots,\ x_{\bar{n}})=x_1^2+\cdots+x_{\bar{n}}^2$，$V_2(x_{\bar{n}+1},\ \cdots,\ x_n)=x_{\bar{n}+1}^2+\cdots+x_n^2$，

记 $$\bar{\alpha}=min\left(\frac{1}{\bar{n}},\ \frac{1}{n-\bar{n}}\right).$$

令函数 $a(\sigma)=\bar{\alpha}\sigma^2$，$\lambda(\sigma)=2\sigma$，$k_1=\dfrac{2}{\bar{\alpha}}$.

则条件u_1在这里成立，因α_i、β_i、…、w_i 的绝对值可取得足够小，在 $V\equiv V_1-V_2>0$域内，就有

$$\sum_{i=1}^{\bar{n}}\frac{\partial V_1}{\partial x_i}\sum_{j=1}^{\bar{n}}a_{ij}x_j\geqslant l_1V_1(x_1,\ \cdots,\ x_{\bar{n}}),\ l_1>0$$

而且 l_1 可取得只与 M_1 的特征根实部（>0）有关，（例如可取得 l_1 大于 M_1 的特征根实部中最小的 $\frac{1}{2}$），及

$$\sum_{i=\bar{n}+1}^{n}\frac{\partial V_2}{\partial x_i}\sum_{j=\bar{n}+1}^{n}a_{ij}x_j\leq l_2V_2(x_{\bar{n}+1},\ \cdots,\ x_n),\ l_2\geq 0,$$

a_{ij} 为 A 的元。当 M_2 的特征根实部都为负，或虽有实部为零的根但都是单根，这时 l_2 可取为 0。当 M_2 的特征根有实部为 0 的根是重根时，由于 α_i、β_i、…、w_i 的绝对值可取为任意小。所以 l_2 亦为任意小，从而 $l=l_1-l_2>0$，使条件 u_2 成立。因此，就可利用定理 5·1 来判定（2·3·1）的零解为不稳定的情况。

（3）当 $c=0$，及 $A+\sum_{s=1}^{m}B^{(s)}$ 的特征根实部有为正，则存在足够小的 $\triangle>0$，使（2·3·1）的零解为不稳定。

因（2·3·1）可改写为（这时 $c=0$）

$$x'(t)=\left(A+\sum_{s=1}^{m}B^{(s)}\right)x(t)+\sum_{s=1}^{m}B^{(s)}[x(t-\triangle_s(t))-x(t)].\qquad(2\cdot3\cdot1)'$$

假设（2·3·1）′ 已经过非奇异常数系数线性变换化为实系数典则型，如（1）、（2）的情况一样，有 $V_1(x_1,\ \cdots,\ x_{\bar{n}})$、$V_2(x_{\bar{n}+1},\ \cdots,\ x_n)$ 存在，使在域 S：$V\equiv V_1-V_2>0$ 内，有条件 u_1 成立及

$$\sum_{i=1}^{\bar{n}}\frac{\partial V_1}{\partial x_i}\sum_{j=1}^{\bar{n}}\left(a_{ij}+\sum_{s=1}^{m}b_{ij}^{(s)}\right)x_j\leq l_1V_1,\qquad l_1>0;$$

及
$$\sum_{i=\bar{n}+1}^{n}\frac{\partial V_2}{\partial x_i}\sum_{j=\bar{n}+1}^{n}\left(a_{ij}+\sum_{s=1}^{m}b_{ij}^{(s)}\right)x_j\leq l_2V_2,\qquad l_2\geq 0;$$

且 $l=l_1-l_2>0$。即条件 u_2' 成立。

故当 $\triangle$ 使得 $l-2nmb\triangle\frac{2}{\alpha}(na+nmb)>0$，则（2·3·1）′ 的另解为不稳定（定理5·2之特例）。

例：设

$$\bar{A}=\begin{pmatrix}12 & 0 & -2\\ 1 & -8 & 0\\ 1 & -1 & 10\end{pmatrix},$$

$$y'(t)=\bar{A}y(t)+\sum_{s=1}^{3}\bar{B}^{(s)}y(t-\triangle_s(t))\qquad(*)$$

作变换 $y_1=x_1$，$y_2=x_3$，$y_3=x_2$，则（*）变为

$$x'(t)=Ax(t)+\sum_{s=1}^{3}B^{(s)}x(t-\triangle_s(t)).\qquad(**)$$

其中
$$A=\begin{pmatrix} 12 & -2 & 0 \\ 1 & 10 & -1 \\ 1 & 0 & -8 \end{pmatrix}$$
故 $a=max|a_{ij}|=12.$

记 $b=max\left|b_{ij}^{(s)}\right|,\ i,j,s=1,2,3.$

令 $V_1(x_1,\ x_2)=x_1^2+x_2^2,\ V_2(x_3)=x_3^2,\qquad \overline{n}=2.$

因
$$\frac{1}{2}(|x_1|+|x_2|)^2\leq x_1^2+x_2^2,\ \text{故}\quad \alpha(\sigma)=\frac{1}{2}\sigma^2,$$

又
$$\left|\frac{\partial V_1}{\partial x_i}\right|=2|x_i|\leq 2(|x_1|+|x_2|),\ \text{故}\ \lambda(\sigma)=2\sigma.\ i=1,2.$$

∴
$$\lambda[\alpha^{-1}(V)]\alpha^{-1}(V)=2\sqrt{2V}\sqrt{2V}=4V,\ k_1=4,$$

而 $\sum_{i=1}^{2}\frac{\partial V_1}{\partial x_i}\sum_{j=1}^{2}a_{ij}x_j=2x_1(12x_1-2x_2)+2x_2(x_1+10x_2-x_3).$

在域 S：$V\equiv V_1-V_2=x_1^2+x_2^2-x_3^2>0$ 内有 $|x_i|\leq\sqrt{x_1^2+x_2^2}$，$i=1,\ 2,\ 3.$ 故在$V>0$内有

$$\sum_{i=1}^{2}\frac{\partial V_1}{\partial x_i}\sum_{j=1}^{2}a_{ij}x_j\geqslant 19(x_1^2+x_2^2)+(x_1-x_2)^2-2|x_2|\cdot|x_3|$$
$$\geqslant 17(x_1^2+x_2^2),\ l_1=17.$$

又 $\frac{\partial V_2}{\partial x_3}(x_1-8x_3)=2x_3(x_1-8x_3)\leq 2|x_1|\cdot|x_3|<2(x_1^2+x_2^2).$

故 $l_2=2$，∴ $l=l_1-l_2=17-2=15.$

故只要 b 满足下之不等式（由定理5·1，$c=0$）

$$l-2nmbk_1=15-2\times 3\times 3b\times 4=15-72b>0,$$

就得到(**)，随之（*）的零解为不稳定（全时滞）。

参　考　文　献

〔1〕Bellem R., Cook K. L., Differential—Difference Equations, New York Acadamic Press, 1963.

〔2〕秦元勋等，带有时滞的动力系统的运动稳定性，科学出版社，1963.

〔3〕J. Hale, Functional Differential Equations, Springer—Verlag New York, Heidelberg. Berlin, 1971。

〔4〕斯力更，具有变量时滞的非线性中立型微分方程组的解的有界性和稳定性，数学学报，Vol. 17, No3, 1974, 197—204.

〔5〕Spripnik V. V., On the Stability of Nonlinear Systems of Neutral Type, Prike, Mat. Meh. 39, No1, 1975, 45—52.

〔6〕 Ju. A. Milropol'skil, A. M. Samoilcnko, Аналитическне Методы Исследованиия Решений Нелиненых Дифференциальных Уравнениц.

Izdanie Inst. Mat. Akad. nauk.Ukrain, sst, Kiev. 1975, 209.

〔7〕 李岳生，基本不等式与微分方程解的唯一性（Ⅰ），吉林大学自然科学学报，1 (1960) 7—2.

〔8〕 黄克欧译，常微分方程论讲义，人民教育出版社，1959，P.147—154.

〔9〕 秦元勋，运动稳定性的一般问题。

The Besic Theory of Stability of Differential-Difference Equations (Including Neutral Type)

Lee Shenling

Abstract

In this Paper the correlations among $\|x(t)\|$, $\|x(t-(\triangle t))\|$, $\|x'(t)\|$ and $\|x'(t-\overline{\triangle}(t))\|$, $(\triangle(t)=\triangle_{is}(t)$, $\overline{\triangle}(t)=\overline{\triangle}_{is}(t)$, $i=1, \cdots, n$; $s=1, \cdots, m)$, are given by the Writer. These correlations are very imporant for discussing the stability of the neutral type. Using these correlations in the method of V-function, the condition of $\frac{dV}{dt}\leqslant 0$, $t\geqslant t_0$ may be avoided (as indicated in〔3〕P.63, the Positive definite function V such that $\frac{dV}{dt}\leqslant 0$, $t\geq t_0$ is difficult to find.) and an algebraic method Which can be adapted to a wide range and can simply make the decision is obtained. While they are used in the method of variation of constants, we get the results including the theorem 3 in 〔4〕, and for the nonlinear equations of neutral type (variable retardations), we establish the sufficient conditions for their stability, asymptotical stability and unstability. In addition, we also get for the general equations of the retarded type the suffieient conditions of stability in the large.

隔膜式气敏氨电极的研制

俞汝勤，龚洪钟，陈诚之，袁　冲，沈国励，何　泊

摘　要

本文对隔膜式气敏氨电极的制备方法及其分析性能进行了实验研究，对用不同敏感玻璃成份制成的平板玻璃电极进行了实验比较。视不同成份膜电阻在10—1000MΩ范围内变化，含有铀及钽的敏感玻璃膜电阻较低。本文详述了在玻璃板上用流延法制备聚偏氟乙烯微孔膜的方法，用邻苯二甲酸二丁酯及磷酸三丁酯混合物作成孔剂效果较佳。电极在1—1000微克氨/毫升范围呈能斯特响应，检测下限约为0.1微克氨/毫升。

氨电极于六十年代末提出后〔1,2〕，即有Orion95—10及EIL8002等产品问世。由于电极法测定氨氮能免去蒸馏等繁杂步骤，并可能进行自动连续监测，研制与生产此种电极者纷起。Beckman较早公布专利，系采用pH玻璃电极及Metricel VF—6微孔膜制造氨电极〔3〕；稍后Hawker等〔4〕报告用市售平面玻璃电极及聚四氟乙烯带装制氨电极；Orion制造氨电极的专利采用孔径为0.6微米及平均孔率为50%的微孔膜，并提出用苦味酸铵饱和中介液〔5〕；随后Bailey等〔6〕详细讨论了隔膜式氨电极及其他气敏电极的制备问题；平田宽等〔7〕用全固态玻璃电极及Ag_3SBr陶瓷膜参比电极装制氨电极；国内有关氨电极的研制亦相继发表〔8, 9〕。在基于不同类型介面化学反应的气敏氨电极中，酸碱平衡类型的氨电极除上述应用玻璃电极者外，亦可采用锑电极作内电极〔10〕。其他两种类型氨电极中，内电极或直接响应氨本身转化形成的铵离子〔11〕，或利用络合平衡介面反应，以银离子电极作指示电极〔12〕。

为实验比较不同类型隔膜式氨电极的性能，我们曾试用硫化银电极作内电极装制氨电极，得到与资料〔12〕相仿的结果。但此种电极测定氨的下限为10^{-4}M左右，不能适应一般水质分析等的灵敏度要求。用硫化银膜作内电极虽较平板状pH玻璃电极易于制作，而由于不能用银基参比电极，需用氟电极作参比电极，使氨电极结构更为复杂化。实验表明，用pH玻璃电极作指示电极的隔膜式气敏氨电极具有较好的分析性能。前述大部份前人的工作均属此种类型。惜有关资料中，较少涉及氨电极的主要组成部件——平板状玻璃电极、气透膜等制备方法的细节。国内目前较成熟的氨电极商品尚感缺乏，使其广泛应用受到限制。本文初步总结我们研制隔膜式气敏氨电极的实验结果，着重讨论电极的制备技术问题。

一、氨电极的结构与装配

基于酸碱平衡并应用pH玻璃膜内电极的氨气敏电极工作原理，前文已有叙述〔9〕。图1为本实验室设计的隔膜式氨电极的结构与装置示意图。

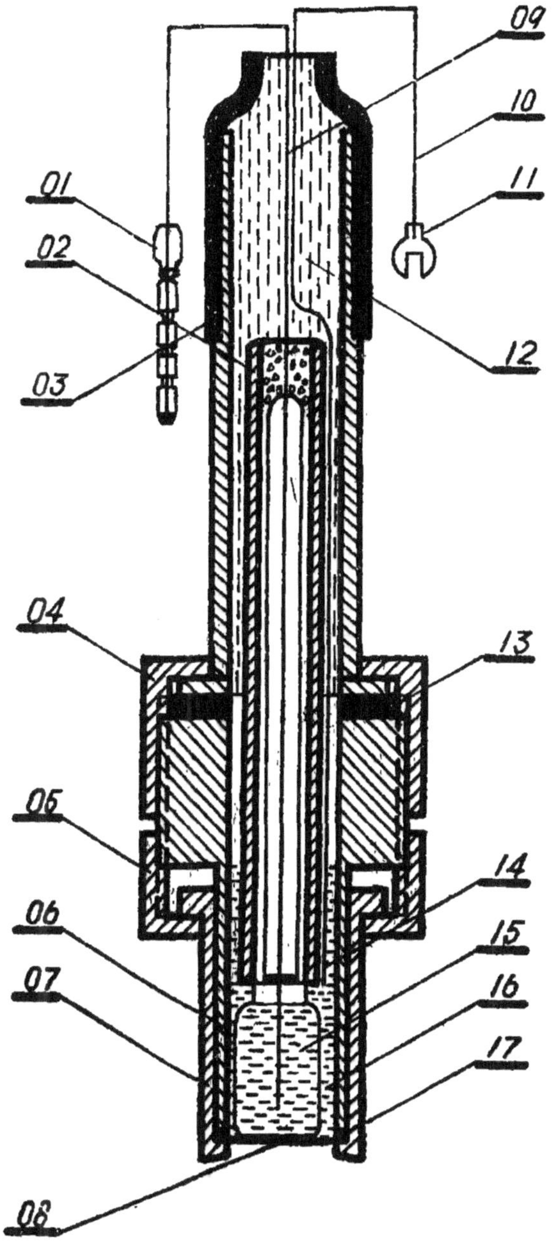

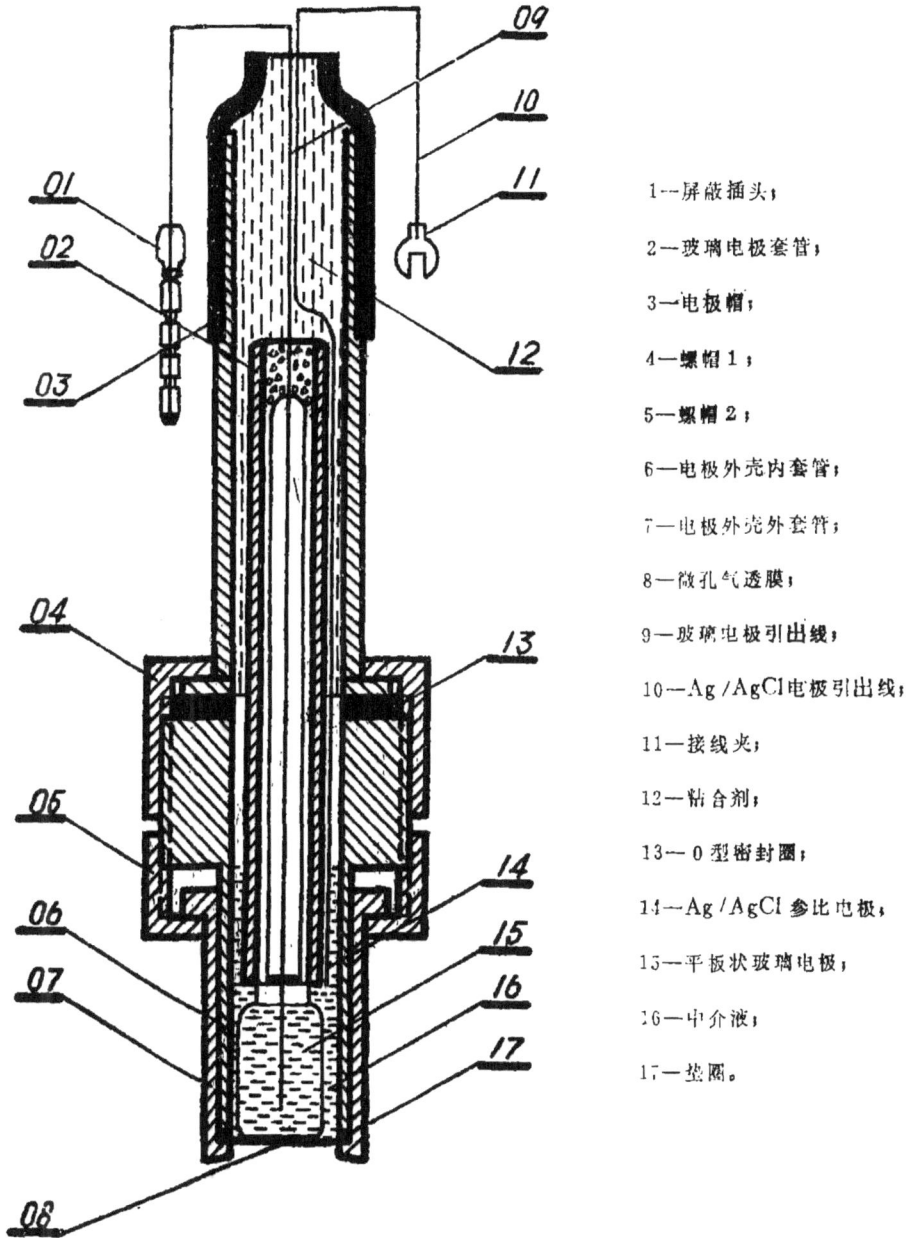

1—屏蔽插头；
2—玻璃电极套管；
3—电极帽；
4—螺帽1；
5—螺帽2；
6—电极外壳内套管；
7—电极外壳外套管；
8—微孔气透膜；
9—玻璃电极引出线；
10—Ag/AgCl电极引出线；
11—接线夹；
12—粘合剂；
13—0型密封圈；
14—Ag/AgCl参比电极；
15—平板状玻璃电极；
16—中介液；
17—垫圈。

图1　气敏氨电极结构示意图

对隔膜式氨气敏电极而言，指示电极、参比电极、中介液及气透膜是其装置的主要组成部分。我们在研制隔膜式氨气敏电极的工作中，着重在对作为指示电极的pH玻璃敏感膜成份的选择，平面敏感膜的成膜工艺操作，以及气透膜的制备等方面，作了一些初步的探索。

（一）指示电极的制备

指示电极是气敏电极装置中最主要的部件。对基于利用介面酸碱平衡反应的氨气敏电极，主要采用pH玻璃电极作为指示电极。我们曾试用锑电极作指示电极，未获满意结果。据Ross等的研究〔15〕，中介液层的厚度直接影响气敏电极的响应时间。为缩短响应时间，必须控制此液层厚度使成均匀薄层，而后者取决于pH指示电极的玻璃敏感膜的几何形状。用球泡状敏感膜，难于控制液层均匀，故必需将敏感膜改成平板状，在装配时才能保证使气透膜与敏感膜紧贴，使二者间形成稳定均匀的液层，从而改善电极电位的响应特性与重现性。

1. 敏感膜成份的选择

由于工艺上的限制，将敏感膜加工为平板状难达到与球泡状相仿的膜厚度与均匀程度。而后二者对电极内阻影响较大。电极内阻因膜过厚而增高，对仪表的阻抗要求亦提高。目前国内多数实验室使用的高阻直流毫伏计（如精密酸度计）的输入阻抗一般在$10^{11}\Omega$数量级。为适应其阻抗要求，玻璃电极内阻应在$10^{8}\Omega$左右。即使仪表输入阻抗仍在不断改进提高，电极内阻过高，则绝缘、屏蔽及操作稍有不慎即造成信噪比恶化或漂移。因此，选择适宜的低电阻玻璃成份是制备平板状玻璃电极的关键。在寻找电阻率低的玻璃膜成份时，我们遇到降低电阻率与化学稳定性之间的矛盾。Baucke〔14〕较近的研究表明，pH玻璃电极的水化层表面的碱金属实际全部为H^+所置换，电极膜的pH功能由表面的$\equiv SiO^-H^+$基团的离解平衡所决定；而电极膜各层阻抗值以水化层与主体玻璃之间的过渡层最高〔15〕。Baucke〔14〕指出，优良的pH玻璃成份需有较高的碱金属盐含量，以保证表面有足够高的$\equiv SiO^-H^+$浓度，这同时保证了较低的电阻；但玻璃膜溶解速度应极低。达到此一目的的途径是加入各种添加剂。这方面Perley进行过极详尽系统的研究〔16〕，在Perley的工作的基础上，各种稀土氧化物及Ⅳ、Ⅴ族元素的氧化物均被试验用作添加剂。我们选择Perley工作中的几种玻璃成份，并与较近资料报导的玻璃成份及国内实际应用的若干玻璃膜成份进行了实验比较，按下节所述成膜工艺制成平板状玻璃电极，试用作氨电极的内电极。某些成份的玻璃（如N6，表1）制成球泡状膜电极时具有良好的pH功能及化学稳定性，而制成平板状膜时内阻高达1000MΩ以上，使用目前通用的pH计或毫伏计难于稳定工作。取自Perley工作〔16〕的几种成份中，成份N7的电阻值不能适应平板状膜电极的要求；成份N4、N5为Perley报告中阻抗最低的成份。实验表明，用这两种组份的玻璃制成的平板状pH电极电阻较低，在100MΩ或稍高范围内。这两种成份电极在氨电极的内电极工作区间内pH功能尚佳，装制成氨电极能获得较好结果，但玻璃膜化学稳定性差，电极易于老化，工作寿命较短。虽可借稀氢氟酸处理使之复原，但实际应用不便。Lengyl等〔17〕曾报导用铀作添加剂能获得内阻较低的稳定玻璃膜成份。我们试验上述作者推荐的摩尔组成为Li_2O 30、BaO 5、UO_2 2(余为SiO_2,%)的玻璃成份，证实铀用作添加剂能改善玻璃膜性能，但上述成份不及国内较多采用的含有La_2O_3及CaO的成份（N1）易于加工成膜。后者虽粘度较大（高温熔融态时），但用本实验室设计的粘膜架操作仍能制成或较均匀的薄膜。此成份制成的平板pH电极用于氨电极效果较好，其内阻尚能适应国内通用的仪表阻抗要求，使用寿命亦较长（一年以上）。但内阻仍稍嫌高，且需使用放射性材料亦是其缺点。N2、N3系较近资料〔18〕报导的成份，此资料所述加工与退火手续较繁，我们采用本实验室所用的通用成膜工艺加工，制成的膜电阻率较低，pH功能亦较好。用此种膜成份装制的氨电极性能较佳。其工作寿命尚待进一步长时间考察。有关pH敏感膜成份及其阻抗范围列于表1。由表可见，取成份N1，N2，N3效果较好。

几种pH玻璃成份制成平板状膜的阻抗
(15—20°C)

表 1

序号	摩尔组成，%										阻抗范围 MΩ
	BaO	CaO	Cs_2O	La_2O_3	Nd_2O_3	Li_2O	SiO_2	Ta_2O_5	TiO_2	UO_2	
N1		4.5		0.5		30	62.9			2.1	100-200
N2				5		33	56	6			20—40
N3			1	5		34	55	5			10—30
N4			3			28	65		4		<100
N5			2	2		30	66				~100
N6	4		1		4	27	64				>1000
N7	5		2	2		28	63				>1000

• 平板状膜直径为12mm，厚度约为200μm。

2. 敏感玻璃的成膜工艺

(1) 敏感膜支持玻管的吹制及预处理

上述几类敏感玻璃的线膨胀系数均大于$100\times10^{-7}/℃$，故应选择线膨胀系数较大的支持管玻璃，同时兼顾在焊接参考电极时与铂熔接。我们选用含铅量较大的红丹料玻管（上海电子管三厂），取管径φ5、φ8和φ12各一段，吹制成有夹套的支持管，如图2所示。

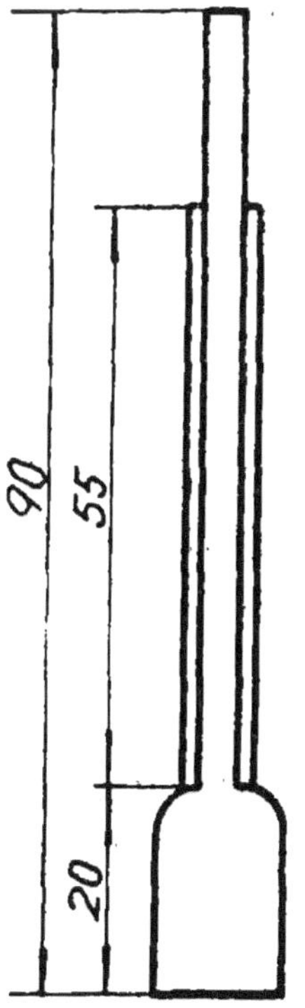

图2 敏感膜支持管示意图

将支持管置电炉中加热至400～450℃，保温10分钟，缓冷至室温。经此退火处理后的支持管，用2%硅油202*（上海树脂厂）的丙酮溶液浸湿，置电热干燥箱中在220℃下烘2～4小时，缓冷至室温，使玻璃管表面形成一较稳定的疏水绝缘薄层。支持管下端管口与敏感膜粘接面，必须磨平、抛光，使具镜面光洁。然后洗净，于105℃烘干备用。

(2) 玻璃的熔制及敏感膜的粘接

配制不同成份的试料，用玛瑙乳钵分别研细，120目筛过，混合均匀，转入铂坩埚中。为了避免铂坩埚的变形和玻璃试料的迅速冷却，将铂坩埚置于稍大的刚玉坩埚中，后者内盛一层很厚的经预先在1300℃灼烧过的氧化铝粉，以利在粘膜时保温。

上述坩埚置高温电炉中逐渐升温至1300～1370℃熔3～6小时，烧成之熔融玻璃应清亮无气泡。

将支持管夹在自制简易粘膜架上，测量好高度，用酒精灯预热玻璃管下端管口至微红，立即从炉中取出坩埚，迅速启动粘膜架的活动杆，使玻管下端管口端面与熔融玻璃液面瞬间接触而形成薄膜。必要时，在玻管上端接一段橡皮管作吹气用，于下端刚刚脱离熔融玻璃液面时，立即轻轻吹气，使膜面平整，或吹制成稍显凸出的敏感膜曲面，据EIL称〔6〕，后者更易与气透膜紧密贴合，形成的液层更薄，能显著缩短响应时间。

(3) 平膜 pH 玻璃指示电极的装配

内电极为银—氯化银电极，用 ϕ0.5 的 99.9% 的纯银丝在盐酸介质中阳极氧化覆盖氯化银而成。银丝表面依次用无水酒精、20% 硝酸和纯水浸洗，在 0.1N 盐酸溶液中电解，银丝为阳极，铂为阴极，调节电解电流，每根银丝约0.1mA，电解 8 小时。然后用纯水洗净，在玻璃电极用的内缓冲液中浸两天后使用。

银丝镀氯化银之前，须预先封接在 ϕ3 红丹料玻管上，与玻管封接处为一小段 ϕ0.3 的铂丝，引出线为 ϕ0.2 的银丝，示意图如图 3 。

内参比溶液为 pH7 的磷酸盐缓冲液：取 9.569 克磷酸二氢钾，4.259 克磷酸氢二钠，26 克氯化钾，溶于纯水，稀至1000 毫升，并滴加 5～6滴 0.1N硝酸银溶液，混匀，取清液使用。

在粘好敏感膜的玻管中注入2～3毫升pH7 的缓冲液，将内参比电极装入管中，在煤气火焰上使两管上缘熔封。熔封时，用一兽医针管套住内参比电极银丝引出线，以保护后者不致被熔断。在玻璃夹套中装入锡箔作屏蔽层。

(4) 玻璃电极的 pH 功能及内阻的测试

pH功能在pH4.00(E_{G_1}) 及pH9.22(E_{G_2}) 的缓冲液中对232型饱和甘汞电极测试，用PHS—2型精密酸度计测定电位值，测得的$\triangle E=|E_{G_1}-E_{G_2}|$值见表 2 (15℃ 时$\triangle E$ 理论值为298mV)。

内阻测定按资料〔19〕所述方法进行。根据玻璃电极和饱和甘汞电极在 pH 4.00 缓冲液中测得的电位值 (E_{G_1}) 及在玻璃电极和甘汞电极之间并联一标准电阻 R_c，在同一缓冲液中测得电位值E_{R_1}，按下式计算电极内阻 R_G：

$$R_G=R_c\left(\frac{E_{G_1}-E_{R_1}}{E_{R_1}}\right)$$

测得结果亦列于表 2 。

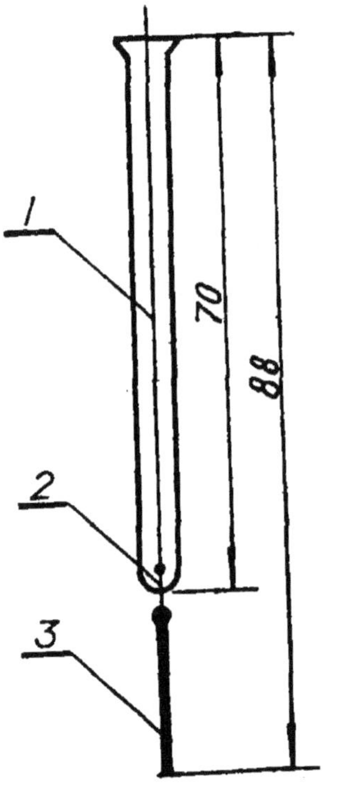

图3　内参比电极示意图

1. 银丝引出线
2. 铂丝
3. 银—氯化银电极

(二) 气透膜的制备

气透膜可分为均相膜与非均相膜（微孔膜）两类。前者的工作原理是待测气体溶解于膜相中，然后再在内电解液层中溶出，使液层达平衡状态。均相膜的特点是对气体透过具有选择性，渗透压的影响较小，但气体分压达到平衡很缓慢，使电极响应时间延长。微孔膜的原理是依靠膜中的孔隙透过气体，但膜材料必须具有憎水性能，方能保证溶液中的离子和液体分子不致穿透膜中的微孔，而气体分子则可较自由地通过。微孔膜是目前较常采用的气透膜。我们制备的气透膜为聚偏氟乙烯微孔膜。聚偏氟乙烯的化学稳定性虽不及聚四氟乙烯，但因前者可溶于N—二甲基甲酰胺，有可能用流延法加工成微孔膜。

平膜玻璃指示电极的pH功能及内阻 15°C　　表2

敏感膜玻璃型号	电极编号	R_c MΩ	E_{R_1} mV	E_{G_1} mV	E_{G_2} mV	pH功能△E, mV 实测值	pH功能△E, mV 对理论值的偏差	内阻 R_G MΩ
N1	18009	100	+62	+142	−152	294	−4	129
N1	18020	100	+53	+131	−159	290	−8	140
N1	18022	100	+56	+141	−151	292	−6	117
N2	28001	20	+59	+151	−142	293	−5	32
N2	28010	20	+63	+145	−149	294	−4	26
N2	28012	20	+63	+137	−158	295	−3	24
N3	38005	20	+71	+146	−149	295	−3	21
N3	38010	20	+79	+154	−144	298	−0	17
N3	38011	20	+68	+143	−153	296	−2	22

制备方法：按一定重量比将聚偏氟乙烯（PVF）粉（上海曙光化工厂）加入N—二甲基甲酰胺（DMF）中，加热搅拌溶解，并使气泡逸失，得胶状透明液体，再加入一定量邻苯二甲酸二丁酯（DBP）与磷酸三丁酯（TBP），混匀。然后倒在一平板玻璃上，用流延法使成一均匀薄层，将玻璃板送入烘箱中于80℃左右烘至近干，使DMF溶剂挥发逸失，玻璃板上的胶状液薄层即成半透明薄膜。然后浸入工业酒精中静置一昼夜，将成孔剂DBP与TBP溶出，取出玻璃板，在膜上加几层滤纸，并加一玻璃板压紧置烘箱中80℃干燥即成微孔膜。

成孔剂的选择需考虑能与DMF溶剂互溶，以保证分散均匀，膜中形成的微孔能较均匀地分布，其沸点应较DMF高，且能溶于常用有机溶剂如丙酮、酒精等，以便于控制在一定温度下先使溶剂DMF挥发，形成薄膜，再用酒精将成孔剂溶出，在膜上形成均匀分布的微孔。

微孔的孔率取决于成孔剂的加入量。成孔剂加入量多，则孔率大，微孔多，气透性能好，但性脆易破；成孔剂加入量少，则孔率小，微孔少，虽较耐用，但气透性能差，电极响应时间延长。故在选择气透膜配方时，必须兼顾气透性能与机械强度两个方面。实验证明，用一种成孔剂难于在保证必要的膜强度前提下达到所需的孔率，故试验用两种成孔剂。使用两种成孔剂时，能达到比单独使用一种时较大的孔率而仍保持必要的机械强度。这可能与成膜时两种空间结构不同的成孔剂分子在膜中交错排列有关。在单独使用一种成孔剂时，如取PVF与DBP的重量比为1:1时，能得到具有一定机械强度的微孔膜，但孔率不够，响应时间较长，而继续增加DBP用量，在达到某一临界值时，高聚物PVF分子之间相互连接的连续性受到破坏，膜的机械强度骤降。例如，当PVF与DBP的重量比约为1:2时，制得的微孔膜机械强度已极差。而采用两种成孔剂，当PVF与成孔剂总量（DBP与TBP用量之和）为1:2时，仍能不破坏高聚物分子之间相互连接的连续性。浸泡除去成孔剂后，得到的膜气透性能较好，膜的强度基本上能适应氨电极装置要求。但实验发现成膜特性与PVF粉本身的聚合度、分子量等参数有较密切关系，对每批PVF原粉必须实验确定成孔剂加入量的最佳配比。我们在实验中采用的配比是PVF:DBP:TBP＝1:1:1，即等重量的三组份与10份（重量比）DMF混合溶解后，流延成膜并用乙醇浸泡成孔。

我们在试验自制微孔膜(A膜)用于装配氨电极的同时，还试验过将聚四氟乙烯生料带（上海化工厂）拉伸成微孔膜（B膜）。聚四氟乙烯膜化学稳定性优于A膜，但B膜不能直接用于装配电极，用前须小心沿一定方向拉伸，至得到均匀乳白色薄膜。拉伸的程度决定膜的厚度和孔率，取得经验的工作者使用此膜装配电极，亦可获较满意效果。

（三）玻璃电极与参比电极的装配

与玻璃电极形成电极对的参比电极为银—氯化银电极，其制备方法与pH玻璃电极的内参比电极相同。

装配步骤：将制成的平膜pH玻璃电极（15）套装在聚氯乙烯塑料管体（02）内，塑料管侧壁槽中镶有银—氯化银参比电极（14），用106室温硫化硅橡胶（上海树脂厂）作填充剂，将玻璃电极和银—氯化银电极固定在此塑料管体中。将单芯聚四氟乙烯屏蔽导线（09）的屏蔽网接玻璃电极夹套管中的锡箔，芯线接内电极引出线；另一导线（10）接参比电极引出线。电极的绝缘与屏蔽影响电极电位的稳定性，装配时需保证各引出线的裸露处不与绝缘性能不够高的物质接触以免降低绝缘性能。电极帽（03）用914快速粘合剂（天津延安化工厂）（12）固定。引出线（09，10）分别接屏蔽插头（01）和接线夹（11），即组成指示电极与参比电极对整体。

电极的绝缘电阻，即玻璃电极芯线与屏蔽层间的绝缘阻抗必须大于$10^{11}\Omega$，采用ZC36型高阻测试仪（上海第六电表厂）测定，结果见表3。

氨电极的绝缘阻抗　　　　表 3

电极编号	18009	18020	18022	28001	28010	28012	38005	38010	38011
绝缘阻抗 (Ω)	7×10^{11}	1×10^{12}	3×10^{12}	1×10^{12}	3×10^{12}	3×10^{13}	2×10^{13}	2×10^{13}	2×10^{11}

（四）中介液的选择及氨电极的组装

氨气敏电极的中介液为氯化铵溶液。对用于含氨量在0.1～1000$mg NH_3/l$范围内的一般水样分析的氨电极，我们选择以氯化银沉淀饱和的0.1N NH_4Cl溶液作中介液。不另加其他组份。曾试验过用饱和苦味酸铵〔5〕及不同浓度氯化铵溶液作中介液，与用0.1N氯化铵比较似无明显优点。在待测试液离子强度与0.1N氯化铵相差较大时，可考虑加入氯化钠等惰性电解质平衡之。但应注意玻璃电极在较浓电解质溶液中长期浸泡似较易老化。

氨电极的组装：

1．取直径稍大于垫圈（17）的疏水微孔膜（08）一片，装入电极外壳内、外套管（09，07）下端，并将螺帽（05）旋紧。

2．在电极外壳空腔内盛满去离子水，观察微孔膜有无漏隙。倾去水，用中介液洗涤外壳空腔及电极对后，仍用少许中介液充注外壳空腔。

3，将电极对整体小心地装入外壳空腔内，其平头玻璃敏感膜坐落于固定微孔膜的垫圈（17）内，O型密封圈（13）与外壳上端接触时，玻璃敏感膜平面应刚好接触微孔膜（08）内表面。

4. 将螺帽（04）轻轻旋紧，电极对整体不应转动，调整玻璃敏感膜贴压微孔膜内表面上的压力使之适度。

5. 将装好的电极壳体外部（包括微孔膜外表面）用纯水洗净后，浸在0.1N氯化钾或氯化钠溶液中保存备用。如使用时发现电位不稳定，可再调整螺帽（04）的压力，至获得稳定的电极电位。电极不用时，浸在0.1N氯化钠（或钾）溶液中保存。一般资料多建议用0.1N氯化铵溶液作保存液，但我们发现由0.1N氯化铵溶液中取出的电极，至少需在纯水中浸洗约半小时才能用于极低浓度的测定。用氯化钠保存液可免此弊。

二、用氨电极测定水中铵盐的试验步骤及电极性能试验

1. 试剂和仪器

（1）氨标准溶液：称取3.141克分析纯氯化铵（105℃干燥）配制1升浓度为1000毫克/升的氨标准溶液。其余较稀浓度均由此稀释而得。

（2）碱性试剂：10*N* NaOH。加入碱性试剂的目的是使被测水样的pH值达到12以上，使水样中的铵离子完全转化为溶解的氨。

（3）“低铵水”的制备：将混合离子交换柱流出的纯水，在使用前再通过氢式阳离子树脂（732*型）交换柱而得。

（4）仪器：用UJ—25型高电势直流电位差计（上海电表厂）测定电位值，PHS-2型精密酸度计或DWS—51型钠度计（上海第二分析仪器厂）作阻抗转换器并指示补偿零点。搅拌用电磁搅拌器。

2. 试液的测定

（1）电极的预处理：电极从保存液中取出后，浸入50毫升氨标准溶液中，其浓度应稍高于待测试液的最高氨浓度，加10N氢氧化钠1毫升，搅拌约2分钟。取出电极用纯水清洗后，浸入纯水中搅拌5分钟，或在搅拌下观察电位值变化，至电位值趋于某一较正电位值（不要求恒定），此时电极即可用于测定。

实验表明，氨电极在由保存液取出后，用于测低浓度时，电位值重现性不佳。为消除此种迟滞现象对低浓度测试的影响，采用上述预处理步骤。

（2）试验步骤：取50毫升试液置于100毫升小烧杯中，将氨电极浸入试液中，在电磁搅拌下加入1毫升10N氢氧化钠，读取平衡时的电位值，或控制读数时间1—4分钟读取电位值。电极测定一份试液后，用纯水洗净并在纯水中浸泡搅拌，待电位值恢复至接近预处理步骤后水洗达到的电位值（不必待电位值恒定），再测另一份。电极用后重新浸入保存液中浸泡。

3. 试验结果

表4示氨电极的线性试验结果。“低铵水”的电位值可能与每次制备时的质量有关，表中未列入。理论上如假定中介液薄层中铵离子活度系数变化可忽略不计时，电极电位与氨浓度之间的关系近似符合Nernst函数，20℃时理论级差为58.2毫伏。取实测值与理论值之比为转换系数。

氨电极的线性试验结果 20°C　　　　表 4

NH_3 mg/l / mV / 电极号*	0.1	1	10	100	1000	0.1—1		1—10		10—100		100—1000	
						级差	转换系数	级差	转换系数	级差	转换系数	级差	转换系数
18009	0	-49	-105	-165	-224	49	84.2%	56	96.2%	60	103.1%	59	101.4%
18022	-3	-54	-111	-169	-227	51	87.6%	57	97.9%	58	99.7%	58	99.7%
28001	-5	-60.5	-118	-177	-235	54.5	93.6%	57.5	98.8%	59	101.4%	58	99.7%
28007	0	-47.5	-105	-164.5	-222.5	47.5	81.6%	57.5	98.8%	59.5	102.2%	58	99.7%
38010	+7	-47	-105	-163	-221	54	92.7%	58	99.7%	58	99.7%	58	96.7%
38015	-3	-53	-109	-167	-224	50	85.9%	57	97.9%	59	101.4%	50	99.7%

* 第一位数字为表 1 中的序号，用相应玻璃成份的敏感膜

由表 4 可见，氨电极测定的浓度区间为0.1—1000毫克/升。在1—1000毫克/升浓度区间，电极的线性较好，转换系数的误差< ±4%；在0.1—1毫克/升之间，电极电位值较Nernst理论值偏低，转换系数的误差可达－20%。

由上述结果可见，制得的氨电极符合 Nernst 关系的浓度区间及可测下限与 Bailey 等〔20〕报告的国外多数氨电极产品的指标相仿。唯据 Hansen 等〔21〕计算，氨电极符合 Nernst 关系的下限只能达10^{-4}M，检测下限只能达 6×10^{-6}M，Bailey 等〔20〕认为此下限偏高。我们注意了限制中介液薄层与中介液主体之间的扩散过程，依 Bailey 等的分析，确能达到较低的可测下限。

氨电极的响应时间 20°C　　　　表 5

NH_3 mg/l / 时间(分) / 电极号	0.1	1	10	100	1000
18009	6′	3′	1′	<1′	<1′
18022	5′	2′	1′	<1′	<1′
28001	5′	2′	1′	<1′	<1′
28007	6′	3′	1′	<1′	<1′
38010	5′	2′	1′	<1′	<1′
38015	5′	2′	1′	<1′	<1′

表 5 为氨电极的响应时间试验结果。电极响应时间系指电极浸入试液后，至电位值

趋近平衡每分钟电位漂移约 0.5 毫伏所需时间。实验表明，在 1—1000 毫克/升浓度区间，电极电位可在1—3分钟内趋近平衡，在0.1毫克/升浓度时，电极电位趋近平衡的时间较长，一般需≥5 分钟。

表 5 的数据均是由较低浓度转测较高浓度的条件下测出。按前述测定步骤每一测定后用纯水使电极电位值复原，故实际上每次测定均是由较低浓度转测较高浓度。电极在测试较高浓度后，在纯水中恢复所需时间较测试低浓度后稍长，但对下一测定的响应时间无显著影响。电极在测试高浓度后，不经恢复纯水电位值而直接测试低浓度试液，则响应时间显著延长且重现性不佳。

我们试用本文装置的氨电极进行电厂锅炉给水、凝结水等水样中氨的测定，获得较好效果，详情将另文报导。

参 考 文 献

(1) 罔田胜，松下宽，工业化学杂志（日），72,1407 (1969).

(2) R.Briggs, Paper 12, Proceedings of the Water Resources Board Conference on Data Retrieral and Processing, Reading University, Jan.1969.

(3) A.Strickler and C.H.Beebe, U.S., 3,649,505, Mar.14 (1972).

(4) B.W.Hawker, D.Midgley and K.Torrance, Lab.Prac., **22**,724 (1973)

(5) J.H.Riseman, J.Krueger and M.S.Frant, U.S., 3,830,718 Aug.20(1974)

(6) P.L.Bailey and M.Riley, Analyst, **100**,145 (1974).

(7) 平田宽，东山健，日本电气化学，**44**,306 (1976).

(8) 中国科学院上海冶金研究所，分析化学，**5**,173 (1977)

(9) 湖南大学化工系电极组，理化检验通讯，化学分册 (3), 27 (1978).

(10) M.Marcini et al., Anal.Chim.Acta, **92**,277 (1977).

(11) J.G.Montalro, ibid., **65**,189 (1973).

(12) T.Anfalt, A.Graneli and D.Jagner, ibid., **76**,253 (1975).

(13) J. W. Ross, J. H. Riseman and J. A. Krueger, Pure & Appl. Chem., **36**,473 (1973).

(14) F.G.K.Baucke, Journal of Non-Crystalline Solids, **91**,75 (1975).

(15) A.Wikly and C.Johansson, J.Electroanal. Chem., **23**, 23 (1969).

(16) G.A.Perly, Anal. Chem., **21**,391; 394; 559 (1949).

(17) B.Lengyeland and F.Till, Egypt J.Chem., **1**,99 (1958).

(18) Young Chung Chang, Ger. Offen, 2,626,916 (1976).

(19) E.L.Eckfeldt and G.A.Perley, J.Electrochem.Soc., **98**,37 (1951).

(20) P.L.Bailey and M.Riley, Analyst, **102**,213 (1977).

(21) E.H.Hansen and N.R.Larsen, Anal.Chim.Acta, **78**,459 (1975)

Studies on Construction of Ammonia Gas-Sensing Membrane Electrode

Yu Ruqin Gong Hongzhong Chen Chengzhi
Yuan Chong Shen Guoli He Po

Abstract

The art of making the ammonia gas-sensing membrane electrode has been investigated and the analytical behaviour of this electrode described. An experimental study is dedicated to a comparison of flat-ended pH electrodes whose sensing membranes are prepared from glasses of different compositions. The membrane resistance has been found to vary from about 10 to above 1,000 MΩ, the lower values being obtained with membrane compositions which contain uranium or tantalum. A method of casting thin polyvinylidene fluoride membranes over glass plates has been described in detail. The best pore-forming agents are dibutyl phthalate and tributyl phosphate in mixture. The electrode gives a Nernstian response from 1,000 to 1mg/l, the detection limit being about 0.1mg/l.

泛函微分方程的李雅普诺夫泛函方法

王志成，钱祥征

摘　要

在文〔1〕的启发下，本文讨论了滞后型和中立型泛函微分方程的稳定性问题，并利用李雅普诺夫泛函方法，得到了一致稳定、一致渐近稳定的充分条件。所得结果推广了 Hale〔2〕一书第五章和第十二章中相应的稳定性定理。

设 r 为给定的正数，$R=(-\infty,\ +\infty)$，$R^+=[0,\ +\infty)$，R^n 为具模 $|\cdot|$ 的 n 维线性矢量空间。$C([a,b],\ R^n)$ 表示把区间 $[a,b]$ 映入 R^n 的具一致收敛拓扑的连续函数 Banach 空间。对于任何 $\phi\in C([a,b],\ R^n)$，其范数定义为

$$\|\phi\|_{[a,b]}=sup|\phi(\theta)|,\qquad a\leqslant\theta\leqslant b.$$

特别地，我们记 $C=C([-r,0],\ R^n)$，当 $\phi\in C$ 时，其范数 $\|\phi\|_{[-r,0]}$ 简记为 $\|\phi\|$。

若 $\sigma\in R$，$A>0$，$x(t)\in C([\sigma-r,\ \sigma+A),\ R^n)$，则对于任何 $t\in[\sigma,\sigma+A)$，$x_t\in C$ 定义为

$$x_t\equiv x_t(\theta)=x(t+\theta),\qquad -r\leqslant\theta\leqslant 0.$$

(一)

考虑滞后型泛函微分方程

$$\dot{x}=f(t,x_t),\tag{1.1}$$

其中“·”表示关于 t 的右导数；$f:R\times C\longrightarrow R^n$ 为连续，且把 $R\times$(C的有界集)$\longrightarrow R^n$ 的有界集。$x(t,\sigma,\phi)$ 表(1.1)过(σ,ϕ)的解，$x_\sigma=\phi$，$\phi\in C$，在不致混淆的情况下，简记为 $x(t)$。依文〔2〕，在 f 的上述假设下，解 $x(t,\sigma,\phi)$ 在 $[\sigma,\infty)$上存在。

本文中所用的“李雅普诺夫泛函”是指连续且满足局部李普希兹条件的泛函 $V(t,\phi):[\sigma_0-r,\ \infty)\times C\longrightarrow R^+$，这里 $\sigma_0\in R$ 为给定。$V(t,\phi)$ 沿 (1.1) 的解的右上导数定义为

$$\dot{V}(t,\phi)\equiv\dot{V}_{(1.1)}(t,\phi)$$
$$=\lim_{h\to0^+} sup[V(t+h,\ x_{t+h}(t,\phi))-V(t,\phi)]/h.$$

条件A 存在李雅普诺夫泛函 $V(t,\phi)$，满足

$$u(|\phi(0)|)\leqslant V(t,\phi)\leqslant v(\|\phi\|),$$

其中 $u(s)$，$v(s)$ 为连续、非减，当 $s>0$ 时，$0<u(s)\leqslant v(s)$，且 $u(0)=v(0)=0$。

定理1·1 假设

(i) 条件 A 成立；

(ii) 当 $V(\xi,x_\xi)\leqslant V(t,x_t)$，$\sigma\leqslant\xi\leqslant t$，$t>\sigma$，$\sigma=max(\sigma,\ t-r)$，有

$$\dot{V}(t,x_t)\leqslant g(t)w(V(t,x_t)),$$

其中 $g(t)\geqslant0$，且 $\int^{+\infty}g(t)dt<+\infty$；$w(s)$ 为连续、非减，当 $s>0$ 时，$w(s)>0$，$w(0)=0$，对任意常数 $a>0$，有

$$\lim_{b\to0^+}\int_b^a\frac{ds}{w(s)}=+\infty,$$

则（1.1）的零解为一致稳定。

证：证明方法与文〔1〕的定理1·1类似，故这里只给出此证法大概，而省去其细节。

作辅助方程

$$\frac{dy}{dt}=\bar{g}(t)w(y),\tag{1.2}$$

其中 $\bar{g}(t)=g(t)+\frac{1}{1+t^2}$。显然，对 $\bar{g}(t)$ 而言，也有 $\int^{+\infty}\bar{g}(t)dt<+\infty$。

对任给的 $\varepsilon>0$，取 $\varepsilon_1:0<\varepsilon_1<min(\varepsilon,\ u(\varepsilon))$，并适当选取 $y_0:0<y_0<\varepsilon$，使对任意的初始时刻 $\sigma\geqslant\sigma_0$，对应的(1.2)的解 $y(t)=y(t,\sigma,y_0)$，满足

$$y(t)<\varepsilon_1,\ 对一切\ t\geqslant\sigma.$$

且此解为正值，单增。

选取 $\delta>0$，$(\delta<y_0,\ v(\delta)<y_0)$，使当初始函数 $x_\sigma=\phi\in C$ 满足 $\|\phi\|\leqslant\delta$ 时，用文〔1〕一样的方法可以证明：(1.1)过(σ,ϕ)的解 $x(t,\sigma,\phi)$，将满足

$$V(t,x_t)\leqslant y(t),\ 对一切\ t\geqslant\sigma.\tag{1.3}$$

从而，由

$$u(|x(t)|)\leqslant V(t,x_t)\leqslant y(t)<\varepsilon_1<u(\varepsilon),\ 对一切\ t\geqslant\sigma.\tag{1.4}$$

推知

$$|x(t)|<\varepsilon,\ 对一切\ t\geqslant\sigma.$$

定理证毕。

例：考虑数量方程

$$\dot{x}(t)=\frac{1}{1+t^2}x(t)+\frac{2}{1+t^2}x(t-r).\tag{1.5}$$

设 $\phi\in C$，令 $V(\phi)=\frac{1}{2}\phi^2(0)$，则

$$\dot{V}(x_t)=x(t)\left(\frac{1}{1+t^2}x(t)+\frac{2}{1+t^2}x(t-r)\right)$$

$$\leqslant \frac{1}{1+t^4}x^2(t)+\frac{2}{1+t^2}|x(t)||x(t-r)|$$

$$\leqslant \frac{3}{1+t^2}x^2(t),\ \text{当}\ |x(t-r)|\leqslant|x(t)|,$$

亦即，当 $V(x_\xi)\leqslant V(x_t)$，$t-r\leqslant\xi\leqslant t$，有

$$\dot{V}(x_t)\leqslant g(t)w(V(x_t)),$$

其中 $g(t)=\dfrac{3}{2(1+t^2)}$，$w(s)=s$，满足定理1.1的全部条件，故(1.5)的零解为一致稳定。

条件B 假设 $F(t,s):[\sigma_0,\infty)\times R^+\longrightarrow R^+$ 为连续，关于 s 非减，当 $s>0$ 时，$F(t,s)>0$，$F(t,0)=0$。对任何 $\beta>0,\gamma>0$，存在 $\alpha(\beta,\gamma)>0$，使若 $t\geqslant\sigma$ 时 $\|x_t\|>\gamma$，则对任何 $\tau\geqslant\sigma+r$，当 $t\geqslant\tau+\alpha(\beta,\gamma)$ 时，一致地有

$$\int_\tau^t F(s,|x(s)|)ds>\beta. \tag{1.6}$$

条件B_1 假设 $F(t,s):[\sigma_0,\infty)\times R^+\longrightarrow R^+$ 为连续，关于 s 非减，当 $s>0$ 时，$F(t,s)>0$，$F(t,0)=0$。此外，对任何 $\beta>0$，$\gamma>0$，及任意正数 $\triangle\left(0<\triangle<\dfrac{r}{2}\right)$，$t_i\in[\tau+(2i-1)r,\ \tau+2ir]$ $(i=1,2,\cdots)$。则存在足够大的正数 $k^*(\beta,\gamma)$，使当 $k>k^*$ 时，对 $\tau\geqslant\sigma+r$ 一致地有

$$\sum_{i=1}^{k}\int_{t_i+\triangle}^{t_i+\triangle}F\left(s,\frac{\gamma}{2}\right)ds>\beta. \tag{1.7}$$

显见，条件 B_1 成立可推出条件B亦成立。事实上，设已给 $\gamma>0$，若对一切 $t\geqslant\sigma$，有 $\|x_t\|>\gamma$，则总有一串 $t_i:t_i\in[\tau+(2i-1)r,\ \tau+2ir]$ $(i=1,2,\cdots)$，使 $|x(t_i)|>\gamma$。根据 f 的有界性，存在常数 L，使对所考虑的解 $x(t)(\|x_\sigma\|<\varepsilon)$，都有 $|x(t)|<L,t\geqslant\sigma$。再由 $x(t)$ 的连续性，有

$$|x(t)|>\frac{\gamma}{2},\quad \text{当}\ t\in\left[t_i-\frac{\gamma}{2L},\ t_i+\frac{\gamma}{2L}\right],$$

且 L 取得足够大，使，$\dfrac{\gamma}{2L}<\dfrac{r}{2}$，因而各区间$\left(t_i-\dfrac{\gamma}{2L},\ t_i+\dfrac{\gamma}{2L}\right)$互不相交，则有

$$\int_\tau^t F(s,|x(s)|)ds\geqslant\sum_{i=1}^{k}\int_{t_i-\frac{\gamma}{2L}}^{t_i+\frac{\gamma}{2L}}F\left(s,\frac{\gamma}{2}\right)ds,$$

这里设 $\tau+2kr\leqslant t<\tau+(2k+2)r$。因此，取 $\alpha(\beta,\gamma)=2k^*r$，得知我们的断言成立。

在 $F(t,s)\equiv\psi(t)w(s)$ 的特殊情况下，条件(1.7)化为

$$\sum_{i=1}^{k}\int_{t_i-\triangle}^{t_i+\triangle}\psi(s)ds>\beta'. \tag{1.7$'$}$$

更特别地，若令 $\psi(t)=$常数，则上述条件当 k 充分大时自然成立。

定理1·2 假设

(i) 条件A成立；

(ii) 当 $P(V(t,x_t))>V(\xi,x_\xi)$，$\bar{\sigma}\leqslant\xi\leqslant t$，$t>\sigma$，$\bar{\sigma}=max(\sigma,\ t-r)$，有

$$\dot{V}(t,x_t)\leqslant -F(t,|x(t)|),$$

其中 $P(s)$ 连续，当 $s>0$ 时，$P(s)>s$；$F(t,s)$ 满足条件 B 或 B_1。则(1·1)的零解为一致渐近稳定。

证：一致稳定性容易由定理 1·1 推得。事实上，由

$$V(\xi,x_\xi)\leqslant V(t,x_t)<P(V(t,x_t)),\qquad \bar{\sigma}\leqslant\xi\leqslant t,$$

有

$$\dot{V}(t,x_t)\leqslant -F(t,|x(t)|)\leqslant 0\leqslant\frac{1}{1+t^2}V(t,x_t),$$

因而定理 1·1 的条件全部满足。因此，任给 $\varepsilon>0$，存在 $\delta>0$ $(\delta<\varepsilon)$，使得对一切 $\sigma\geqslant\sigma_0$，(1.1)的满足 $x_\sigma=\phi$，$\|\phi\|<\delta$ 的一切解 $x(t)=x(t,\sigma,\phi)$，都满足

$$|x(t)|<\varepsilon,\qquad t\geqslant\sigma.$$

同时，有

$$V(t,x_t)\leqslant v(\varepsilon),\qquad t\geqslant\sigma. \tag{1.8}$$

现在证一致渐近稳定性，即要证：对任给的 $\eta>0$ $(\eta<\varepsilon)$，存在一个与 σ 无关的 $T=T(\eta)>0$，使当 $\|\phi\|\leqslant\delta$ 时，有

$$|x(t)|\leqslant\eta,\quad 当\ t\geqslant\sigma+T(\eta).$$

为此，只要证

$$V(t,x_t)\leqslant u(\eta),\quad 当\ t\geqslant\sigma+T(\eta). \tag{1.9}$$

记

$$inf[P(s)-s]=a>0,\qquad u(\eta)\leqslant s\leqslant v(\varepsilon).$$

又设 N 是使 $u(\eta)+Na\geqslant v(\varepsilon)$ 成立的最小正整数。注意到，当 $V(t,x_t)\geqslant u(\eta)$ 时，必存在 $\gamma>0$，使 $\|x_t\|\geqslant\gamma$。若令 $\beta=v(\varepsilon)$，则按条件 B，可确定 $\bar{t}=\alpha(\beta,\gamma)$，使对任何 $\tau\geqslant\sigma+r$，有

$$\int_\tau^t F(s,\ |x(s)|)ds>v(\varepsilon),\quad t\geqslant\tau+\bar{t}. \tag{1.6$'$}$$

令 $T=N(r+\bar{t})$。此时，要证明(1.9)式，只要证明

$$V(t,x_t)\leqslant u(\eta)+(N-l)a,\quad t\geqslant\sigma+l(r+t),\qquad (l=1,2,\cdots,N) \tag{1.9$_l$}$$

先证 $l=1$ 时，即要证

$$V(t,x_t)\leqslant u(\eta)+(N-1)a,\quad t\geqslant\sigma+r+\bar{t}. \tag{1.9$_1$}$$

以下分两种情况来讨论。

第一种情况：设在 $[\sigma+r,\ \sigma+r+\bar{t}]$ 中至少有一点 t_1，使

$$V(t_1,x_{t_1})<u(\eta)+(N-1)a;$$

第二种情况：设当 $t\in[\sigma+r,\ \sigma+r+\bar{t}]$ 时，恒有

$$V(t,x_t)\geqslant u(\eta)+(N-1)a. \tag{1.10}$$

对于第一种情况，我们可以证明，当 $t\geqslant t_1$ 时，恒有 $V(t,x_t)\leqslant u(\eta)+(N-1)a$，从而$(1.9)_1$成立。若不然，存在 t^* $(t^*>t_1)$，使

$$V(t^*, x_{t^*}) > u(\eta) + (N-1)a$$

且

$$\dot{V}(t^*, x_{t^*}) > 0.$$

但另一方面，由于

$$P(V(t^*, x_{t^*})) > V(t^*, x_{t^*}) + a \geqslant u(\eta) + Na$$
$$\geqslant v(\varepsilon) \geqslant V(\xi, x_\xi), \quad t^* - r \leqslant t \leqslant t^*,$$

故根据条件(ii)，有 $\dot{V}(t^*, x_{t^*}) \leqslant 0$，导出矛盾。

对于第二种情况，由(1.10)推知，当 $t \in [\sigma + r, \ \sigma + r + \bar{t}]$，有

$$P(V(t, x_t)) > V(t, x_t) + a \geqslant u(\eta) + Na$$
$$\geqslant v(\varepsilon) \geqslant V(\xi, x_\xi), \quad t - r \leqslant \xi \leqslant t,$$

按条件(ii)，得

$$\dot{V}(t, x_t) \leqslant -F(t, |x(t)|), \quad \sigma + r \leqslant t \leqslant \sigma + r + \bar{t},$$

由此得

$$V(t, x_t) \leqslant V(\sigma + r, x_{\sigma+r}) - \int_{\sigma+r}^{t} F(s, |x(s)|) ds$$

$$\leqslant v(\varepsilon) - \int_{\sigma+r}^{t} F(s, |x(s)|) ds,$$

注意到条件(1.6)′，当 $t = \sigma + r + \bar{t}$ 时，上式化为 $V(t, x_t) < 0$，从而导出矛盾。这矛盾表明，(1.10)式不能在区间 $[\sigma + r, \ \sigma + r + \bar{t}]$ 上恒成立，即至少有一点 t_1 : $t_1 \in [\sigma + r, \ \sigma + r + \bar{t}]$，使 $V(t_1, x_{t_1}) < u(\eta) + (N-1)a$，此即化为第一种情况，故$(1.9)_1$成立。

当 $l = 2$ 时，要证

$$V(t, x_t) \leqslant u(\eta) + (N-2)a, \quad t \geqslant \sigma + 2(r + t).$$

其证法全同于 $l = 1$ 时。这样，经过N步后，得

$$V(t, x_t) \leqslant u(\eta), \quad 当\ t \geqslant \sigma + N(r + \bar{t}).$$

(1.9) 式得证。故 (1.1) 的零解为一致渐近稳定。定理证毕。

推论 假设

(i) 条件 A 成立；

(ii) 当 $P(V(t, x_t)) > V(\xi, x_\xi)$，$\bar{\sigma} \leqslant \xi \leqslant t$，$t > \sigma$，$\bar{\sigma} = max(\sigma, t - r)$，有

$$\dot{V}(t, x_t) \leqslant -w(|x(t)|),$$

其中 $P(s)$ 连续，当 $s > 0$ 时，$P(s) > s$；$w(s)$ 连续、非减，当 $s > 0$ 时，$w(s) > 0$，$w(0) = 0$。则 (1.1) 的零解为一致渐近稳定。

显见，此推论就已经推广了 Hale[2] 第五章的定理 2·1 及定理 4·2。

跟定理 1·2 相同的方法，可以证得下面的定理。

定理1·3 假设

(i) 条件 A 成立；

(ii) 当 $P(V(t, x_t)) > V(\xi, x_\xi)$，$\bar{\sigma} \leqslant \xi \leqslant t$，$t > \sigma$，$\bar{\sigma} = max(\sigma, t - r)$，有

$$\dot{V}(t, x_t) \leqslant -F(t, V(t, x_t)),$$

其中 $P(s)$ 连续，当 $s>0$ 时，$P(s)>s$；$F(t,s):[\sigma_0,\infty)\times R^+\longrightarrow R^+$ 为连续，关于 s 非减，当 $s>0$ 时 $F(t,s)>0$，$F(t,0)=0$，且对任给的 $\beta>0$，$d>0$，存在常数 $\alpha(\beta,d)>0$，使当 $t\geqslant\tau+\alpha(\beta,d)$ 时，对任何 $\tau\geqslant\sigma+r$ 一致地有

$$\int_{\tau}^{t}F(s,d)ds>\beta.$$

则 (1.1) 的零解为一致渐近稳定。

(二)

设 D、$f:R\times C\longrightarrow R^n$ 为连续；f 把 $R\times(C$中有界集$)\longrightarrow R^n$ 中有界集；且 D 在 0 处为原子的 (atomic)*，则关系式

$$\frac{d}{dt}D(t,x_t)=f(t,x_t) \qquad (2.1)$$

称为中立型泛函微分方程，D 称为差分算子。依文[2]，在所给的假设下，(2.1) 过 (σ,ϕ) 的解 $x(t)=x(t,\sigma,\phi)$ 在 $[\sigma-r,\infty)$ 上是存在的。

条件A′. 存在泛函 $V(t,\phi):[\sigma_0-r,\infty)\times C\longrightarrow R^+$，满足

$$u(|D(t,\phi)|)\leqslant V(t,\phi)\leqslant v(\|\phi\|),$$

其中 $u(s)$，$v(s)$ 为连续、非减，当 $s>0$ 时，$0<u(s)\leqslant v(s)$，$u(0)=v(0)=0$，且存在连续函数 $\alpha(s)$，当 $s>0$ 时 $\alpha(s)>0$，$\alpha(0)=0$，使得 $v(s)\leqslant u(\alpha(s))$。

定义 算子 D 称为一致稳定的，如果存在常数 $a>0$ 和 $b>0$，使对任何 $h(t)\in C([\sigma_0,\infty),R^n)$，非齐次差分方程

$$D(t,x_t)=h(t),\quad t\geqslant\sigma, \qquad (2.2)$$

满足 $x_\sigma=\phi$，$D(\sigma,\phi)=h(\sigma)$的解 $x(t)=x(t,\sigma,\phi,h)$，满足

$$\|x_t\|\leqslant be^{-a(t-\sigma)}\|x_\sigma\|+b\sup_{\sigma\leqslant u\leqslant t}|h(u)|,\quad t\geqslant\sigma. \qquad (2.3)$$

引理 设算子 D 是一致稳定的，$x(t)=x(t,\sigma,\phi)$ 为 (2.1) 过 (σ,ϕ) 的解，则对任何 $\delta>0$，存在 $\beta(\delta)$，当 $\delta>0$ 时，$\beta(\delta)>0$，且 $\beta(0)=0$，使

(i) 当 $\|\phi\|\leqslant\delta$ 时，若 $|D(t,x_t)|\leqslant\alpha(\delta)$，$t\geqslant\sigma$，则有

$$|x(t)|\leqslant\beta(\delta),\quad t\geqslant\sigma.$$

(ii) 对任何 $M\geqslant\delta$ 和 $A>0$，存在 $T=T(M,\delta,A)>0$，使当 $\|\phi\|\leqslant M$，$|D(t,x_t)|\leqslant\alpha(\delta)$，$t\geqslant\sigma$，则有

$$|x(t)|\leqslant\beta(\delta)+A,\quad 当\ t\geqslant\sigma+T.$$

证： (i) 由 (2.3) 式容易得出。例如，可选取 $\beta(\delta)\geqslant b(\delta+\alpha(\delta))$。

(ii) 由 (2.3) 式看出，欲使 $\|x_t\|\leqslant\beta(\delta)+A$，只要

$$be^{-a(t-\sigma)}M+b\alpha(\delta)\leqslant b\delta+b\alpha(\delta)+A,$$

由此可求得

* 参看 Hale[2] 第二章 2.5 节定义 3.5.

$$t \geqslant \sigma + \frac{1}{a} \ln \frac{bM}{b\delta + A},$$

从而，只要选取 $T > max\left(0, \frac{1}{a} \ln \frac{bM}{b\delta + A}\right)$，即有

$$|x(t)| \leqslant \|x_t\| \leqslant \beta(\delta) + A, \quad 当\ t \geqslant \sigma + T.$$

引理得证。

定理2·1 假设

(i) 算子 D 是一致稳定的；

(ii) 条件 A′ 成立；

(iii) 当 $Vx(\xi, {}_\xi) \leqslant V(t, x_t)$，$\sigma \leqslant \xi \leqslant t$，$t > \sigma$，$\sigma = max(\sigma, t-r)$，有

$$\dot{V}(t, x_t) \leqslant g(t) w(V(t, x_t)),$$

其中 $g(t) \geqslant 0$，且 $\int^{+\infty} g(t) dt < +\infty$；$w(s)$ 为连续、非减，当 $s > 0$ 时，$w(s) > 0$，$w(0) = 0$，且 $\lim\limits_{b \to 0^+} \int_b^a \frac{ds}{w(s)} = +\infty$。则（2.1）的零解为一致稳定。

证：证法基本上与定理 1·1 相同，这里只要注意以下几点：

1° 由假设(i)，(2.3)式成立。

2° 证明过程中的一些常数取法略有不同，这里要取

$$\varepsilon_1: \quad \varepsilon_1 < min\left(\varepsilon,\ u\left(\frac{\varepsilon}{2b}\right)\right),$$

$$\delta: \quad 0 < \delta < y_0 < \varepsilon_1,\ v(\delta) < y_0,\ \delta \quad \frac{\varepsilon}{2b}.$$

3° 相应于（1.4）式，在条件 A′ 下化为

$$u(|D(t, x_t)|) \leqslant V(t, x_t) \leqslant y(t) < \varepsilon_1 < u\left(\frac{\varepsilon}{2b}\right),$$

从而

$$|D(t, x_t)| < \frac{\varepsilon}{2b}, \quad t \geqslant \sigma,$$

应用（2.3）式，得

$$|x(t)| \leqslant \|x_t\| \leqslant b\delta + b\frac{\varepsilon}{2b} < \varepsilon, \quad t \geqslant \sigma.$$

证毕。

条件B′ 设 $F(t,s): [\sigma_0, \infty) \times R^+ \longrightarrow R^+$ 为连续，关于 s 非减，当 $s > 0$ 时，$F(t, s) > 0$，$F(t, 0) = 0$；且对任给 $B > 0$，$\gamma > 0$，存在常数 $l(B, \gamma) > 0$，使当 $t \geqslant \tau + l(B, \gamma)$，$\|x_s\| \geqslant \gamma$，$s \geqslant \tau$ 时，关于 $\tau \geqslant \sigma + r$ 一致地有

$$\int_\tau^t F(s, |D(s, x_s)|) ds > B. \tag{2.4}$$

条件B₁′ 设 $F(t, s): [\sigma_0, \infty) \times R^+ \longrightarrow R^+$ 为连续，关于 s 非减，当 $s > 0$ 时，$F(t, s) > 0$，$F(t, 0) = 0$；且对任给 $B > 0$，$\gamma > 0$，存在 $r > 0$，对任何 $t_i \in [\tau + (2i-1)r,$

$\tau+2i\bar{r}]$ $(i=1,2,\cdots)$，及任何正数$\Delta\left(0<\Delta<\frac{\bar{r}}{2}\right)$，则存在足够大的正数$k^*(B,\gamma)$，使当$k\geqslant k^*$时，对$\tau\geqslant\sigma+r$一致地有

$$\sum_{i=1}^{k}\int_{t_i-\Delta}^{t_i+\Delta}F\left(s,\frac{\gamma}{4b}\right)ds>B. \tag{2.5}$$

容易证明：条件B_1'成立推出条件B'成立。

事实上，考虑(2.1)的解$x(t,\sigma,\phi):x_\sigma=\phi$，$\|\phi\|<\delta_1<\varepsilon_1$，$\|x_t\|<\varepsilon_1$，且(2.3)式成立。故若已给$\gamma>0$，当$\|x_t\|\geqslant\gamma$，$t\geqslant\sigma$时，由(2.3)式，对任意的$\tau\geqslant\sigma$，有

$$\gamma\leqslant\|x_t\|\leqslant be^{-a(t-\tau)}\|x_\tau\|+b\sup_{\tau\leqslant u\leqslant t}|h(u)|. \tag{2.6}$$

令
$$be^{-a(t-\sigma)}\varepsilon_1\leqslant\frac{\gamma}{2},$$

求得

$$t\geqslant\sigma+\frac{1}{a}\ln\frac{2b\varepsilon_1}{\gamma}.$$

选取正数$\bar{r}$使$r>max\left(0,\frac{1}{a}\ln\frac{2b\varepsilon_1}{\gamma}\right)$，记$\sigma_1=\sigma+r$。由(2.6)式，得

$$\gamma\leqslant\|x_{\sigma_1}\|\leqslant be^{-ar}\varepsilon_1+b\sup_{\sigma\leqslant u\leqslant\sigma_1}|h(u)|\leqslant\frac{\gamma}{2}+b\sup_{\sigma\leqslant u\leqslant\sigma_1}|D(u,x_u)|.$$

从而有

$$b\sup|D(u,x_u)|\geqslant\frac{\gamma}{2},\qquad \sigma\leqslant u\leqslant\sigma_1.$$

故存在$t_1'\in[\sigma,\sigma_1]$，使

$$|D(t_1',x_{t_1'})|\geqslant\frac{\gamma}{2b}.$$

同理，有

$$|D(t_k',x_{t_k'})|\geqslant\frac{\gamma}{2b},\quad t_k'\in[\sigma_{k-1},\sigma_k],$$

这里$\sigma_0=\sigma$，$\sigma_k=\sigma+kr$ $(k=0,1,2,\cdots)$。再根据f的有界性，存在常数L，使

$$\left|\frac{d}{dt}D(t,x_t)\right|<L,\quad 当\ t\geqslant\sigma.$$

由此，当$\|x_t\|\geqslant\gamma$，$t\geqslant\sigma$时，存在t_i：

$$t_i\in[\tau+(2i-1)\bar{r},\ \tau+2i\bar{r}],\ \tau\geqslant\sigma,\quad(i=1,2,\cdots),$$

使
$$|D(t_i,x_{t_i})|\geqslant\frac{\gamma}{2b},$$

而且
$$|D(t,x_t)|\geqslant\frac{\gamma}{4b},\quad 当\ t\in\left(t_i-\frac{\gamma}{4Lb},\ t_i+\frac{\gamma}{4Lb}\right),$$

L可取得足够大，使$\frac{\gamma}{4Lb}<\frac{\bar{r}}{2}$，因而各区间$\left(t_i-\frac{\gamma}{4Lb},\ t_i+\frac{\gamma}{4Lb}\right)$互不相交，则有

$$\int_{\tau}^{t} F(s, |D(s,x_s)|)ds \geqslant \sum_{i=1}^{k} \int_{t_i - \frac{\gamma}{4Lb}}^{t_i + \frac{\gamma}{4Lb}} F\left(\frac{\gamma}{4b}\right)ds,$$

其中 $t\in[\tau+2k\bar{r}, \tau+(2k+2)\bar{r})$。因此，取 $l(B,\gamma)=2k^*\bar{r}$，则由(2.5)成立推出(2.4)成立。

特别地，若 $F(t,s)\equiv F(s)$，则(2.5)必能满足，因而(2.4)成立。

定理2·2 假设

(i) 算子D是一致稳定的；

(ii) 条件 A′ 成立；

(iii) 当 $V(\xi, x_\xi)<P(V(t,x_t))$，$\bar{\sigma}\leqslant\xi\leqslant t$，$t>\sigma$，$\bar{\sigma}=max(\sigma,t-r)$，有

$$\dot{V}(t,x_t)\leqslant -F(t,|D(t,x_t)|),$$

其中 $P(s)$ 为连续，$P(s)>s$，当 $s>0$；$F(t,s)$ 满足条件 B′ 或 B_1'. 则(2.1)的零解为一致渐近稳定。

证：对条件 A′ 中确定的 $u(s)$、$v(s)$，存在一个连续函数 $\alpha(s)$：$s>0$ 时 $\alpha(s)>0$，$\alpha(0)=0$，使得 $v(s)\leqslant u(\alpha(s))$。对这个 $\alpha(s)$，由引理确定了一个相应的连续函数 $\beta(s)$：$s>0$ 时 $\beta(s)>0$，$\beta(0)=0$。

由定理 2.1 易知，在所设条件下，(2.1) 的零解是一致稳定的。即对任意给定的 $\varepsilon_1>0$，存在 $\delta_1=\delta_1(\varepsilon_1)$ $(0<\delta_1<\varepsilon_1)$，使当 $\|x_\sigma\|=\|\phi\|\leqslant\delta_1$ 时，有

$$|x(t)|\leqslant\varepsilon_1, \qquad t\geqslant\sigma,$$

及

$$V(t,x_t)\leqslant v(\varepsilon_1), \qquad t\geqslant\sigma.$$

对固定的 $\delta_1>0$，现要证：任给 $\eta>0$，存在 $T=T(\eta)>0$，使当 $\|\phi\|\leqslant\delta_1$ 时，有

$$|x(t)|<\eta, \qquad 当\ t\geqslant\sigma+T(\eta).$$

选取正数 z 及 a_1，使

$$\beta(z)+a_1<\eta, \qquad u(\alpha(z))<v(\varepsilon_1).$$

又设

$$inf[P(s)-s]=a_2>0, \qquad u(\alpha(z))\leqslant s\leqslant v(\varepsilon_1).$$

取 $\tilde{a}<min(a_1,a_2)$，$\tilde{a}>0$，则当 $s\in[u(\alpha(z)), v(\varepsilon_1)]$ 时，有

$$P(s)>s+\tilde{a}, \quad \beta(z)+\tilde{a}<\eta.$$

设N是使下式成立的最小正整数：

$$u(\alpha(z))+N\tilde{a}\geqslant v(\varepsilon_1).$$

以下我们只要以 $u(\alpha(z))$ 代替定理 1.2 证明中的 $u(\eta)$，即可同样推出

$$V(t,x_t)\leqslant u(\alpha(z)), \qquad 当\ t\geqslant\sigma+T_1=\sigma^*,$$

其中 $T_1=N(r+l(B,\gamma))$。再由

$$u(|D(t,x_t)|)\leqslant V(t,x_t)\leqslant u(\alpha(z)), \qquad t\geqslant\sigma^*,$$

得

$$|D(t,x_t)|\leqslant\alpha(z),$$

根据引理，取 $M=\delta_1$，$A=\tilde{a}$，得

$$|x(t)|\leqslant\|x_t\|\leqslant\beta(z)+\tilde{a}<\eta, \qquad 当\ t\geqslant\sigma^*+T_2,$$

这里 T_2 为引理中相应的常数 $T(\delta_1,z,\tilde{a})$，记 $T=T_1+T_2$ (T 与 σ 无关)，有

$$|x(t)|<\eta, \qquad 当\ t\geqslant\sigma+T. \qquad 证毕。$$

推论 假设

(i) 算子D是一致稳定的；

(ii) 条件 A′ 成立；

(iii) 当$V(\xi,x_\xi)<P(V(t,x_t))$，$\bar\sigma\leqslant\xi\leqslant t$，$t>\sigma$，$\sigma=max(\sigma,t-r)$，有

$$\dot V(t,x_t)\leqslant-w(|D(t,x_t)|),$$

其中$P(s)$连续，当$s>0$时，$P(s)>s$；$w(s)$连续、非减，当$s>0$时，$w(s)>0$，$w(0)=0$。则(2.1)的零解为一致渐近稳定。

这个推论显然推广了 Hale〔2〕第十二章的定理 7.1，也包括了定理 7.3。

参 考 文 献

〔1〕 李森林，泛函微分方程(超中立型)稳定性的基本理论。湖南大学学报，1979年第3期，1—14.

〔2〕 J. K. Hale, Theory of functional differential equations. Springer—Verlag. New York, 1977.

〔3〕 O. Lopes, Forced oscillations in nonlinear neutral differential equations. SIAM J. Appl. Math. 29 (1975), 196—207.

〔4〕 Б. С. Разумихин, Об устойчивость систем с запаздыванием. ПММ, Т. XX, В. 4, (1956), 500—512.

〔5〕 Н. Н. Красовский, Об асимптотической устойчивости систем с последействием. ПММ, Т. XX, В. 4, (1956), 513—518.

The Method of Liapunov Functionals for Functional Differential Equations

Wang Zhicheng Qian Xiangzheng

Abstract

In this paper, we discuss the stability of retarded and neutral functional differential equations and, employing Liapunov functionals, we obtain some sufficient conditions for uniform stability and uniform asymptotic stability. As a corollary of our results, the corresponding stability theorem of functional differential equations in the text of Hale〔2〕 is included.

关于用 β-Al_2O_3 为隔膜电解熔融氯化钠或粗钠制取高纯金属钠和烧碱的初步研究

陈宗璋

摘　要

本文研究探讨了当温度在 320℃ 左右时，用 β—Al_2O_3 陶瓷材料为隔膜，电解熔融氯化钠的混合物或电解粗钠来制取高纯金属钠和高纯烧碱的可能性。实验证明：这是一种可以制取高纯钠和高纯烧碱的新方法。此新方法可能对改进制钠工业和烧碱工业具有一定的意义。

一、概　述

β—Al_2O_3 是近十多年发展起来的一种特种陶瓷材料，它是一种固体电解质〔1〕。自从1966年美国福特汽车公司将它应用作钠硫蓄电池的隔膜后〔2〕，国内外对它进行着广泛的研究。本工作是想利用在 Na•β—Al_2O_3 材料中可允许钠离子在其中迁移，而其它的离子不容易或者不能够在其中迁移的特性，探讨将它用作隔膜，并在温度为 320℃ 左右时，电解熔融氯化钠混合物或电解粗钠来制取高纯金属钠和高纯烧碱的可能性。

过去曾有人利用多孔的刚玉（即α—Al_2O_3）为隔膜电解熔融氢氧化钠制取钠〔3〕，但它是利用钠离子穿过多孔刚玉的孔隙，由于槽电压高，电流密度小，而未能应用于实际生产。Na•β—Al_2O_3 是固体电解质，钠离子在晶格中交换、传递、进行着离子迁移，因此，它们的导电机理是不同的。1971年日本曾有以 β—Al_2O_3 陶瓷材料为隔膜在 530℃—850℃下电解熔融碱金属氯化物制取碱金属的专刊报导〔4〕，但因它所需的电解温度太高，用于实际生产有困难。西德在1971年曾有以 β—Al_2O_3 为隔膜电解熔融氢氧化钠制钠的专刊报导〔5〕。

用水银法生产烧碱严重污染环境。石棉隔膜法生产的烧碱纯度不高，提纯它所消耗的能量多。目前国内外主要在研究有机树脂的离子交换膜法，离子交换膜法仍存在着一些问题，例如通过膜上的电流密度较小，槽电压较高，作为原料的盐水要预先精制，产品中的氯离子和钾离子的含量仍较多〔6, 7〕。若用 β—Al_2O_3 为隔膜，在 320℃ 左右电

* 本文写于1976年10月。

解熔融氯化钠的混合物制取金属钠，然后由金属钠转化成烧碱（或直接转化成烧碱），产品的纯度高，几乎不含有阴离子和二阶以上的阳离子。因此，这是一种新的方法。这种新方法可能对改进制钠工业和烧碱工业具有一定的意义。

目前生产金属钠一般是在600℃左右电解熔融氯化钠混合物，所得的金属钠中含有大量的氯、钾、钙等杂质。以β—Al_2O_3为隔膜来制取金属钠，在320℃左右时电解熔融氯化钠的混合物中可以大大地减少能量的消耗，所得的产品纯度高。

另外，我还使用了β—Al_2O_3隔膜，将粗钠放在阳极区内，温度在320℃左右进行电解提纯金属钠，所得的精钠进入阴极区内，这种精钠的纯度也高，而且不含有氧和碳等杂质。这是一种提纯钠的新方法，这种方法所消耗的能量少，操作简便。

二、实验方法与结果处理

1. 制取金属钠：

将化学纯的氯化钠与氯化锌等化合物按最低共熔混合物的比例混合〔8、9〕，并加入适量的碳纤维（长度2—3厘米）。此混合物装入硬质玻璃管中（长17厘米，内径4.2厘米）。然后加热熔化，并保温一段时间，以排除其中残存的水份和气体，直至无气泡冒出为止。

将β—Al_2O_3瓷管预热后，并注入优级纯的金属钠（为德意志联邦共和国的G·R级化学试剂），密封后趁热插入NaCl的熔盐混合物中。β—Al_2O_3瓷管是由中国科学院上海硅酸盐研究所和湖南省陶瓷研究所在1974年提供的。

用石墨棒，或者碳纤维编织成辫子，或者剪成条状的碳毡作阳极，以镍作阴极。

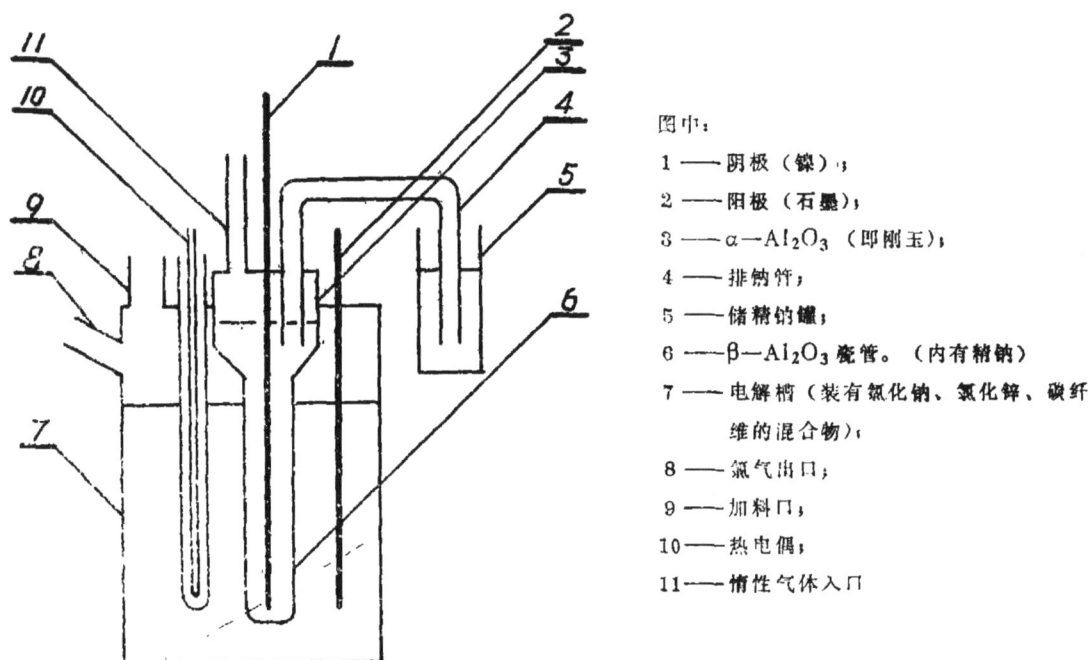

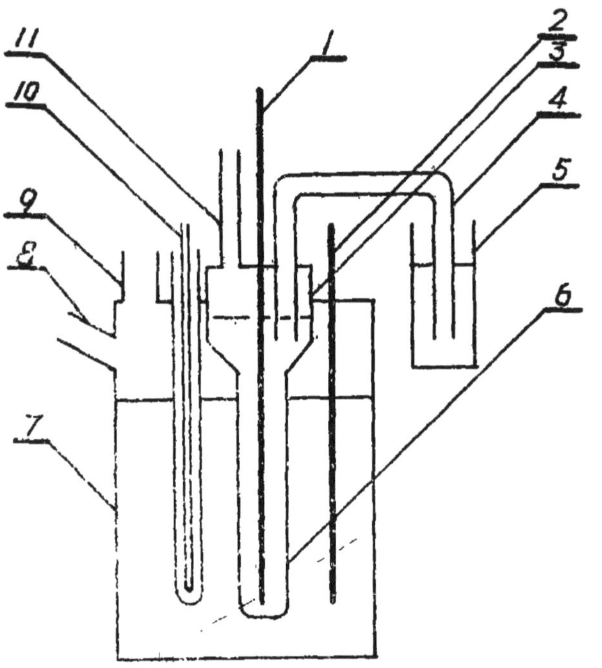

图中：

1——阴极（镍）；

2——阳极（石墨）；

3——α—Al_2O_3（即刚玉）；

4——排钠管；

5——储精钠罐；

6——β—Al_2O_3瓷管。（内有精钠）

7——电解槽（装有氯化钠、氯化锌、碳纤维的混合物）；

8——氯气出口；

9——加料口；

10——热电偶；

11——惰性气体入口

图1 电解熔融氯化钠实验装置示意图

实验装置如图1。

将电解槽的温度控制在320±5℃，然后通以直流电，测定槽电压随电解电流变化的情况，并将所得结果绘于图2中。

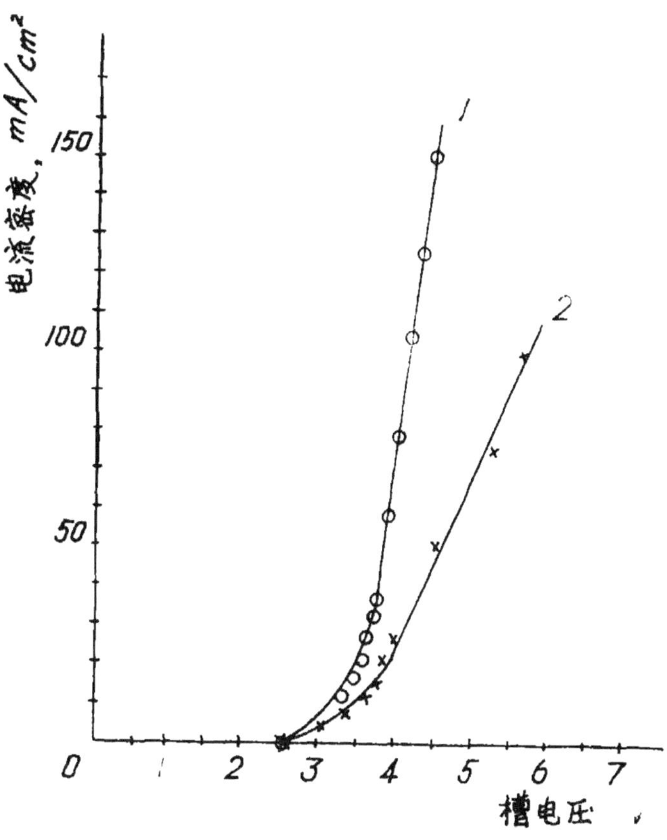

图2 电解N_aCl与$ZnCl_2$熔盐时，槽电压与瓷管外径表观电流密度的关系

测量完毕后，将(1)号瓷管的槽电压控制在4.5V左右，电流密度控制在200—300mA/cm²，进行电解。对于(2)号瓷管，槽电压控制在6.5V左右，电流密度控制在150mA/Cm²进行电解。在电解过程中并未发生象钠硫电池那样的情况，当充电电压超过2.5V时，瓷管易被损坏。按库仑计测得得的电流效率约为96%（本实验没有采取测测量析出氯气的方法，而是采取直接称量整个β—Al_2O_3瓷管的方法，这样作是粗略的）。从理论上分析，其电流效率应接近于100%。

取产品0.5克，与5毫升无水酒精（分析纯）反应，反应完毕后加入离子交换水20毫升，然后用6N HNO_3中和，分别取1毫升此溶液用下列方法检查氯、钙、锌、钾、铁、铅等离子的存在情况。并按同样方法定性检查西德G·R级纯的金属钠，以资对比，检验结果见下表：

从图2中求得分解电压为3.48V，这与800℃时氯化钠的分解电压3.39V很接近〔10，11〕。图2中的曲线分别表示两根不同的β—Al_2O_3瓷管的实验结果。由于瓷管本身的电阻不同，两根曲线的斜率也就不同。另外，它们的起始电压分别为2,53V和

2.55V，这是由于这种装置本身就是一个原电池。

产品溶液	检验方法	出现的现象	结果
1毫升	用0.5$NAgNO_3$溶液一滴。	有极微量的悬浮粒。（与G·R级钠的浑浊度相同）。	有极微量的Cl^-（注）
1毫升	用0.5$N(NH_4)_2C_2O_4$溶滴2液	有极微量的悬浮粒。（与G·R级钠的浑浊度相同）。	有极微量的Ca^{++}（注）
1毫升	加入2N HNO_3一滴酸化，加入0.02%的$Co(NO_3)_2$溶液一滴，再加入$(NH_4)_2[Hg(SCN)_4]$溶液一滴，加热。	无兰色沉淀，溶液也不显兰色。	无Zn^{++}
1毫升	加入$Na_3[Co(NO_2)_6]$液溶2滴	无黄色沉淀	无K^+
1毫升	加入2N HNO_3一滴酸化，再加20%KSCN溶一滴。	无红色。(G·R级样品显示出微红色。)	无Fe^{+++}
1毫升	加入6N醋酸溶液2滴，再加入3N K_2CrO_4溶液5滴。	无黄色沉	无Pb^{++}

注：这可能是母体钠中含有较多的Cl^-（0.002%）和较多的Ca^{++}（0.05%）造成的污染所致。

2. 金属钠的提纯：

高纯钠的制造在国外虽有多种不同的方法，但技术复杂，要求也高，操作困难〔3,12〕。本法是用β—Al_2O_3为隔膜进行电解提纯，方法简便，利用β—Al_2O_3是固体电解质这一特点，在电场作用下，若以金属钠作阳极，则阳极区的钠会失去电子变为Na^+，并在β—Al_2O_3中进行迁移。

$$\text{阳极区：}\quad Na-e\longrightarrow Na^+$$

阴极也以金属钠为导体，则Na^+就会在阴极区获得电子而被还原。

$$\text{阴极区：}\quad Na^++e\longrightarrow Na$$

实验方法与上面的步骤相似，实验装置也与上面的装置相似。

将提纯钠的实验装置放入坩埚电炉中，温度控制在320±5℃，然后测定电流与槽电压的关系，所得实验结果绘于图3中。

从图3可知I—V是直线关系，这说明体系在电解时，几乎无付反应发生，主要是β—Al_2O_3中的Na^+的迁移，这一点与用K—M正弦波脉冲法测定极化时所得结果相一致，即此体系主要是电阻极化，而浓度与化学极化几乎为零〔13〕。在电解时因为没有付反应进行，所以电流效率几乎为100%，并且槽电压也很低，实验最初控制槽电压在2伏左右，电流密度控制在100mA/cm² —160mA/cm² 进行电解。当瓷管在电解过程中不断被钠完全润湿后，控制槽电压在0.4V左右，电流密度控制在200—250mA/cm² 下进行电解。将产品按同样的方法作定性检查，其情况与上面的现象相同。

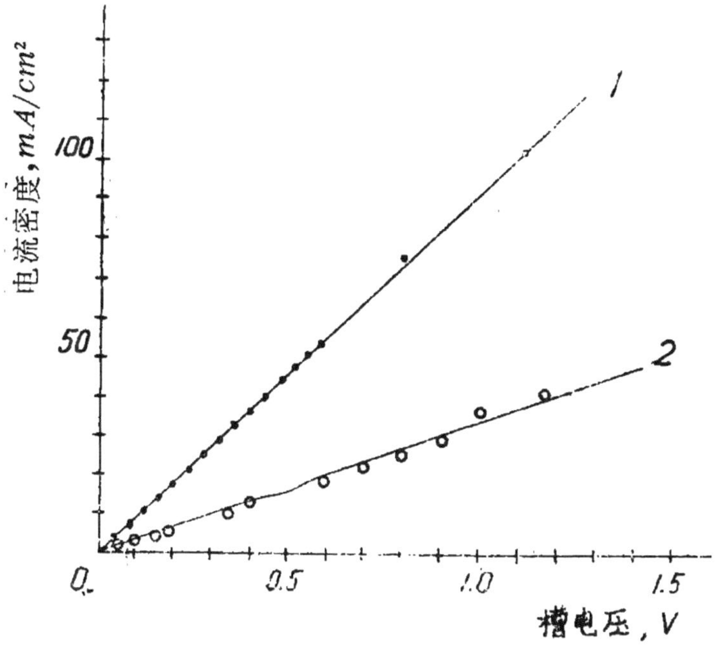

图3　提纯金属钠时，槽电压与瓷管外径表观电流密度的关系

图3中，直线（1）与（2）是分别代表测量两根不同的β—Al_2O_3瓷管的实验结果，由于瓷管本身的电阻和对钠的润湿程度等不同，所以它们的斜率不同，曲线（2）的起始点为0.03V，这是由于瓷管与钠的界面上有电位差，两边的电位差又并不一定都相同，所以产生了这个现象，若在正反方向上，间断通过短时的直流电，此电位差就可消失，如图3中（1）号直线，采取消除最初的电位差后，它的起始点就为零。这两条直线是在电解初期瓷管未被钠完全润湿时测定的，故其电阻相当高，当电解不断进行，瓷管完全被钠润湿，槽电压逐渐降低，电流密度也就相应增加。

3. 氢氧化钠的制备：

将上面所得的钠在纯氧或空气（除去CO_2）中燃烧，得到Na_2O，其反应式如下：

$$Na+\frac{1}{2}O_2\longrightarrow Na_2O$$

然后将Na_2O与水作用，即得NaOH，其反应式：

$$Na_2O+H_2O\longrightarrow 2NaOH$$

这两步反应都容易进行，且容易操作，其实验装置可参考这方面工业生产装置〔3〕。

为了得到付产物氢气，可以直接在瓷管内转化。或者将熔化了的钠以雾状的形式与除去了氧气的水蒸汽或水雾进行反应，可以得到NaOH和H_2，由于除去了氧气，又都是以雾状的形式接触参加反应，就不致于引起因反应剧烈而导致H_2和O_2作用所发生的爆炸。其反应式为：

$$Na+H_2O\longrightarrow NaOH+\frac{1}{2}H_2$$

三、结　论

1. 用 Na·β—Al_2O_3 为隔膜，在320℃左右电解熔融氯化钠与氯化锌等物质的混合物制造金属钠是一种制钠的新方法。它比现在所采用的在600℃左右电解熔融氯化钠混合物制造钠的方法优越。它所消耗的能量少、操作简便，所得到的产品纯度高；

2. 用 Na·β—Al_2O_2为隔膜，在320℃左右电解粗钠提纯金属钠是一种新的提纯钠的方法，它比其它提纯金属钠的方法优越。用这种方法所提纯的金属钠的纯度高，而且操作简便，所消耗的能量少；

3. 用 Na·β—Al_2O_3 为隔膜，在320℃左右电解熔融氯化钠混合物所制取的钠或由粗钠电解提纯后的钠，将它与氧反应制得氧化钠后再与水作用可制取纯的氢氧化钠；也可以将所制取的高纯金属钠在隔绝空气的情况下，以雾状的形式直接与水蒸汽反应生成 NaOH 和H_2；或者直接在瓷管内转换。这在技术上是可能实现的。这是一种制造烧碱的新方法，用这种方法所得的产品不但纯度高，而且氯气也不含有水份。

参　考　文　献

〔1〕 高桥武彦，电气化学および工业物理化学，Vol. 44，NO.2，78—86(1976)。

〔2〕 Proc. 21St Annual Power Sources Conf. 21，42 (1967).

〔3〕 (美)马多尔·西蒂格普，《钠的制造·性质及用途》，沈贯甲译，第20页，化学工业出版社出版（1959年10月）。

〔4〕 特公昭45—13223，ソーダと盐素，22，No.254，28（1971）。

〔5〕 Ger·Offen 2025477 (cl. C, 22d)，25Fed，(1971).

〔6〕 水银污染とソーダ工业，化学と工业，29，第1号，2（1976）。

〔7〕 日本ソーダ工业会　调查部，世界ソーダ工业の动向について，ソーダと盐素，Vol. 26，No. 2，11—33（1975).

〔8〕 Ф·В·Чухров, И·А·Островекий, В·В·Лачим, «МИНЕРАГЫ», Издательство «Наука», Москова (1974), Том 2, стр425.

〔9〕 Н·К·Воскресенская, Н·Н·Евсеева, С·И·Беруль, И·П·Верещетина, «Справочник По Плавкости Систем из Безводных Неорганических Солей», Издательство АКадемии наук ссср, Москва (1961), Линиград, Том 1, Стр 535—537.

〔10〕 (苏)Ю·К·捷列马尔斯基，Б·Ф·马尔科夫著，彭瑞伍译，《熔盐电化学》，p116，p128，上海科学技术出版社出版（1964年8月）。

〔11〕 (苏)A·N·别略耶夫等著，胡方华译，《熔盐物理化学》，p170，中国工业出版社出版（1964年4月）。

〔12〕 何译人编译，《无机制备化学手册》，增订第二版，上册，p586—p591，燃料化学工业出版社出版（1972年8月）。

〔13〕 谢乃贤、陈宗璋、翁珍慧、何国雄，钠硫电池的内阻和极化的测定，湖南大学科研处，总号63，化7，1974年2月.

A Preliminary Research of Making Pure Sodium and Caustic Soda by Electrolyzing Sodium Chloride or Crude Sodium and Using Ceramic Materials β—Al_2O_3 as a Membrane

Chen Zongzhang

Abstract

This paper describes the possibility of making pure sodium and caustic soda by electrolyzing a mixture of melted sodium chloride or crude sodium and using ceramic materials β—Al_2O_3 as a membrane at about 320℃。 The experiments demonstrate that this is a new method of production. It will in a certain sense improve the process of manufacturing pure sodium and caustic soda.

1981 年论文

加权残数法及试函数

王　磊

摘　要

本文从加权残数法内部法的观点选取一些优秀函数：样条函数、梁振动函数、稳定梁函数、三角级数与多项式，这些函数都严格地满足梁的边界条件。弹性薄板在各种荷载各种边界条件情况下，用这些函数作为试函数，都能得到良好的近似解。所取待定参数少，精度也较高。

前　言

加权残数法在国外六十年代已兴起，到了七十年代它可以计算流体力学、化学工程、空气动力学、热传导等。我国在近几年〔1〕〔2〕已开始应用到固体力学领域。它比有限元法未知量减少，计算时每一步误差可知，可以从已知微分方程及其边界条件出发，概念简单、步骤简明等。设物理问题为：　$L(\phi)-f=0$　　(1)

(1)为偏微分方程或常微分方程，真正解ϕ未知，用$\overline{\phi}$近似解代替

$$\phi\approx\overline{\phi}=\sum_{i=1}^{N}C_iN_i \tag{2}$$

$$L(\overline{\phi})-f\neq 0 \tag{3}$$

$$L(\overline{\phi})-f=R \tag{4}$$

近似解$\overline{\phi}$使得微分方程(3)不等于零，而误差(4)等于R，称为残数。加权残数法的基本思想是假设了近似解，其中有试函数并有m个待定参数，整个解题过程要使得误差R与m个线性独立的权函数W_i相乘之后在全域中为最小，即要求：

$$\int_V[L(\overline{\phi})-f]W_i\,dV=\int_V RW_i\,dV=0\quad(i=1,2\cdots\cdots m) \tag{5}$$

$$R\approx 0 \tag{6}$$

最后归结为m个线性方程组或非线性方程组；解此方程组，得到m个待定参数C_i，由公式(2)可得近似解$\overline{\phi}$，需要证明的是$m\longrightarrow\infty$时，近似解$\overline{\phi}$逼近于真实解ϕ。

不同的权函数W_i可以构成不同的加权残数法，目前常用的有下列五种。

1，最小二乘法 (Least Square method)

2. 配 点 法 (Collocation method)

3. 子 域 法 (Subdomain method)

4. 伽辽金法 (Galerkin method)

5. 力 矩 法 (method of moment)

五种方法各有不同的特点，计算步骤简明，详细可参阅[1][2]。本文拟通过下列二种方法：

1. 最小二乘法(a) 直接法(b) 离散型法

2. 加辽金法

介绍及选取四种函数，这些函数严格满足边界条件，数学性质可靠，例如：正交性性质，运用δ函数（狄拉克函数）适用性广，荷载可以匀布荷载、分段荷载、集中荷载、集中弯矩，小方块荷载等。从变分法及加权残数法的要求，选取一些优秀函数，解决工程设计问题，是目前重要的课题。

一、最小二乘法

1. 直接法：

$$I(C_i)=\int_V R^2 dV \tag{7}$$

误差的平方在全域中积分称为 I，是待定常数 C_i 的函数。使 I 极小，则需对 C_i 取微商等于零

$$\frac{\partial I}{\partial C_i}=0 \tag{8}$$

(7)式代入(8)式中可写成：

$$\int_V RW_i dV=\int_V R\frac{\partial R}{\partial C_i}dV=0 \tag{9}$$

由(9)式可得：最小二乘法的权函数

$W_i=\frac{\partial R}{\partial C_i}$ 就是使误差对 C_i 取微商。

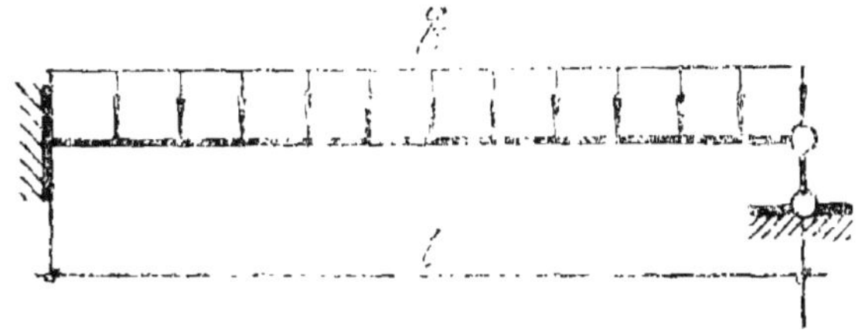

图 2

根据附录1介绍的正弦级数与多项式

1. 对于左端固定右端铰支梁，位移函数可写成：

$$w=\sum_{m=1}^{\infty} w_m \sin\frac{m\pi x}{l}+\frac{M_A l^2}{6EI}\left(\frac{x^3}{l^3}-3\frac{x^2}{l^2}+2\frac{x}{l}\right) \tag{10}$$

梁的微分方程为：

$$\frac{d^4 w}{dx^4}=\frac{q}{EI} \tag{11}$$

(10)式代入(11)式，并写成残数形式：

$$R=\frac{m^4\pi^4}{l^4}w_m\sin\frac{m\pi x}{l}-\frac{q}{EI} \tag{12}$$

运用最小二乘法公式（9）

$$\int_0^l R\frac{\partial R}{\partial w_m}dx=\int_0^l\left(\frac{m^4\pi^4}{l^4}w_m\sin\frac{m\pi x}{l}-\frac{q}{EI}\right)\left(\sin\frac{m\pi x}{l}\right)dx=0 \tag{13}$$

积分
$$\frac{m^4\pi^4}{l^4}\times\frac{1}{2}w_m=-\frac{ql}{m\pi}(\cos m\pi-1)$$

化简可得：
$$w_m=\frac{2ql^4}{m^5\pi^5}[1-(-1)^m]$$

代入(10)式，并利用级数求和公式

$$w=\frac{ql^4}{EI}\left(\frac{x^4}{24l^4}-\frac{x^3}{12l^3}+\frac{x}{24l}\right)+\frac{M_A l^2}{6EI}\left(\frac{x^3}{l^3}-3\frac{x^2}{l^2}+2\frac{x}{l}\right) \tag{14}$$

利用梁左端转角等于零的条件

$$\left.\frac{dw}{dx}\right|_{(x=0)}=0 \text{ 条件} \qquad M_A=-\frac{ql^2}{8}\text{代入(14)式合并}$$

$$w=\frac{ql^4}{EI}\left(\frac{x^4}{24l^4}-\frac{5}{48}\frac{x^3}{l^3}+\frac{x^2}{16l^2}\right) \tag{15}$$

(15)式与材料力学精确结果完全一样。

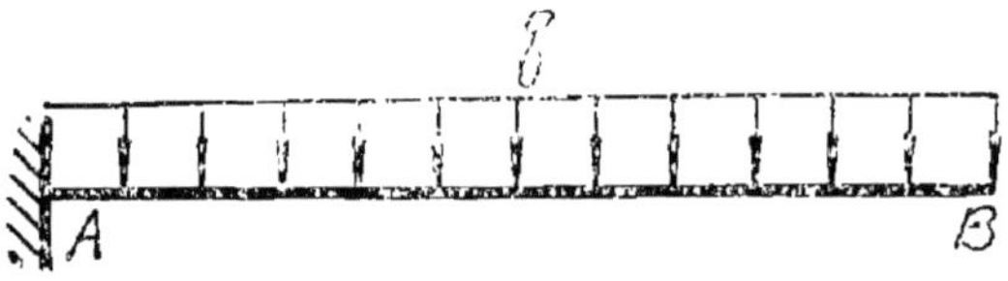

图 2

2. 悬臂梁的正弦级数与多项式为：

$$w=\sum_{m=1}^{\infty}w_m\sin\frac{m\pi x}{l}$$
$$+\frac{M_A l^2}{6EI}\left(\frac{x^3}{l^3}-3\frac{x^2}{l^2}+\frac{x}{l}\right)+\frac{x}{l}\delta_B \tag{16}$$

δ_B 为梁自由端 B 的挠度，用最小二乘法同样步骤，可求得：

$$w=\frac{ql^4}{EI}\left(\frac{x^4}{24l^4}-\frac{x^3}{12l^3}+\frac{x}{24l}\right)+\frac{M_A l^2}{6EI}\left(\frac{x^3}{l^3}-3\frac{x^2}{l^2}+2\frac{x}{l}\right)\frac{x}{l}\delta_B \tag{17}$$

当 $x=0$ 时，梁左端转角为零 $\frac{dw}{dx}=0$

$$\frac{ql^4}{EI}\left(\frac{1}{24l}\right)+\frac{M_A l^2}{6EI}\times\frac{2}{l}+\frac{\delta_B}{l}=0 \tag{18}$$

由于悬臂梁是静定的，很易看出 $M_A=\frac{ql^2}{2}$ 代入式(18)就得 $\delta_B=\frac{ql^4}{8EI}$ 再代回(17)式

$$w=\frac{ql^4}{EI}\left(\frac{x^4}{24l^4}-\frac{x^3}{6l^3}+\frac{x^2}{4l^2}\right) \tag{19}$$

这和材料力学精确结果，完全一样。

通过以上二个例子可以证明：正弦级数与多项式精确度满足梁的边界条件，用最小二乘法解算也可获得精确结果。

用四种函数，还可以解决弹性地基梁、压杆稳定、梁的振动、梁的大挠度等问题，可供工程技术人员，在生产实践中广泛应用。

2。 离散型最小二乘法：

适用于电子计算机上计算，它比有限元法节省未知量，此法值得注意与推广的方法。

$$R_I(cx)=L(\overline{\phi})-f \quad x\in V \tag{20}$$

$$R_B(cx)=B(\overline{\phi})-g \quad x\in S \tag{21}$$

选近似解函数$\overline{\phi}$，选有限个点 $x_i(i=1\cdots\cdots m)$ m个点K个在域V内，$m-K$个点在边界S上。因此，在域V内微分方程的残数写成 R_I、在边界上的残数写成 R_B。将所选的点坐标代入残数方程式，并对残数求平方和

$$I(c_i)=\sum_{i=1}^{h}[R_I(c_ix_i)]^2+W^2\sum_{i=h+1}^{m}[R_B(c_ix_i)]^2 \tag{22}$$

W^2为权函数的平方，适用极值条件$\dfrac{\partial I}{\partial c_i}=0$即可确定待定参数。$x_i$的值代入残数方程式

$$\begin{Bmatrix} R_I(c\ x_1) \\ \vdots \\ R_I(c\ x_h) \\ W_{R_B}(c_1x_{k+1}) \\ \vdots \\ W_{R_B}(c_1x_m) \end{Bmatrix}=\begin{Bmatrix} L\overline{\phi}(c\ x_1)-f(x_1) \\ \vdots \\ L\overline{\phi}(c\ x_h)-f(x_h) \\ W[B\overline{\phi}(c_1x_{k+1})-g(x_{k+1}) \\ \vdots \\ W[B\overline{\phi}(c_1\ x_m)-g(x_m) \end{Bmatrix}$$

可以缩写成矩阵形式

$$\{R\}_{m\times 1}=\{a\}_{m\times n}\times\{c_i\}_{m\times 1}-\{b\}_{m\times 1} \tag{23}$$

m为选点的个数，n为待定参数的个数。

$$I=\{R\}^T\{R\}$$

$$\frac{\partial I}{\partial\{c_i\}}=0\quad \frac{\partial I}{\partial\{c_i\}}=\frac{\partial\{R\}^T\{R\}}{\partial\{c_i\}}=\frac{\partial\{c_i\}^T[a]^T[a]\{c_i\}}{\partial\{c_i\}}-2\frac{\partial\{c_i\}^T[a]^T\{b\}}{\partial\{c_i\}}$$

$$=2[a]^T[a]\{c_i\}-2[a]^T\{b\}=0 \tag{24}$$

$$\left.\begin{aligned}&[a]^T_{n\times m}[a]_{m\times n}\{c_i\}_{n\times 1}=[a]^T\{b\}_{m\times 1}\\ \text{因此，}\quad &[k]_{n\times n}\{c_i\}_{n\times 1}=\{F\}_{n\times 1}\end{aligned}\right\} \tag{25}$$

本文选取的四种函数都能严格满足边界条件。因此，在边界无需选点，可以大量减少未知量的数目，公式〔21〕〔22〕〔23〕，R_B 项都无需列出。

算例 1　二邻边固支，二邻边简支弹性薄板上面布满匀布荷重。求方板中点挠度。

二邻边固支，二邻边简支根据样条函数写出位移方程式为：

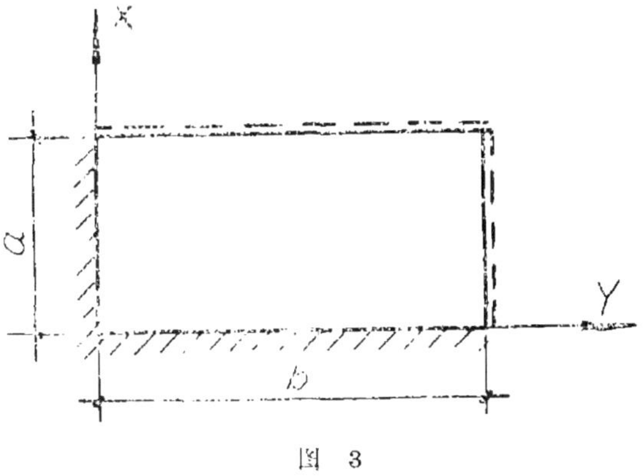

图 3

$$w=c\left(2\frac{x^4}{a^4}-5\frac{x^3}{a^3}+3\frac{x^2}{a^2}\right)\left(2\frac{y^4}{b^4}-5\frac{y^3}{b^3}+3\frac{y^2}{b^2}\right) \tag{26}$$

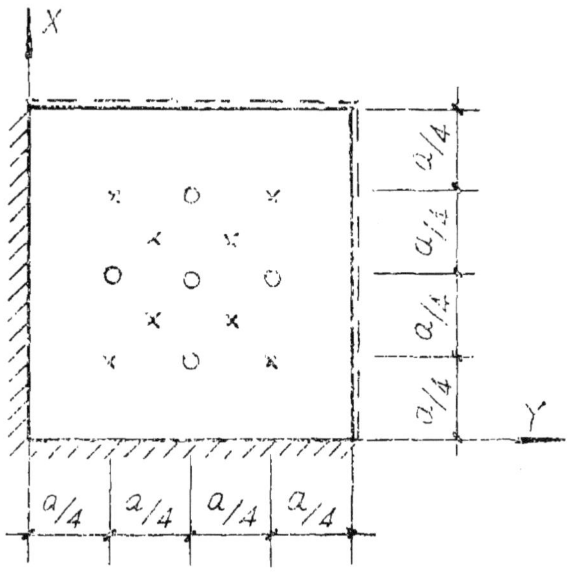

残数方程式为：

$$R=X^{\mathrm{N}}Y+2X''Y''+Y^{\mathrm{N}}X-\frac{q}{D} \tag{27}$$

方板 $a=b$ 选五个点(画·者)，计算它的函数值，

$$\begin{aligned}
&x=0.5a &&y=0.25a &&R=17.69952\frac{1}{a^4}-\frac{q}{D}\\
&x=0.25a &&y=0.5a &&R=17.69952\frac{1}{a^4}-\frac{q}{D}\\
&x=0.5a &&y=0.75a &&R=40.12512\frac{1}{a^4}-\frac{q}{D}\\
&x=0.5a &&y=0.75a &&R=40.12512\frac{1}{a^4}-\frac{q}{D}\\
&x=0.5a &&y=0.5a &&R=42\quad\frac{1}{a^4}-\frac{q}{D}
\end{aligned} \tag{28}$$

写成矩阵形式 $(a)^{\mathrm{T}}=\frac{1}{a^4}(17.69952、17.69952、40.12512、40.12512、42)$

$$(a)^{\mathrm{T}}_{1\times5}(a)_{5\times1}c=(a)^{\mathrm{T}}_{1\times5}\left\{\begin{matrix}\vdots\\\vdots\end{matrix}\right\}\frac{q}{D} \tag{29}$$

待定常数只有一个 c $\quad c=\frac{5}{157.64928}\ \frac{qa^4}{D}=0.031716\frac{qa^4}{D}$ 代入位移方程式后，计算方板中点位移。

$w_{中}=0.031716\times\frac{1}{4}\times\frac{1}{4}\ \frac{qa^4}{D}=0.00198\ \frac{qa^4}{D}$ 与正确解比较误差 6% 再增加八个

点，图4画×号

$x=\frac{3}{8}a$	$y=\frac{3}{8}a$	$R=26.015634\frac{1}{a^4}-\frac{q}{D}$
$x=\frac{3}{8}a$	$y=\frac{5}{8}a$	$R=34.153122\frac{1}{a^4}-\frac{q}{D}$
$x=\frac{5}{8}a$	$y=\frac{3}{8}a$	$R=34.453122\frac{1}{a^4}-\frac{q}{D}$
$x=\frac{5}{8}a$	$y=\frac{5}{8}a$	$R=47.39062\frac{1}{a^4}-\frac{q}{D}$
$x=0.25a$	$y=0.25a$	$R=11.39904\frac{1}{a^4}-\frac{q}{D}$
$x=0.25a$	$y=0.75a$	$R=15.82464\frac{1}{a^4}-\frac{q}{D}$
$x=0.75a$	$y=0.25a$	$R=15.82464\frac{1}{a^4}-\frac{q}{D}$
$x=0.75a$	$y=0.75a$	$R=38.25024\frac{1}{a^4}-\frac{q}{D}$

连同前面五个点，共十三个点

$$[a]^{T}_{1\times13}[a]_{13\times1}c=[a]^{T}_{1\times13}\left\{\begin{matrix}\vdots\\ \frac{q}{D}\\ \vdots\end{matrix}\right\}_{13\times1} \tag{30}$$

待定常数 c 仍然只有一个 $c=\frac{13}{381.26033}=0.03409744\frac{qa^4}{D}$ 代入位移方程式后，计算方板中点位移

$$w_{中}=0.03409744\frac{qa^4}{D}\times\frac{1}{4}\times\frac{1}{4}=0.0021311\frac{qa^4}{D}$$

与正确解 $0.00210\frac{qa^4}{D}$ 比较，误差仅为1.5%左右。

从以上计算，选十三个点只需一个待定常数，中点位移达到足够的精度。

在电子计算机上计算时，可选两个待定常数，仍然不太多的选点达到更精密结果。可见本文选取的函数，用离散型最小二乘法来解算，待定常数与选点都可最少，经济而实用。

二、伽 辽 金 法

前面公式(9)加权残数法的概念是残数乘权函数在全域内积分可写成：

$$\int_V RW_i dV=\int_V R\bar{\Phi} dV=0 \tag{31}$$

伽辽金法使得以上残数积分式中试函数$\overline{\phi}$即为权函数。

1. **左端固定，右端铰支梁**承受匀布荷重q的梁问题，求其中点挠度

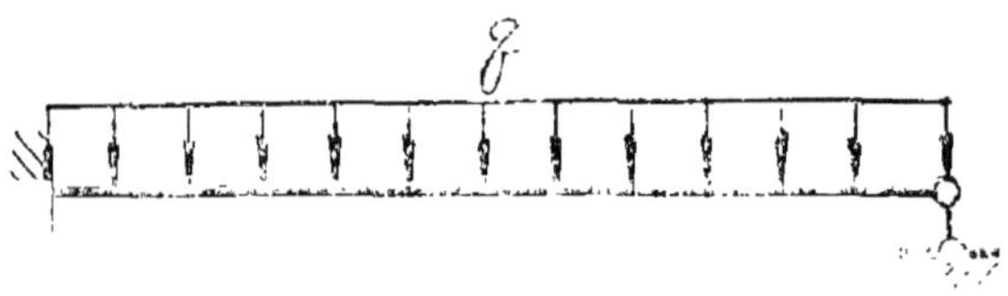

图 5

$$w=c\left[\sin\frac{\mu_m y}{a}-\alpha_m\sinh\left(\frac{\mu_m y}{a}\right)\right]=cX \qquad (32)$$

$$\alpha_m=\frac{\sin\mu_m}{\sinh\mu_m}$$

$$\left(\mu_m=3.9266\quad 7.0685\quad 10.2102\cdots\cdots\frac{4m+1}{4}\pi\right)$$

挠度函数即为试函数

梁的微分方程为：

$$\frac{d^4w}{dx^4}=\frac{q}{EI} \qquad (33)$$

将(32)式代入(33)式

$$R=cX^{\mathrm{IV}}-\frac{q}{EI} \qquad (34)$$

由伽辽金法公式 查表2

$$\int_0^l R\overline{\phi}dx=\int_0^l\left(cX^{\mathrm{IV}}-\frac{q}{EI}\right)Xdx=c\int_0^l X^{\mathrm{IV}}Xdx-\frac{q}{EI}\int_0^l Xdx=0 \qquad (35)$$

$$c\frac{\mu_m^4}{l^4}\times 0.4996\,l-0.6147\frac{ql}{EI}=0$$

取级数一项$\mu_m=3.9266$ $\quad c=\dfrac{0.6147}{(3.9266)^4\times 0.4996}\dfrac{ql^4}{EI}=0.005175\dfrac{ql^4}{EI}$与正确解$0.0052083\dfrac{ql^4}{EI}$误差不及1%

2. **两端固定梁**，上面承受匀布荷重q，求中点挠度。

图 6

$w=cX=c\left(1-\cos\dfrac{2m\pi x}{l}\right)$(两端固定梁，正对称变形选稳定函数)

由伽辽金法公式（查附录表2）

$$c\int_0^l X^{\mathrm{IV}}Xdx-\frac{q}{EI}\int_0^l Xdx=0 \qquad c\frac{(2m\pi)^4}{l^3}\times\frac{1}{2}-\frac{ql}{EI}=0$$

$$\pi^4=97.410003 \qquad c=\frac{1}{16\times 97.410003\times\frac{1}{2}}\frac{ql}{EI}=0.0012832\frac{ql^4}{EI}$$

正确解为$0.002604\dfrac{ql^4}{EI}$ $\qquad w_{\text{中}}=0.002566\dfrac{ql^4}{EI}$

误差仅及1.3%。

3. 伽辽金法解算弹性薄板

二邻边固定，二邻边简支弹性薄板(如图3所示)，板上承受匀布荷重 q。

伽辽金法的弹性薄板方程为：

$$\int_0^a\int_0^b R\overline{\phi}\,dxdy=0 \tag{36}$$

各向同性板双调和方程为：

$$\frac{\partial^4 w}{\partial x^4}+2\frac{\partial^4 w}{\partial x^2\partial y^2}+\frac{\partial^4 w}{\partial y^4}=\frac{q}{D} \tag{37}$$

挠度表达式 $w=CXY=\left(2\frac{x^4}{a^4}-5\frac{x^3}{a^3}+3\frac{x^2}{a^2}\right)\left(2\frac{y^4}{b^4}-5\frac{y^3}{b^3}+3\frac{y^2}{b^2}\right)$

$$c_1+c_2f_2(xy)+c_3f_3(xy)+\cdots\cdots \tag{38}$$

将(38)代入(37)可写成残数方程式形式(取待定系数一项)

$$R=C_1(X^{\mathrm{IV}}Y+2X''Y''+XY^{\mathrm{IV}})-\frac{q}{D}$$

这里只取 C_1 一项，试函数应为式右方不包括待定常数。

$$XY=\left(2\frac{x^4}{a^4}-5\frac{x^3}{a^3}+3\frac{x^2}{a^2}\right)\left(2\frac{y^4}{b^4}-5\frac{y^3}{b^3}+3\frac{y^2}{b^2}\right)$$

代入式(36)

$$\int_0^a\int_0^b(XX^{\mathrm{IV}}Y^2+2XX''YY''+YY^{\mathrm{IV}}X^2)c_1=\frac{q}{D}\int_0^a\int_0^b XY\,dxdy \tag{39}$$

狄拉克函数定义：(集中荷载的功推导公式)

设 q 为分布荷载，$q=\delta(x=\varepsilon)$ 相当于在 $x=\varepsilon$ 处有一单位集中荷载，$\delta(x-\varepsilon)$ 的数学定义简单：在 $x\neq\varepsilon$ 处：$\delta(x-\varepsilon)=0$

$x=\varepsilon$ 处：$\delta(x-\varepsilon)=\infty$

并且 $\int_0^l\delta(x-\varepsilon)dx=1$

如果某一个函数 $f(x)$ 在 $x=\varepsilon$ 是连续的，则有：

$$\int_0^l f(x)\delta(x-\varepsilon)\,dx=\int_0^l f(\varepsilon)\delta(x-\varepsilon)\,dx=f(\varepsilon)\int_0^l\delta(x-\varepsilon)dx=f(\varepsilon)$$

狄拉克函数δ又称为广义函数，根据以上定义伽辽金方程集中荷载项又可写成：

$$\frac{P}{D}\int_0^a\int_0^b XY\delta(x-\varepsilon_1)\,\delta(y-\varepsilon_2)dxdy=\frac{P}{D}X_{x=\varepsilon_1}Y_{y=\varepsilon_2} \tag{40}$$

算例1：由方程可看出不同的积分共有四项可查(表1)积分为：

$\frac{7.2}{a^3}\times0.03015b+2\times(-0.3428574)^2+\frac{7.2}{b^3}\times0.03015a=\frac{q}{D}0.15a\times0.15b$ 方板

$a=b\quad c_1\left(0.43416\frac{1}{a^2}+0.2351024\frac{1}{a^2}\right)=0.0225\frac{qa^4}{D}$

$$c_1=0.033619\frac{qa^4}{D}$$

中点挠度 $$w_{中}=c_1\times\frac{1}{4}\times\frac{1}{4}=0.0021012\frac{qa^4}{D}$$

方板中点有一集中荷载 P

公式(40)荷载项应为：$\frac{P}{D}X_{x=\frac{a}{2}}Y_{y=\frac{a}{2}}=\frac{P}{D}\times\frac{1}{4}\times\frac{1}{4}$

于是：
$$c_1\left(0.43416\frac{1}{a^2}+0.2351024\frac{1}{a^2}\right)=0.0625\frac{P}{D}$$

$$c_1=0.0933864\frac{Pa^2}{D}$$

方板中点挠度 $$w_{中}=c_1\times\frac{1}{4}\times\frac{1}{4}=0.0058366\frac{Pa^2}{D}$$

样条函数用伽辽金法解弹性薄板，只取待定系数一项，计算可达满意结果(有时要取二三项)。

算例2：四边固定矩形板，承受匀布荷载 q 或中点有一集中荷重 P，求中点挠度。

此例采用混合函数，x 方向为 $X=\left(1-\cos\frac{2m\pi x}{a}\right)$

y 方向为： $Y=\frac{y^4}{b^4}-2\frac{y^3}{b^3}+\frac{y^2}{b^2}$

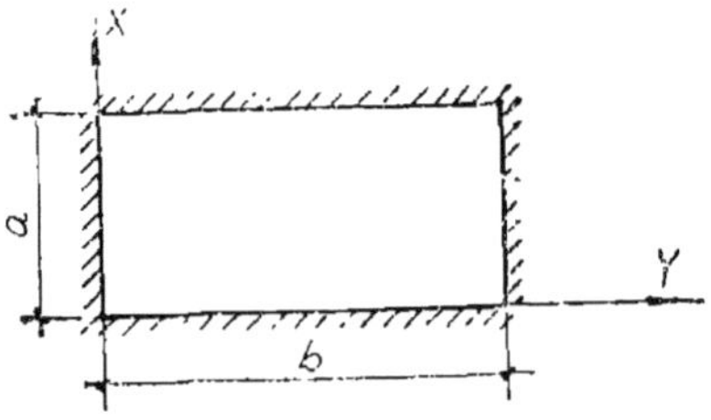

图 7

应用伽辽金法可查附录表

$$\frac{(2m\pi)^4}{2a^3}\times0.0015874b+2\left(-\frac{2m^2\pi^2}{a}\right)(-0.019048)\frac{1}{b}$$
$$+0.8\frac{1}{b^3}\times\frac{3}{2}a=\frac{q}{D}a\frac{b}{30}$$

方板 $a=b$

$$c_1\left(1.23703\frac{1}{a^2}+0.751988\frac{1}{a^2}+1.2\frac{1}{a^2}\right)=0.033333\frac{qa^2}{D}$$

$$c_2=0.0104253\frac{qa^4}{D}$$

方板中点挠度 $$w_{中}=c_1\times2\times\frac{1}{16}=0.0013066\frac{qa^4}{D}$$

与正确解比较，误差较少。混合函数解算弹性薄板亦可达满意结果。

方板中点有一集中荷载 P

公式(40)荷载项应为：$\frac{P}{D}X_{x=\frac{a}{2}}Y_{y=\frac{a}{2}}=\frac{P}{D}\times2\times\frac{1}{16}$

于是： $$c_1\left(1.23703\frac{1}{a^2}+0.751988\frac{1}{a^2}+1.2\frac{1}{a^2}\right)=2\times\frac{1}{16}\frac{P}{D}$$

$$c_1=0.03919702\frac{Pa^2}{D}$$

$$w_{中}=c_1\times 2\times\frac{1}{16}=0.0048996\frac{Pa^2}{D}$$

算例3 如上题四边固定弹性薄板，x与y方向都用稳定函数。

$$W=CXY=c_1\left(1-\cos\frac{2m\pi x}{a}\right)\left(1-\cos\frac{2m\pi y}{b}\right)$$

代入伽辽金方程，并利用文末表2

$$\frac{(2m\pi)^4}{2a^3}\times\frac{3}{2}b+2\left(-\frac{2m^2\pi^2}{a}\right)\left(-\frac{2n^2\pi^2}{b}\right)+\frac{(2n\pi)^4}{2b^4}\times\frac{3}{2}a=\frac{q}{D}ab$$

$$1168.9201\frac{b}{a^3}+779.27992\frac{1}{ab}+1168.9201\frac{a}{b^3}=\frac{q}{D}ab$$

方板 $a=b$ $$c_1=\frac{1}{3117.1201}\ \frac{qa^4}{D}=0.000320809\frac{qa^4}{D}$$

$$W_{中}=c_1\times 2\times 2=0.0012832\frac{qa^4}{D}$$

与正确解比较，误差不及1.5%。此例为双级数，可见取首项能达满意结果，说明收敛是迅速的。

此例如果是方板作用集中荷载P，荷载项为：

$$\frac{P}{D}\times 2\times 2\quad c_1=\frac{4}{3117.1201}\ \frac{Pa^2}{D}=0.0012832\frac{Pa^2}{D}$$

$$w_{中}=c_1\times 2\times 2=0.0051328\frac{Pa^2}{D}$$

误差稍大，如取待定系数两项，可达满意结果。利用查表方法，可以迅速算出板的挠度，以下举出三个算例，xy方向都是样条函数。

四边简支（查表1）。

$$c_1\left(4.8\frac{1}{a^3}\times 0.04920566+2\times(-0.485676)^2\frac{1}{ab}+4.8\frac{1}{b^3}\times 0.0492056a\right)=\frac{q}{D}\times 0.2a\times 0.2b$$

方板 $a=b$ $\quad c_1=0.0423668\dfrac{qa^4}{D}$

中点挠度 $\quad w_{中}=c_1\times 0.3125=0.3125\times 0.00414\dfrac{qa^4}{D}$

一边固定，三边简支（查表1）：

$$c_1\left(7.2\frac{1}{a^3}\times 0.0492056b+2\times(-0.485676)(-0.342857)\frac{1}{ab}+4.8\frac{1}{b^3}\times 0.03015a\right)=0.2a\times 0.15b\frac{q}{D}$$

方板 $a=b$ $\quad c_1=0.036056\dfrac{qa^4}{D}$ $\qquad w_{中}=c_1\times 0.3125\times\dfrac{1}{4}=0.0028169\dfrac{qa^4}{D}$

四边固定（查表 1）：

$$c_1\Big[0.8\frac{1}{a^3}\times 0.0015874b+2\times(-0.019048)(-0.019048)\frac{1}{ab}$$

$$+0.8\frac{1}{a^3}\times 0.0015874b\Big]=\frac{q}{D}\times\frac{a}{30}\times\frac{b}{30}$$

方板 $a=b$ $c_1=0.340268\frac{qa^4}{D}$ $w_{中}=c_1\times\frac{1}{16}\times\frac{1}{16}=0.0013292\frac{qa^4}{D}$

以上三例都是均布荷载，集中荷载只须相应改算荷载项而已。

结　语

加权残数法有不少优点，方法原理的统一性，只要问题的微分方程及边界条件或初始条件等存在，即能解题。解题非常广泛，在应用科学及工程问题都可应用。不依靠能量变分来解题，如有限元法由于泛函不存在而失效。加数残数法有一个突出优点，计算误差可知，误差可由个别的残数 R 以及残数总数 I（最小二乘法）作为标志。

在我国需要用小机子解大问题，由于加权残数法有未知量少的优点，在我国应用与推广就比较迫切。本文选取四种试函数，用最少的项数与待定常数，解决目前生产迫切所需要解决的问题，是当前经济而有实效的计算方法，应大力提倡。例如有限单元半分析法及有限条带法〔3〕胡海昌〔6〕最近以有限元为例，用小机子解决大问题提出六点建议很值得注意。

附录1　正弦级数与多项式

两端简支梁，两端发生变位 δ_A 及 δ_B，其位移方程式为：

$$w=\sum_{m=1}^{\infty}w_m\sin\frac{m\pi x}{l}+\frac{l-x}{l}\delta_A+\frac{x}{l}\delta_B \qquad (1)$$

两端简支梁，两端有弯矩 M_A 及 M_B，任意点 x 的弯矩为：$M=\frac{l-x}{l}M_A-\frac{x}{l}M_B$　(2)

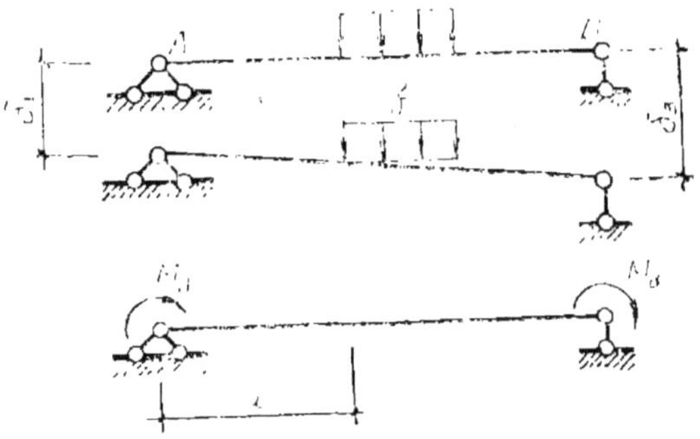

附图 1

由材料力学　$$\frac{d^2w}{dx^2}=-\frac{M}{EI} \qquad (3)$$

(2) 式代入 (3)式　$$\frac{d^2w}{dx^2}=-\frac{1}{EI}\left(\frac{l-x}{l}M_A-\frac{x}{l}M_B\right) \qquad (4)$$

(4) 式积分两次　$$w=-\frac{1}{EIl}\left[\left(\frac{1}{2}lx^2-\frac{1}{6}x^3\right)M_A-\frac{x^3}{6}M_B+Ax+B\right] \qquad (5)$$

$x=0$ 与 $x=l$ 时，w 都等于 0，因此：

$$A=-\frac{1}{3}l^2M_A+\frac{l}{6}M_B \qquad B=0$$

代入（5）式 $w=\frac{M_A}{6EIl}(x^3-3lx^2+2l^2x)+\frac{M_B}{6EIl}(x^3-l^2x)$ （6）

在一般情况下，位移方程式（1）与（6）相迭加。

附图 2

$$w=\sum_{m=1}^{\infty}w_m\sin\frac{m\pi x}{l}+\frac{M_A}{6EIl}(x^3-3lx^2+2l^2x)+\frac{M_B}{6EIl}(x^3-l^2x)+\frac{l-x}{l}\delta_A+\frac{x}{l}\delta_B \qquad (7)$$

在特殊情况下

1. 两端固支梁，式（7）取一、二、三共三项
2. 左端固支，右端铰支式（7）取一、二共二项
3. 左端固支，右端自由式（7）取一、二、五共三项

附录2 振动梁函数与稳定梁函数

1. 振动梁函数与稳定梁函数都能严格满足梁的边界条件。因此，二者都可以用来做为加权残数法的试函数。有时，两者混合使用可能更方便些。

梁振动微分方程为：
$$\frac{d^4w}{dx^4}=\frac{\mu^4}{l^4}w \qquad (1)$$

基础函数的一般形式为：
$$w(x)=c_1\sin\frac{\mu x}{l}+c_2\cos\frac{\mu x}{l}+c_3\sinh\frac{\mu x}{l}+c_4\cosh\frac{\mu x}{l} \qquad (2)$$

四个积分常数，可以根据边界条件不同而定出。

1. 两端简支： $w(o)=w''(o)=w(l)=w''(l)=0$

$$w_m(x)=\sin\frac{\mu_m x}{l} \quad (\mu_m=\pi,2\pi,3\pi\cdots\cdots m\pi) \qquad (3)$$

2. 两端固支： $w(o)=w'(x)=0 \qquad w(l)=w'(l)=0$

$$w_m(x)=\sin\frac{\mu_m x}{l}-\sinh\frac{\mu_m x}{l}-\alpha_m\left(\cos\frac{\mu_m x}{l}-\cosh\frac{\mu_m x}{l}\right) \qquad (4)$$

$$\alpha_m=\frac{\sin\mu_m-\sinh\mu_m}{\cos\mu_m-\cosh\mu_m}\left(\mu_m=4.7300 \quad 7.8532 \quad 10.9960\cdots\cdots\frac{2m+1}{2}\pi\right)$$

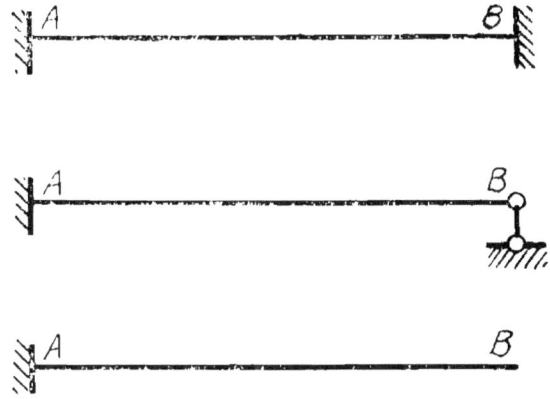

3. 左端简支，右端固支 $w(o)=w''(o)=0 \quad w(l)=w'(l)=0$

$$w_m(x)=\sin\frac{\mu_m x}{l}-\alpha_m \sinh\frac{\mu_m x}{l} \tag{5}$$

$$\alpha_m=\frac{\sin\mu_m}{\sinh\mu_m}\left(\mu_m=3.9266 \quad 7.0685 \quad 10.2102\cdots\cdots\frac{4m+1}{4}\pi\right)$$

$$\left(\mu_m=3.9266 \quad 7.0685 \quad 10.2102\cdots\cdots\frac{4m+1}{4}\pi\right)$$

4. 两端自由 $w''(o)=w'''(o)=0 \quad w''(l)=w'''(l)=0$

$$w_1(x)=1 \quad \mu_1=0 \qquad w_2(x)=1-2\frac{x}{l} \quad \mu_2=1$$

$$w_m(x)=\sin\frac{\mu_m x}{l}+\sinh\frac{\mu_m x}{l}-\alpha_m\left(\cos\frac{\mu_m x}{l}+\cosh\frac{\mu_m x}{l}\right) \tag{6}$$

$$\alpha_m=\frac{\sin\mu_m-\sinh\mu_m}{\cos\mu_m-\cosh\mu_m}$$

$$\left(\mu_m=4.7300 \quad 7.8532 \quad 10.9960\cdots\cdots\frac{2m-3}{2}\pi \quad m=3,4\cdots\cdots\infty\right)$$

5. 左端固支，右端自由 $w(o)=w'(o)=0 \quad w''(l)=w'''(l)=0$

$$w_m(x)=\sin\frac{\mu_m x}{l}+\sinh\frac{\mu_m x}{l}-\alpha_m\left(\cos\frac{\mu_m x}{l}-\cosh\frac{\mu_m x}{l}\right)$$

$$\alpha_m=\frac{\sin\mu_m+\sinh\mu_m}{\cos\mu_m+\cosh\mu_m} \qquad \left(\mu_m=1.875 \quad 4.694 \quad \cdots\cdots\frac{2m-1}{2}\pi\right.$$

6. 左端铰支，右端自由 $w(o)=w'(o)=0 \quad w''(l)=w'''(l)=0$

$$w_1(x)=\frac{x}{a} \qquad \mu_1=1$$

$$w_m(x)=\sin\frac{\mu_m x}{l}+\alpha_m \sinh\frac{\mu_m x}{l} \tag{8}$$

$$\alpha_m=\frac{\sin\mu_m}{\sinh\mu_m} \qquad \left(\mu_m=3.9266 \quad 7.0685 \quad 10.2102 \quad 13.3520\right.$$

$$\left.\cdots\cdots\frac{2m-3}{4}\pi \qquad m=2、3、\cdots\cdots\infty\right)$$

振动梁函数正交性

$$\left.\begin{aligned}\int_o^a w_m w_n dx=0\\ \int_o^a w''_m w''_n dx=0\end{aligned}\right\} \text{当 } m\neq n$$

2. 梁的稳定函数

$$\frac{d^4w}{dx^4}+\left(\frac{\lambda}{l}\right)^2\frac{d^2w}{dx^2}=0 \tag{10}$$

其中$\left(\frac{\lambda}{l}\right)^2=\frac{P}{EI}$ P为梁的轴向压力，EI为梁的抗弯刚度，方程的一般解为：

$$w=c_1\sin\lambda\frac{x}{l}+c_2\cos\lambda\frac{x}{l}+c_3\frac{x}{l}+c_4 \tag{11}$$

利用边界条件可定出四个积分常数

1. 一端固定，一端铰支

$$w_m=\sin\frac{\lambda_m}{l}x-\lambda_m\cos\frac{\lambda_m}{l}x-\frac{\lambda_m}{l}x+\lambda_m \tag{12}$$

λ_m 为特征值 $\mathrm{tg}\lambda=\lambda$ $\lambda_m=4.4934$

2. 两端固定

$$w_m=-\frac{\cos\lambda_m-1}{\sin\lambda_m-\lambda_m}\sin\frac{\lambda_m}{l}x+\cos\frac{\lambda_m}{l}x+\frac{\lambda_m(\cos\lambda_m-1}{l(\sin\lambda_m-\lambda_m)}x-1 \tag{13}$$

正对称 $\lambda_m=2m\pi$ 之解，反对称为 $\mathrm{tg}\frac{\lambda_m}{2}=\frac{\lambda_m}{2}$ 之解正对称梁的稳定函数为：

$$w_m=\left(1-\cos\frac{2m\pi x}{l}\right) \tag{14}$$

3. 一端固支，一端自由[1)]

$$w_m=1-\cos\frac{2m-1}{2l}\pi x \tag{15}$$

正交性：

$$\left.\begin{aligned}&\int_0^l w'_m w'_n dx=0\\&\int_0^l w_m w''_n dx=0\end{aligned}\right\}\ m\neq n \tag{16}$$

附录3 样 条 函 数

本文采用三次样条函数定义的四阶广义梁的微分方程〔4〕(命 $EJ=1$)

$$\frac{d^4w}{dx^4}=\sum_{i=1}^{N-1}P_i\delta(x-x_i) \tag{1}$$

的解 $$w=c_0+c_1x+\frac{c_2}{2}x^2+\frac{c_3}{6}x^3+\sum_{i=1}^{N-1}\frac{P_i(x-x_i)_+^3}{3!} \tag{2}$$

及二次样条函数定义的三阶广义梁微分方程

$$\frac{d^3w}{dx^3}=\sum_{i=1}^{N-1}P_i\delta(x-x_i) \tag{3}$$

$$w=c_0+c_1x+\frac{c_2}{2}x^2+\sum_{i=1}^{N-1}\frac{P_i(x-x_i)_+^2}{2!} \tag{4}$$

---

1) 这里满足的是 $-\frac{d^3w}{dx^3}-\frac{\lambda^2}{l^2}\frac{dw}{dx}=0$ 边界条件，经常用在板的稳定性。

+间断符号 $P_i(i=1,2\cdots\cdots N-1)$

$$\frac{d^4w}{dx^4}=\sum_{i=1}^{N-1}P_i\delta(x-x_i) \tag{5}$$

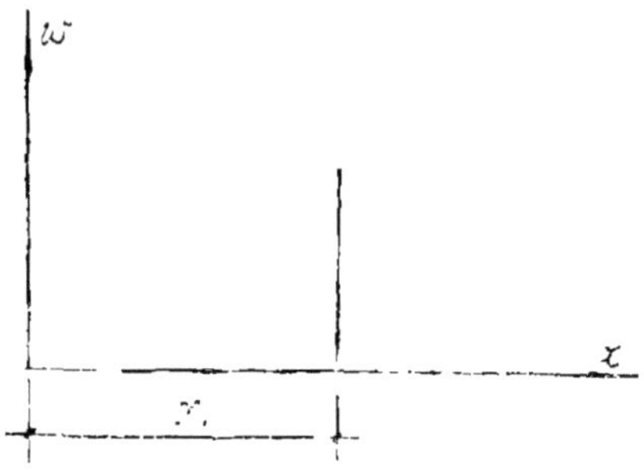

附图 3

积分一次，为简略起见，图形均绘出一个。

$$\frac{d^3w}{dx^3}=c_3+\sum_{i=1}^{N-1}P_i(x-x_i)^0_+ \tag{6}$$

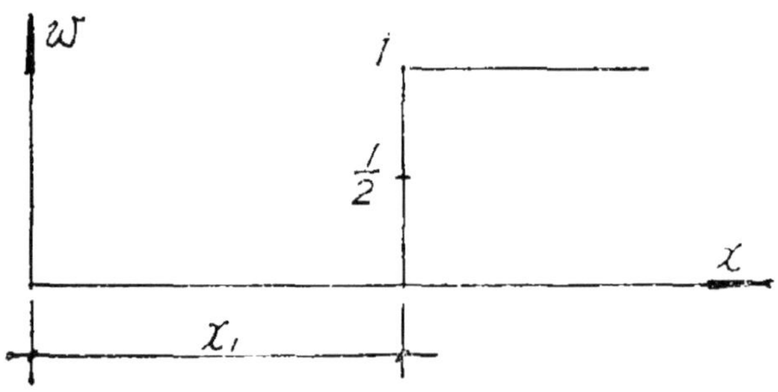

附图 4

积分二次：

$$\frac{d^2w}{dx^2}=c_2+c_3x+\sum_{i=1}^{N-1}P_i(x-x_i)_+ \tag{7}$$

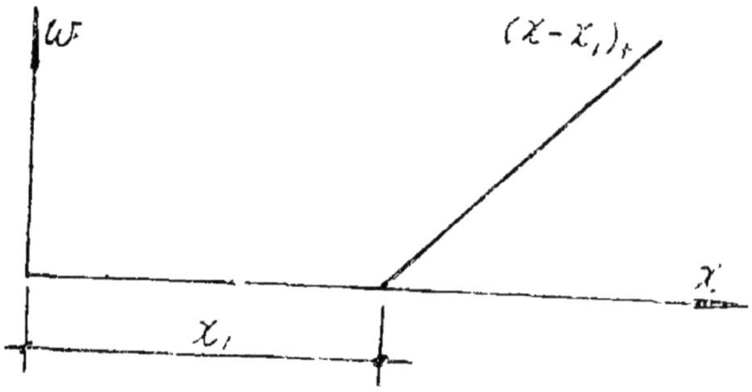

附图 5

积分三次：

$$\frac{dw}{dx}=c_1+c_2x+c_3\frac{x^2}{2}+\sum_{i=1}^{N-1}\frac{P_i(x-x_i)_+^2}{2!} \tag{8}$$

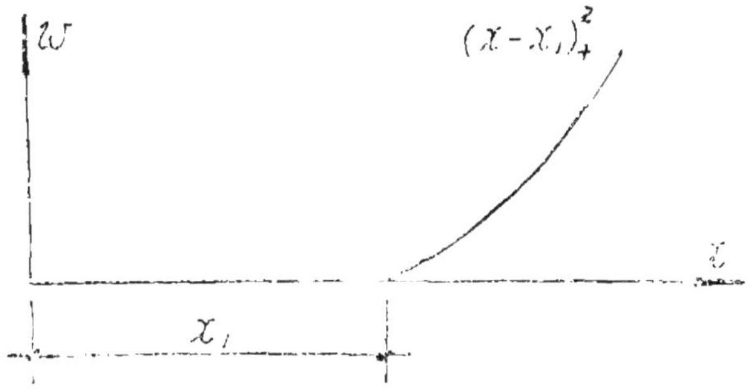

附图 6

积分四次

$$w=c_0+c_1x+c_2\frac{x^2}{2}+c_3\frac{x^3}{6}+\sum_{i=1}^{N-1}P_i\frac{(x-x_i)_+^3}{3!} \tag{9}$$

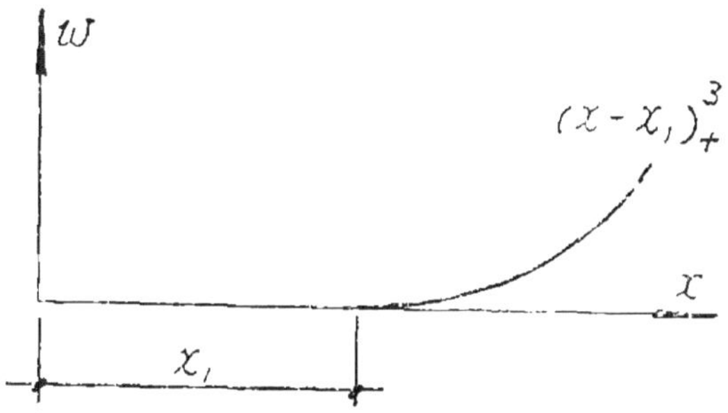

附图 7

集中弯矩（二次样条函数）

$$\frac{d^3w}{dx^3}=\sum_{i=1}^{N-1}M_i\delta(x-x_i) \tag{10}$$

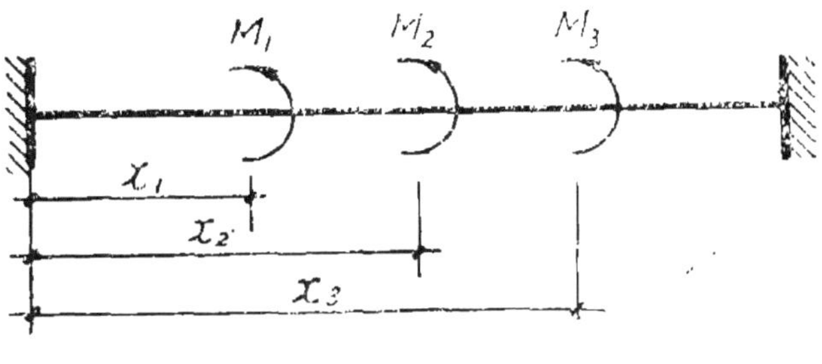

附图 8

微分一次

$$\frac{d^4w}{dx^4}=\sum_{i=1}^{N-1}M_i\delta'(x-x_i) \tag{11}$$

这仍然是广义梁微分方程，如集中荷载项可写成：

$$\frac{d^4w}{dx^4}=\sum_{i=1}^{N-1}M_i\delta'(x-x_i)+\sum_{i=1}^{N-1}P_i\delta(x-x_i) \tag{12}$$

如果荷载 q 是匀布荷载：

$$\frac{d^4w}{dx^4}=q \qquad \text{即普通梁的微分方程} EJ=1$$

如果是部分匀布荷载

$$\frac{d^4w}{dx^4}=\sigma(x-x_1)-\sigma(x-x_2) \tag{13}$$

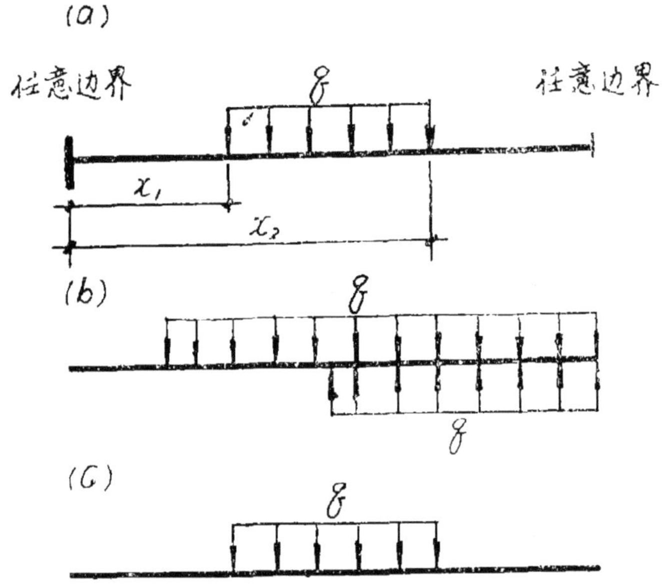

附图 9

任意边界可用四个积分常数定出。用三次和二次样条函数可以推导梁的各种边界各种荷载作用下的挠度表达式。

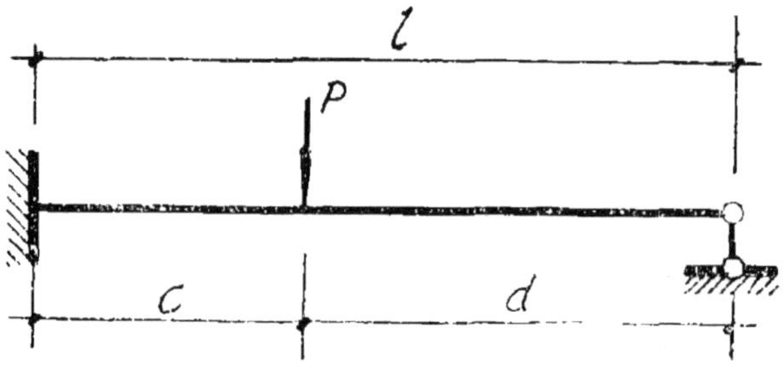

附图10

左端固定，右端铰支梁梁上有一集中荷载 P

$$w=c_0+c_1x+c_2\frac{x^2}{2}c_3+\frac{x^3}{6}+\frac{P(x-c)^{3+}}{3!}$$

$$w'=c_1+c_2x+c_3\frac{x^2}{2}+\frac{P(x-c)^{2+}}{2!}$$

$$w''=c_2+c_3x+P(x-c)^+$$

$x=0$ 时 　$w=0$ 　$c_0=0$ 　$x=0$ 时 　$w'=0$ 　$c_1=0$

$x=l$ 时 　$w=0$ 　$c_2\frac{l^2}{2}+c_3\frac{l^3}{6}+\frac{Pd^3}{6}=0$

$x=l$ 时 　$w''=0$ 　$c_2+c_3l+Pd=0$

联解 　$c_2=\frac{Pd}{2}\left(1-\frac{d^2}{l^2}\right)$ 　$c_3=-\frac{3}{2}\ \frac{Pd}{l}\left(1-\frac{d^2}{3l^2}\right)$

挠度表达式：分两段

$$w=\frac{Pd}{4}x^2\left(1-\frac{d^2}{l^2}\right)-\frac{1}{4}\ \frac{Pd}{l}x^3\left(1-\frac{d^2}{3d^2}\right)(0\leqslant x\leqslant c) \tag{14}$$

$$w=\frac{Pd}{4}x^2\left(1-\frac{d^2}{l^2}\right)-\frac{Pd}{4l}x^3\left(1-\frac{d^2}{3l^2}\right)+\frac{P(x+c)^3}{6}(c\leqslant x\leqslant l) \tag{15}$$

现使用挠度曲线列出如下式：

1. 两端简支梁上承受匀布荷重

$$w=\frac{ql^4}{24EI}\left(\frac{x^4}{l^4}-2\frac{x^3}{l^3}+\frac{x}{l}\right) \tag{16}$$

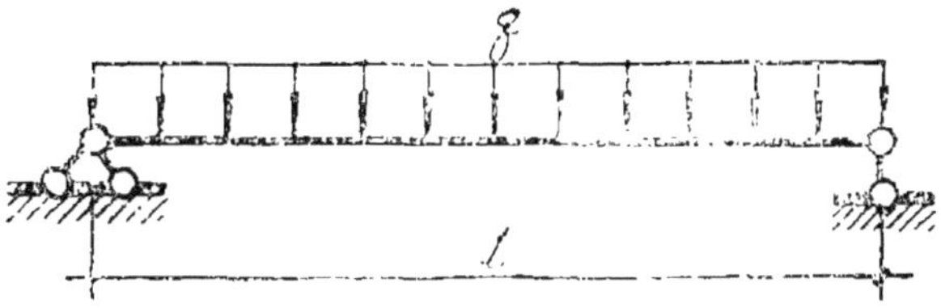

附图11

2. 左端固定，右端铰支

$$w=\frac{ql^4}{48EI}\left(2\frac{x^4}{l^4}-5\frac{x^3}{l^3}+3\frac{x^2}{l^2}\right) \tag{17}$$

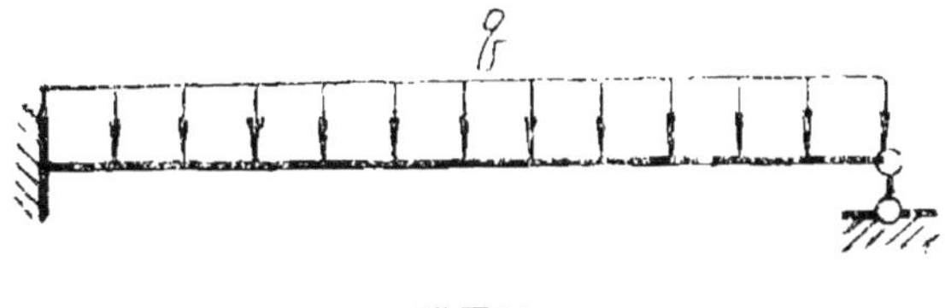

附图12

3. 两端固定梁，上面承受匀布荷重 q

$$w=\frac{ql^4}{24EI}\left(\frac{x^4}{l^4}-2\frac{x^3}{l^3}+\frac{x^2}{l^2}\right) \tag{18}$$

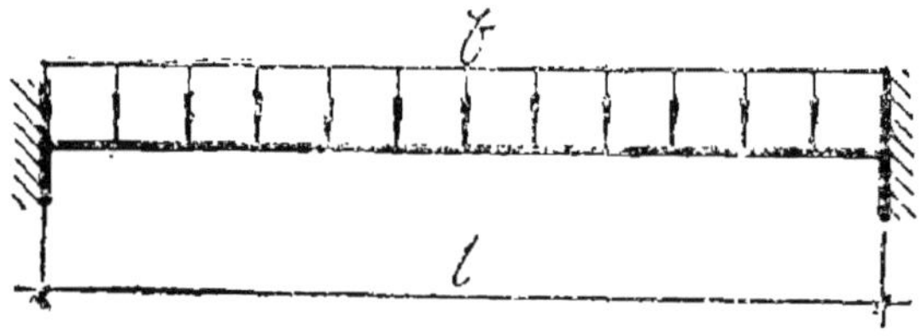

附图13

4. 左端固定，右端自由梁，承受匀布荷重 q

$$w=\frac{ql^4}{24EI}\left(\frac{x^4}{l^4}-4\frac{x^3}{l^3}+6\frac{x^2}{l^2}\right) \tag{19}$$

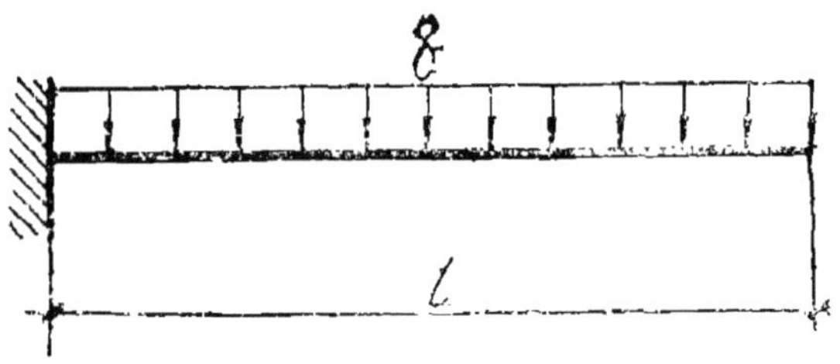

附图14

5. 两端简支梁，中点承受集中荷载 P

$$w=\frac{Pl^2}{EI}\left(3\frac{x}{l}-4\frac{x^3}{l^3}\right) \qquad 0<x<\frac{l}{2} \tag{20}$$

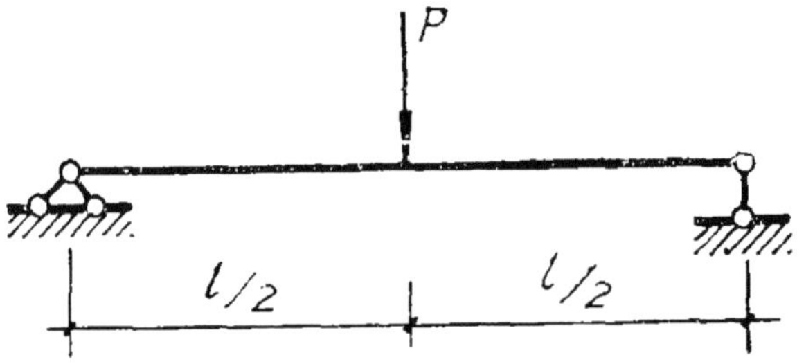

附图15

表 1　　　　样条函数积分表

边界条件	计算简图	原函数 X	$\int_0^l X^2 dx$ (l)	$\int_0^l X''X dx$ $(\frac{1}{l})$	$\int_0^l X^{IV}X dx$ $(\frac{1}{l^3})$	$\int_0^l X dx$ (l)
两端简支	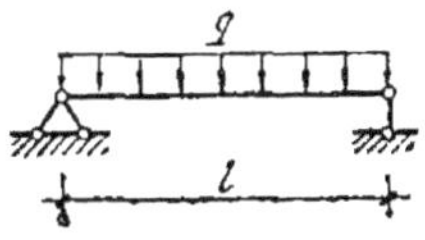	$\frac{x^4}{L^4}-2\frac{x^3}{L^3}+\frac{x}{L}$	0.0492056	−0.485676	4.8	0.2
左端固定右端铰支	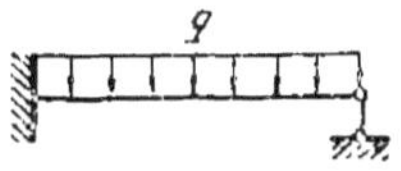	$2\frac{x^4}{L^4}-5\frac{x^3}{L^3}+3\frac{x^2}{L^2}$	0.03015	−0.3428574	7.2	0.15
左端固定右端自由	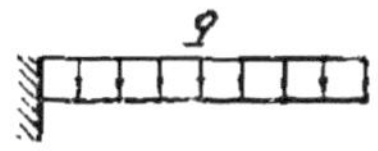	$\frac{x^4}{L^4}-4\frac{x^3}{L^3}+6\frac{x^2}{L^2}$	2.31111	1.714286		1.2
两端固定	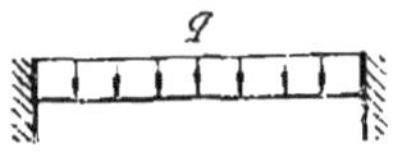	$\frac{x^4}{L^4}-2\frac{x^3}{L^3}+\frac{x^2}{L^2}$	0.0015874	−0.019048	0.8	$\frac{1}{30}$
简支梁	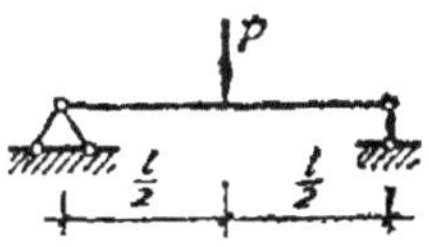	$3\frac{x}{L}-4\frac{x^3}{L^3}$	0.2428576	−2.4		

表2　　　　　　　　振动梁函数与稳定梁函数积分表

边界条件	计算简图	原函数 X	$\int_0^l X^2dx$ (l)	$\int_0^l X''Xdx$ $(\frac{1}{l})$	$\int_0^l X^{IV}Xdx$ $(\frac{1}{l^3})$	$\int_0^l Xdx$ (l)
简支梁		$\sin\frac{m\pi x}{L}$	0.5	-4.9343		0.6366
左端固定右端铰支		$\sin\frac{\mu_m y}{L}-\alpha_m \sinh\frac{\mu_m y}{L}$	0.4996	5.5724	118.76517	0.6147
两端固定		$1-\cos\frac{2m\pi x}{L}$	1.5	-19.7393	779.28002	1
悬臂梁			1.8556			1.0667

参　考　文　献

〔1〕徐次达，加权残数法解固体力学问题及展望，同济大学科学技术情报站编印。

〔4〕徐次达，施德芳，离散型最小二乘法分析薄板强度，同济大学科技情报资料 1978.10.

〔3〕王　磊：有限单元半分析法与有限差分法，建筑技术通讯《建筑结构》1980.1.

〔4〕李岳生：样条函数方法，科学出版社 1979.

〔5〕钱伟长：变分法与有限元，科学出版社 1980.

〔6〕胡海昌：以弹性力学平面应力问题为例，谈对应用有限元素法的几点建议。

〔7〕胡海昌：弹性力学变分原理及其应用，科学出版社 1981.

〔8〕王　磊：有限条带法简介，《冶金建筑》1981.7.

Method of Weighted Residual and Trial Function

Wang Lei

Abstract

In this paper a series of excellent trial functions, for example, the spline function, function of vibration mode of a beam, the stability function, the trigonal series, the polynomial, etc. for the interior method of the weighted residuals are chosen. These functions satisfy the boundary conditions of a beam strictly.

Under different loading and boundary conditions by using the above mentioned functions as the trial function, a good approximate soluton for the problems of the elastic thin plates can be obtained with higher accuracy and less parameters to be determined.

在循环荷载作用下钢筋混凝土压弯构件的试验和滞回模型

程翔云，邹银生

摘 要

本文在试验的基础上，考虑到骨架曲线上存在有下降段和在循环荷载时有卸载刚度退化现象的特点，提出了钢筋混凝土压弯构件的两个可供选择的滞回模型和骨架曲线上几个特征点的计算公式。

钢筋混凝土结构或构件的恢复力特性模型(或称滞回模型)是地震反应分析的基础，因为它理想化地反映了一个结构或构件的抗震性能，即强度、刚度、刚度退化、延性、能量吸收、构件破坏等力学特征。目前国内外学者所提供的恢复力特性模型已不下几十种，然而对于具有梭形滞回曲线的受弯构件而言，却以Clough双线型模型能较好地描述刚度退化效应的特点（图1），所以目前应用较广。但是，对于钢筋混凝土压弯构件说来，这个模型却有需要完善的地方。例如：第一，若这个模型系反映截面的弯矩——曲率关系曲线（$M—\phi$曲线），那末，除了应用上不够方便之外，还有未能将残余弯矩值反映出来的缺陷。因为当跨中横向力P全部卸载后，构件在跨中截面上仍然存在有残余挠度$\triangle_{残}$，它在常量的轴向力N作用下构成了残余弯矩$M_{残}=N\triangle_{残}$。因而当反向加载时其起点不是从$M=0$的座标开始的，而应该从$M=M_{残}$的一点开始。第二，若这个模型系直接反映横向力P与位移$\triangle$的关系曲线（$P—\triangle$曲线），那末，它又没有能够把压弯构件的$P—\triangle$曲线上的下降段反映出来。另外，这个模型在计算屈服以后卸载刚度

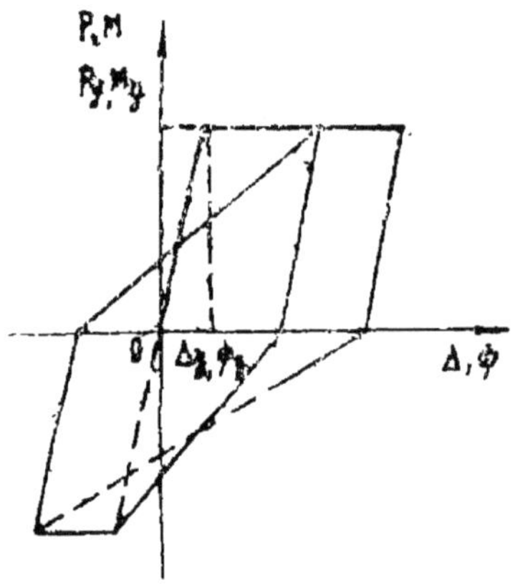

图1 Clough双线型模型

---

* 参加本专题试验的还有：王济川、金道揆、肖正源、吕玉冰、熊 健、罗铁强、王令芬等同志。

时没有考虑残余变形的影响，因而也没有考虑屈服以后卸载刚度的变化。因此，本文试图通过试验结果分析：

（一）阐明钢筋混凝土压弯构件在循环荷载下的受力状态；

（二）提出理想化的恢复力特性模型；

（三）提出此模型上几个特征点的计算公式。

一、试验结果及分析

试件的截面尺寸如图 2 所示。采用对称配筋，其纵向钢筋和箍筋的配置情况、混凝土标号、轴向力等详见表 1。为了模拟长柱的受力情况选用了较大的剪跨比、$a/h_0=5.4$。在试验过程中轴向荷载保持不变，跨中短柱上的横向荷载可以循环作用，以模拟梁柱节点在地震荷载下反复受力的情况。荷载——挠度（P—Δ）曲线

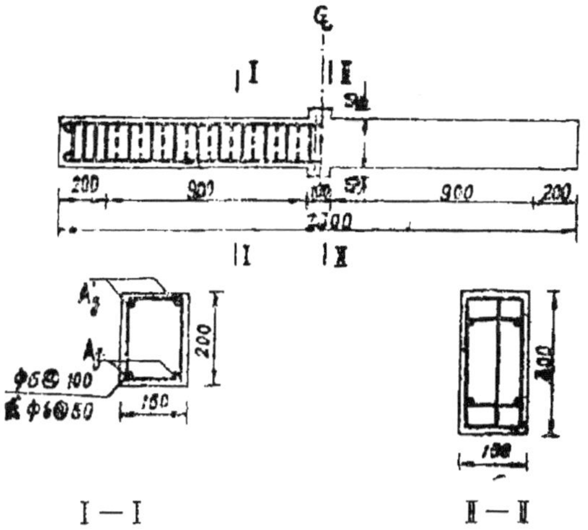

图 2　试件截面尺寸及配筋图

表 1

构件编号	混凝土标号 R (kg/cm²)	钢筋的屈服强度 R_g (kg/cm²)	纵向钢筋面积及直径 $A_g=A'_g$ (cm²)	箍筋直径及间距 $\frac{\phi(mm)}{@(cm)}$	轴向力 N (t)	轴压比 N/N_0	荷载特征	备注
$L_R^{2\phi12}$—5—0	251	3080	2.26 (2φ12)	$\frac{6}{5}$	0	0	等幅值加载	μ=5
$L_R^{2\phi12}$—5—6	251				6	0.086		
$L_R^{2\phi12}$—5—10	288				10	0.128		
$L_R^{2\phi12}$—5—15	288				15	0.192		
$L_R^{3\phi12}$—5—0	261	3080	3.39 (3φ12)	$\frac{6}{5}$	0	0	等增幅加载	
$L_R^{3\phi12}$—5—6	261				6	0.076		
$L_R^{3\phi12}$—5—10	293				10	0.116		
$L_R^{3\phi12}$—5—15	293				15	0.174	等幅值	μ=5
$L_R^{3\phi14}$—5—0	298	2706	4.61 (3φ14)	$\frac{6}{5}$	0	0	等增幅加载	
$L_R^{3\phi14}$—5—6	275				6	0.070		
$L_R^{3\phi14}$—5—10	275				10	0.116		
$L_R^{3\phi14}$—10—15	262	2706	4.61 (3φ14)	$\frac{6}{10}$	15	0.180	等增幅加载	
$L_R^{3\phi14}$—10—6a	262				6	0.072		
$L_R^{3\phi14}$—10—6b	291				6	0.067		

注：表中 $N_0=bh_0R_a+A_gR_g$；μ为构件的广义位移延性系数。

采用了$X-Y$函数记录仪自动记录。现将试验结果分析归纳如下：

（一）滞回曲线的外包线

在周期荷载或循环加载的试验中，从加载到破坏，各个阶段中的滞回曲线峰点的连线称为外包线或骨架曲线。关于骨架曲线与单向一次加载曲线的近似性，早已为人们所公认，我们的试验结果也充分证明了这一点（图3）。不过在我们的试验中，单向一次加载曲线的下降段有的是稍高于相对偶构件的反复荷载曲线（符合一般规律），但也有的是后者稍高于前者。这除了测试手段方面的原因外，还有配筋率和混凝土的标号不相同的原因。其次，从图4a、c单向加载的试验曲线也可以看出，当超过极限位移以后，在$P-\triangle$曲线上有一个明显的下降段，对于相同结构尺寸的压弯构件，轴压比愈大，其下降段的斜率愈陡。因为，当受压区最外纤维混凝土达到极限应变以后，保护层混凝土便剥落。一般说来，这标志着构件破坏的开始。但此时构件并没有崩塌，仍可继续变形，承担荷载。只是所承担的横向荷载值将随变形的增加而不断地降低。由于采用了对称配筋，所形成的钢筋偶使构件塑性变形可能持续较长的阶段，在$P-\triangle$曲线上反映为较长的下降段。当构件处在下降段的阶段时，虽然保护层混凝土退出了工作，截面的抗弯能力有所降低，但是，构件的轴向力则由受压钢筋以下的、尚未达到极限压应变的那一部分混凝土来承担。当构件变形到达一定程度，受拉钢筋的应变到了强化段时，又会使截面的抗弯能力得到部分补偿。这可比拟钢制构件的情况，当保护层混凝土退出工作以后，构件上已形成的塑性铰仍可继续绕临界截面转动，使构件挠度继续增加，临界截面上的塑性弯矩接近为一常量。因此，从平衡的角度来看，构件挠度的增加（伴随着轴向力所引起的弯矩分量的增加）必然转化为横向荷载的降低（伴随着横向荷载所引起的弯矩分量的降低），因而形成下降段。根据试验数据。

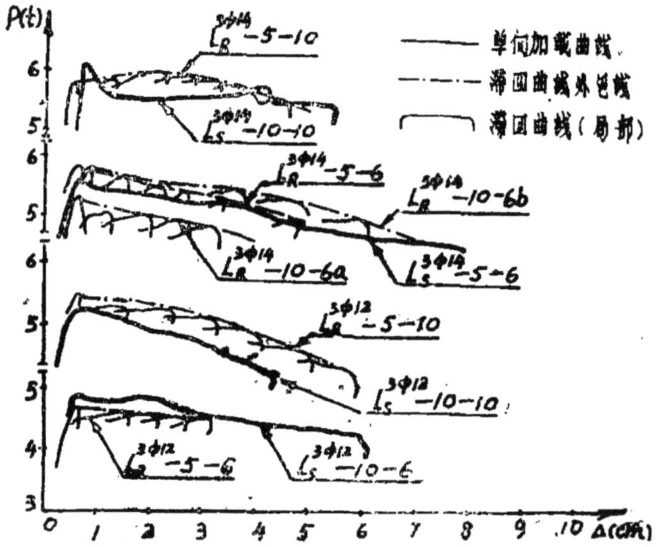

图3　滞回曲线的外包线和单向一次加载曲线的比较

并从用公式$M=\dfrac{Pl}{4}+N\triangle$反求的弯矩（表2）可以看出，对于对称配筋的构件而言，当广义位移延性系数（构件的最大位移与屈服位移之比）μ在10～15以内时，可以近似地将截面的承载能力看做不变，即弯矩值等于混凝土最外纤维达到极限应变时的弯矩值M_u，其误差一般在4%以内，个别最大的不超过10%。这个结论是和Clough模型上用平直段表示屈服曲率以后的弯矩值（亦即弯矩为常量）是一致的。根据这个结论，便可近似地导出横向力P是位移$\triangle$的线性函数，它可表示为：

表 2

构件编号	屈服弯矩 M_y (kg—cm)	极限弯矩 M_u (kg—cm)	下降段各点所对应的弯矩 (kg—cm)		
			$\mu=5$	$\mu=10$	$\mu=15$
$L_s^{2\phi12}$—10—6	151903	155085	155230	160030	157113
$L_s^{2\phi12}$—10—10	187670	191716	199000	192305	179130
$L_s^{2\phi12}$—10—15	230280	239880	234750	—	—
$L_s^{3\phi12}$—10—6	225255	235575	228930	226380	—
$L_s^{3\phi12}$—10—10	240000	242160	235695	219435	—
$L_s^{3\phi12}$—10—15	291660	289800	235260	—	—
$L_s^{3\phi14}$—5—6	258280	244265	237879	249330	—

注：表中的各弯矩值均为图 4 中的试验资料反算值。

$$P=\frac{M_u-N\cdot\triangle}{l/4} \qquad (1)$$

式中：

P、$\triangle$——梁式柱的跨中横向力及跨中截面处的垂直位移；

M_u——最外纤维混凝土达到极限压应变时的弯矩；

N——轴向力N，对每一构件为常量；

l——构件的计算跨度。

为了进一步说明这个结论，并验证单向一次加载P—△曲线的理论公式的精确程度；我们分别按下面的式（9）～(15) 计算了各根试件理论曲线上的几个特征点，以及按式（1）算得相应的下降段直线。在图 4 中将这些理论曲线与实测曲线（或实测外包线）作了比较，从中可以看出，两者基本上符合，并且偏于安全方面，两者的下降段也是接近平行的。

（二）不同阶段的刚度

从图5a所示等增幅加载的试验曲线和图5b所示的等幅加载的试验曲线可以看出，为了便于计算，这些试测的荷载——挠度曲线可以用一组理想化的直线段代替。而初次卸载以前的P—△曲线，实际上就是单向一次加载曲线。只要曲线上的几个特征点按后述（9）～(15) 的公式确定后，便不难定量地求得骨架曲线上各段的刚度。因此，下面着重讨论卸载刚度、反向加载和再加载刚度。

1. 卸载刚度

等幅加载的试验曲线（图5b）表明，尽管每个循环的正向加载刚度和反加载刚度略

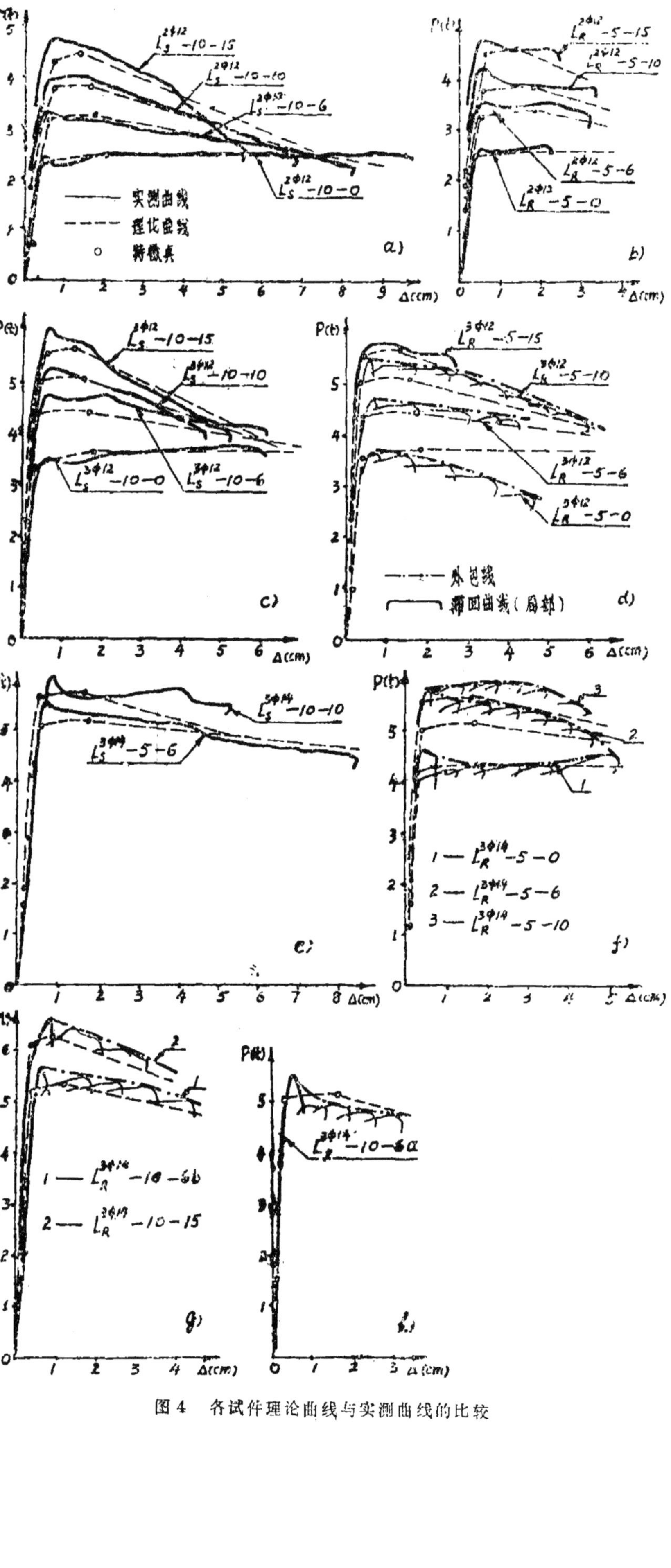

图4　各试件理论曲线与实测曲线的比较

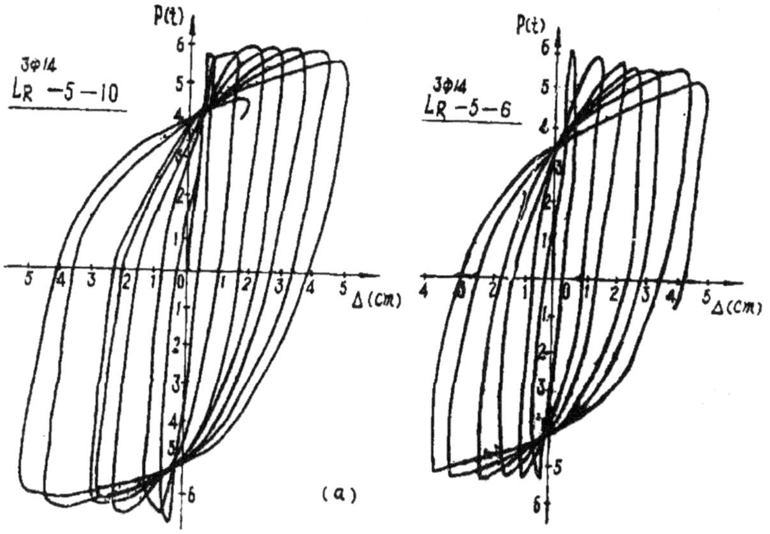

（a）等增幅加载的试验曲线

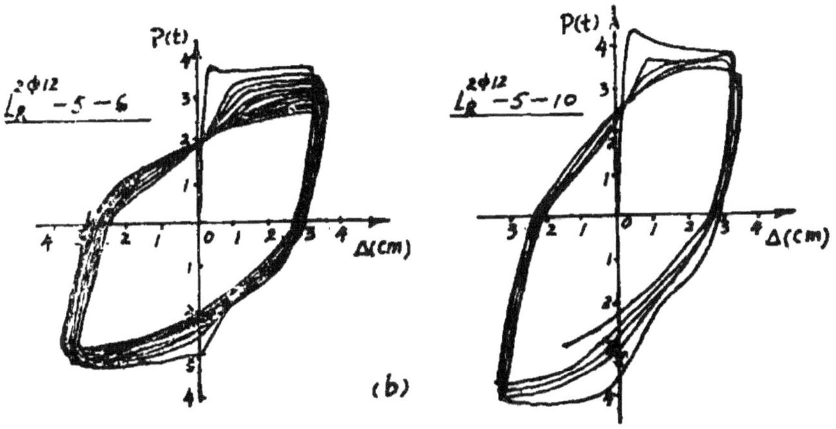

（b）等幅加载的试验曲线

图 5　实测的滞回曲线（示例）

随循环次数的增多而逐次退化，但是它们的卸载刚度，就每一根构件自身来说却基本上不变。而等增幅加载的试验曲线（图5a）表明，无论是正向的还是反向的卸载刚度，都反映出随位移幅值的增加而逐次降低。因此，可以认为，构件卸载刚度的改变只与构件广义位移延性系数有关，而与加载的循环次数无关。当然，在很多次循环后，又会出现疲劳破坏，这属于另外一个课题。

由此可见，如果把每个滞回环的卸载刚度都看成与割线的屈服刚度（屈服点与座标原点的连线）相等的话，似乎过于简单了一些。而且这还意味着当横向荷载达到屈服点的瞬间立即卸载时，就会沿割线的屈服刚度返回原点。显然这和试验结果是不相符合的。因此，我们认为，可以直接在 P 轴的负方向上以裂缝荷载 P_f 值截取一点，再将该点（而不是原点）与屈服点座标相连。并把这条直线定义为屈服卸载刚度 k_0，如图 6 中的虚线所示。它可表示为：

$$k_o = \frac{P_y + |P_f|}{\triangle_y} \qquad (2)$$

式中，P、$\triangle$的意义同前；脚标 f 、y 分别表示混凝土即将开裂、受拉钢筋开始屈服时的状态。这样简化在一定的程度上反映了屈服点卸载时的残余变形，而且，屈服卸载刚度 k_o 与轴压力 N、纵向配筋率 p 和混凝土材料特性的关系都能通过 P_f 的计算间接地体现出来。

以 k_o 作为基准，分析等增幅加载的试验结果后，卸载刚度随延性系数 μ 的增加而改变的规律可以近似地用下式表示：

$$k_i = (1.08 - 0.08\mu) k_o \qquad (3)$$

式中：

k_o——按式（2）算得的屈服卸载刚度；

μ——广义的位移延性系数，其表达式为 $\mu = \frac{\triangle_i}{\triangle_y}$；

$\triangle_i$——卸载前构件跨中截面的最大竖向挠度；

k_i——最大位移达到 $\triangle_i$ 值时的卸载刚度。

限于我们试验的数量和位移幅值的局限性，公式（3）的适用范围应限制在 $\mu = 10$ 以内。按公式（3）及文献〔1〕所介绍的有关公式的计算值与我们试验结果的比较见图6。结果表明，按公式（3）的计算值与试验结果比较符合。

2. 再加载刚度和反向加载刚度

从等幅值加载试件和等增幅加载试件的滞回曲线（图5）可以看出：

（1）再加载曲线(或反向加载曲线)是一个向上凸（或向下凸）的曲线，用两条折线代替再加载曲线（或反向加载曲线）比较符合试验结果。

（2）当位移超过屈服位移时，滞回曲线上的加载刚度随位移幅值的增加，表现出明显的退化现象。

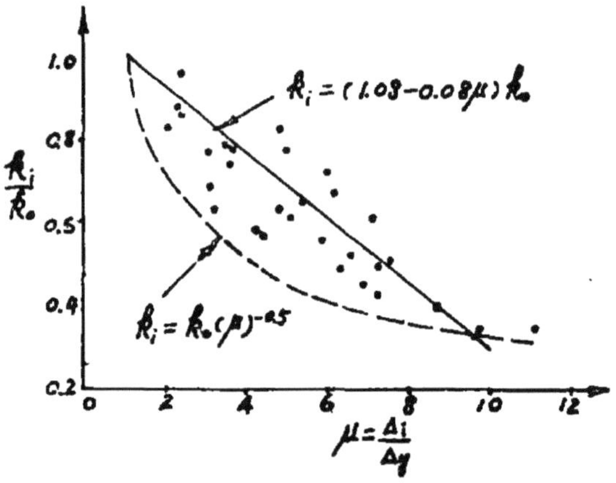

图 6 $\frac{k_i}{k_o}$ 与 $\frac{\Delta_i}{\Delta_y}$ 的关系

（3）当位移较大时，如果最大位移保持不变的话，滞回曲线上再加载（或反向加载）刚度和最大恢复力（强度），都随循环次数的增加而不断降低。并且可以近似地认为构件的强度按比例衰减，即每一个新循环的横向力 P 值与它前一循环的相应值之比可以看作相等：

$$\frac{P_2}{P_1} = \frac{P_3}{P_2} = \cdots\cdots = \frac{P_i}{P_{i-1}} = \lambda$$

即 $$\left.\begin{aligned} P_i &= \lambda P_{i-1} \\ P_i &= \lambda^{(i-1)} P_1 \end{aligned}\right\} \qquad (4)$$
或

式中：

λ——构件强度的等比衰减系数：

P_1，P_2，……P_i——不同循环的最大横向力，脚标 1，2，…… i 表示荷载循环所达到的次数。

根据等幅加载的试验资料，按强度降低的总幅值除以循环次数，便得到平均的强度衰减系数λ。取正反两个方向的平均值列于表 3。

表 3

试件编号	$L_R^{2\phi12}$—5—0	$L_R^{2\phi12}$—5—6	$L_R^{2\phi12}$—5—10	$L_R^{2\phi12}$—5—15	$L_R^{2\phi12}$—5—15
强度衰减系数的平均值λ	0.98	0.97	0.96	0.96	0.92

从表中所列数值可以看到，λ的大小与轴压比有关。轴压比愈大，衰减的幅度愈大。强度衰减系数λ可按下式计算：

$$\lambda = 0.98 - \frac{N}{5bh_0R_a} \tag{5}$$

式中：

R_a——混凝土棱柱抗压强度；

b、h_0——构件截面的宽度与有效高度。

二、理想化的恢复力特性模型

综合以上的分析，可以归纳为以下几点：

1. 对称于座标原点的单向一次加载 P—△曲线可以作为反复荷载滞回曲线的骨架曲线。

2. 此骨架曲线可以简化为四个直线段：从原点到开裂点（P_f，$\triangle_f$），从开裂点到受拉钢筋屈服点（P_y，$\triangle_y$），从屈服点至极限位移点（P_u，$\triangle_u$）和下降段。它构成四线型模型。这些特征点的计算将在下一节中讨论。

3. 开裂以前的卸载刚度按弹性阶段计算，即不考虑残余变形。从开裂点到屈服点之间的卸载，为折回点指向 P 轴上负方向的开裂点。超过屈服点以后卸载时，其卸载刚度按式（3）计算。

4. 再加载或反向加载的变形途径以两段折线代替实际的曲线。

在上述前提下，分别按下述理由提出了两个方案：

方案一　定点指向型（图 7）

从等增幅加载的试验曲线（如图 5 所示）发现，滞回曲线上的各个滞回环在正反两个加载方向上，都有相交于某一定点的趋势。将此定点与屈服点之比的试验值列于表 4。从表 4 的试验数据来看，此定点的纵座标在正反两个加载方向的平均值，都比较集中。除个别构件外都在 $0.7P_y$ 附近变化。而横座标的平均值则要离散些，它在（0.49～

表 4

构件编号	正向屈服点		反向屈服点		正向拟交点		反向拟交点		横向*力比值的平均值	位移**比值的平均值
	P_y (t)	Δ_y (cm)	P'_y (t)	Δ'_y (cm)	P_j (t)	Δ_j (cm)	P'_j (t)	Δ'_j (cm)		
$L_R^{3\phi12}$—5—6	4.78	0.61	4.20	0.71	3.40	0.57	3.05	0.64	0.72	0.85
$L_R^{3\phi12}$—5—10	5.31	0.57	5.20	0.53	2.60	0.27	3.19	0.27	0.55	0.49
$L_R^{3\phi14}$—10—6a	5.42	0.52	5.62	0.61	3.60	0.33	4.45	0.37	0.73	0.62
$L_R^{3\phi14}$—10—6b	5.71	0.53	4.71	0.36	3.71	0.43	3.78	0.22	0.73	0.71
$L_R^{3\phi14}$—5—6	5.77	0.48	5.45	0.43	3.82	0.40	4.40	0.50	0.74	0.99
$L_R^{3\phi14}$—5—10	5.77	0.43	6.40	0.46	4.00	0.36	4.80	0.11	0.72	0.54
$L_R^{3\phi14}$—10—15	6.74	0.85	5.50	0.63	4.40	0.52	4.20	0.34	0.71	0.58

注：* 为比值P_j/P_y与P'_j/P_y的平均值。

** 为比值Δ_j/Δ_y与Δ'_j/Δ_y的平均值。

1.0)Δ_y之间变化。为了简化计算模型，我们取$0.7P_y$作水平线，此水平线与骨架曲线的交点便是要确定的“定点”。这样便得到如图7所示的滞回曲线模型。滞回曲线的走向用0，1，2，……序号直接标在图7中。当超过极限位移Δ_u时，再加载（或反向加载）的变形途径是：先由再加载点（或反向加载点）指向定点，再由定点指向前一环卸载线上的一点，该点的纵座标P_i按式（4）和（5）计算，如图7中的点10、15、20等点。然后延长便与骨架曲线相交于11、16、21……各点。

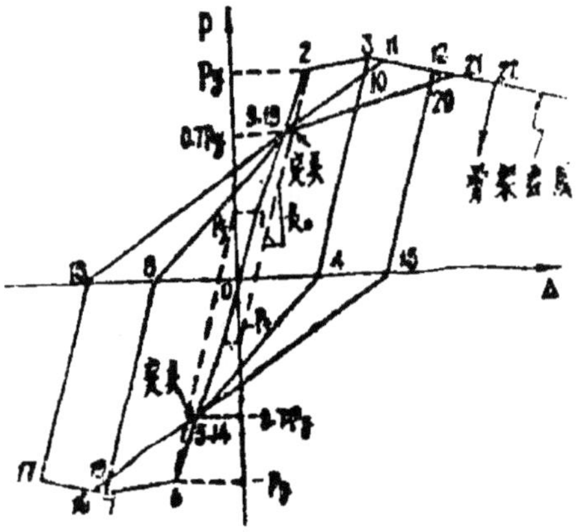

图7　定点指向型的恢复力模型

方案二　等效滞回环型（图9）

我们先试取任意半个滞回环来分析（图8b），面积$abce$代表横向力P从0增加到P_c，位移从$-\Delta_u$到Δ_c的过程中，克服轴向力N所作的全部功。这个功储存在构件里变为位能。但是由于材料和结构的非线性性能，当构件受力进入到塑性阶段再卸载的时候，所储存的位能不能全部地转换为动能，使构件恢复到原来的a点；而只能使构件位移得到部分的恢复，反映在图8b中从c点返回到d点。也就是说储存于构件中的位能，只有很少一部分可以转化为动能，即面积cdc，它代表了构件在这个位移值上的恢复力。其余的位能，可以分解为两部分，一部分被构件的塑性铰所消耗、转化为热能以及其它不可恢复的能量形式；另一部分用来抵抗轴向力所作的功。如果移开这个轴向力N，构件的位移还可得到部分恢复。

根据能量相等的原理，我们把滞回曲线上每个滞回环用近似于梭形的六边形来等代（图8a），发现每个实测的滞回环所包围的面积，与六边形的等效滞回环（简称等效环）所包围的面积非常接近（表5）。因此，从能量的概念来说，梭形的六边形与试验的滞回曲线是等效的。

基于以上的分析，我们又提出了如图9所示的等效滞回环型的恢复力特性模型。滞回曲线的走向是按图9中1，2，3……的序号前进的。该模型的作图方法如下：

（1）主轴系指骨架曲线上开始卸载的点与座标原点的连线；

（2）副轴平行于骨架曲线的下降段；

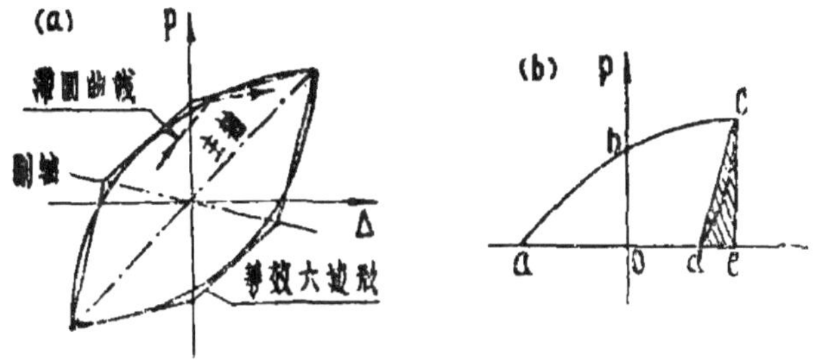

图8　等效滞回环

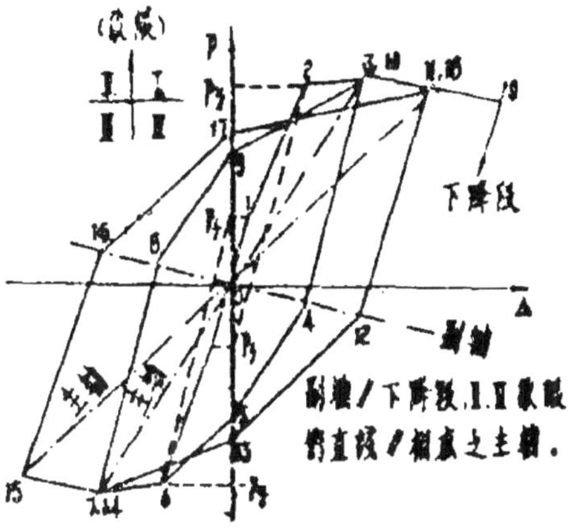

图9　等效滞回环型的恢复力模型

表5

构件编号	反复加载周数	荷载特征	第二环面积读数平均值			最后一环面积读数平均值		
			等效环 $\Omega_{等}$	实测曲线 $\Omega_{实}$	$\frac{\Omega_{等}}{\Omega_{实}}$	等效环 $\Omega_{等}$	实测曲线 $\Omega_{实}$	$\frac{\Omega_{实}}{\Omega_{等}}$
$L_R^{2\phi12}$—5—6	9	等幅	6.80	7.29	0.93	6.55	6.60	0.99
$L_R^{2\phi12}$—5—10	4	等幅	5.33	5.01	1.06	4.94	4.52	1.09
$L_R^{2\phi12}$—5—15	5	等幅	7.36	7.67	0.96	7.08	7.27	0.97
$L_R^{3\phi12}$—5—6	7	等增幅	4.00	4.04	0.99	16.66	17.23	0.97
$L_R^{3\phi12}$—5—10	6	等增幅	2.59	2.65	0.98	14.89	15.16	0.97
$L_R^{3\phi12}$—5—15	4	等幅	10.68	10.84	0.99	9.58	9.59	0.99
$L_R^{3\phi14}$—5—6	6	等增幅	5.70	6.01	0.95	20.40	21.02	0.97
$L_R^{3\phi14}$—5—10	7	等增幅	3.72	4.13	0.90	17.23	17.78	0.97
$L_R^{3\phi14}$—5—6a	5	等增幅	2.97	3.28	0.91	10.85	10.90	0.99
$L_R^{3\phi14}$—5—6b	4	等增幅	5.02	5.37	0.93	13.49	13.64	0.99
$L_R^{3\phi14}$—10—15	3	等增幅	6.84	7.43	0.92	14.24	14.31	0.99

注：表中面积读数平均值系用求积仪测出的两次读数平均值；

但未乘仪器系数及滞回曲线图上的座标比例系数。

(3) 等效多边形在Ⅱ、Ⅳ象限中的两个边则与相应一环的主轴相平行；

(4) 再加载滞回环是指向历史的最大点。

三、恢复力特性模型上的几个特征点的计算

(一) P_f、$\triangle_f$ 的计算

1. 基本假定

(1) 平截面假定。

(2) 截面的应力图形如图10所示，受压区混凝土应力图形近似地采用三角形，受拉区混凝土考虑塑性变形后，应力图形采用矩形，拉应力达到抗拉强度 R_l。

(3) 混凝土受拉弹性模量 E'_h 为受压弹性模量的一半，即 $E'_h=1/2E_h$。

(4) 假定截面的曲率沿构件轴线按正弦曲线分布，即 $\phi(x)=\phi_f\sin\frac{\pi x}{l}$。

2. 计算公式

在上述基本假定的基础上，按图 10c 所示的应力图形，由 $\Sigma N=0$ 可推得对称配筋截面即将开裂时的受压区相对高度 k_f 的计算公式：

$$K_f=\frac{1+2np+\frac{N}{bhR_l}}{2+4np+\frac{N}{bhR_l}} \qquad (6)$$

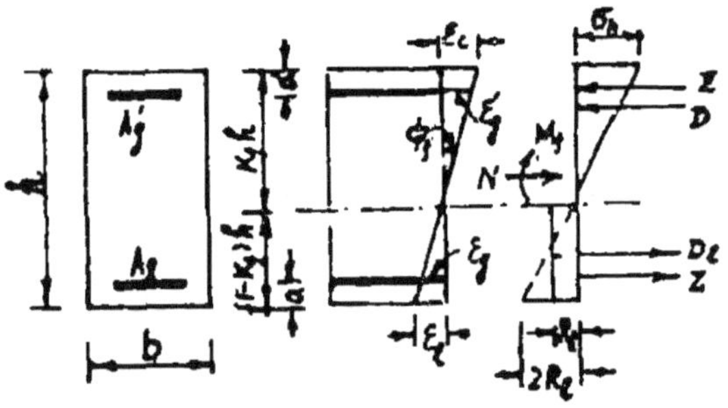

(a) (b) (c)

图10 截面即将开裂时的应力应变图形

跨中截面即将开裂时的曲率 ϕ_f 为：

$$\phi_f=\frac{2R_l}{E_hh(1-K_f)} \qquad (7)$$

按曲率的分布特征和材料力学的公式得相应的跨中挠度 $\triangle_f$ 为：

$$\triangle_f=\left(\frac{l}{\pi}\right)^2\phi_f=\left(\frac{l}{\pi}\right)^2\frac{2R_l}{E_h(1-K_f)h} \qquad (8)$$

再根据图 10c 所示的应力图形，对截面受压区混凝土重心取矩时，得开裂弯矩 M_f 的计算公式为：

$$M_f=\frac{2nA_gR_lh}{1-K_f}\left(1-\frac{4K_f}{3}+\frac{2K_f^2}{3}+2\zeta^2-2\zeta\right)+Nh\left(\frac{1}{2}-\frac{K_f}{3}\right)$$
$$+\frac{1}{6}(1-K_f)(3+K_f)bh^2R_l \qquad (9)$$

最后得开裂时的横向荷载 P_f 的公式为：

$$P_f=\frac{M_f-N\cdot\triangle_f}{l/4} \qquad (10)$$

以上各式中：

E_h、E_g 和 n——分别为混凝土弹性模量、钢筋弹性模量和弹性模量比$\left(n=\dfrac{E_g}{E_h}\right)$；

A_g、A'_g 和 p——分别为受拉筋面积、受压钢筋面积和截面配筋率$\left(p=\dfrac{A_g}{bh}\right)$；

ε'_h、ε'_g和ε_g——分别为受压区混凝土最外纤维应变值，受压钢筋应变值和受拉钢筋应变值；

ζ——保护层厚度系数$\left(\zeta=\dfrac{a}{h}\right)$；

h、a——分别为截面高度、保护层厚度。

（二）P_y、$\triangle_y$ 的计算

关于$\triangle_y$的计算已在〔5〕中列出了详细计算公式。当按〔5〕表1中相应的应力图式对中性轴取矩时，则屈服弯矩 M_y 的计算公式为：

$$M_y=M_h+\sigma'_g A_g(K_y-\zeta_0)h_0+R_g A_g(1-K_y)h_0+\frac{1}{2}Nh_0(1+\zeta_0-2K_y) \tag{11}$$

其中，M_h 为当受拉钢筋开始屈服时，受压区混凝土所承受的部分弯矩，按下式计算：

$$M_h=bK_y^2h_0^2R_a\left(\frac{2}{3}-\frac{\varepsilon_c}{4\varepsilon_0}\right)\frac{\varepsilon_c}{\varepsilon_0} \qquad (\text{当 } \varepsilon_c\leqslant\varepsilon_0 \text{ 时})$$

$$M_h=bK_y^2h_0^2R_a\left[\frac{5}{12}\left(\frac{\varepsilon_0}{\varepsilon_c}\right)^2+\frac{(1+100\varepsilon_0)}{2}\left(1-\frac{\varepsilon_0^2}{\varepsilon_c^2}\right)-\frac{100\varepsilon_c}{3}\left(1-\frac{\varepsilon_0^3}{\varepsilon_c^3}\right)\right] \qquad (\text{当 } \varepsilon_c>\varepsilon_0 \text{ 时})$$

于是

$$P_y=\frac{M_y-N\cdot\triangle_y}{l/4} \tag{12}$$

以上各式中：

K_y——受拉钢筋屈服时混凝土受压区的高度系数，它在求$\triangle_y$之前已确定；

ζ_0——为截面保护层混凝土的厚度系数$\left(\zeta_0=\dfrac{a}{h_0}\right)$；

R_g——为钢筋的屈服强度；

ε_c——为受压区混凝土最外纤维的应变值$\left(\varepsilon_c=\dfrac{K_y}{1-K_y}\varepsilon_y\right)$；

ε_0——为当受压区混凝土最外纤维应力达到最大值σ_0时的应变值，取等于0.002；

σ'_g——受压钢筋的实际应力，它可表示为$\sigma'_g=\dfrac{K_y-\zeta_0}{K_y}E_g\varepsilon_c$，加果$\sigma'_g>R_g$时，则取$\sigma'_g=R_g$。

（三）P_u、$\triangle_u$ 的计算

同样，在〔5〕中列出了 $\triangle_u$ 的详细计算公式，当按〔5〕表 1 中相应的应力图形对中和轴取矩时，即得极限弯矩 M_u 的计算公式如下：

当受压钢筋未屈服时：

$$M_u = \frac{7}{16} bh_o^2 K_u^2 R_a + \frac{(K_u - \zeta_o)^2}{K_u} E_g \varepsilon_u A_g h_o$$

$$+ R_g A_g (1 - K_u) h_o + \frac{N h_o}{2} (1 + \zeta_o - 2K_u) \quad (13)$$

当受压钢筋屈服时：

$$M_u = \frac{7}{16} bh_o^2 K_u^2 R_a + R_g A_g (1 - \zeta_o) h_o + \frac{N h_o}{2} (1 + \zeta_o - 2K_u) \quad (14)$$

于是极限位移时的横向力为：

$$P_u = \frac{M_u - N \cdot \triangle_u}{l/4} \quad (15)$$

以上各式中：

ε_u——混凝土的极限压应变，本文取 $\varepsilon_u = 0.004$；

K_u——受压区混凝土最外纤维达到极限压应变时之受压区的高度系数。

四、结　　语

（一）本文在 Clough 的恢复力特性模型基础上，考虑压弯构件的 $P-\triangle$ 曲线存在有下降段和卸载刚度有退化的特点，并从构件储存和消耗能量等效的观点出发，提出了定点指向型和等效滞回环型的恢复力特性模型，两者都能在一定程度上反映压弯构件恢复力特性的实际情况。

（二）从定量解决问题的要求出发，提出了骨架曲线上几个特征点的计算公式。

（三）考虑到材料的非线性的性质和存在残余变形的现象，还提出了屈服时卸载刚度 k_U 和在不同位移值时卸载刚度 k_i 的计算公式。

参 考 文 献

〔1〕 M. A. Sozen, Hysteresis in Structural Elements, Applied Mechanics in Earthquake Engineering, 1974.

〔2〕 R. Park, T. Paulay, Reinforced Concrete Structures, 1975.

〔3〕 朱伯龙，钢筋混凝土构件恢复力特性的试验研究，国家建委建筑科学研究院建筑情报研究所，1978 年 11 月.

〔4〕 李国豪主编，工程结构抗震动力学，上海科学技术出版社，1980 年.

〔5〕 邹银生、程翔云，钢筋混凝土压弯构件的延性分析，湖南大学学报，1980年第四期。

The Experiment and the Hysteresis Model of Reinforced Concrete Members in Combined Bending and Axial Load under Cyclic Loading

Cheng Xiangyun　Zou Yinsheng

Abstract

Based on the experiment, we consider the characteristics: (1) the presence of descending branch on the spine, (2) the degrading phenomenon of unloading stiffness during cyclic loading. This paper presents two alternative hysteresis models and the formulas to determine some characteristic points lying on the spine for reinforced concrete members in combined bending and axial load.

影响函数法及其应用

王贻荪，王可成，贺台琼

摘　要

本文提出了弹性半空间表面上作用圆形均布竖向突加力或谐和力时的圆心位移影响函数式，用圆心位移影响函数法求圆形、环形和矩形基底内外点的位移式以及基底平均位移式。简短讨论了确定矩形基础振动分析的集总模型参数问题。

在抗震设计及机器基础设计中，提出确定地面位移和基础位移的一种简便而通用的方法是有实际意义的。圆心位移影响函数法（以后简称IFM）能满足这种要求。〔1〕就竖向力情况利用叠加原理，以积分中值的形式给出了有关的公式。我们利用加权积分的方法，不用叠加法也得到了相同的公式，即把这些表达式看作是不同半径的圆形均布力作用下圆心位移的加权积分的结果。此种加权积分方法还可用于〔1〕未曾研究过的水平力情况。本文第四部分给出了竖向力情况的有关公式的推导，至于水平力作用的问题拟另文论述。

本文讨论竖向力情况的IFM及其应用。IFM的关键是确定圆心位移。利用与传统的Lamb分析方法不同的途径，我们得到了突加荷载作用下圆心位移的闭合解以及谐和荷载作用下圆心位移的稳态精确解。利用IFM所得数值结果是：圆形、环形和矩形基底内外点的位移以及基底平均位移。本文将这些数值结果与已有的理论解作了广泛对比，证明IFM确实是一种简便多用的方法。此外，还讨论了确定矩形基础振动分析的集总模型的参数问题。

一、圆心位移解

匀质各向同性弹性半空间表面上作用圆形均布竖向力相应的圆心竖向位移$w(0, H, t)$（对Heaviside阶梯函数表示的突加力）及$w(0, \omega, t)$（对谐和力）被看作影响函数。由〔2〕关于任何泊松比的半空间表面在突加集中力作用下的位移闭合解，可求得影响函数$w(0, H, t)$的闭合解

---

① 此文是1981年在美国举行的《土工地震工程及土动力学最新进展国际会议》的论文（英文），略有增删。

② 王可成及贺台琼同志在湖南省计算中心工作。

$$\frac{\mu}{pr_0}w(0,\ H,\ t)=\vartheta\tau, \qquad 0<\tau<\vartheta,$$

$$=\frac{1}{4(1-\vartheta^2)}+\frac{1}{2}\sum_1^3 K_j\sqrt{1+a_j\tau^2}, \qquad \vartheta<\tau<1,$$

$$=\frac{1}{2(1-\vartheta^2)}+K_1\sqrt{1+a_1\tau^2}, \qquad 1<\tau<\beta,$$

$$=\frac{1}{2(1-\vartheta^2)}, \qquad \tau>\beta \tag{1}$$

式中 $\tau=v_st/r_0$; $\vartheta^2=\frac{1-2\nu}{2(1-\nu)}$, $\beta=\frac{v_s}{v_R}$; μ一介质的剪切模量; ν一泊松比; v_s一剪切波速, v_p一胀缩波速, v_R一瑞利波速; r_0一受荷圆半径; a_1, a_2 及 a_3 是波速方程 $Z^3+8Z^2+(24-16\vartheta^2)Z+16(1-\vartheta^2)=0$ 的三个根, 且令 $a_1=-\frac{1}{\beta^2}$。当 $\nu=1/4$, $\beta^2=\frac{1}{4}(3+\sqrt{3})$, $a_1=-\frac{2}{3}(3-\sqrt{3})$, $a_2=-\frac{2}{3}(3+\sqrt{3})$ 及 $a_3=-4$.

$$K_1=\frac{2(2+a_1)^2\sqrt{1+a_1\vartheta^2}}{a_1(a_1-a_2)(a_1-a_3)}=\frac{2(2+a_1)^2\sqrt{1+a_1\vartheta^2}}{a_1(3a_1^2+16a_1+24-16\vartheta^2)},$$

$$K_2=\frac{2(2+a_2)^2\sqrt{1+a_2\vartheta^2}}{a_2(a_2-a_1)(a_2-a_3)},$$

$$K_3=\frac{2(2+a_3)^2\sqrt{1+a_3\vartheta^2}}{a_3(a_3-a_1)(a_3-a_2)}$$

利用式(1)及突加谐和力的概念〔3, 4〕, 可得影响函数 $w(0,\ \omega,\ t)$ 的精确解

$$w(0,\ \omega,\ t)=\frac{\pi r_0 p e^{i\omega t}}{\mu}[f_1(a_0)+if_2(a_0)] \tag{2}$$

式中 f_1 及 f_2 为取决于泊松比 ν 和无量纲频率 $a_0=\frac{\omega r_0}{v_s}$ 的位移函数,

$$\pi f_1(a_0)=\frac{\vartheta}{a_0}\sin(a_0\vartheta)+\left(\frac{1}{4(1-\vartheta^2)}-\vartheta^2\right)\cos(a_0\vartheta)+\frac{\cos a_0}{4(1-\vartheta^2)}$$
$$-a_0I_m\left\{\frac{1}{2}\sum_1^3 K_jJ(\vartheta,1,a_0,a_j)+K_1J(1,\beta,a_0,a_1)\right\}, \tag{3}$$

$$\pi f_2(a_0)=\frac{\vartheta}{a_0}[\cos(a_0\vartheta)-1]-\left(\frac{1}{4(1-\vartheta^2)}-\vartheta^2\right)\sin(a_0\vartheta)-\frac{\sin a_0}{4(1-\vartheta^2)}$$
$$+a_0R_e\left\{\frac{1}{2}\sum_1^3 K_jJ(\vartheta,1,a_0,a_j)+K_1J(1,\beta,a_0,a_1)\right\}, \tag{4}$$

式中 $R_e(Z)$ 及 $I_m(Z)$ 分别表示 Z 的实部及虚部;

$$J(c,d,a_0,a_j)=\int_c^d\sqrt{1+a_j\zeta^2}\,e^{-ia_0\zeta}d\zeta.$$

二、各种位移计算式

下面列出各种位移的IFM计算式，它们的推导见本文第四部分。

1. 圆面内外点的谐和位移

当半空间表面作用圆形均布谐和力 $pe^{i\omega t}$ 时，半空间表面任意点的位移均可以前面所得到的圆心位移影响函数 $w(0,\omega,t)$ 或 (f_1及f_2) 表示。设表面点与圆心距离为 r，$\eta=r/r_0$则表面任意点竖向谐和位移$w_c(\eta,a_0,t)$ 为

$$w_c(\eta,a_0,t)=\frac{\pi r_0pe^{i\omega t}}{\mu}[f_{c1}(\eta,a_0)+if_{c2}(\eta,a_0)],\tag{5}$$

式中

$$\pi f_{cj}(\eta,a_0)=\int_0^1\frac{1-\eta^2+(1-\eta)^2+4\eta y^2}{\sqrt{(1-y^2)[(1-\eta)^2+4\eta y^2]}}f_j\left(a_0\sqrt{(1-\eta)^2+4\eta y^2}\right)dy$$

$j=1$ 或 2

2. 圆面平均位移

圆面平均竖向位移 $w_{cm}(a_0,t)$ 仍以式 (5) 的形式表示，但其相应的位移函数 $f_{cm1}(a_0)$ 及 $f_{cm2}(a_0)$ 为

$$\pi f_{cmj}(a_0)=\int_0^2 x\sqrt{4-x^2}\,f_j(xa_0)dx,\qquad j=1\text{ 或 }2,\tag{6}$$

3. 圆环内外点位移

令r_1及r_2分别表示圆环的内径及外径，$\xi=r_1/r_2$，$\eta=r/r_2$，r 为所讨论点与圆环中心的距离，$a_0=\dfrac{\omega r_2}{v_s}$。半空间表面任意点的竖向谐和位移为

$$w_r(\eta,\xi,a_0,t)=\frac{\pi r_2p(1-\xi^2)e^{i\omega t}}{\mu}[f_{r1}(\eta,\xi,a_0)+if_{r2}(\eta,\xi,a_0)],\tag{7}$$

式中

$$f_{rj}(\eta,\xi,a_0)=\frac{1}{1-\xi^2}\left\{f_{cj}(\eta,a_0)-\xi f_{cj}\left(\frac{\eta}{\xi},\xi a_0\right)\right\},\quad j=1\text{ 或 }2$$

4. 圆环平均位移

圆环平均位移$w_{rm}(\xi,a_0,t)$ 为

$$w_{rm}(\xi,a_0,t)=\frac{\pi r_2p(1-\xi^2)e^{i\omega t}}{\mu}[f_{rm1}(\xi,a_0)+if_{rm2}(\xi,a_0)],\tag{8}$$

式中

$$f_{smj}(\xi,a_0)=\frac{1}{\pi(1-\xi^2)^2}\left\{\int_0^2[f_j(xa_0)+\xi^3f_j(\xi xa_0)]x\sqrt{4-x^2}dx\right.$$

$$\left.-2\int_{1-\xi}^{1+\xi}f_j(xa_0)\sqrt{[(1+\xi)^2-x^2][x^2-(1-\xi)^2]}dx\right\},\quad j=1\text{ 或 }2$$

5. 矩形角点位移

令 $w_{sc}(\xi,a_0,t)$ 表示面积为$2b\times2a$的矩形角点处的竖向谐和位移，由IFM可得

$$w_{sc}(\xi,a_0,t)=\frac{4a\xi pe^{i\omega t}}{\mu}[f_{sc1}(\xi,a_0)+if_{sc2}(\xi,a_0)] \tag{9}$$

式中

$$f_{scj}=\frac{1}{4\xi}\int_0^{\zeta_1}f_j(2a_0chx)dx+\frac{1}{4}\int_0^{\zeta_2}f_j(2a_0\xi chx)dx,\quad j=1\text{ 或 }2$$

$$\zeta_1=ch^{-1}\sqrt{1+\xi^2},\quad \zeta_2=ch^{-1}\sqrt{1+\frac{1}{\xi^2}},\quad \xi=\frac{b}{a}\geqslant1,\quad a_0=\frac{\omega a}{v_s}.$$

6. 矩形中点位移

利用矩形角点位移式（9）易于求得矩形中点位移$w_{s0}(\xi,a_0,t)$。仍以式（9）的形式表示$w_{s0}(\xi,a_0,t)$，则其相应的位移函数$f_{s01}(\xi,a_0)$ 及$f_{s02}(\xi,a_0)$ 为

$$f_{s0j}(\xi,a_0)=2f_{s0j}\left(\xi,\frac{a_0}{2}\right)\qquad j=1\text{ 或 }2 \tag{10}$$

7. 矩形基底平均位移

对矩形底面平均位移 $w_{sm}(\xi,a_0,t)$ 也可由IFM求得

$$w_{sm}(\xi,a_0,t)=\frac{4a\xi pe^{i\omega t}}{\mu}[f_{sm1}(\xi,a_0)+if_{sm2}(\xi,a_0)], \tag{11}$$

式中

$$f_{smj}(\xi,a_0)=\frac{1}{8\xi}\left(\int_0^2\frac{x(2-x)}{\xi}f_j(xa_0)dx\right.$$

$$+\int_{2\xi}^{2\sqrt{1+\xi^2}}x\left(\frac{x}{\xi}-\frac{2}{x}\sqrt{\frac{x^2}{\xi^2}-4}\right)f_j(xa_0)dx+2\int_0^{2\xi}xf_j(xa_0)dx$$

$$\left.-2\int_2^{2\sqrt{1+\xi^2}}\sqrt{x^2-4}\,f_j(xa_0)dx\right),\qquad j=1\text{ 或 }2$$

三、数值计算结果及讨论

前面我们已列出了影响函数——圆心位移式(2) 以及由 IFM 所得七种情况的计算式(5)—(11)。由上述各式可以看出，它们所涉及的计算工作都是易于实现的，没有Lamb

计算体系所遇到的无限积分，极点和支点等奇异性问题。因此，如用数字电子计算机计算，将不会出现任何困难。

对泊松比 $\nu=0$，0.125，0.25，0.375 及 0.5 由式(1)所得 $\frac{4\mu}{pr_0}w(0, H, t)$ 如图 1 所示。

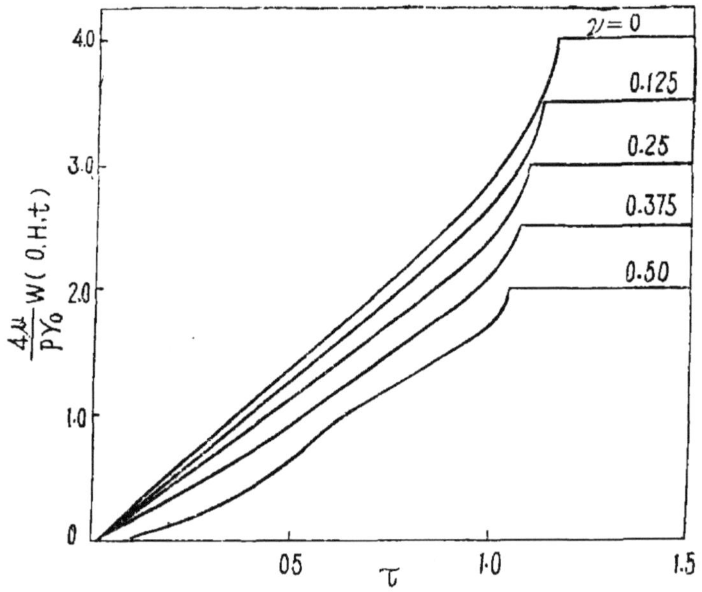

图 1 $\frac{4\mu}{pr_0}w(0, H, t)$ 与 τ 的关系曲线

Sung〔5〕对三种基底反力分布曾给出了以幂级数表示的圆心位移式，此式仅适用于 $a_0\leqslant1.5$ 的情况。本文精确解式 (2)，(3)及 (4) 则对任何 a_0 值均有效。由式(3)及(4)所得位移函数值与Sung的结果的对比如表 1 所示。

圆心位移函数的对比 ($\nu=1/4$)　　表 1

a_0	精确解式 (3)，(4)		Sung 的解	
	f_1	$-f_2$	f_1	$-f_2$
0	0.23873	0	0.23873	0
0.25	0.23502	0.03676	0.23502	0.03687
0.50	0.22407	0.07187	0.22407	0.07210
0.75	0.20646	0.10381	0.20648	0.10415
1.00	0.18308	0.13119	0.18321	0.13165
1.25	0.15515	0.15291	0.15564	0.15353
1.50	0.12407	0.16818	0.12552	0.16910

表 2 打星号的值表示 Karbassioun等人〔6〕用数值法求得的半空间表面上受荷圆盘外点的位移函数 f_c，未打星号的值是按 IFM〔式 (5)〕算得的结果。由此表可看出，按简便

的IFM所得地面位移变化规律与用复杂方法所得结果相近。

位移函数 f_c 的对比 表 1

a_0	η			
	3	5	10	30
0.5	0.05436 0.0533*	0.03478 0.0347*	0.02436 0.0228*	0.01298 0.0145*
1.0	0.04958 0.0493*	0.04311 0.0372*	0.02777 0.0286*	0.01468 0.0177*
2.0	0.03544 0.0316*	0.03320 0.0275*	0.03263 0.0211*	0.01005 0.0121*
3.0	0.01234 0.0165*	0.01199 0.0144*	0.00790 0.0109*	0.00654 0.0061*

Wong等人〔7〕用数值方法，在“放松”的边界条件下求得了矩形刚性基础及有孔洞的空心基础的柔度函数C_{vv}。图2（a）的虚线表示〔7〕对于方形（$\xi=1$）及矩形（$\xi=4$）的C_{vv}的实部（R_e）及虚部（I_m）值（对 $\nu=1/3$），图中实线为由本文式（11）所得ξf_{sm1}（即图中R_e）和ξf_{sm2}（即图中I_m）与ξa_0的关系曲线（对 $\nu=1/3$）。图2（b）及（c）的虚线表示具有内孔（$\xi=0.50$及0.75）的方形刚性基础的柔度函数，实线为由本文所得环形（$\xi=0.50$及0.75）的位移函数，介质泊松比ν均为1/3。由图2可看出，由IFM所得结果与数值解〔7〕很相近。

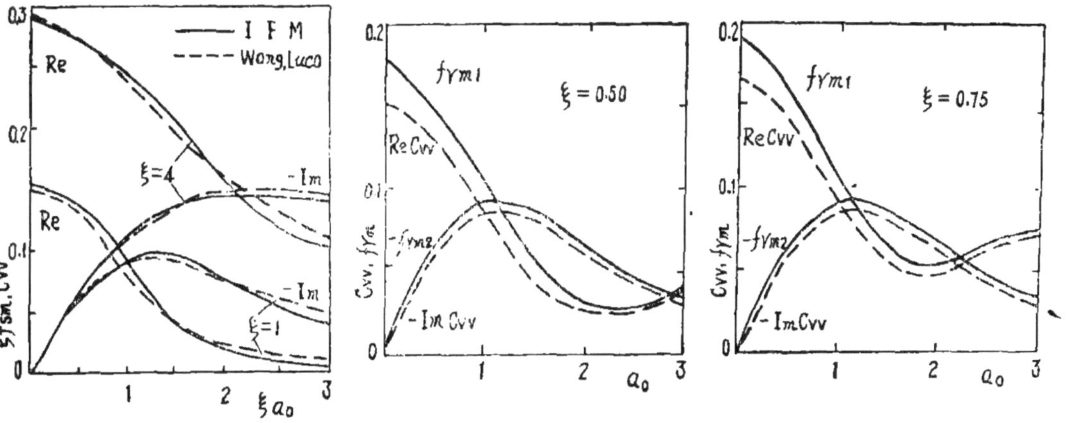

图2 由IFM及〔7〕所得位移函数的对比

为了揭示半空间泊松比的效应，图3列出了由IFM所算得方形基底的位移函数f_{sm1}及f_{sm2}与a_0的关系曲线。由此图可见，当ν增大时，f_{sm1}及$-f_{sm2}$均减小。

最后，简略讨论一下由IFM的f_{smj}〔式(11)〕确定工程上习用的单自由度集总模型的参数问题。利用方程对等法的原理，易于求得集总参数：阻尼比D_z，弹簧常数K_z及质量放大系数ψ

$$D_z=\frac{F_n}{2\sqrt{(B+\varphi)F_k}},\quad K_z=\mu a F_k,\quad \psi=1+\frac{\varphi}{B}$$

式中 $B=m/\rho a^3$，m是基础质量，a是矩形基底之半，ρ是半空间介质的质量密度；F_K，F_D及φ是仅取决于泊松比ν及矩形边比$\xi=b/a$的常数，例如，对$\nu=1/4$及$\xi=3$，

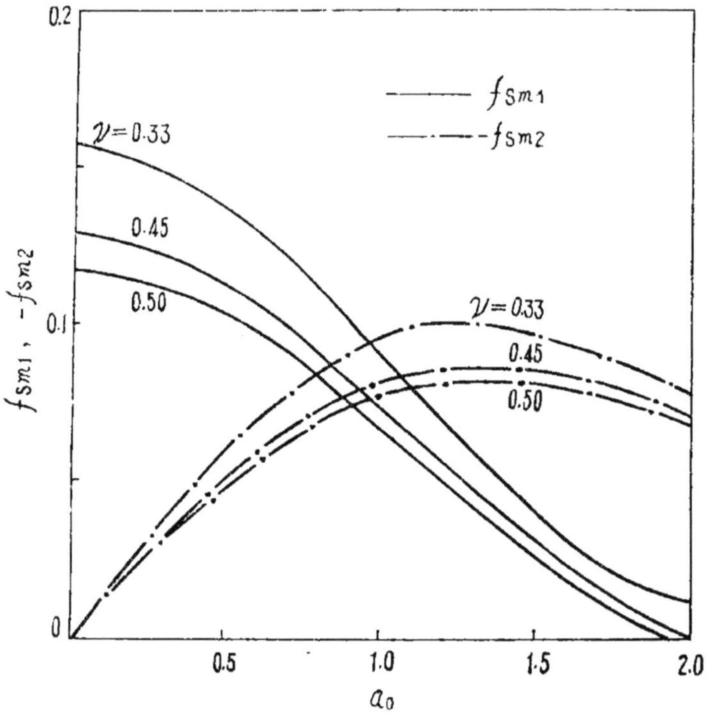

图 3 f_{sm} 与 ν 的关系

可得 $F_K=10.46$，$F_D=17.42$ 及 $\varphi=2.066$.

四、关于圆心位移函数的加权积分式

若将 IFM的位移式看作是不同半径的圆形匀布力作用下圆心位移的加权积分式，则可不用叠加法求得与〔1〕相同的位移公式。此外，加权积分的方法还可推广用于水平力作用的情况。直角坐标系原点取在匀质各向同性弹性半空间表面，Z轴的正向指向弹性体内部，在$Z=0$的半空间表面上作用竖向分布力$Q(x,y,t)$。令表面点$(x,y,0)$的竖竖向位移为$w(x,y,t)$，其拉氏变换式为$\overline{w}(x,y,s)$. 根据波动力学的方法，可得

$$\overline{w}(x,y,s)=\frac{1}{2\pi\mu}\iint_{E_2}\frac{\alpha_1 k^2}{\phi(m,n,s)}F[\overline{Q}]e^{-i(mx+ny)}dmdn, \tag{12}$$

式中

$$F[\overline{Q}]=\frac{1}{2\pi}\iint_{E_2}\left(\int_0^\infty Q(x,y,t)e^{-st}dt\right)e^{i(mx+ny)}dxdy, \tag{13}$$

$$\alpha_1^2=m^2+n^2+h^2,\quad \beta_1^2=m^2+n^2+k^2,\quad h^2=\frac{s^2}{v_p^2},\quad k^2=\frac{s^2}{v_s^2},$$

$$\phi(m,\ n,\ s)=(2m^2+2n^2+k^2)^2-4(m^2+n^2)\alpha_1\beta_1,$$

E_2代表二维欧氏空间，s是拉氏变换参数。对于突加分布力 $Q(x,y,t)=Q(x,y)H(t)$，由式(12)及(13)得

$$\overline{w}(x,y,s)=\int_0^\infty \frac{\alpha k^2\xi}{2\pi\mu sF(\xi,s)}\left(\iint_{E_2} Q(u,v)J_0(\xi\sqrt{(x-u)^2+(y-v)^2})dudv\right)d\xi, \tag{14}$$

式中 $\alpha=\sqrt{\xi^2+h^2}$，$\beta=\sqrt{\xi^2+k^2}$ 及 $F(\xi,s)=(2\xi^2+k^2)^2-4\xi^2\alpha\beta$。令

$$g_0(\xi,t)=L^{-1}\left(\frac{\alpha k^2}{2\pi\mu sF(\xi,s)}\right), \tag{15}$$

则由上式及式(14)可得半空间表面上任意点的竖向位移式

$$w(x,y,t)=\int_0^\infty g_0(\xi,t)\xi\left(\iint_{E_2} Q(u,u)J_0(\xi\sqrt{(x-u)^2+(y-v)^2})dudv\right)d\xi, \tag{16}$$

实际上，式(16)中的 $g_0(\xi,t)$ 若理解为一般时变力情况（不仅突加力情况）的式子，则式(16)是一个对时间和空间变量可分离的竖向分布时变力作用下半空间表面任意点竖向位移的普遍适用的位移式。因此，下面的讨论所涉及的荷载时间关系不专指某具体形式，即所得位移公式既可用于突加力情况，也可用于谐和力情况或其他时间一空间可分离的情况。

对于圆形均布竖向力情况，可令式(16)中$Q(x,y)=p$，当 $x^2+y^2\leqslant r_0^2$；$Q(x,y)=0$，当$x^2+y^2>r_0^2$。半空间表面上与圆心距离 $r=\sqrt{x^2+y^2}$ 处的竖向位移 $w_c(r,r_0,t)$ 由式(16)可得

$$w_c(r,r_0,t)=2\pi pr_0\int_0^\infty g_0(\xi,t)J_0(\xi r)J_1(\xi r_0)d\xi \tag{17}$$

推导上式时利用了积分式

$$\iint_{u^2+v^2\leqslant r_0^2} J_0(\xi\sqrt{(x-u)^2+(y-v)^2})dudv=\frac{2\pi r_0}{\xi}J_0(\xi r)J_1(\xi r_0).$$

式(17)中若令$r=0$，则可得圆心位移$w(0,r_0,t)$ 式

$$w(0,r_0,t)=2\pi pr_0\int_0^\infty g_0(\xi,t)J_1(\xi r_0)d\xi, \tag{18}$$

$w(0,r_0,t)$ 就是圆心位移影响函数。下面我们用加权积分的方式推导 IFM 的几种有代表性的位移式。

1. 圆形受荷面内外点的位移式

因为

$$J_0(\xi r)J_1(\xi r_0)=\frac{1}{\pi}\int_0^\pi J(\zeta\xi)\frac{r_0-r\cos\varphi}{\zeta}d\varphi, \tag{19}$$

其中 $\zeta^2=r_0^2+r^2-2r_0r\cos\varphi$. 将式(19)代入式(17)并交换积分次序，可得

$$w_c(r,r_0,t)=\frac{r_0}{\pi}\int_0^{\pi}\frac{r_0-r\cos\varphi}{\zeta^2}w(0,\zeta,t)d\varphi \tag{20}$$

式中 $w(0,\zeta,t)$ 表示半径为 ζ 的圆面作用均布竖向力的圆心竖向位移。对式(20)作变数替换，令 $R=(r_0^2+r^2-2r_0r\cos\varphi)^{\frac{1}{2}}$，则

$$w_c(r,r_0,t)=\frac{1}{\pi}\int_{|r_0-r|}^{r_0+r}\frac{(R^2+r_0^2-r^2)w(0,R,t)}{R\sqrt{[(r_0+r)^2-R^2][R^2-(r_0-r)^2]}}dR$$

若令 $\eta=r/r_0$，则圆面内外点（η 表示）位移式 $w_c(\eta,r_0,t)$

$$w_c(\eta,r_0,t)=\frac{1}{\pi}\int_{|1-\eta|}^{1+\eta}\frac{(u^2+1-\eta^2)w(0,ur_0,t)}{u\sqrt{[(1+\eta)^2-u^2][u^2-(1-\eta)^2]}}du, \tag{21}$$

如前所述，如圆形均布竖向力是$pe^{i\omega t}$，则式(21)中$w(0,ur_0,t)$应采用式(2)，且式(2)右端之r_0须代以ur_0，a_0须代以ua_0；若令此情况下受荷圆面内外点位移 $w_c(\eta,r_0,t)$ 以 $w_c(\eta,a_0,t)$ 表示，则可得

$$w_c(\eta,a_0,t)=\frac{1}{\pi}\int_{|1-\eta|}^{1+\eta}\frac{\pi ur_0pe^{i\omega t}[f_1(ua_0)+if_2(ua_0)](u^2+1-\eta^2)du}{\mu u\sqrt{[(1+\eta)^2-u^2][u^2-(1-\eta)^2]}}, \tag{21}$$

经过适当整理，式(21)可化成式(5)的形式。

2. 圆形受荷面的平均位移式

若以$w_{cm}(r_0,t)$ 表示此平均位移式，则由式(17)可得

$$\begin{aligned}w_{cm}(r_0,t)&=\frac{1}{\pi r_0^2}\int_0^{r_0}\int_0^{2\pi}rw_c(r,r_0,t)\,drd\varphi\\&=\frac{4\pi p}{r_0}\int_0^{\infty}J_1(\xi r_0)g_0(\xi,t)\left[\int_0^{r_0}rJ_0(\xi r)dr\right]d\xi\\&=4\pi p\int_0^{\infty}\frac{J_1^2(\xi r_0)}{\xi}g_0(\xi,t)d\xi,\end{aligned} \tag{22}$$

由于

$$J_1^2(\xi r_0)=\frac{\xi r_0}{\pi}\int_0^{\frac{\pi}{2}}\frac{\sin^2(2\varphi)}{\sin\varphi}J_1(2r_0\xi\sin\varphi)d\varphi,$$

式(22)就化成

$$\begin{aligned}w_{cm}(r_0,t)&=\frac{4}{\pi}\int_0^{\frac{\pi}{2}}\cos^2\varphi w(0,2r_0\sin\varphi,t)d\varphi\\&=\frac{4}{\pi}\int_0^1\sqrt{1-\zeta^2}\,w(0,2r_0\zeta,t)d\zeta\end{aligned} \tag{23}$$

由式(23)不难求得 IFM的式(6)。

3. 矩形受荷面中点及角点位移式

对于矩形均布竖向力情况，可设 $Q(x,y)=p$，当 $-a\leqslant x\leqslant a$，$-b\leqslant y\leqslant b$；$Q(x,y)=0$，当 (x,y) 不是上述矩形上的点时。由式(16)可写出半空间表面点(x,y)的竖向位移式$w_s(x,y,t)$

$$w_s(x,y,t)=p\int_0^{\infty}g_0(\xi,t)\xi\left(\int_{-a}^{a}\int_{-b}^{b}J_0(\xi\sqrt{(x-u)^2+(y-v)^2})\,dudv\right)d\xi, \tag{24}$$

对于矩形中点 (0,0)，可直接令式(24)之 $x=0$ 及 $y=0$求得，即

$$w_s(0,0,t)=p\int_0^{\infty}g_0(\xi,t)\xi\left(\int_{-a}^{a}\int_{-b}^{b}J_0(\xi\sqrt{u^2+v^2})dudv\right)d\xi, \tag{25}$$

为计算上式，先利用

$$\int_{-a}^{a}\int_{-b}^{b}J_0(\xi\sqrt{u^2+v^2})dudv=4\int_0^{a}\int_0^{b}J_0(\xi\sqrt{u^2+v^2})dudv \tag{26}$$

但在平面极坐标下，可知

$$\begin{aligned}\int_0^{a}\int_0^{b}J_0(\xi\sqrt{u^2+v^2})\,dudv&=\frac{\pi}{2}\int_0^{a}\eta J_0(\xi\eta)d\eta+\int_a^{b}\eta J_0(\xi\eta)\left(\frac{\pi}{2}\right.\\&\left.-\arccos\frac{a}{\eta}\right)d\eta+\int_b^{\sqrt{a^2+b^2}}\eta J_0(\xi\eta)\left(\arcsin\frac{b}{\eta}-\arccos\frac{a}{\eta}\right)d\eta\\&=\frac{\pi bJ_1(\xi b)}{2\xi}-\int_a^{\sqrt{a^2+b^2}}\eta J_0(\xi\eta)\arccos\frac{a}{\eta}d\eta\\&\quad+\int_b^{\sqrt{a^2+b^2}}\eta J_0(\xi\eta)\arcsin\frac{b}{\eta}d\eta,\end{aligned} \tag{27}$$

再利用分部积分得

$$\int_0^{a}\int_0^{b}J_0(\xi\sqrt{u^2+v^2})dudv=\frac{b}{\xi}\int_b^{\sqrt{a^2+b^2}}\frac{J_1(\xi\eta)}{\sqrt{\eta^2-b^2}}d\eta+\frac{a}{\xi}\int_a^{\sqrt{a^2+b^2}}\frac{J_1(\xi\eta)}{\sqrt{\eta^2-a^2}}d\eta, \tag{28}$$

由式 (25)，(26) 及 (28) 可得矩形受荷面中点位移

$$\begin{aligned}w_s(0,0,t)&=4pb\int_b^{\sqrt{a^2+b^2}}\frac{d\eta}{\sqrt{\eta^2-b^2}}\left(\int_0^{\infty}J_1(\xi\eta)g_0(\xi,t)d\xi\right)\\&\quad+4pa\int_a^{\sqrt{a^2+b^2}}\frac{d\eta}{\sqrt{\eta^2-a^2}}\left(\int_0^{\infty}J_1(\xi\eta)g_0(\xi,t)d\xi\right),\end{aligned} \tag{29}$$

再引入圆心位移影响函数式 (18)，则中心点位移式可改写成

$$w_s(0,0,t)=\frac{2}{\pi}\left(\int_1^{\sqrt{1+\xi^2}}\frac{w(0,a\eta,t)}{\eta\sqrt{\eta^2-1}}d\eta+\int_1^{\sqrt{1+\frac{1}{\xi^2}}}\frac{w(0,\xi a\eta,t)}{\eta\sqrt{\eta^2-1}}d\eta\right), \tag{30}$$

式中
$$\xi=b/a$$

矩形角点位移可直接以矩形中点位移表示。不难看出，对于谐和力情况的IFM位移式(9)及(10)可由式(30)求得。

4. 矩形受荷面平均位移

矩形受荷面的平均位移 $w_{sm}(t)$ 可写成

$$w_{sm}(t)=\frac{1}{4ab}\int_{-a}^{a}\int_{-b}^{b}w_s(x,y,t)dxdy$$

代入式(24)，得

$$w_{sm}(t)=\frac{p}{4ab}\int_0^\infty g_0(\xi,t)\xi\left[\int_{-a}^{a}\int_{-b}^{b}\left(\int_{-a}^{a}\int_{-b}^{b}J_0(\xi\sqrt{(x-u)^2+(y-v)^2})dudv\right)dxdy\right]d\xi, \tag{31}$$

为了计算上式，首先利用

$$\int_{-a}^{a}\int_{-b}^{b}\left[\int_{-a}^{a}\int_{-b}^{b}J_0(\xi\sqrt{(x-u)^2+(y-v)^2})dudv\right]dxdy$$
$$=4\int_0^{2a}\int_0^{2b}(2a-x)(2b-y)J_0(\xi\sqrt{x^2+y^2})dxdy, \tag{32}$$

上式右边的积分由下列四种积分组成，而此四种积分又可化成单积分

$$\int_0^{2a}\int_0^{2b}J_0(\xi\sqrt{x^2+y^2})dxdy=\frac{2b}{\xi}\int_{2b}^{2\sqrt{a^2+b^2}}J_1(\xi\eta)\frac{d\eta}{\sqrt{\eta^2-4b^2}}$$
$$+\frac{2a}{\xi}\int_{2a}^{2\sqrt{a^2+b^2}}J_1(\xi\eta)\frac{d\eta}{\sqrt{\eta^2-4a^2}},$$

$$\int_0^{2a}\int_0^{2b}xJ_0(\xi\sqrt{x^2+y^2})dxdy=\int_0^{2b}\left[\frac{\sqrt{4a^2+y^2}}{\xi}J_1(\xi\sqrt{4a^2+y^2})\right.$$
$$\left.-\frac{y}{\xi}J_1(\xi y)\right]dy,$$

$$\int_0^{2a}\int_0^{2b}yJ_0(\xi\sqrt{x^2+y^2})dxdy=\int_0^{2a}\left[\frac{\sqrt{4b^2+x^2}}{\xi}J_1(\xi\sqrt{4b^2+x^2})\right.$$
$$\left.-\frac{x}{\xi}J_1(\xi x)\right]dx,$$

$$\int_0^{2a}\int_0^{2b}xyJ_0(\xi\sqrt{x^2+y^2})dxdy=\int_{2b}^{2\sqrt{a^2+b^2}}\frac{x^2}{\xi}J_1(\xi x)dx-\int_0^{2a}\frac{x^2}{\xi}J_1(\xi x)dx$$

由此可得

$$\frac{1}{4}\int_{-a}^{a}\int_{-b}^{b}\left[\int_{-a}^{a}\int_{-b}^{b}J_0(\xi\sqrt{(x-u)^2+(y-v)^2})dudv\right]dxdy$$
$$=\int_0^{2a}x(2a-x)\frac{J_1(\xi x)}{\xi}dx+2b\int_0^{2b}x\frac{J_1(\xi x)}{\xi}dx$$
$$+\int_{2b}^{2\sqrt{a^2+b^2}}\frac{J_1(\xi x)}{\xi}(x^2-2a\sqrt{x^2-4b^2})dx-$$
$$-2b\int_{2a}^{2\sqrt{a^2+b^2}}\frac{J_1(\xi x)}{\xi}\sqrt{x^2-4a^2}dx,$$

将上式代入式(31)并利用式(18)，不难得出

$$w_{sm}(t)=\frac{1}{2\pi ab}\int_{0}^{2a}(2a-x)w(0,x,t)dt+\frac{1}{\pi a}\int_{0}^{2b}w(0,x,t)dx$$

$$+\frac{1}{2\pi ab}\int_{2b}^{2\sqrt{a^2+b^2}}\frac{(x^2-2a\sqrt{x^2-4b^2})}{x}w(0,x,t)dx$$

$$-\frac{1}{\pi a}\int_{2a}^{2\sqrt{a^2+b^2}}\frac{\sqrt{x^2-4a^2}}{x}w(0,x,t)dx, \tag{33}$$

由式(33)可看出，矩形竖向平均位移可以看作是各种半径x（其大小由积分下限变至积分上限）的圆形均布力作用下圆心竖向位移$w(0,x,t)$的加权积分的结果。

令矩形边长比$\xi=\frac{2b}{2a}$，稍经变换，由式(33)得

$$w_{sm}(t)=\frac{1}{\pi\xi}\int_{0}^{2}\left(1-\frac{x}{2}\right)w(0,ax,t)dx+\frac{\xi}{\pi}\int_{0}^{2}w(0,a\xi x,t)dx$$

$$+\frac{\xi}{\pi}\int_{2}^{2\sqrt{1+\frac{1}{\xi^2}}}\frac{2}{x}\left(\frac{x^2}{4}-\frac{1}{\xi}\sqrt{\frac{x^2}{4}-1}\right)w(0,a\xi x,t)dx$$

$$-\frac{1}{\pi}\int_{2}^{2\sqrt{1+\xi^2}}\sqrt{\frac{x^2}{4}-1}\,\frac{2}{x}w(0,ax,t)dx, \tag{34}$$

若矩形均布力为$pe^{i\omega t}$，则式(34)积分号内的圆心位移影响函数$w(0,ax,t)$和$w(0,\xi ax,t)$应以式(2)表示，例如

$$w(0,ax,t)=\frac{\pi axpe^{i\omega t}}{\mu}[f_1(xa_0)+if_2(xa_0)]$$

将上式代入式(34)，经适当整理和变换后即可得IFM的矩形基底平均位移式(11)。

五、结　论

1. 圆心位移影响函数法（IFM）是计算半空间表面在各种竖向分布力作用下表面竖向位移的一种新方法。本文给出了谐和分布力作用下，圆形受荷面内外点，环形受荷面内外点，矩形受荷面内外点竖向位移及相应的基底平均竖向位移计算式。与传统的Lamb分析体系的各种计算方法不同，IFM的位移式均易于数值计算。

2. 本文给出了突加力和谐和力两种情况的圆心位移影响函数的闭合解和精确解，它们可用于任何介质泊松比，这些解答是IFM的关键。

3. 通过大量数值对比计算，证明对地面位移及基础振动分析来说，IFM是一种简便、有效且通用的方法，可用于抗震分析；由IFM所得矩形基础振动的集总模型的有关参数也可用于基础振动分析。

4. 本文就几种典型情况，利用加权积分的方法，导出了IFM的有关位移计算式，这就为IFM提供了新的依据，并为新课题（水平分布力作用，复杂受荷面形状及非均布力等情况）的研究提供了启示。

参 考 文 献

〔1〕 Г.Б.Муравский, Формулы для интегральных средних значений перемещений линейно-деформируемого основания, Основания, фундаменты и механика грунтов, 1, 1971.

〔2〕 王可成，王贻荪，弹性半空间表面在突加集中力作用下的位移，应用数学学报，1981年，第1期。

〔3〕 王贻荪，半无限体表面在竖向集中谐和力作用下表面竖向位移的精确解，力学学报，1980年第4期。

〔4〕 王贻荪，王可成，贺台琼，弹性半空间表面在水平谐和集中力作用下的位移，固体力学学报，待发表。

〔5〕 T. Y. Sung, Vibrations in Semi-Infinite Solids due to Periodic Surface Loadings, ASTM—STP, № 156, 1953.

〔6〕 Karbassioun, A.and Richardson, J. D., Surface Response due to Harmonic Vibration of a Rigid Disc on an Elastic Half-space, Journal of Sound and Vibration, Vol. 56, 1978.

〔7〕 H. L. Wong, and J.E.Luco, Dynamic Response of Rigid Foundations of Arbitrary Shape, Int. J. Earthq.Engg. Struc. Dyna., Vol.4, 1976.

〔8〕 钟宏九，基础振动的弹性半空间理论的若干基本问题，力学与实践，第2卷，第3期，1980年。

〔9〕 机械工程手册，第38篇，机器基础（第9章），机械工业出版社，1980年。

Method of Influence Function and Its Application

Wang Yisun Wang Kecheng He Taiqiong

Abstract

The authors have aimed to present concisely final forms of influence function of circle centre dispacement due to either suddenly or harmonically acted vertical load uniformly distributed over circular area on the surface of an elastic half-space, along with formulae of the method of influence function of circle centre displacement for determination of the vertical displacements of points outside and inside the bases of circular, ring and rectangular foundations, as well as the average displacement of these bases. The determination of the parameters of the lumped analog for vibration of the rectangular foundations has also been discussed in a brief manner.

用梁的振型函数作为位移函数解各种边界条件的矩形板

龙述尧

摘　　要

本文利用振动梁函数作为位移函数，在各种边界条件的矩形板的情况下，用最小势能原理和瑞利——里兹法求解，取振动梁函数的级数第一项得到的位移误差较小，取头二项得到的应力误差较小。此法计算简便。

引　　言

S·铁摩辛柯（S·Timoshenko）和S·沃诺斯基（S·Woinowsky-krieger）在《板壳理论》中〔1〕，利用双重傅氏级数作为位移函数，先求解四边简支的矩形板，然后以简支板为基础，附加弯矩或剪力，求解各种边界条件下的矩形板。

本文采用梁的振型函数为位移函数，用最小势能原理，利用瑞利——里兹法，求解各种边界条件下的矩形板。在均布载荷情况下，取级数一项就能得到较好的位移，然而弯矩误差较大，只要取二项就能得到较好的位移和弯矩。用这种函数为位移函数，计数工作量不大。对于集中载荷的情况，相应地所取级数的项数要多一些，一般取三项就能得到满意的结果。

梁的振型函数的特点是：它可满足各种各样的边界条件，对于各种不同的边界条件，只要取相应的项；它满足函数本身及其二阶导数的正交性，因而大大减少计数工作量。

下面我们用计算实例来说明梁的振型函数的应用和结果的精度。

算　　例

一、一边固定，三边简支的矩形板

梁的振型函数的基本形式为：

$$X_i = \sin\frac{\lambda_i}{a}x + A_i\cos\frac{\lambda_i}{a}x + B_i Sh\frac{\lambda_i}{a}x + C_i Ch\frac{\lambda_i}{a}x \quad (1)$$

$(i=1, 2, 3, \cdots\cdots)$

龙述尧同志系我校研究生。

根据不同的边界条件，可以从关于梁的振动的图表中查出振动频率λ_i和系数A_i，B_i，C_i〔2〕、〔3〕、〔4〕。

振动梁函数满足正交性，即

$$\int_0^a X_i X_j dx = 0 \qquad \int_0^a X''_i X''_j dx = 0 \qquad (i \neq j)$$

对于图 1 所示边界条件的板，设位移函数为：

$$W = \sum_{i=1}^{\infty} \sum_{j=1}^{\infty} C_{ij} X_i Y_j \tag{2}$$

其中X_i满足一边简支，一边固定的边界条件的振型函数，Y_i为二边简支的振型函数。当X_i，Y_j各取一项时为：

$$W = C_{11} X_1 Y_1$$

$$= C_{11}\left(\sin\frac{\lambda_1}{a}x + B_1 Sh\frac{\lambda_1}{a}x\right)\sin\frac{\pi}{b}y \tag{3}$$

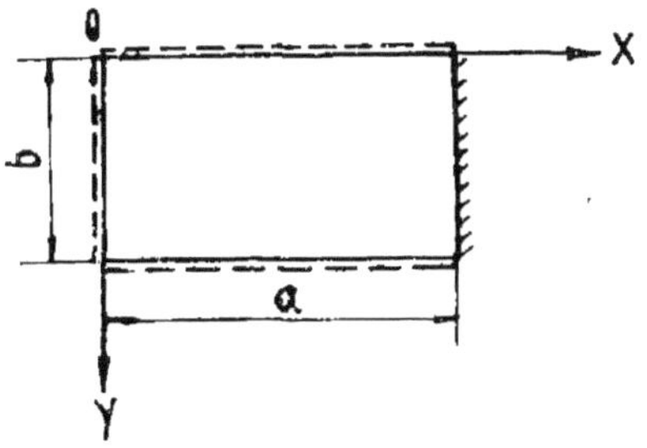

图 1

其中：　$\lambda_1 = 3.9267$

$B_1 = 0.027875$

C_{11}为待定系数。当板上作用有集度为q的均布载荷时，总势能函数为：

$$\Pi = \frac{D}{2}\int_0^a\int_0^b\left(\frac{\partial^2 w}{\partial x^2} + \frac{\partial^2 w}{\partial y^2}\right)^2 dxdy - \int_0^a\int_0^b qwdxdy \tag{4}$$

把(3)式代入上式得：

$$\Pi = \frac{D}{2}C_{11}^2\left(\int_0^a X_1''^2 dx\int_0^b Y_1^2 dy + 2\int_0^a X_1'' X_1 dx\int_0^b Y_1 Y_1'' dy + \int_0^a X_1^2 dx\int_0^b Y_1''^2 dy\right) - C_{11}q\int_0^a X_1 dx\int_0^b Y_1 dy \tag{5}$$

上式中X''_1，Y''_1分别代表振型函数对x，y的二阶导数，即

$$X''_1 = \frac{\partial^2 X_1}{\partial x^2}, \qquad Y''_1 = \frac{\partial^2 Y_1}{\partial y^2}。$$

利用瑞利——里兹法，由总势能取极值

$$\frac{\partial \Pi}{\partial C_{11}} = 0$$

得：

$$C_{11} = \frac{q}{D} \times \frac{\int_0^a X_1 dx\int_0^b Y_1 dy}{\int_0^a X_1''^2 dx\int_0^b Y_1^2 dy + 2\int_0^a X_1 X_1'' dx\int_0^b Y_1 Y_1'' dy + \int_0^a X_1^2 dx\int_0^b Y_1''^2 dy} \tag{6}$$

把上式中的 X_1，Y_1 及其 $X_1''^2$，$Y_1''^2$，X_1X_1''，Y_1Y_1'' 的积分数值代入（可从振型函数求积分的数值表中查得各项积分，参见文献〔2〕〔3〕〔4〕）。

$$C_{11}=\frac{q}{D}\ \frac{0.39131802\ ab}{59.4\dfrac{b}{a^3}+24.333018\dfrac{a}{b^3}+54.99178664\dfrac{1}{ab}}$$

为了便于与 S·Timoshenko 的解析解进行比较，在以后计数中都取 $a=b$。

当 $a=b$ 时，$C_{11}=0.0028208222\dfrac{qa^4}{D}$

$$\therefore\ W=0.0028208222\frac{qa^4}{D}\sin\frac{\pi}{a}y\left(\sin\frac{\lambda_1}{a}x+B_1Sh\frac{\lambda_1}{a}x\right)$$

当 $x=y=\dfrac{a}{2}$ 时得中点最大挠度：

$$W_{max}=0.0028807853\frac{qa^4}{D}$$

与铁摩辛柯的解答 $0.0028\dfrac{qa^4}{D}$ 相比误差为 2.8%，但应力较差，为此取 X_i，Y_j 各二项。当 X_i，Y_j 各取二项时位移函数为：

$$W=\sum_{i=1,3}\sum_{j=1,3}C_{ij}X_iY_j=C_{11}X_1Y_1+C_{13}X_1Y_3+C_{31}X_3Y_1+C_{33}X_3Y_3 \qquad (7)$$

其中：

$$X_1=\sin\frac{\lambda_1}{a}x+B_1Sh\frac{\lambda_1}{a}x$$

$$X_3=\sin\frac{\lambda_3}{a}x+B_3Sh\frac{\lambda_3}{a}x$$

$$Y_1=\sin\frac{\pi}{a}y$$

$$Y_3=\sin\frac{3\pi}{a}y$$

$\lambda_1=3.9267$，$\lambda_3=10.210$，$B_1=0.027875$，$B_3=0.0000520$

把(7)式代入(4)式得：

$$\Pi=\frac{D}{2}\int_0^a\int_0^a\left(\frac{\partial^2 w}{\partial x^2}+\frac{\partial^2 w}{\partial y^2}\right)^2dxdy-\int_0^a\int_0^a qwdxdy$$

$$=\frac{D}{2}\int_0^a\int_0^a(C_{11}X_1''Y_1+C_{13}X_1''Y_3+C_{31}X_3''Y_1+C_{33}X_3''Y_3+$$

$$+C_{11}X_1Y_1''+C_{13}X_1Y_3''+C_{31}X_3Y_1''+C_{33}X_3Y_3'')^2dxdy-$$

$$-\int_0^a\int_0^a q(C_{11}X_1Y_1+C_{13}X_1Y_3+C_{31}X_3Y_1+C_{33}X_3Y_3)dxdy \qquad (8)$$

利用振型函数正交性，由瑞利——里兹法可求得各系数为：

$$\frac{\partial\Pi}{\partial C_{11}}=0\quad\int_0^a\int_0^a(C_{11}X_1''^2Y_1^2+C_{11}X_1''X_1Y_1Y_1''+C_{31}X_1''X_3Y_1Y_1''+$$

$$+C_{11}X_1''X_1Y_1Y_1''+C_{31}X_1X_3''Y_1Y_1''+C_{11}X_1^2Y_1''^2)dxdy$$

$$=\frac{q}{D}\int_0^a\int_0^a X_1Y_1dxdy \tag{9}$$

$$\frac{\partial\Pi}{\partial C_{13}}=0\quad\int_0^a\int_0^a(C_{13}X_1''^2Y_3^2+C_{13}X_1X_1''Y_3Y_3''+C_{33}X_3X_1''Y_3Y_3''+$$

$$+C_{13}X_1''X_1Y_3Y_3''+C_{33}X_3''X_1Y_3Y_3''+C_{13}X_1^2Y_3''^2)dxdy$$

$$=\frac{q}{D}\int_0^a\int_0^a X_1Y_3dxdy \tag{10}$$

$$\frac{\partial\Pi}{\partial C_{31}}=0\quad\int_0^a\int_0^a(C_{31}X_3''^2Y_1^2+C_{11}X_1X_3''Y_1Y_1''+C_{31}X_3X_3''Y_1Y_1''+$$

$$+C_{11}X_1''X_3Y_1Y_1''+C_{31}X_3X_3''Y_1Y_1''+C_{31}X_3^2Y_1''^2)dxdy$$

$$=\frac{q}{D}\int_0^a\int_0^a X_3Y_1dxdy \tag{11}$$

$$\frac{\partial\Pi}{\partial C_{33}}=0\quad\int_0^a\int_0^a(C_{33}X_3''^2Y_3^2+C_{13}X_1X_3''Y_3Y_3''+C_{33}X_3X_3''Y_3Y_3''+$$

$$+C_{13}X_1''X_3Y_3Y_3''+C_{33}X_3''X_3Y_3Y_3''+C_{33}X_3^2Y_3''^2)dxdy$$

$$=\frac{q}{D}\int_0^a\int_0^a X_3Y_3dxdy \tag{12}$$

查表代入数值，得下列四个方程：

$$\left.\begin{aligned}
&138.72480C_{11}-18.75034C_{31}=0.39130\frac{qa^4}{D}\\
&3165.12410C_{13}-168.76940C_{33}=0.13044\frac{qa^4}{D}\\
&-18.75034C_{11}+3204.84450C_{31}=0.15049\frac{qa^4}{D}\\
&-168.76940C_{13}+8865.38200C_{33}=0.05016\frac{qa^4}{D}
\end{aligned}\right\} \tag{13}$$

解(13)得：

$$\left.\begin{aligned}
&C_{11}=0.0028248119\frac{qa^4}{D}\\
&C_{13}=0.000041472\frac{qa^4}{D}\\
&C_{31}=0.000030478346\frac{qa_4}{D}\\
&C_{33}=0.0000048783879\frac{qa^4}{D}
\end{aligned}\right\} \tag{14}$$

W的表达式为：

$$W=0.0028248119\frac{qa^4}{D}\sin\frac{\pi}{a}y\left(\sin\frac{\lambda_1}{a}x+B_1Sh\frac{\lambda_1}{a}x\right)+$$

$$+0.000041472\frac{qa^4}{D}\sin\frac{3\pi}{a}y\left(\sin\frac{\lambda_1}{a}x+B_1Sh\frac{\lambda_1}{a}x\right)+$$

$$+0.000030478346\frac{qa^4}{D}\sin\frac{\pi}{a}y\left(\sin\frac{\lambda_3}{a}x+B_3Sh\frac{\lambda_3}{a}x\right)+$$

$$+0.0000048783879\frac{qa^4}{D}\sin\frac{3\pi}{a}y\left(\sin\frac{\lambda_3}{a}x+B_3Sh\frac{\lambda_3}{a}x\right) \quad (15)$$

式中λ_1，λ_3，B_1，B_3数值同前。

当$x=y=\frac{a}{2}$时得中点最大挠度：

$$W_{max}=0.0028188556\frac{qa^4}{D}$$

与铁氏解答误差为0.67%。取$\mu=0.3$得中点弯矩为：

$M_x=0.040449839qa^2$　与铁氏解答$0.039qa^2$误差为3.7%。

$M_y=0.034731184qa^2$　与铁氏解答$0.034qa^2$误差为2.2%。

二、二对边固支，二对边简支的矩形板

首先取X_i，Y_i各一项：

$$W=C_{11}X_1Y_1 \quad (16)$$

其中：$X_1=\sin\frac{\lambda_1}{a}x+A_1\cos\frac{\lambda_1}{a}x+B_1Sh\frac{\lambda_1}{a}x+$

$+C_1Ch\frac{\lambda_1}{a}x$

$Y_1=\sin\frac{\pi}{a}y$

$\lambda_1=4.730$

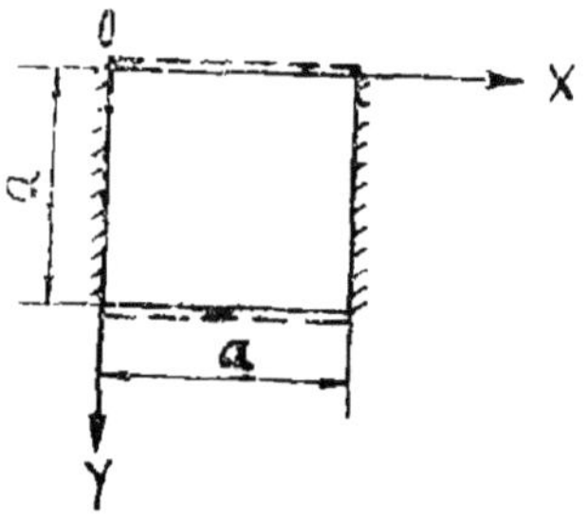

图 2

$A_1=-1.0178$，$B_1=-1$，$C_1=1.0178$。把(16)式代入(6)式得：

$$C_{11}=0.0012336561\frac{qa^4}{D}$$

当$x=y=a/2$时得中点最大挠度：

$W_{max}=0.0019388395\frac{qa^4}{D}$与铁氏解答$0.00192\frac{qa^4}{D}$相差0.98%，同样计算出来的应力较差，为此取$X_i$，$Y_i$各二项。

$$W=\sum_{i=1,3}\sum_{j=1,3}C_{ij}X_iY_j=C_{11}X_1Y_1+C_{13}X_1Y_3+C_{31}X_3Y_1+C_{33}X_3Y_3 \quad (17)$$

其中：

$$X_1=\sin\frac{\lambda_1}{a}x+A_1\cos\frac{\lambda_1}{a}x+B_1Sh\frac{\lambda_1}{a}x+C_1Ch\frac{\lambda_1}{a}x$$

$$X_3=\sin\frac{\lambda_3}{a}x+A_3\cos\frac{\lambda_3}{a}x+B_3Sh\frac{\lambda_3}{a}x+C_3Ch\frac{\lambda_3}{a}x$$

$\lambda_1=4.730$，$A_1=-1.0178$，$B_1=-1$，$C_1=1.0178$，

$\lambda_3=10.966$，$A_3=-1.0000335$，$B_3=-1$，$C_3=1.0000335$。

$$Y_1=\sin\frac{\pi}{a}y$$

$$Y_3=\sin\frac{3\pi}{a}y$$

把(17)式代入(9)(10)(11)(12)得：

$$\left.\begin{aligned}
&435.7848745C_{11}-97.7632859C_{31}=0.5376087\frac{qa^4}{D}\\
&-97.7632859C_{11}+8334.406912C_{31}=0.23153142\frac{qa^4}{D}\\
&5480.74124C_{13}-879.954769C_{33}=0.179309\frac{qa^4}{D}\\
&-879.954769C_{13}+133024.86C_{33}=0.512266903\frac{qa^4}{D}
\end{aligned}\right\}$$

联立解上述方程组得：

$$\left.\begin{aligned}
&C_{11}=0.0012431597\frac{qa^4}{D}\\
&C_{13}=0.000033556374\frac{qa^4}{D}\\
&C_{31}=0.00004235934\frac{qa^4}{D}\\
&C_{33}=0.0000052334662\frac{qa^4}{D}
\end{aligned}\right\}$$

当$x=y=a/2$时得中点最大挠度：

$W_{max}=0.0019061758\frac{qa^4}{D}$与铁氏解答误差为0.74%。

中点弯矩为：

$W_x=0.031523987qa^2$与铁氏解答$0.0332qa^2$误差为5%。

$W_y=0.023179958qa^2$与铁氏解答$0.0244qa^2$误差为4.9%。

三、四边固支矩形板

首先取：

$$W=C_{11}X_1Y_1 \tag{18}$$

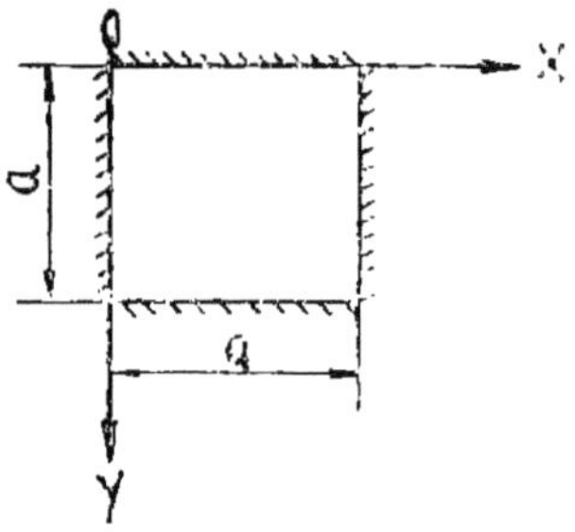

图 3

$$X_1=\left(\sin\frac{\lambda_1}{a}x+A_1\cos\frac{\lambda_1}{a}x+\right.$$

$$\left.+B_1Sh\frac{\lambda_1}{a}x+C_1Ch\frac{\lambda_1}{a}x\right)$$

$$Y_1=\left(\sin\frac{\lambda_1}{a}y+A_1\cos\frac{\lambda_1}{a}y+\right.$$

$$\left.+B_1Sh\frac{\lambda_1}{a}y+C_1Ch\frac{\lambda_1}{a}y\right)$$

其中$\lambda_1=4.730$，$A_1=-1.0178$，$B_1=-1$，$C_1=1.0178$

把(18)式代入(6)式得：

$$C_{11}=0.00050917043qa^4/D$$

当$x=y=a/2$时得中点最大挠度：

$W_{max}=0.0013302888qa^4/D$　与铁氏解答$0.00126qa^4/D$误差为5.56%。

取位移函数X_iY_j各为二项时：

$$W=C_{11}X_1Y_1+C_{13}X_1Y_3+C_{31}X_3Y_1+C_{33}X_3Y_3 \tag{19}$$

其中X_1，Y_1同前，X_3，Y_3为：

$$X_3=\sin\frac{\lambda_3}{a}x+A_3\cos\frac{\lambda_3}{a}x+B_3Sh\frac{\lambda_3}{a}x+C_3Ch\frac{\lambda_3}{a}x$$

$$Y_3=\sin\frac{\lambda_3}{a}y+A_3\cos\frac{\lambda_3}{a}y+B_3Sh\frac{\lambda_3}{a}y+C_3Ch\frac{\lambda_3}{a}y$$

$$\lambda_3=10.996,\quad A_3=-1.0000335,\quad B_3=-1,\quad C_3=1.0000335$$

把(19)代入(9)(10)(11)(12)式中得一四阶方程组，解此方程组得：

$$\begin{Bmatrix}C_{11}\\C_{13}\\C_{31}\\C_{33}\end{Bmatrix}=\begin{Bmatrix}5.1735318\times10^{-4}\\2.4071872\times10^{-5}\\2.4071872\times10^{-5}\\2.15181561\times10^{-6}\end{Bmatrix}\frac{qa^4}{D}$$

当 $x=y=\dfrac{a}{2}$时得中点最大挠度：

$W_{max}=0.0012489359\dfrac{qa^4}{D}$　与铁氏解答相差0.9%。

$M_x=M_y=0.0213047qa^2$与铁氏解答$0.0231qa^2$误差为7.8%。

在中心受集中载荷P的情况下，同样可求得中点挠度及边点弯矩。当X_i，Y_j各取二项时可得中点最大挠度为：$W_{max}=0.0052778444pa^2/D$，与铁氏解答$0.0056pa^2/D$误差

为 5.8%，而边界中点弯矩误差达 30%，为了提高精度可取X_i，Y_j各三项，即

$$W=\sum_{i,j=1,3,5}\sum C_{ij}X_iY_j$$

把上式代入(4)式中，利用瑞利——里兹法可求得各项系数为：

$$\begin{Bmatrix} C_{11} \\ C_{13}=C_{31} \\ C_{15}=C_{51} \\ C_{33} \\ C_{35}=C_{53} \\ C_{55} \end{Bmatrix}=\begin{Bmatrix} 1.8372022\times10^{-3} \\ -9.6938039\times10^{-5} \\ 2.69291573\times10^{-5} \\ 2.4422221\times10^{-5} \\ -1.5487182\times10^{-5} \\ 6.365754030\times10^{-6} \end{Bmatrix}\frac{pa^2}{D}$$

由此求得中点最大挠度为：

$$W_{max}=0.0054863258pa^2/D$$

与铁氏解答$0.0056pa^2/D$误差为 2 %。顺便指出，铁氏的解答在四边固支板的情况下是近似解。

边界中点弯矩：

$$M_x\Big|_{\substack{x=0\\ y=\frac{a}{2}}}=-0.134660183p$$

与铁氏近似解答误差为 7 %。

四、一边固支、一边自由，一对边简支的矩形板

取
$$W=C_{11}X_1Y_1 \tag{20}$$

$$X_1=\sin\frac{\lambda_1}{a}x+A_1\cos\frac{\lambda_1}{a}x+B_1Sh\frac{\lambda_1}{a}x+$$
$$+C_1Ch\frac{\lambda_1}{a}x$$

$\lambda_1=1.875$，$A_1=-1.3622$，$B=-1$，$C_1=1.3622$

$$Y_1=\sin\frac{\pi}{a}y$$

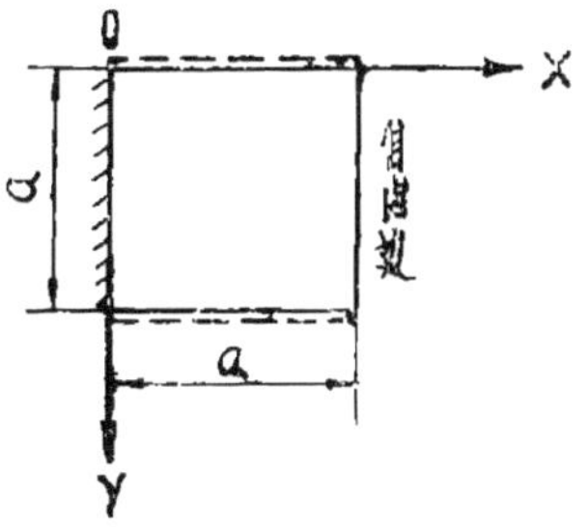

图 4

把(20)式代入总能量公式中：

$$\Pi=\frac{D}{2}\int_0^a\int_0^a\left\{\left(\frac{\partial^2W}{\partial x^2}+\frac{\partial^2W}{\partial y^2}\right)^2-\right.$$
$$\left.-2(1-\mu)\left[\frac{\partial^2W}{\partial x^2}\frac{\partial^2W}{\partial y^2}-\left(\frac{\partial^2W}{\partial x\partial y}\right)^2\right]\right\}dxdy-\int_0^a\int_0^a qwdxdy \tag{21}$$

由 $\dfrac{\partial\Pi}{\partial C_{11}}=0$ 得：

$$C_{11}=\frac{q}{D}\times\frac{\int_0^a X_1dx\int_0^a Y_1dy}{\int_0^a\int_0^a\{X_1''^2Y_1^2+Y_1''^2X_1^2+2X_1''X_1Y_1Y_1''-2(1-\mu)[X_1''X_1Y_1Y_1''-(X_1'Y_1')^2]\}dxdy}\tag{22}$$

当$x=y=a/2$时得自由边中点挠度为：

$W=0.01103165qa^4/D$　与铁氏解答$0.0113qa^4/D$误差为2.4%。

取X_i，Y_j各二项：

$$W=\sum_{i,j=1,3}\sum C_{ij}X_iY_j=C_{11}X_1Y_1+C_{13}X_1Y_3+C_{31}X_3Y_1+C_{33}X_3Y_3\tag{23}$$

其中：
$$X_3=\sin\frac{\lambda_3}{a}x+A_3\cos\frac{\lambda_3}{a}x+B_3Sh\frac{\lambda_3x}{a}+C_3Ch\frac{\lambda_3x}{a}$$

$$Y_3=\sin\frac{3\pi}{a}y$$

X_1，Y_1同前

$\lambda_3=7.855$，$A_3=-1.000777$，$B_3=-1$，$C_3=1.000777$

把(23)式代入(21)式，利用瑞利——里兹法得：

$$\frac{\partial\Pi}{\partial C_{11}}=0\qquad C_{11}\Big(\int_0^a X_1''^2dx\int_0^a Y_1^2dy+\int_0^a X_1^2dx\int_0^a Y_1''^2dy+$$
$$+2\mu\int_0^a X_1X_1''dx\int_0^a Y_1Y_1''dy+2(1-\mu)\int_0^a X_1'^2dx$$
$$\times\int_0^a Y_1'^2dy\Big)+C_{31}\Big(\mu\Big(\int_0^a X_1X_3''dx\int_0^a Y_1Y_1''dy+$$
$$+\int_0^a X_1''X_3dx\int_0^a Y_1Y_1''dyx\Big)+2(1-\mu)\int_0^a X_1'X_3'dx$$
$$\times\int_0^a Y_1'^2dy\Big)=\frac{q}{D}\int_0^a X_1dx\int_0^a Y_1dy\tag{24}$$

$$\frac{\partial\Pi}{\partial C_{13}}=0\qquad C_{13}\Big(\int_0^a X_1''^2dx\int_0^a Y_3^2dy+\int_0^a X_1^2dx\int_0^a Y_3''^2dy+$$
$$+2\mu\int_0^a X_1X_1''dx\int_0^a Y_3Y_3''dy+2(1-\mu)\int_0^a X_1'^2dx\int_0^a Y_3'^2dy\Big)+$$
$$+C_{33}\Big(\mu\int_0^a X_1X_3''dx\int_0^a Y_3Y_3''dy+\int_0^a X_1''X_3dx\int_0^a Y_3Y_3''dy\Big)+$$
$$+2(1-\mu)\int_0^a X_1'X_3'dx\int_0^a Y_3'^2dy\Big)=\frac{q}{D}\int_0^a X_1dx\int_0^a Y_3dy\tag{25}$$

$$\frac{\partial\Pi}{\partial C_{31}}=0\qquad C_{31}\Big(\int_0^a X_3''^2dx\int_0^a Y_1^2dy+\int_0^a X_3^2dx\int_0^a Y_1''^2dy+$$

$$+2\mu\int_0^a X_3X_3''dx\int_0^a Y_1Y_1''dy+2(1-\mu)\int_0^a X_3'^2dx\int_0^a Y_1'^2dy\Big]+$$

$$+C_{11}\Big[\mu\Big(\int_0^a X_1''X_3dx\int_0^a Y_1Y_1''dy+\int_0^a X_1X_3''dx\int_0^a Y_1Y_1''dy\Big)+$$

$$+2(1-\mu)\int_0^a X_1'X_3'dx\int_0^a Y_1'^2dy\Big]=\frac{q}{D}\int_0^a X_3dx\int_0^a Y_1dy \tag{26}$$

$$\frac{\partial\Pi}{\partial C_{33}}=0\qquad C_{33}\Big[\int_0^a X_3''^2dx\int_0^a Y_3^2dy+\int_0^a X_3^2dx\int_0^a Y_3''^2dy+$$

$$+2\mu\int_0^a X_3X_3''dx\int_0^a Y_3Y_3''dy+2(1-\mu)\int_0^a X_3'^2dx\int_0^a Y_3'^2dx\Big]+$$

$$+C_{13}\Big[\mu\Big(\int_0^a X_1X_3''dx\int_0^a Y_3Y_3''dy+\int_0^a X_1X_3''dx\int_0^a Y_3Y_3''dy\Big)+$$

$$+2(1-\mu)\int_0^a X_1'X_3'dx\int_0^a Y_3'^2dy\Big]=\frac{q}{D}\int_0^a X_3dx\int_0^a Y_3dy \tag{27}$$

代入数值并联立解方程(24)——(26)得：

$$\begin{Bmatrix}C_{11}\\C_{13}\\C_{31}\\C_{33}\end{Bmatrix}=\begin{Bmatrix}4.1480704\times10^{-3}\\4.8979179\times10^{-5}\\2.6314934\times10^{-5}\\4.3823978\times10^{-6}\end{Bmatrix}\frac{qa^4}{D}$$

当$x=a$，$y=a/2$时得自由边中点挠度：

$W=0.01131764561qa^4/D$　与铁氏解答$0.0113qa^4/D$相差0.2%。

自由边中点弯矩：

$W_y=0.104970355qa^2$　与铁氏解答$0.0972qa^2$误差为8%。

固定边中点弯矩：

$M_x=-0.118466641qa^2$与铁氏解答$-0.119qa^2$误差为0.5%。

参 考 文 献

〔1〕 S·铁摩辛柯，S·沃诺斯基，板壳理论，科学出版社，1977年10月。

〔2〕 И·M·巴巴科夫，蔡承文译，振动理论，人民教育出版社，1963年3月。

〔3〕 B·3·符拉索夫，薛振东，朱世靖译，人民教育出版社，1963年9月。

〔4〕 R·P·Felgear, Formulas for Integrals Containing Characteristic Functions of a Vibrating Beam, Circular No 14, Bureau of Engineering Research, University of Texas, Austin, Texas, USA·, 1950。

Using Functions of a Vibrating Beam as Displacement Functions to Solve Rectangular Plates of Various Boundary Conditions

Long Shuyao

Abstract

In this paper, using functions of a vibrating beam as displacement functions, we solve rectangular plate cases of various boundary conditions by minimal potential energy principle and Rayleigh—Ritz method. Taking the first term of the series of functions of a vibrating beam, the displacement error is small. Taking the first two terms, the stress error is small. This method of calculation is simple and convenient.

1982年论文

混凝土应力——应变全曲线的试验研究

张德思

摘　　要

采用刚性辅助架、LMS减摩片，在200吨普通压力试验机上测定了标号为150号至700号普通混凝土的应力——应变全过程曲线，提出了新的全曲线解析表达式。该式与实测曲线吻合较好，与P·T·Wang公式相比，形式简单，计算方便。只要已知混凝土的抗压强度，即可确定全曲线表达式的系数。

混凝土在外部荷载作用下的瞬时轴向变形可以用其应力——应变曲线来描述。在短期荷载下，轴向受压混凝土的应力——应变全曲线可以以峰值点为界，分为上升段和下降段两部分。上升段的试验数据可以在任何压力试验机上得到，而对于曲线的下降段，到目前为止，国内外都没有得到满意的直接测定结果。困难在于按常规的试验方法，在普通的压力试验机上，几乎无法测定全曲线的下降段。

本文研究的目的首先在于试制一种简单的实验装置，以便可以在普通压力试验机上测定包括下降段在内的混凝土应力——应变全曲线。进而对各种标号混凝土的实测曲线进行统计分析，导出适当的应力——应变全曲线解析表达式。

试　验　研　究

一、试验原理和试验方法

在普通的压力试验机上进行混凝土的轴压试验时，由于压力机本身结构条件的限制，试验机的刚度不足。在试件受力产生压缩变形的同时，试验机受拉产生拉伸变形，当试件受压达到极限荷载后，试验机因卸载而变形恢复，所释放的弹性应变能将大大超过试件稳定破坏所需要的能量，造成试件的突然崩溃，因而不可能测出应力——应变全曲线的下降段。

为了实现试件的稳定破坏，Salamon[6] 提出试验体系保持平衡的条件为

$$K \geqslant K_s \qquad (1)$$

* 我校1981届研究生，获硕士学位，现陕西机械学院水利系任教。指导教师杨煜惠副教授。

式中： K——试验体系的刚度；

K_s——试件荷载——变形曲线斜率绝对值的最大值。

为了提高试验体系的刚度，本文研制了一个结构简单、加工容易、操作方便的刚性辅助架，使 YE—200A 型 200 吨压力试验机测定全曲线试验体系的整体刚度由 685.5MN/m 提高到 1232.7MN/m，满足了全曲线测试的需要。试验装置见图1及图2。

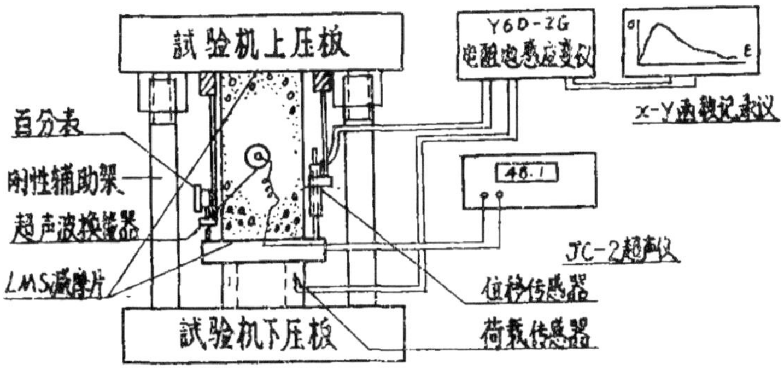

图1 试验装置示意图

刚性辅助架主要由三根均匀分布在底板圆周上的刚柱组成。放置在试验机上下压板之间，与试件平行同时受荷。此时，压力试验机荷载的一部分作用在试件上，另一部分由刚性辅助架承受。当试件的应力到达峰值点后，试件的承载力下降，但由于刚性架具有较大的刚度和强度，试件——刚性架组合系统的承载力并没有下降，因而试验机不存在卸荷过程，即试验机积蓄的弹性能不会释放。试件可以缓慢地变形，直至最后平静地破坏。

图2 试验装置

为了消除试验机压板和试件承压面之间的摩擦阻力引起的环箍效应的影响，我们在一批 150×150×150mm 立方体混凝土试件的上下承压面涂用不同的减摩剂，测定其抗压强度，观察其破坏形态。试验成果见表1；破坏形态见图3。

由表1及图3可以看出，以铝箔和涂于塑料薄膜上的 MoS_2 组成的减摩片效果为最好（铝箔厚 0.18mm～0.50mm，且与试件端面接触），命名为 LMS 减摩片。由图3可以看出，使用 LMS 减摩片后，在试件加载方向出现多条近乎平行于受力方向的直条裂纹。且其立方抗压强度为同组未处理试件的 83.3%，和我国建研院统计公式 $R_{棱}=0.818R_{立}$ 相近，即使用减摩片的立方体试件抗压强度和棱柱强度大致相等。

表 1　　不同减摩剂的试验结果

减摩方法	抗压强度 MN/m²	抗压强度 kg/cm²	相当于标准抗压强度的比值
	18.53	(188.9)	1.000
涂机油	18.08	(184.4)	0.976
涂黄油	16.10	(164.2)	0.869
黄油+塑膜	17.35	(176.9)	0.936
MoS_2 油膏	17.00	(173.3)	0.917
LMS(铝箔+MoS_2)	15.43	(157.3)	0.833
垫橡皮 (3 mm)	12.73	(129.8)	0.687

图 3　涂用减摩剂的立方试件的破坏形态

LMS 减摩片的主要特点是用铝箔和试件承压面相接触。我们知道：

铝的弹性模量为：　$E_L = 7.06\times10^4 MN/m^2$ [3]

铝的泊松比为：　$\mu_L = 0.33$ [3]

若混凝土的弹性模量和泊松比分别为：

$E_h = 3.64\times10^4 MN/m^2$；$\mu_h = 0.17$

则在相同的纵向压力下，混凝土和铝箔的横向线应变之比为：

$$\frac{\varepsilon'_h}{\varepsilon'_L} = \frac{-\mu_h \dfrac{\sigma}{E_h}}{-\mu_L \dfrac{\sigma}{E_L}} = \frac{\mu_h \cdot E_L}{\mu_L \cdot E_h} = \frac{0.17\times7.06\times10^4}{0.33\times3.64\times10^4} = 1.000$$

此时，铝箔和混凝土的横向线应变近似相等，也就是说铝箔对混凝土端面几乎不产生环箍效应。进入非弹性阶段后，由于 MoS_2 的摩擦系数非常小，故可认为试验机压板对试件端的摩阻力可以忽略。一般情况下，不同标号混凝土的弹性模量及泊松比在上述采用值的上下波动，故 $\varepsilon'_h/\varepsilon'_L$ 的比值在 1.0 和 1.85 之间变化， 而未用减摩片时，混凝土和钢质压板的横向线应变之比 $\varepsilon'_h/\varepsilon'_g$ 在 3.2 和10.0之间变化。

图 4 为使用 LMS 减摩片测定混凝土应力——应变全曲线的150×150×300mm棱柱体试件的典型破坏形态，试件基本上均呈直条状裂纹破坏。

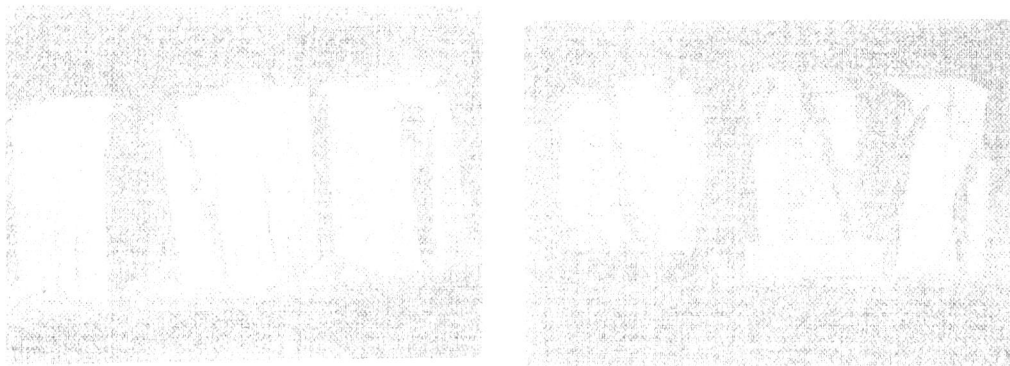

图 4　棱柱体试件的破坏形态

在测定混凝土轴压应力——应变曲线时，由于在试件上下承压面放置了 LMS 减摩片，较好地消除了环箍效应的影响，因而可以使用位移传感器直接测量试件上下承压面之间的变形量，用 $X-Y$ 函数记录仪自动记录，除以试件高度，即为试件的纵向应变。

轴向荷载采用和试件串联放置的一个自制的 120 吨空心柱状荷载传感器进行量测，由同一台 $X-Y$ 函数记录仪自动记录。轴向荷载除以试件横截面面积即为试件的轴向应力。这样在 $X-Y$ 函数记录仪上就可以得到混凝土受压变形时的荷载——变形曲线，整理后即为混凝土的应力——应变曲线。

利用上述装置，在 200 吨压力试验机上，可以测出应变达 0.006 左右的高达 700 号的普通混凝土的应力——应变全曲线，这对于结构设计的应用而言已经足够了。根据 Park [7]，Shiha， Tulin [8] 等的研究，混凝土循环加载的应力——应变曲线的包络线，与一次单调加载测定的应力——应变曲线基本一致。因而，我们可以采用一次重复加载

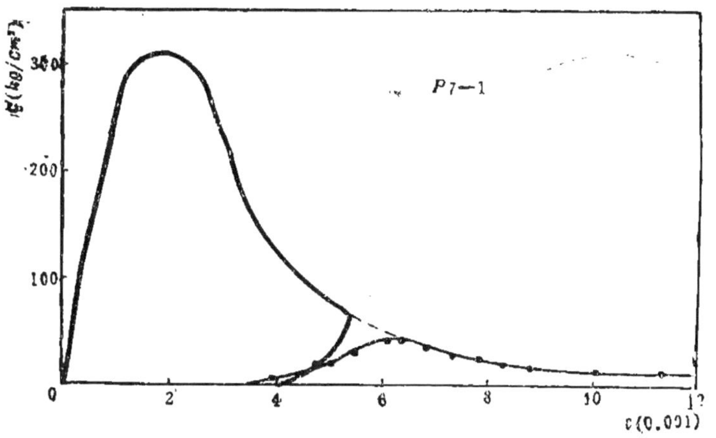

图 5　一次重复加载法测定应力——应变曲线尾段

法测出应变超出 0.006 的曲线下降段的尾段。图 5 即为用一次重复加载法测定普通混凝土应力——应变全曲线的一例。

全部试验的应变速率均控制在每秒 10 微应变左右。并且应用 JC—2 型超声仪对混凝土的不同破坏阶段进行了超声检测。

二、研究范围及试件

试验采用湘乡425号与525号普通硅酸盐水泥；湘江河砂，细度模数为2.85；花岗岩碎石和湘江河卵石，骨料最大粒径为20mm和40mm。混凝土水灰比为0.24～0.70；标准试件立方抗压强度为 11.77MN/m^2(120kg/cm²)～71.59MN/m^2 (730kg/cm²)。

普通混凝土试件23组，正式试件207个。每组试件包括棱柱体试件 6 个，立方体试件 3 个。对500号以下的混凝土采用15×15×30cm³ 标准棱柱体试件，15×15×15cm³ 试件；500～700号高强混凝土采用10×10×30cm³棱柱体，10×10×10cm³试件。试件的立方抗压强度均换算为20×20×20cm³标准试件立方抗压强度。

试件制作时，每组试件一次配料，人工拌和均匀后置入水平放置的钢模中，标准震动台振捣成型。坍落度控制在 3～5cm 左右。24 小时后脱模标准养护至规定龄期进行试验。600号、700号两组试件在试验前进行了四小时常压蒸养。

试 验 结 果

实测不同标号的混凝土单轴受压应力——应变全过程曲线如图 6 所示。一条由本文测得的包括终点在内的混凝土应力——应变全过程曲线如图 7 所示。其标准试件立方抗压强度为 49.36MN/m^2(503.3kg/cm²)，终点应变为 0.0234。

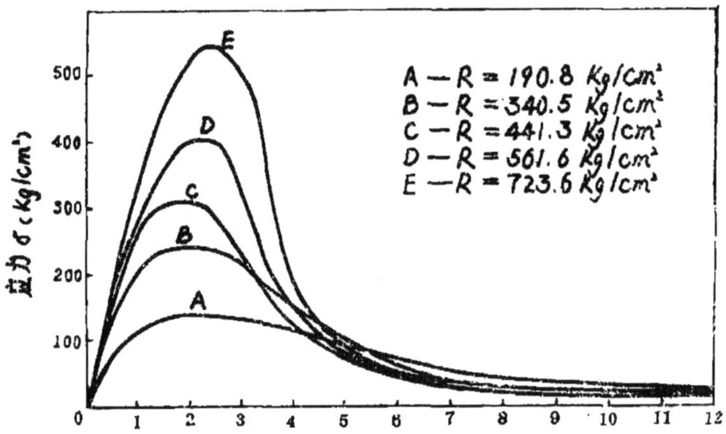

图 6　普通混凝土单轴受压应力——应变全曲线

让我们来观察这条完整的混凝土应力——应变全过程曲线。从原点 O 开始到达 T 点

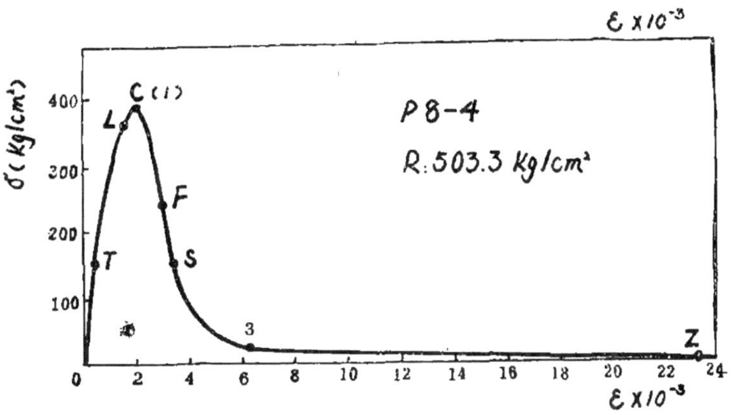

图7 一条完整的应力——应变过程曲线

附近，混凝土的应力和应变之间基本呈直线关系，曲线的斜率基本不变。T点的应力约为极限应力的40～50％左右，到达T点的荷载称为比例极限。本文中应力在T点取值为$\sigma_t=0.4\sigma_1$（σ_1峰值点应力），相应的应变为ε_t。亦称T点为弹模点。

曲线经过T点后开始偏离直线向应变轴方向弯曲而到达L点。从L点开始，曲线的斜率迅速减小，穿过试件的超声波波速明显减小，故称L点为临界点，该点的应力为临界应力，一般为极限应力的70～90％左右。经过临界点L，曲线斜率急剧下降，曲线更加弯向水平方向的应变轴，到达峰值点C（1）。此时，试件的应力为峰值应力，以σ_1表示，相应的峰点应变为ε_1，在峰值点，曲线的斜率下降到零。

从峰值点C开始，试件承载力下降，应力减小而应变增大。曲线的斜率由上升段的正值变为负值而单调下降至F。在F点，曲线的曲率为零，曲线斜率的绝对值为最大。从F点开始，曲线由下凹变为上凹，故称F点为反弯点或拐点，其应力、应变为σ_f、ε_f。从反弯点开始，应力继续减小而应变迅速增大，曲线的斜率又缓缓增大，经过点S（$\sigma_s=0.4\sigma_1$）；点3（$\varepsilon_3=3\varepsilon_1$）和一个相当长的尾段到达终点$Z$。此时，试件的应力下降到零，试件彻底崩溃完全丧失了承载力。

混凝土是复杂的多相复合材料。作为非均质体，导致了其应力——应变曲线比均质材料要复杂得多。原材料性能、测试技术、试验条件的变化，都对混凝土应力——应变曲线的形状产生影响。但是，由图6可以看出：影响混凝土应力——应变曲线的主要的因素是混凝土的抗压强度。强度指标是混凝土的主要特性之一，可以综合反映原材料性质、配合比、施工工艺、养护条件、试验龄期等因素对混凝土应力——应变关系的影响。由图中可以看出，随着混凝土抗压强度的提高，曲线峰点应力相应增大，上升段和下降段曲线的坡度也随之增大；强度降低，则坡度变缓，然而混凝土适应变形的能力增强，即延性增大。

通过对28天龄期时实测59条普通混凝土应力——应变全曲线特征点数据的统计分析，发现曲线的峰值点应力和混凝土的标准试件立方抗压强度呈线性关系，而曲线的初始弹性模量（取$0.4\sigma_1$点的应力和应变的比值即静弹模量）、反弯点、下降段上$0.4\sigma_1$点、三倍峰值应变点的应力、应变值都分别和曲线的峰值点应力线性相关。用最小二乘法进行回归分析所得的关系式如下：

1． 峰值点应力和混凝土抗压强度的关系（图8）

$$\sigma_1 = 0.696R + 16.27 \qquad (2)$$

式中：σ_1——峰值应力（kg/cm²）

R——混凝土的抗压强度（kg/cm²）

相关系数　$r = 0.996$

剩余标准差　$\sigma_r = 5.918$

变异系数　$C_v = 0.021$

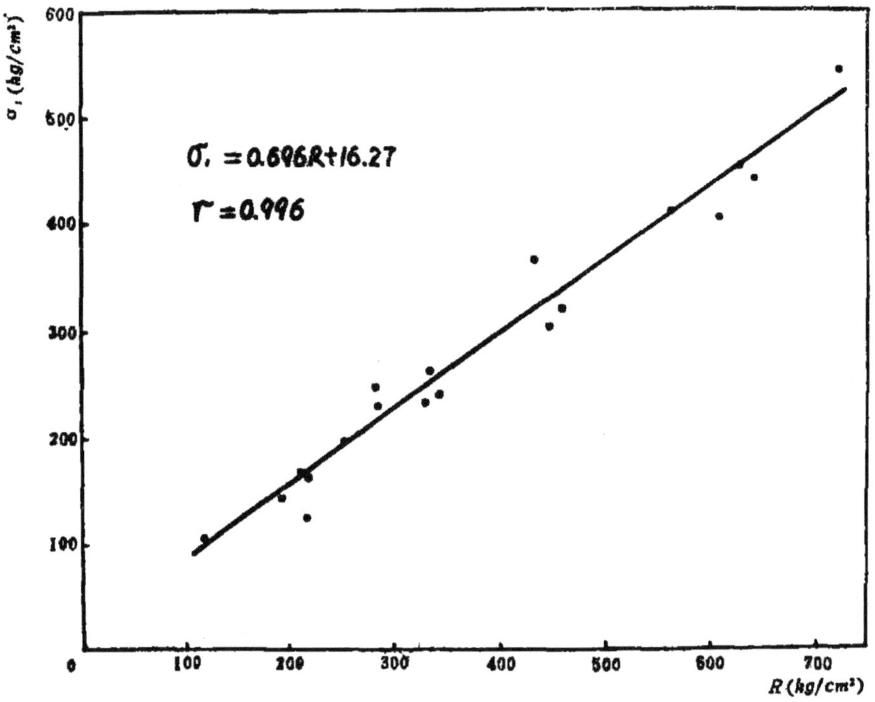

图8　峰点应力和抗压强度之间的线性关系

2． 各特征值和峰点应力的统计关系见表2。其直线关系式为$Y = ax + b$；Y为因变量，a为斜率，b为截矩，$x = \sigma_1$为峰点应力值。

表2　峰点应力和抗压强度之间的线性关系

Y	a	b	相关系数	剩条标准差	变异系数
ε_1 (0.001)	0.000592	1.853	0.191	0.355	0.176
σ_f (kg/cm²)	0.4486	52.19	0.928	21.07	0.117
ε_f (0.001)	-0.00323	4.754	-0.340	1.04	0.272
ε_s (0.001)	-0.0128	9.189	-0.705	2.288	0.412
σ_3 (kg/cm²)	-0.122	107.19	0.417	31.14	0.429
E_h (10^5kg/cm²	0.007032	0.8823	0.888	0.426	0.148

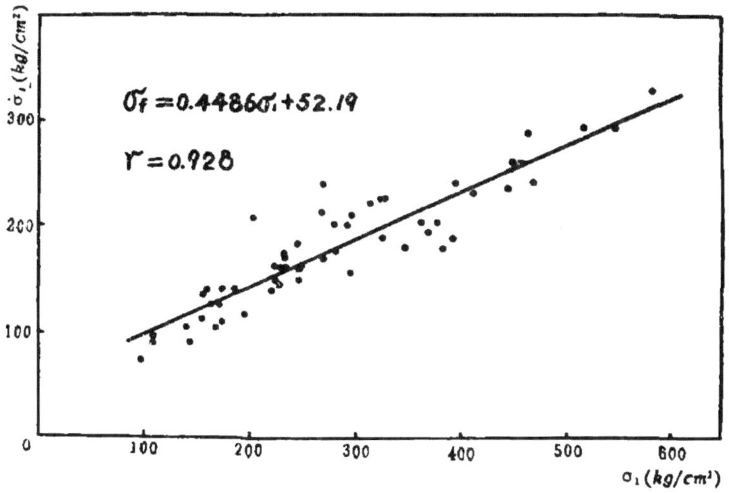

图 9　反弯点应力和峰点应力之间的线性关系

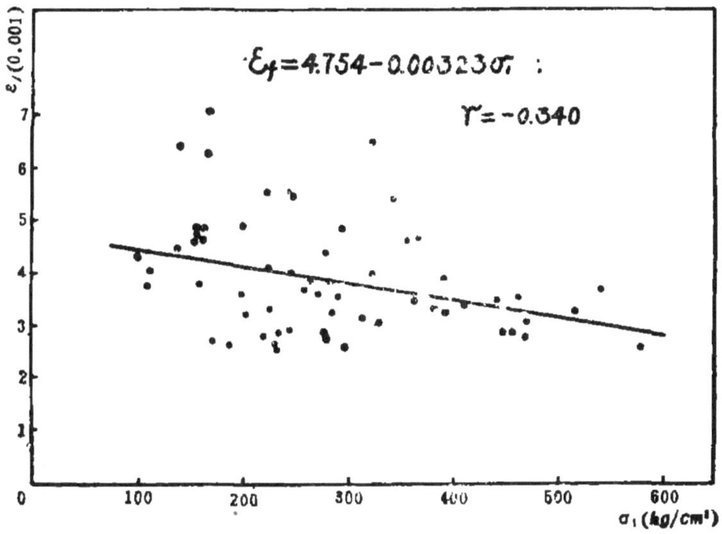

图 10　反弯点应变和峡点应力之间的线性关系

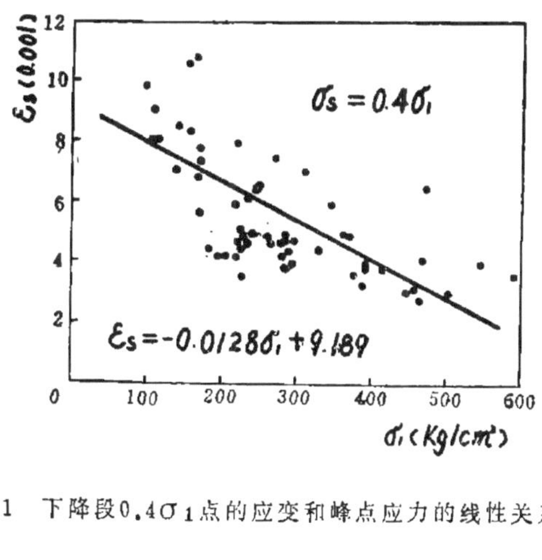

图 11　下降段 $0.4\sigma_1$ 点的应变和峰点应力的线性关系

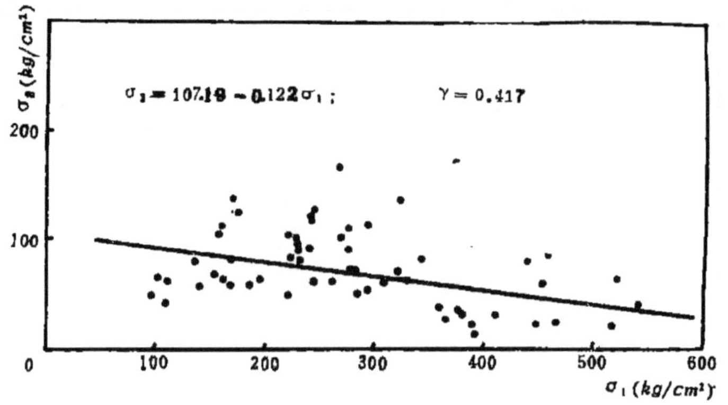

图 12　$3\varepsilon_1$点应力和峰值点应力的线性关系

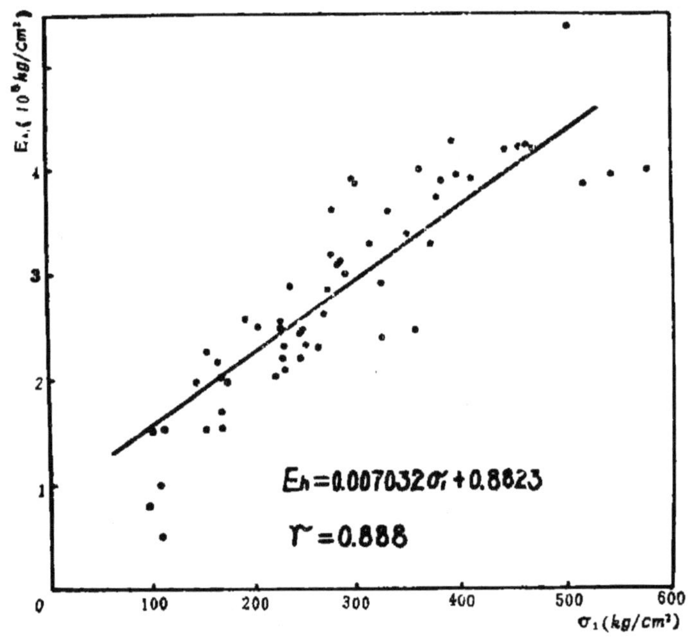

图 13　混凝土静弹模量和峰点应力的特性关系

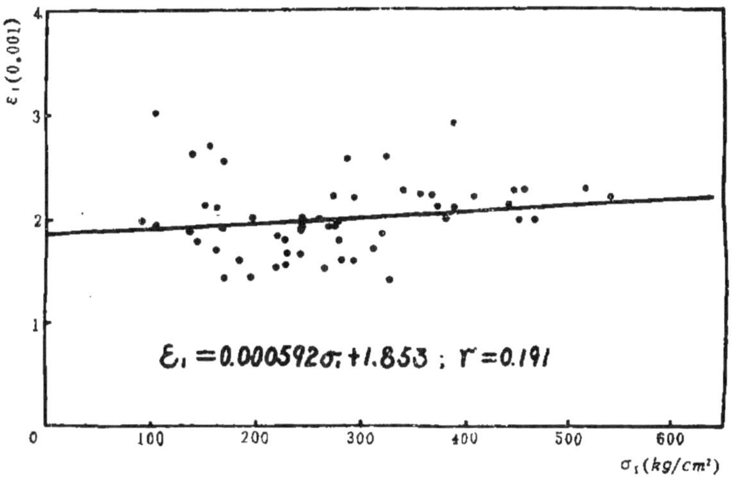

图 14　峰值点应变和峰值点应力的线性关系

相关系数 r 表示拟合点和实测点的重合程度。r 的绝对值愈接近 1，说明二者之间的关系愈密切。可信度为99%时，59组试验数据相关系数的临界值为 0.328，可见除峰点应变 ε_1 外，所有的相关系数都是显著的，因而线性关系式都是基本可靠的。而峰点应变 ε_1 与峰点应力 σ_1 的相关性差也恰好说明了曲线的峰点应变不随强度而变化，基本上为一常数。本文试验测定的59条全曲线，其峰点应变的平均值为0.002022。

解　析　表　达　式

在广泛地探求和比较之后，本文建议采用下述分段表示的混凝土应力——应变全曲线的解析表达式（如图15所示）：

上升段：$Y=Ax+Bx^2+Cx^3$　　（3）

下降段：$Y=\dfrac{Ax+B}{Cx^2+Dx+1}$　　（4）

式中：　$x=\varepsilon/\varepsilon_1$；$Y=\sigma/\sigma_1$

σ 和 ε：轴向应力和应变；

σ_1和ε_1：峰值点的应力和应变；

A、B、C、D：常数系数。

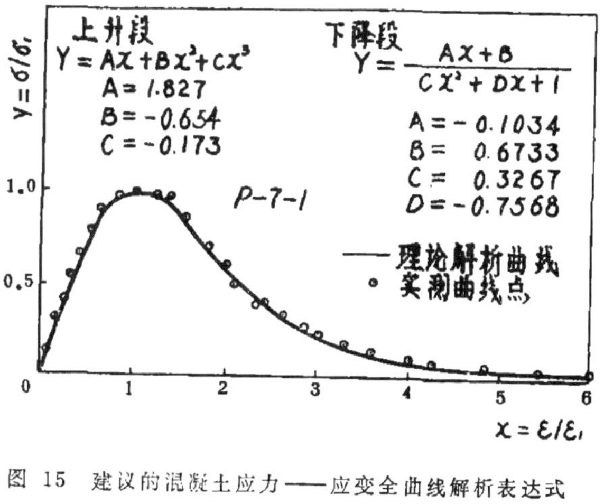

图 15　建议的混凝土应力——应变全曲线解析表达式

(一)、上升段方程系数的确定

$$Y=Ax+Bx^2+cx^3$$

$$\frac{dy}{dx}=A+2Bx+3cx^2$$

上升段应满足的边界条件为：

1° 曲线通过原点。

当 $\varepsilon=0$ 时 $\sigma=0$，即 $x=0$，$y=0$

2° 曲线在原点的斜率等于初始弹性模量。

$$\left.\frac{d\sigma}{d\varepsilon}\right|_{(0,0)}=E_0 \text{ 即 } \left.\frac{dy}{dx}\right|_{(0,0)}=\frac{E_0}{E_1}$$

式中：$E_0=E_h=\dfrac{\sigma_t}{\varepsilon_t}=\dfrac{0.4\sigma_1}{\varepsilon_t}$

$E_1=\sigma_1/\varepsilon_1$

3° 曲线通过峰值点。

$\varepsilon=\varepsilon_1$ 时 $\sigma=\sigma_1$，即 $x=1$ 时 $y=1$

4° 曲线在峰值点有极大值，即曲线在峰值点的斜率为零。

$$\left.\frac{d\sigma}{d\varepsilon}\right|_{(\varepsilon_1,\sigma_1)}=0 \quad \text{或} \quad \left.\frac{dy}{dx}\right|_{(1,1)}=0$$

由上述四个边界条件求得：

$$\begin{cases} A=\dfrac{E_0}{E_1}=\dfrac{E_h}{E_1} \\ B=3-2A \\ C=A-2 \end{cases} \tag{5}$$

即上升段的表达式为：

$$y=Ax+(3-2A)x^2+(A-2)x^3 \tag{6}$$

(二)、下降段方程系数的确定：

$$Y=\frac{Ax+E}{Cx^2+Dx+1}$$

$$\frac{dy}{dx}=\frac{(cx^2+Dx+)A-(Ax+B)(2cx+D)}{(cx^2+Dx+1)^2}$$

$$=\frac{-Acx^2-2BCx+A-BD}{(cx^2+Dx+1)^2}$$

下降段曲线应满足的边界条件为：

1° 曲线通过峰值点 $x=1$，$y=1$

$$A+B=C+D+1 \tag{7}$$

2° 曲线在峰值点有极值 $x=1$，$\dfrac{dy}{dx}=0$

$$-AC-2BC+A-BD=0 \tag{8}$$

3° 曲线通过反弯点 (x_f, y_f)

$$Y_f=\frac{Ax_f+B}{Cx_f^2+Dx_f+1} \tag{9}$$

4° 曲线通过下降段上反弯点后的一点（x_s，Y_s）

$$Y_s=\frac{Ax_s+B}{Cx_s^2+Dx_s+1} \tag{10}$$

由上述四个边界条件解得：

$$\begin{cases} A=2C+D \\ B=1-C \\ C=\dfrac{c_1b_2-c_2b_1}{a_1b_2-a_2b_1} \\ D=\dfrac{a_1c_2-a_2b_1}{a_1b_2-b_2b_1} \end{cases} \tag{11}$$

式中：

$a_1=x_f^2Y_f-2x_f+1$；$b_1=x_f(Y_f-1)$；$c_1=1-Y_f$；

$a_2=x_s^2Y_s-2x_s+1$；$b_2=x_s(Y_s-1)$；$c_2=1-Y_s$；

（x_f，Y_f）反弯点；

（x_s，Y_s）下降段上反弯点后的任一点。

本文对 500 号以下的混凝土取 0.4 σ_1 点；

对 500～700 号高强混凝土取 3ε_1 点

采用上述方法，根据实测曲线四个控制点的坐标，即可得到一条应变达 0.012 的混凝土轴压应力——应变解析曲线。这四个控制点为：峰值点、弹模点、反弯点、下降段上的0.4σ_1点（或3ε_1点）。

由图15可以看出，对于一条实测曲线，根据其四个特征点分别确定解析表达式上升段和下降段的系数后，其理论解析曲线和实测曲线点拟合得相当满意。

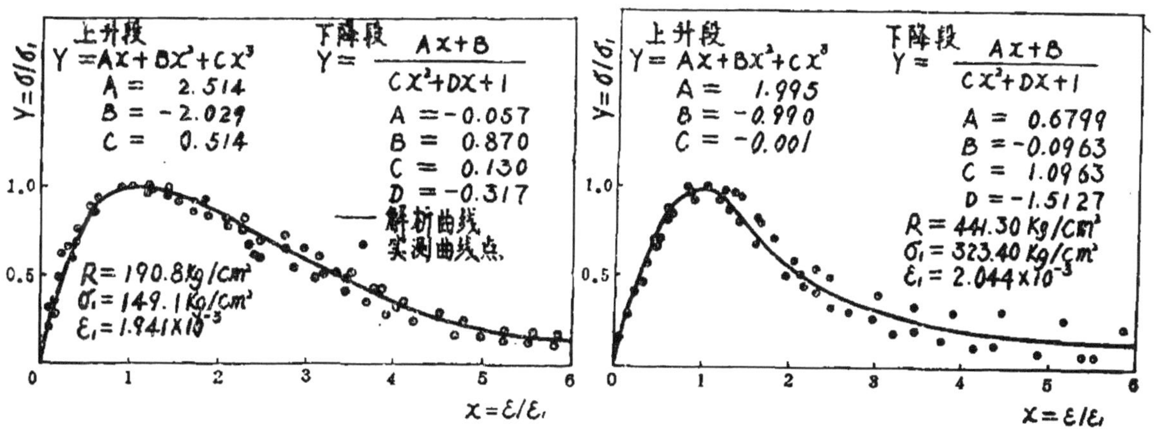

（a）　　　　　　　　　　（b）

图 16 解析应力——应变曲线和实测曲线的比较

由上文可知，对于 150 号至 700 号普通混凝土，其应力——应变曲线的四个特征点，可直接根据其抗压强度由本文统计的回归方程式求出，进而可求出解析表达式的系数值，则全曲线即可相应确定。

标准立方抗压强度为43.28MN/m^2(441.3kg/cm²)和 18.71MN/m^2(190.8kg/cm²)的两组试件，根据其抗压强度计算的理论解析曲线与每组试件的三条实测曲线点的比较见图16。

由图中可以看出，理论解析曲线恰为其各组实测曲线的平均曲线，二者吻合得令人十分满意。

为了便于结构设计的应用，对常用的 150 号至 700 号普通混凝土，分标号计算了其轴压应力——应变全曲线解析表达式的系数，如表 3 所示。

各国学者建议的混凝土应力——应变曲线的解析表达式中，以美国P·T·Wang[4]等人于 1978 年提出的上升段和下降段均为分母、分子都是二次项的有理分式表达式为最好。本文建议的解析表达式和P·T·Wang表达式及实测数据点的比较见图17，该组试件的抗压强度为61.78MN/m^2(630kg/cm²)，图中实曲线为本文理论曲线，虚线为 P·T·Wang 解析曲线。

表 3 普通混凝土应力——应变解析曲线方程系数表

混凝土标号	峰值点		上升段 $y=Ax+Bx^2+Cx^3$			下降段 $y=\dfrac{Ax+B}{Cx^2+Dx+1}$			
	σ_1	ε_1							
	kg/cm²	(0.001)	A	B	C	A	B	C	D
150	120.67	1.924	2.76	-2.52	0.76	-0.1359	0.9464	0.0536	-0.2431
200	155.47	1.945	2.47	-1.94	0.47	-0.0248	0.8451	0.1549	-0.3346
250	190.27	1.966	2.29	-1.58	0.29	-0.1935	0.6639	0.3361	-0.4787
300	225.07	1.986	2.17	-1.34	0.17	0.2375	0.5780	0.4220	-0.6065
400	294.67	2.027	2.03	-1.06	0.03	0.7918	-0.088	1.0880	-1.3842
500	364.27	6.069	1.96	-0.92	-0.04	0.3270	0.1162	0.8838	-1.4406
600	433.87	2.110	1.91	-0.82	-0.09	0.0604	0.2483	0.7517	-1.4430
700	503.47	2.151	1.89	-0.78	-0.11	0.1147	0.0696	0.9304	-1.7461

可以看出，在上升段二者十分接近，但本文的多项式表达式比有理分式要简明得多；在下降段本文表达式的拟合状态稍优于 P·T·Wang 表达式。实际上在下降段本文建议公式即为 P·T·Wang，Sargin[5] 的假分式有理式的化简，分子由二次项降为一次项，因而形式较为简单，计算方便。

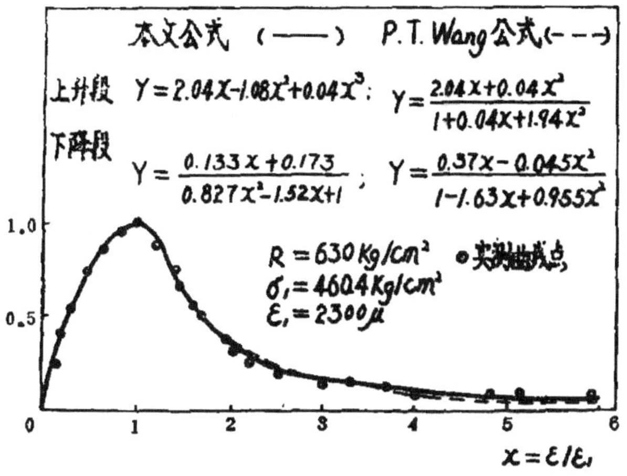

图 17 本文建议公式和P.T.Wang公式曲线的比较

结　　论

基于本研究的成果，可以得出以下结论：

1. 包括下降段在内的混凝土应力——应变全过程曲线可以由本文提出的采用刚性辅助架的实验方法得到。这一方法大大提高了试验系统的刚度，且适合于任何普通压力试验机。

2. 应用 LMS 减摩片可以较好地消除试验机压板与试件承压面之间的环箍效应。消除端部约束后，试件在荷载作用下呈纵向裂纹的破坏形态。

3. 对于抗压强度为 $12.16MN/m^2$($124kg/cm^2$) 到 $70.90MN/m^2$($723kg/cm^2$) 的普通混凝土，其应力——应变全曲线都有一个可复现的下降段。

4. 本文建议的混凝土应力——应变全曲线的解析表达式同实验观测值吻合良好，形式较为简单。只要知道混凝土的抗压强度，即可确定全曲线表达式的系数。对于 150 号至 700 号的普通混凝土，本文分标号提供了适宜的应力——应变全曲线方程。

参 考 文 献

〔1〕 曹居易，混凝土的应力——应变关系，四川建筑科学研究，第1期（1979）1—11。

〔2〕 陈安析，混凝土受压应力——应变曲线的样条插值形式，四川建筑科学研究，第5期，（1979）。

〔3〕 孙训方、方孝淑、陆矩洪、材料力学，高等教育出版社(1965)。

〔4〕 P.T.Wang, S.P.Shan, A.E.Naaman, Stress-Strain Curve of Normal and Lightweight Concrete in Compression, ACI Journal, V.75, No 11, Nov.(1978)603—611.

动力机械引起的地面振动衰减

杨先健

摘　　要

本文利用瑞利波和体波所建立的基本理论，研究了动力机械所引起的地面振动衰减，提出了衰减计算公式。这个公式对动力机械所引起的地面振动，不仅考虑了瑞利波而且考虑了体波，与弹性半空间波动理论解吻合[1]，[2]，[3]，[4]，文中提出了便于计算的土壤衰减系数。所建立的关系式与现场测得的许多地面振动资料符合，比仅考虑面波的波尼茨（Bornitz）公式精度高。

本文的衰减公式，已列入我国国家标准《动力机器基础设计规范》GBJ40—79。

一、绪　　论

现代科学技术的发展与人类生活和生产环境的需要，要求对工业生产，工程建设及交通运输所产生的振动作出予估，例如日本有35%的公害是由振动与噪音引起的。因此，估算工业振源的地面振动影响，也就成为工程设计中的一个重要课题。

我国是历史上研究振动波传播最早的国家，有关地震的记载，可上溯到三千多年以前。公元132年，张衡发明的候风地动仪，精度很高，它利用地震纵波的运动，以测地震方向。公元138年，曾在洛阳测得陇西（今甘肃南部）的地震[6]，这是世界上第一次用仪器测得的地震波动。近年来，我国在测试仪器和波动理论研究方面，均有很大发展，积累了大量的实测和理论分析资料。

目前关于弹性体中波的传播理论，虽然已研究得较为完善，但这些理论都难以直接用于工程实践，这不仅是由于这些理论在实用计算上相当复杂，而且首先是通过这些复杂计算所提供的结果，往往并不符合实际。已有的实用计算方法，通常是用波尼茨公式来计算地面振动衰减[5]，即：

$$W=W_1\sqrt{\frac{r_1}{r}}\exp\left[-\alpha(r-r_0)\right] \tag{1}$$

---

* 杨先健同志在第一机械工业部第四设计研究院工作。

式中　r_1——距振源已知振幅点的距离；

r——振源到未知振幅点的距离；

W_1——距振源 r_1 处 R 波竖向分量的振幅；

W——距振源 r 处 R 波竖向分量的振幅；

α——衰减系数，因次为 1/距离。

显然，(1) 式是一根很陡的指数曲线，所以在近源距离处，实测振幅总是小于、而远源距离处总是大于按 Bornitz 公式计算的振幅。特别是大能量波源所引起的地面振动是如此。一般与实测衰减曲线只能相交一点，在此点外即产生误差。可见，对本课题来说，在离波源的近距处迅速衰减的体波也是必须考虑的。同时，如所周知，波源频率和面积的变化对地面振动的衰减，有很重要的影响。

二、动力面源引起的地面振动衰减

由于动力面源能量在土中消散在力学上的复杂性[1]，[2]，[3]，本文采用近似关系，把动力面源引起地面振动的衰减表示成与波源的距离 r、波源面积与体波影响系数 ξ_0、土壤衰减系数 α_0 几种变量的函数。

(一)面波呈平面传播

考虑面波能量呈环状扩散，同时土壤不是完全弹性的，这是考虑面波衰减影响的另一因素。在实际土材料中，能量还因材料阻尼而耗散。于是波源边缘 r_0 处的面波能量为

$$U_{r_0}R=\frac{U_{oR}}{2\pi r_0}\exp(-2f_0\alpha_0 r_0)$$

$$=\frac{I_R}{r_0}\exp(-2f_0\alpha_0 r_0) \qquad (2)$$

式中　$U_{r_0}R$——波源边缘 r_0 处的能量；

$I_R=\dfrac{U_{oR}}{2\pi}$

U_{0R}——波源总能量；

f_0——波源扰频；

α_0——土壤衰减系数；

r_0——波源半径。

如果在 r_0 处土面平均能量相等，则土面振幅为

$$A_0=\sqrt{\frac{I_R}{I}}\ \frac{T_o}{\sqrt{r_o^2\xi}}\exp(-\alpha_0 f_0 r_0) \qquad (3)$$

式中　$I=2\pi^2\rho$；

ρ——土壤密度质量；

ξ——与波源状态有关的系数；

T_o——波源周期。

同理，距波源中心 r 处土面能量相等，土面振幅为

$$A_{rR}=\sqrt{\frac{I_R}{I}}\ \frac{T_r}{\sqrt{r}}\exp[-\alpha_o f_o r_o] \tag{4}$$

式中　　T_r——在距离 r 处地面周期。

用方程(3)除以方程(4)，同时设 $T_r\approx T_o$ 可得

$$A_{rR}=A_o\sqrt{\frac{r_o^2\xi}{r}}\exp[-2f_o(r-r_o)] \tag{5}$$

(二)体波呈半球面传播

设体波波前自波源沿半球面向外传播，同时因土壤完全弹性，能量亦因材料阻尼耗散，按与上相同道理，可得距波源中心 r 处土面体波振幅为

$$A_{rP_s}=A_o\sqrt{\frac{r_o^2\xi}{r^2}}\exp[-\alpha_o f_o(r-r_o)] \tag{6}$$

(三)动力面源引起的地面振动衰减

动力面源传给地基的能量，是由体波（P，S波）和面波（R波）联合传播的。将上述两种波迭加起来，可得距波源中心 r 处自由地面振幅为

$$A_r=\sqrt{(A_{rR})^2+(A_{rP_s})^2} \tag{7}$$

将(5)式及(6)式代入(7)式，并忽略体波和面波之间的相位差可得

$$A_r=A_o\sqrt{\frac{r_o}{r}\left[1-\xi_o\left(1-\frac{r_o}{r}\right)\right]}\exp[-\alpha_o f_o(r-r_o)] \tag{8}$$

式中　A_r——距动力面源中心 r 处地面振幅；

f_0——波源扰动频率（已测资料在 $50Hz$ 以内）；

A_0——波源振幅；

ξ_0——与波源面积有关的无量纲系数（见表 1）；

r_0——波源半径，对于矩形或正方形面积当量半径为

$$r_o=\mu_1\sqrt{\frac{F}{\pi}}$$

F——波源面积；

μ_1——动力影响系数

当　$F\leqslant 10M^2$　　$\mu_1=1.0$

$F=15M^2$　　$\mu_1=0.9$

$F>20M^2$　　$\mu_1=0.8$；

α_o——土壤衰减系数（见表 2）。

由以上解，显见(8)的根号内反映了波的能量密度随着与波源的距离增加而减小，即为几何衰减。根号外的指数项则表示波随土材料耗散。当 $\xi_o=0$ 及 $f_o=1$，(8)式即为 Bornitz 公式。

表 1　　系　数 ξ_0

r_0 m	≤0.5	1	2	3	4	5	6	≥7
ξ_0	0.99～0.85	0.7～0.65	0.63～0.58	0.55～0.50	0.48～0.43	0.40～0.35	0.28～0.33	0.25～0.15

注：1. r_0 为中间值时，ξ_0 用插入法计算；

2. 对于水平激振，ξ_0 乘以 0.3～0.4 折减。

表 2　　土壤衰减系数 α_0

土　壤　类　别	α_0(s/m)
强　风　化　硬　质　岩	$(0.875\sim1.15)\times10^{-3}$
硬塑的粘土和中密的碎石	$(0.375\sim0.625)\times10^{-3}$
可塑的粘土和中密的粗砂、砾石	$(1.00\sim1.25)\times10^{-3}$
软塑的粘土和稍密的中砂、粗砂	$(1.15\sim1.45)\times10^{-3}$
淤泥质粘土和饱和松散细砂	$(1.50\sim1.75)\times10^{-3}$
新近沉积的粘性土和非饱和松散砂	$(1.85\sim2.15)\times10^{-3}$

注：对于水平振幅衰减，α_0 乘以折减系数 0.7～0.8。

三、野外实测例

表 3　　图1及图2中有关场地条件和激振源的原始数据

曲线标记		工程地质条件			振源			
		土壤描述	Vs (M/S)	α_0 (S/M)	情况	r_0 (M)	f_0(H·Z)	A_0(μ)
图1曲线	L_2 垂直	可塑状黄土质亚粘土	131～153	1.25×10^{-3}	激振器	0.8	16.7	100
	M_{24} 水平 (Tajimi)	亚粘土	82～145	1.05×10^{-3}	大型振动台	17.5	3.0	100
	M_{22} 垂直	软塑粘土和岩石	186	1.5×10^{-3}	锻锤	1.82	15.0	100
	L_{25}	可塑状黄土质亚粘土	131～153	1.25×10^{-3}	桩基	(2d) 0.9		100
图2曲线		碎石和亚粘土	110～280	0.875×10^{-3}	大型载重汽车	2.5	20	$a_0=8.5$gal

例 1　图 1 为机械振源衰减曲线，由表 3 所描述的四个场地测得。

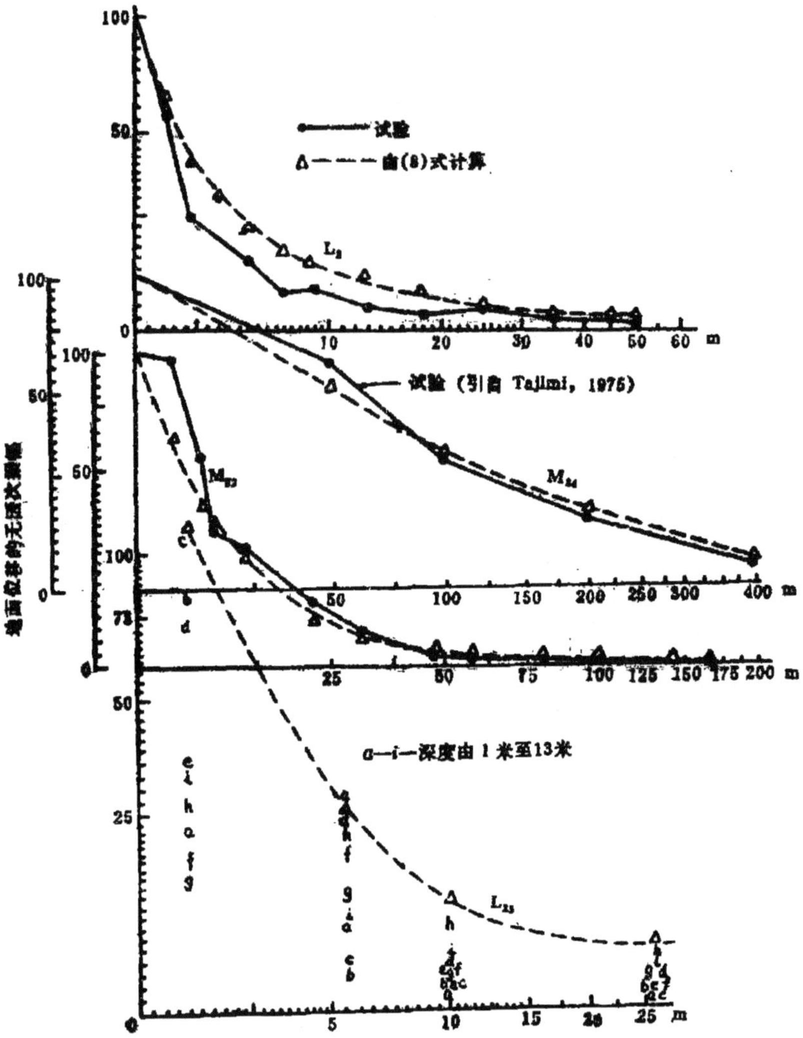

图 1　振幅随与振源的距离衰减

例 2　图 2 汽车振源衰减曲线，由表 3 所描述的资料算得。测得的是地面加速度，将(8)式的振幅改写为加速度

$$a_r = a_0\sqrt{\frac{r_0}{r}\left[1-\xi_0\left(1-\frac{r_0}{r}\right)\right]}\exp[-r_0\alpha_0(r-r_0)] \qquad (9)$$

式中　a_0——振源加速度。

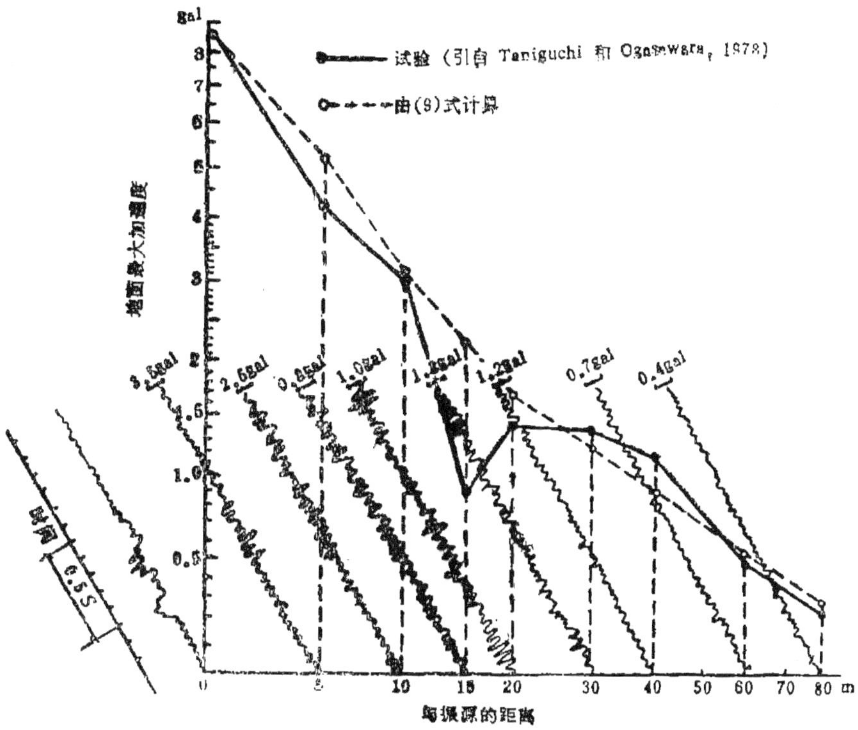

图 2　加速度随与振源的距离衰减

结　　语

对动力机械作用引起的地面振动衰减的理论研究，获得了考虑瑞利波和体波的基本见解。得到了可用于实际计算的基本参数。提出了机械、交通、打桩引起的地面振动的振幅和加速度衰减的简单公式，该公式对工程实用来说与实测结果的吻合程度是令人满意的。对有埋深的竖向振动基础，能量主要是在基底释放；在波源附近，能量的传递，不仅是面波效应，而且体波效应也不可忽视，

参 考 文 献

〔1〕 张有龄，动力基础的设计原理，科学出版社，1959年。

〔2〕 编写组，振动计算与隔振设计，中国建筑工业出版社，1976年。

〔3〕 王贻荪，半无限体表面在竖向集中谐和力作用下表面竖向位移的精确解，力学学报，1980年10月 386～391 页。

〔4〕 W·伊文等，层状介质中的弹性波，刘光鼎译，科学出版社，1966年。

〔5〕 F·E·小理查特等，土与基础的振动，中国建筑工业出版社，1976年。

〔6〕 后汉书，张衡传。

〔7〕 D.D. Barkan, Dynamics of Bases and Foundations, McGraw-Hill Book Co.(New York)1962.

〔8〕 X. J. Yang, Attenuation of Ground Vibration induced by Dynamical Machinery, International Conference on Recent Advances in Geotechnical Earthquake Engineering and Soil Dynamics, 1981, St.Louis, Vol. Ⅱ, pp. 1231—1235.

Attenuation of Ground Vibration Induced by Dynamical Machinery

By

Yang Xianjian

Abstract

Attenuation of ground vibration induced by dynamic machinery is investigated by using the fundamental theory developed for both Rayleigh wave and body wave. A formula for calculating the attenuation is presented. This formula takes not only the Rayleigh wave but also the body wave into consideration, thus its accuracy is higher than that of Bornitz's. A coefficient of attenuation of soil for convenience of calculation is also introduced. The results obtained by using the proposed formula are comparable to those actually measured in-situ.

网状配筋砖砌体受压构件承载力的计算

陈行之，施楚贤

摘　要

本文根据我们所作160余个短柱的试验资料，通过理论分析，较全面地探讨了网状配筋砖砌体在不同配筋率及不同偏心距作用下的受压性能，按概率极限状态设计方法对网状配筋砖砌体受压构件的可靠度作了校准，从而进一步完善了网状配筋砖砌体受压构件承载力的计算。

一、前　言

本研究报告的内容，系国家砖石结构设计规范修订组为修订国家砖石结构设计规范向我们提出的。报告阐明了网状配筋砖砌体受压构件的强度特性，确立了现行国家砖石结构设计规范中网状配筋砌体受压构件的计算公式和修正意见[1]。同时，在校准现行计算公式的基础上，提出基于概率极限状态设计理论的分项系数设计表达式中的抗力系数。

二、试验及结果

试验砌体采用75号砖，用25号和50号砂浆砌筑，在砂浆水平灰缝内，每隔1～5皮砖放置用ϕ_4^b冷拔低碳钢丝做成的方格钢筋网，其体积配筋率(μ)共十种。砌体尺寸为24×37×72cm和37×49×100cm两种。

网状配筋砌体受压时，经历着出现第一批裂缝，裂缝继续发展及直至破坏三个阶段。出现第一批裂缝时的荷载与破坏荷载的比值，当$\mu=0.067\sim0.334\%$时，为0.50～0.86，平均值为0.67，它大于无筋砌体出现第一批裂缝时的比值；当$\mu=0.355\sim2.0\%$时，为0.37～0.59，平均值为0.47，它远小于无筋砌体出现第一批裂缝时的比值。

网状配筋砖砌体轴心受压和偏心受压短柱的试验结果分别列于表1和表2（e_0为偏心距；y为截面重心至较大受压边缘的距离）。

---

* 本文已收入于1982年5月16日～19日在意大利罗马召开的第六届国际砖石结构会议论文集。并由陈行之同志在会上宣读。

表　1　　　　　轴心受压时的承载力

试件编号 No	μ%	N′ (T)	N (T)	N′/N
1	0.067	22.4	18.7	1.198
2		14.3		0.765
3		12.0		0.642
4		13.2		0.706
5	0.111	26.5	20.4	1.299
6		27.5		1.348
7		28.0		1.373
8	0.332	32.2	33.2	0.970
9		28.6		0.861
10		31.1		0.937
11	0.333	34.8	33.2	1.048
12		32.5		0.979
13		40.0		1.205
14	0.665	52.0	50.4	1.032
15		40.8		0.810
16		39.4		0.782
17	0.665	40.0	50.4	0.794
18		49.0		0.972
19		31.2		0.619
20	1.000	53.4	67.8	0.788
21		74.0		1.091
22		67.0		0.988
23		71.5		1.055

试件编号 No	μ%	N′ (T)	N (T)	N′/N
24	0.126	66.0	61.8	1.068
25		76.0		1.230
26		64.0		1.036
27	0.126	66.0	56.5	1.168
28		69.5		1.230
29		59.5		1.053
30	0.252	83.5	72.2	1.157
31		78.0		1.080
32	0.334	79.5	80.0	0.994
33		72.0		0.900
34		64.0		0.800
35	0.335	82.5	90.5	0.912
36		90.0		0.994
37		81.0		0.895
38	0.355	87.5	85.0	1.029
39		88.5		1.041
40		100.0		1.176
41	1.000	154.0	163.0	0.945

三、承载力计算公式

砌体在承受纵向压力作用时，它除产生纵向变形外，还同时产生横向变形。当在砌体的水平灰缝内配置一定的钢筋网，钢筋网与砌体共同工作，砌体的横向变形即受到约束，从而使砌体的抗压强度提高。这是网状配筋砌体的基本工作特性。[2]，[3]

1. 轴心受压

图 1 所示的网状配筋砌体，在压力N作用下，其纵向变形$\varepsilon=\sigma/E$，根据波桑比$\lambda=\varepsilon_n/\varepsilon$，则砌体相应的横向变形$\varepsilon_n=\sigma_n/E=\lambda\sigma/E$。此时，$\sigma_n$如同液体的侧压力一样作用在外壁上，它使壁内产生轴向拉力Z_a和Z_b，由砌体的横向钢筋所承受。

表 2 偏心受压时的承载力

试件编号 No	$\frac{e_0}{Y}$	μ%	N′ (T)	N (T)	$\frac{N'}{N}$	试件编号 No	$\frac{e_0}{Y}$	μ%	N′ (T)	N (T)	$\frac{N'}{N}$
1	0.1	0.067	26.6	17.6	1.511	29	0.2	0.665	34.0	36.8	0.924
2			11.5		0.653	30			34.0		0.924
3			21.8		1.239	31			25.0		0.679
4	0.1	0.111	26.1	19.0	1.374	32	0.2	1.000	45.0	48.6	0.926
5			21.2		1.116	33			59.0		1.214
6			27.4		1.442	34			59.8		1.230
7	0.1	0.332	27.0	30.0	0.900	35	1/3	0.067	13.0	11.9	1.092
8			29.5		0.983	36			17.6		1.479
9			22.7		0.757	37			19.0		1.597
10			22.5		0.750						
11	0.1	0.665	40.0	44.8	0.893	38	1/3	0.111	20.8	12.6	1.651
12			36.0		0.804	39			17.0		1.349
13			40.0		0.893	40			12.8		1.016
14	0.1	1.000	48.0	59.9	0.801	41	1/3	0.332	16.5	18.4	0.897
15			60.5		1.010	42			19.6		1.065
16			53.8		0.898	43			20.2		1.098
17			60.1		1.003	44			19.6		1.065
18	0.2	0.067	10.5	15.4	0.682	45	1/3	0.665	25.0	26.0	0.962
19			18.0		1.169	46			24.0		0.923
20			16.0		1.039	47			32.0		1.231
21			19.0		1.234						
22	0.2	0.111	16.0	16.5	0.970	48	1/3	1.000	48.0	33.7	1.424
23			26.0		1.576	49			34.0		1.009
24			17.6		1.067	50			40.0		1.187
25	0.2	0.332	24.1	25.1	0.960						
26			26.2		1.044						
27			31.0		1.235						
28			29.4		1.171						

根据材料力学：

$$Z_a=\frac{\sigma_n b S_g}{2},$$

$$Z_b=\frac{\sigma_n a S_g}{2}$$

总拉力为：

$$2(Z_a+Z_b)=\lambda\sigma(b+a)S_g \qquad (1)$$

当采用截面面积为 a_g，强度为 R_g 的钢筋组成方格网，网孔尺寸为 C_g，网的间距为 S_g 时，横向钢筋能承受的总拉力为：

$$\left(\frac{b}{C_g}a_g+\frac{a}{C_g}a_g\right)R_g=\frac{a_g}{C_g}(b+a)R_g \qquad (2)$$

由式（1）与式（2）相等，得

$$\sigma=\frac{a_g}{\lambda C_g S_g}R_g \qquad (3)$$

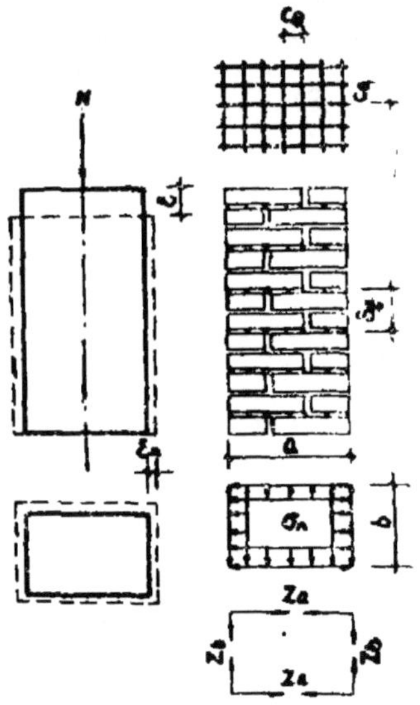

图1　网状配筋砌体计算示意图

经变换可得 $\sigma=\frac{1}{2\lambda}\cdot\frac{\mu}{100}R_g$。此时，$\mu=\frac{2a_g}{C_g S_g}100$。根据国家钢筋混凝土结构设计规范（TJ10—74），取 $\lambda=0.25$，则 $\sigma=2\mu R_g/100$。此 σ 即为配置横向钢筋后较无筋砌体（砌体强度为 R）所增加的砌体强度，即 $\sigma=\Delta R$。因此，得轴心受压时的强度为：

$$R_p=R+\Delta R=R+\frac{2\mu}{100}R_g \qquad (4)$$

承载力的计算公式为：

$$KN_p\leqslant\left(R+\frac{2\mu}{100}R_g\right)A \qquad (5)$$

部分试验值 N' 与计算值 N 列于表1内。

根据试验，R_p/R 与 μ 的关系（见图2）可采用线性公式

$$R_p/R=1+3\mu \qquad (6)$$

当 $\mu=1.0\%$ 时，由式（6）得 $R_p/R=4$。但当 $\mu\geqslant1.0\%$ 时，试验点均在该直线之下，表明当 μ 过大时，网状配筋砌体的强度发挥有限，为安全与经济起见，可取 $R_p/R\leqslant4$。

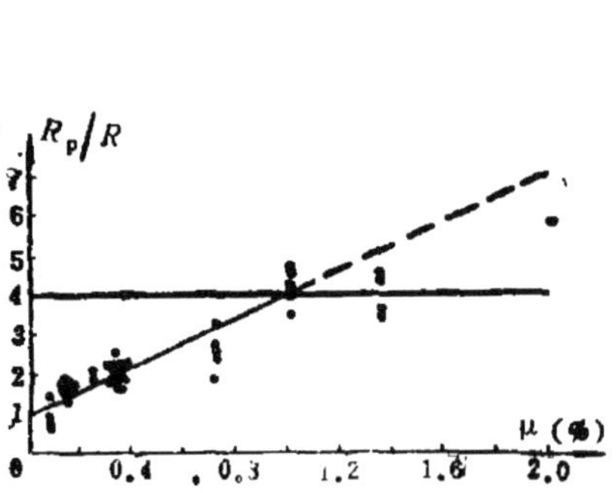

图2　轴心受压时 $R_p/R\sim\mu$ 关系图

2. 偏心受压

实测表明偏心受压时，在受压区内的钢筋网中，其钢筋应力并不随 e_0 的增加而有明显的增大或降低，R_g 仍接近规范取用的抗拉设计强度值。但随 e_0 的增大，受压区面积减小，钢筋网阻止砌体横向变形的效果降低，故 ΔR 需乘以降低系数 η。可取 $\eta=1-e_0/y$，则

$$\Delta R = (1 - e_0/y)\frac{2\mu}{100} R_g \qquad (7)$$

当偏心受压时，如按材料力学计算，承载力的计算公式为

$$N \leqslant \frac{AR}{1 + \frac{e_0 y}{r^2}} = \alpha' AR \qquad (8)$$

$$\alpha' = \frac{1}{1 + \frac{e_0 y}{r^2}} \qquad (9)$$

式中： r——截面的迴转半径。

此 α' 可称为按材料力学公式计算的偏心影响系数。对于砖砌体，由于材料具有一定的弹塑性性质和其抗拉强度很低等原因，在公式(8)的 $e_0 y/r^2$ 项中乘以修正系数$\omega e_0/y$，则

$$N_p \leqslant \frac{AR}{1 + \omega\left(\frac{e_0}{r}\right)^2} = \alpha_p AR \qquad (10)$$

$$\alpha_p = \frac{1}{1 + \omega\left(\frac{e_0}{r}\right)^2} \qquad (11)$$

对于矩形截面：

$$\alpha_p = \frac{1}{1 + 3\omega\left(\frac{e_0}{y}\right)^2} \qquad (12)$$

根据试验结果取 $\omega = 1.5$，则网状配筋砌体的偏心影响系数为：

$$\alpha_p = \frac{1}{1 + 4.5\left(\frac{e_0}{y}\right)^2} \qquad (13)$$

偏心影响系数的试验值与计算值绘于图3。

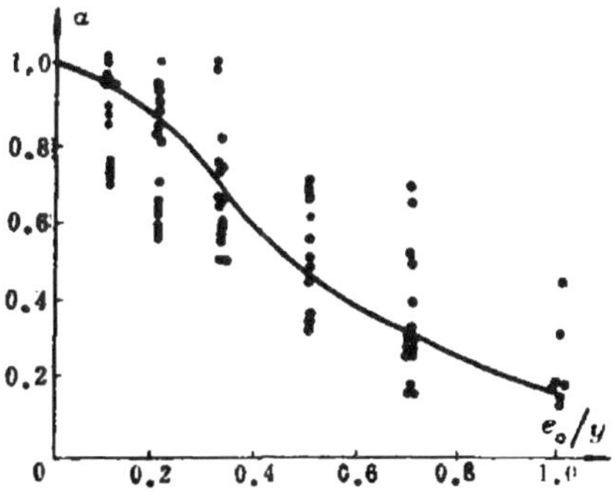

图3 偏心影响系数

综上分析，可得矩形截面网状配筋砌体偏心受压时承载力的计算公式：

$$KN_p \leqslant \alpha_p\left[R + \left(1 - \frac{e_0}{y}\right)\frac{2\mu}{100} R_g\right]A \qquad (14)$$

部分试验值N'与计算值N列于表2。

根据试验，当 $e_0 = 0.5 \sim 0.7y$ 时，其承载力只为轴心受压时的65～18%，平均为42%。同时，较无筋砌体时的承载力也提高很少。此外，当 e_0 愈大时，一旦受拉区产生水平裂缝，砌体便立即丧失承载能力，这在使用中是不安全的。因此应限制 $e_0/y \leqslant 1/3$。

在公式(5)和公式(14)内引入构件纵向弯曲系数 ϕ_p，则得网状配筋砌体受压构件

的承载力计算公式：

$$KN_p \leqslant \phi_p \alpha_p \left[R + \left(1 - \frac{e_0}{y}\right) \frac{2\mu}{100} R_g \right] A \tag{15}$$

由于砌体中设有钢筋网，砌体被水平钢筋网隔断，且钢筋网处砌体灰缝加厚，根据实测，在荷载比相同时网状配筋砌体的变形大于无筋砌体时的变形，并随 μ 的增加，变形也增大。我国规范中无筋砌体的 $\phi = \frac{1}{1+a\beta^2}$，对于网状配筋砌体，考虑到上述特性取 $a=0.0015$，$a_p=0.0015(1+3\mu)$[1]，则

$$\phi_p = \frac{1}{1+a_p\beta^2} \tag{16}$$

式中：β——构件的高厚比。当 $\beta>15$ 时，不宜采用网状配筋砌体。

四、构件可靠度的校准分析

现以考虑随机变量分布类型的一次二阶矩方法，校准分析网状配筋砌体受压构件的可靠指标 β。荷载的统计参数见表 3。[4]

表　3　　　　荷载的统计参数

荷 载 类 别	平均值/标准值	变异系数	分布类型
恒　载	1.06	0.07	正　态
办公楼楼面活载	0.70	0.29	极值Ⅰ型
住宅楼面活载	0.86	0.23	极值Ⅰ型
风　载	1.00	0.18	极值Ⅰ型

构件抗力平均值的表达式为：

$$R_m = R_n \cdot M_m \cdot F_m \cdot P_m \tag{17}$$

式中 R_m 为构件抗力平均值，R_n 为构件标准抗力，M_m、F_m 和 P_m 分别为材料强度，构件几何特征和计算模式等的不定性影响系数的平均值。取

$$k_R = R_m / R_n = M_m \cdot F_m \cdot P_m \tag{18}$$

则 k_R 的变异系数为

$$V_k = (V_M^2 + V_F^2 + V_P^2)^{\frac{1}{2}} \tag{19}$$

式中 V_M、V_F 和 V_P 分别为 M_M、F_M 和 P_M 的变异系数。

1. 轴心受压

按公式(15)确定构件的统计参数(此时 $e_0=0$)。公式(15)中各项强度为平均值。由于实际上的砖砌体的平均抗压强度高于由试验室中标准试件得出的平均抗压强度，两者的比值为 1.15，因而砖砌体抗压强度平均值与其标准值之比乘以 1.15。无筋砖砌体的抗

压强度的变异系数 $V_R=0.20$. 钢筋强度不定性影响系数平均值为 1.20，钢筋强度及其截面面积的变异系数 $V_{R_gA_g}=0.075$.在网状配筋砌体中由于还要考虑 C_g和S_g 的变异，可取钢筋强度变异系数 $V_{R_g}=0.10$。现取 $\mu=0.1$、0.2 及 0.3%，以比较 μ 对构件可靠度的影响，结果见表 4。

在一般情况下，网状配筋砖砌体构件的截面面积已接近或超过 49×49cm，当构件截面面积为 49×49cm 时，由调查所得 $F_m=1.0$，$V_F=0.0117$.

按本文轴心受压试验及计算结果得 $P_m'=1.02$，$V_{PI}=0.149$. 纵向弯曲系数不定性影响系数的平均值按无筋砌体的采用，即$\overline{\phi}_P=1.0$，其变异系数$V_{\overline{\phi}}=0.11$. 则网状配筋砖砌体轴心受压构件包括纵向弯曲不定性影响在内的计算模式不定性影响系数平均值为 $P_m=1.02$，其变异系数 $V_P=0.185$.

表 4　　构件的统计参数

轴心受压								
μ%	M_M	V_M	F_m	V_F	P_m	V_p	k_R	V_k
0.1	1.1524	0.199	1.0	0.0117	1.02	0.185	1.1754	0.272
0.2	1.1548	0.199	1.0	0.0117	1.02	0.185	1.1779	0.272
0.3	1.1572	0.199	1.0	0.0117	1.02	0.185	1.1803	0.272
偏心受压								
e_0/y	M_m	V_m	F_m	V_F	P_m	V_p	k_R	V_k
0.1	1.104	0.199	1.0	0.0117	1.093	0.192	1.2100	0.277
0.2	1.103	0.199	1.0	0.0117	1.093	0.192	1.2089	0.277
0.3	1.102	0.200	1.0	0.0117	1.093	0.192	1.2078	0.277

根据上述的构件各抗力统计参数（见表 4），并以其服从正态或对数正态分布，与表 3 的荷载统计参数及其分布，采用迭代法经电算可求得网状配筋砖砌体轴心受压构件的 β 值（见表 5）。

表 5　　校准的可靠指标 β

构件类别	活载/恒载				平均值
	0.10	0.25	0.5	0.75	
轴心受压	3.405	3.547	3.672	3.707	3.583
偏心受压	3.437	3.577	3.701	3.738	3.613

2. 偏心受压

同样，按公式(15)确定构件的统计参数。偏心受压时，实际上的砖砌体的平均抗压强度与实验室中标准试件的平均抗压强度之比为 1.10，钢筋强度不定性影响系数平均值仍取为 1.20，相应的 $V_R=0.20$，$V_{R_g}=0.10$.由表 4 可看出 μ 的变化对 M_m 和 V_m 的影响很小，因而可以一种配筋率来分析，现取$\mu=0.2\%$.按三种偏心距求M_m和V_m，其结果见表4。

同轴心受压构件一样，取$F_m=1.0$，$V_F=0.0117$.

按本文偏心受压试验结果及计算结果得$P_m^1=1.093$，$V_{PI}=0.157$，并取$\overline{\phi_P}=1.0$，$V_{\overline{\phi}}=0.11$，则$P_m=1.093$，$V_P=0.192$.

根据表3和表4经电算可求得网状配筋砖砌体偏心受压构件的β值（见表5）。

按我国规定，当安全等级为二级时，脆性破坏的构件$\beta=3.7$，相应的破坏概率为1.0×1.0^{-4}.上述分析和计算表明，网状配筋砖砌体受压构件的可靠指标接近或达到要求的可靠指标β。

五、结　论

1. 网状配筋砖砌体受压构件的承载力可按下式计算：

$$KN_P\leqslant\phi_P\alpha_P R_P A$$

式中：　K——安全系数，取2.3；

ϕ_P——纵向弯曲系数，按式(16)采用，$\beta\leqslant15$；

α_P——偏心影响系数，按式(13)确定；

R_P——网状配筋砌体的抗压强度。

$$R_P=R+\left(1-\frac{e_0}{y}\right)\frac{2\mu}{100}R_g\leqslant4R,\quad e_0/y\leqslant\frac{1}{3};$$

A——构件截面面积。

经校准上式，其可靠指标接近或达到要求的可靠指标。

2. 当按概率极限状态设计方法，用分项系数表达式

$$r_G S_G+r_Q S_Q\leqslant\frac{R_K}{r_R}$$

时，若$r_G=1.2$，$r_Q=1.4$，且保持现行砖石结构设计规范中网状配筋砖砌体受压构件的可靠度水平，取$\gamma_R=1.85$，上式中S_G，S_Q和R_K分别为恒载效应、活载效应和结构构件抗力的标准值。γ_G和γ_Q分别为恒载和活载的荷载分项系数，γ_R为结构构件抗力系数。

参 考 文 献

〔1〕　《砖石结构设计规范》(GBJ3—73)，中国建筑工业出版社，1973年。

〔2〕　南京工学院主编：《砖石结构》，中国建筑工业出版社，1981年。

〔3〕　С. В. ПОЛЯКОВ, Б. Н. ФАЛЕВИЦ; КАММЕННЫЕ КОНСТРУКЦИИ, ГОССТРОЙИЗДАТ，1960年。

〔4〕　砖石结构设计规范修订组：《砖石结构构件偏心受压的计算》。建筑技术通讯，建筑结构。中国建筑科学研究院建筑情报研究所出版，1976，3.

〔5〕　建筑结构安全性研究小组李明顺等：《建筑结构安全性理论的发展与应

用》，建筑结构学报，1981，1.

The Calculation of the Load-bearing Capacity of Brick Masonry with Reinforced Network Subject to Compression

By

Chen Xingzhi and Shi Chuxian

Abstract

Based on the theoritical analysis of the experimental results of more than 160 test prisms, this paper gives a comprehensive discussion of the compressive behavior of brick masonry with different ratio of reinfocement and varied eccentricity of loading. By using the probability based limit states design methods, the reliability of the brickwork with reinforced net subject to compression is calibrated. thus the calculation of this type of brickwork construction is further perfected.

约束钢筋混凝土偏心受压柱的强度与变形分析

成文山，张保善

摘　要

本文根据矩形箍筋约束钢筋混凝土偏心受压柱的试验结果，对箍筋约束效应进行了分析，从而提出考虑这一效应计算偏心受压柱强度和变形的方法。47根试验柱的结果表明，利用该法能较准确地估计约束钢筋混凝土偏压柱的最大承载力、极限强度与相应的挠度，能较好地描述试验柱荷载—挠度关系的全过程。

一、箍筋约束效应

约束混凝土力学性能的一般研究，五十多年前国外早已开始。对不同形式箍筋的约束效应在设计应用方面的研究，近十多年来才逐渐受到重视。如Iyengar等通过园形与矩形螺旋箍筋约束混凝土的试验，研究了影响约束效应的主要因素，并指出螺旋箍筋能显著提高混凝土的强度和变形，而矩形螺旋箍筋则较园形的为差[1]。Burdette等对各种箍筋约束混凝土柱轴心受压的试验表明，矩形箍筋对混凝土强度的提高并不显著，只对其变形能力的改善有积极作用[2]。Soliman等对矩形箍筋约束混凝土的应力—应变关系进行了研究，在此基础上，Park提出了矩形箍筋约束混凝土应力—应变曲线的模型[3 4]。现在，我们将结合约束和非约束混凝土轴压柱及钢筋混凝土偏压柱的试验，对矩形箍筋的约束效应作进一步的探讨。

（一）箍筋对混凝土棱柱力学性能的影响

我们利用特制的刚性架对矩形箍筋约束和非约束混凝土棱柱进行轴压试验。48个15×15×15厘米棱柱试件，箍筋间距分3、4、5、7厘米四种。为了纪录荷载—变形曲线，荷载由传感器经动态应变仪接X-Y函数仪，变形由位移传感器接Y6D-3A动态应变

* 张保善原系我校81届结构工程研究生，获硕士学位，现在郑州工学院任教。

仪放大信号后输入到同一台 X-Y 函数仪。在 80% 最大荷载以后，刚性架参加工作，并按等变形速率加载，直到混凝土完全破坏。图 1 和图 2 分别示出非约束和箍筋约束混凝土棱柱应力一应变曲线。

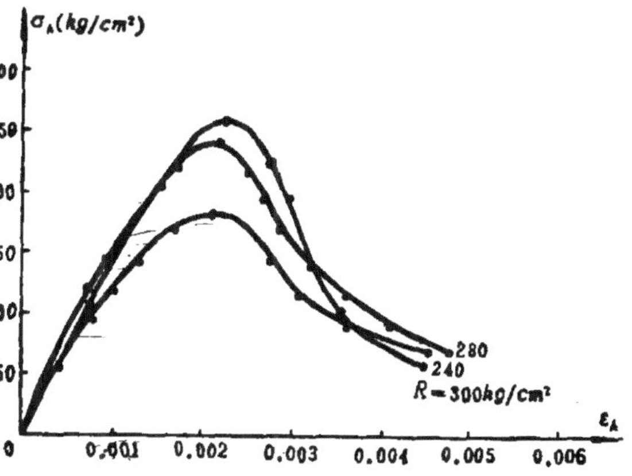

图 1　非约束混凝土棱柱应力一应变曲线

试验表明，非约束混凝土试件峰值应力在 $(0.78\sim0.87)R$ 之间，平均值约为 $0.85R$，峰值应变在0.0018～0.0025之间。曲线的下降段随混凝土标号的提高而变陡。在矩形箍筋约束混凝土试件中，峰值应力在 $(0.81\sim0.92)R$ 之间，大约提高 5～30%；峰值应变也增加到0.0023～0.0035。在峰值应力 80% 以前，曲线上升段基本重合，然后才显示出矩形箍筋的约束效应。这种约束效应随箍筋间距的减小、配箍率的增大而变得愈来愈显著。曲线下降段随箍筋间距的减小、配箍率的增大而变得愈来愈平缓，说明矩形箍筋显著地改变混凝土的变形性质。这就是矩形箍筋约束混凝土抗压性能的主要特征。

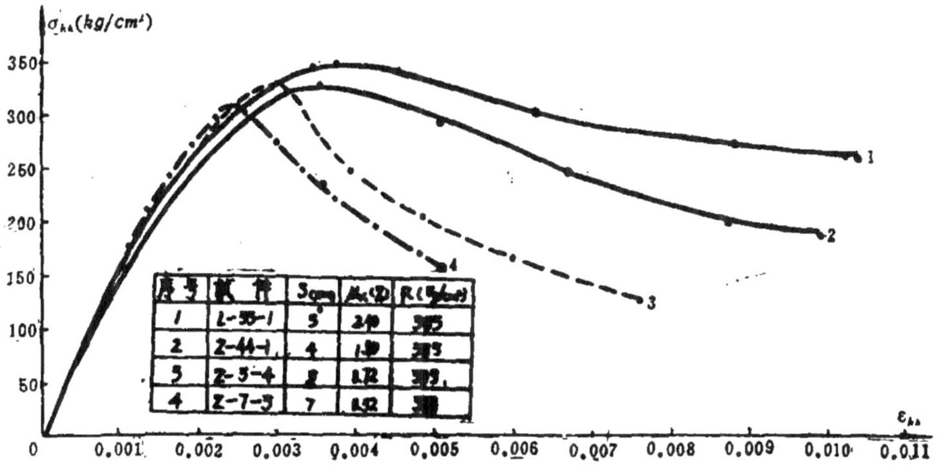

图 2　矩形箍筋约束混凝土棱柱应力一应变曲线

（二）　箍筋对钢筋混凝土偏压柱受力特性的影响

47根柱子试验全部在 400 吨承力架上以立位方式进行。用 200 吨油压千斤顶加载，用荷载传感器接 Y6D-3A 动态应变仪和 X-Y 函数仪读出荷载值。沿试件受拉边等距离固定五个挠度计测量侧向变形，并在中间挠度计上安装电阻式位移传感器，通过 Y6D-3A 动态应变仪和同一台 X-Y 函数仪自动纪录荷载一挠度全过程曲线。截面受压混凝土应变、受拉和受压钢筋应变、箍筋应变以及约束混凝土应变均采用电阻片或手持式应变仪量取。试验开始按最大荷载的 10% 分级加载；临近最大荷载时，加载改由变形控制，直至受拉钢筋拉断或支承铰转动失灵终止。

试验表明，在达到最大承载力前，约束和非约束钢筋混凝土柱子的受力情况相类似。当达到最大荷载时，两种柱子临界截面最大受压边缘混凝土均达到极限应变，并且都可以按受拉钢筋是否屈服而分为大、小偏心及界限受压三种情况。对于非约束钢筋混凝土柱子，这三种受力情况通常视为三种不同的破坏形态。但是，对于约束钢筋混凝土柱子，由于箍筋约束效应的存在，混凝土受压边缘达到极限状态，只不过表现为混凝土保护层的离层剥落，其后果是柱子承载能力下降，因而荷载一挠度曲线上相应地出现峰

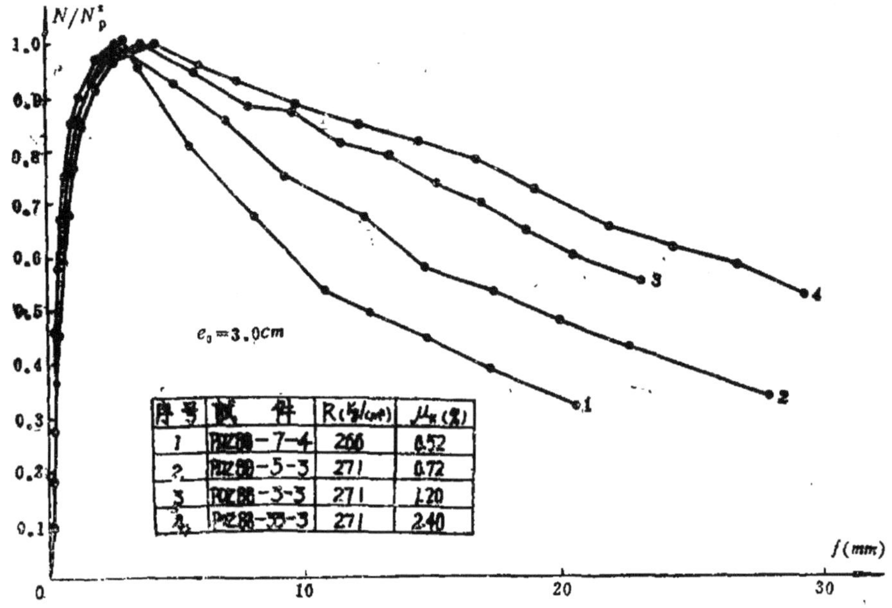

(3a)

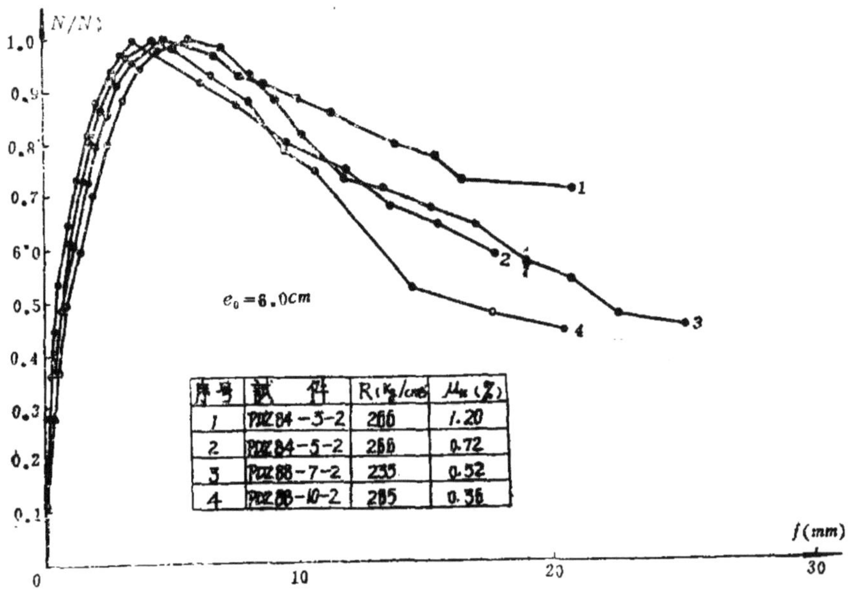

(3b)

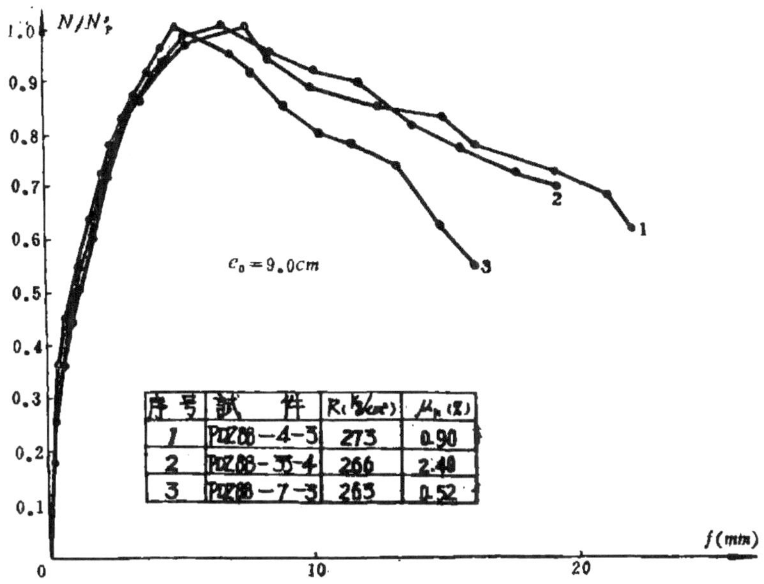

(3c)

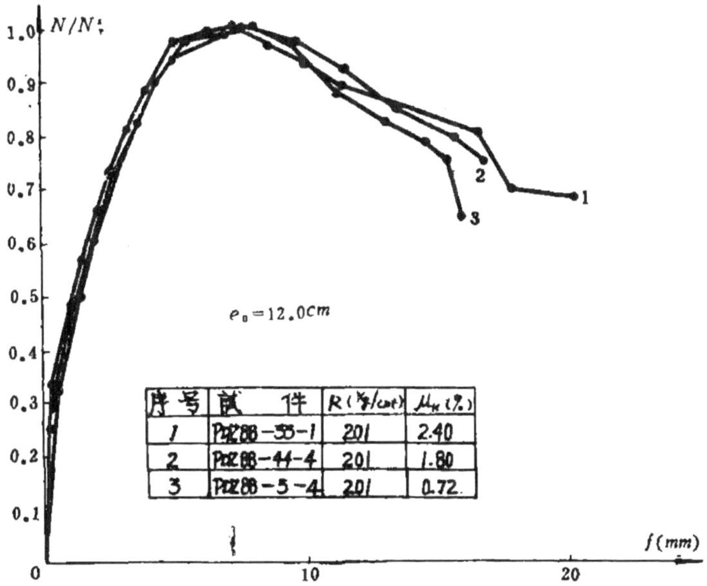

(3d)

图3 不同配箍率 μ_k 的试验柱 $N/N_p^s - f^s$ 曲线

点。该峰值荷载只是柱子的最大承载力，而并非极限荷载。当保护层混凝土剥落完毕时，柱子仍具有80%以上最大荷载的承载力。即使约束核心混凝土受压边缘纤维达到极限应变，柱子仍具有70%左右最大荷载的承载力。此后，由于继续加载使破坏深及约束混凝土核心内部，柱子开始完全丧失承载能力。所以，我们称约束核心混凝土达到极限应变而破坏时的荷载为约束钢筋混凝土柱的极限强度，相应的挠度为极限挠度。此时，临界截面形成理想的塑性铰，受拉钢筋早已屈服，受压钢筋也已屈服或屈曲，故可认为柱子已进入破坏状态。由此可见，箍筋的约束效应在80%最大荷载（大致相当受压混凝土纵裂）以后才显示出来，其作用主要是改善受压混凝土的变形性能，因而延缓受压混凝土的破坏过程。无论偏心距 e_0 的大小如何，约束钢筋混凝土柱子从丧失最大承载力至最后破坏，都表现出良好的塑性性质。

图3示出试验柱的 $N/N_p^s \sim f^s$ 曲线，从中可以看出，在较小初始偏心距的情况下，配箍率 μ_k 只在大约最大荷载的80～90%时才对曲线上升段产生微小影响。此外，随着配箍率 μ_k 的增大和箍筋间距 s 的减小，对应于最大荷载的挠度增加，而曲线下降段变得愈来愈平缓。

试验曲线还表明，箍筋的约束效应随着荷载偏心距的增大而减弱。这是因为箍筋的约束效应直接与受压区混凝土的面积大小有关。当 e_0/h 较大时，截面受压区高度很小，不管配箍率 μ_k 和箍筋间距 s 的大小如何，其约束能力都不可能得到相应的发挥。

图4绘出同一混凝土标号与体积配箍率的柱子的 $N/N_p^s \sim f^s$ 曲线。可以看出，随着荷载偏心距的增大，曲线逐渐弯向挠度轴，最大荷载时的挠度值 f_m（图中 B 点）也愈来愈大。由于箍筋的作用，曲线的下降段较长，且随着偏心距的增大而变得平缓。当约束混凝土达到极限应变时（图中 A 点），柱子的极限强度约为最大荷载的70～80%。这对于结构设计具有一定的实际意义。如果将相应于最大荷载的挠度和极限挠度对屈服挠度之比，分别定义为非约束和约束钢筋混凝土柱的延性系数，那末，图4所示试件的位移延性系数可提高一至二倍以上。

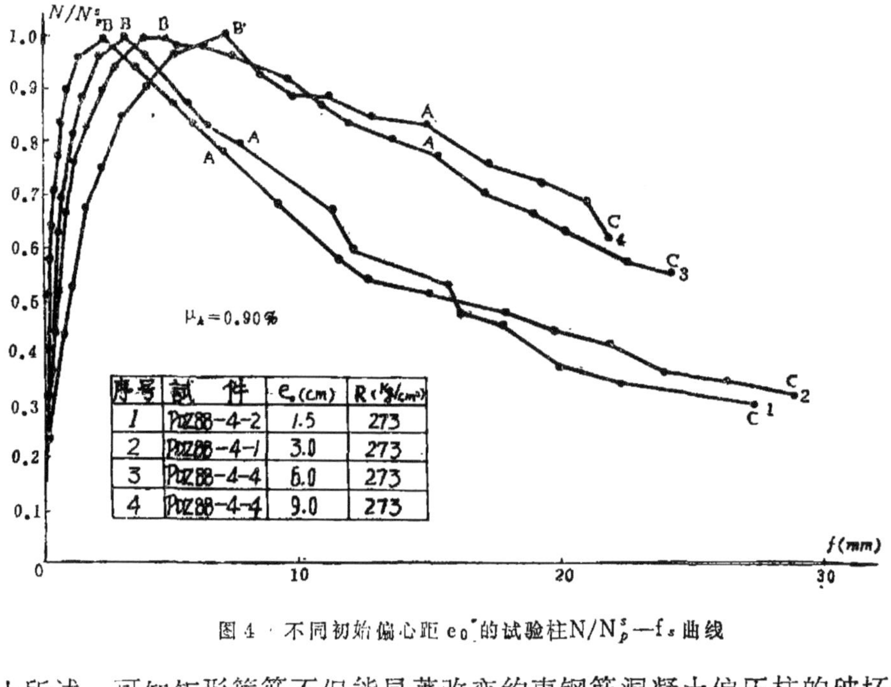

图4 不同初始偏心距 e_0 的试验柱 $N/N_p^s - f_s$ 曲线

综上所述，可知矩形箍筋不但能显著改变约束钢筋混凝土偏压柱的破坏特征，而且还提高其延性。箍筋的约束效应主要与初始偏心距 e_0、配箍率 μ_k、箍筋间距 s 等因素有关。此外，试验还证明，这种柱子的极限挠度一般是最大荷载时挠度的二至四倍，在极限强度计算中必须予以考虑。

（三） 约束核心混凝土的极限应变

约束核心混凝土的应力—应变关系及其特征值，是柱子强度和变形计算的主要依据。图5表示试验柱约束核心混凝土受压边缘实测极限应变 ε_{ku} 和配箍率 μ_k 之间的关系，其回归方程为：

$$\varepsilon_{ku}=0.0027+0.0078\mu_k-0.0013\mu_k^2 \qquad (1)$$

参照〔5〕关于约束钢筋混凝土构件变形计算的公式，并考虑到截面相对受压区高度的影响，将上式修正为：

$$\varepsilon_{ku}=0.002\left[1+1.5\mu_k+(0.7-0.1\mu_k)\frac{1}{\xi}\right] \qquad (2)$$

式中，μ_k 为体积配箍率的百分数；ξ 为截面相对受压区高度。

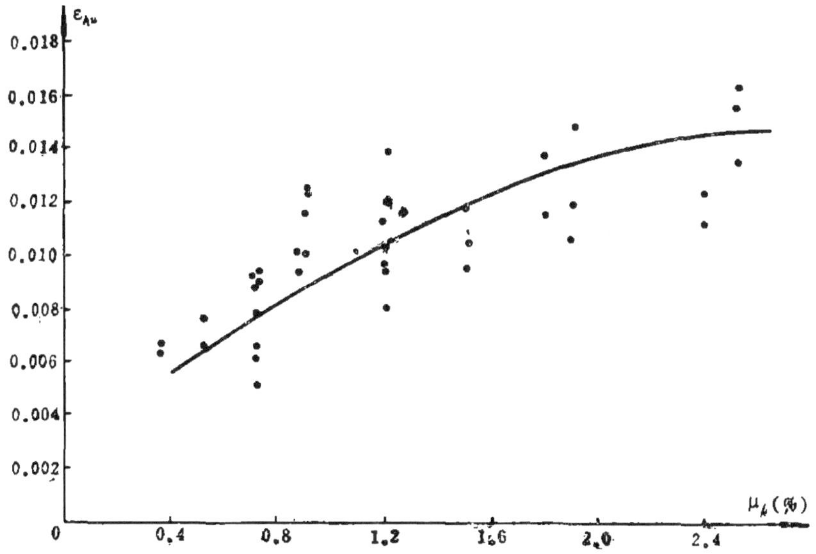

图5 矩形箍筋约束混凝土 ε_{ku}—μ_k 关系

二、强度与变形计算

（一） 基本假设

在建立强度与变形计算公式时，提出下列假设：

1. 柱子受力直到极限强度时，截面变形服从平面法则，即混凝土纵向纤维的应变沿截面高度呈线性分布。

2. 受压混凝土达到极限应变 $\varepsilon_{ku}=0.004$ 之前，混凝土核心部分与保护层的力学性能无差异，其应力—应变关系为(图6a)：

$$\sigma_h = 0.85k_1R\left[\frac{2\varepsilon_h}{\varepsilon_0} - \left(\frac{\varepsilon_h}{\varepsilon_0}\right)^2\right] \qquad (0 \leqslant \varepsilon_h \leqslant \varepsilon_0) \tag{3a}$$

$$\sigma_h = 0.85k_1R\,[1 - 75(\varepsilon_h - \varepsilon_0)] \qquad (\varepsilon_0 \leqslant \varepsilon_h \leqslant \varepsilon_{hu}) \tag{3b}$$

在最外边缘受压混凝土开始剥落后，混凝土约束核心和保护层具有不同的应力—应变关系。未剥落的保护层混凝土仍保持式(3)的关系，约束核心凝混土则为(图6b)：

$$\sigma_h = 0.85k_2R\left[\frac{2\varepsilon_h}{\varepsilon_0} - \left(\frac{\varepsilon_h}{\varepsilon_0}\right)^2\right] \qquad (0 \leqslant \varepsilon_h \leqslant \varepsilon_0) \tag{4a}$$

$$\sigma_h = 0.85k_2R\left[1 - \frac{0.15}{\varepsilon_{hu} - \varepsilon_0}(\varepsilon_h - \varepsilon_0)\right] \qquad (\varepsilon_0 < \varepsilon_h \leqslant \varepsilon_{hu}) \tag{4b}$$

式中，ε_{hu} 为约束核心凝混土极限应变，按式(1)或(2)确定；k_1 与 k_2 为约束箍筋对受压凝混土强度的提高系数，当计算正截面最大承载力时，公式为：

$$k_1 = 0.8 + 0.5\zeta_p - 0.23\zeta_p^2 \geqslant 1.0 \tag{5}$$

当计算正截面极限强度时，对核心混凝土取：

$$k_2 = 0.29 + 2.343\zeta_u - 1.256\zeta_u^2 \tag{6}$$

对保护层混凝土取 $k_1 = 1.0$。此处，ζ_p、ζ_u 分别为最大承载力和极限强度时截面受压区的相对高度或名义中和轴相对深度。

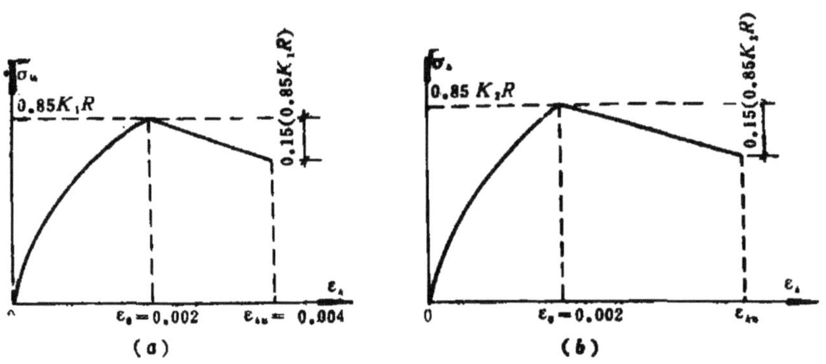

图 6　非约束与约束混凝土的应力—应变关系

3. 受拉钢筋的应力—应变关系如图 7 所示，曲线部分的方程分别为：

对于冷拔低碳钢丝 (图7a)

$$\sigma_g = 7400 - \frac{10.538}{\varepsilon_g} + \frac{0.0304}{\varepsilon_g^2} - \frac{4.82 \times 10^{-5}}{\varepsilon_g^3} \tag{7}$$

对于 I 级钢筋 (图7b)

$$\sigma_g = \sigma_y\left(1.457 - \frac{0.01142}{\varepsilon_g}\right) \tag{8}$$

4. 计算最大承载力与极限强度时，受拉区混凝土的工作忽略不计。

在变形计算中，除上述四个假设外，还补充两条，即：当受压较大边缘混凝土应变达到 ε_0 时，截面进入屈服状态，其性质与受拉钢筋屈服时的截面工作类似；箍筋对柱子达到最大承载力前的工作状态无影响。

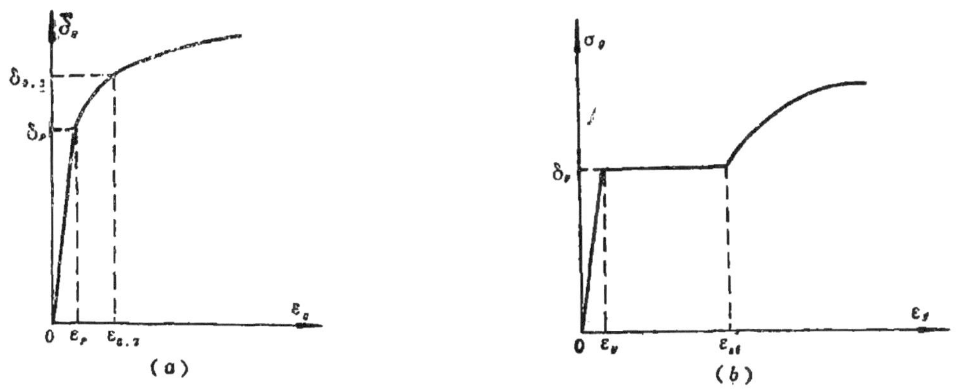

图 7　受拉钢筋应力—应变关系曲线

（二） 计算公式

1． 最大承载力 N_p 及挠度 f_m

图 8 为临界截面达到最大承载力时可能出现的两种受力情况，由静力平衡条件可建立形式完全相同的计算公式，即：

$$N_p = kRbh_0\zeta_p + \sigma_g'A_g' - \sigma_g A_g \tag{9}$$

$$N_p e = kRbh_0^2\zeta_p(1-\beta\zeta_p) + \sigma_g'A_g'(h_0-a') \tag{10}$$

这里，钢筋应力 σ_g、σ_g' 可根据截面变形协调方程及钢筋应力—应变关系确定。

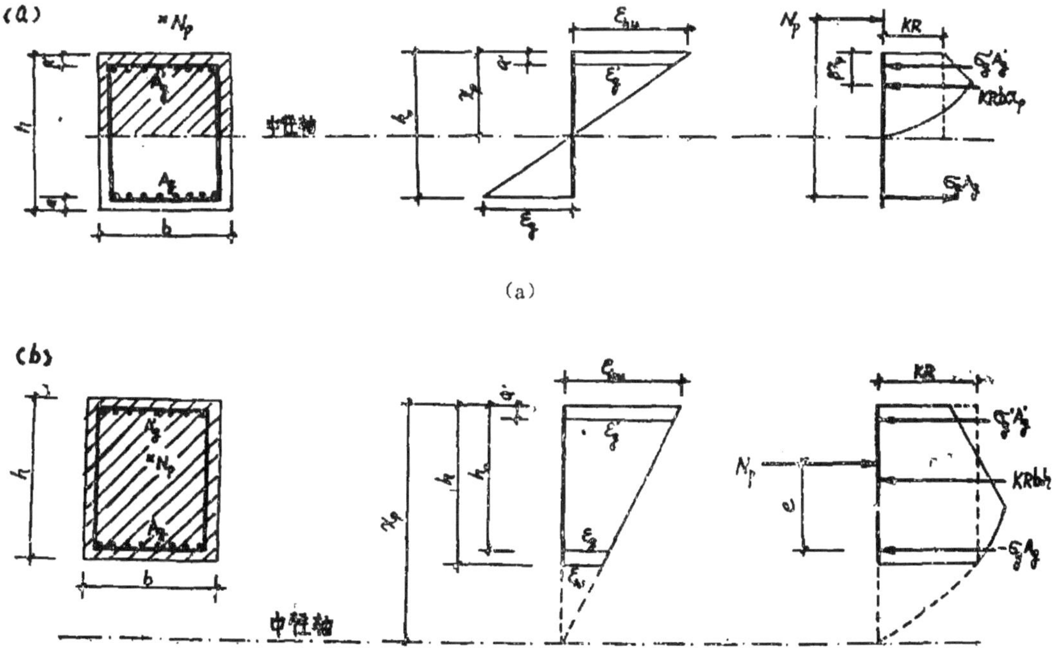

（a）

（b）

图 8　最大承载力时临界截面计算图

中和轴位置由下式确定：

$$\zeta_p=\frac{-B+\sqrt{B^2-4AC}}{2A} \tag{11}$$

式中 $A=\beta m$ $B=m(e/h_0-1)$ $C=-m_g$

$m=kRbh_0^2$ $m_g=\sigma_g A_g e+\sigma_g' A_g'(h_0-e-a')$

按混凝土应力—应变关系求得受压区混凝土的内力参数 k 与 β 的表达式为：

$$k=\frac{0.85k_1(0.8-0.5r_1^2+0.167r_1^3)}{1-0.5r_1} \tag{12}$$

$$\beta=1-\frac{0.45-0.4r_1}{(0.8-0.5r_1^2)(1-0.5r_1)}\leqslant 0.5 \tag{13}$$

此处，$r_1=\frac{\varepsilon_{h1}}{\varepsilon_0}>0$，$\varepsilon_{h1}=\varepsilon_{hu}\left(1-\frac{h}{\zeta_p h_0}\right)$，中和轴在截面之外(图8$b$)。若 $r_1\leqslant 0$，则中和轴在截面以内（图8a)。取 $r_1=0$，由式(12)和(13)求得：

$$k=0.6765k_1 \qquad \beta=0.4375$$

利用上述公式计算最大承载力 N_p 时，首先用迭代法确定中和轴位置，同时验算是否满足条件：$a'/\beta h_0\leqslant\zeta_p\leqslant h/h_0$。若 $\zeta_p>h/h_0$，则取 $\zeta_p=h/h_0$；若 $\zeta_p<a'/\beta h_0$，则取 $\zeta_p=a'/\beta h_0$。最后，由式(10)求得 N_p 值。

当计算最大荷载相应的挠度 f_m 时。仍采用现行规范的公式，但我们从试验中求得的刚度折减系数为：

$$\alpha_m=\frac{0.13+0.1\frac{e_0}{h}}{0.3+\frac{e_0}{h}} \tag{14}$$

2. 极限强度 N_u 及挠度 f_u

当临界截面达到极限强度时，其内力状态如图 9 所示。

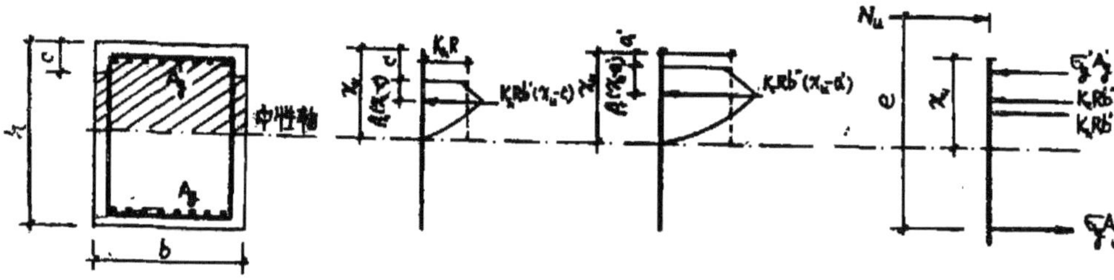

图 9 极限强度时临界截面计算图

由于受压区混凝土保护层部分剥落，可将截面看作由无约束作用（$k_1=1$）的保护层残留混凝土和约束核心混凝土组成的凸面。此时，各部分混凝土的内力参数确定如下：

对无约束作用的保护层混凝土，$k_h=0.6765$，$\beta_h=0.4375$，

对于约束核心混凝土

$$k_c=0.85k_2\left[1-\frac{r_c}{3}-\frac{Z}{2}\varepsilon_{ku}(1-r_c)^2\right] \tag{15}$$

$$\beta_c=1-\frac{\frac{1}{2}-\frac{r_c^2}{12}-Z\varepsilon_{ku}\left(\frac{1}{3}-\frac{r_c}{2}+\frac{r_c^3}{6}\right)}{1-\frac{r_c}{3}-\frac{Z}{2}\varepsilon_{ku}(1-r_c)^2} \tag{16}$$

式中 $Z=\frac{0.15}{\varepsilon_{ku}-\varepsilon_0}$ $r_c=\frac{\varepsilon_0}{\varepsilon_{ku}}$

ε_{ku} 按式(1)或(2)确定；k_h、k_c 分别为非约束与约束受压混凝土平均抗压强度系数；β_h、β_c 为相应的受压区合力作用点至截面受压边缘距离的系数。

根据图9所示内力，由静力平衡条件得到：

$$N_u=k_hRb'h_0(\zeta_u-\delta_1)+k_cRb''h_0(\zeta_u-\delta_2)+\sigma_g'A_g'-\sigma_gA_g \tag{17}$$

$$N_ue=A_{0h}k_hRb'h_0^2+A_{0c}k_cRb''h_0^2+\sigma_g'A_g'(h_0-a') \tag{18}$$

式中 $\delta_1=c/h$ $\delta_2=a'/h$ $b'=b-b''$

c——混凝土保护层剥落深度；

b''——箍筋宽度。

$A_{0h}=(\zeta_u-\delta_1)[1-\beta_h\zeta_u-\delta_1(1-\beta_h)]$

$A_{0c}=(\zeta_u-\delta_2)[1-\beta_c\zeta_u-\delta_2(1-\beta_c)]$

中和轴位置由下式确定：

$$\zeta_u=\frac{-\beta+\sqrt{B^2-4AC}}{2A} \tag{19}$$

式中 $A=m_c\beta_c+m_h\beta_h$ $m_c=k_cRb''h_0^2$ $m_h=k_hRb'h_0^2$

$B=m_c(\delta_2-2\delta_2\zeta_u+e/h_0-1)+m_h(\delta_1-2\delta_1\zeta_u+e/h_0-1)$

$-C=m_c[\delta_2^2(1-\beta_c)+\delta_2(e/h_0-1)]+m_h[\delta_1^2(1-\beta_h)+\delta_1(e/h_0-1)]+m_g$

$m_g=\sigma_gA_ge+\sigma_g'A_g'(h_0-e-a')$

这里，钢筋应力 σ_g、σ_g' 可根据截面变形协调方程及钢筋应力—应变关系确定。

计算极限强度 N_u 时，仍采用迭代法先求得 ζ_u 值，然后从式(17)或(18)求得 N_u 值。相应挠度 f_u 同样可参照规范公式计算，本试验所给出的截面刚度折减系数为：

$$\alpha_u=\frac{0.05}{0.35+\frac{e_0}{h}} \tag{20}$$

(三) 理论与试验的对比

按规范 TJ10-74 方法及本文建议公式计算试验柱强度与变形的理论值与试验值的对比列于表1，可见按建议公式计算的强度和变形值均与试验结果符合较好。

表 1　　试验柱强度与变形分析结果

比　值	N_p^s/N_p^{TJ}	N_p^s/N_p^1	N_p^s/N_p^2	N_u^s/N_u^1	N_u^s/N_u^2	η_m^s/η_m	η_u^s/η_u
N	47	47	47	45	45	47	46
x	1.0291	1.0683	1.0347	1.0619	1.0640	0.9970	1.0068
σ_n	0.1225	0.0889	0.0795	0.1004	0.1009	0.0185	0.0561
C_u(%)	11.90	8.33	7.69	9.45	9.48	1.85	5.57

表中　N_p^{TJ}——规范计算值；

N_p^1、N_p^2——本文计算值，分别取 $k_1=1$、$k\neq1$；

N_u^1、N_u^2——本文计算值，ε_{hu} 分别按式〈1〉与〈2〉确定；

N_p^s、N_u^s——实测值；

η——偏心距增大系数，角标意义同前。

三、偏压柱荷载—挠度全过程曲线

根据试验可知，约束钢筋混凝土柱的荷载一挠度曲线上存在着受拉混凝土横裂、受拉钢筋屈服、受压混凝土纵裂、最大承载力、极限强度等五个特征点。同时，实测曲线表明，在柱子工作的全过程中，只有各特征点上才出现较为明显的转折，因此建议以直线代替各阶段的曲线线段，从而得到简化的荷载一挠度曲线。

为了绘制柱子的荷载一挠度全过程曲线，除前面已推导的最大承载力、极限强度与相应挠度的公式外，还必须补充截面开裂荷载、屈服荷载与相应挠度的计算公式。当受拉区开裂时，假定截面受拉边缘混凝土达到极限应变 ε_{hl}，拉应力达到抗拉强度 R_l^b，且呈矩形分布。根据截面变形协调和静力平衡条件不难推导开裂荷载公式。计算表明，开裂荷载 N_f 和截面受拉混凝土的内力与中和轴的深度度有关。当小偏心受压时，x_f 较大，故 N_f 较大，相应地受拉混凝土内力较小。此时，忽略受拉区混凝土的工作，对 N_f 值影响甚微（一般在 5 % 以内）。当大偏心受压时，x_f 较小，受拉混凝土内力较大，且对 N_f 影响较大，故计算中不宜忽略。

截面屈服是指受拉钢筋屈服，或混凝土受压边缘达到 ε_0 的两种情况。同理，根据截面变形协调和静力平衡条件，可确定截面屈服荷载 N_y。

由试验得知，受拉混凝土开裂前，柱子基本上处于弹性阶段，故可利用压弯杆件弹性理论计算偏心距增大系数，从而求得相应的挠度 f_f。至于屈服挠度 f_y，则其公式的结构形式与前面各阶段的相同，不过考虑到混凝土的塑性变形，截面刚度折减系数的经验公式为：

$$\alpha_y = 4\xi_y^3 - 6\xi_y^2 + 3\xi_y \leqslant 1.0 \tag{21}$$

利用上述公式，我们分析了全部试验柱，并绘出部分试件的荷载一挠度曲线（典型的如图 10 所示）。按建议方法确定的理论曲线，与试验点非常接近，曲线的上升段和下降段均与试验吻合较好。

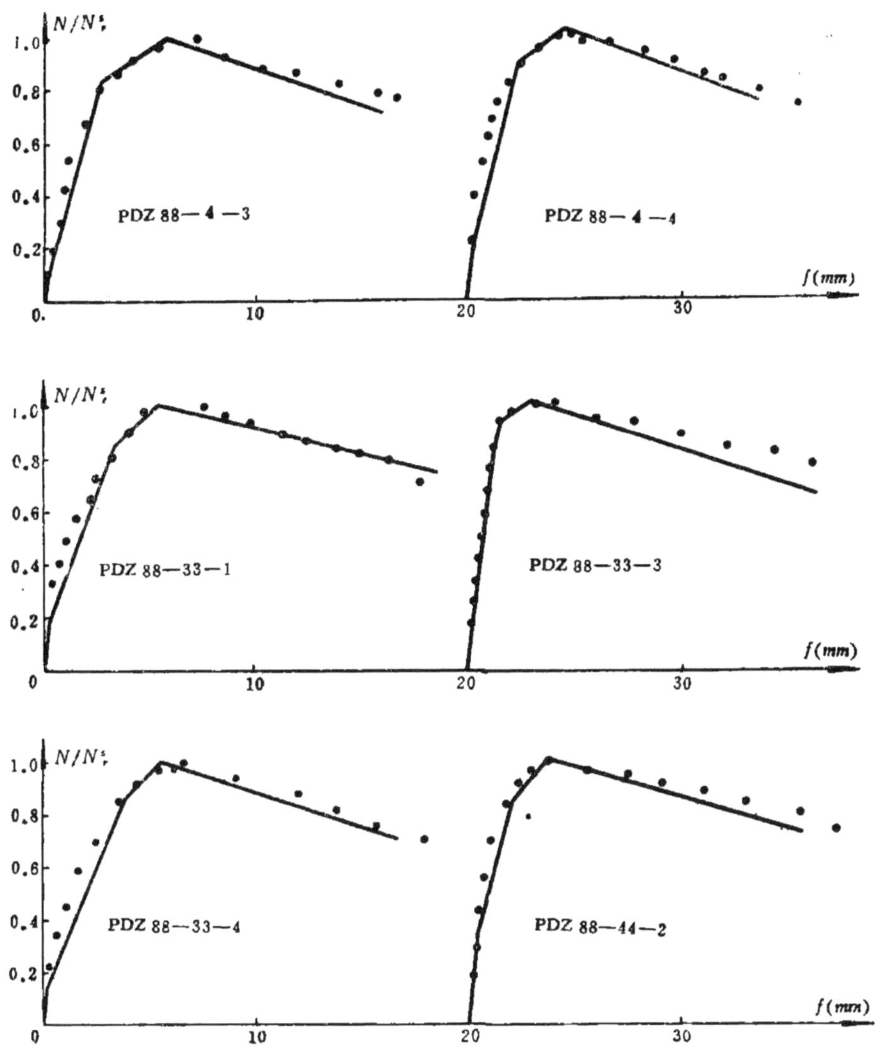
N/N
1.0
0.8
0.6
0.4
0.2
PDZ 88—4—3
PDZ 88—4—4
f(mm)
0.
10
20
30
N/N
1.0
0.8
0.6
0.4
0.2
PDZ 88—33—1
PDZ 88—33—3
f(mm)
0
10
20
30
N/N
1.0
0.8
0.6
0.4
0.2
PDZ 88—33—4
PDZ 88—44—2
f(mm)
0
10
20
30

图 10a

图10b

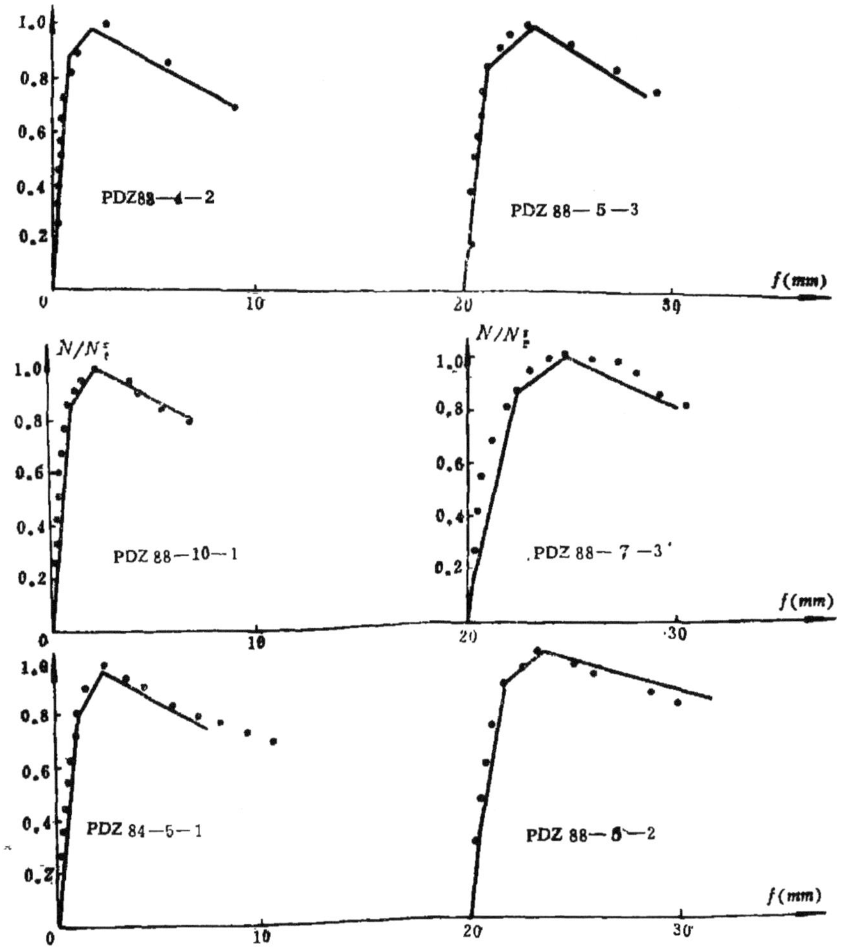

图10c

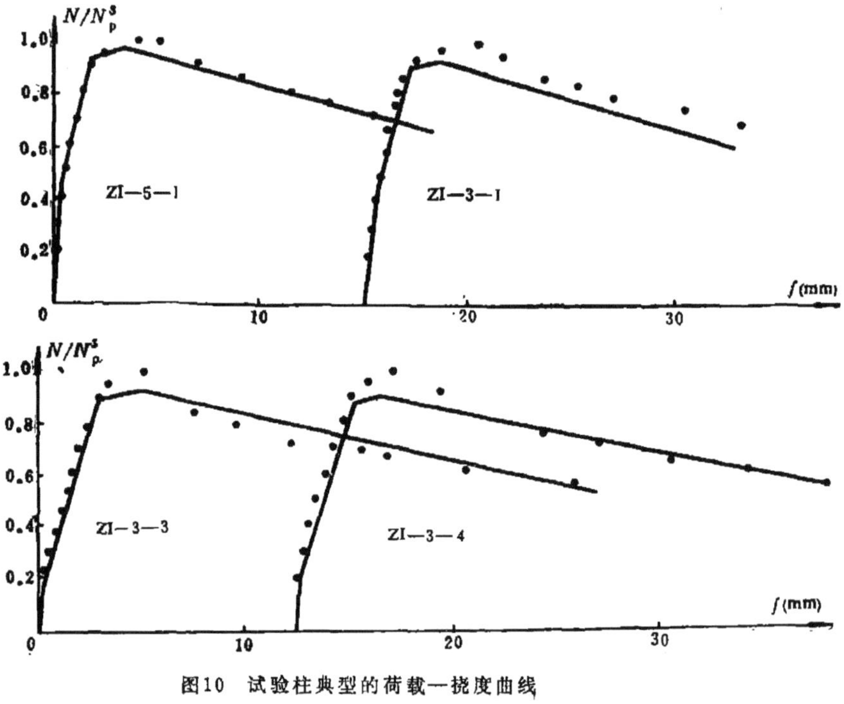

图10 试验柱典型的荷载—挠度曲线

四、结　论

1. 密置矩形约束箍筋能有效地提高核心混凝土的变形能力，使临界截面形成较为理想的塑性铰，防止脆性破坏，并保证柱子在大变形时仍具有相当的承载能力。

2. 箍筋对偏压柱使用阶段的强度和变形均无积极影响。当达到最大承载力时，较密的矩形箍筋对核心混凝土产生约束效应（但对混凝土保护层产生离层作用）。一旦保护层剥落开始，箍筋的约束效应愈益显著，并且与偏心距 e_0、体积配箍率 μ_k 和箍筋间距 s 密切相关。

3. 本文建议的计算方法适用于非约束钢筋混凝土和矩形箍筋约束钢筋混凝土偏压柱最大承载力和极限强度的计算，并且能比较准确地描述柱子工作的全过程，理论计算与试验结果符合较好。

4. 当箍筋间距 s 大于（0.4～0.5）h 或 $0.5b$ 时，可以认为无任何约束作用。$s=3$ 厘米可看作矩形箍筋有效约束的上限。进一步提高配箍率或减小箍筋间距，约束效应的增加并不显著，同时既不经济，也不便于施工。

参 考 文 献

〔1〕 K.T.R.J. Iyengar and K.N.Redly, "Ssress-Strain Characteristics of Concrete Confined in Steel Binders", MCR. Vol. 22,No. 22, Sept.1970,p.173—184.

〔2〕 E. G. Burdette and H. K. Hilsdorf, "Behavior of laterally Reinforced Concrete Columns", Journal of the Structural Division ASCE, Feb. 1971, St2. p.587—602.

〔3〕 M.T.M.Soliman and C.W.Yu, "The Flexural Stress-strain Relationship of Concrete Confined by Rectangular Transverse Remforcement", MCR.Vol. 19, No.61, Dec.1967, p.223—238.

〔4〕 D.C.Kend and R.Prak, "Flexural memters with Confine Concrete", Journal of the Structural Division, ASCE July 1971, st7.p.1969～1990.

〔5〕 R.Park and T.Paulay, "Reinforced Concrete Structure", New York 1975.

Analysis of Strength and Deformation of Confined Reinforced Concrete Columns under Eccentric Loadings

By

Cheng Wenshan and Zhang Baoshan

Abstract

This paper analyses the confine effect of ties based on the laboratory test results of reinforced concrete columns confined by rectangular ties under eccentric loadings, and suggests a set of formulas and calulation method by considering the influence of this confine effect in the calculation of eccentric compression memters. By utilzing this suggested method, we can plot the relationship tetween the load and deflection. The resulting curve will fairly reflects the practical working conditions of the testsd reinforced concrete columns confined by ties under eccentric compression.

广义无剪力分配法——修正 D 值法

杨弗康

摘　要

本文利用修正抗剪刚度D，按剪力分配求出柱的剪力后，再建立无剪力分配的计算模式，采用和普通力矩分配法相似的无剪力分配法，使多跨多层刚架的计算得到简化，一般只需对D值作一次修正，即可获得足够精度的结果。

一、前　言

在多跨多层刚架的计算中，目前流行一种近似法——D值法，它虽比传统的反弯点法的精度为高，但仍存在一定的误差，个别的杆端弯矩误差可达10%以上。本文利用武藤清建议的D值近似公式，首先求出柱的近似剪力和按无剪力分配作第一轮近似计算，然后再根据第一轮结果对D值加以修正并作第二轮计算。计算结果表明，仅需二轮计算，即可得到满意的结果。

二、无剪力分配的计算模式

图1 *a*）示一承受水平结点荷载的多跨多层刚架，假设其上各柱的剪力已按抗剪刚

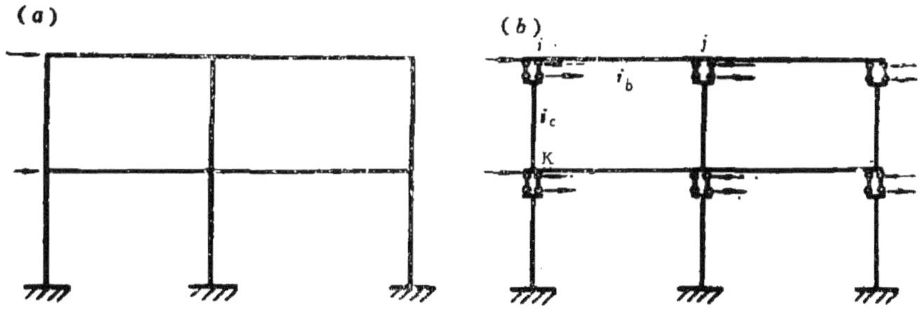

图 1

度D分配求出，则可将它转化为图1 b）所示的无剪力分配计算模式来计算。

在图1 b）上，横梁ij（设其线刚度为i_b）的杆端弯矩公式为

$$\left.\begin{aligned} M_{ij}&=2i_b(2\varphi_i+\varphi_j)\\ M_{ji}&=2i_b(2\varphi_j+\varphi_i)\end{aligned}\right\} \tag{1}$$

竖柱 ik（设其线刚度为i_c）的杆端弯矩为

$$\left.\begin{aligned} M_{ik}&=2i_c(2\varphi_i+\varphi_k-3\beta_{ik})\\ M_{ki}&=2i_c(\varphi_i+2\varphi_k-3\beta_{ik})\end{aligned}\right\} \quad (a)$$

于是有：

$$Q_{ik}=-\frac{M_{ik}+M_{ki}}{h_{ik}}=-6i_c(\varphi_i+\varphi_k-2\beta_{ik})/h_{ik}$$

故
$$\beta_{ik}=\frac{1}{12i_c}Q_{ik}h_{ik}+\frac{1}{2}(\varphi_i+\varphi_k) \quad (b)$$

将式(b)代入式(a)得：

$$\left.\begin{aligned} M_{ik}&=i_c(\varphi_i-\varphi_k)-\frac{1}{2}Q_{ik}h_{ik}\\ M_{ki}&=i_c(\varphi_k-\varphi_i)-\frac{1}{2}Q_{ik}h_{ik}\end{aligned}\right\} \quad (c)$$

令
$$M^g_{ik}=M^g_{ki}=-\frac{1}{2}Q_{ik}h_{ik} \tag{2}$$

则式(c)可改写为

$$\left.\begin{aligned} M_{ik}&=i_c(\varphi_i-\varphi_k)+M^g_{ik}\\ M_{ki}&=i_c(\varphi_k-\varphi_i)+M^g_{ki}\end{aligned}\right\} \tag{3}$$

式中：
$M^g_{ik}=M^g_{ki}=-\dfrac{1}{2}Q_{ik}h_{ik}$ 称为修正固端弯矩。

式（1）（3）即为无剪力分配计算模式的转角位移方程，其劲度系数和传递系数如下：

横梁 $S_{ij}=4i_b$；

$C_{ij}=\dfrac{1}{2}$。

竖柱 $S_{ik}=i_c$；

$C_{ik}=-1$。

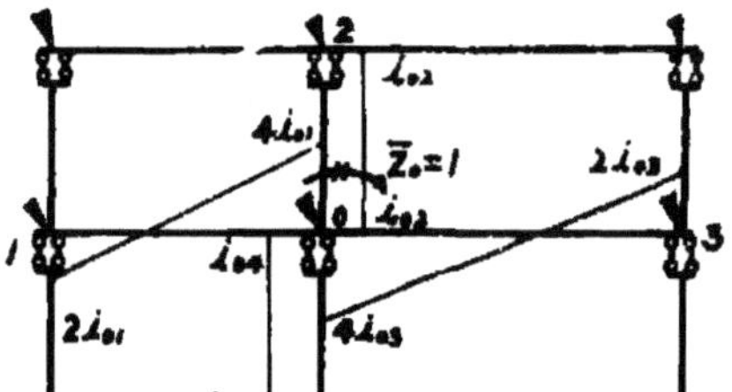

图 2

按照上述公式建立的力矩分配公式如同普通力矩分配法一样，而且每一结点分配时，只影响到相邻的结点，在分配过程中，竖柱不再产生新的剪力(见图2)，故有无剪力分配之称。

三、D值的修正公式

设令 $D_{ik}=\frac{Q_{ik}}{\triangle_{ik}}$为柱的抗剪刚度，则其计算公式可导出如下：

竖柱 ik：

$$M_{ik}=2i_c\left(2\varphi_i+\varphi_k-3\frac{\triangle_{ik}}{h_{ik}}\right)$$

$$M_{ki}=2i_c\left(\varphi_i+2\varphi_k-3\frac{\triangle_{ik}}{h_{ik}}\right)$$

$$\triangle M_{ik}=M_{ik}-\frac{1}{2}M_{ki}=3i_c\left(\varphi_i-\frac{\triangle_{ik}}{h_{ik}}\right) \qquad (d)$$

横梁 ij：

$$M_{ij}=2i_b(2\varphi_i+\varphi_j)$$

$$M_{ji}=2i_b(\varphi_i+2\varphi_j)$$

$$\triangle M_{ij}=M_{ij}-\frac{1}{2}M_{ji}=3i_b\varphi_i$$

$$\varphi_i=\frac{\triangle M_{ij}}{3i_b} \qquad (e)$$

把式(e)代入式(d)可求得：

$$\triangle_{ik}=\frac{h_{ik}}{3i_c}\left(\frac{i_c}{i_b}\triangle M_{ij}-\triangle M_{ik}\right)$$

故得：

$$D_{ik}=\frac{Q_{ik}}{\triangle_{ik}}\frac{3i_cQ_{ik}}{h_{ik}\left(\frac{i_c}{i_b}\triangle M_{ij}-\triangle M_{ik}\right)} \qquad (4)$$

式(4)即为柱的抗剪刚度计算公式。问题是在上式中各杆端弯矩和剪力均为未知，为此，可先假设一个D值，按无剪力分配法计算一轮，然后，根据所得结果代入式(4)，即可求得D的修正值。

四、示　例

例题见图3。

〔解〕 (1) 第一轮计算：

(ⅰ) 求D值并分配剪力：D值的第一次近似值按武藤清建议的公式[1]计算，见图4。

(ⅱ) 按无剪力分配法计算杆端弯矩，见表1

(2) 第二轮计算

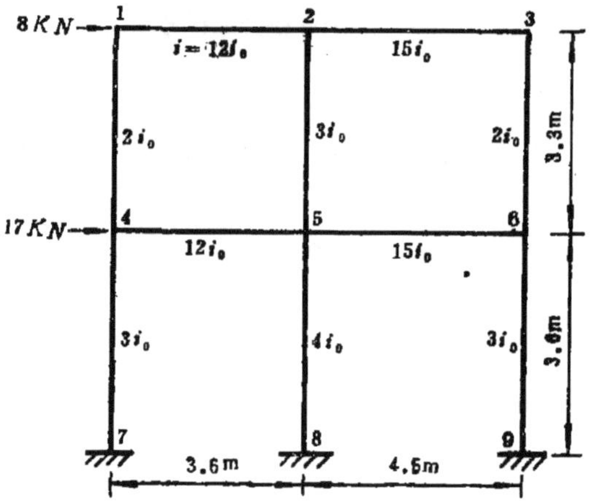

图 3

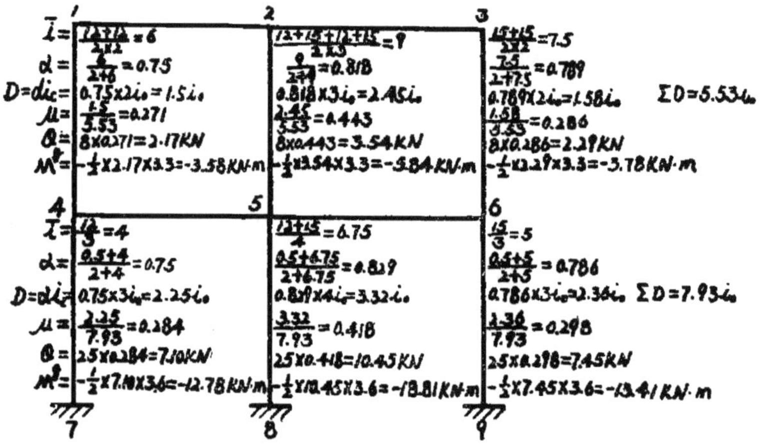

图 4

(i) 求D值并分配剪力：按式(4)计算

第二层：

$$D_{14}=\frac{3\times 2i_0\times 2.17}{3.3\times\left\{\dfrac{2i_0}{12i_0}\left(3.97-\dfrac{1}{2}\times 2.88\right)-\left(-3.97-\dfrac{1}{2}\times(-3.19)\right)\right\}}=1.410i_0$$

$$D_{25}=\frac{3\times 3i_0\times 3.54}{3.3\times\left\{\dfrac{3i_0}{15i_0}\left(3.19-\dfrac{1}{2}\times 4.11\right)-\left(-6.07-\dfrac{1}{2}\times(-5.61)\right)\right\}}=2.766i_0$$

$$D_{36}=\frac{3\times 2i_0\times 2.29}{3.3\times\left\{\dfrac{2i_0}{15i_0}\left(4.11-\dfrac{1}{2}\times 3.19\right)-\left(-4.11-\dfrac{1}{2}\times(-3.45)\right)\right\}}=1.531i_0$$

$$\Sigma D=5.707i_0$$

$$Q_{14}=8\times\frac{1.410}{5.707}=1.98KN;$$

$$Q_{25}=8\times\frac{2.766}{5.707}=3.88KN;$$

$$Q_{36}=8\times\frac{1.531}{5.707}=2.15KN.$$

$$M^{g}_{14}=M^{g}_{41}=-\frac{1}{2}\times1.98\times3.3=-3.27KN\cdot m;$$

$$M^{g}_{25}=M^{g}_{52}=-\frac{1}{2}\times3.88\times3.3=-6.40KN\cdot m;$$

$$M^{g}_{36}=M^{g}_{63}=-\frac{1}{2}\times2.15\times3.3=-3.55KN\cdot m.$$

第二层：

$$D_{47}=\frac{3\times3i_0\times7.10}{3.6\times\left\{\frac{3i_0}{12i_0}\left(15.18-\frac{1}{2}\times11.28\right)-\left[-11.98-\frac{1}{2}\times(-13.58)\right]\right\}}$$

$$=2.343i_0$$

$$D_{58}=\frac{3\times4i_0\times10.45}{3.6\times\left\{\frac{4i_0}{15i_0}\left(12.72-\frac{1}{2}\times16.21\right)-\left[-18.40-\frac{1}{2}\times(-19.22)\right]\right\}}$$

$$=3.476i_0$$

$$D_{69}=\frac{3\times3i_0\times7.45}{3.6\times\left\{\frac{3i_0}{15i_0}\left(16.21-\frac{1}{2}\times12.72\right)-\left[-12.76-\frac{1}{2}\times(-14.06)\right]\right\}}$$

$$=2.419i_0$$

$$\Sigma D=8.238i_0.$$

$$Q_{47}=25\times\frac{2.343}{8.238}=7.11KN;$$

$$Q_{58}=25\times\frac{3.476}{8.238}=10.55KN;$$

$$Q_{69}=25\times\frac{2.419}{8.238}=7.34KN.$$

$$M^{g}_{47}=M^{g}_{74}=-\frac{1}{2}\times7.11\times3.6=-12.80KN\cdot m;$$

$$M^{g}_{58}=M^{g}_{85}=-\frac{1}{2}\times10.55\times3.6=-18.99KN\cdot m;$$

表 2

结点	1	2			3	4			5				6			7	8	9
杆端	12	21	25	23	32	41	47	45	54	52	58	56	65	63	69	74	85	96
精确解	3.63	3.07	-6.61	3.53	3.90	-2.85	-12.11	14.95	11.52	-6.14	-18.41	13.02	15.91	-3.26	-12.65	-13.63	-19.31	-13.90
D值法	3.94	2.85	-6.42	3.57	4.16	-3.22	-11.50	14.72	9.86	-5.26	-16.93	12.33	15.47	-3.40	-12.07	-14.06	-20.69	-14.75
相对误差	8.5%	7.2%	2.9%	1.1%	6.7%	13%	5%	1.5%	14.4%	14.3%	8%	5.3%	2.8%	4.3%	4.6%	3.2%	7.1%	6.1%
第一轮结果	3.97	2.88	-6.07	3.19	4.11	-3.19	-11.98	15.18	11.28	-5.61	-18.40	12.72	16.21	-3.45	-12.76	-13.58	-19.22	-14.06
相对误差	9.4%	6.2%	8.2%	9.6%	5.4%	11.9%	1.1%	1.5%	2.1%	8.6%	0	2.3%	1.9%	5.8%	0.9%	0.4%	0.5%	1.2%
第二轮结果	3.67	3.11	-6.63	3.53	3.87	-2.88	-12.03	14.93	11.60	-6.17	-18.53	13.08	15.82	-3.22	-12.59	-13.57	-19.45	-13.83
相对误差	0.8%	1.3%	0.3%	0	0.8%	1%	0.7%	0.1%	0.7%	0.5%	0.4%	0.5%	0.6%	1.2%	0.5%	0.4%	0.7%	0.5%

$$M_{69}^{g}=M_{96}^{g}=-\frac{1}{2}\times 7.34\times 3.6=-13.21KN\cdot m.$$

(ii) 按无剪力分配法计算杆端弯矩：见表1第二轮计算。

五、结　语

本文提供了一种简便的计算有侧移刚架的渐近法，它不仅适合于承受水平结点荷载的计算，而且也可推广应用于承受非结点荷载的情况。此时，只需把非结点荷载用反向的固端力去代替，即可按本法进行计算，最后将所求得的杆端弯矩与固端弯矩叠加即得实际的杆端弯矩。

在表2中列出了按本法计算一轮和二轮结果。与精确解和按D值法求得的解比较可知，按本法计算一轮的结果，其精度较D值法为优，而在二轮计算后，误差很少，是值得推广的一种计算方法。

参 考 文 献

〔1〕武藤清，《耐震计算法》，丸善株式会社，1963年。

〔2〕清华大学结构力学教研组编，《结构力学》上册第二分册，人民出版社，1980年。

〔3〕湖南大学结构力学教研组编，《结构力学》中册，高教出版社，1959年。

The Method of Generalized No Shear Moment Distribution-The Method of Revised D

By

Yang Fukang

Abstract

In this paper by using a revised shearing rigidity D and according to shear distribution the shears of columns are evaluated. The calculation model of no shear distribution is then set up. Adopting the method of no shearing distribution which is similar to the method of moment disrtibution, the calculation of multistory multispan rigid frames is simplified. The precision attainded by the application of one round of revised D is generally sufficient.

表 1

结点	1		2			3		4			5				6			7	8	9
杆端	14	12	21	25	23	32	36	41	47	45	54	52	58	56	65	63	69	74	85	96
分配系数	0,04	0,96	0,432	0,027	0,541	0,968	0,032	0,038	0,057	0,906	0,417	0,026	0,035	0,522	0,923	0,031	0,046			
集体分配系数	1,1176					1,1520					1,2749									
隔点传递系数	α_{13}=0,1451 α_{15}=-0,0347					α_{31}=0,1204 α_{35}=-0,0321					α_{51}=-0,0173 α_{53}=-0,0193									
第 一 轮 计 算																				
修正固端弯矩	-3,58			-5,84			-3,78	-3,58	-12,78			-5,84	-18,81			-3,78	-13,41	-12,78	-18,81	-13,41
附结点向主结点传递	(-0,62)	(1,26)				(1,58)	(0,53)				(7,41)	(-0,16)		(7,93)						
隔点传递 1→3,5						(-0,43)					(0,10)									
隔点传递 3→1,5	(-0,38)										(0,10)									
隔点传递 5→1,3	(0,16)					(0,18)														
隔点传递 1→3,5						(-0,03)					(0,01)									
隔点传递 3→1,5	(0,02)										(0,00)									
主结点总不平衡弯矩	-3,51					-3,47					-11,81									
主结点集体分配	0,14	3,37	1,68	-0,31	1,68	3,36	0,11	-0,14		2,46	4,92	0,31	0,41	6,16	3,08	-0,11			-0,41	
附结点分配	-0,53	0,60	1,20	0,08	1,51	0,75	-0,44	0,53	0,80	12,72	6,36	-0,08		6,56	13,13	0,44	0,65	-0,80		-0,65
杆端弯矩	-3,97	3,97	2,88	-6,07	3,19	4,11	-4,11	-3,19	-11,98	15,18	11,28	-5,61	-18,40	12,72	16,21	-3,45	-12,76	-13,58	-19,22	-14,06
第 二 轮 计 算																				
修正固端弯矩	-3,27			-6,40			-3,55	-3,27	-12,80			-6,40	-18,99			-3,55	-13,21	-12,80	-18,99	-13,21
附结点向主结点传递	-0,61)	(1,38)				(1,73)	(-0,52)				(7,28)	(-0,17)		(7,73)						
隔点传递 1→3,5						(-0,36)					(0,09)									
隔点传递 3→1,5	(-0,33)										(0,09)									
隔点传递 5→1,3	(0,18)					(0,20)														
隔点传递 1→3,5						(-0,02)					(0,01)									
隔点传递 3→1,5	(0,02)										(0,00)									
主结点总不平衡弯矩	-2,94					-2,90					-13,21									
主结点集体分配	0,12	2,82	1,41	-0,34	1,40	2,81	0,09	-0,12		2,75	5,51	0,34	0,46	6,90	3,45	-0,09			-0,46	
附结点分配	-0,51	0,85	1,70	0,11	2,13	1,06	-0,42	0,51	0,77	12,18	6,09	-0,11		6,18	12,37	0,42	0,62	-0,77		-0,62
杆端弯矩	-3,66	3,67	3,11	-6,63	3,53	3,87	-3,88	-2,88	-12,03	14,93	11,60	-6,17	-18,53	13,08	15,82	-3,22	-12,59	-13,57	-19,45	-13,83

1983 年论文

钢筋混凝土压弯构件恢复力特性的研究

成文山，邹银生，程翔云

摘　　要

本文根据109根试件的试验结果，研究了钢筋混凝土矩形与工字形截面压弯构件在反复荷载作用下的延性与滞回特性，以及轴压比、纵向配筋率、配箍率与截面形式对这些特性的影响；在此基础上提出了构件延性分析方法与定点指向曲线型的恢复力模型。后者比之Clough双线型模型能更准确地描述钢筋混凝土压弯构件的实际工作。

前　　言

地震力对结构的作用常呈反复交替的形式。为了掌握在这种荷载条件下不同截面形式的钢筋混凝土柱的强度、刚度、延性、能量耗散能力与破坏形式等的变化规律，压弯构件恢复力特性的研究尤为重要。国内外目前已提出不下十种的恢复力模型。对于具有棱形滞回曲线的受弯构件，图1所示的Clough双线型模型应用最广[1]。可是，将该模型应用于压弯构件上则不够合理。例如，当以该模型表示截面的$M-\phi$关系时，它具有未能反映残余弯矩的缺陷，而残余挠度$\Delta_{残}$与常量轴向力N所引起的残余弯矩$M_{残}=N\cdot\Delta_{残}$正构成压弯构件内力的重要特点。当以该模型直接表示构件的$P-\Delta$关系时，它又未能反映挠度曲线的下降段。此外，该模型没有考虑材料屈服后卸载刚度的变化。

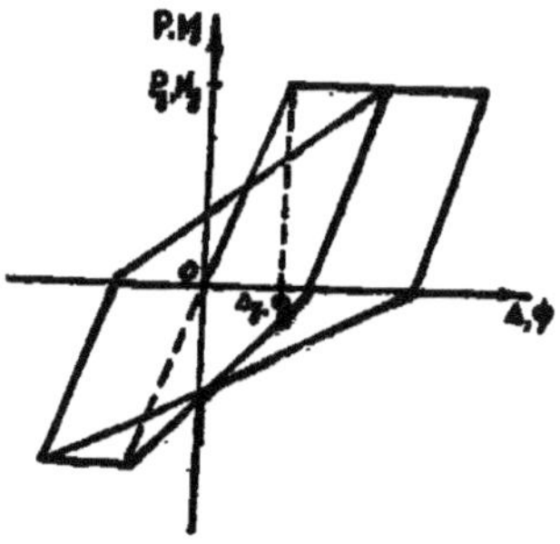

图1　双线型模型

基于上述原因，本文拟结合我校109根钢筋混凝土压弯构件试件（包括非约束混凝土矩形截面32根，约束混凝土矩形截面40根，非约束混凝土工字形截面37根）试验研究的结果，阐明轴压比、纵向配筋率、配箍率与截面形式对构件恢复力特性的影响，以供结构抗震研究与设计参考。

一、试 验 简 介

各类试件截面尺寸及配筋如图 2 所示。混凝土标号为 205#～417#。纵向配筋率为

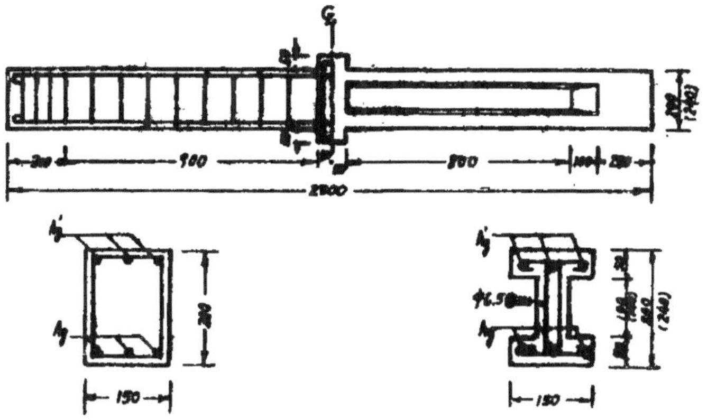

图 2　试件截面尺寸及配筋图

0.78～5.268%。矩形截面的箍筋一律采用 φ6.5 的封闭式箍筋，间距为 3～20cm。剪跨比为 $\frac{a}{h_0}=5.14$。工字形截面试件的基本数据和试验结果列于表 1。加载方法及仪表布置与图 3 所示。

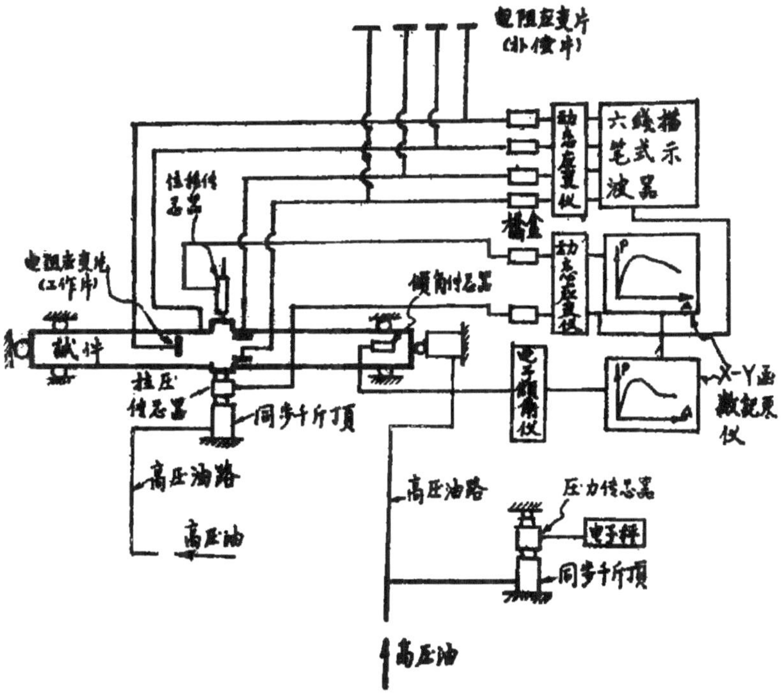

图 3　构件试验装置图

二、单向荷载下变形曲线的特点

1. 轴压比的影响

图 4 表示不同轴压力作用下的 $P—\Delta$ 曲线，图中 y 点为受拉钢筋开始屈服的点，u 点为受压区混凝土开始呈鱼鳞状的点。尽管两组构件的截面形式不同，可以明显看出，随着轴压力的增大，屈服位移 Δ_y 增加，极限位移 Δ_u 减小，因而构件的位移延性系数 Δ_u/Δ_y 相应地减小。此外，轴压力愈大，则横向荷载的峰值（强度极限）也愈大，而 $P—\Delta$ 曲线下降段的坡度却愈陡。

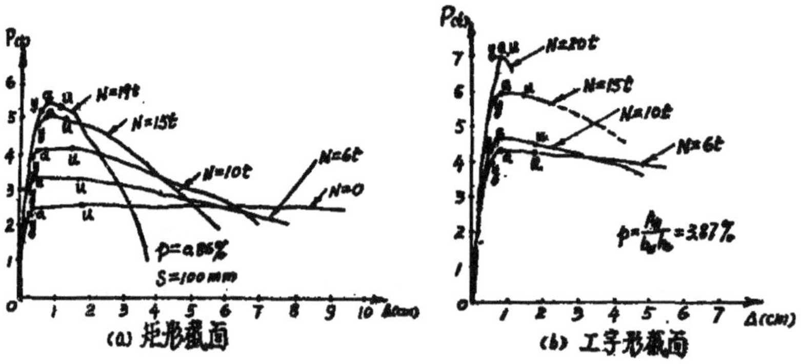

图 4　不同轴压力时构件的P—△曲线

2. 纵向配筋率的影响

矩形与工字形截面的构件在轴压比相同的条件下，其抗弯强度随纵向配筋的增大而提高，而屈服位移 Δ_y 与极限位移 Δ_u 的变化规律却不够明显（图 5）。

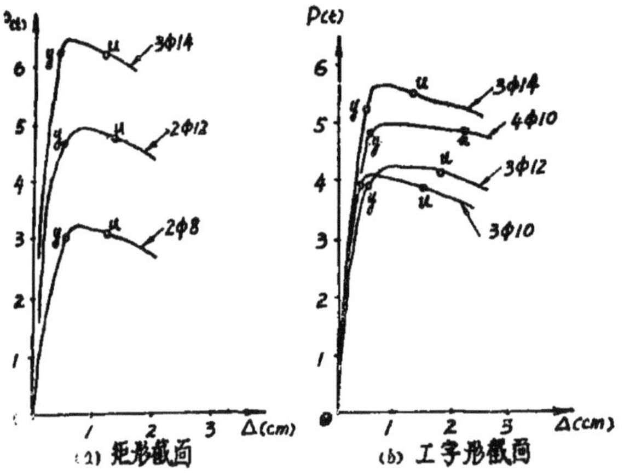

图 5　不同纵向配筋率时试件的P—△曲线

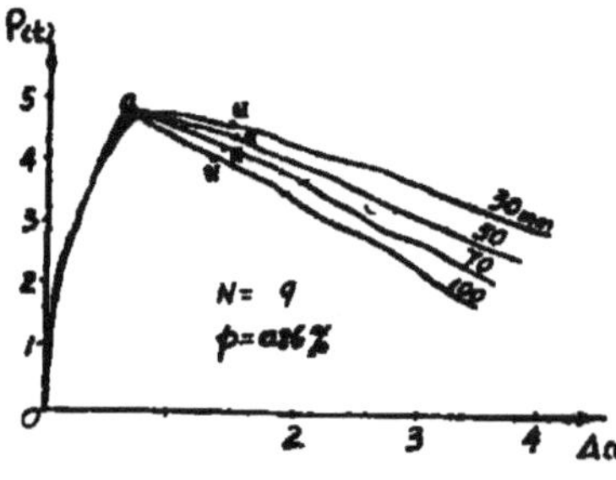

图 6　不同配箍率对矩形截面试件的P—△曲线

3. 配箍率的影响

当轴压力与纵向配筋率相同时，箍筋间距对构件最大承载力的影响不大，但是对极限变形量和曲线下降段的坡度却具有明显的影响（图6）。箍筋间距 S_k 愈小，P—Δ 曲线下降段的坡度愈平缓，最大变形量也愈大，因而构件的位移延性系数愈大。根据试验结果可得出近似表达式：

$$P=\frac{M-[\eta\Delta+(1-\eta)\Delta_a]N}{l/4} \tag{1}$$

式中：η——配筋率影响系数，经验公式为：

$$\eta=1.173-45.89\mu_k \tag{2}$$

μ_k——配箍率，

Δ_a——强度极限时（曲线峰点）的位移，

N、M——轴压力与极限弯矩，

l——压弯构件跨度。

4. 截面形式的影响

当单向一次加载时，工字形与矩形截面构件在轴压比不大的情况下，从受压混凝土破坏开始都能经历相当长的受力过程（图4）。但是，下文将叙及，当反复加载时，它们之间将显示出很大的差别。

三、反复荷载下滞回曲线的特点

我们将反复荷载作用下滞回曲线的每一环峰点的连线称为骨架曲线或包络线。试验表明当构件的材料强度、配筋率、截面尺寸等参数相同时，滞回曲线的骨架曲线与单向一次加载曲线不仅形状相似，而且在数值上也很接近(图7)。在不同截面形式的非约束混凝土构件中，这一特征也同样存在。

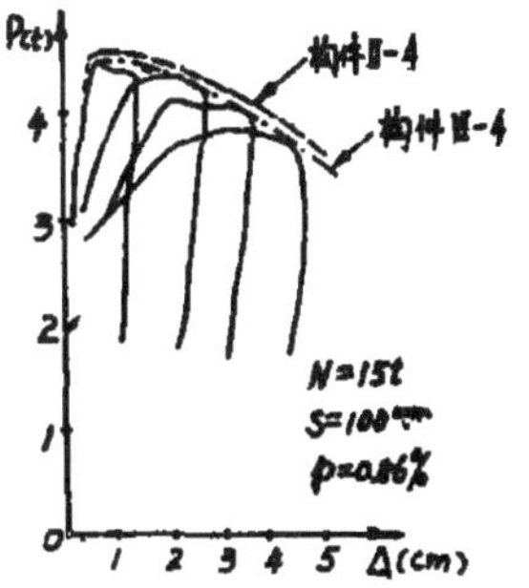

图7　滞回曲线的包络线与一次加载的P—△曲线（矩形截面）

1. 轴压比的影响

试验表明，无论矩形或工字形截面构件，轴压比愈大，其承受周期荷载的强度愈高，但滞回曲线包络线下降段的坡度愈大，滞回曲线轮廓的宽度变得愈窄，因而构件的位移延性愈小（图8）。

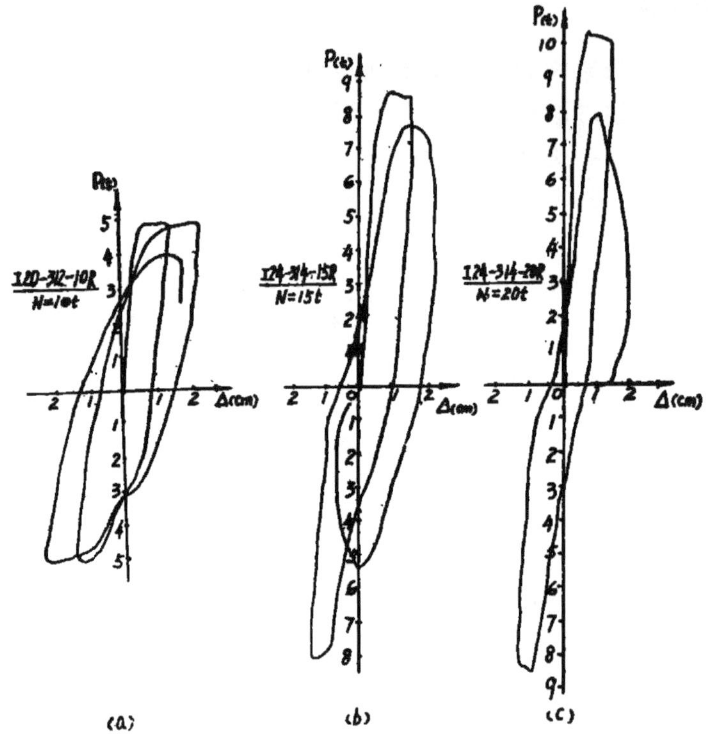

图 8　工字形截面构件的滞回曲线

2. 配箍率的影响

随着配箍率的增加，滞回曲线包络线的下降段坡度变得愈平缓，经受反复荷载的次数愈多，因而构件承受反复荷载的变形能力有所提高（图 9），可见加密箍筋能改善构件的延性及能量耗散能力。

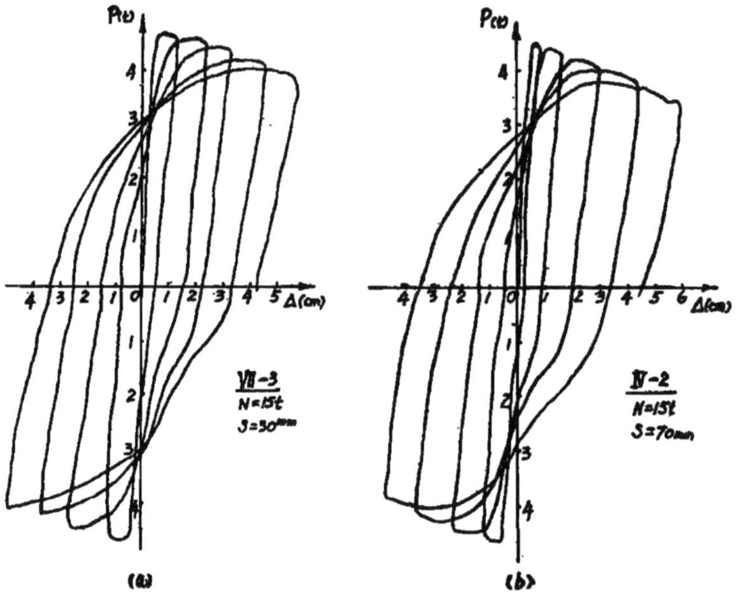

图 9　不同配箍率矩形截面构件的滞回曲线

3. 纵向配筋率的影响

当对称配筋时，纵向配筋率较高的构件的滞回曲线仍接近梭形，因而延性和滞回特性都有所改善（图10a）。纵向配筋较小的构件的滞回曲线则呈弓形，即有明显的“捏缩”现象（图10b）。

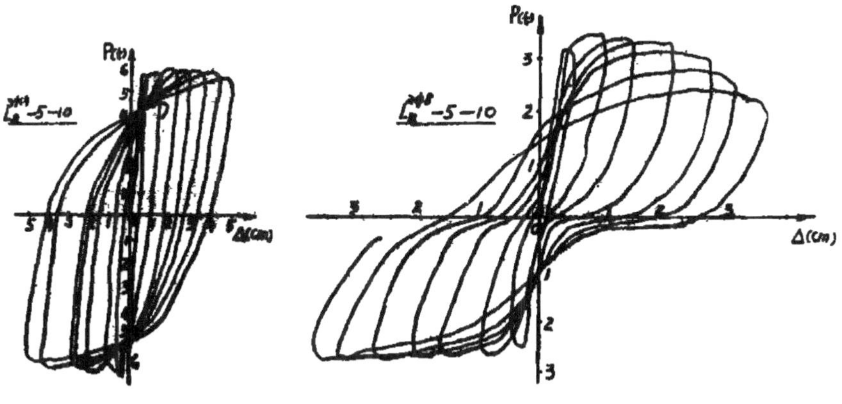

（a）　　　　（b）

图10　不同纵向含钢率矩形截面构件的滞回曲线

4. 截面形式的影响

试验表明，在受力达到极限阶段以后，矩形截面构件还能经受多次反复循环加载（图10a），而工字形截面构件经受几个循环的加载即告破坏（图8）。特别是在纵向配筋率低而轴压比又高的情况下，其循环次数更少，个别的只有三两圈。这是因为工字形截面的腹板较薄，核心混凝土面积较小，容易破碎的缘故。因此，从抗震的观点来看，在轴压比较高的情况下，采用工字形截面柱是不利的。下面，着重讨论荷载—位移滞回曲线的卸载、反向加载和再加载刚度。

试验表明，对于等增幅加载情况，尽管滞回曲线每个循环的正向加载刚度和反向加载刚度都随循环次数的增多而逐次退化（图8—10）；但是，对于等幅加载的情况，就每一根构件自身来说，其卸载刚度却基本上不变。同时，在等增幅加载中，试验曲线的正向与反向的卸载刚度，都随位移幅值的增加而逐次降低。因此，可以认为，构件卸载刚度的降低主要与广义位移延性系数有关，而加载循环次数的影响可以忽略不计。

我们将构件达到强度极限 P_a 值时的卸载刚度 k_0 定义为曲线峰值点与反向开裂点在 P 轴上投影点连线的斜率，即：

$$k_0=\frac{P_a+|P_f|}{\Delta_a} \qquad (3)$$

这里，P、$\triangle$ 的意义同前；脚标 f、a 表示混凝土即将开裂与荷载开始下降时的状态。以 k_0 作为基准，矩形截面构件卸载刚度随广义位移延性系数 β 的增加而降低的关系可以近似地表示为：

$$k_i=(1.08-0.08\beta)\,k_0 \qquad (\beta\leqslant 10) \qquad (4)$$

式中： β——广义位移延性系数，$\beta=\Delta_i/\Delta_a$；

k_i——最大位移达到 Δ_i 值时的卸载刚度；

Δ_i——卸载前构件跨中截面的竖向位移。

工字形截面构件的卸载刚度经验公式为

$$k_i=k_0\beta^{-0.5}\qquad(\beta\leqslant 10)\tag{5}$$

式(4)与式(5)给出的计算值与试验值的比较示于图11，可见两者相关较好。

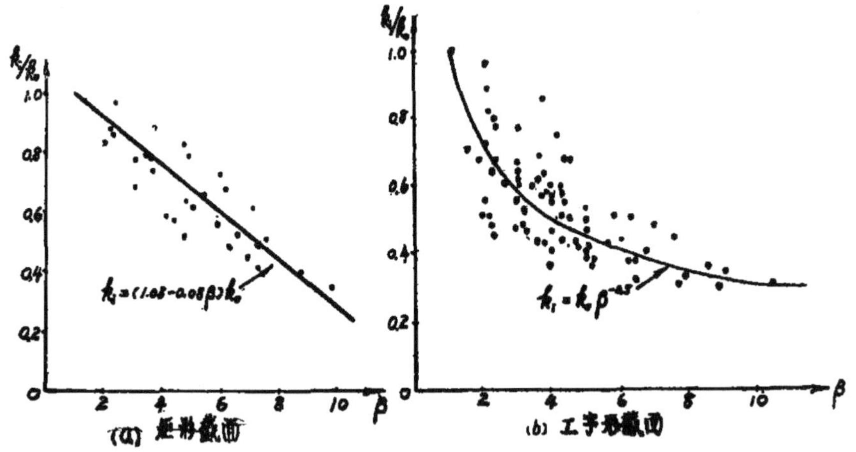

图11 卸载刚度与广义位移延性系数β之间的关系

试验表明，再加载曲线（或反向加载曲线）是一个向上凸（或向下凸）的曲线，用两条折线代替再加载曲线（或反向加载曲线）比较符合试验结果。当构件达到强度极限后，如果在某个最大位移保持不变的话，滞回曲线的再加载、反向加载刚度和相应的最大恢复力（强度），都随循环次数的增加而不断降低，且后者近似地按等比例衰减，即：

$$P_i=\lambda P_{i-1}\tag{6}$$

这里，P_i 和 P_{i-1} 分别为第 i 次和第 $i-1$ 次循环的最大横向力；λ为构件强度衰减系数，近似公式为

$$\lambda=0.98-\frac{N}{5A_h R_a}\tag{7}$$

式中的 A_h，R_a 分别为混凝土毛面积与轴心抗压强度。该式同时适用于矩形与工字形截面构件。

四、钢筋混凝土压弯构件的恢复力模型

本文提出理想化的定点指向四线型模型作为钢筋混凝土压弯构件的恢复力模型，其构成如下：

1. 以单向一次加载时对称于坐标原点的荷载——位移曲线为骨架曲线，由原点（O，O），开裂点（P_f，Δ_f），强度极限点（P_a、Δ_a），混凝土压应变极限点（P_u，Δ_u）和下降段构成四段折线。

2. 开裂以前的加载和卸载刚度按弹性阶段计算，即不考虑残余变形。开裂点到强度极限点之间的卸载，为折回点指向P轴上相反方向的开裂点，即按公式(3)计算。超过强度极限以后卸载时，其卸载刚度按式(4)或式(5)计算。

3. 再加载或反向加载的变形途径则以两段折线代替实际的曲线：第一段由再加载点指向定点，该定点在骨架曲线上，其纵坐标为$0.7P_a$；第二段指向前一循环中最大荷载乘以强度衰减系数λ后的点。定点指向型恢复力模型的走向用序号0、1、2……描绘于图12。

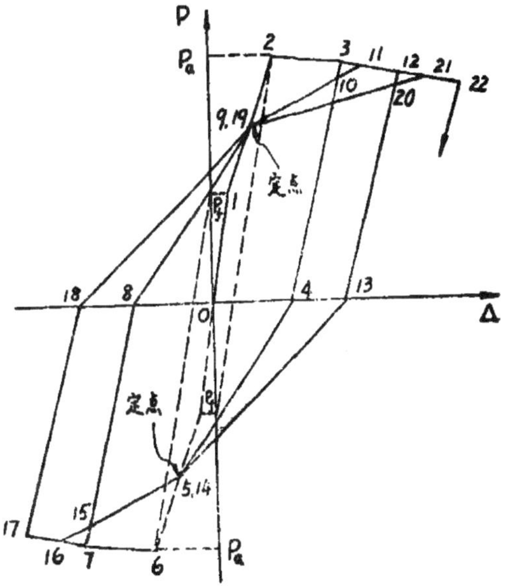

图12 定点指向型恢复力模型

关于矩形截面压弯构件P—Δ曲线上特征点的计算见[2]，现仅就工字形截面予以补充说明：

考虑到主钢筋滑移和腹板的剪切变形影响，各阶段的曲率分布假定如图13所示。计算中，混凝土压应变取值为：构件强度极限时$\varepsilon_k=0.003$，保护层开始破坏时$\varepsilon_u=0.004$。塑性铰区段长度l_p按Baker经验公式确定〔1,3〕。各受力阶段的截面应力——应变状态如图14所示。根据静力平衡条件$\Sigma N=0$试算截面受压区高度系数K，并求得相应的曲率ϕ，同时对中和轴取$\Sigma M=0$求得弯矩M。

根据图13的构件曲率分布假设不难求得各阶段的跨中挠度△，最后按式(8)求得横向荷载：

$$P=\frac{M-N\Delta}{l/4} \tag{8}$$

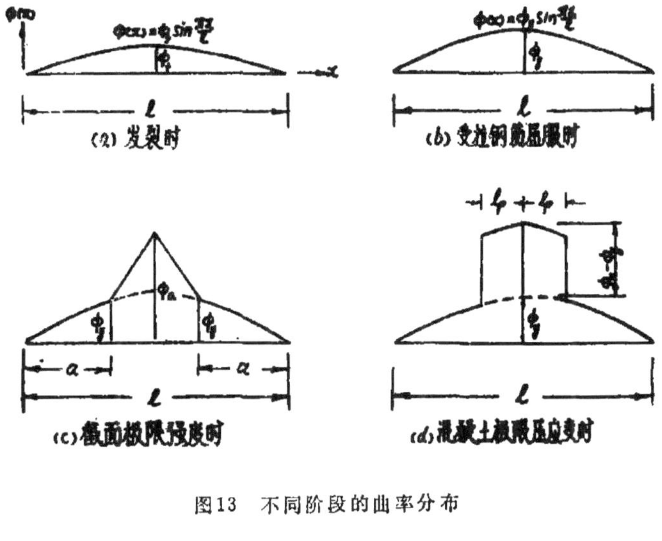

图13 不同阶段的曲率分布

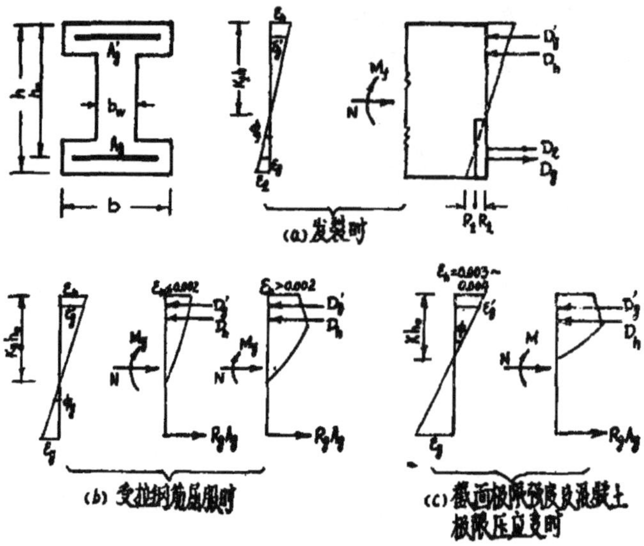

图14 不同阶段的截面应力—应变状态

典型的计算曲线与实测曲线对比见图15。

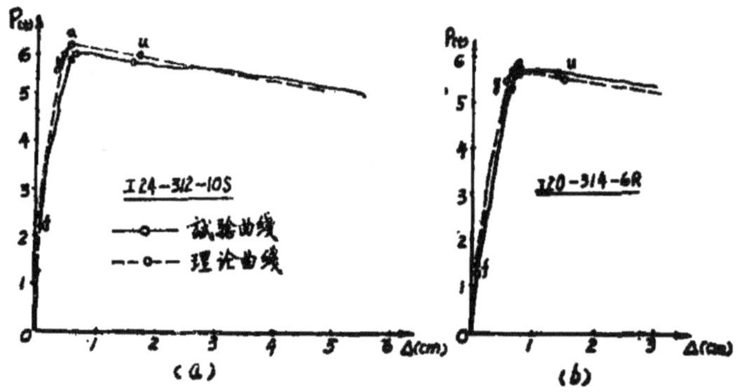

图15 钢筋混凝土工字形截面压弯构件的P—△曲线

结　　语

1．钢筋混凝土矩形与工字形截面压弯构件，在反复荷载作用下其荷载一位移滞回曲线包络线形状与同一构件在单向一次加载时的曲线基本相似，而且在数值上也很接近。

2．轴压比是影响钢筋混凝土压弯构件延性和恢复力特性的重要因素。随着轴压比的增大，构件承受循环荷载的强度提高，滞回曲线下降段的坡度愈陡，因而构件的延性相应地减小。

3．随着配箍率的增大，构件荷载一位移滞回曲线包络线下降段的坡度变得平缓，构件经受反复荷载的次数增多，其变形能力和承受反复荷载的能力均相应地提高。

4．由于腹板核心混凝土容易破碎，工字形截面压弯构件经受少数几个荷载循环即告破坏，因而其抗震性能一般较矩形截面构件为差。

5．本文建议的定点指向四线型恢复力模型，既考虑了构件的残余变形，又考虑了滞回过程中的刚度衰减特性，因而比 Clough 模型能较好地描述压弯构件的实际抗力工作。有关计算公式能供设计参考。

参 考 文 献

〔1〕 R.Park, T.Paulay: Reinforced Concrete Structures, 1975。

〔2〕 程翔云、邹银生：在循环荷载作用下钢筋混凝土压弯构件的试验和滞回模型，湖南大学学报，1981年1期。

〔3〕 邹银生、程翔云：钢筋混凝土压弯构件的延性分析，湖南大学学报，1980年4期。

Research on the Characteristics of Restoring Force for Reinforced Concrete Members with Flexure and Axial Force

By

Cheng Wenshan, Zou Yinsheng and Cheng Xiangyun

Abstract

Based on the experimental results obtained from 109 specimens, we have, in this paper, investigated the ductility and the hysteretic characteristics of reinforced concrete rectangular and T-section members with flexure and axial force under a cyclic loading. We have also studied the effects of the ratio between the axial force and the compression strength of the concrete, the percentage of longitudinal and transverse reinforcement as well as the sectional shape on the characteristics mentioned above. On this basis, an analytical method for the ductility and a model of restoring force for the four-linear type toward a definite point are proposed. It is shown that the model we have proposed is more accurate than Clough's model of twin-linear type in describing the behaviour of reinforced concrete members with flexure and axial force.

表 1

工字形截面构件的尺寸、材料数据及试验结果

构件编号	截面高度 h(cm)	混凝土标号 Kg/cm²	钢筋面积 $A_g'=A_g$ cm²	钢筋屈服强度 R_g (kg/cm²)	轴压力 N(T)	发裂 P_f kg	发裂 Δ_f cm	钢筋屈服 P_y kg	钢筋屈服 Δ_y cm	极限强度 P_a kg	极限强度 Δ_a cm	极限压应变 P_u kg	极限压应变 Δ_u cm	加载方式
I20—310—6R	20	312	2.36	3442	6	1724	0.119	3950	0.424	4050	0.486	3875	1.567	反复
—10R					10	1500	0.065	4386	0.506	4429	0.506	4384	1.500	
—15R					15	2095	0.088	5988	0.529	6078	0.588	5988	1.059	
—20R					20	2485	0.070	7101	0.665	7101	0.665	6652	1.353	
I20—312—6R	20	205	3.39	3052	6	1500	0.065	3977	0.460	4270	0.973	4136	1.838	反复
—10R_a		263		2840	10	2340	0.170	6510	0.800	6651	0.857	6191	1.486	反复
—10R_b		263		2840	10	1000	0.065	5150	0.670	5200	0.944	5100	1.389	反复
—10R_c		205		3052	10	1180	0.108	4818	0.622	4886	0.630	—	—	反复
—10S		263		2840	10	1295	0.069	4232	0.514	4558	0.800	4418	1.486	单向
—15R		205		3052	15	1600	0.143	5552	0.686	5743	0.828	5442	1.370	反复
—20R		205		3052	20	1737	0.143	6899	0.845	6954	0.914	—	—	反复
I20—314—6R	20	292	4.61	3074	6	1220	0.068	5222	0.628	5610	0.657	5667	1.343	反复
—10R					10	1796	0.106	6300	0.588	6300	0.588	6198	1.175	
—15R					15	2500	0.105	7020	0.700	7020	0.700	6742	1.279	
—20R					20	2500	0.205	7111	0.765	7111	0.765	7167	1.323	
I20—410—6R	20	312	3.14	3442	6	1250	0.029	4733	0.588	4886	0.853	4886	2.294	反复
—10R					10	1100	0.088	5390	0.600	5635	0.874	5513	1.416	
—15R					15	1932	0.105	6114	0.702	6227	0.906	5700	1.871	
—20R					20	2270	0.088	6880	0.764	6909	0.911	6864	0.970	
I24—310—6R	24	312	2.36	3516	6	1500	0.076	4882	0.400	5291	0.500	5442	1.412	反复
—6S					6	880	0.058	4640	0.583	4760	0.614	4880	1.750	单向
—10R					10	2600	0.145	6117	0.588	6235	0.647	6294	1.337	反复
—15R					15	3000	0.119	5998	0.476	6156	0.488	6235	0.893	反复
I24—312—6R_a	24	292	3.39	2840	6	1943	0.071	5620	0.506	5714	0.524	5868	1.637	反复
—6R_b		205		3052	6	2100	0.060	6500	0.452	6750	0.524	6698	1.066	反复
—6R_c		263		2840	6	2935	0.060	5838	0.331	6588	0.482	6523	1.325	反复
—10R		292		2840	10	2400	0.086	6110	0.514	5511	0.629	5532	1.400	反复
—10S		263		2840	10	2842	0.092	5840	0.552	6038	0.606	5761	1.595	单向
—15R		205		3052	15	3587	0.072	9067	0.512	9198	0.572	8871	1.024	反复
I24—314—6R	24	282	4.61	2962	6	1769	0.094	6713	0.694	6807	0.735	6692	1.353	反复
—10R		282			10	2163	0.060	7683	0.602	8874	0.723	8293	1.265	反复
—15R		328			15	3236	0.149	8366	0.718	8564	0.838	8366	1.197	反复
—20R		326			20	3000	0.060	9833	0.545	10293	0.615	10344	0.848	反复
I24—410—6R	24	342	3.14	3180	6	1300	0.060	5769	0.512	5808	0.518	6154	1.837	反复
—10R		342			10	2354	0.223	5905	0.842	6063	0.873	6047	1.747	
—15R		303			15	3157	0.312	6614	0.602	6969	0.813	6929	1.084	
—20R		303			20	3610	0.244	7480	0.701	7886	0.762	7642	1.097	

钢筋混凝土圆形板、环形板按极限平衡法的计算

罗国强，鞠洪国

摘　要

本文分析了圆形板、环形板破坏图形的充要条件；在圆环板四种基本破坏图形的基础上，提出了两个新的对设计起控制作用的破坏图形；按上述破坏图形推导了圆环板内力计算公式；编制了圆形板弯矩系数及切断半径系数的实用图表。本文研究的主要成果已列入我国烟囱设计规范。

用极限平衡理论分析结构内力，本世纪三十年代由苏联Гвоздев开始提出[1]。六十年代初，这种计算理论反映到“超静定钢筋混凝土结构考虑塑性内力重分配计算规程”[2]，在该规程中推荐了用极限平衡理论计算圆环板的基本计算公式。随后，我国建筑学报发表了“用极限平衡法计算钢筋混凝土圆板的强度”一文[3]，对文献〔2〕推荐的公式进行了推导和论证。1962年我国编制的“超静定钢筋混凝土结构考虑塑性内力重分配暂行计算规程”[4]及1965年“烟囱及烟道设计手册”[5]，继续沿用了文献〔2〕关于圆环板的计算公式。1975年我国烟囱设计规范编制组又一次对圆环板的计算公式进行了推导和论证，在配筋方式上作了改进，并提出了合理外形的概念[6]。上述文献介绍的计算公式，都是在假定结构可能出现如图1所示的四种基本破坏图形[3]的基础上获得的。

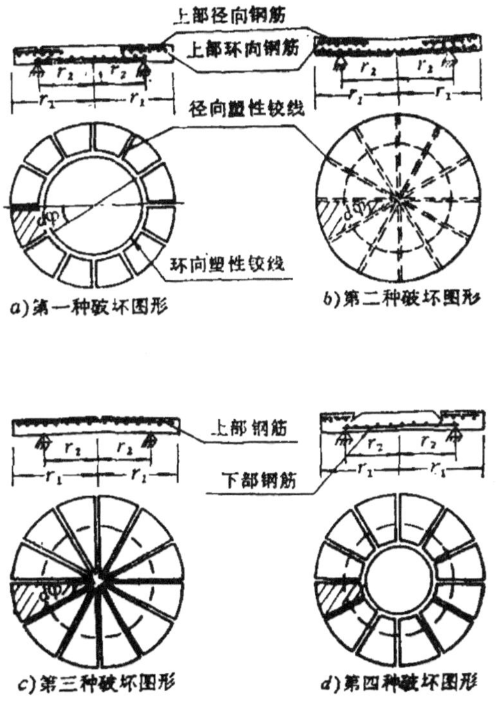

图1　简支悬挑圆板破坏图形

* 鞠洪国同志是长沙黑色冶金矿山设计研究院工程师、我国烟囱设计规范编制组成员。

为寻求圆环板更合理的计算方法，目前国内开展了进一步的试验及理论研究。最近一批短期加载的试验结果表明，环向钢筋对圆板跨中产生环向压力——薄膜力，可以提高圆板跨中的承载力。这一发现，具有一定的经济效果，是值得重视的。但是，增加环向钢筋减少径向钢筋，由于内力调幅太大，在使用阶段将导致裂缝开展过宽。尤其应注意的是，这一结论是在一次短期加载的破坏试验中获得的。在长期荷载作用下，由于混凝土的收缩和徐变，这种薄膜力将随时间的延续趋于减小[7]，这个问题尚在进一步研究。本文推荐用极限平衡法计算钢筋混凝土圆环板，文中分析了圆环板破坏图形的充要条件，并在上述四种基本破坏图形的基础上，提出了两种新的对设计起控制作用的破坏图形；按上述破坏图形推导了等厚圆环板在均布荷载作用下内力计算公式及实用图表。该成果已列入我国烟囱设计规范。

一、圆形板的破坏图形

试验及理论分析表明，圆形板的破坏图形除与悬挑的几何条件（外圆半径r_1与环支座半径r_2之比值α）有关外，还取决于板厚及配筋情况。对产生某种破坏图形而言，前者为必要条件，后者为充分条件。

对于第一种破坏图形（图1_a），只要有悬挑（$\alpha>1$）就可能发生。若悬挑部分上部径向或环向钢筋强，支座以内跨中的下部环向钢筋弱或上部径向钢筋在跨中切断过早时，可能由第一种破坏转化为第二、或第四种破坏（图$1_{b、d}$）。

对于第二种破坏图形，当悬挑较小时可能发生。但是，发生这种破坏的充分条件是支座上部径、环钢筋都较强。若该处径向钢筋较弱时，则可能在支座上部也出现一道环向裂缝，在支座以内的跨中下部产生通过圆心的放射向裂缝。破坏时，仅圆板跨中部分下凹（图2_a）。这种破坏本文称之为第五种破坏图形。

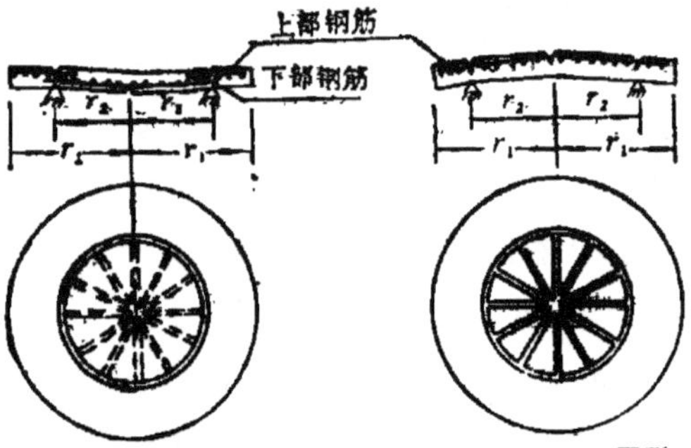

a)第五种破坏图形　　b)第六种破坏图形

图 2　简支悬挑圆板破坏图形

对于第三种破坏图形，当悬挑较长时可能发生。这种破坏也是以支座上部径向钢筋较强为其充分条件。当悬挑部分环向钢筋较强，而支座处径向钢筋和跨中上部的环向钢筋较弱时，除跨中上部产生通过圆心的放射向裂缝外，在支座处也将出现一道环向裂缝。破坏时，仅跨中部分上凸（图2_b）。这种破坏本文称之为第六种破坏图形。

分析表明，对板式基础工程中的常用外形而言，在板厚、配筋及材料标号相同的条件下，外悬挑的配筋主要由第一种破坏图形控制，支座以内跨中的配筋主要由第五种破坏图形控制。因此，对常用外形的圆板基础，只要控制不出现第一和第五种破坏图形以及适当伸长径向钢筋控制不出现第四种破坏图形，即可满足圆板的强度要求。

环形板在均布荷载下产生某种破坏图形的必要条件，除与外形系数α有关外，还与环形板的内圆半径r_3与r_2的比值α_3有关。在一定的条件下，环形板也可能出现上述六种破坏图形。若α_3选择适当，可以控制环形板不出现第二、第三、第五种和第六种破坏。因此，对环形板在设计上起控制作用的往往是第一种破坏图形。通常环形板上部径向钢筋不切断。因此，也不会出现第四种破坏图形。

二、简支悬挑圆形板的计算

（一）按第一和第五种破坏图形的计算

从图 1_a 中取支座以外中心角为$d\varphi$的截扇形小块为脱离体，其上作用均载p，沿两边单位长径向铰线上作用环向极限抵抗弯矩（以下简称环向弯矩）$M_t^{外}$，沿支座环向单位长铰线上作用径向极限抵抗弯矩（以下简称径向弯矩）M_{rB}。弯矩符号规定板下部受拉为正。内外力对$T-T$轴（图 3_a）的力矩平衡条件为

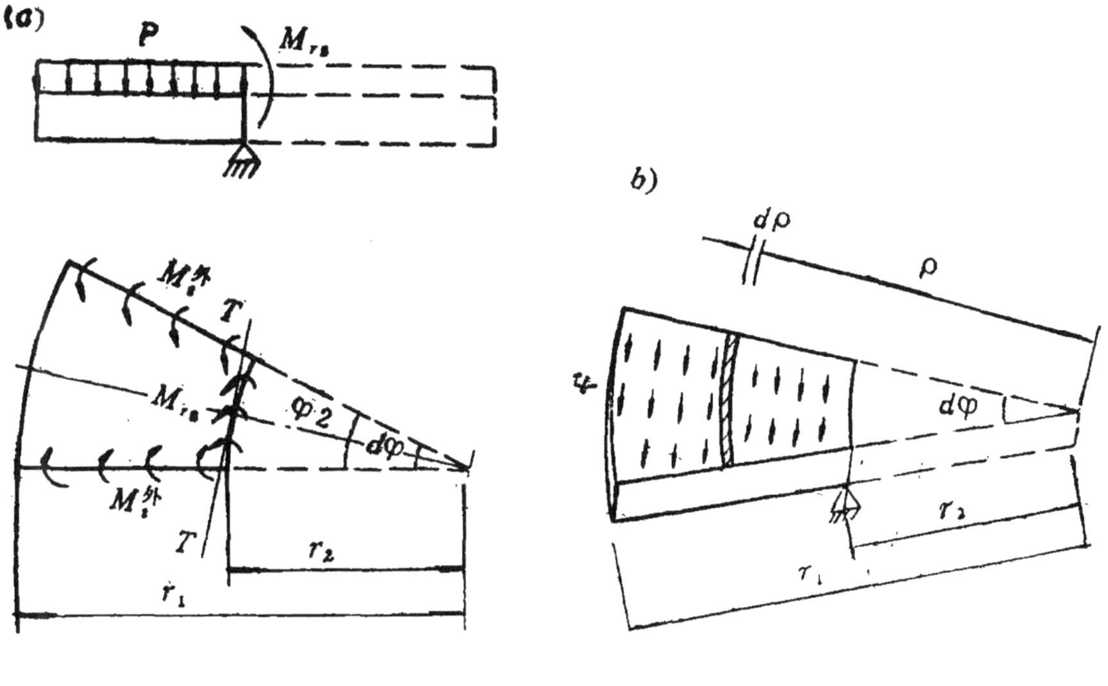

图 3　外悬挑截扇形小块脱离体

$$-M_{rB}r_2d\varphi-2(r_1-r_2)M_t^{外}\sin\frac{d\varphi}{2}-m_Br_2d\varphi=0 \qquad (1)$$

式中：m_B——均载p对支座处单位弧长上的外力矩，从图 3_b 可知

$$m_B=\frac{\int_{r_2}^{r_1}p(\rho-r_2)\rho d\varphi d\rho}{r_2d\varphi}=\frac{p}{6r_2}(2r_1^3-3r_1^2r_2+r_2^3) \qquad (2)$$

将（2）式代入（1）式，并注意到 $\alpha=\frac{r_1}{r_2}$，$\sin\frac{d\varphi}{2}\cong\frac{d\varphi}{2}$，$\eta=\frac{M_{rB}}{M_t^{外}}$，化简后可求得

$$M_t^{外}=k_t^{外}pr_2^2 \qquad (3)$$

$$M_{rB}=k_{rB}pr_2^2 \qquad (4)$$

式中：

$$k_t^{外}=-\frac{2\alpha^3-3\alpha^2+1}{6(\eta-1+\alpha)} \qquad (3a)$$

$$k_{rB}=-\frac{\eta(2\alpha^3-3\alpha^2+1)}{6(\eta-1+\alpha)} \qquad (4a)$$

η——环支座处径、环向弯矩比，方格网配筋时$\eta=1$；径环向配筋时，内力调幅分析表明，以采用$\eta=2$为宜[8]

为求圆板跨中弯矩，取图2_a支座以内的三角形小块为脱离体进行研究。该小块的中心角仍为$d\varphi$，其上作用均载p，沿支座处环向单位弧长铰线上，作用已求得的径向弯矩M_{rB}，沿两边径向单位长铰线上作用环向弯矩$M_t^{内}$。由上述内外力对T—T轴（图4_a）的力矩之和为零的条件

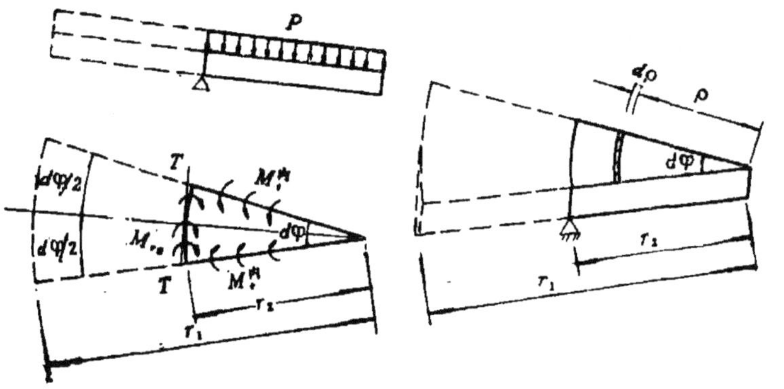

图4　支座内三角形小块脱离体

$$M_{rB}r_2d\varphi-2r_2M_t^{内}\sin\frac{d\varphi}{2}+m_or_2d\varphi=0 \qquad (5)$$

式中：m_o——三角形小块上的均载p对支座处单位弧长上的外力矩，由图4_b可知

$$m_o=\frac{\int_o^{r_2}p(r_2-\rho)\rho d\varphi d\rho}{r_2d\varphi}=\frac{pr_2^2}{6} \qquad (6)$$

将(6)式代入(5)式，并注意到$\alpha=\frac{r_1}{r_2}$、$\sin\frac{d\varphi}{2}\cong\frac{d\varphi}{2}$、$M_{rB}=k_{rB}pr_2^2$，可求得

$$M_t^{内}=k_t^{内}pr_2^2 \qquad (7)$$

式中：

$$k_t^{内}=\frac{1}{6}+k_{rB}=\frac{1}{6}\left(1-\frac{\eta(2\alpha^3-3\alpha^2+1)}{\eta-1+\alpha}\right) \qquad (7_a)$$

由（7）式可知，当$k_t^{内}>0$时，$M_t^{内}$为正弯矩，需在支座以内下部配筋；当$k_t^{内}<0$时，

$M_t^{内}$为负弯矩，需在支座以内的上部配筋。为求得支座以内上或下部配筋（即发生第五和第六种破坏图形）的界限，由$k_t^{内}=0$可得如下方程

$$2\eta\alpha_j^3-3\eta\alpha_j^2-\alpha_j+1=0 \qquad (8)$$

当η为1、2、∞时，可求得α_j分别为1.620、1.558、1.500。如果$\alpha<\alpha_j$，将发生第五种破坏图形；当$\alpha>\alpha_j$，将发生第六种破坏图形；当$\alpha=\alpha_j$，可能发生第一种破坏图形。

（二）按第六种破坏图形的计算

对于发生第一和第六种破坏图形的圆形板，同样可导得按（3）、（4）和（7）式分别计算$M_t^{外}$、M_{rB}、$M_t^{内}$。不同的是，按（3）式和（7）式计算的$M_t^{外}$、$M_t^{内}$均为负值。支座内、外的环筋均应配置在板的上部（对基础为板的下部）。为施工方便，通常支座内外按等直径等间距配筋。比较（3_a）式和（7_a）式可知，当$\eta=1$时，$|M_t^{外}|>|M_t^{内}|$，支座内外均按$M_t^{外}$配筋。当$\eta=2$时，为事先判断$M_t^{外}$与$M_t^{内}$的大小，由$M_t^{外}=M_t^{内}$可得如下方程

$$2\alpha^2-3\alpha-1=0$$

解上式得$\alpha=1.78$。当$\alpha<1.78$时，$M_t^{外}>M_t^{内}$。当$\alpha>1.78$时，$M_t^{外}<M_t^{内}$，支座外均按支座内的弯矩配筋，用钢量相当大。故在设计时，尽可能控制$\alpha<1.78$。但是，由于工艺上或功能上要求$\alpha>1.78$时，为方便施工节约钢材，宜放弃η取为常数的假定，利用$M_t^{外}=M_t^{内}$的条件方程及截扇形小块和三角形小块的力矩平衡方程联立求解可得

$$M_{rB}=k_{rB}pr_2^2 \qquad (9)$$

$$M_t^{外}=M_t^{内}=k_tpr_2^2 \qquad (10)$$

式中：

$$k_{rB}=-\frac{2\alpha^2-3\alpha+1}{6} \qquad (9_a)$$

$$k_t=-\frac{2\alpha^2-3\alpha}{6} \qquad (10_a)$$

计算表明[9]，当α从1.78变化到2时，径环向弯矩比η由2减小到1.5，与弹性分析的径向弯矩比η^t甚为接近；径环向钢筋用量也均比按$\eta=2$的假定计算的钢筋少。

（三）圆形板上部径向钢筋切断半径r_{d0}的计算

如前所述，当$\alpha<\alpha_j$时，将发生第五种破坏，在跨中上部按计算不需配环筋。因此，在支座上部按M_{rB}配置的径向钢筋（或方格网筋）到跨中径向弯矩零点处可考虑切断。设切断点到圆心的距离为r_{d0}（切断半径），该处$M_r=0$。从半径为r_{d0}、中心角为$d\varphi$的三角形小块（图5_a）的静力平衡条件，不难求得r_{d0}的计算公式

$$r_{d0}=\alpha_{d0}r_2 \qquad (11)$$

式中：

$$\alpha_{d0}=\sqrt{1-\frac{\eta(2\alpha^3-3\alpha^2+1)}{\eta-1+\alpha}} \qquad (11_a)$$

当实际的切断半径 $r'_{d0} \leqslant r_{d0}=\alpha_{d0}r_2$ 时，表明断点处已无上部受拉的径向弯矩，故可在该处切断。但还应按规定保证钢筋有足够的锚固长度。

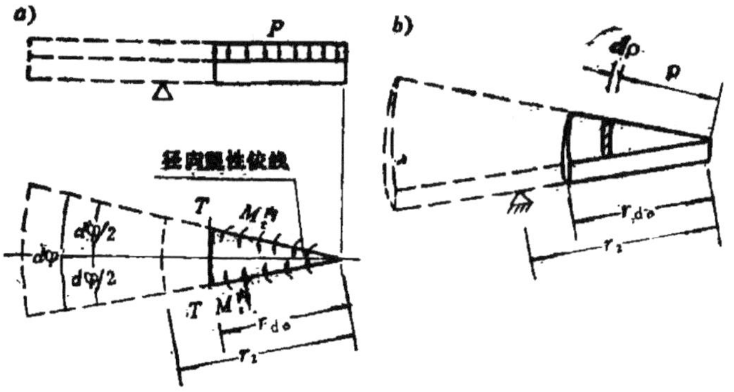

图 5　求切断点的三角形小块脱离体

以上公式（3_a）、（4_a）、（7_a）和（11_a）为简支悬挑厚圆板在均布荷载作用下，按极限平衡法计算的弯矩系数（$k_t^{外}$、k_{rB}、$k_t^{内}$）和切断半径系数（α_{d0}）的四个基本计算公式。当选定 η 值后，它们均为 α 的函数，可编制相应的实用图表（详附表）。附表中 η＝2－搁与 α＝1.78～2.0 相对应的 k_t 和 k_{rB} 系按公式（10_a）和（9_a）给出。

三、简支悬挑环形板的计算

（一）按第五种破坏图形的计算

假定 $M_{rB}=\eta M_t^{外}$ 时，悬挑部分的内力（$M_t^{外}$、M_{rB}）的计算公式与圆形板一样，按公式（3）和（4）计算，相应的弯矩系数（$k_t^{外}$、k_{rB}）也可从圆形板的弯矩系数附表中查得。

为计算环形板支座以内下部受拉的环向弯矩 $M_t^{内}$，可从图 6_a 中取支座以内中心角为 $d\varphi$ 的截扇形小块为脱离体（图 6_b），由内外力对 $T—T$ 轴力矩之和为零的条件求得

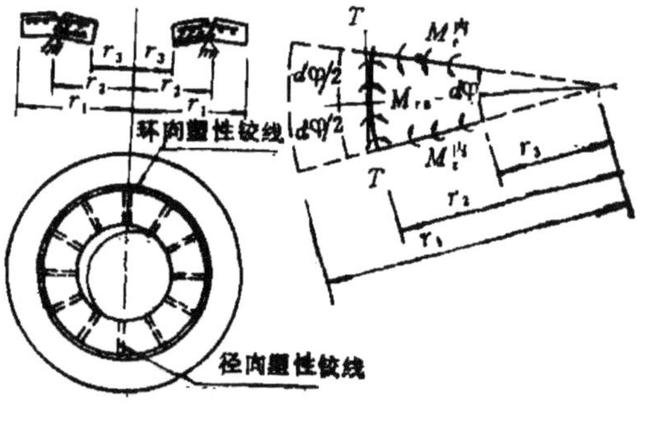

a）第五种破坏图形　　b）支座内截扇形小块

图 6　简支悬挑环形板破形坏图形及截扇小块

$$M_t^{内}=\frac{r_2}{r_2+r_3}(m_A+M_{rB}) \tag{12}$$

式中：m_A——环支座内截扇形小块上的均载 p 对支座环向铰线单位弧长上的外力矩，用积分法不难求得

$$m_A=\frac{1-3\alpha_3^2+2\alpha_3^3}{6}pr_2^2 \tag{13}$$

式中：$\alpha_3=\dfrac{r_3}{r_2}$。

将（4）式、(13) 式代入 (12) 式得

$$M_t^{内}=\frac{1-3\alpha_3^2+2\alpha_3^3+6k_{r_B}}{6(1-\alpha_3)}pr_2^2 \tag{14}$$

设计中，为节约钢材和方便施工，可调整α_3(即r_3)，使跨中下部不配钢筋。为此，利用$M_t^{内}=0$的条件得到下列方程

$$1-3\alpha_3^2+2\alpha_3^3+6k_{r_B}=0$$

将 (4_a) 式代入上式化简得

$$1-3\alpha_3^2+2\alpha_3^3-\frac{\eta}{\eta-1+\alpha}(1-3\alpha^2+2\alpha^3)=0 \tag{15}$$

由上式可知，当η值选定后，从已知α值的环形板，可找到一个对应的α_3值，使$M_t^{内}=0$，控制板的下部不配钢筋。为避免解算高次方程的麻烦，可按 (15) 式绘出 α—α_3关系曲线（图 7）。在 (15) 式中，当η为1、2和∞时，令 $\alpha_3=0$，可分别求得α_j为1.620、1.558和1.500，与圆板中得出的界限条件是一样的。显然，对于$\alpha>\alpha_j$的环形板，不管α_3为何值，跨中下部均不需配筋。当$\alpha<\alpha_j$时，只要中间挖去的半径r_3^s大于或等于按 (15) 式算得的r_3，也不必配置下部钢筋。从图 7 可知，α_3越大，α则越小，即内外悬挑越小，这样的外形既经济又方便施工。特别是地耐力好，地下水位低、有高温作用的烟囱基础，采用这种环形板式基础是较为合理的。

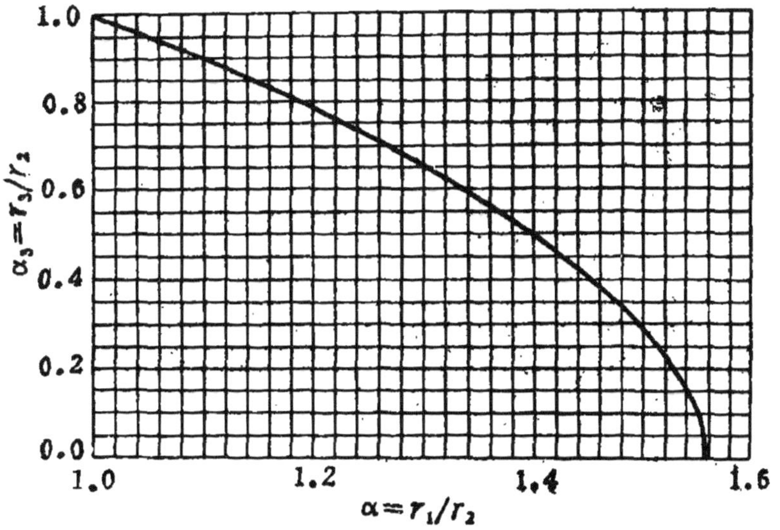

图 7 $\alpha-\alpha_3$关系曲线（$M_t^{内}=0$）

(二) 按第六种破坏图形的计算

对于第一和第六种破坏图形，同样可推得按（3）、（4）及 (14) 式计算$M_t^{外}$、M_{r_B}、$M_t^{内}$。不同的是，按上述公式计算均为负值。因此，支座内外的环筋和径向钢筋

均应配置在板的上部。从方便施工出发，通常支座内外的环筋按等直径等间距配筋。为事先判别$M_t^{外}$、$M_t^{内}$的大小，利用$M_t^{外}=M_t^{内}$的条件求得

$$\frac{2\alpha^3-3\alpha^2+1}{\eta-1+\alpha}=\frac{2\alpha_3^3-3\alpha_3^2+1}{\eta-1+\alpha_3} \tag{16}$$

由上式可知，当η选定后，已知内圆半径系数α_3的环形板，存在一个对应的外圆半径系数α使$M_t^{外}=M_t^{内}$。若η=2，当$\alpha_3=0$时，从（16）可解得α=1.78，与从圆板得到的界限值是一致的。设计中，为避免解算高次方程，可按（16）式绘制α—α_3^s关系曲线（图8）。这里α_3^s是用以区别图7中的α_3。对一已知外形的环形板（即α_3^s、α^s为已知），根据α_3^s由图8可查得一个对应的α值。当$\alpha^s<\alpha$，表明$M_t^{外}>M_t^{内}$，可按（4）式确定的$M_t^{外}$配筋；当$\alpha^s>\alpha$，表明$M_t^{外}<M_t^{内}$，则要按（14）式确定的$M_t^{内}$配筋。设计中，以控制$\alpha^s\leqslant\alpha$为宜。此时，环形板的内力（$M_t^{外}$、M_{rB}）可按本文附表的弯矩系数（$k_t^{外}$、k_{rB}）进行计算。

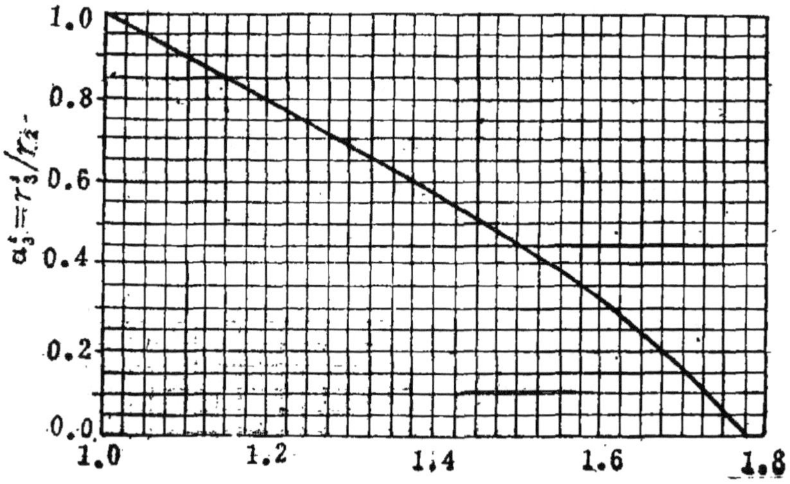

图8 α—α_3^s关系曲线

关于本文计算公式和图表在塔结构圆形、环形板式基础中的应用、圆环板按极限平衡法计算内力的调幅、考虑悬挑变厚的计算与构造及板式基础外形优化设计等问题将另文讨论。

参 考 文 献

〔1〕 А. А. Гвозчев, Расчет Несушей Способности конструкций по методу предельного равновесия, госстройиздат, москва, (1949).

〔2〕 苏联，超静定钢筋混凝土结构考虑塑性内力重分配计算规程，建工部建筑科学研究院译，（1961）.

〔3〕 蔡绍怀"用极限平衡法计算钢筋混凝土圆板强度"，建筑学报9～11期（1961），

〔4〕建筑科学研究院，超静定钢筋混凝土结构考虑塑性内力重分配暂行计算规程（草稿），建工部建筑科学研究院（1962）.
〔5〕烟囱及烟道设计手册，北京市土建技术交流会，（1965）.
〔6〕鞠洪国，"用极限平衡法计算环形、圆形板式基础"，烟囱设计规范编制组，1975.
〔7〕Hans Gesund, "Local Flexural Strength of Slabs at Interior Columns", Journal of the Structural Division May, (1980).
〔8〕罗国强，钢筋混凝土圆形板、环形板计算与构造的若干问题，湖南大学(1978).
〔9〕罗国强，钢筋混凝土圆形板、环形板按极限平衡法的计算，湖南大学（1978）.

The calculation of Reinforced Concrete Circular Disc Slab and Ring SIab by the Method of limit Equilibrium

By

Luo Guoqiang, Ju Hongguo

Abstract

This paper analyses the sufficient and necessary conditions of the failure diagrams of reinforced concrete circular disc slabs and ring slabs. On the basis of the four existing failure diagrams of these slabs, two new ones are proposed which can be used to guide their design. A set of formulas for the calculation of internal stresses are derived according to the two new failure diagrams. Tables and charts for coefficients of bending moments and radius of breakage of circular disc slab are prepared.

The results of this research are adopted in our National Chimney Design Code.

附表　　圆形板弯矩系数及切断半径系数

η → / $k、\alpha_{do}$ → / α ↓	1.0（全部用方格网配筋）				2.0（悬挑部分用径环向配筋）			
	$k^{外}$	k_B	$k^{内}$	α_{do}	$k_t^{外}$	k_{rB}	$k_t^{内}$	α_{do}
1.000	0.000	-0.000	0.167	1.000	0.000	0.000	0.167	1.000
1.025	-0.000	-0.000	0.166	1.000	-0.000	-0.000	0.166	0.998
1.050	-0.001	-0.001	0.166	0.998	-0.001	-0.002	0.165	0.996
1.075	-0.003	-0.003	0.164	0.992	-0.002	-0.004	0.164	0.991
1.100	-0.005	-0.005	0.162	0.986	-0.003	-0.006	0.162	0.985
1.125	-0.007	-0.007	0.159	0.977	-0.004	-0.008	0.159	0.975
1.150	-0.011	-0.011	0.156	0.968	-0.006	-0.012	0.155	0.965
1.175	-0.014	-0.014	0.152	0.955	-0.008	-0.016	0.151	0.950
1.200	-0.019	-0.019	0.148	0.942	-0.010	-0.021	0.146	0.936
1.225	-0.024	-0.024	0.143	0.926	-0.013	-0.026	0.141	0.918
1.250	-0.029	-0.029	0.138	0.910	-0.016	-0.032	0.135	0.898
1.275	-0.035	-0.035	0.132	0.890	-0.019	-0.038	0.129	0.878
1.300	-0.042	-0.042	0.125	0.866	-0.024	-0.048	0.120	0.847
1.325	-0.048	-0.048	0.118	0.841	-0.028	-0.056	0.111	0.817
1.350	-0.056	-0.056	0.111	0.816	-0.032	-0.064	0.104	0.788
1.375	-0.064	-0.064	0.103	0.786	-0.037	-0.074	0.092	0.744
1.400	-0.072	-0.072	0.095	0.755	-0.042	-0.084	0.083	0.705
1.425	-0.081	-0.081	0.086	0.718	-0.048	-0.096	0.071	0.652
1.450	-0.091	-0.091	0.076	0.675	-0.054	-0.108	0.059	0.597
1.475	-0.101	-0.101	0.066	0.629	-0.060	-0.120	0.047	0.528
1.500	-0.111	-0.111	0.056	0.580	-0.067	-0.134	0.034	0.448
1.525	-0.122	-0.122	0.045	0.520	-0.074	-0.148	0.019	0.339
1.550	-0.133	-0.133	0.034	0.452	-0.081	-0.162	0.006	0.182
1.558	-0.137	-0.137	0.030	0.422	-0.083	-0.167	0.000	0.000
1.575	-0.145	-0.145	0.022	0.363	-0.089	-0.178	-0.089	0.000
1.600	-0.158	-0.158	0.009	0.232	-0.097	-0.194	-0.097	0.000
1.620	-0.167	-0.167	0.000	0.000	-0.104	-0.208	-0.104	0.000
1.620	-0.167	-0.167	-0.167	0.000	-0.104	-0.208	-0.104	0.000
1.625	-0.170	-0.170	-0.170	0.000	-0.106	-0.212	-0.106	0.000
1.650	-0.184	-0.184	-0.184	0.000	-0.114	-0.228	-0.114	0.000
1.675	-0.197	-0.197	-0.197	0.000	-0.124	-0.248	-0.124	0.000
1.700	-0.211	-0.211	-0.211	0.000	-0.133	-0.266	-0.133	0.000
1.725	-0.226	-0.226	-0.226	0.000	-0.143	-0.286	-0.143	0.000
1.750	-0.241	-0.241	-0.241	0.000	-0.153	-0.306	-0.153	0.000
1.775	-0.257	-0.257	-0.257	0.000	-0.164	-0.328	-0.164	0.000
1.780	-0.260	-0.260	-0.260	0.000	-0.167	-0.334	-0.167	0.000
1.800	-0.273	-0.273	-0.273	0.000	-0.180	-0.347	-0.180	0.000
1.825	-0.289	-0.289	-0.289	0.000	-0.198	-0.364	-0.198	0.000
1.850	-0.306	-0.306	-0.306	0.000	-0.216	-0.383	-0.216	0.000
1.875	-0.326	-0.326	-0.326	0.000	-0.234	-0.401	-0.234	0.000
1.900	-0.341	-0.341	-0.341	0.000	-0.255	-0.420	-0.255	0.000
1.925	-0.359	-0.359	-0.359	0.000	-0.273	-0.439	-0.273	0.000
1.950	-0.378	-0.378	-0.378	0.000	-0.293	-0.459	-0.293	0.000
1.975	-0.396	-0.396	-0.396	0.000	-0.313	-0.479	-0.313	0.000
2.000	-0.416	-0.416	-0.416	0.000	-0.334	-0.500	-0.334	0.000

弯矩公式

1.0	2.0
$M^{外}=k^{外}pr_2^2$	$M_t^{外}=k_t^{外}pr_2^2$
$M_B=k_Bpr_2^2$	$M_{rB}=k_{rB}pr_2^2$
$M^{内}=k^{内}pr_2^2$	$M_t^{内}=k_t^{内}pr_2^2$

弯矩说明

1. 弯矩为单位长度上的内力；
2. 弯矩符号以板下部（基础底板为上部）受拉为正；反之为负；
3. $\alpha=r_1/r_2$，$\alpha_{do}=r_{do}/r_2$，
   r_1——外圆半径、r_2——环支座半径；r_{do}——切断半径；
4. 本表可用于环形板外悬挑部分的内力（$M_t^{外}$、M_{rB}）计算。

平行四边形板弯曲问题的康托洛维奇法

王　磊

摘　　要

本文推导了平行四边形板弯曲问题的斜座标基本公式。在v方向用广义梁函数，在u方向用常微分方程的解法。对于四边简支、四边固支、三边固支一边自由的平行四边形各向同性薄板，无论是匀布荷载、集中荷载、集中弯矩、小方块荷载都可得到精度较高的近似解。

一、概　　述

康托洛维奇、克雷洛夫[1][2]提出了康托洛维奇近似变分法，用来处理多变量函数的泛函变分问题。“我国钱伟长[4]胡海昌[5]以及各国学者都很注意康托洛维奇法以及它的演变与各种实际应用。”胡海昌[5]指出：“用康托洛维奇法解题的算例，文献上发表的不多”。因此，本文一个方向用里兹法求近似解。另一个方向用常微分方程求精确解。这样，应当说对于康氏法是一个重要发展。文献[4][5]仅为矩形板匀布荷载的康氏法，本文则推广到平行四边形板任意荷载情况下的康氏法。

二、斜坐标系统下的基本公式

图1设在（x、y）平面上有平行四边形板。倾角为α，当$\alpha=\frac{\pi}{2}$时就是矩形板。

直角坐标x、y与斜角坐标u、v的关系为：

$$y=v\sin\alpha \qquad x=u+v\cos\alpha$$

$$u=x-y\mathrm{ctg}\alpha \qquad v=y\frac{1}{\sin\alpha}$$

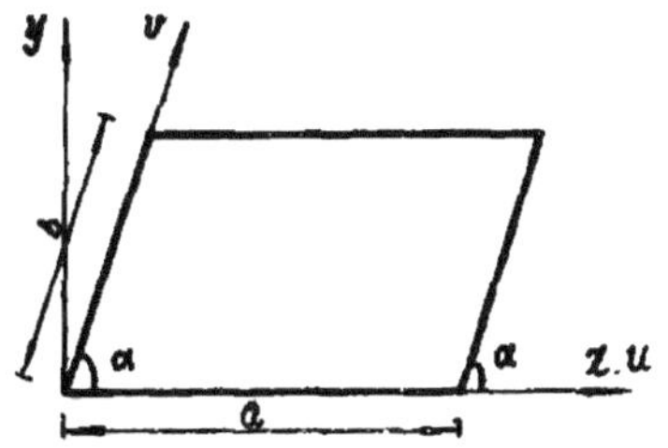

图　1

利用求微商规则

$$\left.\begin{aligned}\frac{\partial w}{\partial x}&=\frac{\partial w}{\partial u}\ \frac{\partial u}{\partial x}+\frac{\partial w}{\partial v}\ \frac{\partial v}{\partial x}\\ \frac{\partial w}{\partial y}&=\frac{\partial w}{\partial u}\ \frac{\partial u}{\partial y}+\frac{\partial w}{\partial v}\ \frac{\partial v}{\partial y}\end{aligned}\right\}\tag{2}$$

由公式（1）得

$$\left.\begin{aligned}&\frac{\partial u}{\partial x}=1 \qquad \frac{\partial u}{\partial y}=-\mathrm{ctg}\alpha\\ &\frac{\partial v}{\varrho x}=0 \qquad \frac{\partial v}{\partial y}=\frac{1}{\sin\alpha}\end{aligned}\right\}\tag{3}$$

（3）式代入（2）式

$$\left.\begin{aligned}\frac{\partial w}{\partial x}&=\frac{\partial w}{\partial u}\\ \frac{\partial w}{\partial y}&=\frac{\partial w}{\partial u}(-\mathrm{ctg}\alpha)+\frac{\partial w}{\partial v}\frac{1}{\sin\alpha}\end{aligned}\right\}\tag{4}$$

重复使用微商规则：利用公式（2）

$$\left.\begin{aligned}\frac{\partial}{\partial x}\ \frac{\partial w}{\partial x}&=\frac{\partial^2 w}{\partial u^2}\left(\frac{\partial u}{\partial x}\right)^2+2\frac{\partial^2 w}{\partial u\partial v}\ \frac{\partial v}{\partial x}\ \frac{\partial u}{\partial x}+\frac{\partial^2 w}{\partial v^2}\left(\frac{\partial v}{\partial x}\right)^2\\ \frac{\partial}{\partial y}\ \frac{\partial w}{\partial y}&=\frac{\partial^2 w}{\partial u^2}\left(\frac{\partial u}{\partial y}\right)^2+2\frac{\partial^2 w}{\partial u\partial v}\ \frac{\partial v}{\partial y}\ \frac{\partial u}{\partial y}+\frac{\partial^2 w}{\partial v^2}\left(\frac{\partial v}{\partial y}\right)^2\end{aligned}\right\}\tag{5}$$

将（3）式代入（5）式

$$\left.\begin{aligned}\frac{\partial^2 w}{\partial x^2}&=\frac{\partial^2 w}{\partial u^2}\\ \frac{\partial^2 w}{\partial y^2}&=\frac{\partial^2 w}{\partial u^2}\ \frac{\cos^2\alpha}{\sin^2\alpha}-2\frac{\partial^2 w}{\partial u\partial v}\ \frac{\cos\alpha}{\sin^2\alpha}+\frac{\partial^2 w}{\partial v^2}\ \frac{1}{\sin^2\alpha}\\ &=\frac{1}{\sin^2\alpha}\left(\frac{\partial^2 w}{\partial u^2}\cos^2\alpha-2\frac{\partial^2 w}{\partial u\partial v}\ \cos\alpha+\frac{\partial^2 w}{\partial v^2}\right)\end{aligned}\right\}\tag{6}$$

调和方程左端为

$$\nabla^2 w=\frac{\partial^2 w}{\partial x^2}+\frac{\partial^2 w}{\partial y^2}=\frac{1}{\sin^2\alpha}\left(\frac{\partial^2 w}{\partial u^2}-2\cos\alpha\ \frac{\partial^2 w}{\partial u\partial v}+\frac{\partial^2 w}{\partial v^2}\right)\tag{7}$$

再行使用微商规则（2）

$$\begin{aligned}\frac{\partial}{\partial x}\ \frac{\partial^2 w}{\partial x^2}=&\frac{\partial^3 w}{\partial u^3}\left(\frac{\partial u}{\partial x}\right)^3+3\frac{\partial^3 w}{\partial u^2\partial v}\ \frac{\partial v}{\partial x}\ \left(\frac{\partial u}{\partial x}\right)^2+3\frac{\partial^3 w}{\partial u\partial v^2}\cdot\\ &\cdot\left(\frac{\partial v}{\partial x}\right)^2\left(\frac{\partial u}{\partial x}\right)+\frac{\partial^3 w}{\partial v^3}\left(\frac{\partial v}{\partial x}\right)^3\end{aligned}\tag{8}$$

$$\frac{\partial^3 w}{\partial x\partial y^2}=\frac{1}{\sin^2\alpha}\left(\frac{\partial^3 w}{\partial u^3}\cos^2\alpha-2\frac{\partial^3 w}{\partial u^2\partial v}\ \cos\alpha+\frac{\partial^3 w}{\partial u\partial v^2}\right)\tag{9}$$

$$\frac{\partial}{\partial y}\ \frac{\partial^2 w}{\partial y^2}=\frac{\partial^3 w}{\partial u^3}\left(\frac{\partial u}{\partial y}\right)^3+3\frac{\partial^3 w}{\partial u^2\partial v}\left(\frac{\partial u}{\partial y}\right)^2\left(\frac{\partial v}{\partial y}\right)+$$

$$3\frac{\partial^3 w}{\partial u\partial v^2}\left(\frac{\partial u}{\partial y}\right)\left(\frac{\partial v}{\partial y}\right)^2+\frac{\partial^3 w}{\partial v^3}\left(\frac{\partial v}{\partial y}\right)^3 \tag{10}$$

将（3）式代入（8)、(10)两式

$$\frac{\partial^3 w}{\partial x^3}=\frac{\partial^3 w}{\partial u^3} \tag{11}$$

$$\frac{\partial^3 w}{\partial y^3}=\frac{1}{\sin^3\alpha}\left(-\cos^3\alpha\frac{\partial^3 w}{\partial u^3}+3\cos^2\alpha\frac{\partial^3 w}{\partial u^2\partial v}-3\cos\alpha\frac{\partial^3 w}{\partial u\partial v^2}+\frac{\partial^3 w}{\partial v^3}\right) \tag{12}$$

再继续使用微商规则（2）

$$\frac{\partial}{\partial x}\left(\frac{\partial^3 w}{\partial x^3}\right)=\frac{\partial^4 w}{\partial u^4}\Bigg)^4\left(\frac{\partial u}{\partial x}\right)^4+4\frac{\partial^4 w}{\partial u^3\partial v}\quad\frac{\partial v}{\partial x}\left(\frac{\partial u}{\partial x}\right)^3+6\frac{\partial^4 w}{\partial u^2\partial v^2}\left(\frac{\partial u}{\partial x}\right)^2\left(\frac{\partial v}{\partial x}\right)^2$$

$$+4\frac{\partial^4 w}{\partial u\partial v^3}\left(\frac{\partial u}{\partial x}\right)\left(\frac{\partial v}{\partial x}\right)^3+\frac{\partial^4 w}{\partial v^4}\left(\frac{\partial v}{\partial x}\right)^4 \tag{13}$$

$$\frac{\partial}{\partial y}\left(\frac{\partial^3 w}{\partial y^3}\right)=\frac{\partial^4 w}{\partial u^4}\left(\frac{\partial u}{\partial y}\right)^4+4\frac{\partial^4 w}{\partial u^3\partial v}\left(\frac{\partial u}{\partial y}\right)^3\left(\frac{\partial v}{\partial y}\right)$$

$$+6\frac{\partial^4 w}{\partial u^2\partial v^2}\left(\frac{\partial u}{\partial y}\right)^2\left(\frac{\partial v}{\partial y}\right)^2+4\frac{\partial^4 w}{\partial u\partial v^3}\left(\frac{\partial u}{\partial y}\right)\left(\frac{\partial v}{\partial y}\right)^3+\frac{\partial^4 w}{\partial v^4}\left(\frac{\partial v}{\partial y}\right)^4 \tag{14}$$

（3）式代入（13)、(14）式

$$\frac{\partial^4 w}{\partial x^4}=\frac{\partial^4 w}{\partial u^4} \tag{15}$$

$$\frac{\partial^4 w}{\partial y^4}=\frac{1}{\sin^4\alpha}\left(\cos^4\alpha\frac{\partial^4 w}{\partial u^4}-4\cos^3\alpha\frac{\partial^4 w}{\partial u^3\partial v}+6\cos^2\alpha\frac{\partial^4 w}{\partial u^2\partial v^2}\right.$$

$$\left.-4\cos\alpha\frac{\partial^4 w}{\partial u\partial v^3}+\frac{\partial^4 w}{\partial v^4}\right) \tag{16}$$

此外，还有

$$2\frac{\partial^4 w}{\partial x^2\partial y^2}=\frac{2}{\sin^2\alpha}\left(\cos^2\alpha\frac{\partial^4 w}{\partial u^4}-2\cos\alpha\frac{\partial^4 w}{\partial u^3\partial v}+\frac{\partial^4 w}{\partial u^2\partial v^2}\right) \tag{17}$$

双调和方程的左端为：

$$\frac{\partial^4 w}{\partial x^4}+2\frac{\partial^4 w}{\partial x^2\partial y^2}+\frac{\partial^4 w}{\partial y^4}=\frac{1}{\sin^4\alpha}\left(\frac{\partial^4 w}{\partial u^4}-4\cos\alpha\left(\frac{\partial^4 w}{\partial u^3\partial v}+\right.\right.$$

$$\left.\left.\frac{\partial^4 w}{\partial u\partial v^3}\right)+2(1+2\cos^2\alpha)\frac{\partial^4 w}{\partial u^2\partial v^2}+\frac{\partial^4 w}{\partial v^4}\right) \tag{18}$$

公式（18）与国外文献相同，与国内文献〔7〕倾交异性斜板当为各向同性时相同。

内力公式

利用公式（6）弯矩公式为

$$M_x=-D\left(\frac{\partial^2 w}{\partial x^2}+\mu\frac{\partial^2 w}{\partial y^2}\right)=-D\left(\frac{\partial^2 w}{\partial u^2}+\frac{\mu}{\sin^2\alpha}\left(\frac{\partial^2 w}{\partial v^2}\right.\right.$$

$$\left.\left.-2\cos\alpha\frac{\partial^2 w}{\partial u\partial v}+\cos^2\alpha\frac{\partial^2 w}{\partial u^2}\right)\right) \tag{19}$$

$$M_y=-D\left(\frac{\partial^2 w}{\partial y^2}+\mu\frac{\partial^2 w}{\partial x^2}\right)=-D\left(\mu\frac{\partial^2 w}{\partial u^2}+\frac{1}{\sin^2\alpha}\left(\frac{\partial^2 w}{\partial u^2}\right.\right.$$

$$-2\cos\alpha\frac{\partial^2 w}{\partial u\partial v}+\cos^2\alpha\frac{\partial^2 w}{\partial u^2}\Big)\Big] \tag{20}$$

$$M_{xy}=-D(1-\mu)\frac{\partial^2 w}{\partial x\partial y}=-D(1-\mu)\frac{1}{\sin\alpha}\left(\frac{\partial^2 w}{\partial u\partial v}-\cos\alpha\frac{\partial^2 w}{\partial u^2}\right) \tag{21}$$

剪力公式

利用公式（11）、(12)

$$Q_x=-D\left(\frac{\partial^3 w}{\partial x^3}+\frac{\partial^3 w}{\partial x\partial y^2}\right)=-D\frac{1}{\sin^2\alpha}\left(\frac{\partial^3 w}{\partial u^3}-2\cos\alpha\right.$$

$$\left.\cdot\frac{\partial^3 w}{\partial u^2\partial v}+\frac{\partial^3 w}{\partial u\partial v^2}\right) \tag{22}$$

$$Q_y=-D\left(\frac{\partial^3 w}{\partial y^3}+\frac{\partial^3 w}{\partial x^2\partial y}\right)=-D\left(\frac{\partial^3 w}{\partial v^3}\frac{1}{\sin^3\alpha}-3\frac{\cos\alpha}{\sin^3\alpha}\frac{\partial^3 w}{\partial u\partial v^2}+\frac{1+2\cos^2\alpha}{\sin^3\alpha}\right.$$

$$\left.\frac{\partial^3 w}{\partial u^2\partial v}-\frac{\partial^3 w}{\partial u^3}\frac{\cos\alpha}{\sin^3\alpha}\right) \tag{23}$$

边界条件

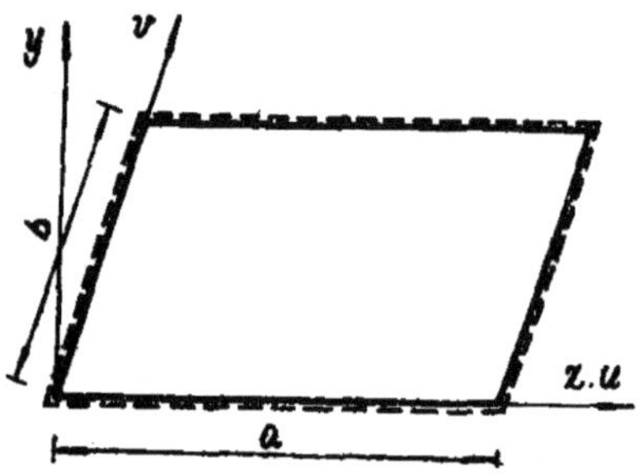

图 2

1. 简支边边界条件

OA、BC 两边边界条件为

$$w=0 \qquad M_n=\frac{\partial^2 w}{\partial n^2}=0$$

利用恒等式[3] p.97

$$\frac{\partial^2 w}{\partial n^2}+\frac{\partial^2 w}{\partial v^2}=\frac{\partial^2 w}{\partial x^2}+\frac{\partial^2 w}{\partial y^2} \tag{24}$$

式（7）代入得

$$\left.\begin{aligned}&w=0\\&\frac{1}{\sin^2\alpha}\left(\frac{\partial^2 w}{\partial u^2}-2\cos\alpha\frac{\partial^2 w}{\partial u\partial v}+\frac{\partial^2 w}{\partial v^2}\right)=0\end{aligned}\right\} \tag{25}$$

由于是刚性边，不可能弯曲，曲率$\frac{\partial^2 w}{\partial v^2}=0$，因此，可写成：

$$\left.\begin{aligned}&w=0\\&\frac{\partial^2 w}{\partial u^2}-2\cos\alpha\frac{\partial^2 w}{\partial u\partial v}=0\end{aligned}\right\} \tag{26}$$

AB、OC 两个直边边界条件：

直角坐标 $\qquad w=0 \qquad \frac{\partial^2 w}{\partial y^2}=0$

（6）式第 2 式代入得：

$$\left.\begin{aligned}&w=0\\&\frac{1}{\sin^2\alpha}\left(\frac{\partial^2 w}{\partial u^2}\cos^2\alpha-2\frac{\partial^2 w}{\partial u\partial v}\cos\alpha+\frac{\partial^2 w}{\partial v^2}\right)=0\end{aligned}\right\} \tag{27}$$

AB、OC 两个直边为刚性边，曲率 $\frac{\partial^2 w}{\partial u^2}=0$

通常可写成：

$$\left.\begin{aligned} & w=0 \\ & \frac{\partial^2 w}{\partial v^2}-2\cos\alpha\frac{\partial^2 w}{\partial u\partial v}=0 \end{aligned}\right\} \tag{28}$$

2. 固支边边界条件

由公式（4）

OC 边 $\quad \frac{\partial w}{\partial n}=\frac{\partial w}{\partial y}(-\cot\alpha)+\frac{\partial w}{\partial v}\frac{1}{\sin\alpha}=0$

OC 边为刚性边 $\quad \frac{\partial w}{\partial u}=0$

因此，$\quad \frac{\partial w}{\partial v}=0$

(1) OC 边固支 $\quad v=0$ 时

$$w=0 \qquad \frac{\partial w}{\partial u}=0 \tag{29}$$

(2) AB 边固支 $\quad v=b$ 时

$$w=0 \qquad \frac{\partial w}{\partial v}=0 \tag{30}$$

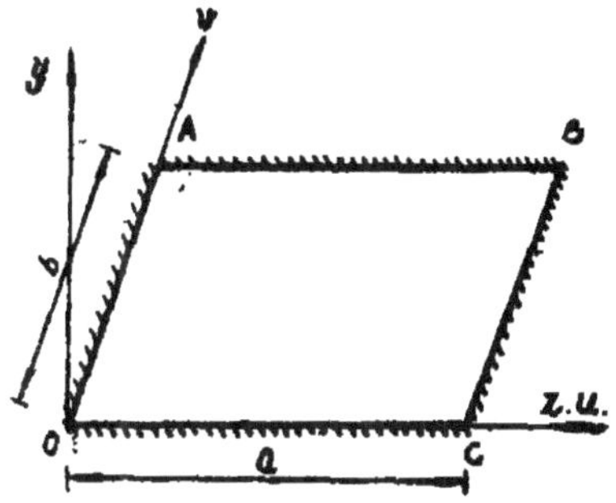

图 8 四边固支

另外，其它两边很易写出：

(3) OA 边固支 $\quad u=0$ 时 $\qquad w=0 \qquad \frac{\partial w}{\partial u}=0 \qquad (31)$

(4) BC 边固支 $\quad u=a$ 时 $\qquad w=0 \qquad \frac{\partial w}{\partial u}=0 \qquad (32)$

3. 自由边边界条件

图 4 设两边 AB、OC 为自由边，直角坐标边界条件为

$$\frac{\partial^2 w}{\partial y^2}+\mu\frac{\partial^2 w}{\partial x^2}=0 \tag{33}$$

$$\frac{\partial^3 w}{\partial y^3}+(2-\mu)\frac{\partial^3 w}{\partial x^2\partial y}=0 \tag{34}$$

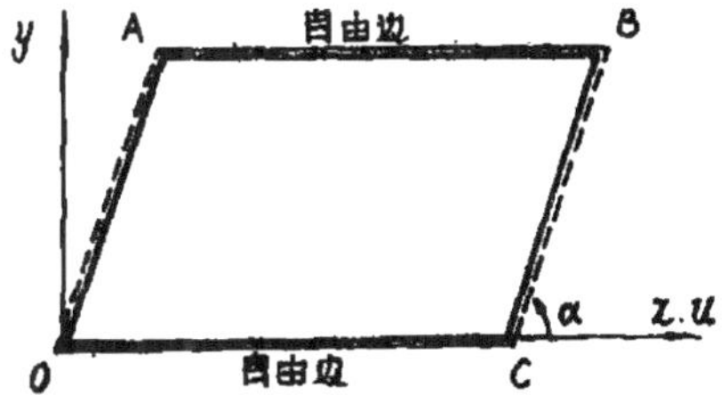

图 4

由 (6)、(9)、(12)式可得

$$\frac{1}{\sin^2\alpha}\left(\frac{\partial^2 w}{\partial v^2}-2\cos\alpha\frac{\partial^2 w}{\partial u\partial v}+(\cos^2\alpha+\mu\sin\alpha)\frac{\partial^2 w}{\partial u^2}\right)=0 \tag{35}$$

$$\frac{1}{\sin^3\alpha}\left(\frac{\partial^3 w}{\partial v^3}-3\cos\alpha\frac{\partial^3 w}{\partial u\partial v^2}+(2+\cos^2\alpha-\mu\sin^2\alpha)\frac{\partial^3 w}{\partial u^2\partial v}\right.$$
$$\left.-[1+(1-\mu)\sin^2\alpha]\cos\alpha\frac{\partial^3 w}{\partial u^3}\right) \tag{36}$$

OA 及 BC 两个斜边是自由边。设边界法线方向为 n，切线方向为 v。

$$\left.\begin{aligned} M_n &= 0 \\ V_n &= Q_n - \left(\frac{\partial M_{nv}}{\partial s}\right) = 0 \end{aligned}\right\} \quad (37)$$

利用坐标变换方法，可以得到（37）式具体形式。

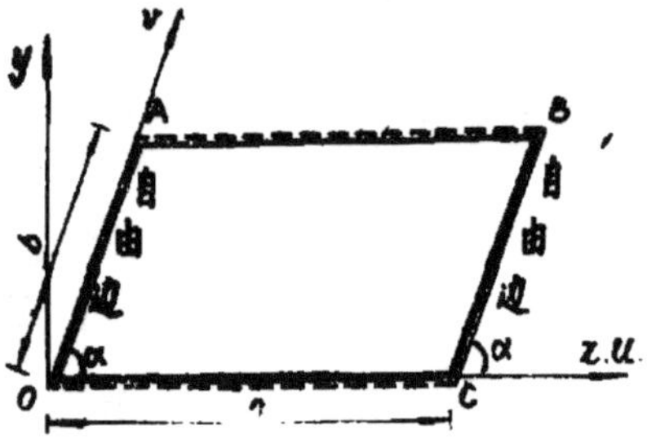

图 5

三、康托洛维奇法

平行四边形板，边界在简支或固支情况下，根据最小势能原理，泛函为

$$\Pi = \frac{D}{2}\iint_F \left(\frac{\partial^2 w}{\partial x^2} + \frac{\partial^2 w}{\partial y^2}\right)^2 dxdy - \iint_F qwdxdy$$

由于 $\qquad x = u + v\cos\alpha \qquad y = v\sin\alpha$

故 $\qquad dx = du + \cos\alpha dv \quad dy = \sin\alpha dv$

则 $\qquad dxdy = (du + \cos\alpha\, dv)\sin\alpha\, dv$

$$= \sin\alpha dudv + \sin\alpha\cos\alpha dv^2 \approx \sin\alpha\, dudv$$

由(37)，利用式（7）

$$\Pi = \frac{D}{2}\iint_F \left(\frac{\partial^2 w}{\partial x^2} + \frac{\partial^2 w}{\partial y^2}\right)^2 dxdy - \iint_F qwdxdy$$

$$= \frac{D}{2\sin^3\alpha}\int_0^a\int_0^b \left(\frac{\partial^2 w}{\partial u^3} - 2\cos\alpha\frac{\partial^2 w}{\partial u\partial v} + \frac{\partial^2 w}{\partial v^2}\right)^2 dudv$$

$$-\sin\alpha\int_0^a\int_0^b qw\, du\, dv \tag{38}$$

位移函数可写成：

$$w = uv \tag{39}$$

U 是 u 的函数，V 是 v 的函数。变量分离，在 v 方向采用里兹法求解，可以只满足位移边界条件，无需满足应力边界条件。在 u 方向用常微分方程求精确解。

将（39）代入（38）得到

$$\Pi = \frac{D}{2}\ \frac{1}{\sin^3\alpha}\int_0^a\int_0^b (U^2V''^2 + U''^2V^2 + 2U''UV''V - 4\cos\alpha\, U'UV''V'$$

$$+ 4\cos^2\alpha\, U'^2V'^2 - 4\cos\alpha\, U''U'V'V)dudv - \sin\alpha\int_0^a\int_0^b qUV\, dudv \tag{40}$$

设两端简支梁函数

$$V = \frac{v^4}{b^4} - 2\frac{v^3}{b^3} + \frac{v}{b}$$

此函数只满足简支边的位移边界条件，没有满足应力边界条件，这是允许的[4]。代入（40）并积分(可参阅附录)[11]再用欧拉一拉格朗日方程：

$$\frac{\partial F}{\partial U}-\frac{d}{du}\ \frac{\partial F}{\partial U'}+\frac{d^2}{du^2}\ \frac{\partial F}{\partial U''}=0$$

得常微分方程：

$$\frac{31}{630}bU^{\mathrm{IV}}-3\times\frac{17}{35}\ \frac{1}{b}U''+\frac{48}{10}\ \frac{1}{b^3}U=\frac{b}{5}\ \frac{q}{D}\ \sin^4\alpha$$

在 $u=0$ 及 $u=a$ 的边界条件，经过变分为：

$$\int_0^b\left(\frac{\partial^2 w}{\partial u^2}-2\cos\alpha\frac{\partial^2 w}{\partial u\partial v}\right)\partial\left(\frac{\partial w}{\partial u}\right)dv=\int_0^b(U''V^2-2\cos\alpha U'V'V)\delta u'dv$$

$$=\left(\frac{31}{630}bU''-2\cos\alpha U'\times 0\right)\delta u'=0$$

$\delta u'$ 不等于零，括弧（ ）内等于零：

因此，在 $u=0$、$u=a$ 时，$U''=0$

算例 1

设平行四边形板承受匀布荷载 q，OC 及 AB 为简支，其它两对边任意。短边长度为 $1.155a$，长边长度 $2.02a$，$\alpha=60°$ $\left(\sin 60°=\frac{\sqrt{3}}{2}\right)$，求板中点的挠度。

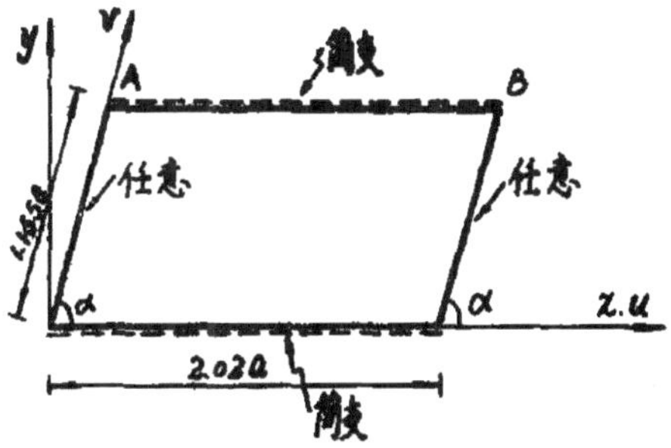

图 6

$$b^4U^{\mathrm{IV}}-\frac{918}{31}\ b^2U''+\frac{3024}{31}U$$

$$=\frac{567}{248}\ \frac{qb^4}{D}$$

因此，通解为：

$$U=A_1\mathrm{sh}1.943\frac{u}{b}+A_2\mathrm{ch}\,1.943\frac{u}{b}+A_3\,\mathrm{sh}5.083\frac{u}{b}$$

$$+A_4ch\,5.083\frac{U}{b}\ +0.02344\ \frac{qb^4}{D}$$

$$U''=A_1\left(\frac{1.943}{b}\right)^2\mathrm{sh}1.943\frac{u}{b}+A_2\ \left(\frac{1.943}{b}\right)^2\mathrm{ch}\frac{1.943}{b}\ \frac{u}{b}$$

$$+A_3\left(\frac{5.083}{b}\right)^2\mathrm{sh}5.083\frac{u}{b}+A_4\ \left(\frac{5.083}{b}\right)^2\mathrm{ch}5.083\frac{u}{b}$$

其它两对边简支时

$u=0\quad U=0\qquad A_2+A_4+0.02344\dfrac{qb^4}{D}=0$

$u=0\quad U''=0\qquad (1.943)^2A_2+(5.083)^2A_4=0$

$u=a\quad U=0\qquad 14.93764A_1+14.97108A_2+3628.6023A_3$

$$+3628.6024A_4+0.02344\frac{qb^4}{D}=0$$

$u=a \quad U''=0 \qquad A_1+1.00224A_2+1662.4636(A_3+A_4)=0$

解算四个线性方程组，可求得积分常数为：

$$A_1=0.026706\frac{qb^4}{D} \qquad A_3=-0.004010\frac{qb^4}{D}$$

$$A_2=-0.027451\frac{qb^4}{D} \qquad A_4=0.0040111\frac{qb^4}{D}$$

位移函数为

$$w=UV=\left(A_1\,\mathrm{sh}\,1.943\frac{u}{b}+A_2\mathrm{ch}\,1.943\frac{u}{b}+A_3\mathrm{sh}5.083\frac{u}{b}+A_4\,\mathrm{ch}\,5.083\frac{u}{b}\right.$$

$$\left.+0.02344\frac{qb^4}{D}\right)\left(\frac{v^4}{b^4}-2\frac{v^3}{b^3}+\frac{v}{b}\right)$$

求中点位移　将 $u=1.01a \qquad v=\frac{1}{2}b$ 　代入

可求得 $$w_{中}=0.010334\frac{qa^4}{D}$$

与铁摩辛柯正确解（〔3)p.341）$0.01046\ \frac{qa^4}{D}$ 相比误差1.2%

其它两边不是简支时，仍可用（37)。

泛函中其它类型的荷载项，可用广义函数表示。

(1) 集中荷载：

$$-\int_0^a\int_0^b Pw\delta(u-\varepsilon)\delta(v-\eta)dudv$$

$\delta(u-\varepsilon)$ 及 $\delta(v-\eta)$ 为笛而它函数

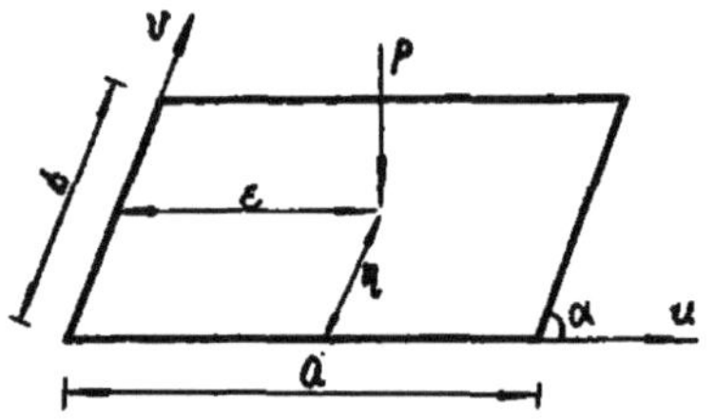

图 7

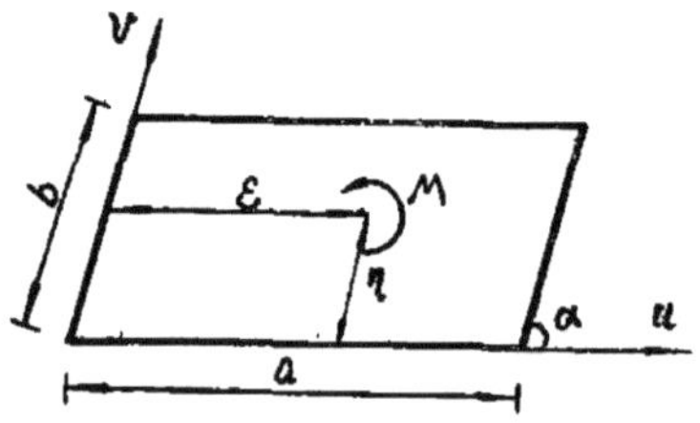

图 8

(2) 集中弯矩：

$$-\int_0^a\int_0^b Mw\sigma(u-\varepsilon)\sigma(v-\eta)\,dudv$$

$\sigma(u-\varepsilon)$ 及 $\sigma(v-\eta)$ 为西哥马函数

(3) 小方块荷载：

$$-\int_{u_1}^{u_2}\int_{v_1}^{v_2} qw\,du\,dv$$

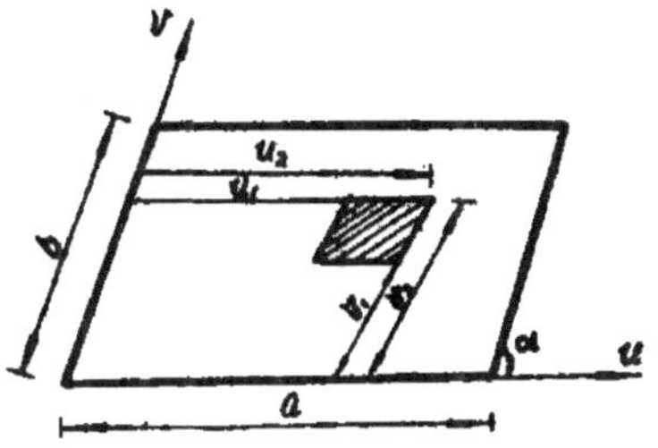

图 9

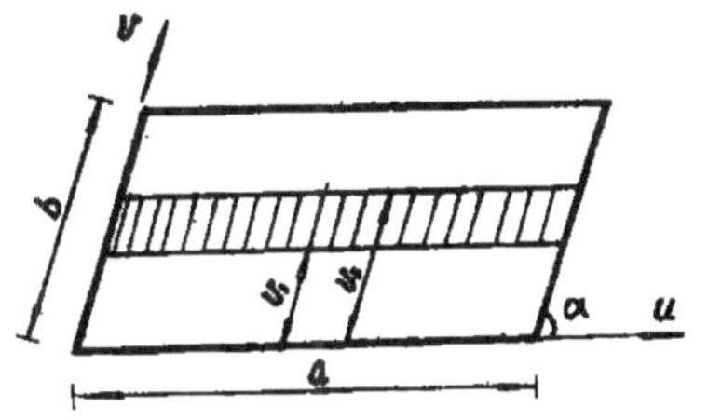

图 10

(4) 长条匀布荷载：

$$-\int_{0}^{a}\int_{v_1}^{v_2} qw\,du\,dv$$

$v=0$ 和 $v=b$ 在其余支承情况下，可以用广义梁函数推导出相应的弹性曲线，其极分可查附录表[11]。集中荷载、集中弯矩、间断荷载等所做的功用以上公式。这样，平行四边形弯曲板，在各种边界条件，各种荷载作用情况下，都可以用康托洛维奇方法解决。

算例 2：四边固支平行四边形薄板，在匀布荷载作用下，求板的中点挠度。如图 3，$\alpha=60°$。

由泛函方程 (40)，采用两端固支的梁函数，并查附录积分表[11]，代入欧拉一拉格朗日方程得常微分方程为：

$$\frac{1}{630}b^4U^{\text{IV}}-3\times\frac{2}{105}b^2U''+\frac{4}{5}U$$

$$=\frac{1}{30}\sin^4\alpha\,\frac{qb^4}{D}$$

$$b^4U^{\text{IV}}-36b^2U''+504U=11.8125\frac{qb^4}{D}$$

特征方程

$$b^4r^4-36b^2r^2+504=0$$

四个复根为：

$$\alpha=(3\sqrt{14}+9)^{\frac{1}{2}}=4.4972\qquad \beta=(3\sqrt{14}-9)^{\frac{1}{2}}=1.4916$$

$$U=A_1\text{ch}\,\alpha\frac{u}{b}\cos\beta\frac{u}{b}+A_2\text{sh}\,\alpha\frac{u}{b}\sin\beta\frac{u}{b}+A_3\text{ch}\,\alpha\frac{u}{b}\sin\beta\frac{u}{b}$$

$$+A_4\text{sh}\,\alpha\frac{u}{b}\cos\beta\frac{u}{b}+0.0234375\frac{qb^4}{D}$$

$$U'=A_1\left(-\frac{\beta}{b}\text{ch}\,\alpha\frac{u}{b}\sin\beta\frac{u}{b}+\frac{\alpha}{b}\text{sh}\,\alpha\frac{u}{b}\cos\beta\frac{u}{b}\right)$$

$$+A_2\left(\frac{\beta}{b}\text{sh}\alpha\frac{u}{b}\cos\beta\frac{u}{b}+\frac{\alpha}{b}\text{ch}\alpha\frac{u}{b}\sin\beta\frac{u}{b}\right)$$

$$+A_3\left(\frac{\beta}{b}\text{ch}\alpha\frac{u}{b}\cos\beta\frac{u}{b}+\frac{\alpha}{b}\text{sh}\alpha\frac{u}{b}\sin\beta\frac{u}{b}\right)$$

$$+A_4\left(-\frac{\beta}{b}\text{sh}\alpha\frac{u}{b}\sin\beta\frac{u}{b}+\frac{\alpha}{b}\text{ch}\alpha\frac{u}{b}\cos\beta\frac{u}{b}\right)\quad (\text{如果}a=b)$$

$u=0$ 时 $U=0$ $\quad A_1=-0.0234375\dfrac{qa^4}{D}$

$u=0$ 时 $U'=0$ $\quad \beta A_3+\alpha A_4=0$

$u=a$ 时 $U=0$ $\quad 3.55127A_1+44.73624A_2=44.74733A_3+3.550393A_4+0.0234375\dfrac{qa^4}{D}$

$u=a$ 时 $U'=0$ $\quad -50.778292A_1+206.53347A_2+206.48488A_3-50.757783A_4=0$

解算方程组得：

$$A_1=-0.0234375\frac{qa^4}{D}\qquad A_2=0.059799\frac{qa^4}{D}$$

$$A_3=-0.0606335\frac{qa^4}{D}\qquad A_4=0.0201105\frac{qa^4}{D}$$

求菱形方板 $a=b$ $\alpha=60°$ 中点的位移

$$w_{中}=U_{u=\frac{a}{2}}V_{v=\frac{a}{2}}=0.00881244\times\frac{1}{16}\ \frac{qa^4}{D}=0.00055077\frac{qa^4}{D}$$

平行四边形弯曲板有自由边的泛函方程为：

$$\Pi=\frac{D}{2}\iint_F\left\{\left(\frac{\partial^2 w}{\partial x^2}+\frac{\partial^2 w}{\partial y^2}\right)^2-2(1-\mu)\left[\frac{\partial^2 w}{\partial x^2}\frac{\partial^2 w}{\partial y^2}-\left(\frac{\partial^2 w}{\partial x\partial y}\right)^2\right]\right\}dxdy-\iint_F qwdxdy \tag{41}$$

利用斜坐标变换公式

$$\Pi=\frac{D}{2\sin^3\alpha}\int_0^a\int_0^b\left\{\left(\frac{\partial^2 w}{\partial u^2}-2\cos\alpha\frac{\partial^2 w}{\partial u\partial v}+\frac{\partial^2 w}{\partial v^2}\right)^2-2(1-\mu)\sin^2\alpha\left[\frac{\partial^2 w}{\partial u^2}\frac{\partial^2 w}{\partial v^2}-\left(\frac{\partial^2 w}{\partial u\partial v}\right)^2\right]\right\}dudv-\sin\alpha\int_0^a\int_0^b qwdudv \tag{42}$$

将 $w=UV$ 代入得：

$$\Pi=\frac{D}{2\sin^3\alpha}\int_0^a\int_0^b\{(U^2V''^2+U''^2V^2+2U''UV''V-4\cos\alpha U'UV''V'+4\cos^2\alpha U'^2V'^2-4\cos\alpha U''U'V'V)-2(1-\mu)\sin^2\alpha[U''UVV''-U'^2V'^2]\}\,dudv-\sin\alpha\int_0^a\int_0^b qUV\,dudv \tag{43}$$

根据（43）式，可以计算有自由边的平行四边形板的弯曲问题。

平行四边形板在桥梁结构里，应用很广泛。因此，本文可针对生产实际问题直接应用。

参 考 文 献

〔1〕 Л. В. Канторович, В. И. Крылов, Приближенные Методы Высщего Анализв Гостехиздвт 1941.

〔2〕 Л. В. Канторович, Функционалый Анализ и Прикладная Математика Услехи Матем Наук 3 (1948) 6(28)。

〔3〕 〔美〕S.铁摩辛柯，S.沃诺斯基著：板壳理论，《板壳理论》翻译组译，科学出版社，1977.10.

〔4〕 钱伟长著：变分法及有限元（上册），科学出版社，1980.

〔5〕 胡海昌著：弹性力学的变分原理及其应用，科学出版社，1981年。

〔6〕 胡海昌：以弹性力学平面应力问题为例，谈对应用有限元素法的几点建议，固体力学学报，1981年1期。

〔7〕 李国豪：斜交异性板的弯曲理论及其对于斜桥的应用，力学学报，1958年第1期。

〔8〕 石钟慈：样条有限元，计算数学，1979年第1期。

〔9〕 〔英〕Y.K.Cheung 著：结构分析的有限条法，谢秀松等译，王磊校，人民交通出版社，1980年。

〔10〕 王磊：样条函数有限条法，湖南大学学报，1981年第3期。

〔11〕 王磊：加权残数法与试函数，湖南大学学报，1981年第4期。

〔12〕 王磊、李兰芬：最小二乘法分析弹性薄板弯曲问题，土木工程学报，1983年第1期。

〔13〕 王磊：四种类型有限条《科学探索》1983年1期。

〔14〕 王磊、李家宝：结构分析的有限差分法，人民交通出版社，1982年12月。

Kantorovich Solution for the Problem of the Bending of a Parallel Quadrilateral Plate

By

Wang Lei

Abstract

In this paper, fundamental formulas have been derived for the bending of a parallel quadrilateral plate in the incline coordinates. The generalized beam function is used in the V direction and the solution of an ordinary differential equation is applied to the U direction. It is shown that an approximate solution with fairly high accuracy can be obtained for the isotropic plate with four simple hinged edges, four fixed edges, or with three fixed edges and one free edge whether it is under a uniformly distributed load, a concentrated load, or a concentrated moment load.

活塞用共晶 Al—Si 合金磷变质剂的选择及对材料性能影响的研究

龚建森，李元元，童友钦，蒋南忠，陈建国，向家干

摘　要

本文研究了内燃机活塞用共晶 Al-Si 合金磷变质剂的选择及其对材料性能的影响。在所研究的八种磷变质剂中，发现磷复合变质剂（简称 SR813）的效果最佳。共晶 Al-Si 合金经该种变质剂处理后，金相组织中初晶硅尺寸适中，分布均匀，共晶硅呈短杆状，α 枝晶基本消失，故合金材料的线膨胀系数降低，高温性能、耐磨性能显著提高，同时铸造性能亦得到改善。文中还对磷复合变质剂各组元的作用进行了初步的探讨，认为磷、硫为起变质作用的主要组元，铝粉起缓冲剂作用，氯化钠有净化铝液和促进变质的效果。

一、绪　言

采用铸造铝合金制造内燃机活塞仅有几十年的历史，而铸造 Al-Si 合金又是后起之秀。这是由于它在所有铸造铝合金中具有优越的物理、机械性能和铸造性能，故现今多数工厂仍采用共晶 Al-Si 合金并经钠盐变质来制造活塞。

但是经钠盐变质的共晶 Al-Si 合金因具有 α 初晶的亚变组织，尽管室温强度较高，但仍存在高温强度低、耐磨性差、线膨胀系数大等一系列缺点，所以并不是理想的活塞材料。特别是随着内燃机向高速、高压缩比、大功率方向发展，更难满足以上要求。此外钠盐变质效果衰退快，坩埚腐蚀严重，操作不便等缺点亦是无法克服的。正因为如此，目前国外已有相当多数国家（如日本、西德、美国、意大利等）采用磷代替钠盐变质得到“共晶成份合金过共晶组织”的活塞，近年来国内亦有少数工厂正在研究与应用[1][2]，并证实经磷变质的铝活塞高温机械性能好，线膨胀系数小，耐磨性能优良，尺寸稳定性亦较好，同时磷变质比钠盐变质工艺更为简化，变质效果不易衰退，成本也低。

* 长沙正园动力配件厂。

近年来虽陆续有些文献介绍共晶 Al-Si 合金的磷变质工艺，但多数都是以赤磷变质为主要研究对象，而对于各种磷变质剂的选择比较以及对材料性能影响的研究却很少报导。本文认为对于这些问题的系统研究和机理探讨将会有助于磷变质工艺的推广。

二、试验方法及条件

本试验以 ZL109 合金（成分列于表 1）为对象，采用 36千瓦 坩埚炉熔化、10千瓦坩埚炉控温和处理。除气工艺、变质温度、浇注温度、锭模冷速等条件相对保持不变，比较各种磷变质剂（组成物见表 2）的效果。

表 1　　炉料的化学成份

元素含量% / 炉料牌号	主要元素（%）								杂质元素
	Si	Cu	Mg	Mn	Zn	Ni	Cr	Ti	Al	Ca
ZL109 新料	11.～13.0	0.5～1.5	0.8～1.5	—	—	0.5～1.5	—	—	余量	微量
ZL109回炉料	11.38	1.27	1.02	0.525	—	0.97	—	—	余量	0.0967

表 2　　磷变质剂的组成

变质剂名称	赤磷粉	SR813	$P—C_2Cl_6$ 二元	磷复合变质剂（五元）	Na_2CO_3——P 二元	P—Al 二元（压块）	P—Cu 二元（压块）	Cu—8%P 二元（中间合金）
变质剂代号	P	N	H	W	P	L	E	C

变质后合金液分别浇注砂型，金属型阶梯金相试样，金属型（φ12mm）机械性能试棒以及 100 型活塞。

金相试样（除少数从 φ30mm 阶梯试样取样外）一般从活塞顶部取样。定量金相分析在 UVG—7 型金相显微镜放大 100 倍下任选三个视场点数初晶 Si 颗粒个数，并借助测微尺分别测定各个初晶 Si 颗粒尺寸（两个相互垂直方向），然后按(1)、(2)、式计算其平均晶粒尺寸和单位面积上初晶 Si 的个数。

$$d=\frac{\sum_{i=1}^{n} d_i}{n} \tag{1}$$

$$x=\frac{n}{3A} \tag{2}$$

式中　d——初晶 Si 平均尺寸(μ)；

d_i——任一个初晶 Si 尺寸（两个垂直方向的平均值）；

n——三个视场中初晶 Si 的总数；

x——单位面积初晶 Si 个数（个/mm²）；

A——视场面积(100 倍下 $A=0.7mm^2$)。

常温及高温性能试棒均从活塞顶部取样，常温及高温瞬时性能分别在 WT—20T 和 DL—10 型材料机上测定。线膨胀系数在 RP2—1 型机上测定。磨损试验是在 MHK—500 型环块快速磨损机上进行，磨损量按样品失重（电光天平称重）计算。活塞铸件的残留磷量按钼兰比色法测定。

为了用尽可能少的试验工作量达到预定的试验目的，对于用八种不同变质剂处理后获得的共晶 Al—Si 合金铸件，除对其各种金相组织作全面比较外（在显微镜下），其他性能的比较只选取其中之五种。本文认为另外二种的金相组织和材料性能属于这五种之中，故不一一赘述。

三、试验结果及分析

(1) 各种磷变质剂对 ZL109合金金相组织的影响

ZL109 合金经不同磷变质剂处理后的金相组织如图 1 所示。

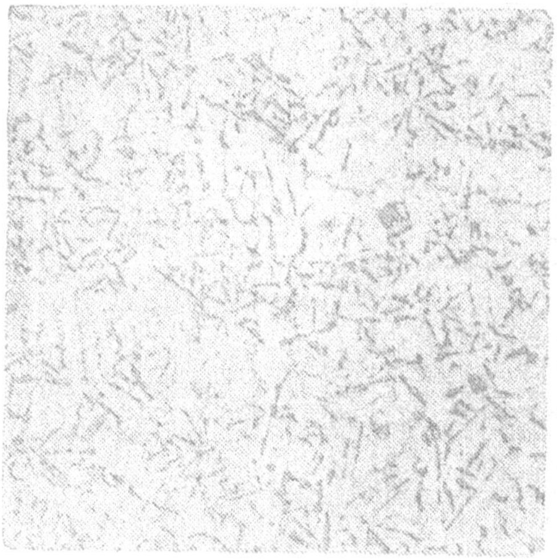

a　O2　未变质

b　F2　三元钠盐变质

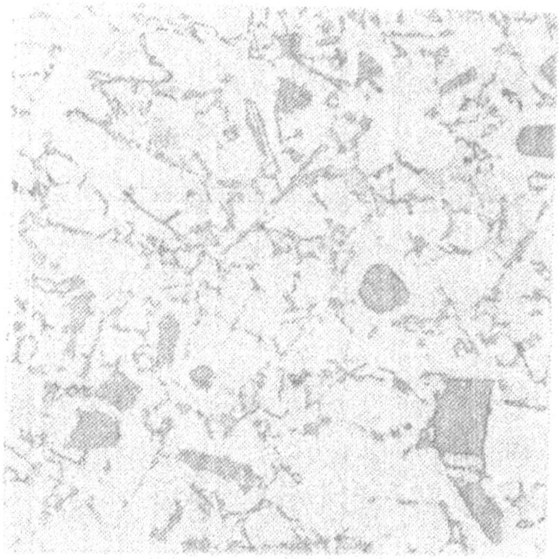

c　P11　赤磷变质

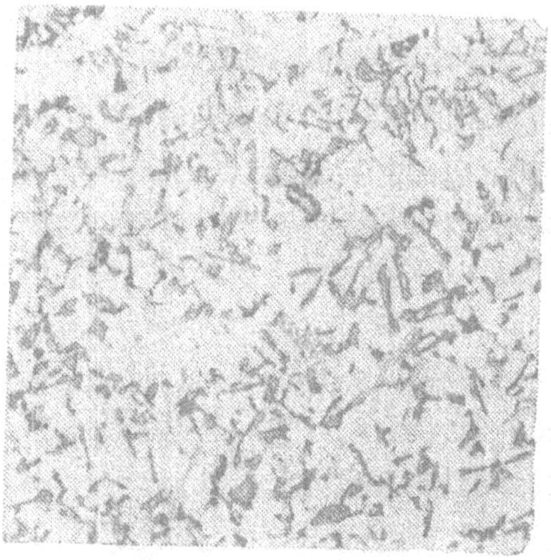

dH3　P—C_2Cl_6 变质

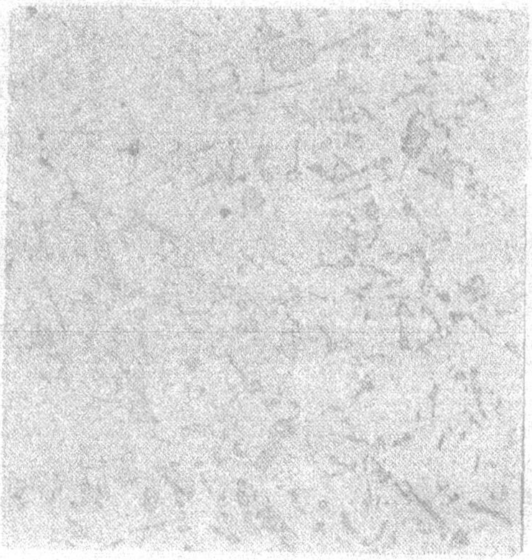

e P14 Na_2CO_3一赤磷复合变质

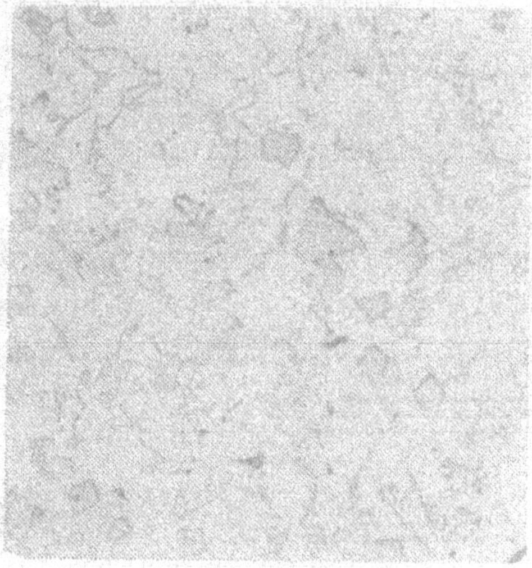

f. W4 磷复合变质剂（五元）

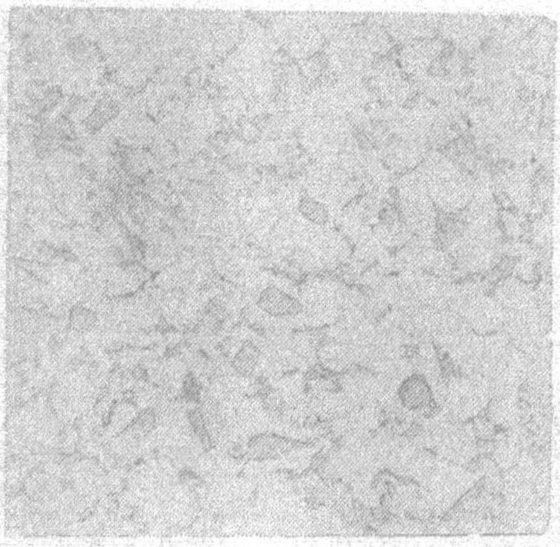

g N15 SR813

图 1 不同变质剂对 ZL109 合金金相组织的影响 ×100 0.5%HF腐蚀

经各种不同磷变质剂处理的 ZL109 合金的定量金相分析结果如表 3 所示。

未变质的 ZL109 合金金相组织中，共晶 Si 呈片状，但与纯 Al—Si 二元合金略有区别，因为 ZL109 合金中，Cu、Ni 使共晶成分点向低硅方向移动，而 Mg、Ca 使其向相反方向移动，Ca 使共晶 Si 片弯曲，Mg 使 Si 片粗化[3]，更主要的是由于结晶 Si 带入了微量 Ca（分析值为 0.0967%），该值高于 0.005% 的临界值[3]，故产生了亚共晶组织。

用磷或磷复合变质剂处理的 ZL109 合金，由于 Al 与 P 反应生成 AlP 高熔点（1000℃）化合物，它的晶型和晶格常数与 Si 晶体相同和基本相同近（均为金刚石型点阵，Si 晶格常数为 $5.42\mathring{A}$，AlP 为 $5.45\mathring{A}$），最小原子间距也十分接近（Si 为 $2.44\mathring{A}$，AlP 为 $2.56\mathring{A}$），因此，AlP 可以作为 Si 的异质晶核，形成多角形的初生 Si 晶体[4][5]。经扫描电镜和能谱分析，初晶 Si 中除有 Si 的富集外，磷亦产生富集现象（详见图 2）。

表 3　　ZL109 合金定量金相分析结果

图　号	1—a	1—a	1—c	1—d	1—e	1—f	1—g
试样编号	02	F2	P11	H3	P14	W4	N15
变质剂名　称	未变质	三元钠盐	赤 磷 粉	$P—C_2C_6$	$Na_2CO_3—P$	磷复合变质剂（五元）	SR813
P 加入量（%）	—	—	0.03	0.1	0.1	0.1	0.03
P 残留量（%）	—	—	0.00208	0.00624	0.00725	0.00225	0.00213
除气剂 C_2Cl_6 加入量（%）	0.6	0.6	0.6	未另加	0.6	未另加	0.6
金相组织特　征	少量 α 初晶 + (α + Si）共晶	大量 α 初晶 + (α + Si）共晶	初晶 Si + (α + Si）共晶，但仍有少量 α 枝晶残余	基本同左，但初晶 Si 较小	小而均匀分布的初晶Si + (α + Si）共晶	大小不均匀的初晶 Si + (α + Si）共晶	大小适中，均匀分布的初晶 Si + (α + Si）共晶
初晶Si平均晶粒尺寸（μ）	—	—	38	15	20	30	30
单位面积初晶 Si 个数（个/mm^2）	—	—	72	137	128	120	117
备　注	φ30 阶梯金 型 样	同　左（小炉处理）	100 型活塞顶部取样（大炉处理）	φ100×60金型浇注顶部取样（小炉处理）	同 左	同 左	100 型活塞顶部取样（大炉处理）

* 所有试样经T6处理。

此外，磷还可以阻碍共晶 Si 的长大，使其由片（针）状变为短杆状[5]。

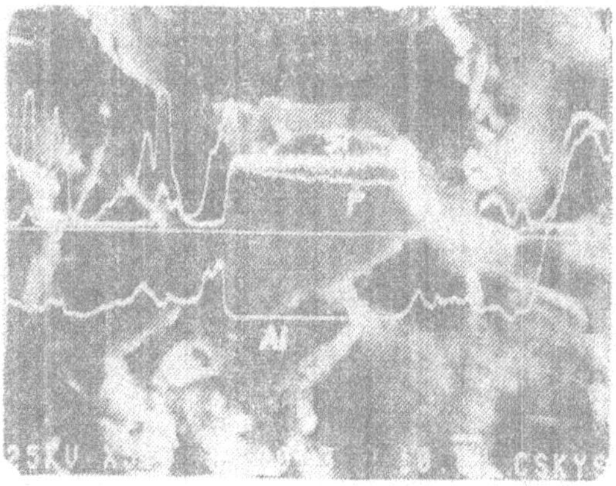
（a）P13 赤磷变质

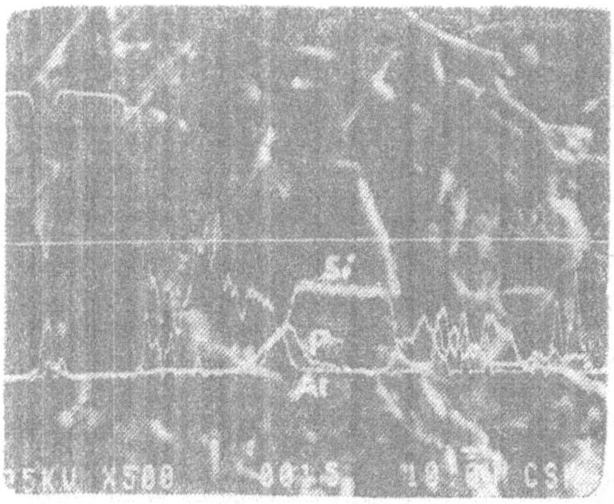
（b）N15 SR813 变质

图 2　磷变质 ZL109 合金扫描电镜图×500

经能谱分析：ZL109合金中初晶 Si 内部成分为：Si96.06%；Al2.59%；Cu0.920%；Ni0.42%

比较各种磷变质效果，可见以磷复合变质剂的效果为最佳，而赤磷粉的效果较差。这是由于赤磷粉的燃点低（240℃左右），变质时磷和铝液相接触引起磷的激烈燃烧，故收得率低，变质效果不够稳定。从金相照片(图 1—*c* 与 1—*g*)中可以看出，尽管磷的加入量相同，变质工艺参数也基本未变，但经赤磷变质的金相组织中 α 枝晶残余较严重（比磷复合变质剂变质），且初晶 Si 尺寸相差大，形状不规整，分布亦欠均匀，而磷复合变质剂正好能克服上述缺点。

用 P—C_2Cl_6 和复合变质剂（五元），似乎可以省掉除气过程，但由于 C_2Cl_6 在铝液温度下迅速气化分解大量 C_2Cl_4 和 Cl_2，造成铝液强烈的翻腾，加剧其氧化、吸气，同时亦会增加磷的烧损。

（2）各种变质剂对 ZL109 合金常温和高温机械性能的影响

表 4　　ZL 109合金常温和高温机械性能

试样编号	变质剂			常温机械性能			350°C瞬时 σ_b(KG/mm²)	备注
	名称	P 加入量(%)	P 残留量(%)	σ_b(KG/mm²)	δ(%)	HB		
02	未变质	—	—	15.6	0.17			φ12×100试棒 T6 处理
F	三元钠盐	—	—	22.6	0.39	132	9.1	活塞顶部取样 T6处理
P11	赤磷	0.03	0.00208	20.6	0.33	131	9.4	活塞顶部取样 T6处理
P13	赤磷	0.06	0.00415	24.0	0.23	135	9.4	活塞顶部取样 T6处理
N15	SR813	0.03	0.00213	20.7	0.22	130	9.8	活塞顶部取样 T6处理
N18	SR813	0.10	0.00625	25.5	0.5	132	9.2	活塞顶部取样 T6处理
H3	P—C_2Cl_6	0.10	0.00625	21.6	0.42	129	7.6	从φ100×90金型浇注的铸锭上取样T6理处
W4	磷复合变质剂（五元）	0.10	0.00225	19.9	0.13	132	7.8	从φ100×60金型浇注的铸锭上取样 T6 处理

由表 4 可见，用赤磷和磷复合变质剂与钠盐处理比较，常温机械性能较高（P13、N18），原因是消除了亚共晶组织中 α 枝晶，铝液补缩条件得到改善，铸件组织较致密，常温以及高温机械性能均有所提高，但后者的提高主要是由于用磷变质，残留磷量经常以 Ca_3P_2、AlP 高熔点化合物形式存在，且基体中尚有一定量的初晶 Si 质点（熔点高达 1420℃），这些高熔点质点能阻止 α 固溶体中物质的析出、扩散以及晶界的滑移。而用钠盐变质时，在铸件组织中仍残留一定钠量，钠熔点低（97℃），高温下会熔化致使强度降低。

（3）各种磷变质剂对线膨胀系数的影响

试验结果如图 3 所示。

从以上数据可见，用赤磷或磷复合变质剂变质比用钠盐变质的ZL109合金，其平均线膨胀系数要降低0.4～1.0×10^{-6}1/℃，这是因为钠盐变质后组织中有大量的α初晶，其自身线膨胀系数大（纯铝α＝23.5×10^{-6}），而磷变质后组织中具有大量的初晶Si，Si的膨胀系数小（α＝7.6×10^{-6}），故使合金的线膨胀系数降低。

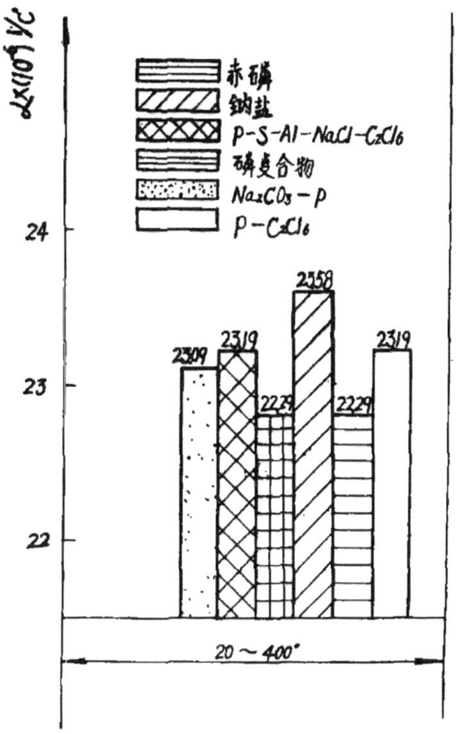

图3 不同变质剂处理对ZL109合金线膨胀系数的影响

（4）各种变质剂对耐磨性的影响

用各种变质剂处理的ZL109合金活塞材料与灰铸铁活塞环组成摩擦付，试验结果表明磷复合变质的材质最佳，赤磷变质次之，钠盐变质材质最差（详见表5）。

试验条件：负载97.7kg；20#机油润滑；每隔10分钟测重1次。

（5）各种变质剂对铸造性能的影响

表5　　各种变质剂磨损的比较

项目 / 测重次数	N16(SR813变质)		P12（赤磷变质）		F（三元钠盐变质）	
	磨块重（克）	磨损量（毫克）	磨块重（克）	磨损量（毫克）	磨块重（克）	磨损量（毫克）
原重	7.6493		7.4937		7.7035	
1	7.6488	0.5	7.4927	1.0	7.7011	2.4
2	7.6485	0.3	7.4910	1.7	7.6991	2.0
3	7.6481	0.4	7.4905	0.5	7.6973	1.8
4	7.6477	0.4	7.4900	0.5	7.9968	0.5
总磨损量（毫克）		1.6		3.7		6.7

（*a*）流动性

用各种变质剂处理的ZL109合金，测定其螺旋长度如表6所示。

很显然，磷变质和钠盐变质比较，合金的流动性提高，这是由于初晶Si析出能放出大量的结晶潜热（Si为432卡/克，Al仅为93卡/克），且初晶Si形态较(α相)规整，强度低，不形成坚强的网络，能够以液固混合状态在液相线温度以下流动，结晶潜热得到极好的发挥，故流动性提高。

表 6

试样编号	变质剂			浇注温度 (°C)	螺旋试样长度 (mm)	备注
	名称	P加入量 (%)	P残留量 (%)			
F1	三元钠盐	/	/	750	995	砂型
P6	赤磷	0.047	/	750	1050（全部充满）	砂型
N16	SR813	0.04	0.00325	750	1050（全部充满）	砂型
H3	$P-C_2Cl_6$	0.1	0.00625	750	1050（全部充满）	砂型
P14	Na_2CO_3-P	0.1	0.00725	750	1050（全部充满）	砂型

* 热电偶测温误差为±2°C

(*b*) 收缩特性

用钠盐变质的活塞缩孔分散，而用磷变质的活塞则多呈集中缩孔，这也与其各自的凝固特点不同有关。

(6) 各种变质剂对体积稳定性的影响

试验结果列于表 7 。

表 7　　　　磷变质剂对活塞体积稳定性的影响

变质剂	试样编号	P加入量 (%)	平行销孔方向			垂直销孔方向			两个方向的平均变化量 (mm)
			加热前 (mm)	加热后 (mm)	平均变化量 (mm)	加热前 (mm)	加热后 (mm)	平均变化量 (mm)	
赤磷	$P_{12\sim1}$	0.04	101.008	101.049	0.0415	101.006	101.046	0.0415	0.0415
	$P_{12\sim2}$	0.04	100.994	101.036		100.993	101.036		
磷复合变质剂	$N_{16\sim1}$	0.04	100.982	101.026	0.0410	100.981	101.026	0.0415	0.0413
	$N_{16\sim2}$	0.04	100.998	101.036		100.998	101.036		

说明：(1) 所有活塞先经 T6 处理；

(2) 活塞加热 250°±5℃，保温 4 小时，测量头部外圆平均尺寸。

由表 7 可见，不同变质剂处理对活塞体积稳定性影响不大，这是因为影响该指标的主要因素是应力（铸造和热处理应力）和组织接近平衡状态的程度，而它们与合金的成份、熔炼、热处理等有关。

四、关于磷复合变质剂中各组元的作用及变质机理的探讨

(1) 磷的变质机理

一致公认是 P 与 Al 反应生成 AlP，它可作为初晶 Si 的异质核心，同时磷还可以阻碍共晶 Si 的长大，使其由片（针）状变为短杆状或块粒状（简称短杆状），这些结论已为本试验进一步证明。

(2) 硫的作用及变质机理

目前对于 S 的认识仍不统一[6][7]。本试验证实 S 亦是初晶 Si 的生核和细化剂之一（见图 4），而且当其与 P 复合变质时，又可促进和增强磷的变质作用。此外，S 似乎还具有一定程度的使初晶 Si 球化的作用且能够改善共晶 Si 的形态及分布，使其由原来片（针）状转变为短杆状，不过 S 对初晶 Si 的生核和细化作用不如 P 强。关于 S 的作用机理探讨如下：

(*a*) 第一种假想

向 ZL109 合金液加入 S 后，第一步发生 $2S+3Ca \rightarrow Ca_3S_2$ 的反应，当消除了 Ca 的干扰后，便接着进行第二步反应 $3S+2Al \rightarrow Al_2S_3$（有资料认为生成 AlS[6]）。$Al_2S_3$ 为六方晶格，$a=3.70\mathring{A}$，$b=5.94\mathring{A}$，熔点为 1118℃[4]，尽管晶格类型和晶格常数与 Si 有较大差距，但亦不能排除它们在某一晶面上仍存在共格对应关系，故 Al_2S_3 也可能作为初晶 Si 的异质晶核。

(*b*) 第二种假想

S 与 Al 生成的 Al_2S_3 若自身不能作为异质晶核，但当向铝合金液中加入 S 后，它可加强 Si—Si 原子团的联系，另一方面促使原分散在合金液中的 P 在某些小熔区中发生偏聚（Al—Si 合金中只要有 0.00015%P 就足以导致产生异质晶核[8]），因而在这里首先生成 AlP 质点，然后 Si—Si 原子团向它上面堆砌，不断生成初晶 Si。

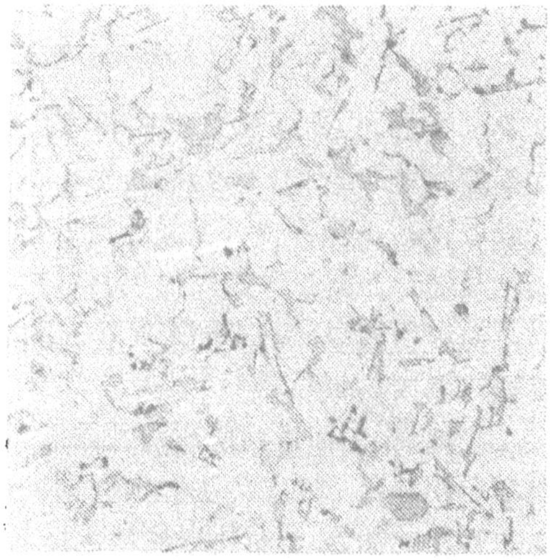

S_1 单用硫变质（加入量0.2%S）

图 4 硫对 ZL109 合金组织的影响 ×100

(*c*) 关于 S 对初晶 Si 的球化作用及对共晶 Si 形态和分布的影响作如下解释：

众所周知，硅是钻石型面心立方晶体，单晶硅生长界面为密排面{111}。当硅晶体在液体内生核并以单晶体方式生长时，应生长成以{111}为生长界面，以⟨100⟩为生长方向的八面体或柱状四面体（如图 5 所示）。但由于晶体生长时原子错排和杂质作用的结果，产生反射孪晶，孪晶凹坑方向（即孪晶方向⟨112⟩）的快速生长，使晶体长成板片状[6]（如图 6 所示）。可以设想，向铝液中加

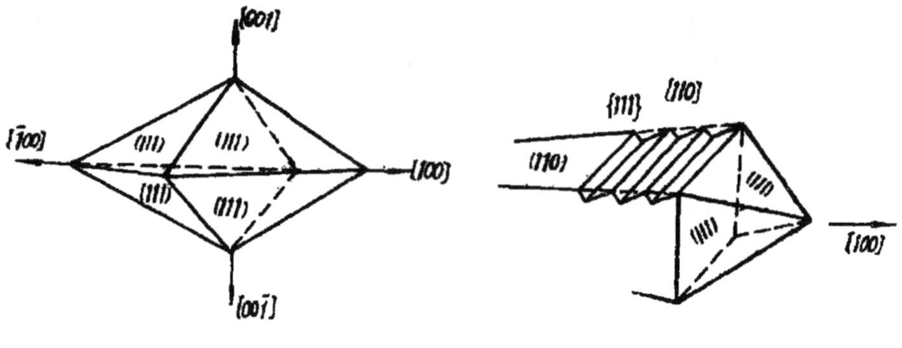

a　硅的八面体示意图　　　　b　硅的柱状四面示意图

图 5　硅晶体以单晶方式长成八面或柱状四面体

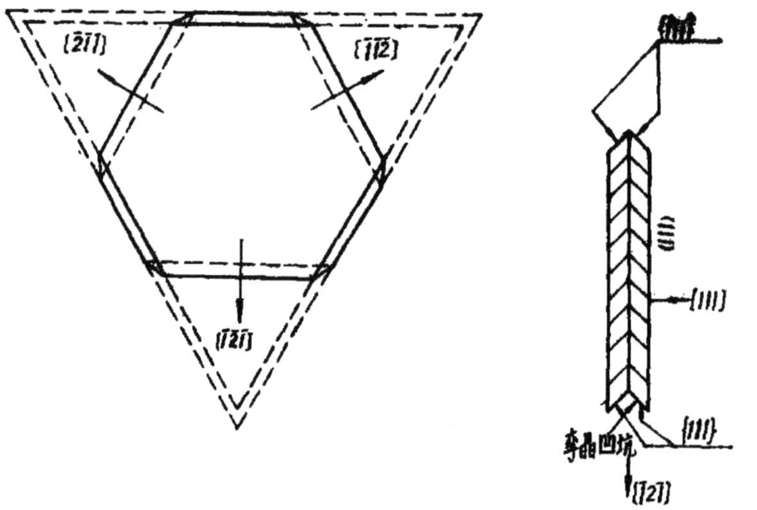

图 6　硅晶体中存在一个孪晶面时，通过凹坑机理长成三角形板片(快速生长方向为孪晶方向 〈112〉)

S时，S会以Al_2S_3质点形式吸附在孪晶凹坑上（如图7所示），一方面抑制了硅晶体孪晶凹坑方向〈112〉的快速生长，使其转为〈100〉向生长，另一方面又促进原来孪生的晶体以新的外来质点为基继续生长出新孪晶，形成高次孪晶，随着孪晶的重复出现，晶体的外形逐渐变成多面体形乃至接近于球形。这种机理与钠促进初晶硅球化的机理相似，但应该指出，其不同点是钠在封锁孪晶凹坑时只促进孪晶的重复出现，而不能作为硅的外来结晶核心。

此外，我们知道变质后的共晶硅是从多面体形或近似球形的初生硅上长出的，它始终为领先相并以〔100〕为生长方向伸入合金液中，与α相共生生长（如图8所示）。由于S的存在，使Si易在外来晶核上提前析出，产生较多的初生硅，减小了合金液的过冷，这样便使共晶硅在较高温度下生长，因而板片较厚且平直，分枝较小，在金相照片上则表现为较散乱分布的短杆状或块粒状。

(3) 铝粉的作用

铝粉本身不具有变质作用，但它是一种缓冲剂，可减少P、S的烧损，提高二者的变质效果。

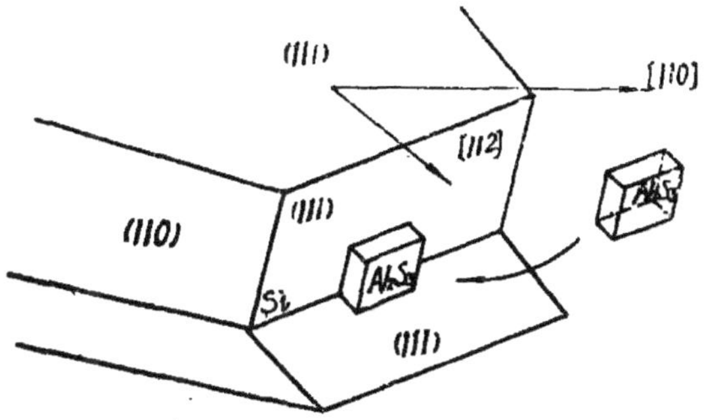

图7　Al_2S_3 质点吸附在孪晶凹坑上示意图

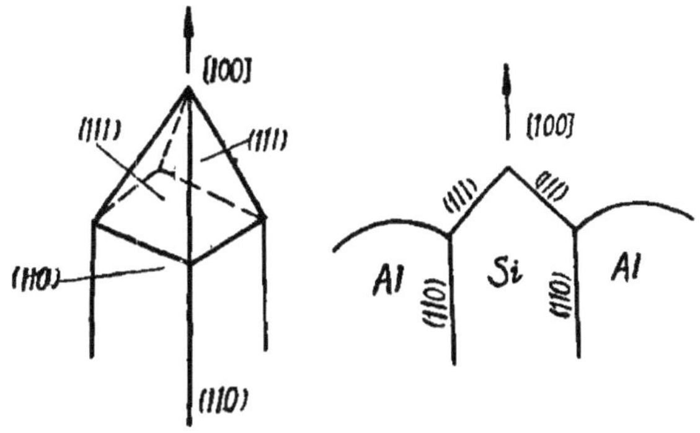

a.条状共晶硅从初生硅表面长出方向　b.共晶硅与α相共生生长

图8　条状共晶硅的生长示意图

(4) **氯化钠的作用**

磷复合变质剂中配加一定量的氯化钠，它的主要作用是净化铝液，减少夹渣，有利于 Al 与 P 生成 AlP 的反应；另一方面它亦可抑制初晶 Si 的长大[9]。试验研究表明，当磷复合变质剂加入量增加时，初晶 Si 尺寸几乎不变，形状园整，分布仍较均匀；而赤磷变质时随着磷加入量的增加，初晶 Si 尺寸却明显增大。

五、结　论

1. 在八种磷变质剂（赤磷粉、磷复合变质剂、P—C_2Cl_6 二元，磷复合变剂质（五元）、Na_2CO_3—P 二元、P—Al 粉压块、P—Cu 粉压块、Cu—8%P 中间合金）中，以磷复合变质剂对合金的金相组织、物理、机械性能、铸造性能的影响最佳，它比现今工业应用的赤磷效果更稳定。

2. 在磷复合变质剂中，P、S 二组元均具有变质作用，就生核作用而言，P 强于 S，就改善共晶 Si 的形态而言，S 强于 P。Al 粉能起缓冲作用，减少 P、S 之烧损。NaCl 起净化铝液促进变质和抑制初晶 Si 长大的作用。

参 考 文 献

〔1〕 大连有色铸造厂等《内燃机活塞用共晶铝硅合金的加磷变质》，1978.10。

〔2〕 北京市汽车活塞厂等《低膨胀高热强铸造铝活塞研制之一BJ492(Q)(750)活塞的研制》。

〔3〕 大连有色铸造厂等《活塞用共晶 Al—Si 合金的铸态组织控制》，1980，5。

〔4〕 国防工业出版社《铸造有色合金及其熔炼》，1980。

〔5〕 第五机械工业部第五二研究所《过共晶铝硅合金的变质试验研究》，1977。

〔6〕 哈尔滨工业大学科学研究报告第187期《铝硅合金变质剂和变质机理的研究

与发展》，1981，10。
〔7〕 大连有色铸造厂等《变质元素对活塞用共晶 Al—Si 合金铸态组织的影响》1980，3。
〔8〕 上海交通大学《Al—Si 共晶合金中微量元素磷的作用》，1981。
〔9〕 《5硫化2りんと塩化ナトリウム添加による Al—20%Si 合金の初晶けい素微细化》，《铸物》，vol.53，第10号。

On Selection of Phosphorus Modificators in Eutectic Al-Si Alloy for Internal Combustion Engine Pistons And A Study of Their Influences on the Material Properties

By

Gong Jiansen, Li Yuanyuan, Tong Youqin
Jiang Nanzhong, Chen Jianguo and Xiang Jiagan

Abstract

This paper describs the selection of phoshorus modificators in eutectic Al-Si alloy used for internal combustion engine pistons and their influences on the alloy properties. It is found that the composite quaternary phosphorus modificator is the most effective one among all eight kinds of modificators having been tested. After treated by this modificator, the primary silicon crystals in the metallographic structure of Al-Si alloy become moderately sized and uniformly disseminated, and the eutectic crystal results in a short-bacillary appearance with the α-arborescent crystal basically disappeared. In consequence, its linear expansion coefficient is reduced, also the strength under high temperature, the abrasive resistance of the alloy and its performance during casting will be greatly improved. The effect of various components of the composite phosphorus modificator is preliminarily discussed. It is recognized that phosphorus and sulphus are the main modification components. The Al-powder acts as a buffer, and the sodium chloride plays an important role in purifying molten aluminium and promoting modification effect.

1984年论文

线性时变系统零解的稳定性

王　联，王慕秋
（中国科学院数学研究所）

【摘要】 本文由两部分组成，第一部分研究由微分方程所描述的线性时变系统

$$\frac{dx}{dt}=A(t)x \qquad (1)$$

零解的稳定性，这里 $x\in R^n$，$A(t)$为 $n\times n$阶矩阵，其元素 $a_{ij}(t)$ 可微，$|a_{ij}(t)|\leqslant a$ （a为与 t 无关的常量），并且特征方程的每一个根满足 $Re\lambda(A(t))\leqslant-\delta<0$，对所有$t$成立。在文〔1〕中，我们曾用构造Ляпунов函数的方法给出了系统（1）零解稳定性的充分条件，（并用显式确定其系数缓变的界限），这里我们将构造出另一个Ляпунов函数，利用它也给出了系统(1) 系数缓变界线的明显表达式。显然，利用后者计算量可以大幅度地减少（特别当n相当大时）。第二部分研究了由差分方程所描述的线性时变大系统的稳定性。文〔2〕中曾用分解理论研究了线性时变离散大系统的稳定性问题，作者采用了向量Ляпунов函数的方法，对每个子系统所作的是二次型的Ляпунов函数（实际上文中取的是平方和），这里我们将用同样的方法来研究线性时变离散大系统的稳定性问题，所不同的是我们对每个子系统所作的Ляпунов函数构造为 $v^{(i)}=|x^{(i)}|$（$|x|$表示向量x的模），这样不但可以得到〔2〕中的相应结果，并且运算非常简单。在〔3〕中我们曾提出这样的看法，对处理线性迭代系统的稳定性问题时，用 $v^{(i)}=|x^{(i)}|$ 比用二次型的Ляпунов函数更为合适，这里的论证进一步说明了这个问题。

（一）由微分方程所描述的系统

讨论系统

$$\frac{dx_i}{dt}=\sum_{j=1}^{n}a_{ij}(t)x_j \qquad (i=1,\cdots,n), \qquad (2)$$

假设 $a_{ij}(t)$ 可微，$|a_{ij}(t)|\leqslant a$（a 为与 t 无关的常量），并设 $Re\lambda(A(t))\leqslant-\delta<0$，对所有 t 成立。

系统(2)的特征方程为

$$|a_{ij}(t)-\lambda\delta_{ij}|=0, \tag{3}$$

即

$$\lambda^n-\sum_{i=1}^{n}a_{ii}(t)\lambda^{n-1}+\cdots+(-1)^n\begin{vmatrix}a_{11}(t)\cdots a_{1n}(t)\\ \cdots\cdots\cdots\cdots\\ a_{n1}(t)\cdots a_{nn}(t)\end{vmatrix}=0.$$

若 $\lambda_1(t),\cdots,\lambda_n(t)$ 为方程(3)的根，根据根与系数的关系，有

$$\sum_{i=1}^{n}\lambda_i(t)=\sum_{i=1}^{n}a_{ii}(t).$$

记

$$p_1(t)=-\sum_{i=1}^{n}a_{ii}(t),\cdots,p_n(t)=(-1)^n\begin{vmatrix}a_{11}(t)\cdots a_{1n}(t)\\ \cdots\cdots\cdots\cdots\\ a_{n1}(t)\cdots a_{nn}(t)\end{vmatrix},$$

则特征方程(3)可以写成

$$\lambda^n+p_1(t)\lambda^{n-1}+\cdots+p_n(t)=0.$$

再记

$$\triangle_1(t)=p_1(t),\quad \triangle_2(t)=\begin{vmatrix}p_1(t) & p_3(t)\\ p_0(t) & p_2(t)\end{vmatrix},\cdots,\triangle_n(t)=\begin{vmatrix}p_1(t) & p_3(t)\cdots p_{2n-1}(t)\\ p_0(t) & p_2(t)\cdots p_{2n-2}(t)\\ \cdots\cdots & \cdots\cdots\cdots\cdots\\ 0 & 0\quad\cdots\quad p_n(t)\end{vmatrix}$$

$$(p_0(t)\equiv1,\ p_k(t)\equiv0,\ 当\ k>n).$$

因为方程(3)的根均具有负实部，故有

$$\triangle_i(t)>0\qquad(i=1,\cdots,n),$$

即满足洛茨一霍维兹条件。

求出$v^*(t,x_1,\cdots,x_n)$，使其满足

$$\sum_{i=1}^{n}\frac{\partial v^*}{\partial x_i}\sum_{j=1}^{n}a_{ij}(t)x_j=-2\triangle_1(t)|\triangle(t)|\sum_{j=1}^{n}x_j^2, \tag{4}$$

根据 Барбащин 公式（4）(其中取 $w_{ii}=-\triangle_1(t)|\triangle(t)|$，$i=1,\cdots,n,w_{ij}=0$ 当 $i\neq j$ 时，即取 $w=-\triangle_1(t)|\triangle(t)|\sum_{j=1}^{n}x_j^2$) 得出

$$v^*(t,x_1,\cdots,x_n)=\frac{\triangle_1(t)|\triangle(t)|}{\triangle(t)}\begin{vmatrix}0 & x_1^2\cdots\cdots\cdots 2x_ix_k\cdots\cdots x_n^2\\ \vdots & \cdots\cdots\cdots\cdots\cdots\cdots\\ 1 & a_{11}(t)\ \cdots\cdots\cdots\cdots\\ \vdots & \cdots\cdots\cdots\cdots\cdots\cdots\\ 0 & a(11,jl)\cdots a(ik,jl)\cdots a(nn,jl)\\ \vdots & \cdots\cdots\cdots\cdots\cdots\cdots\\ 1 & a(11,nn)\cdots a(ik,nn)\cdots a_{nn}(t)\end{vmatrix}, \tag{5}$$

其中 $\triangle(t)=|a(ik,il)|$，$a(ik,jl)$ 定义如下

$jl \backslash ik$	11		1 n		n 1		nn
11	$a(11,11)$	$\cdots$	$a(1n,11)$	$\cdots$	$a(n1,11)$	$\cdots$	$a(nn,11)$
$\vdots$	$\cdots$						
1 n	$a(11,1n)$	$\cdots$	$a(1n,1n)$	$\cdots$	$a(n1,1n)$	$\cdots$	$a(nn,1n)$
$\vdots$	$\cdots$						
n 1	$a(11,n1)$	$\cdots$	$a(1n,n1)$	$\cdots$	$a(n1,n1)$	$\cdots$	$a(nn,n1)$
$\vdots$	$\cdots$						
nn	$a(11,nn)$	$\cdots$	$a(1n,nn)$	$\cdots$	$a(n1,nn)$	$\cdots$	$a(nn,nn)$

有以下关系

$$a(ik,jl)=a(ki,jl)=a(ki,lj),$$

$$a(ik,jl)=\begin{cases}0, , & \text{当 } i\neq l,\ k\neq l,\ k\neq j,\ i\neq j;\\ a_{kl}, & \text{当 } i=j,\ k\neq l;\\ a_{ii}+a_{kk}, & \text{当 } i=j,\ k=l,\ i\neq k;\\ a_{ii}, & \text{当 } i=j=k=l.\end{cases}$$

假设 $|\triangle(t)|\geqslant K$，对所有 t 成立，这里K为与 t 无关的常量。

记
$$\frac{\triangle_1(t)\cdots\triangle_n(t)}{\triangle(t)}=c(t),\quad \frac{\triangle_1(t)|\triangle(t)|}{\triangle(t)}=c^*(t).$$

由(5)式得出

$$v^*(t,x_1,\cdots,x_n)=c^*(t)\sum_{i,j=1}^{n}v_{ij}(t)x_ix_j \qquad (v_{ij}(t)=v_{ji}(t)), \tag{6}$$

其中 $v_{ij}(t)(i,j=1,\cdots,n)$ 是用(5)式的行列式中的第一列与含有 $2x_ix_j$ $(i\neq j)$(当 $i=j$ 时为 x_i^2) 的列对换，然后去掉第一行与第一列所得的行列式。

下面来证明函数 $v^*(t,x_1,\cdots,x_n)$ 是正定的，$v^*(t,t_1,\cdots,x_n)$ 与文〔1〕中函数$v(t,x_1,\cdots,x_n)$（由文〔1〕中(3.5)式确定）有以下关系：

$$v(t,x_1,\cdots,x_n)=c(t)\sum_{i,j=1}^{n}v_{ij}(t)x_ix_j=\frac{\triangle_2(t)\cdots\triangle_n(t)}{|\triangle(t)|}v^*(t,x_1,\cdots,x_n).$$

另一方面

$$v(t,x_1,\cdots,x_n)=\triangle_2(t)\cdots\triangle_n(t)\sum_{j=1}^{n}x_j^2+\sum_{\sigma=1}^{n-1}\sum_{j=1}^{n}\prod_{\substack{s=1\\ s\neq\sigma\pm1}}^{n}\triangle_s\triangle_{\sigma j}^2(t,x_1,\cdots x_n),$$

故有

$$\frac{\triangle_2(t)\cdots\triangle_n(t)}{|\triangle(t)|}v^*(t,x_1,\cdots,x_n)=\triangle_2(t)\cdots\triangle_n(t)\sum_{j=1}^{n}x_j^2$$
$$+\sum_{\sigma=1}^{n-1}\sum_{j=1}^{n}\prod_{\substack{s=1\\ s\neq\sigma\pm1}}^{n}\triangle_s\triangle_{\sigma j}^2(t,x_1,\cdots,x_n),$$

即

$$\triangle_2(t)\cdots\triangle_n(t)\left[\frac{1}{|\triangle(t)|}v^*(t,x_1,\cdots,x_n)-\sum_{j=1}^{n}x_j^2\right]=$$

$$=\sum_{\sigma=1}^{n-1}\sum_{j=1}^{n}\prod_{\substack{s=1\\ s\neq\sigma\pm1}}^{n}\triangle_s\triangle_{\sigma j}^2(t,x_1,\cdots,x_n)\geqslant 0,$$

由于 $\triangle_i(t)>0 \qquad (i=1,\cdots,n)$，故有

$$\frac{1}{|\triangle(t)|}v^*(t,x_1,\cdots,x_n)\geqslant\sum_{j=1}^{n}x_j^2,$$

所以

$$v^*(t,x_1,\cdots,x_n)\geqslant K\sum_{j=1}^{n}x_j^2.$$

由此证明了 $v^*(t,x_1,\cdots,x_n)$ 为正定函数。

将(6)式改写成

$$v^*(t,x_1,\cdots,x_n)=\sum_{i,j=1}^{n}V_{ij}^*(t)x_ix_j(V_{ij}^*(t)=V_{ji}^*(t)), \qquad (7)$$

其中 $V_{ij}^*(t)=C^*(t)v_{ij}(t)$,

$$\left.\frac{dv^*}{dt}\right|_{(z)}=-2\triangle_1(t)|\triangle(t)|\sum_{j=1}^{n}x_j^2+\sum_{i,j=1}^{n}\dot{V}_{ij}^*(t)x_ix_j$$

$$\leqslant-2\triangle_1(t)|\triangle(t)|\sum_{j=1}^{n}x_j^2+\sum_{i,j=1}^{n}|\dot{V}_{ij}^*(t)||x_i||x_j|$$

$$\leqslant-2\triangle_1(t)|\triangle(t)|\sum_{j=1}^{n}x_j^2+\frac{1}{2}\sum_{i,j=1}^{n}|\dot{V}_{ij}^*(t)|(x_i^2+x_j^2)$$

$$=-2\triangle_1(t)|\triangle(t)|\sum_{j=1}^{n}x_j^2+\sum_{i=1}^{n}\sum_{j=1}^{n}|\dot{V}_{ij}^*(t)|x_i^2.$$

因为 $V_{ij}^*(t)=c^*(t)v_{ij}(t)$, $\qquad c^*(t)=\triangle_1(t)\cdot\dfrac{|\triangle(t)|}{\triangle(t)}=-\sum_{i=1}^{n}a_{ii}(t)\dfrac{|\triangle(t)|}{\triangle(t)}$,

故
$$\dot{V}_{ij}(t)=\frac{dc^*(t)}{dt}v_{ij}(t)+c^*(t)\dot{v}_{ij}(t)$$

$$=\left(\sum_{i=1}^{n}\frac{\partial c^*}{\partial a_{ii}}\dot{a}_{ii}(t)\right)v_{ij}(t)+c^*(t)\dot{v}_{ij}(t).$$

令 $|\dot{a}_{ij}(t)|\leqslant\varepsilon$，则有

$$|\dot{V}_{ij}^*(t)|\leqslant\varepsilon\left(\sum_{i=1}^{n}\left|\frac{\partial c^*}{\partial a_{ii}}\right|\right)|v_{ij}(t)|+\varepsilon|c^*(t)P_{ij}(t)$$

$$=n\varepsilon|v_{ij}(t)|+\varepsilon\triangle_1(t)P_{ij}(t)$$

$$=n\varepsilon|v_{ij}(t)|-\varepsilon\left(\sum_{i=1}^{n}a_{ii}(t)\right)P_{ij}(t).$$

其中$P_{ij}(t)$的符号与文[1]中的完全相同，即 $P_{ij}(t)$ 为 $v_{ij}(t)$的行列式中其微商不为零

的元素的代数余子式之绝对值之和（如果某元素出现 $a_{ii}(t)+a_{jj}(t)$ 之形，则在其代数余子式的绝对值前乘以2），所以

$$\left.\frac{dv^*}{dt}\right|_{(2)} \leqslant -2\Delta_1(t)|\Delta(t)|\sum_{j=1}^{n}x_j^2+\varepsilon\left\{\left[n\sum_{j=1}^{n}|v_{1j}(t)|-\sum_{i=1}^{n}a_{ii}(t)\sum_{j=1}^{n}P_{1j}(t)\right]x_1^2\right.$$

$$\left.+\cdots+\left[\sum_{j=1}^{n}|v_{nj}(t)|-\sum_{i=1}^{n}a_{ii}(t)\sum_{j=1}^{n}P_{nj}(t)\right]x_n^2\right\}$$

$$=-2\Delta_1(t)|\Delta(t)|\sum_{j=1}^{n}x_j^2+\varepsilon\left\{\left[nQ_1(t)-\sum_{i=1}^{n}a_{ii}(t)P_1(t)\right]x_1^2\right.$$

$$\left.+\cdots+\left[nQ_n(t)-\sum_{i=1}^{n}a_{ii}(t)P_n(t)\right]x_n^2\right\},$$

其中

$$Q_i(t)=\sum_{j=1}^{n}|v_{ij}(t)|,\quad P_i(t)=\sum_{j=1}^{n}P_{ij}(t),\qquad i=1,\cdots,n.$$

故有

$$\left.\frac{dv^*}{dt}\right|_{(2)} \leqslant -2\Delta_1(t)|\Delta(t)|\sum_{j=1}^{n}x_j^2+$$

$$+\varepsilon\left(nQ_1(t)-\sum_{i=1}^{n}a_{ii}(t)P_1(t)\right)x_1^2$$

$$+\cdots+\varepsilon\left(nQ_n(t)-\sum_{i=1}^{n}a_{ii}(t)P_n(t)\right)x_n^2 .$$

不妨取

$$\varepsilon=\min_{t_0\leqslant t<\infty}\left\{\frac{\delta K}{Q_1(t)+aP_1(t)},\cdots,\frac{\delta K}{Q_n(t)+aP_n(t)}\right\},$$

则当 $|\dot{a}_{ij}(t)|\leqslant\varepsilon$ 时，有

$$\left.\frac{dv^*}{dt}\right|_{(2)} \leqslant -\Delta_1(t)|\Delta(t)|\sum_{j=1}^{n}x_j^2,$$

利用 $\Delta_1(t)\geqslant n\delta$，$|\Delta(t)|\geqslant K$，故有

$$\left.\frac{dv^*}{dt}\right|_{(2)} \leqslant -\Delta_1(t)|\Delta(t)|\sum_{j=1}^{n}x_j^2\leqslant -n\delta K\sum_{j=1}^{n}x_j^2.$$

由此得出 $\left.\frac{dv^*}{dt}\right|_{(2)}$ 是负定的。

由于 $v^*(t,x_1,\cdots,x_n)$ 是正定的，且具有无限小的上限（由 $|a_{ij}(t)|\leqslant a$ 保证），而 $\left.\frac{dv^*}{dt}\right|_{(2)}$ 是负定的，故系统(2)的零解是渐近稳定的，又因为系统（2）是线性的，故稳定性具有全局性质，我们得到下面定理。

定理 1 考虑变系数线性系统

$$\frac{dx_i}{dt}=\sum_{j=1}^{n}a_{ij}(t)x_j\qquad i=1,\cdots,n. \tag{2}$$

假设 $a_{ij}(t)$ 可微，$|\dot{a}_{ij}(t)|\leqslant a$（$a$ 为与 t 无关的常量），并且特征方程的每一个根满足 $Re\lambda(A(t))\leqslant-\delta<0$ 以及 $|\triangle(t)|\geqslant K$ 对所有 t 成立，则存在

$$\varepsilon>0,\ \ \varepsilon=\min_{t_0<t<\infty}\left\{\frac{\delta K}{Q_1(t)+aP_1(t)},\cdots,\frac{\delta K}{Q_n(t)+aP_n(t)}\right\},$$

其中 $Q_i(t)=\sum_{j=1}^{n}|v_{ij}(t)|$，$P_i(t)=\sum_{j=1}^{n}P_{ij}(t)$，$i=1\cdots,n$. 这里 $P_{ij}(t)$ 为 $v_{ij}(t)$ 行列式中其微商不为零之元素的代数余子式的绝对值之和（如果某元素出现 $a_{ii}(t)+a_{jj}(t)$ 之形，则在代数余子式绝对值之前乘以 2），使得如果 $|\dot{a}_{ij}(t)|\leqslant\varepsilon$，则系统（2）的零解是渐近稳定的，由于系统(2)是线性系统，故稳定性具有全局性质。

注 1　本文所得到的系统(1)系数缓变界限的估式，看来要比文〔1〕中的计算简单得多，这两种估式，看不出那个更宽一些，要由具体问题决定。众所周知，对于变系数系统而言，具体构造 Ляпунов 函数有一定的难度，我们在这里和文〔1〕中分别构造了 Ляпунов 函数，只有具体构造出 Ляпунов 函数，才能估计缓变的界限，在处理实际问题时，可以分别试用两种估式，只要其中之一满足，即可保证系统(2)零解的全局稳定性。

注 2　与〔1〕中讨论相同，利用本文所作的Ляпунов函数，还可以用显式确定非线性附加项的界限，带有时滞系统的时滞的界限，并且针对具体问题，这些界限的范围还可以扩大。

（二）由差分方程所描述的系统

研究线性迭代系统

$$x(\tau+1)=P(\tau)x(\tau), \tag{9}$$

这里 $\tau\in I\triangleq\{t_0+k\}$，$t_0\geqslant0$，$k=0,1,2,\cdots,x\in R^n$，$P(\tau)$ 是 $n\times n$ 阶矩阵，系统（9）具有分解

$$\begin{pmatrix}x^{(1)}(\tau+1)\\x^{(2)}(\tau+1)\\\vdots\\x^{(r)}(\tau+1)\end{pmatrix}=\begin{pmatrix}P_{11}(\tau) & & & 0\\ & P_{22}(\tau) & & \\ & & \ddots & \\ 0 & & & P_{rr}(\tau)\end{pmatrix}\begin{pmatrix}x^{(1)}(\tau)\\x^{(2)}(\tau)\\\vdots\\x^{(r)}(\tau)\end{pmatrix}+$$

$$\begin{pmatrix}0 & P_{12}(\tau)\cdots & P_{1r}(\tau)\\P_{21}(\tau) & 0\ \ \cdots & P_{2r}(\tau)\\\cdots\cdots & \cdots\cdots & \vdots\\P_{r1}(\tau) & P_{r2}(\tau)\cdots & 0\end{pmatrix}\begin{pmatrix}x^{(1)}(\tau)\\x^{(2)}(\tau)\\\vdots\\x^{(r)}(\tau)\end{pmatrix}, \tag{10}$$

这里$x^{(i)}\in R^{n_i}(i=1,\cdots,r)$ 有$\sum_{i=1}^{r}n_i=n$；$P_{ii}(\tau)$ 是 $n_i\times n_i$ 阶矩阵$(i=1,\cdots,r)$，关联项系数 $P_{ij}(\tau)$ 是 $n_i\times n_j$ 阶矩阵 $(i,j=1,\cdots,r,i\neq j)$，并且 $\|P_{ij}(\tau)\|\leqslant A_{ij}$，当 $\tau\in I$ 时，$i,j=1\cdots,r$（这里 $\|A\|$ 表示矩阵 A 的模）。

首先对子系统

$$x^{(i)}(\tau+1)=P_{ii}(\tau)x^{(i)}(\tau)$$

作 Ляпунов函数 $V^{(i)}(x^{(i)})=|x^{(i)}|$，对于系统(10)而言

$$\begin{aligned}V^{(i)}(x^{(i)}(\tau+1))&=|x^{(i)}(\tau+1)|=\left|\sum_{j=1}^{r}P_{ij}(\tau)x^{(j)}(\tau)\right|\\&\leqslant\sum_{j=1}^{r}\|P_{ij}(\tau)\|\,|x^{(j)}(\tau)|=\sum_{j=1}^{r}\|P_{ij}(\tau)\|V^{(j)}(x^{(j)}(\tau))\\&\leqslant\sum_{j=1}^{r}A_{ij}V^{(j)}(x^{(j)}(\tau)).\end{aligned}$$

考虑辅助方程组

$$V^{(i)*}(x^{(i)}(\tau+1))=\sum_{j=1}^{r}A_{ij}V^{(j)*}(x^{(j)}(\tau)),\quad i=1,\cdots,r, \tag{11}$$

如果满足

$$\max_{1\leqslant i\leqslant r}\sum_{j=1}^{r}A_{ij}<1,$$

则由〔x〕中引理 4 得出系统(11)的零解是渐近稳定的，即

$$\lim_{\substack{\tau\to\infty\\ \tau\in I}}V^{(i)*}(x^{(i)}(\tau))=0,\qquad i=1,\cdots,r.$$

由〔2〕中引理 1 得 $V^{(i)}(x^{(i)}(\tau))\leqslant V^{(i)*}(x^{(i)}(\tau))$，

$$\therefore\qquad \lim_{\substack{\tau\to\infty\\ \tau\in I}}V^{(i)}(x^{(i)}(\tau))=0,$$

而$V^{(i)}(x^{(i)}(\tau))=|x^{(i)}(\tau)|$，由此得出系统(9)的零解是渐近稳定的。由此得到下面定理。

定理 2 如果 $\|P_{ij}(\tau)\|\leqslant A_{ij}$，$\tau\in I$，$i,j=1,\cdots,r$，且有 $\max\limits_{1\leqslant i\leqslant r}\sum\limits_{j=1}^{r}A_{ij}<1$，则系统(9)的零解为渐近稳定的。

例 1 考虑二阶线性迭代系统

$$\begin{cases}x_1(\tau+1)=p_{11}(\tau)x_1(\tau)+p_{12}(\tau)x_2(\tau),\\x_2(\tau+1)=p_{21}(\tau)x_1(\tau)+p_{22}(\tau)x_2(\tau),\end{cases} \tag{12}$$

这里 $|p_{ij}(\tau)|\leqslant a_{ij}$，$i,j=1,2$，$\tau\in I\triangleq\{t_0+k\}$，$k=0,1,2,\cdots$.

取 $\qquad V_1(x_1)=|x_1|$，$V_2(x_2)=|x_2|$，

$$\begin{aligned}V_1(x_1(\tau+1)&=|x_1(\tau+1)|\leqslant a_{11}|x_1(\tau)|+a_{12}|x_1(\tau))\\&=a_{11}V_1(x_1(\tau))+a_{12}V_2(x_2(\tau)),\\V_2(x(\tau+1)&=|x_2(\tau+1)|\leqslant a_{21}|x_1(\tau)|+a_{22}|x_2(\tau)|\\&=a_{21}V_1(x_1(\tau))+a_{22}V_2(x_2(\tau)).\end{aligned}$$

考虑辅助方程组

$$\begin{cases} V_1^*(x_1(\tau+1))=a_{11}V_1^*(x_1(\tau))+a_{12}V_2^*(x_2(\tau)), \\ V_2^*(x_2(\tau+1))=a_{21}V_1^*(x_1(\tau))+a_{22}V_2^*(x_2(\tau)). \end{cases}$$

如果 $\max\limits_{1\leqslant i\leqslant 2}(a_{i1}+a_{i2})<1$， 根据上述定理得出系统（12）的零解为渐近稳定，此即文〔2〕中定理1的推论1。

例2 考虑 n 阶线性迭代系统

$$\begin{pmatrix} x_1(\tau+1) \\ \vdots \\ x_n(\tau+1) \end{pmatrix}=\begin{pmatrix} p_{11}(\tau)\cdots p_{1n}(\tau) \\ \cdots\cdots\cdots\cdots \\ p_{n1}(\tau)\cdots p_{nn}(\tau) \end{pmatrix}\begin{pmatrix} x_1(\tau) \\ \vdots \\ x_n(\tau) \end{pmatrix} \tag{13}$$

的零解的稳定性，这里 $|p_{ij}(\tau)|\leqslant a_{ij}$，$\tau\in I$，$i,j=1,\cdots,n$.

作 $V^{(i)}(x_i)=|x_i| \quad (i=1,\cdots,n)$,

$$V^{(i)}(x_i(\tau+1))=|x_i(\tau+1)|\leqslant\sum_{j=1}^{n}a_{ij}|x_j(\tau)|=\sum_{j=1}^{n}a_{ij}V^{(i)}(x_i(\tau))$$
$$(i=1,\cdots,n),$$

作辅助方程组

$$V^{(i)*}(x_i(\tau+1))=\sum_{j=1}^{n}a_{ij}V^{(i)*}(x_i(\tau)) \quad (i=1,\cdots,n).$$

如果 $\max\limits_{1\leqslant i\leqslant n}\sum\limits_{j=1}^{n}a_{ij}<1$，则由上述定理立即得出系统（13）的零解的渐近稳定性，此即文〔2〕中定理2的推论1。

参考文献

〔1〕秦元勋、王联、王慕秋，缓变系数动力系统的运动稳定性，中国科学、数学专辑（I）（1979）。

〔2〕徐道义，线性时变离散大系统的稳定性，科学通报（待发表）。

〔3〕Барбащин, Е.А.,Функция Ляпунова Изд-Во “Наука” ,Москва, 1970.

The Stability of Null Solution of Linear System with Time Varying Coefficients

Wang Lian, Wang Muqiu

(Institute of Mathematics, Academia Sinica)

Abstract

This paper consists of two parts. In the first part, we consider the stability of null solution of linear system with varying coefficients described by ordinary differential equation

$$\frac{dx}{dt}=A(t)x, \qquad (1)$$

where $x \in R^n$ and $A(t)$ is an $n \times n$ matrix.

In paper[1], using the construction of the concrete Lyapunov function, we gave some sufficient conditions of stability of null solution of sysyem(1). Now we construct another Lyapunov function such that the expression for the slowly varying boundarys of coefficients are obtained, which is simpler than that in paper [1] especially when n is sufficient large.

In the second part, we consider the stability of large scale non-autonomous linear system described by difference equations. For every subsystem, we construct the Lyapunov function $V^{(i)}=|x^{(i)}|$ ($|x|$ denotes the norm of the vector x) such that the corresponding results in [2] are obtained and the operation is found to be very simple.

微量硼添加剂对铸造铜合金金相组织和机械性能的影响

龚建森，胡诚立，齐龙浩，黄俊鹏，谢森林
（湖南大学机械工程系）　　（湘潭电机厂）

【摘　要】本文主要从冶金、铸造方面研究微量硼添加剂对铸造铜合金金相组织和机械性能的影响。研究表明，微量硼对铜合金有一定的变质效果。硼的加入方法、加入量及铸造冷却条件等工艺参数均对其组织和机械性能有明显的影响。经硼变质处理后，ZHSi80—3金属型、砂型铸造试棒的抗拉强度分别提高10％和20％左右；ZQAl9—4的抗拉强度亦有提高，而延伸率提高显著（最佳数据约提高2倍）。研究确定，ZHSi80—3和ZQAl9—4中硼的最佳加入量分别在0.02～0.03％和0.015～0.032％之间。

一、绪　言

铜及其合金是所有金属及合金中最古老的一类，在人类社会发展的不同时期都起着突出的作用。这是因为它们具有良好的导电性、导热性、抗蚀性、耐磨性和足够的机械性能，并且有较好的熔铸性能。正因为如此，迄今为止，其应用范围仍然较为广泛（特别是在船舶制造业）。随着现代工农业以及国防工业的发展，对铜合金铸件的质量要求也越来越高，因此，加强铜合金（特别是材料内在质量）的研究不容忽视。众所周知，铜合金铸件的质量也与其他铸件一样，除与正确选择合金成分和严格控制熔化质量等重要工艺环节有关外，还与合金凝固特性及结晶组织（特别是晶粒形状大小）有关。为了得到细而微密的组织，目前已广泛采用了许多先进的浇注工艺，例如：金属型铸造，低压铸造，压力铸造，真空吸铸，离心铸造及振动结晶等，均对提高铸件质量有积极效果，但是更为经济实惠、简单易行的方法还是向铜合金中加入适量添加剂（即进行变质处理）。通过变质处理，在铜合金液中形成高熔点的复杂化合物质点，在浇注冷却过程中，它们可以作为非自发形核的核心，细化晶粒或改善其形态和分布，从而提高合金的机械性能和铸造工艺性能。铸钢、铸铁及铝合金中变质剂的有效作用早已为研究所证实并在工业上得到广泛的应用。经变质处理后材料性能大幅度提高，废品率显著降低。然

本文于1983年10月4日收到

而关于铜合金变质的研究，国内外资料报导不多，因而对其作用的效果仅仅停留在一般原理上的分析，缺乏足够的实验数据。工业应用颇少，所以在国内尚未引起重视，因而研究铜合金中的添加剂，无论在理论上或实际上都有重要意义。

二、实 验 方 法

本试验是在湘潭电机厂有色合金铸造车间生产条件下进行的。试验合金牌号为ZHSi80—3硅黄铜和ZQAl9—4铝铁青铜二种，其化学成分如下表所示。

试验合金化学成分

合金代号	合金牌号	主要化学成分%				
		铜	硅	铝	铁	锌
80—3硅黄铜	ZHSi80—3	80	3.5	—	—	其余
9—4铝铁青铜	ZQAl9—4	其余	—	9.4	4.2	—

采用半吨单相电弧炉熔化铜液，然后分别在80公斤硅炭棒炉中控制温度并进行变质处理，采用带铂铑——铂热电偶的控温器控制铜液温度在1150℃～1230℃之间。处理后的铜合金液分别浇注金属型和砂型试棒以及阶梯金相试样（参见图1）

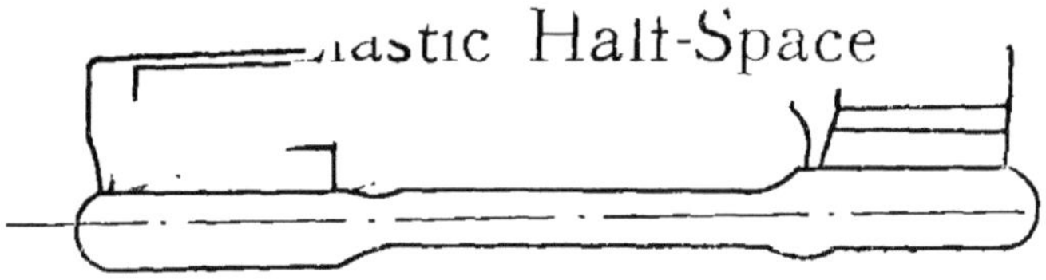

a. 金属型试棒

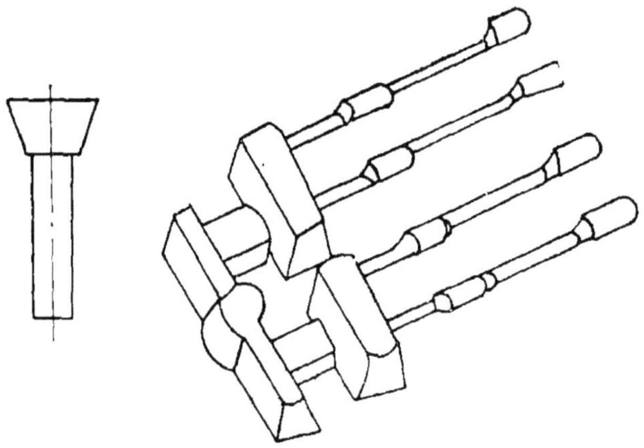

b. 砂型试棒

图1 机械性能试棒示意图

抗拉试验在WE—30型液压式万能材料试验机上进行，金属型试棒有效直径φ12mm，砂型试棒是从φ16mm的毛坯加工成φ 12mm 的标准试棒，再进行拉伸（同时测量延伸率和截面收缩率)。

金相试块从阶梯试样φ20mm断面及拉断后的试棒端部按图 2 所示部位截取。

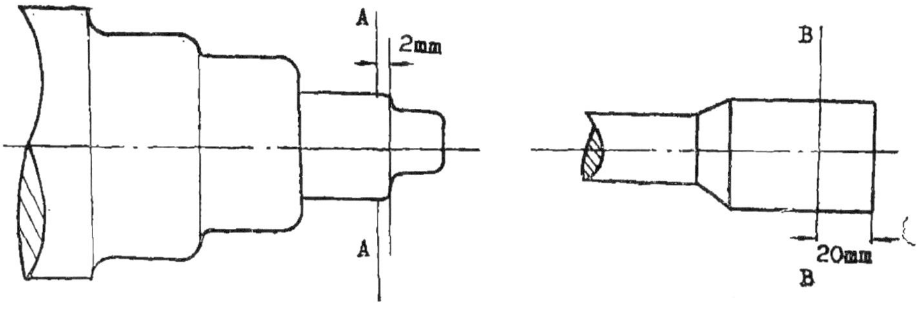

图 2 金相截面示意图

硬度试块亦从拉断后试棒的端部截取（高度$h=10$mm），然后在 HB—3000 型布氏硬度计上测定，拉断后的断口形貌在JSM—35C型扫描电镜上拍摄。

〔注：金相照片的编号：BS8—0，“B”表示B—B面，“S”表示砂型，BJ8—0，“B”表示 B—B面，“J”表示金属型，“8—0”表示试验方案编号。A9—0，“A”表示A—A面，“9—0”表示试验方案编号。〕

三、实验结果及分析

1. ZHSi80—3中加硼的效果

在铸造铜合金中，ZHSi80—3的机械性能属于中等水平，但合金中因加入3%Si，便

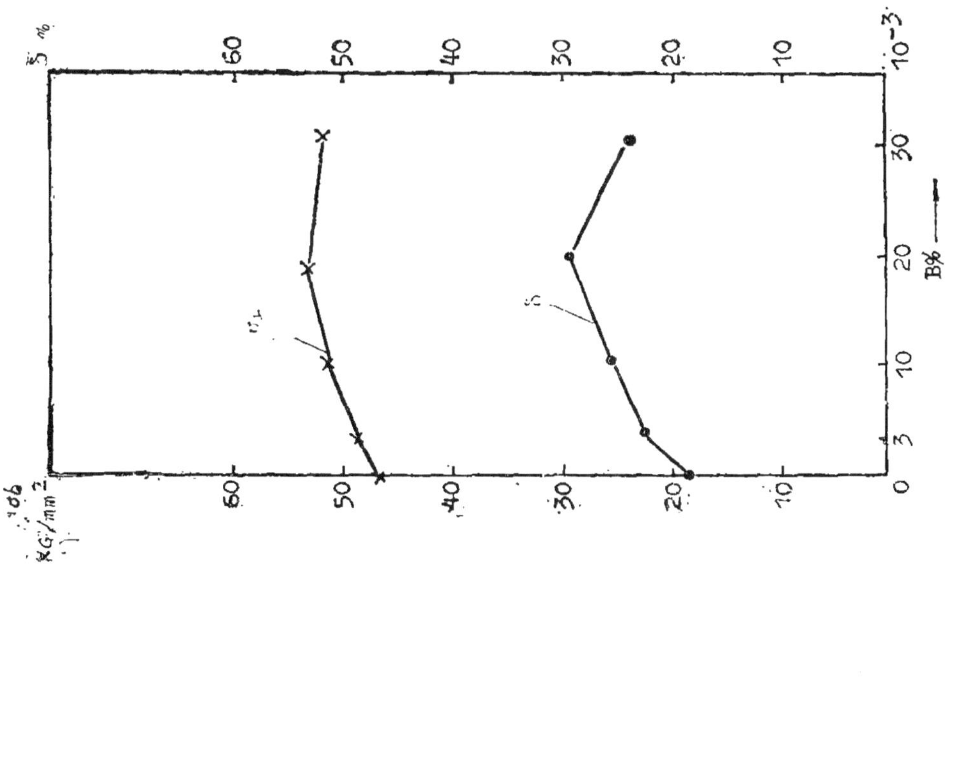

图 3 加硼量对ZHSi80—3金属型试棒性能的影响

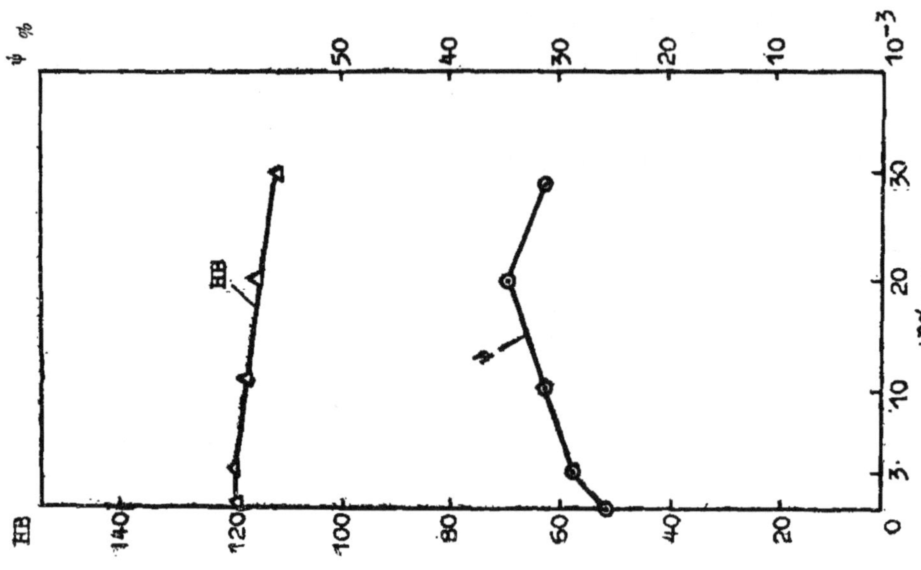

图3　加硼量对ZHSi80—3金属型试棒性能的影响

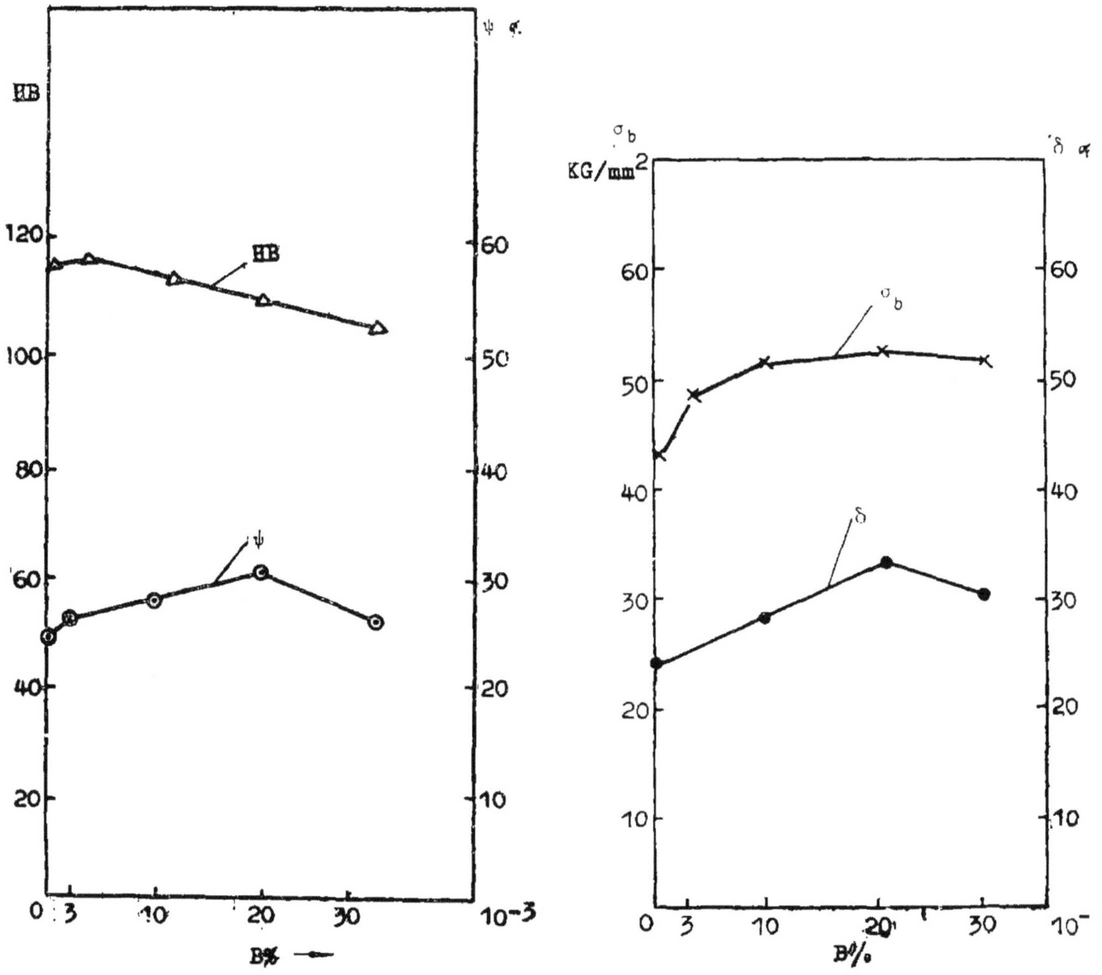

图4　加B量对ZHSi80—3砂型试棒性能的影响

会在铸件表面形成SiO_2保护膜，提高其耐蚀性能。此外降低液相线温度，缩小结晶间隔，提高了黄铜的铸造性能，故易得到致密的耐压铸件，为了进一步改善组织和性能，笔者对ZHSi80—3合金进行添加硼的试验，所得金属型、砂型铸造试棒的试验结果如图3、4所示。

由图3可见，随着硼（简用化学符号B表示）加入量的增加，其抗拉强(σ_b)延伸率(δ)，和断面收缩率ψ均不断提高，当加B量达到0.02%时，σ_b、δ、ψ三值达到极大值，若继续增加加B量，三值开始缓慢降低。从强度、塑性考虑，加B量为0.02%时，性能最佳。此时$\sigma_b=53.3kG/mm^2$（比原始提高10%左右）$\delta=30\%$（比原始值约提高50%左右）。HB＝115，若加B量提高到0.03%，此时σ_b、δ、ψ、H_B的值均降低。

从图4砂型试棒所测数据可以看出，随着加B量的增加，σ_b、δ、ϕ显著提高，当B＝0.02%临界值时，$\sigma_b=51.7kg/mm^2$，$\delta=34\%$，$\psi=28.8\%$，当加B量继续增加时，三值逐渐降低，但当B＝0.02～0.03%时，σ_b、δ、ψ、HB四值均保持较高水平，因此可以得出结论：B＝0.02%～0.03%时，ZHSi80—3机械性能可得到明显的提高。

加B处理后所以能得到上述明显的效果，是由于硼能在铜合金中起变质作用，推测与合金中某些元素形成高熔点的化合物，它可作为非自发形核的核心，所以晶粒细化，从图5*a*、*b*可以看出，加硼变质后($\alpha+\gamma$)共析体显著细化，此处α相也得到一定细化并连成一片，其间分布着已被细化的较园整的($\alpha+\gamma$)共析体，由扫描电镜拍摄的断口照片（图6）可知，未变质（8—0样）其韧窝面积小而韧窝比较浅（图6*a*），而加B变质后（8－3）样所形成的韧窝面积大而且深（图6*b*），这证明变质后为什么材料的塑性得以提高的原因、

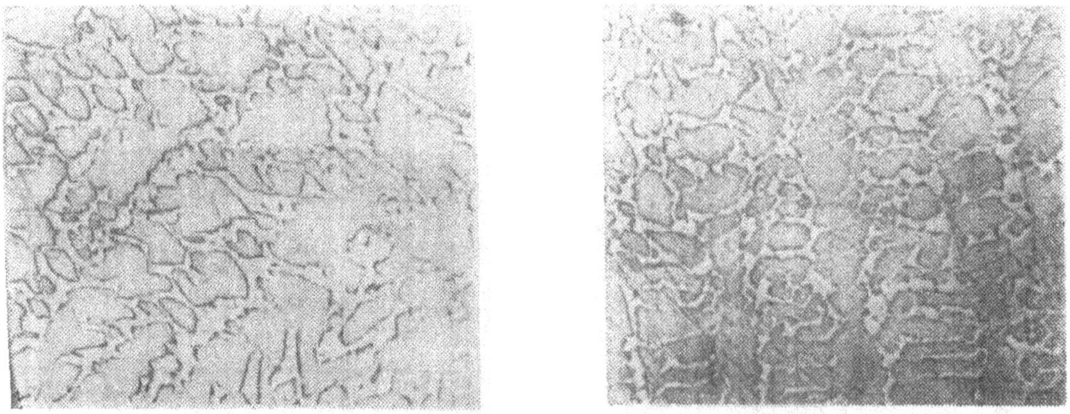

a. 未加硼（从ϕ20mm砂棒上取样）　　b. 加硼（0.02%）从ϕ20mm砂棒上取样

图5　硼对ZHSi80—3组织的影响

（氯化铁盐酸溶液浸蚀）×100

硼对不同冷却速度（砂型和金属型铸造）的铸造试样的组织、性能的影响特点是不不同的，多次试验证实，硼对砂型铸造组织与性能的影响强于金属型。换言之，它能够减弱合金液在凝固过程中对冷却速度的敏感性，因而砂型铸造粗大组织显著细化，性能提高幅度大，这对于改善大型厚壁铸件或砂型铸件的内在质量是十分有利的。

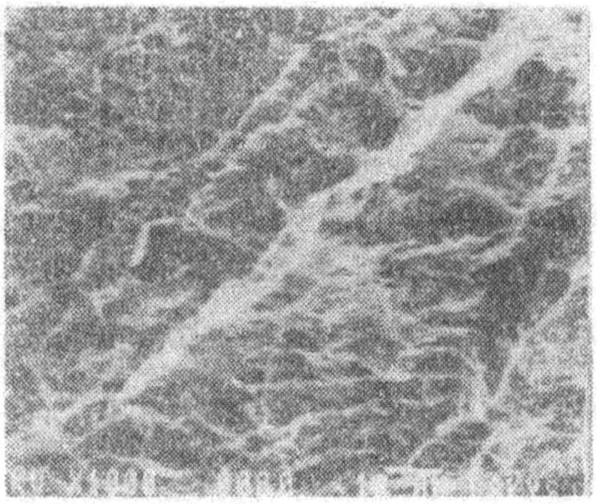

a. 未加硼

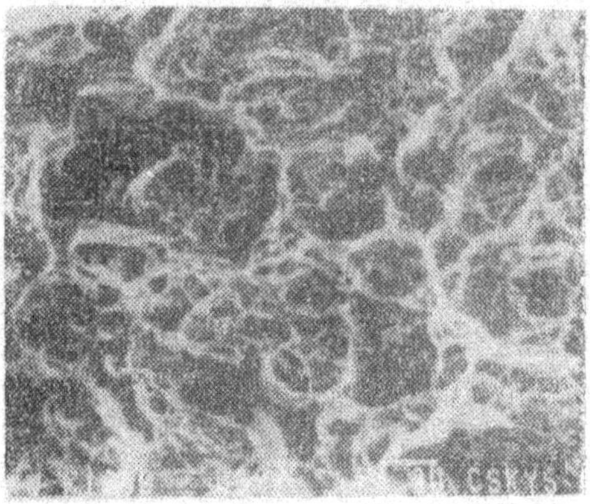

b. 加硼

图6 硼对ZHSi80—3断口的影响

对比图7 *a*、*b*、*c*、*d* 金相照片不难证实上述特点。同一炉ZHSi80—3铜液，分别浇注砂型和金属型试样，在相同部位取样，所得组织差别很大。变质前金属型样呈强烈带方向性柱状晶，而砂型试样变质前(*c*)为柱状晶和粗大的等轴晶，但加硼变质之后，金属型样(*b*)和砂型(*d*)组织均得到明显的改善与细化，均呈细等轴晶，两种不同冷却速度所得组织的差别减少，因而两者性能差别也相应减少。例如硼为0.02%时，金属型和砂型试样的δ_b分别为53.3和51.7kG/mm²，而δ分别为30%和34%，ψ分别为33.5%和29.4%。

综上所述，硼是硅黄铜强效变质剂。当加入量控制在0.02～0.03%之间时，合金机械性能得到显著提高，此外还能够减弱合金液在结晶过程中对冷却速度的敏感性，这对改善砂型铸件质量尤为有利。

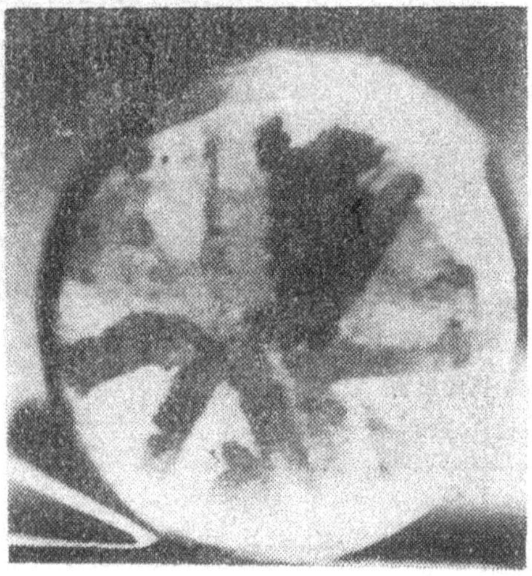

a. 未变质（金属型铸造）

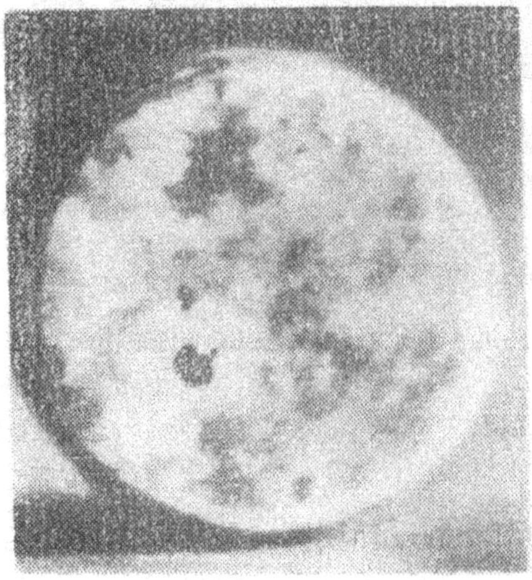

b. 已变质（金属型铸造）

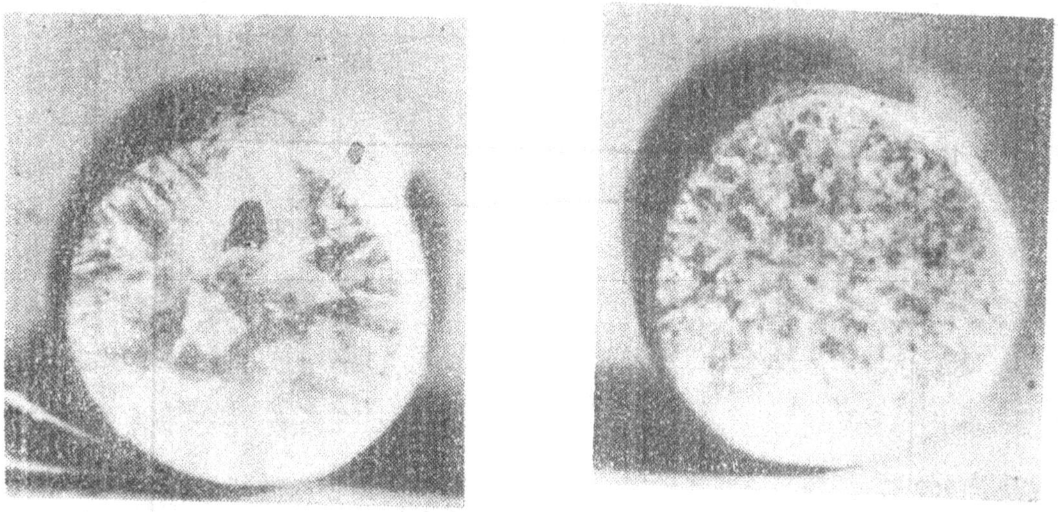

c. 未变型（砂型铸造）　　　　d. 已变型（砂型造铸）

图7　变质对晶粒的影响

2. ZQAl9—4铝铁青铜中加硼的效果

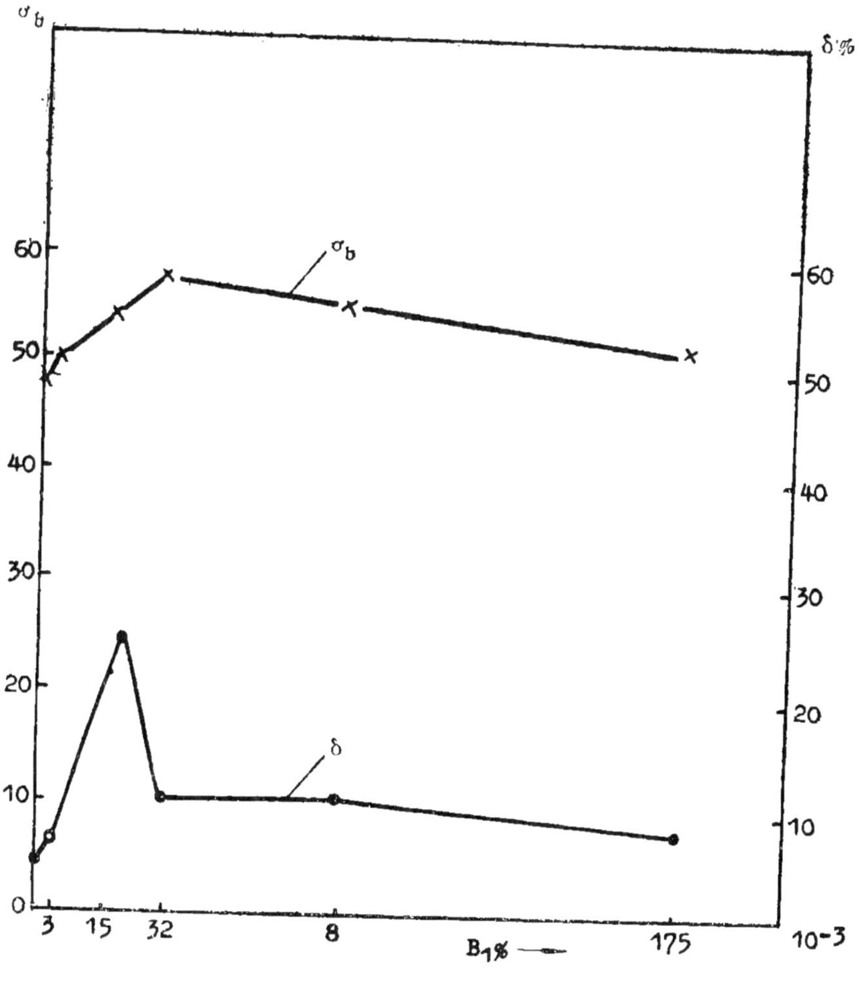

图8　加硼量对ZQAl9—4金型试棒性能的影响

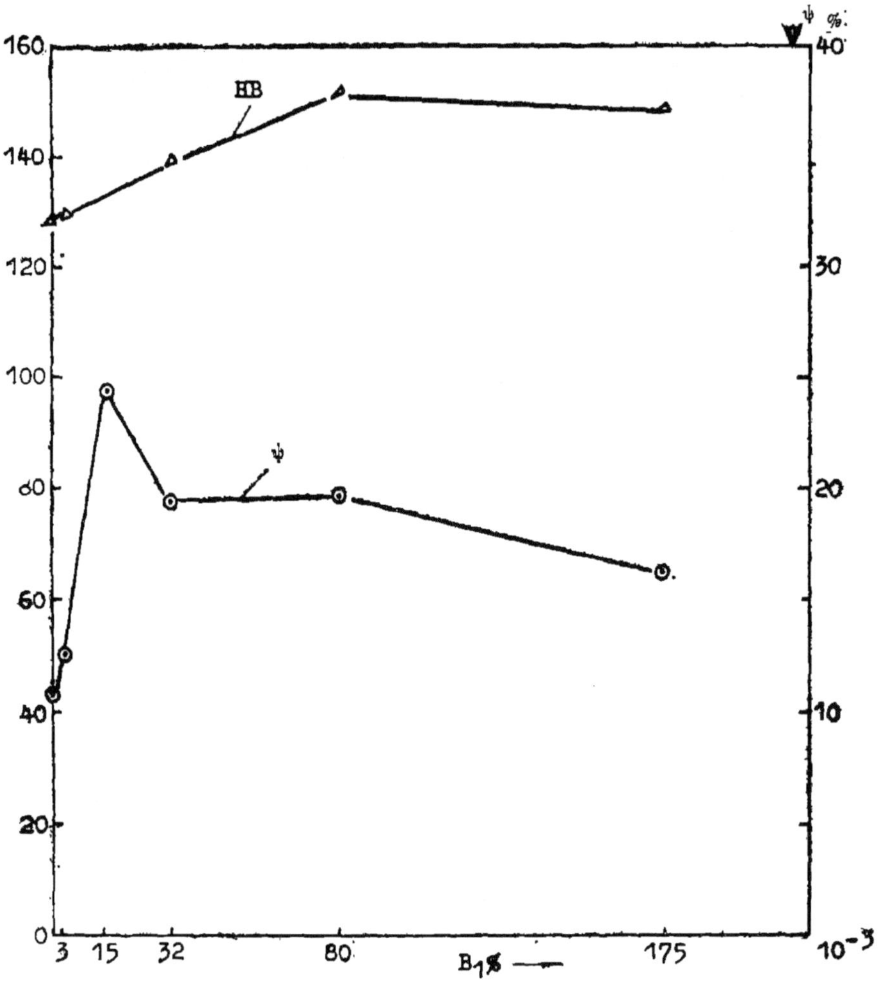

图 8　加硼量对ZQA19—4金型试棒性能的影响

铝青铜是工业中最常用的无锡青铜，它具有机械性能高（强度和塑性均很好），耐磨性优良，比重小，化学稳定性好以及组织致密等优点，此外成本低，不含锡。因此近年来，国内外不少工厂广泛采用铝青铜制造机械零件和船用大吨位螺旋桨及重要阀类零件，这就对铝青铜的质量提出了更高的要求，从而推动铝青铜工艺及理论研究工作的发展。有关铝青铜合金化的研究报导频繁，多数集中于精炼及合金化方面，至于添加少量变质剂来改善其组织和性能的研究和应用却很少。

笔者在生产条件下，向 ZQA19—4 中进行了添加硼的试验，所得试验结果如图 8 所示。

从图 8 显而易见，随着加硼量的增加，金属型试棒的σ_b不断提高，当达到 0.032%

临界值时，σ_b 具有极大值（57.6kG/mm²）而后逐渐降低，当硼＝0.015％之前，增加加硼量时，δ值急据提高（达到25％），硼超过0.015％之后，δ值又急剧降低，而后几乎保持不变（比未变质者高得多）。

从砂型铸造试棒性能的变化规律曲线（图9）看，其变化特点基本上与金属型类似，但不论强度或塑性指标都与金属型试样性能相近。从获得优质综合机械性能角度考虑，加硼量可控制在0.015～0.032％之间，此时不论金属型铸造或砂型铸造试样的机械性能都具有相当高的水平。

ZQAl9—4是以Cu—Al为基的多元合金，其铜端相图如图10*a*、*b*所示。[1]

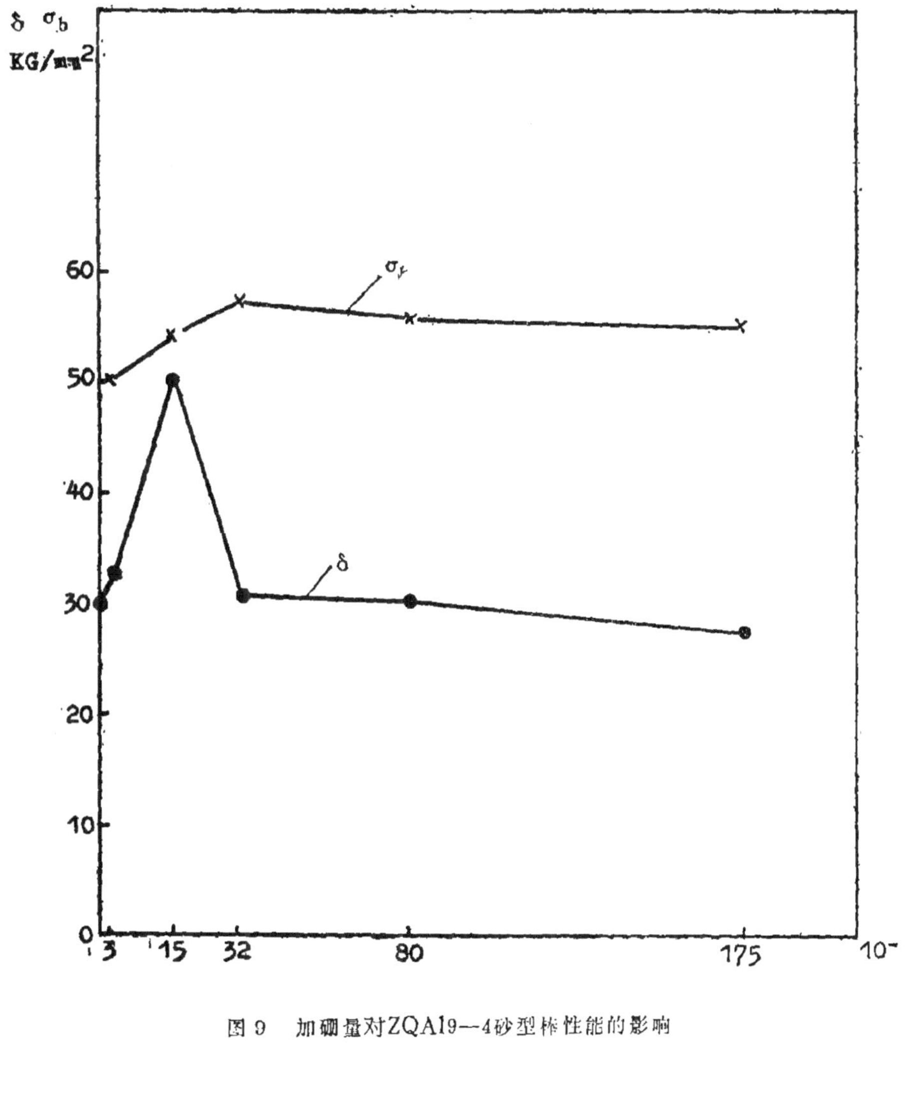

图9　加硼量对ZQAl9—4砂型棒性能的影响

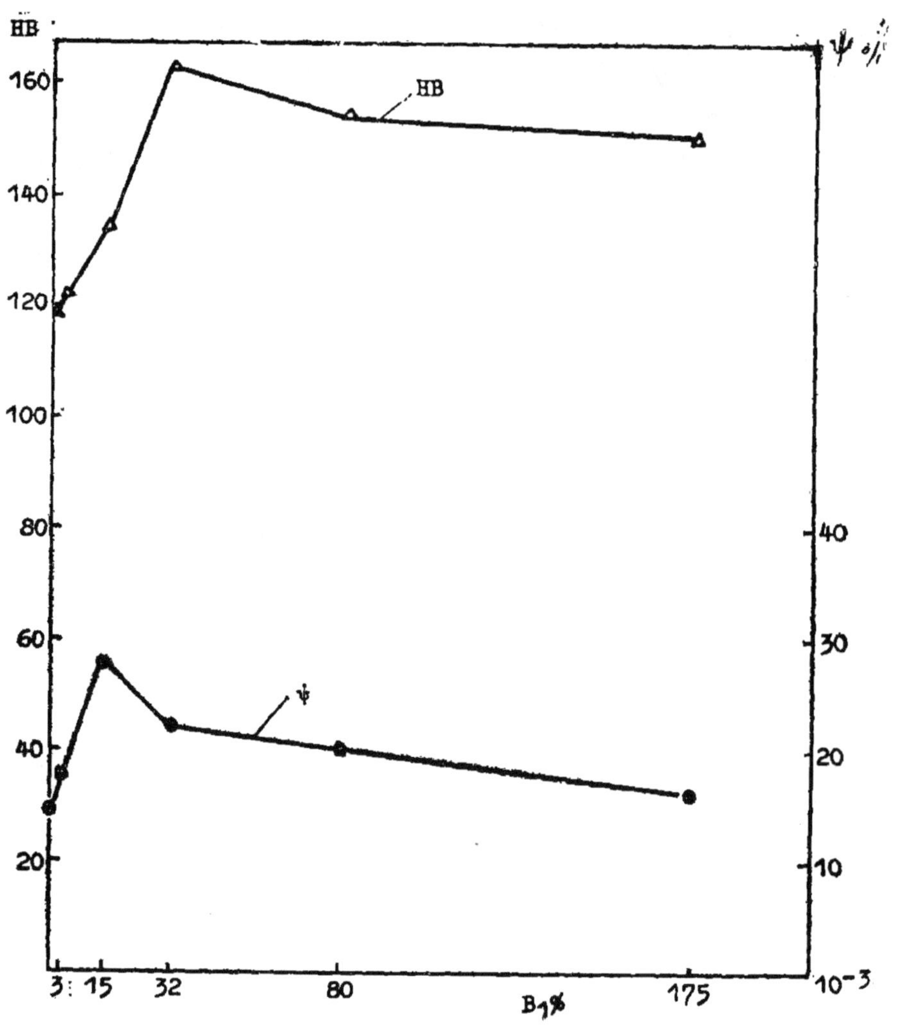

图 9　加硼量对ZQA19—4砂型棒性能的影响

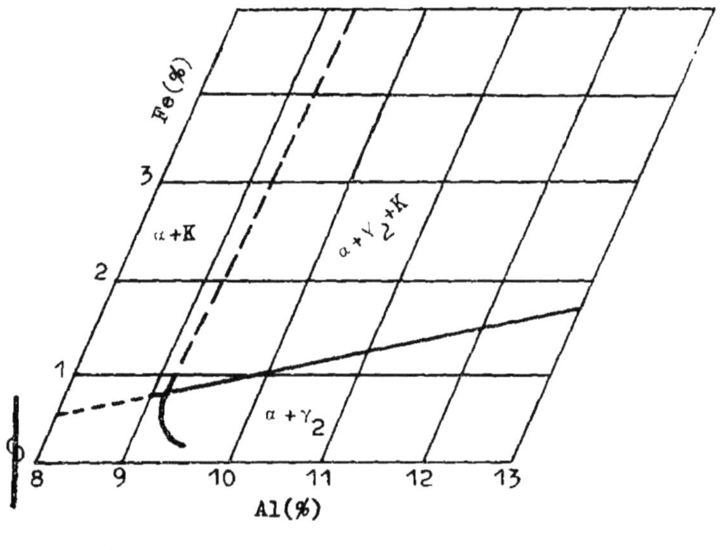

a. Cu—Al—Fe室温等温截面图

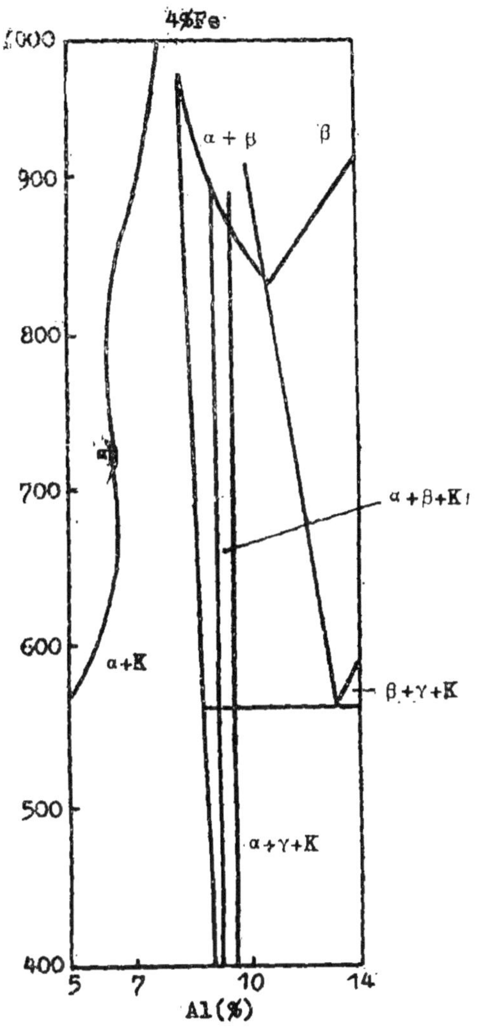

b. 含4%Fe的Cu—Al—Fe相图的垂直截面图

图10 Cu—Al—Fe三元相图

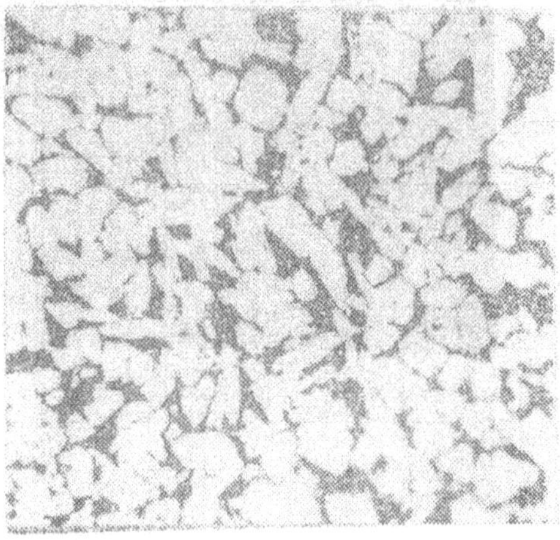

a. 未加硼（从φ20mm砂棒上取样）

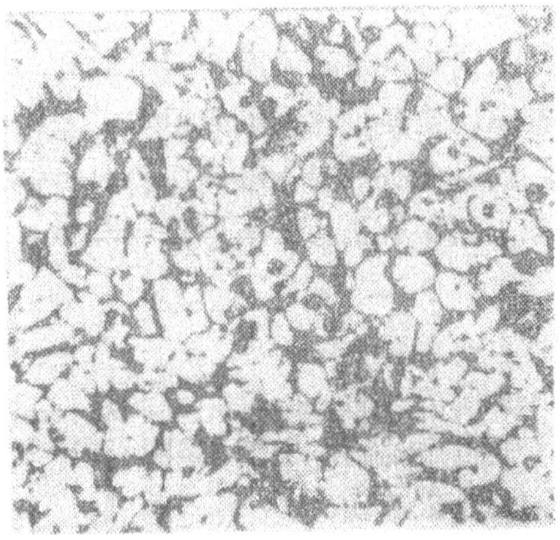

b. 加硼（0.032%从φ20mm砂棒上取样×100）

图11 加硼对ZQAl9—4组织的影响

其室温平衡组织为$\alpha+(\alpha+\gamma_2)+k$，（k为铁相化合物分布在α基体上）。

硼之所以对性能产生上述有利影响，乃是由于硼能在铝青铜中起细化晶粒的变质作用。从图11（*a*未变质、*b*已变质）金相组织对比也证实：加硼之后，不论α相或β（室温为$\alpha+\gamma_2$）相均得到一定程度的细化而且分布更为均匀。

有关硼在铝青铜的作用，文献[2]作者认为：加硼时在结晶过程中生成B_4C，它的晶格结构和点阵常数与硼差别不大，故B_4C（或硼）可作为硼相的活性变质剂。另一方面，当合金中Al大于7.5%时，还可能生成（AlB）化合物，它可能是α相的异质核心，我们实验结果α相及β相均得到细化，与文献[2]结论基本一致。

从扫描电镜断面（图12 *a*、*b*）照片看出，加*B*变质后，断面的韧窝细小、圆整、而且深，表明其相对塑性有了明显的提高。

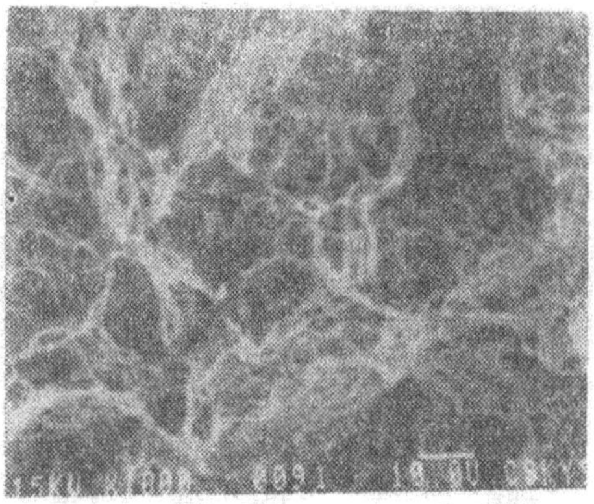

a. 未变质

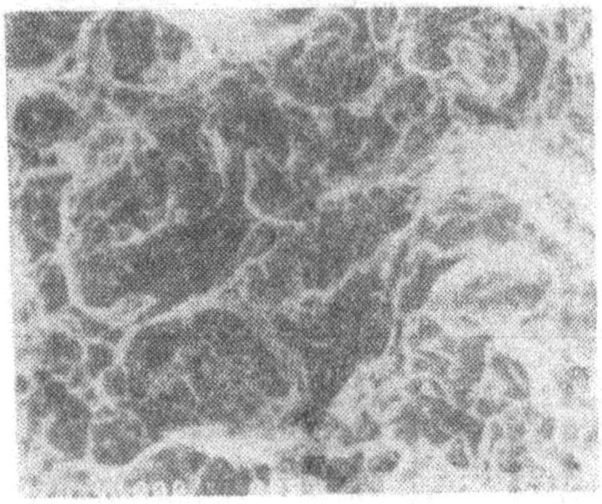

b. 变质

图12 断口电镜照片

四、经济效益分析

本试验采用的添加剂成本低廉，（单价为8元/公斤左右），若按0.02～0.03%加入量计算，处理每吨铜液的加入量为1～1.5kg，故处理费为8～12元，但材料性能显著提高，而且变质剂加入时操作方便，不产生污染，所以有推广应用价值。此研究成果已在机械工业部所属几个工厂推广应用。

五、结论

通过微量硼添加剂对ZHSi80－3和ZQAl9—4铜合金的金相组织和机械性能影响的研究，得到以下结论：

1. 加硼变质处理能显著提高ZHSi80—3合金的机械性能，金型和砂型铸造试样的抗拉强度分别提高10%和20%左右，延伸率提高幅度更大，分别提高50%和100%左右。

2. 变质处理对ZQAl9—4合金的抗拉强度影响不如ZH80—3显著，但延伸率提高幅度较大，最佳者延伸率提高1至2倍。

3. ZHSi80—3和ZQAl9—4合金中硼的最佳加入量分别为0.02～0.03%和0.015～0.032%。

4. 硼对ZHSi80—3和ZQAl9—4均起细化晶粒的作用。

参考文献

(1) 《铸造有色合金及其熔炼》国防工业出版社1980年

(2) К.П.Лсбеаев Литейныс Бронэы1973

The Effect of a Trace Boron Additive on the Microstructure and Mechanical Properties of Cast Copper Alloys

Gong Jiansen and Hu Chengli

(Department ot Mechanical Engineering)

Adstract

The effect of a boron additive in very small amounts on the microstructure and mechanical properties of cast copper alloys has been investigated in this paper.It has been shown that the boron additive has a modification effect on the copper alloys.Some technological factors, such as the method adopted to add boron to the melt, the amount of the boron added and the cooling rate of castings have a great influence upon the mechanical properties. The tensile strength of a treated ZHSi80—3 can be increased by about 10% and 20% foɪ bars casts in metal and sand moulds respectively. The tensile strength of a treated ZQAl9—4 can be improved and its elongation increased consideradly (as a best result, it can be increased by twice).Last, we show that the optimal amount of the boron added ranges from 0.02 to 0.03% for ZHSi80—3 and from 0.015 to 0.032% for ZQAl9—4.

水力自控番翻车转闸门过流特性

叶镇国

（土　木　工　程　系）

【摘要】水力自控翻转闸门的过流特性是设计待解决的重要问题。本文通过大量模型试验研究，对这一问题在理论上作了论述与分析，建立了泄流有关计算公式及水力参数的经验关系。

前　言

水力自控翻转闸门是1976年后出现的新门型，目前已得到各地小型水利工程广泛应用。它的优点是构造简单，造价低廉，兼具档水泄洪等多样功能；它的基本问题是"拍打"破坏。多年来，通过模型试验和实地运用，已有一些防拍打辅助措施，设计方案也有不少改进，但多集中于支座形式的研究[1]，例如，已试用的支座形式有：齿形、曲线形（或称为无限铰）、履带式、变位铰、长短支腿结合两铰式等。这些在闸门的合理应用与结构改进等方面都各有可取之处，但是进一步完善设计方法，分析水力因素的影响等方面则还需要做大量的工作。

水力自控翻转闸门的过流特性研究，不但是泄流计算的需要，而且也是力矩计算条件分析的水力依据。根据1975年来我们对长短两类支腿、齿形支座和曲线形支座及有底槛无底槛等八种形式的闸门模型试验发现，各种闸门都有不同程度的拍打问题，而开门水位、关门水位模型情况与设计值相比都偏低[5]，其中重要原因之一是过流特性问题，运转计算假定与实际情况出入太大。

本文通过模型试验研究[2]、[3]、[4]综合了上述情况四种闸门千余实测资料，对这类闸门的过流特性在理论上作了论述与分析，建立了泄流计算有关公式及水力参数的经验关系，并应邀于1983年5月在湖南省航海学会召开的"水力自控翻板闸门技术研讨会"上作了宣读，现重新整理发表，希望在完善这类闸门的设计方法方面起到抛砖引玉的作用。模型试验基本情况如表1。

本文于1983年11月29日收到。

表 1　　过流特性试验用闸门基本情况

闸门编号	面板尺寸（高×宽×厚）	腿长	门重	设计最小倾角	固定坝高	模型比尺	应用门数	试验时间
	cm	cm	kg	o,deg	cm	—	—	
1	29.2×41.6×2.08	20.80	5.72	6	4.17	12	12	1978
2	33.3×40×2.0	22.30	8.70	6	0	15	6	1979
3	33.3×40×2.0	10.70	7.80	6	0	15	2	1980
4	27.8×33.3×1.70	18.61	5.04	6	27.8	18	16	1981
5	22.8×33.3×1.14	3.52	1.11	10	12.4	10.5	5	1982—1983

一、泄流量计算及有关参数测定分析

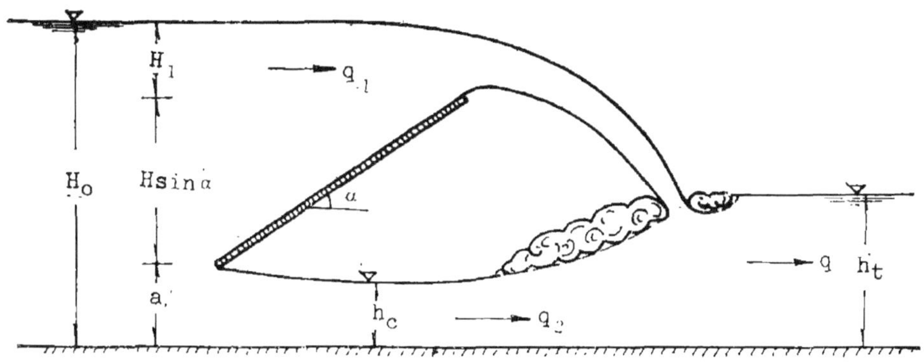

图 1　自由泄流

1. 流量计算公式

水力自控翻转闸门的泄流特性仍以局部水头损失为主，上游水力条件多呈缓流，因此属堰流。但是门顶及闸孔处的水流特性又有区别，前者似薄壁堰，后者似闸下出流，而门顶溢流对于闸孔出流有很大影响，因此，淹没出流计算应另作分析。从水力因素协调要求看，具有渐开条件的曲线支座闸门应优于多铰闸门，但这种闸门主要靠一点支承平衡，没有多铰闸门的"暂时简支"状态，在力矩平衡条件上则比多铰闸门差，如何在这两种闸门间取长补短，则是今后一件很有意义的工作。

闸门底孔开度 a 的计算与闸门型式有关。对于齿形多铰闸门，当闸门停于 1 — 2 位时，闸门倾角为 α_1，停于 2 — 3 位时，闸门倾角为 α_2，……停于 i—$(i+1)$位时，闸门倾角为 α_i，此时闸门开度、停位倾角及铰距间的关系可按下式计算：[5]

$$a = l\cos\alpha_i + (1-\sin\alpha_i)L + (\sin\alpha_1 - \sin\alpha_i)\delta_1 + (\sin\alpha_2 - \sin\alpha_i)\delta_2 + \cdots\cdots + (\sin\alpha_{i-1} - \sin\alpha_i)\delta_{i-1} \qquad (1)$$

式中：　l——支腿长度；　　　　　　　L——第一铰高度；

δ_i——铰距；　　　　　　　　α_i——闸门停于 i—$(i+1)$位的倾角。

当为曲线铰座闸门，其支座曲线为椭园积分时，开度可按下式计算[4]

$$a=H_0-\left(\frac{H}{2}-S\right)\sin\alpha-y+f\cos\alpha \tag{2}$$

$$S=\frac{\sqrt{3}}{12}\frac{H\,\mathrm{tg}\alpha}{\sqrt{1+0.75\mathrm{tg}^2\alpha}} \tag{3}$$

$$y=2\sqrt{S^2+\frac{H^2}{12}} \tag{4}$$

式中：　α——闸门倾角；

f——活动铰板高度，即支点至通过面板重心且与面板平行的平面间的距离

H，H_0——闸门面板高度及堰顶水深；

S——闸门支点到支座曲线上端点的弧长。闸门倒平时，$\alpha=0$。，$S=0$；

y支点纵座标。$\alpha=0°$ 时，$S=0$，　$y=\frac{\sqrt{3}}{3}H$

按连续性条件，过闸单宽流量应有[6]、[7]、[8]

$$q=q_1+q_2$$

其中

$$q_1=K_\alpha m_1\sqrt{2g}\,H_1^{\frac{3}{2}} \tag{6}$$

$$q_2=\mu a\sqrt{2g}\,H_0^{\frac{1}{2}} \tag{7}$$

$$m_1=m\left(1+\frac{\alpha_0 v_0^2}{2gH_1}\right)^{\frac{3}{2}} \tag{7}$$

$$m_1=m\left(1+\frac{\alpha_0 v_0^2}{2gH_1}\right)^{\frac{3}{2}} \tag{8}$$

式中　q_1、q_2——闸门顶部及底孔处单宽流量；

v_0——行近流速；

a——开度；

m_1，μ——门顶及底孔流量系数；

H_0——上游堰顶水深（如图1）；

K_α——堰壁倾斜时流量系数修正值。

若采用巴青公式：

$$m=0.405+\frac{0.0027}{H_1}$$

则门顶溢流的流量系数可按下式计算

$$m_1=\left(0.405+\frac{0.0027}{H_1}\right)\left(1+\frac{\alpha_0 v_0^2}{2gH_1}\right)^{\frac{3}{2}} \tag{9}$$

目前，水力自控翻转闸门多用于无底槛情况，行近流速水头的影响不可忽略。

令　$H_1=\psi H_0$，则公式(5)可写成

$$\left.\begin{aligned} q &= m_0\sqrt{2g}\,H_0^{\frac{3}{2}} \\ m_0 &= K_\alpha m_1 \psi^{\frac{3}{2}} + \mu\frac{a}{H_0} \\ H_1 &= H_0 - a - H\sin\alpha \end{aligned}\right\} \tag{10}$$

公式(10)便是水力自控翻转闸门的泄流量计算公式，它与一般堰流公式相同。

当门顶无溢流时，$H_1=0$，$q_1=0$，则有

$$H_0=a+H\sin\alpha$$

$$m_0=\mu\frac{a}{H_0} \tag{11}$$

可见，此时若由公式(11)按普通堰流计算与闸孔出流结果相同，但 $m_0<\mu$。

2. 有关水力参数的测算

泄流量计算参数包括：闸孔流量系数 μ，门顶溢流的流量系数 m_1，倾斜堰修正系数 K_α，总流量系数 m_0 及闸门孔与门顶溢流的关系参数 β_0，令

$$\beta_0=\frac{q_1}{q_2} \tag{12}$$

则

$$q_2=\frac{q}{1+\beta_0} \tag{13}$$

式中符号意义与前相同。关于 K_α 值，目前设计中一般引用经验值[8]、[9]，但是各家经验均有一定的出入（表 2），而且这些经验值的水力条件都与水力自控翻转闸门过流情况相差很大，若再任意选定 m_1 值来计算门顶溢流量，显然更不合理。因此，K_α 在目前的设计中有着重要的意义。测算方法是采取门顶与底孔分流的办法，即设法将门顶泄流量引出，再通过雷伯克堰测量，由公式(6)先得门顶流量系数实测值 $m_{1测}$ 再由同组数据按公式（9）得流量系数计算值 $m_{1已}$，由此可得 K_α 的测算值，即 $K_\alpha=\frac{m_{1测}}{m_{1已}}$。这次测算上述参数时，$K_\alpha$ 参考模型数据采用了平均值（表 3），用它测算出门顶溢流量 q_1，再从总流量减去 q_1 即得底孔的泄流量，由此即可测算得各参数值。根据实测数值求得有关泄流参数关系如下：

$$\mu=0.6-0.190\frac{a}{H_0} \tag{14}$$

$$m_0=0.1+0.333\frac{a}{H_0} \tag{15}$$

$$m_1=0.685-0.6429\frac{H_1}{H_0} \tag{16}$$

$$\beta_0=2.3442\left(\frac{H_1}{H_0}\right)^{1.185} \tag{17}$$

全部测算数据分布情况如图 2～5，除分流测算的数据外，其他点据都是按公式（8）推

算的结果。由图可见，公式(14)及(17)基本上是合理的。但 $m_1 \sim \frac{H_1}{H_0}$ 关系（图 4）在小水头比（$H_1/H_0 \leqslant 0.15$）时有突变，这是堰闸出流向闸孔出流的过度现象，此时公式（16）不宜用，一般可用公式(8)计算 m_1。

上述分流测算法还是初次尝试，由于缺乏经验，在施测安排上还不够理想，但这种办法是可取的，合理的，它消除了闸门上下溢流的牵制关系，同时又保留了上下同时出流的特点，可以分别研究闸门不同倾角时顶部溢流情况和有关参数的基本规律。至于门顶水流未加入下游水槽所引起下游水位与实际不符的问题，不会影响流量系数测算。因为自由出流时，闸孔收缩断面处为急流，过水能力由收缩断面控制，下游水位波不会向上游传播，不会影响堰前的水流条件。

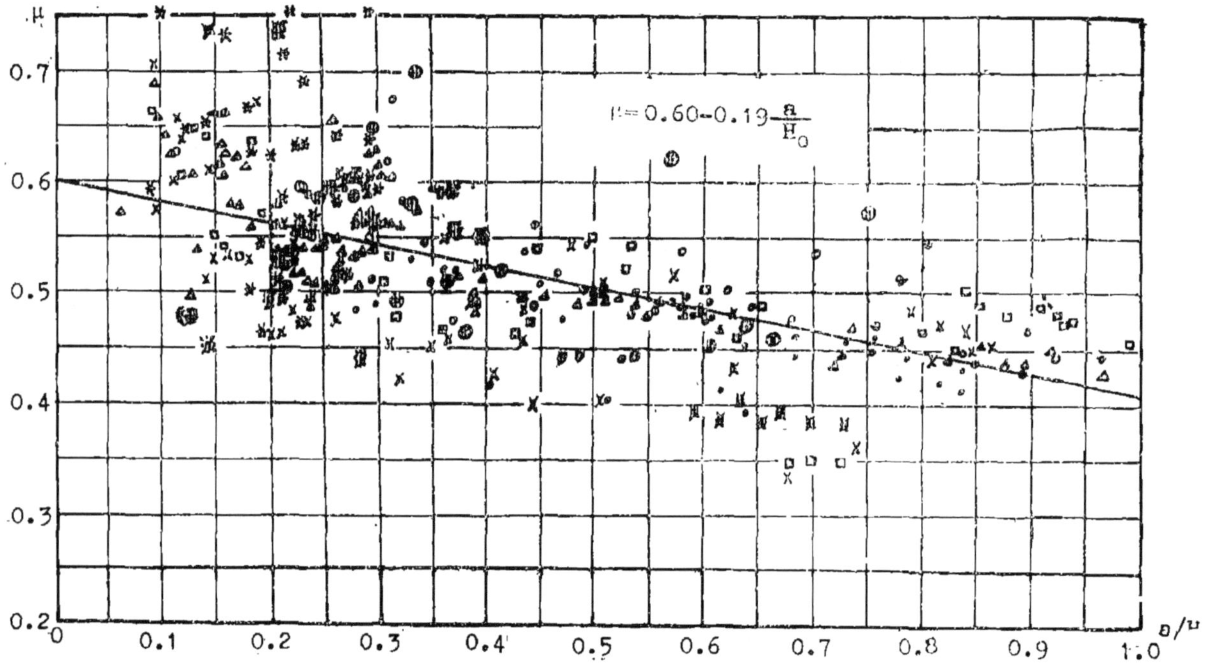

图 2　μ～a/H_0 关系

△——分流法数据　○——顶无溢流　⊗——3号门Ⅱ有"斗"及"△木"

——2号门Ⅰ有"斗"及"△木"　□——2号门无附加设备

⋈---4号门　⋇——5号门（通气）　※——5号门(未通气)

表 2　　　实测流量系数修正值 K_α 与经验值 K_α' 比较

α	6°	13°	14.17°	18°	20°	21°	26.40°	29.5°	30°	34.5°	说　明
K_α	—	—	—	—	—	—	—	—	—	1.065	模型试验值
K_α'	1.07	1.10	1.09	—	—	1.125	1.120	—	1.127	—	M.A.莫斯特可夫《水力学手册》
	—	—	—	1.04	1.08	—	—	—	—	—	拉迪申可夫《水力学》
α	42°	45°	47.25°	48°	51.5°	53°	56.20°	59°	63°	65°	说　明
K_α	1.068	—	—	0.993	1.058	1.071	—	1.208	—	1.197	模型试验值
K_α'	—	1.10	1.105	—	—	—	—	—	—	—	M.A.莫斯特可夫《水力学手册》
	—	1.11	—	—	—	—	—	—	1.13	—	拉迪由可夫《水力学》
α	69°	70°	71.5°	75°	76°	90°	—	—	—	—	说　明
K_α	—	—	—	—	1.146	—	—	—	—	—	模型试验值
K_α'	—	1.060	1.04	—	—	1.00	—	—	—	—	M.A.莫斯特可夫《水力学手册》
	—	—	—	1.09	—	1.00	—	—	—	—	拉迪申可夫《水力学》

表 3　　　测算闸孔流量系数 μ 值采用的 K_α

α	6°	12.5°	15°	22°	24.5°	29.5°	32°	34.5°	36°
K_α	1.07	0.077	1.100	1.103	1.120	1.124	1.110	1.104	1.104
α	47°	48.5°	52.6°	59°	69°	77°	—	—	—
K_α	1.072	1.072	1.058	1.148	1.108	1.104	1.00	—	—

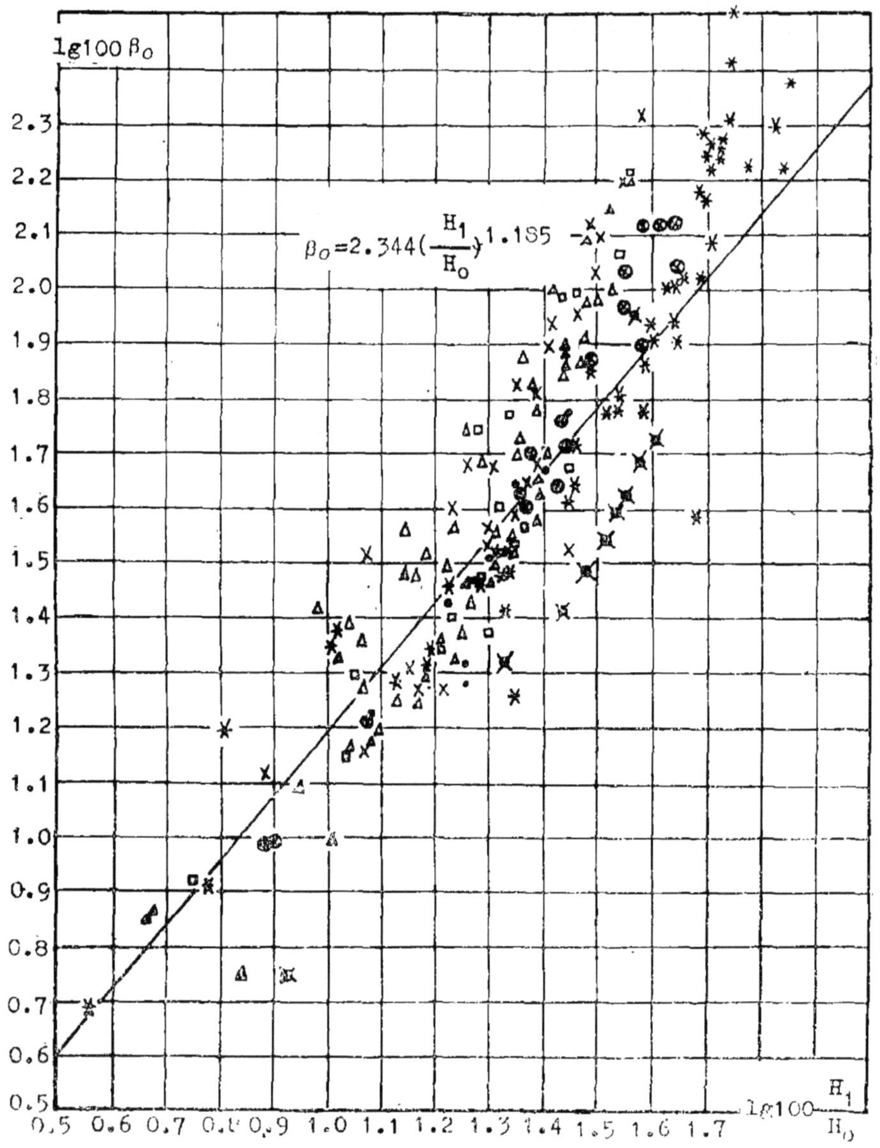

图3 $\beta_0 \sim H_1/H_0$ 关系

△——分流法数据 ⊗——3号门Ⅱ有“斗”及“△木” ·——2号门Ⅰ有“斗”及“△木”

×——3号门Ⅱ顶有“△木” □——2号门Ⅰ无附加措施 ——4号门 ——5号门

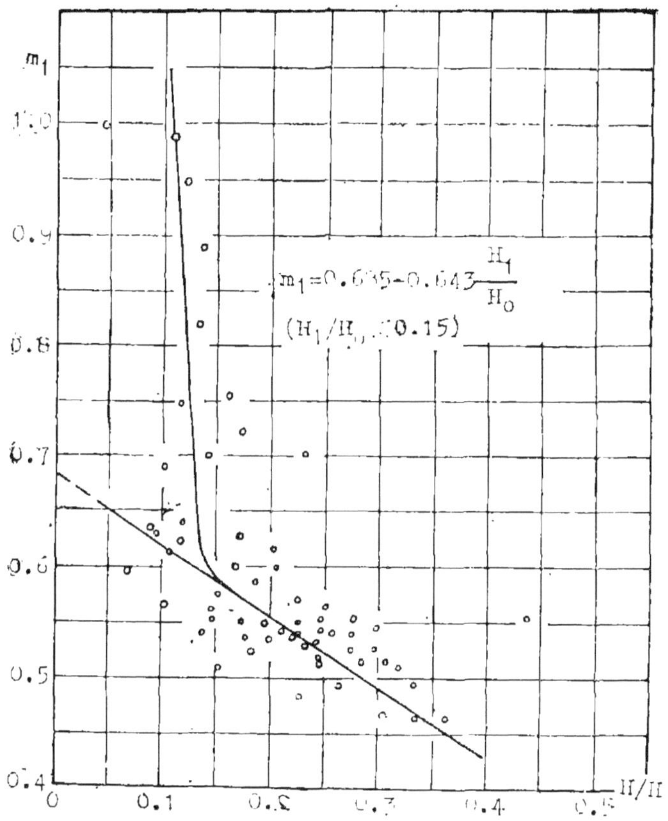

图4　$m_1 \sim H_1/H_0$ 关系（适用：$H_1/H_0>1.5$）

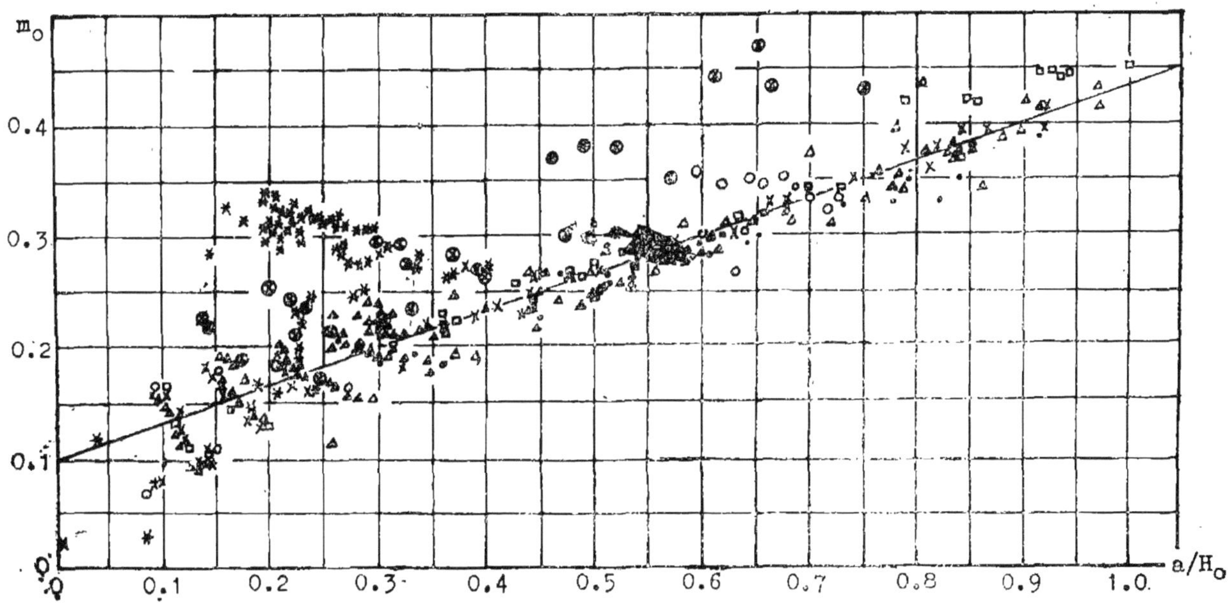

图5　$m_0 \sim a/H_0$ 关系

⊗—— 3号门Ⅱ有“斗”及“△木”　　·—— 2号门Ⅰ有“斗”及“△木”

×—— 3号门Ⅱ顶有“△木”　　□—— 2号门Ⅰ无附加设备

⋇—— 5号门　　△—— 分流法实测数据

二、闸孔淹没系数分析与测算[10] [11]

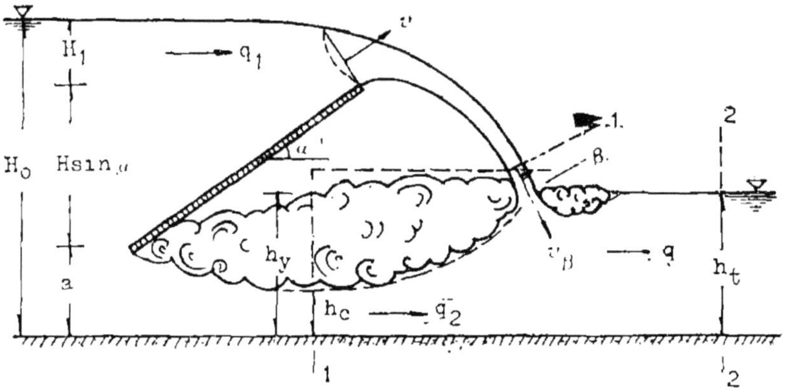

图 6　闸孔淹没出流

水力自控翻转闸门淹没出流情况可以有两种情况：一是闸孔淹没，另一是堰的淹没。前者门后有空腔（如图 6），后者门后无空腔，闸门处于全淹没情况。门后空腔表面压强，模型中有明显的负压情况，这对泄流虽然是一种有利的因素，但易使闸门提前倒门拍打，对运转又有不利影响，模型试验时给门后补气对闸门的稳定均有良好的作用，因此附设通气设备是合理的。此外，门后淹没水深 h_y 不但影响出流特性，而且也关系到闸门的力矩平衡计算。当水深 h_y 超出门顶时，门后空腔消失，过流特性即由堰闸混合出流过渡为堰流。

闸孔出流的淹没系数可按下式求得：

$$\sigma_s=\frac{q_s}{q}=\frac{\mu_s a\sqrt{2gH_0}}{\mu a\sqrt{2gH_0}}=\frac{\mu_s}{\mu} \tag{18}$$

式中：μ_s——闸孔淹没出流时的流量系数；

μ——闸孔自由出流时的流量系数。

因
$$q_s=h_c\varphi\sqrt{2g(H_0-h_y)}=\mu_s a\sqrt{2gH_0}$$
$$h_c=\varepsilon a$$

则
$$\left.\begin{aligned}\mu_s&=\varepsilon\varphi\sqrt{1-\frac{h_y}{H_0}}\\ \mu&=\varepsilon\varphi\sqrt{1-\frac{h_c}{H_0}}=\varepsilon\varphi\sqrt{1-\varepsilon\frac{a}{H_0}}\end{aligned}\right\} \tag{19}$$

令
$$\tau=\frac{h_y}{H_0},\qquad \tau_c=\frac{h_c}{H_0},$$

则淹没系数可按下式计算：

$$\sigma_s=\sqrt{\frac{1-\tau}{1-\tau_c}}=\sqrt{\frac{H_0-h_y}{H_0-h_c}} \tag{20}$$

式中符号意义见图6，φ为流速系数，ε为收缩系数，h_{y} 未知。

关于闸孔淹没出流时门后水深计算已有理论分析，但水力自控翻转闸门不同，需考虑门顶溢流的影响，下面讨论 h_{y} 的计算公式。

设顶部溢流在下游的入水速度为 v_β，与水平面的夹角为β，取门顶断面与入水断面间的能量方程可得下列近似关系：

$$\frac{v_\beta^2}{2g}=\frac{v^2}{2g}+H_0-h_t$$

不计门顶水深的影响，与上法相同得

$$v=\varphi\sqrt{2gH_1}$$

故

$$v_\beta=\sqrt{2g(\varphi^2H_1+H_0-h_t)} \tag{21}$$

又

$$v_x=v\cos\alpha$$

则

$$\cos\beta=\frac{v_x}{v_\beta}=\sqrt{\frac{\varphi^2H_1}{\varphi^2H_1+H_0-h_t}}\cos\alpha \tag{22}$$

式中：φ——流速系数，近似取为1

α——闸门倾角

β——门顶射流入水角度

其余符号见图6。射流入水动量的水平分量若用门顶溢流动量表达，则有：

$$\frac{\gamma q_1}{g}\cdot v_\beta\cos\beta=k\frac{\gamma q_1 v_1}{g}$$

则系数

$$k=\frac{v_\beta\cos\beta}{v_1} \tag{23}$$

其中

$$v_1=\frac{q_1}{H_1},\qquad v_t=\frac{q}{h_t}$$

由图6断面1—1，2—2间的的动量方程得：

$$\frac{1}{2}h_y^2-\frac{1}{2}h_t^2=\frac{q^2}{gh_t}-\frac{q_2^2}{gh_c}-k\frac{q_1^2}{gH_1}$$

而

$$q_2=\varepsilon a\varphi\sqrt{2g(H_0-h_y)}=h_c\sqrt{2g(H_0-h_y)}\quad(\text{取}\ \varphi=1)$$

$$\beta_0=\frac{q_1}{q_2},\qquad q=q_1+q_2=(1+\beta_0)q_2$$

则

$$\begin{aligned}\frac{1}{2}h_y^2-\frac{1}{2}h_t^2&=\frac{(1+\beta_0)^2q_2^2}{gh_t}-2h_c(H_0-h_y)-k\frac{\beta_0^2q_2^2}{gH_1}\\&=\frac{(1+\beta_0)^2h_c^2[2g(H_0-h_y)]}{gh_t}-2h_c(H_0-h_y)\\&\quad-k\frac{\beta_0^2h_c^2[2g(H_0-h_y)]}{gH_1}\\&=2h_c^2(H_0-k_y)\left(\frac{(1+\beta_0)^2}{h_t}-\frac{1}{h_c}-k\frac{\beta_0^2}{H_1}\right)\end{aligned}$$

令

$$\tau=\frac{h_y}{H_0},\qquad \tau_t=\frac{h_t}{H_0}$$

$$\tau_c=\frac{h_c}{H_0},\qquad \tau_1=\frac{H_1}{H_0}$$

得
$$\tau^2-\tau_t^2=4\tau_c^2\left(\frac{(1+\beta_0)^2}{\tau_t}-\frac{1}{\tau_0}-k\frac{\beta_0^2}{\tau_1}\right)(1-\tau)$$

或
$$\tau^2-2K\tau+(2K-\tau_t^2)=0 \tag{24}$$

式中
$$K=-2\tau_c^2\left(\frac{1}{\tau_c}+k\frac{\beta_0^2}{\tau_1}-\frac{(1+\beta_0)^2}{\tau_t}\right) \tag{25}$$

解之得
$$\tau=K+\sqrt{\tau_t^2-K(2-K)} \tag{26}$$

求得 τ 后，代入公式（20）即可计算淹没系数 σ_s 及淹没出流的门后水深 h_y。近似地用 h_y 值计算淹没出流时面板下游面的水压力比目前简单地用下游水深作运转计算数据将更切合实际一些。若：

$h_y>h_c$，　即 $\tau>\tau_c$　闸孔呈淹没出流，

$h_y<h_c$，　即 $\tau<\tau_c$　闸孔呈自由出流，

$h_y=h_c$，　即 $\tau=\tau_c$　闸孔出流呈临界状

当为临界状态时，$\tau=\tau_c$，应有的下游水深条件（τ_{tkp}）可由公式（24）求得：

$$\tau_{tkp}^2=\tau_c^2-2K\tau_c+2K \tag{27}$$

由公式（26）可知，当 $\tau_t^2<K(2-K)$ 时无实数解，其物理意义为此时发生远离式水跃。现简要证明如下：

因
$$(\tau_c-K)^2=\tau_c^2-2K\tau_c+K^2\geqslant 0$$

则有：
$$-K^2\leqslant\tau_c^2-2K\tau_c$$
$$2K-K^2\leqslant\tau_c^2-2K\tau_c+2K=\tau_{tkp}$$

若
$$\tau_t^2<2K-K^2,\qquad 而\ \tau_{tkp}=\frac{h_{tkp}}{H_0}$$

即
$$\tau_t^2<\tau_{tkp}$$

或
$$h_t<h_{tkp}$$

因此，公式（26）无实数解时，闸孔下游呈远离式水跃与下游衔接。

上述动量方程的应用分析没有考虑门后空腔中的负压影响，即假定空腔液面为大气压强。显然，若考虑门后负压的影响，则上述分析所得 h_y 偏小，因此应有

或
$$\left.\begin{aligned}\tau'&=\xi_0\tau\\ h_y'&=\xi_0 h_y\end{aligned}\right\} \tag{28}$$

式中：h_y'——门后空腔有负压作用时的淹没水深

h_y——门后空腔液面为大气压强时的淹没水深

ξ_0——系数，可由试验求得（$\xi_0>1$）

各种闸门淹没出流实测数据，淹没系数 σ，纵向收缩系数 ε 及 τ 值电算结果见表4、5。表5中有"*"者计算机显示全部零值表示 τ 无实数解，h_c'' 为不考虑顶部溢流按单一闸孔出流计算的跃后共轭水深，其值都较大，应属远离式水跃，但实测情况为淹没出流，这表明是门顶溢流的影响结果。此外，当门后空腔有负压时，还可使闸门出流提前淹没。

三、闸孔收缩系数及倾斜堰修正系数

闸孔纵向收缩系数ε与流量系数μ，淹没系数σ都有关系，模型试验中也比较难测准，由公式（19）有

$$\mu=\varepsilon\sqrt{1-\frac{\varepsilon a}{H_0}}$$

$$\mu_s=\varepsilon\sqrt{1-\frac{h_y}{H_0}}$$

ε值要同时满足上述两式，需要同时考虑σ值作大量调整工作。本文利用上式制成ε～μ－$\frac{a}{H_0}$关系图（图7），先按公式(14)所得μ值图解得ε的初始值，由此求得τ，σ及μ_s，再复核ε值，全部调整工作利用电算作100次反复试算，误差控制在±0.0001，所得合适ε及相应的μ值列于表5，而表中的σ，τ则利用此合适的ε及μ值求得。

当已知μ值时，闸孔自由出流流量$q'=\mu a\sqrt{2gH_0}$，而淹没出流时，由公式(13)可得泄流量q_2，取$\sigma'=q_2/q'_2$，σ'在水力意义上也属淹没系数，与σ比较（见表5）表明β^0经验关系基本合理。

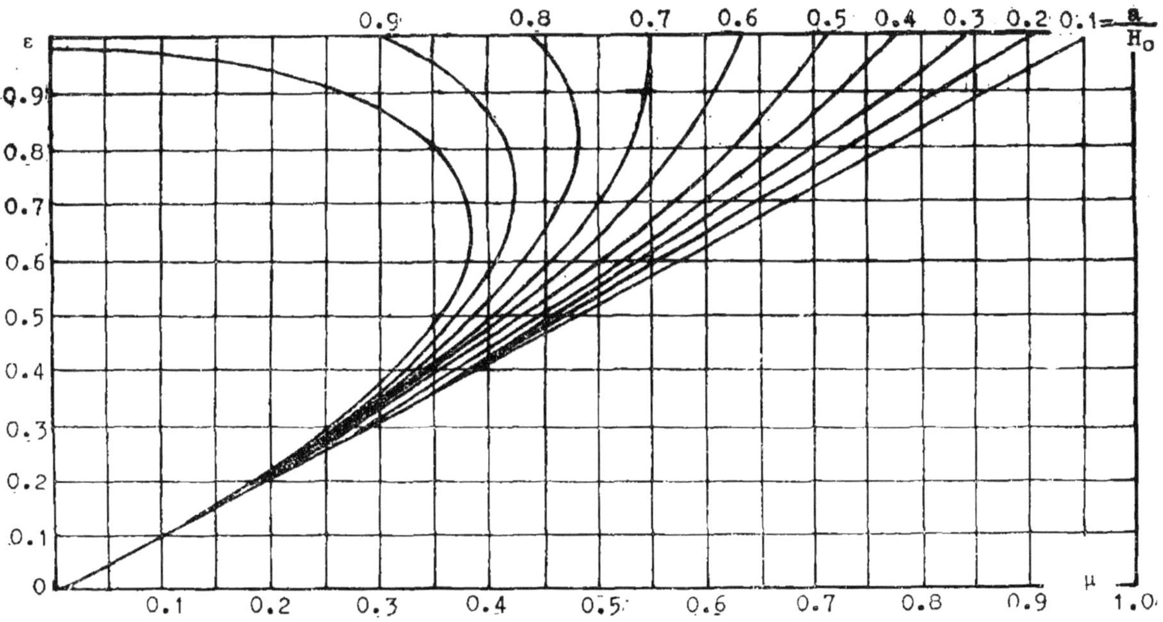

图7　ε～μ～ a/H0 关系

关于倾斜堰修正系数K_α，模型试验结果与有关书载经验值比较如图8所示，基本趋势都相似，但与M.A.莫斯特可夫《水力学手册》所载更接近。莫斯特可夫资料属单纯的倾斜堰，无底部泄流，由此说明水力自控翻转闸门底孔泄流对上部K_α值影响不大。同时，当α<30°时，由于面板对水流顶托作用渐增，过流特性也渐近于折线型实

用堰或宽顶堰情况，K_{α} 随倾角增大而减小。按巴青经验公式计算，堰顶水头 $H_1=0.5\sim2.0$ 米时，$m_1=0.41\sim0.406$ [12]，平均值取 $m_1=0.408$，而宽顶堰的流量系数最大值为 0.385，折线型实用断面堰流量系数平均值约为 0.415，可见当闸门倒平时：

按宽顶堰情况 $$K_{\alpha}=\frac{0.385}{0.408}=0.9436$$

按实用堰情况 $$K_{\alpha}=\frac{0.415}{0.408}=1.0172$$

水力自控翻转闸门过流情况介乎于二者之间，因此，当 $\alpha=0°$ 时，测算可取 $K_{\alpha}=1.0$。

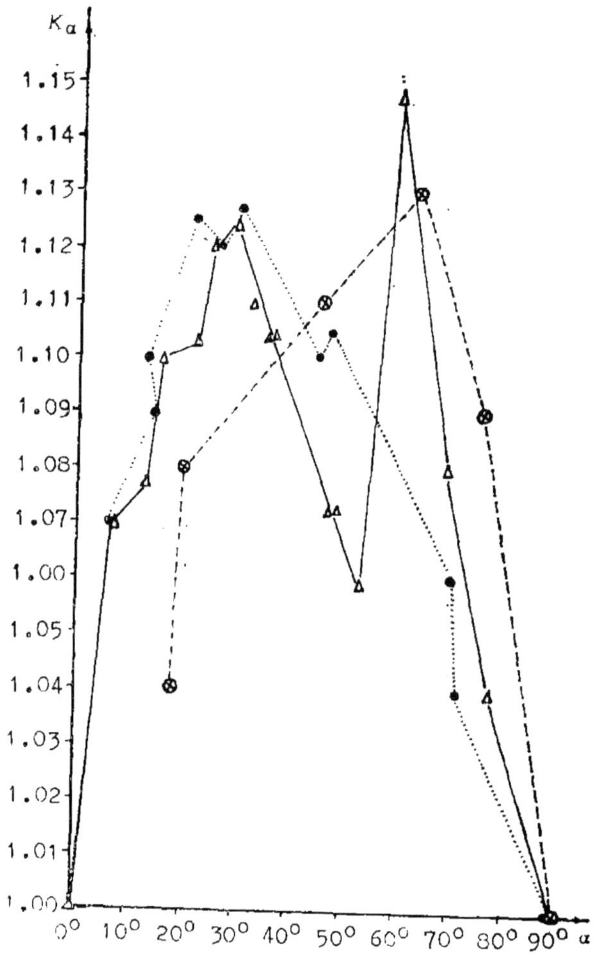

图 8 倾斜堰算正系数比较

△——实测值 ⊗——拉迪申可夫数 ○——莫斯特可夫数

表 4 闸门淹没出流实测数据

数据编号	q	H_0	α	a	H_1	h_t	号闸门编
	$m^3/s\cdot m$	m	0, deg	m	m	m	
1	17.0151	8.6900	77.0000	0.8400	2.9781	1.8000	2—I
2	19.3980	9.0800	77.0000	0.8400	3.3681	1.9500	
3	10.0098	6.7500	69.0000	1.2900	0.7280	1.2000	
4	22.5047	9.3900	69.0000	1.2900	2.3681	2.5500	
5	22.5981	8.9700	59.0000	1.8000	2.8841	2.2500	
6	17.9262	8.1800	59.0000	1.8000	2.0892	1.9500	
7	13.0825	6.8900	59.0000	1.8000	0.7992	1.6500	
8	16.6062	6.2600	42.0000	2.7800	0.1393	2.1000	
9	20.6343	7.5000	42.0000	2.7800	1.3793	2.2500	
10	22.3252	7.3500	34.5000	3.1200	1.3980	2.5500	
11	19.0260	6.5000	34.5000	3.1200	0.5430	2.6000	
12	17.3955	6.1200	34.5000	3.1200	0.1680	2.1000	
13	17.6136	5.8400	29.5000	3.3500	2.7900	2.4000	
14	20.1131	6.4500	29.5000	3.3500	0.6429	2.7000	
15	21.2342	6.6500	29.5000	3.3500	0.8379	2.7000	
16	22.2193	7.0000	29.5000	3.3500	1.1979	2.7000	
17	22.7051	7.3700	29.5000	3.3500	1.5579	2.8500	
18	19.3127	5.3000	12.5000	4.1400	0.0728	2.7000	
19	22.1071	5.9000	12.5000	4.1400	0.3081	3.0000	
20	22.8394	6.0800	12.5000	4.1400	0.8528	3.1500	
21	22.6985	5.6400	6.5000	4.4700	0.6040	3.3000	
22	20.9202	5.3000	6.5000	4.4700	0.2590	3.1500	
23	21.5250	5.3300	0.0000	4.6500	0.2890	3.1500	
24	22.5514	5.4600	0.0000	4.6500	0.4240	3.4500	2
25	9.2806	5.5700	47.0000	1.5000	0.4132	2.2030	3
26	11.0380	6.2000	47.0000	1.5000	1.0132	2.2200	
27	12.7808	6.6500	47.0000	1.5000	1.4932	2.4800	
28	16.9927	7.4000	47.0000	1.5000	2.2432	3.0000	
29	21.7855	8.1800	47.0000	1.5000	3.0120	3.6800	
30	10.8201	5.4500	36.0000	1.9200	0.5911	2.3700	
31	14.8141	6.5300	36.0000	1.9200	1.6711	2.8500	
32	19.1712	7.2500	36.0000	1.9200	2.3911	3.3800	
33	22.9474	7.9100	36.0000	1.9200	3.0511	3.7500	
34	12.8680	5.4000	22.0000	2.3700	1.1570	2.6000	
35	16.9927	6.0900	22.0000	2.3700	1.8470	3.2000	
36	11.0380	4.5500	22.0000	2.3700	0.3070	2.3100	
37	19.3165	6.5000	22.0000	2.3700	2.2570	3.3800	
38	22.3810	7.1300	22.0000	2.3700	2.8870	3.7500	
39	16.7748	5.1000	6.0000	3.0600	1.5740	3.2200	
40	22.0760	6.1200	6.0000	3.0600	2.5374	3.7500	3

续上表

数据编号	q	H_0	α	a	H_1	h_t	闸门编号
	$m^3/s \cdot m$	m	θ, deg	m	m	m	
41	11.0463	6.2300	14.0000	3.9600	1.0400	4.8200	4
42	13.2650	5.7200	22.5000	3.5500	0.5800	3.8300	
43	13.2650	6.4800	13.0000	4.0500	1.3300	5.5200	
44	15.9123	6.9800	13.0000	4.0500	1.8400	5.9700	
45	18.8061	6.1000	4.0000	4.3900	1.3000	4.7100	
46	18.8061	6.8400	4.0000	4.3900	2.0300	4.9400	
47	18.8061	5.7100	0.0000	4.5900	1.1200	4.2000	
48	21.5522	6.7500	13.5000	4.0100	1.7800	4.6500	
49	21.5522	6.6100	0.0000	4.5900	2.0200	5.0000	
50	24.7369	6.9300	0.0000	4.5900	2.3600	4.5500	
51	26.4672	6.5700	0.0000	4.5900	1.9800	4.4400	
52	26.4672	7.1100	0.0000	4.5900	2.5200	5.7700	
53	28.4148	7.2000	0.0000	4.5900	2.6100	4.9600	
54	30.3975	7.6500	0.0000	4.5900	3.0600	5.2100	
55	32.1618	7.8700	0.0000	4.5900	3.2800	5.2300	
56	32.1618	7.4900	0.0000	4.5900	2.9000	4.7800	
57	32.1618	7.8700	0.0000	4.5900	3.2800	5.2300	
58	34.5000	7.8300	0.0000	4.5900	3.2100	5.2300	
59	3.7990	5.8300	19.0000	3.7400	0.4800	5.4900	
60	5.9238	6.2500	14.5000	3.9100	1.0400	5.7200	
61	7.0006	6.2300	14.0000	3.9600	1.0400	5.7100	
62	11.8729	6.6600	4.0000	4.3700	1.8400	5.4900	4
63	2.3000	2.1400	20.0000	1.0200	0.3000	1.8400	5
64	2.3000	4.0700	46.5000	0.5300	1.8000	4.0400	
65	2.9320	3.0700	33.5000	0.7700	0.9800	2.0900	
66	2.9320	4.5300	35.0000	0.7300	2.2900	2.1100	
67	5.5171	3.9900	40.0000	0.6100	1.8100	3.4700	
68	5.5171	3.4100	34.0000	0.7600	1.3100	2.3100	
69	5.5171	4.7300	40.0000	0.6400	2.5500	4.4100	
70	7.8600	3.8300	32.0000	0.7900	1.7700	2.1000	
71	7.8600	4.0200	37.0000	0.7000	1.8800	2.6300	
72	7.8600	4.7800	40.0000	0.6400	2.6000	4.2000	
73	8.8657	4.0400	37.0000	0.7100	1.8900	2.5200	
74	8.8657	4.8300	40.0000	0.6400	2.6500	4.1000	
75	11.9371	4.5700	35.0000	0.7300	2.4600	1.0500	
76	11.9371	5.4000	39.0000	0.6600	3.2100	3.9000	
77	14.5514	4.8800	25.0000	0.9100	2.9600	3.1500	
78	13.7971	5.9900	31.0000	0.8100	2.9400	3.6800	
79	13.7971	4.6700	25.0000	0.9100	2.7500	2.1000	5

表 5　　　闸门淹没出流σ、ε、τ测算 (*—τ无解)

数据编号	ε	τ	μ	σ	σ′	h_c''	闸门编号
	—	—	—	—	—	m	
1	0.5993	0.2989	0.5816	0 .8627	—	6.2637	2—Ⅰ
2	0.5993	0.3022	0.5824	0.8595	—	6.9178	
3	0.5991	0.2804	0.5637	0.9015	1.0250	4.0366	
4	0.5991	0.3551	0.5739	0.8383	—	6.4446	
5	0.5991	0.1975	0.5619	0.9550	1.0460	5.5871	
6	0.5991	0.1857	0.5582	0.9685	0.9617	4.8107	
7	0.5993	0.3295	0.5504	0.8916	0.9609	4.3025	
8	0.6026	0.4560	0.5157	0.8618	1.0194	4.8746	
* 9	0.5950	0.0000	0.0000	0.0000	0.0000	0.0000	
*10	0.6000	0.0000	0.0000	0.0000	0.0000	0.0000	
11	0.6036	0.4830	0.5087	0.8532	0.9451	4.7108	
12	0.6050	0.3905	0.5031	0.9388	0.9794	4.6727	
*13	0.6000	0.0000	0.0000	0.0000	0.0000	0.0000	
14	0.6054	0.4624	0.5012	0.8855	0.9243	4.6142	
15	0.6047	0.4047	0.5043	0.9252	0.9165	4.6880	
16	0.6037	0.2444	0.5091	1.0308	0.8627	4.5558	
17	0.6027	0.2289	0.5136	1.0306	0.8005	4.3488	
18	0.6374	0.5059	0.4516	0.9919	0.9988	4.1364	
19	0.6214	0.5376	0.4666	0.9054	0.9937	4.6688	
20	0.6186	0.4092	0.4706	1.0103	0.8741	4.1214	
21	0.6403	0.4938	0.4494	1.0138	0.9217	3.9601	
22	0.6614	0.5570	0.4398	1.0010	0.9798	3.8877	
23	0.6830	0.3913	0.4342	—	0.9711	3.7345	
24	0.6660	0.5829	0.4381	0.9817	0.9610	3.8766	2—Ⅰ
25	0.5994	0.5538	0.5489	0.7294	0.9741	3.5682	3—Ⅲ
26	0.5992	0.5010	0.5541	0.7610	0.9385	3.6725	
27	0.5991	0.5055	0.5572	0.7562	0.9573	3.9261	
28	0.6047	0.6839	0.5051	0.6731	0.7143	3.1955	
29	0.6105	0.6733	0.4860	0.7179	0.7132	2.6930	
30	0.6001	0.6303	0.5369	0.6796	0.8252	4.0447	
31	0.6005	0.6182	0.5307	0.6991	0.8151	3.7279	
32	0.6054	0.6262	0.5010	0.7389	0.8982	3.1477	
33	0.6010	0.6238	0.5260	0.7007	0.7945	3.4458	
34	0.6024	0.5727	0.5166	0.7622	0.7415	2.8891	
35	0.5991	0.5822	0.5538	0.6992	0.9859	4.9528	
36	0.5993	0.5782	0.5497	0.7081	0.9350	4.4119	
37	0.5994	0.5557	0.5441	0.7344	0.8550	3.7179	
38	0.6003	0.5750	0.5330	0.7341	0.8754	3.3625	
39	0.5990	0.5558	0.5652	0.7064	—	5.6125	
40	0.5990	0.5238	0.5615	0.7362	1.0672	4.7289	3—Ⅲ

续上表

数据编号	ε	τ	μ	σ	σ′	h_c''	闸门编号
	—	—	—	—	—	m	
42	0.6135	0.8491	0.4792	0.4974	0.4113	1.5641	4
42	0.6122	0.7563	0.4820	0.6269	0.6335	2.5949	
43	0.6125	0.9041	0.4812	0.3943	0.4444	1.8218	
44	0.6090	0.9092	0.4897	0.3747	0.4626	2.0908	
45	0.6241	0.8264	0.4632	0.5613	0.6150	2.6055	
46	0.6141	0.8113	0.4780	0.5581	0.4975	2.2407	
47	0.6442	0.7594	0.4473	0.7065	0.6460	2.4936	
48	0.6099	0.7624	0.4871	0.6104	0.6469	3.1493	
49	0.6203	0.8224	0.4680	0.5586	0.5595	2.5063	
50	0.6163	0.7060	0.4741	0.7048	0.5896	2.8441	
51	0.6211	0.6839	0.4673	0.7472	0.6944	3.3162	
52	0.6145	0.8700	0.4773	0.4642	0.6071	3.0420	
53	0.6137	0.7450	0.4788	0.6472	0.6386	3.2951	
54	0.6105	0.7532	0.4860	0.6241	0.6212	3.3877	
55	0.6091	0.7363	0.4891	0.6395	0.6300	3.5493	
56	0.6115	0.6618	0.4835	0.7355	0.6790	3.7160	
57	0.6093	0.7363	0.4892	0.6396	0.6298	3.5483	
58	0.6094	0.7226	0.4886	0.6570	0.6808	3.8985	
59	0.6143	0.9633	0.4782	0.2460	0.1772	0.3806	
60	0.6127	0.9523	0.4812	0.2781	0.2223	0.6075	
61	0.6135	0.9512	0.4792	0.2829	0.2606	0.7813	
62	0.6156	0.9059	0.4753	0.3973	0.3312	1.2036	4
63	6.6035	0.9023	0.5094	0.3703	0.5564	0.8132	5
64	0.5991	0.9942	0.5753	0.0796	0.4465	0.8289	
65	0.5992	0.7735	0.5524	0.5163	0.5534	1.0053	
66	0.5990	0.6738	0.5694	0.6009	0.3661	0.7851	
67	0.5990	0.8958	0.5695	0.3395	0.8920	1.9149	
68	0.5991	0.7552	0.5577	0.5315	0.9075	1.8898	
69	0.5991	0.9463	0.5743	0.2427	0.7328	1.7100	
70	0.5990	0.9496	0.5608	0.6323	1.0560	2.4357	
71	0.5990	0.7264	0.5669	0.5527	—	2.6065	
72	0.5991	0.9007	0.5746	0.3285	1.0322	2.4956	
73	0.5990	0.6994	0.5666	0.5797	—	2.9393	
74	0.5991	0.8754	0.5748	0.3678	—	2.8214	
*75	0.6080	0.0000	0.0000	0.0000	0.0000	0.0000	
76	0.5990	0.7839	0.5768	0.4829	—	3.5692	
77	0.5990	0.7230	0.5446	0.5584	—	3.6143	
78	0.5990	0.7898	0.5692	0.4826	—	3.7374	
79	0.5991	0.5415	0.5630	0.7205	—	3.4865	5

参 考 文 献

〔1〕 叶镇国：《关于水力自控翻转多铰闸门防拍打措施及运转验算方法》《湖南大学学报》1980年第一期

〔2〕 叶镇国：《河南省驻马店地区红卫闸多铰闸门模型试验报告》湖南大学木土系流体力 学教研室 1979、10

〔3〕 叶镇国：《河南省驻马店地区后山渠枢纽工程水力自控多铰闸门模型试验报告》 湖南大学土木系流体力学教研组 1982、4

〔4〕 叶镇国 彭剑辉：《曲线铰座水力自控翻转闸门运转性能研究》 湖南大学科研处 1983、4

〔5〕 叶镇国：《关于水力自控翻转多铰闸门防拍打研究及运转验算方法》 湖南大学土木系流体力学教研室 1979、10

〔6〕 武汉水利电力学院水力学教研室：《水力学》 人民教育出版社 1975、5

〔7〕 黄文锦主编：《水力学》 人民教育出版社 1981

〔8〕 Мостков М.А.：《水力学手册》水利出版社 1956、11

〔9〕 拉迪申可夫：《水力学》

〔10〕 大连工学院水利系水工科研组：《本钢太子河水源地水力自动翻板门试验报告》 1977、8

〔11〕 Daugherty R.L•：Fluid Mechanics with Engineering Applications 1977 7

〔12〕 Комов А.А•：《水力学》 水利出版社 1957、8

Discharge Characteristics of Automatic Gates Controlled by Hydraulic Pressure

Ye Zhenguo

(Department of Civil Engineering)

Abstract

The discharge characteristic of Automatic Gates controlled by hydraulic pressure is an important problem to be solved in the design. In this paper, based on the results obtained from the model experiments, this problem is investigated in theory. The computing formulas for the discharge and the empiric relations between the hydraulic parameters are also developed.

数字均值滤波器及其应用

方定菲，门继顺
（计算机科学系）

【摘要】 均值滤波的基本原理是在真实信号波形已知的条件下，从一个混合信号的平均值中提取所需的部分，从而检测出波的高度[1]，应用在动态电子轨道衡信号处理中有着重要的作用。均值滤波器需用数字滤波的方式实现。本文论述了数字均值滤波的基本关系式，阐明了对于时限信号、均值滤波含有窗口修正的作用。在特定条件下，可应用时窗函数的优化理论设计最优均值滤波器。并给出了一种轨道衡窗函数，在一定情况下具有明显的优越性。现场运行结果证明，比原有设备有较大改进。

一、数字均值滤波器

设有实序列：

$$\{x(n)\} \longleftrightarrow X(e^{jw}) \tag{1}$$

构造序列：

$$\varphi_l(n) = \frac{1}{l} R_l(n) \tag{2}$$

其中

$$R_l(n) = \begin{cases} 1 & o \leqslant n \leqslant l-1 \\ 0 & 其\quad 余 \end{cases} \tag{3}$$

它的频谱为：

$$\phi_l(e^{jw}) = \sum_{n=0}^{l-1} \frac{1}{l} e^{-jwn} = \frac{\sin\left(\frac{l}{2} w\right)}{l \cdot \sin\left(\frac{1}{2} w\right)} \cdot e^{-j\frac{l-1}{2} w} \tag{4}$$

$$= \phi_l^*(e^{jw}) \cdot e^{-j\frac{l-1}{2} w}$$

本文于1983年10月25日收到

其中，$\phi_l^*(e^{jw})$为正、负实数，对应于超前的序列：

$$\varphi_l^*(n)=\varphi_l\left(n+\frac{l-1}{2}\right)。$$

$\phi_l(e^{jw})$ 的共轭函数具有明确的物理意义：对于给定频率 w_i，它的实数与虚数部分分别表示一个对应频率的余弦与正弦序列左边 l 个点的平均值：

$$\frac{1}{l}\sum_{n=-l+1}^{0}\cos(w_i n)=\phi_l^*(e^{jw_i})\cos\left(\frac{l-1}{2}w_i\right)$$

$$=R_l[\phi_l(e^{jw_i})] \qquad (5)$$

$$\frac{1}{l}\sum_{n=-l+1}^{0}\sin(w_i n)=\phi_l^*(e^{jw_i})\sin\left(\frac{l-1}{2}w_i\right)$$

$$=I_m[\phi_l(e^{jw_i})] \qquad (6)$$

而 $\phi_l^*(e^{jw})$ 则表示 l 为奇数时，余弦序列中间 l 个点的平均值。

称 $\overline{\phi_l(e^{jw})}$ 为单位均值谱函数。

而$\{x(n)\}$与$\{\varphi_l(-n)\}$的互相关序列

$$R_{x,\varphi l}(n)=\sum_{m=-l+1}^{0}x(n+m)\varphi_l(-m)=\sum_{m=0}^{l-1}x(n-m)\varphi_l(m)$$

$$=\frac{1}{l}\sum_{m=-l+1}^{0}x(n+m)\overset{记}{=}\overline{x}_l(n) \qquad (7)$$

每一点都表示$\{x(n)\}$第 n 点左边 l 个点（包括第 n 点）的平均值。

令 $n=l-1$，得到恒等式：

$$\overline{x}_l(l-1)=\sum_{m=0}^{l-1}x(l-1-m)\varphi_l(m)$$

$$=\frac{1}{2\pi}\int_{-\pi}^{\pi}\overline{X}_l(e^{jw})\cdot e^{jw(l-1)}dw$$

$$=\frac{1}{2\pi}\int_{-\pi}^{\pi}X(e^{jw})\phi_l(e^{jw})\cdot e^{jw(l-1)}dw$$

$$=\frac{1}{2\pi}\int_{-\pi}^{\pi}X(e^{jw})e^{j\frac{l-1}{2}w}\cdot\phi_l^*(e^{jw})dw \qquad (8)$$

式中

$$\overline{X}_l(e^{jw})=X(e^{jw})\cdot\phi_l(e^{jw})=\sum_{n=-\infty}^{\infty}\overline{x}_l(n)e^{-jwn}$$

式（8）的两边都表示 $\{x(n)\}$ 第 $l-1$ 点左边 l 个点的平均值，这就是离散时间序列的均值等式。其右边的被积函数即为$\{x(n)\}$的均值谱密度函数，等于信号的频谱与单位均值谱函数的乘积。后者与 l 有关。

均值等式清楚地表明：几个点的平均值反映了信号整个波形（频谱）的信息；不同波形信号的均值在频域内的分布是相互分离的。均值滤波就是利用已知的关于信号波形的信息，从若干波形的均值中，提取所需的部分。

特别，l 为奇数时，考虑到 $\phi_l^*(e^{jw})$ 的物理意义，式（8）右边的表达还可以看成超前序列：

$$x'(n)=x\left(n+\frac{l-1}{2}\right)$$

中间 l 个点的平均值。由于 $\varphi_l^*(n)$ 为实对称函数，均值等式可写成：

$$\overline{x}'_l(0)=\sum_{n=-(l-1)/2}^{(l-1)/2}x'(n)\varphi_l^*(n)=\frac{1}{2\pi}\int_{-\pi}^{\pi}X'(e^{jw})\phi_l^*(e^{jw})dw$$

$$=\frac{1}{2\pi}\int_{-\pi}^{\pi}\overline{X}'_l(e^{jw})dw=\frac{1}{2\pi}\int_{-\pi}^{\pi}\overline{X}_l(e^{jw})e^{jw(l-1)}dw$$

$$=\overline{x}_l(l-1) \tag{9}$$

其中

$$X'(e^{jw})=X(e^{jw})e^{j\frac{l-1}{2}w}=\sum_{n=-\infty}^{\infty}x'(n)e^{-jwn}$$

$$\overline{X}'_l(e^{jw})=X'(e^{jw})\phi_l^*(e^{jw})=\overline{X}_l(e^{jw})e^{jw(l-1)}=\sum_{n=-\infty}^{\infty}\overline{x}'_l(n)e^{-jwn}$$

$$\overline{x}'_l(n)=\overline{x}_l(n+l-1)=\sum_{m=0}^{l-1}x(l-1+n-m)\cdot\varphi_l(m)$$

$$=\sum_{m=-(l-1)/2}^{(l-1)/2}x'(n-m)\varphi_l^*(m)$$

即：将 $\{x(n)\}$ 第 $l-1$ 点左边 l 个点的均值表示成 $\{x'(n)\}$ 中间 l 个点的均值。

以下，总设 l 为奇数。因此，对 $\{x(n)\}$ 的均值滤波可看成是对 $\{x'(n)\}$ 进行。设频率滤波函数为：$H_{av}(e^{jw})\longleftrightarrow h_{av}(n)$，得到均值滤波表达式：

$$\overline{y}_l(l-1)=\sum_{m=-\infty}^{\infty}\overline{x}_l(m)h_{av}(l-1-m)$$

$$=\frac{1}{2\pi}\int_{-\pi}^{\pi}\overline{X}_l(e^{jw})H_{av}(e^{jw})\cdot e^{jw(l-1)}dw$$

$$=\frac{1}{2\pi}\int_{-\pi}^{\pi}X'(e^{jw})\phi_l^*(e^{jw})\cdot H_{av}(e^{jw})dw$$

$$=\frac{1}{2\pi}\int_{-\pi}^{\pi}\overline{X}'_l(e^{jw})H_{av}(e^{wj})dw=\overline{y}'_l(0) \tag{10}$$

可用下图表示：

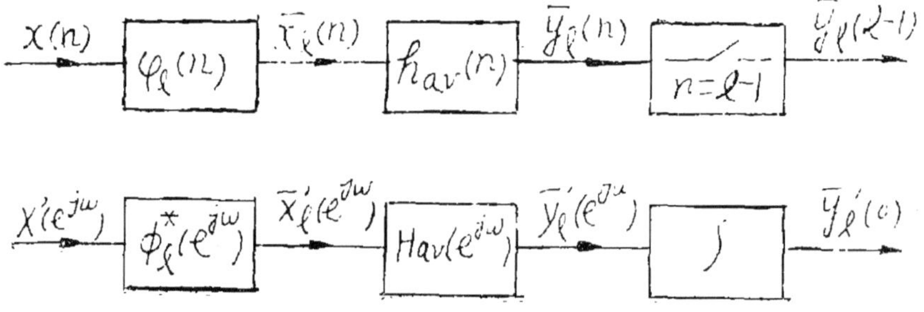

图 1

图中的 $h_{av}(n)$ 称为数字均值滤波器。

假设 $\{x(n)\}$ 的波形为已知：

$$\begin{cases} x(n)=M_x \cdot x_s(n) \\ X(e^{jw})=M_x \cdot X_s(e^{jw}) \end{cases} \tag{11}$$

其中，$M_x=Max\{x(n)\}$，$Max\{x_s(n)\}=1$；$\{x_s(n)\}$ 已知。

代入式（9）、（10），求得：

$$M_x=\overline{x}'_l(0)\frac{2\pi}{\int_{-\pi}^{\pi}X'_s(e^{jw})\phi_l^*(e^{jw})dw}$$

$$=\overline{y}'_l(0)\frac{2\pi}{\int_{-\pi}^{\pi}X'_s(e^{jw})\phi_l^*(e^{jw})H_{av}(e^{jw})dw} \tag{12}$$

式中右边的两个积分分别为两个已知常数（对于给定的 $H_{av}(e^{jw})$）。波的高度与均值成比例。

因此，假设 $\{x(n)\}$ 是一个混合波形：

$$x(n)=u(n)+v(n)$$

其中：$u(n)$ 为真实信号，波形是已知的。用上述方法便可检测出 $u(n)$ 的高度。其中，求平均值或均值滤波分别被当作一种计算手段。$H_{av}(e^{jw})$ 的最优设计（包括选择恰当的 l 值），目的在于求得 $u(n)$ 与 $v(n)$ 的均值在频域内的最佳分离，提高精度。

显然，最优均值滤波的条件是：

$$\begin{cases} \frac{1}{2\pi}\int_{-\pi}^{\pi}U'(e^{jw})\phi_l^*(e^{jw})H_{av}(e^{jw})dw=\overline{u}_l\ (l-1) \\ \frac{1}{2\pi}\int_{-\pi}^{\pi}V'(e^{jw})\phi_l^*(e^{jw})H_{av}(e^{jw})dw=min \end{cases} \tag{13}$$

二、均值滤波与窗口修正

实际工作中信号总是时限的，则以上关系式可以简化，得到一种离散的形式；而均值滤波包含一种窗口修正的作用。

以下，假设 $\{x(n)\}$ 是一个长度为 N 的因果序列，N 为奇数。

计算中间 l 个点的平均值：

将 $\{x(n)\}$ 表示成 L 个指数序列的和：对它的频谱进行 L 点等间隔采样（$L\geqslant N,l$），再作逆离散付立叶变换：

$$X_L(k)\triangleq X(e^{jw})|_{w=\frac{2\pi}{L}k}=\sum_{n=0}^{N-1}x(n)W_L^{nk}\cdot R_L(n) \tag{14}$$

$$x_L(n)\triangleq\frac{1}{L}\sum_{k=0}^{L-1}X_L(k)W_L^{-kn}\cdot R_L(n)$$

$$=\left[\sum_{r=-\infty}^{\infty}x(n+rL)\right]\cdot R_L(n)=x((n)_L)\cdot R_L(n) \tag{15}$$

再求平均值：

$$\overline{x}_l\left(\frac{N+l-2}{2}\right)=\frac{1}{l}\sum_{n=(N-l)/2}^{(N+l-2)/2}x(n)=\frac{1}{l}\sum_{n=(N-l)/2}^{(N+l-2)/2}$$

$$\left(\frac{1}{L}\sum_{k=0}^{L-1}X_L(k)\cdot W_L^{-kn}\right)=\frac{1}{L}\sum_{k=0}^{L-1}X_L(k)\cdot\frac{\sin\left(\frac{l}{2}\cdot\frac{2\pi}{L}k\right)}{l\cdot\sin\left(\frac{1}{2}\cdot\frac{2\pi}{L}k\right)}$$

$$\cdot e^{j\frac{N-1}{2}\cdot\frac{2\pi}{L}k}=\frac{1}{L}\sum_{k=0}^{L-1}X''_L(k)\cdot\phi^*_{lL}(k)\qquad(16)$$

其中：

$$\phi^*_{lL}(k)=\frac{\sin\left(\frac{l}{2}\cdot\frac{2\pi}{L}k\right)}{l\cdot\sin\left(\frac{1}{2}\cdot\frac{2\pi}{L}k\right)}\cdot R_L(k)=\phi^*_l(e^{j\frac{2\pi}{L}k})\cdot R_L(k)$$

$$X''_L(k)=X_L(k)\cdot W_L^{-\frac{N-1}{2}k}$$

上式右边的每一项都表示一个频率为$\frac{2\pi}{L}k$的余弦序列中间 l 个点的平均值，而将$\overline{x}_l\left(\frac{N+l-2}{2}\right)$表示成 L 个余弦序列中间 l 个点的平均值之和，称为离散均值等式。

另方面，令：

$$x''(n)=x\left(n+\frac{N-1}{2}\right)$$

$$\overline{x}''_l(n)=\sum_{m=-(l-1)/2}^{(l-1)/2}x''(n-m)\varphi^*_l(m)=\sum_{m=0}^{l-1}x\left(n+\frac{N+l-2}{2}-m\right)\varphi_l(m)$$

$$=\overline{x}_l\left(n+\frac{N+l-2}{2}\right)$$

据根式（9）可得：

$$\overline{x}_l\left(\frac{N+l-2}{2}\right)=\frac{1}{2\pi}\int_{-\pi}^{\pi}\overline{X}_l(e^{jw})e^{jw\frac{N+l-2}{2}}dw$$

$$=\frac{1}{2\pi}\int_{-\pi}^{\pi}X''(e^{jw})\phi^*_l(e^{jw})dw=\overline{x}''_l(0)\qquad(17)$$

其中

$$X''(e^{jw})=X(e^{jw})e^{j\frac{N-1}{2}w}=\sum_{n=-(N-1)/2}^{(N-1)/2}x''(n)e^{-jwn}$$

比较式（16)、(17）：在离散均值等式中，沿频域的积分被表示成一个有限和式。如果令 $l=L$，则序列的平均值只决定于零频分量：

$$\phi^*_{LL}(k)=0\qquad k\neq0$$

$$\overline{x}''_L(0)=\frac{1}{L}X''_L(0)=\frac{1}{L}\times(e^{jw})|_{w=0}$$

而根据频域内插公式[3]，从式（15）可得：

$$X(e^{jw})=\sum_{n=0}^{N-1}x(n)e^{-jwn}=\sum_{n=0}^{L-1}x_L(n)e^{-jwn}$$

$$=\sum_{k=0}^{L-1}X_L(k)\phi_L(e^{j(w-\frac{2\pi}{L}k)}) \tag{18}$$

其中：

$$\phi_L(e^{jw})=\frac{\sin\left(\frac{L}{2}w\right)}{L\cdot\sin\left(\frac{1}{2}w\right)}\cdot e^{-j\frac{L-1}{2}w}$$

为频率插值函数。此时，单位均值谱曲线就是频域内插公式中的频率插值函数。

由于$\{\overline{x}_l(n)\}$也是时限、因果序列：

$$\overline{x}_l(n)=\left[\sum_{m=0}^{l-1}x(n-m)\varphi_l(m)\right]\cdot R_{N+l-1}(n) \tag{19}$$

取$\{h_{av}(n)\}$为同样长度的因果序列，且具有线性相位特性：

$$h_{av}(n)=h_{av}(N+l-2-n)$$

$$H_{av}(e^{jw})=H^*_{av}(e^{jw})\cdot e^{-j\frac{N+l-2}{2}w}$$

$$H^*_{av}(e^{ju})\longleftrightarrow h^*_{av}(n)=h_{av}\left(u+\frac{N+l-2}{2}\right)$$

则输出为：

$$\overline{y}_l(n)=\left[\sum_{m=0}^{N+l-2}\overline{x}_l(m)h_{av}(n-m)\right]\cdot R_{2N+2l-3}(n) \tag{20}$$

$$\overline{Y}_l(e^{jw})=\overline{X}_l(e^{jw})H_{av}(e^{jw})$$
$$=X(e^{jw})\phi_l(e^{jw})H_{av}(e^{jw}) \tag{21}$$

信号的中心位置移到了$n=N+l-2$：

$$\overline{y}_l(N+l-2)=\frac{1}{2\pi}\int_{-\pi}^{\pi}\overline{Y}_l(e^{jw})\cdot e^{jw(N+l-2)}dw$$

$$=\frac{1}{2\pi}\int_{-\pi}^{\pi}X(e^{jw})e^{j\frac{N-1}{2}w}\cdot\phi^*_l(e^{jw})H^*_{av}(e^{jw})dw$$

$$=\frac{1}{2\pi}\int_{-\pi}^{\pi}X''(e^{jw})\phi^*_l(e^{jw})H^*_{av}(e^{jw})dw \tag{22}$$

上式右边表示用$\varphi^*_l(n)$、$h^*_{av}(n)$ 对输入超前序列$x''(n)$ 作均值滤波，滤波器的特性仅决定于$h^*_{av}(n)$。记相应的输出为：$\overline{y}''_l(0)$。

令$L\geqslant N+l-1$：

$$\overline{Y}_{lL}(k) \triangleq \overline{Y}_l(e^{j\omega})\Big|_{\omega=\frac{2\pi}{L}k} \cdot R_L(k)$$

$$= X_L(k)\cdot\phi_{lL}(k)\cdot H_{avL}(k)$$

$$\overline{y}_{lL}(n) = IDFT[\overline{Y}_{lL}(k)]$$

$$= \frac{1}{L}\sum_{k=0}^{L-1} X_L(k)\phi_{lL}(k)H_{avL}(k)W_L^{-kn}\cdot R_L(n)$$

$$= \left[\sum_{r=-\infty}^{\infty}\overline{y}_l(n+rL)\right]\cdot R_L(n) \tag{23}$$

$$\overline{y}_l(N+l-2) = \overline{y}_{lL}(N+l-2) \tag{24}$$

由上面三式得到：

$$\overline{y}_l(N+l-2) = \frac{1}{2\pi}\int_{-\pi}^{\pi} X''(e^{j\omega})\phi_l^*(e^{j\omega})H_{av}^*(e^{j\omega})d\omega$$

$$= \frac{1}{L}\sum_{k=0}^{L-1} X_L(k)\phi_{lL}(k)H_{avL}(k)W_L^{-(N+l-2)k}$$

$$= \frac{1}{L}\sum_{k=0}^{L-1} X''_L(k)\phi_{aL}^*(k)H_{avL}(k) = \overline{y}''_l(0) \tag{25}$$

其中

$$X''_L(k) = X_L(k)W_L^{-\frac{N-1}{2}k} = X''(e^{j\omega})\Big|_{\omega=\frac{2\pi}{L}k}\cdot R_L(k)$$

这就是离散形式的数字均值滤波表达式，如下图所示：

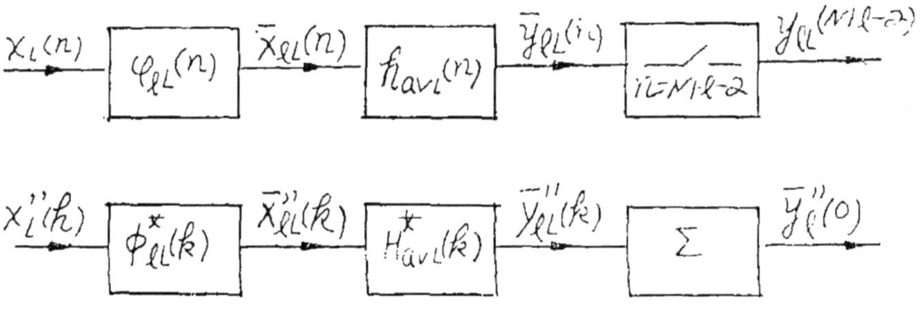

图 2

图中各滤波器的作用，既可作循环卷积、又可作线性卷积运算。在作线性卷积运算时，下图中的记号应换为：$x''(n)$、$\varphi_l^*(n)$、$h_{av}^*(n)$，或它们的频谱式。

交换运算顺序，将式（25）写成瞬值滤波形式：

$$\overline{y}''_l(0) = \sum_{m=-(N-1)/2}^{(N-1)/2} x''(m)h_{iv}^*(m)$$

$$= \frac{1}{2\pi}\int_{-\pi}^{\pi} X''(e^{j\omega})\cdot H_{iv}^*(e^{j\omega})d\omega$$

$$= \frac{1}{L}\sum_{k=0}^{L-1} X''_L(k)\cdot H_{ivL}^*(k) \tag{26}$$

其中：

$$h^*_{iv}(n)=\varphi^*_l(n)*h^*_{av}(n)$$

$$=\left[\sum_{m=-(l-1)/2}^{(l-1)/2}\varphi^*_l(m)h^*_{av}(n-m)\right]\cdot R_{N+2l-2}\left(n+\frac{N+2l-3}{2}\right) \tag{27}$$

$$h^*_{iv}(n)=h^*_{iv}(-n)$$

考察式（16）与（26）中的时限序列$\{x(n)\}$，可能本质上是时限的，或者是从原始无限长序列上截得的一段。对于前者，根据式（15），可视为从L个无限长指数序列上截得的一段。因此，可写成

$$x(n)=x_o(n)R_N(n) \tag{28}$$

其中，$\{x_o(n)\}$为原始的无限长序列，$R_N(n)$为矩形窗函数，窗宽N就等于信号的长度。

仿照式（17）、（26），可得：

$$\overline{x}''_l(0)=\sum_{n=-(l-1)/2}^{(l-1)/2}x''_0(n)R_N\left(n+\frac{N-1}{2}\right)\varphi^*_l(n)$$

$$=\sum_{n=-(q-1)/2}^{(q-1)/2}x''_0(n)w_q(n)$$

$$=\frac{1}{2\pi}\int_{-\pi}^{\pi}X''_0(e^{jw})\cdot W_q(e^{jw})dw \tag{29}$$

$$(q=\min[N,\ l])$$

$$\overline{Y}'_l(0)=\sum_{n=-(N-1)/2}^{(N-1)/2}x''_0(n)R_N\left(n+\frac{N-1}{2}\right)h^*_{iv}(n)$$

$$=\sum_{n=-(N-1)/2}^{(N-1)/2}x''_0(n)w_{T\cdot S}(n)$$

$$=\frac{1}{2\pi}\int_{-\pi}^{\pi}X''_0(e^{jw})\cdot W_{T\cdot S}(e^{jw})dw \tag{30}$$

上式中$w_{T\cdot S}(n)$为实对称函数，可看作一种新的窗函数。由此，均值滤波中包含一种窗口修正的作用。透过新的窗口将得到的时限序列累计，即求得波的高度（差一个已知常数）。在频域内就是求均值谱曲线（或经过滤波以后的均值谱曲线）下的面积，相当于新序列的零频分量。求平均值则是一个特例——只改变矩形窗口的高和宽度 。

因而，最优均值滤波等价于某种意义下的最优窗函数修正。在特定条件下，可应用已有的时窗函数优化理论进行设计。

三、轨道衡窗函数

在动态电子轨道衡信号处理中，一般情形下，接收到的信号可表为[1]：

$$x(n)=n(n)+v(n)$$

$$=[M+\sum_i m_i(n)\cos(w_i n+\varphi_i)+\sum_j \xi_j n_{oj}(n)]\cdot R_N(n) \tag{31}$$

其中，M：重量真值。

根据对现场实测数据的分析表明：在轻车情况下，振动呈现衰减、断续等现象，挂钩的影响较突出。此时，$v(n)$ 本质上是时限的，可表成若干指数序列的和。但对于重车，$v(n)$ 呈现较规则振动波形，主要噪声成分是车辆的振动（频率随载重而定，约 $2.9 \sim 14\ HZ$）。

因此，为分析方便，可令：

$$v(n)=\left[m_i \cos\left(w_i n-\frac{N-1}{2}w_i\right)\right]\cdot R_N(n) \tag{32}$$

即分别考虑单个正弦序列的影响。对于重车，可认为 w_i 即车辆振动频率（只含一个正弦序列）。$u(n)$、$v(n)$ 皆看成被称重台台面从原始序列上截下的一段。后者为无限长序列，其超前序列为：

$$u_0''(n)=M \longleftrightarrow M\cdot\delta_0(e^{jw}) \tag{33}$$

$$v_0''(u)=m_i\cos(w_i n)\longleftrightarrow\frac{1}{2}m_i[\delta_0(e^{j(w-w_i)})+$$

$$+\delta_0(e^{j(w+w_i)})] \tag{34}$$

台面的作用由矩形窗函数 $R_N(n)$ 表示，窗口时宽决定于台面宽度 $d(m)$、车速 ν（$km.p.h$）和采样间隔 $\Delta t(s)$：

$$N=\frac{d\times 3600}{\nu\times\Delta t\times 1000} \tag{35}$$

采用均值滤波法。假设：$w_{T\cdot s}(n)\longleftrightarrow W_{T\cdot s}(e^{jw})$ 为经过修正后的窗函数，且 $w_{T\cdot s}(e^{j0})=1$。根据式（30），得：

$$\frac{1}{2\pi}\int_{-\pi}^{\pi}U_0''(e^{jw})\cdot W_{T\cdot s}(e^{jw})dw=M \tag{36}$$

$$\frac{1}{2\pi}\int_{-\pi}^{\pi}V_0''(e^{jw})\cdot W_{T\cdot s}(e^{wj})dw=m_i W_{T\cdot s}(e^{jw_i})=\varepsilon \tag{37}$$

令：$\eta=\dfrac{m_i}{\varepsilon}$，表示对振动的衰减，称衰减系数。

从式（37）容易看出：到达的精度与窗函数 $W_{T\cdot s}(e^{jw})$ 的特性和噪声频率（$w_i=\Omega_i\Delta t$）的大小有关。实际工作中，主要噪声频率限制在一定范围内变动。称此范围为工作区间。根据时窗函数的一般性质，可得到以下结论：

1. 为了保证精度，工作区间必须落在 $W_{T\cdot s}(e^{jw})$ 的旁瓣范围内。因此，窗口时宽 N 不能过小，车速不能过快。

2. N 愈大，衰减系数 η（即窗函数的旁瓣衰减）愈大，精度愈高。

然而，N 的增大是受限制的：由于机械方面的原因，台面不能做得太宽；另方面，车速不宜过低（在 $3\sim 10 km.p.h$ 范围）。

3. 在N受限制的条件下，要求$W_{T\cdot S}(e^{jw})$的主瓣尽可能窄，而旁瓣衰减尽量大。

众所周知，上述关于主瓣与旁瓣的要求不能同时满足，这正是时窗函数设计中最基本的矛盾所在。现有的常用时窗函数中，在某些情况下，或者主瓣太宽；或者旁瓣衰减不够大。实际工作中，需要根据精度与速度的要求具体设计，得到一种具有给定旁瓣衰减、主瓣最窄的窗口，以符合轨道衡计量的需要。称这样设计的窗函数为轨道衡窗函数，记为：$w_{T\cdot S}(n)\leftarrow\rightarrow W_{T\cdot S}(e^{jw})$。

以下，考虑一种极端情况：假设车速ν为$10km.p.h$；对于100吨的车，$f_{ai}=2.9$ HZ，N与振动周期$N_i=\dfrac{1}{f_{ai}\times\Delta t}$的比：

$$\frac{N}{N_i}=\frac{d\times3600}{\nu\times1000}\times f_{ai}=0.944d\approx1.5 \tag{38}$$

采用一种相对频率：$w_r=\dfrac{w}{2\pi/N}=f_aT$。其中，$2\pi/N$为矩形窗口主瓣宽度，$T=N\cdot\Delta t$为信号长度。

则最低噪声频率可到：$w_{ri}=fa_iT=\dfrac{N}{N_i}\approx1.5$，工作区间包括小于2的频率范围。

设计了一种窗函数：

$$w_{T\cdot S}(n)=\left[1+0.636\cos\left(n-\frac{N-1}{2}\right)\right]\cdot R_N(n) \tag{39}$$

与矩形、哈明窗函数的对比如下表所示：

表 1

窗口 \ 衰减(η) \ 频率	0.2	0.5	0.8	1.2	1.5	1.8	2.1	2.5	2.8	3.1	3.5	3.8	4.1	4.5	4.8	5.5
矩形窗	1.07	1.6	4.3	-6	-5	-10	21	8	15	-31	-11	-20	42	14	26	-17
哈明窗	1.02	1.21	1.68	4	9	41	-210	-560	629	-637	-151	-239	440	135	233	-144
轨道衡窗	1.04	1.3	2.01	6	33	-120	120	32	55	-108	-36	-64	128	43	76	-50

容易看出：在所述工作频率范围内，$w_{T\cdot S}(n)$有明显的优越性。但是，当工作频率大于2时，采用哈明窗口具有更大的衰减；而当车速很慢且工作区间包括小于1.5的频率范围（噪声包含多个正弦序列）时，可直接采用矩形窗口。

考虑到在动态轨道衡数据处理中实时性的要求、以及要尽量利用有效数据的特点，采用频率取样结构，以递推的方式实现。经采用现场运行数据分析表明，与原有设备比较，处理结果有较大改进。现将100吨车的对比结果列表如下：

表中：测试条件一栏的名称反映牵引状态（推、拉）、车厢的两种编组方式和行进方向对称重结果的影响，分别由第一、二、三个字母表示。其中，编组方式是考虑相邻车厢各种轻重搭配关系的影响。误差是在相同条件下重复测量十次，用统计方法计算的（但在实际应用中只允许称一次）。7055一栏为原有设备的测量结果。

表 2

处理方法 \ 误差% \ 测试条件	BAR	AAL	BBL	ABR	车速 km.p.h
均值滤波法	0.384	0.303	0.270	0.100	3～10
7055	0.532	0.560	0.347	0.345	

参 考 文 献

1. 方定菲，王贞白：均值滤波器及其在动态电子轨道衡信号数字处理中的应用，《仪器仪表学报》1982 年第 4 期。
2. 王贞白：动态电子轨道衡的微型计算机系统，《武汉水利电力学院学报》1983 年第 2 期
3. A. V. 奥本海姆，R. W. 谢弗《数字信号处理》董士嘉等译，科学出版社。1982年第72页.

Digital Mean Value Filter and Its Applications

Fang Tingfei and Kuang Jishun

(Department of Computer Science)

Abstract

The digital mean value filter is designed to measure the wave hight by withdrawing the needed part from the mean value of a mixed signal, provided the wave shape of a real signal is known. It has a very important application to the data processing of the dynamic electronic track scale signal. This fillter works by the way of digitai filtering. In this paper, the fundamental relations of the mean value filter are discussed and the functions of window adjustment described. It is shown that, under proper conitions, a best mean value filter can be got by means of the optimization theory of window functions. We also present a track scale window function, which has many advantages under certain circumstances. Experimental results obtained show that this filter is superior to the conventional one.

1985 年论文

钻尖刃磨参数的计算机分析

林　丞，曹正铨，李粤军

Computer Analysis of Drill Point Grinding Parameters*

Lin Cheng, Cao Zhengquan and Li Yuejun

(Department of Mechanical Engineering)

Abstract

One of the major problems related to the drill point grinding is the difficulty in selecting grinding parameters. Generally, the selection of such parameters is based on trial and error procedure. This paper provides a method for the first time to solve the problem of determining the combination of grinding parameters uniquely according to the given geometrical parameters (design parameters) of a conical drill based upon the conical drill flank mathematical model and the sufficient drill angle equations derived by the author previously. This method enables the required grinding parameters to be determined accurately and conveniently by computers.

The program flowchart and some examples are also included in this paper.

1. Introduction

Twist drill is one of the most widely used cutting tool and is of considerable economic importance.

It is well known that the drill point geometry has a significant effect on the drill performance and can be ground to various configurations for different working conditions.

The most commonly used drill is the conical twist drill in practice, but how to determine the grinding parameters accurately and quickly for a specified drill geometry is still an unsolved problem[13] although drill grinding machines

* Projects supported by the Science Fund of the Chinese Academy of Sciences

based on conical grinding methods have been used early this century [1]. In recent decades, many research workers have developed a keen interest in the modeling and analytical study for drill points [2—11], however, an effective method for determining a combination of grinding parameters uniquely according to a given set of drill parameters of a conical drill is still missing. This paper provides a method to solve this problem by applying an optimization method based upon the conical drill flank mathematical model and the sufficient drill angle equations derived by the author previously [12]. It enables the required grinding parameters to be determined accurately and conveniently by computers and can be used for drill computer-aided design and manufacturing.

2. Flank Model for Conical Drill Point [6, 7, 12]

The drill point geometry is mainly determined by the configurations of drill flanks and flutes and is symmetrical about the drill axis. Since the flute configuration is designed by the manufacturer and is not alterable, the drill flank configuration becomes the principle factor in determining a variable drill point geometry and is ground by the user in order to renew the drill or to change its cutting angles for different working conditions.

A conical flank of a twist drill is part of a cone. It can be ground in a manner as shown in Fig.1. In the figure, the cutting edge is positioned to coincide with one generator of the grinding cone for ensuring it to be straight (assuming that the drill point angle is equal to the manufacturer-designed point angle).

the mathematical model for the conical drill flank was derived in [12] and found to be

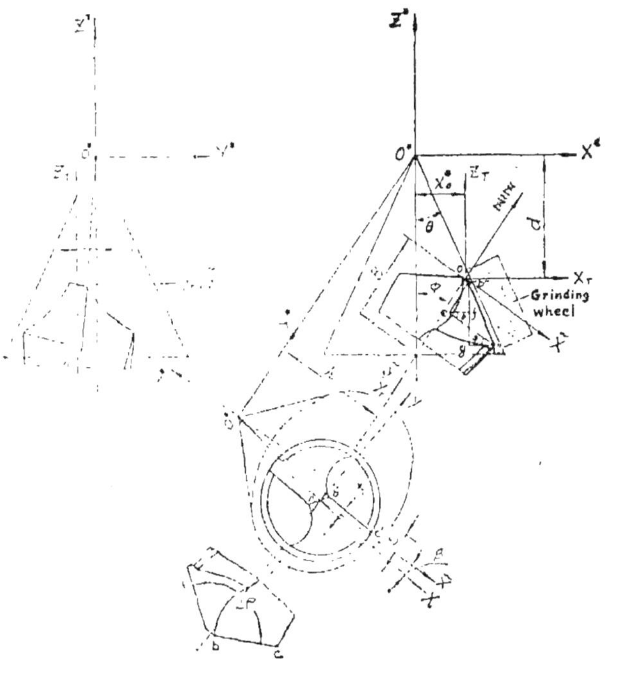

Fig.1

$$[(x\cos\beta+y\sin\beta)\cos\phi+z\sin\phi+x_0^*]^2+(x\sin\beta-y\cos\beta+s)^2-\tan^2\theta[(x\cos\beta+y\sin\beta)\sin\phi-z\cos\phi+d]^2=0 \quad (1)$$

where

θ=semi-cone angle of the grinding cone

ϕ=angle between the drill axis and cone axis in a plane parallel to both axes

d=distance along the cone axis, between the apexes of the cone and the drill

s=skew distance between the drill and cone axes

β=angle between the cutting edge and the cone axis in a plane normal to the drill axis

It should be noted that β is not an independent parameter. It can be determined by other parameters. Form Fig. 1, we obtain

$$s=h\ \tan\beta+t/\cos\beta \tag{2}$$

and

$$\beta=\sin^{-1}[(-ht+s\sqrt{s^2+h^2-t^2})/(s^2+h^2)] \tag{3}$$

where

t=one half of the web thickness

and

$$h=d\ \sin\phi+x_o^*\cos\phi \tag{4}$$

where

$$x_o^*=\sqrt{d^2\tan^2\theta-s^2} \tag{5}$$

From equation (1) to (5), it is clear that the conical grinding method is fully discribed by four independent grinding parameters θ, ϕ, d and s. θ determines the cone shape. ϕ determines the direction of the drill axis with respect to the axis of the cone. d and s determine the location of the drill point flank on the grinding surface.

3. Drill Angles [6, 8, 9, 12, 13]

The drill angles related to the grinding parameters are as follows.

3.1 Half-point angle

The half-point angle ρ is the acute angle between the projection of cutting edge and the drill axis on a plane parallel to the drill axis and the two cutting edges. From Fig. 1, we obtain

$$\cos\rho\cos\phi+\sin\rho\sin\phi\cos\beta=\cos\theta \tag{6}$$

and

$$\rho=\cos^{-1}[(\cos\theta\cos\phi-\cos\beta\sin\phi\sqrt{F-\cos^2\theta})/F] \tag{7}$$

where

$$F = \cos^2\phi + \sin^2\phi\cos^2\beta \qquad (8)$$

3.2 Chisel edge angle

The chisel edge is an intersection line of the two symmetrical flanks between the cutting edges. It passes through the drill point center and is a space curve. The chisel edge angle ψ is the acute angle between the tangent to the projection of the chisel edge at the piont center and the cutting edges on to a plane normal to the drill axis. It is given by [12]

$$\psi = \tan^{-1}\left\{\frac{(x_0^*\cos\phi - d\tan^2\theta\sin\phi)\cos\beta + s\sin\beta}{s\cos\beta - (x_0^*\cos\phi - d\tan^2\theta\sin\phi)\sin\beta}\right\} \qquad (9)$$

3.3 Clearance angle α_f

The clearance angle α_f is an angle between a plane normal to the drill axis and the tangent to the drill flank in a plane normal to the radius at a specified point on the cutting edge or flank. It is a function of the radius r and circumferential angle Ω of the specified point. In Fig.2, the clearance angle α_f^{a} at point a which has radius r and circumferential angle Ω_a is given by [12]

$$\alpha_{fa} = \tan^{-1}\left\{\frac{(A\cos\phi - C\sin\phi)\sin(\Omega_a - \beta) + E\cos(\Omega_a - \beta)}{A\sin\phi + C\cos\phi}\right\} \qquad (10)$$

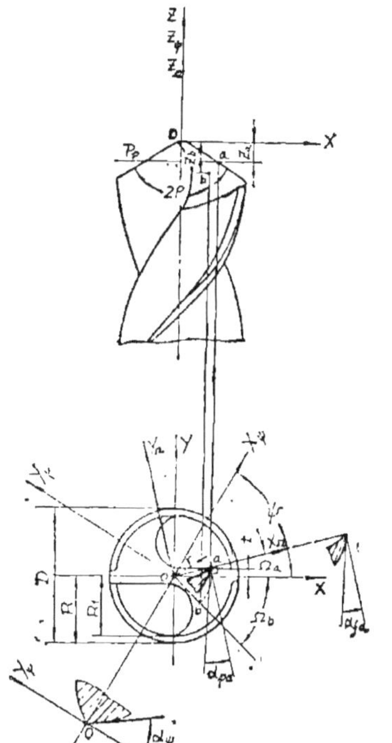

Fig.2

where

$$A = (x_a\cos\beta + y_a\sin\beta)\cos\phi + z_a\sin\phi + x_0^*$$

$$C = \tan^2\theta\,[(x_a\cos\beta + y_a\sin\beta)\sin\phi - z_a\cos\phi + d] \qquad (11)$$

$$E = x_a\sin\beta - y_a\cos\beta + s$$

where $x_a = r\cos\Omega_a$, $y_a = r\sin\Omega_a$ and z_a is solved by substituting x_a and y_a into equation (1). For the point on the cutting edge, $y_a = t$ and $\Omega_a = \sin^{-1}(t/r)$.

The clearance angle α_f at drill point out corner is denoted by α_{fc} and determined by setting $r = R$ (drill outside radius) and $\Omega_a = \sin^{-1}(t/R)$.

3.4 Clearance angle α_p

The clearance angle α_p, an angle between a plane normal to the radius at a specified point on the cutting edge and the tangent to the drill flank in a plane normal to the drill axis at the same point, at point a is denoted by α_{pa} (as shown in Fig. 2) and can be derived similarly to the α_{fa} and expressed by

$$\alpha_{pa}=90°-\tan^{-1}\left(\frac{(A\cos\phi-C\sin\phi)\cos(\Omega_a-\beta)-E\sin(\Omega_a-\beta)}{(A\cos\phi-C\sin\phi)\sin(\Omega_a-\beta)+E\cos(\Omega_a-\beta)}\right) \quad (12)$$

3.5 Clearance angle α_h

The clearance angle α_h is an angle whose tangent is equal to the axial drop between a point on the cutting edge and a specified point on the flank at the same radial distance r, divided by the circumferential distance between the two points. As shown in Fig. 2, suppose a is a point on the cutting edge and b is a point on the flank at the same radial distance r, then the clearance angle α_h at the point b is defined by

$$\alpha_{hb}=\tan^{-1}\left(\frac{360(z_a-z_b)}{2\pi r(\Omega_a-\Omega_b)}\right) \quad (13)$$

3.6 Chisel edge clearance angle

The chisel edge lcearance angle is defined similarly to the α_f for any point on the chisel edge. The chisel edge clearance angle at the point center is denoted by α_ψ and given by [12]

$$\alpha_\psi=\tan^{-1}\left(\frac{s\cos(\psi-\beta)+(x_0^*\cos\phi-d\tan^2\theta\sin\phi)\sin(\psi-\beta)}{x_0^*\sin\phi+d\tan^2\theta\cos\phi}\right) \quad (14)$$

4. Necessary Conditions for Determining the Grinding Parameters [9, 11, 12, 13, 14]

As mentioned above, the conical grinding method has four independent grinding parameters θ, ϕ, d and s. However, the drill angles related to the grinding parameters in present drill standards and handbooks in various countries are only three - the half-point angle ρ, the chisel edge angle ψ and the out corner clearance angle α_{fc}, which are expressed by the equaions (7), (9) and (10), respectively. For a set of specified drill parameters ρ, ψ and α_{fc}, there are only three available equations but four unknown grinding parameters. Since it is impossible to uniquely determine four unknowns from three equations, as result an infinite number of grinding parameter combinations can be found to satisfy the three specified drill parameters. This makes it very difficult to select the grinding parameters and to design and adjust drill grinding machines. In order to make the solution of grinding parameters be uniqe, an additional parameter should be further specified from other drill parameters related to the grinding parameters in addition to ρ, ψ and α_{fc}.

The parameters which can be selected as the additional parameter are as follows.

(1) The clearance angle α_f or α_h at a specified point on the clearance flank.

As shown in Fig. 2, if the point b is specified, then the α_{fb} or α_{hb} can be selected as the additional parameter. Usually, a point at the drill point periphery is selected as the specified point, i. e. let $r=R$ or $r=R_1$(the radius of the drill body clearance). The position of the specified point at the drill point periphery is determined by the circumferential angle Ω_b. It can be selced to be a special angle, such as $\Omega_b=-60°$, for convenience of measuring and calculating.

(2) The chisel edge clearance angle α_ψ.

(3) The clearance angle α_p.

It is proved by computing that α_p can not be selected as the additional parameter because it is not independent of α_f at a same point on the cutting edge[14]. Hence, the additional parameter can only be selected from (1) or (2).

5. Determination of Grinding Parameters

From the above analysis, it is clear that for a given set of four drill parameters (ρ, ψ, α_{fc} and one additional parameter), four corresponding equations related to the grinding parameters θ, ϕ, d and s can be established. For example, if the clearance angle α_f on the drill point periphery at $\Omega_b=-60°$, denoted by α_{f-60}, is selected as the additional parameter, then the four corresponding equations can be found from equations (7), (9) and (10) as the following forms:

$$\begin{aligned} \rho &= \rho(\theta, \phi, d, s) \\ \psi &= \psi(\theta, \phi, d, s) \\ \alpha_{fc} &= \alpha_{fc}(\theta, \phi, d, s) \\ \alpha_{f-60} &= \alpha_{f-60}(\theta, \phi, d, s) \end{aligned} \tag{15}$$

All these equations are fairly complex trigonometric functions and it is not possible to express the grinding parameters θ, ϕ, d and s in explicit forms of ρ, ψ, α_{fc} and α_{f-60}.

The only way to solve the grinding parameters is to use numerical methods with the aid of a computer.

When the drill parameters ρ, ψ, α_{fc} and an additional parameter are given, the equation (15) can be written as the following implicit functions of the grinding parameters:

$$\begin{aligned} F1(\theta, \phi, d, s) &= 0 \\ F2(\theta, \phi, d, s) &= 0 \\ F3(\theta, \phi, d, s) &= 0 \\ F4(\theta, \phi, d, s) &= 0 \end{aligned} \qquad (16)$$

By applying an optimization method, which uses the criterion of minimizing the sum of squares of errors, this nonlinear implicit equation set can be solved and the required grinding parameters can be determined accurately and quickly by computers.

The program flowchart employed is shown in Fig.3 and some output data

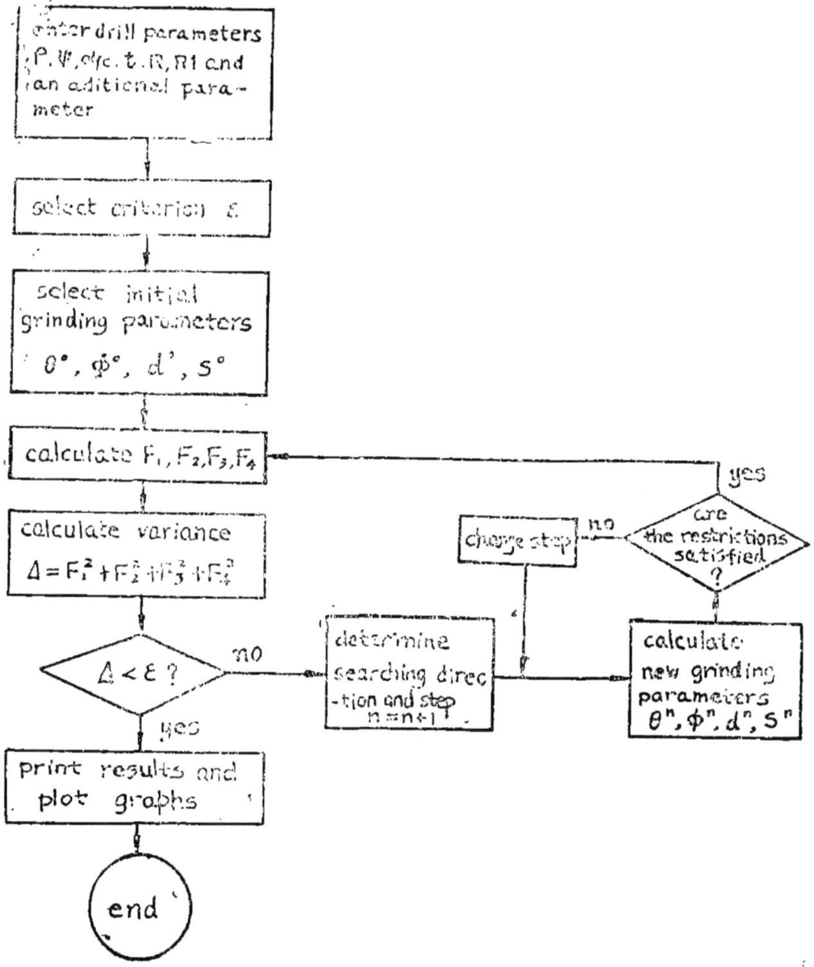

Fig. 3

Tabl 1. Computed examples of grinding parameters

(D=25mm, t=1.8mm)

given parameters				calculated grinding parameters				calculated geometrical parameters			
ρ^o	ψ^o	α^o_{fc}	α^o_{f-60}	θ^o	ϕ^o	d (mm)	s (mm)	ρ^o	ψ^o	α^o_{fc}	α^o_{f-60}
59	55	10	5	51.1560	8.6473	3.7737	3.5442	59.0000	55.0000	10.0000	5.0000
			10	46.1793	13.2930	4.9024	3.1253	59.0000	55.0001	10.0000	10.0002
			15	41.9210	17.4123	6.0577	2.9164	59·9999	55.0000	9.9998	15.0001
			20	38.3031	20.9547	7.2126	2.7951	59.0000	55.0001	10.0000	19.9999
			25	35.2320	23.9789	8.3503	2.7166	59.0000	55.0000	10.0000	25.0000
			30	32.6164	26.5624	9.4619	2.6619	59.9999	55.0000	10.0000	29.9999
			35	30.3758	28.7798	10.5433	2.6217	59.0000	54.9999	9.9999	35.0000
			40	28.4431	30.6952	11.5934	2.5909	59.0000	55.0000	10.0000	40.0000
			45	26.7644	32.3602	12.6119	2.5667	59.0000	55.0000	10.0000	45.0000
59	55	4	15	41.8490	17.1625	4.5853	1.6400	59.0000	55.0000	4.0000	14.9999
		6		41.9987	17.0158	4.9503	1.9949	59.0000	54.9999	6.0000	15.0000
		8		42.0438	17.0789	5.4223	2.4166	58.9999	54.9999	8.0002	14.9999
		10		41.9210	17.4123	6.0578	2.9165	59.0000	54.9999	10.0000	15.0001
		12		41.5219	18.1073	6.9605	3.5105	59.0000	54.9999	11.9999	14.9999
		14		40.6424	19.3278	8.3436	4.2217	58.9999	54.9999	14.0001	14.9998
		16		38.8559	21.4212	10.7209	5.0816	58.9999	54.0000	16.0000	15.0000
		18		35.1082	25.2940	15.6995	6.1179	58.9998	54.9999	18.0001	15.0002
		20		25.9931	34.0850	31.8898	7.2684	58.9998	54.9999	19.9999	14.9999
59	40	10	15	47.1316	12.3845	3.0133	2.5750	59.0000	40.0000	10.0000	15.0000
	45			45.9634	13.5000	3.6086	2.6815	59.0001	44.9998	9.9999	14.9998
	50			44.3452	15.0580	4.5191	2.7955	59.0000	50.0001	10.0000	15.0002
	55			41.9208	17.4123	6.0578	2.9165	58.9998	55.0000	10.0001	15.0001
	60			37.8325	21.4173	9.1495	3.0399	58.9999	59.9999	9.9999	14.9999
	65			29.4146	29.7321	18.1296	3.1483	58.9999	64.9999	9.9999	15.0000
35	55	10	15	26.3227	8.6914	6.6057	1.6121	35.0001	55.0001	10.0000	14.9999
40				29.8602	10.1404	6.0836	1.8347	40.0001	54.9999	9.9998	15.0000
45				33.3408	11.6885	5.7495	2.0712	45.0000	55.0000	10.0000	15.0000
50				36.7071	13.3976	5.5997	2.3311	50.0000	55.0001	10.0001	15.0000
55				39.8243	15.3977	5.6897	2.6300	55.0000	55.0000	10.0000	14.9999
60				42.3446	18.0165	6.2199	2.9978	60.0000	54.9999	9.9999	14.9998
65				43.1023	22.3648	8.0044	3.4952	64.9998	55.0000	10.0001	14.9999
70				34.5234	35.8353	19.0444	4.2256	70.0000	54.9999	9.9998	15.0000

of computed examples are shown in tabl 1, where the criterion $\varepsilon=1\times10^{-7}$ which ensures the calculated geometrical parameters to be accurate to 10^{-4}. Some output graphs are shown in Fig. 4 to Fig. 7.

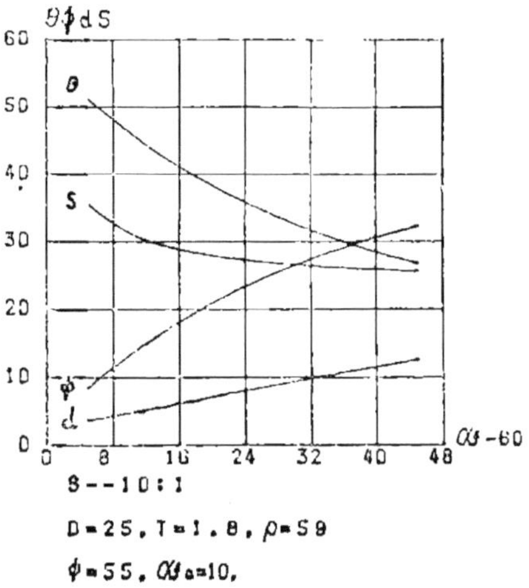

Fig.4

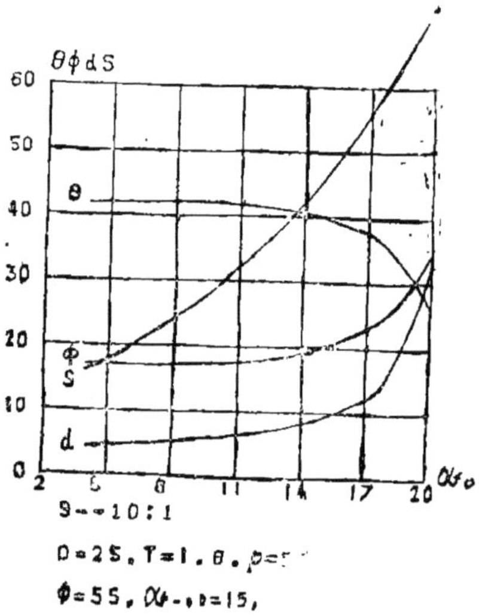

Fig.5

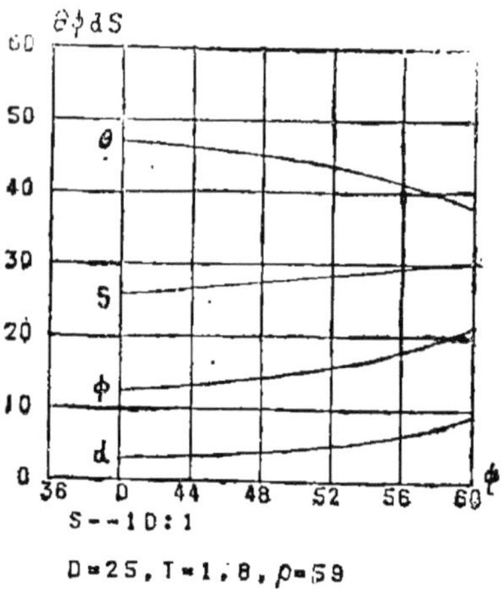

Fgi.6

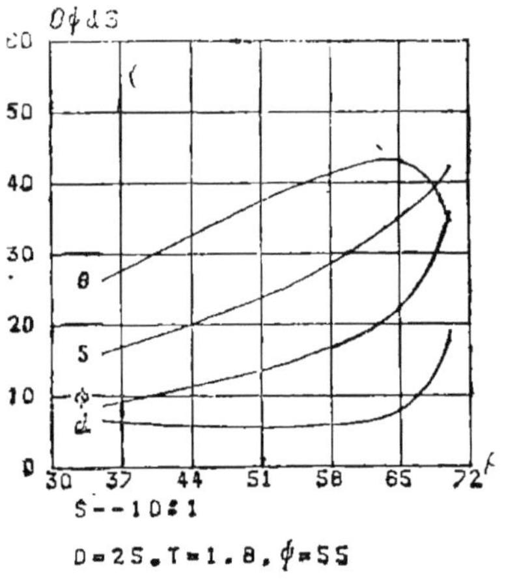

Fig.7

In these figures, the scale of s is ten to 1. Fig. 4 shows the variations in grinding parameters with α_{f-60} while ρ, ψ and α_{fc} remain constant. Fig. 5 shows the variations in grinding parameters with α_{fc} while ρ, ψ and α_{f-60}

remain constant. Fig. 6 shows the variations in grinding parameters with ψ while ρ, α_{fc} and α_{f-60} remain constant. Fig. 7 shows the variations in grinding parameters with ρ, while ψ, α_{fc} and α_{f-60} remain unchanged.

6. Conclusions

(1) From the analysis of the mathematical model for conical drill flanks, it is found that the conical grinding method has four independent grinding parameters.

(2) The commonly specified drill parameters related to the four grinding parameters are only three – ρ, ψ and α_{fc}. They are not sufficient for determining a unique set of grinding parameters. As a result, an infinite number of grinding parameter combinations can be found to satisfy the three specified drill parameters.

(3) In order to completely determine the drill flanks and uniquely determine the grinding parameters, to further specify an additional drill parameter is needed. The possible additional parameter is the clearance angle α_f or α_n at a specified point on the clearance flank or the chisel edge clearance angle α_ψ.

(4) The proposed method enables a unique set solution of grinding parameters to be determined accurately and conveniently by computers for a specified set of drill parameters.

(5) The drill parameters can be changed and controlled independently and respectively while others remain constant by this method.

References

[1] Troester, P.: Werkst. Betr. 94, 56 (1961)
[2] Galloway, D. F.: Trans. ASME, 79, 192 (1957)
[3] Fujii, S., DeVries, M.F. and Wu, S. M.: Trans. ASME, B 92(3), 647 (1970)
[4] Fujii, S., DeVries, M.F. and Wu, S.M.: Trans. ASME, B 92 (3), 657 (1970)
[5] Fujii, S., DeVries, M. F. and Wu, S.M.: Trans. ASME, B 93 (4), 1093 (1971)
[6] Armarego, E. J. A. and Rotenberg, A.: Int. J. Mach. Tool Des. Res. 13, 155 (1973)
[7] Tsai, W.D. and Wu, S.M.: J. Eng. Industry, Trans. ASME, 101(3), 333 (1979)
[8] Tsai, W. D. and Wu, S. M.: Int. J. Mach. Tool Des. Res. 19, 95 (1979)
[9] Armarego, E. J. A. and Rotenberg, A.: Int. J. Mach. Tool Des. Res. 13, 165 (1973)

〔10〕 Wright, J. D. and Armarego, E. J. A.: Annals of the CIRP, 32/1, 1 (1983)
〔11〕 Kaldor, S., Moor, K. and Hodgson, T.: Annals of the CIRP, 32/1, 27 (1983)
〔12〕 Lin Cheng: Hunan Jixie, 3, 1 (1983)
〔13〕 Qunzuan Group of Beijing Yongding Machine Works, Qunzuan, (1982)
〔14〕 Lin Cheng and Cao Zhengquan: "Drill Additional Parameter Selection", to be published, 1985

钻尖刃磨参数的计算机分析*

林 丞 曹正铨 李粤军

(机械工程系)

【摘要】 选择刃磨参数困难是钻尖刃磨的一个主要问题。通常，这些参数的选择靠试凑。本文提出的方法，根据作者以前给出的锥面麻花钻后面的数学模型及所导出的足够数量的钻尖几何角度公式，第一次解决了如何根据所给的钻头几何参数（设计参数）来唯一地确定钻尖刃磨参数组合的问题。用这个方法，所需的钻尖刃磨参数可以通过计算机精确而方便地加以确定。

文中还给出了程序框图及一些计算实例。

* 中国科学院科学基金资助的课题，1985年5月7日收到

桩的差异对基础梁内力的影响及其算法

周光龙

（土木工程系）

【摘要】 在同一基础下，各桩的承载力具有随机分布的差异性。本文首先引用数理统计成果，描述其对基础梁内力的影响可能达到的程度，然后提出桩基动测与弹性基础梁的计算相结合的方法，解决此一工程计算中悬而未决的问题。有实例说明此法的应用效果，并对几种典型情况进行了计算分析，以阐明桩的差异对基础梁内力影响的一般规律。

在工程实践中，设计要求承载力相同的各桩，不可避免地存在着一定的差异性。其原因在于基础范围内各桩位的土质互不相同，远非勘探资料所能详尽无遗地加以描述。何况成桩工艺也难保证完全一致。桩长、桩径及浇灌质量的差别无不影响桩的承载力（就地灌注桩的差异尤为显著）。桩的承载力不一致将直接引起基础梁内力的变化。此一令人关切的课题迄今研究甚少（Whitaker，1976）。主要障碍在于传统的静载试验笨，慢而费，不能普遍进行。规范规定抽查总数的1%，难免挂一漏百。只能选定可能最差的桩，取得数据，用以控制设计。如欲分析基础梁实际受力状态，则须逐桩测试，不仅受到费用和时间的限制，经静载试验可能引起的桩身破坏也为工程质量要求所不容。因此，桩基虽经世代流传，广为采用，而实际受力情况始终模糊不清。

为释此疑团，意大利学者艾温杰利斯达等人[1]（1977）对一沉积砂层中桩基（单排一列25根桩承受4个集中力）进行了艰巨的研究。用触探试验勘查地基土性质的变化，并对大量的桩作过检验性的静载试验。据此，假定25根桩的柔度 W_i/P_i（相当于式(3)中 y_{kk}）按正态分布变化；沉陷的平均值和标准差各为 $\overline{W}=1.89\text{mm}$，$\widetilde{W}=0.78$；荷载的平均值和变异系数各为 $\overline{P}=60\text{t}$，$V_P=0.23$。利用随机数生成程序则可通过电算生成25种柔度的100个随机分布。按基础梁4种不同刚度计算，可得如图1所示概率分布曲线。

本文于1984年10月10日收到

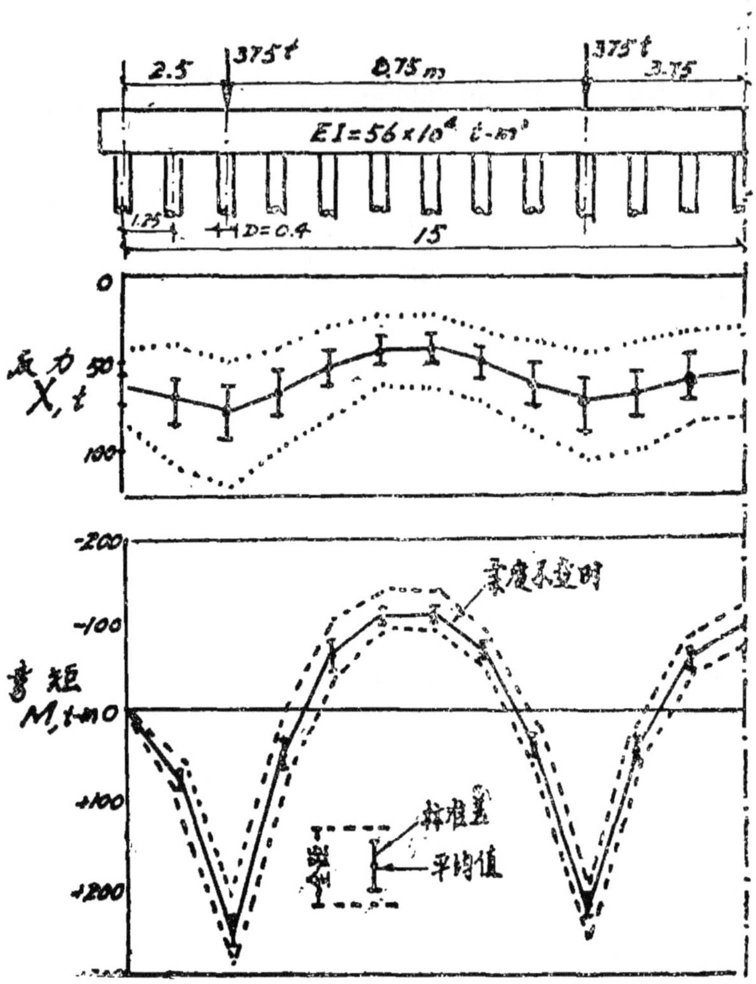

图 1　基础梁上X及M的概率分布

由图 1 可见，即使在较为均匀的沉积砂层中，各桩间的差异性也能导致基础梁内力不容忽视的偏差。此一成果能为设计人员提供定性的概念，为这一课题作出了最早而有意义的贡献。惜在另一种情况下，所列数据并不能套用。参照所述方法进行类似的分析，又离不开静载试验，困难依旧。因此，普遍适用的方法还有待进一步探索。

本文提出用快速无损的动测法代替静载试验对各桩的承载力进行普测，再按差异桩上弹性基础梁理论计算内力和沉陷，可以在一般微型电算机上方便地求得基础梁受力状态。附录提供的BASIC语言程序，可直接在PC—1500电算机上应用。

动测单桩承载力的方法和计算公式，可参看资料[2]。容许承载力可表为

$$P_a = \frac{0.004404(2\pi f_v)^2(Q_1+Q_2)}{2.6\mathrm{k}\cdot\mathrm{g}}$$

$$= \frac{0.06687(Q_1+Q_2)}{\mathrm{k}\cdot\mathrm{g}}(f_v)^2 \qquad (1)$$

式中各符号意义详见该资料，其中 f_v 系用敲击法测定的单桩自振频率。在计算参振土重 Q_2 及安全系数K时，需有可靠的地质资料。在桩材强度满足设计要求的前提下，动测法适用于入土深度小于40米的摩擦桩。

单桩的柔度 y_{KK} 按下式计算，

$$y_{KK}=\frac{W}{P_a}, \quad m/t \tag{2}$$

式中 W——荷载等于 P_a 时桩的沉陷量。根据苏联规范编制单位统计资料，W 平均为100mm。按捷克、西德、比利时及奥地利桩基规范中有关规定加以换算，亦可大致得此结论。以 $W=100$mm 代入式（2），即得

$$y_{KK}=\frac{100\times\frac{1}{1000}}{P_a}=\frac{1}{10P_a}, \quad m/t \tag{3}$$

为考虑邻桩对沉陷的影响，一般可引入影响系数（例如Dente弹性理论法，1974）。对本法而言，式（3）所取 $W=100$mm 系群桩中单桩沉陷量的实测统计值，其中已包括邻桩影响在内，因而可取 i 桩引起的 k 桩沉陷量 $y_{Ki}=0$（如果用其它方法计算 y_{KK}，并引入影响系数以计算 y_{Ki}，本文提供的内力分析方法仍然是适用的）。

差异桩上基础梁的计算，可参照链杆法[3]进行。用混合法解算时，未知数的数目 N 较桩数多2个。除按每桩切口处位移的代数和等于0的条件可列出（$N-2$）个方程外，所缺2个方程按全梁的2个静力平衡条件补足。典型方程组的压缩形式如下：

$$\left.\begin{aligned}&X_1\delta_{K1}+X_2\delta_{K2}+\cdots+X_{N-2}\delta_{K,N-2}-y_0-S_K\varphi_0-\triangle_{KP}=0,\\&\qquad(K=1,2,\cdots N-2)\\&\sum_1^{N-2}X_i-\sum_1^{N}P_i=0\\&\sum_1^{N-2}X_iS_i-\sum_1^{N-1}M_P=0\end{aligned}\right\} \tag{4}$$

式中各符号意义为（参看附录图9）：

X_i——桩的轴向反力，t；

P_i——外荷，t；

S_i——X_i（或 P_i）至固定端距离，m；

y_0、φ_0——分别为固定端的竖向位移（m）及转角（弧度数）；

δ_{Ki}——X_i 在 k 点引起的竖向位移，m；

$\triangle_{KP}$——全部外荷在 k 点引起的竖向位移，m。

一般而言，δ_{Ki} 由桩的沉陷及梁的挠度两部分组合而成。对本法而言，前已说明，各桩的沉陷按本桩的轴力计算，而不重复考虑邻桩的影响，故可分下列两种情况计算单位沉陷量：

1. 当 $k\neq i$ 时

$$\delta_{Ki}=V_{Ki}=\alpha W_{Ki} \tag{5}$$

式中　V_{Ki}——轴力 X_i 在 k 点引起的梁的挠度（因 X_i 在 k 点引起的地基沉陷 $y_{Ki}=0$，故不出现在式（5）中）。V_{Ki} 可参照图 2 用图乘法进行计算：

当 $S_i>S_K$

$$V_{Ki}=\frac{C^3}{6EI}\left(\frac{S_K}{C}\right)^2\left(\frac{3S_i}{C}-\frac{S_K}{C}\right)=\alpha W_{Ki} \tag{6}$$

式中

$$\alpha=\frac{C^3}{6EI} \tag{7}$$

$$W_{Ki}=S_K^2(3S_i-S_K)/C^3 \tag{8}$$

当 $S_K>S_i$，将式（6）中 i 与 k 互换即可。

2. 当 $k=i$ 时，

$$\delta_{KK}=y_{KK}+V_{KK}=\frac{1}{10P_{aK}}+\alpha W_{KK} \tag{9}$$

式中：

y_{KK}——按式（3）计算得来；

αW_{KK}——可按式（7）及式（8）计算（取 $S_K=S_i$）。

此外，利用式（7）及（8），尚可求得：

$$\triangle_{kP}=\alpha\sum_{i=1}^{N}W_{Ki}P_i \tag{10}$$

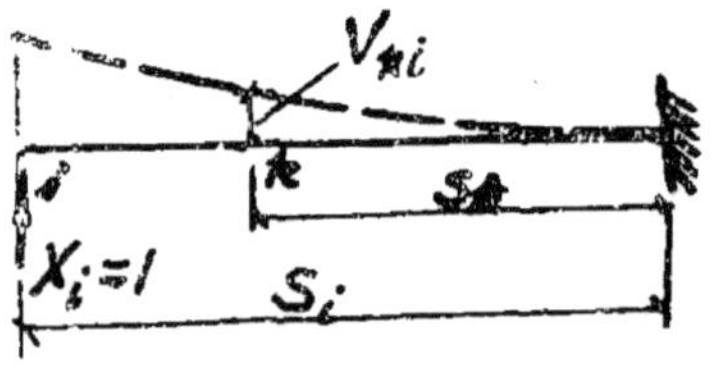

图 2　V_{Ki} 示意图

式（4）可按矩阵形式展开为

$$\begin{pmatrix} \delta_{11} & \delta_{12}\cdots\cdots\delta_{1,N-2} & -1 & -S_1 \\ \delta_{21} & \delta_{22}\cdots\cdots\delta_{2,N-2} & -1 & -S_2 \\ \vdots & \vdots & \vdots & \vdots \\ \delta_{N-2,1} & \delta_{N-2,2}\cdots\delta_{N-2,N-2} & -1 & -S_{N-2} \\ 1 & 1\cdots\cdots1 & 0 & 0 \\ S_1 & S_2\cdots\cdots S_{N-2} & 0 & 0 \end{pmatrix}\begin{pmatrix} X_1 \\ X_2 \\ \vdots \\ X_{N-2} \\ Y_0 \\ \phi_0 \end{pmatrix}=\begin{pmatrix} \triangle_{1p} \\ \triangle_{2p} \\ \vdots \\ \triangle_{N-2,p} \\ \sum_1^N P \\ \sum_1^{N-1} M_P \end{pmatrix}$$

利用附录提供的电算程序即可上机求解。

实例：湖南某单位湘—J 大楼桩基的荷载及桩的布置如图 3 上图。桩的容许承载力由动测法测得。集中桩荷 P_i 下布置 4 根桩，取 ΣP_{Ai}，无柱荷处布置单桩，取 P_{Ai}。桩距 $C=1.3$m。基础梁 $EI=5695$，$t-m^2$。

电算结果如图 3 所示。显然，第 5 号桩的承载力 ΣP_{A5} 不能满足相应的轴力 X_5 的要求；而且跨中（第 3 号桩处）弯矩过大，基础梁难以承受（缺陷发生在第 5 号桩位，而最不利断面在第 3 号桩位，非经计算是难以预料的）。

经加固后，$\Sigma PA5$ 增至 $80t$. 受力情况大为改善，如图4所示。不仅各桩承载力均能符合轴力要求，而且全梁弯矩普遍减小，对基础梁有利。

为进一步研究桩的承载力差异对基础梁内力影响的变化规律，又按本文方法就几种常见的典型情况进行了分析。计算结果均以曲线形式表达于图5，6，7，8。为便于对比，每一种情况的外荷布置及各桩承载力的总和均与图1所示实例相同，只是桩承载力的分配比例不同。在各图中，X_i 以向上为正；M 绘于基础梁的受拉一方。柱间墙的自重已计入外荷 P_i 之中；但由墙和梁的均布自重产生的反弯矩的计算值与 M_i 比较，数值很小，可忽略不计。桩间土对梁底的反力按惯例亦未计入。根据本课题特性，所列系数矩阵的各元素数值悬殊（有的相差万倍以上），属于病态方程组。为提高精度，已将数值较大的各列元素减小1000倍（最后再复原），并采用全主元高斯消去法。因而，结果是令人满意的。

结 束 语

一、采用动测法和弹性基础梁电算程序可以较为便捷地全面测定各桩承载力，并算出基础梁各支点反力 X_i、弯矩 M_i、切力 QR_i 和 QL_i、沉陷 Y_i 及固定端的沉陷和转角（图3—8仅摘引了部分数据）。

二、按图3—8，各种情况的 PA 分布比例互不相同，而轴力 X 图与承载力 PA 图的形状各各相似。说明 X_i 有根据 PAi 大小自行调整的特性，显然是有利的因素。

三、图3—8均系按基础梁本身刚度 EI 计算的结果。若因基础梁补强或因考虑上部结构折算刚度（例如框架结构体系按箱基规程 JGJ6—80 计算）而 EI 增加时，仍可按本法采用新的 EI 加以计算。值得注意的是：当 EI 超过一定数值时，基础梁的弯矩值及其差异性将显著增长，因而，试图加强基础梁以改善桩的差异带来的影响，并不可取。较合理的办法是：加固承载力不足的桩。将图4与图3相比较可知，如此加固不仅能使轴力趋于平衡，并能使基础梁承受的弯矩全面降低。

四、按图5可以看到：在对称荷载下，承载力一致的桩基最为理想。尽管只有3根桩直接位于外荷之下（另2根桩没有外荷直接作用），而各桩轴力比较均衡，基础梁的弯矩也不大。因此在设计上宜布置对称荷载，施工中要力争保证桩的承载力一致。

五、将图6与图7比较，在3个对称集中荷载作用下，边弱中强分布的5桩引起的弯矩较中弱边强情况为大。

六、按图8，在对称荷载作用下，若桩的承载力按递减分布，承载力低的桩受力可能超过容许值。

七、本文所列典型算例并不能概括工程实践中可能遇到的多种多样的复杂情况。幸本文提供的原理和方法实际上不受桩和外荷的数量和分布比例的限制（对十字交叉梁也可按梁的“弹性特征值”将节点荷载向纵横两向分配，分别按单梁作近似计算），对具体问题可如法作具体的计算。

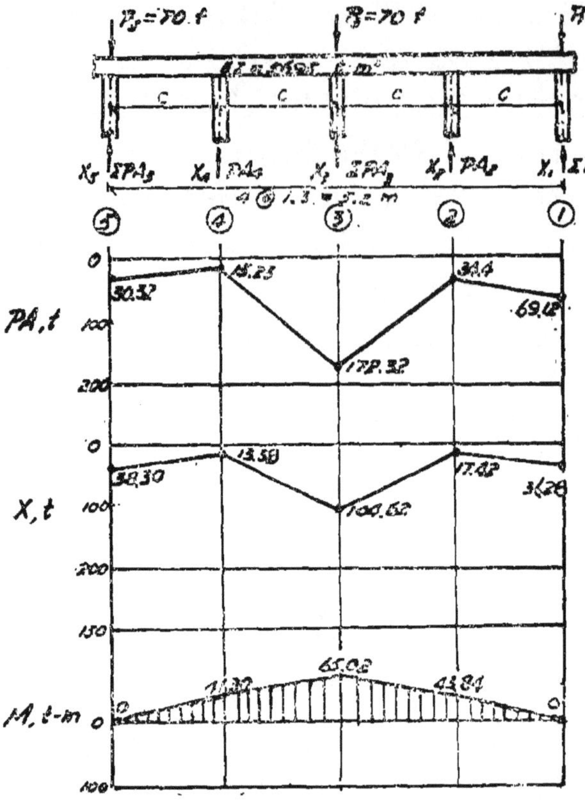

图 3　湘—J大楼桩基加固前

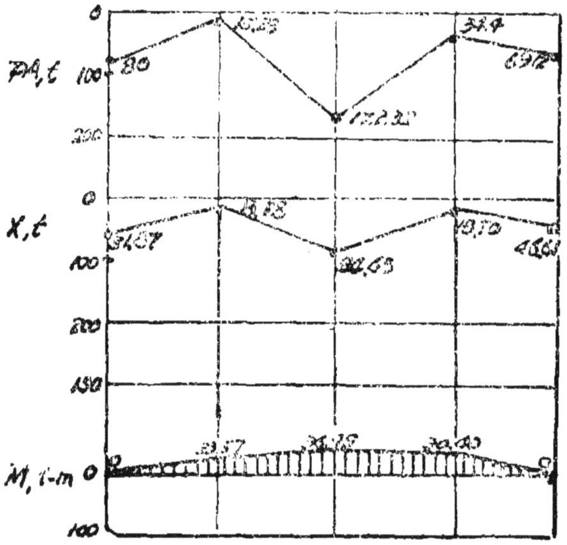

图 4　湘—J大楼桩基加固后

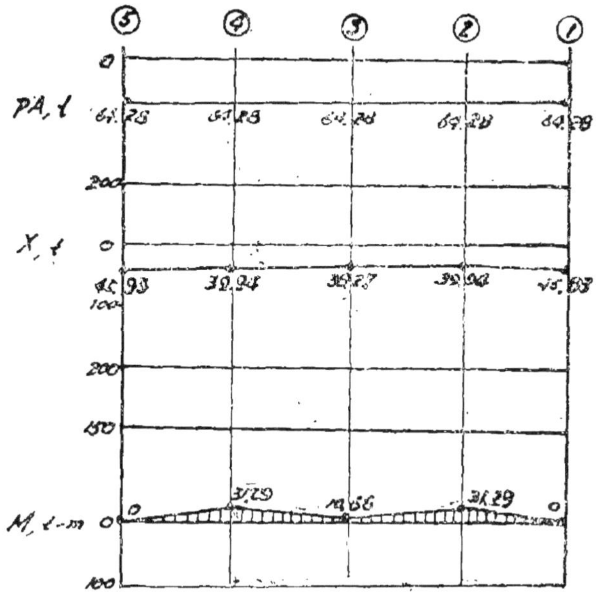

图 5　PA均匀的桩基

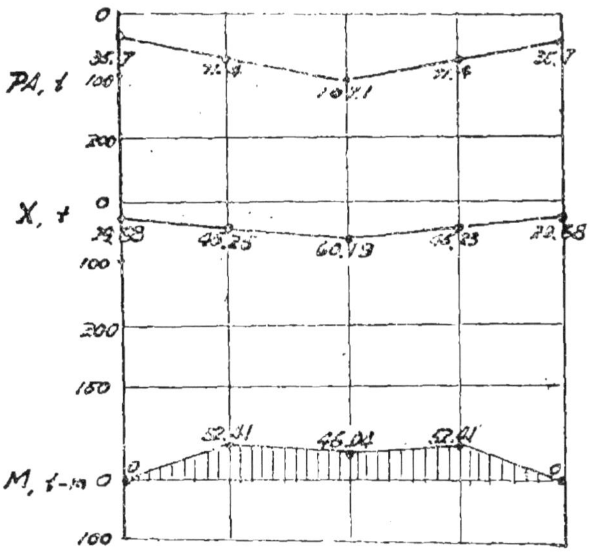

图 6　PA按1:2:3:2:1分布的桩基

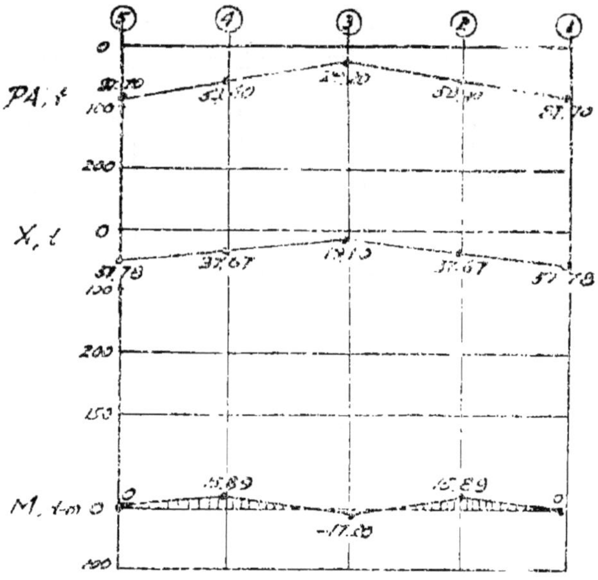

图 7　PA按3:2:1:2:3分布的桩基

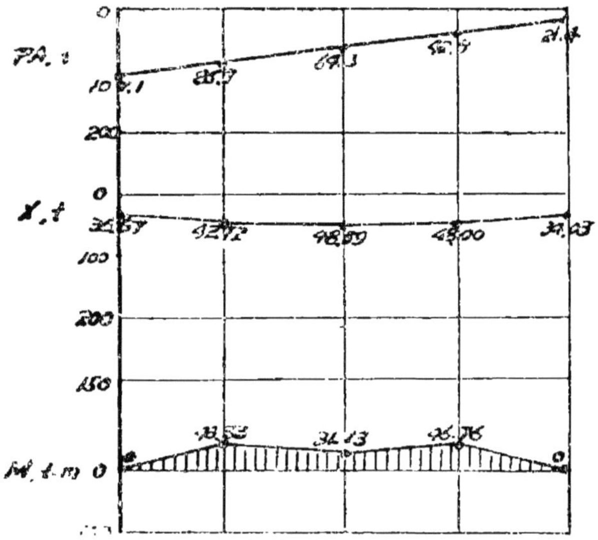

图 8　PA按5:4:3:2:1分布的桩基

参 考 文 献

〔1〕A. Evangelista, A. Pellegrino and C. Viggiani：同一基础下各桩间的差异性，《地基与基础译文集》3，中国建筑工业出版社，1980

〔2〕周光龙：桩基参数动测法，《中国土木工程学会第三届土力学及基础工程学术会议论文选集》，中国建筑工业出版社，1981

〔3〕热摩奇金和西尼存：《基础实用计算法》，建筑工程出版社，1954

The Influence of the Variability among Piles on the Stresses in Foundation Beams and Its Calculation

Zhou Guanglong

(Department of Civil Engineering)

Abstract

Under the same foundation, the bearing capacity of each pile varies from point to point with random fluctuation. The conclusion drawn from the research on the basis of statistic analysis is quoted to depict the extent of its influence on the stresses in foundation beams. Then, a universal method, combining the dynamic calcuation of the bearing capacity of piles and the calculation of the stresses in beams on an elastic half-space, is presented to solve this unsettled question. The effect of this method can be seen from the improvement of the stress distribution of a beam in use. Several typical analyses are also made to illustrate the general law of the influence of the variability on the stresses. The relevant computer program is attached.

附录：电 算 说 明

一、计算草图

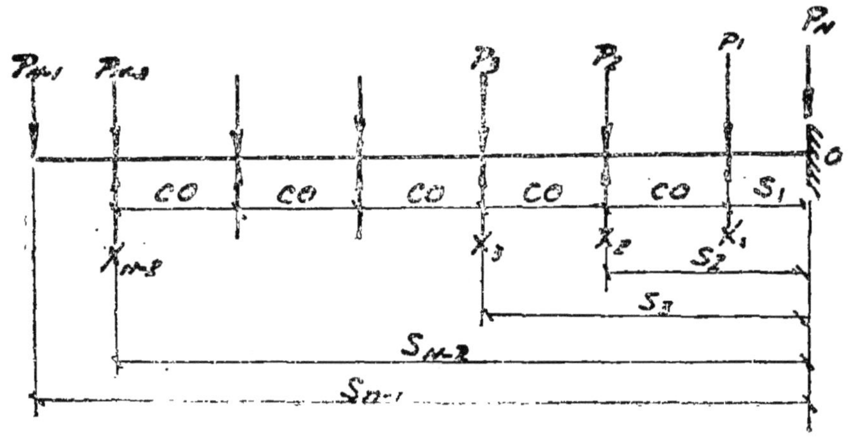

图9 计算草图

二、输入数据

N(方程阶数＝桩数＋2)；CO(桩间距C)；EI；

P_1；P_2；…P_N；(要求外荷与桩轴方向一致，否则沿桩轴方向分解，桩上无外荷，则用0补足。P_N作用在固定端)。

PA_1；PA_2；…PA_{N-2}；（单桩承载力P_a）

S_1；S_2；…S_N；(桩或外荷至固定端距离)

三、输出数据

Xi ——第i根桩轴力；

Yi ——第i根桩沉陷量；

MXi——第i根桩处基础梁内弯矩；

QRi ——第i根桩右边切力；

QLi ——第i根桩左边切力；

X_{N-1}——固定端沉陷量（Y_0）；

X_N ——固定端转角（ϕ_0，弧度数）。

四、BASIC电算程序

```
8:REM "STRESSES IN BEAM" , X IN B
10:CSIZE 1:COLOR 1:CLEAR
16:INPUT "N=? " , N: LPRINT "N=" ; N
```

```
18:N=N-1
19:DIM P(N), PA(N-2), S(N), A(N, N), B(N), Z(N), DE(N, N),
   W(N, N), F(N)
20:DIM X(N-2), Y(N-2), MX(N-2), MP(N-2), QR(N-2), QL(N-2)
21:INPUT "C0=? ", C0
25:INPUT "EI=? ", EI
30:LPRINT "C0="; C0; "EI"; EI
35:FOR L=0TO N
45:INPUT "P(N)=? ", P(L)
46:LPRINT "P"; L+1; "="; P(L);
47:NEXT L
49:FOR L=0TO N
50:INPUT "S(N)=? ", S(L)
60:LPRINT "S"; L+1; "="; S(L);
65:NEXT L
66:LPRINT
70:FOR L=0TO N-2
75:INPUT "PA(N-2)=? ", PA(L)
80:LPRINT "PA"; L+1; "="; PA(L);
85:NEXT L
86:GOSUB 90
87:GOSUB 382
88:GOSUB 960
89:END
90:AF=C0∧3/(6*EI)
92:FOR K=0TO N-2
94:F(K)=1/(10*PA(K))
95:NEXT K:FOR K=0TO N-1
96:FOR I=0TO N-1
100:IF S(I)>S(K)THEN LET W(K, I)=(S(K)/C0)∧2*(3*S(I)/C0-S(K)/
    C0)
102:IF S(I)<=S(K)THEN LET W(K, I)=(S(I)/C0)∧2*(3*S(K)/C0-S(I)/
    C0)
104:IF I <> KTHEN LET A(K, I)=AF*W(K, I)
106:IF I=KTHEN LET A(K, I)=AF*W(K, I)+F(K)
108:DE(K, I)=AF*W(K, I)*P(I)
110:NEXT I:NEXT K
111:FOR K=0TO N-2
```

```
112:B(K)=0
114:FOR J=0TO N-2
116:B(K)=B(K)+DE(K, J)
118:B(K)=B(K)+AF*W(K, N-1)*P(N-1)
120:NEXT J
122:A(K, N-1)=-1
124:A(K, N-1)=A(K, N-1)/1000
126:A(K, N)=-S(K)
128:A(K, N)=A(K, N)/1000
130:NEXT K
132:FOR R=0TO N-2
134:A(N-1, R)=1
136:A(N, R)=S(R)
138:NEXT R
140:FOR T=N-1 TO N
142:A(N-1, T)=0:A(N, T)=0
144:NEXT T
146:B(N-1)=0
148:FOR U=0TO N
150:B(N-1)=B(N-1)+P(U)
152:NEXT U
154:B(N)=0
156:FOR U=0TO N-1
158:B(N)=B(N)+P(U)*S (U)
160:NEXT U
162:FOR W=0TO N
164:B(W)=B(W)/1000
166:NEXT W
168:RETURN
170:GOTO 410
382:LF 1  :LFI
383:LPRINT "     "; "COEF. TAB."
385:FOR I=0TO N:FOR J=0TO N
386:LPRINT A(I, J); "     ";
387:NEXT J:LPRINT:NEXT I
388:FOR I=0TO N
389:LPRINT B(I); "     ";
400:NEXT I
```

```
410:FOR I=0TO N
415:Z(I)=I
420:NEXT I
425:FOR K=0TO N
430:GOSUB 500
435:IF J0 <> KGOSUB 600
440:IF I0 <> KGOSUB 700
445:GOSUB 800
446:NEXT K
450:GOSUB 900
460:RETURN
500:C=0
505:FOR I=KTO N
510:FOR J=KTO N
515:IF ABS (A(I, J))<ABS(C)GOTO 522
520:C=A(I, J):I0=I:J0=J
522:NEXT J
523:NEXT I
525:IF ABS (C)>=IE—11GOTO 545
530:LPRINT "NO SOL." :STOP
545:RETURN
600:FOR I=0TO N
605:T=A(I, J0):A(I, J0)=A(I, K):A(I, K)=T
610:NEXT I
615:J=Z(K):Z(K)=Z(J0):Z(J0)=J
620:RETURN
700:FOR J=KTO N
705:T=A(I0, J):A(I0, J)=A(K, J):A(K, J)=T
710:NEXT J
715:T=B(I0):B(I0)=B(K):B(K)=T
720:RETURN
800:C=1/C
805:FOR J=KTO N
810:A(K, J)=A(K, J)*C
815:NEXT J
820:B(K)=B(K)*C
825:FOR I=KTO N
830:FOR J=KTO N
```

```
835:A(I, J)=A(I, J)-A(I, K)*A(K, J)
840:NEXT J
845:B(I)=B(I)-A(I, K)*B(K)
850:NEXT I
855:RETURN
900:FOR I=N-1 TO 0STEP -1
905:FOR J=1TO N
910:B(I)=B(I)-A(I, J)*B(J)
915:NEXT J
920:NEXT I
925:FOR K=0TO N
930:A(I, Z(K))=B(K)
935:NEXT K
936:LPRINT
940:FOR K=0TO N
945:B(K)=A(I, K)
950:NEXT K
955:RETURN
900:FOR K=0TO N-2
962:B(K)=B(K)*1000
964:Y(K)=B(K)*F(K)
966:NEXT K
968:FOR I=0TO N-2
970:MP(I)=P(N-1)*(S(N-1)-S(I))
972:MX(I)=0
974:FOR J=I+1TO N-2
975:IF J=N-1 THEN GOTO 980
976:MX(I)=MX(I)+(S(J)-S(I))*(P(J)-B(J))
978:NEXT J
980:MX(I)=MP(I)+MX(I)
982:NEXT I
984:QR(0)=P(N)
986:QL(0)=QR(0)+P(0)-B(0)
988:FOR I=1TO N-2
990:QR(I)=QL(I-1)
992:QL(I)=QR(I)+P(I)-B(I)
994:NEXT I:LF 2
995:LF3; LCURSOR 11:LPRINT "ANSWER"
```

```
996:FOR I=0TO N-2
998:LPRINT "X" ; I+1; "=" ; B(I);
1000:LPRINT "Y" ; I+1; "=" ; Y(I);
1002:LPRINT "MX" ; I+1; "=" ; MX(I);
1004:LPRINT "QR" ; I+1; "=" :QR(I);
1006:LPRINT "QL" ; I+1; "=" ; QL(I);
1007:LPRINT
1008:NEXT I
1010:FOR I=N-1 TO N
1012:LPRINT "X" ; I+1; "=" ; B(I);
1014:NEXT I
1016:RETURN
```

机械导纳法分析桩的纵向振动

陈昌聚，王　勇

（基础科学系）

【摘要】 本文用机械导纳法分析标准桩、颈缩桩和断裂桩的纵向振动，并由理论分析结果，通过计算绘出相应的阻抗幅频曲线，为通过实测识别实际系统提供理论根据。

1. 引　　言

如何检验钻孔桩的质量是目前工程上急待解决的重要课题之一。其中有一种比较简便的方法称为机械导纳法，它是以电磁激振器激振，对所测桩体的顶端施加激振力

$$F = F_0 e^{i\omega t},$$

同时用测振仪器测出其顶端的加速度响应幅值。然后变化激振力频率 $f = \omega/2\pi$，测出对应的加速度幅值 a_0 及加速度阻抗的幅值 $|z_{AA}| = F_0/a_0$。由实测得到 $|z_{AA}|$ 和 f 的关系图与本文分析绘出的 $|z_{AA}|$ 和 f 关系图进行比较，便可判断桩体是标准的、颈缩的抑或是断裂的。

用机械导纳法分析桩的纵向振动比较容易，本文将分析桩周作用分布弹性力与分布外阻尼力、桩底作用集中弹性力与集中外阻尼力的情形，且分别考虑标准桩、颈缩桩和断裂桩的情况，这些情况用经典法分析比较困难。

2. 标准桩的分析

设标准桩为等截面均质弹性体，其周围作用有与位移成正比的分布弹性力和与速度成正比的分布外阻尼力，桩底作用有集中的线性弹性力和集中的外阻尼力，如图1(a)所示。沿桩轴向取一微段 dx，其受力情况如图 1(b) 所示。

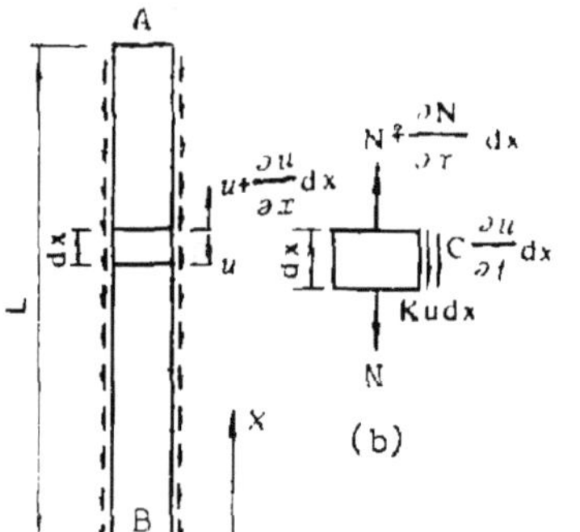

图 1

本文于1983年12月收到

下面分别用经典法和机械导纳法导出桩纵向振动的机械阻抗计算公式。

先用经典法推导。如图 1(b) 所示，微段的运动微分方程为

$$\frac{\partial N}{\partial x}=\rho A\frac{\partial^2 u}{\partial t^2}+C\frac{\partial u}{\partial t}+Ku \qquad (1)$$

其中C是桩侧表面地基的阻尼系数，K是桩侧表面地基的刚性系数。

由于桩体内阻尼力很小，故可忽略不计，则内力

$$N=EA\frac{\partial u}{\partial x} \qquad (2)$$

设N的傅里叶变换为$F[N]$，u的傅里叶变换为$F[u]$。将(1)、(2) 两式分别进行傅里叶变换，得

$$\frac{d}{dx}F[N]=-\rho A\omega^2F[u]+jC\omega F[u]+KF[u] \qquad (3)$$

$$F[N]=EA\frac{d}{dx}F[u] \qquad (4)$$

引入记号

$$\alpha=1/EA$$

$$\beta=\rho A\omega^2-jC\omega-K$$

由式(3)、(4)得

$$\frac{d^2F[u]}{dx^2}+\alpha\beta F[u]=0 \qquad (5)$$

解微分方程(5)，得

$$F[u]=P\sin\sqrt{\alpha\beta}\,x+Q\cos\sqrt{\alpha\beta}\,x \qquad (6)$$

将(6)式代入(4)，得

$$F[N]=\sqrt{\frac{\beta}{\alpha}}(P\cos\sqrt{\alpha\beta}\,x-Q\sin\sqrt{\alpha\beta}\,x) \qquad (7)$$

由机械阻抗定义，位移阻抗为

$$z_D=\frac{F[N]}{F[u]}=\frac{\sqrt{\frac{\beta}{\alpha}}(P\cos\sqrt{\alpha\beta}\,x-Q\sin\sqrt{\alpha\beta}\,x)}{P\sin\sqrt{\alpha\beta}\,x+Q\cos\sqrt{\alpha\beta}\,x} \qquad (8)$$

代入边界条件

$$x=0,\qquad z_D=z_{DD}$$

式(8)成为

$$z_D=\bar{z}\,\frac{z_{DD}-\bar{z}\,\mathrm{tg}\,\alpha\bar{z}\,x}{\bar{z}+z_{DD}\,\mathrm{tg}\,\alpha\bar{z}\,x} \qquad (9)$$

其中特征阻抗$\bar{z}=\sqrt{\beta/\alpha}$。由此得桩顶$x=L$的位移阻抗计算公式

$$z_{AD}=\overline{z}\,\frac{z_{BD}-\overline{z}\operatorname{tg}\alpha\,\overline{z}\,L}{\overline{z}+z_{BD}\operatorname{tg}\alpha\,\overline{z}\,L} \tag{10}$$

现在用机械导纳法推导。作纵向振动桩的微段机械阻抗计算简图，如图2所示。

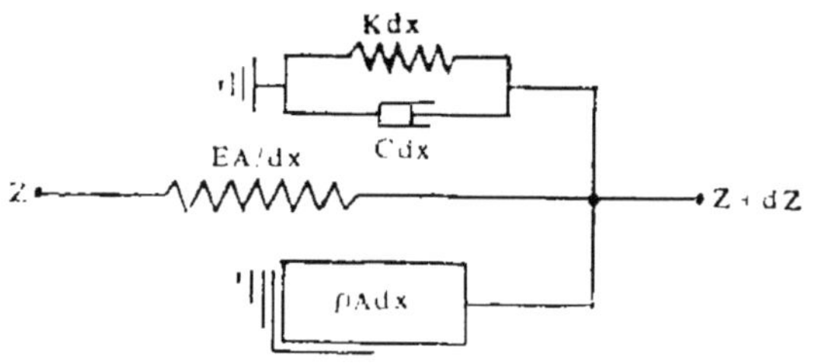

图 2

根据阻抗的组合计算规则

$$z+dz=\frac{1}{\frac{1}{z}+\frac{dx}{EA}}+jC\omega dx-\rho A\omega^2dx+Kdx \tag{11}$$

用泰勒级数展开并略去二阶及二阶以上微量，则

$$\frac{1}{\frac{1}{z}+\frac{dx}{EA}}=\frac{z}{1+\frac{zdx}{EA}}$$

$$=z\left[1-\frac{zdx}{EA}+\left(\frac{zdx}{EA}\right)^2-\cdots\right]$$

$$\doteq z\left(1-\frac{zdx}{EA}\right)$$

式(11)可化简为

$$\frac{dz}{dx}+\frac{z^2}{EA}+\rho A\omega^2-jC\omega-K=0 \tag{12}$$

仍引进前述记号 α 及 β，于是方程(12)成为

$$\frac{dz}{dx}+\alpha z^2+\beta=0 \tag{13}$$

解微分方程(13)，并代入边界条件

$$x=0,\qquad z=z_{BD}$$

得

$$z_D=\overline{z}\,\frac{z_{BD}-\overline{z}\operatorname{tg}\alpha\,\overline{z}\,x}{\overline{z}+z_{BD}\operatorname{tg}\alpha\,\overline{z}\,x} \tag{14}$$

同样可得桩顶 $x=L$ 的位移阻抗计算公式

$$z_{AD}=\overline{z}\,\frac{z_{BD}-\overline{z}\operatorname{tg}\alpha\,\overline{z}L}{\overline{z}+z_{BD}\operatorname{tg}\alpha\,\overline{z}\,L} \tag{15}$$

其中特征阻抗$\overline{z}$同前。由式（10）及（15）可见用机械导纳法与用经典法推导的作纵向振动桩机械阻抗计算公式是一样的。

为了求出机械阻抗的幅值，现将式（15）化简，设

$$\overline{z}=\sqrt{\beta/\alpha}=\sqrt{m+jn} \tag{16}$$

其中 $m=EA(\rho A\omega^2-K)$，$n=-EAC\omega$。

$\overline{z}$是一个复数的平方根，它具有多值性，即

$$\overline{z}=\pm\sqrt{r}e^{\frac{\theta}{2}j}=\pm(X+jY) \tag{17}$$

其中 $r=\sqrt{m^2+n^2}$，$\theta=\text{arctg}\frac{n}{m}$，$X=\sqrt{r}\cos\frac{\theta}{2}$，$Y=\sqrt{r}\sin\frac{\theta}{2}$，虽然$\overline{z}$具有二值，但在式（15）中代入$\overline{z}=X+jY$或$\overline{z}=-(X+jY)$后所得结果相同，因此，在以下计算中均设

$$\overline{z}=X+jY$$

由于

$$\begin{aligned}\text{tg}(R+jS)&=\frac{e^{jR-s}-e^{s-jR}}{j(e^{jR-s}+e^{s-jR})}\\&=\frac{\cos R+j\sin R-e^{2s}(\cos R-j\sin R)}{j[(\cos R+j\sin R)+e^{2s}(\cos R-j\sin R)]}\\&=\frac{\cos R(1-e^{2s})+j\sin R(1+e^{2s})}{\sin R(e^{2s}-1)+j\cos R(1+e^{2s})}\end{aligned} \tag{18}$$

所以我们可将$\text{tg}\,\alpha\overline{z}L$化简为

$$\text{tg}\,\alpha\overline{z}L=\text{tg}(R+jS)=\frac{D_1+jD_2}{D_3+jD_4} \tag{19}$$

这里 $R=XL/EA$，$S=YL/EA$，$D_1=\cos R(1-e^{2s})$，$D_2=\sin R(1+e^{2s})$，$D_3=\sin R(e^{2s}-1)$，$D_4=\cos R(1+e^{2s})$，于是（15）式可化简为

$$\begin{aligned}z_{AD}&=(X+jY)\frac{z_{BD}-(X+jY)\frac{D_1+jD_2}{D_3+jD_4}}{(X+jY)+z_{BD}\frac{D_1+jD_2}{D_3+jD_4}}\\&=(X+jY)\frac{z_{BD}(D_3+jD_4)-(X+jY)(D_1+jD_2)}{(X+jY)(D_3+jD_4)+z_{BD}(D_1+jD_2)}\end{aligned} \tag{20}$$

上式中，z_{BD}可视为已知的边界条件，作为最一般的情况，不妨假设

$$z_{BD}=\frac{B_1+jB_2}{B_3+jB_4} \tag{21}$$

将（21）式代入（20）式，便得到计算位移阻抗的一个通用公式

$$z_{AD}=(X+jY)\frac{\dfrac{B_1+jB_2}{B_3+jB_4}(D_3+jD_4)-(X+jY)(D_1+jD_2)}{(X+jY)(D_3+jD_4)+\dfrac{B_1+jB_2}{B_3+jB_4}(D_1+jD_2)}$$

$$=\frac{G_1+jG_2}{G_3+jG_4} \tag{22}$$

其中

$$G_1=X(D_3B_1-D_4B_2+XD_2B_4+YD_1B_4-XD_1B_3+YD_2B_3)$$
$$+Y(XD_2B_3+YD_1B_3+XD_1B_4-YD_2B_4-D_3B_2-D_4B_1) \tag{22a,}$$

$$G_2=X(D_3B_2+D_4B_1-XD_2B_3-YD_1B_3-XD_1B_4+YD_2B_4)$$
$$+Y(D_3B_1-D_4B_2+XD_2B_4+YD_1B_4-XD_1B_3+YD_2B_3) \tag{22,b}$$

$$G_3=D_1B_1-D_2B_2+XD_3B_3-YD_4B_3-XD_4B_4-YD_3B_4 \tag{22,c}$$

$$G_4=D_1B_2+D_2B_1+XD_3B_4-YD_4B_4+XD_4B_3+YD_3B_3 \tag{22,d}$$

对于标准桩的情况，如图 1（a）所示。边界条件 z_{DD} 为

$$z_{DD}=K_1+jC_1\omega \tag{23}$$

比较（21）与（23），得

$$B_1=K_1,\ B_2=C_1\omega,\ B_3=1,\ B_4=0$$

由式（22）计算出桩顶A的位移阻抗

$$z_{AD}=\frac{G_1+jG_2}{G_3+jG_4} \tag{22}$$

A点的加速度阻抗为

$$z_{AA}=-\frac{z_{AD}}{\omega^2} \tag{24}$$

由式（24）与（22）便得A点的加速度阻抗幅值与相位角分别为

$$|z_{AA}|=\frac{|z_{AD}|}{\omega_2}=\frac{1}{\omega^2}\sqrt{\frac{G_1^2+G_2^2}{G_3^2+G_4^2}} \tag{25}$$

$$\varphi=\mathrm{arctg}\frac{G_2G_3-G_1G_4}{G_1G_3+G_2G_4} \tag{26}$$

3. 颈缩桩的分析

在灌注桩施工时，桩身常出现颈缩现象，如图 3(a) 所示。其简化模型中 1 、

2、3 部分视为三根等截面均质弹性杆。对每一部分杆，式（22）均适用，因而可以应用式（22）用递推法得 z_{AD} 的计算公式。因该式太冗长，本文不列出其具体表达式，下面仅指出其推导途径。

第一部分杆L_1，由式（22）求得C点的位移阻抗

$$z_{CD}=\frac{G_{11}+jG_{12}}{G_{13}+jG_{14}} \tag{27}$$

对第二部分杆，将上式作为式（22）的边界条件，即设$B_1=G_{11}$，$B_2=G_{12}$，$B_3=G_{13}$，$B_4=G_{14}$。由式（22）求得B点的位移阻抗z_{BD}。对第三部分杆，把z_{BD}作为式（22）的边界条件。这样递推下去便可求得A点的位移阻抗

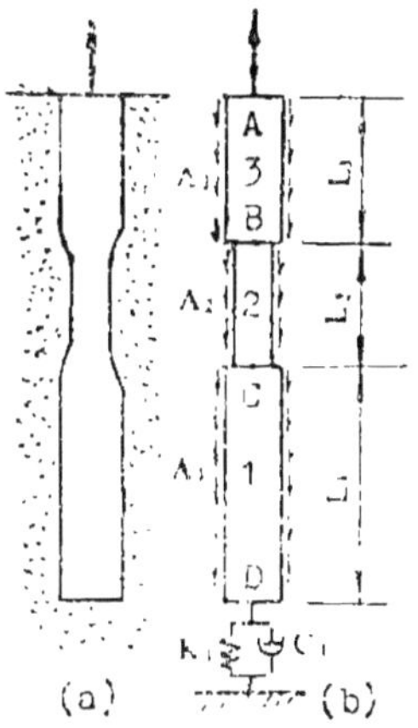

图 3

$$z_{AD}=\frac{G_{31}+jG_{32}}{G_{33}+jG_{34}} \tag{28}$$

A点的加速度阻抗幅值和相位角分别为

$$|z_{AA}|=\frac{1}{\omega^2}\sqrt{\frac{G_{31}^2+G_{32}^2}{G_{33}^2+G_{34}^2}} \tag{29}$$

$$\varphi=\operatorname{arctg}\frac{G_{32}G_{33}-G_{31}G_{34}}{G_{31}G_{33}+G_{32}G_{34}} \tag{30}$$

4. 断裂桩的分析

在施工时，如果出现断裂桩如图 4（a）所示，其简化模型如图 4（b）所示。

由式（22）容易求得C点的位移阻抗

$$z_{CD}=\frac{G_{11}+jG_{12}}{G_{13}+jG_{14}} \tag{31}$$

根据阻抗的串并联规则，B点的位移阻抗为

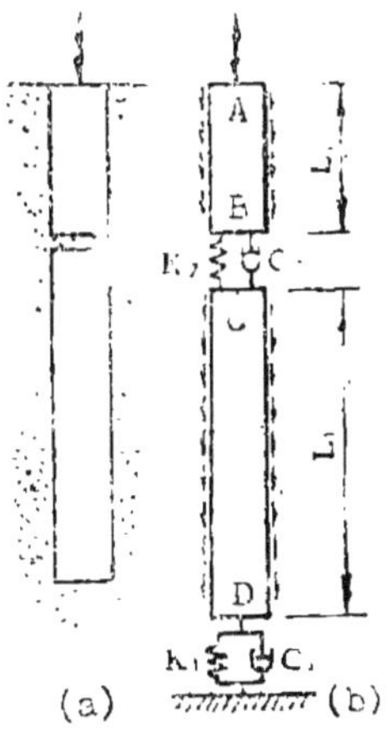

图 4

$$\begin{aligned}z_{BD}&=\frac{1}{\dfrac{1}{z_{CD}}+\dfrac{1}{K_2+jC_2\omega}}\\&=\frac{\dfrac{G_{11}+jG_{12}}{G_{13}+jG_{14}}(K_2+jC_2\omega)}{\dfrac{G_{11}+jG_{12}}{G_{13}+jG_{14}}+K_2+jC_2\omega}\\&=\frac{(K_2G_{11}-C_2\omega G_{12})+j(K_2G_{12}+C_2\omega G_{11})}{(G_{11}+K_2G_{13}-C_2\omega G_{14})+j(G_{12}+K_2G_{14}+C_2\omega G_{13})}\\&=\frac{G_{21}+jG_{22}}{G_{23}+jG_{24}}\end{aligned} \tag{32}$$

将其又作为 AB 部分杆的边界条件，即设 $B_1=G_{31}$，$B_2=G_{32}$，$B_3=G_{33}$，$B_4=G_{34}$。由式（22）便可求得 A 点的位移阻抗

$$z_{AD}=\frac{G_{31}+jG_{32}}{G_{33}+jG_{34}} \tag{33}$$

A 点的加速度阻抗幅值和相位角分别为

$$|z_{AA}|=\frac{1}{\omega^2}\sqrt{\frac{G_{31}^2+G_{32}^2}{G_{33}^2+G_{34}^2}} \tag{34}$$

$$\varphi=\operatorname{arctg}\frac{G_{32}G_{33}-G_{31}G_{34}}{G_{31}G_{33}+G_{32}G_{34}} \tag{35}$$

5. 算　　例

根据以上的分析结果，只要给出有关的参数值。便可算出各类桩的阻抗幅值，进而可给出阻抗幅频曲线。

设桩的材料为钢筋混凝土，各参数选取如下：

桩的弹性模量	$E=2.646\times10^{10}$	N/m^2
桩的密度	$P=2.400\times10^3$	kg/m^3
地基刚性系数	$K_1=1.07163\times10^6$	N/m
地基阻尼系数	$C_1=3.0153\times10^3$	kg/s
桩长	$L=1.5m$	
桩的截面积	$A=8.649\times10^{-3}$	m^2

桩周土的刚性系数和阻尼系数分是地基刚性系数和阻尼系数除以桩长：

$K=7.1442\times10^5$　　N/m^2

$C=2.0102\times10^3$　　kg/sm

需要说明一下，以上这些参数的选取不一定恰当，因为参数值的确定本身也正是目前在探索的一个课题。这里我们只是企图通过算例阐述运用机械导纳法确定各类桩阻抗幅频曲线的具体方法，从而为由桩的实测资料判断其完整性提供一种可能途径。

由这些参数值，应用前面导得的各类桩的加速度阻抗计算方法进行计算，根据计算结果分别画出了标准桩、颈缩桩与断裂桩的加速度阻抗幅频曲线如下：

(1) 标准桩　　$L=1.5m$

考虑桩周土的刚度和阻尼，桩的加速度阻抗幅频特性与曲线分别如表 1 与图 5 所示。

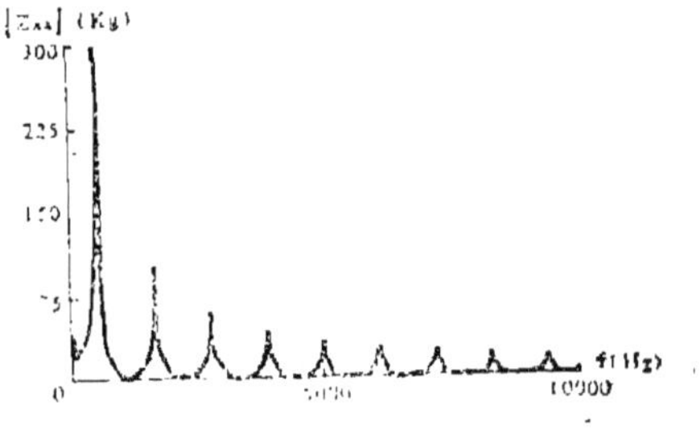

图 5

表 1

反共振频率 (Hz)	555	1661	2767	3874	4981	6087	7194	8301	9408
反共振峰 (kg)	300.42	100.70	60.46	43.19	33.59	27.48	23.26	20.16	17.79

不考虑桩周土的刚度与阻尼，桩的加速度阻抗幅频特性如表 2 所示。

表 2

反共振频率 (Hz)	555	1661	2767	3874	4981	6087	7194	8301	9408
反共振峰 (kg)	451.79	150.93	90.60	64.72	50.33	41.17	34.85	30.21	26.65

(2) 颈缩桩　　　$L_1=L_2=L_3=0.5m$

　　颈缩面积　　$A_1=4.3245\times10^{-3}m^2$

考虑桩周土的刚度和阻尼，桩的加速度阻抗幅频特性与曲线分别如表 3 与图 6 所示。

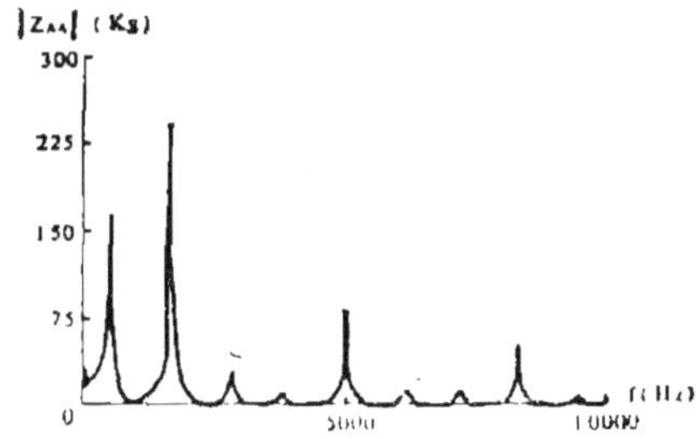

图 6

表 3

反共振频率 (Hz)	521	1661	2802	3839	4981	6122	7160	8301	9443
反共振峰 (kg)	164.46	241.61	29.11	21.56	80.58	13.38	11.52	48.36	8.69

不考虑桩周土的刚度和阻尼，桩的加速度阻抗幅频特性如表 4 所示。

表 4

反共振频率 (Hz)	520	1660	2802	3839	4981	6122	7160	8301	9442
反共振峰 (kg)	240.47	602.97	44.77	32.65	201.09	20.48	17.50	120.80	13.28

(3) 断裂桩　　$L_1=L_2=0.75\,m$

设断裂处的刚性系数和阻尼系数与桩尖地基处的刚性系数与阻尼系数相同。即 $K_2=$

$1.07163\times10^6 N/m$，$C_2=3.0153\times10^3 kg/s$。

考虑桩周土的刚度和阻尼，桩的加速度阻抗幅频特性与曲线分别如表 5 与图7 所示。

表 5

反共振频率 (Hz)	1107	3321	5534	7748
反 共 振 峰 (kg)	181.34	60.54	36.33	25.95

不考虑桩周土的刚度和阻尼，桩的加速度阻抗幅频特性如表 6 所示。

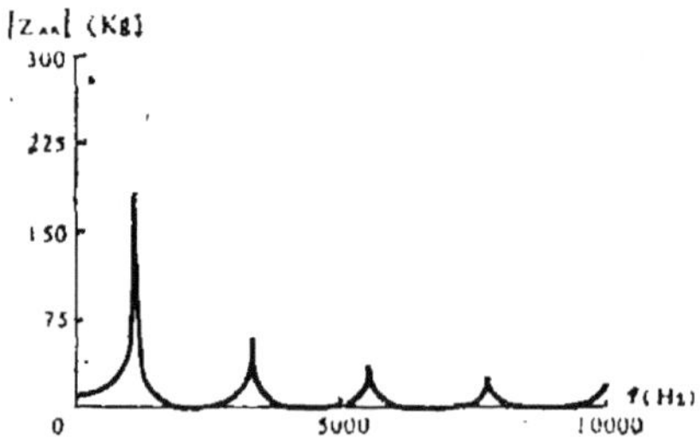

图 7

表 6

反共振频率 (Hz)	1108	3321	5534	7748
反 共 振 峰 (kg)	226.72	75.65	45.39	32.42

6. 结　论

(1) 从图 5 、6 、7 可见，标准桩的一阶反共振频率 555Hz 稍大于颈缩桩的一阶反共振频率 521Hz，而这两种桩的二阶反共振频率则相差无几。但是，断裂桩的一阶反共振频率1107Hz约为标准桩或颈缩桩的一阶反共振频率的一倍。这是由于断裂后各段桩之间的联系很弱，实际上，上面一段桩在振动中起主要作用，上段桩的长度小于整桩总长，其刚度大于标准桩的刚度，所以断裂桩的一阶反共振频率就大了。

(2) 从图 5 可见，标准桩的反共振频率间隔几乎相等，约为1106Hz。从图7可见，断裂桩的反共振频率间隔也几乎相等，约为 2214Hz，差不多是标准桩的反共振频率间隔的一倍。从而可以说明，凡是反共振频率间隔比较大的，就有断裂的可能。

(3) 从图 6 可见，颈缩桩的加速度阻抗曲线出现脉冲现象，仔细观察，可以发现，主峰的反共振频率值正好对应着标准桩的反共振频率值。我们认为颈缩桩是标准桩与断裂桩的过渡情况，断裂桩是颈缩桩的极限情况，即颈缩面积趋近于零。当次峰消失时，正好就是断裂桩的情况。这为判别断裂桩和颈缩桩提供了依据。

（4）将表1、3、5分别与表2、4、6相比较，可以看出，桩周土的刚度和阻尼对反共振频率值几乎没有影响，但它们的反共振峰值却因计入桩周土的刚度和阻尼而减小。

参考文献

〔1〕Church, A.H.: "Simplified Vibration Analysis", Machine Design, Feb-May, 1960

〔2〕张令弥：机械阻抗方法在振动分析中的应用，《机械强度》，第2期（总第14期），1968

〔3〕屠良尧、邹经湘编：《模态参数识别技术与机械导纳方法》，中国宇航学会，强度与环境专业委员会，1983年6月

Mechanical Mobility Method for Analysing the Longitudinal Vibration of the Pile

Chen Changju and Wang Yong

(Department of Basic Sciences)

Abstract

In this paper, the mechanical mobility method has been used to analyse the longitudinal vibration of the normal pile, the neck-narrowed pile and the broken pile. Based on the theoretical analyses, the impedance frequency curves are obtained. These curves furnish a basis to identify the real system by the results of the measurements.

钢的组织遗传性

周光龙
（机械工程系）

【摘要】本文概述了钢在加热时的组织遗传现象及其形成机理，并分析了加热速度、加热温度、原始组织、合金元素以及回火程度对组织遗传的影响。最后提出了几种切断“遗传”的措施。

1. 钢的组织遗传现象

热处理工作者都有一个习惯看法：钢加热到临界点（A_{c3}）以上，钢中铁素体和渗碳体相互作用产生奥氏体，开始时形成的奥氏体是细晶粒的，随着加热温度的升高或在较高温度下延长保温时间，奥氏体晶粒不断长大。但近来许多研究和生产实践表明，加热时奥氏体的形成规律并不都符合上述的习惯概念，而实际要复杂得多。例如，许多合金钢锻件、铸件或焊接件冷却后发现原始粗大的奥氏体晶粒，按照习惯办法，消除粗大晶粒，只要将钢加热到 A_{c3} 以上进行正火或退火即可使奥氏体晶粒细化。但是，许多合金钢在某些情况下，虽经上述处理，钢的奥氏体晶粒并没有得到细化，而是保留原来的粗大晶粒尺寸，这个现象与组织遗传性有关。

钢中的组织遗传现象是指原始粗大的非平衡组织在一定加热条件下所形成的新的奥氏体晶粒继承和恢复原始粗大晶粒的现象。

所谓非平衡组织是淬火马氏体、回火马氏体、贝氏体及魏氏组织等，这些组织的共同特点是通过切变机理形成的针状组织与原奥氏体保持一定的位向关系[1、2、3]。

2. 非平衡组织加热转变的规律

同平衡组织（珠光体、铁素体）加热转变相比，非平衡组织加热转变规律的研究还很不完整。本文仅介绍低、中碳合金钢非平衡组织加热的转变。

本文于1984年12月20日收到。

非平衡组织加热时，因钢的成分和加热条件的不同，可得到针状或等轴状两种不同形态的奥氏体（γ_A 或 γ_g），如图1、图2所示。

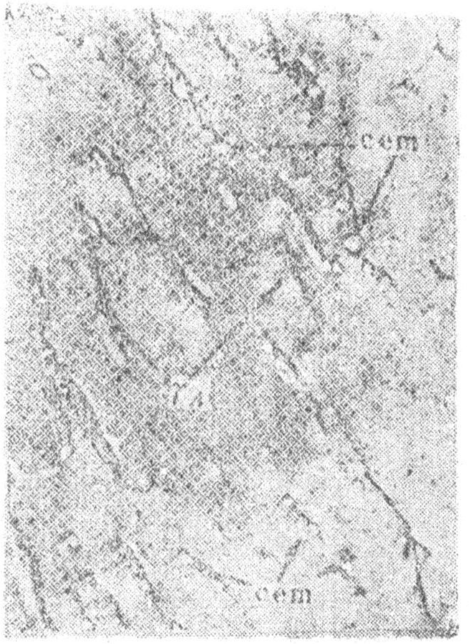

图1　M→γ 时形成的针状奥氏体
γ_A—针状奥氏体
Cem—渗碳体
（0.12%C，3.50%Ni，0.35%Mo
A_{c1}=694°C，A_{c3}=802°C）
720°C保温10秒，加热速度
100°C/S，复型照片

图2　由回火马氏体形成的球状奥氏体
γ_g—球状奥氏体
Cem—渗碳体
复型照片
其余条件同图1

2.1 针状奥氏体晶粒 γ_A 的形成和长大

实验证明[2,3,6]，非平衡组织，不论回火与否，以1～2℃/min的速度加热时，温度在 A_{c1}—A_{c3}之间的低温区域，将在板条马氏体 α' 的条界形成奥氏体的核，以后沿板条马氏体条界长大成针状奥氏体 γ_A，γ_A 的大小与板条马氏体的尺寸相同，γ_A 与 α' 之间保持严格的晶体学位向关系（K—S 关系）：

$$\{111\}_{\gamma}//\{110\}_{\alpha'} \qquad \langle 110\rangle_{\gamma}//\langle 111\rangle_{\alpha'}$$

且在同一板条束内所形成的 γ_A 均具有相同的位向，故随加热时间延长与温度升高，γ_A 不断长大，彼此相遇时，同一板条束内的 γ_A 将合并成一粗大的与板条束尺寸相同的颗粒状奥氏体γ_g。在这种球形奥氏体晶粒内，可以观察到原来针状奥氏体的痕迹，如图3。

不难理解，在 A_{c1}—A_{c3} 之间低温域生成的位向一致的 γ_A，在高温下彼此合并成一粗大晶粒要比重新析出新的位向不同的奥氏体晶粒需要的能量少得多。所以，具有粗大原始奥氏体晶粒的钢，获得非平衡组织而再加热时，如果在 A_{c1}—A_{c3}范围低温域慢速加热或保温后，再加热到 A_{c3} 以上进行最终奥氏体化时，往往出现晶粒异常粗大，导致原始粗大奥氏体晶粒完全恢复。即发生所谓组织“遗传”现象。

显然，在加热时，表现出组织遗传的钢，由于恢复了原来的粗大组织，虽然经过 α→γ 的相变，原始组织并未获得细化。也就是说，虽然发生了相的重结晶（由 α→γ 相），但未发生组织重结晶（未变成无一定位向的细小组织）。因而其机械性能与断口特征等均与原过热的粗大组织相同，并未得到任何改善（a_K 塑性较低，容易脆性断裂等），这一点和以前的习惯认识（经重结晶后奥氏体晶粒组织应能细化）完全不同。

图 4 是板条马氏体形成粗大奥氏体晶粒过程的示意图[4]。

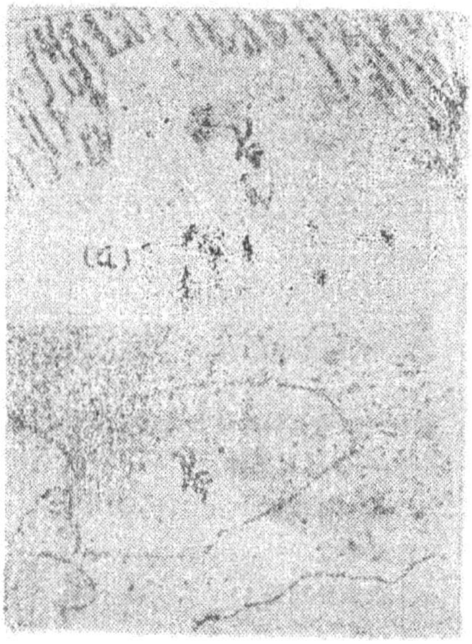

图 3　在 A_{c1} 以上，按 50°C/h 将马氏体加热到 800°C，部分奥氏体化并淬入水中后，所观察到针状 γ_A 及球状 γ_g 晶粒，在球状 γ_g 晶粒内，可观察到许多同一取向的针状 γ_A 晶粒痕迹

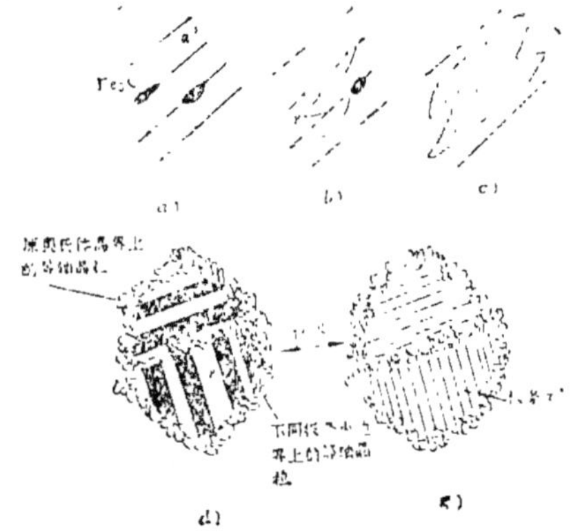

图 4　由板条马氏体→γ_A，引起旧奥氏体晶粒复原过程的示意图

图中：*a*）原始组织；*b*）A_{c1}～A_{c3} 之间针状奥氏体在 α'/Fe_3C 交界处形核；*c*）针状奥氏体晶粒长大；*d*）A_{c3} 以上奥氏体化得到粗大奥氏体晶粒。同一马氏体板条束内形成的奥氏体具有同一方向，在原奥氏体晶界和马氏体板条束间形成许多等轴奥氏体晶粒；*e*）高温粗大奥氏体晶粒淬火得到粗大马氏体板条。

可以看出，新形成的奥氏体晶粒基本上完全或部分恢复了旧奥氏体晶粒尺寸，但此时形成的奥氏体晶粒与旧奥氏体晶粒有以下区别：

1）　在旧奥氏体晶界及原马氏体束间有许多任意位向的细小等轴晶粒形成；

2）　粗大奥氏体晶粒并非单晶体，而是由几个位向不同的奥氏体区域构成；

3）　γ_A 在原板条之间渗碳体处成核长大，这说明 γ_A 的形成与渗碳体的存在有关系。

看来，发生奥氏体晶粒“遗传”的首要条件是要形成大量的针状奥氏体 γ_A。生成

针状奥氏体必须满足两个条件[3]：

① 在马氏体板条边界必须有渗碳体存在；

② 原始马氏体片在 A_{c1}以上温度必须稳定，即不能发生再结晶而改变形状。

十分明显，条件①易满足，但要保证在 A_{c1}以上温度下保持马氏体片（或铁素体板条）的形状，对非合金钢是困难的。而只有那些含有推迟铁素体再结晶的合金元素（如 Ti、V、W、Mo 等）的合金钢。才能满足第二条。所以 B. Д. Садовский 认为[5]，组织遗传是合金钢的重要特性。因此，对于合金钢，用非平衡组织加热时，应特别注意。尤其重要的是不能在 A_{c1}附近缓慢加热或保温后再加热到 A_{c3}以上奥氏体化。

γ_A 的形成机理：

对此问题目前还有争议[2]，一种观点认为是无扩散切变机构形核，扩散长大；另一种观点认为是扩散形核，扩散长大。分歧主要在形核机理上，持第一种观点的根据是 γ_A 的形成与 Fe_3C 无关，在形成 γ_A 时未观察到 Fe_3C 的溶解，且 γ_A 与 α' 之间保持 $K—S$ 关系。

电镜观察的结果表明[7]，新形成的 γ_A 边上有碳化物，且尺寸发生减小，证明 γ_A 形成与 Fe_3C 的溶解有关，意味着 γ_A 形成过程有原子扩散，至于新相与母相保持一定的位向关系，这是一个普通规律，因为这可减少形核功。无扩散形核时新旧相有位向关系，扩散形核时也有一定位向关系。此外，这一观点无法说明为什么在一个板条束内新形成的 γ_A 均具有相同的位向，也无法说明为什么在略高于 A_{c1} 的温度下能按无扩散切变机构形核。因无扩散切变机构转变（逆转变）的开始温度应该是 A_s 而不是 AC_1。

第二种观点认为 γ_A 核形成前，马氏体已发生分解，沿条界析出 Fe_3C，γ_A 就在有 Fe_3C 的条界处通过扩散机理形成。至于同一板条束内的 γ_A 具有相同位向的问题，是因为已析出的 Fe_3C 与 α 之间保持 Богаряцкий 位向关系，而新形成的 γ_A 既要与 α' 保持 $K—S$ 关系，又要与 Fe_3C 保持 Pitsch 关系，致使在同一束马氏体内只能形成一个取向的 γ_A[6]。

对于 γ_A 的长大过程没有分歧意见，都认为是扩散机理。之所以长成针状，是因为沿条界长大的结果，γ_A 晶核与两侧晶粒的交界都是不易迁移的小角晶界[7]。

在苏联，习惯于称扩散机理为无序转变，而将加热转变所得的奥氏体与母相保持一定位向关系的转变称为有序转变。

2.2 球状奥氏体晶粒的形成长大

非平衡组织在 $A_{c1}—A_{c3}$之间高温区加热时，在适当条件下通过形核与长大，形成新的位向任意的颗粒状奥氏体 γ_g 而使晶粒细化[2,3,6,7]。一般认为，这一转变与平衡组织加热转变相似，形核和长大都是通过扩散机理进行的。与 γ_A 比较，γ_g 形成的特点：

1） γ_g 核多在马氏体束界及旧奥氏体晶界及块界等大角度晶界上形成，即所谓晶粒边界效应；

2） γ_g 的核需要在较大的过热度下才能形成，γ_g 核在大角度晶界及大的过热度下形成表明 γ_g 核的形成功比 γ_A 高。

γ_A 核在板条马氏体条间形成，所需形核功小，是因为马氏体条间是一个能量较低的小角度晶界，在其上形核可与两侧保持位向关系，维持共格或半共格连系，故形核所需的界面能很小，因 γ_g 在能量较高的大角度晶界形核，两者不可能有一定的位向关系，故界面能高。大角度晶界虽能为形成 γ_g 核提供较多的能量，但也需消耗较多的界面能，故形核功高[7]。

研究证明[6,7]，当以较快（或中等）速度将非平衡组织加热到 A_{c1}～A_{r3}之间高温区或 A_{c3}点以上温度时，因为α板条的再结晶，则可避免针状奥氏体的形成。在这种情况下，由于再结晶而使相邻铁素体板条之间的严格晶体学位向关系遭到破坏，加上回火时析出的碳化物细小而均匀的分布在铁素体之中，大量的铁素体一碳化物界面，是形成奥氏体晶核的有利部位，此时已形成的奥氏体晶核失去了优先沿板条界面长大的条件，而等向的向四周长大成球状奥氏体晶粒。γ_g的长大速度，受碳在奥氏体中扩散所控制。由于这种球状奥氏体晶粒与原马氏体之间无严格的晶体学位向关系，所以长大时不存在旧奥氏体晶粒复原问题。

加热到 A_{c1}～A_{c3} 之间高温区域或 A_{c3} 点以上温度时，由于在球状奥氏体形成之前，非平衡组织已由细小而均匀的粒状碳化物与再结晶的铁素体所组成，所以可以形成奥氏体晶核的部位多而且均匀。加上，奥氏体形成温度高，晶核形成率较大，因而彼此相接触时晶粒（起始晶粒）常常是细小的。因此在 A_{c1}—A_{c3} 之间高温区保温可得到大量细小而均匀的球状奥氏体晶粒。

2.3 细晶奥氏体的获得

这是生产上感兴趣的一个问题。总的原则是形成 γ_g，避免先形成 γ_A 再合并成粗大的 γ_g。

综上所述，对非平衡组织采用较快（或中等）的加热速度，使奥氏体在 A_{c3}点附近的高温区域形成，有可能获得细小的球状奥氏体晶粒。如果这种情况多次反复进行[3]，一方面由于非平衡组织加热奥氏体化有细化晶粒的作用；另一方面由于每次淬火获得非平衡组织时，会形成大量结构缺陷（如位错、孪晶等）。在重新加热淬火时，也有细化晶粒的作用（增大了晶核形成部位），两方面的作用有可能使晶粒非常细小而达到超细化的程度。这就是近期发展起来的热循环处理 $\alpha' \to \gamma' \to \alpha' \to \cdots$能够获得超细晶粒的重要原因之一。超细化处理工艺，可使奥氏体晶粒细化到12～15级。

2.4 影响非平衡组织加热转变的因素

非平衡组织加热转变比平衡组织复杂得多，影响因素可能有[2,8]：

1） 残余奥氏体的存在，包括数量及其稳定性；

2） α'相成分，包括碳及合金元素的含量及分布；

3） α'相的状态；

4） 碳化物的形态，数量与分布。

问题的复杂性在于，在发生加热转变的同时，这几个因素都可能随加热速度、加热温度、原始组织、转变前的回火程度、合金元素的改变而发生变化。

一般来说，凡促进 γ_g形成的因素，均将抑制 γ_A 的形成，更确切地说，当 γ_g先形成时阻止 γ_A 的形成。

3. 影响组织遗传性的因素

3.1 加热速度

В.Д.Садовский 认为出现组织遗传的程度和特征主要由加热速度决定[1]。当淬火钢的加热速度要么非常快，要么非常慢时，组织遗传性才能清楚的表现出来，即高于 A_{c3} 点以上恢复原始组织的晶粒。

3.1.1 快速加热

试验证明[9]，把原始组织为粗大的非平衡组织（图5）的30CrMnSi 钢试样再次以快速（800℃/S—相当高频加热速度）加热超过 A_{c3} 后，虽然发生了 $\alpha'\rightarrow\gamma$ 相变，而奥氏体晶粒大小并没有发生变化。即恢复原始奥氏体晶粒尺寸（图6）。В.Д.Садовский 认为[1]，此时奥氏体晶粒按大小、形状、结晶位向都得到了恢复。

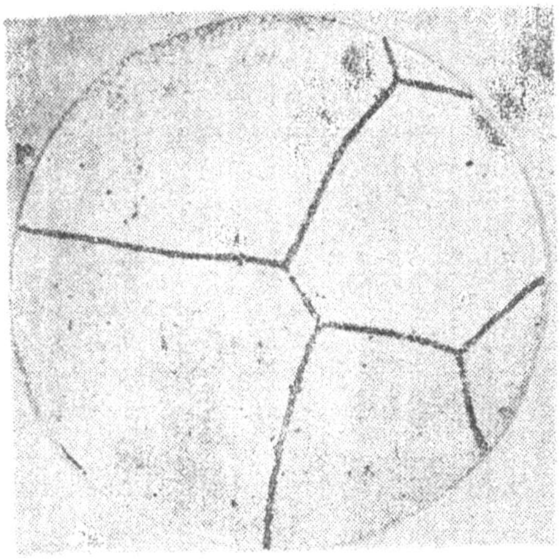

图5　30CrMnSi 钢经1280℃加热，油淬后的原始奥氏体晶粒　200×

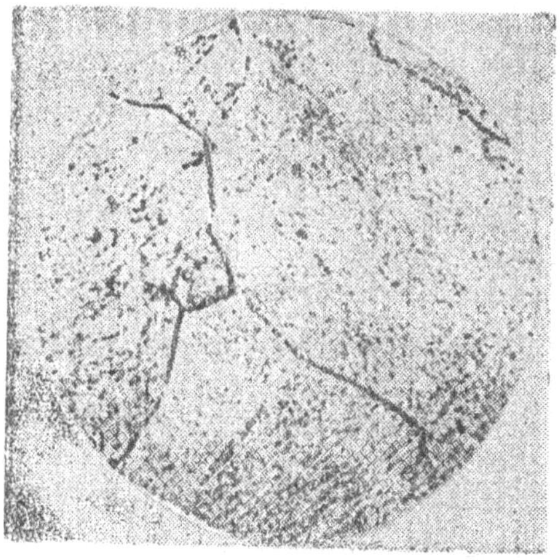

图6　图5组织再次以约800℃/S加热到900℃淬水　200×

快速加热出现组织遗传性的原因，是残余奥氏体起了决定作用[2,8]，残余奥氏体来不及分解，成为 $\alpha'\rightarrow\gamma$ 转变的现成核心，由这样的核成长起来，必然恢复原奥氏体晶粒。

如果降低加热速度（约300℃/s)，则在原始奥氏体晶界上形成球状奥氏体晶粒（图7），出现了晶粒边界效应。这是由于加热速度的降低，使原始马氏体组织中的原子有一定时间扩散，按无序机理它们优先在晶界上获得足够的能量，而形成细小球状奥氏体晶粒。与此同时，晶粒内部的原子来不及进行扩散，按有序机理进行转变，结果发生了部分组织遗传。

3.1.2 中速加热

将预先淬火的30CrMnSi 钢直接放入盐炉（200～300℃/min）加热。由于转变完全按无序扩散机理进行，形成 γ_g，奥氏体得到了细化（图8）。因此，奥氏体晶粒大小有时不完全取决于最终加热温度，而是取决于达到此温度的方法。此时临界区的加热速度将起很重要的作用。

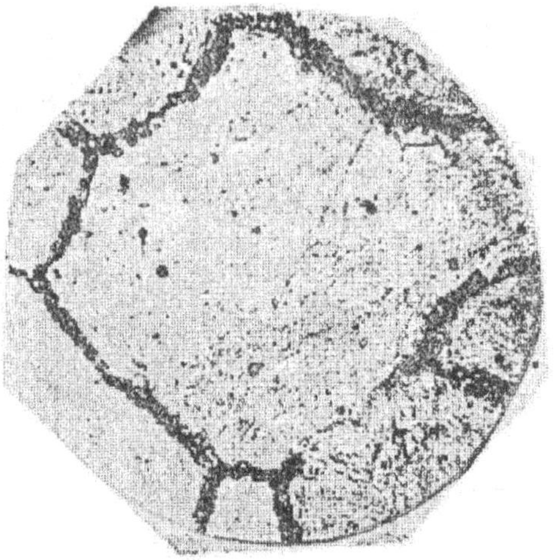

图 7　图 5 组织再次以300°C/S 加热到900°C淬水　200×

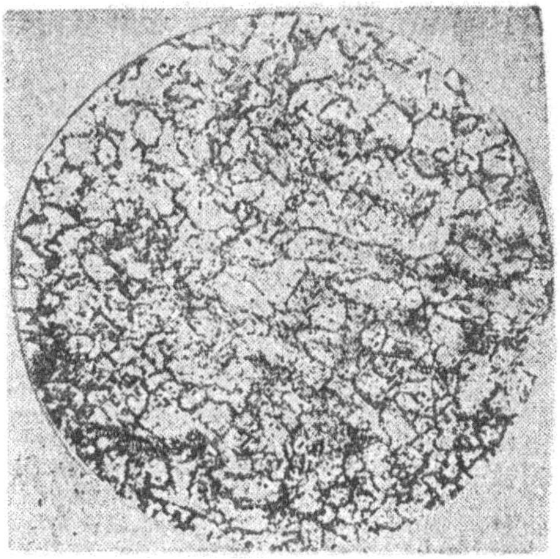

图 8　图 5 组织再次以200—300°C/min加热到860°C淬水　200×

3.1.3 慢速加热

这一点对于大型合金钢零件具有很大的现实意义。因为这些零件的淬火加热速度是较慢的，从600℃加热 4 小时到860℃（加热速度 1℃/min）是属于正常的加热速度。如果由于前道铸、锻、焊等不当，而形成粗大的非平衡组织，在上述条件下会出现组织遗传，使钢的性能变坏。

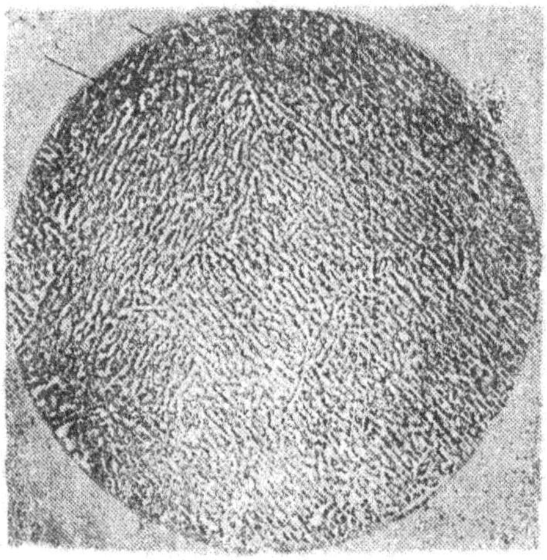

图 9　图 5 组织再次以约1°C/min加热到860°C，淬水　200×

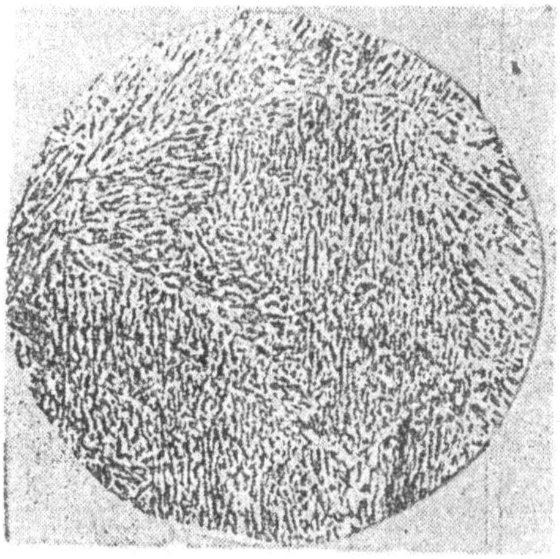

图10　图 5 组织再次以约5°C/min加热到860°C，淬水　200×

当加热速度很缓慢时（约1℃/min）钢中原子进行充分扩散。碳和部分合金元素扩散到原先马氏体板条间，它们与位错发生相互作用，巩固了原先马氏体板条的结晶位向，使其不发生再结晶；当加热温度超过 A_{c1}后，γ_A 在板条间产生，与 α'（原先的马氏体）之间保持 $K—S$ 结晶学位向关系。在 $A_{c1}\sim A_{c3}$ 的低温时形成位向一致的针状奥氏体，在高温下相互合并成粗大的晶粒，这样，在慢速加热超过 A_{c3}后，发现原始晶粒按大小、形状和位向得到了恢复（图9）。

在这种情况下，增加加热速度会破坏按结晶有序机理转变成γ_A，从而促使无序扩散机理转变为球状奥氏体，发生晶粒边界效应，且优先在原始奥氏体晶界上产生，可以观察到沿晶界分布的球状奥氏体和晶粒内保留针状奥氏体（图10）。

比较图7和图10。不难看出组织均由晶界的 γ_g 和晶粒内部的 γ_A 淬火组织组成。但后者晶粒内部的马氏体在重新缓慢加热过程中发生了回火作用。受腐蚀深，马氏体板条清楚可见，而前者加热速度快，马氏体回火作用小，不易腐蚀，为白色。

由此可见，预先淬火的粗大奥氏体晶粒钢在再次加热时，当加热速度极快或极慢时，都将出现原始晶粒的恢复，组织遗传明显表现出来。

3.2 加热温度

如果继续提高加热温度，30CrMnSi 钢试样以约 800℃/s 加热到 1050℃，淬火后，晶粒将明显地细化（图11）。按照习惯看法，在加热时奥氏体形成后，随着加热温度的升高或延长时间，都会使奥氏体晶粒发生粗化长大。但是，实验结果并不符合上述习惯概念，也就是说，原始粗大奥氏体晶粒在加热超过某一温度后，由新的、细小的、位向不同的晶粒所取代。这一温度可称为奥氏体自发再结晶温度。

由于晶粒细化是发生在奥氏体区域内，因此不可能发生相变。晶粒细化是奥氏体再结晶的结果[1,10]。奥氏体自发再结晶的驱动力是相硬化或内硬化。在加热时原始马氏体的结构缺陷遗传给了新形成的奥氏体，此外在加热时 $\alpha'\rightarrow\gamma$ 转变所引起的体积变化（组织应力）以及热应力，使钢得到了内硬化。然后，在一定温度下（临界点以上 100～200℃的高温）与冷加工变形（相应称外硬化）引起再结晶一样，具有内硬化的奥氏体也会发生再结晶，由于再结晶是通过形成新的奥氏体晶核及其长大来进行的，因此，最初形成的奥氏体是细小的，而且它们之间不存在相同的位向，见图12 Ⅱ—d 所示。

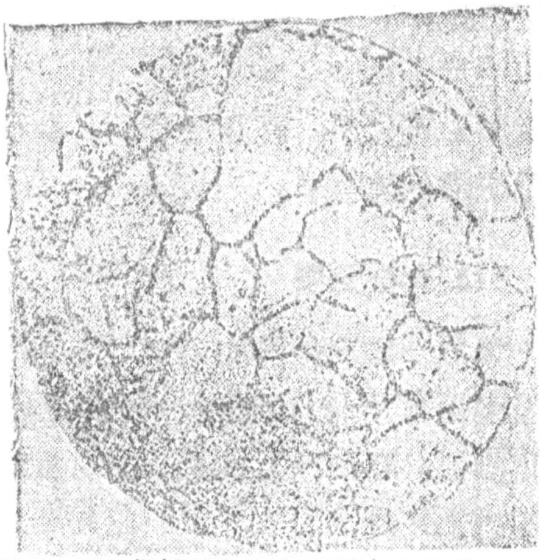

图11　图5组织再次以约800°C/s 加热到 1050°C、淬水　200×

上述的奥氏体晶粒再结晶过程可用图12表示，为了进行比较，也给出了平衡组织奥氏体化过程。

必须指出，奥氏体的自发再结晶温度与 A_{c3}没有任何直接的关系[10]。它们之间的温度范围是保留组织遗传性的温度范围。至于这个再结晶温度与此相应的保留组织遗传性的温度范围，看来与钢的合金化性质和程度、原始组织、加热速度等有关，有待进一步研究。

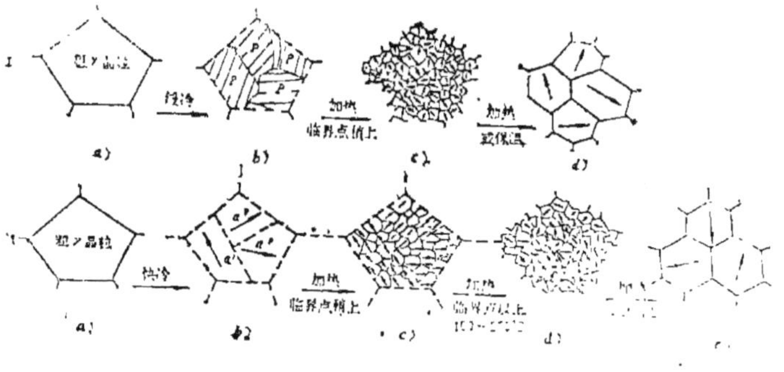

图12 不同原始组织的试样，加热时的重结晶及奥氏体晶粒再结晶的示意图

3.3 原始组织

组织遗传性发生在马氏体、贝氏体、魏氏体组织中，只有这些切变型相变才能发生相硬化[11]，铁素体—珠光体组织一般不产生遗传性。

由于贝氏体组织较稳定，加热时保持其形态结构稳定的能力远比马氏体高。此外，贝氏体相变的不完全性，转变后或多或少存在残余奥氏体，成为加热相变时奥氏体的结晶核心，所以组织遗传比马氏体更加严重。

淬火钢中存在较多数量和稳定性的残余奥氏体，再次淬火加热时组织遗传现象表现较为明显[8]，但是残余奥氏体已完全分解的原始回火索氏体组织的钢，再次加热时又出现组织遗传现象，这一事实说明残余奥氏体存在不应是组织遗传的唯一原因，因此原始组织为贝氏体和马氏体组织的钢，在 $\alpha' \rightarrow \gamma$ 转变时，组织遗传现象的出现取决于 α 相的性质和形态[7,8]。高速钢经淬火和三次高温回火后再次重新加热淬火时出现萘状断口，是组织遗传的结果。

3.4 合金元素

强烈形成碳化物的元素（V。Ti．Nb 等）都促使产生组织遗传性，使消除粗大晶粒的温度提高[11]，由于钒、钛形成的碳化物、氮化物、沉淀在奥氏体条束间以及原始奥氏体晶界。它们稳定性高，在重新加热时不易溶解。就易于把马氏体、贝氏体的轮廓和原始奥氏体晶界固定下来。在 $\alpha' \rightarrow \gamma$ 相变时，这些难溶的障碍物相抑制重结晶，阻止形成 γ_g 而促使形成 γ_A，因此易出现过热的粗大晶粒恢复。

此外，分布在原奥氏体晶界能降低晶界能的元素将阻止 γ_g 核的形成。加 Mn．Ni。Cu 能促进 γ_A 形核而推迟 γ_g 形核。加入 B 也能促进 γ_A 形核[2]。

3.5 回火程度

回火的作用在于产生附加铁素体—渗碳体相界面和破坏与马氏体的共格性，有利于

γ_g的形成。加热速度降低时，回火程度增加，促使 γ_g发展，相反，加热速度增加时，回火程度减弱，在奥氏体形成时原始马氏体中原子还来不及进行扩散，促进 γ_A形成。晶粒恢复效应增加。

4. 切断粗大晶粒遗传的措施

由上所述，导致旧奥氏体晶粒遗传的根本原因，在于旧奥氏体和马氏体之间存在着严格的晶体学位向关系。因此，要切断旧奥氏体晶粒的遗传，关键在于切断新旧相晶体位向关系，为此可采用如下措施：

4.1 采用中间退火

对已经淬火的过热钢，应先进行一次中间退火，得到细的平衡组织。因平衡组织和旧奥氏体之间不存在位向关系，用这种组织重新加热时一般得到球状奥氏体。这种退火方法可用等温退火效果较好。

4.2 多次加热和冷却

新旧相之间虽有一定的位向关系，但每经一次转变，位向关系就可能遭到一些破坏。经过多次加热和冷却，晶体学位向关系就可基本破坏。从而使过热组织得到校正。这种方法对比较容易发生再结晶的低合金钢较为有效，但对高合金钢效果欠佳。

4.3 采用一次或多次高温回火

粗大马氏体加热前先进行高温回火时，会因碳化物析出，原始马氏体片或板条的再结晶而改变形状，因而消除了原来晶体位向关系。多次回火比一次回火效果好。但对于高合金钢，因马氏体分解以及原马氏体片或板条再结晶比较困难。其效果不如等温退火。

4.4 高温奥氏体再结晶

如果过热淬火后直接加热，且再次加热时的加热速度过快、粗大奥氏体晶粒已经复原。可再进一步提高温度，通过再结晶使之细化。

4.5 过热淬火后以适当速度加热

中速通过 A_{c1}以防止在板条马氏体条界形成 γ_A 的核。

结　论

1） 原始非平衡组织钢在快速或者慢速加热时，都会出现原始奥氏晶粒的恢复；

2） 导致旧奥氏体晶粒恢复即“遗传”的根本原因，在于旧奥氏体和马氏体之间存在着严格的晶体学位向关系；

3） 在中速加热条件下，原始粗大的奥氏体晶粒得到细化；

4） 加热超过奥氏体自发再结晶温度以上，恢复了的粗大奥氏体晶粒发生再结晶而使晶粒细化。奥氏体自发再结晶的驱动力是相硬化；

5） 在 A_{c3} 与奥氏体自发再结晶温度之间存在一个保留组织遗传性的温度范围。

参 考 文 献

〔1〕萨多夫斯基：《钢的组织遗传性》，玉罗以译，机械工业出版社，1980年6月

〔2〕戚正风：非平衡态钢加热转变，《金属热处理学报》，第2卷，1981年，第2期

〔3〕符长璞：关于非平衡组织加热相变的规律，《金属热处理》，1979年10期

〔4〕渡边证一：板条马氏体—奥氏体转变，朱启惠译，《国外科技》，吉林工学院，1980年3月

〔5〕В. Д. Садовский 《МиТОМ》 1977№8，pp.26—27

〔6〕渡边证一：以马氏体为原始组织的奥氏体晶粒的形成过程，《钢的组织转变》，姚忠凯编译机械工业出版社，1980年6月

〔7〕戚正风：《原始组织对钢加热转变的影响》，全国第三届热处理年会宣读论文，1982年11

〔8〕周子年：残余奥氏体在组织遗传中的作用，《理化检验》，1983年6期

〔9〕周子年：30CrMnSi 钢加热时相变和组织转变，《理化检验》，1980年2期

〔10〕周子年：钢的组织遗传现象，《金属热处理》，1982年1期

〔11〕江锡堂：大锻件中的粗晶与钢的组织遗传性，《金属热处理》，1983年6期

Structural Inheritance of Steel

Ling Zhaoshu

(Department of Mechanical Engineering)

Abstract

This paper deals with the structural inheritance of steel and its mechanism during the heating transformation. The effects of the heating rate, the heating temperature, the original structure, the alloying elements and the degree of temper on the stuctural inheritance are studied. Several ways for cutting off the structural inheritance are introduced.

汽车转向梯形机构的优化设计

林金木，李宜芳
（机械工程系）

【摘要】本文提出设计汽车转向梯形的数学模型，模型中考虑了主销后倾角，车轮外倾角及主销内倾角在转向时的作用。计算结果表明，优化后的机构参数更为合理。

1. 前　　言

汽车转向时，内、外轮的转角要维持某种关系，这个通常由梯形机构来实现。以前梯形机构的设计，一般都把它简化为平面机构，用分析法或作图法确定机构的参数。实际上，车轮存在主销后倾角，主销内倾角和车轮外倾角，梯形机构是空间机构。显然，这样的设计方法精度较差，不可能对参数进行优选，有进一步改善的余地。本文考虑了前轮定位角的影响，提出设计梯形机构的数学模型，并且对参数进行优化。计算表明，优化后的机构参数更为合理。

2. 转向节绕主销转角与车轮转角

2.1 左前轮（顺着汽车前进方向）

在图1中，γ为主销后倾角，β为主销内倾角，θ为主锁轴线与铅直线的夹角。球面abc的球心为O点，平面$aoc\perp$平面boc，平面aoc与boa之间两面角为λ。

在球面$\triangle abc$中

$$\cos\theta=\cos\gamma\cos\beta+\sin\gamma\sin\beta\cos 90^\circ$$

$$\theta=\cos^{-1}(\cos\gamma\cdot\cos\beta) \qquad (2\text{—}1)$$

$$\frac{\sin\lambda}{\sin\beta}=\frac{\sin 90^\circ}{\sin\theta}$$

$$\lambda=\sin^{-1}\left(\frac{\sin\beta}{\sin\theta}\right) \qquad (2\text{—}2)$$

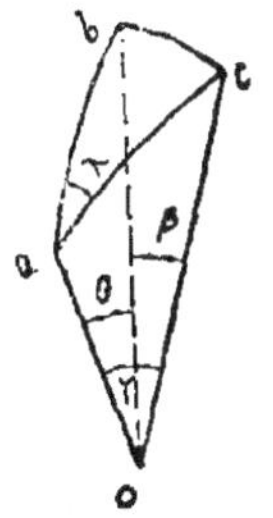

图　1

在图2中，Oa为铅直线，Ob为主销轴线，$\Delta\varphi_{左}$为转向

本文于1984年2月15日收到

节绕主销转角；OA 为直线行驶时车轮轴线，OB 为绕主销转 $\Delta\varphi_{左}$ 后的车轮轴线；α 为车轮外倾角，α' 为绕主销转 $\Delta\varphi_{左}$ 后的车轮外倾角，$\xi_{左}$ 为对应于绕主销转 $\Delta\varphi_{左}$ 后的车轮转角；E 为 bA 与 bB 弧对应的球心角；$ABab$ 为球面，球心在 O 点。

图 2

在球面 ΔAab 中

$$\cos E=\cos\theta\cos(90°+\alpha)+\sin\theta\sin(90°+\alpha)\cos(90°+\lambda)$$

$$E=\cos^{-1}(\cos\theta\sin\alpha+\sin\theta\cos\alpha\sin\lambda) \tag{2—3}$$

$$\frac{\sin\Delta}{\sin(90°+\alpha)}=\frac{\sin(90°+\lambda)}{\sin E}$$

$$\Delta=\sin^{-1}\left(\frac{\cos\alpha\cos\lambda}{\sin E}\right) \tag{2—4}$$

在球面 ΔBAb 中

$$\cos\delta=\cos^2 E+\sin^2 E\cos\Delta\varphi_{左} \tag{2—5}$$

在球面 ΔBab 中

$$\cos(90°+\alpha')=\cos E\cos\theta+\sin E\sin\theta\cos(\Delta\varphi_{左}-\Delta)$$

$$\alpha'=\sin^{-1}(-\cos E\cos\theta-\sin E\sin\theta\cos(\Delta\varphi_{左}-\Delta)) \tag{2—6}$$

在球面 ΔAaB 中

$$\cos\delta=\cos(90°+\alpha')\cos(90°+\alpha)+\sin(90°+\alpha')\sin(90°+\alpha)\cos\xi_{左}$$

$$\therefore \quad \xi_{左}=\cos^{-1}\left(\frac{\cos\delta-\sin\alpha'\sin\alpha}{\cos\alpha'\cos\alpha}\right) \tag{2—7}$$

2.2 右前轮

右前轮的绕主销转角与车轮转角的关系与左前轮相似，见图 3。其中，$\Delta\varphi_{右}$ 为右转向节绕主销转角，$\xi_{右}$ 为车轮转角。

$$\xi_{右}=\cos^{-1}\left(\frac{\cos\delta'-\sin\alpha''\sin\alpha}{\cos\alpha''\cos\alpha}\right) \tag{2—8}$$

$$\cos\delta'=\cos^2 E+\sin^2 E\cos\Delta\varphi_{右} \tag{2—9}$$

$$\alpha''=\sin^{-1}(-\cos E\cos\theta-\sin E\sin\theta\cos(\Delta\varphi_{右}+\Delta)) \tag{2—10}$$

其余符号意义同前。

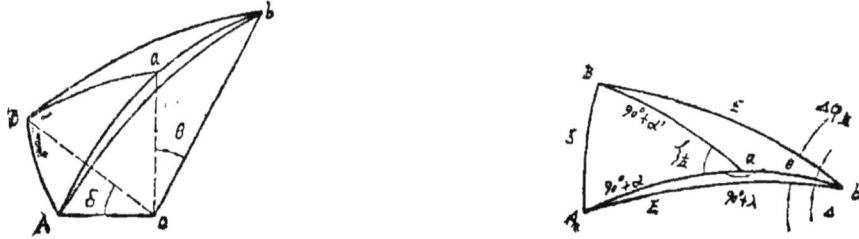

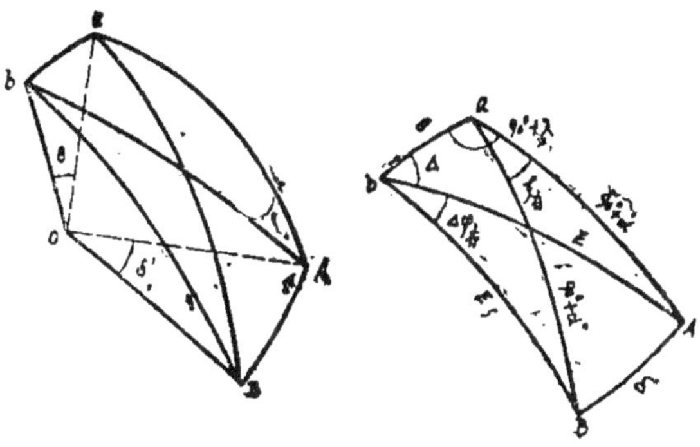

图 8

3. 坐标变换与几何关系

在图 4 中，$OABO_1$ 为梯形机构，$OO_1=a$，$AB=c$，AO 和 BO_1 的真实长度为 b；$AO\perp OZ_{左}$，$BO_1\perp O_1Z_{右}$；$OZ_{左}$ 和 $O_1Z_{右}$ 分别为左、右轮的主销轴线。

$X_{左}Y_{左}Z_{左}$ 和 $X_{右}Y_{右}Z_{右}$ 为两个空间坐标系，它们的关系为

$$\{X\}_{左}=A\{X\}_{右}+B \tag{3—1}$$

其中

$$A=\begin{pmatrix} 1 & 0 & 0 \\ 0 & \cos 2\beta & -\sin 2\beta \\ 0 & \sin 2\beta & \cos 2\beta \end{pmatrix}$$

$$B=[0 \quad a\cos\beta \quad a\sin\beta]^T$$

$$\{X\}_{右}=[X_{右}\ Y_{右}\ Z_{右}]^T \qquad \{X\}_{左}=[X_{左}\ Y_{左}\ Z_{左}]^T$$

设 AO 与 $OY_{左}$ 的夹角为 φ_0，则 BO_1 与 $O_1Y_{右}$ 的夹角为 $\pi-\varphi_0$。当 AO 绕主销转动 $\Delta\varphi_{左}$ 时，BO_1 绕主销的对应转角为 $\Delta\varphi_{右}$。则有

A点的坐标为

$$\left.\begin{aligned} X_{左A}&=b\sin(\varphi_0+\Delta\varphi_{左}) \\ Y_{左A}&=b\cos(\varphi_0+\Delta\varphi_{左}) \\ Z_{左A}&=0 \end{aligned}\right\} \tag{3—2}$$

B点的坐标为

$$\left.\begin{aligned} X_{右B}&=b\sin(\varphi_0-\Delta\varphi_{右}) \\ Y_{右B}&=-b\cos(\varphi_0-\Delta\varphi_{右}) \\ Z_{右B}&=0 \end{aligned}\right\} \tag{3—3}$$

对 B 点的坐标进行坐标变换，得

$$\left.\begin{aligned}X_{左_B}&=b\sin(\varphi_o-\Delta\varphi_{右})\\Y_{左_B}&=-b\cos(\varphi_o-\Delta\varphi_{右})\cos2\beta+a\cos\beta\\Z_{左_B}&=-b\cos(\varphi_o-\Delta\varphi_{右})\sin2\beta+a\sin\beta\end{aligned}\right\}\qquad(3\text{—}4)$$

在 $X_{左}Y_{左}Z_{左}$ 系中，根据空间解析几何，有

$$\begin{aligned}c^2&=(X_{左_A}-X_{左_B})^2+(Y_{左_A}-Y_{左_B})^2+(Z_{左_A}-Z_{左_B})^2\\&=[b\sin(\varphi_o+\Delta\varphi_{左})-b\sin(\varphi_o-\Delta\varphi_{右})]^2+[b\cos(\varphi_o+\Delta\varphi_{左})\\&\quad+b\cos(\varphi_o-\Delta\varphi_{右})\cos2\beta-a\cos\beta]^2+[b\cos(\varphi_o-\Delta\varphi_{右})\\&\quad\sin2\beta-a\sin\beta]^2\end{aligned}\qquad(3\text{—}5)$$

令 $\Delta\varphi_{左}=\Delta\varphi_{右}=0$，得

$$c=a-2b\cos\beta\cos\varphi_o\qquad(3\text{—}6)$$

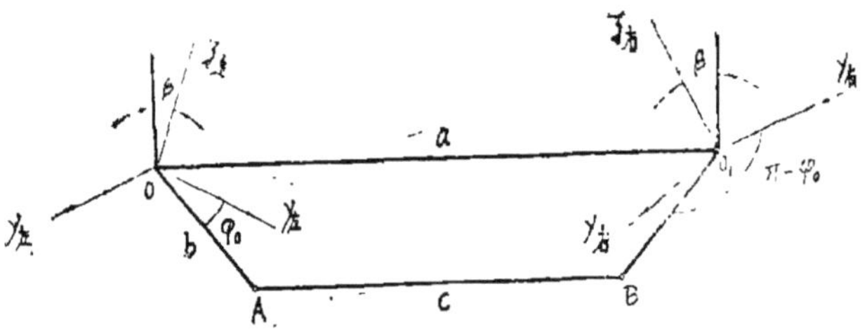

图　4

把式（3—6）代入式（3—5），整理后可得

$$\Delta\varphi_{右}=\varphi_o-\cos^{-1}\frac{A_1E_1\pm B_1\sqrt{A_1^2+B_1^2-E_1^2}}{A_1^2+B_1^2}\qquad(3\text{—}7)$$

其中 $\Delta\varphi_{右}$ 必须满足

$$A_1\cos(\varphi_o-\Delta\varphi_{右})-E_1\geq0\qquad(3\text{—}8)$$

$$A_1=b\cos2\beta\cos(\varphi_o+\Delta\varphi_{左})-a\cos\beta$$

$$B_1=-b\sin(\varphi_o+\Delta\varphi_{左})$$

$$E_1=2b\cos^2\beta\cos^2\varphi_o-2a\cos\beta\cos\varphi_o-b+a\cos\beta\cos(\varphi_o+\Delta\varphi_{左})$$

4. 目标函数及约束条件

4.1 正确转向的理论公式（左转弯）[2]

$$\mathrm{ctg}\,\xi^{\circ}_{左}-\mathrm{ctg}\,\xi^{\circ}_{右}=\frac{M}{L}\qquad(4-1)$$

其中

M 为主销与地面交点间的距离

表 1

$\xi_{右}$ / $\xi_{左}^{0}$	$\xi^{0}_{右}$理论值	$\xi_{右}$现有设计	$\xi_{右}$优化设计
1.9789	2.0069	2.0067	1.9988
3.9578	4.0712	4.0708	4.0425
5.9368	6.1953	6.1956	6.1300
7.9161	8.3808	8.3855	8.2649
9.8956	10.6295	10.6458	10.4502
11.8755	12.9427	12.9832	12.6896
13.8560	15.3211	15.4062	14.9879
15.8470	17.7651	17.9257	17.3506
17.8187	20.2743	20.5561	19.7851
19.8012	22.8478	23.3162	22.3002
21.7845	25.4838	26.2320	24.9073
23.7688	28.1797	29.3401	27.6215
25.7541	30.9320	32.6958	30.4624
27.7406	33.7365	36.3873	33.4571
29.7283	36.5877	40.5734	36.6442
31.7172	39.4796	45.5966	40.0820
33.7075	42.4053	52.5780	43.8649

L 为轴距

$\xi^{\circ}_{左}$ 为左前轮转角

$\xi^{\circ}_{右}$ 为右前轮转角

4.2 目标函数

$$\pi=\sum_{i=1}^{n}(\xi_{右}-\xi^{\circ}_{右})^2F(i) \quad 最小 \tag{4—2}$$

其中 F(i) 为权函数，本文计算中，取 $n=17$

$$F(i)=(21-i)/4。$$

4.3 约束条件

(1) 在最大转角位置，$\theta_1\leqslant160°$ 即

$$\cos^{-1}\left(\frac{2b\cos^2\beta\cos^2\varphi_0+a\cos\beta\cos(\varphi_0+\Delta\varphi_{左max})-2a\cos\beta\cos\varphi_0}{a-2b\cos\beta\cos\varphi_0}\right)\leqslant160° \tag{4—3}$$

(见图 5)

(2) 根据结构要求，约束条件还有：

$$\left.\begin{array}{l}1504\leqslant a\leqslant1520\\110\leqslant b\leqslant220\\50°\leqslant\varphi_0\leqslant90°\end{array}\right\} \tag{4—4}$$

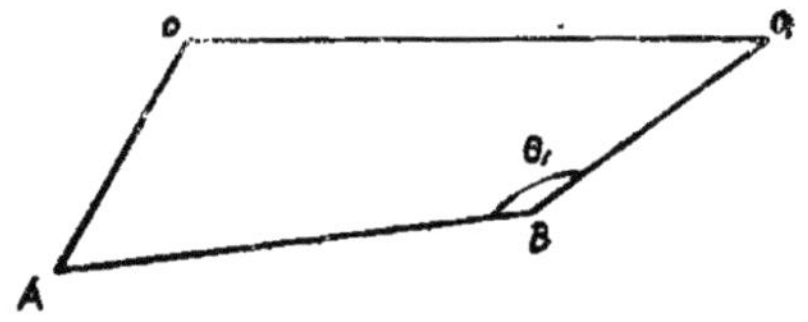

图 5

5. 计 算 结 果

本文的数学模型是具有三个变量的单目标函数，它可用复合型法或罚函数法求解。因为变量较少，亦可用网络法求解。本文用上述方法求解，结果相当接近。用罚函数法求得 CA—10B 的梯形机构的优化参数为：

$a=1519.2685$

$b=110.1166$

$\varphi_0=74.177°$

而目前 CA—10B 采用的参数为：（见〔3〕）

$a=1512.7463$

$b=201.3833$

$\varphi_0=70.473°$

两组参数计算结果比较见表 1 和图 6。

由表 1 及图 6 可见，优化后的梯形机构非常接近理论要求，而且在中小转角范围内 $\xi_{右}<\xi^{0}_{右}$，比 CA—$10B$ 目前采用的梯形机构更为合理。

6. 结　　语

计算表明，机构的轨迹对 φ_0 相当敏感，对 b 和 a 值不很敏感，因此要十分谨慎地选择 φ_0 值。只要结构上允许，选用较短的梯形臂（b 值）比较有利，但目前各车采用的 b 值都比较大，似乎有改进的必要。

在目标函数中，最好还要考虑轮胎侧向偏离的影响。本文中，因缺少轮胎的实验资料，这项影响暂未计入。若考虑这个因素，梯形机构的设计必将更为合理。

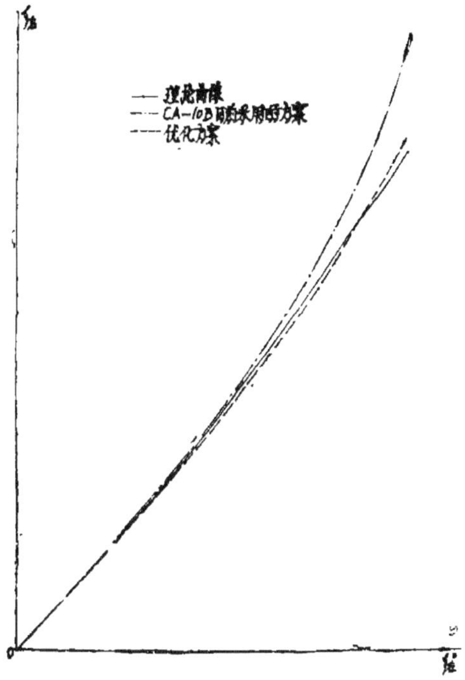

图　6

参　考　文　献

〔1〕中国矿业学院院数学教研室编，《数学手册》，科学出版社，1980

〔2〕吉林工业大学汽车教研室编：《汽车设计》，机械工业出版社，1981

〔8〕第一汽车厂编：《解放牌 CA－10B 型载重汽车另件图册》，机械工业出版社，1972

〔4〕福克斯著，《工程设计的优化方法》，科学出版社，1981

Optimum Design of Steering Trapezium in Cars

Lin Jinmu and Li Yifang

(Department of Mechanical Engineering)

Abstract

A mathematical model for designing the steering trapezium is presented in this paper, in which the effects of caster angle, camber angle and kingpin inclination angle on steering arc taken into account. The results obtained from calculation indicate that the optimized parameters are more reasonable.

铸造铜合金中变质元素作用的研究

龚建森，史德华，胡城立

龚建森　史德华　胡城立
（机械工程系）

黄俊鹏　谢森林
（湘潭电机厂）

【摘要】　本文研究了ZQ Al 9—4、ZH Si 80—3铜合金中变质元素的作用效果，在所研究的多种变质元素中，以B+V、B两种变质效果最好，能使合金机械性能、耐磨性能和耐蚀性能有较大幅度的提高。钨渣铁合金是由废渣冶炼的付产品，用它作为ZQ Al 9—4 铜合金变质剂能细化合金组织，提高合金的机械性能和耐磨性能，价格低廉，使用操作方便，不产生公害。

1. 绪　论

变质处理在铸钢、铸铁以及铝合金中，国内外学者研究较多，并且在实际生产中得到了广泛的应用。但是，有关铜合金的变质研究，国内外报导较少。近几年来，西德、波兰、苏联等学者，开始从事这方面的研究。据有关资料[1]报导：B在含有Fe、Al的黄铜中具有长效变质效果，但应控制在一定范围内。至于B对细化晶粒的作用，有人认为[2]，加B变质对含Si黄铜不会有细化作用。但是国内近期研究发现，B可使ZH Si 80—3合金抗拉强度提高10%，延伸率提高50%，组织也能细化[3]。由于目前国内外对铜合金的变质剂研究不系统，在实际生产中应用不多，因此，深入研究铜合金的变质工艺，寻找可靠的变质剂以及变质方法，是当务之急。

国外有关资料[4]曾经报道，铜及其合金的最佳变质剂为含Zr、Ti、V、Al和B（或和W）的混合剂以及Mo、V（和C）的混合剂，但是作用机理看法不完全统一，有待证实。而且国外研究者多数采用价格较贵的中间合金加入，能否利用我国资源条件如钨渣铁合金作变质剂，是十分有实际意义的课题。

本文于1984年8月23日收到

2． 试验条件及方法

本研究的系统试验是在实验室条件下进行的，随后又在湘潭电机厂有色合金铸造车间生产条件下就钨渣铁合金变质处理进行了可行性试验（试验条件及方法见“湖南大学学报”，1984年，№3 p95）。

3． 试验结果及分析

3—1 各种变质剂对铝青铜组织及性能的影响

在实验室条件下共研究了以下几种变质剂（见表1）对ZQ Al 9—4合金机械性能的影响如图1所示。

表 1

变质剂的化学成份	加入合金的形式	该元素含量（%）
B	Fe—B	22
V	Fe—V	40
Mo	Fe—Mo	60
Ti	Al—Cu—Ti	4
W.Mn.Nb.Ta.	钨渣合金	W：3.4～6.0%；Mn：14～17% Nb：0.2～0.6%，Ta0.045～0.17%

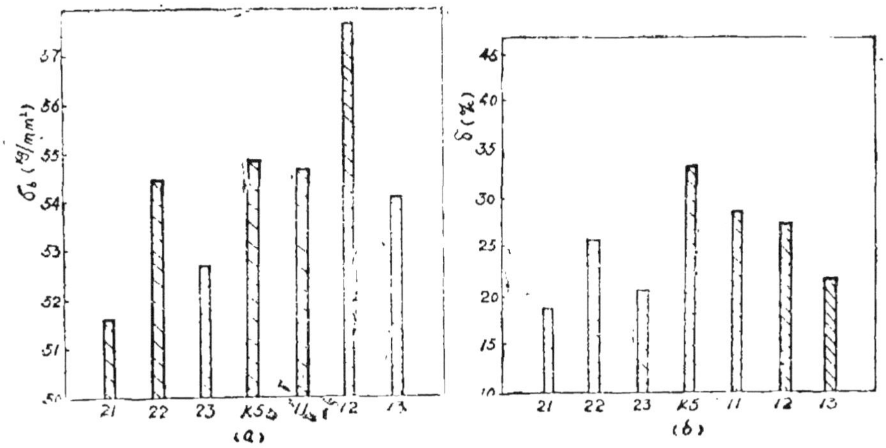

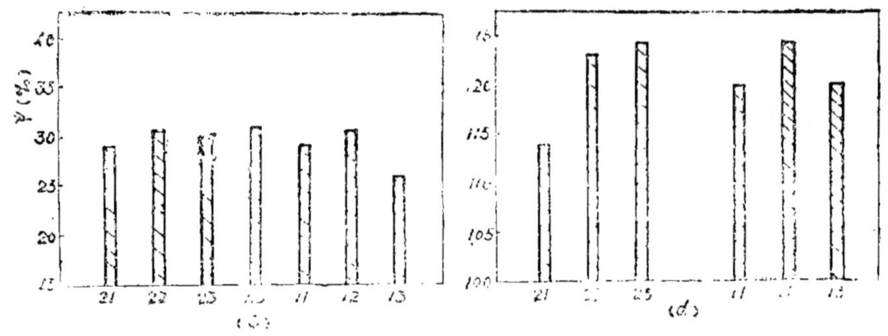

图1　变质元素对ZQ Al 9—4合金机械性能的影响

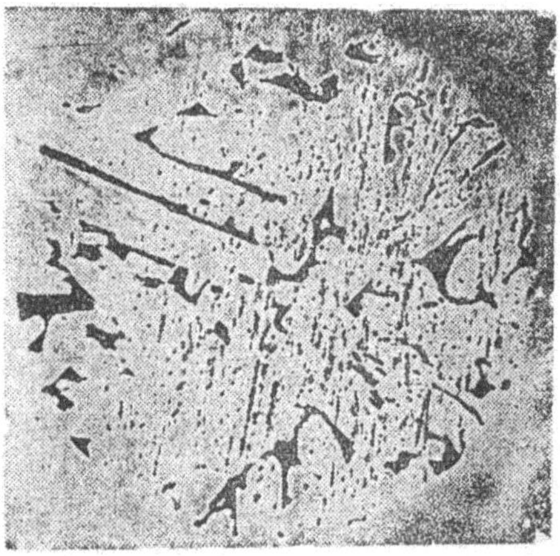

a.　未变质

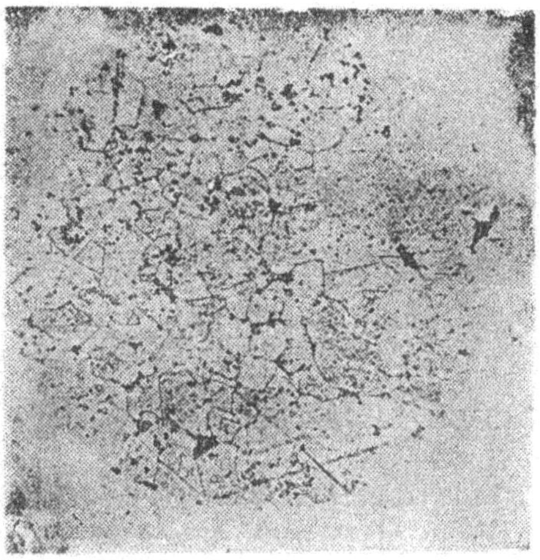

b.　0.1% 钨溢铁合金变质

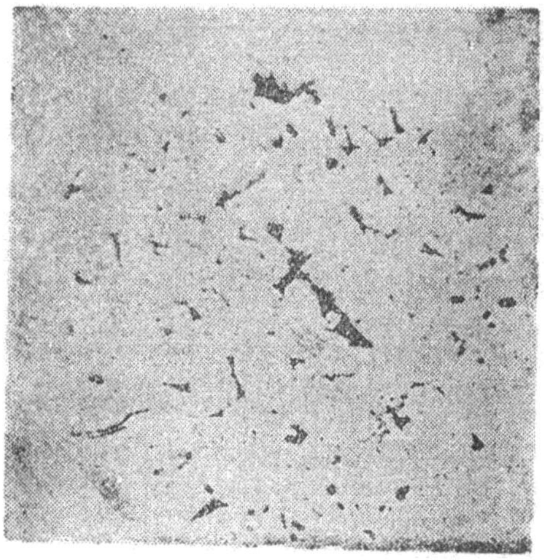

c.　0.02%B + 0.002%Mo变质

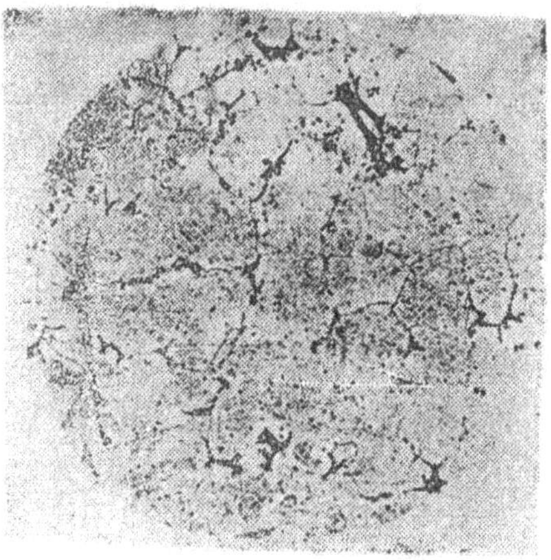

d.　0.06%B变质

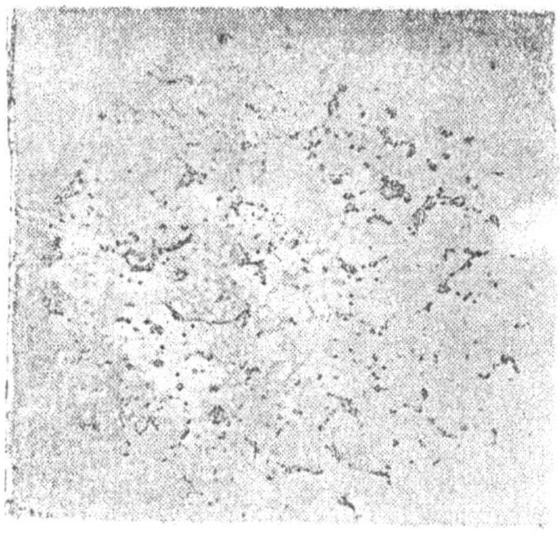

e. 0.02%B+0.02%V变质

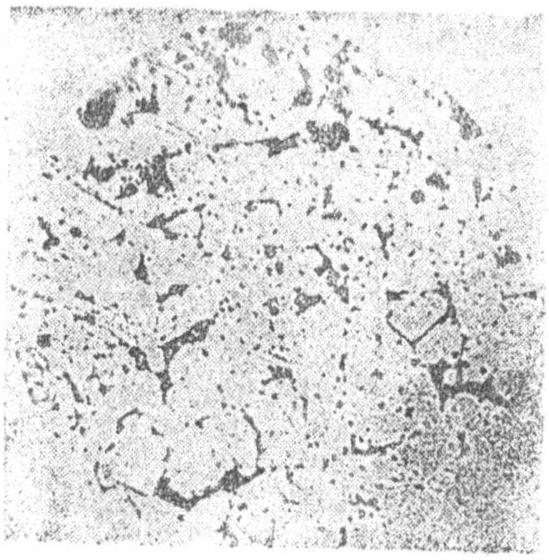

f. 0.02%B+0.02%Ti

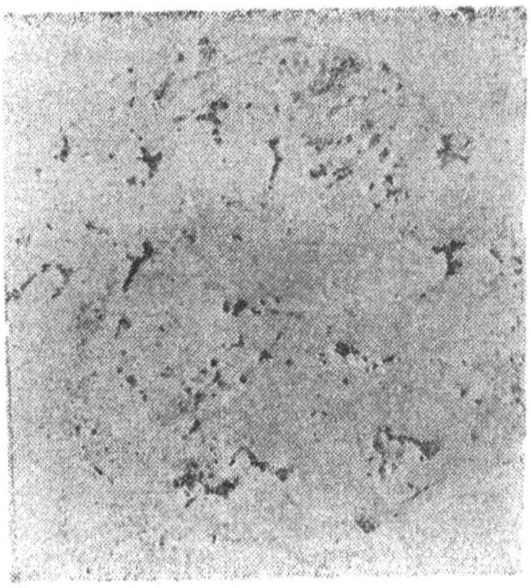

g. 0.02%B

图2 ZQ Al 9—4合金的金相组织 氯化铁盐酸溶液浸蚀×110

（注：上述七种方案的变质剂加入量分别为：21——原始样； 22——0.1%的钨渣铁合金；23——0.02%B+0.02%Mo； K_5——0.02%B； 11——0.06%B； 12——0.02%B+0.02%V 13——0.02%B+0.02%Ti。）

以上可见，B+V对提高ZQA19—4合金抗拉强度最为有效，经变质后，ZQA19—4合金的抗拉强度可提高10.6%，硬度提高9%，塑性提高58%左右。单独加B强度提高约7%，而塑性却提高一倍。因此，若以提高塑性为主要目的，则应用硼为变质剂。

ZQ Al 9—4合金是以Cu—Al为基的多元合金，其室温平衡组织为$\alpha+(\alpha+\gamma_2)+K$，在铸造条件下为$\alpha+\beta+K$或$\alpha+\beta+(\alpha+\gamma_2)+K$。变质剂之所以能提高ZQ Al 9—4合金机械性能，是由于它们能不同程度地形成与β相的晶格常数和晶体结构相类似的高温质点（B_4C），从而细化了β相，这一点我们可以从图2看出。

由图2—(a)可见，未变质时，ZQA1 9—4合金的β相相当粗大，且呈长条状，而其他几种变质方案，β相都不同程度得到细化，其中以添加B+V的细化效果最突出。

B＋V之所以能较显著地提高ZQ Al 9—4 合金的抗拉强度，细化晶粒，文献〔5〕作者认为：加硼时在结晶过程中生成了B_4C，它的晶格结构与β相差不大，故B_4C（或B）能作为β相的活性变质剂；另一方面，当合金中Al大于7.5%时，还可能生成 AlB 化合物，它可能是α相的结晶核心。钒能促进α相的分解，生成金属间化合物的质点，参见图 2—(c)，在α固溶体晶界上有极细的质点存在。文献〔6〕从脱氧角度来解释硼的作用，试验和计算结果，证实硼的脱氧能力很强，但不降低铜的导电、导热性。

从金相组织和机械性能试验数据证实，单独加硼量为 0.02% 时，其效果佳；而0.02%硼与0.02%钒的复合添加剂提高综合机械性能效果最显著。变质后ZQ Al 9—4试样断口的电镜照片如图 3 所示。

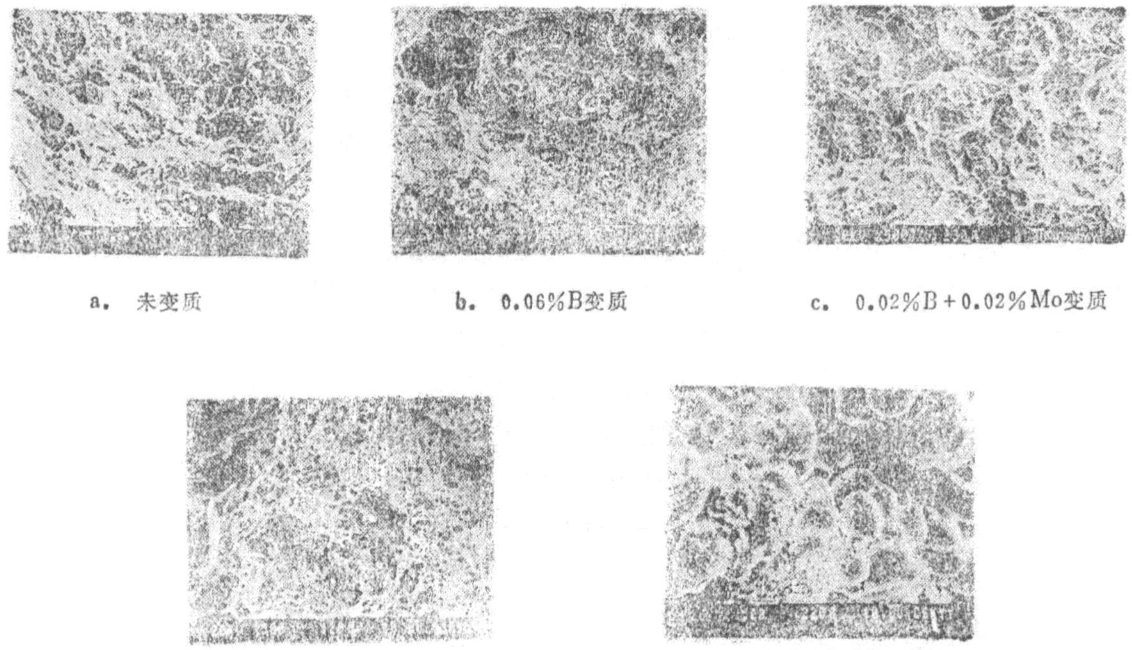

a. 未变质　　b. 0.06%B变质　　c. 0.02%B＋0.02%Mo变质

d. 0.02%B＋0.02%V变质　　e. 0.1%钨渣铁合金变质

图 3　ZQAl9—4合金试样断口扫描电镜照片　×500

添加0.02%B＋0.02%Mo与添加0.02%B＋0.02%Ti 的效果比单独加硼要差。

单独加入一定量的钨渣铁合金可使抗拉强度、延伸率和断面收缩率和硬度均有提高，这可能是 W、Mn、Nb、Ta 发生了作用。推测 W、Nb、Ta 形成晶粒细化的核心，而 Mn 能降低共析转化温度，稳定β相，从而抑制铝青铜的缓冷脆性，故能提高塑性、韧性及抗拉强度。至于硬度的提高，可能是由于形成了含 W、Nb、Mn 等元素的硬质点相。

从这些元素在周期表位置分析，V、Nb、Ta同属VB族，而且 Ti、Mo、W也分别属于 IVB 族和 VIB 族，均系体心立方结构。因此，它们本身或其化合物可能会具有与ZQ Al 9—4合金中的β相相类似的晶格常数，而起细化组织的作用。

通过变质处理，ZQAl 9—4合金耐磨性也有不同程度的提高，其中B＋V提高幅度最大，如图4所示。

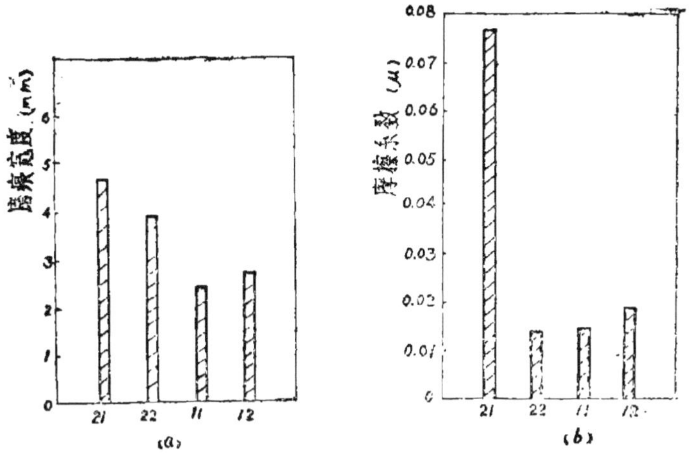

图4 变质剂对ZQ Al 9—4合金的耐磨性影响

这些变质剂之所以能产生这样的效果，一方面如前面所述，它们细化了组织，使组织更加致密；另一方面，可能是形成了复杂化合物，即形成硬质点相。从图2(e)来看，加B+V后，ZQ Al 9－4合金的金相组织中类似于K相的硬质点显然增多，它们对提高耐磨性也起促进作用，见图4。加钨渣铁合金后，组织中形成了较多的新相。(可能有含W、Nb、Ta的硬质点相存在)，其显微硬度一般均很高，作为摩擦时第一滑动面，起了很好的作用，从而使ZQ Al 9—4合金的耐磨性得到提高。

测定了ZQ Al 9—4合金的耐蚀性能，所得结果如图5所示。

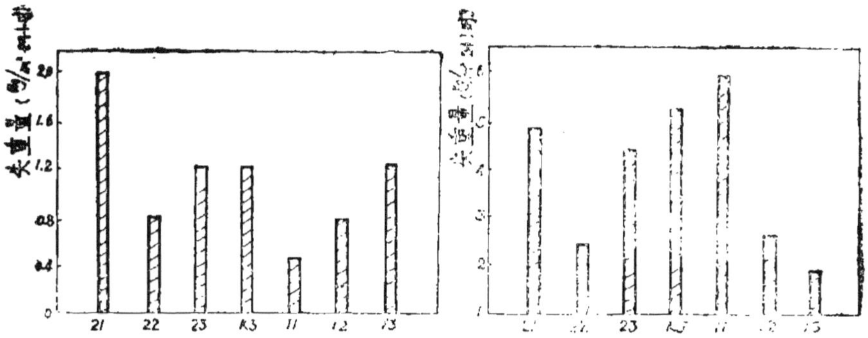

a. 在3%NaCl水溶液中　　b. 在10%H_2SO_4水溶液中

图5 变质剂对ZQAl 9—4合金耐蚀性能的影响

由此可见，在3%的NaCl水溶液中(a)，ZQAl 9—4合金的耐蚀性能都不同程度地得到了改善，尤其是加0.06%B的变质效果最好，它使耐蚀性大大提高。并且加B+V和加钨渣铁合金的变质方案同样具有明显效果。而在10%H_2SO_4溶液里(b)，以B+Ti的变质剂为最好，而B+V和钨渣铁合金次之。但是加硼的耐蚀性似乎比原始的还要差，但其在

3% NaCl溶液里却能提高耐蚀性，其原因有待于继续探讨。不过，可以肯定，通过加B+V(12)和加钨渣铁合金(22)，无论是在3%NaCl溶液里还是在10% H_2SO_4 溶液里，均能显著提高耐蚀性能。同时，加B+Ti和B+Mo变质剂也能提高ZQ Al 9—4合金的耐蚀性。

3—2　硼、钒、钨渣铁合金等对ZHSi 80—3合金机械性能的影响

试验采取的基本工艺是：黄铜料在石墨坩埚内熔化并升温至1180℃后，添加B、V及钨渣铁合金，然后在1020℃时浇注金属型拉力试棒，所得结果如图6所示。

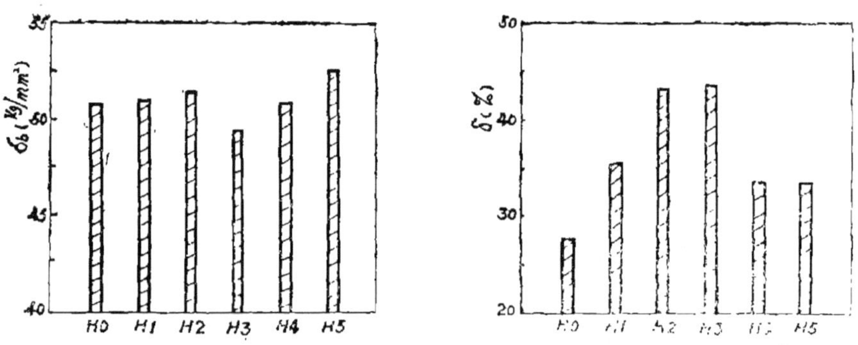

(a)　　　　(b)

图6　变质剂对ZHSi 80—3合金机械性能的影响

（注：图中符号的含义为：HO——未变质；　H_1——0.02%B；　H_2——0.02%V；
H_3——0.02%B+0.02%V；　H_4——0.4%钨渣铁合金；　H_5——0.6%钨渣铁合金）

试验表明，变质剂对ZHSi 80—3的抗拉强度影响不大，可能是由于试验中添加的都是含Fe的合金，而Fe对硅黄铜是有害杂质，它会增加晶间疏松，大大降低流动性和水密性。但是也有资料[7]认为，在含量不超过1—1.3%时，对机械性能无明显影响。从图6(b)还可以看出，这些变质剂均能使延伸率得到不同程度地提高，特别是添加V(H_2)和添加B+V(H_3)，使延伸率提高了55%和57%。

3—3　钨渣铁合金的工业性试验

钨渣铁合金是湖南省冶金部门综合利用生产三氧化钨的废渣，化害为利，以碳生法还原，从钨渣中提炼出来的一种铁合金。因此，开展这方面的研究兼有解决环境问题和提高经济效益的好处。钨渣铁合金对机械性能的影响如图7所示。

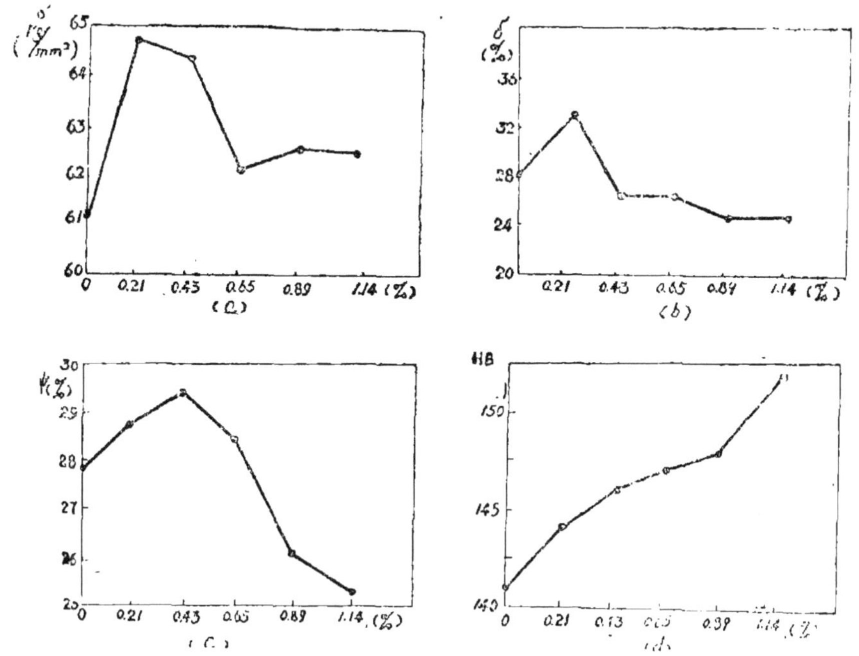

图 7　钨渣铁合金加入量对ZQAl 9—4合金机械性能的影响

从图 7 可以看出，当钨渣铁合金的加入量在0.21～0.43%范围内，ZQ Al 9—4合金的抗拉强度和延伸率以及断面收缩率综合性能最好。如果继续增加其加入量，就 σ_b 来说，虽逐渐减低，但直至加入量为1.14%时，仍要比原始的好。但其延伸率和断面收缩率却低于原始数据，而其硬度则相反，却随着加入量的增加而增加。

随着钨渣铁合金加入量的增多，ZQ Al 9—4 合金的强度和塑性出现下降的趋势，可能是由于 Fe 量增多的缘故，因为铁在铝青铜中溶解度很小，约为 0.5～1.0%，如果超过这个含量，铁就会形成K相（CuFeAl）化合物，这个量太多，就使合金发脆，而且钨渣铁合金中含有14～17%的Mn，随着Mn量的增加，铝青铜中所需要的铁量应减少，显然，随着钨渣铁合金量的增多，一方面本身铁量增多，另一方面因为锰的增多，而使铁的相对含量增多。故此，总的铁量增加，从而造成机械性能随钨渣铁合金加入量的增加而降低。但是，只要钨渣铁合金量控制在一定范围内，铝青铜的机械性能还是有明显提高的，这可以从图 8 的金相照片来证明。

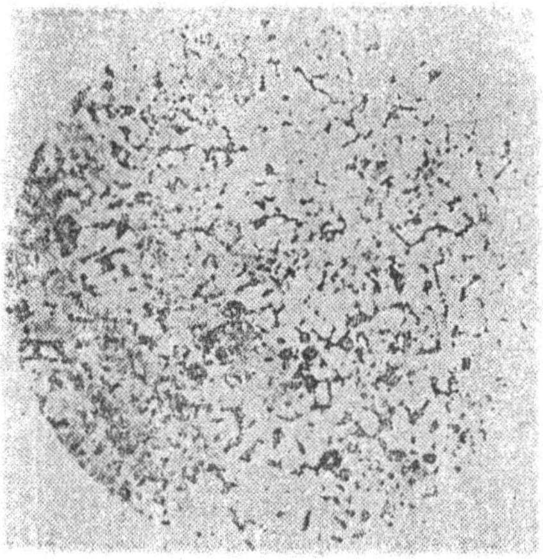

a. 金属型铸造

（未变质）

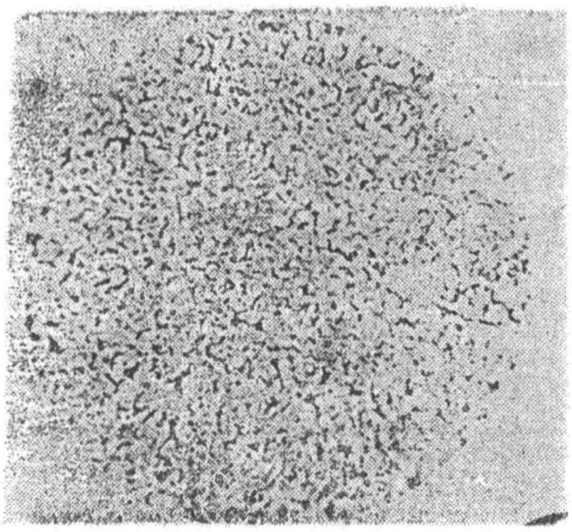

b. 金属型铸造

（0.21%钨渣铁合金变质）

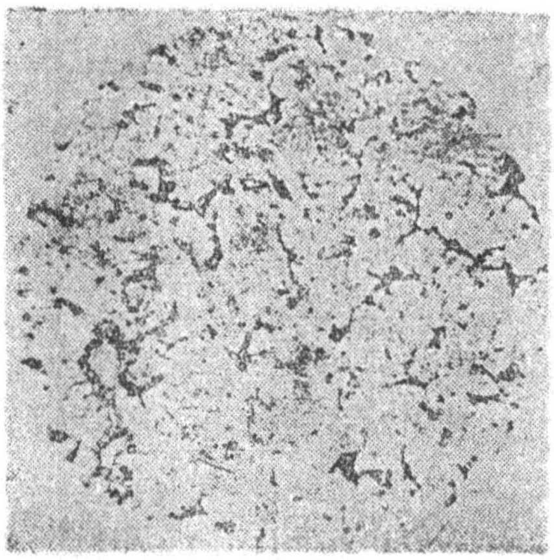

c. 砂型铸造

（未变质）

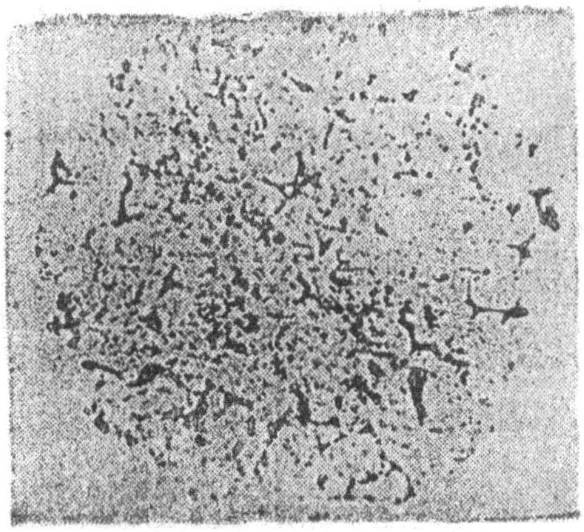

d. 砂型铸造

（0.71%钨渣铁合金变质）

图8　添加钨渣铁合金后对ZQAl9—4合金金相组织的影响

（用氯化铁盐酸水溶液浸蚀）110×

加入钨渣铁合金对ZQ Al 9—4合金的晶粒细化程度较大，而硬度随着钨渣铁合金加入量的增加而提高，这是由于随着钨渣铁合金加入量的增加，W、Nb、Ta 含量也增加，一般情况下，都增加硬质点相的数量，从而使硬度不断提高，故耐磨性也相应提高。

加入钨渣铁合金后对ZQ Al 9—4合金体收缩的影响如图9所示。

在1150°浇注条件下，测得ZQ Al 9—4合金的线收缩率和流动性如表2、表3所示。

表 2

条件	线收缩率
原始	1.35%
加钨渣铁合金	1.41%

表 3

条件	流动性
原始	72.5cm
加钨渣铁合金	91.5cm

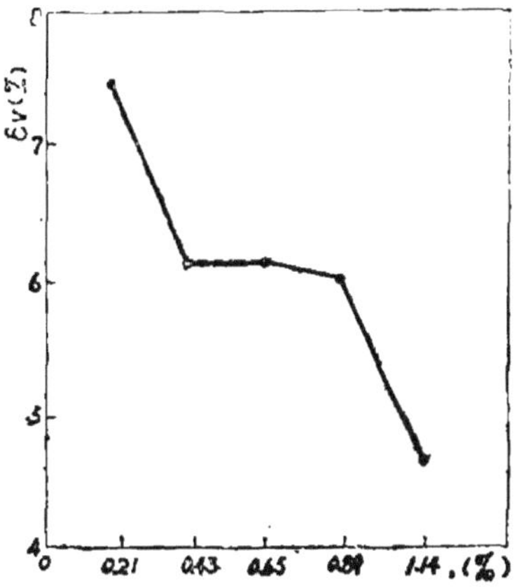

图 9 钨渣铁合金加入量对ZQAl 9—4合金体收缩的影响

从上可以看出，钨渣铁合金加入后，对线收缩率影响不大，（从数据上看，似乎略有增大）但使流动性有所提高。

4. 结 论

通过研究各种变质剂对ZQ Al 9—4、ZHSi 80—3合金的金相组织、机械性能、耐磨性能和耐蚀性的影响，可以得到如下结论：

1) B、B+V、B+Ti、B+Mo和钨渣铁合金均能改善ZQ Al 9—4 合金的金相组织和各种性能，其中B+V、B和钨渣铁合金的效果最好，它们对机械性能、耐磨性能的提高幅度较大。

2) V、B和钨渣铁合金对ZH Si 80—3 合金的抗拉强度影响不大，但显著提高延伸率，特别是V和V+B变质处理，延伸率提高55%左右。

3) 钨渣铁合金对ZQ Al 9—4合金具有较好的变质效果，当加入量为 0.21～0.43% 最佳值时，合金强度和塑性分别提高6%和18%。ZQAl9—4合金的硬度随着钨渣铁合金加入量的增加而升高，而体收缩则相反。钨渣铁合金使线收缩率略有增加，但流动性有所改善。

4) 钨渣铁合金不但使ZQ Al 9—4 合金的组织细化，性能提高，而且具有明显的经济效益和环境效益。铜液处理费用低，且操作简便、不产生公害。

参 考 文 献

〔1〕 Einflub von Bor auf die Gieb-und Werkstoffeigenschaften von Kupfer-Zink-Gublegierungen. Weber H.G.Giesserei, 1982, 69, №3, 68—72

〔2〕 Couture, A., Edwards, J. O., Kornfeinung von Kupfer-Sandqubleging ungen und ihr Einflub auf die Gifteeigenschaften. "Giesser.-Prax.", 1976, №21. 425—435

〔3〕 龚建森等：微量硼添加剂对铸造铜合金金相组织和机械性能的影响，《湖南大学学报》，1984, №3

〔4〕 Romankicwicz, F.; Kompleksowa modyfikacia brazv B 476. Odlew, 1980, 30, №2, 35—37

〔5〕 Лебедев, К, П.: «Литейные Бронзы». М. 1973. Стр. 182—188

〔6〕 Исследование изностойксти Медных сплавов, «Летйное про-во», 1981, №10. Стр. 8

〔7〕 《铸造有色合金手册》，机械工业出版社，1978. 4. 417

The Effects of Modification Elements on Casting Copper Alloys

Gong Jiansen, Shi Dehua and Hu Chengli

(Department of Mechanical Engineering)

Huang Junpeng and Xie Senlin

(Xiangtan Electrical Machinery Plant)

Abstract

In this paper, the effects of modification elements on two kinds of casting copper alloys, ZQAl9—4 and ZHSi80—3, have been investigated. It has been found that, of various modification elements studied, both B+V and B have the best effects and can greatly improve the mechanical properties, wear resistant properties and corrosion resistant properties of the alloys. We have used the tungsten slag ferroalloy as a modificator for ZQAl9—4 and found that the microstructure, the mechanical properties and wear resistant properties of the materaial are improved. What is more, this modificator can reduce the cost, make the operation convenient and produce no environmental pollution.

1986 年论文

无抗冲切钢筋的钢筋混凝土板柱连接冲切强度的试验研究

李定国，舒兆发，余志武

（结构工程研究所）　（土木工程系）　（长沙铁道学院）

【摘要】 本文报道了33块局部荷载（即柱荷载）作用下无抗冲切钢筋的钢筋混凝土简支方板的试验及分析。它描述了试件上发生的弯曲破坏或冲切破坏的不同破坏特征，提出了与试验结果吻合较好的经验计算公式。

1. 前　言

我国现行规范中的冲切计算中主要适合于厚板的低配筋情况。随着建筑业的发展，国外已大量出现平板楼盖（无柱帽），它给使用和施工带来很大好处，目前国内如冷库等工程也开始使用。此类结构的特点之一是板薄、配筋率高，若按现行规范（TJ10—74）公式验算冲切[1]，一般都不满足。现行规范有关条文与西方各国比较，显得保守，而各国规范有关冲切规定彼此出入也较大。显然，冲切问题有待于继续深入研究。

我国规范的冲切规定，基本沿用苏联规范条文。过去国内在这方面的试验研究工作基本上是空白。为此，钢筋混凝土规范组为配合新规范的编制，委托我们进行这项研究。本文主要报道无抗冲切钢筋板柱连接试件的试验研究成果。

2. 历史回顾

冲切问题的最早研究是针对柱基础。1907年，Talbot作了二百多个基础试验，其中20个发生冲切破坏。据此他提出了第一个冲切强度计算公式

$$v=\frac{V}{4(2d+r)jd} \qquad (2-1)$$

式中V为冲切力，d为板的有效高度，r为柱宽，jd为截面抵抗矩力臂，v为名义剪应力，若v小于混凝土抗拉强度时，试件不会发生冲切破坏。

本文1985年3月13日收到

此式是以梁的弹性经验公式的研究奠定了理论为基础。虽然粗糙，但给后来大多数经验公式的研究奠定了基础。

1948年，Richart发表了140个柱基和墙基的试验资料[2]详细阐述了各种破坏形态的破坏特征，为后人提供了大量的试验数据。

1956年～1961年，Elstner、Hognestad和Moe等人先后发表了简支方板的试验研究报告，分别提出了下列经验公式

$$V=\frac{V}{\frac{7}{8}bd}=333Psi+0.046f'_c/\phi_o \quad [3] \tag{2—2}$$

$$V=\frac{V}{4rd}=\left[15\left(1-0.075\frac{r}{d}\right)-5.25\phi_o\right]\sqrt{f'_c} \quad [4] \tag{2—3}$$

式中$\phi_o=V_t/V_{flex}$，V_t和V_{flex}分别为试验极限荷载和由屈服线理论预计的极限荷载，f'_c为凝土抗压强度，b为周长，其余符号同（2—1）式。

此两公式均考虑了抗弯钢筋的影响，式中系数由统计分析得到。

1960年，Kinnunen和Nylander提出了支承壳模型理论[5]。1967年，Adrian Ernert Long等人从弹性薄板理论出发建立了相应的计算公式[6]。但是，这些公式不仅计算复杂，而且其理论模型也难被人接受。

3. 试验内容及方法

3.1 试件设计

全部计件均由140cm的方板和25×25×40cm的方形短柱两部分整体现浇而成。板厚分别为8、10、12和15cm；抗弯钢筋除试件$C6$、$D7$和$D9$为Ⅱ级钢筋外，其余均为Ⅰ级钢筋，两个方向的平均配筋率为0.5～2.14%；混凝土由湘江砂、石及525号水泥配合而成。各试件情况详见表1。

3.2 试件制作

试件模板采用钢底模和侧边木模组合而成。抗弯钢筋为绑扎钢筋网，见图1。混凝土人工拌制，机械捣固，浇完后表面刮平收浆，潮湿养护7天后运至试验室放置30天左右。试验时混凝土的实测强度见表1。

图 1

3.3 试验方法

试验在图2所示的装置上进行。试件板受拉面向上，柱头朝下，板四周简支于刚性框架上，用千斤顶从下向上加载。此装置试件安装方便，特别便于观测混凝土裂缝。

表1　　　　　试 件 试 验 资 料

序号	试件编号	板厚 h (cm)	板厚 h_o (cm)	混凝土标号 R(kg/cm²)	抗弯钢筋 直径 d(mm)	抗弯钢筋 间距 S_1 (mm)	抗弯钢筋 间距 S_2 (mm)	抗弯钢筋 配筋率 μ (%)	抗弯钢筋 屈服强度 R_g(kg/cm)	破坏荷载 $Q_p^s(t)$	破坏形态	备注
1	$A1$	8	5.9	222	6.5	127	108	0.505	2454	4.25	弯曲	A
2	$A1_y$	8	5.9	205	6.5	127	108	0.505	2454	4.00	弯曲	A
3	$A2$	8	5.7	266	7.9	117	100	0.811	2598	7.00	弯曲	B
4	$A3$	8	5.7	213	7.9	100	82	0.989	2824	8.25	弯曲	B
5	$A4$	8	5.7	222	7.9	82	70	1.179	2824	9.55	弯曲	B
6	$A4_y$	8	5.5	247	10.0	140	108	1.221	2564	8.50	弯曲	B
7	$A5$	8	5.5	245	10.0	108	67	1.765	2510	11.80	弯曲	B
8	$B1_a$	10	7.7	213	7.9	140	127	0.482	2598	7.00	弯曲	A
9	$B1_b$	10	7.7	213	7.9	140	127	0.482	2598	7.45	弯曲	A
10	$B2$	10	7.7	195	7.9	88	78	0.781	2598	11.75	弯曲	B
11	$B3$	10	7.5	195	10.1	117	100	1.001	2564	13.25	弯曲	B
12	$B4_a$	10	7.5	192	10.1	93	82	1.231	2437	14.65	弯曲	B
13	$B4_b$	10	7.5	192	10.1	93	82	1.231	2437	14.15	弯曲	B
14	$B5$	10	7.5	245	10.2	74	58	1.657	2706	21.60	弯曲	B
15	$C1$	12.5	10.0	232	10.1	175	155	0.489	2431	12.75	弯曲	B
16	$C2$	12.0	9.5	215	10.1	108	100	0.812	2431	16.20	弯曲	B
17	$C3$	12.5	10.0	237	10.1	88	78	0.978	2564	23.90	弯曲	B
18	$C4$	12.0	9.5	237	10.1	74	64	1.214	2564	24.85	冲切	
19	$C5$	11.9	9.4	245	10.1	108×2	93×2	1.654	2510	27.80	冲切	钢筋成束布置
20	$C6$	12.0	8.9	214	14.0	90	75	2.14	4213	39.00	冲切	钢筋成束布置
21	$D1$	15	12.5	216	10.1	127	127	0.504	2347	17.40	弯曲	A
22	$D1_y$	15	12.7	225	7.9	82	78	0.496	2824	22.50	弯曲	A
23	$D2_a$	15	12.5	216	10.0	82	74	0.811	2597	31.20	弯曲	A
24	$D2_b$	15	12.5	216	10.0	82	74	0.811	2597	28.60	弯曲	A
25	$D3_a$	15	12.7	227	7.9	82×2	78×2	0.975	2824	39.30	冲切	钢筋成束布置
26	$D3_b$	15	12.7	225	7.9	82×2	78×2	0.975	2824	29.2.	冲切	钢筋成束布置
27	$D4_a$	15	12.5	242	9.9	108×2	100×2	1.210	2912	44.60	冲切	钢筋成束布置
28	$D4_b$	15	12.5	240	9.9	108×2	100×2	1.191	2912	32.40	冲切	钢筋成束布置
29	$D4_y$	15	12.3	285	12.0	82	70	1.223	2995	46.00	冲加	
30	$D6$	11	12.1	245	14.0	100	82	1.420	2718	51.50	冲加	
31	$D7$	15	12.1	251	14.0	78	70	1.740	4535	55.00	冲切	
32	$D8$	15	11.9	360	14.0	90	75	1.600	2566	60.00	冲切	
33	$D9$	15	12.1	338	14.0	90	75	1.600	4213	66.00	冲切	

注：1. 板平面尺寸 $L\times L=140\times140$(cm)，$L_o\times L_o=120\times120$(cm)。柱段尺寸 长×宽×高＝25×25×40cm。

2. $D3_b$、$D4_b$柱边均开有两个宽8cm的小孔。

3. 混凝土为20立方厘米试块强度。

4. S_1、S_2分别表示下层和上层纵向钢筋间距；h_o为平均有效高度；μ为平均配筋率。

5. 备注中A表板次破坏时，受压面出现--圆环状裂缝

备注中B表板次破坏时，冲出锥体

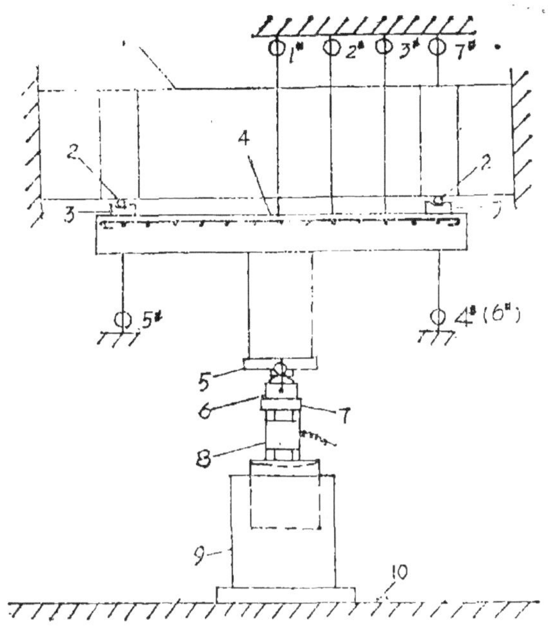

图2 加载装置示意图

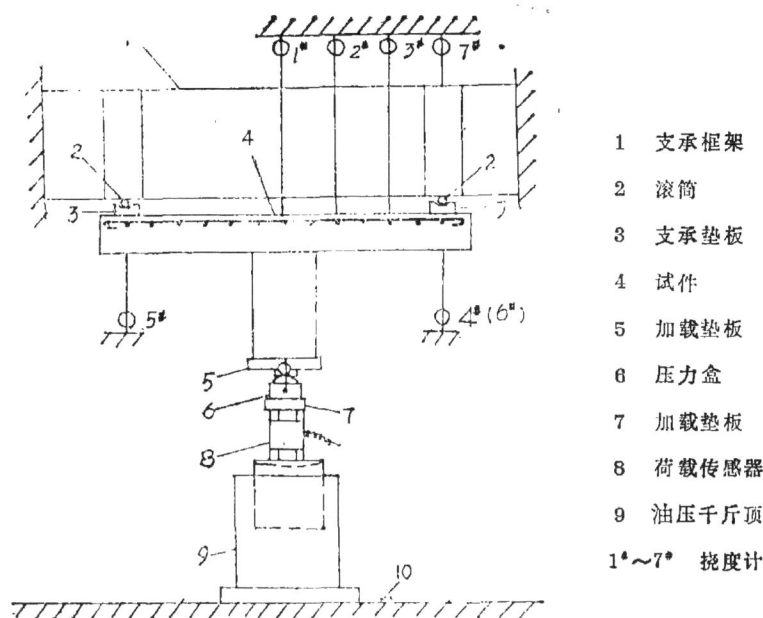

为了使试件在试验过程中各边受力均匀，在试件与框架间放置20cm长、直径4cm的钢滚筒。安装时先几何对中，然后在板受拉面四方各安装一个倾角仪，观测前两级荷载下各方倾角是否一致。当不一致时，卸荷调整至基本一致为止。

板面各点挠度用钢丝挠度计测定。钢筋应变和混凝土应变通过粘贴在测点上的电阻片，用静态应变仪测得。裂缝量度用刻度放大镜观测。

4. 试验结果及分析

33块无抗冲切钢筋的钢筋混凝土板柱连接试件的试验发现，在局部荷载(即柱荷载)作用下，板面将发生弯曲破坏和冲切破坏两种不同的破坏形态，现分述如下。

4.1 弯曲破坏

4.1.1 弯曲破坏的破坏特征

弯曲破坏大都发生于板较薄或配筋率较低的试件中，具体的破坏特征为：

4.1.1.1 荷载挠度曲线具有明显的阶段性

图3描述了几个典型弯曲破坏试件的荷载挠度曲线。可见，从加载到破坏经历了四个工作阶段。

加载初期，试件基本处于弹性工作状态，板未开裂，荷载挠度曲线基本呈直线。

当荷载加至破坏荷载的25%至40%时，板受拉面相应于柱边处出现一圈宽约0.02至0.05mm的环状裂缝，见图4a，板角开始上翘。荷载挠度曲线出现转折点1，标志进入第二工作阶段。

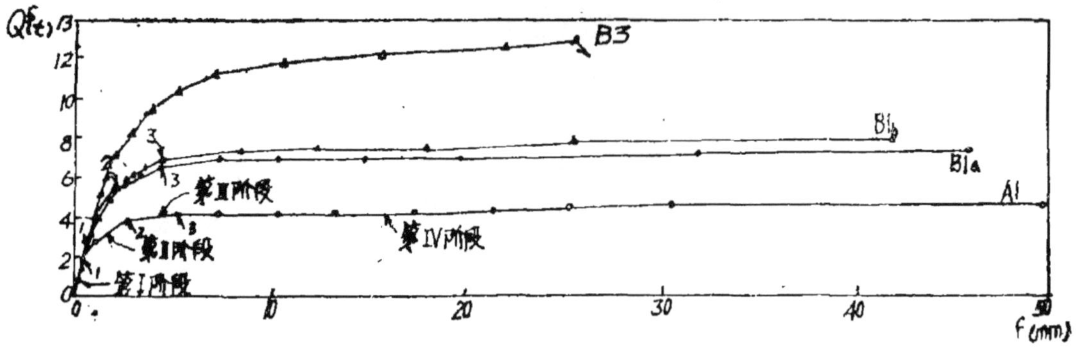

图 3　弯曲破坏试件的荷载与中心挠度关系曲线

随着荷载的增加，板受拉面裂缝从柱角向外发展，并不断出现新的放射状裂缝。当达到破坏荷载的70～86％时，柱边抗弯钢筋大部屈服，荷载挠度曲线上出现转折点2，标志进入第Ⅲ阶段。

在第Ⅱ阶段末，板受拉面裂缝已基本出齐，但挠度较小，挠度增长速率较第Ⅰ阶段快。

第Ⅲ阶段中，随着荷载的增加，除少数放射状裂缝稍有延伸外，屈服线上主裂缝迅速加宽，其余的趋于稳定，见图4c。挠度增长速度加快，荷载挠度曲线逐渐趋于平缓，形成转折点3。此阶段内，板内抗弯钢筋的屈服区以柱边逐渐向外扩展，至破坏荷载的90％以上时，主裂缝上的抗弯钢筋基本屈服，板的塑性网线已基本形成，板被分成若干刚性块而形成破坏机构。试件进入第Ⅳ阶段。

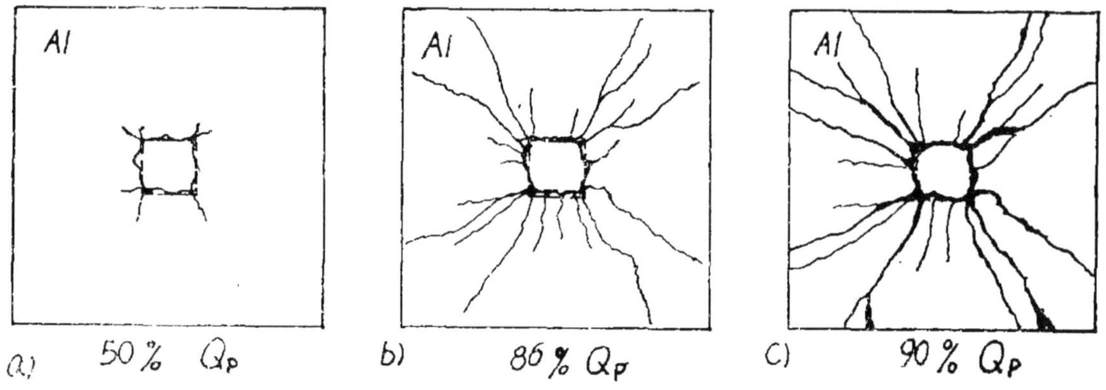

图 4　试件A1在不同荷载阶段的裂缝型式

在第Ⅳ阶段中，荷载几乎不变，有的试件在破坏前，由于钢筋硬化，荷载稍有增加，裂缝开展主要集中于塑性网线，并急剧加大。通常，此阶段的挠度为前三阶段的1～8倍，最大裂缝宽度高达10mm，标志试件已经破坏。

4.1.1.2 破坏时伴随发生次破坏现象

弯曲破坏试件随各变量不同，在破坏时伴随发生不同的次破坏现象。当板的厚跨比较小，配筋率较低时，破坏时挠度较大，在板的原受压面靠近支座附近出现一圈负弯曲环状裂缝（见图5）。当板的厚跨比较大、配筋较高时，试件进入第Ⅳ阶段工作后不久，板内形成一截锥体连同柱段从板内冲出、试件丧失承载能力（见图6）。

a 受拉面裂缝

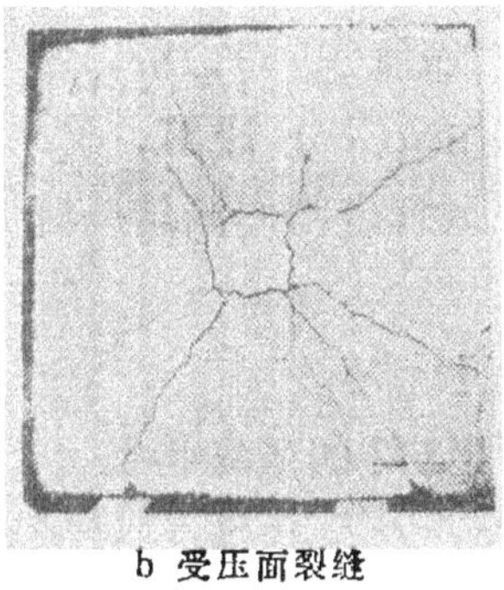

b 受压面裂缝

图5　试件A1的裂缝图

a 柱段和破坏锥

b 破坏后的锥孔

图6　试件B3次破坏形成的破坏锥

4.1.2 弯曲破坏的计算公式

图5a所示弯曲破坏试件的主裂缝分布可简化成图（7）所示的塑性网线。Elstner和Hognestad认为，按屈服线理论计算，其弯曲承载力计算公式为

$$Q_u=8m_p\left(\frac{1}{1-\frac{r}{L}}-3+2\sqrt{2}\right)^{[3]} \quad (4)$$

式中：m_p为屈服线上单位长度的抗弯强度，L为支承跨度，r为柱截面边长。

式（4）未考虑支座外面部分板的强度，故用它计算试件承载力偏低。当考虑支座外部分板面的承载力时，我们按图7的塑性网线推得

$$Q_v=8m_p\left(\frac{r}{L_o-r}+2(\sqrt{2}-1)\frac{L-r}{L_o-r}\right) \tag{5}$$

对此次试验的21个弯曲破坏试件分别按式（4）和式（5）进行计算，取m_p为

$$m_p=\mu R_g h_o^2\left(1-0.5\frac{\mu R_g}{R_w}\right) \tag{6}$$

统计表明，按式（4）计算，实测值与计算值之比的平均值$\overline{X}=1.132$，离散系数$C_r=0.047$，按式（5）计算，$\overline{X}=0.98$，$C_r=.0047$。显见后者与实测结果吻合较好。

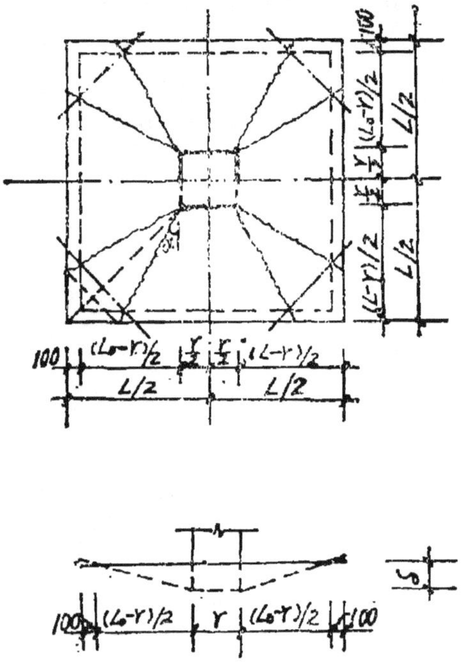

图7　屈服铰线型式

4.2 冲切破坏

4.2.1 冲切破坏的破坏特征

冲切破坏多发生于板厚跨比较大、抗弯配筋率较高的试件中，其破坏形态有如下特征：

4.2.1.1 冲切破坏均发生于前述弯曲破坏的第Ⅲ阶段，荷载挠度曲线基本无水平段（见图8）破坏发生突然，毫无预兆，实属脆性破坏。

4.2.1.2 试件发生冲切破坏时，柱周边钢筋大部屈服，有的还稍向外扩展（见图9），仅在配筋率和钢筋屈服强度较高的试件中，破坏时钢筋可能未屈服。另外，破坏时柱周附近的钢筋应变和混凝土应变均有回缩现象，表明板内已发生内力重分布。

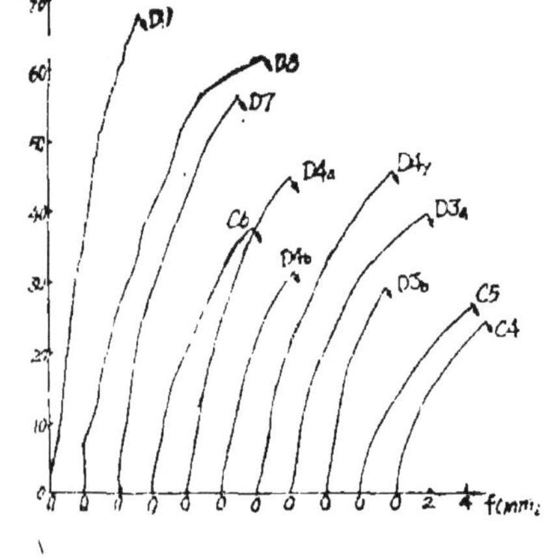

图8　冲切破坏试件的荷载与挠度关系曲线

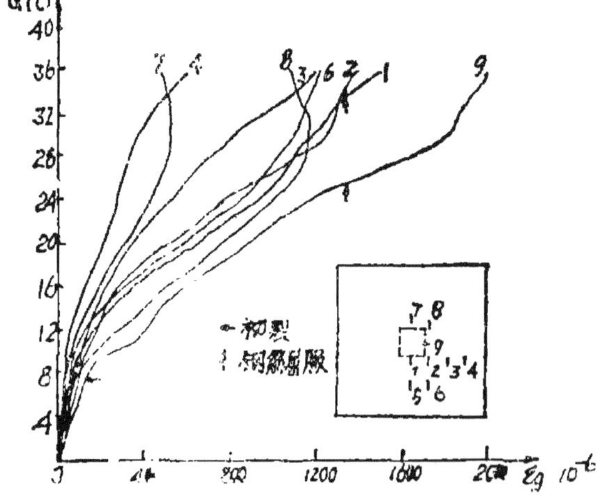

图9　试件D3a的荷载与钢筋应变关系曲线

4.2.1.3 破坏时板受拉面裂缝多且细，未形成主裂缝（见图10a）。

4.2.1.4 试件在破坏瞬间形成破坏锥体，柱段陷入板内，并伴随发生剧烈的破裂声。在板的受压面，沿柱周形成一圈环形裂缝（见图10b）。在板的受拉面靠近支座边形成一圈以柱段为中心的较大的环状裂缝，混凝土剥脱，呈撕裂状（见图10a）。有的试件仅在三边撕裂，其原因可能是荷载偏心或混凝土内部材质不均匀。沿板受拉面的环形裂缝凿去混凝土保护层，切断钢筋，均可取出与柱相连的破坏锥截锥体（见图10c、d）。破坏锥面与水平面的夹角各处不等，经测定12cm和15cm厚的板，平均26°。

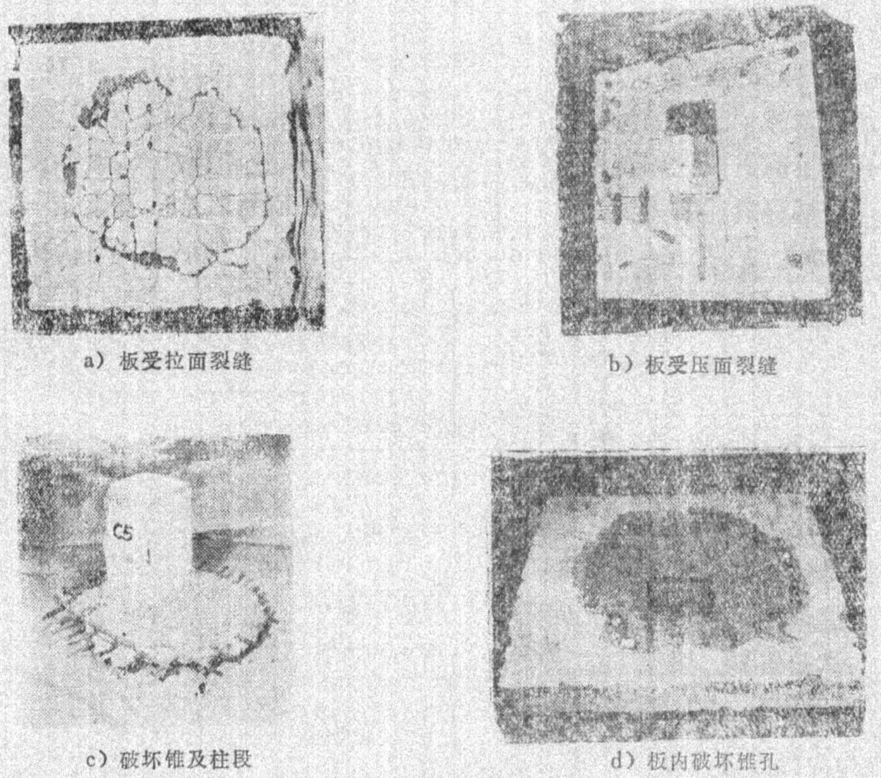

a）板受拉面裂缝　b）板受压面裂缝

c）破坏锥及柱段　d）板内破坏锥孔

图10　试件C5的裂缝及破坏锥

4.2.2 冲切破坏的影响因素

4.2.2.1 混凝土强度的影响

众所周知，混凝土强度是冲切强度的重要影响因素之一，但几十年来，人们在分析中引用混凝土的基本力学指标不尽相同。六十年代前，人们一直认为冲切强度与混凝土抗压强度成正比；尔后，Moe提出冲切强度与混凝土抗压强度的平方根成正比，而我国现行规范则引用混凝土抗拉强度作为主要影响因素。

此次试验发现，破坏锥呈明显的撕裂状，故用混凝土抗拉强度来反映混凝土材性影响似乎更切实际。从国内试验资料的分析表明，冲切破坏荷载与混凝土抗拉强度在试验范围内大致成线性关系（见图11，图中按$R_L=0.58R^{\frac{2}{3}}$计算）。

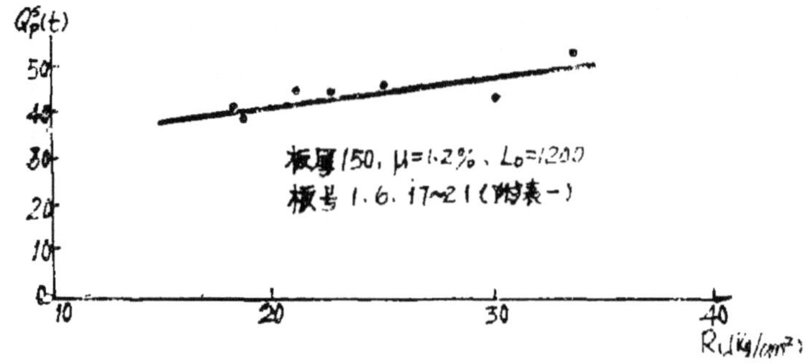

图11 冲切破坏荷载与混凝土抗拉强度的关系

4.2.2.2 抗弯钢筋的影响

抗弯钢筋对冲切强度的影响一直是个有争议的问题。此次试验发现，抗弯钢筋对冲切强度确有一定的贡献。如试件C4和C5，μ分别为1.21%和1.65%，其余变量基本接近，但后者实测破坏荷载比前者大12%；试件D8和D9，μ值均为1.6%，前者$R=356\text{kg/cm}^2$，$R_g=2566\text{kg/cm}^2$，后者$R=304\text{kg/cm}^2$，$R_g=4213\text{kg/cm}^2$，但后者实测破坏荷载比前者大10%。显见，抗弯钢筋的影响不仅与抗弯钢筋的配筋率有关，而且还与钢筋的屈服强度有关。为了综合反映抗弯钢筋的影响，我们引用抗弯钢筋配筋特征值$\frac{\mu R_g}{R_L}$来表示。由图12可知，$Q_P^s/R_L sh_0$与$\frac{\mu R_g}{R_L}$关系可用双曲线来描述。

4.2.2.3 剪跨比与r/h_0的影响

剪跨比是梁抗剪强度的重要影响因素，但对板柱连接试件，我们用多元回归分析国内外现有的试验资料，表明它的影响很小。另外，分析还发现，r/h_0对冲切强度的影响也不显著。

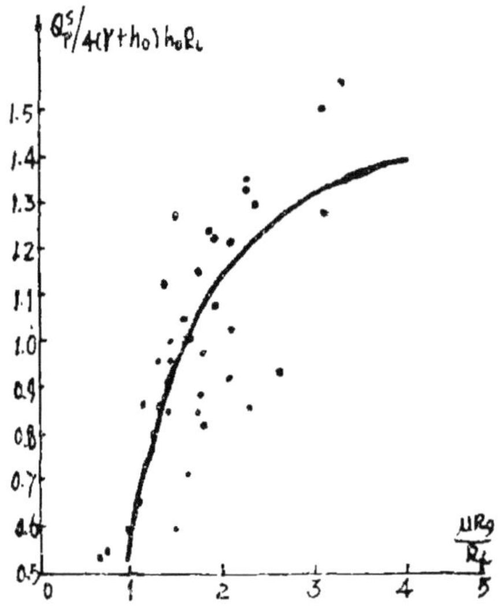

图12 $\frac{Q_P^s}{R_L Sh_0}$与$\frac{\mu R_g}{R_L}$的关系

4.2.2.4 临界切面s的取值

1907年，Talbot在首次研究中就提出了临界截面的概念，取其周长为$s=4(2d+r)$。后来，所有经验公式中都包含这一变量，但各式取值不尽相同。实际上，临界截面周长仅仅是一个计算参量，并非实际存在的物理量。因此，s取值因公式形式不同而异，使计算公式精度最高为准。

4.2.3 冲切强度的计算公式

冲切强度的计算方法，根据国内外经验，采用统计分析是行之有效的。为此，按前面分析的破坏特征选取了国内外30个冲切破坏试件作为统计分析的子样，见表2。

表 2　　　　不配置抗冲切钢筋的钢筋混凝土板计算结果

序号	试验者	试件编号	L (cm)	h_0 (cm)	r (cm)	抗弯钢筋		R (kg/cm₂)	Q_P^s (t)	按式(11)计算 Q_P^s/Q^P
						μ (%)	R_g (kg/cm²)			
1	湖南大学	D4y	140	12.3	25	1.22	2995	285	46.0	1.177
2		C4	140	9.56	25	1.21	2564	237	24.9	1.063
3		C5	140	9.4	25	1.65	2510	245	27.8	1.057
4		C6	140	8.9	25	2.14	4213	214	39.0	1.432
5		D3a	140	12.8	25	0.99	2834	227	39.3	1.175
6		D4a	140	12.6	25	1.21	2912	242	44.6	1.187
7		D6	140	12.1	25	1.42	2718	245	51.5	1.393
8		D7	140	12.1	25	1.74	4535	265	55.0	1.095
9		D8	140	11.9	25	1.60	2566	360	58.0	1.362
10		D9	140	12.1	25	1.60	4213	304	65.0	1.295
11	哈尔滨建筑工程学院	CI—1	140	9.5	25	1.00	3185	119	15.3	0.862
12		CI—2	140	9.5	25	1.00	3185	173	23.5	1.124
13		DI—1	140	9.5	25	1.20	3185	176	24.0	1.059
14		DI—2	140	9.5	25	1.20	3185	175	21.5	0.951
15		FI—I	140	12.5	25	1.00	3185	157	33.4	1.107
16		FI—2	140	12.5	25	1.00	3185	160	31.5	1.019
17		GI—1	140	12.5	25	1.20	3185	176	41.3	1.216
18		GI—2	140	12.5	25	1.20	3185	218	45.0	1.217
19		GII—1	140	12.5	25	1.20	3185	183	39.1	1.133
20		HI—1	140	12.5	25	1.20	3185	440	53.5	1.133
21		HI—3	140	12.5	25	1.20	3185	370	44.0	0.985
22	*moe*	R—2	183	11.4	25.4	1.38	3340	318	31.8	0.982
23		S1—60	183	11.4	25.4	1.06	4071	280	39.7	1.051
24		S5—60	183	11.4	25.4	1.06	4071	266	34.9	0.961
25		S1—70	183	11.4	25.4	1.06	4922	294	40.0	1.051
26		S5—70	183	11.4	25.4	1.06	4922	276	38.6	1.060
27		MIA	183	11.4	25.4	1.50	4903	250	44.1	0.917
28		H—1	183	11.4	25.4	1.15	3240	313	37.9	1.015
29	角田史雄	SB1—S1	115	7.5	5	1.17	3920	425	14.02	1.133
30		SB1—S2	115	7.5	5	1.17	3920	463	13.02	1.022
31		SB2—S3	115	7.5	10	1.17	3920	397	20.02	1.331
32		SB2—S4	115	7.5	10	1.17	3920	434	16.03	1.032
33		SB2—S5	115	7.5	10	1.17	4280	454	17.03	1.044
34		SB3—S6	115	7.5	15	1.17	3020	393	20.04	1.116
35		SB3—S7	115	7.5	15	1.17	3920	419	22.04	1.200
36		SB4—S8	115	7.5	20	1.17	3920	400	24.04	1.142
37		SB4—S9	115	7.5	20	1.17	3920	372	23.03	1.148

续表 2　　　　不配置抗冲切钢筋的钢筋混凝土板计算结果

序号	试验者	试件编号	L (cm)	h_o (cm)	r (cm)	抗弯钢筋 μ (cm)	抗弯钢筋 R_g (kg/cm²)	R (kg/cm²)	Q_P^s (t)	按式(11)计算 Q_P^s/Q^P
38		SP3—S12	115	7.5	10	1.55	3920	416	21.03	1.213
39		SP3—S13	115	7.5	10	1.55	3920	400	20.03	1.172
40		SP4—S14	115	7.5	10	1.86	3920	404	22.28	1.211
41		SP5—S15	115	7.5	10	1.86	3920	405	22.03	1.196
42		SC1—S16	115	7.2	10	1.18	3540	421	17.03	1.243
43		SC1—S17	115	7.2	10	1.18	3540	405	19.03	1.405
44		SA1—S20	65	7.5	10	2.33	3920	375	23.83	1.503
45	角	SA1—S21	65	7.5	10	2.33	3920	400	21.23	1.073
46		SA3—S22	165	7.5	10	1.17	3920	377	18.94	1.281
47		SA3—S23	165	7.5	10	1.17	3920	379	19.24	1.290
48		SA4—S24	220	7.5	10	1.17	3920	448	16.04	1.022
49		SA4—S25	220	7.5	10	1.17	3920	411	15.04	0.987
50		SH3—S28	115	12.0	10	1.17	3920	375	30.06	0.934
51		SH3—S29	115	12.0	10	1.17	3920	403	29.16	0.883
52	田	SH4—S30	115	17.0	10	1.17	3920	389	50.03	0.836
53		SH4—S31	165	17.0	10	1.17	3920	379	52.03	0.877
54		S61	165	17.0	30	0.79	3500	540	66.0	0.919
55		S62	165	17.0	30	0.79	3500	573	66.0	0.907
56		S63	165	17.0	30	1.09	4830	499	75.0	0.730
57		S64	165	17.0	30	1.09	4830	535	75.0	0.696
58		S65	165	17.0	20	1.09	3920	535	63.5	0.809
59	史	S66	165	17.0	20	1.09	3920	610	60.0	0.735
60		S67	165	12.0	20	3.37	4830	508	40.0	0.549
61		S68	165	12.0	20	3.37	4830	565	66.0	0.857
62		S69	165	12.0	30	2.11	4830	534	54.0	0.672
63		S70	165	12.0	30	2.11	4830	541	71.0	0.879
64		S71	165	12.0	30	1.12	4830	558	60.0	0.951
65		S72	165	12.0	30	1.12	4830	617	60.0	0.919
66	雄	S73	165	12.0	10	0.99	3500	179	19.0	0.880
67		S74	165	12.0	10	0.99	3500	230	19.0	0.800
68		S74′	165	12.0	10	0.99	3500	289	24.0	0.934
69		S75	165	12.0	10	0.99	3500	587	31.2	0.980
70		S76	165	12.0	10	0.99	3500	573	34.1	1.079
71		S89	115	8.0	10	1.12	3500	346	17.4	1.178
72		S90	115	8.0	10	1.12	3500	329	16.5	1.136
73		S91	115	8.0	10	1.12	3500	388	17.7	1.154
74	Elstner-Hognestad	B9	183	11.43	25.4	2.00	3480	527	51.48	0.874
75		B11	183	11.43	25.4	3.00	4169	162	33.57	0.886
76		B14	183	11.43	25.4	3.00	3319	606	59.0	0.822
77	Criswell	S2150—1	203	12.4	25.4	1.54	3371	355	47.36	0.937
78		S2150—2	203	12.22	25.4	1.56	3371	361	44.90	0.896
79		S4150—1	229	12.55	50.8	1.52	3371	425	59.06	0.721
80		S4150—2	229	12.55	50.8	1.52	3424	428	59.20	0.715

$X = 1.035$

$\sigma = 0.195$

$C_r = 0.189$

基于对冲切破坏影响因素的分析，我们可建立下列统计分析模式

$$y = a + bx \tag{7}$$

$$y = sh_0 P_l / Q_P^s \tag{8}$$

$$x = R_L / \mu R_g \tag{9}$$

$$s=4(\alpha h_0+r) \tag{10}$$

为建立精度较高的计算公式，我们对式（10）中的 α 进行优化，目标函数是使冲切破坏荷载实测值 Q_P^t 与计算值 Q_P 之比的统计特征最优。计算得到

$$a=0.835 \quad b=1.1 \quad \alpha=2.05$$

代入公式（7）～(10)，最后整理得到冲切破坏荷载计算公式

$$Q_P=KR_L sh_0 \tag{11}$$

式中

$$K=\frac{\mu R_g}{8.835\mu R_g+1.1R_L} \tag{12}$$

$$S=4(2.05h_0+r) \tag{13}$$

为了便于评价现行规范公式，我们分别对国内外80个试件的试验结果进行了验算，其统计特征见表 2。另外，我们还按现行规范设计表达式（$Q_P=K(C_G G_K+C_L L_K)$，$K=2.2$）和建筑结构设计统一标准（草案）进行了可靠度标准分析，计算结果见表 3 。

表 3　Q_P^t/Q_P 的统计特征值

	现行规范（TJ10—74）公式	式（11）
平均值 $\bar{X}$	2.25	1.035
均方差 σ	0.70	0.195
离散系数 C_r	0.311	0.189

表 4　可靠度校准结果

可靠指标 B_i / 项目 / 常用荷载效后比值	现行规范（TJ10—74）公式			式（11）		
	$G+L_{办}$	$G+L_{住}$	$G+W$	$G+L_{办}$	$G+L_{住}$	$G+W$
0.10	4.22	4.17	4.13	5.61	5.61	5.56
0.25	4.34	4.24	4.16	5.81	5.69	5.59
0.50	4.44	4.29	4.16	5.73	5.59	5.47
1.00	4.43	4.25	4.09	5.40	5.26	5.14
2.00	4.31	4.12	3.96	5.08	4.93	4.81
$\bar{\beta}$	4.35	4.21	4.10	5.54	5.41	5.31

注：G——恒载，$L_{办}$——办公楼楼面活荷载，$L_{住}$——住宅楼面活荷载，W——风荷载荷载取值按现行规范

从表3和表4可知：①现行规范公式虽具有物理意义明确、计算简便等优点，但因考虑的影响因素不全面，其计算精度比公式（11）差得多，离散系数比公式（11）大63%。②由于现行规范公式的取值偏低，离散系数大，在各种荷载组合或常用荷载效应比值情况下，其可靠指标β均比式（11）的小1.2左右。因此，在同一可靠指标β水准下进行设计时，现行规范公式的材料用量势必比式（11）的多得多。

5. 结　　论

1）无抗冲切钢筋的钢筋混凝土板柱连接试件在局部荷载（即柱荷载）作用下可能发生弯曲破坏和冲切破坏。

2）弯曲破坏试件的工作过程可分为四个工作阶段，破坏时伴随发生次破坏现象，其极限承载能力可按屈理线理论公式预计。

3）冲切破坏属脆性破坏，破坏时板内形成破坏锥冲出板面，破坏锥与板面夹角约26°。

4）混凝土抗拉强度和抗弯钢筋（包括抗弯钢筋配筋率和钢筋屈服强度）均为冲切强度的主要影响因素。用式（11）计算冲切破坏荷载与试验结果符合较好。

5）现行规范公式计算精度差，耗材料量大，有必要作适当修改。

6）（11）式仅适用于钢筋混凝土板，μ值应满足规范要求。

在此次试验研究中，始终得到了王寿康教授的指导，深表感谢。

参　考　文　献

〔1〕国家基本建设委员会建筑科学研究院，《钢筋混凝土结构设计规范》(TJ10—74)（试行）

〔2〕Richart, F.E.: "Reinforced Concrete Wall and Column Footings, Parts 1 and 2," Journal of ACI, 45 (1948) 2, 97—128, and (1948) 3, 237—260

〔3〕Elstner, R. C., and Hognestad, E.: Shearing Strength of Reinforced Concrete Slabs, Journal of ACI, 53 (1956), 29—58

〔4〕Moe, J.: Shearing Strength of Reinforced Concrete Slabs and Footings Under Concentraled Loads, Development Department Bulletin D47, Portland Cement Association, Skokie, 1961

〔5〕Kinnunen, S., and Nylander, H.: Punching of Concrete Slabs Without Shear Reinforcement, Transactions(1960)158, Royal Institute of Technology, Stockholm, Sweden

〔6〕Long, A.E.and Bond, D., "Punching Failure of Peinforced Concrete Slabs", ICE, 37 (1967), 109—162

〔7〕沙志国："钢筋混凝土板的冲切强度计算，《吉林建筑技术通讯》，2,（1977）132—144

〔8〕角田与史雄，井腾昭夫，藤田嘉夫，"铁筋コンクリートスラブの押抜きせん断耐力K关する实验的研究"，Proc.JSCE，土木学会论文报告集，(1974) 229，105—115

〔9〕Criswell, M. E., and Howkins, N. W.: Shear Strength of Slabs—Basic

Principle and Their Relation to Current Methods of Analysis, Shear in Reinforced Concrete, ACI Publication, SP—42 ACI, Detroit, 1974

Experimental Investigation of Punching Strength of Reinforced Concrete Slab-Column Connections Without Shear Reinforcement

Li Dingguo

(Strnctural Engineering Research Institute)

Shu Zhaofa

(Department of Civil Engineering)

Yu Zhiwu

(Changsha Railway Institute)

Abstract

This paper reports the expermental results obtained from 33 reinforced concrete square slabs without shear reinforcement, which are simply supported at the edges and loaded through a centrally located column stub. The analyses of these results are made. The characteristics of the flexural or punching failure happened on the specimen are described. An empirical formula is suggested, which is in conformity with the test results.

双室箱梁横向内力计算的有效宽度

程翔云
（土木工程系）

【摘要】本文提出不等厚三跨连续板的计算图式来代替单箱双室空间结构的横向内力分析，并且通过实例的分析验证了现行规范〔1〕条文的适用性。

1. 引 言

当前，大跨径预应力混凝土梁桥多采用单箱单室或单箱双室截面。对于这类结构的计算，除了要考虑因沿纵方向上的弯曲，扭转，畸变等所引起的内力外，还要考虑因局部荷载所引起的沿横方向的挠曲效应。现在的问题是，如果要考虑局部荷载效应的话，那么究竟应取多少长度的梁段，或者说“有效宽度”进行框架分析才算合理呢？关于这个问题，设计部门大多采用两种简化处理办法〔2〕：1，平面框架法；2，板的影响面法，而以第一种方法较为普遍，即按现行规范〔1〕，当车轮作用于箱梁顶板的跨中时，对于单个轮载，其有效宽度 a 为(图1)

$$a=a_1+\frac{L}{3}，但不小于\frac{2}{3}L \quad (1)$$

为了从理论上弄清这个问题，本文拟仅就单箱双室箱梁进行空间分析，来验证规范条文的实用性。至于单箱单室结构的情况，作者已另具文论述，这里不重复。

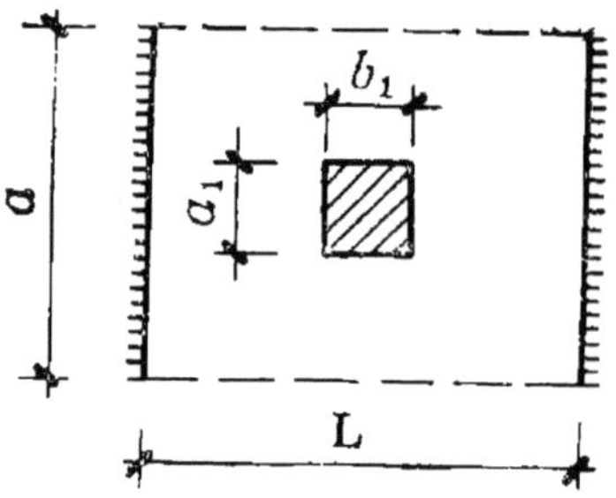

图 1

2. 空间分析的简化

2.1 分析原理

鉴于图2所示的对称封闭平面刚架，在对称荷载作用下没有侧移的特点，如果不计轴力的影响，并利用结构荷载的对称性，则它的弯矩分布和不等高三跨连续梁的计算结

本文于1985年5月13日收到

果完全等同；因此，可以将这个特性加以引伸，即将两横隔板之间的箱梁梁段截出，进行同样的展直，从而使复杂的空间结构分析简化为不等厚的三跨连续板，其对应于箱梁

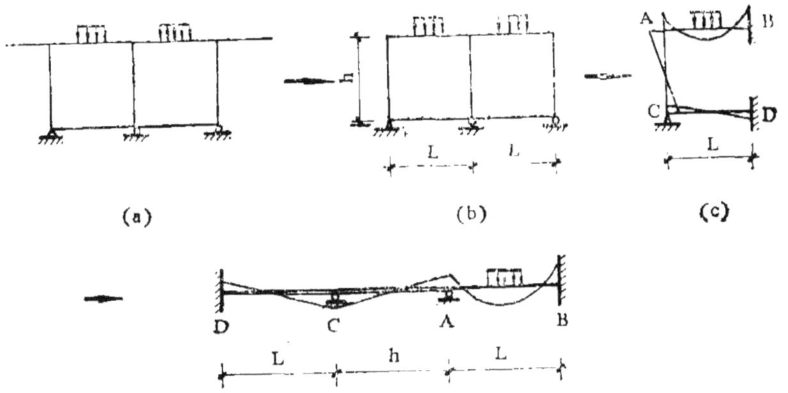

图 2

隔板的板边，近似地视作简支边（图 3）。于是，可以利用〔3、4、5〕中的分析结果，很容易地得出这个问题的解答。

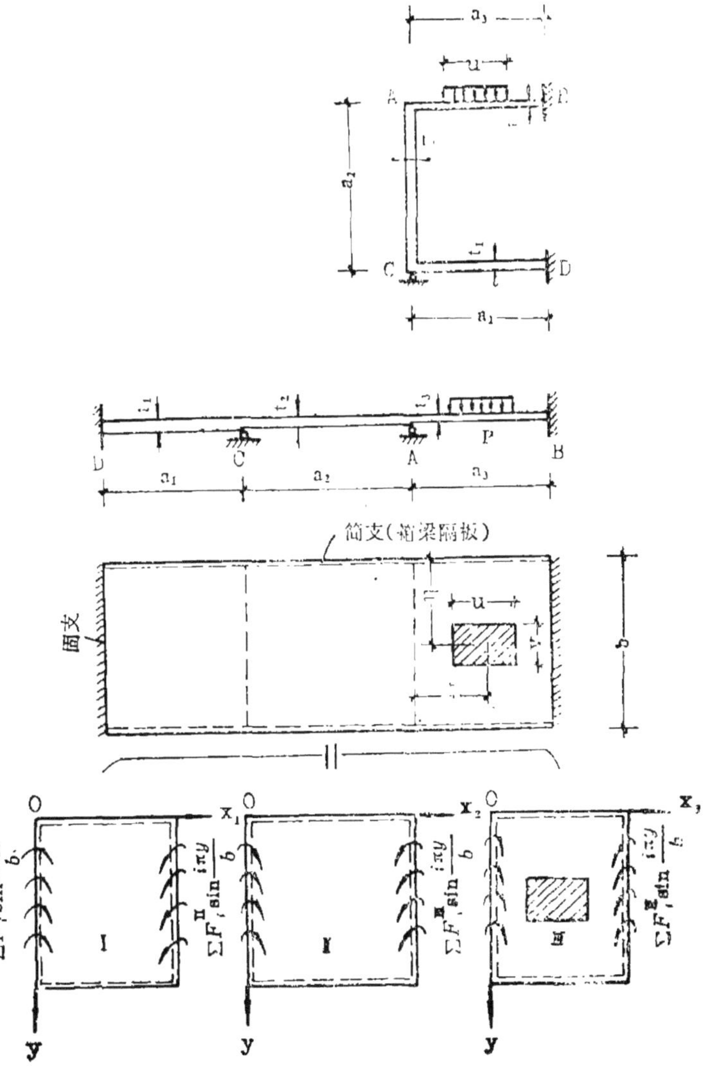

图 3

2.2 计算公式

2.2.1 挠曲面方程

对于板 I（箱梁底板）

$$w=\frac{b^2}{2\pi^2D_1}\sum_{i=1}^{\infty}\frac{1}{i^2}\left\{F'_i\left(-\frac{\beta_i^{I}}{sh^2\beta_i^{I}}sh\frac{i\pi x_1}{b}-\frac{i\pi x_1}{b}sh\frac{i\pi x_1}{b}\right.\right.$$
$$\left.+cth\beta_i^{I}\cdot\frac{i\pi x_1}{b}ch\frac{i\pi x_1}{b}\right)+\frac{F''_i}{sh\beta_i^{I}}\left(\beta_i^{I}cth\beta_i^{I}sh\frac{i\pi x_1}{b}\right.$$
$$\left.\left.-\frac{i\pi x_1}{b}ch\frac{i\pi x_1}{b}\right)\right\}\sin\frac{i\pi y}{b} \qquad (2)$$

对于板Ⅱ（箱梁腹板）

$$w=\frac{b^2}{2\pi^2D_2}\sum_{i=1}^{\infty}\frac{1}{i^2}\left\{F''_i\left(-\frac{\beta_i^{II}}{sh^2\beta_i^{II}}sh\frac{i\pi x_2}{b}-\frac{i\pi x^2}{b}sh\frac{i\pi x_2}{b}\right.\right.$$
$$\left.+cth\beta_i^{II}\cdot\frac{i\pi x_2}{b}ch\frac{i\pi x_2}{b}\right)+\frac{F'''_i}{sh\beta_i^{II}}\left(\beta_i^{II}cth\,\beta_i^{II}sh\frac{i\pi x_2}{b}\right.$$
$$\left.\left.-\frac{i\pi x_2}{b}ch\frac{i\pi x_2}{b}\right)\right\}\sin\frac{i\pi y}{b} \qquad (3)$$

对于板Ⅲ（箱梁顶板）

$$w=\frac{b^2}{2\pi^2D_3}\sum_{i=1}^{\infty}\frac{1}{i^2}\left\{F'''_i\left(-\frac{\beta_i^{III}}{sh^2\beta_i^{III}}sh\frac{i\pi x_3}{b}-\frac{i\pi x_3}{b}sh\frac{i\pi x_3}{b}\right.\right.$$
$$\left.+cth\beta_i^{III}\cdot\frac{i\pi x_3}{b}ch\frac{i\pi x_3}{b}\right)+\frac{F_i^{IV}}{sh\beta_i^{III}}\left(\beta_i^{III}cth\beta_i^{III}sh\frac{i\pi x_3}{b}\right.$$
$$\left.\left.-\frac{i\pi x_3}{b}ch\frac{i\pi x_3}{b}\right)\right\}\sin\frac{i\pi y}{b}+\frac{16P}{\pi^6uvD_3}\sum_{m=1}^{\infty}\sum_{i=1}^{\infty}\frac{1}{mi\left(\frac{m^2}{a_3^2}+\frac{i^2}{b^2}\right)^2}$$
$$\cdot\sin\frac{m\pi\xi}{a_3}\sin\frac{i\pi\eta}{b}\sin\frac{m\pi u}{2a_3}\sin\frac{i\pi v}{2b}\sin\frac{m\pi x_3}{a_3}\sin\frac{i\pi y}{b} \qquad (4)$$

2.2.2 边界条件

对于两固支端，则有

$$\left(\frac{\partial w}{\partial x_1}\right)_{x1=0}=0,\qquad \left(\frac{\partial w}{\partial x_3}\right)_{x3=a3}=0$$

对于两中间支承处，则有

$$\left(\frac{\partial w}{\partial x_1}\right)_{x1=a_1}=\left(\frac{\partial w}{\partial x_2}\right)_{x2}=0$$

$$\left(\frac{\partial w}{\partial x_2}\right)_{x2=a_2}=\left(\frac{\partial w}{\partial x_3}\right)_{x_3=0}$$

2.2.3 线性方程组

将上述式（2）～（4）代入边界条件，可以得到类似于梁的三弯矩方程的四个无穷项方程组：

$$\left(\frac{\beta_i^{\mathrm{I}}}{sh^2\beta_i^{\mathrm{I}}}-cth\beta_i^{\mathrm{I}}\right)F'_i+\frac{1}{sh\beta_i^{\mathrm{I}}}(1-\beta_i^{\mathrm{I}}cth\beta_i^{\mathrm{I}})F''_i=0 \tag{5}$$

$$\frac{1}{D_1}\cdot\frac{1}{sh\beta_i^{\mathrm{I}}}(1-\beta_i^{\mathrm{I}}cth\beta_i^{\mathrm{I}})F'_i+\left[\frac{1}{D_1}\left(\frac{\beta_i^{\mathrm{I}}}{sh^2\beta_i^{\mathrm{I}}}-cth\beta_i^{\mathrm{I}}\right)\right.$$

$$\left.+\frac{1}{D_2}\left(\frac{\beta_i^{\mathrm{II}}}{sh^2\beta_i^{\mathrm{II}}}-cth\beta_i^{\mathrm{II}}\right)\right]F''_i+\frac{1}{D_2}\cdot\frac{1}{sh\beta_i^{\mathrm{II}}}(1-\beta_i^{\mathrm{II}}cth\beta_i^{\mathrm{II}})F'''_i=0 \tag{6}$$

$$\frac{1}{D_2}\cdot\frac{1}{sh\beta_i^{\mathrm{II}}}(1-\beta_i^{\mathrm{II}}cth\beta_i^{\mathrm{II}})F''_i+\left[\frac{1}{D_2}\left(\frac{\beta_i^{\mathrm{II}}}{sh^2\beta_i^{\mathrm{II}}}-cth\beta_i^{\mathrm{II}}\right)\right.$$

$$\left.+\frac{1}{D_3}\left(\frac{\beta_i^{\mathrm{III}}}{sh^2\beta_i^{\mathrm{III}}}-cth\beta_i^{\mathrm{III}}\right)\right]F'''_i+\frac{1}{D_3}\cdot\frac{1}{sh\beta_i^{\mathrm{III}}}(1-\beta_i^{\mathrm{III}}cth\beta_i^{\mathrm{III}})F_i^{\mathrm{IV}}$$

$$=\frac{32P}{\pi^4uva_3bD_3}\sin\frac{i\pi\eta}{b}\sin\frac{i\pi v}{2b}\sum_{m=1}\frac{1}{\left(\frac{m^2}{a_3^2}+\frac{i^2}{b^2}\right)^2}\sin\frac{m\pi\xi}{a_3}\sin\frac{m\pi u}{2a_3} \tag{7}$$

$$\frac{1}{sh\beta_i^{\mathrm{III}}}(1-\beta_i^{\mathrm{III}}cth\beta_i^{\mathrm{III}})F'''_i+\left(\frac{\beta_i^{\mathrm{III}}}{sh^2\beta_i^{\mathrm{III}}}-cth\beta_i^{\mathrm{III}}\right)F_i^{\mathrm{IV}}=$$

$$=\frac{-32P}{\pi^4uva_3b}\sin\frac{i\pi\eta}{b}\sin\frac{i\pi v}{2b}\sum_{m=1}\frac{\cos m\pi}{\left(\frac{m^2}{a_3^2}+\frac{i^2}{b^2}\right)^2}\sin\frac{m\pi\xi}{a_3}\sin\frac{m\pi u}{2a_3}$$

$$(i=1,\ 3,\ 5\cdots\cdots;\ m=1,\ 3,\ 5\cdots\cdots) \tag{8}$$

2.2.4 弯矩公式

联立求解式(5)～(8)，便得待定常数F'_i、F''_i、F'''_i和F_i^{IV}，即各支承线截面的弯矩峰值。箱梁顶板跨中的弯矩为

$$(M_x)_{x=a_3/2}=(1-\mu)\sum_{i=1,3,5\cdots}\frac{sh\frac{\beta_i^{\mathrm{III}}}{2}}{sh\beta_i^{\mathrm{III}}}\left[\frac{\beta_i^{\mathrm{III}}(1-ch\beta_i^{\mathrm{III}})}{2sh\beta_i^{\mathrm{III}}}+\frac{2}{1-\mu}\right](F'''_i+F_i^{\mathrm{IV}})$$

$$\sin\frac{i\pi y}{b}+\frac{16Pa_3^2}{\pi^4uv}\sum_{m=1,3,5\cdots}\sum_{i=1,3,5}\frac{\left(\frac{m^2}{i^2}+\mu\frac{a_3^2}{b^2}\right)}{mi^3\left(\frac{m^2}{i^2}+\frac{a_3^2}{b^2}\right)^2}\left(\sin\frac{i\pi}{2}\right)^2$$

$$\sin\frac{i\pi\eta}{b}\sin\frac{m\pi u}{2a_3}\cdot\sin\frac{i\pi v}{2b}\sin\frac{i\pi y}{b} \tag{9}$$

以上各式中的符号为：

a_1、a_2、a_3——各跨跨长；

b——板的宽度(箱梁两横隔板之间间距)；

u、v——局部荷载分布的长度和宽度；

ξ、η——荷载中心点的坐标；

D_1、D_2、D_3——各跨板的弯曲刚度$D_i=\frac{Et_i^3}{12(1-\mu^2)}$；

t_1、t_2、t_3——各跨板的厚度；

μ、E——泊松比和弹性模量，

P——分布在$u\times v$面积上的荷载总重；

$F'_i F''_i F'''_i F^{IV}_i$——待定常数；

$\beta^{I}_i=\frac{i\pi a_1}{b}$；　$\beta^{II}_i=\frac{i\pi a_2}{b}$；　$\beta^{III}_i=\frac{i\pi a_3}{b}$

3. 算　例

参考我国乌龙江大桥的平均横截面尺寸来假设图3中箱梁的各个尺寸：

$a_1=4m$；　$a_2=5m$；　$a_3=4m$；

$b=12m$；　$u=3.4m$，$0.8m$，$0.4m$；

$v=0.4m$；　$t_1=0.4m$；　$t_2=0.3m$；

$t_3=0.25m$；　$E=2.7\times10^6 t/m^2$；　$\mu=1/6$；

$P=1t$；　$\xi=a_3/2$；　$\eta=b/2$。

表1　　各截面横向弯矩和有效宽度分析

项　目		箱梁横隔板间距b=12米时		
		u=3.4m	U=0.8m	U=0.4m
取单位长梁段计算的框架弯矩	M_P	0.23676129P	0.46040210P	0.50594615P
	M_A	-0.21420486P	-0.27839159P	-0.28121542P
	M_B	-0.46227257P	-0.60080420P	-0.60689229P
	M_C	0.08546553P	0.11108259P	0.11220288P
	M_D	-0.04273277P	-0.05554130P	-0.05610144P
按本文空间分析的弯矩最大值	M_P	0.02754577P	0.12899850P	0.17626944P
	M_A	-0.01802914P	-0.02363453P	-0.02388975P
	M_B	-0.04187731P	-0.05486873P	-0.05545625P
	M_C	0.00940692P	0.01230179P	0.01243068P
	M_D	-0.00472787P	-0.00613591P	-0.00619745P
有效宽度 $\frac{M_{框}}{M_{本文}}$	B_P	$2.14879a_3$	$0.89226a_3$	$0.71757a_3$
	B_A	$2.97026a_3$	$2.94475a_3$	$2.94285a_3$
	B_B	$2.75968a_3$	$2.73746a_3$	$2.73589a_3$
	B_C	$2.27135a_3$	$2.25745a_3$	$2.25651a_3$
	B_D	$2.25962a_3$	$2.26296a_3$	$2.26309a_3$

注1．角标P、A、B、C、D参见图3；2.$a_3=4m$

计算时取级数奇数项的前15项，其计算结果列入表1。计算表明，用以确定箱梁横向内力的有效宽度的弯矩控制截面，不是箱梁的各个角点，而是在荷载作用点的哪个截面。但是按本文分析的有效宽度都比按现行规范条文所定的值（亦即"不小于 $2a_3/3$"）均要大，如果将横隔梁间距 b 再取大一些，例如取 $b=28.5\text{m}$，则本文分析的有效宽度比规范值还要偏大（$B_P\approx1.01508a_3$）。这就说明，现行规范条文所定之值是适用的，且偏于安全。不过，这个有效宽度对于其它各截面说来，似乎过于保守。如果从经济设计的角度出发，对于其余各角点，可按规范有效宽度算得的框架弯矩值，乘以某个合适的折减系数。按照本文分析，该系数至少可以定为0.5。

4. 结 论

从以上分析可以得到两点结论：

1. 按现行规范〔1〕确定单箱双室箱梁横向内力计算的有效宽度是合适的，而且是偏于安全的。

2. 除箱梁顶板以外，其余各截面的横向框架弯矩值，可以乘以0.5的折减系数。

参 考 文 献

〔1〕交通部公路规划设计院：《公路桥涵设计规范》，人民交通出版社，1975.
〔2〕刘作霖，徐兴玉等：《预应力T型刚构式桥》，人民交通出版社，1982。
〔3〕张福范：悬臂矩形板的不对称弯曲，《固体力学学报》，1980,（2）：170—182
〔4〕程翔云：钢筋混凝土连续板桥荷载有效分布宽度的分析，《重庆交通学院学报》，1982,（2）：59—71
〔5〕程翔云：承受局部荷载的矩形饭，《上海力学》，1982,（4）：75—79

Effective Width in Calculation of Transverse Internal Forces of Box Girders with Twin—cells

Chen Xiangyun

(Department of Civil Engineering)

Abstract

A calculation scheme for tri-span continuous plate with non-uniform thickness is proposed to replace the analysis of the transverse internal force in the single-box space structure with twin-cells.The applicability of the provisions in the current norm〔1〕is verified through the analysis of the examples.

悬臂箱型梁的负剪力滞效应

房贞政，张士铎
（福州大学）（同济大学）

【摘要】本文对悬臂箱型梁的剪力滞后与负剪力滞后现象，应用变分法与平面有限元法进行了分析，并探讨悬臂箱型梁对称弯曲时，翼板中存在的复杂应力分布规律。这里，着重对负剪力滞效应作了深入的探讨，同时通过有机玻璃的模型试验，证实了理论分析的正确性。本文的分析不仅使工程设计者对悬臂式结构的弯曲受力有一清晰的认识，并且对预应力混凝土力筋的布置与根数的决定也可提供参考依据。

1. 引　言

肋距较宽的箱型梁，在对称弯曲时，由于翼板的剪切变形将发生“剪力滞后”(shear Lag)现象。即，远离肋板的翼板之纵向位移滞后于近肋板的翼板之纵向位移，使弯曲应力的横向分布呈现极不均匀的状态，靠近肋板处的应力要比远离肋板处大很多，如图1所示。这种剪力滞效应近年来国内外进行了较多的研究。在文献〔1〕中，曾对简支梁与连续梁的剪力滞问题作了探讨。

当悬臂梁受荷弯曲时，不仅在固定端附近的截面有剪力滞效应，使得肋板与翼板交界处的应力要比用弯曲初等理论求得值大得多，而且剪力滞沿纵向变化也很复杂。在均布荷载作用下，在离固定端一定距离（约 $L/4$）后则会出现负剪力滞效应；即，近肋板的翼板之纵向位移滞后于远离肋板的翼板之纵向位移，出现了翼板中心的应力反而要大于翼板与肋板交界处的应力，如图2所示。这种与剪力滞相反的效应称为负剪力滞后（Negative Sheer Lag）。负剪力滞现象，在近年来国外才开始察觉并进行研究[2][3]。

桥梁中的悬臂箱梁以及箱梁的悬臂施工阶段的情形较多，并且类似于悬臂箱梁的负剪力现象在连续箱梁与斜拉桥中也存在〔1〕、〔3〕。因此，研究悬臂箱梁的负剪力滞效应有其重要性。另外，这些分析也有助于高层建筑的框筒或筒中筒结构在风荷载或其他水平力作用下的应力分析（因为其分析方法之一是比拟为悬臂薄壁箱式结构）。

本文就悬臂箱梁在自由端作用一集中力与满跨均匀荷载时的剪滞与负剪滞效应，采用变分法与平面有限元进行分析比较，并着重讨论负剪力滞效应产生的原因与规律。

本文于1985年6月24日收到

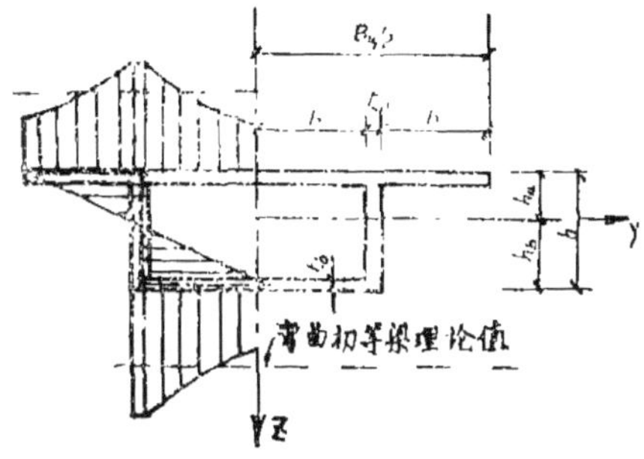

图 1　受剪滞影响的典型弯曲应力分布

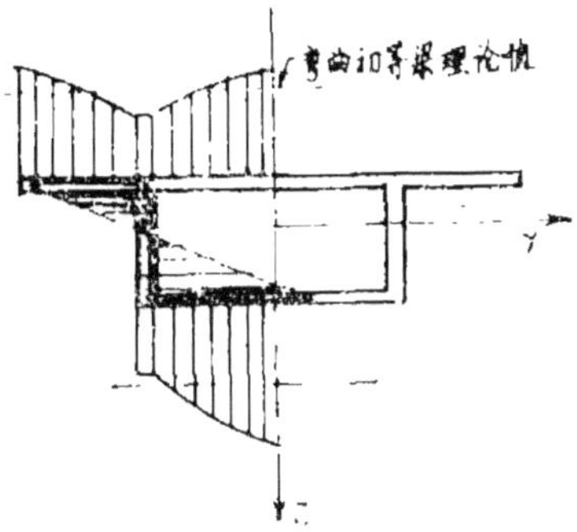

图 2　受负剪滞影响的典型弯曲应力分布

2. 变分法解答

在分析箱型梁的剪滞效应时，文献〔1〕假定箱型梁在对称荷载作用下弯曲时，翼板纵向位移 $U(x, y)$ 沿横向分布的规律为：

$$U(x,y)=h_i\left[\frac{dw}{dx}+\left(1-\frac{y^3}{b^3}\right)U(x)\right] \tag{1}$$

应用变分法的最小势能原理，最后把箱梁的剪滞问题归结为解下列微分方程式：

$$U''-k^2U=\frac{7nQ(x)}{6EI} \tag{2}$$

$$\left[U'-\frac{7nM(x)}{6EI}\right]_{x1}^{x2}\delta U=0 \tag{3}$$

其中

$$n=\frac{1}{1-\frac{7I_s}{8I}} \tag{4}$$

$$k=\frac{1}{b}\sqrt{\frac{14G}{5E}n} \tag{5}$$

考虑剪滞影响的曲率公式：

$$w''=-\frac{1}{EI}(M+M_f) \tag{6}$$

其中

$$M_f=\frac{3}{4}EI_sU' \tag{7}$$

M_f 称为由于翼板剪切变形产生的附加弯矩。

考虑剪滞影响的翼板弯曲应力为：

$$\sigma_x=\mp Eh_i\left[\frac{M(x)}{EI}-\left(1-\frac{y^3}{b^3}-\frac{3I_s}{4I}\right)U'\right] \tag{8}$$

肋板与翼板交界处（$y=\pm b$）的弯曲正应力

$$\sigma^{e}=\sigma_x\Big|_{y=b}=\mp\frac{h_i}{I}\ (M+M_f) \tag{9}$$

上式中，$U(x)$ 为翼板中最大纵向位移差（简写为U）；$b=\frac{1}{2}$翼板长度；h_i=计算点至中性轴距离；I_s=上下翼板对中性轴的惯矩；I=箱梁全截面的惯矩；E=弹性模量；G=剪切模量。

从式（9）清楚地看到：当附加弯矩与外力弯矩同号时，σ^e 要比按梁的初等弯曲理论值来得大，这是剪滞效应，而当附加弯矩与外力弯矩异号时，肋板与翼板交界处的应力 σ^e 反而比按初等弯曲理论值小，这是负剪力滞效应。而它们的影响程度则与相对值$\frac{|M_f|}{|M|}$有关。因此，附加弯矩 M_f 集中表现了剪力滞与负剪力滞效应。

对于悬臂梁在自由端承受一集中力与满跨均布荷载的情形分别求得：

自由端作用一集中力时：

附加弯矩
$$M_f=-\frac{7I_snP}{8Ik}\cdot\frac{\mathrm{sh}kx}{\mathrm{ch}kl} \tag{10}$$

弯曲应力
$$\sigma_x=\mp\frac{h_i}{I}\left[-Px+\frac{7nP}{6k}\left(1-\frac{y^3}{b^3}-\frac{3I_s}{4I}\right)\frac{\mathrm{sh}kx}{\mathrm{ch}kl}\right] \tag{11}$$

满跨均布荷载时：

附加矩弯
$$M_f=-\frac{7nI_sq}{8k^2I}\left(\frac{\mathrm{ch}k(l-x)+kl\mathrm{sh}kx}{\mathrm{ch}kl}-1\right) \tag{12}$$

弯曲应力
$$\sigma_x=\mp\frac{qh_i}{I}\left\{-\frac{1}{2}x^2+\left(1-\frac{y^3}{b^3}-\frac{3I_s}{4I}\right)\cdot\frac{7n}{6k^2}\left(\frac{\mathrm{ch}k(l-x)+kl\mathrm{ch}kx}{\mathrm{ch}kl}-1\right)\right\} \tag{13}$$

从式（10）知道：悬臂梁在受任一集中力时，由于翼板剪切变形产生的附加弯矩始终保持不变号，与外力引起的弯矩一样，都是负弯矩。因此，不会有负剪力滞现象产生。对于均布荷载则大不一样，附加弯矩式（12）的纵向分布复杂，将产生负剪力滞现象。令附加弯矩 M_f 等于零，可求得正负剪力滞的临界点：

即
$$\frac{\mathrm{ch}k(l-x)+kl\mathrm{sh}kx}{\mathrm{ch}kl}-1=0$$

解上式得 x 的有效值

$$x=\frac{1}{k}\mathrm{sh}^{-1}\left(\frac{2kl\cdot\mathrm{ch}kl-\mathrm{sh}2kl}{(kl)^2-2kl\mathrm{sh}kl-1}\right) \tag{14}$$

在 $x_1<x\leqslant l$ 区间发生剪力滞后，在固定端（$x=l$）达到最大值；在 $0<x<x_1$ 区间则发生负剪力滞后，一般说来，x_1约大于$\frac{3}{4}l$，因此，发生剪力滞区间较小，仅约在$\frac{l}{4}$以内，而发生负剪力滞区间较大。再对式（12）求一阶导数，并令其等于零，可以求得在负剪力滞区附加弯矩的拐点：

$$x_3=\frac{1}{k}\ \mathrm{th}^{-1}\left(\mathrm{th}kl-\frac{kl}{\mathrm{ch}kl}\right) \tag{15}$$

例1. 如图 1 所示单箱带伸臂箱型梁 $l=20^{M}$，$h=3^{M}$，$B_u=11^{M}$，$t_b=t_u=0.25^{M}$，$t_w=0.4^{M}$，$b=2.55^{M}$；$I_s/I=0.767$，$n=3.041$，$kt=0.746$。图 5 是该梁在均布荷载作用下，附加弯矩纵向分布图。正负剪力滞的交界点：

$$x_1=\frac{1}{0.746}\,\mathrm{sh}^{-1}\left(\frac{2\times 14.92\cdot \mathrm{ch}14.92-\mathrm{sh}29.84}{14.92^2-2\times 14.92\cdot \mathrm{sh}14.92-1}\right)=16.4^{(M)}$$

图中阴影部分表示：附加弯矩为正值与外力弯矩导号，是发生负剪力滞区域。

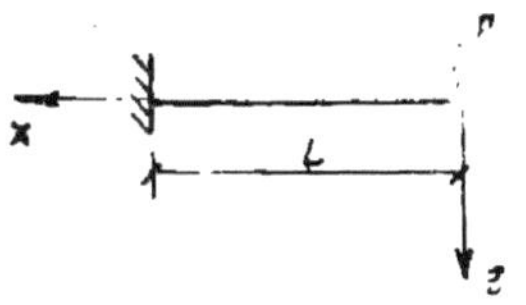

图 3 悬臂梁自由端承受一集中力

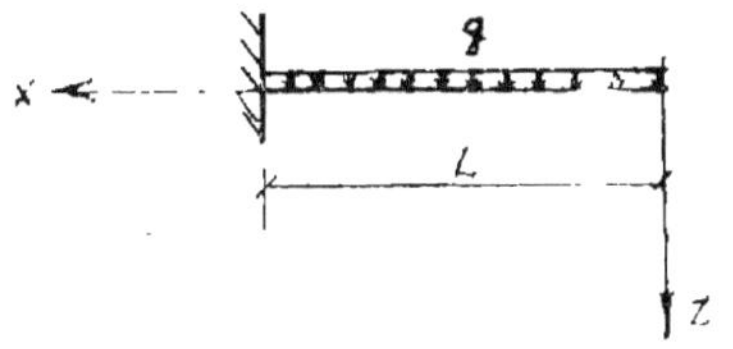

图 4 悬臂梁受满跨均布荷载

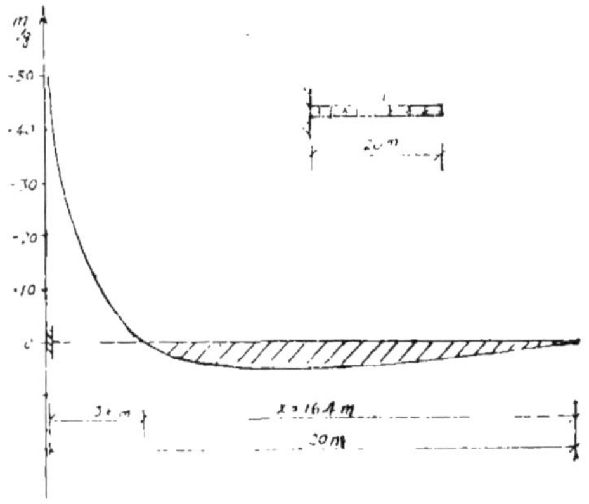

图 5 附加弯矩分布图

3. 应用平面有限元的分析

箱型梁在外荷载直接作用于肋板上而产生对称弯曲时，由于翼板厚度远小于梁的高度，因此，可以不计梁翼的薄板弯曲，并假设梁弯曲时，力由梁翼的中面传入翼板内，则翼板中的应力分布可以认为是二维的平面问题。从梁中脱离出翼板部分就成为一个在端部具有某些约束，而在其边缘作用一剪力流荷载的平面应力板，如图 7 所示的板 $ABCD$ 即是图 6 中的 $ABCD$ 部分。

由于对称弯曲，因此模拟的二维应力板之约束条件为沿翼板中心线无横向位移 $v=0$，对于悬臂梁，在固端截面完全约束 $u=0$，$v=0$。对于这种平面应力板的分析可采用常应变三角形单元，如图 7。

作用在板边缘的剪力流荷载，可根据闭口薄壁结构理论计算。它属于超静定问题。

$$q_{(x)}=q_0+q_r \tag{16}$$

其中：

$q_{(x)}$——闭口箱截面的剪力流

q_0——开口箱截面的剪力流

q_r——赘余剪力流

开口箱剪力流由下式算得：

$$q_o=\tau_o t=-\frac{Q_{(x)}}{I}S_z \tag{17}$$

式中
$$S_z=\int_o^z Ztds \tag{18}$$

t ——箱的壁厚

赘余剪力流由闭口箱位移单值条件求得：

$$\oint_i \gamma ds=0$$

$$\oint_i \frac{q_o}{Gt}ds+q_r\oint_i \frac{ds}{Gt}=0 \tag{19}$$

对例 1 的悬臂箱型梁翼板，应用上述方法，对三种不同的剪力流沿梁长的变化规律分别通过计算机进行计算，箱梁的 1/4 翼板部分 如图 7 所 示，共划分 147 个结点，238

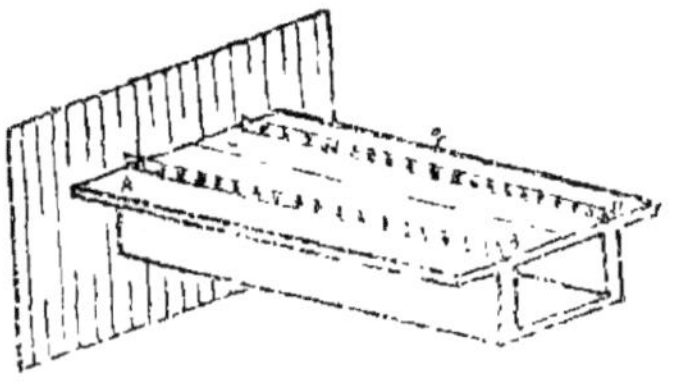

图 6　悬臂箱梁的对称弯曲

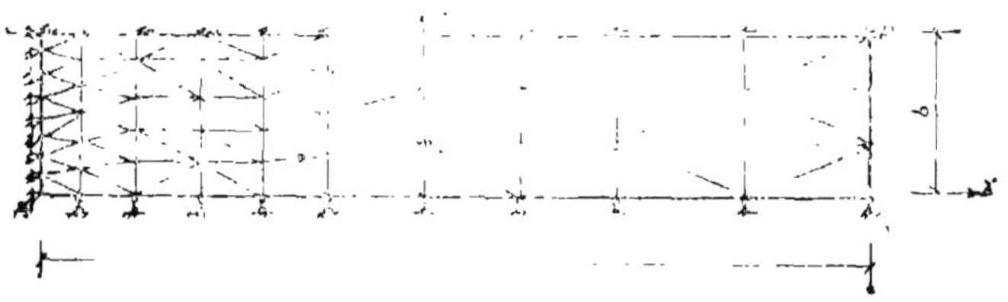

图 7　模拟二维应力板及单元划分示意

个单元。其结果绘于图 8 与图 9 中。剪力流荷载①对应于悬臂梁承受满跨均布荷载；剪力流荷载②对应于悬臂梁在自由端作用一集中力；荷载③是简支梁受均布荷载时其半跨的剪力分布情况，荷载③可以与荷载①作比较。从图 8 所示翼板与肋板交界处应力 σ^e 与截面平均应力 $\overline{\sigma}$（即等于梁的初等弯曲理论值）比值的分布可以看到：仅在荷载情况①时，发生负剪滞效应，即 $\frac{\sigma^e}{\overline{\sigma}}<1$，同时翼板中心的应力比值却逐渐增大（图 9）。这与变分法所得结果是一致的，也与文献〔2〕所得结果相近。

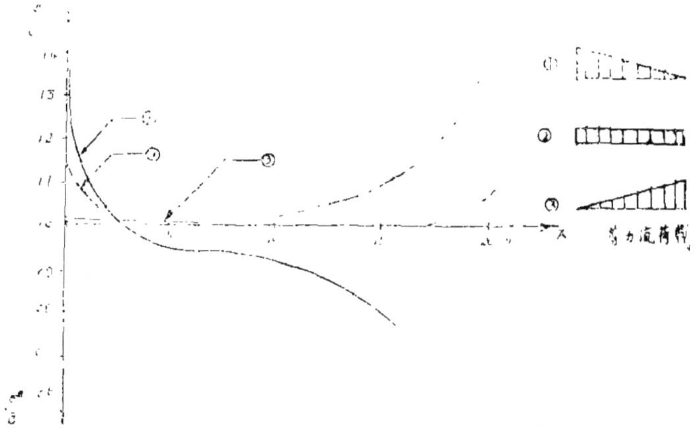

图 8　板边缘应力的纵向变化规律

图9　板中心应力的纵向变化规律

4. 负剪滞效应的影响因素

上述应用变分法与平面有限元法，对悬臂箱梁弯曲时的翼板进行了分析，二者所得结果基本上是一致的。当悬臂箱梁承受均布荷载时，不仅发生剪滞现象，同时伴随着负剪滞现象。应当指出，负剪滞与剪滞一样，都是由于同一横截面上各点的剪切变形不同而产生的。在固定端处，板被完全约束，而从板边缘往板中心的剪力传递总是滞后的，因此无论是哪一种荷载，在该截面总是发生剪力滞后。离固定端一定距离的 x 处（例如 $L/4$），这时约束条件逐渐削弱了，而剪力流强度线性地减小（上节的荷载①），由于变形协调产生了负剪力滞后。因此，边界的约束条件是发生负剪力滞的内在因素，而外荷的型式是产生负剪力滞的外因。

应用变分法求解时，主要假定是纵向位移的横向分布为三次抛物线型（式(1)），这个假定文献〔1〕作了较详细的论述。我们也曾假定翼板的纵向位移为二次与四次抛物线型，同样也得到负剪力滞的结果，并且附加弯矩与正负剪力滞临界点的表达式在形式上都一样。区别仅在于参数 k 值的不同。而 k 值的不同在求正负剪力滞临界点时影响很小，参看附录Ⅰ。变分法中各种不同抛物线型的假定，主要差异表现在横向分布规律上，对于纵向都是满足了相同的边界条件，因此表现出大致相同的分布规律。

负剪力滞影响的程度主要反映在附加弯矩 M_f(式(12))，该式中包含了两个参数 k 与 n，n 值是翼板刚度与梁总刚度的比值，参数 k 是 n 为定值时与翼板净跨有关的参数，因此 kl 反映了跨宽比。由于在桥梁的箱式结构中 I_s/I 变化的幅值不是很大（一般在0.7～0.8左右），所以，这里仅比较跨宽比不同时，附加弯矩 M_f 的变化情况。图10示出当 $I_G/I=0.75$、跨宽比等于3、4、5时，翼板中附加弯矩的纵向分布情况。

从图10可以看出：当跨宽比越小时，不仅在固定端附近受剪力滞影响严重，同时在负剪滞区域受负剪滞的影响也是严重的。随着跨宽比增大时，受剪力滞与负剪力滞的影响都会逐渐减小。因此，负剪滞效应随跨宽比变化的情况类似于剪滞效应的分析[1]，这应当引起我们的关注。

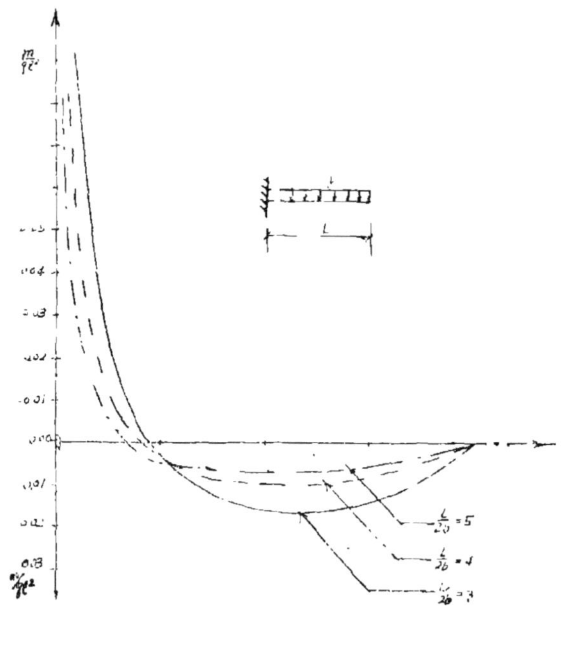

图 10　不同跨宽比的附加弯矩纵向分布

5. 模型试验及结果的比较

为验证悬臂箱梁复杂的剪力滞与负剪力滞现象，对一有机玻璃（弹性模量 $E=29000\ Kg/cm^2$，泊桑比 $\nu=0.4$）的梁式结构，测试了分别在均布荷载与集中力作用下悬臂箱梁的剪滞效应。模型的截面尺寸与测点布置如图 11 所示。各测点均布置了纵向与横向应变片（2×3 纸质应变片）。对于下翼缘板的各应变片，因为当应变值较小时，受压区域的应变片不太稳定，因此，以下仅绘出受拉上翼缘的各测点的实测值。

集中荷载的加载采用杠杆加载，均布加载采用加载砝码直接加载。

试验证实了理论分析的结果，悬臂梁在受集中力作用时，仅发生剪滞效应，而没有

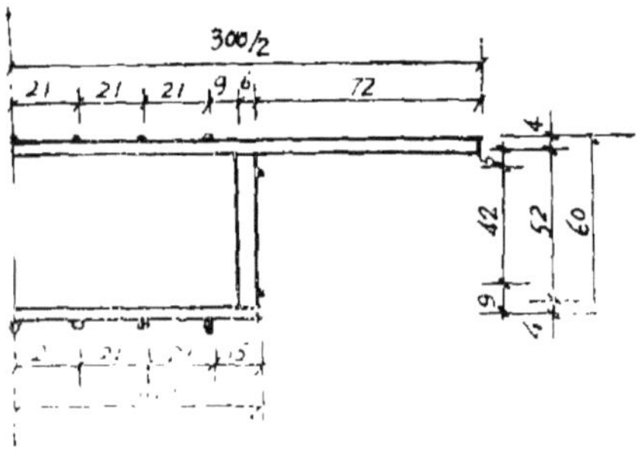

a）1/2 模型横截面

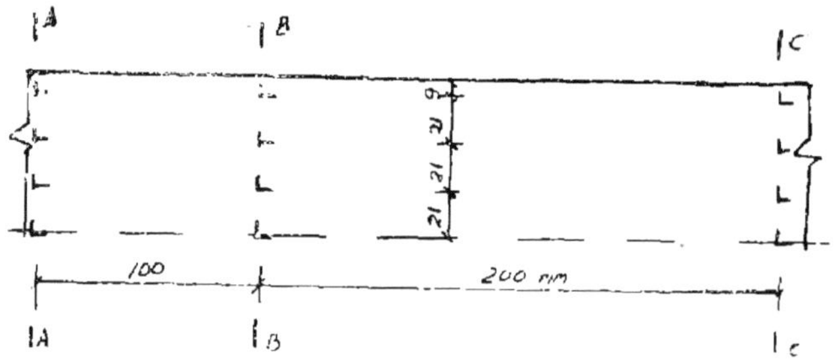

b）翼板部分测点布置

图 11　模型尺寸与测点布置

负剪滞现象。在均布荷载作用下，不仅其剪滞效应比承受集中力时严重，同时伴随着负剪滞现象。图 12、13 及 14 示出，$L=47$ 厘米的悬臂箱梁受均布荷载时三个不同截面的弯曲应力的横向分布规律。A—A 截面（图 12）位于支座，发生了最大的剪滞效应；B—B 截面（图 13）距离支座 10 厘米，试验证明在该截面的应力横向分布很均匀，不受剪滞和负剪滞的影响，与变分法的理论分析正负剪力滞的临界点在距离支座 9.3 厘米处基本相符。C—C 戳面（图 14）距离支座 30 厘米，在该戳面发生了较严重的负剪力滞现象。

图 15 与图 16 分别示出：$L=47$ 厘米的悬臂箱梁受均布荷载与集中力作用下，翼板与

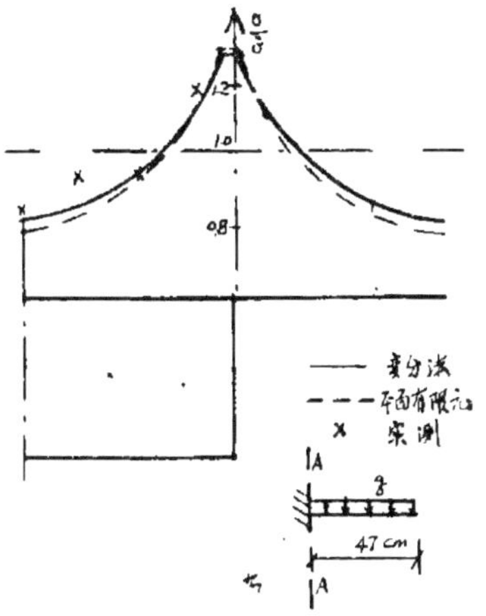

图 12　A—A截面应力的横向分布

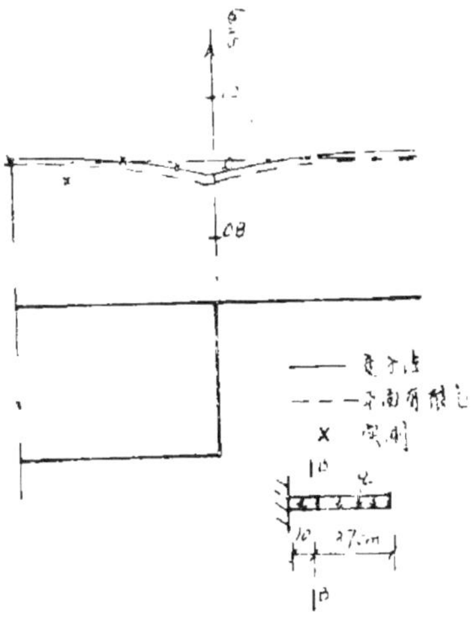

图 13　B—B截面应力的横向分布

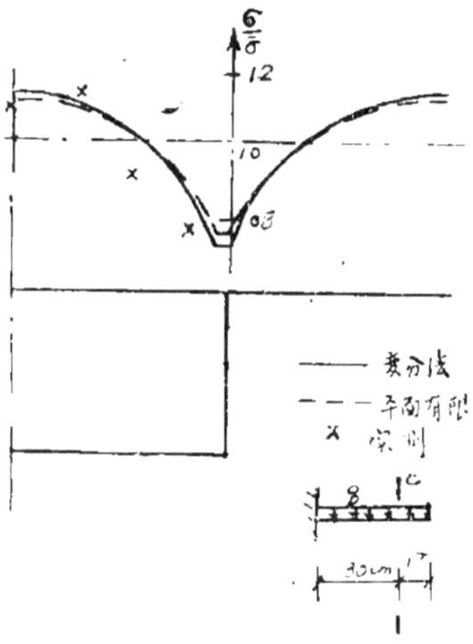

图 14　C—C截面应力的横向分布

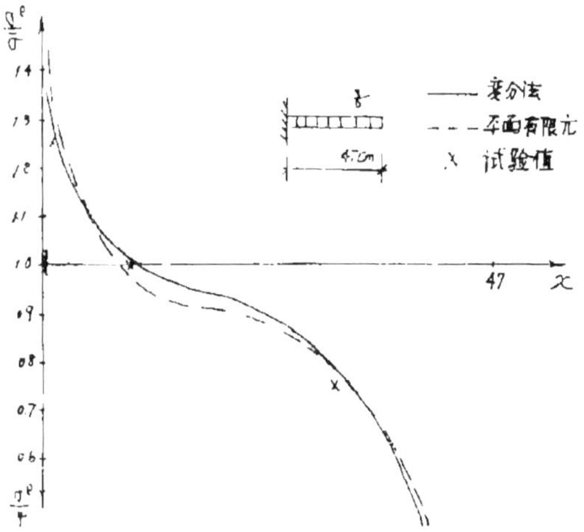

图 15　翼板边缘应力与截面平均应力的比值

肋板交界处的应力σ^e与弯曲平均应力σ的比值（即剪滞系数$\lambda=\frac{\sigma^e}{\sigma}$），从图中更清楚地看到受剪滞与负剪滞影响时弯曲应力的纵向变化规律。其变分法与平面有限元二者所得结果很接近，并且获得试验的验证。

图 15 中在$\frac{\sigma^e}{\sigma}$小于 1 的区域即表示发生负剪滞区域，在集中力作用下没有这一情形。从图10 可以看到发生负剪滞区域虽然值都较小，但是从图15则可以看到，由于负剪滞产生的应力分量与弯曲平均应力的相对比值却是很大的。这种复杂的应力状态，对于预应力混凝土箱

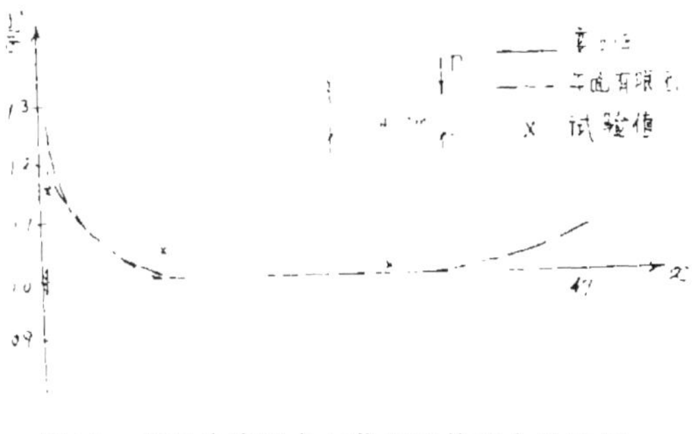

图16　翼板边缘应力与截面平均应力的比值

梁更是不可忽视的。因为这就说明预应力力筋在负剪力滞区域应该在梁肋附近布置稀一些，远离梁肋处可以布置多一些，以便符合实际受力情况。

6. 结 束 语

1） 从上述应用变分法与平面有限元法，对箱型悬臂梁对称弯曲的翼板分析，及与试验结果的比较可以知道，应用这两种方法分析的结果是非常接近的，在集中力作用时仅发生剪滞现象，而在均布荷载作用下，则同时存在剪滞与负剪滞现象。

2） 与剪滞效应一样，负剪滞效应的影响因素主要是箱的跨宽比（$L/2b$）。当跨宽比越小时，不仅受剪滞的影响越严重，同时受负剪滞影响也越严重。

3） 肋距较宽的箱型梁弯曲时发生的剪滞与负剪滞现象，是由于同一截面上各点的剪切变形不一致产生的。是否会出现负剪滞现象取决于位移边界条件和外力边界条件。

4） 在悬臂梁中，负剪滞虽然发生在应力较小的区域，但这种效应产生的应力相对初等梁算出的应力，之比值不可忽视，更不能误解为都仅发生剪滞现象。

5） 应当指出，本文仅对悬臂梁负剪滞这一问题作一定深入的探讨，目的是研究这种与剪滞相反效应的现象的存在及其分布规律与某些影响因素，使工程设计者对箱型梁的弯曲应力分布有一更清楚的认识，以便在设计中考虑这一因素，使预应力力筋布置更为合理。负剪滞现象不仅在悬臂梁中存在，在连续箱梁及斜拉桥中也同样存在。

参 考 文 献

〔1〕郭金琼，房贞政，罗孝登："箱型梁桥剪滞效应分析"，《土木工程学报》1983，No.1

〔2〕Foutch, D.A., Chang, P.C.: "A Shear Lag Anomaly" Technical Notes, ASCE, 1982, Vol.108, No. ST7

〔3〕中井博，树山泰男："Researches on Negative Shear Lag of Cantilever Beams and Application to Bridge Design"（日文）土木学会论文报告集 1976.12

〔4〕Reissher, E.: "Analysis of Shear Lag in Box Beams by the Principle of Minimum Potential Energy" Quaxterly of Applied Mathematics, 1946, Vol. 4

〔5〕张士铎，丁芸：变截面悬臂箱梁负剪力滞差分解，《重庆交通学院学报》，1984，No.4

Negative Shear Lag Effect of the Cantilever Box Girders

Fang Zhenzheng   Zhang Shiduo

(Fuchou University)   (Tong Ji University)

Abstract

The phenomena of shear lag and negative shear lag in cantilever box girders are studied by means of the variational method and the plane finite element method. When the cantilever box girder is symmetrically bent, the complex stress distribution on the flange is investigated and the effect of the negative shear lag is discussed in detail. The results obtained from the perspex model tests are found to agree with the theoretical analyses. The conclusions obtained in this paper not only contribute to a better understanding of the stress distribution in cantilever box girders under a load, but also set a theoretical foundation for us to determine the position and number of the reinforcement in the prestressed concrete box girders.

钢筋混凝土压弯构件全过程分析的能量法

邹银生

Complete Analysis of Reinforced Concrete Members with Flexure and Axial Force Using Energy Principle

Zou Yinsheng

(Structural Research Institute)

Abstract

In this Paper, the moment-curvature-axial force relationships of reinforced concrete rectangular section are discussed. A simplified nonlinear analysis which follows the behavior of a reinforced concrete member with flexure and axial force through the total load range from initial loading to failure is developed. This complete analysis is derived from the energy principle. The program of the analysis method is rather simple and can be conducted on a hand calculator. The results calculated by using the approch of this paper are found to be in good agreement with the experimental results obtained from 37 members at Hunan University. By means of the formulas proposed in his paper, it is possible to make an assessment of the curvature ductility and the displacement ductility ratio of reinforced concrete member with flexure and axial force. It turns out that the method proposed in this very efficient for earthquake resistant analysis.

Iniroduction

Under seismic loading, the columns of multistory structure and one-storey industrial buildings are subjected to shear forces and flexure in addition to axial compression. Tests indicate that the deformations in slender columns with a high the shear span to depth ratio are mainly flexure deformations. Usually, these members are known as members with flexure and axial force. For determining ductility ratio of members and making a nonlinear dynamic analysis of structure responding to the earthquake, complete load-deflections curve of members with flexure and axial force need be known. There have been many references in which analysis of the whole process of the load-displacement by use of a computer was proposed. However, it is well known that simplified nonlinear analysis is still quite useful in earthquake-resistant design. Usually, simplified analysis is much more economical than a comparable numerical anaiysis, and there is a specific analytic expression which can help people to have insight into the qualitative nature of deformations of members that can not be readily obtained numerically. Thus the simplified method are still proposed for the theoretical analsis of the whole process of the load-displacement for reinforced concrete members with flexure and axial force.

In this paper, the moment-curvature-axial force relationships of the reinforced concrete rectangular section are discussed. A simplified nonlinear analysis which follows the behavior of a reinforced concrete member with flexure and axial force through the total load range from initial loading to failure is developed. This complete analysis is derived from the energy principle. The program of the analysis method is rather simple and can be conducted on a hand calculator. Designer can calculate problems in which both geometric and material nonlinearities must be taken into account by means of a calculator or program which is easy to be made. The results obtained in this paper is found to be quite satisfactory in comparision with the experimental results and the expression for the length of the plastic hinge is proposed. Good agreement exists between numerical values pradicted by the expression and test results.

By means of the method proposed in this paper, it is possible to make an assessment of the curvature ductility and the displacement ductility ratio of reinforced concrete member under flexure with axial force. It turns out that this method is very efficient for earthquake resistant analysis.

1.Moment—Cnrvature—Axial Force Relationships

1.1 Basic Assumptions

The following assumptions are made in connection with the moment-curvature relationships of sections with flexure and axial load:

1. The strains in the concrete and the reinforcing steel are directly

proportional to the distances from the neutral axis, at which the strain is zero.

    2. The stress-strain curves for concrete and steel are known (Fig.1).

Region OA $\sigma_\lambda = \sigma_0 \left[\dfrac{2\varepsilon_\lambda}{\varepsilon_0} - \left(\dfrac{\varepsilon_\lambda}{\varepsilon_0}\right)^2 \right]$

Region AB $\sigma_\lambda = \sigma_0 (1 - 100(\varepsilon_\lambda - \varepsilon_0))$

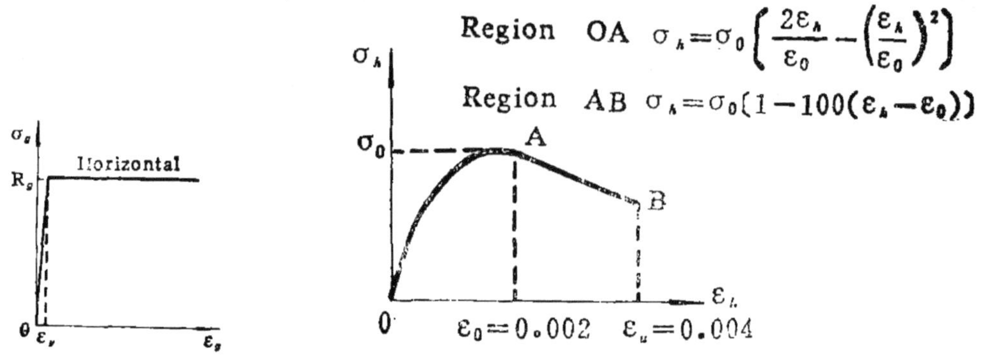

Assumed steel stress-strain curve   Assumed concrete stress-strain curve

Fig. 1 Stress-strain Curves for Materials

    3. The tensile strength of concrete may be ignored if cracking has commenced at the extreme tension fiber.

Tests have shown that the moment-curvature relationship for a practical reinforced concrete member with flexure and axial load, in which the tension steel yields, can be idealized to the trilinear relationship presented in **Fig.2**. The first stage is to cracking, the second to yield of the tension steel, and the third to the limit of strain in the concrete. The three characteristic points at the trilinear are the points at which the concrete starts to crack, the tension steel begins to yield, and concrete at the extreme compression fibre reaches ultimate strain. The moment-curvature-axial force relationships of reinforced concrete member with rectangular section may be determined at the three characteristic points using these assumptions and from the requirements of strain compatibility and equilibrium of forces.

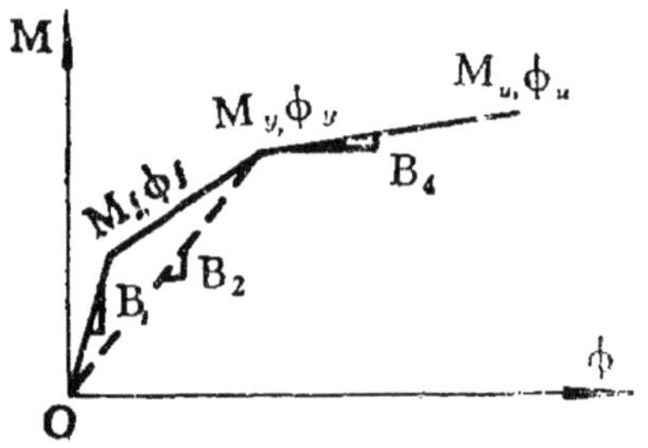

Fig. 2. Idealized Trilinear Moment-Curvature Curves for a Reinforced Concrete Section

1.2 Moment-Curvature-Axial Force Analysis

1.2.1 At Just Prior to Cracking of The Concrete

Figure 3 shows strain and stress distributions in a section at just prior to cracking of the concrete. The moment-curvature relationships for reinforced concrete rectangular sections with flexure and axial load may be written using the internal couple and the requirements of strain compatibility and equilibrium of force as follows:

$$\frac{N}{R_L bh}=\left(\frac{1}{\alpha}-4\right)\left(\frac{1}{2}+n\mu_0\right) \tag{1}$$

$$\frac{M_f}{R_L bh}=\frac{2}{3}\alpha\left[4n\mu_0+(2-\alpha)+\frac{N}{R_L bh}\right]+\frac{n\mu_0}{3\alpha}+\frac{N}{6R_L bh}+\frac{2n\mu_0}{\alpha}(\xi^2-\xi) \tag{2}$$

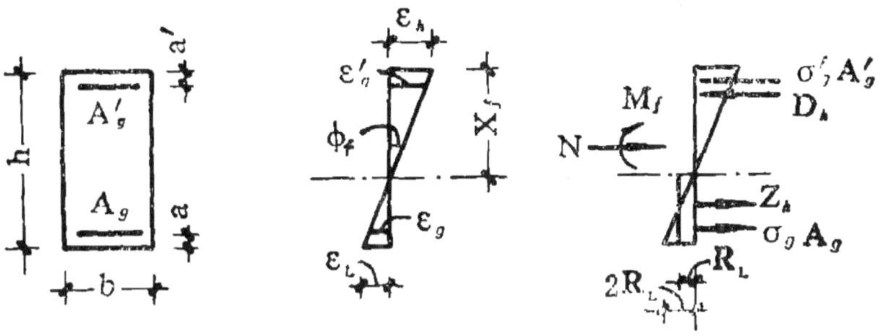

Fig. 3 Strain and Stress Distributions at Cracking

where

$$n=E_g/E_h,\quad \mu_0=\frac{A_g}{bh}=\frac{A'_g}{bh},\quad \alpha=\frac{R_L}{hE_h\phi_f},\quad \xi=\frac{a}{h}=\frac{a'}{h}$$

ϕ_f is the curvature at the element just prior to cracking of the concrete, h and b are the depth and width of the cross section, respectively, N is the axial load, R_L is the tensile strength of concrete, M_f is cracking moment, E_h and E_g are the modulus of elasticity of concrete and steel, respectively, A_g and A'_g are the area of tension and compression reinforcement, respectively, a and a' are the distance from the tensile and compressive resultant in the steel to the nearest side of a cross section, respectively.

1.2.2. At First Yield of The Tension Steel

At first yield of the tension steel, there are two possible shapes for the compressive stress block, as shown in Fig. 4 c), d). The moment-curvature-axial force relationships at first yield of the tension steel may be expressed as follows:

$$\frac{N}{R_a b h_o}=\frac{(\sigma'_g-R_g)\mu}{2R_a}+\frac{A}{\phi_y h_o} \tag{3}$$

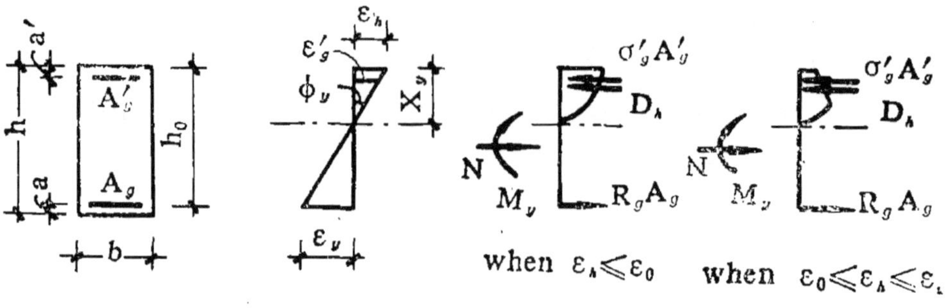

a) section b) strains c) stresses d) stresses

Fig.4 Strain and Stress Distributions at First Yield

$$\frac{M_y}{R_a b h_o^2}=\frac{(R_g-\sigma'_g)\mu}{2R_a}\cdot\frac{\varepsilon_y}{\phi_y h_o}+\frac{\sigma'_g\mu}{2R_a}(1-\zeta_o)+\frac{N}{R_a b h_o}\left(\frac{\varepsilon_y}{\phi_y h_o}+\frac{\zeta_o-1}{2}\right)+\frac{B}{(\phi_y h_o)^2} \tag{4}$$

where

σ'_g is the stress in the compression steel and given by

$$\sigma'_g=(\phi_y h_o(1-\zeta_o)-\varepsilon_y)E'_g$$

If $\quad \phi_y h_o \geqslant \frac{2\varepsilon_y}{1-\zeta_o}, \quad \sigma'_g=R_g$

A and B are two factor and can be expressed as follows:

When $\quad \phi_y h_o \leqslant (\varepsilon_o+\varepsilon_y)$,

$$A=\frac{(\phi_y h_o-\varepsilon_y)^2}{\varepsilon_0}-\frac{(\phi_y h_o-\varepsilon_y)^3}{3\varepsilon_o^2},$$

$$B=\frac{2}{3}\frac{(\phi_y h_o-\varepsilon_y)^3}{\varepsilon_o}-\frac{(\phi_y h_o-\varepsilon_y)^4}{4\varepsilon_o^2}$$

When $\quad (\varepsilon_o+\varepsilon_y)<\phi_y h_o<(\varepsilon_u+\varepsilon_y)$,

$$A=(\phi_y h_o-\varepsilon_y)\left[1.2-50(\phi_y h_o-\varepsilon_y)\right]-\frac{13}{60}\varepsilon_o.$$

$$B=\frac{6}{10}(\phi_y h_o-\varepsilon_y)^2-\frac{100}{3}(\phi_y h_o-\varepsilon_y)^3-\frac{7}{60}\varepsilon_o^2$$

ϕ_y in the curvature at first yield of the tension steel, R_a is the axial compressive strength of concrete, R_g is the tensile strength of steel, h_o is the effective depth of the cross section, M_y is the yielding moment.

$$\mu=\frac{A_g+A'_g}{bh_o}, \qquad \zeta_o=\frac{a}{h_o}=\frac{a'}{h_o}$$

1.2.3. When the Concrete Reaches An Extreme Fiber Compression Strain of 0.004

When the concrete at the extreme compression fibre reaches ultimate strain, stress and strain distributions of the section are shown in Fig. 5. The moment-curvature-axial force relationships at the ultimate limit state may be written as follows:

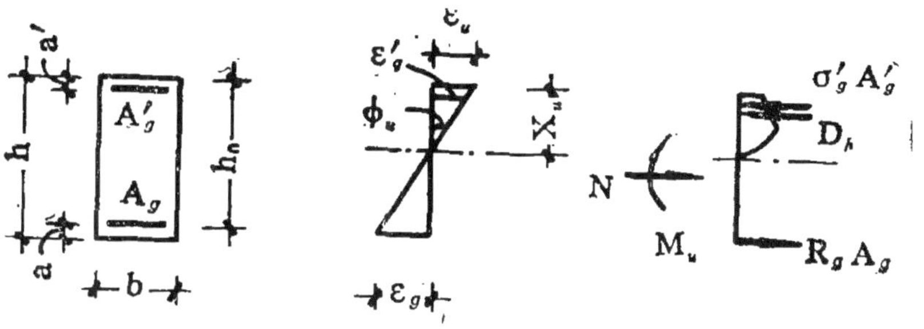

Fig. 5. Strain and Stress Distributions at Ultimate

$$\frac{N}{R_a b h_o} = \frac{(\sigma_g' - R_g)\mu}{2R_a} + \frac{0.00313333}{\phi_u h_o} \tag{5}$$

$$\frac{M_u}{R_a b h_o^2} = 0.4375\left(\frac{\varepsilon_u}{\phi_u h_o}\right)^2 + \frac{\sigma_g'\mu}{2R_a}\left(\frac{\varepsilon_u}{\phi_u h_o} - \zeta_o\right)$$

$$+ \frac{R_g\mu}{2R_a}\left(1 - \frac{\varepsilon_u}{\phi_u h_o}\right) + \frac{N}{R_a b h_o}\left(\frac{1+\zeta_o}{2} - \frac{\varepsilon_u}{\phi_u h_o}\right) \tag{6}$$

Where the stress in the compression steel at ultimate is given by

$$\sigma_g' = \varepsilon_g' E_g' = (\varepsilon_u - \phi_u h_o \zeta_o) E_g'$$

If $\phi_u h_o > \frac{\varepsilon_u - \varepsilon_y}{\zeta_o}$, $\sigma_g' = R_g$

The moment-curvature relationships of reinforced concrete member under flexure with axial force at three stages can be determined, as shown in Fig. 6. Fig. 6 shows M—ϕ curve for two test members. The f, y and u in Fig. 6 represent the three characteristic points at which the concrete starts to crack, the tension steel begins to yield, and the concrete at the extreme compression fibre reaches ultimate strain, respectively.

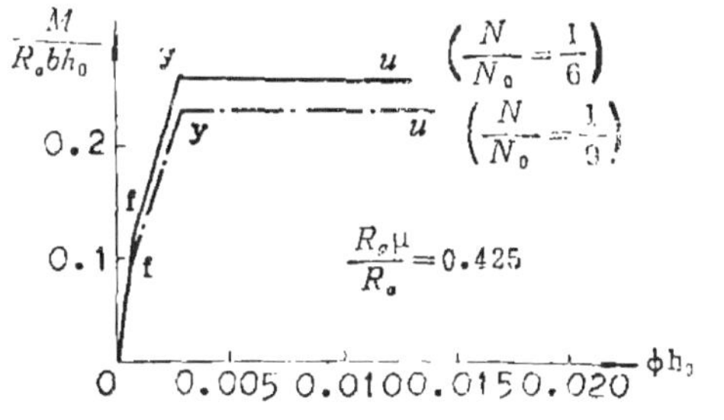

Fig. 6. Moment-curvature Curves for Column Section

2. Comdlete Analysis of Members with Flexure and Axial Force

2.1. The Flexural Rigidity of Members with Flexure and Axial Force

The basic parameter required for the complete analysis of reinforced concrete members is the flexural rigidity of members. According to elastic theory, flexural rigidities are considered to be the slope of M-ϕ curve. And all sections are assumed to have same constant flexural rigidity. However, it is well known that the flexural rigidity of reinforced concrete members is not a constant. As the load differs in magnitude and behavior, the critical section flexure rigidities are different and the section flexure rigidity varies along the length of the member. In this paper, the average rigidity for different regions and stages is used in the complate analysis according to idealized trilinear moment-curvature relationships. Therefore, the calculation is very convenient, and furthermore a more realistic assessment of the flexural rigidity along with the member can be made. That is to say, before cracking is the first stage, from cracking to yield of the tension steel is the second stage, from the first yield of the tension steel to the limit of useful strain in concrete is the third stage. The average rigidity for different stage are used in the first and the second stage, respectively. The average rigidity for different regions is used in the third stages.

First stage (before cracking)

Before cracking of the concrete commences, the members are in the elastic state. The flexure rigidity at maximum moment section may be taken as the average rigidity of the members. That is the slope of the first line in Fig.3:

$$B_1=\frac{M_f}{\phi_f} \tag{7}$$

Second stage (from cracking to first yield)

Second stage begins after cracking has occurred in the tension zone. During this stage, the flexure rigidity of member is reduced because of the cracking of the concrete. The second rigidity of the M—ϕ curve may be taken as the rigidity of the member. At first yield of the tension steel, the second rigidity for critical section is taken as the average rigidity of the member. That is the slope of the dashed line in Fig. 3:

$$B_2=\frac{M_y}{\phi_y} \tag{8}$$

Third stage (from the first yield of the tension steel to ultimate)

After first yield of tension steel, the flexure rigidity of the member will be reduced rapidly because of plastic rotation at some sections. The rigidity of the member in which the concrete at the extreme compression fibre reaches ultimate strain must be subdivided in the different values for two regions, as shown in Fig.7.

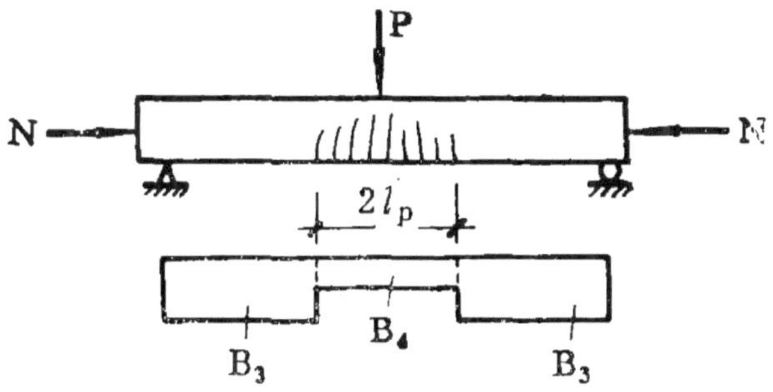

Fig.7. The Subdivision of The Member Rigidity at Ultimate

1. The average rigidity of other regions except the equivalent plastic hinge length may be approximated by the following equation:

$$B_3=\beta\frac{M_y}{\phi_y} \tag{9}$$

where β is the rigidity reduction factor and according to the experimental results obtained at Hunan University, it may be taken as 0.7.

2. The flexure rigidity for the section in plastic hinge zones, as shown in Fig.7, may be represented by the slope of the third line in the M—ϕ curve as shown in Fig.2:

$$B_4=\frac{M_u-M_y}{\phi_u-\phi_y} \tag{10}$$

From the results of tests on reinforced concrete members with flexure and axial load, we may suggest the following expression for the length of the plastic hinge:

$$l_p=K\left(1-\frac{1}{2}\xi_p\right)h_o \tag{11}$$

where

$$\xi_p=\mu_1\frac{R_g}{R_w}-\mu_1'\frac{R_g}{R_w},\qquad \mu_1=\frac{A_g}{bh_o},\qquad \mu_1'=\frac{A_g'}{bh_o}$$

$K=1+0.5\frac{N}{N_o}$, N=axial compressive force in member, $N_o=R_abh_o+(A_g+$

$A'_g)R_g$, R_w is the compressive strength of the concrete in bending equal to $1.25R_a$, R_g is the yield point of the steel.

The comparison of the values of l_p computed according to Eq. 11 with test results at Hunan University is given in Table 1. It is seen that good agreement exists between them.

Table 1

NO	l_p (cm)		NO.	l_p (cm)	
	computed	test results		computed	test results
IX-2	16.6	14.0	IX-4	16.6	16.0
IX-1	16.6	18.0	VIII-1	17.1	14.0
VIII-2	17.0	21.0	VIII-4	16.7	12.5
VIII-3	16.7	18.0	IX-3	16.6	17.0
IX-2	16.6	11.0			

2.2. Analysis of Load-deflection Curve

Figure 8 shows a mathematical model of member with flexure and axial load. To analysis the problems in which both geometric and material nonlinearities must be taken into account, it is very convenient to use the energy principle (variational method). The deformation curve (deflection function) for simply supported member with flexure and axial load can be approximated by sine series:

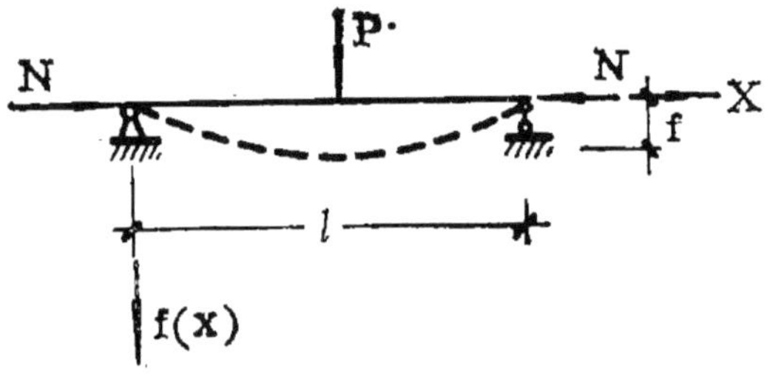

Fig.8 Mathematical Model of Member with Flexure and Axial Load

$$f(x)=\sum_{n=1}^{\infty} a_n \sin \frac{n\pi x}{l} \tag{12}$$

Where a_n are undetermined coefficients.

Thus, the strain energy U of the member and the potential of the external force V_L can be calculated on the basis of the assumed deflection function.

The strain energy U of the member is

$$N=\int_0^l \frac{B}{2}\left(\frac{d^2f}{dx^2}\right)^2 dx \tag{13}$$

where B is member's flexure rigidity computed according to Eqs. (7), (8), (9) and (10) .

The potential of the external forces V_E is given by

$$V_E=-Pa_n-N\frac{1}{2}\int_0^l\left(\frac{df}{dx}\right)^2 dx \tag{14}$$

The total potential energy $\Pi=U+V_E$ is therefore

$$\Pi=\int_0^l\left[\frac{B}{2}\left(\frac{d^2f}{dx^2}\right)^2-\frac{N}{2}\left(\frac{df}{dx}\right)^2\right]dx-Pa_n \tag{15}$$

In order to determine the coefficient a_n, we require that the total potential Π of the structure be minimum. Consequently,

$$\delta\Pi=\delta(U+V_E) \tag{16}$$

Substituting Eq.(17) into (18) yields a relationship between the deflection f and the lateral load P at midpoint of the member:

$$f=P\cdot D \tag{17}$$

where f is the deflection at member midpoint, D is the deflection coefficient.

The deflection coefficient for different stages is computed by following equation:

At just prior to cracking of the concrete

$$D_f=\frac{2l^3}{\pi^4 B_1}\sum_{n=1}^{\infty}\frac{\left(\sin\frac{n\pi}{2}\right)^2}{n^2\left(n^2-\frac{Nl^2}{\pi^2 B_1}\right)} \tag{18}$$

At first yield of the tension steel

$$D_y=\frac{2l^3}{\pi^4 B_2}\sum_{n=1}^{\infty}\frac{\left(\sin\frac{n\pi}{2}\right)^2}{n^2\left(n^2-\frac{Nl^2}{\pi^2 B_2}\right)} \tag{19}$$

When the concrete strain at the extreme compression fibre reaches a specified value ε_u

$$D_u=\frac{2l^3}{\pi^4 B_3}\sum_{n=1}^{\infty}\frac{\left(\sin\frac{n\pi}{2}\right)^2}{n^2\left\{n^2-\frac{Nl^2}{\pi^2 B_3}-n^3\frac{1}{\pi}\left(1-\frac{B^4}{B_3}\right)\left[\frac{n\pi l_p}{l}-(-1)^n\cdot\frac{1}{2}\sin\frac{2n\pi l_p}{l}\right]\right\}}$$

(20)

In general, two terms will be required to achieve a given level of accuracy.

According to the free-body as shown in Fig.9. the moment at the midspan section may be determined by equilibrium of forces:

$$M = P\frac{1}{4} + N\cdot f \tag{21}$$

Substituting Eq. (17) into Eq. (21) gives an equations to calculate the transverse load for different stages befor the concrete at the extreme compression fibre reaches ultimate strain:

$$P = \frac{M}{l/4 + N\cdot D} \tag{22}$$

where M is the moment at the midspan section. The moments for different stages are calculated by Eqs. (2), (4) and (6), respectively.

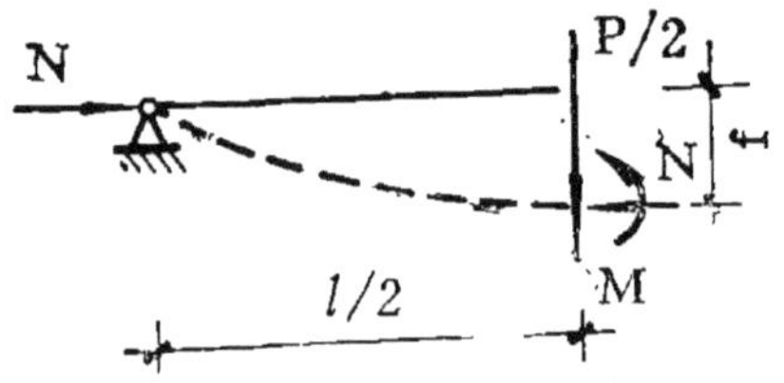

Fig·9 Free-body Diagram of The Member

The deformation coefficients for different stages are computed by Eqs. (18), (19) and (21), respectively.

The transverse load will decrease as the deformation of member is increased after the concrete at the extreme compression fibre reaches ultimate strain. In this stages, relationships between the transverse load and the deformation at the midspan section are approximated by the following equation:

$$P = \frac{M_u - N\cdot f}{l/4} \tag{23}$$

where M_u is the moment at the midspan section when the concrete at the extreme compression fibre reaches ultimate strain.

3. Comparison of Calculated Value with Test Results

It is not difficult to determine analytically the transverse force and the deflection of reinforced concrete member under flexure with axial force at any stage of loading from zero to ultimate and to make an assessment of the curvature ductility and the displacement ductility ratio using the Eqs.(22),

(23) and (17) in this paper. The theoretical approach just discussed was checked against the experimental results obtained at Hunan University. Figures 10 and 11 compare experimental and analytical load-deflection curves for four members. The curves are marked to indicate points at which the concrete starts to crack (f), the tension steel begins to yield (y) and spalling and crushing of the concrete commences (u). Fig. 12 shows the member geometry, cross-sectional properties, reinforcement and type of loading. The specimens are doubly reinforced concrete members having a rectangular cross section 150 mm wide by 200 mm deep. The members were pinned at each end to give 1.9 m simply supported span and were loaded statically at midspan through a column stub. The effective depth of the section and material properties are listed in Table 2. The analytical and experimental characteristic points at which the concrete starts to crack, the tension steel begins to yield, and spalling and crushing of the concrete commences of member as well as the displacement ductility ratio are listed in Table 3. The analytical and experimental results as shown in the figures and the tables are found to be in good agreement.

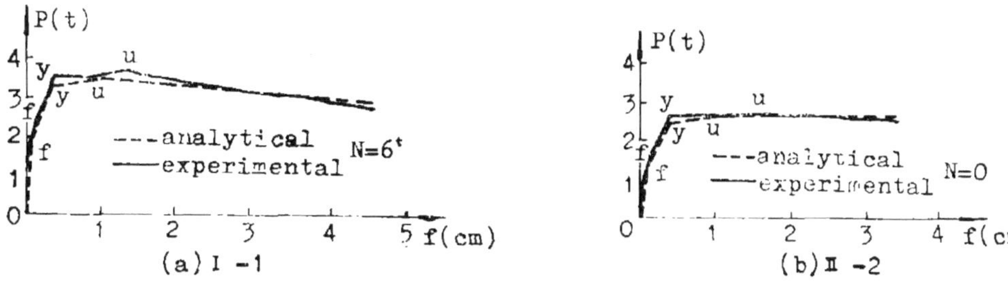

Fig. 10 Comparision of Experimental and Analytical Curves

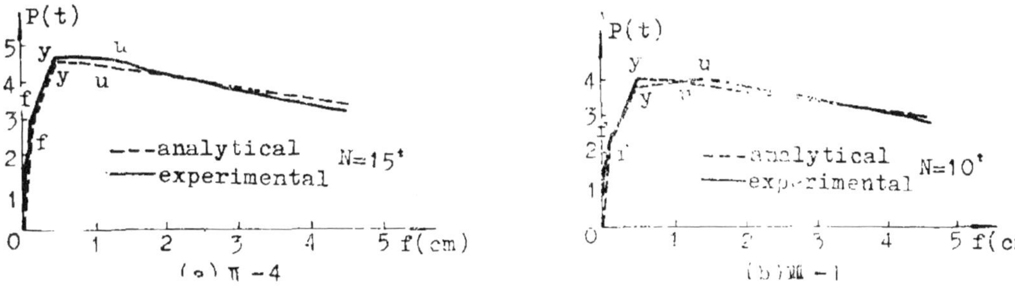

Fig. 11 Comparision of Experimental and Analytical Curves

4. Conclusions

1. It is convenient to solve the load-deflection curves of reinforced concrete member with flexure and axial force using energy principle. The program of the analysis method is rather simple and can be conducted on a hand calculater. The average rigidity for different regions and stages is used

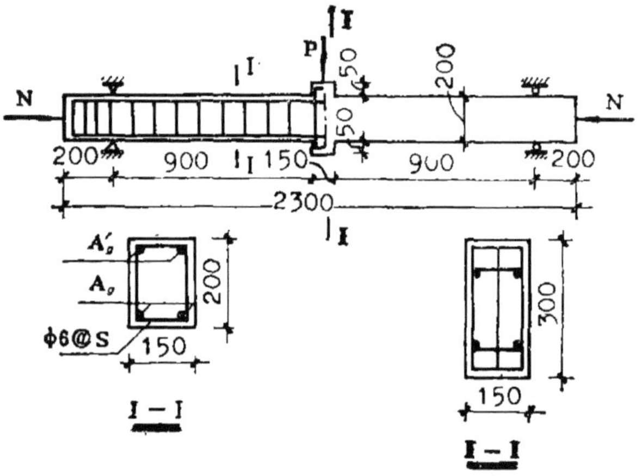

Fig.12 The Section and The Reinforcemental of Experimental Member at Hunan University

in the complete analysis. Therefore, not only is the calculation very convenient, but a more realistic assessment of the flexural rigidity along with the member can be made.

2. Good agreement exists between the numerical value of length of plastic regions predicated by the formula (11) and the test results.

3. It is evident from Fig. 6 that the effect of the axial load on the moment-curvature of section is quite appreciable. An increase in axial load brings increase in moment and curvature at first yield of section. However, the ultimate curvature decreases as the axial load is increased. Thus, the curvature ductility ductility factor ϕ_u/ϕ_y of section will decrease as the axial load is increased.

References

〔1〕 P.Park, T.Paulay: Reinforced Concrete Structures, 1975.

〔2〕 H. Hognestad, N. W. Hanson, D.McHenry: Concrete Stress Distribution in Ultimate Strength Design, ACI Journal, 1955, Vol.52, No.6,

〔3〕 T. R. Tauchert: Energy Principles in Structural Mechanics, 1974.

Table 2

No.	h_0 cm	cube strength of concrete R kg/cm²	longitadinal steel		axial force N t
			$A_g = A_g'$ cm²	R_g kg/cm²	
I-1	16.9	406	2.26	3260	6
I-3	16.9	406	2.26	3260	6
II-1	16.9	406	2.26	3260	15
II-4	16.9	406	2.26	3260	15
II-2	16.9	406	2.26	3260	0
III-1	17.0	228	0.99	3180	15
III-2	17.0	228	0.99	3180	15
V-1	17.0	300	4.61	2860	10
VII-1	16.3	417	2.26	3180	10
VIII-1	17.0	217	2.26	3260	19
VIII-2	16.8	217	2.26	3260	19
VIII-3	16.5	217	2.26	3260	19
VIII-4	16.5	217	2.26	3260	19
IX-1	16.5	352	2.26	3260	19
IX-2	16.5	352	2.26	3260	19
IX-3	16.5	352	2.26	3260	19
IX-4	16.5	352	2.26	3260	19

Table 3

No.	transverse load						transverse deformation					
	cracking		yield		ultimate		cracking		yield		ultimate	
	P_f^s kg	P_f kg	P_y^s kg	P_y kg	P_u^s kg	P_u kg	f_f^s cm	f_f cm	f_y^s cm	f_y cm	f_u^s cm	f_u cm
I-1	1760	1752	3420	3385	3570	3546	0.058	0.059	0.355	0.385	1.353	0.887
I-3	1638	1752	3481	3385	3815	3500	0.063	0.059	0.343	0.385	1.250	0.888
II-1	2390	2464	4670	4599	4740	4557	0.093	0.082	0.454	0.447	1.360	1.019
II-4	2690	2464	4670	4599	4570	4557	0.080	0.082	0.436	0.447	1.300	1.019
II-2	1150	1232	2423	2474	2615	2685	0.030	0.045	0.333	0.342	1.524	0.790
III-1	1850	1894	3050	3043	3060	2709	0.090	0.080	0.514	0.513	1.230	1.149
III-2	1900	1894	3050	3043	2973	2709	0.090	0.080	0.523	0.513	1.140	1.149
V-1	2204	2172	5645	5913	5591	5785	0.085	0.064	0.620	0.434	1.296	0.945
VII-1	2368	2046	3868	3761	3895	3888	0.113	0.070	0.704	0.427	1.437	0.989
VIII-1	2390	2364	4740	4659	4670	4303	0.097	0.093	0.585	0.599	1.360	1.366
-2	2270	2344	4600	4587	4350	4220	0.090	0.095	0.590	0.613	1.450	1.408
-3	2630	2315	4630	4478	4210	4103	0.060	0.093	0.620	0.636	1.286	1.453
-4	2437	2315	4620	4478	4500	4103	0.090	0.093	0.550	0.636	1.200	1.453
IX-1	2440	2620	4890	4879	4960	4535	0.100	0.091	0.540	0.518	1.130	1.145
-2	2440	2620	4900	4879	5020	4535	0.097	0.091	0.512	0.518	1.020	1.145
3	2420	2620	5030	4879	4940	4535	0.100	·0.091	0.540	0.518	1.040	1.145
-4	2337	2620	5110	4879	4920	4535	0.097	0.091	0.512	0.518	1.120	1.145

钢筋混凝土压弯构件全过程分析的能量法

邹 银 生

（结构工程研究所）

【摘要】 本文讨论了钢筋混凝土矩形截面弯矩——曲率——轴力关系。利用能量原理提出了钢筋混凝土压弯构件从加载到破坏的非线性全过程简化分析法。该方法的程序简单，可以用手算。与湖南大学37根构件试验结果的比较表明，按本文公式分析的结果是满意的。利用本文公式可以计算钢筋混凝土压弯构件的曲率延性和位移延性比，表明本文方法对抗震设计是有效的。

1987 年论文

轴向和横向荷载同时作用下的桩基计算

赵明华

（土木工程系）

【摘要】本文在现行m法假设基础上，导得了考虑轴向集中荷载、桩自重、桩侧摩阻力及横向荷载综合作用下柔性桩的分析解。文中计算指出：当桩的自由长度及轴向荷载较大时，$p—\Delta$效应对桩身弯矩的影响是不容忽视的。本文解答弥补了现行m法理论不计轴力的不足。此外，本文从弯矩、位移等效原理出发，得到了基桩地面以上部分在轴向集中荷载及沿轴向均布荷载作用下桩顶位移及地面处桩身弯矩的计算式，该解答亦可用于各类悬臂梁柱的静力计算。

在我国桥梁基桩水平承载力的计算中，一般都不考虑轴向荷载及桩侧摩阻力的影响，这样可以简化计算及便于制表。然而，随着目前大孔径钻孔灌注桩的发展，基桩的自由长度日益增大，桩的轴向承载力也相应提高，在此情况下，由于基桩的弹性挠曲变形和轴力的相互作用的影响所引起的桩身弯矩有时是不容忽略的，正如横山幸满〔2〕所指出的，同时受有轴力及垂直桩轴方向的力作用的桩，严格地说，应力的迭加原理对其是不适用的。因此，有必要明确在什么情况下容许迭加及其误差如何。基于此，横山幸满对地基系数为常数的情况做了解答，此外文献〔2〕对该情况亦做了进一步探讨。但是，现已公认，将地基系数作为常数（即张有龄法）计算误差是较大的。目前，微机发展很快，一般的数值计算已无困难，因此，在目前通用的m法或c法的基础上导出考虑各种轴力作用即所谓$p—\Delta$效应的计算式很有必要。此外，这一问题对地下墙柱的静力计算亦有裨益[3]。

本文从弹性桩的基本微分方程出发，考虑桩顶轴向集中荷载及桩侧摩阻力和自重的影响，导出了m法的计算公式，由本文所提供的计算公式，只需在作者原有的“m法桩基计算”程序[4]的基础上稍做修改，则可迅速地求出所需内力及位移，可用于实际工程设计。

本文1986年5月28日收到

1. 基本方法的求解

1.1 方程的建立

如图 1 所示，取土体中基桩某一微元考虑，其两端作用有弯矩、剪力及轴力，桩侧受有土的抗力为 q。此外，沿桩轴向尚受有桩侧土的摩阻力及桩自重的作用。其自重随深度成线性变化，而摩阻力就钻孔桩来说，其 τ 值受土层深度影响不大，故此现行规范[5]对于 τ 的取值不随深度而变，也即桩侧所受摩阻力随深度成线性变化。因此，可将桩的自重及桩侧摩阻力的影响归于一项，即

$$P(z)=P+fz \qquad (1)$$

式中：

$P(z)$——桩任一截面所受的轴力（吨）；

P——桩顶轴向荷载，常数（吨）；

f——沿桩轴向单位长度所受的力（包括自重和摩阻力，吨/米）。

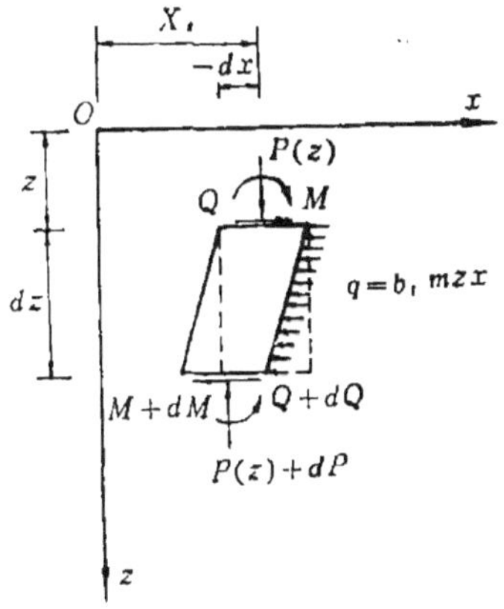

图 1

因此，对图 1 单元体下端中点取矩有：

$$(M+dM)-M-P(z)\ (-dx)-Qdz+\frac{1}{2}q(dz)^2=0$$

略去二阶微分则：

$$\frac{dM}{dz}+P(z)\frac{dx}{dz}-Q=0 \qquad (2)$$

又 $\Sigma X=0$ 得

$$dQ+qdz=0$$

即

$$\frac{dQ}{dz}=-b_1mzx \qquad (3)$$

将式（2）对 z 求导

$$\frac{d^2M}{dz^2}+(P+fz)\frac{d^2x}{dz^2}+f\frac{dx}{dz}-\frac{dQ}{dz}=0$$

再将 $\frac{M}{EI}=\frac{d^2x}{dz^2}$ 及式（3）代入并整理：

$$\frac{d^4x}{dz^4}+(\lambda^2+k^3z)\frac{d^2x}{dz^2}+k^3\frac{dx}{dz}+\alpha^5zx=0 \qquad (4)$$

式中：

$$\lambda^2=\frac{P}{EI},\ k^3=\frac{f}{EI},\ \alpha^5=\frac{mb_1}{EI}$$

且 λ、k、α 单位均为 $\frac{1}{m}$。

1.2 荷载作用于地面时

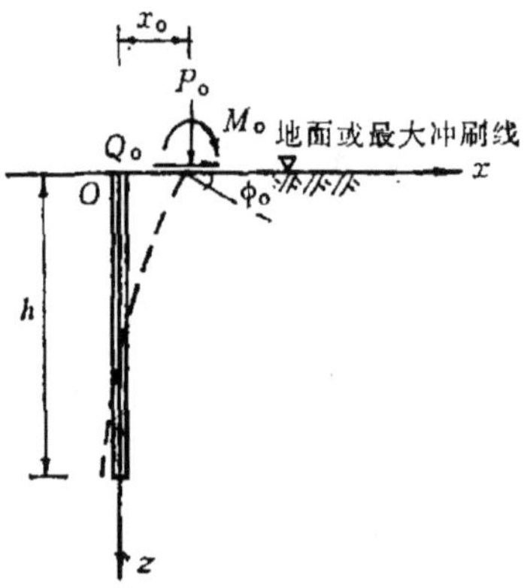

图 2

先考虑荷载仅作用在地面处的情况，即 $l_0=0$（图2），桩的入土深度为 h，地面处作用荷载 Q_0, P_0, M_0，且规定土中 z 处内力及位移符号如下：

x_z——以 x 轴正向为正；

ϕ_z——以逆时针方向为正；

Q_z——以 x 轴正向为正；

M_z——以左侧纤维受拉为正；

P_z——以截面受压为正。

由此可写出 $z=0$ 处的边界条件为：

$$\left.\begin{aligned}&x\Big|_{z=0}=x_0;\quad x'\Big|_{z=0}=\phi_0;\\&EIx''\Big|_{z=0}=M_0;\quad EI[x'''+(\lambda^2+k^3z)\,x']\Big|_{z=0}=Q_0\end{aligned}\right\}\tag{5}$$

对方程（4）用幂级数求解

设
$$x=\sum_{i=0}^{\infty}a_iz^i\tag{6}$$

则有
$$\left.\begin{aligned}&x'=\sum_{i=1}^{\infty}a_iiz^{i-1}\\&x''=\sum_{i=2}^{\infty}i(i-1)a_iz^{i-2}\\&x'''=\sum_{i=4}^{\infty}i(i-1)(i-2)(i-3)a_iz^{i-4}\end{aligned}\right\}\tag{7}$$

将（6）、（7）代入式（4）

$$\begin{aligned}&1\cdot2\cdot3\cdot4a_4+2\cdot3\cdot4\cdot5a_5z+\cdots+(n+1)(n+2)(n+3)(n+4)a_{n+4}z^n+\cdots\\&\quad+\lambda^2[1\cdot2a^2+2\cdot3a_3z+3\cdot4a_4z^2+\cdots+(n+1)(n+2)a_{n+2}z^n+\cdots]\\&\quad+k^3[a_1+2^2a_2z+3^2a_3z^2+\cdots+(n+1)^2a_{n+1}z^n+\cdots]\\&\quad+\alpha^5[a_0z+a_1z^2+a_2z^3+\cdots+a_nz^{n+1}+\cdots]=0\end{aligned}$$

比较系数可知：

$$a_4=-\frac{k^3a_1+2\lambda^2a_2}{1\cdot2\cdot3\cdot4};\quad a_5=-\frac{k^32^2a_2+\lambda^22\cdot3a_3+\alpha^5a_0}{2\cdot3\cdot4\cdot5};$$

$$a_6=-\frac{k^33^2a_3+\lambda^23\cdot4a_4+\alpha^5a_1}{3\cdot4\cdot5\cdot6};\quad\cdots\cdots$$

其通式可写为：

$$a_{n+4}=-\frac{(n+1)^2k^3a_{n+1}+(n+1)(n+2)\lambda^2a_{n+2}+\alpha^5a_{n-1}}{(n+1)(n+2)(n+3)(n+4)}\qquad n\geqslant1\tag{8}$$

若令 $\beta=\dfrac{\lambda}{\alpha}$，$\nu=\dfrac{k}{\alpha}$，则 β、ν 均为无量纲系数。

且可知每一系数 a_n 中所含 α 的指数即为其下标值，也就是相应项 z 的指数，因此可将所有 α 提出而归于 z 内，使 z 变为无量纲长度，故有

$$a_{n+4}=\alpha^{n+4}\sum_{j=0}^{3}\frac{1}{\alpha^{j}}c_{j,n+4} \tag{8'}$$

式中：

$$c_{j,n+4}=-\frac{(n+1)^2\nu^3c_{j,n+1}+(n+1)(n+2)\beta^2c_{j,n+2}+c_{j,n-1}}{(n+1)(n+2)(n+3)n+4)} \quad n\geqslant 1 \tag{9}$$

$j=0,1,2,3$ 则分别表示含有 a_0,a_1,a_2,a_3 项的系数，而 a_0,a_1,a_2,a_3 可由边界条件（5）确定。

且有：

$j=0$：$c_{0,0}=1$，$c_{0,1}=0$，$c_{0,2}=0$，$c_{0,3}=0$，$c_{0,4}=0$

$j=1$：$c_{1,0}=0$，$c_{1,1}=1$，$c_{1,2}=0$，$c_{1,3}=0$，$c_{1,4}=-\dfrac{\nu^3}{24}$

$j=2$：$c_{2,0}=0$，$c_{2,1}=0$，$c_{2,2}=1$，$c_{2,3}=0$，$c_{2,4}=-\dfrac{\beta^2}{24}$

$j=3$：$c_{3,0}=0$，$c_{3,1}=0$，$c_{3,2}=0$，$c_{3,3}=1$，$c_{3,4}=0$

$$\therefore \quad x=\sum_{i=0}^{\infty}a_iz^i=\sum_{j=0}^{3}\sum_{i=0}^{\infty}\frac{1}{\alpha^j}c_{j,i}\bar{z}^i$$

$$=a_0\sum_{i=0}^{\infty}c_{0,i}\bar{z}^i+\frac{a_1}{\alpha}\sum_{i=0}^{\infty}c_{1,i}\bar{z}^i+\frac{a_2}{\alpha^2}\sum_{i=0}^{\infty}c_{2,i}\bar{z}^i+\frac{a_3}{\alpha^3}\sum_{i=0}^{\infty}c_{3,i}\bar{z}^i$$

$$=a_0X_0(\bar{z})+a_1\frac{1}{\alpha}X_1(\bar{z})+a_2\frac{2}{\alpha^2}X_2(\bar{z})+a_3\frac{6}{\alpha^3}X_3(\bar{z}) \tag{10}$$

其中：

$$X_j(\bar{z})\frac{1}{j!}\sum_{i=0}^{\infty}c_{j,i}(\bar{z})^i \tag{11}$$

由边界

$$z=0;\quad x=a_0=x_0,\qquad a_0=x_0$$

$$x'=a_1=\phi_0,\qquad a_1=\phi_0$$

$$x''=2a_2=\frac{M_0}{EI},\quad a_2=\frac{M_0}{2EI}$$

$$x'''=6a_3,\quad x'=a_1,\qquad a_3=\frac{Q_0}{6EI}-\frac{\lambda^2\phi_0}{6}$$

$$\therefore \quad EI[6a_3+\lambda^2a_1]=Q_0$$

再令

$$A_1^*=X_0(\bar{z}),\ B_1^*=X_1(\bar{z}),\ C_1^*=X_2(\bar{z}),\ D_1^*=X_3(\bar{z})$$

则

$$x_z=x_0A_1^*+\frac{\phi_0}{\alpha}B_1^*+\frac{M_0}{\alpha^2EI}C_1^*+\frac{Q_0}{\alpha^3EI}D_1^*-\frac{\lambda^2\phi_0}{\alpha^3}D_1^*$$

$$=x_0A_1^*+\frac{\phi_0}{\alpha}[B_1^*-\beta^2D_1^*]+\frac{M_0}{\alpha^2EI}C_1^*+\frac{Q_0}{\alpha^3EI}D_1^* \tag{12a}$$

分别对 x_z 求导有

$$\left.\begin{aligned}\frac{x'_z}{\alpha}&=x_0 A_2^*+\frac{\phi_0}{\alpha}[B_2^*-\beta^2 D_2^*]+\frac{M_0}{\alpha^2 EI}C_2^*+\frac{Q_0}{\alpha^3 EI}D_2^*\\ \frac{x''_z}{\alpha^2}&=x_0 A_3^*+\frac{\phi_0}{\alpha}[B_3^*-\beta^2 D_3^*]+\frac{M_0}{\alpha^2 EI}C_3^*+\frac{Q_0}{\alpha^3 EI}D_3^*\\ \frac{x'''_z}{\alpha_3}&=x_0 A_4^*+\frac{\phi_0}{\alpha}[B_4^*-\beta^2 D_4^*]+\frac{M_0}{\alpha^2 EI}C_4^*+\frac{Q_0}{\alpha^3 EI}D_4^*\end{aligned}\right\}\tag{12b}$$

式中：

$$\left.\begin{aligned}&\alpha A_2^*=X'_0(\bar z);\ \alpha B_2^*=X'_1(\bar z);\ \alpha C_2^*=X'_2(\bar z);\ \alpha D_2^*=X'_3(\bar z)\\ &\alpha^2 A_3^*=X''_0(\bar z);\ \alpha^2 B_3^*=X''_1(\bar z);\ \alpha^2 C_3^*=X''_2(\bar z);\ \alpha^2 D_3^*=X''_3(\bar z)\\ &\alpha^3 A_4^*=X'''_0(\bar z);\ \alpha^3 B_4^*=X'''_1(\bar z);\ \alpha^3 C_4^*=X'''_2(\bar z);\ \alpha^3 D_4^*\\ &\quad=X'''_3(\bar z)\end{aligned}\right\}\tag{12c}$$

且

$$\left.\begin{aligned}X'_j(\bar z)&=\frac{\alpha}{j!}\sum_{i=1}^{\infty} i c_{j,i}\,\bar z^{\,i-1}\\ X''_j(\bar z)&=\frac{\alpha^2}{j!}\sum_{i=2}^{\infty} i(i-1)c_{j,i}\,\bar z^{\,i-2}\\ X'''_j(\bar z)&=\frac{\alpha^3}{j!}\sum_{i=3}^{\infty} i(i-1)(i-2)c_{j,i}\,\bar z^{\,i-3}\end{aligned}\right\}\tag{13}$$

又由 $x'_z=\phi_z, x''_z=\frac{M_z}{EI}$，$EI[x'''_z+(\lambda^2+k^3 z)x'_z]=Q_z$

代入式（12）整理有：

$$\left.\begin{aligned}x_z&=x_0 A_1+\frac{\phi_0}{\alpha}B_1+\frac{M_0}{\alpha^2 EI}C_1+\frac{Q_0}{\alpha^3 EI}D_1\\ \frac{\phi_z}{\alpha}&=x_0 A_2+\frac{\phi_0}{\alpha}B_2+\frac{M_0}{\alpha^2 EI}C_2+\frac{Q_0}{\alpha^3 EI}D_2\\ \frac{M_z}{\alpha^2 EI}&=x_0 A_3+\frac{\phi_0}{\alpha}B_3+\frac{M_0}{\alpha^2 EI}C_3+\frac{Q_0}{\alpha^3 EI}D_3\\ \frac{Q_z}{\alpha^3 EI}&=x_0 A_4+\frac{\phi_0}{\alpha}B_4+\frac{M_0}{\alpha_2 EI}C_4+\frac{Q_0}{\alpha^3 EI}D_4\end{aligned}\right\}\tag{14}$$

式中：

$$\left.\begin{aligned}&A_1=A_1^*,\ A_2=A_2^*,\ A_3=A_3^*,\ A_4=A_4^*+(\beta^2+\nu^3\bar z)A_2^*\\ &C_1=C_1^*,\ C_2=C_2^*,\ C_3=C_3^*,\ C_4=C_4^*+(\beta^2+\nu^3\bar z)C_2^*\\ &D_1=D_1^*,\ D_2=D_2^*,\ D_3=D_3^*,\ D_4=D_4^*+(\beta^2+\nu^3\bar z)D_2^*\\ &B_1=B_1^*-\beta^2 D_1^*,\ B_2=B_2^*-\beta^2 D_2^*,\ B_3=B_3^*-\beta^2 D_3^*\\ &B_4=(B_4^*-\beta^2 D_4^*)+(\beta^2+\nu^3\bar z)(B_2^*-\beta^2 D_2^*)\\ &\quad=(B_4^*-\beta^2 D_4^*)+(\beta^2+\nu^3\bar z)B_2\end{aligned}\right\}\tag{15}$$

式（14）即为经典m法中有名的初参数方程。

1.3 地面处位移计算

有了初参数方程（14），就可以习用的m法方法求取地面或最大冲刷线处的水平位移x_0及转角ϕ_0[6]、[7]。

1.3.1 桩柱底支承在非岩石类土或基岩面上

$$\left.\begin{aligned} x_0 &= \frac{Q_0}{\alpha^3 EI}\ \frac{1}{\triangle}[B_4D_4 - B_4D_3 + K_h(B_2D_4 - B_4D_2)] + \\ &+ \frac{M_0}{\alpha^2 EI}\ \frac{1}{\triangle}[B_3C_4 - B_4C_3 + K_h(B_2C_4 - B_4C_2)] \\ \phi_0 &= \frac{-Q^0}{\alpha^2 EI}\ \frac{1}{\triangle}[A_3D_4 - A_4D_3 + K_h(A_2D_4 - A_4D_2)] \\ &- \frac{M_0}{\alpha EI}\ \frac{1}{\triangle}[A_3C_4 - A_4C_3 - K_h(A_2C_4 - A_4C_2)] \end{aligned}\right\} \tag{16}$$

式中：

$$\Delta = A_3B_4 - A_4B_3 + K_h(A_2B_4 - A_4B_2)$$

$$K_h = \frac{C_0}{\alpha E}\ \frac{I_0}{I}$$

若用简捷法时令 $K_h = 0$ 即可。

1.3.2 桩柱嵌固在基岩中

$$\begin{aligned} x_0 &= \frac{Q_0}{\alpha^3 EI}\ \frac{B_2D_1 - B_1D_2}{A_2B_1 - A_1B_2} + \frac{M_0}{\alpha^2 EI}\ \frac{B_2C_1 - B_1C_2}{A_2B_1 - A_1B_2} \\ \phi_0 &= -\frac{Q_0}{\alpha^2 EI}\ \frac{A_2D_1 - A_1D_2}{A_2B_1 - A_1B_2} - \frac{M_0}{\alpha EI}\ \frac{A_2C_1 - A_1C_2}{A_2B_1 - A_1B_2} \end{aligned} \tag{17}$$

至此，我们得到了无自由长度的基桩内力及位移解，但对于高桩承台，往往具有一定的自由长度。因此，地面处弯矩 M_0 和剪力 Q_0 并不是预先给定的，下面我们就针对一般情况来对 M_0 和 Q_0 进行求解。

2. 地面处 M_0、Q_0 的计算

当桩顶弹性嵌固时，由于桩顶水平位移受到一定限制，故 $p—\Delta$ 效应不大，可按不考虑轴力作用的 m 法计算，但对于桩顶自由的桩柱式桥墩来说，轴力较大时其 $p—\Delta$ 效应是相当可观的。为适用起见，本文以二阶阶梯变截面情况讨论。

2.1 沿桩轴无均布轴向荷载

如图 3 (a) 所示，设桩顶作用有荷载 M、H、P，上端部分柱的抗弯刚度为 nEI，桩顶位移为 x_1，地面处位移为 x_0。计算地面处弯矩时，可用静力平衡条件但考虑到 $P—\Delta$ 效应有：

$$Q_0 = H \tag{18}$$

$$M_0 = M + Hl_0 + P\Delta$$

其中：

$$\Delta = x_1 - x_0$$

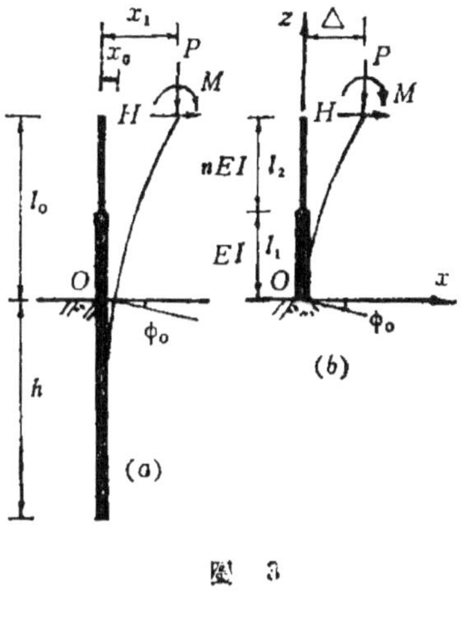

图 3

由式（18）可见，其与经典方法不同之处仅在于多了$P\Delta$一项，即$P-\Delta$的效应，但由图3(a)可知，Δ是M、H、P及ϕ_0的函数而ϕ_0又与Q_0、M_0有关，因此Δ的求解是比较复杂的。但同样可知Δ与x_0是不相关的，因此为求解方便，可将座标轴平移一个x_0而如图3(b)所示来进行求解。

由微分方程（4），而此时仅有桩顶荷载，故$k=0$，$\alpha=0$，即

$$
\begin{aligned}
&x_1'''' + \lambda^2 x_1'' = 0 \qquad 0 \leqslant z \leqslant l_1 \\
&x_2'''' + \frac{\lambda^2}{n} x_2'' = 0 \qquad l_1 \leqslant z \leqslant l_2 + l_1
\end{aligned}
\tag{19}
$$

其通解为

$$
\begin{aligned}
&x_1 = A_1 + B_1 z + C_1 \cos\lambda z + D_1 \sin\lambda z \qquad 0 \leqslant z \leqslant l_1 \\
&x_2 = A_2 + B_2 z + C_2 \cos\frac{\lambda}{\sqrt{n}} z + D_2 \sin\frac{\lambda}{\sqrt{n}} z \qquad l_1 \leqslant z \leqslant l_2 + l_1
\end{aligned}
$$

再由边界

$$
\begin{cases}
z=0; \quad x_1 = 0, \quad x_1' = \phi_0 \\
z = l_0; \quad x_2'' = \dfrac{M}{nEI}, \quad x_2''' + \dfrac{\lambda}{n} x_2' = -\dfrac{H}{nEI} \\
z = l_1; \quad x_1 = x_2, \quad x_1' = x_2', \quad x_1'' = n x_2''
\end{cases}
$$

$$
x_1''' + \lambda^2 x_1' = n x_2''' + \lambda^2 x_2'
$$

以此代入可解得当$z=l_0$时

$$
\Delta = x_2 = \frac{M}{P}\ \frac{1}{F2} + \left(\frac{H}{P\lambda} + \frac{\phi_0}{\lambda}\right)\frac{F1}{F2} - \frac{H}{P}h - \frac{M}{P} \tag{20}
$$

式中：

$$
\begin{aligned}
&F1 = \sqrt{n}\sin\frac{\lambda}{\sqrt{n}} l_2 \cos\lambda l_1 + \cos\frac{\lambda}{\sqrt{n}} l_2 \sin\lambda l_1 \\
&F2 = \cos\frac{\lambda}{\sqrt{n}} l_2 \cos\lambda l_1 - \sqrt{n}\sin\frac{\lambda}{\sqrt{n}} l_2 \sin\lambda l_1
\end{aligned}
\tag{20'}
$$

由式（16）、（17）可知

$$
\phi_0 = Q_0\phi_H + M_0\phi_M = \phi_H H + \phi_M(M + Hl_0 + P\Delta) \tag{21}
$$

其中ϕ_H、ϕ_M则为式（16）、（17）中的系数部分，将ϕ_0代入并整理可得：

$$
\Delta = \frac{M}{P}\ \frac{\lambda}{\lambda F2 - \phi_M PF1} + \frac{H}{P}\ \frac{1+\phi_H P}{\lambda F2 - \phi_M PF1} F1 - \frac{M}{P} - \frac{H}{P} l_0 \tag{22}
$$

由此，沿轴向无均布轴向荷载时地面处的x_0、ϕ_0、M_0、Q_0均得到了解决，将其代入初参数方程（14）则可求得任意深度处桩的内力及位移值。

2.2 沿桩轴有均布轴向荷载

当考虑桩的自重作用时即沿桩轴向布有均布 轴向荷载，此时$k \neq 0$，由于$k \neq 0$方程（4）则为变系数高阶常微方程故只能采用数值解，而且上已提到Δ是M、H、P及ϕ_0的函数，而ϕ_0又仅含有M_0在内，因此用通常的办法求解是极为困难的，不妨引入稳定问

题中的位移等效原理[8]的概念来简化计算。

2.2.1 M_0 的求解

先考虑图 4 所示情况，则地面处的弯矩应为：

$$M_0=M+Hl_0+P\Delta_1$$

如果把P换为一个P_{eq}使其作用在桩顶，而由P_{eq}作用在桩顶所产生的位移为Δ'，则地面处弯矩应为：

$$M_0'=M+Hl_0+P_{eq}\Delta'$$

这里自然想到要用P_{eq}来代替P的作用则必须满足其地面处两者所产生的弯矩相等，即弯矩等效原理。

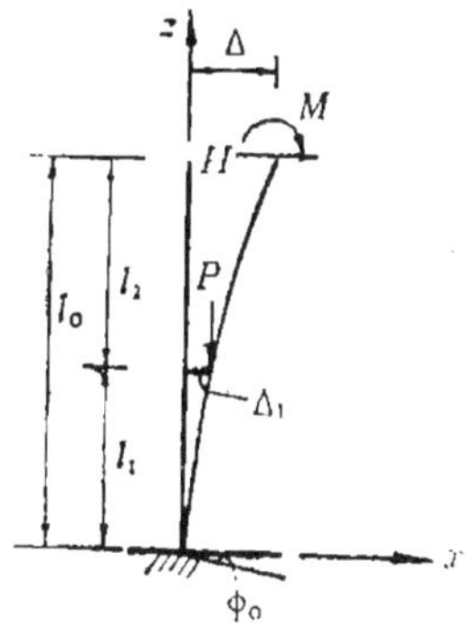

图 4

那么

$$M_0=M_0'$$

即

$$P\Delta_1=P_{eq}\Delta' \tag{23}$$

由此可见，问题的关键是求解图 4 情况下基桩各点的位移值，有了Δ_1及Δ'就可确定一P_{eq}值，使其作用在桩顶而在地面处产生的弯矩值与图 4 情况等效。至于作用在桩顶的情况在前面已经得到了解答。

由图 4 可建立方程：

$$\begin{aligned} &x_1''''+\lambda^2x_1''+\frac{H}{EI}=0 \qquad 0\leqslant z\leqslant l_1 \\ &x_2''''+\frac{H}{EI}=0 \qquad l_1\leqslant z\leqslant l_0 \end{aligned} \tag{24}$$

边界条件：

$$x_1(0)=0,\ x_1'(0)=\phi_0,\ x_2''(l_0)=\frac{M}{EI}$$

$$x_1(l_1)=x_2(l_1),\ x_1'(l_1)=x_2'(l_1),\ x_1''(l_1)=x_2''(l_1)$$

解之可得：

$$x_1(l_1)=\frac{M}{P}[\sec\lambda l_1-1]+\frac{H}{P\lambda}[\mathrm{tg}\lambda l_1+\lambda l_2\sec\lambda l_1-\lambda l_0]+\frac{\phi^0}{\lambda}\mathrm{tg}\lambda l_1 \tag{25}$$

$$\begin{aligned} x_2(l_0)=&\frac{M}{P}\left[\sec\lambda l_1+\lambda l_2\mathrm{tg}\lambda l_1+\frac{1}{2}\lambda^2l_2^2-1\right]+\frac{\phi_0}{\lambda}[\mathrm{tg}\lambda l_1+\lambda l_2\sec\lambda l_1] \\ &+\frac{H}{P\lambda}\left[\mathrm{tg}\lambda l_1(1+\lambda^2l_2^2)+2\lambda l_2\sec\lambda l_1+\frac{\lambda^3}{3}l_2^3-\lambda(2l_2+l_1)\right] \end{aligned} \tag{26}$$

由上式可见，在考虑P的折减时，M、H、ϕ_0都将起作用，但ϕ_0数值很小，可忽略不计，而下面分别考虑M和H作用的情况。

i） **仅H作用时** 当P作用在l_1处

由式（25）

$$\Delta_1=\frac{H}{P\lambda}[\mathrm{tg}\lambda l_1+\lambda l_2\sec\lambda l_1-\lambda l_0]$$

又当换为P_{eq}作用在l_0处，同样可得

$$\Delta' = \frac{H}{P_{eq}\lambda_e}[\text{tg}\lambda_e l_0 - \lambda_e l_0]$$

而此时荷载为 P_{eq}，$l_2=0$，$\lambda_e^2 = \frac{P_{eq}}{EI}$。

若令　$P_{eq}=CP$ 则 $\lambda_e^2 = C\lambda^2$

将此代入式（23）则

$$\frac{\text{tg}\lambda l_1}{\lambda} + l_2 \sec\lambda l_1 = \frac{\text{tg}\sqrt{C}\lambda l_0}{\sqrt{C}\lambda} \tag{27}$$

若以 $\text{tg}\lambda l_1 \doteq \lambda l_1 + \frac{1}{3}(\lambda l_1)^3 \frac{1}{1-\left(\frac{l_1}{l_0}\right)^2 \frac{P}{P_{cr}}}$

式中：

$$P_{cr} = \frac{\pi^2 EI}{4l_0^2}$$

代入，当 $\lambda l=1.5$ 时，其误差小于1.2%，而 P_{cr} 为下端固定直杆的临界荷载，其轴向荷载是远小于这一临界荷载的，当等于这一临界荷载时，$\lambda l=1.57$。因此，这一替换引起的误差是极小的，完全可忽略不计。同样亦可以

$$\sec\lambda l_1 = 1 + \frac{1}{2}(\lambda l_1)^2 \frac{1}{1-\left(\frac{l_1}{l_0}\right)^2 \frac{P}{P_{cr}}}$$

将其代入式（27）可解得

$$C_1 = \frac{3\alpha^2-\alpha^3}{2+(2\alpha^2-\alpha^3)\frac{P}{P_{cr}}} \tag{28}$$

式中：

$$\alpha = \frac{l_1}{l_0}$$

ii）仅 M 作用时　同上可导得

$$C_2 = \alpha^2 \tag{29}$$

iii）均布荷载　考虑沿桩轴作用轴向均布荷载时，可视每一微小单元作用有一集中荷载，然后逐一将这些集中荷载等效变换到桩顶而构成一集中荷载，那么这一等效的集中荷载应为：

$$P_{eq} = \sum c_i p_i$$

故此：

H 作用时

$$P_{eq} = p\int_0^{l_0} \frac{3\alpha^2-\alpha^3}{2+(2\alpha^2-\alpha^3)\frac{P}{P_{cr}}} dl_1$$

$$= l_0 p\int_0^1 \frac{3\alpha^2-\alpha^3}{2+(2\alpha^2-\alpha^3)\frac{P}{P_{cr}}} d\alpha$$

该积分比较麻烦，但可通过数值积再回归求得其简单表达式为：

$$P_{eq}=l_0PC_H \tag{30}$$

$$C_H=\frac{0.375}{1+0.33\dfrac{P}{P_{cr}}} \tag{30'}$$

数值积分结果及式（30′）计算结果可见表1所表，其误差极微。

M作用时

$$P_{eq}=l_0p\int_0^1\alpha^2d\alpha$$

$$=\frac{1}{3}l_0p \tag{31}$$

可见M和H对折减的要求是不一致的，但比较接近。因此，可取两者的加权平均值作为最后的折算系数C，即

$$P_{eq}=C_0p \tag{32}$$

$$C=\frac{M/3+Hl_0C_H}{M+Hl_0} \tag{32'}$$

这样，均布轴向荷载情况则得到了解决。

2.2.2 桩顶变位的求解

通常还须将桩顶的变位作为设计的控制指标，因此还需解决桩顶的变位计算，由于P—Δ效应，桩顶变位同样不能按经典方法求解，为了计算精确也不宜按上已求得的P_{eq}计算。因为在计算桩顶位移时所考虑的等效原理应变为桩顶位移等效。这样，才能使解答精度较高。由式（26）类似上述方法，但此时等式应为：

$$\Delta=\Delta' \tag{33}$$

式中：

Δ——p作用在l_1处桩顶的水平位移。

由此，可分别导得：

H作用时：

$$c_1'=\frac{f}{1-(\alpha^2-f)\dfrac{P}{P_{cr}}} \tag{34}$$

$$f=\frac{\pi^2}{16}\alpha^3(1-\alpha)(4+\alpha)+\alpha^5$$

M作用时：

$$c_2'=\frac{8\alpha^3-3\alpha^4}{5-[5\alpha^2+3\alpha^4-8\alpha^3]\dfrac{P}{P_{cr}}} \tag{35}$$

同样由数值积分后整理可得：

$$c_H'=\frac{0.3106}{1-0.0145\dfrac{P}{P_{cr}}} \tag{36}$$

$$c'_M = \frac{0.28}{1-0.0553\dfrac{P}{P_{cr}}} \tag{37}$$

$$c' = \frac{Mc'_M + Hl_0 c'_H}{M + Hl_0} \tag{38}$$

c' 即为计算桩顶位移时等效荷载折减系数。

$$P'_{eq} = c' l_0 p \tag{39}$$

其数值积分结果与按式（36)、(37）计算结果比较见表 1 。

表 1　　各折减系数比较表

$\frac{P}{P_{cr}}$		0.0	0.1	0.2	0.3	0.4	0.5	0.6	0.7	0.8	0.9	1.0
C_H	数值积分	0.3750	0.3627	0.3513	0.3407	0.3308	0.3215	0.3128	0.3045	0.2968	0.2895	0.2825
	式（30′）	0.3750	0.3630	0.3518	0.3412	0.3313	0.3219	0.3130	0.3046	0.2967	0.2891	0.2820
C'_H	数值积分	0.3106	0.3110	0.3115	0.3119	0.3124	0.3128	0.3133	0.3138	0.3142	0.3147	0.3152
	式（36）	0.3106	0.3110	0.3115	0.3120	0.3124	0.3129	0.3133	0.3138	0.3142	0.3147	0.3152
C'_M	数值积分	0.2800	0.2815	0.2831	0.2847	0.2863	0.2879	0.2895	0.2912	0.2929	0.2946	0.2964
	式（37）	0.2800	0.2816	0.2831	0.2847	0.2863	0.2880	0.2896	0.2913	0.2930	0.2947	0.2964

由表中结果可见，采用式（30′)、(36)、(37）所计算的结果精度是完全足够的。

3. 最大弯矩值的计算

通常 m 法确定最大弯矩值有两种方法，一是取不同深度 $\bar{z}$ 求出各相应点的弯矩值做图或近似取所得最大值作为 M_{max}；二是利用 $Q_z=0$ 制定表格，查表反算〔7〕。不管哪种，精度均欠高，而在有微机的情况下，可容易地用牛顿法解高次方程而求得极为精确的 M_{max}。

即由 $Q_z=0$ 时其相应弯矩为最大，故令

$$f(\bar{z}) = \frac{Q_z}{\alpha^3 EI} = x_0 A_4 + \frac{\phi_0}{\alpha} B_4 + \frac{M_0}{\alpha^2 EI} C_4 + \frac{Q_0}{\alpha^3 EI} D_4 = 0 \tag{40}$$

其中 ϕ_0，M_0，Q_0，x_0 均为已知，而 A_4、B_4、C_4、D_4 为 $\bar{z}$ 的函数，因此 $f(\bar{z})$ 为一无穷高次方程，但由于其收敛较快，故可用牛顿法容易地得到地面下方程的第一个根 $\bar{z}^*$，而相应此根桩身弯矩值为最大。

即

$$\bar{z}_{m+1} = \bar{z}_m - \frac{f(\bar{z})}{f'(\bar{z})} \tag{41}$$

显见此为一迭代过程，其精度可任意控制，通常可取初值 $\bar{z}_0 = 0.1\bar{h}$。

其中 $$f'(\bar{z})=x_0A_5+\frac{\phi_0}{\alpha}B_5+\frac{M_0}{\alpha^2EI}C_5+\frac{Q_0}{\alpha^3EI}D^5 \tag{42}$$

且：$A_5=A_5^*+(\beta^2+\nu^3\bar{z})A_3$； $B_5=(B_5^*+\beta^2D_5^*)+(\beta^2+\nu^3\bar{z})B_3$；

$C_5=C_5^*+(\beta^2+\nu^3\bar{z})C_3$； $D_5=D_5^*+(\beta^2+\nu^3\bar{z})D_3$。

而 $$A_5^*=\sum_{i=4}^{\infty}i(i-1)(i-2)(i-3)C_{0,i}\bar{z}^{i-4}$$

$$B_5^*=\sum_{i=4}^{\infty}i(i-1)(i-2)(i-3)C_{1,i}\bar{z}^{i-4}$$

$$C_5^*=\frac{1}{2!}\sum_{i=4}^{\infty}i(i-1)(i-2)(i-3)C_{2,i}\bar{z}^{i-4}$$

$$D_5^*=\frac{1}{3!}\sum_{i=4}^{\infty}i(i-1)(i-2)(i-3)C_{3,i}\bar{z}^{i-4}$$

得到 $\bar{z}^*$ 后，将其代入初参数方程（14）则可得地面下桩身最大弯矩值为：

$$M_{max}=\alpha^2EI\left(x_0A_3+\frac{\phi_0}{\alpha}B_3+\frac{M_0}{\alpha^2EI}C_2+\frac{Q_0}{\alpha^3EI}D_3\right) \tag{43}$$

据此，可直接求出桩入土部分最大弯矩值。在上述推导中系数虽较多，但规律性极强，用计算机处理极为简便，且速度较快，精度亦可任意控制。

4. 计算实例分析

为了对本文方法作一验证，笔者用PC—1500机对〔9〕中所给郑州黄河大桥计算实例做了比较计算，其结果见表2。计算基本输入参数见图5所示，计算时精度控制在

表2　　内力、位移计算比较表

轴力情况	P＝0*		P＝910.22		P＝910.22，γ＝2.5		P.γ同前 τ＝4**
	本文	有限元***	本文	有限元	本文	有限元	本文
桩顶位移10^{-1}	1.34019	1.33949	1.76791	1.76673	1.82164	1.8217	1.82116
地面位移10^{-3}	6.42612	6.41834	8.16536	8.15408	8.43446	8.4177	8.42834
地面转角10^{-3}	－1.74907	－1.74700	－2.24761	－2.24459	－2.32372		－2.32252
地面剪力	16.500	16.4999	16.500	16.5000	16.500	16.5000	16.500
地面弯矩	498.498	498.4976	651.984	651.8870	674.452	674.05	674.406
最大弯矩	514.852	514.8393	668.802	668.7189	691.805	691.45	691.709
相应剪力10^{-9}	－10.70		4.100		－7.500		－16.10

注：* 单位：位移—m，转角—rad，轴力、剪力—t，弯矩—t·m。

** 桩身容重取2.5t/m³，原文无桩侧摩阻力，笔者取τ＝4t/m²，且地面下容重取1.5tm³（扣除浮力）。

*** 有限元法为〔9〕中计算结果。

0.00001 (无量纲)，取简捷法，即令 $K_h=0$。

由表中数值可见，本文方法与〔9〕中有限元法计算结果极为一致，足见本法的正确性。其次，有限元法的精度与所取单元有关，且耗时较大；但本文计算与取单元无关，且占机内存少，速度快，精度可任意控制。既使在 PC—1500 机上，本例计算也仅需几分钟，由此足见本法的优越性。

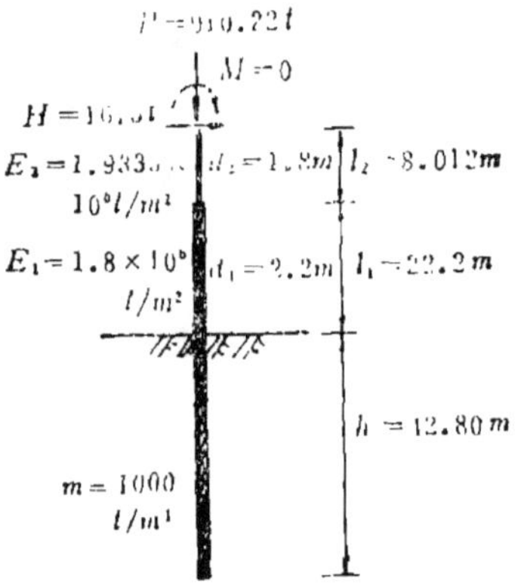

图 5

从表中还可看出，由于 P—Δ 效应，桩身弯矩值提高较大，在不计自重时增大29.9%，若轴力、自重全计入时 M_{max} 增大 34.4%。如果轴向荷载再增加，M_{max} 增加的更快，其成非线性关系增加，因此，在基桩自由长度及轴力较大的情况下，P—Δ 效应是不可忽略的。当然，轴向荷载必定有一限值即考虑桩土效应的临界荷载 P_{cr}，实际基桩所受轴向荷载是远小于这一限值的，有关 P_{cr} 的确定笔者另有讨论[10]。

此外，由表中最右一栏可见，桩入土部分桩侧土的摩阻力及自重对弯矩的影响是极不敏感的，其原因是地下部分桩的位移极小，因此通常可忽略其对弯矩值的影响。

5. 结　语

(1) 本文从弹性桩的基本微分方程出发，导得了考虑轴向集中荷载，桩侧土的摩阻力及桩自重和水平荷载等综合作用下基桩的 m 法计算公式，并编制了实用计算程序，几分钟内即可解决上述各类计算，可提高实际工程设计的速度和质量。

(2) 从等效原理出发，本文得到了均布轴向荷载作用下基桩伸出地面以上部分考虑 P—Δ效应的弯矩及位移计算式，其计算结果与有限元法计算比较极为一致，精度较高，且这类计算亦可用于各类悬臂梁柱的静力计算。

(3) 本文提出了考虑 P—Δ 效应桩身最大弯矩的计算公式，通过计算机，该方法极易实现，远优于查表反算及作图法。对于不考虑P—Δ效应的 M_{max} 确定笔者已在〔4〕中给出。

(4) 由计算实例表明，在基桩自由长度和轴向荷载较大的情况下，由于 P—Δ 效应，桩身最大弯矩值提高很大，在设计中不容忽视；而对于低桩承台可不考虑 P—Δ 效应。由本文精确计算进一步证明桩入土部分桩侧阻力及桩身自重对桩身弯矩的影响是很小的，可忽略不计。

参 考 文 献

〔1〕横山幸满：桩结构物的计算方法和计算实例，唐业清、吴庆荪等译，中国铁道出版社，1984

〔2〕范文田：轴向与横向力同时作用下柔性桩的分析，西南交通大学学报，(1986)1，39—44

〔3〕范文田：地下墙柱静力计算，人民铁道出版社，1978

〔4〕赵明华：微型计算机在桥梁桩基计算（m法）中的应用，公路，（1985）1，21—24

〔5〕中华人民共和国交通部部标准，公路桥涵设计规范（74）：1977，11

〔6〕胡人礼：桥梁桩基设计，人民铁道出版社，1976

〔7〕西安公路学院，桥梁工程（下册），（道路与桥隧专业用），人民交通出版社．北京，1979，5

〔8〕刘伯贤：悬臂柱受多个轴向荷载作用时的稳定性及其设计，中南公路工程，（1987）2

〔9〕王用中、张河水：弹性地基梁的压弯计算及其应用，桥梁建设，（1985）4，30—52

〔10〕赵明华：桥梁桩基稳定计算长度，工程力学，（1987）1，94—105

The Calculation of Piles under Simultaneous Axial and Lateral Loading

Zhao Minghua

(Deprtment of Civil Engineering)

Abstract

Based on the m-method hypothesis, an analytical solution is derived for the slender pile under the simultaneous action of the axially concentrated load, self-weight, skin frictional resistance and lateral load. The calculated results indicate that the influence of P—Δ effect on the bending moment of a pile cannot be neglected when the free-standing length of the pile is large. The solution obtained in this paper makes up for the shortage of the current m-method theory in which the axial loading is not included. In addition, the formulas for calculating the butt deflection and moment at the ground surface of a pile under the simultaneous axial point load and uniformly distributed load are obtained from the equivalent principle of moment or lateral deflection. These formulas can also be used to calculate the static stress of various cantilever beams or columms.

配置抗冲切钢筋的混凝土板柱连接的强度和性能试验研究

舒兆发，李定国

（土木工程系）　　　　　（结构工程研究所）

【摘要】 本文通过配置和不配置抗冲切钢筋的混凝土板柱连接对比试验，表明配置抗冲切钢筋的板既能提高冲切强度，又能改善板柱连接的延性。本文描述了配置抗冲切钢筋板的破坏形态和特征，讨论了不同配箍率等因素对冲切强度的影响，并提出了这类构件的冲切强度计算方法。用本文提出的方法进行计算，其结果与国内外报导的试验结果相比误差极微。

1.前　　言

在文献〔1〕中，我们报道了无抗冲切钢筋的钢筋混凝土板柱连接的冲切强度试验研究，本文是该项工作的继续。板在局部荷载作用下，若冲切强度和延性不足，且板厚受到限制时，可配置抗冲切钢筋。在配置抗冲切钢筋板的研究方面，国外也曾作过一些工作，例如，1938年Graf试验了6块方板〔3〕，1956 年Elstner与Hognestad试验了9块方板〔4〕，1963 年Andersson试验了14块圆板〔5〕。他们都认为配置抗冲切钢筋的板可以提高冲切强度。但这些研究者，进行的试验数据较少，揭示配置抗冲切钢筋板的强度和性能都很不够。国外一些国家的规范〔6〕〔7〕也有规定，但彼此认识都不一致。我国现行《钢筋混凝土结构设计规范》（TJ10—74）〔2〕没有规定。为满足工程建设的需要，钢筋混凝土规范组为配合新规范的编制，委托我们进行这项研究。

本文是对配置抗冲切钢筋板破坏机理的阐明，以期对使用无柱帽无梁楼盖和板的设计方法有所帮助。

2.试验内容及方法

2.1 试件设计

试件共五组24块，而每一组有1块为不配置抗冲切钢筋的试件，其截面尺寸、支承条件、加荷方式、抗弯钢筋配筋率以及混凝土设计强度等都与同组其他配置抗冲切钢筋的试件相同，以资比较。

全部试件均由边长140厘米的方板和25×25×40厘米的方形短柱两部分整体浇捣而

本文1985年11月20日收到。

表 1　　配置抗冲切钢筋的钢筋混凝土板试验资料

序号	试件编号	h_0 mm	f_{cu} N/mm²	抗弯钢筋 间距 S_1 mm	S_2 mm	μ %	f_y N/mm²	抗冲切钢筋 位置	支数直径	A_{sv} mm²	f_y N/mm²	f mm	Q_{obs} kN	破坏形态
1	C6	89	21.4	90	75	2.14	421.3					6.0	390	冲切
2	$C6_{-1b}$	89	21.4	90	75	2.14	421.3	$0.5h_0$	40φ8	2012	376.3	8.4	480	冲切
3	$C6_{-2b}$	89	21.4	90	75	2.14	421.3	$0.5h_0$ $1.0h_0$	80φ8	4040	376.3	9.6	550	冲切
4	D6	121	24.5	100	82	1.42	271.8					8.7	515	冲切
5	$D6_a$	118	25.6	100	82	1.42	299.5	$0.5h_0$	40φ8	2012	313.5	8.3	514	弯曲
6	$D6_b$	121	24.7	100	82	1.42	271.8	$0.5h_0$	40φ8	2012	313.5	8.7	480	弯曲
7	$D6_c$	121	24.0	100	82	1.42	291.6	$0.5h_0$ $1.0h_0$	80φ8	4040	334.0	13.2	530	弯曲
8	$D6_d$	121	26.2	100	82	1.42	291.6	$0.5h_0$ $1.0h_0$	80φ8	4040	334.0	24.3	550	弯曲
9	D7	121	25.1	78	70	1.74	453.5					8.1	550	冲切
10	$D7_b$	121	25.7	78	70	1.74	453.5	$0.5h_0$	40φ8	2012	313.5	11.0	610	冲切
11	$D7_c$	121	20.9	78	70	1.74	450.0	$0.5h_0$ $1.0h_0$	80φ8	4040	334.0	7.6	745	冲切
12	$D7_d$	121	30.5	78	70	1.74	450.0	$0.5h_0$ $1.0h_0$	80φ8	4040	334.0	11.0	880	冲切
13	D8	119	36.0	90	75	1.60	256.6					10.3	600	冲切
14	$D8_{-1b}$	119	36.0	90	75	1.60	256.6	$0.5h_0$	40φ8	2012	376.3	13.8	600	弯曲
15	$D8_{-2a}$	119	31.0	90	75	1.60	256.6	$0.5h_0$ $1.0h_0$	40φ8	2012	376.3	20.3	620	弯曲
16	$D8_{-2b}$	118	31.0	90	75	1.60	256.6	$0.5h_0$ $1.0h_0$	80φ8	4040	376.3	24.8	640	弯曲
17	D9	121	33.8	90	75	1.60	421.3					5.3	660	冲切
18	$D9_{-1b}$	119	30.4	90	75	1.60	421.3	$0.5h_0$	40φ8	2012	376.3	6.7	760	冲切
19	$D9_{-1c}$	119	35.3	90	75	1.60	421.3	$0.75h_0$	40φ8	2012	376.3	6.9	790	冲切
20	$D9_{-1d}$	119	35.3	90	75	1.60	421.3	$1.0h_0$	40φ8	2012	376.3	7.7	800	冲切
21	$D9_{-1e}$	121	33.4	90	75	1.60	421.3	$0.75h_0$	60φ8	3020	376.3	8.6	800	冲切
22	$D9_{-2a}$	119	26.9	90	75	1.60	421.3	$0.5h_0$ $1.0h_0$	40φ8	2012	376.3	9.8	790	冲切
23	$D9_{-2b}$	119	26.9	90	75	1.60	421.3	$0.5h_0$ $1.0h_0$	80φ8	4040	376.3	8.6	800	冲切
24	$D9_{-2c}$	119	33.4	90	75	1.60	421.3	$0.5h_0$ $1.0h_0$	120φ8	6040	376.3	8.1	880	冲切

注：1. 板平面尺寸$L\times L=1400\times1400$mm，$L_0\times L_0=1200\times1200$mm柱段尺寸长×宽×高$=250\times250\times400$mm。
2. $C6$、$D6$、$D7$、$D8$及$D9$为无抗冲切钢筋试件，其试验数据已用于文献〔1〕。
3. S_1、S_2分别表示下层和上层纵向钢筋间距；纵向钢筋直径$d=14$mm；μ为平均配筋率。
4. 混凝土等级为20立方厘米试块的平均强度；A_{sv}为抗冲切箍筋四边截面面积。
5. f为板破坏时挠度；Q_{obs}为实测破坏荷载。

成。板厚分别为12与15厘米。板内抗弯钢筋为Ⅰ和Ⅱ级，两个方向的平均配筋率为1.42至2.14%。混凝土等级为$C20.9$至$C36$。配置的抗冲切钢筋分别采用封闭式和开口式箍筋，它的形式、排数及位置等，见示意图1。

全部试件的基本数据见表1。

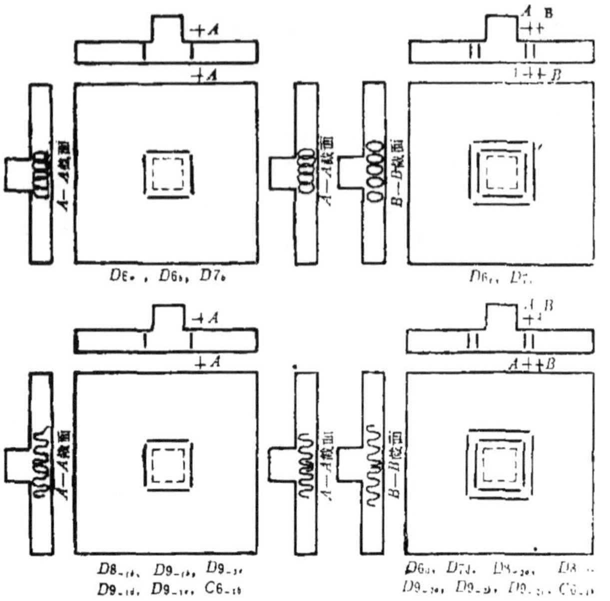

图1 抗冲切箍筋的示意图

2.2 试验方法

试验装置与文献〔1〕的装置相同。试验量测的内容：试件在加载过程中的板跨挠度、角隅挠度、钢筋和混凝土应变、破坏荷载以及裂缝的发生和发展过程等。抗弯钢筋应变片和混凝土应变片位置，分别见图10_a及11_a。箍筋应变片的位置见图10_b。挠度测点布置见图11_c。

3.试验结果及分析

3.1 破坏特征

配置抗冲切箍筋板的破坏形态与不配置抗冲切箍筋板比较，有共性但又有不同。配置抗冲切箍筋板，在集中荷载作用下的破坏，也可以分为弯曲和冲切两种。分别叙述如下：

3.1.1 弯曲破坏

配置抗冲切箍筋板，即使抗弯钢筋配筋率高，板的厚跨比也大，若弯曲强度低于或接近冲切强度时，也会发生弯曲破坏。$D6$组及$D8$组试件，各组的板跨、板厚、配筋率及钢筋强度等完全一致，混凝土强度也基本相同，无抗冲切筋的试件是冲切破坏；由于配箍筋后，提高了冲切强度，转而发生弯曲破坏，见表1。

配置抗冲切箍筋板的弯曲破坏特征与无抗冲切筋板类似。从加载到破坏也经历了四个阶段，荷载——挠度曲线见图2，各阶段中物理量的变化，如裂缝、抗弯钢筋的屈服等情况基本近似。

如$D6_a$试件（图3）配置足够的抗冲切箍筋，当其弯曲强度低于冲切强度时，它的破坏形态与无抗冲切箍筋板的弯曲破坏类似，参见文献〔1〕。

配置抗冲切箍筋板，当弯曲强度与冲切强度接近或相等时，产生弯曲破坏，也能冲出截锥体，但破坏锥很不规则，表明它是弯曲破坏的特例。此现象与无抗冲切箍筋板亦类似。

3.1.2 冲切破坏

3.1.2.1 荷载——挠度曲线

冲切破坏典型试件的荷载——挠度曲线，如图4所示。试件的破坏均发生于第Ⅱ阶段，破坏时没有预兆，

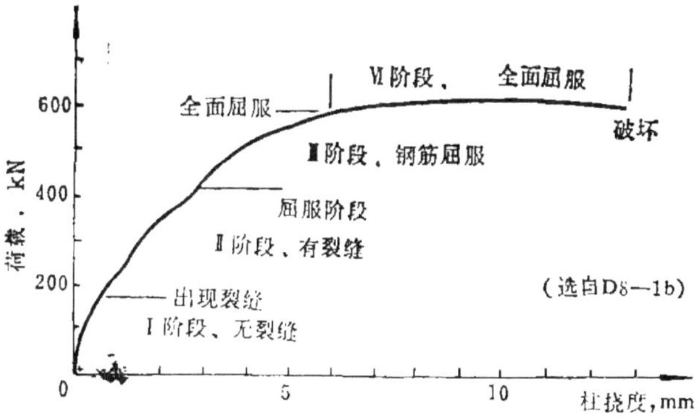

图2 弯曲破坏荷载——挠度曲线

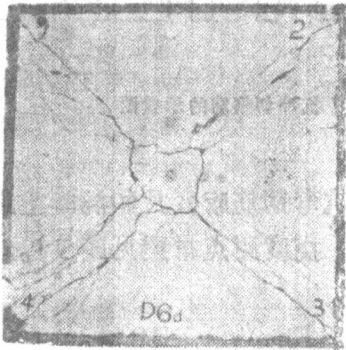

(a)受拉面裂缝

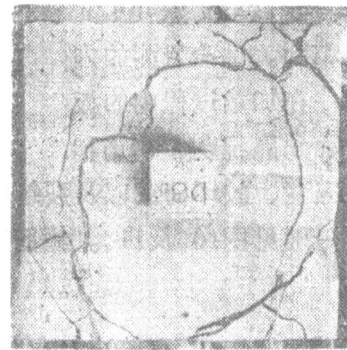

(b)受压面裂缝

图3 *D6d*试件

很突然，伴有响声。这些过程与无抗冲切箍筋板基本相同。

配置抗冲切箍筋的板，当短柱与一部分板被冲出时，其破坏前后的挠度，如图5所示。它表明破坏前后挠度显然起突变，在测量记录中也显示出来。

*C*6 组三个试件的荷载——挠度曲线，见图6。这些试件的截面尺寸、抗弯钢筋配筋率、钢筋强度以及混凝土等级等都完全相同，*C*6试件为无抗冲切箍筋板，$C6_{-1b}$与$C6_{-2b}$试件为配置不同的抗冲切箍筋，因而荷载——挠度曲线理想地作为弹塑性曲线，

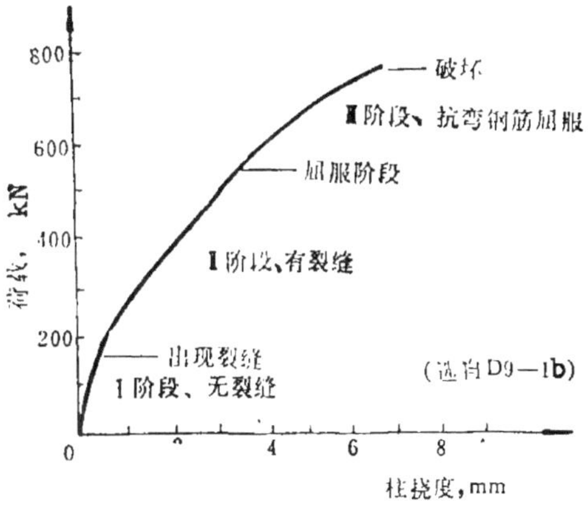

图4 冲切破坏荷载——挠度曲线

见图7。该理想的弹塑性曲线下的面积，使之与实际荷载——挠度曲线下的面积差误减至最小。这样可以近似地比较配置抗冲切箍筋板与不配置板的延性变化。弹塑性曲线表

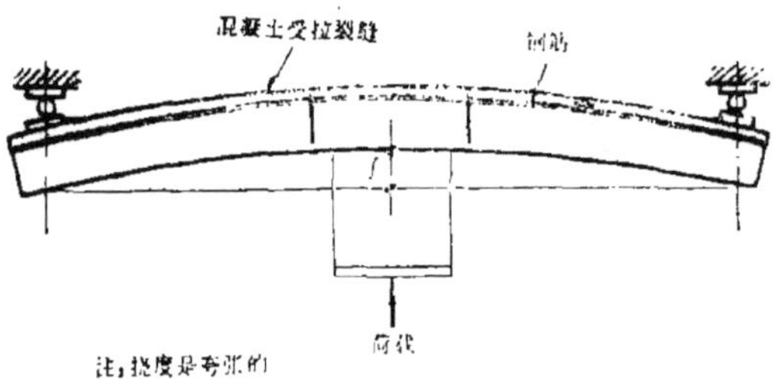

(a) 冲切破坏前挠曲形状

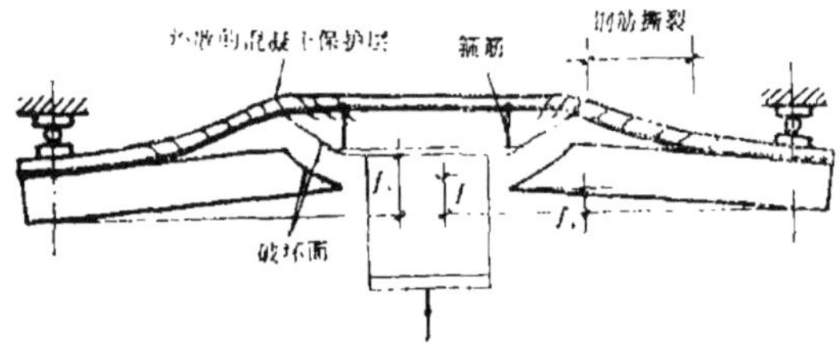

(b) 冲切破坏后挠曲形状

图5 $D9_{-1b}$破坏前后的挠度

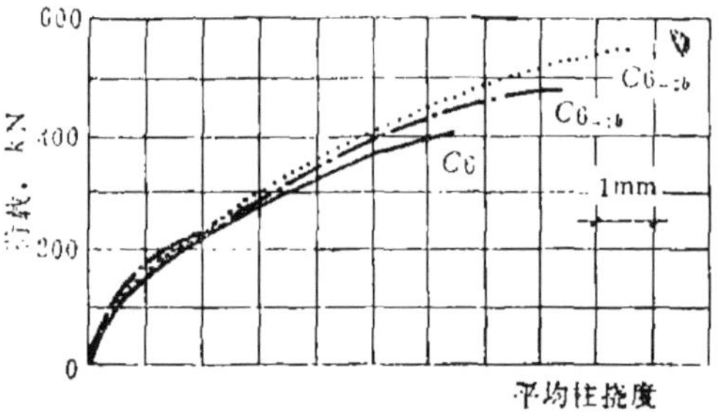

图6 $C6$组荷载——挠度曲线

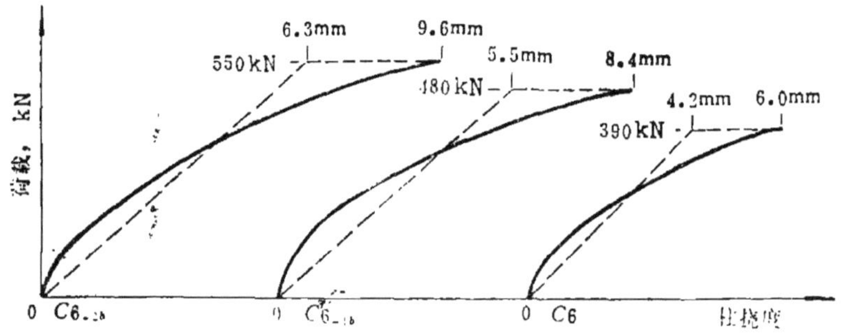

图7 $C6$组理想荷载——挠度曲线

示的延性、刚度及吸收能量列入表2。它表明配置抗冲切箍筋板的吸收能量都高于不配置的板，而有二排抗冲切箍筋的板吸收能量在同类板中最高，因为它的破坏时挠度在同类板中最大。表2中3个试件的破坏时挠度与跨长之比，$C6$为0.50%，而配置抗冲切

表2 相对延性

试　件	适合弹塑性曲线的刚度 N/mm	延性（破坏挠度对塑性曲线开始时的挠度比）	吸收能量 (mm—kN)	破坏挠度 (mm)	破坏挠度对跨长之比 (%)
$C6$	93，000	1.43	1，600	6.0	0.50
$C6_{-1b}$	87，000	1.53	2，700	8.4	0.70
$C6_{-2b}$	87，000	1.53	3，500	9.6	0.80

箍筋的板都高于 $C6$ 试件。

同时观测到，随着荷载的增加，角隅挠度逐渐向下增大，见图 11_c，由于板的有效支承只在每边中间部分。配置抗冲切箍筋板的角隅挠度大于同组不配置抗冲切箍筋板的角隅挠度。

3.1.2.2 裂缝型式

$D9$组2个试件破坏后的照片，见图 8 及 9 。试件的抗冲切箍筋配置情况，见表 1 。板的受拉面裂缝显示在图8_a及9_a，裂缝型式主要由整个板面的径向裂缝和二个基本的环形裂缝组成，一个是在柱周边，而另一个环形为破坏锥的外周边。在破坏锥的外面没有发现环形裂缝。在二个基本环形裂缝之间能观察到有限的环形裂缝。中间环形裂缝一般不连续。

配置抗冲切箍筋板的配箍率较高，且为二排的构件，其大的环形裂缝沿支承边出现，表明其撕裂裂缝已受到支承边的限制，见图9_a。而$D9_{-1d}$试件，由于抗冲切箍筋只有一排，且布置离柱边较远（距离为$1.0h_0$），因而迫使破坏锥在柱周边与抗冲切箍筋里面冲出而破坏，冲出的环形裂缝比同类试件小得多，见图8_a。

3.1.2.3 破坏面

冲切破坏的试件，配置抗冲切箍筋的板与不配置的板，其破坏面是不同的。不配置

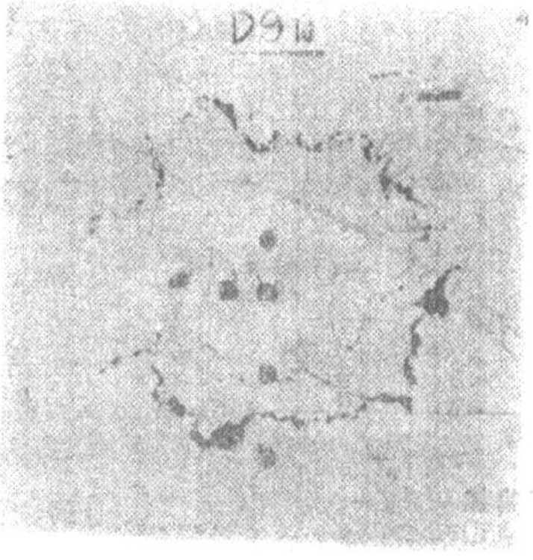

(a) 裂缝型式

(b) 柱边裂缝

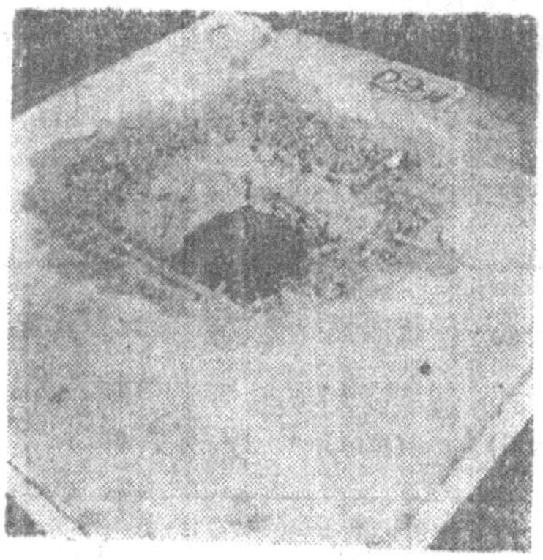

(c) 破坏面的轮廓

(d) 柱和破坏锥

图8 $D9_{-1d}$试件

抗冲切箍筋的板，其破坏沿柱边形成斜裂缝，冲出一个截锥体，见文献〔1〕。配置抗冲切箍筋的板，其破坏沿抗冲切箍筋的外侧形成斜裂缝，冲出一个扩大的截锥体，这表明包含在抗冲切箍筋以内的约束混凝土相当于扩大的柱截面，但破坏锥面不整齐，箍筋间混凝土破坏面向内凹，形成犬牙交错状，见图5_b及9_d。同时看出，箍筋为二排、配箍率较高的$D9_{-2c}$试件，其扩大的柱截面大于箍筋为一排、配箍率较低的试件。而$D9_{-1d}$试件，由于抗冲切箍筋离柱边较远(距离为$1.0h_0$)，迫使它从柱边与抗冲切箍筋里面形成斜裂缝，并穿过箍筋，冲出一个截锥体，斜裂缝与水平面的夹角比一般的大，破坏锥最小，见图8_d。一般而言，破坏面与水平面的夹角小于30度，平均为25度，与文献〔1〕测定的类似。

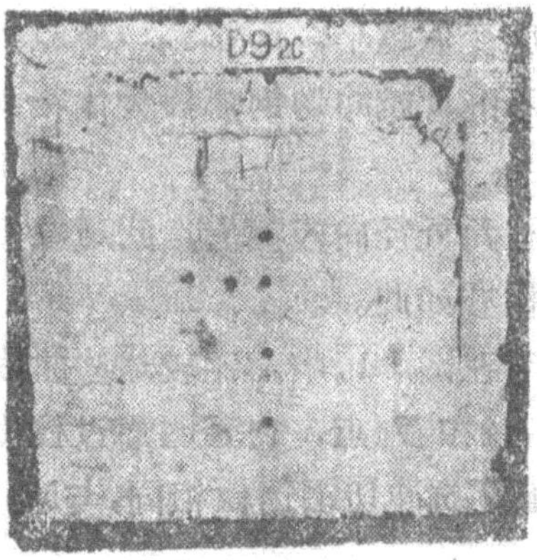

(a) 裂缝型式

(b) 柱边裂缝

(c) 破坏面的轮廓

(d) 柱和破坏锥

图9 D_{-2c}试件

3.1.2.4 钢筋应变

在图10_a中，描绘了$D9_{-2c}$板荷载与抗弯钢筋应变关系曲线，它表明，板受拉面初裂时，抗弯钢筋应变都很小，而曲线显著变化是在初裂后两级荷载。曲线还表明，首先在柱附近处抗弯钢筋开始屈服，然后逐步向外发展，到一定范围后，试件破坏。配置抗冲切箍筋板抗弯钢筋屈服的范围比不配置的板要大。

荷载与箍筋应变关系曲线描述在图10_b中，它表明，开始几级荷载，箍筋应变很小，而部分箍筋应变出现压应变，但随着荷载的增加，逐渐转为拉应变。快到破坏荷载时，只有部分箍筋应变达到屈服应变。

3.1.2.5 混凝土应变

在图11_a中，描绘了$D9_{-2c}$板荷载与板受压面混凝土应变关系曲线。它表明，中心线上各对称点应变都很接近，离柱面越远的位置，其应变值越小，而$C1$、$C8$点应变最小，甚至由较小的压应变逐渐转为拉应变。此现象与不配置抗冲切钢筋板大体相同，与Criswell〔8〕试验结论一致。

曲线还表明，板中心线处径向混凝土应变一般比柱角处径向应变大，此现象在配置抗冲切钢筋板中具有普遍性，就是不配置抗冲切钢筋板亦如此。。

荷载与柱面上（板柱连接处）混凝土应变曲线描绘在图11_b中，比较这些曲线，看出配置抗冲切箍筋板$D1$和$D3$点混凝土压应变都大于$D2$和$D4$点，它表明通过柱传递荷载很不均匀，在柱角处有应力集中现象。此现象与不配置抗冲切钢筋板相同，与Moe〔9〕的结论一致。

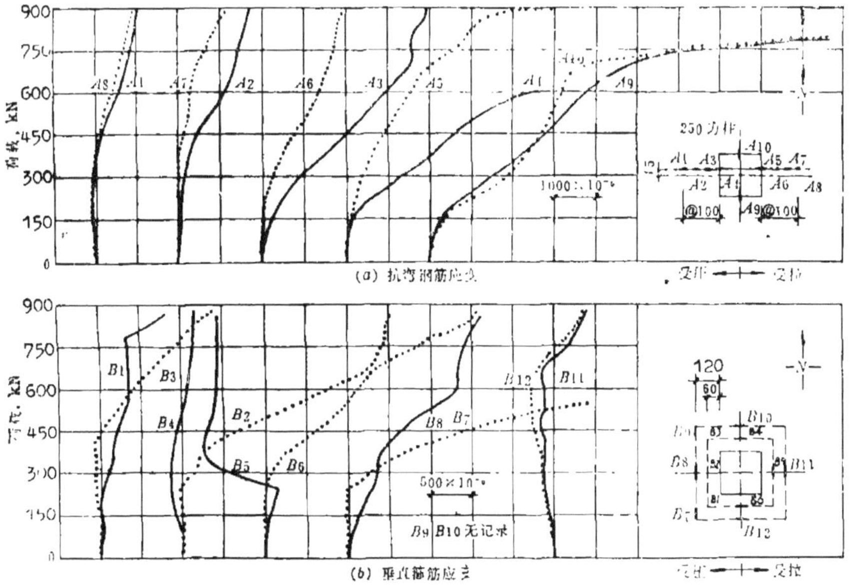

图10 $D9_{-2c}$板抗弯钢筋与垂直箍筋应变

3.2 抗冲切箍筋对强度的影响

试验结果表明，当板的厚跨比较小，或抗弯钢筋配筋率较低时，也就是说，无抗冲切箍筋板的弯曲强度只略高于冲切强度时，板配置抗冲切箍筋对提高强度不理想，但改善了延性，由于板的弯曲强度起控制，见表1中$D6$组及$D8$组试件。当板的厚跨比较大，配筋率较高时，也就是说，无抗冲切箍筋板的弯曲强度远大于冲切强度时，板配置抗冲切箍筋对提高冲切强度显著，又改善了延性，如表1、表3所示。三组配置抗冲切箍筋板的冲切强度比不配置板冲切强度平均提高26.3%；配置一排抗冲切箍筋板的冲切强度平均提高14%，配置两排抗冲切箍筋的平均提高38.7%。

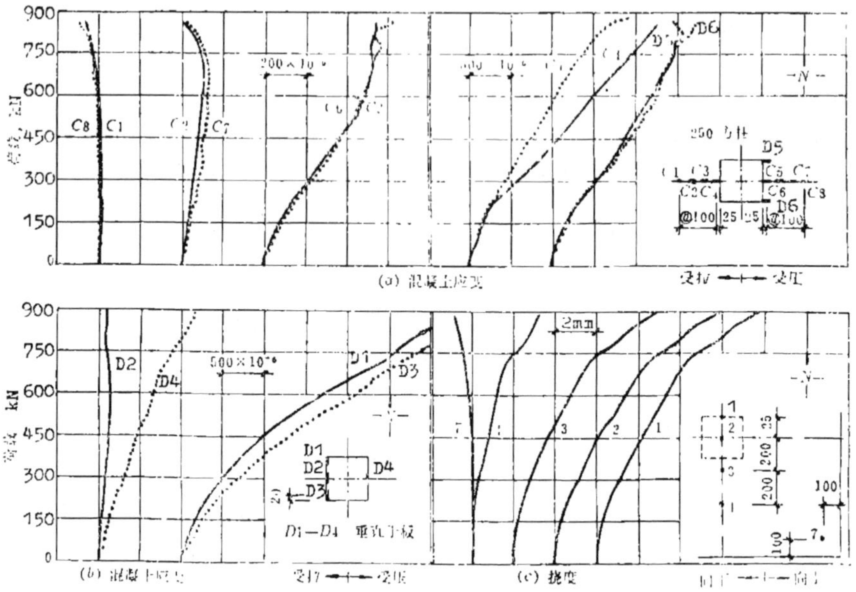

图11 $D9_{-2c}$板混凝土应变和挠度

表 3　　配置抗冲切箍筋与不配置板的冲切强度比较

试件	Q_{obs} kN	Q'_{obs} kN	Q''_{obs} kN	Q''_{obs}/Q_{obs} 一排箍筋	Q''_{obs}/Q_{obs} 二排箍筋
C6	39.0				
$C6_{-1b}$		48.0	48.0	1.231	
$C6_{-2b}$		55.0	55.0		1.410
D7	55.0				
$D7_b$		61.0	62.3	1.132	
$D7_c$		74.5	87.3		1.587
$D7_d$		88.0	80.2		1.457
D9	66.0				
$D9_{-1b}$		76.0	76.0	1.152	
$D9_{-1c}$		79.0	71.5	1.084	
$D9_{-1d}$		80.0	72.4	1.097	
$D9_{-1e}$		80.0	75.1	1.137	
$D9_{-2a}$		79.0	85.7		1.299
$D9_{-2b}$		80.0	86.8		1.315
$D9_{-2c}$		88.0	82.7		1.252
平　均　值				1.140	1.387
				1.263	

注：Q_{obs}——不配置抗冲切箍筋板破坏荷载；

Q'_{obs}——配置抗冲切箍筋板破坏荷载；

Q''_{obs}——配置抗冲切箍筋板的破坏荷载换算成同组不配置抗冲切箍筋板相同混凝土强度的荷载，那么，

$$Q''_{obs}=Q'_{obs}\times\frac{f_t}{f'_t}$$

f_t、f'_t——分别为不配置抗冲切箍筋板和配置抗冲切箍筋板的混凝土抗拉强度。

试验表明，箍筋距柱边的距离，箍筋的排数、排距和形式都影响着板的冲切强度。一排箍筋距柱边$0.5h_0$，冲切强度平均提高17.17%；距柱边$0.75h_0$，冲切强度平均提高11.05%；距柱边$1.0h_0$，冲切强度提高 9.7%，见表 1 和表 3 。在距柱边 h_0范围内配置箍筋能有效地提高板的冲切强度，一排箍筋以距柱边 $0.5h_0$ 处为好。两排箍筋的间距以 $0.5h_0$ 为宜。

4.冲切强度及构造措施

4.1 冲切强度计算

试验表明，配置抗冲切钢筋板的冲切强度，与板不配置抗冲切钢筋时的冲切强度有关。显然，配置抗冲切钢筋之后，配置的抗冲切钢筋是冲切强度提高的主要因素。

在文献〔1〕中，我们分析了无抗冲切钢筋板的冲切强度，其强度计算公式 (11) 为：

$$Q_{col}=\xi s h_0 f_t$$

式中
$$\xi=\frac{\mu f_y}{0.835\mu f_y+1.1f_t};$$
$$S=4(2.05h_0+r).$$

板中配置的抗冲切钢筋竖向抗力，以下式表示：

$$Q_s=A_{sv}f_y\mathrm{sind}$$

式中 A_{sv}——计算的抗冲切钢筋截面面积；

f_y——抗冲切钢筋的屈服强度；

α——抗冲切钢筋与板面的夹角。

在表 4 中，收集了国内外41个配制抗冲切钢筋板的试验结果。以$Q_{obs}/\xi sh_0 f_t$为纵座标，$Q_s/\xi sh_0 f_t$为横座标，绘于图12中。该图表明，试验点的分布很有规律。
显然，如果

$$Q_s/\xi sh_0 f_t\leqslant 2.069$$

则
$$Q_{col}=1.1\xi sh_0 f_t+0.29A_{sv}f_y\sin\alpha \tag{1}$$

又如果
$$Q_s/\xi sh_0 f_t>2.069$$

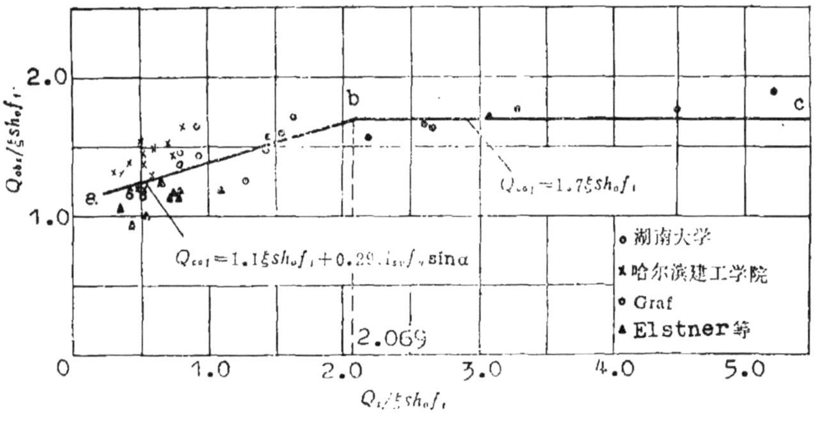

图12 $Q_{obs}/\xi sh_t f_o$与$Q_s/\xi sh_t f_o$关系

表 4　　　　配置抗冲切钢筋的钢筋混凝土板的计算结果

试验者	序号	试件编号	h_0 mm	r mm	抗弯钢筋 μ %	抗弯钢筋 f_y N/mm²	抗冲切钢筋 A_{sv} mm²	抗冲切钢筋 f_y N/mm²	抗冲切钢筋 α 度	f_{cu} N/mm²	Q_{obs} kN	按式(1)、(2)计算 Q_{obs}/Q_{cal}
湖南大学	1	$C6_{-1b}$	89	250	2.14	421.3	2012	376.3	90	21.4	480	0.968
	2	$C6_{-2b}$	89	250	2.14	421.3	4040	376.3	90	21.4	550	1.109
	3	$D7_b$	121	250	1.74	453.5	2012	313.5	90	25.7	610	0.851
	4	$D7_c$	121	250	1.74	450.0	4040	334.0	90	20.9	745	1.000
	5	$D7_d$	121	250	1.74	450.0	4040	334.0	90	30.5	880	0.984
	6	$D9_{-1b}$	119	250	1.60	421.3	2012	376.3	90	30.4	760	1.005
	7	$D9_{-1c}$	119	250	1.60	421.3	2012	376.3	90	35.3	790	0.996
	8	$D9_{-1d}$	119	250	1.60	421.3	2012	376.3	90	35.3	800	1.009
	9	$D9_{-1e}$	121	250	1.60	421.3	3020	376.3	90	33.4	800	0.903
	10	$D9_{-2a}$	119	250	1.60	421.3	2012	376.3	90	26.9	790	1.084
	11	$D9_{-2b}$	119	250	1.60	421.3	4040	376.3	90	26.9	800	1.016
	12	$D9_{-2c}$	119	250	1.60	421.3	6040	376.3	90	33.4	880	1.019
哈尔滨建筑工程学院	13	AI-1	73	250	2.10	278.0	340	374.8	45	25.3	250	0.962
	14	BI-3	93	250	1.60	278.0	516	365.4	45	21.9	300	0.943
	15	BI-4	93	250	1.60	278.0	628	280.1	45	22.3	300	0.941
	16	BI-5	93	250	1.60	278.0	766	279.1	45	22.3	325	0.994
	17	BI-6	93	250	1.60	278.0	942	280.1	45	22.3	365	1.086
	18	CI-1	123	250	1.20	278.0	716	318.1	45	33.2	540	1.130
	19	CI-2	123	250	1.20	278.0	942	280.1	45	25.3	492	1.098
	20	CI-3	123	250	1.20	278.0	1106	317.0	45	25.3	547	1.174
	21	CII-1-1	123	250	1.20	278.0	716	318.1	30	33.5	512	1.101
	22	CII-1-2	123	250	1.20	278.0	1030	318.1	45	33.5	580	1.160
	23	CII-2-1	123	250	1.20	278.0	942	280.1	30	27.6	479	1.079
	24	CII-2-2	123	250	1.20	278.0	942	280.1	45	27.6	535	1.163
	25	CII-2-3	123	250	1.20	278.0	942	280.1	45	30.0	580	1.231
	26	CII-2-4	123	250	1.20	278.0	1344	318.1	45	27.6	602	1.219
Elstner-Hognestad[4]	27	B-3	114	254	0.99	304.7	570	330.0	45	16.0	293	0.899
	28	B-5	114	254	2.00	428.6	520	337.8	45	17.2	386	0.864
	29	B-6	114	254	2.00	387.7	1030	337.8	45	20.2	478	0.943
	30	B-10	114	254	2.00	342.0	1030	337.8	45	55.6	545	0.752
	31	B-12	114	254	3.00	338.5	2280	330.0	90	55.0	804	0.825
	32	B-13	114	254	3.00	335.0	4040	330.7	20	57.6	795	0.875
	33	B-15	114	254	3.00	338.5	1550	337.8	45	58.6	704	0.895
	34	B-16	114	254	3.00	346.2	2060	337.8	45	54.3	763	0.854
	35	B-17	114	254	1.50	313.9	570	330.0	45	17.4	365	0.938
Graf[3]	36	1355	272	200	0.83	282.2	3700	275.1	45	18.3	1231	1.016
	37	1356	274	200	0.82	282.2	3680	275.1	45	18.3	1311	1.083
	38	1361	272	300	1.17	274.4	5180	270.9	45	19.7	1762	1.199
	39	1363	470	300	0.70	273.0	8980	268.1	60	19.7	3083	1.026
	40	1376	475	200	0.50	281.5	6710	273.0	60	19.7	2303	0.864
	41	1377	475	200	0.50	281.5	6710	273.0	60	18.3	1252	0.853

$\mu = 1.000$

$\sigma = 0.119$

$\delta = 0.119$

则 $$Q_{cal}=1.7\xi sh_0f_t \quad (2)$$

为了便于评价现行规范公式和文献〔1〕公式，我们分别对国内外41个试件的试验结果进行了验算，其统计特征见表5。

表5 统计特征值

Q_{obs}/Q_{cal}	现行规范（TJ10—74）公式	按文献〔1〕公式（11）	按本文公式（1）、（2）
μ	1.798	1.380	1.000
σ	0.454	0.234	0.119
δ	2.253	0.170	0.119

从表5可知，配置抗冲切钢筋板的冲切强度，按本文公式计算值与实测值符合得较好。按文献〔1〕公式计算，平均提高38%，与我们的试验结果相符；按现行规范（TJ10—74）公式计算，平均提高79.8%，显然偏高，离散性较大。

4.2 构造措施

（1） 配置抗冲切箍筋的型式，宜采用开口式箍筋（图1），由于开口式箍筋锚固比封闭式好，并便于施工。

（2） 在板中，为了配置足够的抗冲切箍筋，宜采用两排。根据试验结果，两排箍筋在提高板的承载能力和延性方面，均较单排的好。

（3） 在配置抗冲切箍筋时，第一排箍筋距柱边（图1）的距离不得大于$0.5h_0$，第二排箍筋与第一排箍筋间距也不得大于$0.5h_0$。

（4） 配置抗冲切箍筋的板，其厚度一般不宜小于15厘米，在特殊情况下也不得小于12厘米。

5.结　论

（1） 配置抗冲切箍筋板和无抗冲切箍筋板一样，在局部荷载作用下可能发生弯曲破坏或冲切破坏。

（2） 当无抗冲切箍筋板的弯曲强度只略高于冲切强度时，这时板配置抗冲切箍筋，对提高冲切强度不理想，但改善了板的延性。当无抗冲切箍筋板的弯曲强度远大于冲切强度，这时板配置抗冲切箍筋，既能提高冲切强度，又改善了板的延性。

（3） 配置抗冲切箍筋的板，配箍率达到一定值，且符合构造要求时，如果沿柱边形成斜裂缝的强度高于沿抗冲切箍筋的外侧形成斜裂缝的强度，则板的破坏沿抗冲切箍筋的外侧形成斜裂缝，冲出一个扩大的截锥体。这表明包围在抗冲切箍筋以内的约束混凝土相当于扩大的柱截面。破坏锥与板面夹角经测定平均约为25度，与无抗冲切钢筋板一致。

（4） 配置抗冲切箍筋板，其箍筋形式、位置、排数及配箍率等均为冲切强度的影响因素。箍筋形式开口式比封闭式好，两排比单排的好。

（5） 本文建立的计算公式，既适用配置抗冲切箍筋的板，又适用配置弯起钢筋的板；公式计算值与实测值符合得较好。

在此次试验研究中，得到了王寿康教授的指导，深表感谢。

参 考 文 献

〔1〕李定国、舒兆发、余志武：无抗冲切钢筋的钢筋混凝土板柱连接冲切强度的试验研究，《湖南大学学报》，13（1986）3，22——35

〔2〕《钢筋混凝土结构设计规范》（TJ10——74）（试行），中国建筑工业出版社，1974

〔3〕Graf, O.: Strength Tests of Thick Reinforced Concrete Slabs Supported on All Sides Under Concentrated Loads (in German), Deutscher Ausschuss für Eisenbeton, (1938) 88.

〔4〕Elstner, R.C.and Hognestad, E.: Shearing strength of reinforced concrete slabs, Journal of ACI, 53 (1956), 29—58

〔5〕Andersson, J.L.: Punching of concrete slabs with shear reinforcement, Royal Institute of Technology, Stockholm, Sweden, Transactions, (1963) 212.

〔6〕ACI Committee 318: Building Code Requirements for Reinforced Concrete (ACI318——77)

〔7〕《Бетонные и Железобетонные Конструкции Нормы Проектирования》(СНиП Ⅱ——21——75), Москва, 1976

〔8〕Criswell, M.E.: Strength and Behavior of Reinforced Concerte Slab—Column Connections Subjected to Static and Dynamic loadings, Technical Report N—70—1, U.S.Army Engineer Waterways Experiment Station, Vicksburg, December, 1970

〔9〕Moe, J.: Shearing Strength of Reinforced Concrete Slabs and Footings Under Concentrated Loads, Development Department Bulletin D47, Portland Cement Association, Skokie, 1961, 1—130

Experimental Investigation on Strength and Performance of Concrete Slab–Column Connections with Shear Reinforcement

Shu Zhaofa
(Department of Civil Engineering)

Li Dingguo
(Institute of Structural Engineering)

Abstract

By comparison tests between the slab–column connections with and without shear reinforcement, this paper shows that the slabs with shear reinforcement can not only increase the punching strength, but also improve the ductility of the slab–column connection. This paper also describes the failure patterns and the properties of the slabs with sheer reinforcement and discusses the influence of various factors, such as stirrup ratio, on the punching strength. A method is then proposed for calculating the punching strength of this kind of members. The calculated results obtained agree well with the experimental data reported both at home and abroad.

无粘结部分预应力混凝土梁的极限强度裂缝和变形的试验研究（英文）

刘健行，张　曙

The Experimental Study of the Ultimate Strength, Crack and Deflection of Unbonded Partially Prestressed Concrete Beams

Liu Jianxing and Zhang Shu

(Department of Civil Engineering)

Abstract

18 unbonded partially prestressed concrete beams with non-prestressed reinforcement were tested in order to study the effect of the non-prestressed reinforcement on the behavior of the beams. Based on the analyses of the ultimate strength and flexural behavior of beams, the formulas are propossed for evaluating the ultimate stress in unbonded tendon, the crack width and deflection. The calculated values agree well with the experimental results.

Notation

Ap = area of prestressed reinforcement

As = area of non-prestressed reinforcement

At = effective concrete area in tension[7]

a = depth of equivalent rectangular compression block in concrete

b = width of concrete section

B = mean flexural rigidity of section

c = neutral axis dapth at ultimate moment

C = total compressive force of concrete

Cs = thinkness of concrete cover over reinforcement

d = diameter of non-prestressed reinforcement

Ec = modulus of elasticity of concrete

Ec′ = modulus of elasticity-plasticity of concrete

Es = modulus of elasticity of non-prestressed reinforcrcement

f_c = concrete stress in extreme compression fible

f'_c = compressive strength of concrete determined from 15 cm cube

f_{pe} = effective prestress

f_{ps} = stress in prestressed reinforcement

f_{pu} = stress in prestressed reinforcement at ultimate momet

f_s = stress in non-prestressed reinforcement

f_y = yield strength of non-prestressed reinforcement

Δf_{ps} = increase in unbonded tendon stress

Δf_{pc} = increase in unbonded tendon stress at cracking moment

Δf_{pu} = increase in unbonded tendon stress at ultimate moment

h = over depth of concrete section

h_e = depth of effective concrete area in tension

h_p = effective depth of prestressed reinforcement

h_s = effective depth of non-prestressed reinforcement

h_o = $(h_p + h_s)/2$

l_{cs} = mean crack spacing

M = bending moment

M_{cr} = cracking moment

M_c = resisting moment of concrete at cracking moment [1, 8, 9]

M_p = resisting moment of unbonded tendon = $A_p f_{ps} \eta h_o$

M_u = ultimate resisting moment

n = modular ratio = E_s/E_c

K = slope of the second branch of moment-increase in unbonded tendon stress curve defined by Eq. (10)

q_o = reinforcement index = $(A_s f_y + A_p f_{pe})/b h_p f'_c$

q_p = $A_p f_{pe}/b h_p f'_c$

q_s = $A_s f_y/b h_p f'_c$

T = total tensile force of prestressed and non-prestressed reinforcement

W = mean crack width at non-prestressed reinforcement lever

W_{max} = maximum crack width at non-prestressed reinforcement lever

α = factor relating to C_s

β = factor reflecting the bond property of non-prestressed reinforcement

δ = deflection

ε_c = compressive strain in concrete at the extreme compression fible

ε_{cm} = mean strain in concrete at the extreme compression fible

ε_s = strain in non-prestressed reinforcement at cracking section

ε_{sm} = mean strain in non-prestressed reinforcement

η = ratio of internal lever arm to h_o = 0.87 [1, 8, 9]

λ   = constant used in Eq. (15)

ν   = factor reflecting the property of surface of non-prestressed reinforcement, $\nu = 0.7$ for deformed bars or 1.0 for plain bars

νc   = E_c/E_c'

ζ_p = ratio of depth of neutral axis at failure to effective depth of prestressed reinforcement = c/h_p

ρ_p = ratio of prestressed reinforcement = A_p/bh_p

ρ_s = ratio of non-prestressed reinforcement = A_s/bh_p

ρ_{so} = A_s/bh_o

τ   = crack width magnification factor = W_{max}/w

φ   = curvature

Ψ   = strain uneven factor of non-prestressed reinforcement, $\Psi = \varepsilon_{sm}/\varepsilon_s$

ϕ_c = strain uneven factor of concrete = $\varepsilon_{cm}/\varepsilon_c$

ω   = mean stress factor

ζ   = $\eta\omega\zeta\nu c/\Psi c$

1. Introduction

This paper studies the effect of the non-prestressed reinforcement on the behavior of the unbonded partially prestressed concrete beams. Both strength and serviceability are considered. The theoretical models proposed in this paper for evaluating the crack width and deflection are based on the Chinese Design Code for Reinforced Concrete Structures [1].

2. Test Program

18 simply supported test beams of 3.4 m span were divided into four groups in terms of the property and percentage of the nonprestressed reinforcement. All beams were stressed with one tendon made up of seven 5 mm diameter wires. The properties of steel were listed in Table 1. The concrete mixes were proportioned for a norminal 28-day 15 cm cube strength of approximately 40 MPa and the water-cement ratio was approximately 0.46 (by cement weight). All beams were 15 cm wide and 30 cm deep, as shown in Fig. 1, and the span-depth ratio L/h_p was 14.2. Details of beams were given in Table 2.

Table 1 Properties of steels

Steel	Diameter (mm)	Yield Strength (MPa)	Ultimate Strength (MPa)	Modulus of Blasticity X10⁵
A3 Plain Bar	6.5	261	450	2.18
A3 Plain Bar	8	260	407	2.02
16Mn Deformed Bar	10	344	513	1.98
16Mn Deformed Bar	12	379	551	2.03
Hign Strength wire	5	1406*	1597	1.99

*Yield strength by 0.2% set method.

Table 2 Properties of beams

Beam	f'c (MPa)	Ap (sq. mm)	ρp (per-cent)	fpe (MPa)	AS (sq. mm)	ρs (per-cent)	fy (MPa)	q_p	q_s	q_0
A1—1	45.0	137	0.38	1028	100	0.28	261	0.087	0.016	0.103
A1—2	45.7	137	0.38	859	100	0.28	261	0.072	0.016	0.088
A2—1	50.1	137	0.38	843	133	0.37	261	0.064	0.019	0.083
A2—2	48.0	137	0.38	985	133	0.37	261	0.078	0.020	0.098
B1—1	44.1	137	0.38	1027	151	0.42	260	0.089	0.025	0.114
B1—2	45.7	137	0.38	923	151	0.42	260	0.077	0.024	0.101
B2—1	44.1	137	0.38	922	201	0.56	260	0.080	0.033	0.113
B2—2	49.9	137	0.38	1020	201	0.56	260	0.078	0.029	0.107
B3—1	47.6	137	0.38	945	251	0.70	260	0.076	0.038	0.114
B3—2	47.5	137	0.38	954	251	0.70	260	0.077	0.038	0.115
C1—1	44.1	137	0.38	827	314	0.87	344	0.072	0.068	0.140
C1—2	44.9	137	0.38	889	314	0.87	344	0.076	0.067	0.143
C2—1	43.6	137	0.38	1044	393	1.09	344	0.091	0.086	0.177
C2—2	42.8	137	0.38	1015	393	1.09	344	0.091	0.088	0.179
D1—1	49.5	137	0.38	1036	452	1.26	379	0.080	0.096	0.176
D1—2	50.8	137	0.38	968	452	1.26	379	0.073	0.094	0.167
D2—1	51.0	137	0.38	952	566	1.57	379	0.071	0.117	0.188
D2—2	46.6	137	0.38	813	566	1.57	379	0.067	0.128	0.195

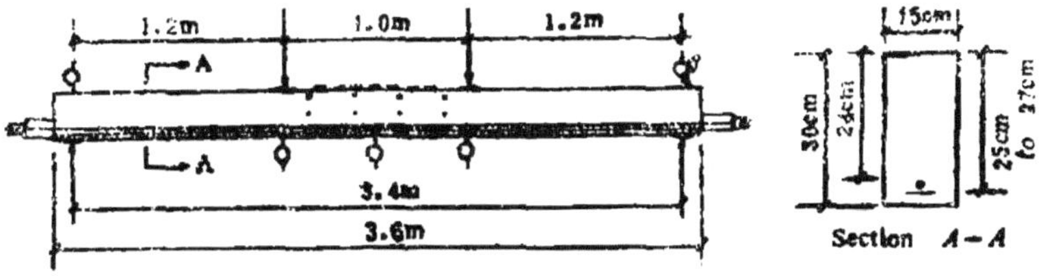

— Electrical resistance strain gauges stuck on the top surface of the beams

* Electrical resistance strain gauges stuck on the non—prestressed steels

• Demountable mechanical gage discs mounted at a gage spacing of 10 in. (254 mm) in the central 30 in. (762 mm) Portion of the span

Fig. 1. Geometric properties and instrumentation of beams.

The force in the unbonded tendon was measured by electrical dynamometers at the ends of each tendon. Crack widths were measured with 25-power microscopes having a 0.05 mm accuracy. Crack spacings of all the developing cracks were accurately recorded including the crack penetration of the principal cracks.

3. Test Results

3.1 Moment-Deflection Relationship

The moment-deflection (M-δ) curves for 9 beams are presented in Fig. 2. Every curve consists of three approximate straight lines.

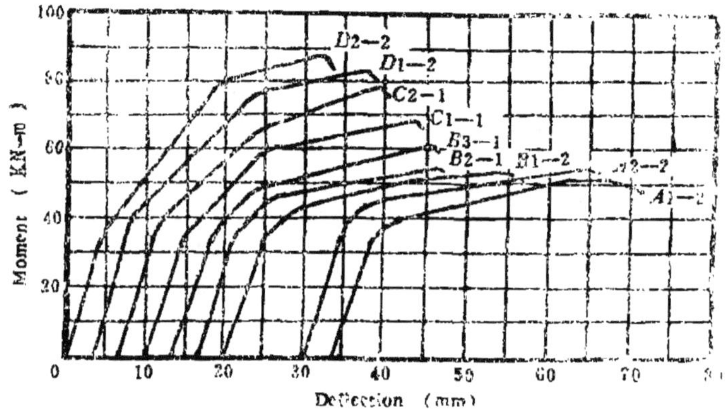

Fig. 2. Moment—deflection relationship of test beams.

An examination of the moment-deflection curves indicates that the difference in shape of the moment-deflection curves for beams after cracking is the results of changes in major variables such as the amount and type of non-prestressed reinforcement, the concrete strength, and the magnitude of the effective prestress.

3.2 The Relationship between Moment and Increase in Unbonded Tendon Stress

The curves of the moment-increase in unbonded tendon stress (M-Δfps) are shown in Fig. 3. The M-Δfps curve is similar to M-δ curve in shape. The increase in unbonded tendon stress is very small until the beams are cracked. After cracking, it increases faster with the load. When the non-prestressed reinforcement develops its yield strength fy, large increase in unbonded tendon stress occurs with little increase in load.

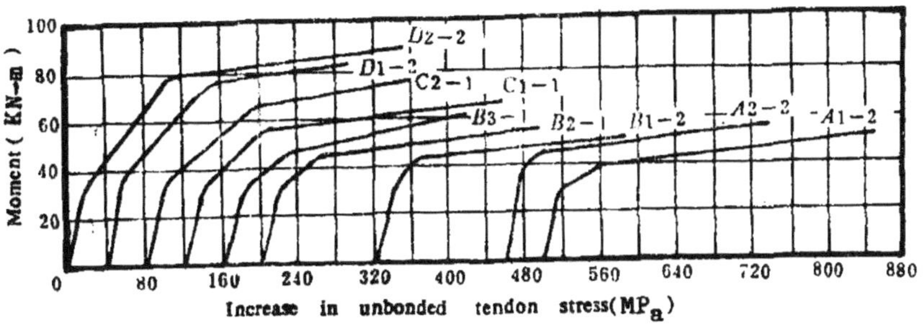

Increase in unbonded tendon stress (MPa)

Fig. 3. Moment—increase in unbonded tendon stress relationship of test beams.

3.3 Flexural Cracking

Fig. 4 and Fig. 5 give the crack pattern in test beams. It can be seen that there is no apparent difference between the crack pattern in the unbonded partially prestressed concrete beams and the crack pattern in the bonded prestressed concrete beams when enough bonded non-prestressed reinforcement is used in the unbonded beams. Table 4 gives the mean crack spacing and the measured crack width of the stabilized cracks at the non-prestressed reinforcement lever.

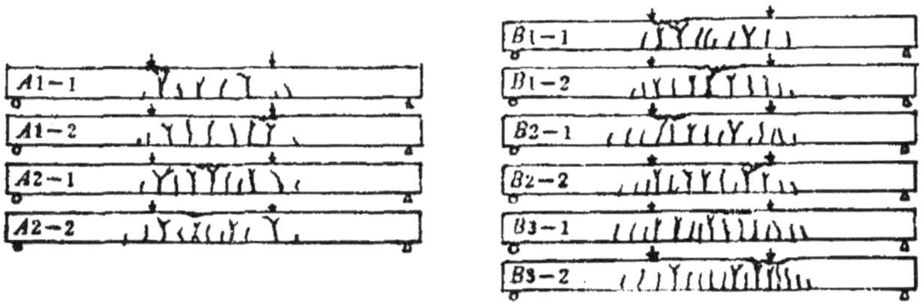

Fig. 4 Crack pattern in beams of group A and B.

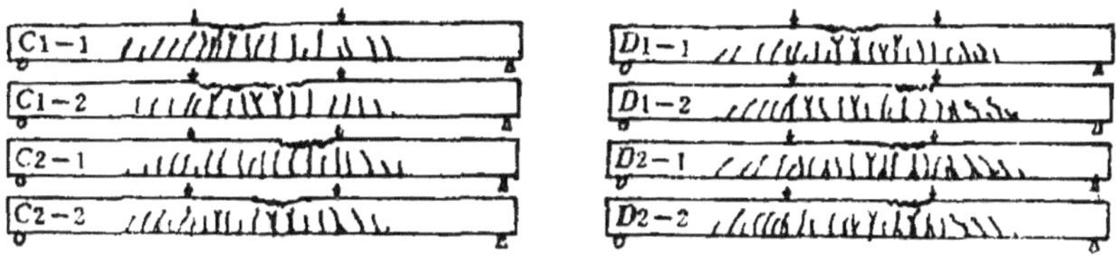

Fig. 5 Crack pattern in beams of group C and D.

4. Analysis of Experimental Results

4.1 The Ultimate Stress in Unbonded Tendons and Ultimate Flexural Strength of Beams

An accurate calculation for the ultimate strength of unbonded beams is more difficult than for that of bonded ones, because the stress in the steel at rupture of the beam cannot be closely computed. Some simplified approximate methods for calculating the ultimate stress in unbonded tendons were proposed by Warwaruk, Mattock and Pannell and others [2—4]. But the number of members which contain supplementary non-prestressed reinforcement was small and the reinforcement ratio was low in their tests. So the authors made the test in which the ratio of non-prestressed reinforcement was of wide range ($\rho s = 0.276\% \sim 1.571\%$). The ultimate strength can be computed in terms of Fig. 6 [1].

From Fig. 6, the equilibrium of force is expressed by

$$T = Apfpu + Asfy = C$$
$$= 0.616cbf'c$$
$$= 0.616hpbfc\xi p \qquad (1)$$

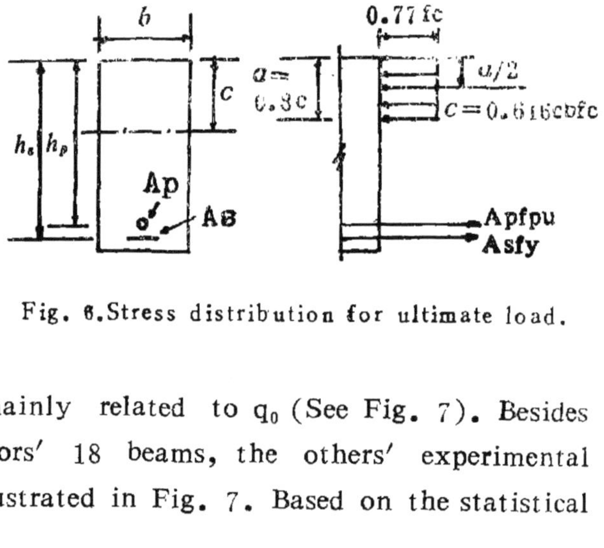

Fig. 6. Stress distribution for ultimate load.

Hence

$$\xi p = \frac{Ap(fpe + \Delta fpu) + Asfy}{0.616hpbf'c}$$
$$= 1.62(q_0 + \Delta fpu\rho p/f'c) \qquad (1a)$$

Compared with q_0, $\Delta fpu\rho p/f'c$ is very small. Hence, ξp is mainly related to q_0 (See Fig. 7). Besides the experimental results of the authors' 18 beams, the others' experimental results of 20 beams [5] are also illustrated in Fig. 7. Based on the statistical results, the regression equation is

$$\xi p = 1.65q_0 + 0.039 \qquad (2)$$

The correlation coefficient is 0.993.

From Eqs. (1a) and (2), the following expression for fpu is obtained:

$$\Delta fpu = (0.018q_0 + 0.023)\frac{f'c}{\rho p} \quad (MPa) \qquad (3)$$

Since q_0 is usually not larger than 0.2, the ratio $0.018q_0/0.023$ is very small. Therefore, the Δfpu is mainly related to the ratio $f'c/\rho p$. This conclusion tallies with the Mattock's formula [3]. We plotted Δfpu against $\rho p/f'c$ in Fig. 8 and proposed the following equation for fpu

$$\Delta fpu = 0.102\frac{f'c}{\rho p} + 200 \quad (MPa) \tag{4}$$

The correlation coefficient is 0.704. Therefore

$$fpu = fpe + 0.0102\frac{f'c}{\rho p} + 200 \quad (MPa) \tag{5}$$

but fpu should not be greater than its yield strength of the tendon.

Table 3 Ultimate stress in unbonded tendon and moment

Beam	fpe (MPa)	Δfpu (MPa)	Δfpu[1] (MPa)	fpu (MPa)	fpu[1] (MPa)	fpu/fpu[1]	Mu (KN-m)	Mu[1] (KN-m)	Mu/Mu[1]
A1—1	1028	233	321	1261	1349	0.935	53.5	49.1	1.134
A1—2	859	368	323	1227	1182	1.038	50.4	42.6	1.183
A2—1	843	349	336	1192	1179	1.011	54.8	44.9	1.220
A2—2	985	276	329	1261	1314	0.960	56.8	48.5	1.172
B1—1	1027	264	319	1291	1346	0.959	50.6	50.0	1.011
B1—2	923	290	323	1213	1246	0.974	54.7	47.5	1.152
B2—1	922	287	319	1209	1241	0.974	53.5	50.1	1.067
B2—2	1020	247	334	1267	1354	0.936	60.6	53.8	1.125
B3—1	945	245	328	1190	1273	0.935	60.6	53.7	1.128
B3—2	954	253	328	1207	1282	0.941	60.6	53.9	1.124
C1—1	827	340	319	1167	1146	1.018	67.1	59.0	1.137
C1—2	889	334	321	1223	1210	1.011	72.9	60.8	1.199
C2—1	1044	271	317	1315	1361	0.966	77.0	68.4	1.126
C2—2	1015	250	315	1265	1330	0.951	77.4	67.4	1.148
D1—1	1036	249	333	1285	1369	0.939	80.6	76.7	1.051
D1—2	968	249	337	1217	1305	0.933	82.3	75.4	1.092
D2—1	952	240	337	1192	1289	0.925	82.3	83.1	0.990
D2—2	813	345	325	1158	1138	1.018	87.4	78.4	1.115
A—1*	960	498	421	1458	1381	1.056	31.1	26.6	1.169
A—2*	904	526	333	1430	1237	1.156	46.8	39.5	1.185
A—3*	820	356	283	1176	1103	1.066	63.6	54.9	1.158
A—4*	869	596	421	1465	1290	1.136	38.3	31.2	1.228
A—5*	810	505	366	1315	1176	1.118	51.2	45.9	1.115
A—6*	854	209	283	1063	1137	0.935	72.4	70.6	1.025
A—7*	885	551	531	1436	1416	1.014	41.5	39.4	1.053
A—8*	894	396	439	1290	1333	0.968	59.4	56.2	1.057
A—9*	920	188	290	1108	1210	0.916	102.5	94.3	1.087
B—1*	1008	637	530	1645	1538	1.070	30.3	29.1	1.041
B—2*	987	577	398	1564	1385	1.129	50.4	43.6	1.156
B—3*	963	398	315	1361	1278	1.065	61.0	62.1	0.982
B—5*	989	531	430	1520	1419	1.071	53.4	50.8	1.051
B—6*	1002	400	332	1402	1334	1.051	75.8	75.5	1.004
B—7*	1002	601	643	1603	1645	0.974	42.5	42.5	1.000
B—9*	1050	296	411	1346	1461	0.921	89.7	95.9	0.935
C—1*	905	491	439	1396	1344	1.039	33.6	30.6	1.098
C—3*	825	406	290	1231	1115	1.104	67.3	58.4	1.152
C—7*	955	456	510	1411	1465	0.963	44.6	45.5	0.980
C—9*	903	206	290	1109	1193	0.930	101.0	106.0	0.953
average						1.003			1.095
coefficient of variation						0.069			0.070

[1]Computed value.

*Beams reported in Reference 3.

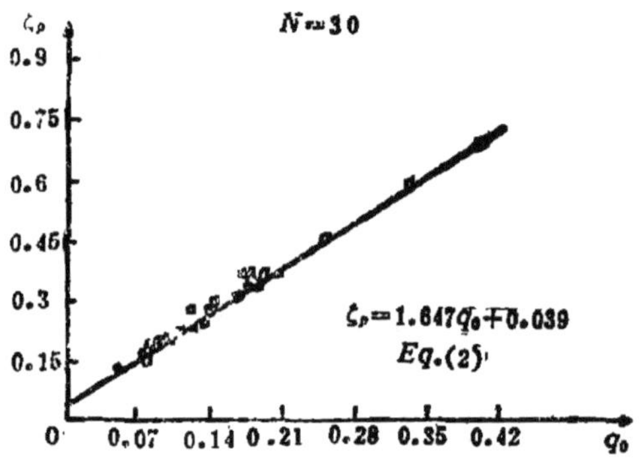

Fig. 7. Relationship between ξp and q_0

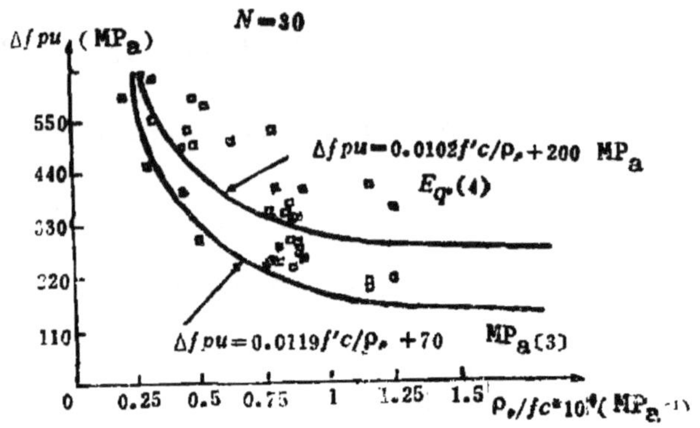

Fig. 8. Increase in unbonded tendon stress

The values of fpu calculated by formula (5) have been compared with the experimental values of fpu of authers' 18 beams and other 20 beams 〔5〕 (Table 3). The mean value of the fpu/fpu' is 1.003 and the coefficient of variation is 0.069. Table 3 also gives the measured and calculated ultimate moments. Reference 〔3〕 showed that the Mattock's formula represented the lower bound of the field of the test data. This result is also demonstrated by Fig. 8.

4.2 Crack Width

Available experimental data on cracking in unbonded prestressed concrete members are scarce 〔6〕. The present data and our test show that the distribution of cracks and the crack widths of the unbonded beams are mainly controlled by non-prestressed reinforcement. Therefore, the essential difference between the methods of calculating crack width of unbonded prestressed beams and that of normal reinforcement concrete beams shouldn't exist. The theoretical models proposed in the following will be based on the Chinese Cod.

The maximum crack width Wmax at the lever of non-prestressed reinforcement can be computed by the following formula 〔1〕

$$Wmax = \tau W = \tau \frac{\Psi fs}{\lambda Es} lcs \tag{6}$$

The following are the sequence of steps of analysis for lcs, fs, and τ.

4.2.1 The mean crack spacing lcs

The formula proposed by the Chinese Code can be written as

$$lcs = \left(\alpha Cs + \beta \frac{d}{pe} \right) \nu \ (mm) \tag{7}$$

where $\rho e = \lambda s/At$, in which At is effective concrete area in tension (See Fig. 9) 〔7〕.

A regressing analysis of the data resulting in the following expression for the mean crack spacing lcs

$$lcs = \left(3.414Cs + 0.102 \frac{d}{\rho e} \right) \nu \tag{8}$$

the correlation coefficient is 0.796. Fig. 10 gives the regression analysis plot of data for mean crack spacing lcs.

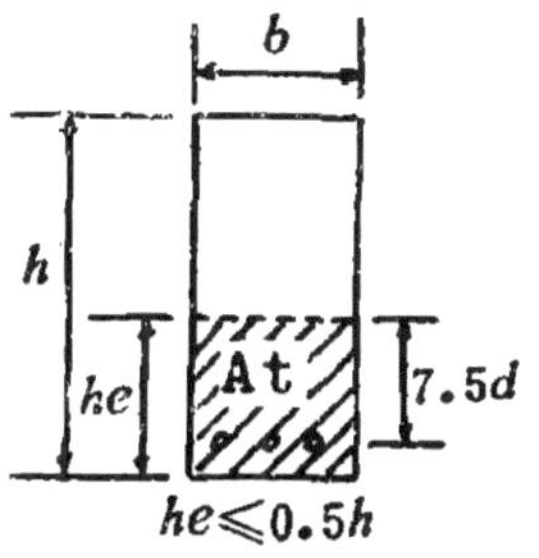

Fig. 9. Effective concrete area in tension

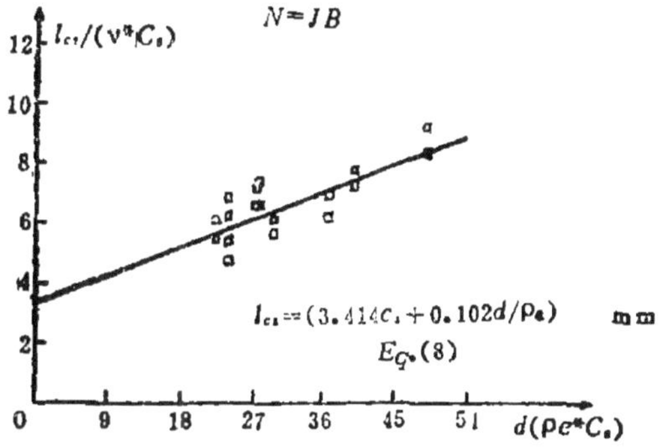

Fig. 10. Mean crack spacing of beams.

4.2.2 The stress in non-prestressed reinforcement at cracking section fs

Fig. 11 gives the strain and stress distribution of unbonded beam for service load. The stress in non-prestressed reinforcement fs is therefore

$$fs = \frac{M - Mp}{As\eta ho} = \frac{M - Apfps\eta ho}{As\eta ho} \tag{9}$$

Prior to calculating fs, it is necessary to calculate the stiess in necessary to calculate the stress in unbonded tendon fps. Fig. 12 gives a simplified M–Δfps curve.The slope of the second branch reflecting the performance of beams at service load may be written as.

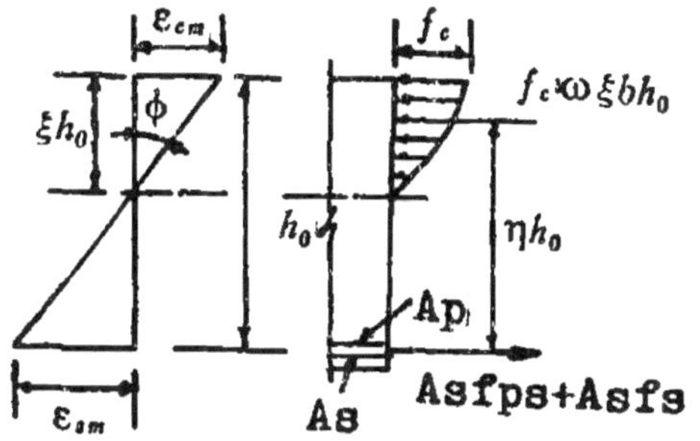

Fig. 11. Strain and stress distribution for service load.

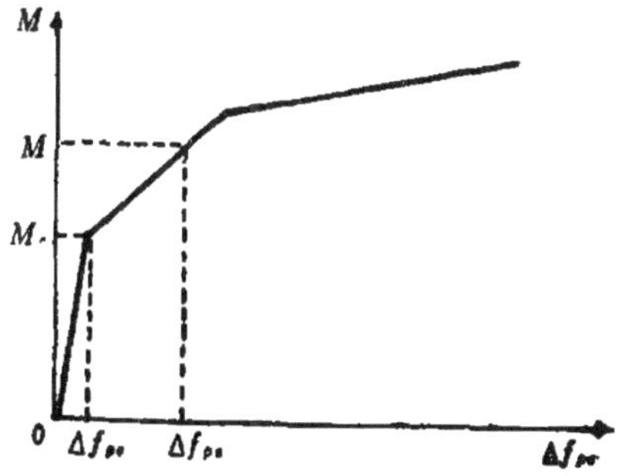

Fig. 12. Simplified M-Δfps curve.

$$K = \frac{M - Mcr}{\Delta fps - \Delta fpc} \tag{10}$$

Therefore

$$\Delta fps=(M\text{-}Mcr)/K+\Delta fpc \qquad (11)$$

The analysis of test data shows that the major factor influencing K is q_0 Fig. 13 gives the relationship between K and q_0 The regression equation may be written as

$$K=2050q_0+120 \quad (\text{cm}^3) \qquad (12)$$

The value of Δfpc varies from 1.4 to 2.4 with an average value of approximate 1.76 KN/cm². Assuming Δfpc=1.76 KN/cm² we then obtain

$$\Delta fps = (M\text{-}Mcr)/(2050q_0+120)+1.76 \qquad (KN/cm^2) \qquad (13)$$

Therefore

$$fps = fpe+(M\text{-}Mcr)/(2050q_0+120)+1.76 \qquad (KN/cm^2) \qquad (14)$$

The measured Δfps and fps have heen compared with the calculated Δfps and fps by Eqs. (13) and (14) in Table 4. Despite the variability expected in predicting Δfps, it can be seen that the use of Eq. (14) leads to a close estimate of fps. This is because Δfps is much smaller than fps.

4.2.3 The strain uneven factor of non-prestressed reinforcement ψ

For prestressed concrete flexural member, the mathematical model of ψ may be written as [1]

$$\psi=\lambda\left(1-\frac{Mc}{M-Mp}\right) \qquad (15)$$

The relationship between experimental value of ψ and Mc/(M-Mp) is shown in Fig. 14. A safe value of $\lambda=1.4$ is suggested in terms of experimental results. Therefore

$$\psi=1.4\left(1-\frac{M}{M-Mp}\right) \qquad (16)$$

meantime, ψ is not smaller than 0.4 and not larger than 1.0 [8, 9].

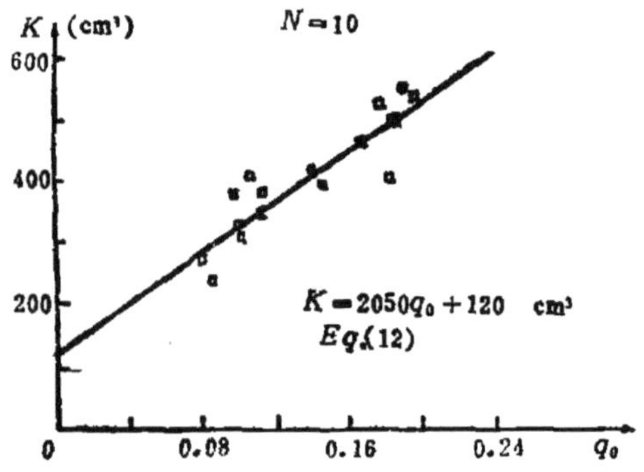

Fig. 13. Relationship between K and q0.

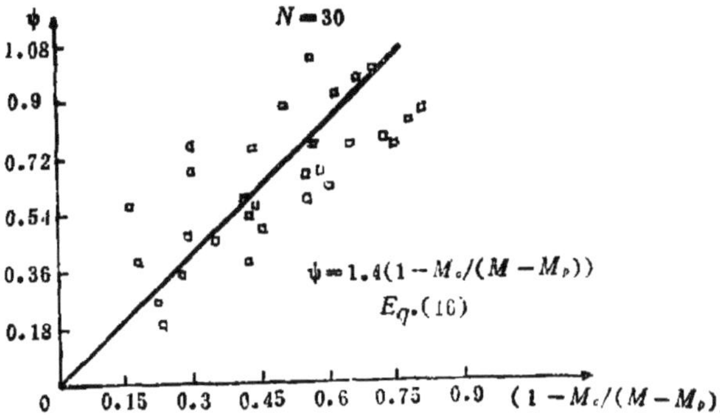

Fig. 14. Relationship between ψ and Mc/(M-Mp).

4.2.4 The mean crack width w

From the Eq. (6) we have

$$W=\psi\frac{fs}{Es}lcs \quad (mm) \tag{17}$$

The mean crack width at the lever of non-prestressed reinforcemean can be predicted by substitutng Eqs. (8), (9) and (16) into Eq. (17). The observed values and the computed values by Eq. (17) are given in Table 4. The mean value of w/w′ is 1.083 and the coefficient of variation is 0.183.

4.2.5 The crack width magnification factor τ

The values of τ are given in Table 4. The mean value of τ is 1.796 and the standard deviation is 0.444. Because the test data are insufficient, the suggested design value of τ must be further investigated.

4.3 Deflection

From Fig. 11 the curvature over the range of constant moment φ may be obtained as

$$\phi=\frac{M}{B}=\frac{\varepsilon_{sm}+\varepsilon_{cm}}{ho} \tag{18}$$

where εsm and εcm can be written as

$$\varepsilon sm=\psi\varepsilon s=\psi\frac{fs}{Ms}$$

$$=\psi\frac{M-Mp}{AsEs\eta ho} \tag{19}$$

$$\varepsilon cm=\psi c\frac{fc}{Ec'}=\frac{M}{\frac{\eta\omega\xi\nu c}{\psi c}bEcho^2}$$

$$=\frac{M}{\xi bEcho^2} \tag{20}$$

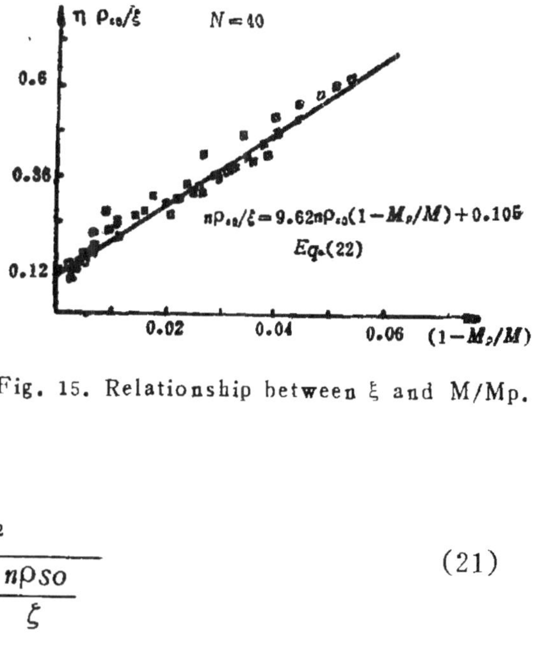

Fig. 15. Relationship between ξ and M/Mp.

Substituting Eqs. (19) and (20) into Eq. (18), the following expression for B is obtained

$$B=\frac{AsEsho^2}{\frac{\psi}{\eta}\left(1-\frac{Mp}{M}\right)+\frac{n\rho so}{\xi}} \tag{21}$$

For simplifying calculation, we may directly give the value of n ρso/ξ, which is related to moment. In terms of reference [9], a regression analysis of test data results in the following expression for n ρso/ξ

$$\frac{n\rho so}{\xi}=0.105+9.62n\,\rho so\left(1-\frac{Mp}{M}\right) \tag{22}$$

The correlation coefficient is 0.979. Fig. 15 gives the regression analysis plot of data for $n\,\rho so/\xi$. Substituting Eq. (22) and $\eta = 0.87$ into Eq. (21) we have

$$B = \frac{AsEsho^2}{(1.15\Psi + 9.62n\,\rho so)(1 - Mp/M) + 0.105} \qquad (23)$$

The values of deflection of 18 test beams calculated by Eq. (23) have been compared with the measured values in Table 4. The mean value of ratio δ/δ' is 0.999 and the coefficient of variation is 0.105.

Table 4 Deflection, crack spacing and crack width

Besm	M (KN-m)	N/Mu	fpe (MPa)	Δfps (MPa)	Δfps[1] (MPa)	fps (MPa)	fps[1] (MPa)	fps/fps[1]	δ (mm)	δ[1] (mm)
A1—1	38.2	0.71	1028	21	38	1049	1066	0.98	6.31	6.20
A1—2	35.3	0.70	859	42	41	901	900	1.00	8.06	6.99
A2—1	35.3	0.64	843	30	40	873	883	0.99	6.83	5.68
A2—2	41.2	0.72	985	24	49	1009	1034	0.98	6.79	6.59
B1—1	41.2	0.81	1027	39	46	1066	1073	0.99	7.89	5.89
B1—2	41.2	0.75	923	52	53	975	976	1.00	7.04	7.02
B2—1	41.2	0.77	922	42	52	964	974	0.99	7.27	5.68
B2—2	47.0	0.78	1020	40	62	1060	1082	0.98	7.74	6.84
B3—1	47.0	0.78	945	61	65	1006	1010	1.00	7.69	8.26
B3—2	47.0	0.78	954	53	65	1007	1019	0.99	9.24	8.07
C1—1	52.9	0.79	827	69	80	896	907	0.99	12.76	13.01
C1—2	47.0	0.65	889	52	62	941	951	0.99	9.23	8.42
C2—1	58.8	0.76	1044	82	74	1026	1118	1.01	12.92	11.99
C2—2	52.9	0.68	1045	51	64	1096	1109	0.99	9.68	9.36
D1—1	64.7	0.80	1036	74	85	1110	1121	0.99	12.88	13.21
D1—2	58.8	0.71	968	64	78	1032	1046	0.99	10.22	11.27
D2—1	52.9	0.64	952	44	61	996	1013	0.98	7.73	7.70
D2—2	52.9	0.61	813	56	67	869	880	0.99	10.04	9.52
average							0.99			
coefficient of variation							0.01			

[1]Computed value.

5. Conclussion

(1) The ultimate stress in unbonded tendons is mainly related to the ratio $f'c/\rho p$ and can be predicted by Eq. (5). The Eq. (5) and Mattock's formula [3] are identical in mathematical model. The latter may be a safer one in design.

(2) The presence of non-prestressed reinforcement in unbonded partially prestressed concrete beams has a significant effect on crack control, whereby cracks become more evenly distributed and their spacings and widths become smaller.

(3) The deformation behavior of the unbonded beams is improved by the presence of non-prestrssed reinforcement. No brittle failure occurs in this test.

(4) The methods based on the Chinese Code for evaluating the crack width and deflection of the unbonded beams are proposed in this paper. The calculat ed values agree well with the experimental results.

Table 4 continued

δ/δ'	lcs (mm)	lcs' (mm)	lcs/lcs'	Wmax (mm)	W (mm)	W' (mm)	W/W'	τ = Wmax/W'
1.02	183	169	1.09	0.20	0.08	0.082	0.98	2.44
1.15	166	169	0.98	0.16	0.09	0.112	0.80	1.43
1.20	138	144	0.96	0.15	0.08	0.076	1.05	1.97
1.03	123	144	0.86	0.13	0.10	0.088	1.14	1.48
1.34	143	149	0.96	0.20	0.10	0.076	1.31	2.36
1.00	154	149	1.03	0.17	0.11	0.103	1.07	1.65
1.28	111	129	0.86	0.18	0.11	0.067	1.64	2.69
1.13	121	129	0.94	0.14	0.10	0.085	1.17	1.65
0.93	106	117	0.91	0.16	0.11	0.109	1.01	1.47
1.14	93	117	0.80	0.15	0.13	0.106	1.23	1.42
0.98	91	87	1.05	0.23	0.14	0.153	0.91	1.50
1.10	99	87	1.14	0.15	0.09	0.086	1.05	1.74
1.08	95	82	1.16	0.16	0.11	0.120	0.92	1.33
1.03	86	82	1.05	0.12	0.09	0.088	1.03	1.36
0.98	91	88	1.04	0.28	0.12	0.141	0.85	1.99
0.91	102	88	1.16	0.16	0.11	0.116	0.95	1.38
1.00	76	80	0.96	0.13	0.08	0.061	1.31	2.13
1.06	84	80	1.06	0.17	0.09	0.082	1.09	2.07
1.08			1.00				1.08	1.80
0.11			0.11				0.18	0.25

References

[1] Design Code for Reinforced Concrete Structures (Draft), Beijing, China, 1985.

[2] Warwaruk, J. Sozen, M. A. Siess, C. P.; Strength and Behavior in Flexure of Prestressed Concrete Beams, Engineering Experimental Station Bull. No. 464, University of Illinois, 1962.

[3] Alan H. Mattock, Jan Yamazaki, and Basil T. Kattula, ; Comparative Study of Prestressed Concrete Beams, With and Without Bond, J. Am. Conc. Inst., 63(1971), 116-125.

[4] Pannell, F. N. and Tam, A.; The Ultimate Moment of Resistance of Unbonded Partially Prestressed Reinforced Concrete Beams, Magnzing of Concrete Research, 28(1976)97, 203—203

[5] Du Gongchen, and Tao Xuekang; Ultimate Stress in Unbonded Tendon of

Partially Prestressed Concrete Beams, Chinese Journal of Building Structures, 6(1985)6, 2—13

〔6〕 Nawy, E. G. and Chiang, J. Y.: Serviceability Behavior of Post-Tensioned Beams, PCI Journal, (1980), 74—95

〔7〕 Design Recommendations for Partially Prestressed Concrete Structures (Draft), Beijing, China, Nov. 1982

〔3〕 Nanjing Institute of Technology: The Calculation of Deflection and Crack of Reinforced Concrete Flexural Members, Research Reports of Reinforced Concrete Structures (in Chinese), 1(1977), 237—289

〔9〕 Nanjing Institute of Technology: The Experimental Study of Deflection and Crack of Prestressed Concrete Flexural Members at Service Load, Research Reports of Reinforced Concrete Structures (in Chinese), 2(1980), 152—183

无粘结部分预应力混凝土梁的极限强度裂缝和变形的试验研究

刘健行　张曙

（土木工程系）

【摘要】 本文通过对18根配有非预应力钢筋的无粘结部分预应力混凝土梁的试验，研究了非预应力钢筋对梁的工作性能的影响。根据对梁的极限强度和挠曲性能的分析研究，提出了无粘结束极限应力、梁的裂缝宽度和挠度的计算公式。计算结果与试验结果吻合良好。

本文于1986年12月23日收到

内燃机气缸内的瞬时换热系数

谢彦玮
（机 械 工 程 系）

【摘要】 在内燃机中，工质与气缸壁面之间瞬时换热系数的确定，是研究内燃机实际循环及其高温部件热负荷的重要基础。本文综合评述近七十年来国际上关于内燃机气缸内瞬时换热系数有代表性的研究成果，并提出作者自己的推荐意见。

1. 前 言

在内燃机中，工质与气缸壁面之间瞬时换热系数的确定，是研究内燃机的实际循环及其高温部件热负荷的重要基础。不解决这一问题，就难于对以上两个方向进行深入的探讨。

缸内工质与气缸壁面之间的换热，包括导热、对流、辐射三种方式。众所周知，气体的导热能力在物质三态中是最差的，其导热系数只在0.005～0.5千卡/米·小时·℃的范围之内[1]，与绝热材料甚为接近。根据统计数据，内燃机的比散热量一般为300～650千卡/马力小时[2]，因而导热这种方式所能传导的热量甚微。这样一来，对流换热与辐射换热就成了引人瞩目的课题。

本文综合评述近七十年来国际上关于内燃机气缸内瞬时换热系数有代表性的研究成果，并提出自己的推荐意见，供同行采用时考虑。

2. 对流换热

对流换热是气缸内工质与周围壁面换热的主要方式。既然如此，换热过程也就和缸内工质流动紧密相关，流动状态决定了换热强度[3]。当然，换热能力也还受到其他因素的影响。这些因素都是在本节中要涉及的。

牛顿—黎赫曼公式表述了对流换热量Q与其影响因素的关系：

$$Q=\alpha F\Delta T(\text{千卡/小时}) \qquad (1)$$

式中 α——对流换热系数，千卡/米^2·小时·℃；

F——换热面积，米^2；

本文于1987年3月18日收到

ΔT——工质与壁面间温度差，℃。

(1)式的形式固然简单，但是，实际上计算对流换热量并非易事，因为难题往往都集中到了对流换热系数α上面。

从瑞弗斯（W.Rehfus)首先提出计算对流换热系数α的公式迄今，已整整七十年。由于确定对流换热系数的难度较大，七十年来，国际上许多科学工作者，对此进行了大量的试验研究，提出了各种形式的计算式。所有计算式大体上可以分为两大类：第一类是经验公式或半经验公式；第二类是准则方程。[4]

2.1 计算对流换热系数的经验公式

经验公式一般应用于精度要求不高的场合。在这方面从事过研究工作的，可以瑞弗斯、努谢尔特（W.Nusselt）、勃利林格（H.Бриллинг）、爱依舍勃(G.Eichelberg)、佛劳姆（W.Pflaum）等人作为代表。

2.1.1 瑞弗斯公式

瑞弗斯于1916年发表了他在柴油机上试验研究成果，提出了如下计算式：

$$\alpha = 12.5p^{0.7}(1+\sqrt{w})\text{(千卡/米}^2\cdot\text{小时}\cdot℃) \tag{2}$$

式中　p——缸内压力，公斤/厘米²；

w——工质流速，取其等于活塞平均速度C_m，米/秒。

瑞弗斯公式没有考虑到工质温度的影响，更没有考虑像发动机缸径这样一类几何参数。

2.1.2 努谢尔特公式

努谢尔特在1923年提出了新的计算式。这个公式较之瑞弗斯公式前进了一步，计入了缸内工质温度的影响：

$$\alpha = 0.99(1+1.24w)\sqrt{p^2T_g}\text{(千卡/米}^2\cdot\text{小时}\cdot℃) \tag{3}$$

式中　T_g——工质温度，℃。

试验是在φ300、400、600毫米量热弹以及煤气机（50马力、160转/分）、柴油机（60马力）上进行的。这个公式发表之后，应用了相当长一段时间。

2.1.3 勃利林格公式

苏联勃利林格在1931年发表了对努谢尔特公式修正的结果，提出

$$\alpha = 0.99(2.45+0.185w)\sqrt{p^2T_g}\text{(千卡/米}^2\cdot\text{小时}\cdot℃) \tag{4}$$

试验机为压缩空气喷射式柴油机，40马力，缸径310毫米，冲程460毫米，转速200转/分。将(3)、(4)两式进行比较可以发现，勃利林格修正的只是系数。

六年之后，苏联李布诺维奇（Б.Либрович）和布雷斯哥夫（Н.Брызгов)发表他们的研究结果，认为(4)式中的系数2.45应为4.0，即：

$$\alpha = 0.99(4.0+0.185w)\sqrt[3]{p^2T_g}\text{（千卡/米}^2\cdot\text{小时}\cdot℃) \tag{5}$$

2.1.4 爱依舍勃公式

1939年爱依舍勃发表了从船用两冲程柴油机（缸径380毫米，冲程460毫米，转速为400转/分，平均有效压力7.76公斤/厘米²）获得的试验结果：

$$\alpha = 2.1\sqrt[3]{w}\sqrt{pT_g}\text{（千卡/米}^2\cdot\text{小时}\cdot℃) \tag{6}$$

对于已经指定的发动机，当其稳定运转时，（6）式中仅有p和T_g为变量，计算甚为简便；而且计算结果同某些发动机的实测数据也较接近，所以工程技术人员一般乐于采用，使得这个经验公式沿用至今，仍有生命力。

2.1.5 佛劳姆公式

随着柴油机向高增压、高强化方面发展，佛劳姆将爱依舍勃公式的应用，推广到了增压发动机。试验机为四冲程增压柴油机，缸径140毫米，冲程190毫米，转速为800转/分。他在1963年发表的研究结果提出：[5]

$$\alpha = f_1(p,T)\cdot f_2(w)\cdot f_3(p_l)\cdot f_4(D)(\text{千卡/米}^2\cdot\text{小时}\cdot{}^\circ\text{C}) \qquad (7)$$

式中　$f_1(p,T)=\sqrt{pT_g}$，与爱依舍勃公式完全一样；

$$f_2(w)=6.9-5.9\times 4.5^{-(0.098w)^{1.8}}$$

或是

$$f_2(w)=6.2-5.2\times 5.7^{-(0.1w)^2}+0.025w$$

而爱依舍勃关于w这部分为

$$f(w)=2.1w^{\frac{1}{3}}$$

显而易见，佛劳姆已认为活塞平均速度对换热量的影响应大于爱依舍勃的研究结果，因而以e函数来代替爱依舍勃提出的指数函数关系。

佛劳姆的另一进展是发现活塞顶、气缸盖底面与工质间的对流换热系数，要远大于气缸套壁面与工质间的对流换热系数。[6]

对于活塞顶和气缸盖底面

$$f_3(p_l)=2.3p_l^{0.25}$$

对于气缸套壁面

$$f_3(p_l)=0.8p_l^{0.67}$$

式中　p_l——进气管道压力；

前者数值超过后者一倍以上，而且由公式可知，随着增压的不断提高，热负荷问题愈加突出。

佛劳姆公式的最后一个特点是，开始考虑到发动机缸径大小对换热的影响，故有

$$f_4(D)=\left(\frac{D_0}{D}\right)^{\frac{1}{4}}$$

式中　D_0——气缸参考直径。

以上经验公式或半经验公式的不足之处，在于它们所给出的换热系数计算值，往往在整个循环内同实验结果相符或相近，而在个别状态却与实测数据有较大的出入。导致这种现象的原因为：

（1）经验公式中的温度T通常为正指数，而实际上工质的对流换热系数，是随温度升高而下降的；

（2）经验公式中用来表征气体运动速度的w，其指数的选用常不正确，对于受迫湍流，雷诺数的指数应变化于0.7～0.8之间；

（3）经验公式中对于气缸的几何尺寸（如直径D等），不是往往予以忽略，便是将其当作一个常量；然而，从传热理论的观点看，对流换热系数应是当量直径d_e的函数。

2.2 计算对流换热系数的准则方程

准则方程系以管内湍流流动换热相似为基础导出。在这方面从事瞬时换热系数研究工作的代表人物有艾尔塞(K.Elser)、安兰德(W.J.D.Annand)、沃希尼 (G.Woschni)、希特凯 (Gy.Sitkei) 等。此外，西德奔驰公司测量中心，也作了细致的试验研究。所有上述研究工作，都是从下列方程出发的：

$$N_u = cR_e^n P_r^m \left(\frac{d}{l}\right)^p \tag{8}$$

2.2.1 艾尔塞方程

1954年艾尔塞从低速柴油机试验研究中，提出了如下准则方程：

$$N_u = CR_e^{0.5}\Phi$$

具体形式为

$$N_u = 6.5\left(1 + 0.5\frac{\Delta S}{C_p}\right)P_e^{\frac{1}{2}} \tag{9}$$

试验机为船用两冲程柴油机（缸径380毫米，冲程460毫米，转速 200～400转/分，平均指示压力6公斤/厘米²），四冲程柴油机（缸径390毫米，冲程520 毫米，转速 200～300转/分，平均指示压力 9 公斤/厘米²）；

式中 ΔS——从压缩起点计算的增熵；

C_p——定压比热；

P_e——贝克利数。

日本小栗 (T.Oguri) 则于1960年从高速汽油机上，提出了类似艾尔塞方程的计算式

$$N_u = 1.75\left(1 + 0.5\frac{\Delta S}{C_p}\right)(R_e \cdot P_r)^{\frac{1}{2}}[2 + \cos(\varphi - 20°)] \tag{10}$$

式中 P_r——燃油的普朗特数。

2.2.2 安兰德方程

1962年安兰德发表了对两种柴油机试验数据整理研究的结果，试验机型与艾尔塞相同。

$$N_u = AR_e^n$$

具体形式为

$$\alpha = a\frac{\lambda}{D}R_e^{0.7}(\text{千卡/米}^2\cdot\text{小时}\cdot°\text{C}) \tag{11}$$

对于两冲程机　　$a = 0.76$

对于四冲程机　　$a = 0.26$

这里已经将工质的物性准则P_r看作常数。

2.2.3 沃希尼方程

西德沃希尼从1965年到1970年，多次发表过他以准则方程(8)式为基础的研究成果。先是

$$N_u = 0.045 R_e^{0.786} \tag{12}$$

$$\alpha = 390 \frac{(C_m \cdot P_e)^{0.786}}{D^{0.214} T_g^{0.525}} (千卡/米^2 \cdot 小时 \cdot ℃) \tag{13}$$

后为

$$N_u = 0.035 R_e^{0.8} \tag{14}$$

$$\alpha = 110 \frac{p^{0.8}}{D^{0.2} T_g^{0.53}} w^{0.8} (千卡/米^2 \cdot 小时 \cdot ℃) \tag{15}$$

扫气阶段　　　$w = 6.18 C_m$

压缩阶段　　　$w = 2.28 C_m$

燃烧及膨胀阶段

$$w = 2.28 C_m + 3.24 \times 10^{-3} \frac{V_h T_a}{p_a V_a} (p - p_0)$$

式中　C_m——活塞平均速度；

V_h——气缸工作容积；

p——工作循环瞬时压力；

p_0——拖动循环瞬时压力；

p_a，V_a，T_a——压缩起点的状态参数。

试验机为：直喷式燃烧室柴油机，缸径210毫米，冲程186毫米，转速 1700 转/分；另一直喷式燃烧室柴油机，缸径240毫米，冲程300毫米，转速900转/分。

沃希尼方程的特点是适应性广，工作循环的各个阶段都已加以考虑；并且还计入了由燃烧所产生的附加湍流影响，采用$2.28C_m$表示。

2.2.4 希特凯方程

匈牙利希特凯从1968年到1972年多次发表了他的研究成果。他的有代表性的准则方程，系从四冲程柴油机上获得的。该试验机缸径115毫米，冲程140毫米，转速1035转/分，方程形式为：

$$\alpha = 0.04(1+b) \frac{p^{0.7} w^{0.7}}{T_g^{0.2} d_e^{0.3}} (千卡/米^2 \cdot 小时 \cdot ℃) \tag{16}$$

式中　b——由于燃烧附加湍流而使换热系数增大的因子；

开式烧燃室　　　$b = 0 \sim 0.3$；

半开式燃烧室　　$b = 0.05 \sim 0.1$；

涡流室式燃烧室　$b = 0.15 \sim 0.25$；

预燃室式燃烧室　$b = 0.25 \sim 0.35$；

d_e——当量直径

$$d_e = \frac{4V}{F} = \frac{2Dh}{D+h}$$

D为气缸直径；

h为活塞上空高度。

与经验公式相比，希特凯方程的特点在于：

（1）表明了换热系数α随工质温度T_g上升而减小的关系；

（2）选择了受迫湍流雷诺数的指数为0.7；

以上两点和沃希尼方程几乎完全一致；

（3）引入了发动机气缸的几何参数—当量直径d_e，而$d_e=f(h)$。

在这点上，希特凯的处理方法较沃希尼胜过一筹。沃希尼只将气缸直径D作为影响换热系数重要因素之一，列入准则方程。

由于希特凯的周密考虑，使得他所提出的方程避免了经验公式存在的缺点，其α的计算值，不但在整个循环内与实验结果相符；而且在个别点上，也更接近实测数据。

2.2.5 奔驰方程

西德奔驰公司测量中心于1980年发表了运用多种先进的测试方法，对发动机缸内换热广泛进行试验研究的结果，提出了计算α的新方程[7]：

$$\alpha=C_1\frac{p^{0.8}}{V^{0.06}T_g^{0.4}}(C_m+C_2)^{0.8}(\text{瓦}/\text{米}^2{}^\circ\text{k}) \tag{17}$$

式中　C_1——常数，

数值＝130；

C_2——常数，

数值＝1.4；

试验机为不同结构型式和参数的直喷式柴油机，为保证测量结果的准确性，对每种柴油机都要取6台发动机，甚至多到10台发动机的测量结果。（17）式适用于包括换气阶段在内的各种工况，其计算值与实测值非常相符，各种工况下都有较高的精度，与沃希尼方程的计算结果较为接近。

3. 辐射换热

气缸内的辐射换热量，努谢尔特和沃希尼先后都曾认为，不会超过工质传给缸壁总热量的10%。实测结果表明：在一般非增压内燃机中，辐射换热量仅占总换热量的4～8%。

近一二十年来，希特凯、小粟、艾纳巴(Inaba)等人对现代增压柴油机进行的试验研究证明：在增压时，辐射换热量所占的比重不能忽视。图1所示是总换热量和各部分换热分量随发动机负荷而变化的情况。由图可知：

（1）气体辐射换热量之值甚小，随负荷的变化也不大，在近似计算时可以忽略不计；

（2）火焰辐射换热量在怠速和低负荷下不到10%，在全负荷下可以高达20%以上；

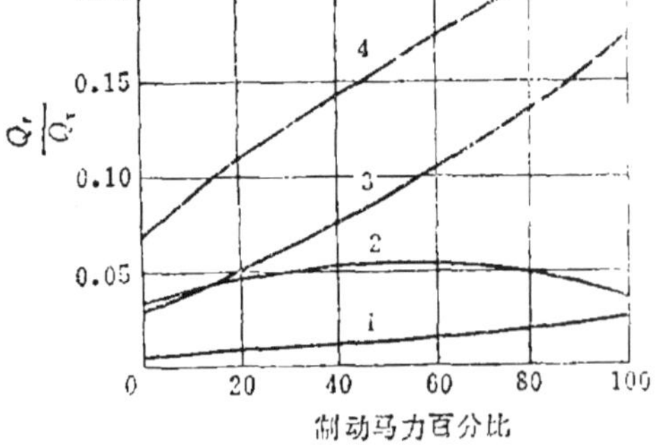

图1　热流状况随负荷的变化
1—气体辐射　2—预燃室火焰辐射
3—主燃烧室火焰辐射　4—总辐射量

因而，高负荷时不能忽视辐射换热。

对于气体辐射的当量换热系数，可从希特凯下式计算：

$$\alpha_g=\varepsilon_g C_0\frac{\left(\frac{T_g}{100}\right)^4-\left(\frac{T_w}{100}\right)^4}{T_g-T_w}\text{（千卡/米}^2\cdot\text{小时}\cdot{}^\circ\text{C）}\tag{18}$$

式中 ε_g——气体黑度；

C_0——黑体辐射系数，等于4.9千卡/米²·小时·°C^4。

对于火焰辐射的当量换热系数，希特凯亦提出计算式

$$\alpha_f=\varepsilon_f C_0\frac{\left(\frac{T_f}{100}\right)^4-\left(\frac{T_w}{100}\right)^4}{T_f-T_w}\text{（千卡/米}^2\cdot\text{小时}\cdot{}^\circ\text{C）}\tag{19}$$

式中 ε_f——火焰黑度；

T_f——火焰温度。

4. 缸内换热的综合计算公式

随着内燃机缸内换热研究的进展，对于现代发动机，特别是增压柴油机，已有必要将对流换热和辐射换热综合考虑。

4.1 由经验公式或半经验公式获得的综合计算式

4.1.1 瑞弗斯综合计算式

瑞弗斯最先提出柴油机缸内换热的综合计算式：

$$\alpha=12.5p^{0.7}(1+\sqrt{w})+1.2\frac{\left(\frac{T_g}{100}\right)^4-\left(\frac{T_w}{100}\right)^4}{T_g-T_w}\text{（千卡/米}^2\cdot\text{小时}\cdot{}^\circ\text{C）}\tag{20}$$

4.1.2 努谢尔特综合计算式

努谢尔特综合计算式，在常系数和某些物理量的指数方面，与瑞弗斯稍有不同：

$$\alpha=0.99\sqrt[3]{p^2T_g}(1+1.24w)+0.362\frac{\left(\frac{T_g}{100}\right)^4-\left(\frac{T_w}{100}\right)^4}{T_g-T_w}\text{（千卡/米}^2\cdot\text{小时}\cdot{}^\circ\text{C）}\tag{21}$$

4.2 由准则方程获得的综合计算式

4.2.1 安兰德综合计算式

安兰德提出的综合计算式为：

$$\alpha=a\frac{\lambda}{D}R_e^{0.7}+b\frac{\left(\frac{T_g}{100}\right)^4-\left(\frac{T_w}{100}\right)^4}{T_g-T_w}\text{（千卡/米}^2\cdot\text{小时}\cdot{}^\circ\text{C）}\tag{22}$$

式中　b——常系数，

对于汽油机　$b=0.362$；

对于柴油机　$b=2.8$。

(22)式中柴油机的 b 值为汽油机的 7.5 倍以上，表明安兰德所处时代，已经认识到辐射换热在柴油机中所应占有的地位。

4.2.2 希特凯综合计算式

希特凯所提出的综合计算式，包括对流、火焰辐射两项：

$$\alpha=0.04(1+b)\frac{p^{0.7}w^{0.7}}{T_g{}^{0.2}d_e{}^{0.3}}$$

$$+\varepsilon_f C_0\frac{\left(\frac{T_f}{100}\right)^4-\left(\frac{T_w}{100}\right)^4}{T_f-T_w}(\text{千卡/米}^2\cdot\text{小时}\cdot℃) \tag{23}$$

如果需要更为精确的计算，计入气体辐射换热，在(23)式中可再增加第三项：

$$\varepsilon_g C_0\frac{\left(\frac{T_g}{100}\right)^4-\left(\frac{T_w}{100}\right)^4}{T_g-T_w}$$

5. 结　论

(1) 内燃机气缸内换热系数的计算，从运用经验公式或半经验公式，到运用准则方程，是一种发展和前进。准则方程能更为恰当地反映缸内换热情况以及与主要影响因素的关系[8,9]。

(2) 以管内受迫湍流流动换热的准则方程为基础，并采用一些现代测试方法如燃烧室压力实测法、燃烧室表面温度法、热流探针法等，对于待求的各物理量，可以获得较高的精度。

(3) 匈牙利Gy.希特凯、西德W.沃希尼以及奔驰公司测量中心所提出的准则方程，对于各有关物理量对换热能力的影响，考虑较为周密，比较接近实际，建议优先采用。

(4) 实际上气缸内的流动换热过程，并非稳定流动过程，而是一种周期性往复流动。由于流动的往复交变和湍流边界层的存在，有可能使得缸内换热系数的实际值，要小于其计算值。在这方面，尚待今后的试验研究证实；并且设法使换热系数的计算，获得更高的精度。

参 考 文 献

〔1〕B.V.卡里卡，R.M.戴斯蒙德：《工程传热学》，人民教育出版社，1981

〔2〕史绍熙等：《柴油机设计手册》，中国农业机械出版社，1984

〔3〕Gy. Sitkei: Heat Transfer and Thermal Loading in Internal Combustion Engines, Akadémiai Kiadó, Budapest, 1974

〔4〕谢彦玮，罗果安，李梅林：《发动机的传热和热负荷》，湖南大学，1987

〔5〕西安交通大学内燃机教研室：《内燃机原理》，中国农业机械出版社，1981

〔6〕Костин, А.К. Ларионов, В.В. Михайлов, Л.И: Теплонапряженность Двигателей Внутреннего Сгорания, Ленинград, 1979
〔7〕Gunter Hohenberg: 柴油机传热计算，《车用发动机》(1982) 1, 21—27
〔8〕Willumeit, H.P. und Steinburg, P.: Motortechnische Zeitschrift, 47(1986), 9—12
〔9〕Boulouchos, K. und Hannoschöck, N.: Motortechnische Zeitschrift, 47 (1986), 337—344

The Transient Heat Transfer Coefficient in the Hollow Cylinder of Internal Combustion Engines

Xie Yanwei

(Department of Mechanical Engineering)

Abstract

The determination of the transient heat transfer coefficient between working substance and the surface of cylinder in internal combustion engines is an important foundation for studying the practical cycle of the engines and the thermal loadings of their high-temperature parts. In this paper, the developments within recent seventy years in the world in the understanding of the transient heat transfer coefficient are reviewed and the opinions of the author on this problem are presented.

液控蝶阀流阻系数的研究

向华球，李纪臣，彭剑辉
（土木工程系）

【摘要】本文根据水锤机理和液控蝶阀的功能，提出了如何为流阻系数和蝶板型式寻优的基本原则，并据以设计出具有很大经济效益的两种蝶板型式。进而运用相似原理，进行了相应的流阻试验，计算并绘出了完整的流阻系数曲线，为指导设计、研制和正确安装使用这种先进阀门，提供了必要的依据。其流阻系数值逐步接近于世界先进水平。

1. 前　　言

液控蝶阀是由阀体、蝶板、阀轴、连接头、重锤、控制阀、油箱、电器箱、高压软管和摆动油缸等十个主要部件所组成（序号见图1）。开泵时，由液压系统和流量控制

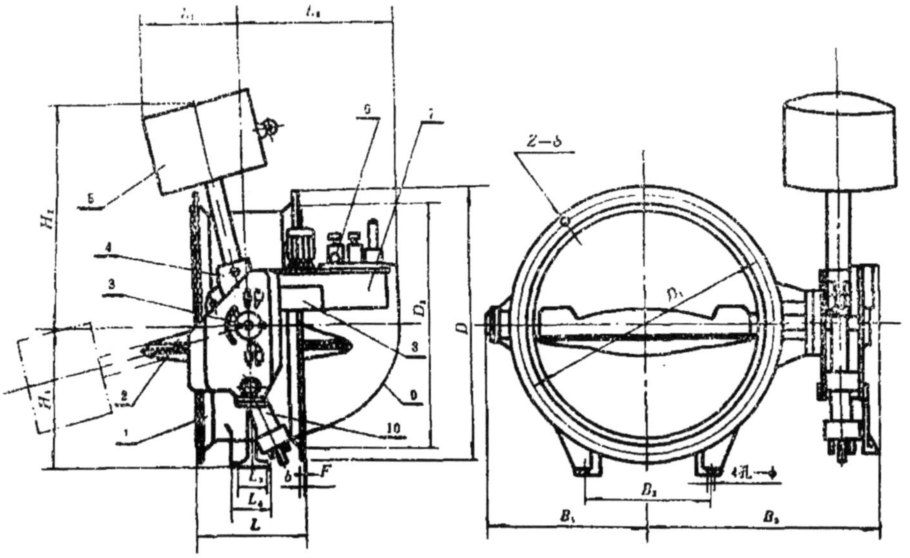

图　1

本文于1986年5月5日收到。

阀使蝶板按预定速度和角度开启；停泵时，由重锤、液压系统及节流阀，使蝶板按预定速度和角度，实现先快关、后慢关的两阶段关闭。将这种阀门替代水泵后面的传统止回阀和闸阀（以下简称二阀联用装置），既能有效地消除水锤危害，又能大量节约用电，提高自动化水平，降低工程造价，并便于维修管理。因而它是具有很大经济效益的多功能阀门，有力地推动着泵站闸阀设施的更新换代。

很显然，消除水锤危害和节约用电是液控蝶阀的最基本优点。其流阻系数的大小，不仅直接影响泵站的经常性节电效益，而且与泵站水锤计算、最佳关阀程序的选取及该阀门（特别是蝶板结构）的设计、研制和正确安装使用，有密切的关联性。因此，流阻系数的研究，对提高阀门质量，具有较大的理论意义和实践意义。

2. 流阻系数与蝶板型式寻优

有压管流瞬变状态的水锤基本方程，是由运动方程和连续性方程所组成的准线性双曲型偏微分方程组

$$\frac{\partial H}{\partial x}+\frac{1}{g}\left(\frac{\partial V}{\partial t}+V\frac{\partial V}{\partial x}\right)+\frac{f}{D}\ \frac{V\ |V|}{2g}=0 \qquad (2—1)$$

$$\frac{\partial H}{\partial t}+\frac{a^2}{g}\ \frac{\partial V}{\partial x}+V\left(\frac{\partial H}{\partial x}+\sin\alpha\right)=0 \qquad (2—2)$$

式中 x 为沿正常流动方向的管路距离，t 为瞬态历时，H 为测管水头，V 为流速，a 为水锤波传播速度，D、α 和 f 分别为管路直径、下倾角度和摩阻系数。

水泵出口安装了液控蝶阀，此边界条件是泵与阀瞬态特性的组合。对于停泵过程，泵的瞬态特性，取决于水泵惯性方程及非正常工况的全特性曲线。阀的瞬态特性可由无量纲开度系数 τ 来描述；设 A、Q、h_j、s 和 μ 分别表示过水断面面积、流量、水头损失、流阻系数和流量系数，则

$$h_j=s\ \frac{Q^2}{2gA^2} \qquad (2—3)$$

$$\mu=\frac{1}{\sqrt{s}} \qquad (2—4)$$

$$\tau=\frac{\mu A}{(\mu A)_0} \qquad (2—5)$$

$$Q=\frac{Q_0}{\sqrt{h_{j0}}}\sqrt{2gh_j} \qquad (2—6)$$

式中，下标“0”表示初始状态参数。以上各式，描述了液控蝶阀的水力特性及诸参数之间的相互关系。

(2—1)和(2—2)方程组的解法，一般是采用特征线和有限差分法，结合上述泵、阀边界条件，求其数值积分。

作为两阶段关闭的液控蝶阀，其快关角度和快关时间及慢关角度和慢关时间，可有无穷多个组合；必须结合泵站管路、阀门及水泵机组性能资料，进行水锤计算分析，选

定最佳关阀程序；然后据以整定油缸上的节流阀，才能达到消除水锤危害的目的。电算实践表明，当管泵条件不变，而蝶板型式不同，其最佳关阀程序是不同的，且关阀过程的调节也有难易之分。

液控蝶阀的开、关动作，涉及一系列的力：重锤重量，蝶板自重，以及轴承、轴封、油缸、密封面的摩擦力。这些力的作用，是相互关联、相互制约的，随着阀轴位置的不同，将形成不同的开阀力矩和关阀力矩；其中动水压力力矩是最活跃的因素，如调度适当，可大大减轻重锤重量和油泵功率。

蝶板型式的设计，单从节约用电的角度来看，当然是流阻系数越小越好；然而，从消除水锤危害的根本性目的着想，还应综合考虑上述种种因素。因此，流阻系数和蝶板型式寻优的原则：一是要有利于合理运用动水压力力矩；二要有利于最佳关阀程序的选取；三是在材质机械强度许可的条件下，力求在蝶板全开时，过水断面面积大，流线型好，流阻系数小。基于这些考虑，液控蝶阀的蝶板型式一般不同于几何对称的普通蝶阀，而可为通轴或断轴，单弧面或双弧面，单偏心或双偏心。通过多年的理论探索和实验研究，我们认为较理想的蝶板结构应为：断轴，双弧面，双偏心。由此而研制的KD741X－10型DN700mm液控蝶阀（以下简称A型阀）就属于这一类型的阀门(图2)；而图3所示的HD741X—10型DN600mm液控蝶阀（简称B型阀），则在此基础上，作了进一步的改进，蝶板中部更薄，流线型更好。我们对此两种阀门都进行了相应的流阻试验研究。

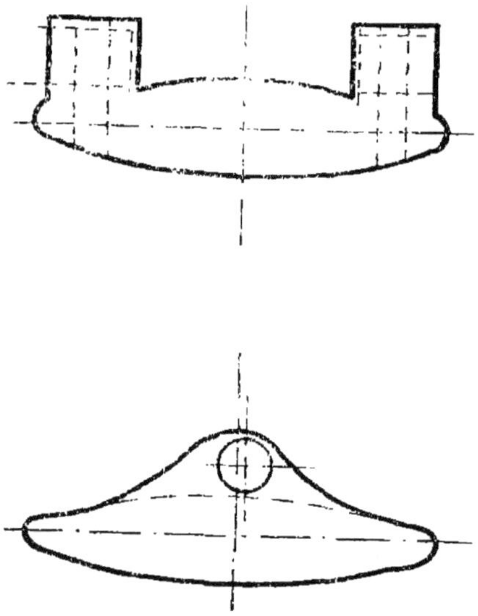

图 2

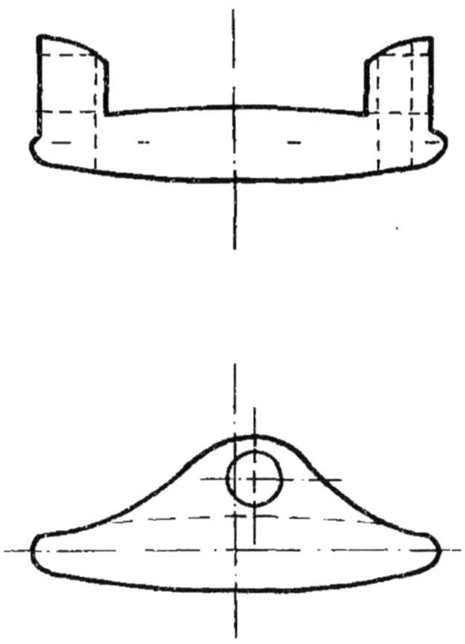

图 3

3. 流阻系数的测试方案和计算公式

如图4所示，长直管道均匀流的平行直线流线族，在蝶板的顶托作用下，将发生非对称的变形，过水断面由大到小，又由小到大；并由于边界层的分离，在其下游侧面形成一定规模的旋涡区。经过一段流程以后，才能逐渐恢复为均匀流。蝶板前后的这个非均匀流段，即为蝶板的水流阻力影响范围。在此范围内，一是过水断面流速分布的不断改组，二是有旋涡区存在，此二者是蝶板所导致的水流结构特征，也是形成局部水头损失的主要原因。对此影响范围上下游两端过水断面写 Bernoulli 方程

$$Z_1+\frac{p_1}{\gamma}+\frac{\alpha_1 v_1^2}{2g}=Z_2+\frac{p_2}{\gamma}+\frac{\alpha_2 v_2^2}{2g}+h_w \tag{3—1}$$

按水头损失叠加原理，式中 h_w 是蝶板局部水头损失 h_j 和沿程水头损失 h_f 之和，即

$$h_w=h_j+h_f \tag{3—2}$$

这就是说，由图 4 所示的装置测得 h_w 后，拆掉蝶板（图 5），测出同一管段长度和同一雷诺数条件下的相应的 h_f，即可按式（3—2）求得蝶板的局部水头损失 h_j。

在公式（2—3）中，令 $A=\frac{\pi}{4}d^2$ 及 $h_j=h_w-h_f$，有

$$s=12.1d^4\frac{h_w-h_f}{Q^2} \tag{3—3}$$

这就是蝶板局部阻力系数（本文称流阻系数）的计算公式，可据以测算 s 值。一般说，此 s 值与蝶板几何型式、开启角及水流雷诺数有关；但由于蝶板对水流的强烈扰动，在雷诺数较小的情况下，s 值即达到阻力平方区的常数值。流阻试验的主要任务是分别测定各开启角在阻力平方区的 s 值，从而求得流阻系数与开启角的关系曲线。

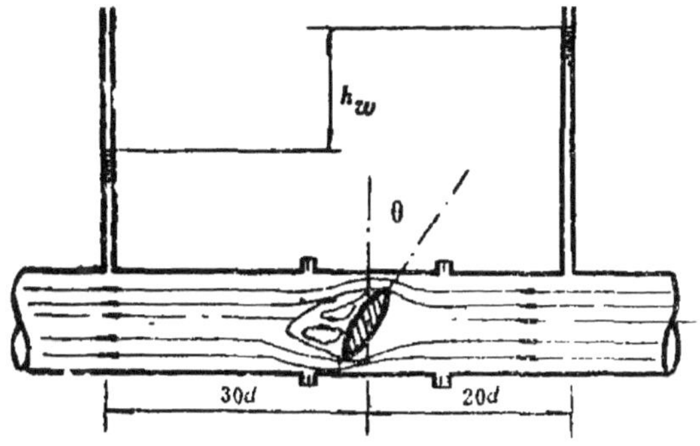

图 4

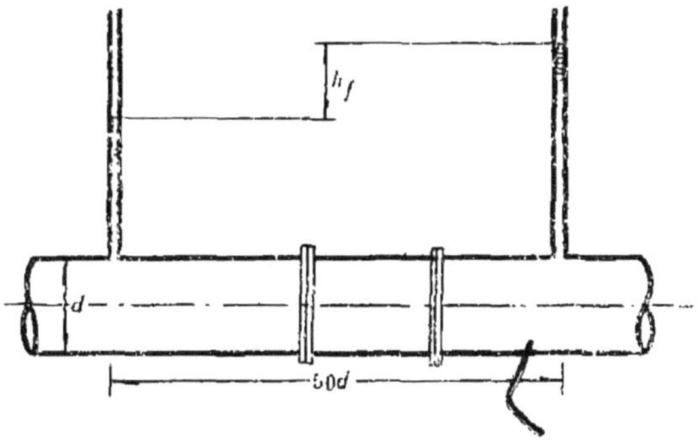

图 5

4. 测试设备的规划设计

4.1 模型比例 A 型阀和 B 型阀的直径分别为 700 和 600mm，为了使水流的雷诺数能进入阻力平方区，根据实验室的具体条件，选定模型试验的线性比例尺为 700:150 及 600:150，按几何相似，分别制作如图 2 和图 3 所示的模型阀，并布设 DN150mm 的试验管路系统。

4.2 试验装置系统的总体布置 试验管道的首端接于实验室的水塔（图 6），尾端接堰式流量计，管道出口部分作成 S 形管段，以避免在小流量时出现明流现象。试验段的上游端有流量调节阀，下游端有排气阀。此二阀及模型阀的局部阻力影响范围，均采

用上溯 $20d$ 和下延 $30d$ 的管长作为试验段的观测长度。在模型阀的侧面为测压板。

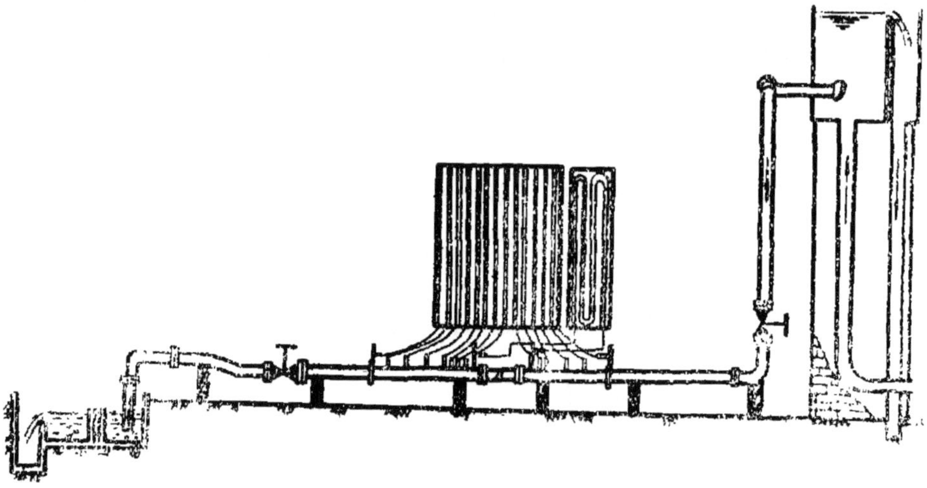

图 6

4.3 **压强测量装置** 为了观测 $50d$ 试验段长度上的压差和压强变化规律，共布设了 15 个测压点。考虑到动水压强的特性和测孔的加工工艺，特将第 1 、6 、7 、15等测压点处，分别作成测压环，然后运用均匀流水力坡度的线性规律，以检验和确保这四个关键性测压点的量测精度。

流阻系数计算公式（3—3）中的 h_w 和 h_f，等于蝶板局部阻力影响范围两端过水断面间的压强差（以水柱计）。为了测量不同大小的压强差，并进行相互监测，分别在测压板上安装了水比压计、四氯化碳比压计、三溴甲莞比压计及水银比压计。这些比压计中的工作液体的重度，用“U形管法”进行测定。这样的压强测量装置，其相对误差约为 1 %。

4.4 **流量测量装置** 流量是公式（3—3）中的重要参数。这里采用堰式流量计进行流量测量。这种流量计目前已实现标准化，它具有结构简单、影响因素少、造价低廉和精度较高等优点。各种典型堰口，都有其一定的测量精度和流量范围。根据本实验装置的具体条件和流量范围，设计了三角堰与矩形堰相通用的堰槽。当流量小于 $40l/s$，使用三角堰；当流量大于 $40l/s$，则使用矩形堰。参照日本工业标准（即JIS 标准），选定堰槽尺寸如图 7 所示，即

$$B=0.90\text{m},\quad L_1=1.71\text{m},\quad L_2=1.44\text{m}$$

$$L_s=0.54\text{m},\quad l=0.65\text{m},\quad p=0.75\text{m}$$

在 L_s 的堰槽长度内，设置四块整流板，以促使行近堰板的水流流速分布均匀而平稳。

直角三角堰（图 8 ）的堰板尺寸为

$$B=0.90\text{m},\quad h=0.26\text{m},\quad D=0.30\text{m}$$

其流量公式（按沼知・黑川・渊泽公式）为

$$Q=ch^{2.5} \tag{4—1}$$

式中Q为流量，以 m³/s 计；h 为堰上水头，以m计；c 为流量系数，按下列公式确定

$$c=1.354+\frac{0.004}{h}+\left(0.14+\frac{0.2}{\sqrt{D}}\right)\left(\frac{h}{B}-0.09\right)^2 \qquad (4—2)$$

矩形堰（图 9 ）的堰板尺寸为

$$B=0.90\text{m}, \quad h=0.27\text{m}, \quad D=0.352\text{m}, \quad b=0.36\text{m}$$

其流量公式（按板谷·手岛公式）为

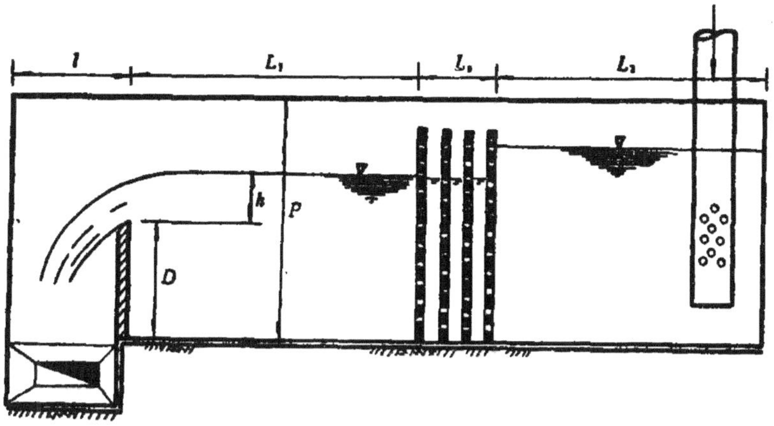

图 7

$$Q=cbh^{1.5} \qquad (4—3)$$

式中Q为流量，以 m³/s 计；h 为堰上水头，以m计；b 为堰口宽度，以m计；c 为流量系数，按下列公式确定

$$c=1.785+\frac{0.00295}{h}+0.237\frac{h}{D}-0.428\sqrt{\frac{(B-b)h}{BD}}+0.034\sqrt{\frac{B}{D}} \qquad (4—4)$$

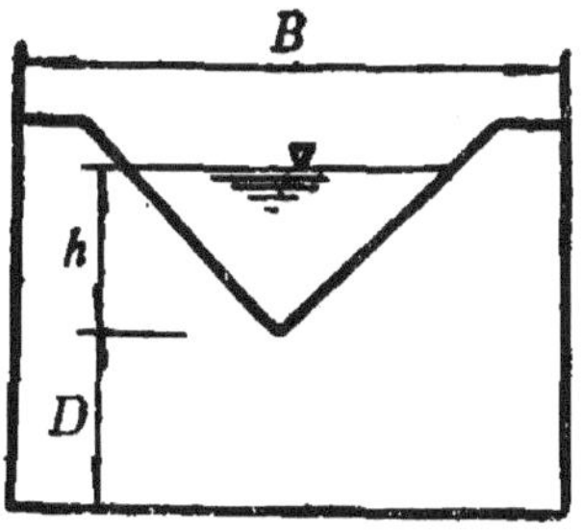

图 8

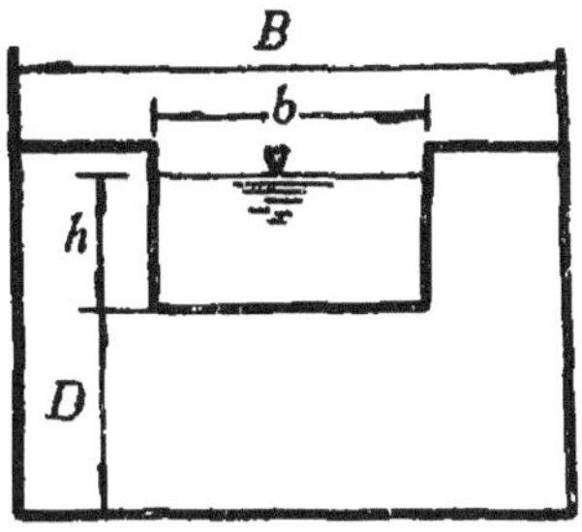

图 9

有关文献指出，上述两种堰的流量检算综合误差在±1.4%以内。

5. 流阻系数的测定

液控蝶阀流阻系数的测定步骤：首先是按图 5 所示的装置，测量若干个测点的 h_f 和 R_e，绘制 $h_f\sim R_e$ 曲线，以便在按式（3—3）计算 s 值时，据以从 h_w 中扣除相应 R_e 的

h_f。

其次，装上模型阀（图4），将蝶板调到某一开启角 θ，测量若干个测点的 h_w 和 R_e，按式（3—3）计算相应的 s 值，并绘制 $s \sim R_e$ 曲线。A型阀的开启角 θ 依次取90°、80°、70°、60°、50°、40°、30°、20°；B型阀的开启角 θ 依次取90°、80°、70°、60°、50°、40°、30°、25°、20°、15°。由于篇幅有限，这里只列出蝶板全开时的测试资料（A型阀见表1，B型阀见表2），其它开启角的资料从略。

表1　　　　$\theta=90°$　　$T=25℃$

NO	H (cm)	Q (l/s)	U (m/s)	R_e 10^5	h_w (cm)	h_f (cm)	h_j (cm)	s
1	8.500	15.776	0.89	1.50	5.57	9.3	1.1	0.29
2	11.440	24.420	1.38	2.32	12.43	9.1	3.2	0.33
3	13.100	29.833	1.68	2.84	18.30	13.4	4.8	0.33
4	14.540	34.818	1.97	3.32	24.92	18.4	6.4	0.32
5	15.840	39.540	2.23	3.77	32.37	23.8	8.5	0.33
6	16.880	43.464	2.45	4.14	39.17	28.7	10.3	0.33
7	17.540	46.021	2.60	4.38	43.86	32.4	11.4	0.33
8	18.250	48.828	2.76	4.65	49.55	36.7	12.8	0.32
9	19.020	51.937	2.93	4.95	56.00	41.7	14.2	0.32
10	19.700	54.738	3.09	5.22	62.28	46.9	15.3	0.31
11	20.210	56.873	3.21	5.42	67.20	50.6	16.5	0.31
12	20.780	59.293	3.35	5.65	73.65	55.0	18.5	0.32
13	21.250	61.316	3.46	5.84	78.81	59.2	19.5	0.31
14	21.770	63.581	3.59	6.06	84.65	63.6	20.9	0.31
15	22.330	66.054	3.73	6.29	91.13	68.7	22.3	0.31
16	22.820	68.245	3.86	6.50	97.05	73.7	23.2	0.30
17	23.310	70.462	3.98	6.72	103.56	79.0	24.4	0.30
18	23.670	72.100	4.08	6.87	108.78	82.8	25.9	0.30
19	23.910	73.212	4.14	6.98	110.50	85.3	25.1	0.28
20	24.800	77.360	4.37	7.37	122.00	94.8	27.1	0.27
21	8.320	15.288	0.86	1.45	5.86	4.1	1.6	0.43
22	11.310	24.012	1.35	2.29	12.90	8.8	4.0	0.42
23	12.450	27.661	1.56	2.63	17.12	11.6	5.4	0.43
24	14.120	33.337	1.88	3.17	24.16	16.9	7.2	0.39
25	15.440	38.065	2.15	3.63	31.61	22.0	9.5	0.40
26	16.230	40.997	2.31	3.91	36.24	25.6	10.6	0.38
27	17.150	44.504	2.51	4.24	42.05	30.3	11.7	0.36
28	17.990	47.793	2.70	4.55	48.14	34.9	13.1	0.35
29	18.780	50.960	2.88	4.86	54.30	40.2	14.0	0.33
30	19.630	54.447	3.08	5.19	62.04	46.1	15.8	0.32
31	20.210	56.873	3.21	5.42	66.85	50.6	16.1	0.30
32	20.810	59.421	3.36	5.66	73.95	55.3	18.6	0.32
33	21.320	61.619	3.48	5.87	80.16	59.4	20.6	0.33
34	21.890	64.108	3.62	6.11	86.38	64.7	21.6	0.32
35	22.760	67.976	3.84	6.48	96.99	73.2	23.7	0.31
36	23.660	72.062	4.07	6.87	108.37	82.7	25.6	0.30
37	24.490	75.906	4.29	7.23	115.40	91.7	23.6	0.25
38	24.900	77.831	4.40	7.42	121.50	95.9	25.5	0.25

再其次，分析各条 $s \sim R_e$ 曲线的变化规律，合理确定各开启角在阻力平方区的流阻系数常数值；然后据以绘制 $s \sim \theta$ 曲线（图10）。这便是这两种型号液控蝶阀的水力特性的集中体现。

表 2　　　　　　　　$\theta=90°$　　$T=23℃$

NO	H (cm)	Q (l/s)	U (m/s)	R_e 10^5	h_w (cm)	h_f (cm)	h_j (cm)	s
1	23.96	73.443	4.15	6.56	106.4	84.5	21.8	0.24
2	23.16	69.781	3.94	6.23	98.8	76.2	22.5	0.28
3	22.36	66.187	3.74	5.91	87.1	68.6	18.4	0.25
4	21.73	63.406	3.58	5.66	80.5	62.9	17.5	0.26
5	20.85	59.593	3.37	5.32	72.1	55.6	16.5	0.28
6	19.85	55.363	3.13	4.94	62.7	48.0	14.7	0.29
7	19.06	52.100	2.94	4.65	54.9	42.5	12.4	0.28
8	17.91	47.476	2.68	4.24	46.8	35.3	11.5	0.31
9	16.57	42.281	2.39	3.77	37.0	28.0	9.0	0.30
10	15.00	36.466	2.06	3.25	27.5	20.8	6.7	0.31
11	14.11	33.302	1.88	2.97	23.2	17.3	5.8	0.32
12	12.05	26.367	1.49	2.35	14.9	10.8	4.0	0.35
13	10.79	22.403	1.26	2.00	10.7	7.8	2.9	0.35
14	8.57	15.967	0.90	1.42	6.0	4.2	1.7	0.42
15	7.77	13.831	0.78	1.23	4.7	3.3	1.3	0.44
16	11.19	23.638	1.33	2.11	11.9	8.7	8.1	0.34
17	13.39	30.816	1.74	2.75	19.8	14.8	4.9	0.32
18	14.85	35.926	2.03	3.20	26.4	20.2	6.2	0.29
19	16.61	42.433	2.40	3.79	37.4	28.2	9.2	0.31
20	17.65	46.452	2.62	4.15	44.2	33.8	10.4	0.29
21	18.99	51.814	2.93	4.62	55.5	42.0	13.5	0.30
22	20.06	56.242	3.18	5.02	64.0	49.5	14.5	0.28
23	20.89	59.764	3.38	5.33	73.5	55.9	17.5	0.30
24	21.76	63.537	3.59	5.67	82.2	63.2	18.9	0.28
25	22.65	67.482	3.81	6.02	92.6	71.3	21.2	0.28
26	23.22	70.053	3.96	6.25	100.1	76.8	23.2	0.29
27	23.75	72.475	4.10	6.47	106.5	82.3	24.2	0.28
28	24.11	74.137	4.19	6.62	112.4	86.1	26.3	0.29

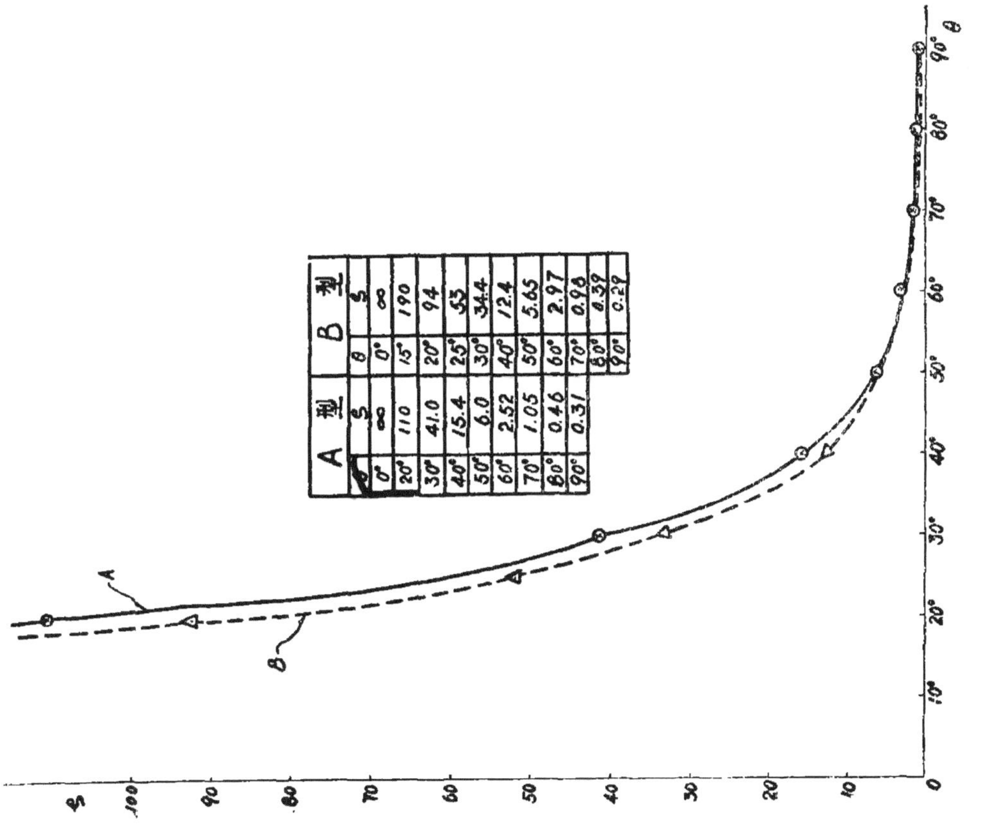

图 19

6. 流阻系数值的量测精度

评价测量值的精度，可有各种方法。根据本试验的具体情况，采用非线性度和相对误差表述流阻系数值的精度。下面仅就A型阀的测试资料进行分析。

6.1 流阻系数的非线性度 如上所述，液控蝶阀不同开启角 θ 的 $s \sim R_e$ 变化规律是不同的；但同一开启角的 s 值进入阻力平方区后为常数，即在直角座标上应为水平直

表 3

开启度	参数值 \ 测点号	1	2	3	4	5	6	7	8	9	10	$s_a = \bar{s}$
90°	R_e (10^5)	5.22	5.42	5.65	5.84	6.06	6.29	6.50	6.72	6.87	6.98	
	s	0.31	0.31	0.32	0.31	0.31	0.31	0.30	0.30	0.30	0.28	0.31
	δ (%)	0	0	+3.23	0	0	0	−3.23	−3.23	−3.23	−9.69	
80°	R_e (10^5)	4.60	4.84	5.07	5.30	5.54	5.73	5.95	6.11	6.28	6.46	
	s	0.45	0.46	0.45	0.45	0.46	0.46	0.46	0.46	0.47	0.47	0.46
	δ (%)	−2.17	0	−2.17	−2.17	0	0	0	0	+2.17	+2.17	
70°	R_e (10^5)	3.99	4.44	4.82	5.20	5.50	5.80	6.10	6.56	6.67	6.94	
	s	1.09	0.98	1.03	1.03	1.03	1.07	1.13	1.06	1.03	1.05	1.05
	δ (%)	+3.80	−6.65	−1.90	−1.90	−1.90	+1.90	+7.60	+0.95	−1.90	0	
60°	R_e (10^5)	2.50	2.95	3.17	3.58	3.85	4.07	4.27	4.45	4.57	4.67	
	s	2.60	2.57	2.95	2.54	2.50	2.49	2.46	2.46	2.49	2.46	2.52
	δ (%)	+3.2	+2.0	+2.8	+0.80	−0.80	−1.20	−3.20	−3.20	−1.20	−3.20	
40°	R_e (10^5)	2.47	2.60	2.74	2.84	2.94	3.07	3.17	3.25	3.34	3.47	
	s	15.50	15.50	15.40	15.50	15.50	15.40	15.40	15.40	15.40	15.40	15.40
	δ (%)	+0.65	+0.65	0	+0.65	+0.65	0	0	0	0	0	
30°	R_e (10^5)	1.43	1.69	1.87	2.03	2.17	2.31	2.43	2.50	2.62	2.72	
	s	41.51	41.11	40.59	40.79	40.94	40.90	41.01	40.74	41.01	41.49	41.00
	δ (%)	+1.275	+0.275	−1.05	−0.525	−0.15	−0.25	+0.025	−0.65	+0.025	+1.20	

线。为了考核 s 取值的可信性，有必要对 s 值进行非线性度的分析。具体作法是对每个开启角的 s 值，选取 10 个雷诺数较大（即进入阻力平方区)的实测值 s_i，并取它们的算术平均值作为流阻系数的理论值 s_0，即

$$s_0=\frac{1}{10}\left(\sum_{i=1}^{10} s_i\right)$$

从而定义 s_i 的非线性度为

$$\delta=\frac{s_i-s_0}{s_0}\times 100\% \qquad (6—1)$$

按上式对A型阀 6 个开启角的 s 值分别计算其 δ 值，列于表 3。

由上表可知，当开启角为 80°、60°、40°、30°时，δ 值皆小于3.3%；当 $\theta=70°$ 时，除两个测点外，δ 值皆小于 4 %；当全开时，除一个测点外，δ 值基本上在±3.23%以内。总的来看，s 值的非线性度是适宜的。

6.2　流阻系数的相对误差　流阻系数公式（3—3）可写为

$$s=12.1\frac{d^4 h_j}{Q^2}$$

根据间接测量函数误差理论，s 的增值为

$$\Delta s=\sqrt{\left(\frac{\partial s}{\partial d}\Delta d\right)^2+\left(\frac{\partial s}{\partial h_j}\Delta h_j\right)^2+\left(\frac{\partial s}{\partial \theta}\Delta Q\right)^2} \qquad (6—2)$$

其中 $\frac{\partial s}{\partial d}=48.4\frac{d^3 h_j}{Q^2}=\frac{4s}{d}$，$\frac{\partial s}{\partial h_j}=\frac{12.1d^4}{Q^2}=\frac{s}{h_j}$，$\frac{\partial s}{\partial \theta}=-\frac{24.2d^4h_j}{Q^3}=-\frac{2s}{Q}$

将它们代入式（6—2）并整理后得

$$\frac{\Delta s}{s}=\sqrt{16\left(\frac{\Delta d}{d}\right)^2+\left(\frac{\Delta h_j}{h_j}\right)^2+4\left(\frac{\Delta Q}{Q}\right)^2} \qquad (6—3)$$

模型阀短管直径为 150mm，按机械加工和上下游管道连接情况，取 $\Delta d=\pm 0.5$mm，从而上式中的 $\frac{\Delta d}{d}=0.333\%$。前已述及，所用堰式流量计的流量检算综合误差 $\frac{\Delta Q}{Q}$ 在±1.4%以内。

由各开启角的 h_w、h_f、h_j 测试数据可知，不同开启角的 $\Delta h_j/h_j$ 是不同的，宜取最大的 $\Delta h_j/h_j$ 作为式（6—3）中的计算值。各 h_j 值都是用 U 形压差计测量，是按同一标准读数，可认为各开启角的 $|\Delta h_j|=|\Delta h_w|+|\Delta h_f|$ 基本相同。因此，当 h_j 最小者，其 $\Delta h_j/h_j$ 为最大。很显然，当 $\theta=90°$ 时，其 h_j 必最小，故应取蝶板全开时的 $\Delta h_j/h_j$ 作为计算值。全开时的 h_w 和 h_f 是采用比重为 1.6 的四氯化碳压差计测量的，Δh_j 的综合精度可控制在±3.2mm 四氯化碳液柱之内；按压差计原理换算以后，此 Δh_j 值约为 2mm水柱。在阻力平方区内，全开时的 h_j 为 200mm。因此，蝶板局部水头损失的相对误差 $\Delta h_j/h_j$ 为 1 %。

将上述 $\frac{\Delta d}{d}$、$\frac{\Delta Q}{Q}$、$\frac{\Delta h_j}{h_j}$ 值代入式（6—3）后，解得A型阀流阻系数值的相对误差 $\Delta s/s$ 为 3.3%。

7. 成 果 分 析

（1）上述非线性度和相对误差的论证情况表明，所取各开启角的 s 值（见图10）均已进入阻力平方区，并具有适当的精度，符合工程实用需要。

（2）根据流阻系数 s 值随开启角 θ 的变化规律而绘制的流阻系数 $s \sim \theta$ 曲线，是一条完整的光滑曲线，可由关系式（2—4）进而绘制 $\mu \sim \theta$ 曲线，以供泵站水锤计算的需要。

（3）全开时的流阻系数值，是液控蝶阀的重要水力特性参数，也是考核其节能效益的主要依据。以A型阀为例，全开时的 s 值为 0.31；如用以替代 s 值为 1.8 的闸阀和单瓣止回阀（即二阀联用装置），每台每年约可节电 8 万多度，用户可于两年多的时间内，通过节约电费而收回买阀的成本；更有甚者，每台液控蝶阀还可为国家节省外汇 4 万美元。因此，这类阀门的研制成功并力求降低其流阻系数，确实具有很大的经济效益和社会效益。

（4）西德和日本的液控蝶阀，其流阻系数值分别为 0.25 和 0.24。国内最初研制的液控蝶阀，其蝶板结构是通轴，单弧面，偏心量较小，其流阻系数为0.51；而A型阀和B型阀的流阻系数值，则大幅度地下降为 0.31 和 0.29，即逐步接近于国外先进水平，这表明按断轴、双弧面、双偏心等原则设计的蝶板结构，是卓有成效的。

（5）A型和B型阀的蝶板结构相同；由于后者的流线型更好、中部更薄、过水断面面积更大，故其流阻系数值又比前者下降 6.45%。今后应在前述“流阻系数和蝶板型式寻优”的原则指引下，既要从材质和流线型等方面，尽量降低其流阻系数，以最大限度地节约用电；又要详察动水压强分布规律，合理运用动水力矩，使阀体、电器箱及液压系统皆能处于最佳状态，切实消除水锤危害。

参 考 文 献

〔1〕Wylie, E. B. and Streeter, V. L, Fluid Transients, Mc Graw-Hill,Book Company, 1978

〔2〕Streeter, V.L,Wylie, E.B.; Fluid Mechanics, Sixth Edition, Mc Graw-Hill Book Company, 1975

〔3〕廖连文，刘唐瑗，KD741X—10型液控蝶阀的特点、功能及应用，《湖南土建学报》，(1984) 3, P.36—39

〔4〕川山裕郎，小宫勤一，山崎弘郎编著：《流量测量手册》，罗秦、王金玉等译，计量出版社，1982

〔5〕日本土木学会编：《水力学公式集》（上集），铁道部科学研究院水工水文研究室译，人民铁道出版社，1977

Study of Local Resistance Coefficient of Liquid-Controlled Butterfly Valve

Xiang Huaqiu, Li Jichen and Peng Jianhui

(Department of Civil Engineering)

Abstract

Based on the mechanism of the water hammer and the function of the liquid-controlled butterfly valve, the method is developed for optimizing the local resistance coefficient and butterfly plate pattern, and two kinds of butter-fly plate patterns aie then designed. In accordance with the similarity principle, the local resistance tests are carried out and the curves of local resistance coefficients are calculated and drawn, which provides scientific basis for the designing, manufacturing, installing and operating of these advanced valves. The values of local resistance coefficient of these valves are found to be closed to advanced world levels.

风险投资的多目标决策分析

宣家骥

（经济管理工程系）

【摘要】指出了风险投资具有“高风险，高收益”的特点，值得重视和研究。通过实例，证明了现行的风险评价指标和方法还很不完善，甚至会导致错误的决策。建立了风险投资的多目标决策模型，并用实例证明了它的可行性和有效性。这个模型能够全面地综合评价风险投资方案的经济效益和风险大小，有助于正确决策。

关键词：风险投资；多目标决策；风险评价

1. 风险和风险投资决策

什么叫“风险”？不少人认为风险就是危险，这是错误的，因为风险和危险并不是同一概念。有一些教科书则定义“一切不确定性事件都叫风险事件”，或定义“一切随机事件都叫风险事件”[1]-[4]。这里随机事件是指知道所有可能后果及其发生概率的不确定性事件。

本文认为，一个事件有风险必须同时具备两个特点：

第一，它必须具有不确定性；

第二，它必须既有可能产生好结果，又有可能产生坏结果。

由此可见，危险对于人们只有坏结果，没有好结果；而风险对于人们却既可能有坏结果，也可能有好结果——这正是风险与危险的本质区别。

风险一定是一个不确定性事件，但反之却不然。如果某一不确定性事件的所有后果都是坏结果，对人们有害而无利，那它就是危险事件，而不是风险事件。

因此，当我们谈论一个事件（项目、活动、方案等）的风险时，必须同时分析它的可能坏结果（危害、失败、亏本、甚至死亡）和可能好结果（效益、成功、盈利、方便等等）。例如：两个超级大国进行核军备竞赛，不断升级，这就是危险事件。但是建造核电站却只是风险事件，而不是危险事件。虽然苏联刚刚发生了核电站事故，带来严重后果，但是据国际原子能机构报道，1985 年全世界电力已有1/6 是由核电站提供的。由

本文于1987年11月11日收到

此说明：核电虽有风险，但是人类已不能缺少它，而且必须利用它。

事实上，在我们的日常生活中，到处都有风险。飞机、汽车、火车、轮船都可能会出事故，但是我们仍旧生产和使用它们。反过来说，如果不用飞机、汽车、火车和轮船，又会给人类社会带来更大的其它风险。任何一项新的科学发明和技术革命，都会给人类社会带来利益，同时也会带来一定的危害。因此，我们决不能因噎废食，逃避风险。而只能认真分析风险可能带来的利益和危害，全面估计，权衡得失，作出决策。

正是风险的存在，才使人类生活更加有意义。在世界新技术革命的滚滚浪潮中，一大批风险企业和风险投资公司正在发达国家迅速发展。所谓"风险企业"就是从事开发高技术和提供特殊技术服务为主的企业，它的特点就是风险性大，竞争性强，成功率低；但是它一旦成功，就能获得巨大的利润，社会经济效益惊人，据统计，美国风险企业中，成功率一般只有20%～30%；但是美国1970年～1979年的风险企业资本仅2亿美元，1979年营业额已达60亿美元，估计1980年～1989年十年的营业额将达5400亿美元，出口收入为1000亿美元，所得税累计为400亿美元。美国的风险企业为促进美国社会经济的发展起了重要作用。

与风险企业的发展紧密相连的就是"风险投资"。风险投资的特点就是"高风险，高收益"。十几年来，随着信息、微电子、生物工程、人工智能等新兴技术相继问世，将高技术转化为新产品的风险投资正风靡全世界。1985年12月28日，经国务院批准，我国第一家专营高技术风险投资的金融企业——中国新技术创业投资公司，已在北京正式成立。现在，在我国创办中国式的风险企业和发展风险投资，不仅非常必要，而且也有了可能。当前我国正在进行经济体制改革和科技体制改革，在社会主义有计划的商品经济条件下，提倡企业竞争，敢于冒风险，有利于促进搞活经济，有利于促进科技成果向生产力的迅速转化。因此，我们必须重视风险投资的决策研究。

根据风险的定义和风险投资的特点，本文认为：风险投资的决策必须研究三个基本问题：

第一、风险投资的失败率为多少？或者说，风险投资的成功率为多少？

第二、风险投资如果失败，损失价值如何？

第三，风险投资如果成功，盈利价值如何？

但是，现有的风险决策评价指标和评价方法，却不能正确评价风险投资，甚至可能会导致错误的决策。本文试图对风险投资决策的评价方法进行一些初步研究。

2． 现行评价指标、方法和存在问题

2.1 现行评价指标和方法

现有文献和教科书中介绍的，以及实际工作中已采用的风险决策评价指标和方法如下[1][5]：

假定现有K个互相独立的方案$A_i(1\leq i\leq k)$可供考虑选择，第i个方案A_i的净现值NPV_i是一个具有确定分布的随机变量$\tilde{x}(1\leq i\leq k)$。为了比较$A_i(1\leq i\leq k)$的优劣，可以计算以下指标：

(1) 期望净现值 $u_i = E(NPV_i)$

(2) 方差 $\sigma_i^2 = \mathrm{var}(NPV_i)$

(3) 标准离差 $S_i = \sqrt{\sigma_i^2} = \sqrt{\mathrm{var}(NPV_i)}$

(4) 标准离差率 $\eta_i = \frac{S_i}{u_i} \times 100\%$

(以上各式中，$l \leqq i \leqq k$)

为了便于说明，本文引入以下记号：

若方案A_i优于方案A_j，记号$A_i \succ A_j$；

若方案A_i劣于方案A_j，记为$A_i \prec A_j$；

若方案A_i与方案A_j差不多，记为$A_i \sim A_j$；

若K个方案中，方案A_t最优，则标号*，记为A_t^*。

评价方案$A_i(l \leqq i \leqq k)$的优劣，一般采用以下原则之一：

〔原则一〕最大期望净现值原则

(1) 若 $u_i > u_j$，则 $A_i \succ A_j$；

(2) 若 $u_t^* = \max\limits_{l<i<t}\{u_i\}$，则$K$个方案中，$A_t^*$为最优方案。

〔原则二〕最小方差原则

(1) 若 $\sigma_i^2 < \sigma_j^2$，则$A \succ A_j$；

(2) 若 $\sigma_t^{2*} = \min\limits_{1<i<h}\{\sigma_i^2\}$，则$K$个方案中，$A_t^*$为最优方案。

〔原则三〕最小标准离差原则

(1) 若 $S_i < S_j$，则$A_i \succ A_j$；

(2) 若 $S_t^* = \min\limits_{1<i<h}\{S_j\}$，则$K$个方案中，$A_t^*$为最优方案。

显然，原则二和原则三是等价的。

〔原则四〕最小标准离差率原则

(1) $\eta_i < \eta_j$，则$A_i \succ A_j$；

(2) $\eta_t^* = \min\limits_{1<i<h}\{\eta_i\}$；则$K$个方案中，$A_t^*$为最优方案。

在现行的风险决策评价方法中，一般采用单目标最优化方法。期望净现值 u 表示了经济效益的大小；方差 σ^2（或标准离差 S）以及标准离差率 η 则表示了风险的大小。如果不考虑风险的大小，只追求最大盈利的目标，显然采取原则一。如果追求最大安全的目标，风险越小越好，则显然采取原则二或原则三。如果既要考虑安全，又要追求较大盈利，则采用原则四。本文认为，现行的这些风险决策评价指标和评价方法，固然有它的方便、实用等优点，但是也有很多不足之处，有时不仅会给决策造成困难，甚至会导致错误的决策。

2.2 存在问题

为了说明风险决策现行评价指标和方法的存在问题，下面给出一个实例。

现在考虑 6 个互相独立的风险投资方案 $A_i(1 \leqq i \leqq 6)$。它们的初始投资 I_i，期望净现值 u_i，标准离差S_i，标准离差率η_i都已经计算出来，列于表 1。请寻找最优决策，并比较各方案的优劣。如果现在有10万元可供投资，应该选择那一个方案？如果有20万元可供投资，应怎样决策？

表1　　6个互相独立的风险投资方案A_i各有关值

方案 \ 指标	初期投资 I_i（万元）	期望净现值 u_i（万元）	标准离差 S（万元）	标准离差率 η（%）
A_1	5	2.50	1.90	76
A_2	10	3.00	2.80	93
A_3	5	2.00	1.50	75
A_4	10	2.75	2.50	91
A_5	5	1.75	1.40	80
A_6	5	1.50	1.25	83

① 决策者宁愿冒风险，采取“期望净现值最大原则”。

根据表1，按照u_i的大小，从大到小排序，结果如下：

$A_2 \succ A_4 \succ A_1 \succ A_3 \succ A_5 \succ A_6$；

A_2^*是最优方案。

因此，如果决策者有10万元，应该首先投资方案A_2，期望盈利3万元。如果他有20万元，应选择A_2和A_4；一共盈利5.75万元。尽管从标准离差S_2、S_4和标准离差率η_2、η_4来看，方案A_2和A_4都是风险最大的。

但是我们很容易证明这个决策是错误的。

例如，如果决策者有10万元，首先投资方案A_1和A_3，则可得期望盈利4.5万元，如果他有20万元，对方案A_1、A_3、A_5、A_6进行投资，一共可得期望盈利7.75万元，这样决策的期望盈利都明显优于上面的决策，同时风险也小。因此，即使单纯从追求最大盈利这个目标来看，“期望净现值最大”原则有时也会造成恰恰相反的后果。产生了这种矛盾，导致决策失误，说明“期望净现值”这个指标并不能正确反映风险投资的经济效益，同时也说明单独使用“期望净现值最大原则”是错误的。

② 决策者追求安全第一，采用“标准离差最小原则”。

根据表1，按照S_i的大小，从小到大排序结果如下：

$A_6 \succ A_5 \succ A_3 \succ A_1 \succ A_4 \succ A_2$；$A_6^*$为最优方案。

如果决策者只有10万元，他将优先选择方案A_6和A_5。

要指出的是，这个决策也是错误的。

从概念上说，标准离差S反映了随机变量$\bar{x}$和期望值u之间的偏离程度，S越大，u的代表性就越小；S越小，u的代表性就越大。

对于k个不同的决策方案$A_i(1 \leq i \leq k)$；当且仅当$u_1 = u_2 = \cdots = u_k$时，才能直接用S_i的大小来反映风险的大小；即S_i越小，方案A_i的风险越小。

但是只要有两个方案的期望值不同，就不能直接用标准离差的大小来反映风险的大小。因为标准离差S只是一个绝对数字，它并不能正确反映决策方案的风险大小。因此，对于多个不同方案，应该采用标准离差率η这个指标来比较风险的大小。因为η是以期望值u为标准计算出来的，它消除了平均水平不同的影响，具有相对可比性。

因此，如果决策者追求安全第一，希望风险最小，就应该采用“标准离差率最小原则”。显然，如果他用10万元对方案A_3和A_1投资，无论是安全性，还是经济效益，都优于方案A_6和A_5。由此证明，在多个不同方案的风险比较中，不能用标准离差S这个指标。

③ 决策者追求风险最小，采用“标准离差率最小原则”。

根据表1，按照η_i的大小，从小到大排序结果如下：

$A_3 \succ A_1 \succ A_5 \succ A_6 \succ A_4 \succ A_2$，$A_3^*$为最优方案。

上面已经指出，标准离差率η具有相对可比性，因此对于多个不同方案，应该用η这个指标来比较风险的大小，进而决定方案的优劣。

要指出的是，单纯用η的大小来比较风险的大小，至少有两个问题很值得研究：

① η这个指标的经济意义究竟是什么？

η这个指标反映了随机变量和期望值之间的相对偏离程度。但它只能定性地反映风险的大小，两个不同方案比较时，我们只能定性地说：η大的方案风险大，η小的方案风险小。实际上，η这个指标并不能定量地反映某一个方案的风险大小，η这个指标也无法回答本文第一中提出的关于风险投资决策的三个问题，因此η的这个指标的经济意义是很不明确的。

例如，决策者因为$\eta_3=75\%=\min\limits_{1<i<6}\{\eta_i\}$，认为$A_3^*$风险最小，所以是最优方案，他就首先对于方案$A_3$投资5万元，期望盈利将是2万元。如果决策者想知道——他究竟承担了多大风险？失败的可能性有多大？成功的可能性又有多大？他的风险损失值和风险盈利值各是多少？$\eta_3=75\%$是无法回答这些问题的。

② 单独使用η这个指标，也会造成决策失误。

例如：假定决策者只有5万元可供投资，根据“η最小原则”，他应该选择方案A_3。但我们从表1中可以看出：尽管$\eta_1<\eta_3$。但是$\eta_3=75\%$，$\eta_1=76\%$，两者绝对误差仅1%，相对误差仅1.3%；因为这个微小的差别就说方案A_3比方案A_1风险小，因此而选择A_3，排斥A_1，这显然是不合理的。

事实上，正确的决策应该是选择方案A_1，因为A_1和A_3的$\eta_1 \approx \eta_3$，我们可以认为A_1和A_3的风险基本相当，难分优劣；但是期望盈利$u_1>u_3$(25000元>20000元)；绝对误差为5000元，已达投资的10%，相对误差已达20%～25%，所以A_1优于A_3。

综上所述可知：

(1) 从风险决策的评价指标来看，标准离差S（或者方差σ^2）不能正确反映风险的大小，标准离差率η只能定性反映风险的大小；期望净现值u不足以全面反映风险投资的经济效益。因此，必须补充和完善风险投资决策的评价指标。

(2) 从风险决策的评价方法来看，决不能单独使用一个指标进行决策和追求单目标最优，否则就容易产生错误的决策。风险投资的评价是一个多因素、多目标的决策问题，因此必须采用多目标决策分析的原理和方法，全面考虑风险投资的经济效益为风险大小，综合评价指标，才能做到心中有数，正确决策。

3. 风险投资的多目标决策模型

本模型由评价指标和评价方法两部分构成，介绍如下：

3.1 风险投资的评价指标

为了全面评价风险投资的经济效益和风险大小，本文认为至少必须考虑以下指标：

(1) 期望净现值　　$u=E(NPV)$

这个指标的经济意义是十分明确的，它表示了一个风险投资方案经济效益的绝对价值，它是人们进行风险投资追求的主要目标之一。

(2) 单位投资期望净现值（P_0）

$$P_0=\frac{\text{期望净现值}}{\text{投资总额(贴现值)}}=\frac{u}{I}$$

这个指标表示了一个风险投资方案经济效益的相对价值，它也是人们进行风险投资追求主要目标之一。对于互相独立的几个方案，只有当资金没有限制时，才能不考虑P_0这个指标，因为这时用u和P_0作指标得出的结论是一致的，所以如果已经计算了u，就不必再计算P_0了。但是事实上，我们进行风险投资决策时，资金总是有限制的，所以必须考虑P_0这个指标，有时候甚至必须先考虑P_0这个指标。

本文第二节的一个错误决策就是因为只考虑u的大小，忽略了P_0的大小。如果根据P_0的大小排列优先序，结果应是：$A_1\succ A_3\succ A_5\succ A_2\succ A_6\succ A_4$，这个结果显然有助于我们纠正错误判断，进行正确决策。具体计算结果见表2所示。

(3) 投资失败率（P^*）

P^*是表示一个风险投资方案的风险大小的主要指标。可以证明，如果对于投资方案净现值的随机扰动是正态分布，那么这个投资方案的净现值将服从正态分布$N(u,\sigma^2)$，这里$u=E(NPV)$，$\sigma^2=\mathrm{var}(NPV)$。

我们进行风险投资最关心的目标之一就是：投资失败的风险有多大？换言之，净现值小于0的概率有多大？我们定义：

$$P^*=P(NPV<0)$$

显然，对于风险投资方案，$0<P^*<1$，我们排除了$P^*=0$（无风险）和$P^*=1$（绝对危险）这两个极端情况，因为它们不符合风险投资定义。因此，对于不同的风险投资方案，我们可以用投资失败率P^*的大小来评价风险的大小，P^*越大，风险越大；P^*越小，风险越小。

为了计算P^*，只要计算出u和$S=\sqrt{\sigma^2}$，则$Z^*=\dfrac{o-u}{s}$，再查标准正态分布表，就能得到P^*。

即：$P^*=P(NPV<0)=\phi(Z^*)$

(4) 投资成功率 (S^*)

这个指标代表风险投资方案的成功概率。我们定义：

$$S^*=1-P^*=P(NPV>0)$$

因此只要求出了P^*，就同时求出了S^*。一般我们考虑风险投资方案时，主要考虑投资失败率P^*这个指标。

(5) 风险损失值 (F^*)

这个指标代表一个风险投资方案的可能损失值。我们定义：

$$F^*=I\times P^*$$

对于几个不同的风险投资方案，我们可以根据F^*的大小判别方案的优劣，F^*越小，方案越优。

(6) 风险盈利值 (R^*)

这个指标代表一个风险投资方案的可能盈利值。我们定义：

$$R^*=u\times S^*$$

对于几个不同的风险投资方案，我们可以判别方案的优劣，R^*越大，方案越优。

必须指出的是，比较几个不同的风险投资方案时，应该同时考虑F^*和R^*这两个指标，才能减少决策失误。

对于本文第2部分的实例，u、P_0、P^*、S^*、F^*和R^*等六个指标值，见表2所示。显然，如果我们能同时考虑这6个指标值，全面综合评价，就能减少决策的失误，有助于我们正确决策。

表2　第2部分实例的六个指标

指标 方案	期望净现值 u(万元)	单位投资期望净现值 P^0	投资失败率 P^*	投资成功率 S^*	风险损失值 F^*(万元)	风险盈利值 R^*(万元)
A_1	2.50	0.500*	0.094	0.906	0.470	2.265
A_2	3.00*	0.300	0.142△	0.858△	1.420△	2.574*
A_3	2.00	0.400	0.090*	0.910*	0.450*	1.820
A_4	2.75	0.275△	0.136	0.864	1.360	2.376
A_5	1.75	0.350	0.106	0.894	0.530	1.565
A_6	1.50△	0.300	1.115	0.885	0.575	1.328△

3.2 风险投资的多目标评价方法

步骤1：计算各方案的指标值，列表。

根据历史资料、调查研究和专家咨询，计算出各个方案的指标值，列出表格，例如表2。

步骤2：单目标排序。

根据各个单项指标的经济意义，对各个方案进行单目标排序。例如，根据表2排序结果如下：(P^*和S^*中，只考虑P^*)

根据 u 排序　　$A_2 \succ A_4 \succ A_1 \succ A_3 \succ A_5 \succ A_6$

根据P_0排序　　$A_1 \succ A_3 \succ A_5 \succ A_2 \succ A_6 \succ A_4$

根据P^*排序　　$A_3 \succ A_1 \succ A_5 \succ A_6 \succ A_4 \succ A_2$

根据F^*排序　　$A_3 \succ A_1 \succ A_5 \succ A_6 \succ A_2 \succ A_4$

根据R^*排序　　$A_2 \succ A_4 \succ A_1 \succ A_3 \succ A_5 \succ A_6$

步骤 3：标号。

根据上一步求出的每一个单目标排序结果，分别给每一个单 目标的最优者 标号*，最劣值标号△，见表2所示。

步骤 4：判别，绝对最优方案存在吗？

如果有一个方案，它的每一个单目标指标值都是最优的，我们就称它是所有决策方案中的绝对最优方案，记为A^*，又称为“理想解”

如果 A^* 存在，它就是绝对最 优决策方案。一般 来说，A^* 总是不存在的。正因为A^*不存在，所以各个方案都各有优劣，再用简单 的单目标 寻优方法，就无 法区分它们的好坏。我们必须采用多目标决策方法，寻找相对的最优方案，又称为“满意解”。

步骤 5：标准化打分

为了全面综合评价风险设资方案的优劣，我们先对每个方案的各个单项指标打分。为了消除各个指标的量纲不同、单位不同和数量级的差别，同时也为了尽量减少人为因素的干扰，必须采用标准化打分法，这样得到的标准分具有科学性和客观性。

假定问题一共有K个不同方案，同时考虑 J 个目标(指标)。由步骤 1 已经列表计算出它们全部的指标值$\{a_{ij}\}$，这里$1 \leqq i \leqq k$，$1 \leqq j \leqq J$。

现在只考虑第 j 个目标，定义：

第 j 个目标的最优值　$a^*_{ij} = f^*_j = 1$　　　　（标准分）

第 j 个目标的最劣值　$a^*_{ij} = f^{\triangle}_j = 0$　　　　（标准分）

那么其它方案A_i的第 j 个目标的标准分f_{ij}一定满足：

$$0 < f_{ij} < 1 \qquad (i \neq S、t)$$

用线性插值法求出f_{ij}的值：

$$f_{ij} = \frac{a_{ij} - f^{\triangle}_j}{f^*_j - f^{\triangle}_j}$$

这样依次计算出全部标准分，列表。例如，表 2 的指标值经过标准化打分，结果见表 3所示。(P^*和S^*两项指标，只计算了P^*)

步骤 6：综合评价，找出满意解。

采取目标规划 (Coal Programming) 法进行综合评价。根 据目标管 理的原则，我们进行风险投资之前，一般应该预先确定一个目标。决策实施之后，结果可能会达到这个目标，也可能会达不到；我们总是要尽一切努力使决策结果与这个目标的偏差尽可能最小。管理的全过程也就是保证目标实现的过程。

一般总可以预先确定一个风险投资的目标C^*：

$$C^* = (C^*_1,\ C^*_2,\ \cdots,\ C^*_j)$$

其中C^*_j是我们进行风险投资对第 j 个指标规定的希望达到的目标值，或至少是可以

表3　　决策方案各项指标的标准分

方案＼指标	期望净现值 f_1	单位设资期望净现值 f_2	投资失败率 f_3	风险损失值 f_4	风险盈利值 f_5
A_1	0.667	1	0.923	0.979	0.758
A_2	1	0.111	0	0	1
A_3	0.333	0.556	1	1	0.398
A_4	0.833	0	0.115	0.062	0.848
A_5	0.167	0.333	0.692	0.918	0.192
A_6	0	0.111	0.519	0.871	0

接受的水平或最大容忍限度。$(1\leqq i\leqq J)$

然后把目标C^*也进行标准化打分，得到$g^*=(g_1^*, g_2^*, \cdots, g_j^*)$，这里$0<g_j^*\leqq 1$。再求每一个投资方案$A_i$的各项指标值（标准分）与目标值（标准分）的总偏差$d_i$：

$$d_i=\sum_{j=1}^{J}|f_{ij}-g_j^*| \qquad (1\leqq i\leqq k)$$

根据d_i进行排序，d_i越小，方案越优。

如果我们事先一时无法确定目标C^*，则可以把理想解（即绝对最优解，它的各项指标都是最优值）作为C^*，这时$g^*=(1, 1, \cdots, 1)$；$g_j^*=1$ $(1\leqq j\leqq J)$，这时就等价于求各个方案的总分：

$$F_i=\sum_{j=1}^{J}f_{ij}，F_i越大，方案越优。$$

例如：根据表3，求出各方案的总分如下：

$$F_1=4.327,\quad F_2=2.111,\quad F_3=3.287,$$
$$F_4=1.858,\quad F_5=2.302,\quad F_6=1.501;$$

所以排序结果为：

$$A_1\succ A_3\succ A_5\succ A_2\succ_4\succ A_6$$

显然，这个综合评价的排序结果，全面考虑了风险投资的经济效益和风险大小，能帮助我们进行正确的决策，我们应该优先考虑对方案A_1，A_3进行投资。因为一共有5个评价指标，满分为5分，方案A_1可算优秀，A_2可算良好。如果规定2分为及格，那么A_5、A_2尚可考虑，A_4和A_6就应该淘汰，即使决策者还有资金可以利用，也不应向A_4和A_6投资，而应该寻找或等待其它投资机会。

几点说明

①根据实际问题的需要，风险投资决策还应该考虑其它一些指标。但是，为了使决策不过于复杂，指标个数J不宜超过10，这样可以利用现有的计算机软件，迅速决策。

②标准化打分还有其它一些方法，例如采取指数曲线型插值法或其它非线性播值法等，详见〔6〕。线性插值法比较简单、直观，在大多数情况下已能满足要求。

③综合评价也可以采用其它一些方法，详见〔7〕。但是从推行目标管理的现代化管理方法来说，采用目标规划有它灵活、有效的特点。特别是如果决策过程中，还必须考

虑资金、时间、市场需求量等约束条件；各个指标互相冲突而且重要性又有不同层次的要求，这时用目标规划法就特别合适。

结 论

风险投资是一个复杂的多目标决策问题，由于它具有“高风险、高收益”的特点，值得我们高度重视和认真研究。本文的分析和研究，仅仅是一个开始。本文的基本结论是：现有的风险决策评价指标还很不完善，单目标最优化方法对于风险投资很不适用，甚至会导致错误的决策。本文提出了风险投资的一个多目标决策模型。必须指出，它仅仅是一个初步的简化模型，为了深入分析风险投资的风险大小，必须考虑两个问题：

第一、“风险投资”时间序列的动态分析。

第二、几个互相相关的“风险投资”项目的组合分析。

本文没有涉及这两个问题，作了简化，这有待于今后进一步的研究。

参 考 文 献

〔1〕《运筹学》，清华大学出版社，1982年

〔2〕T.L.帕帕斯；Y.F.布里格姆：《管理经济学》，辽宁人民出版社，1985年

〔3〕黄孟藩：《管理决策概论》，中国人民大学出版社，1982年

〔4〕车礼，高广礼：《市场预测与管理决策》，中国人民大学出版社，1985年

〔5〕黄渝祥，邢爱芳：《工程经济学》，同济大学出版社，1985年

〔6〕顾基发：《决策分析—多目标决策》，中国科学院系统科学研究所，1985年

〔7〕魏权龄等：《数学规划与优化设计》（第十七章），国防工业出版社，1984年

Multiobjective Decision Analysis of Risk Investment

Xuan Jiaji

(Department of Economics and Management Engineering)

Abstract

This Paper points out that the risk investment merits our attention due to its great risk and high profit. Based on the analysis of several examples, it is shown that the present risk evaluation index and method are imperfect and even lead to a wrong decision. A multiobjective decision model of risk investment is therefore proposed and its feasibility and effectiveness are illustrated by examples. This model enables us to analyse thoroughly and comprehensively the economic benefits and risks of the risk investment plan, and contribute to make correct decisions.

key words: risk investment; risk evaluation; multiobjective decision

1988 年论文

气流流动数值解及其在通风空调中的应用

陈在康，庄达民

（环境工程系）

【摘要】 传统的流动过程的预测通常依赖于缩小比例的模型试验，由于很难完全满足相似条件的要求以及测量上不可避免的误差，其结果只能是近似的。此外，模型试验比之数学模拟及仿真要耗费多得多的人力和物力。本文综述了我国气流流动数值解及其在通风空调工程中应用的研究现状和发展，并指出了近期的发展趋向。

关键词： 数值计算；室内气流分布；紊流模型；流函数一涡度法；压力一速度法

通风空调房间室内气流组织设计的好坏直接影响其通风空调的实际效果，为了避免工业厂房有害物质的扩散，局部气流控制是最有效的方法。在传统的暖通空调技术中，对室内全面气流组织及局部气流的设计和研究主要是依赖于经验与模型试验。由于模型试验是在缩小的了模型中进行，模型和原型的相似条件常常不能完全满足，因此模型只是在近似的条件下进行，同时由于测试仪表误差，更影响结果的精确性。另外，进行模型试验要耗费大量的人力和物力。近年来，由于计算机技术的发展，使气流流动过程直接通过求解这些过程的基本方程的方法进行研究成为可能，这就是正在迅速发展的气流流动过程的数值解法，它正在成为研究通风调空气流的一种新的重要手段。

利用这种方法，首先要确定描述气流流动过程的基本微分方程，确定我们所研究的气流空间边界以及相应的边界条件，对于非定常流动还应当确定流动过程的初始条件，然后用数值方法在相应的边界条件和初始条件下求解基本微分方程。下面就这一技术的发展情况作一简单的综述。

本文于1987年4月28日收到

1．气流流动过程的数学模型

1.1 层流流动的基本方程

描述气流运动的基本方程式有人们熟知的连续性方程和Navier-Stokes运动方程（简称N·S方程）。它们反映质量守恒和动量守恒等自然规律，对不可压缩流体的等温层流可写成下列张量形式：

$$\frac{\partial u_i}{\partial x_i}=0 \tag{1}$$

$$\frac{\partial u_i}{\partial t}+\frac{\partial(u_i u_j)}{\partial x_j}=-\frac{1}{\rho}\frac{\partial p}{\partial x_i}+\frac{\partial}{\partial x_j}\left[\nu\left(\frac{\partial u_i}{\partial x_j}+\frac{\partial u_j}{\partial x_i}\right)\right] \tag{2}$$

式中P为压力；ρ为密度；ν为运动粘度。对于非等温流及具有某种物质的浓度扩散的流动还应当写出能量方程和浓度方程。这些方程的因变量是速度u_i，压力P以及温度、浓度等。它们都是空间和时间的函数，求解出这些函数所得的就是所研究气流空间的速度场．压力场、温度场及浓度场。

1.2 紊流流动的基本方程

自然界中流动现象大量的是属于紊流，由于紊流流动的复杂性，人们对它的认识尚停留在半理论和半经验的阶段，目前人们解析紊流流动的方法是雷诺(1895年)用时均概念推出的时均$N\cdot S$方程。将在流场中任一点上的速度、压力等用时均物理量$\overline{u}_i$、$\overline{p}$和脉动物理量u'_i、p'来表示，即：

$$u_i=\overline{u}_i+u'_i \qquad\qquad p=\overline{p}+p' \tag{3}$$

为了下面讨论问题方便起见，先将公式（2）改写成应力方程形式[1]，再进行时均运算后有：

$$\rho\left(\frac{\partial\overline{u}_i}{\partial t}+\overline{u}_j\frac{\partial\overline{u}_i}{\partial x_j}\right)=\rho k_i+\frac{\partial}{\partial x_j}\left(\overline{\tau}_{ij}-\rho\overline{u'_i u'_j}\right) \tag{4}$$

$$\overline{\tau}_{ij}=-\overline{p}\sigma_{ij}+\mu\left(\frac{\partial\overline{u}_j}{\partial x_i}+\frac{\partial\overline{u}_i}{\partial x_j}\right) \tag{5}$$

式中k_i为外力，μ为粘性系数。式（4）中唯一保留有脉动成分的项$-\rho\overline{u'_i u'_j}$类似于附加了一个不受粘性制约的应力的表达形式。因是雷诺最先提出这一概念，故把$-\rho\overline{u'_i u'_j}$叫做雷诺应力。由于雷诺应力表现的是速度的脉动成分，不找出解析脉动成分的方法，公式（4）就不具有实用性。*BOUSSINESQ*(1877)在对紊流粘性进行研究时，将类似于雷诺应力的成分改写成具有和粘性引起的应力相同的形式，这样，公式（4）右边第二项括号内内容可写成；

$$\tau_{ij}=-\overline{p}\sigma_{ij}+\rho(\nu+\nu_t)\left(\frac{\partial\overline{u}_j}{\partial x_i}+\frac{\partial\overline{u}_i}{\partial x_j}\right) \tag{6}$$

式（6）中ν_t为紊流粘度，如同运动粘度是运动量或扩散系数那样，ν_t是表征紊流混合作用的扩散系数，但和ν不同的是，在流场中ν_t是变量。由式（6）可知，求紊流问题的焦点已集中到如何求紊流粘度ν_t了。

1.3 紊流模型

在平均$N\cdot S$方程中有起因于$N\cdot S$方程非线性项的雷诺应力，故必须导入某些假定，使时均$N\cdot S$方程封闭。这一类使时均$N\cdot S$方程封闭的方法或者由此得到的方程组叫做紊流模型，在紊流模型中根据需要建立的输送方程式的个数又可分为零方程式模型、一方程式模型、二方程式模型和应力模型。

1.3.1 零方程式模型

零方程式模型是一种代数模型，其代表是古典的混合距离模型。在五十年代和六十年代零方程式模型获得发展和改进，在应用于边界层计算时，该模型为

$$-\overline{u'v'}=l^2\left|\frac{\partial u}{\partial y}\right|\frac{\partial u}{\partial y} \tag{7}$$

$$l=cy \tag{8}$$

式中l叫做混合距离，当它距壁面较远时可看作常数处理，在壁面附近呈线性变化；C是比例系数。

1.3.2 一方程式模型

这是根据*Nevzgljadov*（1945）和*Drgdon*（1948）提出的紊流剪应力和动能的关系。提出紊流动能K为参变量，建立紊流动能K的输运方程式的模型，适用于包括压缩性流体的计算和适应于边界层和管内流动计算。

1.3.3 二方程式模型

它是*Spalding*（1972）和*Launder*（1973）等人根据*Kolmogolov*（1942）和*Prandtl*（1945）的假说使$\nu_t\alpha k^{\frac{1}{2}}l$，如将$l$由代数的方法确定，就变成一种简单的一方程式模型，称为$K-L$模型，它适用于非压缩性气体的计算，使用这种模型的关键是要了解l值的正确分布，否则会带来计算失真现象[2]。二方程式模型是令$l\,\alpha k^m\varepsilon^n$，$\varepsilon$叫紊流动能耗散率，靠建立输运方程求解。这种二方程式模型又称$K-\varepsilon$模型。

值得一提的是，$K-\varepsilon$模型是当今国内外计算紊流问题的常用模型。经过*Spalding*和*Launder*等人的计算对比，得出m和n的最佳值为$\frac{3}{2}$和-1。

1.3.4 应力模型

当$-\overline{u_i'u_j'}$的对流或扩散占主导地位或$\overline{u'^2}$的非等方性占重要地位，或者想要计算更

微细的紊流构造时，需要将每个应力成分作为未知数通过建立输运方程来求解，一般把这种模型叫做应力模型。

Hanjatic(1972)和*Launder*提出了在$K-\varepsilon$模型基础上加入$-\overline{u_i'u_j'}$项的三方程式模型，*Mellor*（1974）提出了将雷诺应力各项作为未知数的应力模型。还有很多其它的提案。应力模型将导致计算成本倍增，模型中含有的经验系数的增多需要更多的实验验证和知识积累。因此，应力模型本身还存在很多不够完善的地方。尽管如此，应力模型开阔了计算领域，体现了计算机数值模拟具有进一步开发的巨大潜力。

2. 求解流动问题的几种方法

2.1 流函数—涡度法（$\psi-\omega$法）

*Lagrange*于1781年提出了流函数概念，*Cauchy*于1815年和*Stokes*于1847年分别提出涡度概念。将流函数和涡度引入计算流体动力学可带来很多好处。在二维流动的情况，对$N\cdot S$方程进行交叉微分可消去压力项，这意味着在计算过程中减少了一个变量，使计算容易收敛获解[3]。另外，采用ψ-ω法可使有些边界条件相当容易地规定，如对固体壁面上的流函数可取为常数[4]，当一个无旋的外流位于计算域邻近时可以方便地取边界上的涡度为零[5]。$\psi-\omega$法消去了压力项并不意味着不能求解压力场，对$N\cdot S$方程进行更换可方便地得到用流函数表示的压力泊松方程，这时只需在计算过程中稍微注意边界条件的设定问题就可方便地求出压力场来。然而，在六十年代后期人们对$\psi-\omega$法失去了以往的热情，理由是$\psi-\omega$法难以推广应用到三维流动问题中去。对此观点*Roache*不落俗套，他认为尽管一般的三维流动不存在流函数ψ，即不存在函数ψ使得ψ的等值线就是流线，但是对遵从三维连续性方程$\Delta\cdot V=0$的流场存在向量势$\psi=\psi_x i+\psi_y j+\psi_z k$，可由$\psi$的涡度计算出速度分量，当然这样做花出的代价是在每一个时间步需解三个三维*poisson*方程和三个涡度输运方程。由*Aziz*和*Hellums*（1967）使用$\psi-\omega$法成功地进行自然对流解析可知：三个三维*Poisson*方程的每一个都在沿着两个座标的边界上具有*Dirichl*条件（给定函数值），而沿着第三个座标是相对简单的零梯度*Neumann*条件（给定法向导数）。因为边界条件简单，使用$\psi-\omega$法时程序研制的时间可能会短些。尽管如此，人们在三维流动计算中仍没有对$\psi-\omega$法注入应有的热情，与此对应，解原始变量方程组的压力速度法得到了迅速发展。

2.2 压力速度法（P—V法）

同样是对*Aziz*和*Hellums*的研究论文，*Patankar*（1980）得出不同看法，用$\psi-\omega$法解三维流动需解六个变量，其复杂性将超过直接处理三个速度分量和压力的$P-V$法，而且用$\psi-\omega$法时对有关概念的解释比起压力速度法来难以理解和接受。为此，大量学者投入了压力迅速法的研究，并通过以下两点突破使$P-V$法日趋完善[6]。

2.2.1 对一阶导数项的处理

在$\psi-\omega$法中不存在一阶导数项对计算影响的问题，此时含有一阶导数的压力项被消去，而速度项又不以变量形式出现。

在$P-V$法中情况大不一样，这点通过图示就一目了然。图1为一维流动情况，在求x方向$N\cdot S$方程的离散化公式时，就会遇到$-dp/dx$项对整个控制容积的积分表达形式问题。该项对离散化方程的贡献是压力降p_w-p_e，假设压力是分段线性分布的，将控制容积面e和w选在相应网络点之间的中点，就会得到

$$p_w-p_e=\frac{p_W+p_P}{2}-\frac{p_P+p_E}{2}=\frac{p_W-p_E}{2} \tag{9}$$

公式(9)意味着$N\cdot S$方程解的过程使用的是两个相间而不是相邻网格点之间的压力差，即在计算p点值时没有使用最能反映p点信息的相邻值，从而会导致解的精度下降，实际情况将比这更差，如假设一个图2所示的锯齿形压力场就可知：用公式（9）算出的任一网格点上的值都为零。而对于二维和三维的情况将更令人吃惊，计算点的压力对各个方向的动量都没有影响。类似情况也出现在一阶速度梯度项，完全不合乎实际的速度场（如波形的速度场）可以满足离散化连续性方程。

Welch（1965）首先解决了这一难题，他们使用的*MAC*方法（*marker and cell method*）中首次推出了“交错式”网格。如图3所示[7]，任取一个控制体，速度分量是对位于控制积容表面上的点进行计算，而压力或其它变量置于控制容积内。交错网格具有两大优点[6] i）离散化的连续性方程将

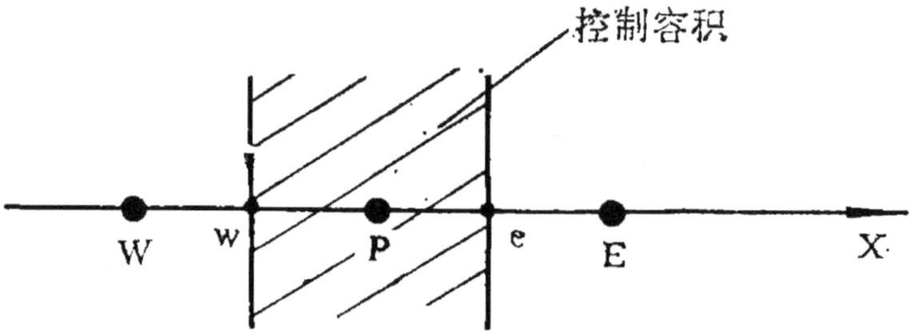

图1　三网格点群

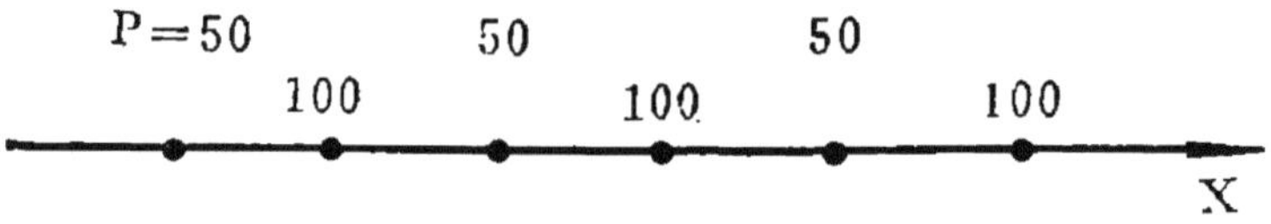

图2　锯齿形压力场

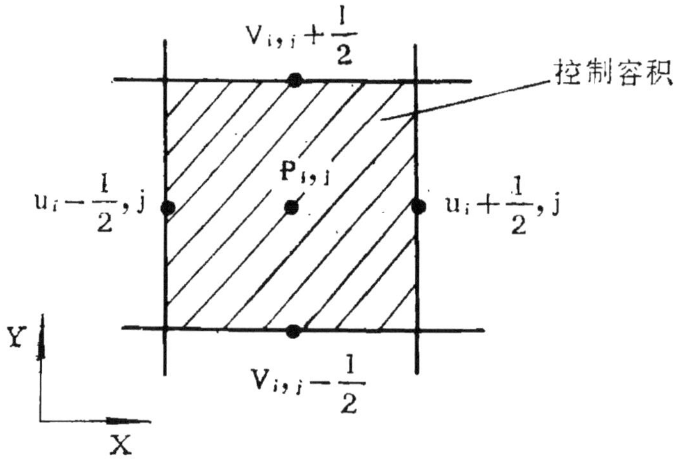

图3　u，v，p的交错位置

含有相邻速度分量的差，从而可避免波形速度场那样满足连续性方程情况。ii）两相邻网格点之间的压力差变成了位于这两个网格点之间的速度分量的自然驱动力，从而可避免错误的解。另一方面，使用交错网格带来的代价是计算机程序必须提供有关速度分量位置的全部指示值和几何信息以及需进行相当烦项冗长的内插。尽管如此，这些问题与交错网格给计算带来的好处相比是微不足道的。

2.2.2 对连续性方程的假设

在导出压力泊松方程过程中，把符合连续性方程的项不是简单地消掉而是作为“膨胀项”保留下来[8]，如对二维流动的情况，压力泊松方程中令

$$D=\frac{\partial u}{\partial x}+\frac{\partial v}{\partial y}\neq 0 \tag{10}$$

公式（10）是在数值计算中使用的特殊技巧。由于矛盾的初始条件或对压力泊松方程求解过程中的误差累积都相当于有限差分中的$\overline{D}_{ij}\neq 0$，特别是在计算过程中，因误差的累积会降低$N \cdot S$方程收支平衡从而诱发非线性不稳定性，此时如人为设置$\overline{D}_{ij}\neq 0$形式，既可消除上述不稳定性，又可在时间每前进一步长过程中通过使$\overline{D}_{ij}^{n+1}=0$为目标来求出解。导入膨胀项的定义极大地丰富了计算流体动力学的内容和应用范围，使$\overline{D}_{ij}^{n+1}=0$过程就是通常进行的对压力与速度的修正。

3. 气流流动数值解在我国暖通空调中的应用、发展情况

我国在80年代初结合生产实际问题开展了室内或有限空间内气流流动数值解的一系列研究工作。其中比较引入注目的工作有“气体—颗粒两相反应流动”[9]、“室内气流分布”[10]、“燃烧室回流流场[11]”、“吹吸气流流动数值解析”[12]、“通风墙体[13]”、“三维紊流流动[14]”等的数值模拟。上述研究使用了流函数涡度法、压力速度法、$K-L$模型和$K-\varepsilon$模型等，反映了我国在计算方法、技巧、理论方面的研究与世界先进水平的差距正在缩小，在结合实际问题的研究方面已有了良好的起步。

然而，我们也应清楚地看到，我们目前的工作基本上没有超出前人的方法，我们使用的紊流模型特别是各种模型系数仍停留在套用国外的实验结果上，由于这类系数都是根据具体实验对象和模型获得的，照搬这些结果不能不说是遗憾和万不得已的事。因而进行高层次的研究—开发新的紊流模型和由实验、计算对比求得相应模型系数将势在必行。另外，从已发表的论文来看，实验验证的手段和结果还不令人满意，这在计算机数值模拟的起始阶段是可以理解的，但长此下去必将影响计算机数值模拟工作的健康发展。

计算流体力学将在推动产业革命的实践中不断地发展自己并越来越显示出它对科学、对产业革命的巨大推动作用。这点在暖通空调领域也不会例外，让我们以更大的热情和更多的努力来促进这一学科在暖通空调中的应用吧。

参 考 文 献

〔1〕伊藤四郎著：《化学技术者のための流体工学》，（日本）科学技术社，1971

〔2〕庄达民、汪兴华：紊流气流数值解中"K—L模型"和"K—ε模型"的比较，《湖南大学学报》，13（1986）4，299—307

〔3〕Patrick J. Roache: Computational Fluid Dynamics, Hermosa. Publishers, 1976

〔4〕吴旭光等：洁净隧道内的流场数值模拟计算实验，《全国暖通空调制冷1986年学术年会论文集》，372—375

〔5〕庄达民：用数值计算和气流显示技术求解流场中速度分布，《道风除尘》，4（1986），1—5

〔6〕Suhas. V. Patanker: Numerical Heat Transfer and Fluid Flow, McGraw—Hill, 1980

〔7〕王汉青、汤广发：二维紊流室内气流数值计算，《湖南大学学报》，13（1986）4，308—323

〔8〕高桥亮一著：エンピータしらき流体力学》，（日本）构造计画研究所刊，1981

〔9〕范正翘，丁敛敏：求解气体——颗粒两相反应流动的一种数值方法，《空气动力学学报》，7（1986）3，243—256

〔10〕汤广发，陈在康等：二维层流室内自然对流数值解析，《空气动力学学报》，4（1986）4，406—415

〔11〕赵烈：燃烧室回流流场的数值模拟，《空气动力学学报》，4（1986）1，31—36

〔12〕庄达民，十克彦等：Numerical Simulation for Push—Pull Flows，《日本空气调和卫生工会学报》，（1987）33，31—40

〔13〕吕文湖、舒立德：通风墙体体热工性能的数值解，《全国暖通空调制冷1986年学术年会论文集》，208—212

〔14〕汤广发等：Numerical Calculation of Navier—Stokes Equations for problems of Natural Convection, AIAA 8th Computational Fluid Dynamics Conerence, 1987, 800—809

Numerical Solution to the Air Flow and Its Application in the Ventilation and Air Conditioning Engineering

Chen Zaikang and Zhuang Damin

(Department of Environmental Engineerin)

Abstract

Traditional methods for pridicting air flow performances usually depend upon the model experiments with decreased dimension, which are hard to satisfy all demands for similarity and unable to avoid the measure error. And therefore only approximate solution can be obtained. Furthermore, the model experiment is more expensive than numerical simulation. In this paper, we summarize the current situation and the possible developement of numerical methods and their applications in the field of ventilation and air conditioning engineering of our country.

Key words: numerical calculation; indoor air flow distribution; model of turbulent flow; flow function-vorticity method; pressure-velocity method

论高铝锌合金的组织形成过程

舒　震，刘金水

（机械工程系）

【摘要】本文论述了高铝锌合金一次结晶过程中枝晶偏析、非平衡共晶体的形成和包晶反应，固态下的调幅分解和共析转变以及某些合金元素对铸态组织和固态相变的影响。

关键词：高铝锌合金；非平衡共晶体；包晶反应；调幅分解；共析转变

1　前　　言

近年来，铸造锌合金在国内外获得了较大的发展，出现了新系列的铸造锌合金。这类合金成本低，机械性能、铸造性能以及切削加工性能优良，而且省能源、污染小，适于砂型铸造、金属型铸造，也适于压铸。在许多场合已成功地与铜合金、铝合金及高牌号铸铁相竞争，其市场正在迅速扩大。在这类新系列的铸造锌合金中，ZA-27（含铝量约27%）由于抗拉强度高、蠕变强度好、耐磨性能优良，用途日益广泛，被认为是最有发展前途的一种新的铸造合金[1]。

高铝锌合金是新开发出来的一类铸造合金，系统研究并阐述其组织形成过程的论文还不多见。鉴于组织结构对合金的性能起着决定性的影响，正确认识合金的组织形成过程是研究合金的基础，为此，本文将探讨高铝锌合金的组织形成与转变特性。

2　一次结晶

高铝锌合金是Zn—Al—Cu—Mg多元合金，为简化起见，其组织形成过程可用Zn—Al 系状态图(图 1)来说明。

在二元 Zn-Al 系中无金属间化合物形成，Zn，Al在液态下是无限互溶的，而在固态下是有限互溶的。在382℃时成分为95%Zn的液体发生共晶反应，形成由富锌的密排六方点阵的β相（1%Al）和面心立方点阵的α′相（17.2%Al）所组成的共晶体。按照状态图，ZA-27的一次结晶平衡组织应为单相固溶体，但在实际铸态组织中总是出现共

本文于1987年2月10日收到

晶体，其原因与合金的结晶特点有关。

由于高铝锌合金的结晶温度范围很宽(例如，对于ZA-27达109℃)，故结晶时的枝晶偏析极为显著，显微组织各部分不同的腐蚀程度(图2)就反映了晶粒内各部分含 Al 量的差异。x-射线微区分析结果（表1）直接证实了这种枝晶偏析的存在。从表1可以看出，枝晶中心与枝晶外沿含 Al 量的差异达到30—40%。枝晶偏析的直接后果是实际固相线温度的下降，导致非平衡共晶组织的出现。根据 Zn—Al 状态图，在平衡条件下凝固时，含铝量超过17.2%的合金不发生共晶反应，但是，由于枝晶偏析，非平衡凝固时的共晶线由 17.2%Al 延长至50%以上[2]，所以在 ZA—27 的铸态组织中枝晶间出现共晶体。

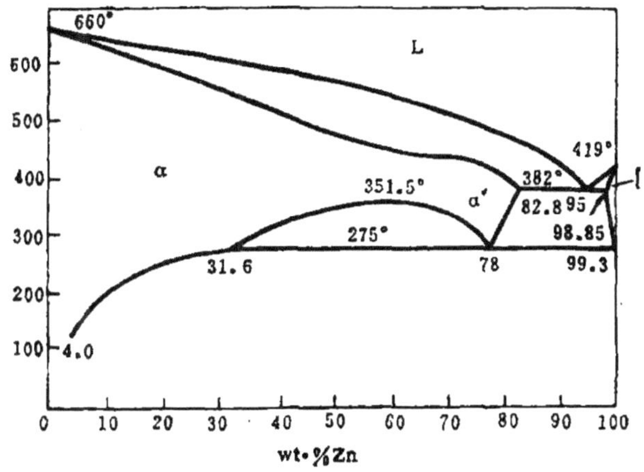

图1 Zn—Al系状态图

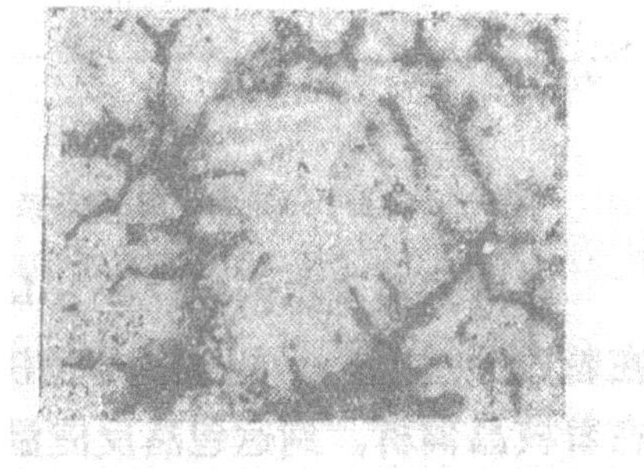

图2 ZA—27砂型铸造的显微组织×200

表1 Zn—27铸态拉伸试棒的扫描电镜微区分析结果

试样种类	位置	Al,%	Cu,%	Zn,%
金属型铸造	枝晶中心	56.08	0.79	43.13
		57.96	1.06	40.98
	枝晶边沿	18.90	6.57	74.53
		19.55	6.03	74.42
砂型铸造	枝晶中心	61.52	0.63	37.85
	枝晶边沿	17.74	7.05	75.21
晶界化合物		2.72	12.69	84.59
		3.41	14.72	81.87

值得指出的是，Zn—Al 二元状态图还有另一方案（图3）[3]。根据此状态图，在

443℃时，α′相与液相发生包晶反应而生成γ固溶体（28.4%Al）。差热分析曲线证实了这一包晶反应的存在[1]。γ相很可能是有序化的中间相，具有面心立方结构，点阵常数为4.04nm。不过关于γ相（ZnAl)的存在与否，至今仍有争议[4]。

在实际冷却条件下包晶反应总是得不到充分进行，包晶系高铝锌合金的非平衡结晶过程可示意表示如下（图4）：

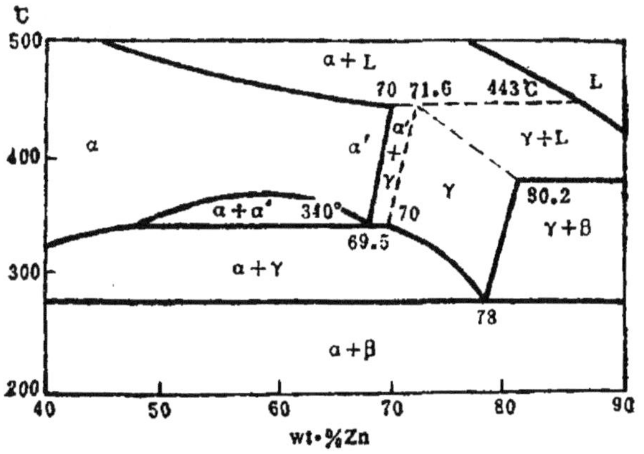

图 3 Al—Zn系状态图(包晶系)

图 4 包晶系高铝锌合金非平衡结晶过程示意图

当冷却至状态图的（α′+L）两相区时，α′相生核并长大(图4a)。由于界面前存在着成分过冷，α′相一般都呈枝晶状生长，随着温度下降，α′枝晶不断长大，同时还存在着枝晶偏析。到达包晶反应温度时，在α′枝晶表面发生包晶反应L+α′→γ，γ相在α′相表面生核并长大。鉴于γ相与α′相的点阵类型相同，点阵常数相近，两相之间可能存在着良好的界面共格关系。γ相可以在α′枝晶表面的许多部位生核并在长大过程中逐渐合并起来而将α′相包围，使之与液相隔离。此后，γ相向α′相内的生长要通过原子在固相内的扩散而进行，速度甚慢，实际上包晶反应就停止进行。所以，包晶反应只存在于转变的开始阶段。进一步冷却时将从液相中析出γ相并长大（图4b)。由于偏析加之包晶转变没有进行完全，剩余液相比平衡结晶时要多，合金的最后凝固温度（实际固相线温度）降低并可能发生共晶转变而在枝晶间形成非平衡的细片状共晶体（图5）。充分进行均匀化热处理可以消除高铝锌合金铸态组织中的不平衡共晶体。

高铝锌合金中一般都加有Cu，Mg，因此，讨论高铝锌合金的铸态组织时还必须考虑合金元素铜、镁的影响。

首先讨论铜对Zn—Al二元合金结晶过程的影响。为此，可应用Zn—Al—Cu三元状态图(图6)[5]来分析合金的结晶过程。图中P_1E、Ee_2分别为α′+ε，α′+β二元共晶线。E为三元共晶点（7%Al、3.8%Cu、89.2%Zn，377℃）。从图中可以看出，Zn—Al（27%)—Cu(2%）合金的一次结晶平衡组织应为单相α′固溶体。但是，由于结晶时发生枝晶偏析，残余液相中Zn与Cu发生富集，凝固末期发生二元共晶及三元共晶反应。因此，高铝锌合金的结晶过程可以表示为：

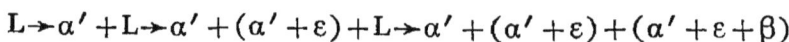

$$L\to\alpha'+L\to\alpha'+(\alpha'+\varepsilon)+L\to\alpha'+(\alpha'+\varepsilon)+(\alpha'+\varepsilon+\beta)$$

富铜相 ε—$CuZn_4$ 在三元共晶前析出，在枝晶间隙中生核并长大，因而一般ε相位于晶界附近。ε相与$FeAl_3$相不同，后者大都存在于原始枝晶内而不是在共晶相内。

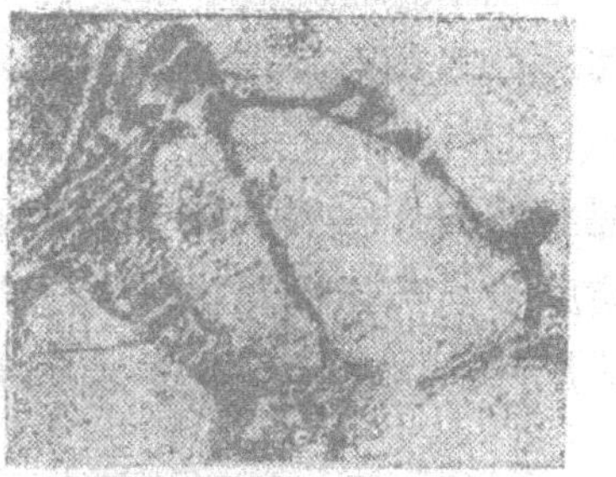

图 5　ZA—27金属型铸造试样铸态组织中的共晶体×1000

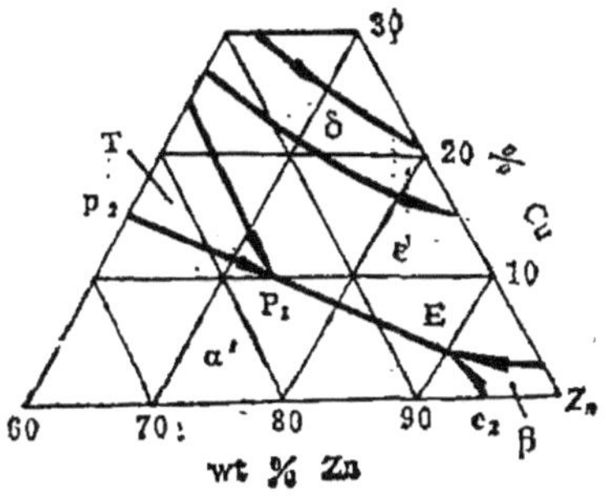

图 6　Zn—Al—Cu三元状态图的液相面

$FeAl_3$ 还显示出强烈的晶体学倾的，呈针状和杆状（图7）。

镁在纯锌中的溶解度很小，275℃时不到0.01%，在Zn—Al合金中溶解度也不大（在Zn—22%Al共析合金中275℃时为0.025%），在Zn—27%Al合金中，镁量一般不超过0.02%（大体相当于固溶强化的极限）。只有镁过量时才会在合金中形成以$Zn_{11}Mg_2$为基的金属间化合物或Zn、Al、Cu、Mg的复杂化合物。

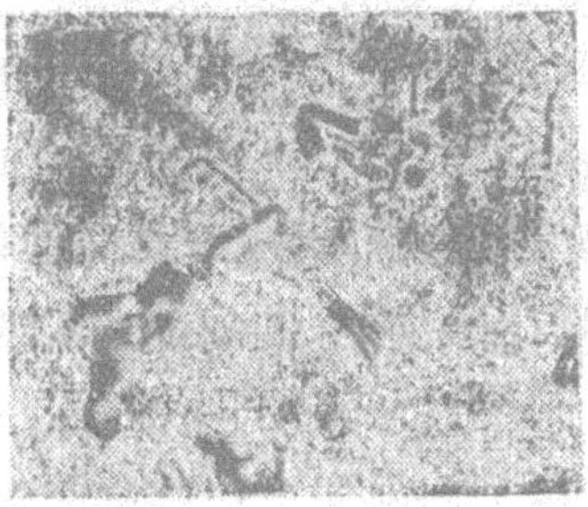

图 7　ZA—27金属型铸造显微组织中的针状$FeAl_3$相

3　固态转变

高铝锌合金的固态转变主要包括调幅分解与共析转变。

Zn—Al合金是为数不多的存在调幅分解的合金系之一。为了认识高铝锌合金的固态转变，首先需对调幅分解的概念加以简要说明。

在Zn—Al状态图的中共析侧，存在着α+α′两相区，表明冷却时单相固溶体分解为晶体结构相同但成分不同的两相的混合物。在图8中的两相区内α与α′相是平衡的，所以自由能曲线必有一公切线存在。而在两极小值之间，曲线有一极大值。在两个拐点之间的成分范围内，$d^2G/dC^2<0$（图8b），称为拐点区。各温度下的拐点所连成的曲线称为调幅曲线。固溶体合金在调幅线以内或以外分解时，其分解机理与分解产物的形成是不同的。在溶解度曲线与调幅线之间分解时，$d^2G/dc^2>0$，分解过程受生核的阻碍，是生核与长大的过程，而且在大多数情况下，新相晶核在结构缺陷处（如位错、晶界等）形成。而在调幅区内，

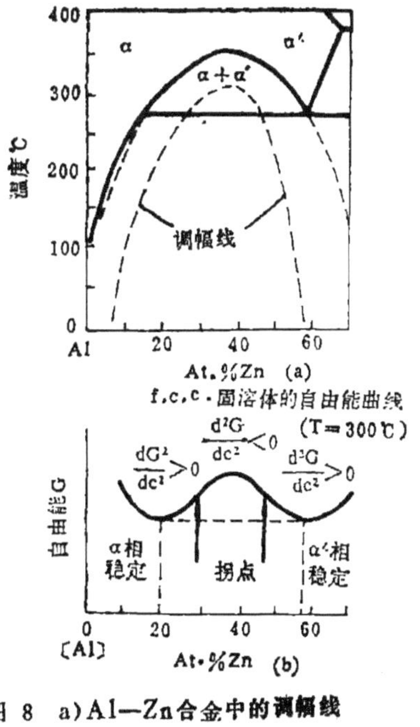

图 8　a）Al—Zn合金中的调幅线

b）Al—Zn合金的自由能与成分的关系

$d^2G/dc^2<0$，新相生核时没有热力学障碍，任何一个小的成分起伏和进一步长大都使系统自由能降低，原有的波动值将通过扩散而增大，过饱和固溶体自由分解为两相，形成成分调幅的结构，故称为调幅分解。

调幅分解不同于脱溶转变，其特点有：1)调幅分解的产物为共格的溶质富、贫区，二者之间没有明显的相界面；2)富区的生长是溶质原子从贫区向富区进行上坡扩散的过程；3)无需生核，只受扩散控制，且富区与贫区的尺寸很小（在光学显微镜下难以分辨），故分解速度很快。

由于Zn、Al原子尺寸的差异，调幅分解时会产生弹性应变能，使调幅线大致压低50℃[5]。

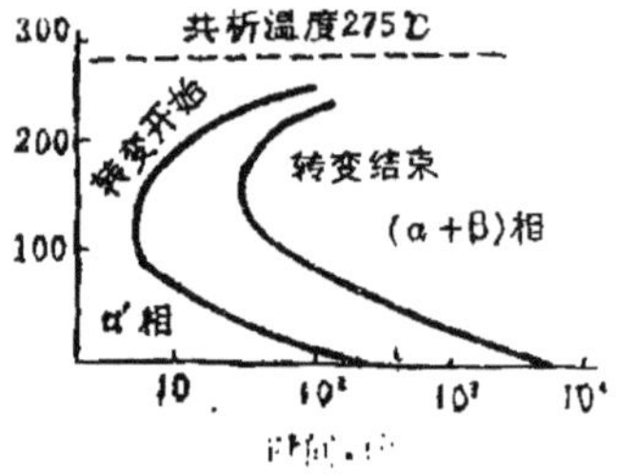

图 9 Zn—22%合金过冷α'固液体的等温转变图

Zn—Al 合金固态下最重要的转变是共析转变。Zn—22%Al 共析合金的等温转变图（图 9）与共析钢过冷奥氏体的等温转变图很相似。在“C”曲线鼻部（温度为100—150℃）的转变开始时间很短，约为5秒。在100℃以上的温度下，获得层状共析组织。转变温度愈高，所得到的组织愈粗，在50℃以下，转变产物为细粒状组织（粒径0.5μm以下）。在70℃左右，转变产物为片状和粒状共析体混合组织[6]。更深入地研究共析转变过程发现，转变分为几个阶段；高温 α'相首先分解成中间成分的两相；随后中间产物的成分逐渐调整至α相和β相的平衡成分；最后，转变产物达到实质上的平衡状态[7]。

共析转变产物不仅受转变温度的影响，也受到含铝量的影响。接近共析成分的合金（19.0—29.0%Al）易形成层状珠光体组织，而在此成分范围的两边，共析转变产物常为粒状珠光体组织[5]。含铝量对共析转变产物的这种影响，可以解释高铝锌合金显微组织中共析体的不均匀性。枝晶中心由于含铝量极高，共析转变产物呈粒状，而外围的共析组织则呈层片状（可能与含铝量的降低有关）。值得指出的是，在枝晶外沿与晶界共晶体邻接之处，总是有一层边框，其中的α相亦呈粒状。对于这层粒状组织的形成，同样可用含铝量的升高来解释。凝固速度较大时，共晶体中β相的含铝量将呈过饱和状态。一次结晶结束后，随着温度的进一步降低，从过饱和固溶体β相中将排出Al而使α'枝晶外层的含Al量升高，共析转变时遂形成粒状共析体[2]。

冷却速度影响共析转变的温度或过冷度，从而影响转变产物的粗细。提高冷却速度则转变温度降低，珠光体组织变细。例如，金属型铸造时铸态组织中的共析体将比砂型铸造时为细。从α相区缓慢冷却下来时(如均匀化后随炉冷却)，会获得粗片状的珠光体（枝晶中心由于含铝量高为粗粒状）（图10）。若从α'相区快速冷却(如水中淬火)，则可抑制α相在冷却过程中的分解而使之过冷至室温。不过，过冷α'相在室温下是极不稳定的，将逐渐分解。不加镁的共析合金，过冷α'相在室温下一分钟就开始转变。镁是最强烈的稳定α相、延缓共析转变的一种合金元素。加镁合金要在一星期后才开始转变。铜也能延缓共析转变，但其作用仅为镁的1/15。由于Zn—Al合金在（α+β）两相区中存在着亚稳的（α+α'）混合区，转变的初期阶段很可能是按调幅分解机理进行的，因而转变开始的速度甚快。随后这种中间产物逐渐向平衡相（α+β）转变。共析成分(22%Al)合金在室温下的时效过程约需2月才能完成[6]。加热可以加速时效过程。高铝锌合金人工时效后的组织与钢的回火组织甚为相似。图11为经350℃、2小时均匀化后水淬并经200℃、10小时时效处理所获得的粒状共析体组织。

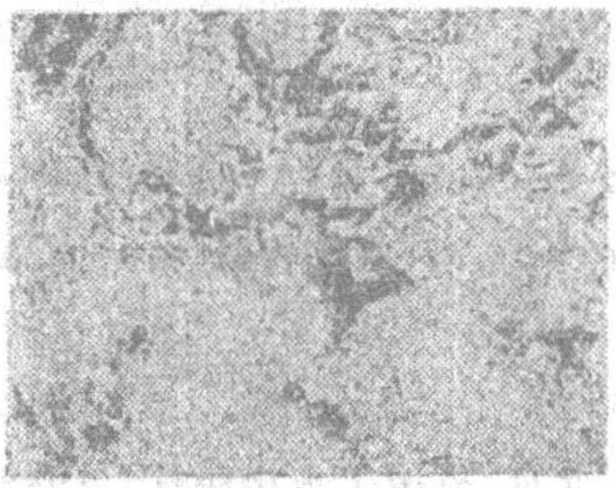

图10 ZA—27试样的退火组织（350°C、2小时均匀化而后炉冷）

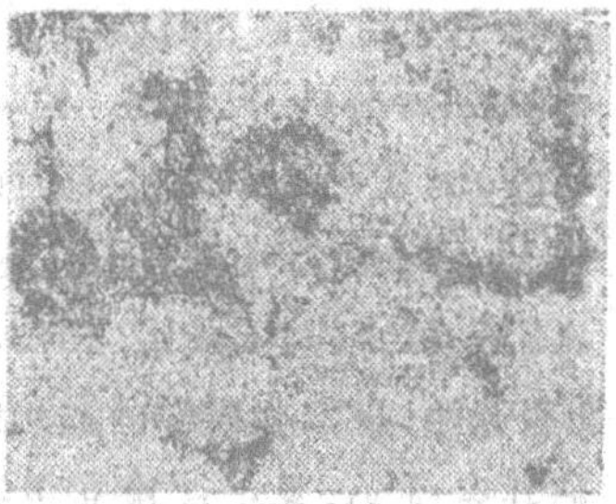

图11 ZA—27试样经350°C、2小时均匀化、水淬而后200°C、10小时时效处理后的组织

4 结 论

1）高铝锌合金由于结晶温度范围宽、枝晶偏析严重，导致在铸态组织中枝晶间出现非平衡共晶体。此外，高铝锌合金的一次结晶过程中还可能存在着包晶反应。

2）在含铜的高铝锌合金中，由于结晶时枝晶偏析引起残余液相中Zn与Cu的富集，使凝固末期发生二元共晶（α′+ε）及三元共晶（α′+ε+β）反应，富铜相 ε—$CuZn_4$ 在三元共晶前析出于晶界附近的枝晶间隙中。

3）Zn—Al 合金是为数不多的存在调幅分解的合金系之一。由于在（α+β）两相区中存在着亚稳的（α′+α）混合区，共析转变的初期很可能是按调幅分解机理进行的，因而开始转变的速度甚快。

4）Zn—Al 共析合金（22%Al）的等温转变图与共析钢过冷奥氏体的等温转变图很相似。共析转变产物的形态受转变温度的影响。在100℃以上转变，获得层状共析组织。转变温度愈高，所获得的层状组织愈粗。转变温度低于50℃时获得细粒状组织，70℃左右则获得层状、粒状混合组织。

5）合金元素也影响Zn—Al 合金过冷α′相的等温转变。成分离共析点不太远的合金（19.0—29.0%Al），易形成层状共析组织，而含铝量超出此范围的合金，常获得粒状共析组织。含铝量的这种影响可以解释高铝锌合金显微组织中共析体的不均匀性。镁是稳定α′相作用最强的一种合金元素。在延缓共析转变方面其作用是铜的15倍。

参 考 文 献

1 Lamlerigts M, et al. AFS Transactions, 1985; 93, 567—578

2 津田昌利等. 铸物, 1984; 56(10): 585—591

3 Brandes E A. Smithells Metals Reference Book. Six Edition, London: Butterworths, 1983; 11—56

4 Negrete J, et al. Metallurgical Transactions A, 1983; 14A(9): 1931—1934

5 ASM Handbook Commttee. Metals Handbook(Vol.8).8th Edition, Ohio: ASM Metals Park, 1973: 380—385, 184—185

6 加滕光治.日本金属学会志, 1974; 38(6): 539—545

7 伯耳克 J A.见: 沈豫立主编.工艺金属学(译文集).北京.机械工业出版社, 1982: 74—76

The Formation of Structures in High-Aluminium Zinc Alloys

Shu Zhen and Liu Jinshui

(Department of Mechanical Engineering)

Abstract

In this paper, the coring and nonequilibrium eutectic formation and the peritectic reaction during crystallization as well as the spinodal decomposition and eutectoid transformation in solid state are investigated. The effects of some alloy elements on the as—cast structure and solid state transformations of high-aluminium zinc alloys are also discussed.

Key words: high-aluminium zinc alloy; nonequilibrium eutectic; peritectic reaction; spinodal decomposition; eutectoid transformation

对 Reimer—Tiemann 反应的改进

杨祝华，肖首信
（化学化工系）

【摘要】对Reimer—Tiemann反应作了较大的改进：选用聚乙二醇作相转移催化剂，以粉沫状氢氧化钠代替浓氢氧化钠溶液，并加入少量无水质子性溶剂，可使由苯酚合成水杨醛及对—羟基苯甲醛的总产率显著提高，达到66.5%。

关键词：瑞麦—悌曼反应；酚；水杨醛；羟基苯甲醛；二氯卡宾；甲酰化

Reimer—Tiemann 反应是采用氯仿作为甲酰化试剂，在碱性条件下，使苯环甲酰化的著名反应。主要用于苯酚类物质的甲酰化以合成羟基苯甲醛类物质，如合成水杨醛（SAL）和对—羟基苯甲醛（POBA），它们广泛用于合成香料、农药、电镀添加剂等方面。近年来，还发现POBA在药物方面有特殊用途，如作为青霉素调节剂。1980年日本科学家还证实POBA具有较好的抗癌活性[1]。因此，随着SAL和POBA用途的日益扩大，其需求量也愈来愈增加。但是，目前我国在这方面尚缺乏较好的生产方法。就以生产SAL来说，一般采用邻甲酚为原料，经酯化（保护酚羟基）、甲基氯代、再经水解蒸馏而得SAL。此方法路线较长，而且需要较纯的邻甲酚，如果以苯为原料，经Reimer—Tiemann反应，直接在苯环上引入醛基，只需一步反应就生成羟基苯甲醛，再经分离就能同时得到SAL和POBA，而且，回收的酚可以再循环使用。因此，采用Reimer—Tiemann反应来合成羟基苯甲醛，具有合成路线短，条件温和、原料易得等优点。但是，经典的Reimer—Tiemann反应，产率一般很低，很少超过50%[2]。所以，如何提高此反应的产率，一直引起各国化学工作者的关注。自从60年代初，对Reimer—Tiemann反应机理有了较明确的认识[3]，以及70年代相转移催化剂得到广泛应用之后，许多化学工作者开始考虑在Reimer—Tiemann反应中采用相转移催化剂以提高其产率，从而使Reimer—Tiemann反应的前景有了很大改观。近几年来，相继应用于此反应的相转移催化剂有：季铵盐、季铵碱[4]、叔胺[5,6]、以及α—或β—糊精[7,8]、冠醚等。我们考虑季铵类物质价格昂贵；叔胺类物质效果不理想[4]；采用α—或β—糊精反应周期很长；冠醚不但价格贵而且毒性大。因此，将研究目标转向其他能起相转移催化的物质。我们考虑到开链的大分子聚乙烯类物的分子蜷曲结构与冠醚分子结构很类似，或许能催化

本文1987年5月28日收到

Reimer—Tiemann反应。因此，我们选择了多种含聚氧乙烯醚结构单元的物质，如各种不同分子量的聚乙二醇、Tween—80、OP乳化剂等进行了试验，并与季铵盐的催化效果进行了对比试验。结果表明：在我们所采用的条件下，聚乙二醇对Reimer—Tiemann反应的催化效果优于国内外目前用于此反应的其他相转移催化剂。聚乙二醇无毒、价格便宜、使用方便，用它作Reimer—Tiemann反应的相转移催化剂，预计对改善羟基甲醛的合成将起很大的促进作用。

1 实验部分

1.1 SAL、POBA的合成

在一250毫升的四口烧瓶中盛装40克（1.0mole）粉末状氢氧化钠，适量有机溶剂。此时，溶液有一放热过程，待温度稍降后，加入14.1克（0.15mole）苯酚、数克相转移催化剂。烧瓶上装有搅拌器、氯化钙干燥管、迴流冷凝管、温度计和滴液漏斗。在60℃反应1小时，而后滴加33毫升（约0.4mole）三氯甲烷，控制滴加速度，使反应温度维持在60℃，反应4小时后，将反应液冷却至室温，用10%的盐酸酸化，分离得到有机相，水层用乙酸乙酯萃取，萃取液与有机相合并。取样，用气相色谱分析仪测定SAL和POBA的含量。将合并液蒸馏，首先分离出溶剂，然后蒸出SAL和未反应的苯酚，馏液用饱和亚硫酸氢钠加成法将SAL和苯酚分离。蒸馏后的余渣用甲苯重结晶得到POBA。

1.2 定量分析方法

采用气相色谱法对反应液中所产生的SAL和POBA进行定量测定。由于两者的熔、沸点相差较大，使测定有一定的困难。经过探索，可用白色硅藻土（60～80目）作担体，聚乙二醇20000作为固定液，能较好地分离反应液中各组分，并用内标法进行定量。

2 结果与讨论

2.1 催化剂对产率的影响

我们研究了碘化四丁基铵、氯化三甲基苄基铵、对一辛基苯酚聚氧乙烯醚（OP）、失水山梨醇油酸酯聚氧乙烯醚（Tween—80）、几种不同分子量的聚乙二醇作为相转移催化剂对Reimer—Tiemann反应产率的影响。结果总结于表1。

表1　　不同催化剂对SAL和POBA总产率的影响

催化剂	产率（%）	催化剂	产率（%）
无	32.6	Tween—80	56.7
$(C_4H_9)_4N^+I^-$	62.7	聚乙二醇4000	56.9
$C_6H_5CH_2N^+(CH_3)_3Cl^-$	60.0	聚乙二醇10000	66.5
OP	61.0	聚乙二醇20000	60.0

注：各试验的其他条件均相同。

从上表看出，在Reimer—Tiemann反应中加入季铵盐和含聚乙烯醚结构的物质作相转移催化剂比未加入催化剂的产率明显增加，在所选用的几种催化剂中，又以聚乙二醇10000的效果最佳，其理由可能如下所述。

在Reimer—Tiemann反应中，二氯卡宾是反应中间体，整个过程大体可分成两步：即二氯卡宾的形成，以及酚氧负离子与二氯卡宾的反应，前者是控制步骤。以生成SAL为例，反应机理可表示为：

$$CHCl_3 + OH^- \rightleftharpoons CCl_3^- + H_2O$$

$$CCl_3^- \xrightarrow{\text{慢}} :CCl_2 + Cl^-$$

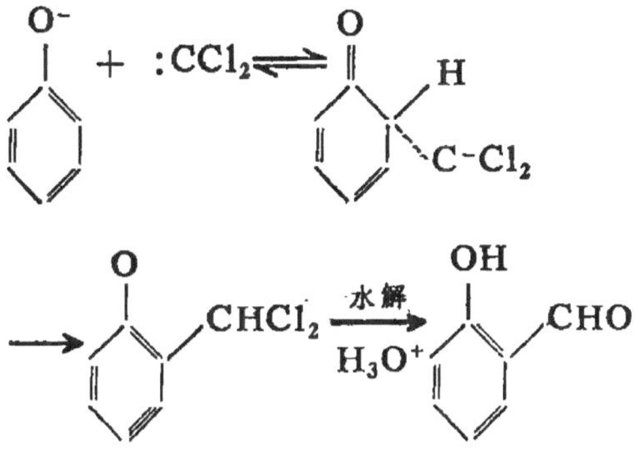

由于聚乙二醇的分子蜷曲结构类似于冠醚，具有和冠醚相似的络合性质。聚乙二醇与碱（无机相）中的 Na^+ 络合，而将 OH^- 带入有机相（氯仿），并提高了OH^-的亲核能力，从而起相转移催化的作用。聚乙二醇络合金属离子能力的大小与所络合的正离子的性质有关；同时，聚乙二醇醚链的长短也有一定的影响。因此，聚乙二醇的聚合度不同，其催化效果也有所差别。实验表明：在我们所取用的条件下，平均分子量为 10000 的聚乙二醇的链节长度最适合作 Reimer—Tiemann 反应的相转移催化剂。

2.2 水对产率的影响

经典的Reimer—Tiemann反应是在50％的氢氧化钠溶液中进行的。我们采用相应含量的粉末状氢氧化钠代替50％的水溶液，产率有明显提高。虽然有人做过在非水体系中将二氯卡宾与烯烃进行环加成的工作，但同时采用非水体系和聚乙二醇相转移催化剂于Reimer—Tiemann反应，尚未见报道。试验结果如表 2 所示。

表 2　采用50％氢氧化钠水溶液和粉末状氢氧化钠对SAL和POBA总产率的影响

NaoH	催　化　剂	产　　率
50％ 水溶液	聚乙二醇10000	52.0
粉　　沫	聚乙二醇10000	66.5

注：在对比试验中，催化剂用量、原料用量、反应时间均相同，以乙醇为溶剂。

采用粉末状氢氧化钠可使产率明显提高，这是因为反应中间体二氯卡宾与水可以发生副反应（生成甲酸钠），并且消耗一部分碱。

$$:CCl_2 + H_2O \longrightarrow \{H_2O^+ - C^- Cl_2 \longrightarrow HOCHCl_2$$

$$CO + OH^- \longrightarrow HCO^-$$

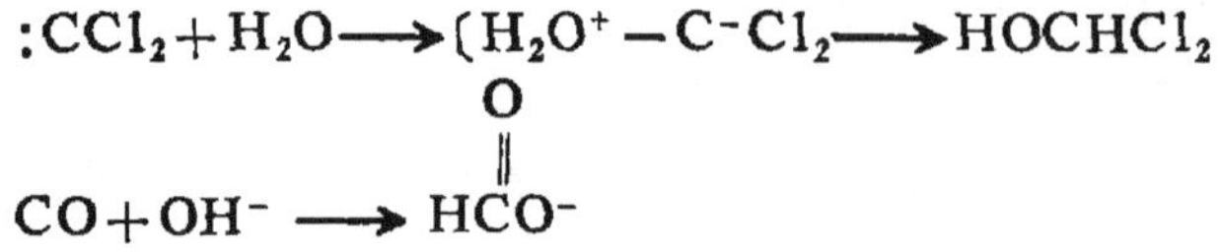

而用粉末状氢氧化钠代替其50%的水溶液可减少这种副反应的发生。

2.3 溶剂对产率的影响

传统的Relmer—Tiemann反应是没有加入任何有机溶剂。由于是非均相反应，反应物间的碰撞机会少，除加入相转移催化剂之外，还可考虑加入适当的有机溶剂来起增溶效应，如有人用苯[5]、正丁基醚等[4]。我们从反应机理考虑，加入适当的有机溶剂不仅是增溶作用，而且有其特殊效应。试验结果表明：极性有机溶剂有利于提高产率。

表3　　　　溶剂极性对 SAL 和 POBA 总产率的影响

溶　剂	无	苯	正丁基苯	四氢呋喃	乙　醇
偶极矩（Debyes）	/	0.00	1.17	1.63	1.69
产率（%）	40.0	48.5	56.0	57.5	66.5

注：各试验其他条件均相同，碱为粉沫状氢氧化钠

极性溶剂为什么能提高 Reimr—Tiemann 反应产率？应与反应机理有关。该反应机理含有如下步骤：

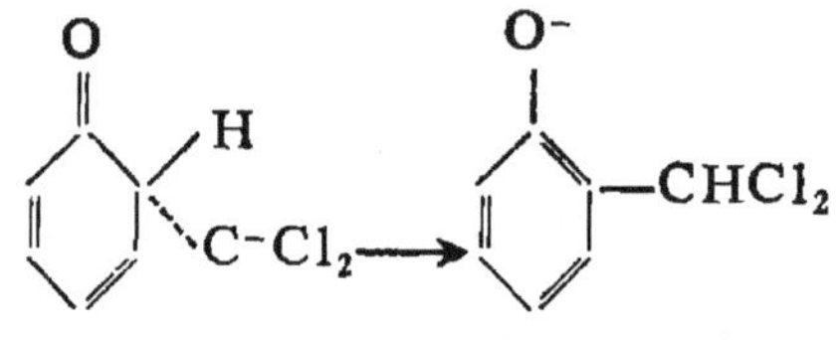

对于这一步，曾经认为其—CHCl_2 上的氢是由环上的氢发生 1,2—迁移而来。但后来 Kemp[9] 等提出：—CHCl_2 上的氢是来自溶剂，然后环上的质子再丢给溶剂。在我们所选用的有机溶剂中，只有乙醇才能给出质子。在乙醇作溶剂时，产率比较高，这一事实正与 Kemp 提法相一致，也就又一次证明二氯甲基上的氢确是来自溶剂。此外，用乙醇作溶剂还可减轻反应中树脂化程度，从而也有利于提高产率。

3 结论

在Reimer—Tiemann反应中，用聚乙醇作相转移催化剂，以无水粉末状氢氧化钠代替氢氧化钠浓溶液，而且在质子型有机溶剂存在下，可使产率显著提高。经气相色谱分析，SAL 和 POBA的总产率可达66.5%，比1983年文献[4]所报道的色谱分析值高5.0%

左右，聚乙二醇无毒、价格便宜、使用方便，是应用于Reimer—Tiemann反应的较优催化剂。

参考文献

1 Kuroda, Hiroyuki and Nakamurs, et al. 日本公开专利 80 51, 018 (1980)

2 Jerry March. Advanced Organic Chemistry 2nd ED. Nork: McGraw—Hill Book Company, 1977: 496

3 Hine J and Van der Veen J M. J. Org. Chem., 1961; 26: 1406

4 Hamada and Kazuhiko, EP, 0074272, 1983

5 Yoel Sasson and Minda Yonovich, Tetrahedron lett., 1979; (6): 3753

6 Kakuzo, Isagawa et al. J. Org. Chem., 1974; 3171: 39

7 Mokoto, Komiyama and Hidefami, Hirai, J. Am. Chem. Soc., 1983; 105 (7): 2018—21

8 MOkoto and Komiyama, et al. Makromol. Chem. Rapid Commun., 1981; 2 (12): 715—17

9 Kemp. J. Org. Chem., 1971; 202: 36

Modification and Improvement of Reimer-Tiemann Reaction

Yang Zhuhua and Xiao Shouxin

(Department of Chemistry and Chemical Engineering)

Abstract

The Reimr–Tiemann Reaction was modifed by using polyethene glycol as the phase transfer catalyst. The traditional aqueous sodium hydroxide was replaced with powdered sodium hydroxide, and a small amount of anhydrous protic solvent was added in Reimer–Tiemann Reaction. The total yield of salicylaldehyde and p–hydroxybenzaldehyde synthesized from phenol was increased and came to 66.5%.

Key words: Reimer–Tiemann reaction; phenol; salicylaldehyde; hydroxy–benzaldehyde; dichlorocarbene; formylation

半挂车汽车列车制动性能的预测与分析（英文）

郭正康

Prediction and Analysis of the Braking Performance of the Tractor-Semitrailer Combination

Guo Zhengkang
(Department of Mechanical Engineering)

Abstract

This paper will first analyze the dynamic braking process of a tractor (two axles)-semitrailer (single axle) combination, and then develop its mathematical model, in which the tire—road friction, the elastic characteristics of the suspension and the influence of the frame torsional deformation are carefully considered. Finally, the dynamic braking process and the braking stability of the combination are predicted by a digital computer simlation.

Key words: Braking; predict; simulation; stability

1 Introduction

The braking performance of truck or tractor—trailer (or semitrailer) combination is of direct concern to the safety of the life and property of prople, and will greatly influence the mean technical speed and transportation productivity of vehicles. According to the recent statistics, there are 1, 1 0 0 persons died from accidents every day in the world today, namely about 400,000 people died under the wheel each year. The conditions of the highway and city transportation in our country are rather bad compared with the developed countries, and the rate of the accident is very high. For example, in 1986, there are about 7,000,000 commercial vehicles in use (of which about 3,700,000 are motor vehicles) in our country, but more than 221,900 accidents took placed, 42,237 people died and more than 100,000 were injured . But in the United States which is well known as a country 'On the wheel', with 200,000,000 motor vehicles in use, only 43,000 people died from car accidents in 1985. Reference [1] indicates that of all accidents due to vehicles' mechanical troubles, 45 percent are caused by the troubles of the braking system. Thus it can be seen that to analyze and study the braking performance of the truck and tractor—trailer combination is very important to the vehicle design. Based on this, we might know how the vehicle performance is and how to improve it.

To investigate the braking performance of the vehicle including the tractor-trailer combination, there are many ways to use. Simulation is a very powerful problem-solving technique. Even befor the digital computer became available, complex dynamic systems, like the motor vehicle system, could not be analyzed by means of available mathematical tools. For the majority of such system, people had to be forced to find 'intuitive' solutions. But now no one needs to accept an intuitive solution or too much simplified solutions. We have a new tool—computer simulation, that allows us to mimic the behaviour of the real—life system and to predict the performance of the motor vehicle befor it becomes a new product.

This study will first analyze the dynamic braking process of a tractor (two axles)—semitrailer (single axle) combination , and then develop its mathematical model, in which the tire—road friction, the elastic characteristics of the suspension and the influence of the frame torsional deformation are carefully considered. Finally, the dynamic braking process and the braking stability of the combination are predicted by a simulation with a digital computer.

2 Mathematical Models

2.1 The Equations of Motion of the Sprung Mass

From Fig.1, the equations of motion for the sprung mass of the tractor and semitrailer can be written as:

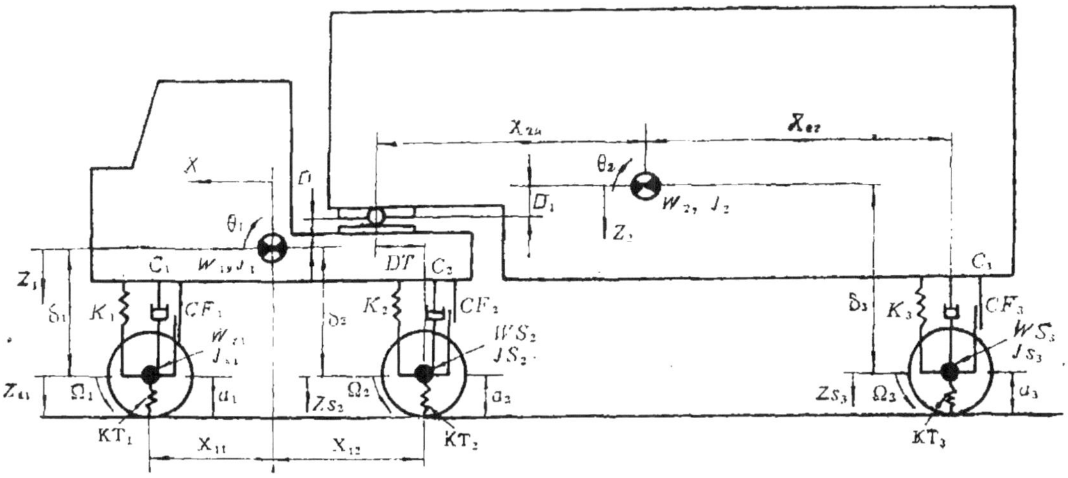

Fig.1

$$M_1(\dot{U}_1 - V_1 r_1 + W_1 q_1) = \sum F_{1x}$$
$$M_1(\dot{V}_1 + U_1 r_1 - W_1 P_1) = \sum F_{1y}$$
$$M_1(\dot{W}_1 - U_1 q_1 + V_1 P_1) = \sum F_{1z}$$
$$M_2(\dot{U}_2 - V_2 r_2 + W_2 q_2) = \sum F_{2x}$$
$$M_2(\dot{V}_2 + U_2 r_2 - W_2 P_2) = \sum F_{2y}$$
$$M_2(\dot{W}_2 - U_2 q_2 + V_2 P_2) = \sum F_{2z} \quad (1)$$
$$J_{1x}\dot{P}_1 + q_1 r_1 (J_{1z} - J_{1y}) = \sum M_{1x}$$
$$J_{1y}\dot{q}_1 + P_1 r_1 (J_{1x} - J_{1z}) = \sum M_{1y}$$
$$J_{1z}\dot{r}_1 + P_1 q_1 (J_{1y} - J_{1x}) = \sum M_{1z}$$
$$J_{2x}\dot{P}_2 + q_2 r_2 (J_{2z} - J_{2y}) = \sum M_{2x}$$
$$J_{2y}\dot{q}_2 + P_2 r_2 (J_{2x} - J_{2z}) = \sum M_{2y}$$
$$J_{2z}\dot{r}_2 + P_2 q_2 (J_{2y} - J_{2x}) = \sum M_{2z} \quad (2)$$

where

M_1, M_2——Sprung mass of the tractor and semitrailer, respectively (kg)

J_{1x}, J_{2x}——Roll moment of inertia of the sprung mass of the tractor and semitrailer, respectively (kg—m—sec^2)

J_{1y}, J_{2y}——Pitch moment of inertia of the sprung mass of the tractor and semitrailer, reaspectively (kg—m—sec^2)

J_{1z}, J_{2z}——Yaw moment of inertia of the sprung mass of the tractor and semitrailer, respectively (kg—m—sec^2)

U, V and W——Velocity components of the sprung mass center along the direction of X, Y and Z axes (m/sec)

P, q and r——Angular velocity component of the sprung mass in roll, pitch and yaw, respectively (rad/sec)

$\sum F_x$, $\sum F_y$ anp $\sum F_z$——Total force components on the sprung mass along the direction of X, Y and Z axes (N)

$\sum M_x$, $\sum M_y$ and $\sum M_z$——Total moment components on the sprung mass along the direction of X, Y and Z axes (N—m)

Obviously, We have

$$U = \dot{X}$$
$$V = \dot{Y}$$
$$W = \dot{Z}$$
$$P = \dot{\phi}$$
$$q = \dot{\theta}$$
$$r = \dot{\psi}$$

and ϕ, θ, ψ is the roll angle, the pitch angle and the yaw angle, respectively (rad) .

2.2 The Equations of Motion of the Unsprung Mass

The vertical motion:

$$M_{si}\ddot{Z}_{si}+C_i\dot{Z}_{si}+K_iZ_{si}+CF_i=\Delta N_i$$

$$\Delta N_i=K_{ti}(Z_{si}+R_{zi})+C_{ti}\dot{Z}_{si} \qquad (3)$$

where,

i——Subscript, the axle number, in Figure 1, $i=1, 2, 3$

M_s——Unsprung mass (kg)

Z_s——Displacement in Z direction of the unsprung mass meassured from the static equilibrium (m)

C——Viscous damping coefficient (N—sec/m)

CF——Maximum Coulomb friction (N)

K——Spring rate of the suspension (N/m)

K_t——Spring rate of the tire (N/m)

R_z——Vertical coordinate of road, up is positive (m)

C_t——Tire-road interface vertical damping (N-sec/m)

2.3 The Equations of Motion of the Wheel

Fig.2 is a free body diagram of a rotating wheel. The equation or rotational motion is

$$J_s\dot{\Omega}=-TT-F_{xw}\cdot R_r \qquad (4)$$

where

F_{xw}——The longitudinal force at the tire-road interface (N)

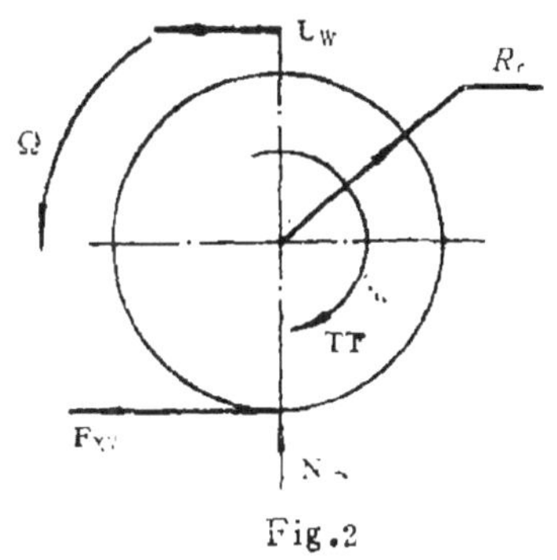

Fig.2

$\dot{\Omega}$ ——Wheel angular acceleration (rad/sec²)

J_s ——Polar moment of inertia of the wheel (kg-m-sec²)

R_r ——Effective tire rolling radius (m)

TT ——Applied brake torque (N-m)

Since the longitudinal slip s_x is defined as:

$$s_x = 1-\frac{R_r\cdot\Omega}{U_w} \qquad (5)$$

in which U_w is the longitudinal velocity of the wheel center (m/sec) , and

$$U_w=U_i\cos\delta+V_i\sin\delta$$

Noting that

$$U_i=U-Y_u\cdot\dot{\psi} \qquad (6)$$

$$V_i = V + X_u \cdot \dot{\psi} \quad (7)$$

Where

U, V ——Velocity component of the vehicle sprung mass center in x and y direction, respectively (m/sec)

ψ ——Angular displacement in xoy plane of the vehicle sprung mass (rad)

Y_u ——Half track of the vehicle (m)

X_u ——The distance from the sprung mass center to the mass center of the wheel (m)

δ ——Steer angle of the wheel (rad)

3 Main Simulation Models [2]

3.1 Friction Moment of the Brake

The response of the brake system to control inputs applied at the treadle valve is characterized by two parameters for each axle: the time delay and the rise time of the brake. The formor is defined as the time elapsed from the instant when the pressure starts to rise at the output of the treadle valve to the instant when the pressure starts to rise in a given brake actuator. For the purpose of this simulation, the latter is defined as the time elasped from the instant when the pressure starts to increase in the brake chamber to the instant when the pressure reaches 63 percent of the commanded valve. The mechanical characteristics of the brake system will be determined by these two parameters, with which the pressure response at the Ith axle is given by the following equations:

$$P(I) = 0, \quad \bar{t} \leqslant 0$$

$$P(I) = P_0[1 - e^{\frac{\bar{t}-t}{TQ(I,2)}}], \quad \bar{t} > 0 \quad (8)$$

and $\bar{t} = t - t_0 - TQ(I, 1)$

where

p_0 ——Treadle pressure, when $t = t_0$ (MP_a)

$p(t)$ ——Response pressure at the Ith axle to a step pressure (MP_a)

$TQ(I, 1)$ ——Time delay (sec)

$TQ(I, 2)$ ——Rise time (sec)

Thus, the brake torque produced at each axle can be calculated by means of the following equation:

$$T(I)=PB(I)\cdot Q(I)\cdot BF(I) \tag{9}$$

where

$T(I)$ ——Attempted brake torque on the Ith axle (N-m)

$PB(I)$——Effective line pressure at the brake minus the pushout pressure (MP_a)

$Q(I)$ ——Brake system constant

$BF(I)$——Brake factor

Considering the brake fade which results in variations in brake factor due to changes in the brake lining friction coefficient, and assuming that μ_L is the friction coefficient between the lining and drum, μ_{Ll} and μ_{Lh} are the lower and upper value of lining friction coefficient, respectively; f is the brake fade coefficient and p is the line pressure of the brake, Reference [1] recommends that:

$$\mu_L=\mu_{Ll}+(\mu_{Lh}-\mu_{Ll})e^{-fp} \tag{10}$$

For the air brake system, the fade coefficient f is in the range of $(0.44-2.61)\times10^{-6}$. For the hydraulic brake system, $f=(0.04-0.13)\times10^{-6}$.

3.2 Tire Model [3]

The shear forces at a tire produced by the combined lateral and longitudinal slip is very complicated. Up to now, there exists no complete theoretied description for this complex phenomenon. The model developed by Prof. L. Segel et al is a better one today. This study will use this model in which the longitudinal and lateral force components in the tire axis system are given by

$$\left.\begin{aligned} F_x&=-\left(\frac{\overline{S}}{\overline{S}_R}\right)F_R \\ F_y&=-\left(\frac{\overline{\alpha}}{\overline{S}_R}\right)F_R \end{aligned}\right\} \tag{11}$$

in which, the total shear force is

$$F_R=\begin{cases}\mu|F_z|\overline{S}_R, & \overline{S}_R<0.5 \\ \mu|F_z|\left(1-\dfrac{1}{4\overline{S}_R}\right), & \overline{S}_R\geqslant 0.5\end{cases}$$

$$\overline{S}=\frac{C_s S_x}{\mu|F_z|(1-S_x)}$$

$$\overline{\alpha}=\frac{C_\alpha S_y}{\mu|F_z|(1-S_x)}$$

$$\overline{S}_R=(\overline{S}^2-\overline{\alpha}^2)^{\frac{1}{2}}$$

where

μ ——Coefficient of the friction at the interface between tire and road

α ——Slip angle of the tire (rad)

S_x ——Longitudinal slip of the tire (equation (5))

S_y ——Lateral slip of the tire, $S_y=\text{tg}\alpha$

F_z ——Normal load on the tire (N)

C_α ——Longitudinal stiffness of the tire (N/slip)

3.3 Typical Maneuvers of Braking in a Turn

Brakiug in a turn is further complicated, as the forces of the lateral acceleration come in addition to bear. We can no longer linearize the analysis; rather we are forced to model the tire as a nonlinear element which produces shear forces as a function of the sideslip angle and the longitudinal slip. In our simulation, these typical manenvers of braking in a turn are described as follows:

(1) Braking in a steady turn: The directional response of the vehicle is produced by braking with a fixed steering wheel angle, and the braking torque} input function used in this simulation run is of the form as shown in Fig.3a.

(2) Braking in a lane change: This maneuver can be executed perfectly by displacing the steering wheel first to the left (right) and then to the

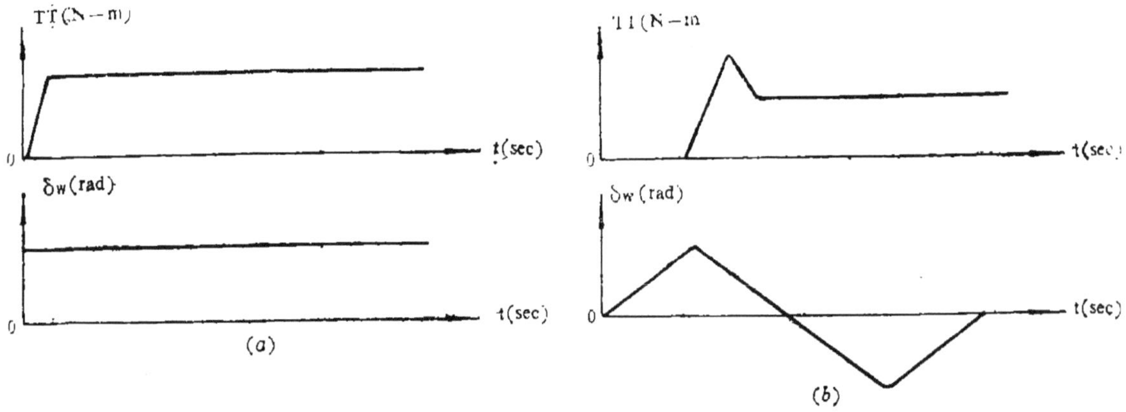

Fig.3

right (left) , controlling the steering amplitude and limiting to produce the result diagrammed in Fig.3b.

It should be noted that in these maneuvers, the vehicle is not braked hard enough to bring it to a complete stop at the completion of the steering response.

4 Brief Introduction to the Simulation Program

This program is adapted by the author and based on the program developed by Transportation Research Institute, the University of Michigan , in the United States. This is a continuous dynamic simulation system in time domain for a tractor-semitrailer combination.

The mathematical model incorporates up to 21 degrees of freedom, namely 6 degrees of freedom (three translational and three rotational) for the tractor sprung mass; 3 degrees of freedom for the semitrailer sprung mass (the three other degrees of freedom of the semitrailer are effectively eliminated by dynamic constraints at the hitch); 2 degrees of freedom (vertical and roll) for each of 3 axles allowed ; finally , a wheel rotational drgree of freedom for each of the 6 wheels allowed.

The simulation program is the HPCG program of the University of Michigan [4] , which is written with a popular language FORTRAN . The integration formula is the much more refined, accurate and commonly used method: the fourth-order Runge-Kutta method with a varying step automatically.

Fig.4 is the main flowcharts.

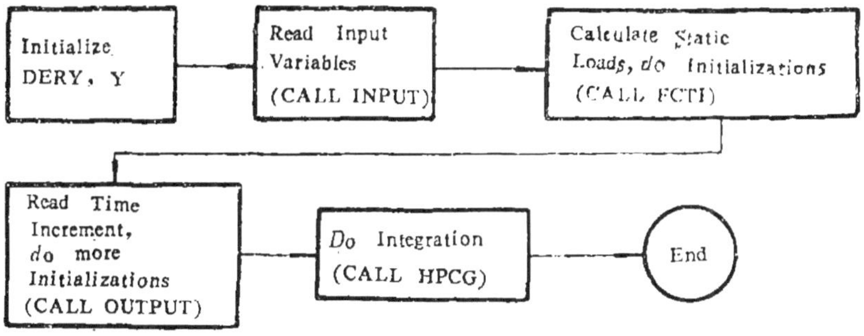

Fig.4

5 ReSults and Conclusions

The purpose of this study is to simulate the braking performance of a tractor-semitrailer combination braking in a turn. Both of the lateral and longitudinal accelerations change with the time when the tractor-semitrailer combination is subjected to the braking force during a steady turn (Fig.5). The test data were made by the University of Michigan. Fig.5 shows that the test data and the simulation results are almost close to each other. When braking force is further increased , up to overkraking , the axle will be locked and the sideslip occurs. As illustrated in Fig.6 [5] , when the rear axle of the tractor is locked , the axle locking produces 'Jackknifing' , i.e. a violent divergent instability in which the tractor rotates about the hitch with a relatively little angular movement of the semitrailer. Jackknifing is the main reason why the dangerous accidents of the train often take place.

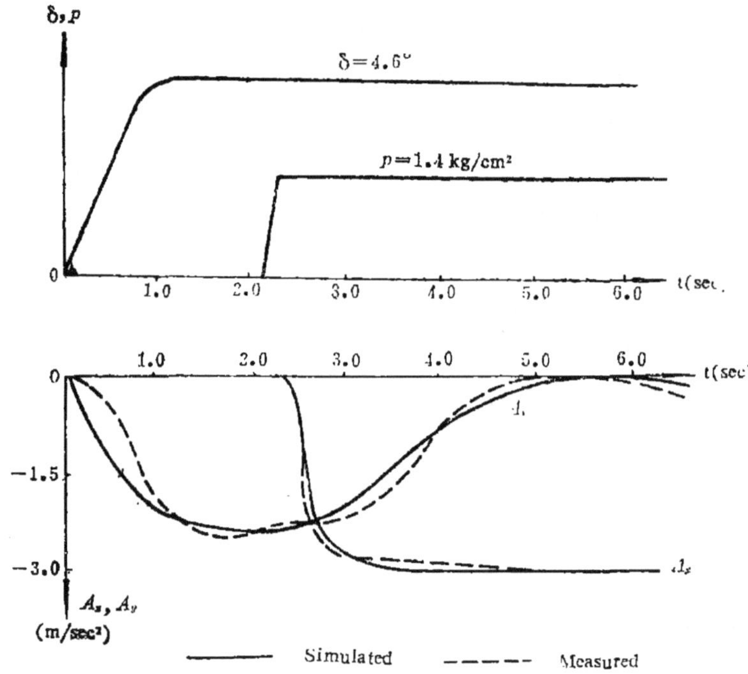

Fig.5

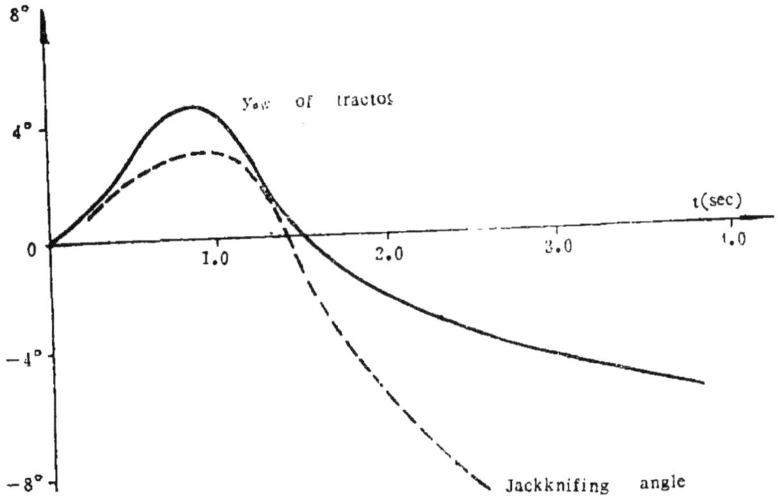

Fig.6

This extreme braking situation should be avoided . Theoretical and experimental works on the directional stability during the braking of a tractor-semitrailer vehicle also point out that since trailer axle locking will bring the trailer to swing very easily , and , consequently, overbraking of the semitrailer axle should also be prevented.

In summary , it appears that the braking performance is determined not only by the braking distance , but also by its stability . And the stability of the tractor-semitrailer combination is concerned with the distribution of braking between tractor and trailer axles and the compatibility of towing vehicles and trailers, i.e. the delay characterstics of the tractor and semitrailer . The results of the simulation also indicate that for a fixed braking distribution of the tractor-semitrailer combination , because the dynamic load and the dynamic braking forces on axles of the tractor are much influenced by the axle loads and braking forces of semitrailer , it is a very complex work to design a reasonable distribution of braking to improve its braking performance , especially , when there is a big difference between the mass center heights of loaded and unloaded vehicles. The best way is to use an automatic (dynamic) load sensitive brake proportioning device to achieve a favourable brake forces distribition for all vehicle loading conditions.

Predicting the performance of moter vehicles with a digital computer simulation is a significant development of automobile design technique. Practice has proved that the simulation as an analytic tool is very useful and is basically an experimental techique . Not all laboratory experiments , of course, can be replaced with computer simulations. But today, in many countries, a majority of those experiments are simulated with conputers , because the simulations are faster, cheaper, easier and can provide better insight into the system than laboratory experiments. This study is an attempt to predict the dynamic performance of the motor vehicles. Perhapse somewhere in the model is not suitable, because the real-life system is very difficult to predict, the system itself is complex and some theory is not yet sufficiently developed. We still have a lot of work to do.

References

1 Limpert R.Analysis and Design of Automotive Brake Systems, Engineering Design Handbook. New York, 1976: 120-310

2 Murphy R W, et al. A Computer Based Mathematical Method for Predicting the Braking Performance of Trucks and Tractor-trailers.

Ann Arbor: HSRI/University of Michigan, 1972: 31-48
3 Segel L, et al. Tire Shear Force Generation During Combined Steering and Braking Maneuvers. Detroit, SAE Paper 770852, 1977: 1-17
4 Harding L J. Numerical Analysis and Solfware Abstracts, Computer Center Memo 407. 4th ed, Ann Arbor: The University of Michigan, 1979: 120-131
5 Guo Zhengkang. A Study of a Heavy-Duty Tractor Semitrailer Combination under Braking in a Turn with Digital Computer Simulation. Ann Arbor: The University of Michigan, 1986; 1-26

半挂车汽车列车制动性能的预测与分析

郭 正 康

(机械工程系)

【摘要】 本文在分析一辆三轴半挂车汽车列车的动态制动性能的基础上，建立了该列车的数学模型。本模型既考虑了道路-轮胎的摩擦状况，悬架的弹性特性，也考虑了车架的扭转变形。最后，运用数字计算机对该列车的动态制动过程和制动稳定性进行了预测和分析。分析的结果与实验数据是吻合的。

关键词： 制动；预测；模拟；稳定性

1989 年论文

锥面麻花钻横刃廓形及其几何角度分析

林　丞，杨维克
（机械工程系）

摘　要　横刃对麻花钻的切削性能具有十分显著的影响，这种影响与横刃的廓形及其几何角度分布有关。而横刃的廓形及其几何角度分布又是由钻尖的几何参数决定的。本文在建立起精确的横刃数学模型的基础上，给出了根据任意选定的钻尖几何参数精确、迅速地求解横刃廓形及其几何角度分布的计算方法和公式。通过计算机分析，揭示了横刃廓形及其几何角度分布随钻尖几何参数的变化而变化的规律。

关键词　麻花钻；廓形；角分布；几何参数/横刃；数学模型

Analysis of Conical Twist Drill Chisel Edge Profile and Angles*

Lin Cheng　Yang Weike

(Department of Mechanical Engineering)

Abstract The Chisel edge has a significant influence on drill cutting performance and this is closely related to the chisel edge profile and angle distributions which are determined by the geometrical parameters of drill points.

In this paper, based on the accurate mathematical models of chisel edge established by the authors, the methods and equations for precisely and rapidly determining the chisel edge profile and angle distributions according to the

* 本文于1988年12月17日收到　国家自然科学基金资助项目

arbitrarily selected drill geometrical parameters are given.

Through the computer analyses, the patterns of chisel edge profile and angle distributions those vary with the drill geometrical parameters are revealed.

Key words twist drill; profile ; angular distribution ; geometrical parameter／chisel edge ; mathematical model

横刃对麻花钻的切削性能具有十分显著的影响。横刃产生的轴向力约占钻削轴向力的50～60％[1]；钻孔时横刃首先切入工件，起着定心的作用，直接影响到孔的形状位置和尺寸精度[2][3]。为了分析横刃的切削性能，长期以来，许多科学工作者都试图对横刃的廓形及其几何角度分布作一个精确的定量分析[4]-[6]。但是由于钻尖的几何形状十分复杂，钻尖及横刃的数学模型的建立和求解都遇到了相当的困难，他们只有对数学模型作了种种简化后才能进行分析，而且都只限于在某些特定的刃磨参数下来对横刃进行分析，对横刃廓形及其几何角度分布与钻尖几何参数的关系则缺乏研究。

为了研究横刃的切削机理，改善横刃的切削状况，基础的工作是要建立起横刃的数学模型，寻求根据任意选定的钻尖几何参数来迅速、准确地求解横刃廓形及其几何角度分布的方法，搞清钻尖几何参数变化对横刃形状及其几何角度的变化规律。针对此目的，利用计算机，本文对横刃进行了精确的分析和计算。文中给出了精确求解横刃廓形及各种几何角度的计算方法和公式，给出了在各种钻尖几何参数组合下横刃廓形及其各种几何角度的计算实例和图表，揭示了横刃廓形及其几何角度随钻尖几何参数变化而变化的规律。为深入研究横刃对钻削性能的影响规律奠定了基础。

1 横刃的数学模型

1.1 钻尖两对称后刀面的空间交线方程

根据文献〔7〕—〔9〕，可得后刀面1的数学模型为：

$$[(x\cos\beta+y\sin\beta)\cos\phi+z\sin\phi+x_0^*]^2+ \\ +(x\cos\beta-y\sin\beta+s)^2- \\ -\mathrm{tg}^2\theta[(x\cos\beta+y\sin\beta)\sin\phi-z\cos\phi+d]^2 \\ =0 \qquad (1)$$

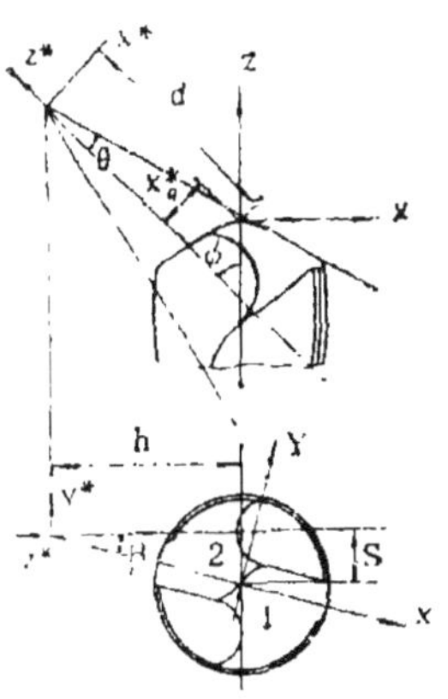

图1 锥面麻花钻刃磨原理图

将（1）式展开并整理得：

$$A_1x^2+A_2y^2+A_3z^2+A_4xy+A_5yz+A_6zx+ \\ +A_7x+A_8y+A_9z=0 \qquad (2)$$

由于后刀面2与后刀面1对称，所以只要将$X=-x$，$Y=-y$代入（2）即可求得后刀面2的数学方程如下：

$$A_1x^2+A_2y^2+A_3z^2+A_4xy-A_5yz-A_6zx-A_7x-A_8y+A_9z=0 \qquad (3)$$

由（2）-（3）和（2）+（3）得：

$$\begin{cases} A_5yz+A_6zx+A_7x+A_8y=0 & (4) \\ A_1x^2+A_2y^2+A_3z^2+A_4xy+A_9z=0 & (5) \end{cases}$$

联立（4）和（5）式即为两对称后刀面的空间交线方程。为了求解空间曲线上任一点的座标值，可首先由（4）式得：

$$y=-\frac{A_6z+A_7}{A_5z+A_8}x=-K_gx \tag{6}$$

式中：

$$K_g=\frac{A_6z+A_7}{A_5z+A_8}$$

将（6）式代入（5）式，可得：

$$A_1x^2+A_2K_g^2x^2-A_4K_gx^2+A_3z^2+A_9z=0 \tag{7}$$

因此，

$$x=\pm\sqrt{\frac{(A_3z+A_9)z}{A_4K_g-A_2K_g^2-A_1}} \tag{8}$$

由（8）式，每给定一个z值，就可求出对应的两个对称的x值，可见空间交线在$x—z$平面内对称于z轴。根据z由（8）式求出x后，将x值和z值代入（6）式，即可求出对应的y值。给定一系列的z值，即可求出一系列对应点的x值和y值，因此可求出此空间曲线上一系列点的x、y和z的空间坐标值。

1.2 横刃转点的坐标

要绘制横刃的空间曲线图或投影图，还必须知道横刃转点的坐标。由前面可知，横刃转点是横刃和主刃的交点，而主刃又是钻尖的前刀面和后刀面的交线，因此，横刃转点是横刃和前刀面的交点。根据10可知前刀面的方程为：

$$z-\left\{\frac{x_c-\sqrt{x^2+y^2-t^2}}{\mathrm{tg}\rho_0}+z_c+\frac{R}{\mathrm{tg}\delta_0}\left[\mathrm{tg}^{-1}\left(\frac{y}{x}\right)-\mathrm{tg}^{-1}\left(\frac{t}{\sqrt{x^2+y^2-t^2}}\right)\right]\right\}=0 \tag{9}$$

联立（4）、（5）、（9）式得：

$$\begin{cases} A_5yz+A_6zx+A_7x+A_8y=0 \\ A_1x^2+A_2y^2+A_3z^2+A_4xy+A_9z=0 \\ z-\left\{\dfrac{x_c-\sqrt{x^2+y^2-t^2}}{\mathrm{tg}\rho_0}+z_c+\dfrac{R}{\mathrm{tg}\delta_0}\left[\mathrm{tg}^{-1}\left(\dfrac{y}{x}\right)-\mathrm{tg}^{-1}\left(\dfrac{t}{\sqrt{x^2+y^2-t^2}}\right)\right]\right\}=0 \end{cases} \tag{10}$$

一般来说，解以上方程组即可求得横刃转点x_e、y_e、z_e的坐标值。但方程组(10)是一个复杂的超越方程组，不可能得到x、y和z的解析表达式。借助计算机，可以求得z_e的数值解，然后再代入（8）和（6）式求得x_e和y_e。这样，横刃转点的坐标x_e、y_e和z_e就完全确定了。

求得横刃转点的坐标以及横刃上任一点的坐标后，即可根据这些坐标值给出横刃的廓形曲线图。由（4）和（5）式可知，横刃的形状是刃磨参数θ、ϕ、d、s的函数，而刃磨参数可根据文献8由所需的钻尖几何参数（即横刃斜角ψ；钻尖半锋角ρ；结构圆周后角α_{fc}和尾隙角α_{h-30}）确定。因此，改变钻尖的几何参数可以得到不同形状的横刃廓形曲线。下面是几组不同的钻尖几何参数组合所得到的横刃廓形曲线在三个坐标平面上的投影图，并将三条投影曲线 $y=f_1(x)$，$z=f_2(x)$ 和 $z=f_3(y)$ 绘在同一张图上。

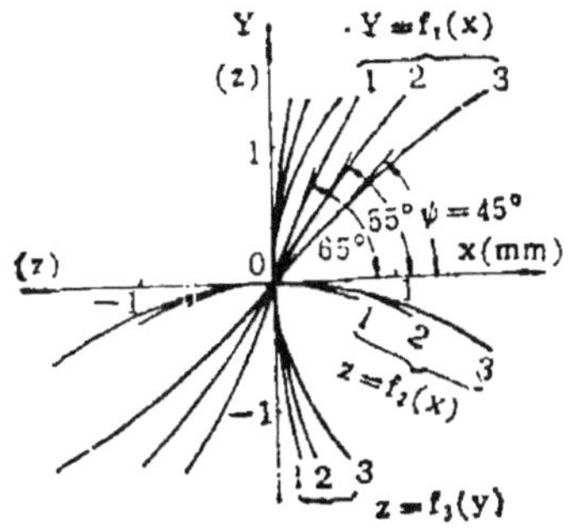

图2 横刃斜角ψ对横刃形状的影响

$R=10(mm)$ $\rho=59°$ $\alpha_{fc}=10°$

$\alpha_{h-30}=12°$

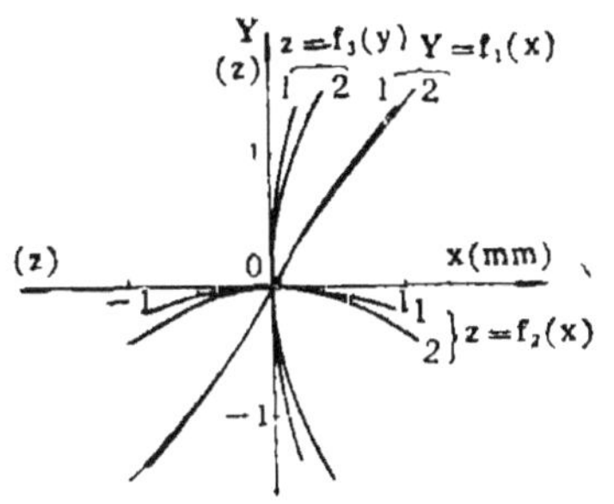

图3 钻尖半锋角ρ对横刃形状的影响

$R=10(mm)$ $\psi=55°$ $\rho=10°$

$\alpha_{h-30}=12°$ $1-\rho=64°$ $2-\rho=54°$

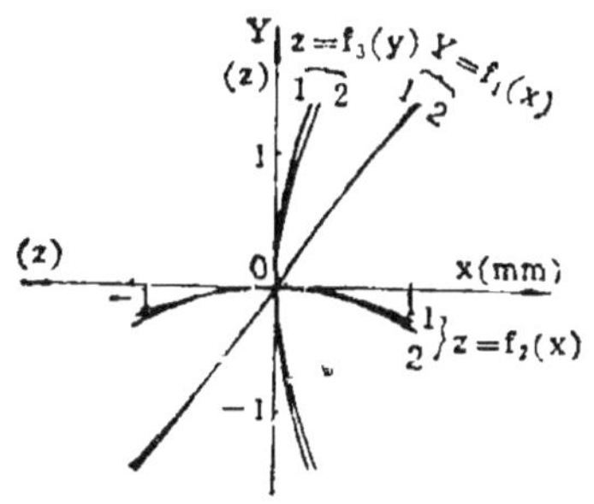

图4 结构圆周后角α_{fc}对横刃形状的影响

$R=10(mm)$ $\rho=59°$ $\psi=55°$ $\alpha_{h-30}=14°$

$1-\alpha_{fc}=12°$ $2-\alpha_{fc}=8°$

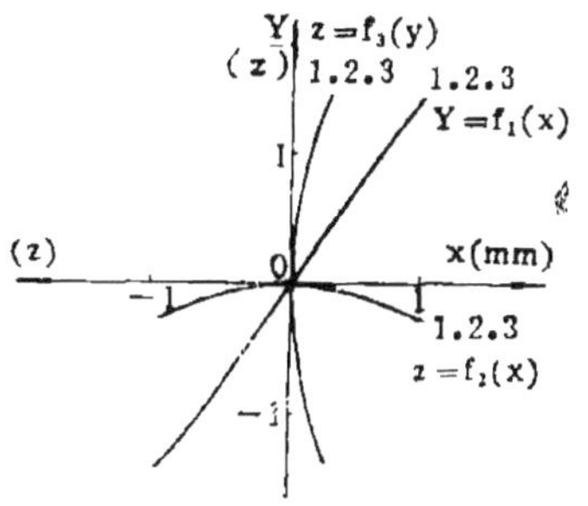

图5 尾隙角α_{h-30}对横刃形状的影响

$R=10(mm)$ $\rho=59°$ $\psi=55°$ $\alpha_{fc}=10°$

$1-\alpha_{h-30}=12°$ $2-\alpha_{h-30}=14°$ $3-\alpha_{h-30}=16°$

由图2、图3、图4、图5可看到，只是在横刃斜角ψ比较大时，从 $x—y$ 平面投影上看，横刃才约呈直线。并且不论ψ的大小，从 $x—z$ 平面或 $y—z$ 平面投影上看，横刃都呈曲线形状。当ψ、ρ、α_{fc} 减小时，横刃的曲线度增大。其中ψ对横刃的形状影响最大，ρ次之，第三是 α_{fc}，而 α_{h-30} 则没有什么影响。从图中还可看到，横刃的长度也随着钻尖几何参数的改变而改变。

2 横刃的几何角度

2.1 横刃斜角ψ

横刃斜角是在通过钻心尖的端平面内测量的横刃切线与结构基面之间的夹角。根据文献7、8可知：

$$\psi=\mathrm{tg}^{-1}\left\{\frac{(x_0^*\cos\phi-d\,\mathrm{tg}^2\theta\sin\phi)\cos\beta+s\sin\beta}{s\cos\beta-(x_0^*\cos\phi-d\,\mathrm{tg}^2\theta\sin\phi)\sin\beta}\right\}=\mathrm{tg}^{-1}\left(-\frac{A_7}{A_8}\right) \tag{11}$$

2.2 横刃后角 α_{ψ_m}

横刃上选定点 m 的横刃后角是在以钻轴为轴线的圆柱面内测量的该点后刀面廓线的切线和切削平面 P_s 之间的夹角。

设 m 为横刃上任一点，为求解 m 点的横刃后角 α_{ψ_m}，可先将坐标轴绕 z 轴旋转 Ω_m 角，如图6所示。根据坐标旋转原理，有：

$$\begin{pmatrix} x \\ y \\ z \end{pmatrix}=\begin{pmatrix} \cos\Omega_m & -\sin\Omega_m & 0 \\ \sin\Omega_m & \cos\Omega_m & 0 \\ 0 & 0 & 1 \end{pmatrix}\begin{pmatrix} x_\Omega \\ y_\Omega \\ z_\Omega \end{pmatrix} \tag{12}$$

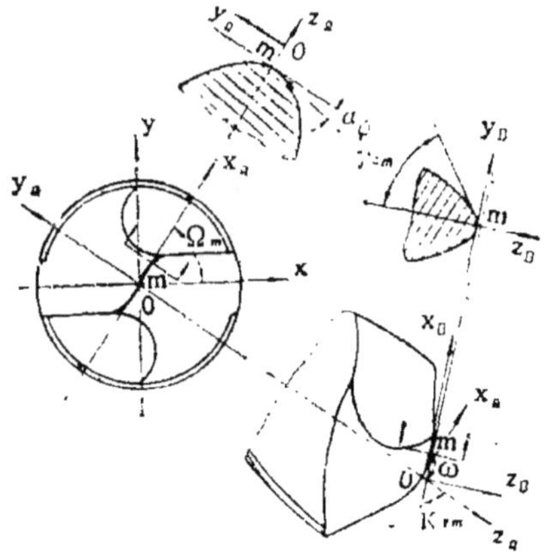

图6 横刃后角 $\alpha_{\psi m}$ 和主前角 γ_{om}

将(12)式代入(1)式后求导，然后代入 m 点坐标，即得 m 点的横刃后角 α_{ψ_m} 的表达式如下：

$$\alpha_{\psi_m}=\mathrm{tg}^{-1}\left(\frac{\partial z_\Omega}{\partial y_\Omega}\right)_{(x_{\Omega m},\ y_{\Omega m},\ z_{\Omega m})}$$

$$=\mathrm{tg}^{-1}\left\{\frac{(A\cos\phi-C\sin\phi)\sin(\Omega_m-\beta)+E\cos(\Omega_m-\beta)}{A\sin\phi+C\cos\phi}\right\} \tag{13}$$

式中：

$$A=(x_m\cos\beta+y_m\sin\beta)\cos\phi+z_m\sin\phi+x_0^*$$

$$C=\mathrm{tg}^2\theta[(x_m\cos\beta+y_m\sin\beta)\sin\phi-z_m\cos\phi+d]$$

$$E=x_m\cos\beta-y_m\sin\beta+s$$

$$\Omega_m=\mathrm{tg}^{-1}\left(\frac{y_m}{x_m}\right)$$

由(13)式可知，横刃上每一点的后角都不相同，并且是钻尖几何参数的函数。随着钻尖几何参数的变化，横刃后角 α_{ψ_m} 也会发生变化。

2.3 横刃主前角 γ_{om}

横刃上选定点 m 的主前角 γ_{om} 是在主剖面 P_o 内测量的该点前刀面廓线的切线与基面 P_r 之间的夹角。

为求横刃上选定点 m 的主前角 γ_{om}，首先应求出该点处的刃偏角 $\mathscr{K}_{\gamma_m}$。而 $\mathscr{K}_{\gamma_m}$ 是在基面 P_r 内测量的横刃上 m 点处的切线与钻轴之间的夹角，如图6所示。

$$\because \quad \mathscr{K}_{\gamma_m}=\frac{\pi}{2}-(\pi-w); \qquad \mathrm{tg}(\pi-w)=-\mathrm{tg}w=-K;$$

$$\pi-x=\mathrm{tg}^{-1}(-K)=-\mathrm{tg}^{-1}(K)$$

$$\therefore \quad \mathscr{K}_{\gamma_m}=\frac{\pi}{2}+\mathrm{tg}^{-1}(K) \tag{14}$$

其中，K 为横刃 m 点上的切线在 $x_\Omega—z_\Omega$ 平面上的投影斜率；ω为斜率角。

由图 6 可知：

$$\gamma_{om} = -\left[\frac{\pi}{2} + \mathrm{tg}^{-1}\left(\frac{\frac{\partial f}{\partial y_B}\big|_m}{\frac{\partial f}{\partial z_B}\big|_m}\right)\right] \qquad (15)$$

这里 m 点的前刀面即为钻尖的后刀面 2，即：

$$f = A_1 x^2 + A_2 y^2 + A_3 z^2 + A_4 xy - A_5 yz - A_6 zx - A_7 x - A_8 y + A_9 z = 0 \qquad (16)$$

因为 γ_{om} 是在垂直于基面 P_r 和切削平面 P_s 的主剖面 P_o 内测量，因此需要将 $x-y-z$ 坐标系转换到 $x_\Omega-y_\Omega-z_\Omega$ 坐标系，然后再将 $x_\Omega-y_\Omega-z_\Omega$ 坐标系转换到 $x_B-y_B-z_B$ 坐标系。如图 6 所示，可得：

$$\begin{bmatrix} x \\ y \\ z \end{bmatrix} = \begin{bmatrix} \cos\Omega_m & -\sin\Omega_m & 0 \\ \sin\Omega_m & \cos\Omega_m & 0 \\ 0 & 0 & 1 \end{bmatrix} \begin{bmatrix} \sin\mathscr{K'}_{\gamma_m} & 0 & \cos\mathscr{K'}_{\gamma_m} \\ 0 & 1 & 0 \\ -\cos\mathscr{K'}_{\gamma_m} & 0 & \sin\mathscr{K'}_{\gamma_m} \end{bmatrix} \begin{bmatrix} x_B \\ y_B \\ z_B \end{bmatrix}$$

即：

$$\begin{cases} x = -y_B\sin\Omega_m + (x_B\sin\mathscr{K'}_{\gamma_m} + z_B\cos\mathscr{K'}_{\gamma_m})\cos\Omega_m \\ y = y_B\cos\Omega_m + (x_B\sin\mathscr{K'}_{\gamma_m} + z_B\cos\mathscr{K'}_{\gamma_m})\sin\Omega_m \\ z = z_B\sin\mathscr{K'}_{\gamma_m} - x_B\cos\mathscr{K'}_{\gamma_m} \end{cases} \qquad (17)$$

将 (17) 式代入 (16) 式后求导，得：

$$\frac{\partial f}{\partial y_B}\big|_m = (2A_2 y_m + A_4 x_m - A_5 z_m - A_8)\cos\Omega_m$$
$$- (2A_1 x_m + A_4 y_m - A_6 z_m - A_7)\sin\Omega_m = W_1$$

$$\frac{\partial f}{\partial z_B}\big|_m = [(2A_1 x_m + A_4 y_m - A_6 z_m - A_7)\cos\Omega_m$$
$$+ (2A_2 y_m + A_4 x_m - A_5 z_m - A_8)\sin\Omega_m]\cos\mathscr{K'}_{\gamma_m}$$
$$+ (2A_3 z_m - A_5 y_m - A_6 x_m + A_9)\sin\mathscr{K'}_{\gamma_m} = W_2$$

将 W_1 和 W_2 代入 (15) 式，可求得：

$$\gamma_{om} = -\left(\frac{\pi}{2} + \mathrm{tg}^{-1}\left(\frac{W_1}{W_2}\right)\right) \qquad (18)$$

由 (18) 式可知，主前角 γ_{om} 不但和坐标位置有关，而且还和钻尖的几何参数以及刃偏角 $\mathscr{K'}_{\gamma_m}$ 有关。

2.4 横刃工作主前角 γ_{oem}

横刃上选定点 m 的工作主前角 γ_{oem} 是在作主剖面 P_{oe} 内测量的该点前刀面廓线的切线与工作基面 P_{re} 之间的夹角。根据此定义，需将 P_r 平面旋转一个合成切削速度方向角 δ 到 P_{re} 平面，其余与求横刃主前角 γ_{om} 相似，即可求得 γ_{oem} 为：

$$\gamma_{oem} = -\left(\frac{\pi}{2} + \mathrm{tg}^{-1}\left(\frac{W_3}{W_4}\right)\right) \qquad (19)$$

式中：

$$W_3 = [(2A_1 x_m + A_4 y_m - A_6 z_m - A_7)\sin\Omega_m - (2A_2 y_m + A_4 x_m$$
$$- A_5 z_m - A_8)\cos\Omega_m]\cos\delta_m - (2A_3 z_m - A_5 y_m - A_6 x_m + A_9)\sin\delta_m$$

$$W_4=(2A_1x_m+A_4y_m-A_6z_m-A_7)(\cos\Omega_m\cos\mathscr{K}'_{\gamma_m}+\sin\Omega_m\sin\mathscr{K}'_{\gamma_m}\sin\partial_m)+(2A_2y_m+A_4x_m-A_5z_m-A_8)\cdot(\sin\Omega_m\cos\mathscr{K}'_{\gamma_m}-\cos\Omega_m\sin\mathscr{K}'_{\gamma_m}\sin\partial_m)+(2A_3z_m-A_5y_m-A_6x_m+A_9)(\cos\partial_m\sin\mathscr{K}'_{\gamma_m})$$

$\partial_m=\mathrm{tg}^{-1}\left(\dfrac{f}{2\pi\gamma_m}\right)$；$f$ 为进给量（毫米/转）；γ_m 为选定点位置半径。

2.5 横刃工作后角 $\alpha_{\psi e_m}$

横刃上选定点 m 的工作后角 $\alpha_{\psi e_m}$ 是在以钻轴为轴线的圆柱面测量的该点后刀面廓线的切线与工作切削平面 P_{se} 之间的夹角。根据此定义，横刃的工作后角

$$\alpha_{\psi e_m}=\alpha_{\psi_m}-\partial_m\ .$$

3 横刃几何角度的变化规律

图 7 是按照三种不同计算方法所得的横刃后角 α_ψ 和横刃主前角 γ_0 的变化规律曲线。从图中可以看到，根据横刃实际情况所精确计算的横刃前、后角与按照近似情况所计算的横刃前、后角之间存在明显差别。特别是在横刃转点处，差别更大。

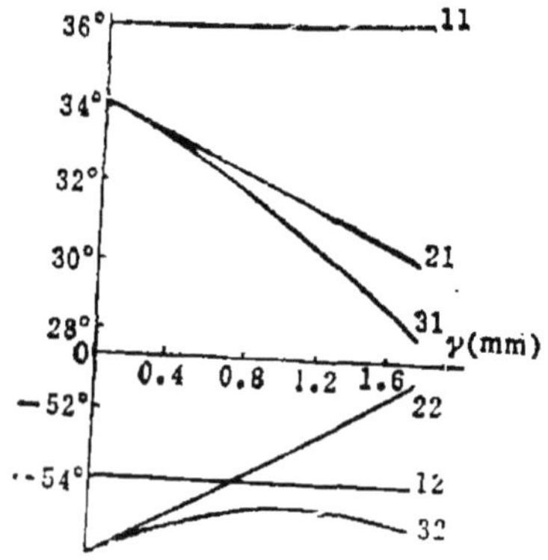

图7

1—按照横刃后刀面为平面，横刃为直线所计算的 α_ψ（11线表示）和 γ_0（12线表表）

2—按照横刃后刀面为锥面，横刃为直线所计算的 α_ψ（21线表示）和 γ_0（22线表示）

3—按照横刃后刀面为锥面，横刃为曲线所计算的 α_ψ（31线表示）和 γ_0（32线表示）

钻尖几何参数：

$\rho=59°$；　$\psi=55°$；　$\alpha_{fc}=10°$；

$\alpha_{h-30}=12°$；　$R=10\mathrm{mm}$

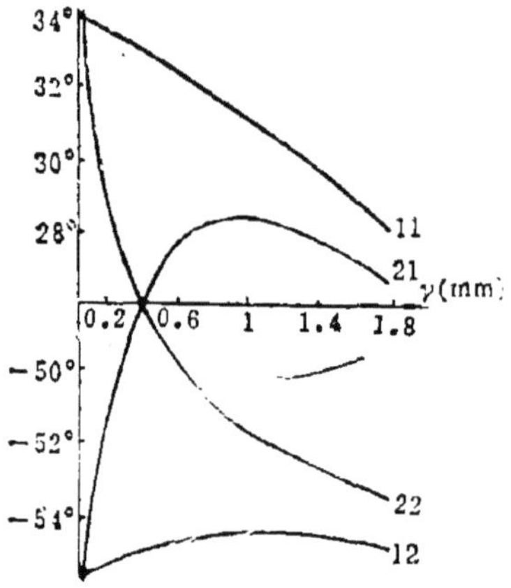

图8

1—11和12为横刃曲线的理论后角 α_ψ 和理论主前角 γ_0

2—21和22为横刃曲线的工作后角 $\alpha_{\psi e}$ 和工作主前角 γ_{oe}

钻尖几何参数和其余参数：

$\rho=59°$；$\psi=55°$；$\alpha_{fc}=10°$；$\alpha_{h-30}=12°$；

$R=10\mathrm{mm}$；　$f=0.3$ 毫米/转

横刃曲线的工作角度和理论角度也有较大差别。一般说来，工作主前角总大于理论主前角，而工作后角总小于理论后角，特别是靠近钻心处，工作主前角 γ_{oe} 趋近正值，而工作后角 $\alpha_{\psi e}$ 则趋近于负值。从图 8 中可以看出这种变化趋势以及工作前、后角和理

论前、后角的差别.

横刃的前、后角还和钻尖的几何参数密切相关，改变钻尖的几何参数时，横刃的前、后角也将随之改变. 下面是几组不同的钻尖几何参数组合时，根据前面推导的公式，用计算机计算得到的横刃前、后角变化规律曲线图.

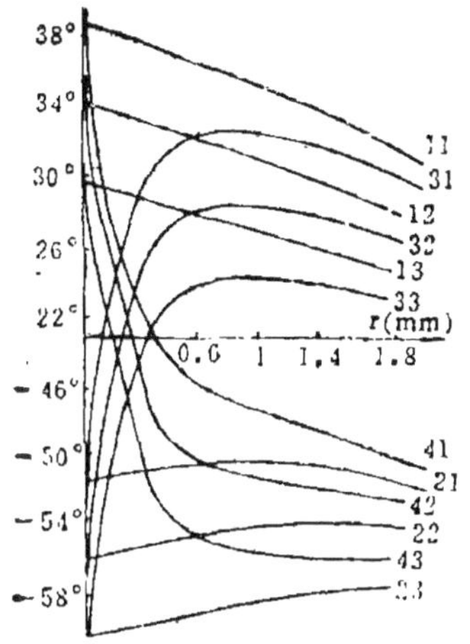

图9 钻尖半锋角ρ对横刃前、后角的影响

$\psi=55°$; $\alpha_{fc}=10°$; $\alpha_{h-30}=14°$;

$R=10mm$

	α_ψ	γ_0	$\alpha_{\psi e}$	γ_{oe}
$\rho=54°$	11	21	31	41
$\rho=59°$	12	22	32	42
$\rho=64°$	13	23	33	43

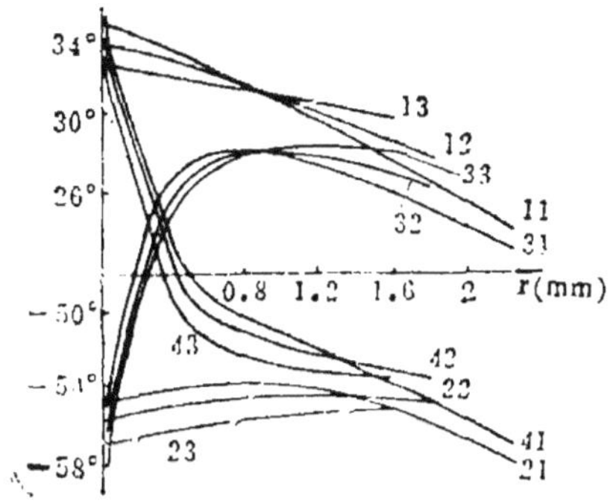

图10 横刃斜角ψ对横刃前、后角的影响

$\rho=59°$; $\alpha_{fc}=10°$; $\alpha_{h-30}=12°$;

$R=10mm$

	α_ψ	γ_0	$\alpha_{\psi e}$	γ_{oe}
$\psi=45°$	11	21	31	41
$\psi=55°$	12	22	32	42
$\psi=65°$	13	23	33	43

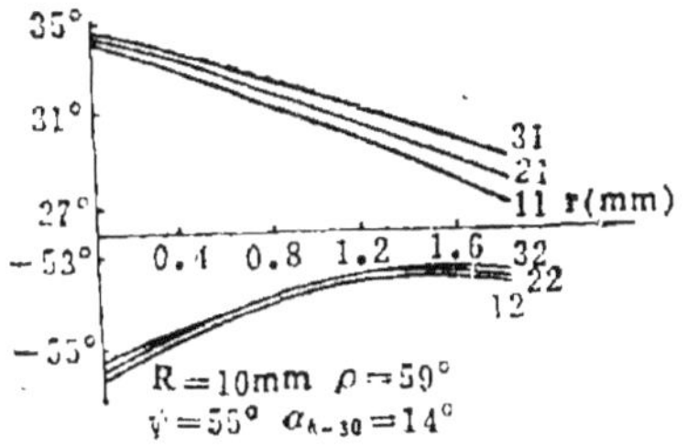

图11 结构圆周后角α_{fc}对横刃前、后角的影响

	α_ψ	γ_0
$\alpha_{fc}=8°$	11	12
$\alpha_{fc}=10°$	21	22
$\alpha_{fc}=12°$	31	32

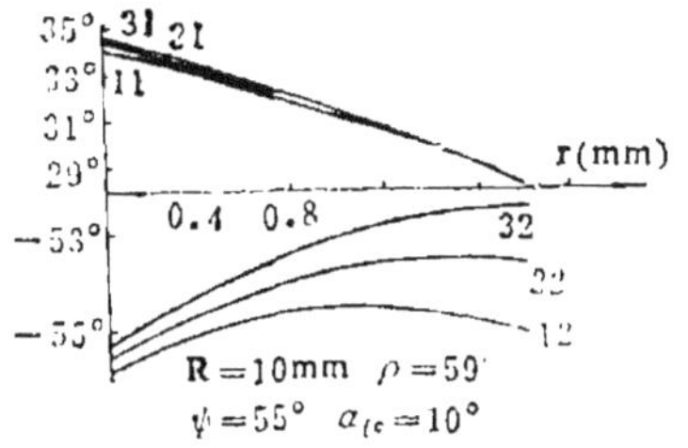

图12 尾隙角α_{h-30}对横刃前、后角的影响

	α_ψ	γ_0
$\alpha_{h-30}=12°$	11	12
$\alpha_{h-30}=14°$	21	22
$\alpha_{h-30}=16°$	31	32

从以上的横刃前、后角曲线图中可以看到，从钻心到横刃转点，总的趋势是，横刃后角 α_ψ 逐渐减小，横刃主前角 γ_0 逐渐增大．但各个钻尖几何参数对它们的影响程度不同．横刃斜角ψ对横刃的前、后角影响较大．当ψ较小时，横刃曲线度大，α_ψ 和 γ_0 的分布呈显著的非线性关系．当ψ较大时，横刃曲线近似于直线，α_ψ 和 γ_0 的分布近似为线性分布．随着ψ的减小，从钻心到外缘转点，α_ψ 的减小幅度加大．γ_0 虽然在钻心附近有所增加，但越趋近于横刃转点，减小得越多，即 γ_0 将负得越大．此外，ψ越小，则横刃越长，切削力大，定心不好．而ψ较大时，虽然 α_ψ 改善，横刃缩短，但此时 γ_0 减小，而且ψ过大（超过60°）时，还会给刃磨带来困难．因此，不修磨横刃时，较理想的ψ值是在55°左右．当采用修磨横刃时，由于横刃的曲线度对钻孔时的定心有好的影响，故宜选用小的横刃斜角，通过修磨横刃使横刃前角保持最大．

钻尖半锋角ρ对 α_ψ 和 γ_0 影响则比较大．ρ取较小值时，α_ψ 和 γ_0 都有所增加，切削性能改善．但ρ太小时，横刃转点附近的 γ_0 将呈减小趋势．ρ太大时，γ_0 将取很大的负值．

结构圆周后角 α_{fc} 对 γ_0 几乎没有什么影响，但随着 α_{fc} 的减小，α_ψ 也将减小．与以上情况相反，改变尾隙角 α_{h-30} 时 α_ψ 几乎没有什么改变，但随着 α_{h-30} 的增大，γ_0 将逐渐有所增大．

4 结　论

（1）本文建立了锥面麻花钻横刃的精确数学模型，给出了精确迅速地求解横刃廓形及其几何角度分布的计算方法和计算公式，从而避免了过去近似求解带来的误差；

（2）由于作者解决了根据钻尖几何参数精确迅速求解钻尖刃磨参数的问题，因而打破了以往横刃研究中只能根据特定的钻尖刃磨参数进行分析的局限，可以深入分析各种钻尖几何参数对横刃廓形及其几何角度分布的影响规律；

（3）从各种钻尖几何参数组合所计算出的横刃廓形来看，无论是在 $x—y$ 平面、$x—z$ 平面及 $y—z$ 平面的投影，都是曲线，而不是直线．因此横刃不平行于三个坐标平面的任一平面．当横刃斜角ψ较大时，横刃在 $x—y$ 平面上的投影近似直线，但在 $x—z$ 和 $y—z$ 平面上，则始终是曲线；

（4）钻尖几何参数的变化直接影响横刃的曲线度．当ψ、ρ或 α_{fc} 减小时，横刃的曲线度将增加，其中尤以ψ的影响最大，ρ次之；

（5）本文在横刃是曲线的条件下推导出了横刃上任意点处的后角 α_ψ 和主前角 γ_0 以及工作后角 $\alpha_{\psi e}$ 和工作主前角 γ_{0e} 的计算公式．根据这些公式所计算出来的 α_ψ 和 γ_0 与按照横刃是直线所近似计算出来的 α_ψ 和 γ_0 之间存在着明显的差别．α_ψ 和 γ_0 的精确值比其近似值要小，特别是在横刃转点处，则差别更大；

（6）横刃的工作主前角 γ_{0e} 比理论主前角 γ_0 要大，而工作后角 $\alpha_{\psi e}$ 则比理论后角 α_ψ 要小．特别是在靠近钻心处，γ_{0e} 趋向正值，而 $\alpha_{\psi e}$ 趋向负值；

（7）从钻心到横刃转点，横刃前、后角变化的总趋势是：α_ψ 逐渐减小，γ_0 逐渐增大．钻尖的各个几何参数对这种变化趋势有不同程度的影响．ψ和ρ对 α_ψ 和 γ_0 的影响较大. 从优化横刃主前角γ_0的角度来考虑，当不修磨横刃时，最佳的横刃斜角$\psi\approx 55°$，而且此时横刃较短；

（8）横刃的曲线度对钻孔时的定心有好的影响，故宜选用小的横刃斜角. 但此时横刃过长，且横刃转点处前角变小，一般可采用修磨横刃，使其横刃前角保持最大. 通过修磨横刃，可使全部工作前角为正，绝大部分工作后角也不为负.

参 考 文 献

1 北京永定机械厂群钻小组. 群钻. 上海：上海科学技术出版社，1982：120～127

2 Galloway D F. Trans ASME, 1957; 79; 191～231

3 Ernst H, Haggarty W A. Trons ASME, 1958; 80: 1059～1071

4 Fujii S, Devries M F, Wu S M. Trans ASME, 1970; 92: 647～656

5 Fujii S, Devries M F, Wu S M. Trans ASME, 1971; 93: 1093～1104

6 吴升祺，周泽华. 华南工学院学报，1984；12（校庆增刊）：132～158

7 林丞. 湖南机械，1983；3：1～6

8 林丞，曹正铨，李粤罕. 湖南大学学报，1985；12（4）：1～11

9 林丞，曹正铨. 湖南大学学报，1986；13（2）：115～133

10 李粤军，曹正铨，林丞. 曲线刃锥面钻尖的数学模型及其计算机辅助分析，全国高校金属切削研究会第三届年会论文集1 1987，11

关于"时滞直接控制系统的绝对稳定性"一文的注记

王 国 荣

（应用数学系）

拙作"时滞直接控制系统的绝对稳定性"（湖南大学学报，15卷，第1期，174～179页）定理1的证明中用到$Y(t_2)=0$，这是不能成立的，有反例表明该定理不能成立。但该定理可修改成如下形式："设$n=1$，即$A=c$，b、c为常数，$cb\leqslant 0$，$\sigma f(\sigma)\leqslant K\sigma^2$，$K$为正数，则系统（1）在角域〔0，$K_0$〕内绝对稳定的充分必要条件为$\rho<0$。"该文定理2与定理3也应作相应的修改.

叶伯英同志为我指出了上述问题，我在此对他顺致谢意.

高压电压互感器的可靠性数据统计分析

陈宗穆，江荣汉，屈梁材
（电气工程系）
蓝灵书
（沈阳变压器研究所）

摘　要　本文根据高压电压互感器现场运行的调查材料，用概率统计的方法求出其寿命函数，并估计其平均故障率，为高压电压互感器的可靠性管理提供依据和参考。

关键词　高压电压互感器；平均故障率；可靠性；

Statistics and Analysis of Reliability Data of High Voltage Potential Transformers

Chen Zongmu　Jiang Ronghan　Qu Liangcai
(Department of Electrical Engineering)
Lan Lingshu
(Shenyang Transformer Research Institute)

Abstract　In this paper the life function and average failure rate of the high voltage potential transformer (HVPT) are found using the probability and statistics approach according to the inverstigation of operational site of HVPT in China. These are useful for the reliability management of HVPT.

Key words　high voltage potential transformer; average faiture rate; reliability

1　高压电压互感器故障的类型

高压电压互感器是输变电系统的一个重要元件，其质量可表征为互感器的性能、寿

*本文是“七·五”国家重大技术装备科技攻关项目75-50-05-01-21E论文之一，于1988年10月24日收到

命、可靠性、安全性和经济性的适用程度。可靠性是产品在规定条件下和规定时间内实现规定功能的能力，也就是考核它的时间稳定性。电压互感器在投运后的某一时间，可能由于某种原因而引起故障。电压互感器的故障可以分为两类：第一类是严重故障，包括电压互感器爆炸、强迫停运与不能维持正常运行的所有故障。主要表现为内部闪络和击穿、机械损坏与外部闪络和击穿等原因造成的故障；第二类是指较轻微的故障，其特点是在发生故障后，电压互感器仍能维持运行一段时间。运行实践证明，第一类故障与第二类故障有一定的联系。从希望降低高压电压互感器故障率的角度来看，对于第一类故障，要求加强设计、制造、材料质量和运行维护等方面的可靠性管理；对于第二类故障，则主要是从运行维护方面加强现场监测，尽可能减少其向第一类故障转化的可能性。本文仅对第一类故障进行可靠性数据的统计分析。

2 高压电压互感器的寿命分布规律

表1、表2、表3是某电网1973～1975年13年间307台110 kV及以上电压互感器运行到1985年截尾的故障统计数据。

表1 电压互感器安装运行和故障情况统计

类别	电压等级		小计
	110 kV	220 kV	
安装运行台数/台	239	63	307
故障台数/台	12	5	17
占总故障百分比/%	70.6	29.4	100

表2 投运时间与故障情况统计

运行时间/年	0.5	1	2	3	4	5	6	7	8	9	10	11
故障台数/台	2	1	2	2	0	2	1	1	2	1	2	1

表3 故障原因统计

故障原因	电压等级及故障数/台			占总故障百分比/%
	110 kV	220 kV	小计	
制造质量不良	2	2	4	23.5
X端部接触不良	1	0	1	5.9
进水受潮	0	1	1	5.9
内部过电压	8	1	9	52.9
其他	1	1	2	11.8
合计	12	5	17	100

设用$\lambda(t)$表示电压互感器的故障率，它定义为一台电压互感器在工作到时间t以后的单位时间内发生故障的概率[1]，用$R(t)$表示在时刻t的可靠度，那么，电压互感器

在 t 时间到 $t+\Delta t$ 时刻的故障数就为：

$$N\cdot R(t)-N\cdot R(t+\Delta t) \tag{1}$$

其中　N——投运的电压互感器总台数。

因此可得：

$$\lambda(t)=\frac{N[R(t)-R(t+\Delta t)]}{N\cdot R(t)\cdot\Delta t} \tag{2}$$

当 N 足够大，$\Delta t\to 0$ 时，则(2)式可写为

$$\lambda(t)=\frac{-R'(t)}{R(t)}=\frac{f(t)}{R(t)} \tag{3}$$

其中　$f(t)$——电压互感器的故障概率密度函数。

为了方便，在实际计算时，将(3)式近似表示为：

$$\lambda(t)=\frac{n(t+\Delta t)-n(t)}{[N-n(t)]\cdot\Delta t} \tag{4}$$

其中　$n(t)$——表示到 t 时刻前已发生故障的台数；

　　$n(t+\Delta t)$——表示到 $(t+\Delta t)$ 时刻已发生故障的台数。

根据(4)式及表2，可以计算出某一时刻 t_i 所对应的平均故障率 $\overline{\lambda_i}(t)$，如表4所示。

表4　某一时间 t_i 与平均故障率 $\overline{\lambda_i}(t)$ 的关系

t_i/年	0.5	1	2	3	4	5	6	7	8	9	10	11
$\overline{\lambda_i}(t)$/%	1.3	0.658	0.662	0.667	0	0.671	0.337	0.338	0.680	0.341	0.687	0.345

根据故障率的定义可得(5)式：

$$\lambda(t)=\frac{f(t)}{1-F(t)}=\frac{f(t)}{R(t)}=-\frac{\mathrm{d}[\ln R(t)]}{\mathrm{d}t} \tag{5}$$

其中　$R(t)=1-F(t)$——电压互感器可靠度函数；

　　$F(t)$——电压互感器运行的寿命分布函数。

由上可知：$\lambda(t)\mathrm{d}t$ 表示一台电压互感器在工作寿命区间 $[t,\ t+\Delta t]$ 内发生故障的概率。

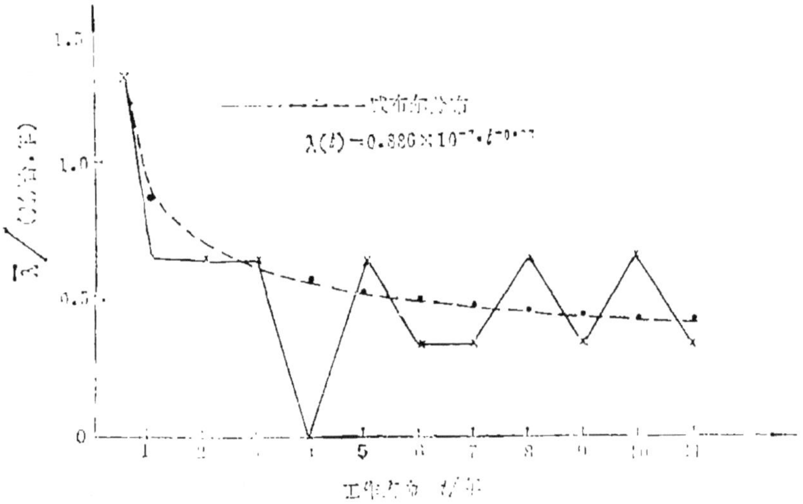

图1　高压电压互感器的故障率曲线

只要确定了故障率$\lambda(t)$，就可以由$\lambda(t)$计算出可靠度函数$R(t)$。

$$R(t)=e^{-\int_0^t \lambda(t)\mathrm{d}t} \tag{6}$$

将时间序列0.5，1，2…，11（年）所对应的平均故障率$\overline{\lambda_i}(t)$进行线性插值得到折线，如图1所示。以此折线近似地作为故障率$\lambda(t)$，将图中的$\overline{\lambda_i}(t)$代入（6）式，则可求出可靠度函数$R(t)$在相应时间序列的估计值$\hat{R}_i(t)$，t与相应的$\hat{R}_i(t)$值如表5所示。

表5 t与相应的$\hat{R}_i(t)$值

t/年	0.5	1	2	3	4	5	6	7	8	9	10	11
$\hat{R}(t)$/%	0.9935	0.9873	0.987	0.980	0.949	0.935	0.925	0.9972	0.913	0.903	0.891	0.885

以$\ln\ln\left|\dfrac{1}{R(t)}\right|$和$\ln t$分别作为纵座标轴和横座标轴，将$t_i$，$\hat{R}_i(t)$各点绘于威布尔概率纸上，则各点的分布如图2所示。

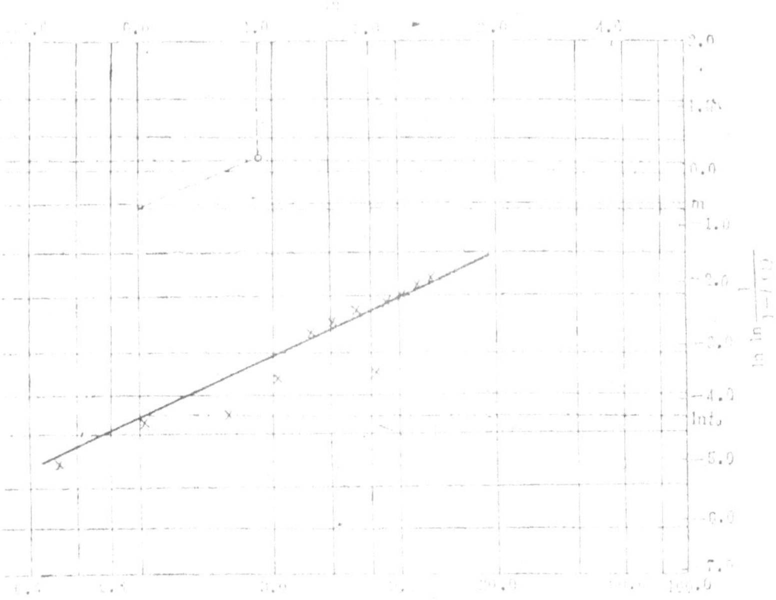

图2 高压电压互感器寿命分布检验

由图2可以看出，这些点基本上近似分布在一条直线上。这表明高压电压互感器的寿命分布近似于威布尔分布[2]。

从图2可以直接求得m、t_0值。

$m=0.68 \quad \ln t_0=4.34$

所以，$t_0=76.7$，

即直线方程为$y=0\cdot68\ln t-\ln t_0=0.68\ln t-4.34$

或 $$\ln\ln\left|\frac{1}{R(t)}\right|=m\ln t-\ln t_0 \tag{7}$$

依（5）式，（7）式，可以导出

$$R(t)=e^{-t^m/t_0}$$

或 $$\lambda(t)=\frac{m}{t_0}t^{m-1} \tag{8}$$

将m，t_0代入（8）式，则

$$\lambda(t)=0.886\times10^{-2}t^{-0.32} \tag{9}$$

由图1可以看到，该电网1973～1985年的13年间，307台高压电压互感器在投运后的0.5～3年内，故障率较高，这个期间的故障约占0.5～13年间总故障的41%以上，平均故障率为 0.76 %/台·年左右。

此外，根据某变压器厂1985年5月的统计资料，1980～1984年这5年间，该厂生产的 110 kV 及以上电压互感器共1 255台，在电力系统中共有5台发生事故。统计数据如表6，表7。

表6 某变压器厂1980～1984年生产的电压互感器产量/台

型　号	1980年	1981年	1982年	1983年	1984年	总计
JCC_1-220	85	92	87	158	188	610
JCC_1-110	103	68	156	157	161	645
合　计	188	160	243	315	349	1 255

表7 某厂生产的互感器1980～1984年在电力系统中发生故障情况

运行时间/年	1	2	4	合计
故障台数/台	3	1	1	5
占总故障百分比/%	60	20	20	100

由表6与7可以看出，发生事故的5台高压电压互感器中有3台是在1982年8月以前发生故障的，而1980～1981年的总产量只有348台，所以平均故障率为$\lambda(\overline{t})=3/348\times 2=$ 0.43 %/(台·年).由表7看出，投运后1～2年内发生的故障占投运后5年总故障的80 %。

将高压电压互感器投运后的1～3年内作为它的早期故障期。在早期故障期中，电压互感器的故障率随着运行时间的增加而下降。

早期故障期之后是电压互感器的偶然故障期。在偶然故障期中，电压互感器的故障率近似一个常数，故障的原因是随机因素引起的。这个期间相当长且电压互感器的平均故障率最低。随着投运时间的不断增长，构成电压互感器的许多元件已经老化损耗，电压互感器进入耗损故障期。这个期间相当短且平均故障率随投运时间的增加而迅速上升。鉴于目前我国电力系统现有统计资料中极少有电压互感器投运后超过15年以上的统计资料，所以，耗损故障期从什么时间开始，这个期间的寿命性状如何，尚待进一步研究，但是根据有关资料 [3] [4] 的估计，电压互感器在投运后的 3～25 年间，其故障率近似为一个常数.故可以将电压互感器投运后3～25年作为它的偶然故障期；投运后25～35年，故障率随运行时间的增加有明显的增加，即可以认为电压互感器进入耗损故障期。

1985 年，某省电力中心试验研究所对1983年和1984年在电力系统中运行的 2 544 台 110 kV 及以上互感器的损坏率和事故率进行统计，所得数据如表8所示。

表8 110 kV及以上互感器的损坏率与事故率

统计数/台		损坏数/台		损坏率/(%/台·年)		构成事故数/(台次)		事故率/(%/台·年)	
1983年	1984年	1983年	1984年	1983年	1984年	1983年	1984年	1983年	1984年
1 353	1 191	1	0	0.074	0	1	0	0.074	0

由某电网1973～1985年电压互感器的运行统计数据分析，在偶然故障期，平均故障率为 0.48 %/台·年左右；根据某变压器厂的统计资料分析，在偶然故障期，其平均故障率为0.1 %/台·年左右。由某省电力中心试验研究所的统计资料分析，1983～1984 年在

电网运行的互感器故障率约为0.039%/台·年。

美国、瑞典、日本、西班牙、荷兰、澳大利亚及新西兰等8国1970～1986年17年的统计资料表明，72.5 kV及以上电压互感器共42 000台，发生第一类故障的共有74台，可得其平均故障率为$\overline{\lambda(t)} \doteq 0.01$%/台·年。

可见，我国高压电压互感器的可靠性质量与国外相比，还有很大的差距。

根据上述统计资料分析，将我国电力系统中高压电压互感器在早期故障期的平均故障率定在0.08%～0.12%/台·年，偶然故障期中的平均故障率定在0.03～0.05%/台·年之内可能是恰当的。

3 电压互感器故障原因的统计分析

A．1980年上半年，电力部变压器质量调查组对50台发生故障的高压电压互感器进行调查，按故障原因统计得到的数据作出直方图，如图3所示。

B．某电业局对1973～1980年间电力系统中发生28台次电压互感器事故按原因统计，用得到的数据作出直方图，如图4所示。

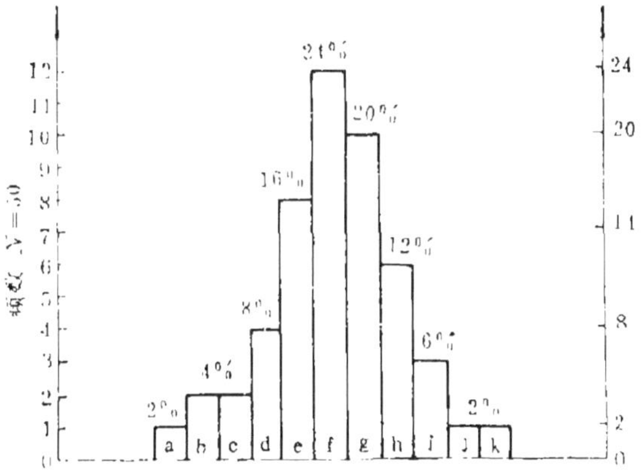

图3 电力部调查50台互感器故障原因分析图

图中：a.投运即炸；b.绝缘老化击穿；c.绝缘支架不良；d.进水受潮；e.制造质量不良；f.匝间短路；g.内过电压；h.情况不良；i.误接线；j.外部闪络；k.内部放电

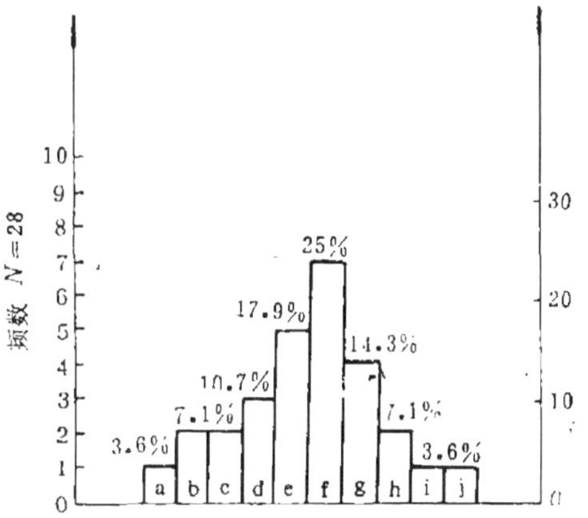

图4 某电业局对28台互感器故障原因分析图

图中：a.误操作；b.绝缘老化；c.进水受潮；d.检修质量不良；e.维护不良；f.单相接地；g.过电压；h.制造质量不良；i.外伤；j.原因不明

由图3、图4可以得到如下结论：

a．引起电压互感器故障的主要原因是制造质量不良、内部过电压、进水受潮和运行维护不良等.由于制造质量不良引起的故障约占总故障的36%以上；内部过电压引起的故障约占总故障的17%以上；进水受潮引起的故障约占总故障的7.5%；运行维护不良引起的故障约占总故障的17.3%。这几类原因引起的故障约占总故障的78%以上.由美、日、瑞典等8国的统计资料可估算到国外高压电压互感器由于设计制造上质量不良而引起的故障约占总故障的29.7%；由于运行维护不良引起的故障约占总故障的8.1%.可见，我国高压电压互感器在设计制造、运行维护这两个主要方面的可靠性质量比国外还有较大差距。

b. 制造质量不良主要是制造厂在设计（主要是结构型式上）、材料质量（主要是导线和绝缘材料、油等的质量）、制造工艺上（主要是绝缘包扎工艺等）存在质量问题而引起的缺陷；造成过电压的主要原因是由于设计时绝缘裕度小，匝层之间场强偏高，或线圈端部包扎绝缘不够，致使端部沿面场强过高，造成爬电。另一原因是谐振引起过电压；运行维护不良主要是指误接线、误操作，不按规程检查、测试和监测电压互感器的运行状态；进水受潮主要是由于端盖刚度不够、密封垫易老化等造成的。

c. 高压电压互感器的故障中，还有相当大比例的故障（国内是 7.8 %左右；国外是21.6 %）原因不明。这说明，提高电压互感器的可靠性质量指标还有许多工作要做。主要的工作是加强运行监测手段、工具的研究以及对现场运行加强科学管理和可靠性数据的收集、分析处理等。

4 结论

A. 本文根据国内调查统计资料，对110 kV及以上电压互感器的故障原因、故障率进行统计分析，参照国外有关统计资料，试提出高压电压互感器的三个故障期及其平均故障率指标。高压电压互感器投运后0.5～3年内为其早期故障期，在这个期间内，平均故障率在 0.08～0.12 %台·年范围内；投运后3～25年为其偶然故障期，在这个期间内，平均故障率在 0.03～0.05 %/台·年之内；投运后超过 25 年，则是它的耗损故障期。这个期间的故障率高于偶然故障期的平均故障率，并随时间的增长有明显的增加。在耗损故障期中，要加强对其运行状态的监测，并及时安排更换或维修。如果在运行管理中超过上述指标，就必须考虑在设计、制造工艺、材料质量、运行维护等方面是否存在不符合要求的质量问题。

B. 高压电压互感器可靠性的提高，有赖于设计制造、材料供应、运行维护各个部门质量的提高，任何一个环节上的质量问题都将影响到总的可靠性质量指标。

C. 可靠性数据统计分析是进行可靠性质量管理的最重要组成部分，要从速建立我国高压电压互感器的可靠性数据收集、处理中心，确定其有关的质量指标。

在成文的过程中，广西电力局张宗鑫、蔡亮初、郭志坚等高级工程师，提供了许多宝贵的资料、文献，在此表示诚挚的谢忱。

参 考 文 献

1 曹晋华，程侃著．可靠性数学引论．北京：科学出版社，1986：9～11

2 〔日〕盐见弘著；彭乃学，赵清，赵秀芹译．可靠性工程基础．北京：科学出版社，1983：61～66

3 Elandt—Johnson R C, Johnson N L. Survival Models and Data Analysis. New york: Wiley J 1980

4 Нугер В К.Энергетик, 1986; (4): 18～19

简支任意四边形板的弯曲、稳定和振动的Navier解法

王　磊，蔡松柏
（工程力学系）

摘　要　本文将Navier提出的矩形板弯曲问题的双三角级数解法推广到变厚度的任意四边形板的弯曲，稳定和振动问题，文中采用的坐标变换，方程降阶以及使用特殊函数等技巧使得问题的求解变得简洁，同时也成功克服了常规的位移方法满足简支边力边界条件的困难，对梯形和平行四边形板的算例表明本文方法可靠，级数收敛快，精度较高，计算量小，程序易编制等优点。

关键词　变厚度；四边形板；纳维解

Navier's Method for Solving the Problem of Bending, Buckling and Vibration of All Edges Simply Supported Quadrilateral Plates

Wang Lei　Cai Shengbo
(Department of Engineering Mechanics)

Abstract　In this paper, Navier's double triangular series method for four edges simply supported rectangular plates is generalized to solve the problem

本文于1987年1月15日收到

of the bending, buckling and vibration of arbitrary quadrilateral plates with variable thickness. The problem is simplified by coordinate transformation, reduction of orders of equations and by application of special functions. The results obtained from the skewed plates, trapezoidal plates and quadrilateral plates show that this method will have a high accuracy and can save the storage and CPU time.

Key words variable thickness; quadrilateral plate; Navier's solution

1 引 言

在工程实践中大量存在着任意四边形板构件，数值方法一直是其结构分析的重要手段，与其惊人的计算时间和庞大的内存容量相比，解析方法却兼具有精度高，计算量小等重大优点，因此任意四边形板的解析和半解析方法的研究在近几年得到广泛关注，国内王磊等采用康托洛维奇法及康托洛维奇——伽辽金法研究了平行四边形、梯形板的弯曲问题，文献〔1－3〕分别采用蒙得卡罗法，边界离散最小二乘法，解析法(方程严格满足，边界近似满足）以及样条有限点法求解了同一问题。国外在杂形板方面的工作较多，尤其是在振动领域，由于简支边界条件的困难，以往各法大体采用近似满足或泛函中引进拉氏乘子来强制满足，本文则直接从解偏微分方程着手，对变厚度四边形板的弯曲，稳定和振动问题作了求解。并重点给出了一些典型问题的算例。

Navier是第一个利用双三角级数求解简支矩形板弯曲问题的创始人。后来，Mariotte（1886年），Kriegre（1932年），Levy（1942年），Nowacki（1945年），张福范(1955年）等进一步发展了Navier的解法来求解多种边条件下的矩形板的弯曲，稳定和振动问题。最近，尹思明等将其推广到周边简支变厚度矩形板的非线性弯曲，本文又将Navier的方法进一步推广到更一般的情形，使经典的Navier方法这株古树又发新枝成为一种更为广泛的分析解题工具。

2 基本方程及边界条件

$$
\left.\begin{aligned}
M_x &= -D\left(\frac{\partial^2 w}{\partial x^2}+\mu\frac{\partial^2 w}{\partial y^2}\right)\\
M_y &= -D\left(\frac{\partial^2 w}{\partial y^2}+\mu\frac{\partial^2 w}{\partial x^2}\right)\\
M_{xy} &= -(1-\mu)D\frac{\partial^2 w}{\partial x\partial y}
\end{aligned}\right\}\tag{1}
$$

式中：$D=D(x,\ y)=\dfrac{Eh^3(x,\ y)}{12(1-\mu^2)}$，$E$为弹性模量，$\mu$为泊松比，$h=h(x、y)$为板厚，$w$为板的挠度。

板的平衡微分方程为：

$$\frac{\partial^2 M_x}{\partial x^2}+2\frac{\partial^2 M_{xy}}{\partial x\partial y}+\frac{\partial^2 M_z}{\partial y^2}+N_x\frac{\partial^2 w}{\partial x_2}+N_y\frac{\partial^2 w}{\partial y^2}$$

$$+2N_{xy}\frac{\partial^2 w}{\partial x\partial y}+q(x、y)-\rho h\frac{\partial^2 w}{\partial t^2}=0 \tag{2}$$

其中 $-\rho h\frac{\partial^2 w}{\partial t^2}$为动力项，$N_x$，$N_y$，$N_{xy}$为板面力。

将（1）代入（2）后，我们得到

$$\frac{\partial^2}{\partial x^2}\left[D\left(\frac{\partial^2 w}{\partial x^2}+\mu\frac{\partial^2 w}{\partial y^2}\right)\right]+2(1-\mu)\frac{\partial^2}{\partial x\partial y}\left[D\frac{\partial^2}{\partial x\partial y}\right]$$

$$+\frac{\partial^2}{\partial y^2}\left[D\left(\frac{\partial^2 w}{\partial y^2}+\mu\frac{\partial^2 w}{\partial x^2}\right)\right]-N_x\frac{\partial^2 w}{\partial x^2}-N_y\frac{\partial^2 w}{\partial y^2}$$

$$-2N_{xy}\frac{\partial^2 w}{\partial x\partial y}-q(x、y)+\rho h\frac{\partial^2 w}{\partial t^2}=0 \tag{3}$$

边界为周边简支，故有

$$w|_{\partial\Omega}=0,\quad M_n|_{\partial\Omega}=-D\left(\frac{\partial^2 w}{\partial n^2}+\mu\frac{\partial^2 w}{\partial s^2}\right)\Big|_{\partial\Omega}=0 \tag{4}$$

由（4）第一式可得$\frac{\partial^2 w}{\partial s^2}=0$，代入第二式有$\frac{\partial^2 w}{\partial n^2}=0$

因此：

$$\left.\begin{aligned}&w|_{\partial\Omega}=0\\&D\nabla^2 w|_{\partial\Omega}=D\left(\frac{\partial^2 w}{\partial x^2}+\frac{\partial^2 w}{\partial y^2}\right)\Big|_{\partial\Omega}=D\left(\frac{\partial^2 w}{\partial n^2}+\frac{\partial^2 w}{\partial s^2}\right)\Big|_{\partial\Omega}=0\end{aligned}\right\} \tag{5}$$

将（3）适当变形有：

$$\left(\frac{\partial^2}{\partial x^2}+\frac{\partial^2}{\partial y^2}\right)\left[D\left(\frac{\partial^2}{\partial x^2}+\frac{\partial^2}{\partial y^2}\right)w\right]-(1-\mu)\left(\frac{\partial^2 D}{\partial x^2}\frac{\partial^2 w}{\partial y^2}-2\frac{\partial^2 D}{\partial x\partial y}\frac{\partial^2 w}{\partial x\partial y}\right.$$

$$\left.+\frac{\partial^2 D}{\partial y^2}\frac{\partial^2 w}{\partial x^2}\right)-N_x\frac{\partial^2 w}{\partial x^2}-N_y\frac{\partial^2 w}{\partial y^2}-2N_{xy}\frac{\partial^2 w}{\partial x\partial y}$$

$$+\rho h\frac{\partial^2 w}{\partial t^2}-q(x、y)=0 \tag{6}$$

令$D\left(\frac{\partial^2}{\partial x^2}+\frac{\partial^2}{\partial y^2}\right)w=M$容易看出$M=-\frac{1}{1+\mu}(M_x+M_y)$，引进算子

$$\left.\begin{aligned}&\nabla^2=\frac{\partial^2}{\partial x^2}+\frac{\partial^2}{\partial y^2}\\&\nabla_d^2=d'_{xx}\frac{\partial^2}{\partial y^2}-2d'_{xy}\frac{\partial^2}{\partial x\partial y}+d'_{yy}\frac{\partial^2}{\partial x^2}\\&\nabla_n^2=\alpha_1\frac{\partial^2}{\partial x^2}+2\alpha_2\frac{\partial^2}{\partial x\partial y}+\alpha_3\frac{\partial^2}{\partial y^2}\end{aligned}\right\} \tag{7}$$

则（6）及（5）变成二个二阶方程的边值问题。

$$\left.\begin{aligned}&D\nabla^2 w = M\\&\nabla^2 M - D_0(1-\mu)\nabla_d^2 w - N\nabla_n^2 w + \rho h\frac{\partial^2 w}{\partial t^2} - q_0 q^*(x、y) = 0\\&w|_{\partial\Omega} = 0 \quad M|_{\partial\Omega} = 0\end{aligned}\right\} \tag{8}$$

其中：$q^*(x、y)=q(x、y)/q_0$，$h^*(x、y)=h(x、y)/h_0$

$$D=D(x、y)=D_0\cdot d(x、y),\quad 而\quad D_0=\frac{Eh_0^3}{12(1-\mu^2)} \tag{9}$$

$$d_{/xx}=\frac{\partial^2 d(x、y)}{\partial x^2},\quad d_{/xy}=\frac{\partial^2 d(x,\ y)}{\partial x\partial y},\quad d_{/yy}=\frac{\partial^2 d(x,\ y)}{\partial y^2} \tag{10}$$

$$N_x=\alpha_1 N,\qquad N_{xy}=\alpha_2 N,\qquad N_y=\alpha_3 N \tag{11}$$

3 坐标变换

为了克服区域的不规则所带来的困难，我们寻求变换将区域变到简单的正方形域中，这样方程虽然成变系数方程，但利于我们选择级数解的函数系

借鉴于有限元法中等参元的思想，对任意四边形域，若令

$$x=\sum_{i=1}^{4}x_i N_i \qquad y=\sum_{i=1}^{4}y_i N_i \tag{12}$$

则即可将原四边形域变到正方形域，其中（x_i，y_i）为四边形四顶点坐标，N_i 为形函数，具体表达式为

$$N_1=(1-\xi)(1-\eta),\quad N_2=\xi(1-\eta),$$
$$N_3=\xi\eta,\ N_4=\eta(1-\xi) \tag{13}$$

这里正方形域的顶点坐标是（0，0），（0，1），（1，1），（1，0）。

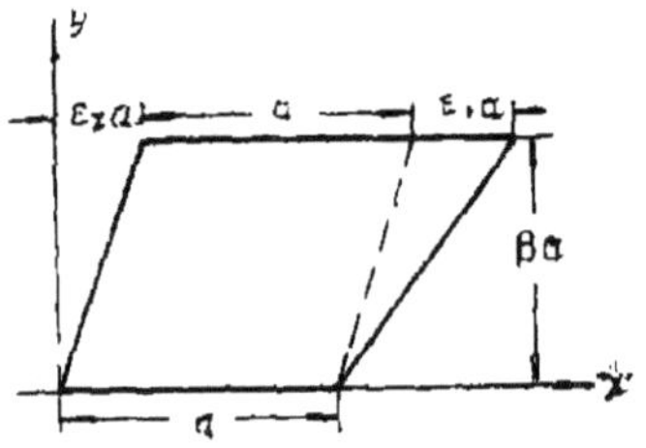

图 1

利用式（13）可将控制方程（8）中各量对 x，y 的偏微分均可转换成对 ξ，η 的偏微分。

特别地，对梯形板我们有：

$$\begin{aligned}&x=\varepsilon_1 a\xi\eta + a\xi + \varepsilon_2 a\eta\\&y=\beta a\eta\end{aligned} \tag{14}$$

$$\left.\begin{aligned}&\frac{\partial^2}{\partial x^2}=\frac{1}{(1+\varepsilon_1\eta)^2 a^2}\frac{\partial^2}{\partial\xi^2}\\&\frac{\partial^2}{\partial x\partial y}=\frac{1}{\beta a^2}\left\{-\frac{(\varepsilon_1\xi+\varepsilon_2\eta)^2}{(1+\varepsilon_1\eta)^2}\frac{\partial^2}{\partial\xi^2}+\frac{1}{(1+\varepsilon_1\eta)}\frac{\partial^2}{\partial\xi\partial\eta}\right.\\&\qquad\left.-\frac{\varepsilon_1}{(1+\varepsilon_1\eta)^2}\frac{\partial}{\partial\xi}\right\}\\&\frac{\partial^2}{\partial\eta^2}=\frac{1}{\beta a^2}\left\{\frac{(\varepsilon_1\xi+\varepsilon_2)^2}{(1+\varepsilon_1\eta)^2}\frac{\partial^2}{\partial\xi^2}-2\frac{(\varepsilon_1\xi+\varepsilon_2)}{(1+\varepsilon_1\eta)}\frac{\partial^2}{\partial x\partial y}\right.\\&\qquad\left.+\frac{\partial^2}{\partial\eta^2}+2\frac{\varepsilon_1(\varepsilon_1\xi+\varepsilon_2)}{(1+\varepsilon_1\eta)^2}\frac{\partial}{\partial\xi}\right\}\end{aligned}\right\} \tag{15}$$

将（14）及（15）代入（8）可得梯形板的控制方程，为简便起见，我们仍采用同一算子符号来表示变换后（0，ξ，η）中的算子。相应的边界条件为

$$\left.\begin{aligned} w|_{\xi=0,1}=M|_{\xi=0,1}=0 \\ w|_{\eta=0,1}=M|_{\eta=0,1}=0 \end{aligned}\right\} \tag{16}$$

4 统一的Navier解法

由Navier解法的思想，我们仍设w为双重正弦级数，同时也设M为双重正弦级数，

$$w=\sum_{i}^{\infty}\sum_{j} w_{ij}X_iY_j$$

$$M=\sum_{i}^{\infty}\sum_{j} M_{ij}X_iY_j \tag{17}$$

将q亦展成双重正弦级数

$$q^*=\sum_{i}^{\infty}\sum_{j} q_{ij}X_iY_j \tag{18}$$

$$q_{ij}=\int_0^1\int_0^1 q^*X_iY_jd\xi d\eta/\int_0^1 X_i^2d\xi\cdot\int_0^1 Y_j^2d\eta$$

其中 $X_i=\sin i\pi\xi,\qquad Y_j=\sin j\pi\eta$ (19)

将（17）和（18）代入（8）中前二式（注意(8)中各量及算子均已变换到（0,ξ,η）中）并将其中某些不是三角正弦级数的项重新展成双重正弦级数，再比较系数我们可得：

$$\frac{1}{a^2}\sum_{i}^{\infty}\sum_{j} w_{ij}k_1^{mnij}=M_{mn} \tag{20}$$

$$\frac{1}{a^2}\sum_{i}^{\infty}\sum_{j} M_{ij}k_2^{mnij}-\frac{1}{a^4}D_0(1-\mu)\sum_{i}^{\infty}\sum_{j} w_{ij}k_3^{mnij}-\frac{1}{a^2}N\sum_{i}^{\infty}\sum_{j} w_{ij}k_4^{mnij}$$

$$+\rho h_0\sum_{i}^{\infty}\sum_{j} w''_{ij}k_5^{mnij}-q_0q_{mn}=0 \tag{21}$$

将（20）代入（21）并令

$$k^{mnij}=\sum_{p}^{\infty}\sum_{q} k_1^{pqij}k_2^{mnpq} \tag{22}$$

则有：

$$\frac{1}{a^4}D_0\sum_{i}^{\infty}\sum_{j} w_{ij}k^{mnij}-\frac{1}{a^4}D_0(1-\mu)\sum_{i}^{\infty}\sum_{j} w_{ij}k_3^{mnij}$$

$$-\frac{1}{a^2}N\sum_{i}^{\infty}\sum_{j} w_{ij}k_4^{mnij}+\rho h_0\sum_{i}^{\infty}\sum_{j} w''_{ij}k_5^{mnij}-q_{mn}=0 \tag{23}$$

对于梯形板，其中

$$H_m=\int_0^1 X_m^2d\xi,\quad H_n=\int_0^1 Y_n^2d\eta$$

$$k_1^{mnij}=a^2\int_0^1\int_0^1 d(\xi,\ \eta)\nabla^2(X_iY_j)X_mY_n/H_mH_n$$

$$=\frac{1}{H_mH_n}\Big(G_1^{im}H_1^{jn}+\frac{1}{\beta^2}(G_2^{im}H_1^{jn}-2G_3^{im}H_2^{jn}$$

$$+G_4^{im}H_3^{jn}+2\varepsilon_1G_3^{im}H_1^{jn})\Big) \tag{24}$$

$$k_2^{mnij}=a^2\int_0^1\int_0^1\nabla^2(X_iY_j)X_mY_n/H_mH_n$$

$$=\frac{1}{H_mH_n}\Big(R_1^{im}Q_1^{jn}+\frac{1}{\beta^2}(R_1^{im}Q_1^{jn}-2R_3^{im}Q_2^{jn}$$

$$+R_4^{im}Q_3^{jn}+2\varepsilon_1R_3^{im}Q_1^{jn}) \tag{25}$$

$$k_3^{mnij}=a^4\int_0^1\int_0^1\nabla_d^2(X_iY_j)X_mY_n/H_mH_n$$

$$=\frac{1}{H_mH_n}\Big(d'_{yy}R_1^{im}Q_1^{jn}+2d'_{xy}\ \frac{1}{\beta}(-R_8^{im}Q_1^{jn}+R_9^{im}Q_2^{jn}$$

$$-\varepsilon_1R_9^{im}Q_1^{jn})+d'_{xx}\ \frac{1}{\beta^2}(R_2^{im}Q_1^{jn}-2R_3^{im}Q_2^{jn}$$

$$+R_4^{im}Q_3^{jn}+2\varepsilon_1R_3^{im}Q_1^{jn})\Big) \tag{26}$$

$$k_4^{mnij}=a^2\int_0^1\int_0^1\nabla_n^2(X_iY_j)X_mY_nd\xi d\eta/H_mH_n$$

$$=\frac{1}{H_mH_n}\Big(\alpha_1R_1^{im}Q_1^{jn}+2\alpha_2\cdot\frac{1}{\beta}(-R_8^{im}Q_1^{jn}+R_9^{im}Q_2^{jn}$$

$$-\varepsilon_1R_9^{im}Q_1^{jn})+\alpha_3\cdot\frac{1}{\beta^2}(R_2^{im}Q_1^{jn}-2R_2^{im}Q_2^{jn}$$

$$+R_4^{im}Q_3^{jn}+2\varepsilon_1R_3^{im}Q_1^{jn})\Big) \tag{27}$$

$$k_5^{mnij}=\frac{1}{H_mH_n}\int_0^1\int_0^1h^*(\xi,\ \eta)X_iY_jX_mY_nd\xi d\eta \tag{28}$$

这里 $h^*(\xi,\ \eta)=h(\xi,\ \eta)/h_0$为无量纲量。

其中：

$$G_1^{im}=\int_0^1 d(\xi)X_i''X_md\xi$$

$$H_1^{jn}=\int_0^1\frac{d(\eta)}{(1+\varepsilon_1\eta)^2}Y_jY_nd\eta$$

$$R_1^{im}=\int_0^1 X_i''X_md\xi \tag{29}$$

……，

在这里我们假定 $d(\xi,\ \eta)$ 可分离，即 $d(\xi,\ \eta)=d(\xi)\cdot d(\eta)$ 同时还假定 d'_{xx}，d'_{xy}，d'_{yy}为常数，事实上对于变厚度的一般情形采用二维高斯积分亦可无原则困难地（计算量大）求得各系数。积分（29）的结果都可精确求出，我们仅对H_1^{jn}和H_2^{jn}的计算稍作说明：

我们知道

$$
\left.\begin{aligned}
S_i(x)&=\int_0^x \frac{\sin t}{t}dt \\
C_i(x)&=-\int_x^\infty \frac{\cos t}{t}dt
\end{aligned}\right\} \tag{30}
$$

故：

$$
\left.\begin{aligned}
\int_0^1 \frac{\sin n\pi\eta}{(1+\varepsilon\eta)}d\eta &= \int_{\frac{\eta\pi}{\varepsilon}}^{\eta\pi+\frac{\eta\pi}{\varepsilon}} \frac{\cos\frac{\eta\pi}{\varepsilon}\ \sin x-\sin\frac{\eta\pi}{\varepsilon}\cos x}{x}dx \\
&=\frac{1}{\varepsilon}\left\{\cos\left[S_i\left(n\pi+\frac{n\pi}{\varepsilon}\right)-S_i\left(\frac{n\pi}{\varepsilon}\right)\right]\right. \\
&\quad\left.+\sin\frac{n\pi}{\varepsilon}\left[C_i\left(n\pi+\frac{n\pi}{\varepsilon}\right)-C_i\left(\frac{n\pi}{\varepsilon}\right)\right]\right\} \\
\int_0^1 \frac{\cos n\pi\eta}{(1+\varepsilon\eta)}d\eta &= \frac{1}{\varepsilon}\left\{-\cos\frac{n\pi}{\varepsilon}\left[C_i\left(n\pi+\frac{n\pi}{\varepsilon}\right)-C_i\left(\frac{n\pi}{\varepsilon}\right)\right]\right. \\
&\quad\left.-\sin\frac{n\pi}{\varepsilon}\left[S_i\left(n\pi+\frac{n\pi}{\varepsilon}\right)-S_i\left(\frac{n\pi}{\varepsilon}\right)\right]\right\}
\end{aligned}\right\} \tag{31}
$$

定义

$$
\left.\begin{aligned}
S_i^{(m)}&=\int_0^1 \frac{\sin n\pi\eta}{(1+\varepsilon\eta)^m}d\eta \\
C_i^{(m)}&=\int_0^1 \frac{\cos n\pi\eta}{(1+\varepsilon\eta)^m}d\eta
\end{aligned}\right\} \tag{32}
$$

则

$$
\left.\begin{aligned}
S_i^{(m)}&=\frac{n\pi}{(m-1)\varepsilon}C_i^{(m-1)} \\
C_i^{(m)}&=\frac{1}{(m-1)\varepsilon}\left\{1-\frac{(-1)^n}{(1+\varepsilon)^{m-1}}-n\pi S_i^{(m-1)}\right\}
\end{aligned}\right\} \tag{33}
$$

故当 $d(\eta)$ 为多项式时容易由（31)和（33)精确求得 H_1^{in} 和 H_2^{in} 等，$S_i(x)$ 和 $C_i(x)$ 的值可由有关文献中查得。

5 进一步的结果

式（23）是一组无穷阶的线性方程，将其截断取有限项我们可求得满足任意给定精度的解答取 i，j；m，n 均为 m_0 和 n_0 项，为便于程序计算作下标缩减

$$
k=(i-1)m_0+j,\quad l=(m-1)m_0+n \tag{34}
$$

其中

$$
\left.\begin{aligned}
&i,\ m=1,\ \cdots\cdots m_0, \\
&j,\ n=1,\ \cdots\cdots n_0, \\
&k,\ l=1,\ \cdots\cdots m_0n_0,
\end{aligned}\right\} \tag{35}
$$

则（23）可简记成

$$
\begin{aligned}
&\frac{1}{a^4}D_0\sum_k^{m_0n_0}\sum k^{kl}w_l-\frac{D_0}{a^4}(1-\mu)\sum_k^{m_0n_0}k_3^{kl}w_l \\
&-\frac{1}{a^2}N\sum_k^{m_0n_0}k_4^{kl}w_l++\rho h_0\sum_k^{m_0n_0}k_5^{kl}w_l''-q_0q_k=0
\end{aligned} \tag{36}
$$

进一步地记成矩阵形式

$$\frac{D_0}{a^4}(\underline{\mathbf{K}}-(1-\mu)\underline{\mathbf{K}_3})\underline{W}-\frac{N}{a^2}\underline{\mathbf{K}_4}\underline{W}+\rho h_0\underline{\mathbf{K}_5}\frac{d^2\underline{W}}{dt^2}-q_0\underline{\mathbf{Q}}=0 \tag{37}$$

1. 对于静力平衡问题，$\frac{d^2\mathrm{W}}{dt^2}=0$ 解线性方程

$$\left\{\underline{\mathbf{K}}-(1-\mu)\underline{\mathbf{K}_3}-\frac{Na^2}{D_0}\underline{\mathbf{K}_4}\right\}\underline{\mathrm{W}}=\underline{\mathbf{Q}}\cdot\frac{q_0a^4}{D_0} \tag{38}$$

即可得$\underline{\mathrm{W}}$，从而得板内各点位移及内力。

2. 稳定问题：$\frac{d^2\mathrm{W}}{dt^2}=0$，$\underline{\mathbf{Q}}=0$解广义特征值问题

$$\left|\frac{D_0}{a^2}(\underline{\mathbf{K}}-(1-\mu)\underline{\mathbf{K}_3})-N_{cr}\underline{\mathbf{K}_4}\right|=0 \tag{39}$$

即可解得临界力N_{cr}

3. 自由振动问题

设 $\underline{\mathrm{W}}=\underline{\widetilde{\mathrm{W}}}e^{i\omega t}$，$\underline{\mathbf{Q}}=0$代入（37）可由下列特征值问题求得自振频率$w_i$

$$\left|\left(\frac{D_0}{a^2\rho h}\right)^2\left(\underline{\mathbf{K}}-(1-\mu)\underline{\mathbf{K}_3}-\frac{Na^2}{D_0}\underline{\mathbf{K}_4}\right)-\omega_i^2\underline{\mathbf{K}_5}\right|=0 \tag{40}$$

6 算例与讨论

为说明本文方法的应用，并验证其可靠性我们特沿用文献〔4—7〕中某些算例，用本文方法求解，以资比较。同时我们还给出了一些新算例。

例1 均匀四边简支平行四边形板在均布荷载作用下的弯曲平衡解，斜边作用面力N_x下的临界压力和自振频率解。

表1是均布压力下线性弯曲平衡解的比较，本文级数项仅取$m_0=n_0=5$，（矩阵阶数25），而文献〔6〕是采用5次B样条13节点（矩阵阶数341）的结果，在计算时间骤减的情况下，本文得到了与之基本接近的结果，可见优越性之所在。

表2是四边简支斜板自振频参数$n^*\left(\omega=n^*\pi^2\cdot\frac{1}{a^2}\sqrt{D_0/\rho h_0}\right)$的结果比较，本文是$m_0=n_0=7$（矩阵阶数49）的结果，文献〔6〕中分别是4次$B$样条9节点和13节点的结果（矩阵阶数300），从表2中看出即使是大斜角$\phi=60°$的情况，本文解也只比〔6〕的解大不到1%，可以充满信心地期望当二法计算量相近时本文解法会获得更精确的结果。

表3是斜板在斜边方向承受沿x方向的面内压力N_x下，其失稳临界压力k^*($N_{xcr}=k^*\pi^2D_0/a^2$)结果比较，读者不难看出本法结果较好，其中文〔12〕,〔13〕分别用Rayleigh-Ritz法和有限元法所得，由于其力边界条件不自然满足，所以误差较大，文〔6〕虽然不自然满足力边界件，但由于其节点分得多（矩阵阶数376），可以认为其结果是较准确的。本文仍取$m_0=n_0=7$（阶数49）由于满足力边界条件故而效果良好。

表 1　　四边简支斜板均布荷载 q 作用下线性弯曲结果比较（$\beta=1$）

	方　　法	W中$(10^{-3}qa^4/D)$	M_{max}中$(10^{-2}qa^2)$	M_{min}中$(10^{-2}qa^2)$
0°	Timoshenko〔13〕	4.062 4	4.789	4.789
	Mizusawa〔6〕	4.062 4	4.789	4.789
	本　文	4.063 6	4.883	4.883
30°	Morley〔7〕	2.56	4.25	3.33
	Wah〔8〕	2.56	4.21	3.37
	Vora and Matlock〔9〕	2.65	4.41	3.46
	FEM〔10〕	2.59	4.26	3.37
	Mizusawa〔6〕	2.560	4.276	3.354
	本　文	2.546	4.126	3.246
60°	Morley〔7〕	0.408	1.91	1.08
	Wah〔8〕	0.408	1.86	1.27
	Vora and Matlock〔9〕	0.409	2.09	1.09
	FEM〔10〕	0.377	2.80	0.99
	Mizusawa〔6〕	0.407 1	1.913	1.113
	本　文	0.402 2	1.664	1.054

表 2　　四边简支斜板自振频率参数n^*的结果比较（边比 $\beta=1$）

方法 \ 角度 ϕ	一阶					二阶				
	0°	15°	30°	45°	60°	0°	15°	30°	45°	60°
Nagaya〔4〕	2.000	—	2.461	—	—	4.999	—	5.340	—	—
Durvasula〔5〕	20000	2.135	2.635	3.635	—	5.000	4.912	5.457	7.070	—
Mizusawa*	2.000	2.112	2.493	2.493	6.328	5.000	4.884	5.334	6.718	10.68
Mizusawa**	2.000	2.111	2.474	2.474	6.295	5.000	4.884	5.333	6.723	10.57
本　文	2.000	2.115	2.525	2.525	6.352	5.000	4.885	5.337	6.729	10.68

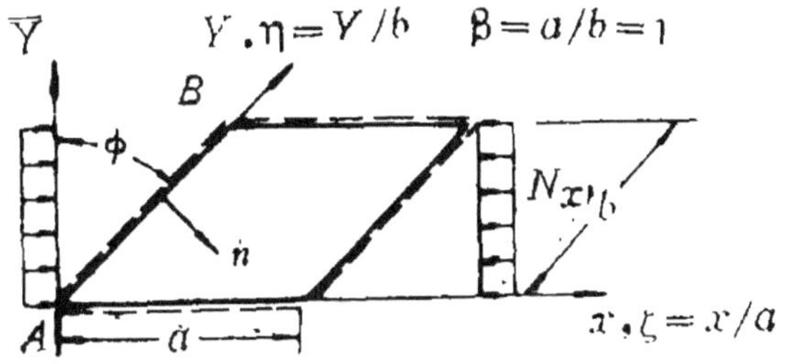

图 2

表 3　　四边简支斜板失稳载荷参数K^*结果比较（$\beta=1$）

方法 \ 角度ϕ	0°	15°	30°	45°
Mizasawa 〔6〕	4.000	4.336	5.612	8.643
Kennedy & Prabhakra 〔11〕	4.00	4.33	5.53	8.47
Durasula 〔12〕	4.00	4.48	6.41	12.3
Fried & Schmitt 〔13〕	4.00	—	5.912	10.22
本　法	4.000	4.340	5.661	8.723

例 2　单向变厚度梯形板的弯曲和振动

梯形板上底长为a，下底长$3a$，高a，两底角均为45°，板刚度$D(x,y)=D_0\left(1+\frac{2\lambda}{a}y\right)$计算结果例于下表中。

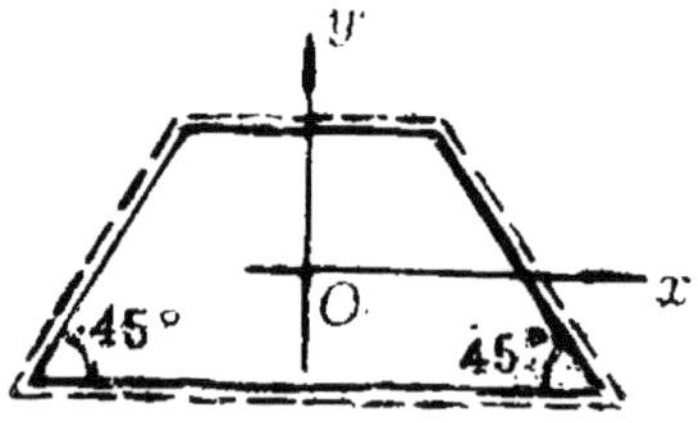

图 3

表 4 是均布荷作用下板的弯曲解，作者尚未找到示与本文比较的变厚度梯形板解，只得与文〔1—3〕的解例于一起，表中所例是$m_0=n_0=11$的结果，（矩阵阶数66），对于本例弯矩值收敛较慢，（表中未例出）。

表 4　　变厚度梯形板在均布荷载作用下中线($x=0$上)挠度($10^{-2}qa^4/D_0$)

	-0.4	-0.2	0.0	0.2	0.4
解析法 〔1〕	0.2881	0.7390	0.8986	0.7249	0.2793
最小二乘解 〔2〕	0.2937	0.7594	0.9268	0.7499	0.2863
蒙得卡罗法 〔3〕	0.2878	0.7372	0.8940	0.7189	0.2766
有限板块解 〔3〕	0.2840	0.7288	0.8875	0.7180	0.2757
本法 $\lambda=0.0$	0.2930	0.7506	0.9215	0.7479	0.2801
本法 $\lambda=0.2$	0.2998	0.8015	0.9404	0.7600	0.2899

例 3　均布荷载作用下任意四边形板的弯曲变形。

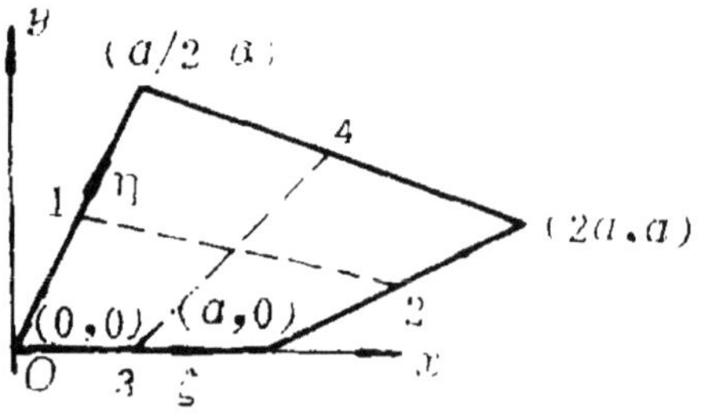

图 4

图 4 所示为一任意四边形板，其角点坐标为（0，0），（a，0），（a/2，a），（2a，a），表 6 列出了图中虚线 1－2（坐标$\eta=0.5$）和 3－4（坐标$\xi=0.5$）的挠度。表中结果是$m_0=n_0=15$的结果，计

算实践表明，本法计算任意四边形板是有效的，当项数取到15×15时已达较好精度，但我们发现，当板畸形时（出现小于15°的锐角时），收敛趋于缓慢，有待进一步的探讨。表中挠度由 $w=\overline{w}\times10^{-2}qa^4/D$ 给出。

表5　任意四边形板沿中线的挠度分布 $\overline{w}$

ξ，η	0	0.1	0.2	0.3	0.4	0.5	0.6	0.7	0.8	0.9	1.0
$\overline{w}\|_{\xi=0.5}$	0.00	0.0829	0.1676	0.2448	0.2950	0.3239	0.3183	0.2716	0.1962	0.1091	0.000
$\overline{w}\|_{\eta=0.5}$	0.00	0.1312	0.2415	0.3136	0.3410	0.3239	0.2761	0.2103	0.1377	0.0625	0.000

7 结束语

对于不规则结构，通常的解法是有限元法，本文提出了推广的Navier方法，在解题能力和应用范围上都较广泛，然而却具有有限元法不具有的优点，本法既具有解析法的少计算，高精度，又有数值方法（如有限元法，差分法）适用范围广的优点，对于几何非线性和不全简支的板和扁壳，本法亦能找到有效的应用，但需指出的是对于形状过于畸形的板构件，本法会遇到形成刚度矩阵系数时，高斯积分计算量过大，弯矩收敛缓慢等困难。

参 考 文 献

1 严宗达等．上海力学，1981；(3)：42—50

2 范本隽．浙江大学81届硕士生论文集，1981：24—37

3 钱博，何福保．上海力学，1983；(4)：9—15

4 Nagaya K. J of Sound and Vib, 1980; (68): 35—43

5 Chopra I and Duravasula S. Int J of Mech Sci, 1971; (13): 935—944

6 Mizusawa T, Kajita T and Naraoka M. J of Sound and Vib, 1980; (73): 575—584

7 Marley L. Skew Plates and Structures. Oxford: Pergamom Press, 1963; 103—115

8 Wah T. Computers and Structures, 1979; (4): 457—466

9 Vora M R and Matlock H. J of Eng Mech Divison, 1979; (105): 237—253

10 Gustafson W C and Wright R N. J of the Structural Division, 1968; (94): 919—942

11 Kennedy J B and Prabhakara M K. Aeronautical Quarterly, 1978; (29): 161—174

12 Durvasula S. J of the Eng Mech Divison, ASCE, 1971; (97): 967—979

13 Timoshenko S and Woinowsky K S. Theory of Plates and Shells, Newyork: Pergamon Press, 1959; 130—147

钻削温度测量的试验研究

杨受章，顾笃一，易德明，徐慧蓉
（机械工程系）

摘　要　本文在分析比较国际上有代表性的几种钻削测温方法的基础上，研究了一种新的测温方法。它既能测量钻头切削刃上各点的瞬时温度，又能同时测量工件表面上各点的瞬时温度。通过实验得出了沿切削刃的切削温度分布和切削温度随切削速度、进给量的变化曲线。以及一些有意义的发现。

关键词　钻削；切削刃；切削温度；热电偶/钻削温度；横刃

Experiment Study on the Measurement of Drilling Temperature

Yang Shouzhang　Gu Duyi　Yi Deming　Xu Huirong

(Department of Mechanical Engineering)

Abstract　In this paper, based on analyzing and comparing some typical methods of measuring temperature in drilling in the world, present a new measuring temperature method. This method may give simultaneously the instantaneous temperatures of cutting edge on the drill and of the cut surface of the workpiece. By experiments, we obtain the distribution of the cutting temperature along the cutting edge, the curve of cutting temperature varying with cutting speed and feed. Some other interesting facts are displayed.

本文于1988年9月27日收到

Key words drilling; Cutting edges; cutting temperature; thermocouples/temperature in drilling; chisel edge

在整个金属切削加工中，孔加工约占30～40%，而钻孔是孔加工的主要方法。各国钻头的产量占刀具总产量的60%左右，我国每年生产钻头用的高速钢约占刀具生产中高速钢耗用总量的70%[1]，因此发展和研究新的钻头，探索钻削过程的特性，一直是个重要课题。

切削时所消耗的能量，98～99%转换为热能[2]。钻削过程中，切削刃挤压工件，并与工件和切屑之间的摩擦作功几乎全都转化为热能。钻削温度不但影响到刀具和工件材料的性能，钻头的磨损和耐用度，而且影响积屑瘤的形成和大小[2]，影响到切削力的变化和钻削时的振动，从而影响加工表面的质量。也可把钻削温度作为控制钻削过程的讯号源[2]，因此钻削温度的测量技术一直受到人们的高度重视[1]。

测量钻削温度是比较困难的。这不但是由于它属于半封闭切削，不便于观察和采样，而且钻头的切削刃形状也相当复杂。所以，国内在钻削温度测量方面研究较少。虽然在国外不少专家学者对钻削温度测量进行过研究，但远不及车削温度测量研究那样成熟。这表现在各种测温方法都存在着明显的缺点，以致一些基本结论不完全相同。此外，钻削温度应包括两大部分：一是钻头切削刃上各点的瞬时温度；二是工件切削表面上各点的瞬时温度。而国外所报导的方法都只限于测量切削刃上各点的温度。因此研究和发展一种能同时精确地测量切削刃上各点及工件切削表面上各点的温度的新的钻削测量方法是很有意义的。

1 国外钻削测量方法简介

近年来，国外发展了不少测量钻削温度的新方法，现简介几种主要方法如下：

1.1 半人工热电偶法

Nishida等人通过刀具——工件组成的热电偶来测定钻头钻削过程中的温度分布规律[3]。图1是他们所使用的实验装置示意图。由钻头及一根与工件绝缘且嵌在工件中的热电丝组成。他们得出沿钻头切削刃上各点的温度分布情况如图3。曲线表明：主切削刃上最高温度出现在约为2/3的钻头半径的位置上。而钻头主切削刃靠近外缘处的温度为横刃上温度的两倍左右。这种方法的缺点是被测得的温度受钻头切削热电偶丝时所产生的温度影响。

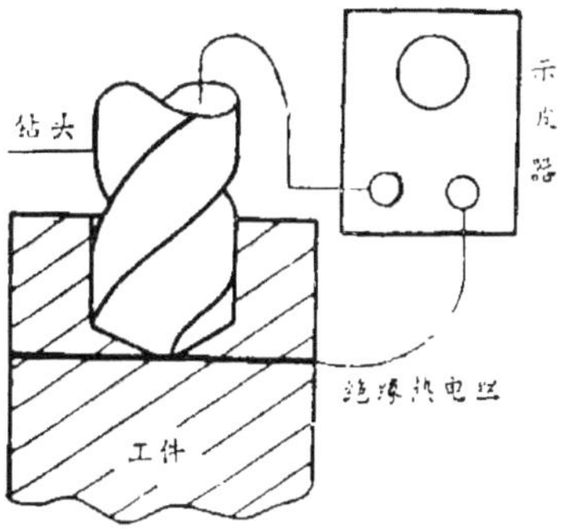

图1 Nishida实验装置

Kasahara和Kinoshita所使用的实验方法与Nishida的方法大致相同[3]。其区别是：① 用一块金属铝箔来代替绝缘的热电偶丝；② 用酚醛树脂工件代替黑色金属工件。实验装置如图2所示。实验结果如

图3．除了整个切削刃的温度都低于切削嵌入黑色金属的绝缘热电丝温度之外，切削刃上最高温度在钻头的周边处，横刃的温度也较高．同样这种方法的缺点是所测得的温度要受到切削铝箔温度的严重影响．

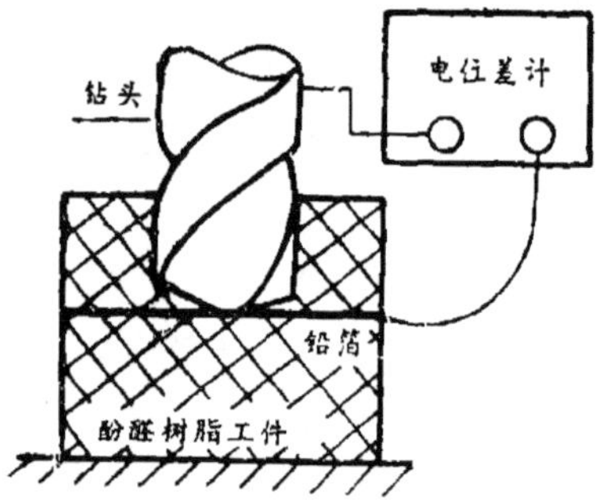

图2　Kasahara 实验装置

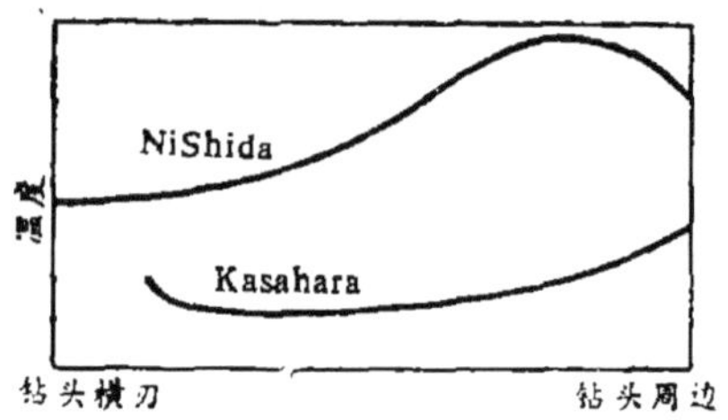

图3　Nishida 与 Kasahara 对比曲线

1.2　全人工热电偶法

AleKseeV 利用嵌入工件的标准铬铝热电偶来确定钻头切削刃上温度分布．其实验装置如图 4 所示[3]．他假定热电偶节点在被切削的瞬时所记录的温度就等于钻头上切削刃的温度．用此法所得到的钻头切削刃上的温度分布曲线见图 5．在此曲线中，最高温度在横刃上．由横刃至钻头外缘温度几乎成线性下降．显然这个结论与上述两种半人工热电偶法截然不同．这种方法对被测点的温度场破坏太大，并且干扰的因素多．看来其结果是值得怀疑的．

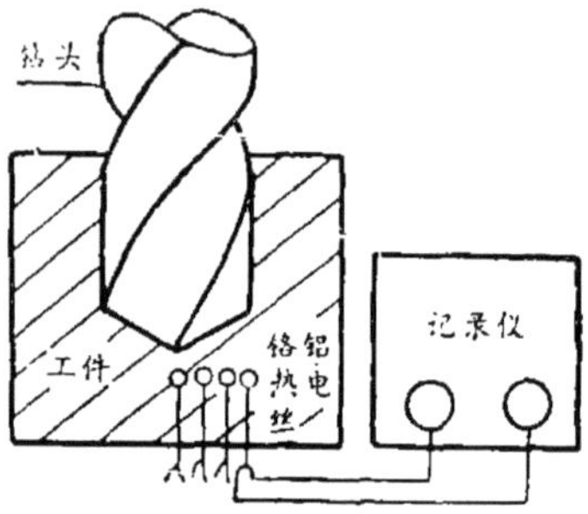

图4　AlekseeV 实验装置

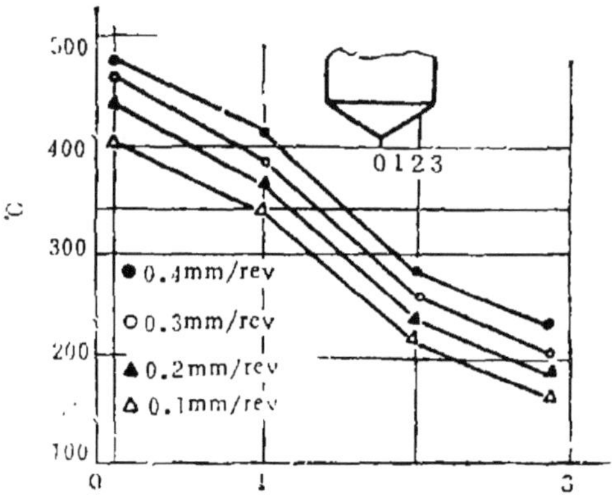

图5　AlekseeV 温度分布曲线

除此之外，还有金相显微硬度法[4]和热敏涂料法．这些方法都由于本身的缺限，使得测量精度受到限制．

2　钻削测温的新方法

本方法为半人工热电偶法，是利用工件材料和康铜丝的热电性能差别，而组成热电偶的两极。当钻头切削康铜丝与工件时，使得两者搭接形成节点，由于切削热的作用使节点温度升高而形成热电偶的热端、工件的引出线和康铜丝的引出线保持室温，形成了热电偶的冷端. 这样在工件与康铜丝的回路中，便产生了温差电势，在回路中有微小电流通过，示波器的荧光屏上出现信号. 通过示波器上照相机把信号拍摄下来，便可得到钻削试件的热电信号. 根据热电信号的标定值计算出所测温度大小，为减少钻头切削康铜丝所产生的温度对测量温度的干扰，康铜丝直径应选择尽可能的小。

依照切削理论研究所假设的切削过程中. 工件正在被切削的表面上某点的温度等于正在与之接触的刀具对应点上的温度. 因此，本装置所测试件的最高温度就可以看成是对应的钻头切削刃上的温度. 实验装置如图 6 所示.

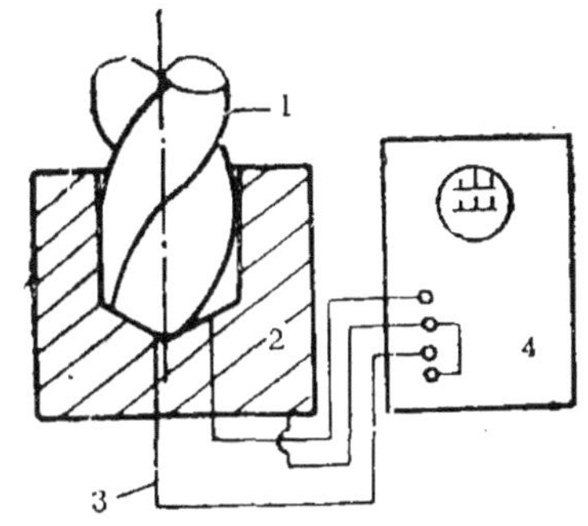

图6 测量钻削温度的实验装置

1—钻头；　　2—试件；

3—康铜丝(带绝缘层)；

4—阴极射线示波器.

本试验装置与前面介绍的几种装置相比，它不但能测量钻头在切削过程中切削刃上各点的瞬时温度，而且还可以同时测量工件切削表面各点的瞬时温度；适用于不同刀具材料的钻削测温.

3 实验数据分析处理

3.1 钻削时的主要热源

在钻削加工中，切削热主要来源于以下三个方面：钻头横刃在轴向力的作用下与工件挤压摩擦；主切削刃切削时，切屑变形及切屑与前刀面、工件与后刀面间的摩擦；钻头棱带与已加工表面的摩擦. 这些变形和摩擦所消耗的功，绝大部分转变成了切削热，形成了钻削时的主要热源。

3.2 钻头主切削刃上切削温度的分布

实验时，我们在钻头主切削刃上选取五个测量点，测点位置分布如图 7 所示. 示波器拍下的温度信号见图 8 .

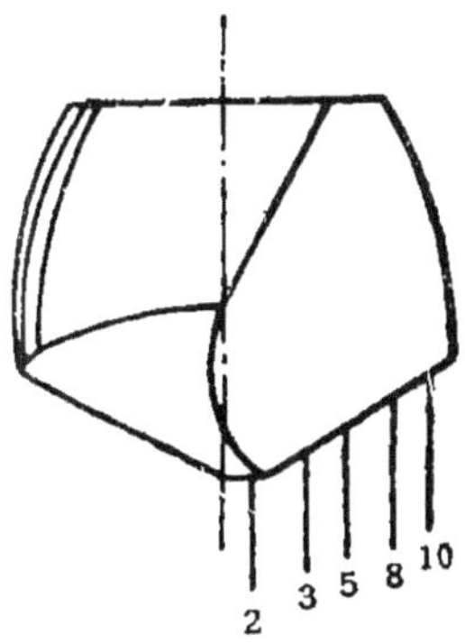

图7 测量点的位置分布

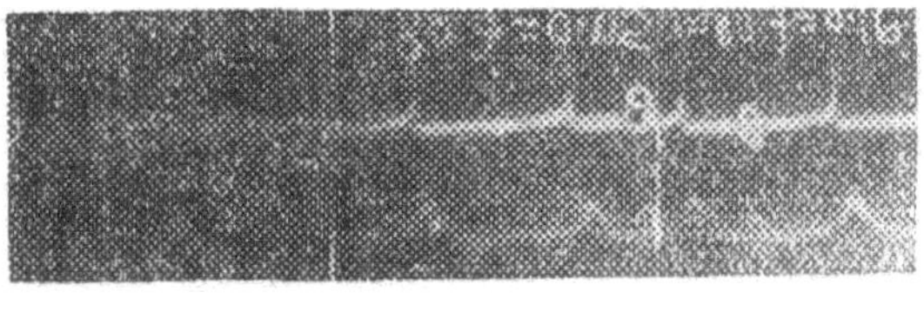

(a)　(b)　(c)

图8 温度信号照片

(a) 为 5 号测点信号；　(b) 为 2，8 号测点信号；　(c) 为 3，10号测点信号.

实验测得的沿钻头主切削刃切削温度的分布曲线如图9所示.

（1）在机床转速和进给量不变的情况下，从钻心到外缘．切削温度随着切削速度的增加而加大；

（2）在钻头横刃附近（2号测点）切削温度较低．虽然普通麻花钻头横刃附近的前角是很大的负值．横刃与工件发生严重的挤压和摩擦．但此处的切削速度很低，散热条件较好，所以切削温度比较低．

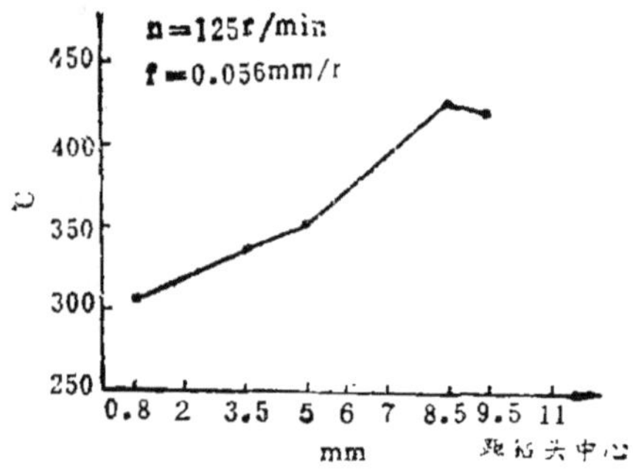

图9　切削刃上切削温度分布曲线

（3）靠近钻头周边（外缘）钻削温度有所下降[1]（相对于8号测点）．这是因为靠近工件孔壁散热条件最好，钻头在该处是正前角切削，故切削温度有所降低．

由此可见，实验所获得的沿主切削刃分布的切削温度曲线和理论分析的规律是完全吻合的．

3.3　切削速度和进给量对钻削温度的影响

3.3.1　主轴转速对切削温度的影响

进给量：　$f=0.056\text{mm/r}$；

主轴转速：　$n_1=50\text{r/min}$，　$n_2=80\text{r/min}$，　$n_3=125\text{r/min}$，

$n_4=200\text{r/min}$，　$n_5=315\text{r/min}$．

照相机拍下的钻头主刃和工件切削表面温度信号见图10、11所示．

图10

图11

温度信号照片

我们采用两种方法获得钻头主切削刃和工件切削表面平均温升．

其一，如图10在钻削前先拍基准线，然后在钻削时将信号拍下．基准线至信号线波谷间的距离就是工件切削表面平均温升（θ_{pi}）．基准线至信号线波峰间的距离为主切削刃上某点的切削温度（θ_{ri}）．信号线波谷到波峰间的距离为主切削刃上 i 点相对于工件切削表面 i 点的平均温升的温度差（θ_{ci}）．

其二，如图11在钻孔前，将示波器的双线调到重合位置（其中一线为信号线，另一线为基准线）．钻削时将信号拍下．

主刃上某点的切削温度为：

$$\theta_{ri}=\theta_{ci}+\theta_{pi}+\theta_o$$

式中：

θ_{ri}——主切削刃上 i 点的切削温度；

θ_{ci}——主切削刃上 i 点相对于工件切削表面 i 点的平均温升的温度差；

θ_{pi}——工件切削表面 i 点的平均温升；

θ_{o}——环境温度（室温）.

根据实验所获得的数据和按上式求得，当 $n=315$r/min，$f=0.056$mm/r 时，第 8 号测点的最高钻削温度为 565℃.

实验获得，切削速度变化对主切削刃上（2，8号测点）的切削温度和工件切削表面（2，8号测点）的平均温升的影响曲线如图12.

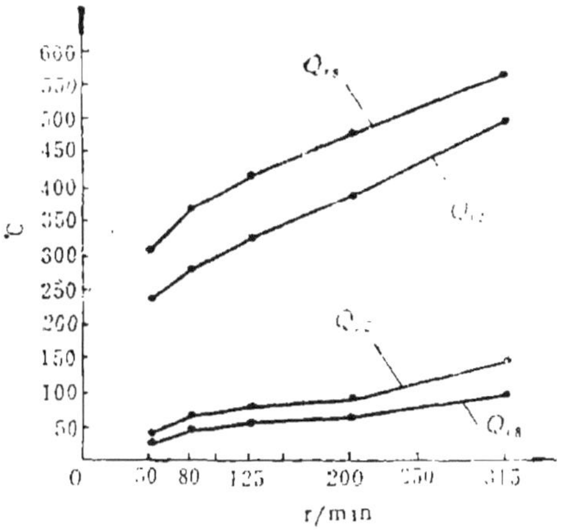

图12 切削速度对钻削温度的影响曲线

图中：（1）曲线 θ_{r2}、θ_{r8} 分别表示测点2和测点8的切削温度随主轴转速改变的变化情况. 转速增高，切削温度显著增大.

（2）曲线 θ_{p2}、θ_{p8} 分别表示测点2和测点8的工件切削表面平均温升随主轴转速变化而变化的情况. 曲线表明在不同转速下，测点2对应的工件切削表面的平均温升均大于对应转速下测点8的工件切削表面的平均温升，这就说明离钻头中心愈近（横刃附近），因切削条件差，所以工件切削表面平均温升比钻头外缘处要高.

3.3.2 进给量对切削温度的影响

主轴转速：　　　　　　$n=80$r/min

进给量：　　$f_1=0.056$mm/r，$f_2=0.112$mm/r，$f_3=0.16$mm/r

示波器拍下的温度信号见图13.

图13 进给量对钻削温度的影响

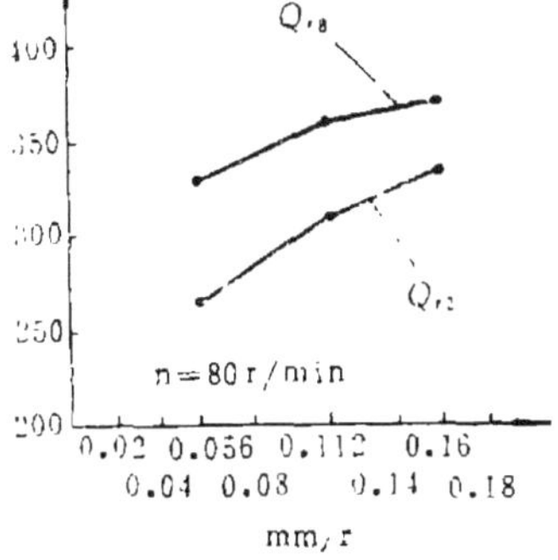

图14 进给量对切削温度的影响曲线

图14中 θ_{r2}、θ_{r8} 分别表示测点2和8的切削温度随进给量变化而变化的情况. 曲线表明，切削温度随进给量的增加而增加，但增加的程度小于切削速度对切削温度的影响.

4 结论

（1）通过对国际上有代表性的几种钻削测温方法的分析，本文提供了一种新的测量钻削温度的方法。本方法既可以测量钻头切削刃上各点的瞬时温度，同时可以测量工件切削表面上各点的瞬时及该表面的平均温升。它具有对工件上的温度场破坏较小，测量精度较高，重复性较好的优点，且适用于各种高硬度刀具材料的钻削测温。

（2）通过对有限点的测量，本文得出了在一定的切削条件下沿钻头半径方向切削刃上切削温度的分布规律。结果表明，随着离钻心距离的增加，切削刃上的切削温度明显上升，在最边缘处略有下降。

（3）本文同时得出了沿钻头半径方向，工件切削表面各点平均温升的规律。结果表明横刃区的正在被切削表面各点平均温升要高于主切削刃区切削表面各点的平均温升。

（4）本文表明，钻头切削刃上和对应的切削表面上的切削温度随切削速度增加而增加的规律是很明显的。并得出了它的变化规律曲线。

（5）钻头切削刃上和对应的切削表面上的切削温度随进给量的增加（即切削厚度的增加）而增加的规律再一次得到了验证，并给出了它的变化规律曲线。

（6）本文发现正在被横刃和主切削刃切削下的工件表面上温度升高的规律是不相同的。在横刃切削下的工件表面上的点，其温度升高较为缓慢，温度升高区也明显增长（参见图13第2号测量点）。

参考文献

1 北京永定机械厂群钻小组著．群钻．上海：上海科学技术出版社，1982：135～141

2 陈日耀主编．金属切削原理．北京：机械工业出版社，1984：73～81

3 Saxena U K. Thermal Aspects of Drilling, MR70～187：1～9

4 Thangaraj A, Wright P K. Transactions of the ASME, 1984; 106：242～246

（上接29页）

形态。

（4）经中温分解的中Mn铸钢，再升温到临界区间保温、冷却，得到A＋P＋K＋M的多相中Mn钢，硬度和韧性兼备，抗磨性能优良。

参考文献

1 Wells K J. Trans ASM 1934; 23 (3) ：751

2 Honeycombe R. W. K. Steels Microstructures and Properties. 1981; 114

3 胡光立等．钢的热处理．北京：国防工业出版社，1985：147～156

4 哈德菲尔特著；张文凯译．高锰钢．北京：国防工业出版社，1967：16～20

5 Bain E C etc. Trans ATME, 1932; 100：237

6 Maratray F. AFS Inter Cast Met J, 1979; 6：62～77

汽车座椅弹性元件刚度的探讨

陈树年，黄天泽，彭　献
（工程力学系）　（机械工程系）　（工程力学系）

摘　要　本文给出了具有正、负刚度弹性元件的汽车座椅的理论分析、设计程序和实验数据。以上表明负刚度弹性元件的应用，将提供降低汽车座椅振动响应的有效途径，从而可以改进汽车座椅的舒适性。

关键词　刚度；负刚度；隔振

Research on Spring Stiffness of Automobile Seat

Chen Shunian Peng Xian
(Department of Engineering Mechanics)
Huang Tienzeai
(Department of Mechanical Engineering)

Abstract This paper presents the analysis, design program and experimental evaluation of automobile seat with positive and negative stiffness elastic element. It shows that the application of negative stiffness elastic element will provide a effective method of reducing vibration response of automobile seat for improving its comfortableness.

Key words stiffness; negative stiffness; vibration

汽车的舒适性直接关系到司乘人员的身体健康，车辆的行驶安全和运输效率。因此，可以说舒适性是衡量车辆好坏的重要指标，改善舒适性是当前汽车行业亟待解决的课题之一。影响舒适性的因素很多，其中主要有悬架、轮胎和座椅的影响，而从座椅方面入手较之悬架和轮胎更为简易可行，因为改变悬架或轮胎的结构或参数会要影响到汽车其它的性能指标，而座椅结构或参数的变化就无此后顾之忧。

在设计座椅弹性元件时，首先应考虑人体最敏感的振动区系介于4～8Hz之间，这

本文于1989年4月8日收到

是必须避免的。显然，高于8 Hz的弹性元件，将会导致刚度过大（太硬），人坐上去会感到很不舒适，所以最好选在4 Hz以下。而为了避免与车身的固有频率(1.2～2Hz)相重合，如果设计低于1 Hz 的弹性元件，虽然很柔软，但一方面其挠度将超过25mm，这样会给布置上造成困难。另一方面，当汽车在崎岖不平的坏路上行驶时，有可能使弹簧（如果弹性元件采用螺旋弹簧）各圈并紧，其效果将适得其反，非但不能缓和振动，反而会造成很大冲击，因此，以选在2Hz 以上为佳。由此可见，座椅弹性元件的固有频率，建议选择在3Hz上下。

利用"正负刚度并联相消原理"，采用正、负刚度弹性元器件作为弹性元件的汽车座椅，能较好地解决上述矛盾。本文就是从该原理出发，探讨这类座椅的设计方案，并对之进行理论分析，试验验证和计算机模拟对比计算。

1 基本理论

1.1 汽车座椅的理论分析

为使座椅铅垂方向固有频率不因人体质量之不同而产生变化，汽车座椅的理想特性应为：

$$P=P_0 e^{\frac{4\pi^2 f_n^2}{g}\delta} \quad (1)$$

式中：P_0为座椅承受的最小铅垂载荷；f_n为座椅铅垂方向的固有频率，式（1）的特性曲线如图1中实线所示。

取式（1）表达的函数关系为目标函数，取正刚度弹簧为线性弹簧，其表达式为：

$$P_1 \triangleq nk_1\delta \quad (2)$$

式中：n为铅垂方向座椅压簧的个数

k_1为单个压簧的刚度系数

式(2)表达的特性曲线如图1中点划线所示。

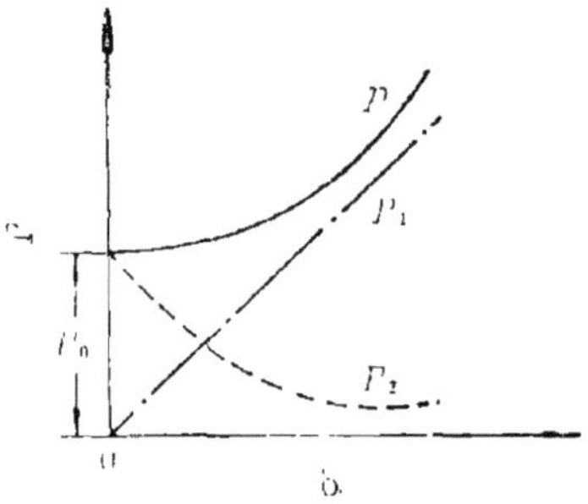

图1 汽车座椅的特性曲线

现在的问题是要使得上述线性弹簧与另一个特性曲线如图1中虚线所示的非线性特性的负刚度部件并联后的特性与式（1）表达的目标函数一致，在我们所进行的负刚度元器件的特性研究中有一种部件具有类似特性，可用如下式子表达：

$$P_2=f(\delta,a_i) \quad (3)$$

式中$a_i(i=1,2\cdots,5)$为其结构参数。

于是可望有关系式

$$P_0 e^{\frac{4\pi^2 f_n^2}{g}\delta}=nk_1\delta+f(\delta,a_i) \quad (4)$$

成立，但是由于式（4）是一非线性方程，不能保证在整个变形区域内处处成立，为此通过最小二乘非线性参数拟合，在已知P_0，f_n的情况下，确定座椅的结构参数$k_1,a_i(i=1,2,\cdots,5)$，使得在给定区域内残差平方和

$$\sigma=\sum_{j=0}^{n}\left(nk_1\delta_j+f(\delta_j,a_i)-p_0e^{\frac{4\pi^2f_n^2}{g}\delta_j}\right) \qquad (5)$$

为最小，根据上述有关公式，编制了计算机程序。这样就可根据座椅动态参数（固有频率），应用该程序可获得一组与之相应的座椅结构参数。

1.2 人/椅系统力学模型

人/椅系统作为一底座受加速度激励的单自由度系统，如图 2 所示，其运动微分方程为

$$M\ddot{p}+c_e(\dot{q}-\dot{z})+K_e(p-z)=0 \qquad (6)$$

式中：M为座椅悬挂上方质量加 76.6 %的人体质量；

K_e为人/椅系统的等效刚度；

C_e为人/椅系统的等效阻尼系数；

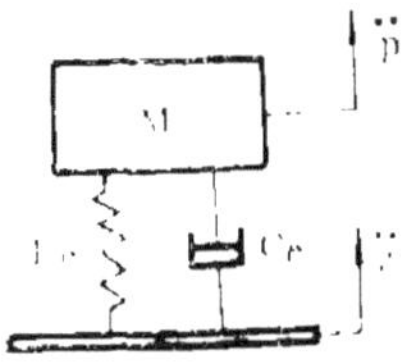

图2 人/椅系统力学模型

由于人/椅系统的等效刚度K_e非常量，故方程式(6) 描述的是一单自由度非线性振动系统。为研究问题方便，可将系统视为一分段线性系统（譬如将人体常见载荷分为一段，其上与下各分为一段，这样一来就可将原系统分成一个三线性段的线性系统），于是式(6)可改写为

$$M\ddot{p}+c_e(\dot{p}-\dot{z})+K_{ej}(p-z)=0 \quad (j=1,2,3) \qquad (7)$$

式中：K_{ej} 为座椅在第 j 段的刚度，它为常量。于是可对每一线性段应用线性随机振动理论解方程式（7）。

令 $\frac{K_{ej}}{M}=w_{nj}^2$，$\frac{C_e}{M}=2\zeta_j w_{nj}$，则式（7）改为

$$\ddot{p}+2\zeta_j w_{nj}\dot{p}+w_{nj}^2p=2\zeta_j w_{nj}\dot{z}+w_{nj}^2z \quad (j=1,2,3) \qquad (8)$$

式中：w_{nj}为系统的第 j 段的固有频率；

ζ_j为系统的第 j 段的相对阻尼比

系统在第 j 段的频响函数为

$$H_{pz}(iw)=\frac{w_{nj}^2+i2\zeta_j w_{nj}w}{(w_{nj}^2-w^2)+i2\zeta_j w_{nj}w} \quad (j=1,2,3)$$

对于粘性阻尼系统，加速度传递特性就是位移传递特性，即

$$H_{\ddot{p}\ddot{z}}(iw)=\frac{w_{nj}^2+i2\zeta_j w_{nj}w}{(w_{nj}^2-w^2)+i2\zeta_j w_{nj}w} \quad (j=1,2,3) \qquad (9)$$

其幅频特性为

$$\left|H_{\ddot{p}\ddot{z}}(w)\right|=\left(\frac{w_{nj}^4+(2\zeta_j w_{nj}w)^2}{(w_{nj}^2-w^2)^2+(2\zeta_j w_{nj}w)^2}\right)^{\frac{1}{2}} \quad (j=1,2,3)$$

或 $$\left|H_{\ddot{p}\ddot{z}}(f)\right|=\left(\frac{f_{nj}^4+(2\zeta_j f_{nj}f)^2}{(f_{nj}^2-f^2)^2+(2\zeta_j f_{nj}f)^2}\right)^{\frac{1}{2}} \quad (j=1,2,3) \qquad (10)$$

设振动为平稳随机过程，对于线性系统，其激励和响应的功率谱密度函数有如下关系：

$$G_{p}(f)=|H_{pz}(f)|^2G_{z}(f)$$

同理有

$$G_{\ddot{p}}(f)=|H_{\ddot{p}\ddot{z}}(f)|^2G_{\ddot{z}}(f) \tag{11}$$

由式(11)可在频域上积分求得$\frac{1}{3}$倍频程加速度均方根值$\sigma_{\frac{1}{3}}$(m/s²)和ISO-2631加速度加权均方根值σ_{w}(m/s²)，即

$$\sigma_{\frac{1}{3}}=\left[\int_{f_{l_i}}^{f_{u_i}}G_{\ddot{p}}(f)\mathrm{d}f\right]^{\frac{1}{2}}=\left[\int_{f_{l_i}}^{f_{u_i}}\left|H_{\ddot{p}\ddot{z}}(f)\right|^2G_{\ddot{z}}(f)\mathrm{d}f\right]^{\frac{1}{2}} \tag{12}$$

式中：f_{li}、f_{ui}分别为对应于中心频率f_{ci}的下限频率和上限频率；

$$\sigma_{w}=\sqrt{\sum_{i=1}^{n}\left[W(f_{ci})\cdot\sigma_{\frac{1}{3}}\right]^2} \tag{13}$$

式中：$W(f_{ci})$为频率加权函数，并有

$$W(f_{ci})=\begin{cases}0.5\sqrt{f_{ci}} & (1<f_{ci}\leqslant4)\\ 1 & (4<f_{ci}\leqslant8)\\ 8/f_{ci} & (8<f_{ci}\quad)\end{cases} \tag{14}$$

2 设计计算实例

今取汽车座椅的铅垂方向固有频率$f_n=2.5$ Hz，通过运行本文第1节中提到的计算机程序，得到了相应于该固有频率值的座椅结构参数。座椅特性的理想值，与座椅结构参数对应的特性计算值以及固有频率计算值见表1。由表1可见，与座椅结构参数对应的固有频率计算值，在载荷为460～580N范围内为$2.5^{+0.1}$ Hz，与理想值的偏差不过±0.1Hz，这说明在座椅承受的铅垂常用载荷范围内，拟合的结果是令人满意的。

图3是根据表1作出的座椅特性曲线；图4是根据表1作出的座椅频率特性曲线。

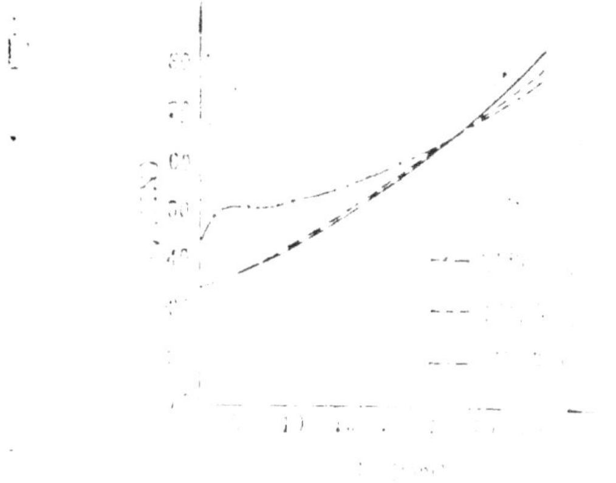

图3 汽车座椅的静特性曲线

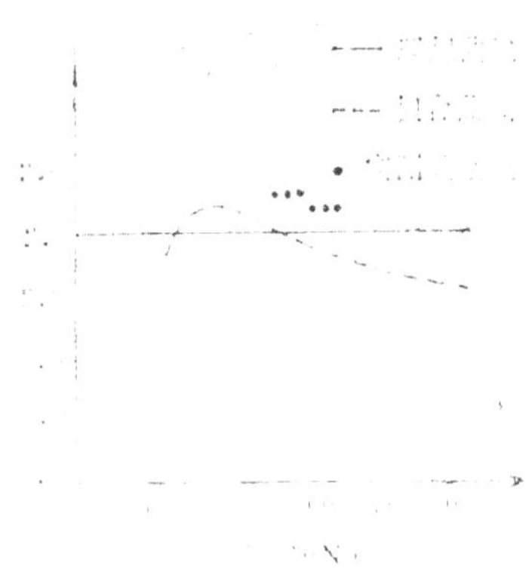

图4 座椅的频率特性曲线

3 测试过程和模拟计算

3.1 测试过程

根据计算机程序所得到的座椅结构参数，试制了一个汽车座椅实物模型，并对其作

了静特性，固有频率和阻尼比的测定。

表1 座椅静特性和频率特性

静位移/mm	载荷/10N 理想值	载荷/10N 计算值	载荷/10N 实测值	固有频率/Hz 计算值	固有频率/Hz 实测值	静位移/mm	载荷/10N 理想值	载荷/10N 计算值	载荷/10N 实测值	固有频率/Hz 计算值	固有频率/Hz 实测值
0	33.57	33.57	41	2.29		18	52.83	54.58	58	2.47	2.75
1	34.43	34.35	46	2.45		19	54.17	55.93	58.5	2.44	
2	35.31	35.23	47	2.55		20	55.55	57.28	60	2.42	2.75
3	36.21	36.19	48	2.61		21	56.97	58.64	61	2.40	
4	37.13	37.21	48	2.64		22	58.42	60.01	61.5	2.38	
5	38.08	38.29	48.2	2.66		23	59.91	61.37	63	2.35	
6	39.05	39.41	48.5	2.67		24	61.44	62.75	64	2.33	
7	40.04	40.56	49	2.67		25	63.01	64.13	65	2.31	
8	41.07	41.76	49.5	2.67		26	64.61	65.52	66	2.29	
9	42.11	42.95	50	2.65	2.81	27	66.26	66.91	67	2.27	
10	43.19	44.19	50.5	2.64		28	67.95	68.30	68	2.25	
11	44.29	45.44	51	2.62		29	69.68	69.70	69	2.23	
12	45.42	46.70	51.8	2.60	2.83	30	71.46	71.10	70	2.21	
13	46.58	47.99	53	2.58		31	73.28	72.50	71	2.19	
14	47.76	49.28	54	2.56	2.87	32	75.15	73.91	73	2.17	
15	48.98	50.59	55	2.53		33	77.07	75.32	75	2.15	
16	50.23	51.91	56	2.51	2.72	34	79.03	76.73	76	2.13	
17	51.51	53.24	57	2.49		35	81.05	78.14	78	2.12	

3.1.1 座椅静特性的测定　座椅静特性的测定是在全能机上用千分表进行的。全能机用于加载，同时读出载荷值，千分表读位移值。测试数据见表1，图3中点划线是根据实测的数据作出的实测曲线。

3.1.2 座椅固有频率和阻尼比的测定　座椅固有频率和阻尼比的测定是用衰减自由振动的方法测定的。在已加有载荷的座椅上施加一位移激励，测得其时间历程，如图5所示，量出曲线的高度 A_1 和 A_2 以及相应的 t_1 和 t_2，令比值 $\frac{A_1}{A_2}$ 的对数 $ln\frac{A_1}{A_2}=\lambda$ 和差值 $t_2-t_1=T$，根据振动理论，固有频率为

$$f_n=\frac{1}{T} \tag{15}$$

相对阻尼比为

$$\zeta=\frac{1}{\sqrt{1+4\pi^2/\lambda^2}} \tag{16}$$

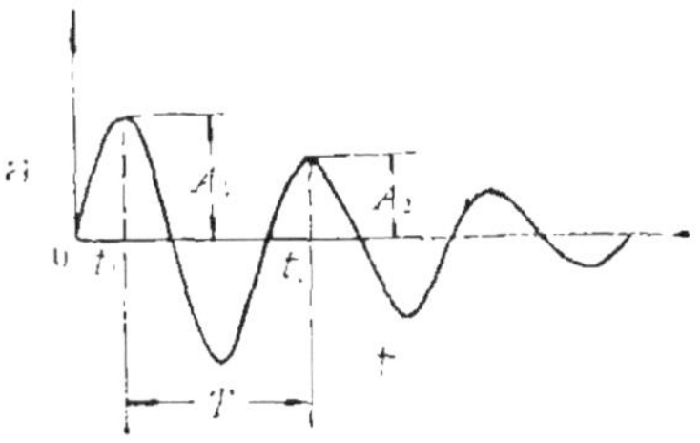

图5 汽车座椅衰减振动曲线

载荷取常用载荷500～600N，按每增或减20N作为一载荷值，考虑到座椅存在着非线性，为了减小非线性因素对信号的影响，在同一载荷值下测量若干次，按式(15)、(16)

算得同一载荷下的固有频率和相对阻尼比值若干，然后分别对它们取平均值，此平均值就可作为在该载荷下的座椅固有频率和阻尼比，测定的结果见表2。

表2　座椅固有频率和阻尼比的测定值

载　荷/10N	固有频率/Hz	相对阻尼比
50	2.81	0.183
52	2.83	0.181
54	2.87	0.186
56	2.72	0.162
58	2.75	0.173
60	2.75	0.174

3.2　模拟计算

模拟计算是根据AY660H大客车在柏油路上以车速分别为30、40、50km/h行驶时，实测的司机座处车身地板的加速度功率谱为输入，取原车司机座椅的动态参数（$f_n=3.75$ Hz，$\zeta=0.112$）和按本文方案设计的的座椅动态参数（$f_n=2.75$Hz，$\zeta=0.172$），由本文第1节的公式，计算得到了座椅$\frac{1}{3}$倍频程的加速度均方根值$\sigma_{\frac{1}{3}}$，m/S²，为了和ISO-2631标准对照，将两种座椅的$\sigma_{\frac{1}{3}}$值画在以$\frac{1}{3}$倍频程的中心频率为横坐标，$\sigma_{\frac{1}{3}}$为纵坐标的图上，同时在图上画出ISO-2631疲劳降低工效界限，这样就可以根据$\sigma_{\frac{1}{3}}$的峰值所处位置找到承受时间T，据此T值加以比较两种座椅的性能。图6、图7、图8分别画出了两种座椅在沥青路上，以车速为30、40、50km/h行驶的$\frac{1}{3}$倍频程铅垂加速度均方根值。

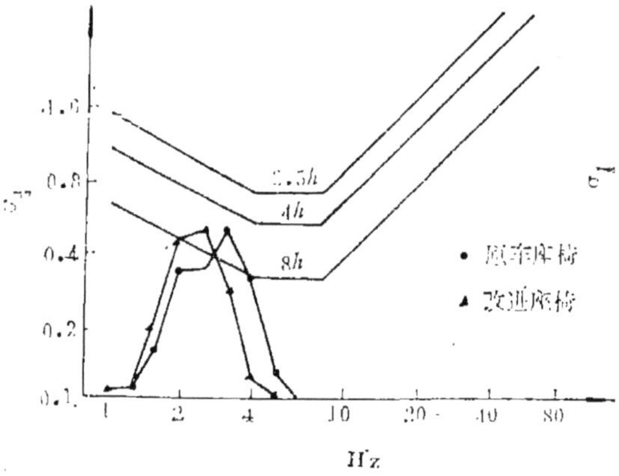

图6　沥青路30 km/h座椅$\frac{1}{3}$倍频程加速度均方根值

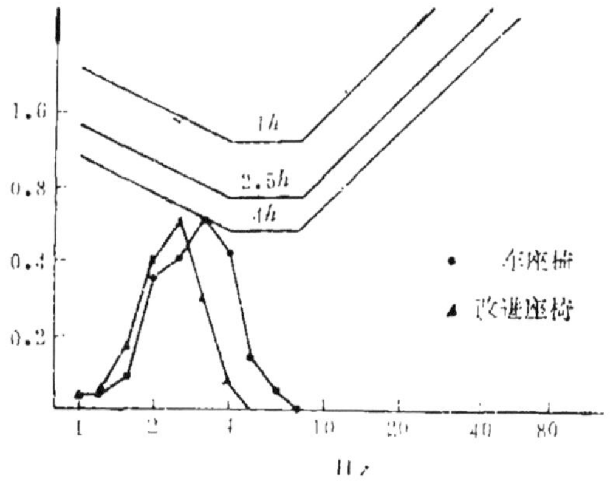

图7　沥青路40 km/h座椅$\frac{1}{3}$倍频程加速度均方根值

$\frac{1}{3}$倍频程计算结果表明：按本文方案设计的汽车座椅要比原车座椅在同一车速下承受的时间长，因而舒适性有所改善，这是因为按本文的方案设计汽车座椅固有频率较好地符合了关于汽车座椅固有频率的设计原则，又有适当的阻尼相匹配的结果。

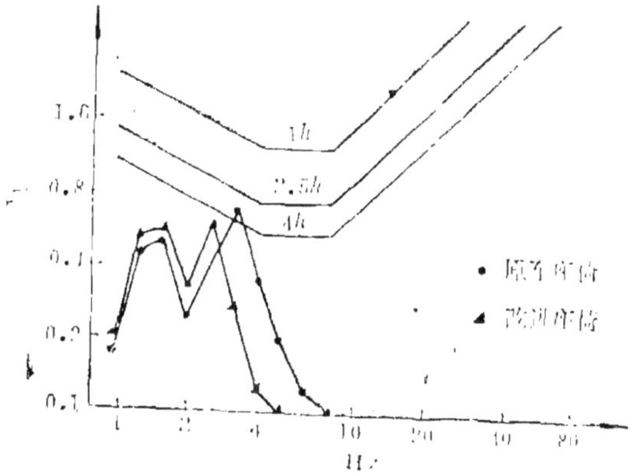

图8 沥青路50 km/h座椅$\frac{1}{3}$倍频程加速度均方根值

4 结语

A。利用正负刚度特性的不同组合，通过负刚度特性来补偿正刚度特性，可以使它们的等效特性较好地接近座椅理想特性。

B。用正负刚度作弹性元件的汽车座椅，既克服了螺旋弹簧作弹性元件的座椅固有频率高的缺点，又保留了它强度高，寿命长，性能稳定的优点，并且由于座椅固有频率可按设计原则进行设计而变形空间又小，因此，舒适性可以得到改善，这说明本文的设计方案是切实可行的。

C。可以根据座椅动态参数(固有频率)，应用本文的计算机程序获得一组与之相应的座椅结构参数，为设计这类座椅提供有用的数据。

参 考 文 献

1 张洪欣等．汽车工程，1987；(2)：52～62

2 庄国华．汽车技术，1976；(5)：1～9

3 严济宽．机械振动隔离技术．上海：科技出版社，1985：21～61

4 黄天泽．大客车车身．长沙：湖南大学出版社，1988：116～122

5 余志生．汽车理论北京：机械工业出版社，1981：195～198

9 张洪欣等．汽车、拖拉机，1986；(1)：4～10

7 国际标准：ISO—2631，1978(E)

Fuller 双中间轴变速器结构特点分析

胡家棠

（机械工程系）

摘　要　美国Fuller双中间轴变速器是我国已引进生产技术尚未批量生产的新型产品。此种新结构变速器为大扭矩容量的变速器设计开辟了一条新路，其设计构思有许多独到之处，对于开拓思路颇多启迪。由于它采用双中间轴功率分流，输出轴和轴上齿轮浮动、主箱无同步器与拉型离合器配合换档等独特结构，使之具有很多突出的优点，解决了传统变速器无法解决的问题，而且其结构较简单，设计与制造技术易于掌握，故对它进行研究是有实用意义的。本文对其结构特点进行了较详细的理论分析。

关键词　变速器；轴；结构分析/双中间轴；功率分流；齿轮浮动；拉型离合器

Analysis of the Structural Characteristics for Fuller Twin Countershaft Transmission

Hu Jiatang

(Department of Mechanical Engineering)

Abstract　Fuller twin countershaft transmission is a new type of product which has not yet been produced in large quantities in our country, but the productive technology has imported from the United States of America. It has opened up a new path for the design of high torque rating transmissions, and many of the new ideas in the design greatly inspire us. Because the

本文于1988年8月10日收到

transmission has special structures such as the power split-flow of twin countershaft, the floating gears on the output shaft, the main transmission without synchronizer and the pull-type clutch co-operated by gear shifting, it has outstanding advantages, solves some unsolvable problems for the traditional transmissions and can be designed and manufactured easily. Then to make a study of type of transmission is of practical signifcance. In this paper, the charactristics of its structure will be analysed in greater detail.

Key words transmission; shafts; structural analysis/twin countershafts; power split-flow; floating gear; pull-type clutch

富勒（Fuller）双中间轴变速器是美国伊顿（Eaton）公司六十年代的独创产品，于1965年申请专利，随即投入生产、供应市场．它是针对以下情况设计的：当时美国已逐渐建成高速公路网，为了提高汽车货运经济效益，促使货车向着大型化、高速化、专用化的方向发展．在美国较为盛行的一种运输方式是由鞍式牵引车牵引的半挂车和汽车列车，此种牵引车是美国公路用重型汽车中的主要车型，其特征是轴距短，加之美国公路法规限定该类车的前悬不得大于800mm，因之使变速器轴向尺寸受到很大限制．而发展的需要却一再要求提高汽车发动机功率，并相应加大变速器的承载能力，这对传统的单中间轴变速器来说，其轴向尺寸必然要加大因而产生了矛盾，双中间轴变速器即是在此种情况下应运而生的．它大大提高了变速器的扭矩容量(Fuller产品最大已达到2240Nm)，并减小了轴向尺寸．它供应市场以后，在美国的重型车上逐渐取代了传统的单中间轴变速器．八十年代以来它几乎独占了美国重型车用变速器的市场（其中Eaton公司产品约占75%）．七十年代中期以后，伊顿公司产品在降低噪音、提高寿命和可靠性方面又有显著提高．且在变速器基本结构不变的情况下，又研制成功细齿系列新一代变速器．同时，调整了原产品，重新编制了产品系列并实现标准化．八十年代初已按新系列生产．本文是以原900系列（即新系列11600，二者基本结构相同）的RT—915型组合式变速器的结构为例进行分析．

1 RT--915型变速器的基本结构

图1所示为RT—915型变速器结构简图，它由一个五档主箱与一个三档位的后置倍档副箱组合而成，它有15个前进档和三个倒档．主箱和副箱齿轮中心距均为148.43mm，它们各有两套中间轴总成，全部齿轮为直齿圆柱齿轮，常啮合式传动，二者输出轴上齿轮均为浮动，主箱输出轴亦浮动．主箱各档无同步器，副箱高低档装有锁销式惯性同步器，超低档采用外齿接合套式换档装置．主箱各档为机械式手操纵，副箱各档采用全气动式操纵换档．

当副箱同步器接合套④与接合套⑤均左移至接合位置时，当接合套④右移、接合套⑤左移至接合位置时，当接合套④与⑤均处在右端接合位置时，组合式变速器分别处于高速区、低速区、超低速区，各有五种速比供选用．

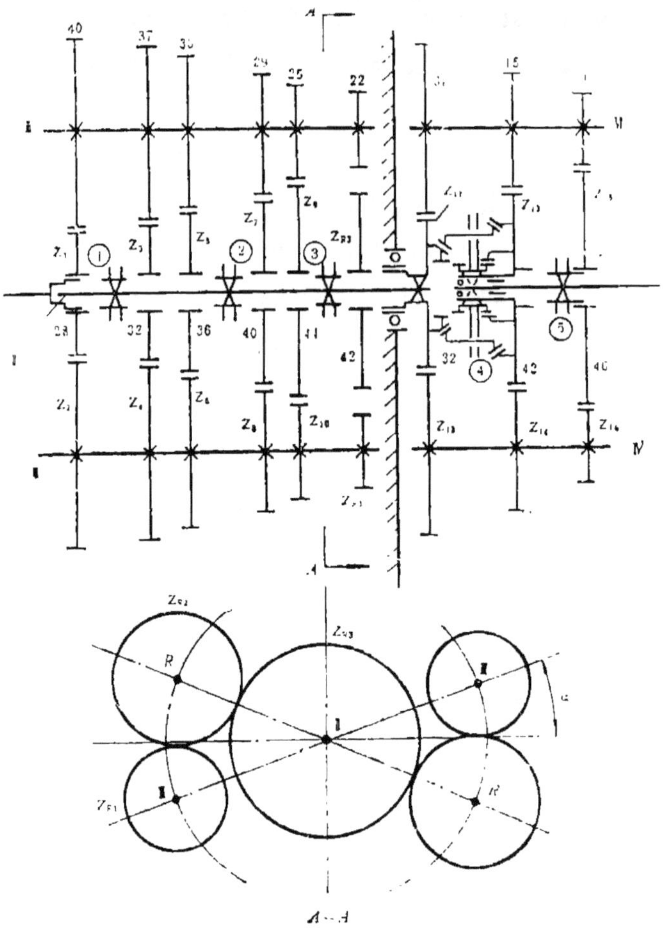

图 1

Ⅰ—主箱第一轴，Ⅱ—主箱第二轴，Ⅲ—主箱中间轴，R—主箱倒档轴，Ⅳ—副箱中间轴，
Ⅴ—副箱输出轴，①②③—换档接合套，④—副箱高低档同步器接合套，
⑤—副箱超低档换档接合套，Z_{R2}—主箱倒档惰轮。

2 结构特点分析

2.1 双中间轴功率分流

图 1 所示变速器主箱和副箱各有两套中间轴总成，输入的动力分两路传给二中间轴总成，再由输出轴总成将两路动力合流后输出。输入、输出轴上的齿轮同时有两个齿分别与二中间轴上的齿轮啮合，工作时每齿所受载荷相对单中间轴结构而言，理论上降低了1/2，实际上则由于齿形误差、齿厚误差、中心距误差等，使二中间轴上齿轮与相应啮合齿轮受载不均匀，使实际降低值少于1/2。此情况使双中间轴变速器较之单中间轴变速器具有明显的优势：

（1）鉴于齿轮的疲劳寿命约与其负荷的 3 次方成反比，关系式如下：

$$P^3 \cdot N = C \text{（常数）}$$

式中：P—齿轮轮齿负荷；

N—轮齿疲劳损坏的循环次数，

设单齿传力情况下，轮齿负荷 p_1 对应的疲劳损坏循环次数为 N_1。当双齿传力时，每一单齿负荷 P_2 较前者理论上降低1/2，即 $P_2=P_1/2$，此时对应的疲劳损坏循环次数 $N_2=2^3\cdot N_1$，即传递相同扭矩，双齿传力时，齿轮疲劳寿命可大幅度提高。如果保持齿轮疲劳寿命不变，即 $N_2=N_1$，则 $P_2=P_1$，这说明了在齿轮疲劳寿命相等的情况下，双齿传力时，每一单齿的负荷可由 $p_1/2$ 提高到 p_1，即可提高一倍。若按最差的实际情况考虑，二齿载荷分布不均匀系数取为0.6，由计算知道此时扭矩容量仍可提高67%。这也就是双中间轴变速器设计原理所根据的事实。

(2) 双中间轴变速器的齿轮中心距按下列公式计算

$$A=K\sqrt[3]{B\cdot \mathrm{Memax}\cdot i_1}$$

式中：B—载荷分布不均匀系数（取0.52～0.60）。

由式可知齿轮中心距可较单中间轴结构减小16～20%，这对改善变速器的经济性和轻量化有着重要的意义，我们知道齿轮中心距稍许减小，质量即可减轻许多。

因齿轮中心距是齿轮传动设计中最基本的参数，它影响到变速器的很多重要性能指标，并直接和齿轮传动的结构设计及承载能力有密切关系。长期以来，国内外对减小传统变速器的齿轮中心距进行了不懈的努力，终因受到轴承、材料、工艺水平以及换档同步器总成的设计制造技术水平的制约而进展不大。双中间轴结构的出现，由于功率分流大大改善了齿轮、轴、轴承和箱体的受载情况，并可降低加工精度要求，因而能做到既保证了变速器的使用性能，又减小了齿轮中心距。

(3) 由于齿轮轮齿应力较传统变速器减小近一半，故可减小齿宽约40%，既减小了变速器轴向尺寸，又保持了齿轮的承载能力，同时还改善了载荷沿齿面的分布状况，有利于提高齿轮寿命。

2.2 齿轮浮动

主箱输出轴上的齿轮同时与对称布置的二中间轴上的齿轮啮合，它在二齿轮之间可沿经向浮动，靠啮合圆自动定心。副箱也是如此。这是Fuller 双中间轴变速器结构的显著特点，其优点是：①使输出轴上齿轮和二中间轴上齿轮正确啮合，并均匀分配载荷。②省去了传统变速器中输出轴上所有常啮合齿轮处的滚针轴承。此滚针轴承是传统变速器结构中的弱点，取消它，对提高变速器寿命和工作可靠性有明显作用。③对齿轮精度、轴的精度以及箱体轴承孔的位置精度可降低要求。④使齿形误差引起的动载荷影响减小。⑤试验表明，浮动啮合可减小强烈的谐振的噪音强度。

2.3 轴的布置与受力

主箱第二轴为浮动结构，轴后端与副箱驱动齿轮花键联接，通过轴承支承在箱体上；轴前端轴颈与含油轴承之经向间隙较大（陕西汽车齿轮厂测量为0.9mm），全轴以后端为支点，前端浮动。因第二轴上齿轮均是浮动的，换档时，在第二轴上的外齿接合套随轴浮动，便于换档。

图1所示，二中间轴之中心连线与水平线之夹角α。Fuller为19°，此角若过小，将使箱体宽度尺寸加大，扰油损失增加，此损失是影响变速器效率的主要因素；如果过大，则箱体高度尺寸加大，且使上方轴承润滑条件变坏。

对称布置的双中间轴使第一轴、第二轴上齿轮所受经向力相互平衡，使此二轴均不承受弯矩，而仅承受扭矩，故可使第一轴、第二轴直径减小。二中间轴亦因所受弯矩减小1/2，可使轴保证足够刚度（这是设计中间轴应主要考虑的问题），以改善齿轮和轴承的工作条件，这对提高齿轮和轴承的寿命和降低噪音甚为有利。

2.4 解决了轴承使用寿命问题

由上可知，输入轴与输出轴轴承所受径向力的合力为零，传动齿轮为直齿，无轴向力，轴承仅承受重力；中间轴的轴承所受径向力减小近1/2，无轴向力。所有轴承受载情况均获极大改善，这是造成此种变速器轴承寿命长的基本因素。另外，主、副箱中间轴的一端仍采用了承载能力较强的滚柱轴承，既获容量大的好处，也是由于中间轴需采用游动式支承，且分离型轴承使装折方便。主箱其余轴承虽为常见类型，但与传统变速器比较，其寿命系数却高了许多。

副箱输出轴是由两个反装的滚锥轴承支承，按分析主要是为了增强悬臂式轴的支承刚度及稳定性，和增大轴承容量。

在轴承负荷较小的情况下，尽可能增大轴承容量，既可提高轴承寿命，使之与变速器总寿命相适应；又可提高支承刚度，加强轴的运转刚性，保证齿轮正确啮合，提高齿轮寿命及降低噪音。新系列产品为降低噪音，又新设计了轴承，从而改进了轴承品质。

实际使用结果：Fuller双中间轴变速器在48万公里内勿需更换轴承，此寿命值在同等级变速器中居世界最佳水平。

2.5 主箱无同步器，采用拉型离合器配合换档

Fuller 双中间轴变速器主箱没有采用同步器，而是采用外齿接合套式换档装置。按理，对于扭矩容量大的变速器而言，由于齿轮大，转动惯量大，换档时在将要进入啮合的转速差较大的轮齿之间产生的冲击力也大，造成换档困难。因此，应加装同步器才好。但采用同步器，当前需解决其使用寿命问题。大扭矩容量的西德ZF单中间轴变速器是享誉世界的产品，仍然存在同步器早期损坏的问题。此问题在世界各生产厂家也均未获解决。Fuller 双中间轴变速器主箱没有采用同步器，而是与拉型离合器配合，实现同步换档。它是在主箱第一轴上装设一摩擦制动盘，当换档分离离合器时，分离拨叉向后拉动分离轴承，将摩擦制动盘压向第一轴端盖，制动第一轴，以加速齿轮的同步过程，按此，它只能使第一轴作减速运动，故只可在原地起步及向上换档时使用，而不能在向下换档时使用。

笔者曾以拉型离合器及其操纵装置的设计，作为我校汽车专业83届毕业设计课题之一，在设计原理、结构及计算方面进行了探索性的实践，从原理和结构上可做到在向上和向下换档时均可使用。

根据分析，这种装置在简化操作、缩短换档时间、实现同步换档上可起到与同步器相近的作用，但因这种结构不具有同步器所具有的锁止作用，要实现无冲击换档，还有赖于驾驶员操作的熟练程度。伊顿公司声言在换档机构中，外齿接合套的花键齿两端与相应的齿轮花键孔之间均设计有大倒角，它在换档过程中能起到一定的锁止作用。

这种独特的换档机构，从美国重型汽车普遍使用的情况来看，是成功的，若经改善，可望完全取代同步器的功能，达到取消同步器的目的。这样作的好处是明显的，它避开了同步器这个难题，以及变速器寿命中的弱点，提高了变速器的工作可靠性，简化

了变速器结构，使其轴向尺寸减短，质量减轻，减少了对工艺和材料要求较高的零件，使变速器造价降低。

2.6 全直齿齿轮传动

Fuller 双中间轴变速器主箱和副箱的全部齿轮采用直齿齿轮常啮合传动，在国内外大扭矩容量变速器中实为少见。除副箱驱动齿轮副是采用单径节制齿轮外，余均是采用双径节制短齿齿轮，主箱和副箱之各档齿轮均各取一种径节，分别为6/7和5/7，换算成模数为4.23/3.63和5.08/3.63。（新系列产品的细齿齿轮，其模数小于1.27，其齿形细长，易形成多齿啮合）。主箱所有齿轮副的超轮齿数为22～33齿，全部齿轮采用小齿形角及正变位修正。为了达到新的交通法规对噪音的限制，伊顿公司对新系列产品采取了如下措施：①改进齿形结构；②提高齿轮副重合系数；③提高齿轮精度（细齿系列齿轮精度比粗齿系列高一级，是使齿间负荷分布均匀）；④改进轴承品质；⑤提高箱体刚性。取得了较好效果，新系列产品较老产品噪音强度降低了5～7dB。

分析以上结构有如下特点：(1) 全部采用直齿齿轮，对整体式箱体的双中间轴结构便于总成组装与解体。(2) 采用短齿制齿轮可增强轮齿的抗弯强度，但同时也加重了直齿齿轮重合系数小的缺陷，采用小齿形角和多齿啮合的办法可弥补此缺陷，新系列产品的重合系数可达到2.2（传统设计重合系数仅1.5左右）。瑞典Scania公司生产的GR860主变速器采用全斜齿轮常啮合传动，其重合系数为1.45～1.68。重合系数的提高可改善齿轮啮合性能，试验表明：①降低了噪音；②使受表面疲劳影响的齿轮寿命有了明显提高（因齿面压力减小）；③较大重合系数齿轮的抗冲击能力高于低重合系数齿轮（因前者负荷分配较均匀），此能力是重型汽车变速器所要求的。(3) 因采用小齿形角会降低齿根强度，故采用正变位修正齿轮，以增强齿根强度。(4) 为了保证主箱二中间轴上齿轮与第一轴、第二轴上齿轮能同时啮合，也使第二轴上齿轮能将负荷均匀地分配给二中间轴，故需保证第一轴、第二轴上齿轮的齿数均为偶数，中间轴上各齿轮均有一齿位于同一纵平面内，且所有齿轮的模数相同。(5) 因齿轮外径较小，齿宽较窄，便于采用拉齿、剃齿等高效加工方式生产。

道路试验结果表明：平均运行64万公里的新系列产品，其可靠性系数达92%，80万公里时为90%。说明此种变速器不仅结构简单，工艺性好，而且工作可靠，寿命指标居世界先进水平，耐用好造，是一成功的实例。

2.7 主箱、副箱和箱体结构设计的特点

整个Fuller双中间轴变速器系列族是以两种中心距（135.128mm 与 148.43mm）的五档主箱为基本型，采取主箱变型和按单元组合原理与不同副箱组合后，实现产品的系列化标准化多品种生产。图示主箱为此进行的结构设计是很有特色的，其变型是在保持齿轮中心距不变和除齿轮外的其余零件基本不变更的情况下，用18对齿轮进行不同的组合，从而获得八种不同速比组合的主箱。又如图 1 所示，在全套零件不变更的情况下，仅将齿轮Z_1与Z_3、齿轮Z_2与Z_4装配位置互换后，又可获得具有超速档的主箱，从而使整个系列产品品种增加多种。对变型需要更换的零件采取花键联接的组合结构；第一轴、第二轴上所有齿轮的内孔为同一规格的花键孔，使齿轮可按需要换位安装；并因势采用外齿接合套式换档机构，且各档通用。使主箱易于实现变型，也可实现等强度。因整个

产品的零件通用化程度高达70%以上，极大地方便了生产，获得很高的经济效益。

副箱的二中间轴轴线与主箱二倒档轴轴线共线，副箱与主箱的箱体为一整体，副箱内全部零体均安装在箱盖上，成为一个总成，二速和三速副箱均如此，二者箱盖通用，当变型时更换此总成即可，十分方便。

整体式箱体省去了主箱与副箱之间的壳体与轴承，使整个结构紧凑、合理、缩短了轴向尺寸，减轻了质量，简化了加工。

Fuller 产品箱体的通用化程度高，同一齿轮中心距的单独主箱，它的各种变型产品可通用一种箱体；组合相同的整体式箱也可通用一种箱体；箱体齿轮中心距仅有两种却覆盖了整个系列族产品，这对大批量生产的变速器专业厂而言，意义是很大的。在变速器的生产中，箱体生产线个性最强，耗资最大，保持箱体生产线不变，不仅经济上十分合算，而且可迅速方便地适应市场竞争的需要，使工厂具有很强的应变能力。

3 结束语

由于Fuller 变速器采取了一些独特的结构，极大地改善了内部结构的受力状况，它不仅具有性能指标先进、工作可靠、寿命长等突出优点，而且结构与加工工艺较简单，与国外目前较新的几种同级别单中间轴变速器相比较，如西德的ZF变速器、瑞典Scani的GR860和VOLVO的SR61、法国Berliet的BRL3和BM9－150、苏联的ЯМ3—201和日本尼桑的THM501 等，它们性能指标不及 Fuller 双中间轴变速器，但精度要求、制造难度均超过后者。按我国当前的工艺水平，借鉴后者的设计与制造技术在品质上较易过关。此种变速器虽多一中间轴总成，只不过增加了零件数量，质量并未增加，高效生产可弥补所增成本，更因它工作可靠性好、寿命长，在使用中可增效益、减损耗，使它所获总的经济效益是可取的。我国现引进了此种变速器的制造技术，对促进我国汽车变速器的设计、制造技术迅速达到世界先进水平将起到积极作用。此外，此种变速器设计构思周密、新巧，设计、试验方法严谨，有助于开拓思路，这是具有长远意义的。

参 考 文 献

1 贺晋蓉译．陕齿科技，1983；(3)：41～49

2 Truck & Bus Transportation 1982；(3)：35～40

(上接第137页)

证 由于 $MC_{(4q)}=\langle a,\ b|a^q=1=b^4,\ b^{-1}ab=a^k,\ k^2\equiv-1(\mathrm{mod}q)\rangle\cong\langle b\rangle\propto\langle a\rangle\cong C_4\propto C_q$，其中心为 1，又 $q\equiv1(\mathrm{mod}4)$，即$q>3$，从而$4\leqslant\phi_{(q)}$，由〔1〕的定理B知 $\mathrm{Aut}MC_{(4q)}\cong\mathrm{Hol}C_q$，证毕。

参 考 文 献

1 Walls G.L. Automorphism Groups, AMM, 1986; 93(6)：459～462

2 Iyer H. K.Rocky Mountain J Math. 1979；(9)：653～670

3 张远达．有限群构造．北京：科学出版社，1982

1990 年论文

地震土压力一般解及其工程应用

王贻荪，赵明华
（土木系）

摘　要　本文首先简述了地震作用下档土墙土压力的研究现状。根据众所周知的Mononobe-Okabe解得到的计算简便、精度高的工程计算式可以代替现有规范式。提出了求解地震土压力的滑楔—烈度法。利用这种一般解法可以求得各种复杂条件的主动及被动地震土压力，

关键词　土力学；地震工程；土压力；挡土墙/动土压力
分类号　TU　432

General Solution of Earthquake-Induced Soil Pressure and Its Engineering Application

Wang Yisun　　Zhao Minghua
(Department of Civil Engineering)

Abstract　The present state-of-art in the field of earthquake-induced lateral soil pressures on retaining wall is described in this paper in a brief manner. Two simplified formulae, which accord with well known Mononobe-Okabe solution and are convenient for engineering calculation with higher accuracy, are suggested. A general method of sliding wedge-earthquake intensity is presented by the authors to find the solution of active and passive earthquake soil pressures. The solutions of dynamic soil pressures are obtained for various conditions.

Key words　Soil mechanics; earthquake engineering; soil lateral pressure; retaining wall/dynamic earth pressure

---

本文于1989年9月25日收到

1 地震土压力分析方法概述

由于地震灾害的日益频繁，以及具有重大工程意义的挡土墙越来越多，地震作用下挡土墙土压力分析的社会意义及工程意义也就越来越显得重要了。在地震作用下挡土墙土压力的分析是一个复杂的问题。自Coulomb得到了静土压力解以来已有两百多年了，而动土压力问题的研究却只有五十多年的历史。地震荷载下，挡土墙的反应与挡土墙及其后填土的相对位移，挡土墙结构的刚性及基底的稳固性，回填土性质，产生地震荷载的地震运动特征等因素有关。在地面运动下，若土一结构体系以极小位移幅值振动，回填土处于线弹性受力状态；当地震加速度值增大时，回填土中应力—应变关系渐呈弹塑性性质；当挡土墙的位移进一步增大时，墙后土体就可能出现破裂面，回填土就达到全塑性状态或处于极限状态〔1〕。近50年来此领域的研究虽有若干进展，但当前仍离合理精确地确定动土压力的要求尚远。这一课题的研究应包括模型或足尺试验，震害观测及分析方法研究等方面。

目前，国内外有关地震土压力分析方法的研究大致可分为：

1.1 静弹性解

假定挡土墙是刚性的，而相应于地震力的水平体力加在土体上。这是一种特殊情况，其解答可作为其他方法的界限参考值。Wood 用有限单元法曾求得土泊松比为 0.35 的单位墙长的地震土压力为$k_h\gamma H^2$，而对基底的力矩为$0.6k_h\gamma H^3$。这里 k_h为水平向地震系数，其值与地震烈度有关；γ 为填土的重度，H为墙高。正如所料，这类方法所得结果均偏高，大约为物部—冈部法的2.5倍。

1.2 弹性波理论解

这种分析方法目前仍只适用于对挡墙—填土体系的相对运动相应的土体状态处于弹性范围内的情况。Matuo及Ohrara用的是两维分析模型，假定挡墙是固定的而且土体的竖向位移可忽略不计；然后，用经典的波动理论导出基本方程，波作用在墙表面产生的应力综合结果即为动土压力。而在给定位移边界条件下两维波动问题的解已有可引用的解法或解答〔2〕。Scott 用一维弹性剪切梁模拟墙后土体，此剪切梁与墙之间用文克尔弹簧连接，以此种模型模拟挡墙—填土体系的动力相互作用。

1.5 弹塑性解

这种分析方法能反映地震作用下挡土墙—土体系的实际状态，但由于问题本身的复杂性，此课题的研究仅处于不成熟的阶段。

1.4 静极限状态解

静态下的挡土墙土压力理论的研究比动土压力问题的研究要早得多而且成熟得多。因此，一种很自然的想法就是仿照引入惯性力将“动问题”作“静问题”处理的一般方法，在已有静土压力求解过程中考虑由地震运动引起挡土墙体系的惯性力，作为挡土墙滑动土楔上的附加力来考虑。挡土墙体系上的惯性力也常仅考虑土楔的惯性力，其值为土楔质量和相应于地震烈度的地震最大加速度之积。这种方法可称为滑楔—烈度法。此法的早期解答就是物部（Mononobe）—冈部（Okabe）法（简称M—O法），物部等人

(Mononobe 及 Matsuo, Jacobson) 曾进行试验研究，以检验由 M—O 法所得的侧向土压力大小值是否正确。试验表明，M—O 法的结果和试验值吻合得相当好。因此法源于库仑土压力理论，为工程界乐于接受，有广泛的应用基础，因此它仍是国内外习用的方法。但是，国内据M—O法的广为应用的某些规范公式（如〔3〕）还存在若干问题，况且M—O 法本身也未曾考虑填土的粘性及填土面上超载效应等重要因素。因此，对此类方法的进一步研究是有意义的。

本文属滑楔—烈度法范畴。下面首先简述有代表性的 M—O 法。接着，讨论了M—O 法新的工程应用计算式，新的实用算法既简便精度又高，可供编制有关工程结构抗震规范用。最后，以主要篇幅论述了滑楔—烈度法的一般解法及据此得到的最一般条件下的解答，这种一般解法及新解答尚未见全面报道。

2 M-O法简介及地震主动土压力工程应用式的改进

2.1 物部—冈部主动土压力公式

M—O 法是国内某些规范公式的依据，其基本假定可见〔1〕。图 1 中 AB 为挡土墙背面，ABC 为破坏楔体。由作用在滑楔上力系（包括由烈度法算得的地震惯性力）的平衡，P_{ae}式：

$$P_{ae}=\frac{1}{2}\gamma H^2(1-k_v)K_{ae} \tag{1}$$

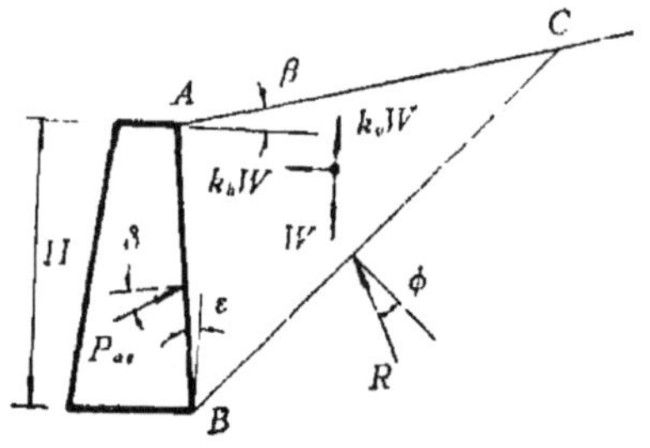

图1　物部—冈部法示意图

式中K_{ae}为考虑地震影响的主动土压力系数

$$K_{ae}=\frac{\cos^2(\phi-\lambda-\varepsilon)}{\cos\lambda\cos^2\varepsilon\cos(\delta+\varepsilon+\lambda)\left[1+\sqrt{\dfrac{\sin(\phi+\delta)\sin(\phi-\lambda-\beta)}{\cos(\delta+\varepsilon+\lambda)\cos(\beta-\varepsilon)}}\right]^2} \tag{2}$$

这里 λ 为地震角，其值为$\mathrm{arc\ tg}\dfrac{k_h}{1-k_v}$；$k_h$ 和 k_v 分别为水平和竖向地震系数，它们代表地面最大（水平和竖向）地震加速度与重力加速度的比值，与地震烈度大小有关；ϕ 为填土的内摩擦角；δ 为墙背和填土间的摩擦角；ε 为墙背与竖直线间的夹角；β 为墙后填土的坡角。

2.2 地震主动土压力工程应用式的改进

由分析法所得到的地震土压力计算式用于工程问题时，往往须作进一步简化。

我国《室外给水排水和煤气热力工程抗震设计规范》(TJ32—78) 及编制说明〔3〕认为，当挡土墙壁直立，墙背光滑，填土为非粘性土，填土面水平且无超载时，地震主动土压力系数为

$$K_{ae}=\frac{\cos^2(\phi-\lambda)}{\cos^2\lambda\left[1+\sqrt{\dfrac{\sin\phi\sin(\phi-\lambda)}{\cos\lambda}}\right]^2} \tag{3}$$

相应的静主动土压力系数为$K_a=K_{ae}|_{\lambda=0}$。

当地震角λ很小，$\text{tg}\lambda/\text{tg}\phi\to 0$，并略去高阶小量$k_h^2\text{tg}^2\phi$后可得

$$K_{ae}/K_a \doteq 1+2k_h\text{tg}\phi$$

地震系数k_h取决于设计烈度。TJ32—78规定：当设计烈度为7，8及9度时，k_h分别为0.1，0.2及0.4。

在$k_h=0.1$，0.2及0.4情况下，我们对填土内摩擦角ϕ由地震角λ到50°（每隔1度）按目前国内外沿用的M—O公式及TJ32—78规范公式进行了对比计算。计算结果如图2。

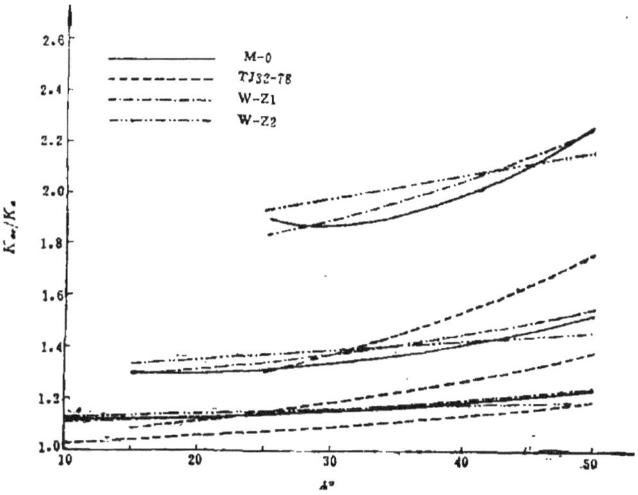

图2 K_{ae}/K_a曲线

由此易见，当设计烈度越高，填土内摩擦角越小，TJ32—78的误差越大。例如当$k_h=0.4$，$\phi=25°$时，计算误差高达-35.2%。须特别强调的是，TJ32—78的误差值均为负值，即普遍低估了地震主动土压力的作用，使设计偏于不安全。

为了提高计算精度，保证设计的安全性，并保持规范公式便于工程计算的优点，我们以M—O公式为基准，在大量数据分析的基础上，进行多元回归处理，导得了两种形式简便且精度大为改善的新公式。

第1种工程应用式：

$$K_{ae}/K_a=1+\eta_{\lambda 0}+\eta_{\lambda 2}\phi^2 \tag{5}$$

式中ϕ以度为单位；$\eta_{\lambda 0}$及$\eta_{\lambda 2}$均为与地震设计烈度或水平地震系数k_h有关的系数：当k_h为0.1，0.2及0.4时，$\eta_{\lambda 0}$分别为0.131，0.336及0.863，$\eta_{\lambda 2}$分别为0.00007，0.00014及0.00028。图2中以W—Z1表示由式（5）算得的结果。

第2种工程应用式：

$$K_{ae}/K_a=1+\eta_\lambda(2.869+0.0383\phi) \tag{6}$$

式中ϕ以度为单位；η_λ取决于k_h：当$k_h=0.1$，0.2及0.4时η_λ分别为0.050，0.123及0.304。图2中以W—Z2表示由式（6）算得的结果。

显而易见，上述两种改进的工程应用式精度大为改善，完全满足工程计算要求，而且此改进式运算仅涉及四则运算，极为简便。

3 滑楔-烈度法的一般解法及新解答

在60年代以前，我国学者关于地震土压力课题曾做了大量工作，取得了一系列成果，但所得解答均是针对不计填土粘性的，对于粘性填土均采用以等代内摩擦角的简化

方法。

后来，朱桐浩对粘性填土的地震压力计算进行了有成效的探讨，但只得到主动土压力的解答〔5〕。一般认为，对于这类复杂土压力问题，直接用对土楔体破裂面倾斜角求导的方法将会遇到难以克服的数学困难。我们在大量推导的基础上，提出了对滑楔倾斜角求导的一般解法。这种方法避免了〔5〕所采用技巧性颇高的“几何变换”法，尤其适用于电子计算机人工智能处理，因而完全避免了手工推导大量复杂公式可能出现的失误，保证了解答的可靠性，即使对于最复杂的条件也能找到解答。例如，可对下列更为一般的条件求解：（1）墙背面的倾斜；（2）填土表面的坡度；（3）填土的粘聚力；（4）填土与墙背面之间的摩擦力；（5）填土与墙背面之间的粘聚力；（6）填土表面上的超载；（7）填土表面附近的裂缝。

图3表示出现裂缝的主动土压力情况。其中h_0为考虑填土粘聚力可能出现的裂缝高度。由作用于滑楔上各力的平衡，可以求得地震主动土压力：

$$P_{ae}=\frac{\gamma H^2}{2\sin\alpha}[\sin(\alpha+\beta)\cdot K_0Q_0+\sin KQ_1-\sin(\alpha+\beta)\chi Q_2-\sin(\alpha+\beta)\xi Q_3] \quad (7)$$

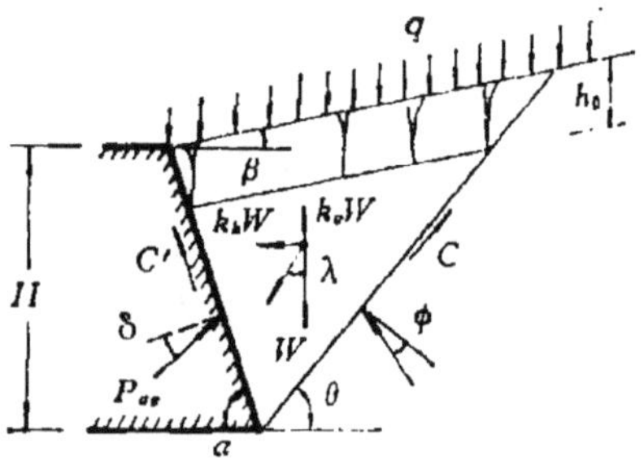

图3 一般解示意图

式中

$$K_0=k_\lambda\frac{h_0^2}{H^2}\left(1+\frac{2q}{\gamma h_0}\right)\frac{\sin\alpha\cos\alpha\cos\beta}{\sin^2(\alpha+\beta)}$$

$$K=\frac{k_\lambda}{\sin\alpha}\left[1+\frac{2q}{\gamma H}\frac{\sin\alpha\cos\beta}{\sin(\alpha+\beta)}-\left(h_0+\frac{2q}{\gamma}\right)\frac{\sin^2\alpha\cos^2\beta}{\sin^2(\alpha+\beta)}\right]$$

$$k_\lambda=\frac{1-k_v}{\cos\lambda}$$

$$\xi=\frac{2c'}{\gamma H\sin(\alpha+\beta)}\left[1-\frac{h_0}{H}\frac{\sin\alpha\cos\beta}{\sin(\alpha+\beta)}\right]$$

$$\chi=\frac{2C}{\gamma H}\left[1-\frac{h_0}{H}\frac{\sin\alpha\cos\beta}{\sin(\alpha+\beta)}\right]$$

$$Q_0=\frac{1}{G}[\cos(\lambda+\beta-\phi)+A\sin(\lambda+\beta-\phi)] \quad (8)$$

$$Q_1=\frac{\sin(\alpha+\beta)}{\sin\alpha\cdot G}[\cos(\alpha+\beta)\cos(\lambda+\beta-\phi)+A\sin(\alpha+\lambda+2\beta-\phi)+A^2\sin(\alpha+\beta)\sin(\lambda+\beta-\phi)]$$

$$Q_2=\frac{1}{G}\cos(1+A^2)$$

$$Q_3=\frac{1}{G}[\cos(\alpha+\beta-\phi)-A\cos(\alpha+\beta-\phi)]$$

$$G=\cos(\alpha+\beta-\delta-\phi)+A\sin(\alpha+\beta-\delta-\phi)$$

$$A=\mathrm{ctg}(\theta-\beta)$$

上列 ξ 式中的 c' 为墙背面与填土间的粘聚力。

由 $\dfrac{dQ_i}{d\theta}=\dfrac{dQ_i}{dA}\dfrac{dA}{d\theta}=-\dfrac{1}{\sin^2(\theta-\beta)}\dfrac{dQ_i}{dA}$，　$(i=0,1,2及3)$

及上列各式可得到相应于破裂面的 A 值：

$$A=\frac{t-\cos(\alpha+\beta-\delta-\phi)}{\sin(\alpha+\beta-\delta-\phi)} \tag{9}$$

式中

$$t=\left\{\frac{K\sin(\delta+\phi)\sin(\alpha-\lambda-\delta)+\chi\cos\phi+\sin(\alpha+\beta-\delta-\phi)[\xi\cos\delta+K_0\sin(\lambda+\delta-\alpha)]}{K\sin(\alpha+\beta)\sin(\phi-\lambda-\beta)+\chi\cos\phi}\right\}^{\frac{1}{2}} \tag{10}$$

由此可得楔体破裂面倾角 θ

$$\theta=\mathrm{arc\ tg}\left[\frac{\sin(\alpha+\beta-\delta-\phi)}{t-\cos(\alpha+\beta-\delta-\phi)}\right]+\beta \tag{11}$$

经过回代 θ，最终可得地震主动土压力 $P_{ae}=\dfrac{1}{2}\gamma H^2K_{ae}$，其地震主动土压力系数 K_{ae} 为：

$$\begin{aligned}K_{ae}=&\frac{\sin(\alpha+\beta)}{\sin\alpha\sin^2(\alpha+\beta-\delta-\phi)}\{[\sin(\alpha+\beta)\sin(\alpha-\delta-\lambda)\\&+\sin(\phi-\lambda-\beta)\sin(\delta+\phi)]K+2\cos\phi\cos(\alpha+\beta-\delta-\phi)\chi\\&+\cos(\alpha+\beta-\phi)\sin(\alpha+\beta-\delta-\phi)\xi+\sin(\lambda+\beta-\phi)\\&\sin(\alpha+\beta-\delta-\phi)K_0-2\sqrt{G_1G_2}\}\end{aligned}$$

式中 $G_1=K\sin(\delta+\phi)\sin(\alpha-\lambda-\delta)+\chi\sin\phi+\sin(\alpha+\beta-\delta-\phi)[\xi\cos\delta+K_0\sin(\lambda+\delta-\alpha)]$

$G_2=K\sin(\alpha+\beta)\sin(\phi-\lambda-\beta)+\chi\cos\phi$

以上式（12）即为地震主动土压力的一般解。不难证明，已有的解答均可由上列解答导出。例如若令 $\xi=0$（即不计墙背与填土间的粘聚力）就可得到[5]的结果。

对于地震被动土压力 P_{pe} 情况，仍可采用上述确定主动土压力的一般解法，但须注意两点：(1) 不考虑粘性土填土表示附近出现裂缝的可能；(2) 注意作用于滑楔上各力方向的变化。

略去中间过程，可写出最终解答如下：

$$P_{pe}=\frac{1}{2}\gamma H^2K_{pe} \tag{13}$$

式中

$$\begin{aligned}K_{pe}=&\frac{\sin(\alpha+\beta)}{\sin\alpha\sin^2(\alpha+\beta+\delta+\phi)}\{[\sin(\alpha+\beta)\sin(\alpha+\delta+\lambda)\\&+\sin(\beta+\phi-\lambda)\sin(\delta+\phi)]\cdot K-2\cos\phi\cos(\alpha+\beta+\delta+\phi)\chi\\&-\cos(\alpha+\beta+\phi)\sin(\alpha+\beta+\delta+\phi)\xi+2\sqrt{G_1\cdot G_2}\}\end{aligned} \tag{14}$$

$G_1=K\sin(\delta+\phi)\sin(\alpha+\lambda+\delta)+\chi\cos\phi+\xi\sin(\alpha+\beta+\delta+\phi)\cos\delta$

$G_2=\chi\cos\phi-K\sin(\alpha+\beta)\sin(\lambda-\beta-\phi)$

楔体破裂面倾角 θ 为：

$$\theta=\text{arc tg}\left[\frac{\sin(\alpha+\beta+\phi)}{t-\cos(\alpha+\beta+\delta+\phi)}\right]+\beta \tag{15}$$

式中

$$t=\left\{\frac{K\sin\alpha\sin(\delta+\phi)\sin(\alpha+\lambda+\delta)+\chi\sin\alpha\cos\phi+\xi\sin\alpha\sin(\alpha+\beta+\delta+\phi)\cos\delta}{\chi\sin\alpha\cos\phi-K\sin\alpha\sin(\alpha+\beta)\sin(\lambda-\beta-\phi)}\right\}^{\frac{1}{2}}$$

参 考 文 献

1 Nazarian H N, Hadjan A H. A H. ASCE, 1979; (GT9) .

2 严人觉，王贻荪，韩清宇著．动力基础半空间理论概论．北京：中国建筑工业出版社，1981

3 室外给水排水和煤气热力工程抗震设计规范（TJ32-78）及编制说明．北京：北京市政设计院

4 普拉卡什著，徐攸在等译．土动力学．北京：水利电力出版社，1984

5 朱桐浩．在地震荷载作用下挡土墙主动土压力。四川建筑科学研究，1981；(3)

※※

（上接75页）

3 陈行琦，谢永贵，李永东，李芳红．石油化工，1989；18(6)：381～384

4 陈行琦，杨力工．高分子材料科学与工程，1988；4(3)：51～58

5 USP 1981；4，285，755

6 朱伟勇．最优设计理论与应用，沈阳市。辽宁人民出版社，1981：149～175

7 上海师范大学教学系，回归分析及其实验设计，上海市：上海教育出版社，1978：157～190

8 陈继祥，施建平．粘接，1982；3(6)：26～31

9 Larsen Richard J. and Marx Morrisl, An introduction to mathematical statistics and it's applications, englewood cliffs, N.J. Printice-Hall, 1981, Table I

10 陈行琦．粘接，1982；3(4)：8～12

11 陈行琦，杨力工．粘合剂，1988；(1)：26～29

一类矩阵问题的最小二乘逼近解

胡锡炎，张 磊
（应用数学系） （湖南计算中心）

摘 要 本文研究了一类矩阵问题的最小二乘逼近解，给出了解的表达式，提供了一个数值解法。

关键词 矩阵；最小二乘逼近；数值解
分类号 O 241

Least-Square Approximate Solutions of A Class of Matrix Problems

Hu Xiyang
(Department of Applied Mathematics)
Zhang Lei
(Hunan Computing Center)

Abstract In this paper, we consider the least-square approximate solutions of a class of matrix problems. The expression of the solutions is provided and a numerical method is described.

Key words matrix; least square approximation; numerical so lution

1 一类矩阵问题的提法

用 $R^{n\times m}$ 表示所有 $n\times m$ 阶实矩阵集合，$R_r^{n\times m}$ 表示其中秩为 r 的子集，任取 A，$B\in R^{n\times m}$，定义内积和范数为

* 本文是国家教委博士点基金资助课题，于1989年4月8日收到

$$(A,B)=\mathrm{tr}(B^{\mathrm{T}}A),\ \|A\|^2=(A,A),$$

则 $R^{n\times m}$ 构成欧氏空间，$\|\cdot\|$ 是矩阵的Frobenius范数。I_K 表示 k 阶单位阵，A^+ 表示 A 的Moore-Penrose广义逆。

考虑下述矩阵最佳逼近问题：已知 $A^*\in R^{n\times m}$，$Y\in R^{k\times n}$，$X\in R^{m\times l}$，$Z\in R^{k\times l}$，求集合

$$\widetilde{S}_{\mathrm{E}}=\{A\in R^{n\times m}|\quad YAX=Z\} \tag{1.1}$$

进一步求 $\hat{A}\in R^{n\times m}$，使得

$$\|A^*-\hat{A}\|=\inf_{A\in\widetilde{S}_{\mathrm{E}}}\|A^*-A\| \tag{1.2}$$

显然，问题（1.1），（1.2）是文〔1,2〕中讨论问题的拓广。当取 $k=n$，$m=2n$，$Y=I_n$，$X=\begin{pmatrix}X_1\\X_2\end{pmatrix}$，$X_1$，$X_2\in R^{n\times 1}$ 时，问题（1.1），（1.2）就退化为文〔3〕中讨论的问题。

考虑到 $\widetilde{S}_{\mathrm{E}}$ 可能是空集，因此，本文考虑比（1.1），（1.2）更广泛的问题：

问题Ⅰ：给定 $Y\in R_{r_1}^{k\times n}$，$X\in R_{r_2}^{m\times l}$，$Z\in R^{k\times l}$，求下面矩阵最小二乘问题的解集合 S_{E}：

$$S_{\mathrm{E}}=\{A\in R^{n\times m}\mid \|YAX-Z\|=\min\} \tag{1.3}$$

问题Ⅱ：给定 $A^*\in R^{n\times m}$，求 $\hat{A}\in S_{\mathrm{E}}$，使

$$\|A^*-\hat{A}\|=\inf_{A\in S_{\mathrm{E}}}\|A^*-A\| \tag{1.4}$$

显然，若取 $k=n=m$，$Y=I_n$，$Z=X\Lambda$，$\Lambda=\mathrm{diag}(\lambda_1,\lambda_2,\cdots,\lambda_l)$，则问题（1.3），（1.4）就退化为文〔4〕中讨论的问题。

如前面分析中指出，问题Ⅰ和Ⅱ，不仅包括了文〔1，2，4〕中讨论的特征值反问题，而且包括了文〔3〕中所讨论的广义特征值反问题，在2中将给出（1.3）集合的 S_{E} 通式，顺便给出（1.1）集合 $\widetilde{S}_{\mathrm{E}}$ 非空的充分必要条件及其通式，在3中讨论问题Ⅱ解的存在唯一性，给出解 $\hat{A}$ 的表达式，并给出集合 S_{E} 的最小范数元素，最后给出计算 $\hat{A}$ 的算法。本文全都在实数域中考虑，对于复数域情况可得相应结果。

2 问题Ⅰ解集合的通式

首先设有如下奇异值分解：

$$Y=U\Sigma V^{\mathrm{T}}\quad,\quad X=Q\mu P^{\mathrm{T}}\quad, \tag{2.1}$$

其中 $U=(U_1,U_2)$，$V=(V_1,V_2)$，$Q=(Q_1,Q_2)$，$P=(P_1,P_2)$ 分别为 k 阶、n 阶，m 阶，l 阶实正交阵，且

$$U_1\in R^{k\times r_1},\quad V_1\in R^{n\times r_1},\quad Q_1\in R^{m\times r_2},\quad P_1\in R^{l\times r_2},$$

$$\Sigma=\begin{pmatrix}\overline{\Sigma} & 0\\ 0 & 0\end{pmatrix},\quad \mu=\begin{pmatrix}\overline{\mu} & 0\\ 0 & 0\end{pmatrix},\quad \overline{\Sigma}=\mathrm{diag}(\sigma_1,\ \cdots,\ \sigma_{r_1})$$

$$\overline{\mu}=\mathrm{diag}(\mu_1,\ \cdots,\ \mu_{r_2}),\quad \sigma_1\geqslant\sigma_2\geqslant\cdots\geqslant\sigma_{r_1}>0,$$

$\mu_1\geqslant\mu_2\geqslant\cdots\geqslant\mu_{r_2}>0$，即得：

$$Y=U_1\overline{\Sigma}V_1^{\mathrm{T}},\qquad X=Q_1\overline{\mu}P_1^{\mathrm{T}} \tag{2.2}$$

引理1 设$Y\in R^{k\times n}$，$X\in R^{m\times l}$，若G满足

$$Y^+YGXX^+=O \tag{2.3}$$

则
$$G=B-Y^+YBXX^+,\quad \forall B\in R^{n\times m}, \tag{2.4}$$

证 首先在（2.4）中任意确定一个B，显然由（2.4）得到的G满足（2.3），反之，若存在一个G满足（2.3），下面证明在（2.4）中存在某个B，使$B-Y^+YBXX^+$恰好等于G，事实上，在（2.4）右边取$B=G$，利用（2.3）式，则得

$$G-Y^+YGXX^+=G,$$
证毕。

定理1 设$Y\in R_{r_1}^{k\times n}$，$X\in R_{r_2}^{m\times l}$且有（2.1），（2.2）分解，又设$Z\in R^{k\times l}$则问题Ⅰ解集合S_E可表为

$$S_E=\{Y^+ZX^++B-Y^+YBXX^+ \mid B\in R^{n\times m}\} \tag{2.5}$$

且有

$$\min_{A\in R^{n\times m}}\|YAX-Z\|^2=\|U_1^{\mathrm{T}}ZP_2\|^2+\|U_2^{\mathrm{T}}ZP_1\|^2+\|U_2^{\mathrm{T}}ZP_2\|^2 \tag{2.6}$$

证 对任意$A\in R^{n\times m}$，令

$$V^{\mathrm{T}}AQ=\begin{pmatrix}\overline{A}_{11} & \overline{A}_{12}\\ \overline{A}_{21} & \overline{A}_{22}\end{pmatrix},\quad \overline{A}_{11}=V_1^{\mathrm{T}}AQ_1\in R^{r_1\times r_2} \tag{2.7}$$

其中V，Q由（2.1），（2.2）中得出。

利用Frobenius范数的性质和（2.1），（2.2），（2.7）有

$$\begin{aligned}\|YAX-Z\|^2&=\|U\Sigma V^{\mathrm{T}}AQ\mu P^{\mathrm{T}}-Z\|^2\\&=\|\Sigma V^{\mathrm{T}}AQ\mu-U^{\mathrm{T}}ZP\|^2\\&=\left\|\begin{pmatrix}\overline{\Sigma}\,\overline{A}_{11}\,\overline{\mu}-U_1^{\mathrm{T}}ZP_1 & -U_1^{\mathrm{T}}ZP_2\\ -U_2^{\mathrm{T}}ZP_1 & -U_2^{\mathrm{T}}ZP_2\end{pmatrix}\right\|^2\\&=\|\overline{\Sigma}\,\overline{A}_{11}\,\overline{\mu}-U_1^{\mathrm{T}}ZP_1\|^2+\|U_1^{\mathrm{T}}ZP_2\|^2+\|U_2^{\mathrm{T}}ZP_1\|^2+\|U_2^{\mathrm{T}}ZP_2\|^2\end{aligned} \tag{2.8}$$

由上式知当且仅当

$$\overline{A}_{11}=\overline{\Sigma}^{-1}U_1^{\mathrm{T}}ZP_1\overline{\mu}^{-1} \tag{2.9}$$

时，$\|YAX-Z\|$达到极小，注意到$V_1V_1^{\mathrm{T}}=Y^+Y$，$Q_1Q_1^{\mathrm{T}}=XX^+$和（2.7）式，用V_1左乘和用Q_1^{T}右乘（2.9）式可得

$$Y^+YAXX^+=Y^+ZX^+ \tag{2.10}$$

易知（2.9）与（2.10）等价，记

$$A=Y^+ZX^++G \tag{2.11}$$

代入（2.10）则得 $Y^+YGXX^+=0$

由引理1知 $G=B-Y^+YBXX^+$，$\forall B\in R^{n\times m}$，代入（2.11）即可得（2.5），此外，由上面分析和（2.8）即可得（2.6），证毕。

推论1 条件与定理1相同，（1.1）式的集合 $\widetilde{S}_E$ 非空的充分必要条件是

$$YY^+ZX^+X=Z \tag{2.12}$$

当 $\widetilde{S}_E$ 非空时，该集合元素通式也为

$$A=Y^+ZX^++B-Y^+YBXX^+ \qquad \forall B\in R^{n\times m} \tag{2.13}$$

证 由定理1中（2.6），集合 $\widetilde{S}_E$ 非空的充要条件是

$$U_1^TZP_2=0\ ,\quad U_2^TZP_1=0\ ,\quad U_2^TZP_2=0\ .$$

它们等价于

$$U_1U_1^TZP_2P_2^T=0 \tag{2.14}$$

$$U_2U_2^TZP_1P_1^T=0 \tag{2.15}$$

$$U_2U_2^TZP_2P_2^T=0 \tag{2.16}$$

因为 U，P 是正交阵，故

$$\begin{aligned}Z&=UU^TZPP^T\\&=U_1U_1^TZP_1P_1^T+U_1U_1^TZP_2P_2^T+U_2U_2^TZP_1P_1^T+U_2U_2^TZP_2P_2^T\end{aligned} \tag{2.17}$$

由（2.17）和（2.2）知（2.14），（2.15），（2.16）等价于（2.12）。再由定理1知（2.13）成立，证毕。

推论2 当 $\mathrm{rank}(Y)=r_1=k$，$\mathrm{rank}(X)=r_2=l$，即当 Y 行满秩，X 列满秩时，则对任何 Z，集合 $\widetilde{S}_E$ 一定非空。

证 事实上，由条件知 $YY^+=I_K$，$X^+X=I_l$，所以（2.12）成立。因此，由推论1即可推出 $\widetilde{S}_E$ 非空。

3 问题II解的存在性和解的表达式

定理2 给定 $Y\in R^{k\times n}$，$X\in R^{m\times l}$，$Z\in R^{k\times l}$，$A^*\in R^{n\times m}$，且 Y，X 有（2.1），(2.2) 奇异值分解，则问题Ⅱ存在唯一逼近解 $\hat{A}$ 且可表为

$$\hat{A}=Y^+ZX^++A^*-Y^+YA^*XX^+ \tag{3.1}$$

证 由定理1知 S_E 一定非空，且容易看出 S_E 是 $R^{n\times m}$ 中一个闭凸集，所以在 S_E 中存在唯一元素 $\hat{A}$，使得（1.4）成立。由（2.5）根据（2.2）以及（2.17）同样方法知 S_E 中任意元素 A 必可表为

$$\begin{aligned}A&=V_1\overline{\Sigma}^{-1}U_1^TZP_1\overline{\mu}^{-1}Q_1^T+B-V_1V_1^TBQ_1Q_1^T\\&=V_1\overline{\Sigma}^{-1}U_1^TZP_1\overline{\mu}^{-1}Q_1^T+V_1V_1^TBQ_2Q_2^T+V_2V_2^TBQ_1Q_1^T+V_2V_2^TBQ_2Q_2^T\end{aligned} \tag{3.2}$$

从而由（3.2）前一个等式和范数的性质有

$$\|A^*-A\|=\|V^{T}(A^*-V_1\bar{\Sigma}^{-1}U_1^TZP_1\bar{\mu}^{-1}Q_1^T+B-V_1V_1^TBQ_1Q_1^T)Q\| \tag{3.3}$$

令

$$V^TA^*Q=\begin{pmatrix} A_{11}^* & A_{12}^* \\ A_{21}^* & A_{22}^* \end{pmatrix}, \quad A_{11}^*\in R^{r_1\times r_2} \tag{3.4}$$

$$V^TBQ=\begin{pmatrix} B_{11} & B_{12} \\ B_{21} & B_{22} \end{pmatrix}, \quad B_{11}\in R^{r_1\times r_2} \tag{3.5}$$

代入（3.3)，得出

$$\|A^*-A\|=\left\|\begin{pmatrix} A_{11}^*-\bar{\Sigma}^{-1}U_1^TZP_1\bar{\mu}^{-1} & A_{12}^*-B_{12} \\ A_{21}^*-B_{21} & A_{22}^*-B_{22} \end{pmatrix}\right\|$$

因此，当且仅当

$$A_{12}^*=B_{12}, \quad A_{21}^*=B_{21}, \quad A_{22}^*=B_{22} \tag{3.6}$$

$\|A^*-A\|$ 达到极小，根据（3.4)，(3.5)，易知（3.6）可表为

$$V_1^TA^*Q_2=V_1^TBQ_2, \quad V_2^TA^*Q_1=V_2^TBQ_1, \quad V_2^TA^*Q_2=V_2^TBQ_2,$$

代入（3.2）后一个等式，则得

$$\hat{A}=V_1\bar{\Sigma}^{-1}U_1^TZP_1\bar{\mu}^{-1}Q_1^T+V_1V_1^TA^*Q_2Q_2^T+V_2V_2^TA^*Q_1Q_1^T+V_2V_2^TA^*Q_2Q_2^T$$

利用（2.17）式同样的方法和（2.2)，则由上式即可得出（3.1)，证毕。

推论3 问题 I 最小二乘问题的最小范数解为

$$\hat{A}=Y^+ZX^+ \tag{3.7}$$

证 由（1.4）知当 $A^*=0$，$\hat{A}$ 即为问题 I 的最小范数解，再由定理 2 的（3.1）即得（3.17）。

推论4 当（1.1）的集合 $\widetilde{S}_E$ 非空时，问题（1.2）存在唯一逼近解 $\hat{A}$ ，且仍由（3.1）式表示。

证 由推论 1 和定理 2 即可得出。

根据奇异值分解（2.2），由（3.1）可得逼近解

$$\hat{A}=V_1\bar{\Sigma}^{-1}U_1^TZP_1\bar{\mu}^{-1}Q_1^T+A^*-V_1V_1^TA^*Q_1Q_1^T \tag{3.8}$$

此外，用 Y 左乘和用 X 右乘（3.1）得

$$Y\hat{A}X=YY^+ZX^+X \quad .$$

由推论 1 和 上式，$\widetilde{S}_E$ 非空充分必要条件是

$$Y\hat{A}X=Z \tag{3.9}$$

因此，可得如下算法：

a．按（2.1)，(2.2）对 Y，X 进行奇异值分解。

b．按（3.8）式算出 $\hat{A}$。

c．按公式 $\bar{Z}=Y\hat{A}X$ 计算 $\bar{Z}$，根据（3.9），若 $\bar{Z}=Z$，则 $\hat{A}$ 为问题（1.2）的逼近解，否则，$\hat{A}$ 为问题 I 的逼近解。

参 考 文 献

1 张 磊．湖南数学年刊，1987(1)：58～63

2 蒋正新，陆启韶．计算数学，1986(1)：47～52

3 戴 华．计算数学，1986(1)：29～37

4 孙继广．计算数学，1987(2)：206～216

压缩曲线的公式化及其应用

赵明华，王贻荪，肖鹤松
（土木工程系）

摘 要 本文在大量固结试验资料分析的基础上，建立了e～p曲线的关系式；导得了确定先期固结压力的计算式，从而弥补了长期以来采用Casagrande法时最小曲率半径难以确定或因人而异的缺陷。本文导得的沉降计算公式仅与土中应力有关而与孔隙比无关，因此，在采用分层总和法计算沉降时不再依赖于e～p曲线。

关键词 固结试验；沉降分析法；先期固结压力/沉降计算；e～p关系
分类号 TU 433

Formularization of Compression Curve and Its Application

Zhao Minghua Wang Yisun Xiao Hesong

(Department of Civil Engineering)

Abstract Based on a large number of data analysis of laboratory consolidation tests, a relation expression between pressure and void ratio is set up. A formula determining the preconsolidation pressure values is derived from this expression. The formula made up the defect that the smallest radius of curvature is difficult to determine, or is varying from person to person. The expressions relate to the stresses rather than void ratio in soil here, therefore, the e-p curve is unnecessary when the settlements are computed with layer-wise summation methed.

Key words consolidation tests; settlement analysis method; preconsolidation pressure/settlement calculation; relation between pressure and void ratio

---

本文于1989年3月25日收到

地基中土层的压缩性是使建筑物产生沉降的基本原因。研究土的压缩性及测定土的各项变形指标，则必须通过压缩试验（或称固结试验）。目前，整理压缩试验资料的方法主要有两类。一类是$e\sim p$（孔隙比～压力）曲线法，该法流行于苏联，如图1(a)所示，在算术坐标中绘制$e\sim p$曲线，由此确定不同压力变化时的压缩系数a，用以描述土的压缩特性，计算地基沉降量。另一类是$e\sim \log p$曲线法，多用于欧美各国，如图1(b)所示，在半对数坐标上绘制$e\sim \log p$曲线，定出曲线直线段斜率C_c，称为压缩指数，用以描述土的压缩特性。此外，魏汝龙在分析、整理大量试验资料的基础上，提出了割线模量法[1]。但我国目前各类地基规范的沉降计算均采用$e\sim p$曲线法，且各试验规程亦均要求在试验资料整理中给出$e\sim p$曲线及C_c值等。

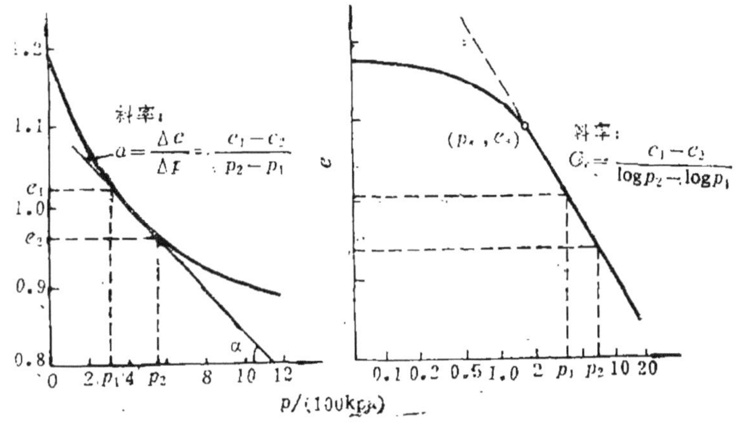

（a） $e\sim p$曲线　　（b）$e\sim \log p$曲线

图1 压缩曲线图

由于天然土层通常都极不均匀，不同土质的$e\sim p$曲线相差甚大，即使同一土质，a值亦随压力大小而变（图1(a)）。因此，利用$e\sim p$曲线计算沉降，不仅计算烦琐，且查取曲线人为误差较大，尤其不便于计算机处理。现实用中常取100～200kPa之间的a_{1-2}代替变化的a值，致使计算精度大大降低。若采用$e\sim \log p$曲线法，虽不需根据各压力逐一查取e_i值，但从现有大量常规试验指标可见，往往需在压力p达到相当大的数值后才呈现直线段（软土例外）[2]。因此，采用C_c值计算沉降量，势必导致计算值偏高。一般来说，对于正常压密土，可用C_c值计算，而对于超固结粘土，当p小于先期固结压力p_c时，则应按再压段坡度（即再压指数C_r）进行计算[3]。然而如何合理地确定p_c值，至今仍是一个争议颇大的疑难问题。

为了解决上述压缩指标确定的困难，本文根据$e\sim \log p$曲线特征，在对大量试验资料分析的基础上，提出了整理压缩试验资料的一种新方法。该法通过数据分析，直接建立精度极高的$e\sim p$关系式，从而突破了以往$e\sim p$关系式无法直接建立这一难点，对任意压力下的孔隙比均能迅速而准确地求得，前述各类压缩性指标亦可通过公式导得。$e\sim p$关系式的建立可使沉降计算工作大大简化，计算精度得以较大的提高；此外，为压缩分析的计算机处理提供了方便的途径。

1 e-p关系式的建立

若令

$y=\log p$,　　(1)

$x=\Delta e=e_0-e$;　　(2)

式中　e_0——土样的初始孔隙比或压力$p=0$时的孔隙比。

可得变换后的 $\Delta e\sim\log p$ 曲线如图2所示。由图可见，$\Delta e\sim\log p$曲线由两段所组成，点（x_k，y_k）以前近似于一不过原点的抛物线；点（x_k，y_k）以后为一直线，该直线的斜率为$1/C_c$。因此，可设 $e\sim p$ 的关系式为：

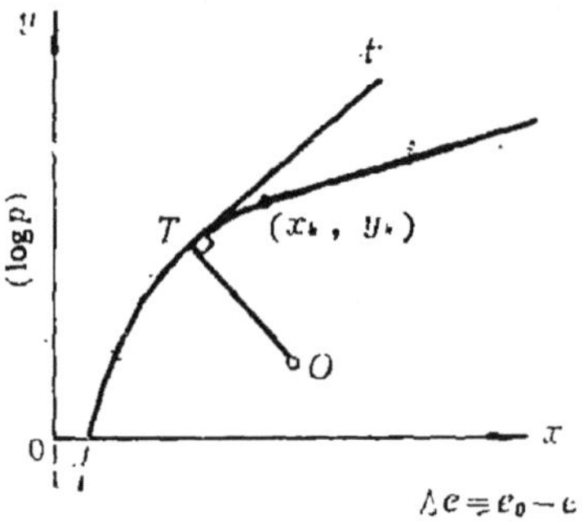

图2　$\Delta e\sim\log p$ 曲线分析图

$$y=\begin{cases}ax^b-c, & x\leqslant x_k \quad (3)\\ \dfrac{1}{C_c}(A-e_0+x), & x\geqslant x_k \quad (4)\end{cases}$$

式中　a，b，c——图2中曲线段方程（3）的特征系数；

A，C_c——分别为$e\sim\log p$曲线（图1(b)）上直线段的斜率及其在e轴上的截距，可按下述方法，任选一种确定。

①延长$e\sim\log p$曲线（图1(b)）直线段，直接在图中量取；

②按点（p_k，e_k）以后的各试验点作直线回归求得（半对数坐标）；

③按一般的C_c式计算（图1(b)），即

$$C_c=\frac{e_1-e_2}{\log p_2-\log p_1} \quad (5)$$

再将点$k(x_k,\ y_k)$代入式（4），反求出A值。

求得A及C_c后，再根据式（3）以及曲线在k点及其一阶导数的连续性可导得：

$$b=\frac{x_k}{C_c(y_k+c)}, \quad (6)$$

$$a=\frac{1}{bC_c}x_k^{1-b}, \quad (7)$$

可见，上述式（8）、（9）均为c的函数。当$x=0$，即$e=e_0$时，应$p=0$，或$\log p=-\infty$，由式（1）及式（3）可得 $c=-\log p=+\infty$。但在试验过程中，由于种种原因，一般均会使试验加载前试样表面已受到一微小压力的作用（如活塞盖重，表面接触等），也就是说 $e=e_0$ 相应的 p 不是零而是某一很小的数值。例如，当该压力 $p=0.01$ kPa 时，则 $c=-\log 0.01=2$。为了恰当地反映这一初始压力的影响，建议计算时取曲线初始段中某一点（例如（x_1，y_1））代入方程式（3），并结合式（6）则可解得c值，即

$$\left(\frac{y_1+c}{y_k+c}\right)^{y_k+c}=\left(\frac{x_1}{x_k}\right)^{\frac{x_k}{C_c}} \quad (8)$$

上式为一超越方程，可用牛顿法等数值方法求解。求得 c 后，由式(6)及式(7)则可求得特征系数 a 及 b 值。由此可得$e\sim p$的关系式如下：

$$e=\begin{cases} e_0=\left(\dfrac{\log p+c}{a}\right)^{\frac{1}{b}} & p\leqslant p_k \quad (9)\\ A-C_c\log p & p\geqslant p_k \quad (10)\end{cases}$$

为了验证本关系式的正确性，作者收集了不同地区，不同土质及不同埋深情况下的土样的大量固结试验资料，用上式进行了整理计算。表1给出了长沙有色勘察院土工室近年来的部分固结试验数据及湖南大学地基教研室科研课题中的几组试验数据的回归分析结果。由表1可看出，用式(9)及(10)拟合土的压缩曲线精度很高，最大相对误差

表1　36组固结试验数据的分析结果

取样地点	土样号	加载级数	式(10)中 C	e的试验值与计算值比较：最大相对误差(%)	剩余标准差 S×100	相关指数 R	资料来源
云浮水泥厂	1716	11	2.0623	0.36	0.1808	0.9998	
	1718	11	0.6610	0.98	0.3954	0.9991	
	1720	12	100.0000	0.39	0.1234	0.9999	
	1726	12	42.1542	0.26	0.1420	0.9999	
德兴铜矿泗洲庙	3983	11	-0.4941	0.49	0.2144	0.9999	
	3984	11	-0.5948	0.51	0.2169	0.9996	
	3985	10	1.4461	1.02	0.6281	0.9994	
野鸭塘	3424	12	4.2371	0.20	0.0879	0.9998	
	3431	12	100.0000	0.33	0.0841	0.9990	
	3452	12	0.6396	0.61	0.2640	0.9987	
	3453	12	-0.2710	0.41	0.1628	0.9996	
长沙高果糖厂	635	12	1.2558	0.53	0.1990	0.9995	
	646	12	0.2441	0.21	0.0760	0.9998	
湖南省中医附二院	2109	12	0.8598	0.31	0.1175	0.9997	长沙有色勘察院土工室
	2110	11	-0.8198	0.34	0.1332	0.9998	
长沙钢厂旅馆工地	304	10	1.3852	0.10	0.0474	0.9999	
	306	11	-0.0121	0.22	0.0702	0.9998	
	315	11	-0.7545	0.33	0.1058	0.9996	
	319	11	-0.5528	0.82	0.2912	0.9996	
	321	11	2.5487	0.20	0.0657	0.9999	
湘潭钢铁厂	3510	12	2.0439	0.74	0.3284	0.9991	
长沙矿冶研究所	515	11	100.0000	0.28	0.1399	0.9988	
	523	11	0.4847	0.43	0.1803	0.9997	
	527	11	100.0000	0.30	0.1009	0.9998	
	528	11	0.0539	0.80	0.3538	0.6989	
	529	11	100.0000	0.22	0.1158	0.9992	
河南郑州长城铝业公司洛安营工业区	2745	13	1.2654	0.57	0.1799	0.9999	
	2751	11	5.5163	0.72	0.2652	0.9997	
	2759	13	2.4985	1.01	0.3248	0.9997	
	2762	12	4.0051	0.73	0.3168	0.9997	
	2768	11	100.0000	0.66	0.2295	0.9995	
	2774	10	100.0000	1.13	0.3982	0.9993	
	2780	13	66.2491	0.64	0.1937	0.9997	
河南信阳	33	11	0.2657	0.39	0.1071	0.9998	湖南大学地基教研室
	2	8	0.6578	0.37	0.1600	0.9999	
	3	9	-0.6384	0.14	0.0500	0.9999	

仅 1.13 %，最大剩余标准差 $S=0.006\,821$，最小相关指数 $R=0.998\,7$，而一般相关指数均在0.999以上，可见其相关性极好。

2 在土的先期固结压力P_c确定及沉降计算中的应用

2.1 先期固结压力的确定

土的先期固结压力值反映了地质历史的影响，是判断土层固结状态的重要参数。土的固结状态不同，其强度性质变化规律及沉降计算的方法亦不同，因此，探求先期固结压力p_c是土的力学特性研究中的重要一环。

确定p_c的方法有很多，如C法（Casagrande）、S法（Schmertmann）、C_c法（三笠正人）、f法（高大钊）、d_{100} 法(同济大学)、$\log e\sim\log p$法(张淑焕)、Z法（汪宝根等)、综合判断法（顾小芸)、经验公式法（Skempton）及$S\sim\log p$法（Crawford)等。此外，Leroueil 等对p_c 的野外及室内确定作了大量的工作[4]，Konrad 等还提出了用压力锥（Piezocone)现场确定p_c的方法[5].但上述方法各有其利弊，目前主要使用的有C法[6]、S法[7]及 C_c 法[8]。而犹有C法使用最广，我国现行各试验规程亦普遍推荐该法，其具体确定如下、

采用等比级数加载，在半对数坐标上绘制$e\sim\log$曲线如图3所示，用作图法找出曲线的最小曲率半径R_{min}得点T，过点T作切线 t 及水平线 h，并作直线 c平分$\angle tTh$。c 线与$e\sim\log p$ 曲线直线段的延长线 I 的交点C相应的压力即为p_c。显见，该法仅适用于$e\sim\log p$ 曲线曲率变化较明显的土质，当曲率变化不明显时，R_{min} 难以确定。因此，本文将利用上述$e\sim p$关系式(9)、(10)导出点T的座标及p_c的计算式。

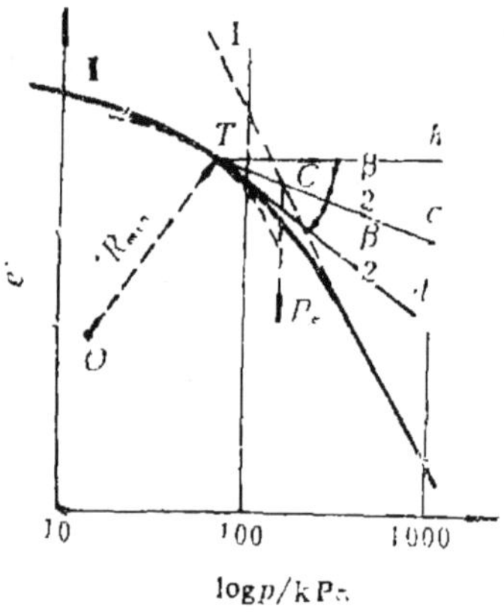

图3 C法确定p_c

由式(3)可得图2中曲线段的曲率半径式为：

$$R=\frac{(1+a^2b^2x^{2b-2})^{3/2}}{ab(b-1)x^{b-2}} \tag{11}$$

取极值，令$R'=0$，可得图2中点T的坐标x_t及y_t为：

$$\left.\begin{aligned} x_t&=\left[\frac{b-2}{a^2b^2(2b-1)}\right]^{\frac{1}{2b-2}}\\ y_t&=ax_t^b-c\end{aligned}\right\} \tag{12}$$

t 线与 x 轴的夹角为

$$\alpha=\mathrm{arctg}(abx_t^{b-1}) \tag{13}$$

再将式(12)和(13)应用于图3，则

$$\left.\begin{aligned} e_t&=e_o-\left[\frac{b-2}{a^2b^2(2b-1)}\right]^{\frac{1}{2b-2}}\\ \log p_t&=a(e_o-e_t)^b-c\end{aligned}\right\} \tag{14}$$

t 线与$\log p$轴的夹角为：

$$\beta = 90° - \operatorname{arctg}[ab(e_o - e_t)^{b-1}] \tag{15}$$

故 c 线的方程为：

$$e - e_t = k_c(\log p - \log p_t) \tag{16}$$

式中 k_c—— c 线的斜率，$k_c = \operatorname{tg}\frac{\beta}{2}$。

由式(10)及(16)联解可得先期固结压力p_c为：

$$\log p_c = \frac{k_c \log p_t + A - e_t}{k_c + C_c} \tag{17}$$

相应的孔隙比为：

$$e_c = e_o - \left(\frac{\log p_c + c}{a}\right)^{1/b} \tag{18}$$

值得指出，由于曲线的曲率是随 e 轴坐标比例的变化而改变的，所以不管采用什么方法，当 e 轴的比例改变时，T 点也相应改变。本法虽能克服 C 法的$R_{\min}$难以确定或因人而异的缺陷，但比例效应仍无法解决。因此，克服此共同困难的可行途径是通过大量现场测试对比，确定统一的坐标比例。

图 5 就是用本文方法编制的计算机程序整理的某土样压缩试验结果，其p_c值与原试验报告所提结果$p_c = 198$ kPa（手工绘图）极为一致。

2.2 其它压缩性指标的确定及新的沉降计算式

综上确定出曲线的五个特征系数a、b、c、A及 C_c 后，根据各压缩性指标定义，可导得土体压缩系数a_v，压缩模量E_s如下。

由 $a_v = \Delta e / \Delta p$得：

$$a_v = \begin{cases} \dfrac{(\log p_2 + c)^{1/b} - (\log p_1 + c)^{1/b}}{\Delta p a^{1/b}}, & p \leqslant p_k \\ \dfrac{C_c}{\Delta p} \log \dfrac{p_2}{p_1}, & p \geqslant p_k \end{cases} \tag{19}$$

由 $E_s = \dfrac{1+e_1}{a_v}$ 得：

$$E_s = \begin{cases} \dfrac{a^{1/b}(1+e_0) - (\log p_1 + c)^{1/b}}{(\log p_2 + c)^{1/b} - (\log p_1 + c)^{1/b}}, & p \leqslant p_k \\ \dfrac{1 + A - C_c \log p_1}{C_c \log(p_2/p_1)} \Delta p \ , & p \geqslant p_k \end{cases} \tag{20}$$

因此，各土层由于建筑物基础传来的附加压力作用下所引起的压缩变形可直接由 $\Delta S = \Delta p / Es \cdot \Delta H$ 求出，而不必再根据p_1、p_2从$e \sim p$曲线上查取e_1 及 e_2。因此计算方便，避免了人为误差，而且利于计算机处理。由于式（9）、(10）已给出实际压缩曲线的关系式，不需近似假定压缩模量为常数，故较现行规范计算精度有较大改善。此外，按本文公式易于考虑地基的三维沉降分析。有关新的 $e \sim p$ 关系式在沉降计算中应用的详细研究工作，将另文报道。

压缩试验

土样号 YUNHU1 720*

G＝2.8 w＝25 % r ＝19.5 e_0＝0.794 9

p/kPa	Ri/mm	Se/mm
12.5	0.046	0.000
25.0	0.092	0.000
50.0	0.184	0.000
100.0	0.355	0.000
200.0	0.698	0.000
300.0	1.005	0.000
400.0	1.257	0.000
600.0	1.697	0.000
800.0	1.971	0.000
1000	2.190	0.000
1200	2.362	0.000
1400	2.505	0.000

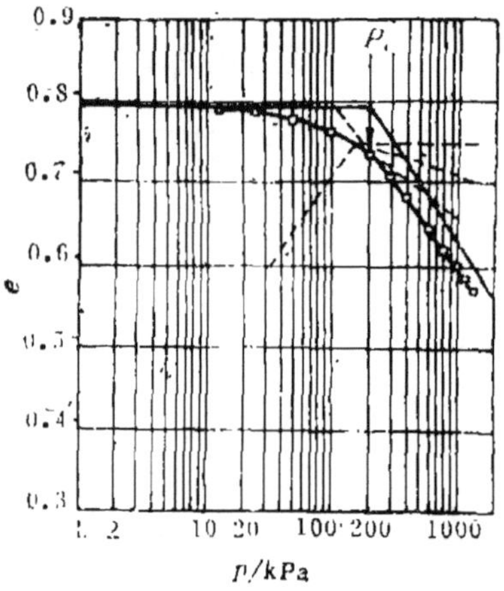

试验结果

lgpi	ei	10Cc
1.097	0.791	
1.398	0.787	0.137
1.699	0.778	0.274
2.000	0.763	0.510
2.301	0.732	1.023
2.477	0.705	1.565
2.602	0.682	1.810
2.778	0.643	2.242
2.903	0.618	1.968
3.000	0.598	2.028
3.079	0.583	1.949
3.146	0.570	1.917

先期固结压力

p_c = 195.9 kPa

曲线方程

$e = eo - ((\log p - c)/a)^{1/b}$

p<=300

$e = A - C_c * \log p$

p>300

a = 103.554 941 8

b = 4.348 975 185 E - 03

c = 100

A = 1.206 0

C_c = 0.2024

R = 0.999 9

S = 0.001 2

E_{max} = 0.39 %

图4 电算p_c示例

3 结语

a. 本文首次提出了e～p关系计算式（9）、(10)。大量试验证明用该式计算精度很高，相关分析表明，在文中所列36组试验数据中，最小相关指数为0.998 7，最大相对误差为1.13 %。

b. 由本文提出的e～p公式，可解决长期以来用C法求p_c必须用到的最小曲率半径确定的难题，由于C法是我国现行各土工规程推荐的方法，因此本文工作对我国土工试

（下转第67页）

a. $H(s)$ 是实系数有理函数；

b. 极点位于负实轴上，且为单阶；

c. 在 $s=0$，$s=\infty$ 处没有极点；

d. 全部传输零点都位于负实轴上。

此定理必要性的证明以及充分性的前三点证明可参照文献〔2〕〔4〕得到。而充分性的第四点证明已由前面的推导结果给出。

3 结束语

本文推导了RC梯形网络可实现的充要条件，解决零点移位法在RC梯形网络综合中的有效性问题。这使RC梯形网络的整个综合过程在理论指导下进行。对工程设计来说避免了盲目的试探，节省了大量的繁琐计算，极大地提高了工作效率。值得指出的是本文在推导RC梯形网络可实现充要条件时，同时也提供了一种有效的综合方法，这将在作者的另一篇论文中讨论。

参 考 文 献

1 Temes G C, Lapatra J W. Circuit Synthesis and Design. New York: Mc-Graw Hiu, 1977: 174～187

2 洪毅. 湖南大学学报, 1989; 16 (2) : 77～87

3 Sidney D. IEEE CAS, 1984; 31 (1) : 3～9

4 汪文秉，邹理和. 网络综合原理. 北京：国防工业出版社, 1980: 128～135

（上接第14页）

验中 p_c 的确定具有重要的作用。

c. 式(9)、(10) 还可用于建立其它压缩性指标计算式（如 a_v，E_s 等），亦可直接用于地基土的沉降计算，而不再受 $e\sim p$ 曲线的羁绊，从而可使沉降计算精度提高，便于沉降分析的计算机处理及三维沉降分析。

参 考 文 献

1 魏汝龙. 软粘土的强度和变形. 北京：人民交通出版社, 1987: 117～122

2 黄文熙. 土的工程性质. 北京：水利电力出版社, 1983: 188～204

3 H F 温特科恩，方晓阳著；钱鸿缙，叶书麟等译. 基础工程手册. 北京：中国建筑工业出版社, 1983: 243～253

4 Leroueil S, Samson L, Bozozuk M. Can Geotech, 1983; 20: 477～490; 782～802, 803～816

5 Konrad J M, Law K T. Geotechnique, 1987; 37(2): 177～190

6 Casagrande A. Trans ASCE, 1944(109): 383～480

7 Schmertmann J H. Trans ASCE, 1955(120): 1201～1233

8 三木五三郎著；陈世杰译. 日本土工试验法. 北京：中国铁道出版社, 1986: 440～501

气动位置控制系统的状态反馈调节

黄文梅

（机械工程系）

摘 要 讨论了气动位置控制系统中状态反馈调节的不同结构、特点、优化设计和参数灵敏性等，提出了理想极点区概念，并对状态反馈调节、PID-调节、自适应控制等不同控制方法进行了初步比较。

关键词 气动位置控制；状态反馈；离散

分类号 TH 138

State Varable Feedback Control for Pneumatical Positioning Systems

Huang Wenmei

(Department of Mechanical Engineering)

Abstract In this paper, the different structures, Performence and optimization, sensitivity to parameter of state variable feedback control for pneumatical positioning systems are dicussed. Desirable Pole Region will be proposed. In addition, state variable feedback, PID-, adaptive control are here comparied.

Key words Pneumatical; state feedback; discrete/pneumatical positioning

气动位置控制系统具有快速、经济、灵活等显著优点，在自动机械装置、机械手中具有广阔的应用前景。由于空气压缩性大．粘性小，系统的非线性程度大，很难运用古

本文于1988年7月16日收到

典的控制方法和模拟调节器达到满意的定位精度。近年来，由于现代控制技术和微型计算机的迅速发展，人们愈来愈重视对气动伺服控制系统的研究。由于状态反馈调节具有方法简单、易于实现等优点，在气动位置控制系统中受到广泛重视。本文集中探讨气动位置控制系统的状态反馈调节的结构、特点和优化设计。文中介绍了气动位置控制系统的数学模型，提出了两种状态反馈调节的结构，并分析比较它们的不同特点。文中提出“理想极点区”概念，对于全面了解极点配置对系统动态特性的影响和优化设计是十分有益的。本文最后还对不同调节方法（状态反馈调节、PID-调节及模型参考自适应控制）的参数灵敏度作了概略的比较。

1 气动位置控制系统的数学模型

典型的微处理机控制的气动位置控制系统是由气缸、电磁比例气阀（或伺服气阀）、位移测量系统和微处理机控制器等组成的闭环数字控制系统，如图1所示。

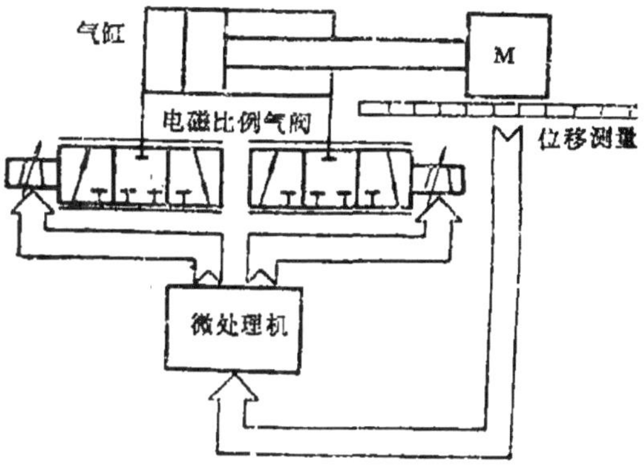

图1 典型的微机控制气动位置系统

由理论分析、数字仿真和实验相结合的方法，建立其数学模型[1]：

$$\begin{cases} M\ddot{y}=P_1A_1-P_2A_2-F_L-F_R(\dot{y},\ P_1,\ P_2) \\ \dot{P}_1=\dfrac{k}{V_{10}+A_1y}(RT\dot{m}_1-P_1A_1\dot{y}) \\ \dot{P}_2=\dfrac{k}{V_{20}+A_2(L-y)}(P_2A_2\dot{y}-RT\dot{m}_2) \\ \dot{m}_1=\sqrt{K_{x1}(x_V)P_1+K_{x2}(x_V)} \\ \dot{m}_2=\sqrt{K_{x1}(-x_V)P_2+K_{x2}(-x_V)} \\ F_R=F_{RC}+R_f\dot{y} \\ x_V=K_Vu \end{cases} \tag{1}$$

式中：M——运动部分质量；

F_L——负载力；

L——气缸总有效长度；

F_R——摩擦阻力；

F_{RC}——库伦摩擦力；

R_f——粘性摩擦系数；

T——气体温度；

k——绝热指数；

R——气体常数；

x_V——阀芯位移；

K_{x1}，K_{x2}——系数；

u——比例气阀输入电信号；

P_1，P_2——分别为气缸进、排气腔压力；

y——活塞位移；

K_V——系数；

$\dot{m}_1$，$\dot{m}_2$——分别为气缸进、排气腔气体质量流量；

V_{10}，V_{20}——分别为气缸进、排气腔余隙空间。

A_1，A_2——分别为气缸进、排气腔活塞有效面积。

根据一般线性化方法，可用状态空间表达式来表示在某一工作点附近的线性模型：

$$\begin{aligned}\dot{\underline{x}}&=\underline{A}\ \underline{x}+\underline{B}\ u\\ y&=\underline{C}^T\ \underline{x}\end{aligned} \tag{2}$$

式中：

$$\underline{x}=[y,\ \dot{y},\ \ddot{y}]^T$$

$$\underline{A}=\begin{bmatrix}0 & 1 & 0\\ 0 & 0 & 1\\ 0 & -\beta & -\alpha\end{bmatrix},\underline{B}=\begin{bmatrix}0\\ 0\\ \gamma\end{bmatrix},\underline{C}=\begin{bmatrix}0\\ 0\\ 1\end{bmatrix}$$

通过Z一变换，上述连续系统所对应的离散系统状态空间表达式为：

$$\begin{aligned}x[k+1]&=\underline{F}\ \underline{x}[k]+\underline{G}\ u[k]\\ y[k]&=\underline{C}^T\ \underline{x}[k]\end{aligned} \tag{3}$$

式中：$\underline{F}=e^{\underline{A}T_o}$。

$\underline{G}=(\int_0^{T_o}e^{\underline{A}\tau}d\tau)\underline{B}$

T_o——采样周期

对于一个确定的气动位置控制系统，α，β，γ都有确定的值。本实验装置上，$\alpha=31.33$，$\beta=978.0$，$\gamma=3709$，由此可计算出式（3）中所有未知矩阵。

2 状态反馈调节的结构

对于形如式（3）的离散控制系统，其全状态反馈控制律为：

$$u[k]=-\underline{K}^T\ \underline{x}[k]+u_s[k] \tag{4}$$

式中：u_s——输入的给定值；

$\underline{K}$——反馈增益矢量。

式（3）所取的状态变量分别为位移、速度和加速度。位移通常用位移传感器获得，而速度和加速度常用数字方法获得。不少文献指出，数字量化的速度和加速度比用传感器所测得的模拟量更适宜于作为反馈量。

根据状态变量获得的方式不同，状态反馈调节的结构可分为两类：

2.1 数字微分状态反馈调节

位移量仍借助位移传感器获得，而速度$\dot{y}$和加速度$\ddot{y}$可借助下面算法估计：

$$\hat{\dot{y}} = \frac{1}{2T_o}(3y_o - 4y_{-1} + y_{-2})$$

$$\hat{\ddot{y}} = \frac{1}{2T_o}(3\hat{\dot{y}}_o - 4\hat{\dot{y}}_1 + \hat{\dot{y}}_{-2}) \qquad (5)$$

式中：y_o，y_{-1}，y_{-2}——分别为三个相邻采样时刻的位移；

$\hat{\dot{y}}_o$，$\hat{\dot{y}}_{-1}$ $\hat{\dot{y}}_{-2}$——分别为三个相邻采样时刻的速度估计值。

2.2 带状态观测器的状态反馈调节

对于形如式（3）的离散控制系统，存在吕倍格（Lueenberger）状态观测器，且具有下面形式：

$$\hat{\underline{x}}[k+1]=\underline{F}\ \underline{x}[k]+\underline{G}\ \underline{u}[k]+\underline{H}(y[k]-\hat{y}[k] \qquad (6)$$

恰当地选择$\underline{H}$，根据此式可计算出状态变量$\underline{x}$的全部估计值。

由于电磁比例气阀的阀芯位移有一定限度，故有

$$|u[k]|\leqslant u_{max}$$

当$u[k]$超过上述范围，气阀进入饱和区。

3 状态反馈调节的优化设计

状态反馈调节器的设计大多采用极点配置法，因此研究闭环系统极点位置对系统动态特性的影响是十分重要的。

对于一个实际的气动位置控制系统，其动态特性的主要要求是：无超调（或超调小），调整时间短，定位精度高，动、静态刚性好等。因此，评价一个气动位置控制系统性能的好坏可直接采用超调量、调整时间、稳态误差等，也可以采用综合的误差准则。根据位置控制系统的特点，性能指标采用IATE（时间乘绝对误差积分准则）较为适宜，即

$$J=\int_o^\infty t|e(t)|dt \qquad (7)$$

式中：

$$e(t)=y(\infty)-y(t)$$

按此准则所设计的系统具有瞬态误差小、足够阻尼、良好选择性。在超调量相同的情况下，性能指标J值愈大，系统阻尼愈大或静态误差愈大。

式（3）所确定的系统为三阶系统，闭环的三个极点的位置都会影响系统的动态特性。为了简化研究，取闭环的三个特征根（Z_1，Z_2，Z_3）全部为实数，且其中两个根相同，即

$$Z_2=Z_3$$

这样，可以在Z_1-Z_{23}平面内讨论极点配置与系统动态特性的关系。理论上，这样所构成的闭环系统应无超调，但由于实际的气动位置控制系统是一个形如式（1）的非线性系统，因此并非Z_1-Z_{23}平面内所有单位圆内的极点都满足所要求的动态特性。

这里，我们定义一个理想极点区。所谓理想极点区是指Z_1-Z_{23}平面内这样一个区

域，当闭环极点落在这一区域内，系统不仅是稳定的，而且闭环系统的动态特性满足预先给定的要求。图2所示为不同结构状态反馈调节的理想极点区，其闭环系统动态特性满足：最大超调量 $\Delta_m \leqslant 0.5\% |y_\infty|$，调整时间 $t_s \leqslant 0.5s$。显然，当系统动态特性的要求不同，理想极点区的大小不同。

对不同模型参数的理想极点区的研究表明：

(1) 理想极点区仅占 Z_1-Z_{23} 平面的局部狭长区域，这一点是由气动位置控制系统的非线性特性所决定的。显然，如果原系统的非线性程度大，如行程较长气缸，理想极点区大大减小。

(2) 带状态观测器的状态反馈系统的理想极点区远小于数字微分状态反馈系统。这是由于状态观测器增添了三个新极点，给系统带来较大的滞后，增加了调整时间[2]。

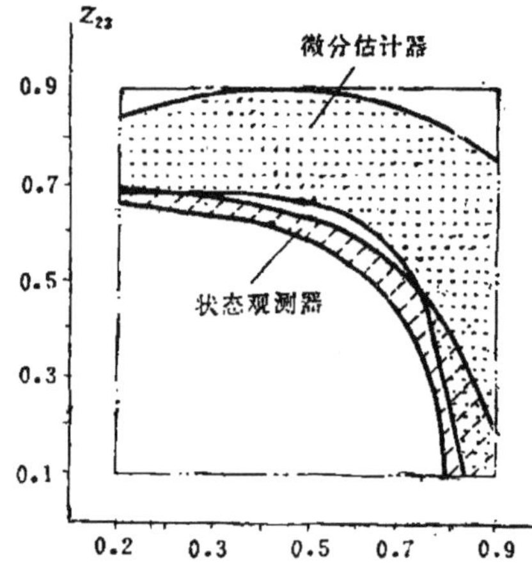

图2　不同反馈结构的理想极点区

(3) 具有相同动态要求而阻尼较小的系统（如质量负载较大等），其理想极点区也较小。

(4) 图3清楚表明，当 Z_1 不变，Z_{23} 在0至1范围内变化，性能指标 J 值在大约0.4附近，出现最小值；当 Z_{23} 不变时，Z_1 在0至1范围内变化，性能指标 J 值在大约 $Z_1=0.4$ 附近出现最小值。当 Z_1 或 Z_{23} 靠近1时，J 值急剧增大，系统过度超阻尼，稳态误差明显增大。

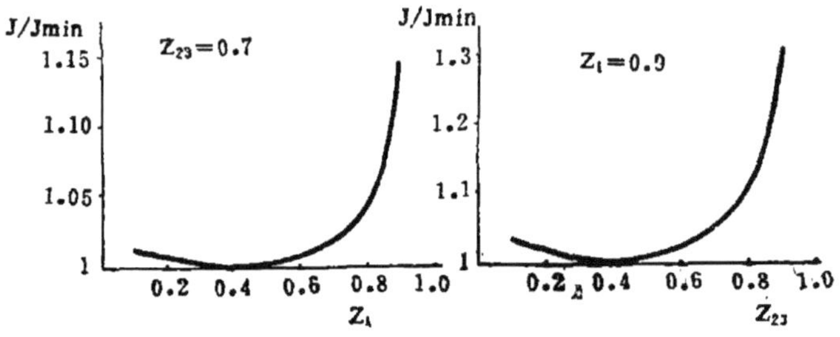

图3　性能指标随极点变化

尽管不同模型参数或不同动态要求的闭环系统，其理想极点区大小不相同，但都具有相同规律，并且以图形清晰地展示出闭环系统的极点配置和系统动态特性关系的全貌，为我们正确、迅速地选择控制器参数提供依据。

在状态反馈控制器优化设计时，不仅要考虑满足系统动态特点要求的极点配置问题，还需考虑下面因素：

(1) 状态反馈控制器的计算机实现问题。不恰当的极点配置会导致三个反馈增益系数在数值上悬殊过大，对于位数较低的微处理机来说，或许需要增长计算时间，或许甚至是不能实现。本实验装置所给定的系统，随着Z_i的减小，反馈增益系数中最大值和最小值之比急剧增大。

（2）位移反馈增益系数的选择要适当。过高的位移反馈增益使得测量噪音对系统的干扰过大，甚至破坏系统的正常工作；而增益过小，将降低系统刚度。

仿真和实测结果均表明，利用理想极点区的概念，综合考虑上述因素，可迅速、准确地选择出最佳的状态反馈控制器参数[1]。图4所示为优化的状态反馈调节的气动位置伺服系统参数变化过程实测曲线，系统具有满意的动态特性。

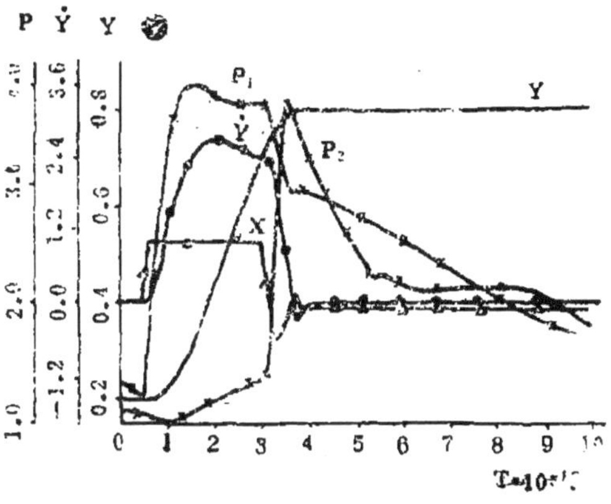

图4　实测曲线

4　不同结构状态反馈调节系统的参数灵敏性

一个实际的气动位置控制系统的一些参数不可能确切知道，而且运动部分质量、外部负载、工作点位置等都可能在一定范围内变化。而状态反馈调节的设计是依据一个简化的数学模型和确定参数的系统。因此，探讨参数变化对系统动态特性的影响是十分重要的。

图5清楚地表明了闭环系统超调量随参数变化情况，其状态反馈控制器是根据下列系统参数设计：

$$M=3\text{kg}$$

$$R_f=70\text{N}\cdot\text{s/m}$$

$$y_o=0.8\text{m}$$

$$U_5=0.6\text{m}$$

由图可以看出：

（1）系统参数的有限变化可能导致闭环系统动态特性超过期望范围。因此，具有固定状态反馈增益的系统适用于参数变化不大或对动态特性要求不高的场合。

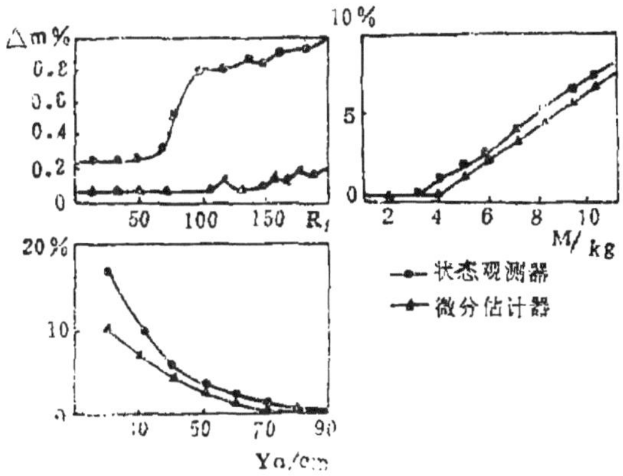

图5　不同反馈结构的参数灵敏度

（2）带状态观测器的状态反馈控制系统具有更大的参数灵敏度。因此，对形如式（3）的系统建议采用数字微分状态反馈调节。

5　状态反馈调节与其他调节方式的比较

为了更好地了解状态反馈控制特性，这里粗略地将它与PID-调节、自适应调节进行比较。

对于形如式（3）系统，存在离散的PID-调节器，其算法为：

$$u(k)=K_p\left\{e(k)+\frac{T_o}{T_i}\sum_{i=0}^{k}e(i-1)+\frac{T_D}{T_o}[e(k)-e(k-1)]\right\} \qquad (8)$$

式中：$e(k)=u_s-y(k)$；

K_p——增益；

T_i——积分时间常数；

T_D——微分时间常数；

T_o——采样周期。

由于系统本身存在“饱和环节”，为了克服积分饱和作用，采用“积分分离法”。

对形如式（3）的系统，存在模型参考自适应控制器，其算法为[3]：

$$u(k)=\underline{K}_M\underline{X}_M(k)+(K_u+\Delta K_u(e,k))u_s-(\underline{K}_s+\Delta\underline{K}_s(e,k))\underline{X}(k) \qquad (9)$$

式中：$\underline{X}$——被控对象的状态变量；

$\underline{X}_M$——参考模型状态变量；

K_M, K_s, K_u——固定增益矩阵（或常数）；

$\Delta K_s(e,k), \Delta K_u(e,k)$——可调增益矩阵（或常数）。

这里，状态反馈调节系统仅考虑带数字微分估计状态的调节结构。

图6所示为三种调节方式所构成的闭环控制系统，其超调量随质量负载、工作点变化的情况。所有调节器均在$M=3.0$kg，$y_o=0.8$m情况下优化设计的。图6清楚表明，就系统参数灵敏度而言，状态反馈调节是解于PID-调节和自适应控制之间的一种调节方式。PID-调节在精度较高的气动位置系统中没有得到广泛应用的原因就在于它对参数变化十分敏感。控制律如式（9）的模型参考自适应控制与状态反馈调节最明显的区别在于：在反馈增益矩阵中增加了取决于广义状态误差e的可调部分。

在算法上，状态反馈调节是十分简单的。这一突出的优点为实现状态反馈调节提供极大的方便。

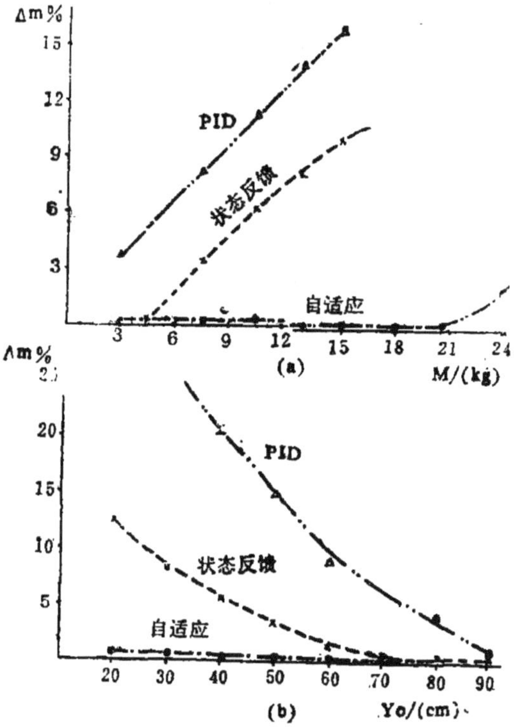

图6　不同控制方法的参数灵敏度

6　结论

(1) 在气动位置控制系统中，采用状态反馈调节是一种简单，易行的控制方法。

(2) 理想极点区为正确、迅速地进行状态反馈调节器的设计提供了有效的途径。

（3）和带状态观测器的状态反馈控制系统相比，数字微分状态反馈在参数灵敏性、优化设计和控制实现等诸方面具有明显的优越性。

（4）状态反馈调节在参数变化适应能力方面是解于PID-调节和自适应控制之间的一种控制方法。

参考文献

1 Huang Wenmei, del Re L., Untersuchung der Emrfindlichkeit einer digitalen Zustandsregelung für einen Pneumatischen Zylinder, Bericht ETHZ, 1987; IFT 649—6: 1～36

2 Isermann. R, Digital Control Systems, Berlin: Springer-Verlag, 1981; 164～165

3 袁著祉等，现代控制理论在工程中的应用，北京：科学出版社，1985：125～129

（上接第46页）

电容及瓷介容的介质损耗角tgδ可达10^{-4}数量级，比一般电容的tgδ小一至二个数量级，故它们在低噪声电路中经常被采用。在大电容量的情况下，应选用漏电小的钽电容器。

5 结　语

要设计好一个性能较好的低噪声晶体管放大器，有两个主要环节：管子的选择及与相应管子相匹配的电路的设计。要调试好一个L波段低噪声晶体管放大器应注意其工作点、输入、输出匹配电容以及间匹配电容的调试。

对于K_u波段卫星直播地面接收机的设计方法与L波段的基本一样，只不过实现优化噪声指标比L波段稍困难一点。如低噪声高频放大器主要用场效应管微带电路。IC开发日益活跃，日本的NE673用于K_u波段的低噪声放大器IC可达到$2dB$以下的噪声系数。其片的尺寸为$1.5\times0.9mm^2$，是因为采用了把并联的短路线和串联的电感组合起来的匹配电路使尺寸缩小。目前我国也有了这类的高水平产品可提供。

参考文献

1 孟繁定．卫星直播电视接收机原理与设计．武汉：湖北科学技术出版社，1985：96

2 〔日〕小西良弘著、魏梦迟、程广环等译．卫星广播超高频接收机设计．北京：人民邮电出版社，1986：78

3 陈天麒．微波低噪声晶体管放大器．北京人民邮电出版社．1983：304

4 清华大学《微带电路》编写组．微带电路．人民邮电出版社，1976：396

5 周才夫、赵金梁．卫星电视广播地面接收站．北京：北京出版社，1984：97

1991 年论文

薄壁箱形梁剪力滞计算的梁段有限元法

罗旗帜
(土木工程系)

摘　要　本文取薄壁梁剪滞基本微分方程式的齐次解作为梁段的有限元位移模式，在变分原理的基础上，提出了分析箱形梁剪滞效应的有限段法。这种方法不仅简单实用，而且可以应用到变截面箱形梁结构中去。本文的计算结果与有限条法的分析值以及模型试验的结果均符合良好。

关键词　箱形梁；有限元；变分法/剪力滞

分类号　U448.21

Calculation of the Shear Lag in Thin Walled Box Girders by the Finite Segment Method

Luo Qizhi

(Department of Civil Engineering)

Abstract　The homogeneous solution of the differential equation for the shear lag in thin walled box girders is taken as the displacement pattern of finite element. Based on the variational principle, a finite segment method is proposed for analysing the shear lag in box girders. This method is simple and practical, and can be applied to box girders with varying depths. The results calculated by this method are compared with the experimental results as well as with those obtained by the finite strip method, and good agreements are found.

Key words　box beam; finite element; variational method/shear lag

本文于1989年4月4日收到

薄壁箱形梁的剪力滞计算，目前国内外大多数采用能量变分法[1]、比拟杆法和有限条法等进行分析。用这些方法来估算等截面箱形梁的剪滞效应，具有计算方便、适应性好的特点。然而，对于一般形式的变截面箱形梁的剪力滞分析它们仍然无法解决。

变截面薄壁箱梁的剪力滞分析，可以用常规的有限元技术，将薄壁梁离散成许多板单元的集合。这种方法虽然能获得全面而准确的应力分布规律，但是它对计算机的容量和速度要求较高，计算费用昂贵。因此，在工程中难以推广和应用。如果以薄壁梁理论为基础，采用半解析方法，可以减少计算工作量，费用也不高，其精度能够满足实际工程的要求。

为此，本文采用了有限段法来分析薄壁箱形梁的剪力滞问题。首先合理地假定薄壁梁段的位移模式。其次根据变分原理导出薄壁梁的单元刚度矩阵和荷载列阵，从而得到箱梁考虑剪滞效应的位移和应力。最后将其计算结果与能量变分法、高阶有限条法的分析值以及模型试验的结果作一比较。

1 梁段单元的位移模式

1.1 基本假定

(1) 如图1所示，在竖向外荷载作用下，翼板的纵向位移可假设为：

$$u(x,y)=h_i\left[\frac{\mathrm{d}w}{\mathrm{d}x}+\left(1-\frac{y^3}{b^3}\right)\xi(x)\right] \quad (1)$$

式中：$w(x)$——梁的竖向挠度；

$\xi(x)$——翼板纵向位移差函数；

b——翼缘板净宽的一半；

h_i——箱梁形心轴至翼板中面的距离。

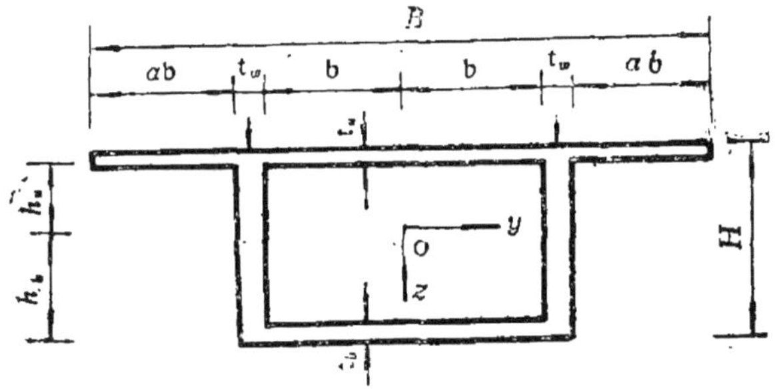

图1 箱梁横截面

(2) 腹板部分的变形采用初等梁理论

(3) 上、下翼板的竖向压缩、横向应变、板平面外的剪切变形均很小，可以忽略不计，即$\varepsilon_z=\varepsilon_y=\gamma_{xz}=\gamma_{yz}=0$。

1.2 位移模式

$w(x)$、$\xi(x)$取薄壁梁段剪滞基本微分方程的齐次解：

$$w(x)=A_1+A_2x+A_3x^2+A_4x^3+A_5chkx+A_6shkx \quad (2)$$

$$\xi(x)=\frac{5b^2E}{2G\beta}A_4+H_6shkxA_5+H_6chkxA_6 \quad (3)$$

式中：

$$H_6=-\frac{4Ik}{3I_s} \qquad k=\frac{1}{b}\sqrt{\frac{14\beta Gn}{5E}} \qquad n=\frac{1}{1-\frac{7I_s}{8I}}$$

$I=I_s+I_w$　　　　　$I_s=2(1+\alpha)t_u bh_u^2+2t_b bh_b^2$

I_w——腹板惯性矩　　　E——弹性模量

G——剪切模量　　　$\beta=\dfrac{I_{s\alpha}}{I_s}$

$$I_{s\alpha}=2\left(1+\frac{1}{\alpha}\right)t_u bh_u^2+2t_b bh_b^2$$

A_1、A_2、A_3、A_4、A_5、A_6均为待定常数。

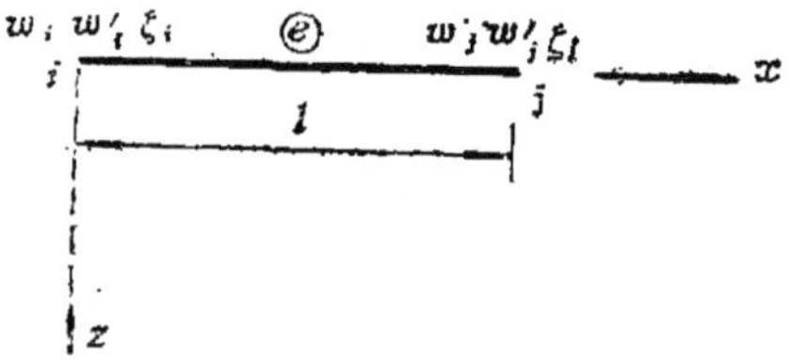

图2　梁段单元

考虑图2所示的薄壁箱梁有限段单元，其节点位移参数取为：

$$\{\delta\}^e=[w_i\ w'_i\ \xi_i\ w_j\ w'_j\ \xi_j]^{\mathrm{T}} \tag{4}$$

当$x=0$时，有：

$$w(0)=w_i\qquad w'(0)=w'_i\qquad \xi(0)=\xi_i \tag{5}$$

当$x=l$时，有：

$$w(l)=w_j\qquad w'(l)=w'_j\qquad \xi(l)=\xi_j \tag{6}$$

由式(5)、(6)，可将式(2)、(3)写成矩阵形式：

$$w(x)=[N]\{\delta\}^e \tag{7}$$

$$\xi(x)=[S]\{\delta\}^e \tag{8}$$

式中：

$\{\delta\}^e$——单元结点位移列阵

$[N]$、$[S]$——形函数

即：$[N]=[N_1N_2N_3N_4N_5N_6]$

$[S]=[S_1S_2S_3S_4S_5S_6]$

$$N_1=1-\frac{2}{a_1}a_2(\bar{x})\qquad N_2=l\bar{x}-\frac{l\bar{x}^2}{2}-\frac{l}{a_1}a_2(\bar{x})$$

$$N_3=\frac{1}{H_6 shkl}-\frac{l\bar{x}^2}{2}\left(\frac{6G\beta l^2}{5b^2E}-\frac{k}{H_6}\right)+\frac{2G\beta l^3}{5b^2E}\bar{x}^3$$

$$-\frac{1}{H_6 shkl}chkl\bar{x}-\left(a_3-\frac{2GBl^3}{5b^2E}\right)\frac{a_2(\bar{x})}{a_1}$$

$$N_4=\frac{2}{a_1}a_2(\bar{x})\qquad N_5=\frac{l\bar{x}^2}{2}-\frac{l}{a_1}a_2(\bar{x})$$

$$N_6=-\frac{1}{H_6 shkl}-\frac{kl}{2H_6}\bar{x}^2+\frac{chkl\bar{x}}{H_6 shkl}+\frac{a_3}{a_1}a_2(\bar{x})$$

$$S_1=-S_4=-\frac{2}{a_1}a_4(\bar{x})\qquad S_2=S_5=-\frac{l}{a_1}a_4(\bar{x})$$

$$S_3=1-\frac{shkl\bar{x}}{shkl}-\frac{1}{a_1}\left(a_3-\frac{2G\beta l^3}{5b^2E}\right)a_4(\bar{x})$$

$$S_6=\frac{shkl\bar{x}}{shkl}+\frac{a_3}{a_1}a_4(\bar{x})$$

$$\bar{x}=\frac{x}{l} \qquad a_1=-\left[klshkl-2chkl+2\right]\frac{1-chkl}{shkl}$$

$$a_3=\frac{klshkl-2chkl+2}{H_6 shkl}-\frac{2G\beta l^3}{5b^2E}$$

$$a_2(\bar{x})=\frac{1-chkl}{shkl}(chkl\,\bar{x}-1)-kl\,\bar{x}+\frac{G\beta H_6 l^3}{5b^2E}(3\bar{x}^2-2\bar{x}^3)+shkl\,\bar{x}$$

$$a_4(\bar{x})=H_6\left(chkl\,\bar{x}-1+\frac{1-chkl}{shkl}shkl\,\bar{x}\right)$$

式(7)、(8)即为薄壁箱梁有限段单元的位移模式.

2 梁段单元刚度矩阵和荷载列阵

梁段单元的总势能为:

$$\Pi=\frac{1}{2}\int_0^l EI_w w''^2\mathrm{d}x+\frac{1}{2}\int_0^l EI_s\left(w''^2+\frac{3}{2}w''\xi'+\frac{9}{14}\xi'^2\right)\mathrm{d}x$$

$$+\frac{1}{2}\int_0^l\frac{9GI_{sd}}{5b^2}\xi^2\mathrm{d}x-\int_0^l q(x)w\mathrm{d}x \tag{9}$$

将式(7)和(8)代入上式可得:

$$\Pi=\frac{1}{2}EI\int_0^l\{\delta\}^{eT}[N'']^T[N'']\{\delta\}^e\mathrm{d}x+\frac{3EI_s}{4}\int_0^l\{\delta\}^{eT}[N'']^T[S']\{\delta\}^e\mathrm{d}x$$

$$+\frac{9EI_s}{28}\int_0^l\{\delta\}^{eT}[S']^T[S']\{\delta\}^e\mathrm{d}x+\frac{9GI_{sa}}{10b^2}\int_0^l\{\delta\}^{eT}[S]^T[S]\{\delta\}^e\mathrm{d}x$$

$$-\int_0^l\{\delta\}^{eT}[N]^T\{q(x)\}\mathrm{d}x \tag{10}$$

由最小势能原理，通过变分有

$$[K]^e\{\delta\}^e=\{P\}^e \tag{11}$$

单元刚度矩阵

$$[K]^e=EI\int_0^l[N'']^T[N'']\mathrm{d}x+\frac{3EI_s}{4}\int_0^l\{[N'']^T[S']+[S']^T[N'']\}\mathrm{d}x$$

$$+\frac{9EI_s}{14}\int_0^l[S']^T[S']\mathrm{d}x+\frac{9GI_{sa}}{5b^2}\int_0^l[S]^T[S]\mathrm{d}x \tag{12}$$

$$[K]^e=\begin{bmatrix}K_{11}&K_{12}&K_{13}&K_{14}&K_{15}&K_{16}\\ &K_{22}&K_{23}&K_{24}&K_{25}&K_{26}\\ &&K_{33}&K_{34}&K_{35}&K_{36}\\ &&&K_{44}&K_{45}&K_{46}\\ &&&&K_{55}&K_{56}\\ &\text{对称}&&&&K_{66}\end{bmatrix} \tag{13}$$

$$K_{ij}=F_{ij}+Q_{ij}+H_{ij}+R_{ij}$$

$$F_{ij}=EI\int_0^l[N''_i][N''_j]\mathrm{d}x \qquad Q_{ij}=\frac{9EI_s}{14}\int_0^l[S'_i][S'_j]\mathrm{d}x$$

$$H_{ij}=\frac{9GI_{sa}}{5b^2}\int_0^l [S_i][S_j]\mathrm{d}x$$

$$R_{ij}=\frac{3EI_s}{4}\int_0^l \{[N_i''][S_j']+[N_j''][S_i']\}\mathrm{d}x$$

$(i、j=1,2,3,4,5,6)$

荷载列阵 $\{P\}^e=\int_0^l [N]^T\{q(x)\}\mathrm{d}x \qquad (14)$

最后，由式(1)按虎克定律可得梁段的应力公式为：

$$\sigma_i=Eh_i\left\{w''+\left(1-\frac{y^3}{b^3}\right)\xi'\right\}$$

$$=Eh_i\left\{[N'']+\left(1-\frac{y^3}{b^3}\right)[S']\right\}\{\delta\}^e \qquad (15)$$

3 举例比较

根据上述原理，本文就IBM机用FORTRAN-77语言编制了该计算机程序，并计算了等、变截面箱梁的剪滞效应，其结果与变分法，高阶有限条法以及模型试验的分析值以资比较.

3.1 等截面简支箱梁

采用一个箱梁有机玻璃型试验示例. 模型的截面尺寸和测点布置如图3所示. 模型跨径为80厘米，并在端部设置横隔板. 试验测得有机玻璃的平均弹性模量 $E=3000\,\mathrm{MPa}$，泊松比 $\mu=0.385$. 板中面的应变值取板上、下表面测试值的平均值.

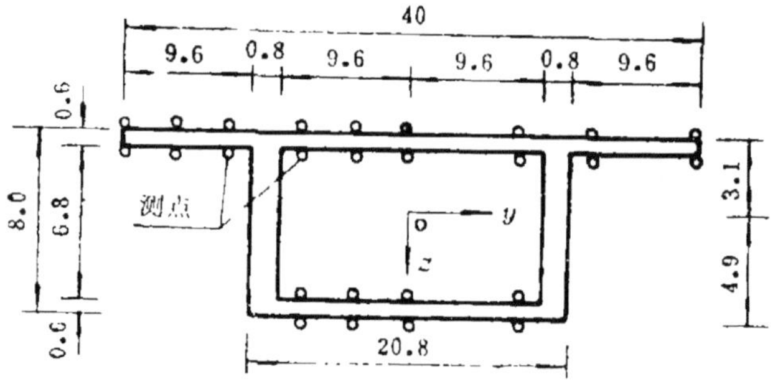

图3 模型尺寸

用本文方法计算时，整个梁沿纵向分为32段，每段长为2.5厘米，33个结点. 计算和试验的值列于表1. 由表可见，本文算值与变分法的分析解完全一致，而与有限条法以及模型试验的值均符合得较好. 另外，用本文方法计算剪力滞时，其计算时间比有限条法节省五倍多.

3.2 变截面悬臂箱梁

作为第二个算例，本文借用文献〔2〕模型试验梁，模型跨径为60厘米，其截面尺寸和测点布置见文献〔2〕. 应用上述有限段法求剪力滞系数时，整个梁沿纵向分30段，每段长2厘米，31个结点. 采用三种加载方式：(a)均布荷载 $q=0.01\mathrm{kN/cm}$；(b) 集中荷载 $P=0.3\mathrm{kN}$；(c)正三角形分布荷载 $q_{\max}=0.05\mathrm{kN/cm}$. 剪滞系数定义为：

$$\lambda=\frac{\text{考虑剪力滞效应所得的法向应力}}{\text{按初等梁理论所求得的法向应力}}$$

表1　简支梁的结果(σ_x)

结点编号		$B=40$cm 能量变分法	$x=40$cm 有限条法(42条)	$P=0.2722$kN 本文方法(32段)	单位：MPa 试验值
顶	1	−0.242 45	−0.207 40	−0.242 45	−0.212 24
	2	−0.257 28	−0.242 01	−0.257 28	−0.248 50
	3	−0.361 03	−0.338 70	−0.361 03	−0.329 00
	4	−0.407 40	−0.400 95	−0.407 40	—
	5	−0.407 40	−0.400 95	−0.407 40	—
	6	−0.361 03	−0.343 26	−0.361 03	−0.320 04
	7	−0.257 28	−0.262 74	−0.257 28	−0.260 40
板	8	−0.242 45	−0.246 84	−0.242 45	−0.245 00
底	11	0.669 29	0.620 51	0.669 29	—
	12	0.593 13	0.543 46	0.593 13	0.573 76
	13	0.422 67	0.425 80	0.422 67	0.398 40
板	14	0.398 32	0.398 35	0.398 32	0.388 80

简图

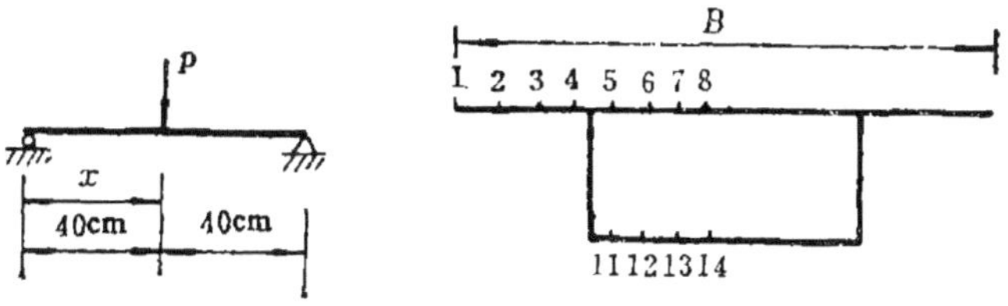

并且用λ^c表示梁中对称轴处（$y=0$）的剪滞系数，计算结果绘于图4、5、6之中。图中表明，本文的计算值与文献〔2〕的计算值以及试验值基本接近。因此，本文的有限段法是符合实际的。

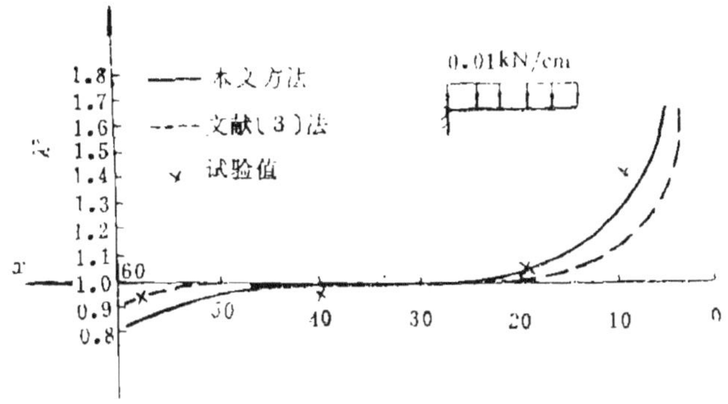

图4　均布荷载

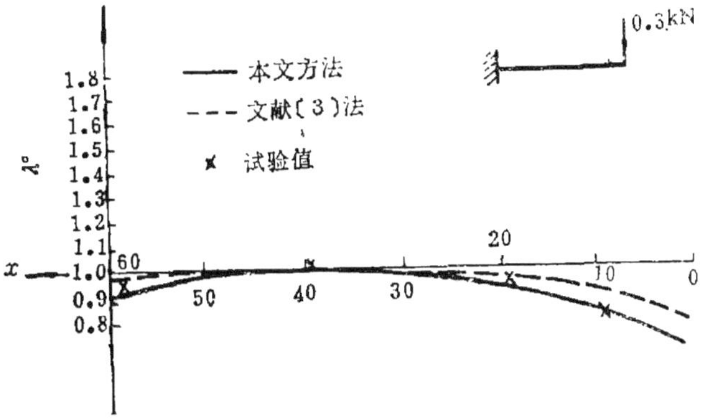

图5　集中荷载

（下转第55页）

本例结果表明，转动惯量对结构自振周期影响不大，第三周期误差仅4%。而经典梁理论算出的第三周期相对误差达19%。另外，当连系梁截面尺寸较大时，其约束反力矩增强了结构的整体刚度，将结构作为刚结体系和铰结体系考虑，二者可能产生较大误差，并且是基本周期的误差较大。故当连系梁约束反力矩较大时，宜将结构作为刚结体系考虑。

3 结语

本文根据求解框架—剪力墙结构自由振动问题的力学模型，从力学与数学的角度较细致地建立了框—剪结构的自由振动微分方程。求得的频率方程和振型函数可用于工程计算，也可以用来考察其他近似理论的精确性。

参 考 文 献

1 中国建筑科学研究院编．高层建筑结构设计．北京：科学出版社，1983．70～72

2 S．铁摩辛柯等著；胡人礼译．工程中的振动问题．北京：人民铁道出版社，1978．293～295

3 包世华等主编．高层建筑结构设计．北京：清华大学出版社，1985．95～98

4 王磊，蒯行成．工程力学，1987，4（2）：56～68

5 李桂青．抗震结构计算理论和方法．北京：地震出版社，1985．357～358

（上接第38页）

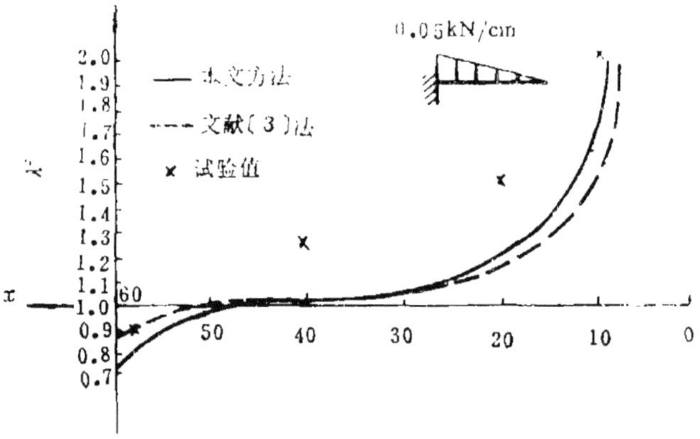

图6　正三角形分布荷载

4 结论

1． 通过试验验证，用本文的有限段法来分析薄壁箱梁的剪力滞效应问题是可行的。并且由于计算工作量和费用比有限条法少很多，因此，尤其适用于薄壁梁结构的初始设计阶段。

2． 本文方法还可以用来计算多跨度变截面连续箱梁的剪滞效应。

参 考 文 献

1 郭金琼，房贞政，罗孝登．箱形梁桥剪滞效应分析．土木工程学报，1983，16（1）：1～3

2 张士铎，丁芸．变截面悬臂箱梁负剪力滞差分解．重庆交通学院学报，1984（4）：34～47

高层框筒结构的剪力滞

李家宝，李存权，蔡松柏
（土木工程系）

摘 要 本文基于连续化模型，将框筒视为边缘加筋的平面应力平板组合结构，巧妙地变换框筒顶部的自由端边界条件，通过求解双调和方程得到了方形筒体结构的弹性力学精确解，其主要工作是采用力法思想将框筒变为单块板的平面应力问题，再求出其级数形式的解。文中给出的级数解收敛快，能正确反映剪力滞效应和角柱效应，通过比较表明，以往的能量变分和有限条解均与之基本吻合，且本文解给出了更明显的剪力滞效应。

关键词 高层框筒；精确分析；剪力滞效应
分类号 TU13

On the Shear-Lag Effect of Tall Frame-Shear Wall Structures

Li Jiabao　Li Cunquan　Cai Songbai
(Department of Civil Engineering)

Abstract In this paper, the shear-lag effect of the tall frame-shear wall structures is studied with the plane stress theory. The methods and the results given in this paper are very useful to engineers and designers.

Key words tall frame-tube structure; exact solution; effect of shear lag

随着工商业，国际贸易和城市规模的扩大，对房屋建筑面积的需求量日益增大，城建用地渐趋紧张，地价十分昂贵，高层建筑随之而得到蓬勃发展，由于超高层，大空间和分间灵活等因素，使得高层筒体结构的采用极为广泛。对其进行的结构分析已成为一个重要的高层课题[1-4]，由于未知量多，计算量大，数据处理复杂，高层杆系模型的应用受到限制，目前采用较多的筒体结构分析方法有二类，一类是降维的方法，将框筒转

本文于1990年1月2日收到

变为平面框架进行分析，通常的作法是采用楼层公共未知量，或所谓展开平面框架法和等效角柱法，另一类方法是采用连续化模型，其解法有有限条法，样条函数法，加权残数法，能量变分法等数值的或半解析的解法，而采用弹性力学的壳体无矩理论仅给出了园形筒体结构的解答，方形筒体的弹性力学解尚未有文献报道。

1 边界条件处理及计算模型

图 1 所示为连续化的框筒模型，图 2 为取自其中的一片平面应力板。由于楼盖的平面内刚度很大，在高层顶部，我们可以近似地采用如下边界条件：

$$v_s=\text{const} \text{ 和 } N_n=0 \tag{1}$$

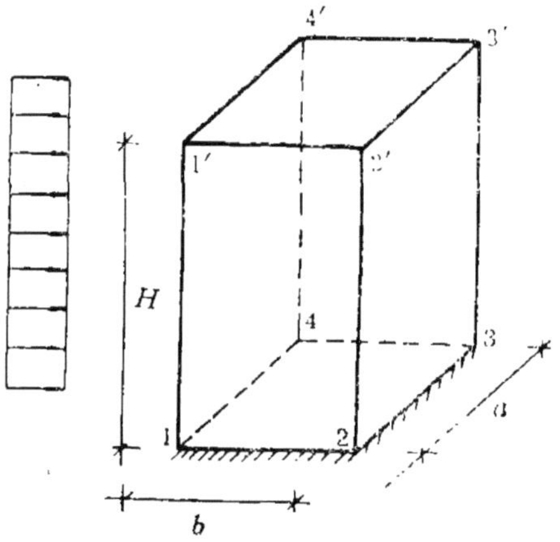

图 1 矩形框筒结构连续化模型

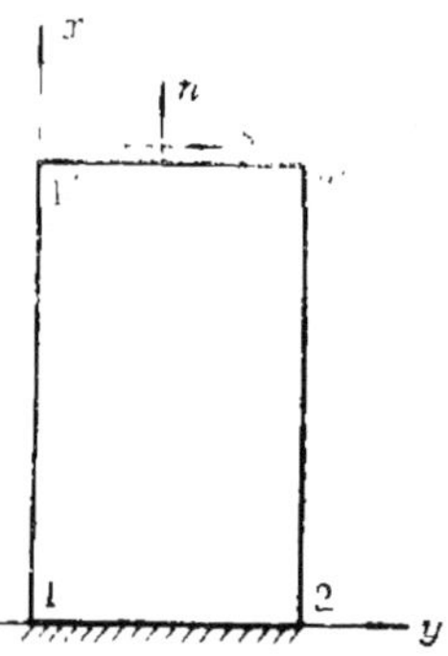

图 2 平面应力墙体

式中v_s为顶部沿S方向（即切向）的位移，N_n为沿法向的外力，对图 2 所示坐标，即有

$$N_x=0,\quad v=\text{const} \tag{2}$$

我们知道

$$N_x=\frac{\partial^2\varphi}{\partial y^2},\qquad \varepsilon_y=\frac{\partial v}{\partial y} \tag{3}$$

故在边界上有

$$\varepsilon_y=\frac{1}{E}(\sigma_x-\mu\sigma_y)=\frac{1}{E}\left(\frac{\partial^2\varphi}{\partial y^2}-\mu\frac{\partial^2\varphi}{\partial x^2}\right)=0 \tag{4}$$

便得$\frac{\partial^2\varphi}{\partial x^2}=0$， 又$\frac{\partial^2\varphi}{\partial y^2}=0$，表明$\varphi$沿$y$向为直线形式，我们知道$\varphi$的一次项并不对应力有影响，因此，可取其为 0 ，这样对于平面应力墙A而言，在边界$1'-2'$上有

$$\varphi=0 \text{ 和 } \frac{\partial^2\varphi}{\partial x^2}=0 \tag{5}$$

对筒体的每一片墙，都可将其艾雷应力函数φ设为

$$\varphi=\sum_{n=1}^{\infty}Y_n\sin\frac{n\pi}{l}x \tag{6}$$

$$Y_n=A_n\text{Ch}\frac{n\pi}{a}y+B_n\text{Sh}\frac{n\pi}{a}y+C_n\frac{n\pi y}{a}\text{ ch }\frac{n\pi y}{a}+D_n\frac{n\pi y}{a}\text{Sh }\frac{n\pi y}{a}$$

式中$l=2H$，a为墙体宽度。

将框筒结构分成四片墙和四个柱，各墙柱之间的作用用未知力表示出，我们先运用弹性力学平面理论研究单片的墙和柱，再利用各墙柱之间的位移协调条件求出些这未知力，从而得到框筒中各柱的轴力N_i为

$$N_i=F(y_{i+1})-F(y_i)$$

$$F(y)=-\sum_{n=1}^{\infty}\Bigg\{q_n^1\Bigg[-(\beta_n+\mathrm{Sh}\beta_n\mathrm{Ch}\beta_n)y\mathrm{Sh}\frac{n\pi y}{l}+\frac{l}{n\pi}\mathrm{Sh}\frac{n\pi y}{l}(\beta_n^2-\mathrm{Sh}^2\beta_n)$$

$$+\mathrm{Sh}^2\beta_n\left(\frac{l}{n\pi}\mathrm{Sh}\frac{n\pi y}{l}+y\mathrm{Ch}\frac{n\pi y}{l}\right)\Bigg]+\tau_n^0\Bigg[\beta_n^2-\frac{l}{n\pi}\mathrm{Ch}\frac{n\pi y}{l}-\mathrm{Sh}^2\beta_n\Bigg(y\mathrm{Sh}\frac{n\pi y}{l}$$

$$+\frac{l}{n\pi}\mathrm{Ch}\frac{n\pi y}{l}\Bigg)+(-\beta_n+\mathrm{Sh}\beta_n\mathrm{Ch}\beta_n)\left(\frac{l}{n\pi}\mathrm{Sh}\frac{n\pi y}{l}+y\mathrm{Ch}\frac{n\pi y}{l}\right)\Bigg]-q_n^0\Bigg[(\beta_n\mathrm{Ch}\beta_n$$

$$+\mathrm{Sh}\beta_n)\left(y\mathrm{Sh}\frac{n\pi y}{l}\right)-\beta_n\mathrm{Sh}\beta_n\left(\frac{l}{n\pi}\mathrm{Sh}\frac{n\pi}{l}y+y\mathrm{Ch}\frac{n\pi}{l}y\right)\Bigg]+\tau_n^1\Bigg[-\beta_n\mathrm{Sh}\beta_n y\mathrm{Sh}\frac{n\pi}{l}y$$

$$+(-\mathrm{Sh}\beta_n+\beta_n\mathrm{Ch}\beta_n)\left(\frac{l}{n\pi}\mathrm{Sh}\frac{n\pi}{l}y+y\mathrm{Ch}\frac{n\pi}{l}y\right)\Bigg]\Bigg\}/(\beta_n^2-\mathrm{Sh}^2\beta_n)\cdot\sin\frac{n\pi}{l}x \tag{7}$$

其中q_n^1、q_n^0为横向荷载的正弦级数系数。

$$\begin{aligned}
&\tau_n^1=(b_1^n\lambda_1^n-b_2^n\lambda_2^n)/[(\lambda_1^n)^2-(\lambda_2^n)^2]\\
&\tau_n^2=(b_2^n\lambda_1^n-b_1^n\lambda_2^n)/[(\lambda_1^n)^2-(\lambda_2^n)^2]\\
&\lambda_1^n=(\beta_n^2-S_n^2)\bar{c}_n^2/(\alpha_n+\bar{S}_n\bar{C}_n)k_n\\
&\lambda_2^n=S_n-\beta_nC_n\\
&b_1^n=+\frac{1}{2}q_n^0[(1-\mu)S_n^2+(1+\mu)\beta_n^2]+\beta_nS_nq_n^1\\
&b_2^n=\beta_nS_nq_n^0+\frac{1}{2}q_n^1[(1-\mu)S_n^2+(1+\mu)\beta_n^2]\\
&k_n=\left(\frac{t^0}{t_1}+\frac{4\alpha_n\bar{c}_n^2}{\alpha_n+\bar{S}_n\bar{c}_n}\frac{A}{at_1}\right)\\
&\beta_n=\frac{n\pi b}{l},\qquad \alpha_n=\frac{n\pi a}{2l}\\
&S_n=\mathrm{Sh}\beta_n,\ C_n=\mathrm{Ch}\beta_n,\ \bar{S}_n=\mathrm{Sh}\alpha_n,\ \bar{C}_n=\mathrm{Ch}\alpha_n
\end{aligned} \tag{8}$$

A：角柱多余面积；H：高；t_0,t_1：折算模型筒体厚；$a\times b$：筒体平面尺寸，μ：折算泊

附表 框筒结构各柱轴力各种方法比较

y	本文方法（n＝59）	文献〔3〕法	文献〔2〕法	文献〔1〕法
1.8	1.0037426q	0.774479q	1.000793q	1.165047q
5.4	3.0971078q	2.530482q	3.144262q	3.594588q
9.0	5.1711590q	4.907616q	5.713493q	6.322476q
12.6	7.7423671q	8.319970q	8.992325q	9.547606q
16.2	12.9654312q	13.181632q	13.264545q	13.468877q
19.8	20.988617 q	19.906889q	18.814052q	18.285185q

上述算例中各有关参数请参阅文献〔1〕.

松比。y_{i+1},y_i两柱间中点的座标。本文精确分析与其他方法的比较如附表。

从表中数字我们不难看出本文给出的级数解，其收敛性是较好的，当$n=59$时，在PC-1500机上亦只需用20分钟便可得到结果，同时，从表中我们还注意到本文解反应的剪力滞效应较文献〔1-3〕还要明显一些。

为了探讨角柱效应的影响，我们就A/at_1的不同值作了计算，其结果图示如下；

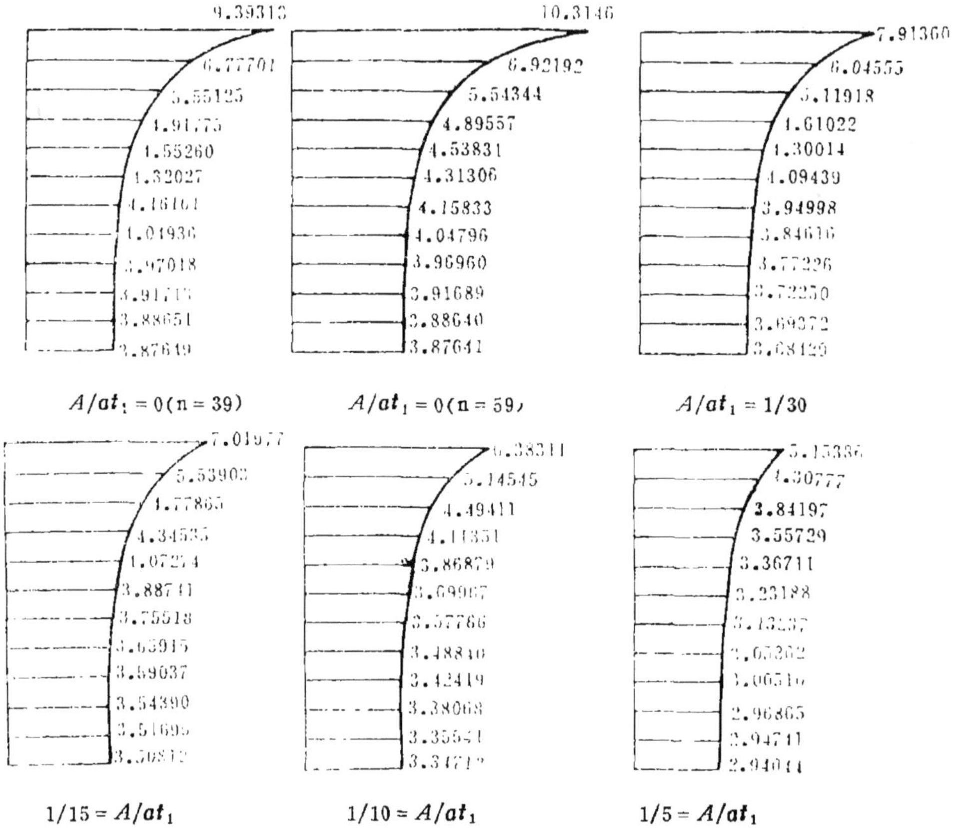

图3　角柱效应的影响

从图3中我们不难发现，角柱效应是很明显的，当A/at_1增大时，即角柱较大时，墙体内剪力滞效应减小，这表明大角柱可改善筒体结构的受力性能。顺便指出，本文级数解的收敛性从$A/at_1=0$时$n=39$和$n=59$两个图表中可看出是相当好的！

2 结　语

本文用力法从直接求解艾雷应力方程出发，得到了筒体的精确解。结果表明本文得到的角柱轴力较能量法[1,2]和半解析法[3]还要大，说明筒体的剪力滞效应极为明显，结构设计时应予充分重视。

参　考　文　献

1　Coll A,Bose B. J of Stru Div.ASCE,1975,101 (11) ：2223～2240
2　刘开国. 建筑结构学报，1982(3)：23～34
3　王选民，杨弗康.湖南大学学报，1989,16(1)：44～51
4　陈刚，李家宝.建筑结构学报，1988,9(3)：15～24

客运汽车外形数学模型和表面风压气动模型研究

谷正气，秦德申，黄天泽
（机械工程系）

摘　要　本文通过建立客车的外形数学模型和气动模型，对其进行表面压强分布的计算机仿真，并通过实验结果与计算结果的对比，证明了该计算模型的正确性。

关键词　湍流；层流流动；附面层；地面效应；涡线
分类号　U271

Studies on the Aerodynamic Model of the Pressure Distribution and the Mathematical Model of the Appearance of Bus Body

Gu Zhengqi　Qin Deshen　Hwang Tienzeai

(Department of Mechanical Engineering)

Abstract　In this paper, the aerodynamic model and the mathematical model of the bus body are set up. The correctness of the models is verified by using computer simulation for pressure distribution and comparison between experimental results and computational values.

Key words　turbulence; laminar flow; boundary layer; ground effect; vortex line

---

本文于1990年7月16日收到，此课题属交通部"七·五"重点攻关项目，已通过国家级鉴定

计算空气动力学是一门崭新的边缘科学，它主要是研究用数值计算的方法来求解各种复杂的空气动力方程。将计算空气动力学运用于汽车上的研究，国外已做了一定的工作，而我国在此领域内还近乎于空白。

众所周知，进行汽车风洞实验研究的费用是较昂贵的。由于计算空气动力学的出现，就有可能使用计算机计算出多种方案，然后进行筛选，再做成模型在风洞中进行吹风实验，这样就可以较快地得出最佳设计方案，既可节省风洞实验的工作量与费用，又提高了汽车外形选型范围和科学指导性。

本文以国家“七·五”攻关课题“新型客运汽车”为研究对象，由于大客车的外形变化平缓且其表面气流分离少，同时相对其它车种而言，它的紊流区主要集中在车身尾部和底部，这就为我们采用位势流理论研究其表面压强分布提供了基础。车身表面压强分布对汽车的气动阻力、面板振颤、通风换气、风噪声以及汽车各装置的合理布置等问题的研究有着很密切的关系。

随着我国汽车工业和高速公路的迅速发展，深入开展汽车空气动力学研究，对提高国产车的高速性能，降低风阻、节省能耗都有着较为深远的意义。

1　数学模型

1.1　外形数学模型

本文采用了七十年代由 Dejarnette F R 提出的“锥线链”法。这种方法即先用最小二乘法建立纵向的锥线链解析式，再用曲线进行横剖面拟合，从而得到三维体的外形数模。这种方法的优点是输入量少，精度较高且其数模局部可调。

经推导可得纵向锥线链方程：

$$E_1x^2+E_2xz+E_3z^2+E_4x+E_5z+E_6=0 \tag{1}$$

其中 $E_1=G_1+G_2$；　$E_2=G_3+G_4$；　$E_3=G_5+G_6$；

$E_4=-2x_jG_1-z_jG_3+G_7+G_9$；

$E_5=-2z_jG_5-x_jG_3+G_8+G_{10}$；

$E_6=x_j^2G_1+z_j^2G_5+x_jz_jG_3-x_jG_7-z_jG_8+G_{11}$

式中的$G_i(i=1\sim11)$ 为各锥线段的拟合系数，公式从略

对于给定的 x可得

$$z=\left[-(E_2x+E_5)\pm\sqrt{(E_2x+E_5)^2-4E_3(E_1x^2+E_4x+E_6)}\right]/2E_3$$

由此建立起纵向锥线链方程，从而根据各特征点给定的信息对横剖面进行圆锥曲线的混合拟合。这种外形数学模型是整体解析化，且能保证拟合的车身外形有较好的光滑性。

1.2　气动模型

1）在层流流动中，一般解都应满足三维的拉普拉斯方程：

$$\frac{\partial^2\Phi}{\partial x^2}+\frac{\partial^2\Phi}{\partial y^2}+\frac{\partial^2\Phi}{\partial z^2}=0 \tag{2}$$

其中$\Phi(x,y,z)$ 为代表整个流动的标函数。

流体微团速度：　　　　$V=\text{grad}\Phi$　　　　(3)

在绕物体的三维流动的问题，其边界条件一般有二个：

一是来流和诱速的合速恰与物面相切

即　　$$U_\infty\cdot n+\left(\frac{\partial\Phi}{\partial n}\right)_{\text{面}}=0 \qquad (4)$$

其中"面"表示物面这个内边界；

二是无限远处外边界条件

即

$$|\text{grad}\,\Phi|_\infty\to 0 \qquad (5)$$

由拉普拉斯方程可知，只要能找到一个或几个位函数满足它，又同时满足边界条件，那么问题就能得到解决。

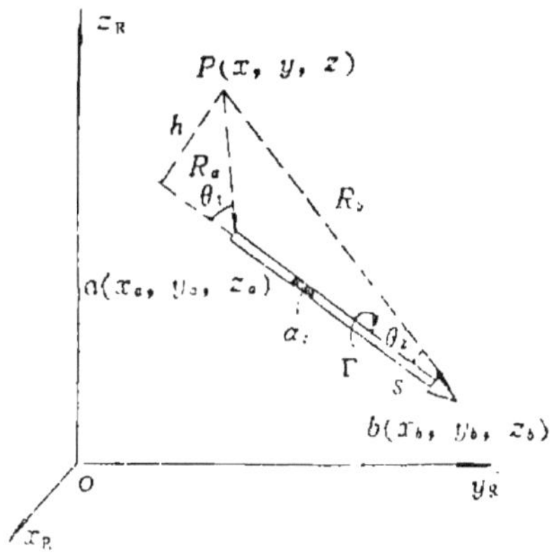

图1　涡段矢量图

2）基本解

由于汽车近似于一个"钝体"，它存在厚度、弯度及升力等效应问题．本文选用涡环和马蹄涡作为基本解。涡环由四段首尾相衔的涡段组成，马蹄涡则是由一根涡线在两端折转而成。将涡环布置于车身，而车尾布置马蹄涡．

有限长的不可压涡段$\vec{S}$对线外任一点P的诱速为：

$$\left.\begin{aligned}V_x&=\frac{\Gamma}{4\pi}A[(Y-Y_a)(z-z_b)-(Y-Y_b)(z-z_a)]\\V_y&=\frac{\Gamma}{4\pi}A[(z-z_a)(x-x_b)-(z-z_b)(x-x_a)]\\V_z&=\frac{\Gamma}{4\pi}A[(x-x_a)(Y-Y_b)-(x-x_b)(Y-Y_a)]\end{aligned}\right\} \qquad (6)$$

式中：Γ为涡段强度，各坐标与符号见图1

$A=(B-C)/D$

$B=[(x-x_a)(x_b-x_a)+(Y-Y_a)(Y_b-Y_a)+(z-z_a)(z_b-z_a)]/$
$[(x-x_a)^2+(Y-Y_a)^2+(z-z_a)^2]^{1/2}$

$C=[(x-x_b)(x_b-x_a)+(Y-Y_b)(Y_b-Y_a)+(z-z_b)(z_b-z_a)]/$
$[(x-x_b)^2+(Y-Y_b)^2+(z-z_b)^2]^{1/2}$

$D=[(Y-Y_a)(z-z_b)-(Y-Y_b)(z-z_a)]^2+[(z-z_a)(x-x_b)$
$-(x-x_a)(z-z_b)]^2+[(x-x_a)(Y-Y_b)-(x-x_b)(Y-Y_a)]^2$

当$\Gamma=1$时，(6) 式中的V_x，V_y，V_z，就成为不可压涡段的气动影响系数A_x，A_y，A_z。

由此可得涡环和马蹄涡的影响系数：

a．涡环

$$A_x=\sum_{k=1}^{n}A_{xk};\quad A_y=\sum_{k=1}^{n}A_{yk},\quad A_z=\sum_{k=1}^{n}A_{zk} \qquad (7)$$

式中$n=4$或3

b. 马蹄涡

$$\left.\begin{aligned}A_x&=\sum_{k=1}^{3}A_{xk}-A_{xw1}+A_{xw2}\\A_y&=\sum_{k=1}^{3}A_{yk}-A_{yw1}+A_{yw2}\\A_z&=\sum_{k=1}^{3}A_{zk}-A_{zw1}+A_{zw2}\end{aligned}\right\}\tag{8}$$

式中：

$$A_{xw}=0$$

$$A_{yw}=\frac{1}{4\pi}\left(\frac{z^2}{y^2+z^2}\right)\left[1+\frac{x}{(x^2+y^2+z^2)^{1/2}}\right]$$

$$A_{zw}=-\frac{1}{4\pi}\left(\frac{Y}{Y^2+z^2}\right)$$

下标“1”和“2”表示马蹄涡两端的无限长涡线。

2 车身表面气流速度与压强系数计算

通过利用边界条件对影响系数矩阵方程的求解，得各涡环强度后，便可以计算车身表面的气流速度，它可以分解为纵向速度$\vec{U}_M$和横向速度$\vec{U}_T$（均为V_∞的相对量）

即：

$$\left.\begin{aligned}\vec{U}_{Mi}&=\sum_{j=1}^{N-1}A_{Mij}\Gamma_j+T_{Mi}\vec{V}_i+\Delta\vec{V}_{Mi}\\\vec{U}_{Ti}&=\sum_{j=1}^{N-1}A_{Tij}\Gamma_j+\vec{T}_{Ti}\vec{V}_i+\Delta\vec{V}_{Ti}\end{aligned}\right\}\tag{9}$$

式中：

$$A_{Mij}=Ax_{ij}T_{Mxi}+A_{Yjk}U_{MYi}+A_{zij}T_{Mzi}$$

$$A_{Tij}=A_{xij}T_{Txi}+A_{Yij}T_{TYi}+A_{zij}T_{zi}$$

$$\vec{V}_i=(V_{xi},\ V_{yi},\ V_{zi})$$

$\vec{T}_{Mi}$，$\vec{T}_{Ti}$分别为车身表面气动网格纵、横单位切矢量

$\Delta\vec{V}_{Mi}$，$\Delta\vec{V}_{Ti}$为附加诱速，公式从略

N 为气动网格数

算得车身表面气流速度后，我们通过等熵公式可得车身表面风压系数为：

$$C_p=-[2U_{Mi}+U_{Ti}^2+U_{Mi}^2]\tag{10}$$

3 镜象处理

地面的存在对汽车的气动特性有很大的影响，我们称之为地面效应。为了在计算机中模拟地面效应，本文运用了镜象法。其原理和方法见图2。实践证明，这种处理是相当成功的。

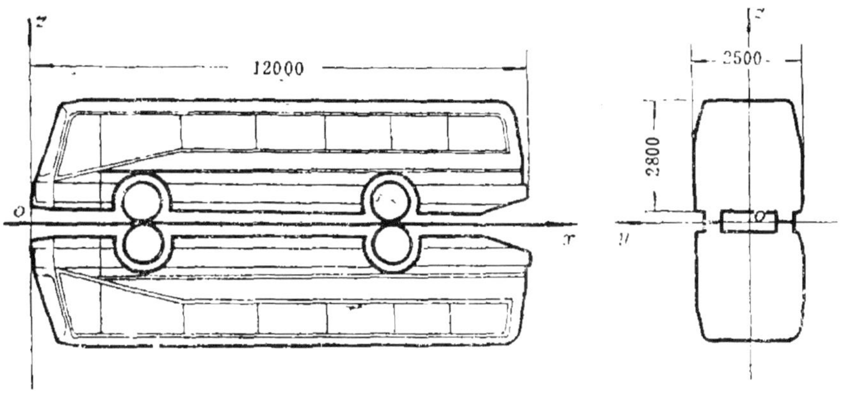

图2 镜象法及坐标选择

4 计算机模拟试验

4.1 程序流程图(图3)

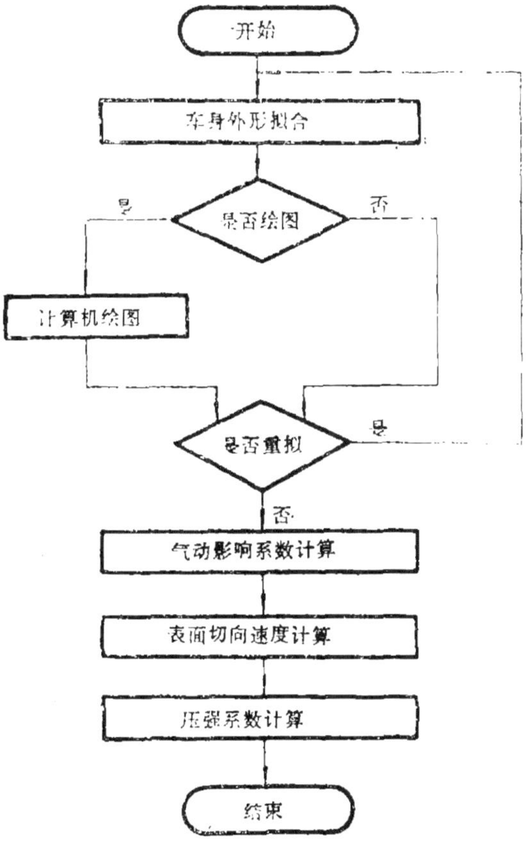

图3 程序流程图

4.2 计算实例

本次研究是以车身壳体尺寸为12 000×2 500×2 800mm的大客车为算例，坐标选择见图2. 全车取纵面剖面15个，每个剖面取42个数据点，计算结果见附表.

附表 压强系数计算与实验对照表

序号	计算值	实验值	序号	计算值	实验值	序号	计算值	实验值
1	-1.01	-1.14	29	-0.30	-0.48	57	-0.03	-0.04
2	-0.85	-1.03	30	-0.17	-0.11	58	0.00	-0.04
3	-0.30	-0.48	31	-0.10	-0.05	59	0.06	-0.06
4	-0.17	-0.11	32	-0.07	0.01	60	0.08	-0.04
5	-0.10	-0.04	33	-0.06	-0.05	61	-0.04	-0.10
6	-0.07	0.01	34	-0.05	-0.07	62	0.12	-0.08
7	-0.06	-0.06	35	-0.04	-0.05	63	0.17	-0.16
8	-0.05	-0.07	36	-0.03	-0.04	64	-0.06	-0.08
9	-0.04	-0.05	37	0.00	-0.03	65	0.04	-0.04
10	-0.03	0.03	38	0.06	-0.06	66	0.16	-0.15
11	0.00	0.04	39	0.08	-0.22	67	0.30	0.37
12	0.06	-0.06	40	-0.92	-0.87	68	0.59	0.67
13	0.08	-0.21	41	-0.26	-0.47	69	0.30	0.37
14	-1.23	-0.82	42	-0.14	-0.09	70	0.49	0.51
15	-0.87	-0.98	43	-0.11	-0.03	71	0.90	0.96
16	-0.18	-0.38	44	-0.09	-0.03	72	0.94	0.51
17	-0.09	-0.11	45	-0.08	-0.03	73	0.59	0.65
18	-0.07	-0.05	46	-0.07	-0.04	74	1.01	1.07
19	-0.06	0.03	47	-0.06	-0.04	75	0.59	0.65
20	-0.05	0.06	48	-0.04	0.06	76	0.70	-0.25
21	-0.04	-0.04	49	-0.02	-0.06	77	0.70	-0.25
22	-0.03	-0.09	50	0.04	-0.08	78	0.70	-0.25
23	-0.02	-0.04	51	-0.26	-0.47	79	0.70	-0.21
24	0.01	-0.03	52	-0.14	-0.09	80	0.70	-0.25
25	0.05	-0.08	53	-0.11	-0.05	81	0.70	-0.31
26	0.20	-0.22	54	-0.09	-0.05	82	0.70	-0.31
27	-1.01	-1.14	55	-0.08	-0.05	83	0.70	-0.31
28	-0.85	-1.03	56	-0.07	-0.04			

5 实验部分

5.1 主要设备及仪器

风洞，其试验段尺寸为2.09×1.5×1.5m，风速范围5—26m/s，电机功率 25—75kW Y-1型倾斜微压计，ϕ1mm皮托管，ϕ1mm针形管等。

5.2 测点布置及测试

测点布置见图 4

压力测量是用ϕ1mm的针形管埋入车身表面内（应保证无凸凹部分），采用Y—1型倾斜微压计逐点测量，结果见附表。

压强系数C_p

$$C_p=\triangle p/q \tag{1}$$

式中：q为来流动压，试验中q=22mmH_2O柱，$\triangle p$为车身表面各点风压。

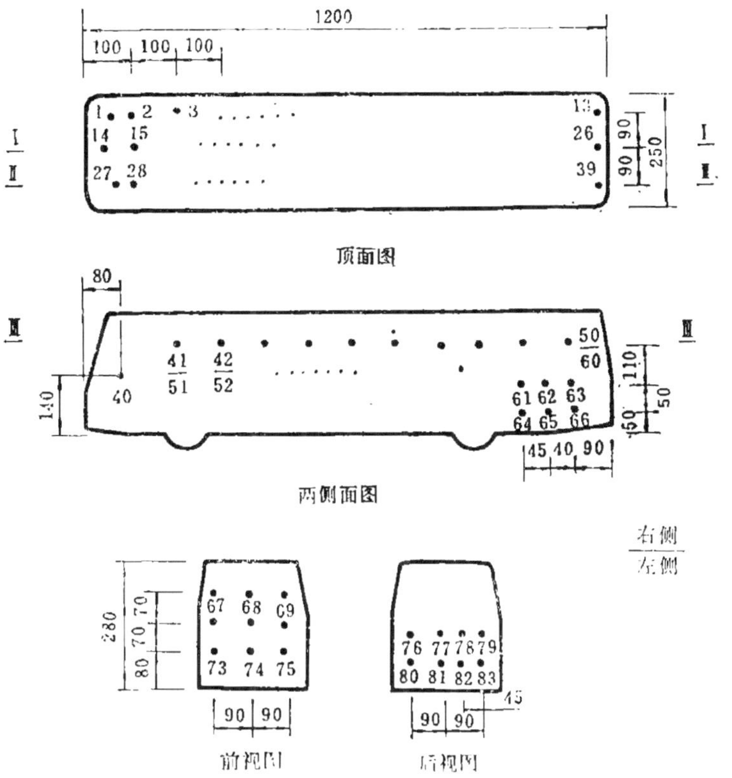

图4　α＝0°压强系数测点布置图

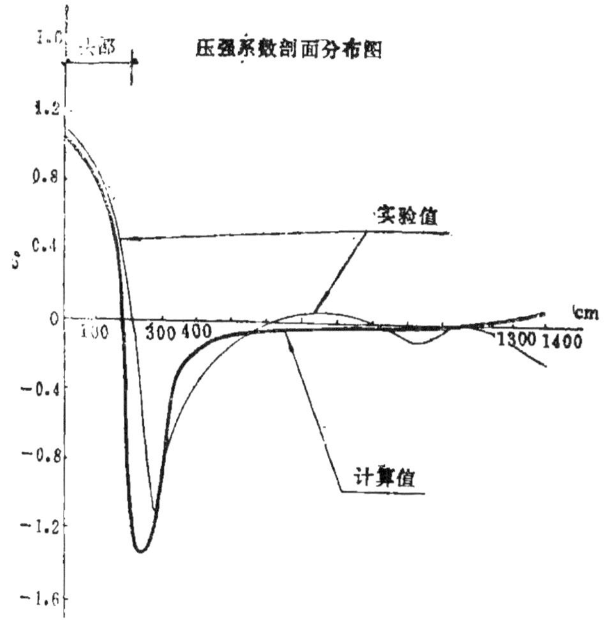

图5　Ⅰ—Ⅰ剖面压强系数分布图

α = 0°

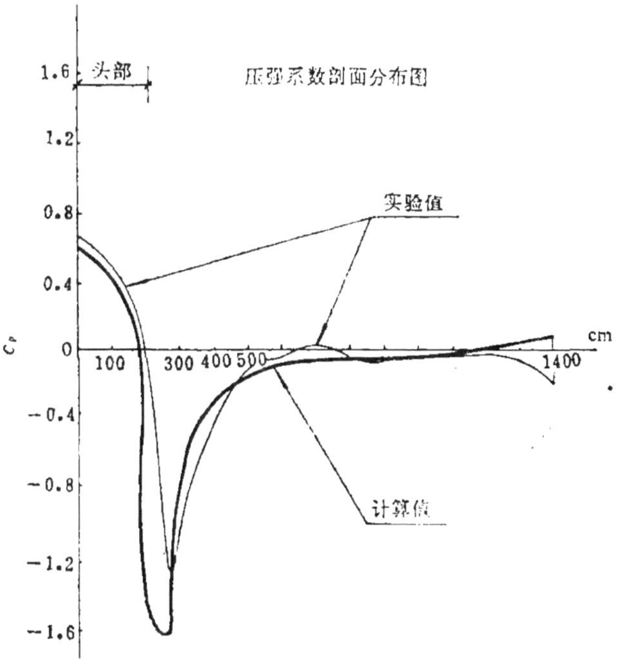

图6　Ⅱ—Ⅱ剖面压强系数分布图

α = 0°

6 结束语

a. 从本研究的计算结果和实验结果的对比看，结论令人满意（对比图见图5—图7）。所建立的各数学模型，其模拟结果满足了工程精度，有一定实用价值。

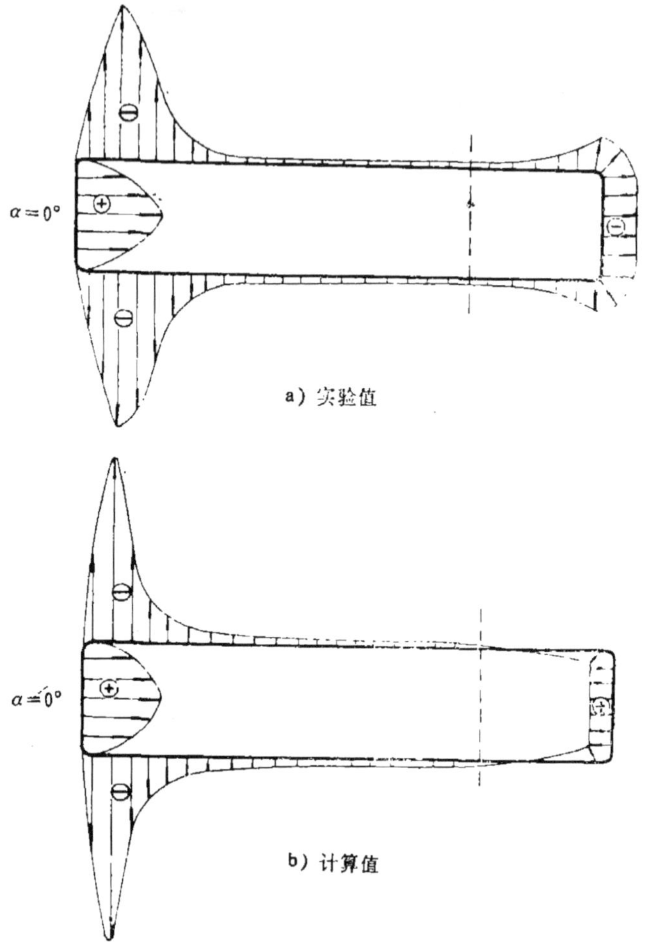

图7 Ⅲ—Ⅲ剖面压强系数分布图

$\alpha=0°$

b. 分析研究表明：在车头拐角处以及车身尾部模拟效果较差，这是因为这两处存在气流分离和紊流区。要进一步模拟，需从三维紊流理论出发，提出更为接近实际的数模和模拟理论。

c. 汽车的计算空气动力学是一个很有发展前途的领域，此次研究只是初步探索，尚待今后进一步研究发展。

参 考 文 献

1 Dejarnette F R, et al. Surface Fitting Three Dimensional Bodies. NASA, 1975, SP-390：12～20

2 吴江航，韩庆书．计算流体力学的理论、方法及应用．北京：科学出版社，1988．14～60

3 马铁犹．计算流体动力学．北京：北京航空学院出版社．1986．34～78

熔铝铸铁坩埚新型材质的研究

陈维平，朱士鎏，龚建森，韩绍昌
（环保研究所）

摘　要　本文介绍一种新型熔铝铸铁坩埚材质——含 Cr、Re 等元素的低合金铸铁。这种铸铁不但合金含量少，生产成本低，而且坩埚使用性能（抗生长性，抗氧化性和抗铝液熔蚀性）优良。工业试验结果表明，新材质制造的坩埚使用寿命是普通铸铁坩埚的2～3倍。

关键词　坩埚；铸铁；铝合金；熔化/低合金铸铁
分类号　TG 136

Research on a New Type Cast Iron Making Crucibles for Melting Aluminium

Chen Weiping　Zhu Shiliu
Gong Jiansen　Han Shaochang
(Institute of Environmental Protection)

Abstract This paper presents a new type material of making cast iron crucibles for melting aluminium——low alloy cast iron containing Cr, Re etc. This material possesses the features of low prime cost, containing a few alloy elements and fine properties of crucible (growth resistance, oxidation resistance and melt-off resistance to melted aluminum) . The industrial test results have shown that the service life of new low alloy cast iron crucible is 2—3 times as long as ordinary grey cast iron crucible.

Key words crucible; cast iron; aluminium alloys; melting/low alloy cast iron

---

本文于1990年3月16日收到

我国铸造铝合金发展十分迅速，据统计估算，1984 年铝合金年产量在50万吨左右[1]，熔铝用坩埚耗量十分惊人。长期以来，推进熔铝用坩埚技术的研究开发十分缓慢，迄今为止，一是基本上无定点专业工厂生产；二是未能根据坩埚的服役条件（受高温氧化、急冷急热以及经受高温铝液的长期腐蚀）设计化学成分，因而坩埚使用寿命短，耗量大，对铝液的污染（主指渗铁）比较严重，降低铝铸件机械性能[2]，同时使产品成本增加。

目前使用最多的熔铝坩埚的材质主要有以下几种：1. 石墨坩埚；2. 铸钢或焊接钢板坩埚；3. 普通灰铸铁坩埚。它们或本身机械强度太低，使用寿命很短，或对铝液污染大，或价格昂贵（使用寿命亦不长）等种种原因，用户不甚满意。研究开发适用于坩埚服役条件、成本低、使用寿命长的专用坩埚材质是十分必要的。从上述指导思想出发，结合我国资源特点和综合利用废旧金属的设计思想，经过三年多的试验研究和生产应用，开发出了熔铝铸铁坩埚新型材质——低合金铸铁（HDGG-1）。

1 试验方法

1.1 试验方案

普通铸铁（或铸钢）坩埚的失效形式主要有：生长变形及开裂、外壁连续大块氧化皮剥落及局部氧化穿孔、内壁铝液侵蚀及局部熔蚀穿孔。显然新材质应具有高温下组织稳定、抗氧化性好及在铝液中稳定性高的特点。考虑上述要求，在综合分析国内外文献资料的基础上，按照充分利用我国资源优势及综合利用废旧金属中的合金元素等原则，新材质设计以铸铁为基，基本成分（%）为：C 3.4～3.7，Si 1.6～2.1，Mn0.5～0.9，P<0.2，S<0.2，主加铬、含钨合金钢料头，辅加稀土、钛以及进行孕育处理的试验方案，并与A_3钢和普通灰铸铁坩埚材质（成分（%）为：C 3.4～3.9，Si 2.1～2.6，Mn 0.5～0.8，P<0.2，S<0.2）进行平行比较试验，确定以抗生长性、抗氧化性、抗氧化皮脱落性和抗铝液熔蚀性作为材料模拟工况的考核指标，综合评定所选材质的性能和合金元素的行为，优化配方，经生产验证，以确定新材质的最优配方。试验方案列于表 1 中。

1.2 试验方法

1.2.1 熔炼与浇注 试验合金均用 2.5 t/h 两排风口冲天炉熔炼，出铁温度为 1400～1450℃，浇注温度为 1320～1360℃。各种性能测试试样均采用湿型浇注。

1.2.2 抗生长与抗氧化性能试验 标准[3]试样尺寸如图 1 所示。在氧化气氛中进行循环加热试验：试样在 850℃ 保温 30 分钟后，取出空冷 15～20 分钟（此时试样温度约为200～300℃）为一次循环，连续进行50次热循环后，测定比生长、比氧化增重和比脱落氧化皮重的数据。

1.2.3 抗铝液熔蚀试验 试样尺寸如图 2 所示。试验采用纯铝液，温度为780℃，试样悬挂于铝液中，浸没范围$\phi 20 \times 50$mm，连续浸没试验 25 小时 45 分钟后，去掉表面粘附铝液及铝-铁合金层，测量表观最大熔蚀处试样尺寸，扣除不同材质的生长因素，修正所得的结果即为实际的“最大熔蚀深度”。

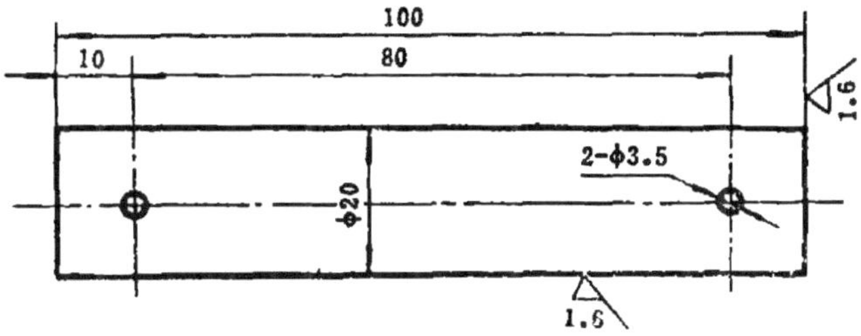

图1　抗生长及抗氧化试样

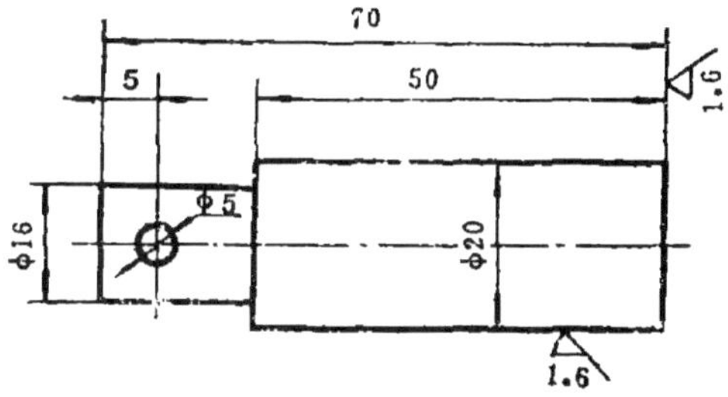

图2　抗铝液熔蚀试样

2　试验结果及分析

2.1　试验结果： 如表1所示。

表1　试验方案及结果

项目		试验方案 Cr①	试验方案 其它合金元素②	试验结果⑤ 比生长(%)	试验结果⑤ 最大熔蚀深度(mm)	试验结果⑤ 比氧化增重(g/m²)	试验结果⑤ 比脱落氧化皮重(g/m²)
试验合金（代号）	11	A_1		7.03	1.30	1379	1247
	12	A_1	B	6.14	0.50	1295	1164
	13	A_1	C	4.00	1.32	1080	1775
	14	A_1	D	4.50	1.27	1496	2595
	15	A_1	E	4.15	1.39	1056	1677
	21	A_2		2.28	0.52	914	738
	22	A_2	B	1.57	0.53	759	124
	23③	A_2	C	1.93	1.69	935	3050
	24	A_2	D	2.99	0.57	1194	2419
	25	A_2	E	3.21	0.53	1095	48
	26④	A_2		1.53	0.57	589	0
	27	A_2	C	1.45	0.59	695	0
	28	A_2	D	0.92	0.57	414	0
	32	A_3	B	1.95	3.32	691	1750
	35	A_3	E	2.48	1.24	698	1850
对比合金（代号）	1#(HT)			7.41	1.40	1338	89
	2#(HT)			7.67	1.58	1384	122
	A_3			0.50	1.88	1073	1850

注：①铬加入量取三个水平：$A_1<A_2<A_3$

②其它合金元素加入量取一个水平：合金钢料头—B，钛—C，1#稀土—D，Si75孕育剂—E，总硅量中包括孕育剂用量。

③23#熔蚀样试验后出现微裂纹，32#熔蚀样裂纹程度比23#样大些。

④26#、27#、28#样分别与21#、23#、24#的合金含量基本相同，但碳、硅含量略低。

⑤全部试验结果均为两个平行试样的平均值，温度控制精度±5℃，几何尺寸测量精度0.02mm，重量测定精度0.001g。

从表1可以看出，普通灰铸铁的"比生长"值最大，抗生长性最差，抗铝液熔蚀性和抗氧化性亦比较差，说明了导致熔铝坩埚寿命短的主要原因是生长变形。普通碳钢材质（如A_3）抗生长性虽好，但是抗氧化皮脱落性和抗铝液熔蚀性很差，导致碳钢坩埚损坏的主要原因是熔蚀"穿孔"和"掉皮"，试验结果与生产实际情况是相吻合的。

试验合金21#、22#、25#、26#、27#、28#的综合性能较高，特别是28#合金四项指标均是最佳的，与灰铸铁（1#，2#）相比，其中抗生长性能提高7倍，抗铝液熔蚀性提高1.5倍（比A_3钢提高2.5倍），抗氧化增重提高2.3倍，氧化皮几乎无脱落。在同等条件下，铝液渗铁的速度可大大降低，铝液质量得到显著改善，或在保证铝液含铁量一定时，可以大大提高回炉料的使用比例。

2.2 合金元素的作用

2.2.1 铬 铬是主要合金元素，随着铬含量的提高，细化和稳定珠光体组织，提高相变点，使抗生长性和抗熔蚀性能提高。铬含量过低，作用不明显，铬含量过高，白口倾向增大，甚至出现全白口，反而使性能恶化。铬加入量以中等水平（A_2）为佳。

2.2.2 含钨合金钢料头 利用合金钢料头是资源回用措施，主要是利用其中的高熔点元素——钨，细化组织[4]，提高抗熔蚀性能和抗氧化脱皮性能。若含量过高，则易出现白口，使性能下降。

2.2.3 稀土 加入稀土的主要作用是细化组织，改善石墨形态及脱氧净化铁水，与铬等元素配合使用，使铸铁的综合性能进一步提高，如28#试样与26#试样相比，比生长和比氧化增重分别下降40%和30%。

2.2.4 钛 在本试验条件下，加入钛的作用不明显。

2.3 金相分析

图3～图6为1#、28#、22#、32#试样的石墨或基体照片。

×100 a）石墨　　×400 b）基体　　×400 c）抗生长试验后基体

图3 灰铸铁（1#）的金相组织

×100 a）石墨　　×400 b）基体　　×400 c）抗生长试验后基体

图4 28#试样的金相组织

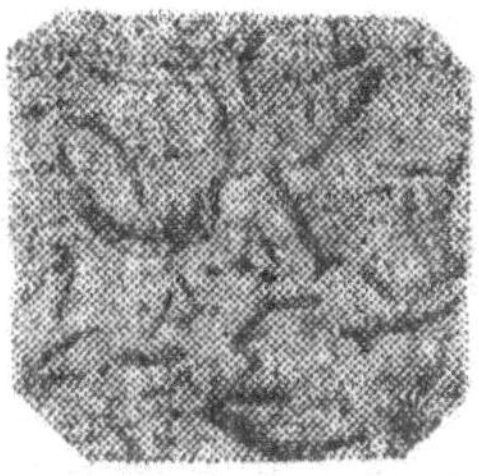

×400

图5 22#试样基体

×400

图6 32#试样脆性相

结合表1与图3～图6进行分析可以看出，铸铁合金化后，生长倾向显著下降，这是因为细化了石墨及合金化珠光体细化，相变点升高，故分解成铁素体和石墨的阻力增大，此外，由于石墨细小，分散度大，新生石墨在原有石墨上聚积的几率大，生成新相的几率小，因而对组织的改变小，自然会导致生长下降。同时，细小、分散的珠光体也降低了铝液对基体的侵蚀作用，从而使铸铁抗熔蚀性能提高。

石墨的数量、大小及分布状态对铸铁的氧化速度、抗熔蚀性及氧化皮剥落均产生重要影响。高温下，试样表面氧化后形成的氧化物体积增加，从而使氧化层产生压应力。当基体存在细小分散的石墨时，石墨氧化后留下显微空洞将会松弛表面氧化层的压应力，而且氧化物有可能沿石墨空洞深入基体，增加氧化层与基体的附着力[5]，这样既减轻了表面氧化层脆裂剥落的倾向，又提高了抗氧化和抗侵蚀的能力。当基体中石墨极少或无石墨时，表面氧化层脆性增加，极易剥落，此外，由于碳化物数量多，脆性大，导致铸铁生长上升及在高温铝液中伴生裂纹，因而加速了铝液的侵蚀，如A_3和32#试样（全白口）即是这种情况。若基体存在粗大片状石墨，则表面氧化产物难以完全复盖石墨氧化后产生的空洞，加速材质内部氧化，导致生长上升、铝液沿空洞通道侵蚀基体及大块氧化皮剥落，因而材质的各项性能恶化。

综上所述，熔铝坩埚铸铁具有的理想金相组织应为：石墨细小（约2～3级以上）、分散均匀、以D型、B型石墨为主[6]，数量为20～30%。基体组织以团片状或团粒状为主的合金化索氏体。脆性相（包括碳化物，磷化物和莱氏体）应尽量少，总量低于20%，脆性相超过30%以后，性能开始恶化，特别是抗氧化皮脱落和抗铝液熔蚀性能显著下降，如32#试验合金（图6）。大于40%以后可能出现严重脆裂，以致不能使用。

2.4 生产验证

采用新材质浇注的坩埚，分别在南方动力机械公司有色铸造车间和长沙正园动力配件厂试用，结果表明，前者在37～45KW电阻炉内先后试用25只180Kg容量坩埚，平均寿命为85炉次以上，比原灰铸铁平均30炉次提高近2倍。后者则在油炉上试用，由原每吨铝合金炉料消耗坩埚55.22Kg降为19.6Kg，使用寿命亦提高了2倍。

3 结论

（1） 以铬、含钨合金钢料头为主要合金元素，辅加稀土得到的多元低合金铸铁，用于熔铝坩埚，生产成本低（仅比普通灰铸铁高出10%左右），使用寿命长（比灰铸铁提高2倍），是一种较理想的新材质；

（2） 采用新材质制造的熔铝坩埚，抗铝液熔蚀性能大大提高，从而使铝合金溶液渗铁的速度降低，提高了铝铸件的内在质量。同时，在保证铝铸件铁含量一定的条件下，允许提高浇冒口及废铸件的回用比例；

（3） 细小分散的合金化珠光体（索氏体）基体和分散度高的D型或B型石墨有利于铸铁的抗生长、抗氧化及抗熔蚀性能的提高。粗大片状石墨或无石墨及超过30%的脆性相均会对铸铁的抗生长、抗氧化及抗铝液熔蚀性能产生有害作用。

参 考 文 献

1 洪丕基．金属再生，1986，（4）：19～25

2 书名联合编写组．铸造有色合金及其熔炼，北京：家防工业出版社，1980．19～25

3 书名编写组．铸铁手册，北京：机械工业出版社，1979．468～472

4 陆文华主编．铸铁及其熔炼，北京：机械工业出版社，1981．42～54

5 罗友农译．灰口铸铁和白口铸铁的氧化行为．耐热铸铁译文集．武汉：华中工学院等编译出版，1983．286～303

6 陈平昌译．耐热特种铸铁．耐热铸铁译文集．武汉：华中工学院等编译出版，1983．1～9

※※※※※※※※※※※※※※※※※※※※※※※※※※※※※※※※※※※※※※

（上接46面）

（3）锌合金的减振能力与频率有关而与振幅无关，因而可以认为锌合金的减振机理属于动态滞后机理。相界面和晶界对锌合金的减振起主要作用。

参 考 文 献

1 日本CMC编辑部．金属新材料，东京：CMC出版社，1985．27～29

2 日本中央研究所．铅と亚铅．1985，（123）：37～39

3 徐京娟，邓志煜，张同俊．金属物理性能分析，上海：上海科学技术出版社，1988．124～141

4 Nuttall K．Journal of the Institute of Metal．1971，99：266

5 佘宗森，田中卓主编．金属物理，北京：冶金工业出版社，1982．211～225

卷边板件屈曲分析的半能量法

周绪红，王世纪
（土木工程系）

摘 要 本文提出了分析非均匀受压卷边板件屈曲性能的一种半能量法。板件的一非加载边为转角弹性约束边，另一非加载边为卷边加劲边。最大压应力作用于弹性约束边或卷边。板横向挠曲形式假设为振动梁函数。本文方法能适用于各种边界条件。将本文理论分析结果与Timoshenko的经典结论进行比较，吻合良好。同时，本文纠正了Timoshenko的某些错误结果。

关键词 能量法；局部屈曲；薄壁型钢结构

分类号 TU391.1

A Semi-Energy Method of Buckling Analysis of Edge-Stiffened Plates

Zhou Xuhong Wang Shiji
(Department of Civil Engineering)

Abstract A semi-energy method to analyse the buckling behaviour of edge-stiffened plates under combined compression and bending is presented in this paper. One unloaded edge of the plate is restrained elastically against rotation and the other is stiffened by a stiffener or lip. The maximum stress is applied either to the rotationally restrained edge or to the lip. The deflection form across the plate is assumed to be a transcendental function similar to the vibration function of the beam. A comparison between our theoretical results and Timoshenko's conclusions is made and agreement is seen to be good. Some wrong results obtained by Timoshenko are also corrected in this paper.

Key words energy method; local buckling; thin walled steel structure

本课题由国家教委博士点基金资助，本文于1989年11月27日收到

Local buckling is an important and usually a governing mode of the behaviour of thin-walled members. One way to enhance the local buckling strength economically is to add longitudinal stiffeners to the flat plates of thin-walled members. Edge-Stiffened plates are widely used in thin-walled members. The buckling behaviour of edge-stiffened plates has been investigated by many researchers. These researchers have thrown a great deal of light on the subject of uniformly compressed edge-stiffened plates, whose one unloaded edge is simply supported or clamped[1, 2]. However, the majority of plates used in structures are not supported or loaded in such an idealized manner, but are in general rotationally restrained at one of the unloaded edges and sometimes are loaded eccentrically. This paper deals with the buckling behaviour of this edge-stiffened plates under combined compression and bending. The problem is analysed using the method of ref.[3].

1 Theoretical Analysis

1.1 Basic Assumptions and Boundary Conditions

The following basic assumptions are made in the analysis: (1) only the elastic buckling behaviour is considered; (2) the edge stiffener is an elastically supported beam, whose effect of rotational restraints on the plate is ignored; (3) the elastic moment applied to the rotationally restrained edge is proportional to the rotation of the edge.

The edge-stiffened plates in this study are shown in Fig.1. Two cases of loading condition are considered. The deflection function w is taken in the form

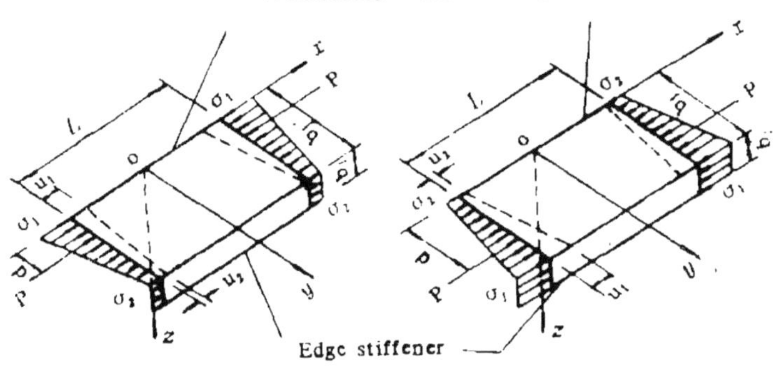

a) Case 1. Maximum Stress applies to rotationally restrained edge

b) Case 2. Maximum Stress applies to edge stiffener

Fig.1 Edge-stiffened plates

$$w=\cos\frac{\pi x}{cb_f}\sum_{n=1}^{N}A_nY_n(y) \tag{1}$$

where $c=L/mb_f$, m is the number of buckle half-wave.

Applying Eq.(1), it is seen that the boundary conditions of unloaded edges can be satisfied if

$$Y_n|_{y=0}=0 \tag{2}$$

$$Y''_n|_{y=0}=\frac{R}{b_f}Y'_n|_{y=0} \tag{3}$$

$$\left[Y''_n-\nu\left(\frac{\pi}{cb_f}\right)^2Y_n\right]_{y=b_f}=0 \tag{4}$$

$$\left[Y'''_n-(2-\nu)\left(\frac{\pi}{cb_f}\right)^2Y'_n-\frac{EI}{D}\left(\frac{\pi}{cb_f}\right)^4Y_n\right]_{y=b_f}=0 \tag{5}$$

where R/b_f is defined as the rotational restraint coefficient and varies between 0 for a simply supported edge and ∞ for a clamped edge. I is the moment of inertia of the cross section of stiffener about its own centroid axis parallel to the plate. D is the plate flexural rigidity $\left(=\frac{Et^3}{12(1-\nu^2)}\right)$. E is Young's modulus of elasticity. ν is Poisson's ratio. t is the plate thickness.

The boundary conditions along the loaded edges are

$u(0)=u_1$, $u(b_f)=u_2=u_1(1-\xi)$ for case 1 (6a)

$u(0)=u_2=u_1(1-\xi)$, $u(b_f)=u_1$ for case 2 (6b)

in which ξ is a factor to represent the gradient of displacement or stress along the loaded edges $\left(=\frac{u_1-u_2}{u_1}\right)$.

1.2 Deflection Forms across the Plates and Stress Functions.

The deflection functions in the y direction are chosen as the form of vibration functions of beam

$$Y_n(y)=d_{1n}\sin\frac{\lambda_n y}{b_f}+d_{2n}\cos\frac{\lambda_n y}{b_f}+d_{3n}sh\frac{\lambda_n y}{b_f}+d_{4n}ch\frac{\lambda_n y}{b_f} \tag{7}$$

where $d_{1n}\sim d_{4n}$ are constants to be determined.

Substituting $Y_n(y)$ into Eqs. (2)~(5), a series of homogeneous linear algebric equations can be obtained as follows

$$d_{1n}R+2d_{2n}\lambda_n+d_{3n}R=0 \tag{8}$$

$$d_{1n}\left[\lambda_n^2+\nu\left(\frac{\pi}{c}\right)^2\right]\sin\lambda_n+d_{2n}\left\{\left[\lambda_n^2+\nu\left(\frac{\pi}{c}\right)^2\cos\lambda_n\right.\right.$$

$$\left.+\left[\lambda_n^2-\nu\left(\frac{\pi}{c}\right)^2\right]ch\lambda_n\right\}+d_{3n}\left[\nu\left(\frac{\pi}{c}\right)^2-\lambda_n^2\right]sh\lambda_n=0 \tag{9}$$

$$d_{1n}\left\{\lambda_n^3\cos\lambda_n+(2-\nu)\left(\frac{\pi}{c}\right)^2\lambda_n\cos\lambda_n+\frac{EI\pi^4}{Dc^4b_f}\sin\lambda_n\right\}$$

$$+d_{2n}\left\{\lambda_n^3(sh\lambda_n-\sin\lambda_n)-(2-\nu)\left(\frac{\pi}{e}\right)^2\lambda_n(sh\lambda_n+\sin\lambda_n)+\frac{EI\pi^4}{De^4b_f}(\cos\lambda_n-ch\lambda_n)\right\}+d_{3n}\left\{(2-\nu)\left(\frac{\pi}{e}\right)^2\lambda_n ch\lambda_n-\lambda_n^3 ch\lambda_n+\frac{EI\pi^4}{De^4b_f}sh\lambda_n\right\}=0 \qquad (10)$$

$$d_{4n}=-d_{2n} \qquad (11)$$

The nontrivial solutions of these equations can thus be found by setting equal to zero the following determinant

$$\begin{vmatrix} R & 2\lambda_n & R \\ \left[\lambda_n^2+\nu\left(\frac{\pi}{e}\right)^2\right]\sin\lambda_n & \left[\lambda_n^2+\nu\left(\frac{\pi}{e}\right)^2\right]\cos\lambda_n+\left[\lambda_n^2-\nu\left(\frac{\pi}{e}\right)^2\right]ch\lambda_n & \left[\nu\left(\frac{\pi}{e}\right)^2-\lambda_n^2\right]sh\lambda_n \\ \left[\lambda_n^3+(2-\nu)\left(\frac{\pi}{e}\right)^2\lambda_n\right]\times\cos\lambda_n+\frac{EI\pi^4}{De^4b_f}\sin\lambda_n & \lambda_n^3(sh\lambda_n-\sin\lambda_n)-(2-\nu)\left(\frac{\pi}{e}\right)^2\lambda_n(sh\lambda_n+\sin\lambda_n)+\frac{EI\pi^4}{De^4b_f}(\cos\lambda_n-ch\lambda_n) & \left[(2-\nu)\left(\frac{\pi}{e}\right)^2\lambda_n-\lambda_n^3\right]\times ch\lambda_n+\frac{EI\pi^4}{De^4b_f}sh\lambda_n \end{vmatrix}=0 \qquad (12)$$

It is possible to solve transcendental equation (12) for λ_n. Substituting the values of λ_n into Eqs. (8)~(11), the relative values of d_{1n}~d_{4n} are determined

The stress distribution in plates must be linear. Thus, the Stress function F can be taken as a third order polynomial. Differentiating with respect to y twice gives

$$F''(y)=B_1y-B_2 \qquad (13)$$

The in-plane displacement of the plate ends in the direction x is

$$u|_{x=\pm L/2}=\int_0^{L/2}\frac{\partial u}{\partial x}dx=\int_0^{L/2}\frac{1}{E}\left(\frac{\partial^2F}{\partial y^2}-\nu\frac{\partial^2F}{\partial x^2}\right)dx$$

$$=\frac{L}{2E}(B_1y-B_2) \qquad (14)$$

Substituting Eq.(14) into Eq.(6), B_1 and B_2 are determined as follows

$$B_1=-\frac{2E}{Lb_f}u_1\xi,\quad B_2=-\frac{2E}{L}u_1 \quad \text{for case 1} \qquad (15a)$$

$$B_1=\frac{2E}{Lb_f}u_1\xi,\quad B_2=-\frac{2E}{L}u_1(1-\xi) \quad \text{for case2} \qquad (15b)$$

1.3 Elastic Strain Energy and Minimization

The total strain energy stored in the buckling plate system is given by

$$V=\sum_{i=1}^{5}V_i$$

in which V_1, V_2 are strain energies of bending and midplane deformations of the plate, respectively. V_3 is the strain energy of the elastically restraing medium of the rotationally restrained unloaded edge. V_4, V_5 are the bending strain energy and the potential energy of the external forces of the edge stiffener, respectively.

Now, writing the expressions for $V_1 \sim V_5$ and substituting for w and F in these equations, then integrating in the x direction and adding, we obtain the total strain energy in terms of the coefficients A_n and the integrals of the y direction, i.e.

$$\begin{aligned}V=&\frac{Lt}{4}\left(\frac{\pi}{eb_f}\right)^2\int_0^{b_f}B_1\left(\sum_{n=1}^{N}A_nY_n\right)^2 y\,dy+\frac{LD}{2}\left(\frac{\pi}{eb_f}\right)^2\int_0^{b_f}\left(\sum_{n=1}^{N}A_nY'_n\right)^2 dy\\&-\frac{LD}{2}\left(\frac{\pi}{eb_f}\right)^2\nu\sum_{m=1}^{N}\sum_{n=1}^{N}A_mA_nY'_m(b_f)Y_n(b_f)+\frac{LD}{4}\sum_{m=1}^{N}\sum_{n=1}^{N}A_mA_nY''_m(0)Y'_n(0)\\&+\left[\frac{LI}{2}\left(\frac{\pi}{eb_f}\right)^2+b_1tu(b_f)\right]\frac{E}{2}\left(\frac{\pi}{eb_f}\right)^2\sum_{m=1}^{N}\sum_{n=1}^{N}A_mA_nY_m(b_f)Y_n(b_f)\\&+\frac{LD}{4}\int_0^{b_f}\left[\left(\sum_{n=1}^{N}A_nY''_n\right)^2+\left(\frac{\pi}{eb_f}\right)^4\left(\sum_{n=1}^{N}A_nY_n\right)^2\right]dy\\&-\frac{Lt}{4}\left(\frac{\pi}{eb_f}\right)^2B_2\int_0^{b_f}\left(\sum_{n=1}^{N}A_nY_n\right)^2dy+\frac{Lt}{2E}\int_0^{b_f}(B_1y-B_2)^2dy\\&-\frac{2Eb_1t}{L}[u(b_f)]^2\end{aligned}\tag{16}$$

According to the principle of stationary potential energy, the derivatives of the total strain energy with respect to each coefficient A_n must equal zero simultaneously, i.e.

$$\begin{aligned}\frac{\partial V}{\partial A_i}=&\sum_{n=1}^{N}A_n\left\{\frac{Lt}{2}\left(\frac{\pi}{eb_f}\right)^2B_1\int_0^{b_f}Y_nY_i\,y\,dy+LD\left(\frac{\pi}{eb_f}\right)^2\int_0^{b_f}Y'_nY'_i\,dy\right.\\&-\frac{LD}{2}\left(\frac{\pi}{eb_f}\right)^2\nu\left[Y'_i(b_f)Y_n(b_f)+Y'_n(b_f)Y_i(b_f)\right]\\&+\frac{LD}{4}\left[Y''_n(0)Y'_i(0)+Y''_i(0)Y'_n(0)\right]\\&+E\left(\frac{\pi}{eb_f}\right)^2\left[\frac{LI}{2}\left(\frac{\pi}{eb_f}\right)^2+b_1tu(b_f)\right]Y_n(b_f)Y_i(b_f)\\&+\frac{LD}{2}\int_0^{b_f}\left[Y''_nY''_i+\left(\frac{\pi}{eb_f}\right)^4Y_nY_i\right]dy\end{aligned}$$

$$-\frac{Lt}{2}\left(\frac{\pi}{eb_f}\right)^2 B_2 \int_0^{b_f} Y_n Y_i dy \Big\} = 0$$

$$(i=1,\ 2\cdots\cdots N) \tag{17}$$

Eqs.(17) are a series of simultaneous linear homogeneous algebraic equations in the coefficients. The eigenvalue or critical mid-plane displacement u_{1cr} describing bifurcation can thus be found by setting equal to zero the determinent of coefficients A_n of Eqs.(17).

The relevant critical load P_{cr} and critical stress σ_{1cr} on the plate can thus be found from the following expressions:

$$P = -t\int_0^{b_f} \sigma_x dy = -t\int_0^{b_f} F''(y) dy$$

$$= b_f t B_2 - \frac{1}{2} b_f^2 t B_1$$

$$= -\frac{Etb_f}{L}(2-\xi)u_1 \tag{18}$$

$$\sigma_1 = -\frac{2Eu_1}{L} \tag{19}$$

The buckling coefficients is

$$K = \frac{\sigma_{1cr} b_f^2 t}{\pi^2 D} \tag{20}$$

2 Comparison of Theoretical Results with Timoshenko's Conclusions

Table 1, 2 and 3 give a comparison of the buckling coefficients found from three-term solution of the present method with those obtained by Timoshenko[2]. As can be seen that the present method is quite accurate and can be applied to the plates with various boundary conditions and loading eccentricities. However, it should be pointed out that there is great difference in Tab.3 when $\xi=2/3$, due to Timoshenko's computation mistakes.

3 Conclusions

A method is presented for analysing the buckling behaviour of eccentrically compressed edge-stiffened plates with one unloaded edge restrained against rotation. The main difference between the present approach and those of others who used the similar semi-energy methods lies in the formulation of the deflection functions. Generally, other investigators tend to use common

Table 1 Buckling coefficients K for uniformly compressed plate with one unloaded edge simply supported and the other free.

L/b_f	0.5	1.0	1.2	1.4	1.6	1.8	2.0	2.5	3.0	∞
T	4.40	1.44	1.14	0.95	0.84	0.76	0.70	0.61	0.56	0.456
A	4.404	1.434	1.133	0.952	0.835	0.755	0.698	0.610	0.563	0.456

Table 2 Buckling coefficients K for uniformly compressed plate with one unloaded edge clamped and the other free.

L/b_f	1.0	1.2	1.4	1.6	1.8	2.0	2.2	2.4	2.6	3.0	∞
T	1.70	1.47	1.36	1.33	1.34	1.38	1.45	1.47	1.40	1.34	1.33
A	1.699	1.467	1.363	1.330	1.342	1.386	1.455	1.467	1.404	1.339	1.330

Table 3 Buckling coefficients K for non-uniformly compressed plate with unloaded edges simply supported.

	ξ	L/b_f								
		0.4	0.5	0.6	2/3	0.75	0.8	0.9	1.0	1.5
T	2	29.1	25.6	24.1	23.9	24.1	24.4	25.6	25.6	24.1
A		29.36	25.64	24.18	23.92	24.14	24.50	25.60	27.13	24.14
T	4/3	18.7		12.9		11.5	11.2		11.0	11.5
A		18.89		12.98		11.48	11.24		11.01	11.48
T	1	15.1		9.7		8.4	8.1		7.8	8.4
A		15.15		9.74		8.37	8.13		7.81	8.37
T	4/5	13.3		8.3		7.1	6.9		6.6	7.1
A		13.31		8.35		7.11	6.90		6.60	7.11
T	2/3	10.8		7.1		6.1	6.0		5.8	6.1
A		12.24		7.60		6.45	6.25		5.96	6.45
T	0	8.4		5.2		4.3	4.2		4.0	4.3
A		8.41		5.14		4.34	4.20		4.00	4.34

T——K obtained by Timoshenko;

A——K obtained by authors

trigonometric functions to describe the deflections, and by using such functions the satisfaction of boundary conditions other than clamped or simply supported edges is difficult. It is shown that the present method is quite accurate and extremely powerful for the investigation of plate problems. Its power lies mainly in the fact that a series of vibration functions of the beam are used to describe the deflections across the plate, since these functions can easily satisfy any given boundary conditions。The present analysis can be very easily extended to deal with the post-buckling problems of edge-stiffened plates[3].

Some wrong results obtained by Timoshenko and cited by many text-books are corrected in this paper.

Reference

1 Bleich F. Buckling Strength of Metal Structures. New York: McGraw-Hill, 1952. 417～422

2 Timoshenko S P and Gere J M. Theory of Elastic Stability. 2nd ed, New York: McGraw-Hill, 1961. 348

3 Xuhong Zhou and Shiji Wang(周绪红, 王世纪). Post-Buckling Behaviour and Effective Width of Edge-Stiffened Plate Elements under Combined Compression and Bending. Annual Technical Session Proceedings. SSRC, 1987, 27～38

（上接第10页）

4 Conclussion

(1) When the ultrasonic pulse method is adopted to inspect the cast-in-place pile, the P.S.D.criterion is able to evaluate the nature and the extent of the defect.(This criterion has been adopted at about 135 bridges such as the Zhengzhou-Huanghe River Bridge, Xiangfan-Hanjiang River Bridge, Changsha-Xiangjiang River Bridge and Changde Bridge etc.)

(2) The quantitative evaluation of multifactor (transit time,amplitude, waveform, etc.) is pending further discussion.

References

1 Jones R, Facaoaru I. Nondestructive Testing of Concrete.MOCK, 1974

2 Stain R T. Civil Engineering (London), 1982 (4): 53～59; 1982(5): 71～73

3 Knab L I, Blessing C V, Clifton J R.ACI Journal, 1983(1)&(2): 17～27

残余应力分析的超声波波速反问题方法

罗松南
（工程力学系）

摘　要　本文基于声弹性理论和一维声速反问题理论，提出了一种残余应力分析的新方法；利用超声波测量仪和声速反演计算，可测出任意深度处的残余应力主应力值，描绘出残余应力沿厚度的分布规律。

关键词　声速；反问题；残余应力/应力分布；声弹性理论

分类号　O348·3

The Method for Analysis of Residual Stress by Using Ultrasonic Velocity Inverse Problem

Luo Songnan

(Department of Engineering Mechanics)

Abstract In this paper, a new method for analysis of residual stress is presented based on acoustroelasticity theory and one-demensional inverse problem theory on sonic velocity. By using ultrasonic tesing instrument and inverse calculation of sonic velocity, the normal stress of residual stress at arbitrary depth is measured and the distribution rule of residual stress along the lines of thickness is described.

Key words sonic velocity; inverse problem; residual stress/stress distribution; acoustoelasticity theory

---

本文于1990年5月10日收到

对于机械构件，残余应力的存在大大地影响了它的机械性质，因此，残余应力分析和残余应力测试越来越引起人们的重视。无损检测方法是一种最理想的检测方法，人们正致力于探索它的准确性和可靠性。x射线应力分析是一种较标准的无损检测方法[1]，但它只局限于测量构件表面层的应力，对构件深部的应力无法测定；利用声弹性理论，采用超声波方法测试残余应力[2]，目前还处于模型实验测试分析阶段，它是通过测量超声弹性波在材料内部的传播特性，来获得关于内部的应力分布信息，如果不作适当的反演分析，它给出的是整个物件厚度上应力分布的平均值。实际上，残余应力沿厚度的变化非常复杂，厚度上应力分布的平均值与实际应力分布相差甚远，只测出应力分布的平均值，远远不能说明问题。

本文利用声弹性理论和超声波一维声速反问题理论，来分析残余应力沿厚度的分布规律，提出了一种残余应力分析的新方法，并且很有可能在实验中实现。这样利用超波测试残余应力就会准确可靠而又简便易行了。

1 声弹性理论

根据波的传播理论，波速的大小与波通过的材料性质有关，由应力引起的材料内部性质的微小改变，也将对波速产生影响。

设构件中的残余应力为平面应力状态，主应力值为σ_1、σ_2。对垂直于平面应力作用面传播的超声波S波，与主应力方向相平行的两个相正交方向上传播的S波的波速差$(C_{s1}-C_{s2})$与该两个主应力差之间具有下面关系[3]：

$$(C_{s1}-C_{s2})/C_{s0}=T_s(\sigma_1-\sigma_2) \qquad (1)$$

其中，C_{s0}是应力为零的弹性固体中超声波S波的传播速度；

$$T_s=(4\mu+n)/8\mu^2 \qquad (2)$$

为横波声应力常数，μ为二阶弹性常数，n为三阶弹性常数，均可由实验求得。

只要测出C_{s0}、C_{s1}和C_{s2}，便可由（1）式求出两个主应力差$(\sigma_1-\sigma_2)$。

对垂直于平面应力作用面传播的超声波p波，其波速C_P相对于无应力状态下的p波波速C_{P0}之差与两个主应力和之间具有下列关系[4]：

$$(C_P-C_{P0})/C_{P0}=T_P(\sigma_1+\sigma_2) \qquad (3)$$

式中

$$T_P=\frac{\mu l-\lambda(m+\lambda+2\mu)}{\mu(3\lambda+2\mu)(\lambda+2\mu)} \qquad (4)$$

为纵波声应力常数，其中，λ和μ为二阶弹性常数，l和m为三阶弹性常数，可由实验求得。

于是，只要测出C_P和C_{P0}，便可由式（4）求出两个主应力之和$(\sigma_1+\sigma_2)$。

将式（3）、式（4）联立求解，就可求出残余应力平面应力状态的两个主应力值σ_1和σ_2。

2 超声波一维波速反问题理论

取构件沿厚度方向为Z轴，对于不同的Z，材料处于不同的应力状态，由于应力对材料性质的影响，因此，波速亦应为Z的函数$C(Z)$，根据一维波动理论，波函数$u(z,t)$应满足：

$$\frac{\partial^2 u}{\partial t^2}=C^2(z)\frac{\partial^2 u}{\partial z^2} \qquad (z>0) \tag{5}$$

$$u\equiv 0 \qquad (t<0) \tag{6}$$

在构件表面发射脉冲波

$$\frac{\partial u(0,t)}{\partial t}=-\delta(t) \tag{7}$$

再根据表面测量数据

$$u(0,t)=g(t) \qquad t>0 \tag{8}$$

反演$C(z)$．其中设$C(0)$为已知，暂设$C(0)=1$．

为计算方便，引入上行波和下行波函数$v(z,t)$和$w(z,t)$

$$\begin{cases} v(z,t)=\dfrac{1}{2}\left(\dfrac{1}{C(z)}\dfrac{\partial}{\partial t}+\dfrac{\partial}{\partial z}\right)u(z,t) \\ w(z,t)=\dfrac{1}{2}\left(\dfrac{1}{C(z)}\dfrac{\partial}{\partial t}-\dfrac{\partial}{\partial z}\right)u(z,t) \end{cases} \tag{9}$$

再引入旅行时间变换：

$$X=X(z)=\int_0^z\frac{1}{C(s)}ds \tag{10}$$

且认为$X(z)$可逆，设$z=\psi(x)$，则（5)—(8）式具有形式

$$\begin{cases} \left(\dfrac{\partial}{\partial t}-\dfrac{\partial}{\partial x}\right)v=\varphi(x)(v+w) \\ \left(\dfrac{\partial}{\partial t}+\dfrac{\partial}{\partial x}\right)w=-\varphi(x)(v+w) \end{cases} \tag{11}$$

$$v|_{t<0}=w|_{t<0}\equiv 0 \tag{12}$$

$$(v-w)|_{x=0}=-\delta(t) \tag{13}$$

对于测量数据，上式为

$$(v+w)_{x=0}=g'(t) \tag{14}$$

其中，$\varphi(x)=\dfrac{1}{2}\dfrac{d}{dx}\ln C[\psi(x)]$，$g'(t)=\delta(t)+\bar{g}'(t)H(t)$．

下面利用迭代过程[5]求解（11)—(14）式．

先猜设初始数据$\varphi^0(x)$；

根据归纳法，设$\varphi^n(x)$已从前（$n-1$）步迭代过程中求得，则

$$v_0^n(x,t)-\int_{\frac{x+1}{2}}^{t}\varphi^n(\xi)[v_0^n(\xi,\tau)+w_0^n(\xi,\tau)]_{\xi=t+x-\tau}\,d\tau$$

$$+\varphi^n\left(\frac{x+t}{2}\right)exp\left\{-\int_0^{\frac{x+1}{2}}\varphi^n(s)ds\right\}=0 \tag{15}$$

$$w_0^n(x,t)+\int_{t-x}^{t}\varphi^n(\xi)[v_0^n(\xi,\tau)+w_0^n(\xi,\tau)]_{\xi=x-t+\tau}\,d\tau-\int_{\frac{t-x}{2}}^{t-x}\varphi^n(\xi)$$

$$\times[v_0^n(\xi,\tau)+w_0^n(\xi,\tau)]_{\xi=t-x-\tau}d\tau+\varphi^n\left(\frac{t-x}{2}\right)exp\left\{-\int_0^{\frac{t-x}{2}}\varphi^n(s)ds\right\}=0 \tag{16}$$

数值求解上述积分方程，可求得$v_0^n(x,t)$ ，$w_0^n(x,t)$.

$$\varphi^{n+1}(x)=exp\left\{\int_0^x\varphi^n(s)ds\right\}\left(\int_x^{2x}\varphi^n(\xi)[v_0^n(\xi,\tau)+w_0^n(\xi,\tau)]_{\xi=2x-\tau}d\tau\right.$$

$$\left.-\frac{1}{2}g(2x)\right) \tag{17}$$

利用迭代过程求得 $\varphi(x)$ 后，则

$$C(\psi(x))=exp\left\{2\int_0^x\varphi(s)ds\right\} \tag{18}$$

其中，变量 z 和 x 由下列关系式确定

$$z=\psi(x)=\int_0^x C(\psi(x))dx=\int_0^x exp\left\{2\int_0^y\psi(s)ds\right\}dy \tag{19}$$

这样就可以唯一求得波速$C(z)$.

3 残余应力分析

对于大多数机械构件来说其残余应力是平面应力状态，有些甚至是单向应力状态. 如对焊的板材、大型压力容器等由温度引起的残余应力都可认为是平面应力状态，对于塔架等焊接构件，可认为每根杆件都是单向应力状态.

对存在有平面应力状态或单向应力状态残余应力的构件表面分别发射一维脉冲 p 波和 S 波：

$$\frac{\partial u(0,t)}{\partial t}=-\delta(t)$$

利用测量数据

$$u(0,t)=g(t)$$

根据反演理论，对现有超声波测量仪可与计算机联接，按迭代过程，可分别反演出 $C_{s1}(z)$ 、$C_{s2}(z)$ 、$C_P(z)$.

在无残余应力的同样材料构件中测出C_{s0}和C_{P0}.

根据构件的材料性质，算出声应力常数 T_S 和 T_P.

将上述数值代入 (1) 、(3) 式有：

$$[C_{S1}(z)-C_{S2}(z)]/C_{s0}=T_S[\sigma_1(z)-\sigma_2(z)] \tag{20}$$

$$[C_P(z)-C_{P0}]/C_{P0}=T_P[\sigma_1(z)+\sigma_2(z)] \quad (21)$$

于是：

$$\sigma_1(z)=\frac{C_P(z)-C_{P0}}{2T_PC_{P0}}+\frac{C_{S1}(z)-C_{S2}(z)}{2T_SC_{S0}} \quad (22)$$

$$\sigma_2(z)=\frac{C_P(z)-C_{P0}}{2T_PC_{P0}}-\frac{C_{S1}(z)-C_{S2}(z)}{2T_SC_{S0}} \quad (23)$$

对于单向应力状态，取$C_{S2}(z)=C_{S0}$即可。

由于前面已暂设$C(0)=1$，因此，由（22）、（23）式求得的还不是σ_1、σ_2的真实数值，而是σ_1、σ_2沿厚度的分布规律，沿厚度各点相对于构件表面应力的应力值。

我们再结合x射线残余应力分析，测出表面层的应力值，那么，任意深度z处的两个主应力就可唯一地确定了，同时也描绘出了沿厚度的残余应力分布值。

4 结论

本文首先给出声弹性理论用于平面残余应力测量的两个基本公式，即声速变化与主应力之间的关系，该关系为线性关系，应用方便，计算简单。其次，给出了一维声速反演理论，只要在表面发射脉冲波，测出表面回波测量数据，按迭代过程，用计算机处理，就可反演出波速随厚度的变化值，这种反演是唯一的[5]。结合声弹性理论，波速随厚度的变化值与主应力随厚度的变化值也成线性关系，由此，可唯一地测出任意厚度处的残余应力值。从而克服了只能测量残余应力表面值或沿厚度的平均应力值这一根本性的缺陷，为利用超声波测试残余应力铺下了理论基础。

利用现有超声波测量仪，采用脉冲回波重合波方法测量回波数据，它可以进行严格的衍射修正和耦合层修正，测量声速的绝对精度可达2×10^{-4}以上[2]，而对于存在残余应力的大多数构件来说，是处于平面应力状态或单向应力状态，因此，本文所提出的分析方法在实验中是可行的，并且可望得到广泛的应用。

本文仅只给出了这种实用方法的理论分析，在实际测量当中，需要保证波在构件中是一维传播的；同时，对于大多数的实体而言，声弹性方法仍处于实验室研究阶段，这主要是由于结构本身的各向异性以及其它因素引起的声速变化与由残余应力引起的声速变化可达到同一量级，因此，要设法将它们区别开来方能准确地测出残余应力；此外，在现场实测利用计算机处理迭代反演过程不方便，如果超声波测量仪本身带有处理反演问题的软件，同时，对于表面层残余应力的测试也能用超声波测量仪本身测出，那么，现场测试时，本文所提供的方法就将更方便可行了。

参考文献

1 James M, Cohan J B. Journal of Testing and Evaluation, 1978, 6: 208

2 王寅观. 同济大学学报, 1990, 18 (1): 57

3 Hsu N N. Expl Mech, 1974, 14: 169

4 Kino G S. Journal of Applied Physics, 1979, 50: 2607

5 郭宝琦等. 哈尔滨工业大学学报, 1989, (3): 1